2022 年版

一、二级注册消防工程师资格考试辅导教材

消防安全技术实务

XIAOFANG ANQUAN JISHU SHIWU

（2023 年修订）

上　册

国家消防救援局　编

中国计划出版社

北　京

图书在版编目（CIP）数据

消防安全技术实务 ：上、下册 / 国家消防救援局编
. -- 2版. -- 北京 ：中国计划出版社，2022.6
(2023.10重印)
2022年版一、二级注册消防工程师资格考试辅导教材
ISBN 978-7-5182-1465-5

Ⅰ. ①消… Ⅱ. ①国… Ⅲ. ①消防一安全技术一资格
考试一自学参考资料 Ⅳ. ①TU998.1

中国国家版本馆CIP数据核字(2023)第174468号

责任编辑：陈　飞　张廉奉　刘　原　　封面设计：思梵星尚
责任校对：杨奇志　谭佳艺　　　　　　责任印制：赵文斌　李　晨

中国计划出版社出版发行
网址：www. jhpress. com
地址：北京市西城区木樨地北里甲 11 号国宏大厦 C 座 3 层
邮政编码：100038　电话：（010）63906433（发行部）
河北眺山实业有限责任公司印刷

787mm × 1092mm　1/16　53.5 印张　1222 千字
2022 年 6 月第 2 版　2023 年 10 月第 2 次印刷

定价：119.00 元（上、下册）

一、二级注册消防工程师资格考试辅导教材
《消防安全技术实务》
编写委员会

主　　　编　琼　色　徐　平

副　主　编　罗永强　周　天　王　伟　徐忠舜　宋树欣　魏捍东　曹　奇

执行主编　刘激扬　东靖飞　肖　磊

参加编写人员（按姓氏笔画）

王宗存　东靖飞　司　戈　朱　鸣　刘　凯　刘激扬
李小白　李建春　杨丙杰　杨圣林　杨瑞新　吴和俊
张敏洁　张颖琮　郑兰芳　郝爱玲　蔡　芸

编　审　人　员（按姓氏笔画）

王　栋　王燕平　刘志宏　张　杰　罗丽颖　段　炼
倪照鹏　黄晓家　缪鹏飞　薛亚群

修 订 说 明

2022年版一、二级注册消防工程师资格考试辅导教材出版以来，为方便应试人员及获证人员继续教育发挥了重要作用，受到广大读者的普遍好评。

鉴于全文强制性工程建设规范《消防设施通用规范》GB 55036—2022、《建筑防火通用规范》GB 55037—2022已分别于2023年3月1日和6月1日实施，为方便广大应试人员正确理解和掌握上述规范的相关要求，注册消防工程师资格考试辅导教材编写委员会组织主要编写人员修订了2022年版教材的部分内容，在教材中以波浪线形式标出，以便于应试人员复习备考使用。国家现行的相应标准、规范与两本通用规范不一致的部分为本次修订的重点范围。对于两本通用规范提出原则要求，但相关标准、规范尚未修订完善的情况，本次修订不涉及。

注册消防工程师资格考试辅导教材编写委员会

2023年10月

出版说明

“注册消防工程师资格考试辅导教材”自2014年出版以来，受到广大注册消防工程师资格考试参考人员和其他读者的欢迎。2021年4月29日，第十三届全国人民代表大会常务委员会第二十八次会议审议通过了新修订的《中华人民共和国消防法》，同时《社会消防技术服务管理规定》（应急管理部令第7号）也于2021年11月9日起开始实施，标志着对社会消防技术服务机构及其从业人员的监管方式发生了重大变化。为此，注册消防工程师资格考试辅导教材编写委员会根据《注册消防工程师资格考试大纲》（2021年版），结合新的法律法规、政策性文件和消防技术标准规范，在2021年版教材的基础上，对注册消防工程师资格考试辅导教材进行了全面修订，对一、二级注册消防工程师知识结构、操作技能、解决问题能力等要求进行了完善和调整，并明确了一级注册消防工程师和二级注册消防工程师学习和掌握的内容。

需要说明的是，本套教材在使用过程中，国家法律法规和消防技术标准规范可能有新的变化，教材内容如有与国家法律法规和消防技术标准规范不一致之处，应以有效的国家法律法规和消防技术标准规范为准。

注册消防工程师资格考试辅导教材编写委员会

2022年4月

编写说明

为满足一、二级注册消防工程师资格考试的需要，方便应试人员复习备考，根据《注册消防工程师资格考试实施办法》，应急管理部消防救援局组织部分消防救援总队、科研院所、消防产品认证检测机构和企业的专家编写了“一、二级注册消防工程师资格考试辅导教材”，全套共分三个科目，包括《消防安全技术实务》（上、下册）、《消防安全技术综合能力》（上、下册）和《消防安全案例分析》。

《消防安全技术实务》（上、下册）以《注册消防工程师资格考试大纲》（2021 年版）为依据，旨在考查消防安全技术从业人员对现行法律法规及相关规定、消防基础知识、消防技术标准与消防安全管理要求的熟悉、掌握情况，系统介绍了消防基础知识、消防技术标准与消防安全评估要求等内容。本教材共分五篇四十五章，第一篇消防基础知识，主要介绍有关燃烧、火灾、爆炸及易燃易爆危险品的基础知识及事故防控的基本原理与技术；第二篇通用建筑防火，主要介绍建筑的火灾危险性分类，建筑分类与耐火等级，总平面布局和平面布置，防火防烟分区与分隔，安全疏散和避难，建筑电气防火，建筑防爆，建筑设备防火防爆，建筑装修、外墙保温材料防火，灭火救援设施及灭火救援力量等技术要求；第三篇建筑消防设施，主要介绍消防给水及消火栓系统、自动喷水灭火系统、水喷雾灭火系统、细水雾灭火系统、自动跟踪定位射流灭火系统、气体灭火系统、泡沫灭火系统、干粉灭火系统、火灾自动报警系统、建筑防烟排烟系统、消防应急照明和疏散指示系统等各种消防设施的分类、系统组成、工作原理、适用范围、设置要求及其供配电技术，以及灭火器的分类及构成、灭火机理、适用范围及配置要求；第四篇特殊建筑、场所防火，主要介绍石油化工，城市轨道交通工程，城市交通隧道，加油加气站，火力发电厂和变电站，飞机库，汽车库、修车库和停车场，洁净厂房，数据中心，古建筑，人民防空工程，城市综合管廊等相关建筑、场所的防火技术；第五篇消防安全评估，主要介绍火灾风险识别、火灾风险评估方法及建筑性能化防火设计评估的方法与技术。

按照《注册消防工程师资格考试大纲》（2021 年版）所确定的各等级考试要求，本教材使用说明如下：一级注册消防工程师应试人员应学习本教材的全部内容；二级注册消防工程师应试人员应掌握第一篇消防基础知识、第二篇通用建筑防火（不含第十二章）、第三篇建筑消防设施的全部内容。

本教材第一篇由司戈、蔡芸、郑兰芳、刘凯编写，第二篇由刘激扬、杨瑞新、张敏洁、王宗存、李小白、吴和俊编写，第三篇由东靖飞、刘凯、杨丙杰、郝爱玲、张颖琮、李小白编写，第四篇由刘激扬、王宗存、刘凯、吴和俊、杨圣林、朱鸣编写，第五篇由刘激扬、王宗存、吴和俊、李建春编写。

为了满足应试人员复习备考需求，编者为每章精心编写了练习题，并在中国计划出版社自有平台“计划社微课程”微信公众号上免费提供练习题答案、解析和相关讲解视频。

本教材的编写工作得到了云南省消防救援总队、广东省消防救援总队、湖北省消防救援总队、江苏省消防救援总队、应急管理部消防产品合格评定中心、应急管理部天津消防研究所、应急管理部沈阳消防研究所和同济大学建筑设计研究院（集团）有限公司等单位的大力支持，在此表示衷心感谢！

由于编者水平有限，时间仓促，难免存在不足之处，希望读者批评指正。

注册消防工程师资格考试辅导教材编写委员会

2022 年 4 月

目　　录

上　　册

第一篇　消防基础知识

第二篇　通用建筑防火

第三篇　建筑消防设施

下　册

第四篇 特殊建筑、场所防火

第五篇 消防安全评估

第一篇 消防基础知识

第一章 燃 烧

学习要求

通过本章学习，应了解燃烧的概念及燃烧的必要条件和充分条件；熟悉气体、液体、固体燃烧的特点；掌握燃烧产物的概念和几种典型物质的燃烧产物。

燃烧基础知识主要包括燃烧的本质与条件、燃烧类型及其特点，以及燃烧产物等相关内容，是关于火灾机理与燃烧过程最基础、最本质的知识。

第一节 燃烧的本质与条件

燃烧是指可燃物与氧化剂作用发生的放热反应，通常伴有火焰、发光和（或）烟气的现象。从化学反应的角度看，燃烧是一种特殊的氧化还原反应。在燃烧过程中，燃烧区的温度较高，使其中白炽的固体粒子和某些不稳定（或受激发）的中间物质分子内的电子发生能级跃迁，从而发出各种波长的光。发光的气相燃烧区就是火焰，它是燃烧过程中最明显的标志。由于燃烧不完全等原因，气体产物中会混有微小颗粒，这样就形成了烟。

多数可燃物质的燃烧是在气体状态下进行的，而有的固体物质燃烧时不能成为气态，只发生氧气与固体表面的氧化还原反应。这种发生在固体表面的燃烧称为无焰燃烧，如木炭、焦炭、高熔点的金属等。发生在气体状态下的燃烧称为有焰燃烧，气体、液体只会发生有焰燃烧，容易热解、升华或熔化蒸发的固体主要为有焰燃烧。

一、燃烧条件

燃烧的发生和发展，必须具备三个必要条件，即可燃物、助燃物和引火源，通常称为燃烧三要素。

（一）可燃物

能与空气中的氧气或其他氧化剂起化学反应，并形成燃烧的物质，称为可燃物，例如，木材、氢气、汽油、煤炭、纸张、硫等。按化学组成划分，可燃物可分为无机可燃物和有机可燃物两大类；按所处的状态划分，可燃物又可分为可燃固体、可燃液体和可燃气体三大类。

（二）助燃物

与可燃物结合能导致和支持燃烧的氧化剂，称为助燃物。普通的燃烧在空气中进行，助燃物是空气中的氧气。在一定条件下，不同可燃物在空气中发生燃烧，均有最低氧含量的要求。除氧气之外，还有氯气、硝酸铵、过氧化氢等助燃物，都可以支持燃烧。

（三）引火源

使物质开始燃烧的外部热源（能源）称为引火源。常见的引火源有明火焰、电弧、电火花、炽热物体、高温加热、化学反应热、雷击等。引发可燃物燃烧的引火源有最低能量的要求，但对于不同可燃物、不同燃烧形式和在不同环境下，各类引火源导致燃烧的最低能量差异较大且难以测量。通常，最小点火能仅针对一定条件下的可燃气体、蒸气和粉尘而言（详见本篇第三章）。

燃烧发生时，上述三个条件必须同时具备，用着火三角形来表示，如图 1–1–1 所示。

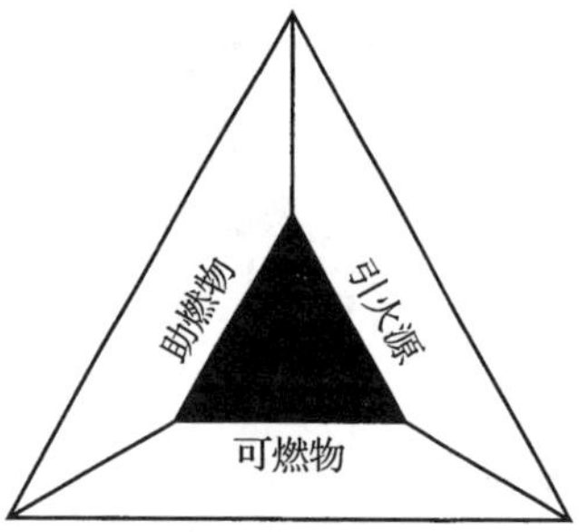

图 1–1–1　着火三角形

但要导致燃烧的发生，不仅需要满足三要素共存的条件，而且必须保证可燃物与助燃物混合浓度处于一定的范围之内。同时，点火能量也必须超过一定值，即三者达到一定量的要求，并且存在相互作用的过程。因此，燃烧发生的充要条件可表述为：具备足够数量或浓度的可燃物；具备足够数量或浓度的助燃物；具备足够能量的引火源；上述三者相互作用。

二、燃烧的链式反应理论

近代燃烧理论认为，燃烧是一种自由基（游离基）的链式反应，自由基是一种高度活泼的化学基团，容易自行结合或与其他物质的分子反应，生成稳定的分子或新的自由基，从而使燃烧按链式反应的形式扩展。

有焰燃烧是典型的链式反应过程。燃料分子在光照或加热等条件下被活化，在氧的存在下产生自由基，如 OH^- 和 H^+，并靠这些具有很高能量的自由基进行链传递，维持燃烧的持续进行，最后生成二氧化碳和水等稳定分子。

链式反应过程经过链引发、链传递和链终止三个阶段。对于多数有焰燃烧而言，其燃烧过程中都存在自由基作为中间体，形成未受抑制的链式反应。因此，可以用着火四面体（如图 1–1–2 所示）来表示有焰燃烧的四个条件，即可燃物、助燃物、引火源和未受抑制的链式反应，分别对应图 1–1–2 中四面体的四个面。

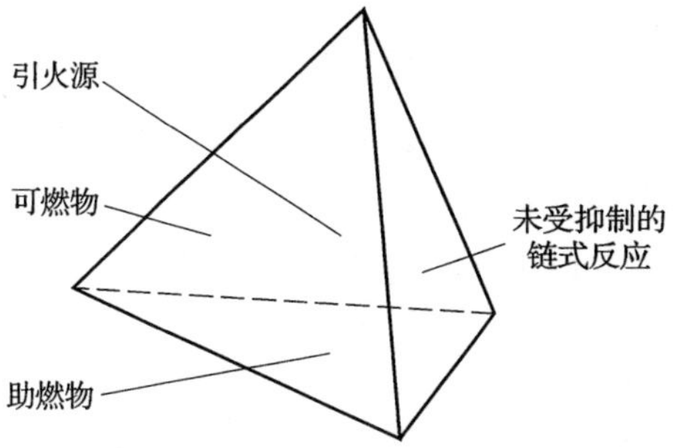

图 1-1-2　着火四面体

第二节　燃烧类型及其特点

燃烧是一种复杂的物理、化学交织变化的过程，包括可燃物和氧化剂的混合、扩散过程，预热、着火过程以及燃烧、燃尽过程。从燃烧物形态等不同角度，燃烧可以分为不同的类型。掌握燃烧类型的有关常识，对于了解物质燃烧机理、评估火灾危险性有着重要的意义。

一、按燃烧形成的条件和发生瞬间的特点分类

按照燃烧形成的条件和发生瞬间的特点，燃烧可分为着火和爆炸。

（一）着火

着火是燃烧的开始，以释放热量并伴有烟或火焰或两者兼有为特征，与是否由外部热源引发无关。着火是日常生活中常见的燃烧现象。可燃物的着火方式一般分为下列两类：

1. 点燃（或称强迫着火）

可燃混合气因受外加点火热源加热，引发局部火焰，并相继发生火焰传播至整个可燃混合物的现象称为点燃或强迫着火。点火热源通常可以是电热线圈、电火花、炽热体和点火火焰等。

2. 自燃

可燃物质在没有外部火源的作用时，因受热或自身发热并蓄热所产生的自行着火现象，称为自燃。根据热源的不同，自燃可以进一步分为化学自燃和热自燃。可燃物发生自燃的最低温度称为自燃点。

（1）化学自燃。这类着火现象通常不需要外界加热，而是在常温下依据自身的化学反应发生的，习惯上称为化学自燃。例如，火柴受摩擦而着火，金属钠在空气中自燃，煤炭因堆积过高而自燃等。

（2）热自燃。如果将可燃物和氧化剂的混合物预先均匀地加热，随着温度的升高，当混合物加热到某一温度时便会自动着火（这时着火发生在混合物的整个容积中），这种着火方式习惯上称为热自燃。

（二）爆炸

爆炸是指物质由一种状态迅速地转变成另一种状态，并在瞬间以机械功的形式释放出巨大的能量，或是气体、蒸气在瞬间发生剧烈膨胀等现象。爆炸最重要的一个特征是爆炸点周围发生剧烈的压力突变，这种压力突变就是爆炸产生破坏作用的原因。作为燃烧类型之一的爆炸主要指化学爆炸，关于爆炸的具体分类及其特点详见本篇第三章。

二、按燃烧物形态分类

可燃物质受热后，因其聚集状态的不同而发生不同的变化。按燃烧物形态划分，燃烧分为气体燃烧、液体燃烧和固体燃烧。可燃物质的性质、状态不同，燃烧的特点也不同。

（一）气体燃烧

可燃气体的燃烧一般经过受热、分解、氧化等过程，其所需热量仅用于氧化或分解，将气体加热到燃点。因此，相对于固体、液体需要经熔化、蒸发等过程，可燃气体一般更容易燃烧且燃烧速度更快。

1. 气体的扩散燃烧

气体的扩散燃烧即可燃气体与氧化剂互相扩散，边混合边燃烧，如家用煤气燃烧。在扩散燃烧中，可燃气体与空气或氧气的混合是靠气体的扩散作用实现的，混合过程要比燃烧反应过程慢得多，燃烧过程处于扩散区域内，整个燃烧速度的快慢由物理混合速度决定。

扩散燃烧的特点为：燃烧比较稳定，火焰温度相对较低，扩散火焰不运动，可燃气体与气体氧化剂的混合在可燃气体喷口进行，燃烧过程不发生回火现象（火焰缩入火孔内部的现象）。

2. 气体的预混燃烧

气体的预混燃烧是指可燃气体预先同空气（或氧气）混合，遇引火源产生带有冲击力的燃烧，如氧乙炔焊。预混燃烧一般发生在封闭体系中或在混合气体向周围扩散的速度远小于燃烧速度的敞开体系中，燃烧放热造成产物体积迅速膨胀，压力升高，压强可达 709.1 ~ 810.4kPa。火焰在预混气中传播，存在正常火焰传播和爆轰两种方式。

预混燃烧的特点为：燃烧反应快，温度高，火焰传播速度快，反应混合气体不扩散，在可燃混合气体中引入一个火源即产生一个火焰中心，成为热量与化学活性粒子集中源。预混气体从管口喷出发生动力燃烧，若流速大于燃烧速度，则在管口形成稳定的燃烧火焰，燃烧充分，燃烧速度快，燃烧区呈高白炽状，如汽灯的燃烧；若可燃混合气体在管口流速小于燃烧速度，则会发生“回火”，例如，制气系统检修前不进行置换就烧焊，燃气系统于开车前不进行吹扫就点火。用气系统产生负压“回火”或漏气未被发现而用火时，往往形成动力燃烧，有可能造成设备损坏和人员伤亡。

（二）液体燃烧

液体燃烧的特点主要体现在其燃烧过程及特殊的燃烧现象。

1. 液体燃烧过程

液体可燃物燃烧时，火焰并不紧贴在液面上，而是在空间的某个位置。这表明在燃烧之前，液体可燃物先蒸发形成可燃蒸气，可燃蒸气发生扩散并与空气掺混形成可燃混合气，着火燃烧后在空间某处形成火焰。液体可燃物能否发生燃烧与液体的蒸气压、闪点、沸点和蒸发速率等参数密切相关，燃烧速率的快慢与液体可燃物的燃点和化学活性密切相关。

2. 不同类别液体燃烧特征

对于不同类别的可燃液体，因其物理、化学性质的差异，燃烧特征也有所不同。可燃液态烃类燃烧时，通常产生橘色火焰并散发浓密的黑色烟云。醇类燃烧时，通常产生透明的蓝色火焰，几乎不产生烟雾。某些醚类燃烧时，液体表面伴有明显的沸腾状，这类物质的火灾较难扑灭。多种成分混合液体燃烧时，例如，原油会按沸点的高低，先后蒸发出不同的可燃气体组分。

3. 液体燃烧的特殊现象

（1）闪燃。闪燃是指可燃性液体挥发出来的蒸气与空气混合达到一定的浓度或者可燃性固体加热到一定温度后，遇明火发生一闪即灭的燃烧。发生闪燃的原因是易燃或可燃液体在闪燃温度下蒸发的速度比较慢，蒸发出来的蒸气仅能维持一刹那的燃烧，来不及补充新的蒸气维持稳定的燃烧，因而一闪就灭。但闪燃却是引起火灾事故的先兆之一。闪点则是指易燃或可燃液体表面产生闪燃的最低温度。

（2）沸溢。石油产品是由不同组分混合而形式的可燃液体，它们都具有很宽的沸点范围，其燃烧特性与其他均一组分的液体不同。特别是对于原油、重油等沸点范围下限超过 100℃的黏稠液体，经过长时间的燃烧有可能发生沸溢。所谓沸溢，是指具有热波特性的油品经一定时间燃烧后，油品中的乳化水、自由水或储罐的水垫层在热波的作用下发生沸腾汽化，形成大量的含有蒸气的油泡，由容器中溢流出来的现象。

在燃烧时可产生热波的油品称为沸溢性油品，如沸程较宽的重质油品，热波向液体深层运动时，由于温度远高于水的沸点，会使油品中的乳化水汽化，大量的蒸汽穿过油层向液面上浮，在向上移动过程中形成油包气的气泡，即油的一部分形成了含有大量蒸汽气泡的泡沫，导致液体体积膨胀，向外溢出，同时，部分未形成泡沫的油品也被下面的蒸汽膨胀力抛出，导致液面猛烈沸腾。

石油产品燃烧时产生沸溢的条件是：①油罐底部有自由水（水垫层）或油中含有乳化水；②油品中含有沸点范围很宽的组分，而且大部分组分的沸点超过水的沸点；③油品有足够的黏度，能够形成稳定而黏稠的油 – 水蒸气泡沫。

通常见到的油品中，原油、重油、渣油均能满足以上三个条件，它们在长时间燃烧后，往往发生沸溢。

（3）喷溅。在重质油品燃烧过程中，随着热波温度的逐渐升高，热波向下传播的距离也不断加大。当热波达到水垫时，水垫的水大量蒸发，蒸汽体积迅速膨胀，以至于把水垫上面的液体层抛向空中，向罐外喷射，这种现象叫作喷溅。一般情况下，发生沸溢要比发生喷溅的时间早得多。发生沸溢的时间与原油的种类、水分含量有关。根据实验，含有 1% 水分的石油，经 45 ~ 60min 燃烧后就会发生沸溢。喷溅发生的时间与油层厚度、热波移动速度及油的燃烧线速度有关。

少数可燃固体也会存在闪燃现象，例如，一些熔点较低的固体发生蒸发燃烧的过程，但可燃固体的闪点不易测定。

3. 闪点在消防上的应用

闪点是判断液体火灾危险性大小及对可燃性液体进行分类的主要依据。可燃性液体的闪点越低，其火灾危险性也越大。例如，汽油的闪点为 -50℃，煤油的闪点为 38 ~ 74℃，显然汽油的火灾危险性比煤油大。根据闪点的高低，可以确定生产、加工、储存可燃性液体场所的火灾危险性类别：闪点小于 28℃的为甲类；闪点不小于 28℃，但小于 60℃的为乙类；闪点不小于 60℃的为丙类（详见第二篇第二章）。

（二）燃点

1. 燃点的定义

在规定的试验条件下，物质在外部引火源作用下表面起火并持续燃烧一定时间所需的最低温度，称为燃点。

2. 常见可燃物的燃点

在一定条件下，物质的燃点越低，越易着火。几种常见可燃物的燃点见表 1-1-2。

表 1-1-2　几种常见可燃物的燃点　　单位：℃

物质名称	燃点	物质名称	燃点
蜡烛	190	棉花	210 ~ 255
松香	216	布匹	200
橡胶	120	木材	250 ~ 300
纸张	130 ~ 230	豆油	220

通常，用燃点作为评定固体火灾危险性大小的主要依据之一。

（三）自燃点

1. 自燃点的定义

在规定的条件下，可燃物质产生自燃的最低温度称为自燃点。在这一温度时，物质与空气（氧）接触，不需要明火的作用就能发生燃烧。

2. 常见可燃物的自燃点

自燃点是衡量可燃物质受热升温导致自燃危险的依据。可燃物的自燃点越低，发生自燃的危险性就越大。几种常见可燃物在空气中的自燃点见表 1-1-3。

表 1-1-3　几种常见可燃物在空气中的自燃点　　单位：℃

物质名称	自燃点	物质名称	自燃点
氢气	400	丁烷	405
一氧化碳	610	乙醚	160
硫化氢	260	汽油	530 ~ 685
乙炔	305	乙醇	423

3. 影响自燃点变化的规律

不同的可燃物有不同的自燃点，同一种可燃物在不同的条件下自燃点也会发生变化。可燃物的自燃点越低，发生火灾的危险性就越大。

对于液体、气体可燃物，其自燃点受压力、氧浓度、催化、容器的材质和表面积与体积比等因素的影响。而固体可燃物的自燃点则受受热熔融、挥发物的数量、固体的颗粒度、受热时间等因素的影响。

（四）热分解温度

1. 热分解温度的定义

热分解温度是可燃固体受热发生分解的初始温度。

2. 常见可燃物的热分解温度

热分解温度是评定受热能分解的固体火灾危险性的主要参数之一。可燃固体在热分解温度以上，开始分解并产生可燃气体，固体才能够发生分解后的有焰燃烧，可燃固体的热分解温度越低，燃点也越低，火灾危险性越大。表 1–1–4 列出了几种可燃固体的热分解温度与燃点。

表 1–1–4 几种可燃固体的热分解温度与燃点 单位：℃

固体名称	热分解温度	燃点	固体名称	热分解温度	燃点
硝化棉	40	180	棉花	120	210
赛璐珞	90 ~ 100	150 ~ 180	木材	150	250 ~ 300
麻	107	150 ~ 200	蚕丝	235	250 ~ 300

（五）氧指数

1. 氧指数的定义

所谓氧指数（OI），是在规定条件下，刚好维持物质燃烧时的混合气体中最低氧含量的体积百分数。

2. 常见可燃物的氧指数

氧指数（OI）是评价各种物质相对燃烧性能的一种表示方法，也是评价可燃固体（尤其是高聚物）火灾危险性的重要指标。氧指数越小的物质，燃烧时对氧气的需求量越小，或者说在空气中燃烧更容易，因而火灾危险性越大。根据《建筑材料及制品燃烧性能分级》GB 8624—2012，对墙面保温材料，可燃材料（B_2）OI≥26；难燃材料（B_1）OI≥30。材料经阻燃处理后，其氧指数会有不同程度的提高。表 1–1–5 列出了某些常见高聚物的氧指数。

（六）爆炸温度极限

1. 爆炸温度极限的定义

当液面上方空间的饱和蒸气与空气的混合气体中，可燃液体蒸气浓度达到爆炸浓度极限时，混合气体遇火源就会发生爆炸。液体蒸气爆炸浓度上、下限所对应的液体温度称为可燃液体的爆炸温度上、下限，分别用 $t_上$、$t_下$表示。表 1–1–6 列出了几种可燃液体的爆炸浓度极限与爆炸温度极限。

表 1–1–5　常见高聚物的氧指数

物质名称	氧指数	物质名称	氧指数	物质名称	氧指数
聚苯乙烯	18	聚苯并咪唑	41	氯丁橡胶	26
聚乙烯醇	22	聚酰甲胺	41	硅橡胶	26 ~ 39
聚氯乙烯	45	聚糖醇	31	缩醛共聚物	15
聚苯氧	28	酚醛树脂	35	聚碳酸酯	27
聚砜	32	环氧树脂	20	聚四氟乙烯	>95

表 1–1–6　可燃液体的爆炸浓度极限与爆炸温度极限的比较

液体名称	爆炸浓度极限 /%		爆炸温度极限 /℃	
	下限	上限	下限	上限
酒精	3.3	18.0	11	40
甲苯	1.5	7.0	5.5	31
松节油	0.8	62.0	33.5	53
车用汽油	1.7	7.2	–38	–8
灯用煤油	1.4	7.5	40	86
乙醚	1.85	40	–45	13
苯	1.5	9.5	–14	19

显然，液体温度处于爆炸温度极限范围内时，液面上方的蒸气与空气的混合气体遇火源会发生爆炸。可见，利用爆炸温度极限来判断可燃液的蒸气爆炸危险性比爆炸浓度极限更方便。

2. 爆炸温度极限的意义

设液体温度与室温相等，则液体温度与爆炸温度极限有如下几种关系（设室温为 0 ~ 28℃）：

（1）苯：$t_下$= –14℃，$t_上$= 19℃，苯蒸气在 0 ~ 19℃范围内是能爆炸的。

（2）酒精：$t_下$= 11℃，$t_上$= 40℃，在室温 11 ~ 28℃范围内，酒精蒸汽正好处于爆炸浓度极限范围之内，是能爆炸的。

（3）煤油：$t_下$= 40℃，$t_上$= 86℃，所以煤油在室温范围内，其蒸气浓度没有达到爆炸下限，煤油蒸气是不会爆炸的。

（4）汽油：$t_下$= –38℃，$t_上$= –8℃，在室温范围内，其饱和蒸气浓度已经超过爆炸上限，它与空气的混和气体遇火源不会发生爆炸。但在实际仓库的储存条件下，由于库房的通风，汽油蒸气往往达不到饱和状态而处在非饱和状态，其蒸气与空气混合气遇火源是会发生爆炸的。

通过以上分析可以得出以下结论：

（1）凡爆炸温度下限 $t_下$小于最高室温的可燃液体，其蒸气与空气混合物遇火源均能发生爆炸。

（2）凡爆炸温度下限 $t_下$大于最高室温的可燃液体，其蒸气与空气混合物遇火源均不能发生爆炸。

（3）凡爆炸温度上限 $t_上$小于最低室温的可燃液体，其饱和蒸气与空气的混合物遇火源不发生爆炸，其非饱和蒸气与空气的混合物遇火源有可能发生爆炸。

第三节　燃烧产物及典型物质的燃烧

可燃物质燃烧时，会生成气体、蒸气和固体物质。对于不同可燃物，由于其成分不同，燃烧生成的产物也不同。

一、燃烧产物

燃烧产生的物质，其成分取决于可燃物的组成和燃烧条件。大部分可燃物属于有机化合物，主要由碳（C）、氢（H）、氧（O）、氮（N）、硫（S）等元素组成，燃烧生成的气体主要有一氧化碳（CO）、二氧化碳（CO_2）、丙烯醛（C_3H_4O）、氯化氢（HCl）、二氧化硫（SO_2）等。

（一）燃烧产物的概念

由燃烧或热解作用产生的全部物质称为燃烧产物，分为完全燃烧产物和不完全燃烧产物。完全燃烧产物是指可燃物中的 C 被氧化生成 CO_2（气）、H 被氧化生成 H_2O（液）、S 被氧化生成 SO_2（气）等；而 CO、NH_3、醇类、醛类、醚类等是不完全燃烧产物。燃烧产物的数量、组成等随物质的化学组成及温度、空气的供给情况等的变化而不同。

燃烧产物中的烟主要是燃烧或热解作用所产生的悬浮于大气中能被人们看到的直径一般在 1nm～1μm 的极小炭粒子；大直径的粒子容易从烟中落下来，称为烟尘或炭黑。炭粒子的形成过程比较复杂，例如，碳氢可燃物在燃烧过程中，会因受热裂解产生一系列中间产物，中间产物还会进一步裂解成更小的碎片，这些小碎片会发生脱氢、聚合、环化等反应，最后形成石墨化炭粒子，构成了烟。

（二）燃烧产物的危害性

统计资料表明，烟气是火灾致死的主要原因。烟气具有如下危害性：

1. 缺氧、窒息作用

在火灾现场，由于可燃物燃烧消耗空气中的氧气，使烟气中的氧含量大大低于人体生理正常所需要的数值，从而给人体造成危害。表 1–1–7 列出了氧浓度下降对人体的危害。

表 1-1-7　氧浓度下降对人体的危害

氧浓度 /%	对人体的危害情况
16 ~ 12	呼吸和脉搏加快，引起头疼
14 ~ 9	判断力下降，全身虚脱，发绀
10 ~ 6	意识不清，引起痉挛，6 ~ 8min 死亡
6	为 5min 致死浓度

二氧化碳是许多可燃物的主要燃烧产物，虽然无毒，但当达到一定的浓度时，会刺激人的呼吸中枢，导致呼吸急促、烟气吸入量增加，并且还会引起头痛、神志不清等症状。

2. 毒性、刺激性及腐蚀性作用

燃烧产物中含有多种有毒和刺激性气体，在着火房间等场所，这些气体的含量极易超过人们生理正常所允许的浓度，造成中毒或刺激性危害。有的产物或水溶液具有较强的腐蚀性作用，会造成人体组织坏死或化学灼伤。燃烧产物中的有毒气体，例如，CO、HCN、SO_2、NO_2 等，对人体均有不同程度的危害。火灾中常见可燃物的燃烧产物见表 1-1-8。

表 1-1-8　常见可燃物的燃烧产物

物质名称	主要燃烧产物
木材、纸张	二氧化碳（CO_2）、一氧化碳（CO）
棉花、人造纤维	二氧化碳（CO_2）、一氧化碳（CO）
羊毛	二氧化碳（CO_2）、一氧化碳（CO）、硫化氢（H_2S）、氨（NH_3）、氰化物
聚四氟乙烯	二氧化碳（CO_2）、一氧化碳（CO）、氟化氢（HF）
聚苯乙烯	二氧化碳（CO_2）、一氧化碳（CO）、苯（C_6H_6）、甲苯（$C_6H_5CH_3$）、乙醛（CH_3CHO）
尼龙	二氧化碳（CO_2）、一氧化碳（CO）、氨（NH_3）、氰化物、乙醛（CH_3CHO）
酚醛树脂	二氧化碳（CO_2）、一氧化碳（CO）、氰化物
聚氨酯	二氧化碳（CO_2）、一氧化碳（CO）、氰化物
环氧树脂	二氧化碳（CO_2）、一氧化碳（CO）、丙醛（CH_3CH_2CHO）
聚氯乙烯	二氧化碳（CO_2）、一氧化碳（CO）、氯化氢（HCl）、光气（$COCl_2$）、氯气（Cl_2）

CO是火灾中人员致死的主要燃烧产物之一，几乎所有的有机高分子材料燃烧都会产生CO。火场中约有50%的人员死亡是由CO中毒引起的，另一半则是由直接灼伤、爆炸压力以及其他有毒气体引起的。一氧化碳的毒性在于对血液中血红蛋白的高亲和性，其对血红蛋白的亲和力比O_2高出250倍，因而能够阻碍人体血液中氧气的输送，引起头痛、虚脱、神志不清等症状和肌肉调节障碍等。不同浓度的CO对人的影响见表1–1–9。

表1–1–9　不同浓度的CO对人的影响

影响情况	CO浓度/ppm①	碳氧血红蛋白浓度/%
在其中工作8h的允许浓度	50	—
暴露1h不产生明显影响的浓度	400～500	—
暴露1h后有明显影响的浓度	600～700	—
暴露1h后引起不适，但无危险症状的浓度	1 000～1 200	—
暴露1h后有危险的浓度	1 500～2 000	35
在1h内即会致死的浓度	4 000及以上	50

注：①为保持与消防行业标准的一致性，本书仍使用ppm（$1ppm=10^{-6}$）为浓度单位。

除CO外，火灾中其他常见有毒气体的来源、生理作用及致死浓度见表1–1–10。

表1–1–10　火灾中常见有毒气体的来源、生理作用及致死浓度

有毒气体	来源	主要的生理作用	短期（10min）估计致死浓度/ppm
HCN	纺织品、聚丙烯腈尼龙、聚氨酯等	一种迅速致死、窒息性的毒物	>350
NO、NO_2等氮氧化物	纺织物	肺的强刺激剂，能引起即刻死亡及滞后性伤害	>200
NH_3	木材、丝织品、尼龙	强刺激性，对眼、鼻有强烈刺激作用	>1 000
HCl	PVC电绝缘材料，其他含氯高分子材料及阻燃处理物	呼吸刺激剂，吸附于微粒上的HCl的潜在危险性比等量的HCl气体要大	>500，气体或微粒存在时
HF、HBr等含卤酸气体	氟化树脂类及某些含溴阻燃材料	呼吸刺激剂	约400（HF）、100（COF_2），>500（HBr）
SO_2	含硫化合物及含硫物质	强刺激剂，在远低于致死浓度下即使人难以忍受	>500
CH_3CH_2CHO（丙醛）	聚烯烃和纤维素低温热解（400℃）	潜在的呼吸刺激剂	30～100

同时，火灾中有毒气体的生成，往往还伴随着氧含量的减少。有研究表明，在不考虑其他气体影响的前提下，当氧含量降至 10% 时就可对人构成危险。

3. 烟气的减光性

通常可见光波长 λ 为 0.4～0.7μm，一般火灾烟气中的烟粒子粒径 d 为几微米到几十微米，由于 $d>2\lambda$，故烟粒子对可见光是不透明的。烟气在火场上弥漫，会严重影响人们的视线，使人们难以辨别火势发展方向和寻找安全疏散路线。同时，烟气中有些气体对人的眼睛还有极大的刺激性，会降低人眼的能见度。

4. 烟气的爆炸性

烟气中的不完全燃烧产物，如 CO、H_2S、HCN、NH_3、苯、烃类等，一般都是易燃物质，而且这些物质的爆炸下限都不高，极易与空气形成爆炸性的混合气体，使火场有发生爆炸的危险。

5. 烟气的恐怖性

火灾发生后，烟气的恐怖性会使人们的逃生速度大为降低，辨别方向的能力进一步减弱。

6. 热损伤作用

人们对高温环境的忍耐性是有限的。有关资料表明，人可短时忍受 65℃的环境；120℃的高温环境能在短时间内使人产生不可恢复的损伤；温度进一步提高，暴露者的损伤时间更短。

二、几类典型物质的燃烧及其主要燃烧产物

不同类型可燃物的燃烧特性及其燃烧产物是有差别的，以下介绍三类常见材料。

（一）高聚物

有机高分子化合物（简称高聚物），主要是以煤、石油、天然气为原料制得，例如，塑料、橡胶、合成纤维、薄膜、胶粘剂和涂料等。其中，塑料、橡胶和合成纤维是人们熟知的三大合成有机高分子化合物，其应用广泛且容易燃烧。

高聚物的燃烧过程十分复杂，包括一系列的物理和化学变化，主要分为受热软化熔融、热分解、着火燃烧等阶段。其中，热分解是其燃烧的关键阶段，高聚物的燃烧主要是分解产物中的可燃性气体的燃烧。高聚物的燃烧与热源温度、物质的理化特性和环境氧浓度等因素密切相关。不同高聚物着火燃烧的难易程度有很大差别。从总体上讲，其燃烧具有发热量较高、燃烧速度较快、发烟量较大等特点，并且会在燃烧（或分解）过程中产生 CO、NO_x（氮氧化物）、HCl、HF、SO_2 及 $COCl_2$ 等有害气体，危害性较大。不同类型的高聚物在燃烧（或分解）过程中会产生不同类别的产物。只含碳和氢的高聚物，如聚乙烯、聚丙烯、聚苯乙烯燃烧时有熔滴，易产生 CO 气体。含有氧的高聚物，如有机玻璃、赛璐珞等，燃烧时变软，无熔滴，同样产生 CO 气体。含有氮的高聚物，如三聚氧胺甲醛树脂、尼龙等，燃烧情况比较复杂，燃烧时有熔滴，会产生 CO、NO、HCN 等有毒气体。含有氯的高聚物，如聚氯乙烯等，燃烧时无熔滴，有炭瘤，并产生 HCl 气体，有毒且溶于水后有腐蚀性。有木粉填料的酚醛树脂燃烧时会放出有毒的

酚蒸气。

（二）木材和煤

木材和煤是典型的固体可燃物质。它们是由多种元素组成的、复杂天然高聚物的混合物，成分不单一，并且是非均质的。

1. 木材

木材的主要成分是纤维素、半纤维素和木质素，由碳、氧、氢和氮等元素组成。木材的燃烧存在两个比较明显的阶段：一是有焰燃烧阶段，即木材的热分解产物的燃烧；二是无焰燃烧阶段，即木炭的表面燃烧。单块木料的燃烧行为受到多种自身因素的影响，如纹理结构、密度、含水量、比表面积等；木垛的燃烧还取决于通风状况，与木垛堆放的紧密程度有关。

当木材接触火源时，加热到约110℃时就会干燥并蒸发出极少量的树脂；加热到130℃时开始分解，产物主要是水蒸气和二氧化碳；加热到220～250℃时开始变色并炭化，分解产物主要是一氧化碳、氢和碳氢化合物；加热到300℃以上，有形结构开始断裂，在木材表面垂直于纹理方向上木炭层出现小裂纹，这就使挥发物容易通过炭化层表面逸出。随着炭化深度的增加，裂缝逐渐加宽，结果产生“龟裂”现象。此时，木材发生剧烈的热分解。

2. 煤

煤主要由碳、氢、氧、氮和硫等元素组成。煤的燃烧过程几乎同时存在有焰燃烧和无焰燃烧，主要受炭化程度、颗粒度、岩石学组成、风化情况及含水量等多种因素影响。一般情况下，煤受热时，低于105℃时主要析出其中的吸留气体和水分；200～300℃时开始析出气态产物，如CO、CO_2等，煤粒变软成塑性状态；300～550℃时开始析出焦油和CH_4及其同系物、不饱和烃及CO、CO_2等气体；500～750℃时，半焦开始热解，并析出大量含氢较多的气体；760～1 000℃时，半焦继续热解，析出少量以氢为主的气体，半焦变成高温焦炭。煤热分解产生挥发分的组分及其含量主要取决于煤的炭化程度和温度。炭化程度加深，挥发分析出量减少，但其中可燃组分含量却增多；加热温度越高，挥发分逸出量就越多。

（三）金属

金属燃烧通常热值大、温度高，某些金属燃烧时火焰具有特征颜色，见表1-1-11。金属燃烧的难易程度与比表面积关系极大，其燃烧能力还取决于金属本身及其氧化物的物理、化学性质，其中金属及其氧化物的熔点和沸点对其燃烧能力的影响比较显著。根据熔点和沸点不同，通常将金属分为挥发金属和不挥发金属。

挥发金属（如Li、Na、K、Mg、Ca等）在空气中容易着火燃烧，熔融成金属液体，它们的沸点一般低于其氧化物的熔点（K除外），因此在其表面能够生成固体氧化物。由于金属氧化物的多孔性，金属继续被氧化和加热，经过一段时间后，金属被熔化并开始蒸发，蒸发出的蒸气通过多孔的固体氧化物扩散进入空气中。

不挥发金属（如Al、Ti、Zr等）因其氧化物的熔点低于金属的沸点，则在燃烧时熔融金属表面形成一层氧化物。这层氧化物在很大程度上阻碍了金属和空气中氧的接触，从而减缓了金属被氧化。但这类金属在粉末状、气熔胶状、刨花状时，在空气中燃烧得很激烈，并且不生成烟。

表 1-1-11　某些金属燃烧时的火焰颜色

金属名称	火焰颜色	金属名称	火焰颜色
Na	黄色	Sr	红色
K	紫色	Cu	蓝色
Ca	砖红色	Mg	白色
Ba	绿色		

参考文献

[1] 董希琳. 消防燃烧学 [M]. 北京：中国人民公安大学出版社，2014.
[2] 中华人民共和国公安部消防局. 中国消防手册：第一卷 [M]. 上海：上海科学技术出版社，2010.
[3] 中国消防协会. 灭火救援员 [M]. 北京：中国科学技术出版社，2013.

练习题

一、一级注册消防工程师

（一）单项选择题

1. 用着火四面体来表示燃烧发生和发展的必要条件时，“四面体”是指可燃物、助燃物、引火源和（　　）。

A. 氧化反应　　B. 热分解反应
C. 链传递　　D. 未受抑制的链式反应

2. 汽油闪点低、易挥发、流动性好，存有汽油的储罐受热不会产生（　　）现象。

A. 蒸气燃烧及爆炸　　B. 容器爆炸
C. 泄漏产生流淌火　　D. 沸溢和喷溅

（二）多项选择题

下列物质中，燃烧时燃烧类型既存在表面燃烧也存在分解燃烧的有（　　）。

A. 纯棉织物　　B. PVC 电缆
C. 金属铝条　　D. 木制人造板
E. 电视机外壳

二、二级注册消防工程师

（一）单项选择题

木制桌椅燃烧时，不会出现的燃烧形式是（　　）。

A. 分解燃烧　　B. 表面燃烧

C. 熏烟燃烧　　D. 蒸发燃烧

（二）多项选择题

下列可燃液体在室温（0～28℃）条件下，液面上方蒸气与空气混合气遇火源会发生爆炸的有（　　）。

A. 苯　　B. 酒精

C. 煤油　　D. 汽油

E. 柴油

微信扫码，查看练习题答案和解析

第二章 火　　灾

学习要求

通过本章学习，应了解火灾的定义与分类、火灾的危害性和火灾发生的常见原因；熟悉建筑火灾蔓延的机理，以及灭火的基本原理与方法。

火灾基础知识主要包括火灾的定义、分类与危害，火灾发生的常见原因，建筑火灾发展及蔓延的机理，防火和灭火的基本原理与方法等内容。

第一节 火灾的定义、分类与危害

火灾是灾害的一种。导致火灾发生的原因既有自然因素，又有许多人为因素。掌握火灾的定义、分类及其危害特性，是了解火灾规律和研究如何防范火灾的基础。

一、火灾的定义

根据《消防词汇 第1部分：通用术语》（GB/T 5907.1—2014），火灾是指在时间或空间上失去控制的燃烧。

二、火灾的分类

根据不同的需要，火灾可以按不同的方式进行分类。

（一）按照燃烧对象的性质分类

按照《火灾分类》（GB/T 4968—2008）的规定，火灾分为A、B、C、D、E、F六类。

A类火灾：固体物质火灾。这种物质通常具有有机物性质，一般在燃烧时能产生灼热的余烬。如木材、棉、毛、麻、纸张等火灾。

B类火灾：液体或可熔化固体物质火灾。如汽油、煤油、原油、甲醇、乙醇、沥青、石蜡等火灾。

C类火灾：气体火灾。如煤气、天然气、甲烷、乙烷、氢气、乙炔等火灾。

D类火灾：金属火灾。如钾、钠、镁、钛、锆、锂等火灾。

E类火灾：带电火灾。物体带电燃烧的火灾，如变压器等设备的电气火灾等。

F类火灾：烹饪器具内的烹饪物火灾。如动物油脂或植物油脂火灾。

（二）按照火灾事故所造成的灾害损失程度分类

为贯彻执行国务院2007年4月9日颁布的《生产安全事故报告和调查处理条例》

（国务院令第 493 号），公安部《关于调整火灾等级标准的通知》（公消〔2007〕234 号）将火灾分为特别重大火灾、重大火灾、较大火灾和一般火灾四个等级。

（1）特别重大火灾是指造成 30 人以上死亡，或者 100 人以上重伤，或者 1 亿元以上直接经济损失的火灾。

（2）重大火灾是指造成 10 人以上 30 人以下死亡，或者 50 人以上 100 人以下重伤，或者 5 000 万元以上 1 亿元以下直接经济损失的火灾。

（3）较大火灾是指造成 3 人以上 10 人以下死亡，或者 10 人以上 50 人以下重伤，或者 1 000 万元以上 5 000 万元以下直接经济损失的火灾。

（4）一般火灾是指造成 3 人以下死亡，或者 10 人以下重伤，或者 1 000 万元以下直接经济损失的火灾。

上述所称的“以上”包括本数，“以下”不包括本数。

此外，火灾还可以根据发生的场所等进行分类，这里不做详细介绍。

三、火灾的危害

（一）危害生命安全

建筑物火灾会对人的生命安全构成严重威胁。一场大火，有时会吞噬几十人甚至几百人的生命。建筑物火灾对生命的威胁主要来自以下几个方面：首先，建筑物采用的许多可燃性材料，在起火燃烧时产生高温高热，对人的肌体造成严重伤害，甚至致人休克、死亡。据统计，因燃烧热造成人员死亡的数量约占整个火灾死亡人数的 1/4。其次，建筑内可燃材料燃烧过程中释放出的一氧化碳等有毒烟气，人吸入后会产生呼吸困难、头痛、恶心、神经系统紊乱等症状，威胁生命安全。在所有火灾遇难人员中，约有 3/4 的人是吸入有毒有害烟气后直接导致死亡的。最后，建筑物经燃烧，达到甚至超过了承重构件的耐火极限，导致建筑整体或部分构件坍塌，造成人员伤亡。

（二）造成经济损失

火灾造成的经济损失以建筑火灾为主，体现在以下几个方面：

（1）火灾烧毁建筑物内的财物，破坏设施设备，甚至会因火势蔓延使整幢建筑物化为废墟。一些精密仪器、棉纺织物等还会因受火灾烟气的侵蚀造成永久性破坏，无法再次使用。

（2）建筑物火灾产生的高温高热，将造成建筑结构的破坏，甚至引起建筑物整体倒塌。

（3）扑救建筑火灾所用的水、干粉、泡沫等灭火剂，不仅本身是一种资源损耗，而且将使建筑内的财物遭受水浸、污染等损失。

（4）建筑火灾发生后，建筑修复重建、人员善后安置、生产经营停业等，会造成巨大的间接经济损失。

（三）破坏文明成果

一些历史保护建筑、文化遗址一旦发生火灾，除了会造成人员伤亡和经济损失外，还会使大量文物、典籍、古建筑等稀世瑰宝面临烧毁的威胁，这将对人类文明成果造成无法挽回的损失。

（四）影响社会稳定

当重要的公共建筑、单位发生火灾时，会在很大的范围内引起关注，并造成一定程度的负面效应，影响社会稳定。从许多火灾案例来看，当学校、医院、宾馆、办公楼等公共场所发生群死群伤恶性火灾，或者涉及粮食、能源、资源等国计民生的重要工业建筑发生大火时，会在民众中造成心理恐慌。家庭是社会的细胞，普通家庭生活遭受火灾的危害，也将在一定范围内造成负面影响，破坏群众的安全感，影响社会的稳定。

（五）破坏生态环境

火灾的危害不仅表现在毁坏财物、造成人员伤亡，而且会破坏生态环境。此外，森林火灾的发生，会使大量的动物和植物灭绝，环境恶化，气候异常，水土流失，导致生态平衡被破坏，引发饥荒和疾病的流行，严重威胁人类的生存和发展。

第二节　火灾发生的常见原因

事故都有起因，火灾也是如此。分析起火原因，了解火灾发生的特点，是为了更有针对性地运用技术措施，有效控火，防止和减少火灾危害。

一、电气使用不慎

有关资料显示，近年来，我国发生的电气火灾数量一直居高不下，每年都在 10 万起以上，占全年火灾总数的 30% 左右，2019 年为 35%，导致的人员伤亡及经济损失在各类火灾原因中居首位。近几年，在全国范围内造成较大社会影响的几起火灾事故，许多是因电气设备使用不当或电气线路故障而引发的。电气火灾原因复杂，主要与电气线路故障、电气设备故障以及电加热器具使用不当等因素有关。电气线路、电气设备发生故障，既可能是产品在设计、生产、制造环节产生的缺陷，也可能与其敷设、施工安装及投入使用后的维护管理相关。由此引发的电气线路接触不良、过负荷、短路、电气设备过热等是造成电气火灾的直接原因。

二、吸烟不慎

点燃的香烟温度可达到 800℃，能引燃许多可燃物质，在起火原因中占有相当的比重。例如，将没有熄灭的烟头扔在可燃物中引起火灾；躺在床上，特别是醉酒后躺在床上吸烟，烟头掉在被褥上引起火灾；在禁止火种的火灾高危场所，因违章吸烟引起火灾。2019 年，全国因吸烟不慎引发的火灾占火灾总数的 8.1%。

三、生活用火不慎

生活用火不慎主要是指城乡居民家庭生活用火不慎。例如，炊事用火中炊事器具设置不当，安装不符合要求，在炉灶的使用中违反安全技术要求等引起火灾。2019 年，全国因生活用火不慎引发的火灾占火灾总数的 23%。

四、生产作业不慎

生产作业不慎主要是指违反生产安全制度引起火灾。例如，在易燃易爆的车间内动用明火，引起爆炸起火；将性质相抵触的物品混存在一起，引起燃烧、爆炸；气焊和气割时，飞迸出的大量火星和熔渣，因未采取有效的防火措施，引燃周围可燃物；在机器运转过程中，不按时加油润滑，或者没有清除附在机器轴承上面的杂质、废物，使机器该部位摩擦发热，引起附着物起火；化工生产设备失修，出现可燃气体，以及易燃、可燃液体“跑、冒、滴、漏”，遇到明火燃烧或爆炸等。2019 年，全国因生产作业不慎引发的火灾占火灾总数的 4.2%。

五、玩火

未成年人因缺乏看管，玩火取乐，也是火灾发生常见的原因之一。此外，燃放烟花爆竹也属于“玩火”的范畴。被点燃的烟花爆竹本身即是火源，稍有不慎，就易引发火灾，还会造成人员伤亡。我国每年春节期间火灾频繁，其中有 70% ~ 80% 是由燃放烟花爆竹引起的。2019 年，全国因玩火引发的火灾占火灾总数的 2.6%。

六、放火

放火是指人蓄意制造火灾的行为。一般是当事人以放火为手段达到某种目的。这类火灾为当事人故意为之，通常经过一定的策划准备，因而往往缺乏初期救助，火灾发展迅速，后果严重。2019 年，全国因放火引发的火灾占火灾总数的 1.2%。

七、雷击

雷电导致的火灾原因大体上有三种：一是雷电直接击在建筑物上发生热效应、机械效应作用等；二是雷电产生静电感应作用和电磁感应作用；三是高电位雷电波沿着电气线路或金属管道系统侵入建筑物内部。在雷击较多的地区，建筑物上如果没有设置可靠的防雷保护设施，便有可能发生雷击起火。此外，一些森林火灾往往是由雷击引起的。2019 年，全国因雷击引发的火灾约占火灾总数的 0.1%。

此外，由于自燃等原因引发的火灾也占据了一定的比例。

第三节　建筑火灾发展及蔓延的机理

通常情况下，火灾都有一个由小到大，由发生、发展直至熄灭的过程，其在不同的环境下会呈现不同的特点。本节主要介绍建筑火灾蔓延的传热基础、烟气蔓延及火灾发展的几个阶段。

一、建筑火灾蔓延的传热基础

热量传递有三种基本方式，即热传导、热对流和热辐射。建筑火灾中，燃烧物质所放出的热能通常是以上述三种方式来传播，并影响火势蔓延和扩大的。热传播的形式与起火点、建筑材料、物质的燃烧性能和可燃物的数量等因素有关。火场上，可以用热通量，即单位时间通过单位面积的热量大小来衡量热能传递的强度。依据热传递方式的不同，热通量分为传导热通量、对流热通量和辐射热通量。

（一）热传导

热传导又称导热，属于接触传热，是介质内传递热量而又没有各部分之间相对的宏观位移的一种传热方式。从微观角度讲，之所以发生导热现象，是由于微观粒子（分子、原子或它们的组成部分）的碰撞、转动和振动等热运动而引起能量从高温部分传向低温部分。在固体内部，只能依靠导热的方式传热；在流体中，尽管也有导热现象发生，但通常被对流运动所掩盖。不同物质的导热能力各异，通常用导热系数（即单位温度梯度时的热通量）表示物质的导热能力。同种物质的导热系数也会因材料的结构、密度、湿度、温度等因素的变化而变化。常用材料的导热系数见表 1–2–1。

表 1–2–1　常用材料的导热系数

材料	导热系数 K/[W/(m·K)]	密度 ρ/(kg/m^3)	材料	导热系数 K/[W/(m·K)]	密度 ρ/(kg/m^3)
铜	387	8 940	黄松	0.14	640
（低碳）钢	45.8	7 850	石棉板	0.15	577
混凝土	0.8 ~ 1.4	1 900 ~ 2 300	纤维绝缘板	0.041	229
玻璃（板）	0.76	2 700	聚氨酯泡沫	0.034	20
石膏涂层	0.48	1 440	普通砖	0.69	1 600
有机玻璃	0.19	1 190	空气	0.026	1.1
橡木	0.17	800	—	—	—

（二）热对流

热对流又称对流，是指流体各部分之间发生相对位移，冷热流体相互掺混引起热量传递的方式。热对流中热量的传递与流体流动有密切的关系。当然，由于流体中存在温度差，所以也必然存在导热现象，但导热在整个传热中处于次要地位。工程上常把具有相对位移的流体与所接触的固体表面之间的热传递过程称为对流换热。

一般来说，建筑发生火灾过程中，通风孔洞面积越大，热对流的速度越快；通风孔洞所处位置越高，对流速度越快。热对流对初起火灾的发展起重要作用。

（三）热辐射

辐射是物体通过电磁波传递能量的方式。辐射换热是物体间以辐射的方式进行的热量传递。与热传导和热对流不同的是，热辐射在传递能量时不需要互相接触即可进行，所以它是一种非接触传递能量的方式，即使在太空，热辐射也能照常进行。最典型的例子是太阳向地球表面传递热量的过程。

热辐射是促使建筑室内火灾及建筑之间火灾蔓延的重要形式。起火点附近与火焰不相接触又无中间导热物体作媒介而被引燃的可燃物，就是热辐射及热对流的结果。火场上的火焰、烟雾都能辐射热能，辐射热能的强弱取决于燃烧物质的热值和火焰温度。物质热值越大，火焰温度越高，热辐射也越强。辐射热作用于附近的物体上，能否引起可燃物质着火，要看热源的温度、距离和角度。

综上，建筑火灾的蔓延方式与起火点、建筑材料、物质的燃烧性能、可燃物的数量以及火场周围条件等因素有关。室内火灾的常见蔓延方式为直接燃烧（火焰接触、延烧）、热对流、热辐射、热传导等，火灾向相邻建筑蔓延主要通过热对流、飞火和热辐射三种方式。

二、建筑室内火灾发展的阶段

对建筑室内火灾而言，通常最初发生在某个房间的某个部位，然后可能由此蔓延到相邻的部位或房间以及整个楼层，最后蔓延到整个建筑物。这里的“室”不仅指住宅、写字楼、厂房、仓库等建筑内的房间，还泛指所有具有顶棚、墙体和开口（如门、窗）结构的受限空间，例如，汽车和火车的车厢、飞机和轮船的舱等。

在不受干预的情况下，室内火灾发展过程大致可分为初期增长阶段（也称轰燃前阶段）、充分发展阶段（也称轰燃后阶段）和衰减阶段。由于室内平均温度是表征火灾燃烧强度的重要指标，因此常用这一温度随时间变化的情况来描述室内火灾的发展过程，如图 1–2–1 所示。

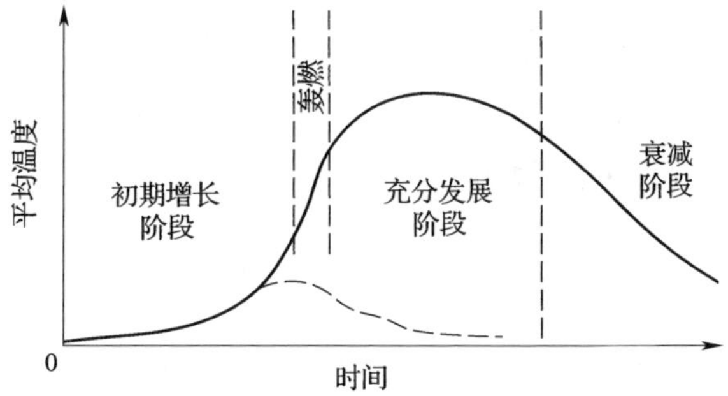

图 1–2–1 建筑室内火灾温度 – 时间曲线

（一）初期增长阶段

初期增长阶段从室内出现明火算起。此阶段燃烧面积较小，只局限于着火点附近的可燃物燃烧，仅局部温度较高，室内各处的温度相差较大，平均温度较低，其燃烧状况与敞开环境中的燃烧状况差别不大。该阶段由于燃烧范围小，室内供氧相对充足，燃烧的速率主要受控于可燃物的燃烧特性，而与通风条件无关，因此，此阶段的火灾属于燃料控制型火灾。随着燃烧的持续，该阶段可能进一步发展形成更大规模的火灾，也可能中途燃烧自行熄灭，或因灭火设施动作或人为的干预而被熄灭，如图 1–2–1 虚线所示。

初期阶段持续时间的长短不定。

（二）充分发展阶段

室内燃烧持续一定时间后，如果燃料充足，通风良好，燃烧会继续发展，燃烧范围不断扩大，室内温度不断上升，当未燃的可燃物表面达到其热解温度后，开始分解释放出可燃气体。当室内温度继续上升到一定程度时，会出现燃烧面积和燃烧速率瞬间迅速增大，室内温度突增的现象，即轰燃，标志着室内火灾由初期增长阶段转变为充分发展阶段。

进入充分发展阶段后，室内所有可燃物表面开始燃烧，室内温度急剧上升，可高达800～1 000℃。由于此阶段大量可燃物同时燃烧，燃烧的速率受控于通风口的大小和通风的速率，因此，此阶段属于通风控制型火灾。此阶段，火焰会从房间的门、窗等开口处向外喷出，沿走廊、吊顶迅速向水平方向以及通过竖向管井、共享空间等纵向空间蔓延扩散，使邻近区域受到火势的威胁。这是室内火灾最危险的阶段。

（三）衰减阶段

在火灾全面发展阶段的后期，随着室内可燃物数量的减少，燃烧速度减慢，燃烧强度减弱，温度逐渐下降。一般认为，当室内平均温度下降到其峰值的80%时，火灾进入衰减阶段。最后，由于燃料基本耗尽，有焰燃烧逐渐无法维持，室内只剩一堆赤热焦化后的炭持续无焰燃烧，其燃烧速度已变得相当缓慢，直至燃烧完全熄灭。

上述后两个阶段是可燃物数量充足、通风良好的情况下，室内火灾的自然发展过程。实际上，一旦室内发生火灾，常常伴有人为的灭火行动或者自动灭火设施的启动，因此会改变火灾的发展进程。不少火灾尚未发展就被扑灭，这样室内就不会出现破坏性的高温。如果灭火过程中，可燃材料中的挥发分并未完全析出，可燃物周围的温度在短时间内仍然较高，易造成可燃挥发分继续析出，一旦条件合适，可能会出现死灰复燃的情况，这种情况不容忽视。

三、建筑室内火灾的特殊现象

室内火灾发展过程中出现的轰燃现象，是火灾发展的重要转折点。轰燃所占时间较短，通常只有数秒或者几分钟，因此把它看作一种现象，而不作为一个阶段。回燃则是建筑火灾过程中发生的具有爆炸性的特殊现象，对人身财产安全、建筑结构本身均易造成较大的威胁和破坏。长期以来，这两种特殊的室内火灾现象一直都是火灾科学界研究的重点。

（一）轰燃

轰燃是指室内火灾由局部燃烧向所有可燃物表面都燃烧的突然转变。室内轰燃是一种瞬态过程，其中包含着室内温度、燃烧范围、气体浓度等参数的剧烈变化。目前研究认为，当建筑室内火灾出现以下三种情况，即可判断发生了轰燃：一是顶棚附近的气体温度超过某一特定值（约600℃）；二是地面的辐射热通量超过某一特定值（约20kW/m^2）；三是火焰从通风开口喷出。影响轰燃发生的重要因素包括室内可燃物的数量，燃烧特性与布局，房间的大小与形状，房间开口的大小、位置与形状，室内装修装饰材料热惯性（即导热系数、密度和比热组合成的一个参数，决定热量吸收的多少）等。

通过对国内外一线专业消防救援人员在灭火实战中的总结，轰燃发生之前火场可能出现以下征兆：

（1）屋顶的热烟气层开始出现火焰。这说明室内的温度已经很高，热烟气层的部分可燃气体被引燃或受热自燃出现了零星燃烧现象。

（2）出现滚燃现象。在室内的顶棚位置以及门、窗顶部流出的热烟气层中都有可能观察到由于空气卷吸而形成很多形似手指头的滚动火焰，即滚燃现象。

（3）热烟气层突然下降。室内燃烧产生烟气的量突然增加，使得烟气层突然变厚。

（4）温度突然增加。室内温度突然上升，裸露部分的皮肤可以感觉到高温引起的疼痛，这也是轰燃发生之前的重要征兆，因为热量是触发轰燃的原因。

（二）回燃

回燃是指当室内通风不良、燃烧处于缺氧状态时，由于氧气的引入导致热烟气发生的爆炸性或快速的燃烧现象。回燃通常发生在通风不良的室内火灾门、窗打开或者被破坏的时候。这是因为在通风不良的室内环境中，长时间燃烧后聚集大量具有可燃性的不完全燃烧产物和热解产物，这些处于气相的可燃性物质包括可燃气体、可燃液滴和碳烟粒子，它们组成了可燃性的混合物，而且其浓度随着燃烧时间的增长而不断变大，但由于室内通风不良、供氧不足，氧气的浓度低于可燃气相混合物爆炸的临界氧浓度，因此不会发生爆炸。然而，当房间的门、窗被突然打开，或者因火场环境受到破坏，大量空气随之涌入，室内氧气浓度迅速升高，使得可燃气相混合物进入爆炸极限浓度范围内，从而发生爆炸性或快速的燃烧现象。回燃发生时，室内燃烧气体受热膨胀从开口逸出，在高压冲击波的作用下形成喷出火球。回燃产生的高温高压和喷出火球不仅会对人身安全产生极大威胁，而且会对建筑结构本身造成较强破坏。

有关理论研究表明，室内发生火灾时，处于气相的可燃混合物浓度和室内的氧浓度是回燃发生的决定性因素。回燃的剧烈程度随室内可燃气相混合物浓度的增加而增大。室内火灾中可燃气相混合物浓度的大小，主要取决于室内可燃物的类型、火灾荷载密度（火灾荷载指某一空间内所有物质，包括装修装饰材料的总热值，火灾荷载密度即单位建筑面积上的火灾荷载）、通风条件以及燃烧时间等。

回燃发生前通常也可能出现一些征兆。如果身处室外，可能观察到的征兆包括：着火房间开口较少，通风不良，蓄积大量烟气；着火房间的门或窗户上有油状沉积物；门、窗及其把手温度高；开口处流出脉动式热烟气；有烟气被倒吸入室内的现象。如果身处室内，或向室内看去，可能观察到的征兆包括：室内热烟气层中出现蓝色火焰（表明燃烧缺氧，燃烧产物中含有较多一氧化碳，其燃烧呈蓝色）；听到吸气声或呼啸声。但回燃发生前的征兆并不稳定，有时回燃发生前只能观察到一两种征兆。

室内火灾的灭火救援过程中，如果发现上述任何征兆，在未做好充分的灭火和防护准备前，不要轻易打开门、窗，以免新鲜空气流入导致回燃的发生。可以采取顶部通风排烟、侧翼夹击射水灭火等方式，尽量降低回燃的发生率和危害性。

四、建筑火灾的蔓延途径

建筑内某一房间发生火灾时，在火势没有得到有效遏制而迅速发展的情况下，会突破该房间的防火分隔，向其他空间蔓延。火灾主要的蔓延途径包括水平蔓延和竖向蔓延等。

（一）火灾的水平蔓延

在建筑的着火房间内，主要因火焰直接接触、延烧或热辐射作用等导致火灾在水平方向蔓延。在着火房间外，主要因防火分隔构件直接燃烧、被破坏或隔热作用失效，烟火从着火房间的开口蔓延进入其他空间后因高温热对流等作用导致火灾在水平方向的蔓延。下列情况是导致建筑火灾在水平方向蔓延的常见情形：

（1）建筑内水平方向未设置防火分区或防火分隔。

（2）防火分隔方式不当，导致其不能发挥阻火作用。

（3）防火墙或防火隔墙上的开口处理不完善。

（4）采用可燃构件与装饰材料。

在实际工程中，防火隔墙和房间隔墙未砌至顶板或隔断吊顶，或未采用防火门而采用可燃的木质门，防火门未能及时关闭、防火卷帘不能及时降落，或防火分隔水幕保护设计不合理等，均会导致火灾的水平蔓延。防止火灾水平蔓延的主要方式有：设置防火墙或防火隔墙、防火门、防火卷帘等设施，将各楼层在水平方向分隔为不同的防火分隔区域。

（二）火灾的竖向蔓延

延烧和烟囱效应是造成火灾竖向蔓延的主要原因。

建筑内部的楼梯间、电梯井、管道井、电缆井、垃圾井、排气道、中庭等竖向通道和空间，往往贯穿建筑的多个楼层或整个建筑，如果没有进行合理、完善的防火分隔或封堵，一旦发生火灾，会产生较强烈的烟囱效应，导致火灾和烟气在竖向迅速蔓延。特别是对于高层建筑，烟囱效应导致的火灾竖向蔓延是使火灾迅速蔓延至整栋建筑的主要途径。防止火灾在建筑内部竖向蔓延主要是对竖向贯穿多个楼层的井道或开口进行防火封堵和分隔、设置防火门、防火卷帘等。

火灾中的高温羽流也会促使火焰蹿出外窗，通过建筑的外墙上的开口向上层蔓延。一方面，由于火焰与外墙面之间的空气受热逃逸形成负压，周围冷空气的压力致使烟火贴墙面而上，使火蔓延到上一层，甚至越层向上蔓延。另一方面，由于火焰贴附外墙面，致使热量透过墙体引燃起火层上面一层房间内的可燃物。建筑的外窗形状、大小以及挑檐设置情况对火势蔓延有很大影响。当窗口高宽比较小时，火焰或热气流贴附外墙面的现象明显，使火势更容易向上发展。

火灾还可能沿建筑外墙面竖向蔓延。随着外墙外保温材料和落地窗、幕墙等建筑形式在我国建筑上的广泛应用，火灾通过建筑外墙大面积蔓延的案例越来越多。

（三）其他蔓延途径

建筑中一些不引人注意的孔洞，有时会造成整座大楼发生严重火灾，尤其是在现代建筑中，吊顶与楼板之间、幕墙与分隔构件之间的空隙或缝隙，管道穿越墙体或楼板处、工艺开口等都有可能因施工质量等留下孔洞，而且有的孔洞水平方向与竖直方向互相穿通，使用者往往不知道这些孔洞导致火灾蔓延隐患的存在，更不会采取相应的防火措施，使小火酿成大灾。

通风和空气调节系统的风管是建筑内部火灾及其烟气发生蔓延的常见途径之一。风管自身起火会使火势向相互连通的空间（房间、吊顶内部、机房等）蔓延。起火房间的火灾和烟气还会通过风管蔓延到建筑物内的其他空间。建筑空调系统未按规定设置防火阀、风管或风管的绝热材料未按要求采用不燃材料等，都容易造成火灾蔓延。

第四节 防火和灭火的基本原理与方法

根据燃烧基础理论，可燃物、助燃物和引火源三个条件必须同时具备且相互作用，燃烧才能发生。防火和灭火的基本原理，是基于对燃烧条件理论运用的结果。其中，防火原理在于限制燃烧条件的形成，灭火原理则是破坏已触发的燃烧条件。

一、防火的基本方法

预防火灾发生的基本方法应从限制燃烧的三个基本条件入手，并避免它们相互作用。

（一）控制可燃物

在条件允许的情况下，控制可燃物的做法通常有以下几种：用难燃、不燃材料代替可燃材料，例如，用水泥代替木材建造房屋；降低可燃物质（通常指可燃气体、粉尘等）在空气中的浓度；在车间或库房采取全面通风或局部排风，使可燃物不易积聚；将可燃物与化学性质相抵触的其他物品隔离保存，并防止“跑、冒、滴、漏”等。

（二）隔绝助燃物

对于一些易燃物品，可采取隔绝空气的方法储存，例如，钠存于煤油中、磷存于水中、二硫化碳用水封存等。在有的生产、施工环节，可以通过在设备容器中充装惰性介质保护的方式来隔绝助燃物，例如，水入电石式乙炔发生器在加料后，用惰性介质氮气吹扫；燃料容器在检修焊补（动火）前，用惰性介质置换等。

（三）控制引火源

在多数场合，可燃物在生产、生活中的存在不可避免，作为最常见助燃物的氧气也几乎无处不在，所以防火防爆技术的重点应是对引火源的控制。在生产加工过程中，各类必要的热能源即可能成为导致火灾发生的引火源，故须采取合理的技术手段和管理措施加以控制，既要保证安全生产的需要，又要设法避免引起火灾爆炸。对于几类常见引火源，通常的做法有禁止明火、控制温度、使用无火花和静电消除设备、接地避雷、设置火星熄灭装置等。

二、灭火的基本原理与方法

为防止火势失去控制，继续扩大燃烧而造成灾害，需要采取一定的方法将火扑灭，这些方法的基本原理是破坏燃烧条件。

（一）冷却灭火

可燃物一旦达到着火点，就会燃烧或持续燃烧。在一定条件下，将可燃物的温度降到着火点以下，燃烧即会停止。对于可燃固体，将其冷却在燃点以下；对于可燃液体，将其冷却在闪点以下，燃烧反应就可能会中止。用水扑灭一般固体物质引起的火灾，主要是通过冷却作用来实现的，水具有较大的比热容和很高的汽化热，冷却性能很好。在用水灭火的过程中，水大量地吸收热量，使燃烧物的温度迅速降低，使火焰熄灭，火势得到控制，火灾终止。水喷雾灭火系统（详见第三篇第四章）的水雾，其水滴直径细小，比表面积大，和空气接触范围大，极易吸收热气流的热量，也能很快地降低温度，效果更为明显。

（二）隔离灭火

在燃烧三要素中，可燃物是燃烧的主要因素。将可燃物与氧气、火焰隔离，也就是将尚未燃烧的可燃物移走，使其与正在燃烧的可燃物分开或断绝可燃物来源，燃烧区得不到足够的可燃物就可以中止燃烧、扑灭火灾。例如：将火源附近的可燃、易燃、易爆和助燃物品搬走；拆除与火源毗连的易燃建（构）筑物，形成阻止火势蔓延的空间地带；在扑灭可燃液体或可燃气体火灾时，迅速关闭输送可燃液体或可燃气体管道的阀门，切断流向着火区的可燃液体或可燃气体的输送管道，同时打开可燃液体或可燃气体通向安全区域的阀门，使已经燃烧或受到火势威胁的容器中的可燃液体、可燃气体转移。

（三）窒息灭火

可燃物的燃烧是氧化作用，需要在最低氧浓度以上才能进行，低于最低氧浓度，燃烧不能进行，火灾即被扑灭。一般氧浓度低于15%时，就不能维持燃烧。因此，隔绝空气或稀释燃烧区的空气氧含量，使可燃物得不到足够的氧气可以停止燃烧。它适用于扑救容易封闭的容器设备、房间、洞室和工艺装置或船舱内的火灾。在灭火中根据不同情况，可具体采取下列措施：用干砂、石棉布、湿棉被、帆布等不燃或难燃物捂盖燃烧物，阻止空气流入燃烧区，使已经燃烧的物质得不到足够的氧气而熄灭；自动喷水－泡沫联用系统在喷水的同时喷出泡沫，泡沫覆盖于燃烧液体或固体的表面，在发挥冷却作用的同时，将可燃物与空气隔开，从而可以灭火；在着火场所内，通过灌注惰性气体（如二氧化碳、氮气、水蒸气等）来降低空间的氧浓度，从而达到窒息灭火的目的。此外，水喷雾灭火系统工作时，喷出的水滴吸收热气流热量而转化成蒸汽，当空气中水蒸气浓度达到35%时，燃烧即停止，这也是窒息灭火的应用。

（四）化学抑制灭火

基于燃烧的链式反应原理，着火四面体为另一种灭火方法——化学抑制法提供了理论依据，使灭火剂参与到燃烧反应中去，销毁燃烧过程中产生的自由基，形成稳定分子或低活性自由基，从而使燃烧反应终止，达到灭火的目的。化学抑制灭火的常见灭火剂有干粉灭火剂和七氟丙烷灭火剂。化学抑制灭火速度快，使用得当可有效地扑灭初起火灾，减少人员伤亡和经济损失。该方法对于有焰燃烧火灾效果好，而对深位火灾由于渗透性较差，灭火效果不理想。在条件许可的情况下，采用化学抑制灭火的灭火剂与水、泡沫等灭火剂联用会取得明显效果。

在火场上究竟采用哪种灭火方法，应根据燃烧物质的性质、燃烧特点和火场的具体情况以及消防器材装备的性能进行选择。有些火场往往需要同时使用几种灭火方法，比如用干粉灭火时，还要采用必要的冷却降温措施，以防止复燃。

参考文献

[1] 中华人民共和国公安部消防局. 中国消防手册：第一卷 [M]. 上海：上海科学技术出版社，2010.

[2] 董希琳. 消防燃烧学 [M]. 北京：中国人民公安大学出版社，2014.

[3] 应急管理部消防救援局. 中国消防救援年鉴：2019 年卷 [M]. 北京：应急管理出版社，2020.

[4] 蔡芸. 建筑防火 [M]. 北京：中国人民公安大学出版社，2021.

[5] 徐晓楠. 消防燃烧学基础 [M]. 北京：机械工业出版社，2013.

练习题

一、一级注册消防工程师

（一）单项选择题

1. 关于火灾类别的说法，错误的是（　　）。

A. D 类火灾是物体带电燃烧的火灾

B. A 类火灾是固体物质火灾

C. B 类火灾是液体火灾或可溶化固体物质火灾

D. C 类火灾是气体火灾

2. 下列灭火器中，灭火剂的灭火机理为化学抑制作用的是（　　）。

A. 泡沫灭火器　　B. 二氧化碳灭火器

C. 水基型灭火器　　D. 干粉灭火器

（二）多项选择题

下列灭火剂中，在灭火过程中含有窒息灭火机理的有（　　）。

A. 二氧化碳　　B. 泡沫

C. 直流水　　D. 水喷雾

E. 氮气

二、二级注册消防工程师

（一）单项选择题

下列物质发生的火灾中，不属于 A 类火灾的是（　　）。

A. 松香　B. 焦炭　C. 沥青　D. 橡胶

（二）多项选择题

七氟丙烷的主要灭火机理有（　　）。

A. 降低燃烧反应速度　B. 降低燃烧区可燃气体浓度

C. 隔绝空气　D. 抑制、阻断链式反应

E. 降低燃烧区的温度

微信扫码，查看练习题答案和解析

第三章　爆炸及易燃易爆危险品

学习要求

通过本章学习，应熟悉爆炸的分类、爆炸极限的概念与应用，以及易燃易爆危险品的分类、特点；辨识典型爆炸危险源，分析引起爆炸的主要原因，判别爆炸危险场所防爆措施的合理性；辨识典型易燃易爆危险品的类别，分析、判别典型易燃易爆危险品防火防爆要求及灭火方法的正确性。

爆炸由于破坏力强、危害性大，往往还伴随着火灾及其他灾害的发生，因而需要引起消防工作者的特别重视。本章主要介绍爆炸的分类、爆炸极限、爆炸危险源及易燃易爆危险品等相关知识。了解爆炸发生的条件和机理、辨识典型爆炸危险源和易燃易爆危险品，是理解和应用防火防爆技术的必要理论基础，对于防范爆炸发生、处置火灾爆炸事故尤为重要。

第一节　爆炸的分类及典型爆炸危险源

爆炸指在周围介质中瞬间形成高压的化学反应或状态变化，通常伴有强烈放热、发光和声响。爆炸是由物理变化和化学变化引起的。在发生爆炸时，势能（化学能或机械能）突然转变为动能，有高压气体生成或释放出高压气体，这些高压气体随之做机械功，例如，移动、改变或抛射周围的物体。一旦发生爆炸，将会对邻近的物体产生极大的破坏作用，这是由于构成爆炸体系的高压气体作用到周围物体上，使物体受力不平衡，从而遭到破坏。火灾过程有时会发生爆炸，从而对火势的发展及人员安全产生重大影响，爆炸发生后往往又易引发大面积火灾。

一、爆炸的分类

爆炸有着不同的分类，按物质产生爆炸的原因和性质不同，通常将爆炸分为物理爆炸、化学爆炸和核爆炸三种。其中物理爆炸和化学爆炸最为常见。

（一）物理爆炸

物质因状态变化导致压力发生突变而形成的爆炸叫作物理爆炸。例如，蒸汽锅炉因水快速汽化，容器压力急剧增加，压力超过设备所能承受的强度而发生的爆炸；压缩气体或液化气钢瓶、油桶受热爆炸等。物理爆炸的特点是爆炸前后物质的化学成分均不改变。物理爆炸本身虽没有进行燃烧反应，但它产生的冲击力可直接或间接地造成火灾。

（二）化学爆炸

化学爆炸是指由于物质急剧氧化或分解产生温度、压力增加或两者同时增加而形成的爆炸现象。化学爆炸前后，物质的化学成分和性质均发生了根本的变化。这种爆炸速度快，爆炸时产生大量热能和很大的气体压力，并发出巨大的声响。化学爆炸能直接造成火灾，具有很大的火灾危险性。各种炸药的爆炸和气体、液体蒸气及粉尘与空气混合后形成的爆炸都属于化学爆炸，特别是后一种爆炸，几乎存在于工业生产、交通运输、日常生活等各个领域，危害性很大，应特别注意。

1. 炸药爆炸

炸药是为了完成可控制爆炸而特别设计制造的物质，其分子中含有不稳定的基团，绝大多数炸药本身含有氧，不需要外界提供氧就能爆炸，但炸药爆炸需要外界引火源引起。其爆炸一旦失去控制，将会造成巨大灾难。

2. 可燃气体爆炸

可燃气体爆炸是指物质以气体、蒸气状态所发生的爆炸。气体爆炸由于受体积能量密度的制约，造成大多数气态物质在爆炸时产生的爆炸压力分散在 5 ~ 10 倍于爆炸前的压力范围内，爆炸威力相对较小。按爆炸原理，气体爆炸包括混合气体爆炸和气体单分解爆炸两种。

（1）混合气体爆炸。混合气体爆炸是指可燃气（或液体蒸气）和助燃性气体的混合物在引火源作用下发生的爆炸，较为常见。可燃气与空气组成的混合气体遇火源能否发生爆炸，与混合气体中的可燃气浓度有关。可燃气与空气组成的混合气体遇火源能发生爆炸的浓度范围称为爆炸极限，通常用体积分数（%）表示。

不同的物质由于其理化性质不同，其爆炸极限也不同，即使是同一种物质，在不同的外界条件下，其爆炸极限也不同。通常，可燃气体在氧气中的爆炸极限要比在空气中的爆炸极限范围大，部分可燃气体在空气和氧气中的爆炸极限见表 1–3–1。

表 1–3–1　部分可燃气体在空气和氧气中的爆炸极限

物质名称	在空气中（体积分数）/%		在氧气中（体积分数）/%	
	下限	上限	下限	上限
氢气	4	75	4.7	94
乙炔	2.5	82	2.8	93
甲烷	5	15	5.4	60
乙烷	3	12.45	3	66
丙烷	2.1	9.5	2.3	55
乙烯	2.75	34	3	80
丙烯	2	11	2.1	53

续表 1-3-1

物质名称	在空气中（体积分数）/%		在氧气中（体积分数）/%	
	下限	上限	下限	上限
氨	15	28	13.5	79
环丙烷	2.4	10.4	2.5	63
一氧化碳	12.5	74	15.5	94
乙醚	1.9	40	2.1	82
丁烷	1.5	8.5	1.8	49
二乙烯醚	1.7	27	1.85	85.5

除助燃物条件外，对于同种可燃气体，也会因外界条件的变化而具有不同的爆炸极限：引燃混合气体的火源能量越大，可燃混合气体的爆炸极限范围越宽，爆炸危险性越大；可燃混合气体初始压力增加，爆炸范围增大，爆炸危险性增加，但是干燥的一氧化碳和空气的混合气体初始压力上升，其爆炸极限范围缩小；混合气体初温越高，混合气体的爆炸极限范围越大，爆炸危险性越大；可燃混合气体中加入惰性气体，会使爆炸极限范围变小，当加入的惰性气体超过一定量以后，任何比例的混合气体均不能发生爆炸。

爆炸极限是评价可燃气体、液体蒸气、粉尘等物质火灾危险性的主要参数之一。一般来说，爆炸极限范围越大或爆炸下限越低，就越容易形成爆炸混合物，可燃物的火灾爆炸危险性就越大。生产和储存场所的火灾危险性主要取决于该场所内可燃物的火灾危险性，因此，爆炸极限成为评定生产和储存场所火灾危险性的依据之一（详见第二篇第二章）。根据场所火灾危险性，可以进一步确定建筑物耐火等级、防火间距、电气设备选用、建筑消防设施以及灭火救援力量的配备等。

（2）气体单分解爆炸。气体单分解爆炸是指单一气体在一定压力作用下发生分解反应并产生大量反应热，使气态物膨胀而引起的爆炸。气体单分解爆炸的发生需要满足一定的压力和分解热的要求。能使单一气体发生爆炸的最低压力值称为临界压力。单分解爆炸气体物质压力高于临界压力且分解热足够大时，才能维持热与火焰的迅速传播而造成爆炸。

3. 可燃粉尘爆炸

粉尘是指呈分散状态的固体物质，粉尘爆炸是指悬浮于空气中的可燃粉尘触及明火或电火花等火源时发生的爆炸现象。粉尘爆炸事故在近几年屡有发生，并造成了严重后果。

粉尘爆炸一般应具备三个条件：

（1）粉尘本身是可燃的，可燃粉尘包括有机粉尘和无机粉尘两大类，但并非所有的可燃粉尘都能发生爆炸，常见具有爆炸性的粉尘见表 1-3-2。

表 1-3-2　常见具有爆炸性的粉尘

种类	举　例
炭制品	煤、木炭、焦炭、活性炭等的粉尘
肥料	鱼粉、血粉等
食品类	淀粉、砂糖粉、面粉、可可粉、奶粉、谷粉、咖啡粉等
木质类	木粉、软木粉、木质素粉、纸粉等
合成制品类	染料中间体，各种塑料、橡胶、合成洗涤剂等的粉尘
农产品加工类	胡椒、除虫菊、烟草等的粉尘
金属类	铝、镁、锌、铁、锰、锡、硅铁、钛、钡、锆等的粉尘

（2）粉尘必须悬浮在空气中，并且其浓度处于一定的范围，即粉尘爆炸极限，通常用单位体积中所含粉尘的质量（g/m^3）表示。试验表明，许多工业粉尘的爆炸下限为 20 ~ 60g/m^3，爆炸上限为 2 000 ~ 6 000g/m^3。由于粉尘沉降等原因，实际情况下很难达到爆炸上限值，因此，通常只应用粉尘的爆炸下限。爆炸下限越低的粉尘，爆炸的危险性越大。此外，爆炸压力、悬浮状态下的粉尘自燃点等也是衡量粉尘爆炸危险性大小的重要参数。表 1-3-3 给出了部分粉尘的爆炸下限及其他特性参数。

表 1-3-3　部分粉尘的爆炸特性

物质名称	爆炸下限 /（g/m^3）	最大爆炸压力 /$\times 10^5$Pa	自燃点 /℃
镁	20	5	520
铝	35 ~ 40	6.2	645
镁铝合金	50	4.3	535
钛	45	3.1	460
铁	120	2.5	316
锌	500	6.9	860
煤	35 ~ 45	3.2	610
硫	35	2.9	190
玉米	45	5	470
黄豆	35	4.6	560
花生壳	85	2.9	570
砂糖	19	3.9	410 ~ 525
小麦	9.7 ~ 60	4.1 ~ 6.6	380 ~ 470

续表 1-3-3

物质名称	爆炸下限 / (g/m^3)	最大爆炸压力 / $\times 10^5$Pa	自燃点 /℃
木粉	12.6 ~ 25	7.7	225 ~ 430
软木	30 ~ 35	7	815
纸浆	60	4.2	480
酚苯树脂	25	7.4	500
脲醛树脂	90	4.2	470
环氧树脂	20	6	540
聚乙烯树脂	30	6	410
聚丙烯树脂	20	5.3	420
聚苯乙烯制品	15	5.4	560
聚乙酸乙烯树脂	40	4.8	550
硬脂酸铝	15	4.3	400

注：不同试验条件下得出的数据会存在一定差异。

（3）有足以引起粉尘爆炸的引火源。粉尘燃烧需要经过加热、熔融蒸发或者受热裂解，放出可燃气体，因此需要较多的能量。一般来说，最小点火能是 10 ~ 100mJ，比可燃气体的最小点火能大 100 ~ 1 000 倍。

粉尘爆炸有两种机理，一种机理是粉尘受热后释放可燃气体发生燃烧和爆炸，称为Ⅰ型粉尘爆炸，如木粉、纸粉、樟脑粉、萘粉等；另一种机理是粉尘粒子接受火源的热量后直接与氧化剂发生剧烈的氧化反应，称为Ⅱ型粉尘爆炸，如铝粉、镁粉等。

与气体爆炸相比，粉尘爆炸具有以下特点：

（1）粉尘爆炸比气体爆炸需要的点火能大、引爆时间长。这是因为粉尘爆炸的过程比气体爆炸复杂得多，粉尘粒子比气体分子大得多，粉尘爆炸涉及分解、蒸发等一系列物理和化学过程，从而使粉尘爆炸需要较大的点火能和较长的感应期，粉尘爆炸的着火感应期可达数十秒。

（2）燃烧速度和爆炸压力比气体爆炸小，然而燃烧时间长，产生的能量大，可以达到气体爆炸能量的几倍，温度可上升到 2 000 ~ 3 000℃，因此其破坏力也大。

（3）粉尘初始爆炸产生的气浪会使粉尘扬起，在新的空间内形成爆炸浓度而产生二次爆炸、三次爆炸，因此破坏更大。

（4）粉尘爆炸容易引起不完全燃烧，产生大量的一氧化碳等不完全燃烧产物，有人员中毒的危险。

（三）核爆炸

由原子核裂变或聚变反应释放出核能所形成的爆炸，称为核爆炸。例如，原子弹、氢弹、中子弹的爆炸都属于核爆炸。

二、典型爆炸危险源

危险源是指一个系统中具有潜在能量和物质释放危险的、可造成人员伤害、在一定触发因素作用下可转化为事故的部位、区域、场所、空间、岗位、设备及其位置。危险源能够转化为事故需具备三个要素：潜在危险性、存在条件和触发因素。爆炸危险源转化为爆炸事故，则需具备爆炸介质存在、达到爆炸极限以及具备满足条件的引火源三个要素。

（一）典型爆炸性危险物质

爆炸性气体、易燃液体和闪点低于或等于环境温度的可燃液体、爆炸性粉尘或易燃纤维等统称为爆炸性危险物质。

根据日常使用情况，几种典型的爆炸性危险物质的主要特征如下：

（1）液化石油气。液化石油气是从石油加工或石油、天然气开采过程中得来的，其主要成分是丙烷、丙烯、丁烷和丁烯。气态液化石油气比空气重，其比重为空气的1.5～2.0倍。液化石油气爆炸极限为1.5%～9.5%，与空气混合后易燃、易爆。

（2）天然气。天然气是气态碳氢化合物，具有可燃性，主要成分为甲烷，还含有少量乙烷、丁烷、戊烷、二氧化碳、一氧化碳、硫化氢等。比重为0.65，比空气轻，具有无色、无味、无毒的特性。由于其主要成分甲烷的爆炸极限为5%～15%，因此天然气遇火会引起规模不等的爆炸。

（3）煤粉。煤加工成煤粉后，颗粒尺寸一般为0～50μm，具备良好的流动性，能吸附大量空气。积存煤粉与空气中的氧气长期接触氧化，会使温度升高，从而进一步加速煤粉氧化，如散热不良会进一步加速氧化，从而引起煤粉自燃。在制粉系统中，煤粉由输送煤粉的气体和煤粉混合成的云雾状混合物，一旦遇火花就会使火源扩大而产生较大压力，从而造成煤粉爆炸。

（4）铝粉。铝有还原性，极易氧化，在氧化过程中放热。铝粉遇湿易燃，与氧化性物质混合会形成爆炸性混合物，粉体与空气可形成爆炸性混合物，当达到$40g/m^3$的爆炸浓度下限时发生爆炸。

（5）面粉。面粉主要由淀粉构成，是一种可燃性物质。当研磨成细小颗粒后，表面积增大，遇火源燃烧，并产生大量热，生成二氧化碳和水蒸气，在高温下，引起气体体积迅速膨胀，产生压力，导致爆炸。面粉的爆炸浓度下限较低，为$9.7g/m^3$。

（二）典型爆炸性危险场所

1. 爆炸性危险物质储存场所

爆炸性危险物质储存场所指用于储存可燃液体、气体、固体粉尘物品的场所，包括可燃物品储罐、仓库或其他存放点，如石油罐区、LPG储罐、LNG储罐、煤粉仓库、面粉仓库等。这类场所由于储存的物品具有易爆性，且存储量超过爆炸临界量，一旦管理不善，导致储存物品泄漏、受潮、挥发，形成爆炸性混合物，极易引发爆炸事故。

2. 爆炸性危险物质传输管道

爆炸性危险物质传输管道指用于传输可燃液体、气体、粉尘的压力管道，包括长输管道、公用管道和工业管道。这类场所由于保有超过临界量的可燃、易燃液体或气体介质，且管网长期处于高压状态，一旦发生锈蚀、外力碰撞、收缩变形等情况，极易造成管网破裂、物料泄漏，在局部空间内迅速达到爆炸极限，遇引火源而引发爆炸事故。

3. 爆炸性危险物质生产场所

爆炸性危险物质生产场所指在生产过程中，采用易爆物质做原料或工艺流程中产生易爆物质的工业生产场所。这类场所会由于结构设计不合理、零配件选配不当、选材不当或材料质量有问题，导致生产设备不能满足工艺操作要求，或由于违反操作规程、违章作业致使出现设备内超温、超压等现象引发爆炸事故。

了解典型爆炸危险源，能够及时预判事故防范和安全管理的重点部位和区域，通过加强爆炸危险源基本要素的严格管控，可有效遏制爆炸事故的发生，减少事故对人员生命和财产安全的危害。

第二节　易燃易爆危险品

易燃易爆危险品是消防工作中，对以爆炸、燃烧、助燃为主要理化危险特性的化学品约定俗成的称谓。这些危险品受到摩擦、撞击、振动、高温以及其他外界火灾爆炸风险因素的激发，会成为引发燃烧、爆炸并造成严重人身伤亡、财产损失和环境破坏等危害后果的重大危险源。

一、典型易燃易爆危险品

按照《危险货物分类和品名编号》（GB 6944—2012），将危险货物分为 9 类，其中，易燃易爆危险品是以燃烧、爆炸为主要危险特性的爆炸品、气体、易燃液体、易燃固体、易于自燃的物质、遇水放出易燃气体的物质、氧化性物质、有机过氧化物以及毒性物质和腐蚀性物质中的部分易燃易爆化学品等。根据《易燃易爆危险品火灾危险性分级及试验方法　第 1 部分：火灾危险性分级》（XF/T 536.1—2013）和《危险货物品名表》（GB 12268—2012），列出几类典型易燃易爆危险品。

（一）爆炸品

爆炸品是指在外界作用下（如受热、受压、撞击等）能产生剧烈的化学反应，瞬间产生大量的气体和热量，使周围压力急剧上升发生爆炸，对周围环境造成破坏的物品，也包括无整体爆炸危险，但具有燃烧、抛射及较小爆炸危险的物品。爆炸品一般指固体或液体（或其混合物）物质，其危险性特征主要表现为反应过程的放热性、高速性和大量气态生成物的聚集性。影响爆炸危险性的主要指标包括爆炸热、敏感度、殉爆、爆炸威力、爆炸猛度等。另外，很多爆炸品，如催泪弹药、硝化甘油、二硝基苯酚等都具有一定的毒性；有些爆炸品与某些化学药品，如酸、碱、盐发生化学反应的生成物是更容易爆炸的化学品，如苦味酸遇某些碳酸盐能反应生成更易爆炸的苦味酸盐；有些爆炸品与一些重金属（铅、银、铜等）及其化合物的生成物，其敏感度更高，如苦味酸受铜、铁等金属撞击，立即发生爆炸，为此，苦味酸等不得用金属容器包装。

（二）易燃气体

易燃气体是指在 20℃和标准大气压 101.3 kPa 下，爆炸下限小于或等于 13% 的气体，或爆炸极限（燃烧范围）大于或等于 12% 的气体。如氢气、乙炔、一氧化碳、甲烷、天然气、液化石油气等。

1. 易燃气体的火灾危险性

（1）燃烧性。气体燃烧是易燃气体在助燃性介质中发热、发光的一种氧化过程。易燃气体燃烧分为扩散燃烧、预混燃烧两种基本形式。

1）扩散燃烧是易燃气体从管道、装置或者容器等泄漏口散发出来即被引燃，与空气边混合、边燃烧的持续燃烧现象。

2）预混燃烧是易燃气体与助燃气体（如空气、氧气等）在燃烧前按照一定浓度混合，形成可燃性混合气体，被引火源点燃产生的燃烧现象。回燃是烟气与空气交界面发生的一种不均匀预混燃烧，是建筑火灾中容易造成人员伤亡的严重危害性燃烧现象。

（2）爆炸性。易燃气体爆炸主要有分解爆炸和易燃混合气体爆炸两种典型形式。

1）易燃气体分解爆炸。一些具有分解爆炸特性的气体（如乙炔、乙烯、环氧乙烷、氮氧化合物等）在温度升高、压力升高或者摩擦撞击等外界因素的激发下，会发生爆炸性分解，进而发生爆炸。

2）易燃混合气体爆炸。易燃气体（蒸气）与助燃气体（空气、氧气、氯气等）混合，在一定浓度范围（即爆炸极限）内具有爆炸性，经外界因素（如明火、高温、摩擦、撞击等）激发引起的爆炸。

（3）扩散性。由于气体非常容易扩散，比空气轻的气体逸散在空气中可以无限制地扩散，与空气形成爆炸性混合物，并能够随风飘散，迅速蔓延和扩展。

比空气重的气体泄漏出来时，往往飘浮于地表、沟渠、隧道、厂房死角等处，长时间聚集不散，易与空气在局部形成爆炸性混合气体，遇引火源发生着火或爆炸；同时，密度大的易燃气体一般都有较大的发热量，在火灾条件下易于使火势扩大。掌握其相对密度及其扩散性，不仅对评价其火灾危险性具有实际意义，而且对选择通风门的位置、确定防火间距及采取防止火势蔓延的措施都具有实际意义。

（4）可压缩性和膨胀性。气体通常是经压缩后存于钢瓶中，当固定容积容器内的气体被加热时，容器内的气体就会急剧膨胀，产生更大的压力。当压力超过了容器的耐压强度时，就会引起容器膨胀甚至爆裂，造成伤亡事故。因此，在储存、运输和使用压缩气体和液化气体的过程中，一定要注意采取防火、防晒、泄压、隔热等措施；向容器内充装时，要注意极限温度和压力，严格控制充装量，防止超装、超温、超压。

（5）带电性。氢气、乙烯、乙炔、天然气、液化石油气等从管口或破损处高速喷出时，摩擦能产生静电。如液化石油气喷出时，产生的静电电压可达 9 000V，其放电火花足以引起燃烧。

（6）腐蚀性、毒害性和窒息性。一些含氢、硫元素的气体具有的腐蚀性，危险性最大的是氢，氢在高压下能渗透到碳素中去，使金属容器发生“氢脆”；一氧化碳、硫化氢、二甲胺、氨等气体，除具有易燃易爆性外，还有相当的毒害性；除氧气和压缩空气外都有窒息性。

2. 易燃气体火灾危险性分类

《建筑设计防火规范》(GB 50016—2014，2018 年版)在生产、储存物品的火灾危险性分类中，将爆炸下限小于 10% 的易燃气体生产、储存的火灾危险性确定为甲类，爆炸下限不小于 10% 的易燃气体生产、储存的火灾危险性确定为乙类(详见第二篇第二章)。

(三)易燃液体

易燃液体指易燃的液体或液体混合物，或是在溶液或悬浮液中有固体的液体，其闭杯试验闪点不高于 60℃，或开杯试验闪点不高于 65.6℃。闪点高于 35℃，但不持续燃烧的液体不属于易燃液体。

1. 易燃液体的火灾危险性

易燃液体燃烧实质上是液体蒸气的氧化还原反应。因此，易燃液体的火灾危险性和易燃气体一样具有燃烧性、爆炸性、腐蚀性、毒害性，另外由于液体自身的特点，还具有液体的带电性、受热膨胀性、流动性。这些性质增加了液体燃烧的火灾危险性，如夏季盛装易燃液体的桶常出现鼓桶现象及玻璃容器爆裂现象，就是由于受热膨胀所致；易燃液体渗漏会很快向四周扩散，能扩大其表面积，加快挥发速度，提高空气中的蒸气浓度，易于起火蔓延等。

2. 易燃液体火灾危险性分类

根据《易燃易爆危险品火灾危险性分级及试验方法 第 1 部分：火灾危险性分级》(XF/T 536.1—2013)，易燃液体分为Ⅰ级、Ⅱ级、Ⅲ级。

Ⅰ级：初沸点不大于 35℃。如汽油、正戊烷、环戊烷、环戊烯、乙醛、丙酮、乙醚、甲胺水溶液、二硫化碳等。

Ⅱ级：闪点小于 23℃，且初沸点大于 35℃。如石油醚、石油原油、石脑油、正庚烷及其异构体、辛烷及其异辛烷、苯、粗苯、甲醇、乙醇、噻吩、吡啶、香蕉水、显影液、镜头水、封口胶等。

Ⅲ级：闪点大于或等于 23℃并小于或等于 60℃，且初沸点大于 35℃。如煤油，磺化煤油，浸在煤油中的金属镧、铷、铈和壬烷及其异构体，癸烷，樟脑油，乳香油，松节油，松香水，癣药水，制动液，影印油墨，照相用清除液，涂底液，医用碘酒等。

《建筑设计防火规范》(GB 50016—2014，2018 年版)中，将闪点小于 28℃的液体归为甲类火险物质，将闪点不小于 28℃但小于 60℃的液体归为乙类火险物质，将闪点不小于 60℃的液体归为丙类火险物质(详见第二篇第二章)。

(四)易燃固体

易燃固体通常指容易燃烧，通过摩擦引燃或助燃的固体，这种固体一般是与点火源短暂接触能容易点燃且火焰迅速蔓延的粉状、颗粒状或糊状、块状物质。

1. 易燃固体的火灾危险性

(1)易燃性。易燃固体在常温下是固态，当受热后可熔融、蒸发、气化、再分解氧化直至出现火焰燃烧。

(2)可分散性与氧化性。固体具有可分解性。一般来讲，物质的颗粒越细其表面积越大，分散性就越强。当固体粒度小于 0.01mm 时，可悬浮于空气中，这样能充分与空气中的氧接触发生氧化作用。

（3）热分解性。某些易燃固体受热后不熔融，而发生分解现象。有的受热后边熔融边分解，如硝酸铵（NH_4NO_3）在分解过程中，往往放出 NH_3、NO_2、NO 等有毒气体。一般来说，热分解的温度高低直接影响其危险性的大小，受热分解温度越低的物质，其火灾危险性就越大。

2. 易燃固体火灾危险性分级

根据《易燃易爆危险品火灾危险性分级及试验方法　第 1 部分：火灾危险性分级》（XF/T 536.1—2013），易燃固体火灾危险性分为Ⅰ级和Ⅱ级。一级易燃固体包括非晶形磷（红磷）、三硫化二磷（不含黄磷和白磷）、亚磷酸二氢铅、氢化钛、铁铈合金等。二级易燃固体包括熔融硫黄、硝基萘、樟脑（合成的）、赛璐珞板等。

《建筑设计防火规范》（GB 50016—2014，2018 年版）中，将易燃固体、易自燃的固体物质、遇水放出易燃气体的固体、固体氧化剂和固体有机过氧化物分为甲类、乙类两类易燃易爆物质，丙类则为可燃固体（详见第二篇第二章）。

（五）易于自燃的物质

易于自燃的物质是指自燃点低，在空气中易发生氧化反应，放出热量而自行燃烧的物品，包括发火物质（即自燃物质）和自热物质两类。发火物质是指即使少量物品与空气接触，在不到 5min 内便能燃烧的物质，包括混合物和溶液（液体和固体），如白磷、戊硼烷、发火钡合金等。自热物质是指发火物质以外的与空气接触不需要能源供应便能自己发热的物质，如赛璐珞碎屑、油纸、潮湿的棉花、成堆放置的潮湿木屑等。

1. 易于自燃的物质的火灾危险性

易于自燃的物质有两方面的火灾危险性：极易氧化性、易分解性。

（1）极易氧化性。自燃的发生是由于物质的自行发热和散热速度处于不平衡状态而使热量积蓄的结果。如果散热受到阻碍，易促进自燃，其原因是自燃物质本身的化学性质非常活泼，具有很强的还原性，与空气的氧能迅速作用产生大量的热。

（2）易分解性。某些自燃物质的化学性很不稳定，在空气中会自行分解，聚集的分解热也会引起自燃。如硝化纤维胶片、废影片、X 光片等，在常温下就能缓慢分解，产生热量，自动升温，达到其自燃点而引起自燃。

2. 易于自燃的物质火灾危险性分级

根据《易燃易爆危险品火灾危险性分级及试验方法　第 1 部分：火灾危险性分级》（XF/T 536.1—2013），易于自燃的物质的火灾危险性分为三级。

（六）遇水放出易燃气体的物质

遇水放出易燃气体的物质是指通过与水作用，容易具有自燃性或放出危险数量的易燃气体的固态、液态物质及其混合物。

1. 遇水放出易燃气体的物质的火灾危险性

遇水放出易燃气体的共性是遇水分解，遇酸或氧化剂反应更加剧烈，分解产生大量的易燃气体和热量，如果存在于容器或室内，易形成爆炸性混合物而导致危险。

引起着火有两种情况：一种是遇水发生剧烈的化学反应，释放出的热量能把反应产生的可燃气体加热到自燃点发生自燃，例如，金属钠、碳化钙等；另一种是遇水能发生化学反应，但释放出的热量较少，不足以把反应产生的可燃气体加热至自燃点，但当可燃气体一旦接触火源也会立即着火燃烧，如氢化钙、连二亚硫酸钠（保险粉）等。

2. 遇水放出易燃气体的物质火灾危险性分级

根据《易燃易爆危险品火灾危险性分级及试验方法　第1部分：火灾危险性分级》（XF/T 536.1—2013），遇水放出易燃气体的物质的火灾危险性分为三级。

（七）氧化性物质

氧化性物质指本身未必可燃，但通常因放出氧可能引起或促使其他物质燃烧的物质，具有强烈的氧化性、易燃甚至爆炸的危险性。

按物质形态划分，氧化性物质可分为固体氧化性物质和液体氧化性物质。根据氧化性能强弱，无机氧化性物质通常分为两级：一级主要是碱金属或碱土金属的过氧化物和盐类，如过氧化钠、高氯酸钠、硝酸钾、高锰酸钾等；除一级外的所有无机氧化剂均为二级氧化性物质，如亚硝酸钠、亚氯酸钠、连二硫酸钠、重铬酸钠、氧化银等。

1. 氧化性物质的火灾危险性

多数氧化性物质的特点是氧化价态高，金属活泼性强，易分解，有极强的氧化性，本身不燃烧，但与可燃物作用能发生着火和爆炸。

（1）受热、被撞分解性。氧化性物质当受热、被撞击或摩擦时易分解出氧，若接触易燃物时，能引起着火和爆炸。

（2）可燃性。少数氧化性物质具有可燃性，主要是有机硝酸盐类，如硝酸胍、硝酸脲等。

（3）与可燃液体作用自燃性。例如：高锰酸钾与甘油或乙二醇接触，过氧化钠与甲醇或醋酸接触，铬酸丙酮与香蕉水接触等，都能起火。

（4）与酸作用分解性。氧化性物质遇酸后，大多数能发生反应，而且反应常常是剧烈的，甚至会引起爆炸。例如，高锰酸钾与硫酸、氯酸钾与硝酸接触都十分危险。这些氧化剂着火时，不能用泡沫灭火剂扑救。

（5）与水作用分解性。例如，活泼金属的过氧化物、漂白粉、高锰酸钾等，着火时禁止用水扑救。

（6）强氧化性物质与弱氧化性物质作用分解性。例如，漂白粉、亚硝酸盐、亚氯酸盐、次氯酸盐等弱氧化剂，当遇到氯酸盐、硝酸盐等强氧化剂时，会发生剧烈反应，引起着火或爆炸。

（7）腐蚀毒害性。例如，二氧化铬（铬酸）既有毒性，又有腐蚀性。这类物品着火时，注意安全防护。

2. 氧化性物质火灾危险性分级

根据《易燃易爆危险品火灾危险性分级及试验方法　第1部分：火灾危险性分级》（XF/T 536.1—2013），氧化性物质的火灾危险性分为三级。

（八）有机过氧化物

有机过氧化物与氧化性物质都具有很强的氧化性，但有机过氧化物的爆炸危险性较氧化性物质有所差别，且其危险性更高，故而在《易燃易爆危险品火灾危险性分级及试验方法　第1部分：火灾危险性分级》（XF/T 536.1—2013）中单独进行火灾危险性分级。

1. 有机过氧化物的火灾危险性

有机过氧化物是热稳定性较差的物质，可发生放热的加速分解过程，因此有机过氧化物除了易燃性之外，还具有分解爆炸性。例如，过氧化二乙酰纯品制成后存放24h就可能发生强烈的爆炸。过氧化二苯甲酰含水在1%以下时，稍有摩擦即能引起爆炸。

为防止燃烧和爆炸，有机过氧化物储运时需加适量抑制剂或稳定剂。在环境温度下会自行加速分解的有机过氧化物，还必须控温储运。

2. 有机过氧化物火灾危险性分级

根据《易燃易爆危险品火灾危险性分级及试验方法　第1部分：火灾危险性分级》（XF/T 536.1—2013），有机过氧化物的火灾危险性为一级。

二、易燃易爆危险品的防火防爆措施

火灾爆炸是易燃易爆危险品的典型事故，且危害后果极为严重。防范化解易燃易爆危险品火灾爆炸风险，必须贯彻“预防为主、防消结合”的消防工作方针。

（一）易燃易爆危险品防火防爆基本措施

防止易燃易爆危险品火灾爆炸发生及扩大蔓延，关键在于防控燃烧及爆炸条件的形成，强化安全防控措施，提升建筑、工艺设备（装置）等本质安全水平，防止火灾爆炸事故扩大蔓延，有效降低危害后果。

1. 火灾防控的基本措施

为了有效预防易燃易爆危险品火灾，降低火灾危害，根据对易燃易爆危险品燃烧特性及其火灾危害特点分析，按照以下原则采取火灾防控措施：

（1）控制、降低火灾荷载（易燃易爆危险品数量），限制火灾燃烧的基础条件。

（2）控制、限制可燃物与助燃物混合、混触（禁止不同性质、可能产生化学反应或加剧反应的易燃易爆危险品混存、混触），破坏引发火灾的物质条件。

（3）控制引火源（热源、电火源、光火源、机械引火源等），限制外界激发能量释放。

（4）可燃物、助燃物、引火源并存的建筑及工艺装置，控制燃烧的充分必要条件形成或者受限燃烧反应能量意外释放。

（5）切断、隔离火灾蔓延途径，将火灾控制在有限空间。

（6）合理规划布局易燃易爆危险品生产、储存、经营场所，控制、限制火灾失控后的可能发展规模。

（7）采取主动防控措施，防止、减少高温、烟气对人员、建筑、工艺装置等的危害。

（8）配备消防器材、组织训练消防力量，有效处置初期火灾。

2. **爆炸防控基本措施**

易燃易爆危险品的火灾与爆炸通常是相伴相生的，火灾控制、处置不当即会升级为爆炸，爆炸发生后会出现长时间猛烈燃烧。易燃易爆危险品防爆措施除按照下列原则采取措施外，尚需采取前文所述的火灾防控措施：

（1）防止、限制易燃气体爆炸性混合物产生，防止或者限制爆炸物的爆炸条件、易燃气体分解爆炸条件形成。

（2）控制引火源（热源、电火源、机械引火源、光火源等），限制外界激发能量释放。

（3）检测、监控爆炸相关参数指标，准确预警报警、联动控制，降低爆炸风险。

（4）爆炸预警、报警后，及时泄放压力。

（5）火灾发生后，防止、控制燃烧条件转化形成爆炸条件。

（6）切断爆炸传播路径，防止殉爆、二次爆炸及其他次生灾害的发生。

（7）防范、减弱爆炸产生的高温、有毒气体、高压、冲击波等对人员、设备（装置）和建筑的伤害、损坏。

（二）建筑防火防爆措施

易燃易爆危险品生产、储存、经营等建筑设计要根据燃烧与爆炸的机理、危害后果及其影响因素统筹考虑，并符合下列基本要求：

（1）根据生产中使用或产生的、仓库（经营）建筑中储存的易燃易爆危险品性质及其数量等因素合理确定生产、储存的火灾危险性等级，并统筹考虑自身及其相邻企业或设施的危险性特点、分类分级，以及地形地势、常年主导风向等条件，合理选址、科学布局，设置必要的安全距离。

（2）根据建筑火灾危险性等级的不同，从防火间距、耐火等级、容许层数、防火防爆结构、安全疏散、建筑消防设施等方面，提出预防控制火灾、爆炸的要求和措施。

（三）工艺防火防爆措施

在化工生产作业中，爆炸的压力和火灾的蔓延不仅会使生产设备遭受损失，而且会使建筑物损坏，甚至致人死亡。防止爆炸的一般原则：一是控制混合气体中的可燃物含量处在爆炸极限以外；二是使用惰性气体取代空气；三是使氧气浓度处于其极限值以下。生产过程中常采用的措施主要有设备密闭、厂房通风、惰性介质保护、不燃溶剂替代可燃溶剂等。同时通过采用阻火隔爆装置和防爆泄压装置，防止火灾爆炸的发生，阻止其扩展和减少破坏。

（四）储存防火防爆措施

易燃易爆危险品的库房耐火等级、储罐设置符合《建筑设计防火规范》（GB 50016—2014，2018 年版）等相关要求，其库房耐火等级一般不低于二级。

库房内干燥、易于通风、密闭和避光，并安装避雷装置；库房内可能散发（或者泄漏）可燃气体、可燃蒸气的场所安装可燃气体检测报警装置。储存物品避免阳光直射，远离火源、热源、电源及产生火花的环境。库房周围无杂草和易燃物，库房内地面无漏洒商品，保持地面与货垛清洁卫生，温湿度符合要求。

各类商品依据性质和灭火方法的不同，严格分区、分类和分库存放。易爆性物质储存于一级耐火等级轻质屋顶的库房内；低、中闪点液体，Ⅰ级易燃固体，易于自燃的物质，易燃压缩气体和液化气体等储存于一级耐火等级建筑的库房中或者符合规范要求的储罐内；遇水放出易燃气体的物质、氧化性物质和有机过氧化物储存于一、二级耐火建筑的库房；Ⅱ级易燃固体、高闪点易燃液体储存于耐火等级不低于二级的库房；易燃气体不得与助燃气体同库储存。

（五）电气防火防爆措施

易燃易爆危险品生产、储存、经营场所中存在电引火源引发火灾爆炸的风险，尤其是在具有爆炸危险的场所，采取必要的电气防火防爆措施是防控火灾爆炸事故的有效手段。

爆炸危险场所的电气设备（装置）按照下列基本要求设置：

（1）爆炸危险场所内的电气设备和线路必须符合周围环境内化学、机械、热、霉菌以及风沙等不同环境条件对电气设备的要求；防爆电气设备、电缆和导线必须选用符合现行国家标准并由国家认可的检验机构鉴定合格的产品。

（2）爆炸危险场所内的电力装置（设备）和线路，特别是正常运行时能产生火花的设备应当布置在非爆炸危险场所或者爆炸危险性较小的地方；生产时严禁工作人员进入的危险场所，其用电设备的控制按钮应当安装在危险场所外，并与分隔墙上的门联锁，门关闭后用电设备才能启动。

（3）油浸型设备应当在没有振动、不倾斜和固定的场所安装使用。爆炸物、可燃粉尘等爆炸危险场所内尽量不使用移动式、便携式电气设备，危险场所内不宜安装移动设备用的接插装置。确需设置的，要选择插座与插销带联锁保护装置的产品，满足断电后插销才能插入或者拔出的要求。

（4）尽量减少在爆炸性粉尘环境内的插座和局部照明灯具等的数量。确需使用的，插座宜布置在爆炸性粉尘不易积聚的地点，局部照明灯宜布置在事故时气流不易冲击的位置。粉尘环境中安装的插座开口一面朝下，且与垂直面的角度不得大于60°。

（5）可燃粉尘爆炸危险场所内的事故排风用电动机，要在便于操作的地方设置事故启动按钮等控制设备，以便发生事故时能够正常启动。

（6）除本质安全电气线路外，爆炸危险场所的电气线路和设备均需装设过载、短路和接地保护。

（7）配电线路接线盒、挠性管等管（配）件的选型与爆炸危险场所的电气设备防爆等级相同；爆炸性环境电缆和导线的选择、保护、安装应当符合现行国家标准的相关要求。

（六）易燃易爆危险品火灾的灭火方法及灭火剂选择

灭火的基本原理就是破坏已经形成的燃烧条件，已经点燃的可燃物与助燃物，以及未受抑制的链式反应，只要破坏其中一个条件，燃烧就会停止。扑救易燃易爆危险品火灾，因易燃易爆危险品的种类不同，其灭火方法和适用的灭火剂也有所不同。

1. 常见灭火剂的灭火机理

冷却、窒息、隔离、化学抑制是破坏已经形成的燃烧条件的四种基本灭火方法。不同的灭火剂，其灭火机理、灭火效能不同。常见的灭火剂主要包括水系灭火剂、泡沫灭火剂、干粉灭火剂、气体灭火剂等。

（1）水系灭火剂。水的灭火机理主要从冷却、乳化、窒息、稀释等作用予以体现，直流水还有水力冲击作用，增加了润湿剂的水系灭火剂还有很强的渗透性、弥散作用以利于固体深位火、自燃火不复燃；水适用于扑救 A 类、B 类、C 类火灾。为提高水的灭火效能，用物理或者机械的方法，把水制成了水滴、水雾、细水雾等形态，提高水的窒息、冷却效果和电绝缘能力；用化学的方法改善水的性能，研发出以水为载体的水系灭火剂。

（2）泡沫灭火剂。泡沫灭火剂是指能与水混溶，并通过机械方法或者化学反应产生灭火泡沫的灭火剂，主要由表面活性剂与其他添加剂的水溶液混合而成。泡沫灭火剂与干粉联用灭火效果更好。

泡沫灭火剂因灭火剂类型不同，灭火机理略有不同。泡沫灭火剂在燃料表面形成连续分布的泡沫层，主要通过冷却、乳化、窒息、隔离等物理作用实施灭火。氟蛋白泡沫灭火剂具有更强的封闭隔离作用或者抑制燃料蒸发作用；水成膜泡沫灭火剂通过水膜和泡沫的双重作用提升灭火效能；针对极性亲水性易燃液体的强吸水性（水溶性），抗溶性泡沫灭火剂有效控制了泡沫失水破裂状况的出现以提升灭火效能；高倍数泡沫灭火剂的冷却、隔离、窒息作用的效能极高。

泡沫灭火剂能够扑救 A 类和 B 类火灾。泡沫灭火剂含有大量的水，和水一样能与一些危险化学品反应产生易燃气体并发热。

（3）干粉灭火剂。干粉灭火剂是以具有灭火效能的无机盐为基料与改进其物理性能的添加剂混合、粉碎成细微粉末，经干燥后形成的易于流动的灭火剂。

按照其灭火性能分为 BC 类干粉、ABC 类干粉和 D 类干粉灭火剂；根据其灭火剂粒径大小分为普通干粉灭火剂和超细干粉灭火剂。

干粉灭火剂的灭火机理主要包括物理机理和化学机理两类，即干粉灭火剂通过冷却、窒息和化学抑制等作用实施灭火。

（4）气体灭火剂。气体灭火剂包括七氟丙烷、二氧化碳、惰性气体灭火剂等。二氧化碳和惰性气体灭火剂的灭火机理主要是窒息、冷却作用，七氟丙烷灭火机理还有化学抑制作用。气体灭火剂主要用于扑救 B 类、C 类火灾和固体表面火灾，能够有效、洁净扑救带电设备火灾。

2. 易燃易爆危险品火灾的灭火剂选择

易燃易爆危险品火灾因其危险品种类不同、化学性质不同、燃烧特点不同，需要根据危险品的性质、数量、燃烧特点及其火场的环境条件等，选择合适的灭火剂，采用一种或者几种灭火方法组合实施灭火。

（1）爆炸物火灾。爆炸物火灾或者爆炸后发生火灾，可以采用大量的水进行灭火，撞击、摩擦敏感度较高的爆炸性物质采用雾化水灭火，一些爆炸性物质可采用泡沫灭火剂灭火。

（2）易燃气体及易燃气雾剂火灾。易燃气体及易燃气雾剂火灾可选用雾化水、气体灭火剂、干粉灭火剂等灭火，易燃气体储罐可采用大量的水冷却控火，有的易燃气体（如乙胺、二甲醚、乙烯基氯、二甲胺等）可采用泡沫灭火剂灭火。

一些易燃气体（如乙硼烷、甲硫醇等）切忌使用水系、泡沫灭火剂灭火。

（3）易燃液体火灾。易燃液体火灾主要选用泡沫灭火剂、干粉灭火剂灭火，二者联用灭火效果更好，也可选用气体灭火剂灭火；溶于水的易燃液体选用抗溶性泡沫灭火；乙醛、二乙胺、二硫化碳等也可采用雾化水、水进行灭火，油罐火灾可使用直流水、雾化水降温控火。

蛋白泡沫灭火剂、氟蛋白泡沫灭火剂、水成膜泡沫灭火剂不能用于扑救水溶性易燃液体火灾；高倍数泡沫灭火剂不能用于扑救油罐火灾、水溶性易燃液体火灾。

（4）易燃固体火灾。易燃固体火灾主要采用水、A类泡沫灭火剂、干粉灭火剂、气体灭火剂灭火。

易燃固体中的与遇湿、与水反应物质火灾（如七硫化四磷、三硫化二磷、三硫化四磷、氢化钛、氢化锆等）禁止使用水和泡沫灭火。

（5）易于自燃的物质火灾。易于自燃液体火灾主要采用干粉灭火剂扑救，燃烧面积较大时采用干砂等覆盖灭火；禁止采用水、泡沫、卤代烷气体等灭火剂。易于自燃固体火灾根据其性质可以采用雾状水、泡沫（遇水反应物质除外）、砂土实施灭火，有的还可以选用二氧化碳、惰性气体灭火。

（6）遇水放出易燃气体的物质火灾。遇水放出易燃气体的液体火灾可根据物质化学性质选用二氧化碳、惰性气体、干粉、砂土等灭火；固体物质火灾可根据物质化学性质选用干粉、砂土，有的还可以使用二氧化碳、惰性气体等灭火；轻金属、碱金属及其合金选用金属干粉灭火剂、砂土覆盖灭火。

遇水放出易燃气体的物质火灾禁止使用水和泡沫灭火，轻金属、碱金属及其合金禁止使用二氧化碳等气体灭火剂灭火。

（7）氧化性物质火灾。金属过氧化物、卤素氟化物等氧化性物质可采用干粉灭火剂、干砂覆盖灭火，禁止使用水和泡沫灭火；其他氧化性物质可选用雾化水、水、砂土覆盖灭火，四硝基甲烷等少数物质禁止使用砂土覆盖。

（8）有机过氧化物火灾。有机过氧化物火灾根据物质化学性质，主要选择泡沫灭火剂、二氧化碳、惰性气体、雾化水、砂土覆盖等灭火。

参考文献

[1] 董希琳. 消防燃烧学 [M]. 北京：中国人民公安大学出版社，2014.

[2] 中华人民共和国公安部消防局. 中国消防手册：第一卷 [M]. 上海：上海科学技术出版社，2010.

[3] 中华人民共和国公安部消防局. 中国消防手册：第三卷 [M]. 上海：上海科学技术出版社，2006.

[4] 中国消防协会. 灭火救援员 [M]. 北京：中国科学技术出版社，2013.

[5] 伍爱友，彭新. 防火与防爆工程 [M]. 北京：国防工业出版社，2014.

[6] 陈先锋，高伟 . 防火防爆技术 [M]. 武汉：武汉理工大学出版社，2020.
[7] 公安部消防局 . 危险化学品事故处置研究指南 [M]. 武汉：湖北科学技术出版社，2010.

练习题

一、一级注册消防工程师

（一）单项选择题

1. 根据现行消防救援行业标准《易燃易爆危险品火灾危险性分级及试验方法　第1部分：火灾危险性分级》（XF/T 536.1—2013），下列易燃液体中属于Ⅰ级的是（　　）。

A. 石脑油　　B. 汽油　　C. 乙醇　　D. 香蕉水

2. 七氟丙烷气体灭火系统不适用于扑救（　　）。

A. 电气火灾　　B. 固体表面火灾
C. 金属氢化物火灾　　D. 灭火能量切断气源的气体火灾

（二）多项选择题

下列储存物品中，属于乙类火灾危险性分类的有（　　）。

A. 煤油　　B. 乙烯
C. 油布　　D. 赤磷
E. 硝酸铜

二、二级注册消防工程师

（一）单项选择题

下列物质中，常温储存下不易自燃的是（　　）。

A. 赛璐珞板　　B. 潮湿的棉花
C. 硝化纤维胶片　　D. X 光片

（二）多项选择题

下列储存物品中，火灾危险性类别属于Ⅰ级的有（　　）。

A. 乙醇　　B. 乙醚
C. 汽油　　D. 松节油
E. 煤油

微信扫码，查看练习题答案和解析

第二篇 通用建筑防火

第一章 概 述

学习要求

通过本章学习，应了解建筑火灾常见的原因及其主要危害，掌握建筑防火的技术方法。

建筑是人们用建筑材料构成的供人居住和使用的空间。在经济社会和城市发展过程中，建筑是一个重要的载体，城市的规模和功能、经济的增长和繁荣、社会的变革和进步都浓缩在城市建筑的发展变化中。

建筑防火的目标是防止火灾发生和减少火灾对生命财产的危害。通常，建筑防火措施包括被动防火和主动防火两个方面。建筑被动防火措施主要是指防火间距、耐火等级、防火构造、防火分区分隔、安全疏散设施等，建筑主动防火措施主要是指消火栓系统、火灾自动报警系统、自动灭火系统、防烟排烟系统等。

一、建筑火灾的原因

从我国多年来发生火灾的情况看，随着经济建设的发展，城镇数量和规模的扩大，人民物质文化生活水平的提高，在生产和生活中用火、用电、用易燃物和可燃物以及采用具有火灾危险性的设备、工艺逐渐增多，因而发生火灾的危险性也相应增大，火灾发生的次数以及造成的经济损失、人员伤亡呈现上升趋势。

建筑起火的原因归纳起来主要有电气火灾、生产作业火灾，以及生活用火不慎、吸烟、玩火、放火和自燃、雷击、静电等其他原因引起的火灾（详见第一篇第二章）。分析建筑起火的原因是为了在进行建筑防火设计时，更有效、更有针对性地采取消防技术措施，以防止火灾发生和减少火灾的危害。

二、建筑火灾的危害

建筑在为人们的生产、生活和学习提供良好环境的同时，也潜伏着各种火灾隐患，稍有不慎就可能引发火灾。根据近年来的统计，单、多层和高层建筑及地下等建筑的火灾次数占火灾总数的 70% 以上，造成的人员死亡和直接经济损失分别占火灾死亡总人数和直接财产总损失的 80% 和 85% 以上。建筑火灾具有空间上的广泛性、时间上的突发性、成因上的复杂性、防治上的局限性等特点，其发生也是在人类生产、生活中，由自然因素、人为因素、社会因素的综合效应作用而造成的非纯自然的灾害事故。建筑火灾的危害性主要表现在危害人员生命、造成经济损失、破坏文明成果、影响社会稳定等（详见第一篇第二章）。

三、建筑防火的原理和技术方法

建筑防火原理是根据社会群体行为的规律和后果，采取相应的技术手段，实现控制建筑火灾发生、避免和减轻火灾对人的生命以及财产造成危害的目的，满足人们对建筑消防安全的需要。具体来讲，就是根据建筑工程的建设目标，遵循火灾发生和社会经济发展的客观规律，运用工程技术和经济方法，依据国家和地方的消防技术标准、规范和其他有关标准、规范，针对建筑的使用性质和火灾防控特点，从消防安全角度进行综合、系统的设计。建筑防火的技术方法主要有以下几种。

（一）总平面布局

建筑的总平面布局要满足城市规划和消防安全的要求。

（1）要根据建筑物的使用性质、生产经营规模、建筑高度、建筑体积及火灾危险性等，从周围环境、地势条件、主导风向等方面综合考虑，合理选择建筑物位置。

（2）要根据实际需要，合理划分生产区、存储区、生产辅助设施区、行政办公和生活福利区等。同一企业内，若有不同火灾危险的生产建筑，则应尽量将火灾危险性相同或相近的建筑集中布置，以利于采取防火防爆措施，便于安全管理。

（3）为防止火灾因传导热、对流热、辐射热影响而导致火势向相邻建筑或同一建筑的其他空间蔓延扩大，并为火灾扑救创造有利条件，在总平面布局中，应合理确定各类建筑物、堆场、储罐、电力设施及电力线路之间的防火安全距离。

（4）要根据各建筑物的使用性质、规模、火灾危险性，考虑扑救火灾时所必需的消防车通道、消防水源和消防扑救面。

（二）建筑结构防火

建筑结构的安全是整个建筑的生命线，也是建筑防火的基础。建筑物的耐火等级是研究建筑防火措施、规定不同用途建筑物需采取相应防火措施的基本依据。在建筑防火设计中，正确选择和确定建筑的耐火等级，是防止建筑火灾发生和阻止火势蔓延扩大的一项治本措施。对于建筑物应选择哪一级耐火等级，应根据建筑物的使用性质和规模及其在使用中的火灾危险性来确定，例如，性质重要、规模较大、存放贵重物资，或大型公共建筑，或工作使用环境有较大火灾危险性的，应采用较高的耐火等级；反之，可选择较低的耐火等级。当遇到某些建筑构件的耐火极限和燃烧性能达不到规范要求时，可采取适当的方法加以解决。常用的方法主要有：适当增加构件的截面面积，对钢筋混凝土构件增加保护层厚度，在构件表面涂覆防火涂料做耐火保护层，对钢梁、钢屋架及木结构做耐火吊顶和防火保护层包敷等。

（三）建筑材料防火

木材等建筑材料，特别是大多数天然高分子材料和合成高分子材料都具有可燃性，而且有些建筑材料在燃烧后往往会产生大量的烟雾和有毒气体，对火灾扑救和人员疏散造成严重威胁。为了预防火灾的发生，或阻止、延缓火灾的发展，或最大限度地减轻火灾的危害，必须对可燃建筑材料的使用及其燃烧性能进行有效控制。建筑材料防火就是根据国家的消防技术标准、规范，针对建筑的使用性质和不同部位，合理地选用建筑防火材料，从而保护火灾中的受困人员免受或少受高温有毒烟气侵害，争取更多可用疏散时间。建筑材料防火应当遵循的原则主要是：控制建筑材料中可燃材料的数量，受条件限制或装修特殊要求必须使用可燃材料的，应当对材料进行阻燃处理；与电气线路或发热物体接触的材料应采用不燃材料或进行阻燃处理；在疏散楼梯和疏散走道、避难走道内应当采用不燃材料。

（四）防火分区分隔

如果建筑内空间面积过大，发生火灾时就会导致燃烧面积大、蔓延扩展快，因此，在建筑内实行防火分区和防火分隔可有效地控制火势的蔓延，既利于人员疏散和扑火救灾，又能达到减少火灾损失的目的。防火分区包括水平防火分区和竖向防火分区。水平防火分区是指在同一水平面内，利用防火墙、防火隔墙、防火卷帘、防火门及防火水幕等分隔物，将建筑平面分为若干个防火分区、防火单元；竖向防火分区是指上、下层分别用耐火楼板等构件进行分隔，在建筑外部采用防火挑檐、设置窗槛（间）墙等技术手段，对建筑内部设置的敞开楼梯、自动扶梯、中庭以及管道井等采取设置防火隔墙、防火卷帘等防火分隔措施。

防火分区的划分应根据建筑的使用性质、火灾危险性，以及建筑的耐火等级、建筑内容纳人员和可燃物的数量、消防扑救能力和消防设施配置、人员疏散难易程度及建设投资等情况进行综合考虑。

（五）安全疏散

人身安全是消防安全的重中之重，以人为本的消防工作理念必须始终贯穿于整个消防工作。从特定的角度上说，安全疏散是建筑防火最根本、最关键的技术，也是建筑消防安全的核心内容。保证建筑内的人员在火灾情况下的安全是一个涉及建筑结构、火灾发展过程、建筑消防设施配置和人员行为等多种基本因素的复杂问题。安全疏散的目标就是要保证建筑内人员全部能够疏散到室外安全区域。

建筑安全疏散技术的重点是安全出口、疏散门以及安全疏散走道的数量、宽度、位置和疏散距离。基本要求是：每个防火分区必须设有至少两个安全出口；疏散路线必须满足室内最远点到房门，房门到最近安全出口或楼梯间的疏散距离限值；疏散方向应尽量为双向疏散，疏散门应分散布置，减少袋形走道的设置；选用合适的疏散楼梯形式，楼梯间应为安全的区域，不受烟火的侵袭，楼梯间入口设置可自行关闭的防火门保护；通向地下室的楼梯间不得与地上楼梯相连，如必须相连时应采用防火隔墙分隔，通过防火门连通；疏散宽度应保证不出现拥堵现象，并设置相应的应急照明和疏散指示标志为人员疏散提供条件和引导。

(六) 防烟排烟

烟气是导致建筑火灾人员伤亡的最主要原因之一，如何有效控制火灾中烟气的流动，对保证人员安全疏散以及灭火救援行动的展开起着重要作用。火灾中合理地排烟排热，对防止建筑物火灾的轰燃、保护建筑也是一种十分有效的技术措施。

烟气控制的方法包括合理划分防烟分区和选择合适的防烟排烟方式。划分防烟分区是为了在火灾初期阶段将烟气控制在一定范围内，以便有组织地将烟气排出室外，使人员疏散空间的烟气层高度和烟气浓度处在安全允许值之内。防烟排烟系统可分为防烟系统和排烟系统。防烟系统是指采用机械加压送风方式或自然通风方式，防止烟气进入疏散走道、防烟楼梯间及其前室或消防电梯前室的系统。排烟系统是指采用机械排烟方式或自然通风方式将烟气排至建筑外，控制建筑内的有烟区域保持一定能见度的系统。防烟和排烟是烟气控制的两个方面，是一个有机的整体。

(七) 建筑防爆和电气防火

在生产、使用、储存易燃易爆物质的厂房、仓库中，当爆炸性混合物达到爆炸浓度时，遇到火源就能爆炸。爆炸能够在瞬间释放出巨大的能量，产生高温、高压气体，使周围空气强烈振荡。在环绕爆炸中心的一定范围内，建筑或人会因受到冲击波的影响而被破坏或受伤。因此，应根据爆炸规律与爆炸效应，对有爆炸危险的建筑，按照相应的爆炸危险区域进行划分，合理设计防爆结构和泄爆面积，准确选用防爆设备。

电气火灾在整个建筑火灾中占有 1/3 的比重，主要有用电超负荷、电气设备选择和安装不合理、电气线路敷设不规范等原因。为有效地防止电气火灾事故的发生，同时为保证建筑内消防设施正常供电运行，对建筑的用电负荷、供配电源、电气设备、电气线路及其安装敷设等应当采取安全可靠、经济合理的防火技术措施。

练习题

一、一级注册消防工程师

(一) 单项选择题

1. 下列防火分隔方式中，属于防火分区竖向分隔方式的是（　　）。

A. 防火墙　　B. 防火门　　C. 防火水幕　　D. 防火挑檐

2. 下列关于安全疏散的基本要求阐述错误的是（　　）。

A. 每个防火分区至少设有两个安全出口

B. 疏散距离必须满足室内最远点到房门，房门到最近安全出口或楼梯间的行走距离限值

C. 疏散方向应尽量为双向疏散，疏散门应分散布置，减少袋形走道的设置

D. 选用合适的疏散楼梯形式，楼梯间应为安全的区域，有确保不受烟火侵袭的措施

3. 下列关于建筑材料防火应当遵循的基本原则阐述错误的是（　　）。

A. 控制建筑材料中可燃材料的数量

B. 与电气线路或发热物体接触的材料应采用难燃材料

C. 受装修特殊要求必须使用可燃材料时，应对材料进行阻燃处理

D. 在疏散楼梯和疏散走道、避难走道内应当采用不燃材料

（二）多项选择题

1. 建筑火灾的危害主要有（　　）。

A. 危害人员生命　　B. 造成经济损失

C. 破坏文明成果　　D. 影响社会稳定

E. 污染水源

2. 建筑防火常用的技术方法有（　　）。

A. 合理规划建筑布局　　B. 建筑结构、材料防火技术

C. 合理设置防火、防烟分区　　D. 建筑安全疏散技术

E. 优化空间效果

二、二级注册消防工程师

（一）单项选择题

1. 下列关于建筑总平面布局说法错误的是（　　）。

A. 要根据建筑物的使用性质、生产经营规模、建筑高度、建筑体积和火灾危险性等，从周围环境、地势条件、主导风向等方面综合考虑，合理选择建筑物位置

B. 同一企业可根据实际需要，划分生产区、存储区、生产辅助设施区、行政办公和生活福利区，不同火灾危险性的生产建筑可集中布置

C. 建筑物位置要考虑因热传导、热辐射和热对流，导致火灾蔓延扩大

D. 建筑物位置要考虑扑救火灾时所必需的消防车道、消防水源和消防扑救面

2. 当建筑构件的耐火极限和燃烧性能达不到规范要求时，常用的解决办法中不包括（　　）。

A. 适当增加构件的截面面积

B. 增加钢筋混凝土的保护层厚度

C. 在构件表面涂覆涂料

D. 对钢梁、钢屋架及木结构做防火保护层包覆

（二）多项选择题

建筑火灾的原因主要有（　　）。

A. 电气火灾　　B. 吸烟

C. 雷击　　D. 静电

E. 未按规定程序操作

第二章　建筑的火灾危险性分类

学习要求

通过本章学习，应了解评定物质火灾危险性的主要指标；熟悉生产和储存物品的火灾危险性分类方法以及生产、储存各类别物品的火灾危险性特征，了解部分典型民用建筑场所的火灾风险，分析、判别相关防控措施的合理性。

建筑发生火灾时造成的生命、经济损失与建筑内物质、工艺及操作的火灾危险性和采取的相应措施等直接相关。在进行防火设计时，必须首先判断建筑火灾危险程度的高低，进而制订行之有效的防火防爆对策。

在工业建筑内，由于可燃物的种类很多，因此各种气体、液体与固体不同的性质形成了不同的危险性，并且同样的物品采用不同的工艺和操作，产生的危险性也不相同，所以在实际应用中，确定一个厂房或仓库确切的火灾危险程度有时比较复杂。有关国家标准对不同生产和储存场所的火灾危险性进行了分类，这些分类标准是经过大量的调查研究，并经过多年的实践总结出来的，是工业企业防火设计中的技术依据和准则，在实际设计中，确定了具体建设项目的生产和储存物品的火灾危险性类别后，才能按照所属的火灾危险性类别采取对应的防火与防爆措施。在民用建筑内，则需要了解场所的使用性质和特点，掌握建筑内的火灾风险，才能确定建筑内应采取的防火措施，包括确定建筑物的耐火等级、层数、面积，设置必要的防火分隔物、安全疏散设施、防爆泄压设施、消防给水和灭火设备、防烟排烟和火灾报警设备，以及与周围建筑之间的防火间距等。

第一节　生产的火灾危险性分类

生产的火灾危险性是指生产过程中发生火灾、爆炸事故的原因、因素和条件，以及火灾扩大蔓延条件的总和。它取决于物料及产品的性质、生产设备的缺陷、生产作业行为、工艺参数的控制和生产环境等诸多因素的交互作用。确定生产过程的火灾危险性，就是在了解和掌握生产中所使用物质的物理、化学性质和火灾、爆炸特性的基础上，分析物质在加工处理过程中同作业行为、工艺控制条件、生产设备、生产环境等要素的联系与作用，确定生产过程发生火灾和爆炸事故的可能性。厂房的火灾危险性类别是以生产过程中使用和产出物质的火灾危险性类别确定的，物质的火灾危险性是确定生产的火灾危险性类别的基础。

一、评定物质火灾危险性的主要指标

物质火灾危险性主要是依据其理化性质。物料状态不同，指标也不同，因此，气体、液体和固体火灾爆炸危险性的指标是有区别的。

（一）气体火灾危险性

爆炸极限和自燃点是气体火灾危险性的主要指标。可燃气体的爆炸极限范围越大，爆炸下限越低，越容易与空气或其他助燃气体形成爆炸性气体混合物，其火灾爆炸危险性越大。可燃气体的自燃点越低，遇有高温表面等热源引燃的可能性越大，火灾爆炸的危险性越大。

另外，气体的化学性质活泼与否、扩散性和相对密度、带电性和受热膨胀性等也都从不同角度揭示了其火灾危险性。气体的化学活泼性越强，发生火灾爆炸的危险性越大；气体在空气中的扩散速度越快，火灾蔓延扩展的危险性越大；相对密度大的气体易聚集不散，遇明火容易造成火灾爆炸事故；易压缩液化的气体遇热后体积膨胀，容易发生火灾爆炸事故。可燃气体的火灾危险性还在于气体极易引燃，一旦燃烧，速度极快，多发生爆炸式燃烧，甚至还会出现爆轰，危害很大，往往难以控制和扑救。

（二）液体火灾危险性

闪点是液体火灾危险性的主要指标，可燃液体火灾危险性最直接的指标是蒸气压，蒸气压越高，越易挥发，闪点也越低，但由于蒸气压很难测量，所以各国都是根据液体的闪点来确定其危险性。闪点越低的液体，越易挥发而形成爆炸性气体混合物，引燃也越容易。对于可燃液体，通常还用自燃点作为评定火灾危险性的指标，自燃点越低的液体，越易发生自燃。

此外，液体的爆炸温度极限、受热蒸发性、流动扩散性和带电性也是衡量液体火灾危险性的指标。爆炸温度极限范围越大，危险性越大；受热膨胀系数越大的液体，受热后蒸气压力升高快（汽化量增大），容易造成设备升压发生爆炸；沸点越低的液体，蒸发性越强，且蒸气压随温度的升高显著增大；液体流动扩散快，泄漏后易流淌蒸发，会加快其蒸发速度，易于起火并蔓延；有些液体（如酮、醚、石油及其产品）有很强的带电能力，其在生产、储运过程中极易造成静电荷积聚而产生静电放电火花，酿成火灾。

（三）固体火灾危险性

对于绝大多数可燃固体来说，熔点和燃点是其火灾危险性的主要标志参数。熔点低的固体易蒸发或气化，燃点也较低，燃烧速度也较快。许多熔点低的易燃固体还有闪燃现象。固体物料由于组成和性质存在较大差异，所以各有其不同的燃烧特点和复杂的燃烧现象。例如，粉状可燃固体是以爆炸浓度下限作为指标的，遇水燃烧固体是以与水反应速度快慢和放热量的大小作为指标的，自燃性固体物料是以其自燃点作为指标的，受热分解可燃固体是以其分解温度作为指标的。

此外，还应从其反应危险性、燃烧危险性、毒害性、腐蚀性和放射性等方面进行分析。例如，有些物料在储运过程中易发生自聚反应，引起泄漏或火灾爆炸事故；有的物料具有腐蚀性，会破坏设备，从而导致火灾爆炸或中毒烧伤等事故。这些需要对物料在各种环境条件下的特性进行试验后再准确评定。

二、生产火灾危险性分类方法

对生产厂房和储存物品仓库的火灾危险性主要依据《建筑设计防火规范》(GB 50016—2014，2018 年版）等建筑防火规范，根据生产中使用或产生的物质性质及其数量等因素划分，把生产的火灾危险性分为五类，其分类及举例见表 2-2-1。表中所列生产中使用的物质主要是指所用物质为生产的主要组成部分或原材料，用量相对较多或需对其进行加工等。

表 2-2-1　生产的火灾危险性分类及举例

生产的火灾危险性类别	使用或产生下列物质生产的火灾危险性特征	火灾危险性分类举例
甲	1. 闪点小于 28 ℃的液体； 2. 爆炸下限小于 10% 的气体； 3. 常温下能自行分解或在空气中氧化能导致迅速自燃或爆炸的物质； 4. 常温下受到水或空气中水蒸气的作用，能产生可燃气体并引起燃烧或爆炸的物质； 5. 遇酸、受热、撞击、摩擦、催化以及遇有机物或硫黄等易燃的无机物，极易引起燃烧或爆炸的强氧化剂； 6. 受撞击、摩擦或与氧化剂、有机物接触时能引起燃烧或爆炸的物质；	1. 闪点小于 28℃的油品和有机溶剂的提炼、回收或洗涤部位及其泵房，橡胶制品的涂胶和胶浆部位，二硫化碳的粗馏、精馏工段及其应用部位，青霉素提炼部位，原料药厂的非纳西丁车间的烃化、回收及电感精馏部位，皂素车间的抽提、结晶及过滤部位，冰片精制部位，农药厂乐果厂房，敌敌畏的合成厂房，磺化法糖精厂房，氯乙醇厂房，环氧乙烷、环氧丙烷工段，苯酚厂房的硫化、蒸馏部位，焦化厂吡啶工段，胶片厂片基厂房，汽油加铅室，甲醇、乙醇、丙酮、丁酮异丙醇、醋酸乙酯、苯等的合成或精制厂房，集成电路工厂的化学清洗间（使用闪点小于 28℃的液体），植物油加工厂的浸出车间，白酒液态法酿酒车间、酒精蒸馏塔，酒精度为 38 度及以上的勾兑车间、灌装车间、酒泵房，白兰地蒸馏车间、勾兑车间、灌装车间、酒泵房； 2. 乙炔站，氢气站，石油气体分馏（或分离）厂房，氯乙烯厂房，乙烯聚合厂房，天然气、石油伴生气、矿井气、水煤气或焦炉煤气的净化（如脱硫）厂房压缩机室及鼓风机室，液化石油气罐瓶间，丁二烯及其聚合厂房，醋酸乙烯厂房，电解水或电解食盐厂房，环己酮厂房，乙基苯和苯乙烯厂房，化肥厂的氢氮气压缩厂房，半导体材料厂使用氢气的拉晶车间，硅烷热分解室； 3. 硝化棉厂房及其应用部位，赛璐珞厂房，黄磷制备厂房及其应用部位，三乙基铝厂房，染化厂某些能自行分解的重氮化合物生产，甲胺厂房，丙烯腈厂房； 4. 金属钠、钾加工房及其应用部位，聚乙烯厂房的一氯二乙基铝部位、三氯化磷厂房，多晶硅车间三氯氢硅部位，五氧化二磷厂房；

续表 2-2-1

生产的火灾危险性类别	使用或产生下列物质生产的火灾危险性特征	火灾危险性分类举例
甲	7. 在密闭设备内操作温度不小于物质本身自燃点的生产	5. 氯酸钠、氯酸钾厂房及其应用部位，过氧化氢厂房，过氧化钠、过氧化钾厂房，次氯酸钙厂房； 6. 赤磷制备厂房及其应用部位，五硫化二磷厂房及其应用部位； 7. 洗涤剂厂房石蜡裂解部位，冰醋酸裂解厂房
乙	1. 闪点不小于 28℃，但小于 60℃的液体； 2. 爆炸下限不小于 10% 的气体； 3. 不属于甲类的氧化剂； 4. 不属于甲类的易燃固体； 5. 助燃气体； 6. 能与空气形成爆炸性混合物的浮游状态的粉尘、纤维，闪点不小于 60℃的液体雾滴	1. 闪点不小于 28℃，但小于 60℃的油品和有机溶剂的提炼、回收、洗涤部位及其泵房，松节油或松香蒸馏厂房及其应用部位，醋酸酐精馏厂房，己内酰胺厂房，甲酚厂房，氯丙醇厂房，樟脑油提取部位，环氧氯丙烷厂房，松针油精制部位，煤油灌桶间； 2. 一氧化碳压缩机室及净化部位，发生炉煤气或鼓风炉煤气净化部位，氨压缩机房； 3. 发烟硫酸或发烟硝酸浓缩部位，高锰酸钾厂房，重铬酸钠（红钒钠）厂房； 4. 樟脑或松香提炼厂房，硫黄回收厂房，焦化厂精萘厂房； 5. 氧气站，空分厂房； 6. 铝粉或镁粉厂房，金属制品抛光部位，煤粉厂房，面粉厂的碾磨部位，活性炭制造及再生厂房，谷物筒仓工作塔，亚麻厂的除尘器和过滤器室
丙	1. 闪点不小于 60℃的液体； 2. 可燃固体	1. 闪点不小于 60℃的油品和有机液体的提炼、回收工段及其抽送泵房，香料厂的松油醇部位和乙酸松油脂部位，苯甲酸厂房，苯乙酮厂房，焦化厂焦油厂房，甘油、桐油的制备厂房，油浸变压器室，机器油或变压油灌桶间，柴油灌桶间，润滑油再生部位，配电室（每台装油量大于 60kg 的设备），沥青加工厂房，植物油加工厂的精炼部位； 2. 煤、焦炭、油母页岩的筛分、转运工段和栈桥或储仓，木工厂房，竹、藤加工厂房，橡胶制品的压延、成型和硫化厂房，针织品厂房，纺织、印染、化纤生产的干燥部位，服装加工厂房，棉花加工和打包厂房，造纸厂备料、干燥厂房，印染厂成品厂房，麻纺厂粗加工厂房，谷物加工房，卷烟厂的切丝、卷制、包装厂房，印刷厂的印刷厂房，毛涤厂选毛厂房，电视机、收音机装配厂房，显像管厂装配工段烧枪间，磁带装配厂房，集成电路工厂的氧化扩散间、光刻间，泡沫塑料厂的发泡、成型、印片压花部位，饲料加工厂房，畜（禽）屠宰、分割及加工车间，鱼加工车间

续表 2-2-1

生产的火灾危险性类别	使用或产生下列物质生产的火灾危险性特征	火灾危险性分类举例
丁	1. 对不燃烧物质进行加工，并在高温或熔化状态下经常产生强辐射热、火花或火焰的生产； 2. 利用气体、液体、固体作为燃料或将气体、液体进行燃烧作他用的各种生产； 3. 常温下使用或加工难燃烧物质的生产	1. 金属冶炼、锻造、铆焊、热轧、铸造、热处理厂房； 2. 锅炉房，玻璃原料熔化厂房，灯丝烧拉部位，保温瓶胆厂房，陶瓷制品的烘干、烧成厂房，蒸汽机车库，石灰焙烧厂房，电石炉部位，耐火材料烧成部位，转炉厂房，硫酸车间焙烧部位，电极煅烧工段配电室（每台装油量不大于 60kg 的设备）； 3. 难燃铝塑料材料的加工厂房，酚醛泡沫塑料的加工厂房，印染厂的漂炼部位，化纤厂后加工润湿部位
戊	常温下使用或加工不燃烧物质的生产	制砖车间，石棉加工车间，卷扬机室，不燃液体的泵房和阀门室，不燃液体的净化处理工段，金属（镁合金除外）冷加工车间，电动车库，钙镁磷肥车间（焙烧炉除外），造纸厂或化学纤维厂的浆粕蒸煮工段，仪表、器械或车辆装配车间，氟利昂厂房，水泥厂的轮窑厂房，加气混凝土厂的材料准备、构件制作厂房

同一座厂房或厂房的任一防火分区内有不同火灾危险性生产时，厂房或防火分区内的生产火灾危险性类别应按火灾危险性较大的部分确定。当生产过程中使用或产生易燃、可燃物的量较少，不足以构成爆炸或火灾危险时，可按实际情况确定；当符合下述条件之一时，可按火灾危险性较小的部分确定：

（1）火灾危险性较大的生产部分占本层或本防火分区建筑面积的比例小于 5% 或丁、戊类厂房内的油漆工段小于 10%，且发生火灾事故时不足以蔓延到其他部位，或对火灾危险性较大的生产部分采取了有效的防火措施。

（2）丁、戊类厂房内的油漆工段，应当采用封闭喷漆工艺，封闭喷漆空间内应保持负压，油漆工段应设置可燃气体探测报警系统或自动抑爆系统，且油漆工段占其所在防火分区面积的比例不大于 20%。

上述分类中，甲、乙、丙类液体分类，以闪点为基准。凡是在常温环境下遇火源能引起闪燃的液体均属于易燃液体，可列入甲类火灾危险性范围。我国南方城市的最热月平均气温在 28℃左右，而厂房的设计温度在冬季一般采用 12 ~ 25℃。根据上述情况，将甲类火灾危险性的液体闪点标准确定为小于 28℃，乙类定为不小于 28℃、但小于 60℃，丙类定为不小于 60℃。这样划分甲、乙、丙类是以汽油等常见易燃液体、煤油、柴油的闪点为基准。在实际工作中，应根据不同液体的闪点采取相应的防火安全措施，并根据液体闪点选用灭火剂和确定泡沫供给强度等。

对于（可燃）气体，则以爆炸下限作为分类的基准。由于绝大多数可燃气体的爆炸下限均小于10%，一旦设备泄漏，在空气中就很容易达到爆炸浓度并造成危险，所以将爆炸下限小于10%的气体划为甲类，包括氢气、甲烷、乙烯、乙炔、环氧乙烷、氯乙烯、硫化氢、水煤气和天然气等绝大多数可燃气体。少数气体的爆炸下限大于10%，在空气中较难达到爆炸浓度，所以将爆炸下限不小于10%的气体划为乙类，如氨气、一氧化碳和发生炉煤气等少数可燃气体。任何一种可燃气体的火灾危险性不仅与其爆炸下限有关，还与其爆炸极限范围值、点火能量、混合气体的相对湿度等有关。

一般来说，生产的火灾危险性分类要看整个生产过程中的每个环节是否有引起火灾的可能性，并按其中最危险的物质确定，主要考虑以下几个方面：生产中使用的全部原材料的性质，生产中操作条件的变化是否会改变物质的性质，生产中产生的全部中间产物的性质，生产的最终产品及副产物的性质，生产过程中的自然通风、气温、湿度等环境条件等。许多产品可能有若干种生产工艺，过程中使用的原材料各不相同，所以火灾危险性也各不相同。有关表2-2-1中划分生产的火灾危险性类别的说明如下。

（一）甲类火灾危险性的生产特性

1. 甲类第1项、第2项

甲类液体、气体火灾危险性的生产特性参见上文关于甲、乙、丙类液体划分的闪点基准和气体爆炸下限分类基准的有关内容。

2. 甲类第3项

其生产特性是生产中的物质在常温下可以逐渐分解，释放出大量的可燃气体并且迅速放热引起燃烧，或者物质与空气接触后能发生猛烈的氧化作用，同时放出大量的热，温度越高其氧化反应速度越快，产生的热量越多，温度升高越快，如此互为因果而引起燃烧或爆炸，如硝化棉、赛璐珞、黄磷等的生产。

3. 甲类第4项

其生产特性是生产中的物质遇水或空气中的水蒸气发生剧烈的反应，产生氢气或其他可燃气体，同时产生热量引起燃烧或爆炸。该类物质遇酸或氧化剂也能发生剧烈反应，发生燃烧、爆炸的危险性比遇水或水蒸气时更大，如金属钾、金属钠、氧化钠、氢化钙、碳化钙、磷化钙等的生产。

4. 甲类第5项

其生产特性是生产中的物质有较强的夺取电子的能力，即强氧化性。有些过氧化物中含有过氧基（—O—O—），性质极不稳定，易放出氧原子，有强烈的氧化性，会促使其他物质迅速氧化，并放出大量的热量而发生燃烧、爆炸。该类物质受酸、碱、热、撞击、摩擦、催化或与易燃品、还原剂等接触后能迅速分解，极易发生燃烧或爆炸，如氯酸钠、氯酸钾、过氧化氢、过氧化钠等的生产。

5. 甲类第6项

其生产特性是生产中的物质燃点较低、易燃烧，受热、撞击、摩擦或与氧化剂接触能引起剧烈燃烧或爆炸，燃烧速度快，燃烧产物毒性大，如赤磷、三硫化二磷等的生产。

6. 甲类第 7 项

其生产特性是生产中操作温度较高，物质被加热到自燃点以上，此类生产必须在密闭设备内进行，因设备内没有助燃气体，所以设备内的物质不能燃烧。但是，一旦设备或管道泄漏，即使没有其他火源，该类物质也会在空气中立即起火燃烧。这类生产在化工、炼油、医药等企业中较常见。

（二）乙类火灾危险性的生产特性

1. 乙类第 1 项、第 2 项

乙类液体、气体火灾危险性的生产特性参见上文关于甲、乙、丙类液体划分的闪点基准和气体爆炸下限分类基准的有关内容。

2. 乙类第 3 项

所指的不属于甲类的氧化剂是二级氧化剂，即非强氧化剂。其生产特性比甲类第 5 项的性质更稳定，其物质遇热、还原剂、酸、碱等能分解产生高热，遇其他氧化剂也能分解发生燃烧，甚至爆炸，如过二硫酸钠、高碘酸、重铬酸钠、过醋酸等的生产。

3. 乙类第 4 项

其生产特性是生产中的物质燃点较低、较易燃烧或爆炸，燃烧性能比甲类易燃固体差，燃烧速度较慢，同时也可放出有毒气体，如硫黄、樟脑或松香等的生产。

4. 乙类第 5 项

其生产特性是生产中的助燃气体虽然本身不能燃烧（如氧气），但在有火源的情况下，如遇可燃物，会加速燃烧，甚至有些含碳的难燃的或不燃的固体也会迅速燃烧。

5. 乙类第 6 项

其生产特性是生产中可燃物质的粉尘、纤维、雾滴悬浮在空气中与空气混合，当达到一定浓度时，遇火源立即引起爆炸。这些细小的物质表面吸附、包围了氧气，当温度提高时，便加速了它的氧化反应，反应中放出的热促使其燃烧。这些细小的可燃物质与原来块状固体或较大量的液体相比具有较低的自燃点，在适当的条件下，着火后便会以爆炸的速度燃烧。另外，有些金属，如铝、锌等在块状时并不燃烧，但在粉尘状态时则能够爆炸燃烧。

可燃液体的雾滴也可以引起爆炸。因而，将丙类液体雾滴的火灾危险性列入乙类。

（三）丙类火灾危险性的生产特性

1. 丙类第 1 项

丙类液体火灾危险性的生产特性详见上文关于甲、乙、丙类液体划分的闪点基准的有关内容。

2. 丙类第 2 项

其生产特性是生产中的物质燃点较高，在空气中受到火烧或高温作用时能够起火或微燃，当火源移走后仍能持续燃烧或微燃，如木料、橡胶、棉花等的加工和生产。

（四）危险物质的量对生产的火灾危险性类别的影响

（1）厂房内可不按危险物质火灾危险特性确定生产火灾危险性类别的最大允许量。

在生产过程中，如使用或产生易燃、可燃物质的量较少，不足以构成爆炸或火灾危险时，可以按实际情况确定其火灾危险性的类别。即在生产过程中虽然使用或产生了易燃、可燃物质，但是数量很少，即使气体全部放出或可燃液体全部燃烧，气体也不能在整个厂房内达到爆炸极限，可燃物也不能使建筑物起火，造成灾害，此时可以按实际情况确定其火灾危险性的类别。例如，机械修配厂或修理车间，虽然使用少量的汽油等甲类溶剂清洗零件，但不会因此而产生爆炸，所以该厂房不能按甲类厂房处理，仍应按戊类考虑。表 2-2-2 列出了部分生产中常见的甲、乙类危险品的最大允许量。其中的最大允许量包括厂房或实验室内单位容积的最大允许量及室内空间最多允许存放的总量两个控制指标。

表 2-2-2　可不按物质危险特性确定生产火灾危险性类别的最大允许量

火灾危险性类别	火灾危险性特征		物质名称举例	最大允许量	
				与房间容积的比值	总量
甲	1	闪点小于 28℃的液体	汽油、丙酮、乙醚	0.004L/m³	100L
	2	爆炸下限小于 10% 的气体	乙炔、氢、甲烷、乙烯、硫化氢	1L/m³（标准状态）	25m³（标准状态）
	3	常温下能自行分解导致迅速自燃爆炸的物质	硝化棉、硝化纤维胶片、喷漆棉、火胶棉、赛璐珞棉	0.003kg/m³	10kg
		在空气中氧化即导致迅速自燃的物质	黄磷	0.006kg/m³	20kg
	4	常温下受到水和空气中水蒸气的作用能产生可燃气体并能燃烧或爆炸的物质	金属钾、钠、锂	0.002kg/m³	5kg
	5	遇酸、受热、撞击、摩擦、催化以及遇有机物或硫黄等易燃的无机物能引起爆炸的强氧化剂	硝化胍、高氯酸铵	0.006kg/m³	20kg
		遇酸、受热、撞击、摩擦、催化以及遇有机物或硫黄等极易分解引起燃烧的强氧化剂	氯酸钾、氯酸钠、过氧化钠	0.015kg/m³	50kg
	6	与氧化剂、有机物接触时能引起燃烧或爆炸的物质	赤磷、五硫化磷	0.015kg/m³	50kg

续表 2-2-2

火灾危险性类别	火灾危险性特征		物质名称举例	最大允许量	
				与房间容积的比值	总量
甲	7	受到水或空气中水蒸气的作用能产生爆炸下限小于 10% 的气体的固体物质	碳化钙	0.075kg/m^3	100kg
乙	1	闪点大于或等于 28℃，小于 60℃的液体	煤油、松节油	0.02L/m^3	200L
	2	爆炸下限大于或等于 10% 的气体	氨	5L/m^3（标准状态）	50m^3（标准状态）
	3	助燃气体	氧、氟	5L/m^3（标准状态）	50m^3（标准状态）
		不属于甲类的氧化剂	硝酸、硝酸铜、铬酸、发烟硫酸、铬酸钾	0.025kg/m^3	80kg
	4	不属于甲类的化学易燃危险固体	赛璐珞板、硝化纤维色片、镁粉、铝粉	0.015kg/m^3	50kg
			硫黄、生松香	0.075kg/m^3	100kg

（2）厂房内可不按危险物质火灾危险特性确定生产火灾危险性类别时，危险物质的工艺布置在厂房中所占面积比例对生产的火灾危险性类别的影响。

当一座厂房内或防火分区内有不同性质的生产时，其分类应按火灾危险性较大的部分确定，但火灾危险性大的部分占本层或本防火分区面积的比例小于 5%（丁、戊类生产厂房的油漆工段小于 10%），且发生事故时不足以蔓延到其他部位，或采取防火措施能防止火灾蔓延时，可按火灾危险性较小的部分确定。例如，一座厂房中或防火分区有甲、乙类生产时，如果甲类生产在发生事故时，可燃物质足以构成爆炸或燃烧危险，则该建筑物中的生产类别应按甲类处理。但如果在一栋很大的厂房内，甲类生产所占用的面积比例很小时，而且即使发生火灾也不会蔓延到其他地方，那么该厂房就可按火灾危险性较小的部分确定。例如，在一栋防火分区最大允许占地面积不限的戊类汽车总装厂房中，喷漆工段占总装厂房的面积比例不足 10% 时，其生产类别仍属戊类。

第二节 储存物品的火灾危险性分类

生产和储存物品的火灾危险性有相同之处，也有不同之处。有些生产的原料、成品都不危险，但生产中的条件变了或经化学反应后产生了中间产物，也就增加了火灾危险性。例如，可燃粉尘静止时火灾危险性较小，但生产时，粉尘悬浮在空气中与空气形成爆炸性混合物，遇火源则能爆炸起火，而储存这类物品就不存在这种情况。与此相反，桐油织物及其制品在储存中火灾危险性较大，因为这类物品堆放在通风不良地点，受到一定温度作用时，能缓慢氧化，积热不散便会导致自燃起火，而在生产过程中不存在此种情况。所以，要分别对生产物品和储存物品的火灾危险性进行分类。

一、储存物品的火灾危险性分类方法

储存物品的分类方法，主要是根据物品本身的火灾危险性，吸收仓库储存管理经验，并参考《危险货物道路运输规则》（JT/T 617—2018）相关内容而划分的。按《建筑设计防火规范》（GB 50016—2014，2018 年版），储存物品的火灾危险性分为五类，其分类及举例见表 2-2-3。

表 2-2-3 储存物品的火灾危险性分类及举例

储存物品的火灾危险性类别	储存物品的火灾危险性特征	举 例
甲	1. 闪点小于 28℃的液体； 2. 爆炸下限小于 10% 的气体，受到水或空气中水蒸气的作用能产生爆炸下限小于 10% 气体的固体物质； 3. 常温下能自行分解或在空气中氧化能导致迅速自燃或爆炸的物质； 4. 常温下受到水或空气中水蒸气的作用，能产生可燃气体并引起燃烧或爆炸的物质； 5. 遇酸、受热、撞击、摩擦以及遇有机物或硫黄等易燃的无机物，极易引起燃烧或爆炸的强氧化剂； 6. 受撞击、摩擦或与氧化剂、有机物接触时能引起燃烧或爆炸的物质	1. 已烷、戊烷，石脑油，环戊烷，二硫化碳，苯、甲苯，甲醇、乙醇，乙醚，甲酸甲酯、醋酸甲酯、硝酸乙酯，汽油，丙酮，丙烯，酒精度为 38 度以上的白酒； 2. 乙炔，氢，甲烷，乙烯、丙烯、丁二烯，环氧乙烷，水煤气，硫化氢，氯乙烯，液化石油气，碳化钙，碳化铝； 3. 硝化棉，硝化纤维胶片，喷漆棉，火胶棉，赛璐珞棉，黄磷； 4. 金属钾、钠、锂、钙、锶，氢化锂、氢化钠，四氢化锂铝； 5. 氯酸钾、氯酸钠、过氧化钾、过氧化钠，硝酸铵； 6. 赤磷，五硫化二磷，三硫化二磷
乙	1. 闪点不小于 28℃，但小于 60℃的液体； 2. 爆炸下限不小于 10% 的气体； 3. 不属于甲类的氧化剂； 4. 不属于甲类的易燃固体； 5. 助燃气体； 6. 常温下与空气接触能缓慢氧化，积热不散引起自燃的物品	1. 煤油，松节油，丁烯醇、异戊醇，丁醚，醋酸丁酯、硝酸戊酯，乙酰丙酮，环己胺，溶剂油，冰醋酸，樟脑油，甲酸； 2. 氨气、一氧化碳； 3. 硝酸铜，铬酸，亚硝酸钾，重铬酸钠，铬酸钾，硝酸，硝酸汞、硝酸钴，发烟硫酸，漂白粉； 4. 硫黄，镁粉，铝粉，赛璐珞板（片），樟脑，萘，生松香，硝化纤维漆布，硝化纤维色片； 5. 氧气，氟气，液氯； 6. 漆布及其制品，油布及其制品，油纸及其制品，油绸及其制品

续表 2-2-3

储存物品的火灾危险性类别	储存物品的火灾危险性特征	举　例
丙	1. 闪点不小于 60℃的液体； 2. 可燃固体	1. 动物油、植物油，沥青，蜡，润滑油、机油、重油，闪点不小于 60℃的柴油，糖醛，白兰地成品库； 2. 化学、人造纤维及其织物，纸张，棉、毛、丝、麻及其织物，谷物，面粉，粒径不小于 2mm 的工业成型硫黄，天然橡胶及其制品，竹、木及其制品，中药材，电视机、收录机等电子产品，计算机机房已录数据的磁盘储存间，冷库中的鱼、肉间
丁	难燃烧物品	自熄性塑料及其制品，酚醛泡沫塑料及其制品，水泥刨花板
戊	不燃烧物品	钢材、铝材、玻璃及其制品，搪瓷制品、陶瓷制品，不燃气体，玻璃棉、岩棉、陶瓷棉、硅酸铝纤维、矿棉，石膏及其无纸制品，水泥、石、膨胀珍珠岩

注：1. 同一座仓库或仓库的任一防火分区内储存不同火灾危险性物品时，仓库或防火分区的火灾危险性应按火灾危险性最大的物品确定。
2. 丁、戊类储存物品仓库的火灾危险性，当可燃包装质量大于物品本身质量的 1/4 或可燃包装体积大于物品本身体积的 1/2 时，应按丙类确定。

二、储存物品的火灾危险性特征

（一）甲类储存物品的火灾危险性特征

甲类储存物品主要是依据《危险货物道路运输规则》（JT/T 617—2018）中Ⅰ级易燃固体、Ⅰ级易燃液体、Ⅰ级氧化剂、Ⅰ级自燃物品、Ⅰ级遇水燃烧物品和可燃气体的特性进行划分。这类物品易燃易爆，燃烧时还会放出大量有害气体；有的遇水发生剧烈反应，产生氢气或其他可燃气体，遇火会燃烧爆炸；有的具有强烈的氧化性能，遇有机物或无机物极易燃烧、爆炸；有的因受热、撞击、催化或气体膨胀而可能发生爆炸，或与空气混合容易达到爆炸浓度，遇火则发生爆炸。

（二）乙类储存物品的火灾危险性特征

乙类储存物品主要是根据《危险货物道路运输规则》（JT/T 617—2018）中Ⅱ级易燃固体、Ⅱ级易燃液体、Ⅱ级氧化剂、助燃气体、Ⅱ级自燃物品特性划分，这类物品的火灾危险性仅次于甲类。

（三）丙、丁、戊类储存物品的火灾危险性特征

丙、丁、戊类物品的分类主要是根据有关仓库调查和储存管理情况划分的。

1. 丙类

丙类包括闪点在60℃或60℃以上的可燃液体和可燃固体物质。丙类可燃液体闪点较高、不易挥发，火灾危险性比甲、乙类液体要小些。可燃固体在空气中受到火焰和高温作用时能发生燃烧；即使移走火源，也仍能继续燃烧。

2. 丁类

丁类是指难燃烧物品。这类物品的特性是在空气中受到火焰或高温作用时，难起火、难燃或微燃，将火源移走，燃烧即可停止。

3. 戊类

戊类是指不燃物品，这类物品的特性是在空气中受到火焰或高温作用时，不起火、不微燃、不炭化。

丁、戊类物品本身虽然是难燃或不燃的，但其包装材料很多是可燃的，例如，木箱、纸盒等，因此其火灾危险性属于丙类。据调查，一些单位每平方米库房面积的可燃包装材料多者在100~300kg，少者在30~50kg。因此，这两类物品仓库除考虑物品本身的燃烧性能外，还要考虑可燃包装材料的数量，在防火要求上应较其他丁、戊类仓库更为严格。

第三节　部分典型场所的火灾危险性

民用建筑场所内的火灾危险性辨别与工业场所内的火灾危险性辨别略有不同，主要与场所的使用性质、人员密集程度及活动能力等有较大的关系，本节以大型商业综合体、密室逃脱类场所、托育场所等为重点，介绍不同场所内的火灾危险性。

一、大型商业综合体火灾危险性特点

大型商业综合体普遍具有建筑体量大、人员密度大、火灾荷载大，结构功能复杂等突出特点，现有大型商业综合体内有电影院、儿童活动场所、冰雪游乐场所、电子游艺游戏场所、超市等多种功能用途场所，各场所之间用途不同、营业时间不同、管理方式不同、容纳人群特点不同，一旦发生火灾，各场所之间相互影响，人流交织，容易造成人员伤亡和财产损失，产生不良社会影响。其火灾危险性如下。

（一）起火风险

1. 明火源风险

商业综合体内的餐饮场所设置明火加工，违规使用甲、乙类液体燃料，顾客及员工违规吸烟；小孩使用打火机、火柴等玩火；违规使用明火、点蜡、焚香；违规燃放烟花；装修过程中，违规进行电焊、气焊、切割等明火作业等。

2. 电气火灾风险

商业综合体内电气线路敷设不符合要求，电气线路老化、破损，造成线路漏电、短路；擅自改变电气线路，因节假日活动增设大功率用电设备，造成线路超负荷；线路选型不当、连接不可靠，电气线路、电源插座、开关安装敷设在可燃材料上，造成线路过热引燃可燃材料；电动自行车违规在综合体内停放、充电，其他用电设备未在营业结束闭店时采取断电措施等，都可能导致火灾发生。

3. 可燃物风险

商业综合体内可燃物管理不规范，极易导致火灾的发生。如各类场所内违规采用聚氨酯、聚苯乙烯、海绵、毛毯、木板等易燃可燃装修材料，发生火灾时产生大量有毒有害物质，影响人员疏散和灭火救援；超市、商铺临时仓库大量易燃、可燃货物随意堆放，违规存放酒精等易燃易爆物品，容易导致火灾发展迅速；综合体建筑外墙外保温材料的燃烧性能不符合要求，外保温材料防护层脱落、破损、开裂，外保温系统防火分隔、防火封堵措施失效；建筑垃圾、可燃杂物未及时清理，随意堆放在屋顶、楼梯间、疏散走道、地下室、设备用房、电缆井、管道井等区域。

（二）人员安全疏散风险

1. 容纳人数超过设计人数

由于商业综合体内的功能用途多，商铺改造也较多，人员潮汐效应明显，节假日或重大活动日，冰雪场、宴会厅、电影院、KTV、儿童游乐等场所经常停留人数或展销、演出等活动参加人数都有可能超过设计疏散人数，电影院、儿童活动场所未设置独立的安全出口，发生火灾后，安全出口宽度和数量不能满足人员疏散要求，造成群死群伤事故发生。

2. 消防设施被损坏、占用影响疏散出口的功能

如场所内共用的疏散走道、安全出口违规堵塞、占用、封闭，导致人员无法及时通过最佳路径疏散；安全出口、疏散走道处设置的门禁系统在火灾时无法正常开启，应急广播系统不能正常使用，室内应急照明数量不足、亮度不够，疏散指示标志设置不符合要求或被遮挡，导致发生火灾时顾客及员工难以及时选择安全的疏散路线逃生；场所内的自动喷水灭火系统、防排烟设施不能及时有效启动，导致起火区域有毒高温烟气快速蔓延，安全疏散路径受到烟火侵袭，影响人员安全疏散。

3. 应急处置不当贻误疏散最佳时机

综合体未制订灭火和应急疏散总预案、分预案和专项预案，未明确各防火分区或楼层区域的志愿消防员、疏散引导员，与综合体连通的宾馆、酒店、商住楼、办公楼、城市轨道交通等各单位之间未建立火灾联动应急疏散机制，未定期组织开展应急疏散演练，发生火灾时组织安全疏散混乱无序。

（三）火灾蔓延扩大风险

1. 擅自改变建筑外部设施

如场所内违规搭建库房、变电站、锅炉房、调压站等设备用房；临时搭建车棚、广告牌、连廊等占用防火间距；在节假日或重大活动中，占用环形消防车道、消防车登高操作场地；消防救援窗口无明显标志或外侧被广告牌和铁栅栏遮挡，内侧被货架货物等堵塞，影响灭火救援。

2. 擅自改变建筑内部设施

违规改变综合体内的防火防烟分区，与综合体相连的宾馆、酒店、住宅楼、办公楼、城市轨道交通等其他功能建筑相互间的防火分隔措施失效；综合体下沉式广场、商业步行街、中庭的防火分隔设施未保持完好有效；店铺装修改造后拆除或用普通玻璃替代防火玻璃，或者用作保护防火玻璃的喷头被拆除、遮挡、破坏，防火防烟分区处的防火墙、防火门、防火窗、防火玻璃墙、防火卷帘、挡烟垂壁等未保持完好有效；综合体内管道井、电缆井、玻璃幕墙和防烟、排烟、供暖、通风、空调管道未做好横向、竖向防火封堵，变形缝、伸缩缝防火封堵不到位等，发生火灾后极易造成火灾蔓延扩大。

3. 消防设施不能正常运行

综合体内火灾自动报警系统、自动灭火系统、消火栓系统、防烟排烟系统等消防设施运行不正常，发生火灾后不能早期预警、快速处置；擅自改变联动控制程序，导致部分设施无法联动启动。

二、密室逃脱类场所火灾危险性特点

密室逃脱类场所是近几年新兴的特殊游戏场所，是指在特定受限空间场景内进行真人逃脱、剧本杀、情景剧类活动的场所。这类场所为了打造“沉浸式”游戏氛围，会对场所进行改造，设置较多迂回的疏散路径，并采用较多音响、灯光和特效等用电设备，人为增加了较多火灾危险因素。其主要火灾危险性如下。

（一）起火风险

1. 明火源风险

场所内员工及顾客吸烟，随意丢弃未熄灭的烟头；因场景剧情需要违规使用明火、点蜡、烧纸、焚香等行为；为营造场景氛围违规燃放冷烟花、焰火等行为；在布景施工中违规进行电焊、气焊、切割等明火作业。

2. 电气火灾风险

场所内因布景或场景剧情需要使用多个延长线电源插座串接设备，或使用的电气设备、灯具及镇流器与易燃可燃装修装饰、道具未保持安全距离；电气线路敷设不符合要求，电气线路未穿管保护，电气线路接头未采用接线端子连接；电气线路老化、绝缘层破损、线路受潮、水浸；电气线路、电源插座、开关安装敷设在易燃可燃材料上；配电箱未采用不燃材料制作，箱内电气线路未按规定敷设；线路与插座、开关连接处松动，插头与插套接触处松动；员工违规使用热得快、电暖器等大功率电器或将电动自行车、电动平衡车等违规在场所内停放、充电；场所内员工违规为顾客制作简餐的电饭煲、电磁炉、微波炉等电气设备未与可燃物保持安全距离，在加热食物或为手持电台充电时无人值守，闭店后未采取断电措施，都有可能导致电气火灾发生。

3. 可燃物风险

装修过程中，大量使用聚氨酯、聚苯乙烯、海绵、塑料等易燃、可燃材料进行布景、用房搭建、室内分隔；违规储存氢气罐、煤油、酒精等易燃易爆危险品；空气清新剂、杀虫剂、彩带喷雾发泡剂等未安全存放、使用。

（二）人员安全疏散风险

1. 场景设置影响人员疏散

因场景剧情需要将安全出口封闭，部分通道需要顾客爬行或涉水通过；特殊解谜类等主题房间，顾客在游玩时被限制在房间内，只有完成任务才能打开出口或由工作人员开门，发生紧急情况时房门无法从内打开；场所的密码锁、电子锁不能通过监控室一键启动全部开锁；部分安全出口、疏散通道处设置的门禁系统，发生火灾时无法正常开启；场所内为营造氛围设置的黑暗环境、暗门会严重影响人员对疏散路线和方向的判断；有的顾客长时间沉迷情境疏散反应能力弱，将应急广播当做游戏情节的一部分，发生火灾时不能及时安全疏散；真人逃脱、情景剧类场所未给顾客配备定位器，发生火灾因环境因素难以及时、准确搜救被困人员。

2. 特殊设置位置不利于人员疏散

有的场所设置在地下室、人防工程，安全出口不足，没有手机通信信号，发生火灾后人员安全有序疏散难度极大。有的场所监控室设置在游玩场景区域，游玩场景区域发生火灾，利用监控室启动应急处置程序会受到影响。

3. 管理不善影响人员疏散

场所未采取营业高峰期人员限流措施，安全出口数量和疏散走道宽度不足，影响安全疏散；疏散走道与其他功能区域防火分隔不符合要求；应急照明未设置或数量不足、照度不够；疏散指示标志未设置或设置不符合要求、被遮挡；道具、装修装饰、隔断等物品遮挡排烟口、火灾探测器、洒水喷头等消防设施，消防设施不能有效发挥作用；自然排烟外窗被封闭或排烟设施无法正常开启，有毒高温烟气严重影响人员安全疏散；未设置应急广播，在发生火灾时无法及时广播引导人员安全疏散；发生火灾时，场所音响设备不能紧急切断关停，干扰应急广播作用发挥；场所内未在明显部位设置安全疏散指示图，在游戏开始前未履行火灾风险提示和应急疏散的告知义务等。

4. 应急疏散演练不到位

场所未制订灭火和应急疏散预案，场所内员工不了解本场所火灾危险性，不熟悉应急处置程序，组织疏散能力不足。与所在建筑消防控制室未建立有效的通信联系和应急联动机制，所在建筑志愿消防队（微型消防站）队员不熟悉场所内部情况，不能及时组织初起火灾扑救和人员疏散。

（三）火灾蔓延扩大风险

（1）场所采用聚氨酯、聚苯乙烯、海绵、毛毯、木板等易燃可燃材料装饰装修以及使用易燃可燃物挂件、塑料仿真植物、模型道具、器具，发生火灾极易造成蔓延扩大和严重损失。

（2）场所与其他毗邻区域未进行有效防火分隔或防火分隔不到位，场所改造时破坏原有的防火分隔措施，容易形成火灾蔓延。

（3）场所与所在建筑的物业管理单位之间未建立应急联动机制，场所发生火灾或所在建筑其他部位发生火灾，互相不掌握情况，导致火灾蔓延，无法有效处置。

（4）因场所装修分隔需要，拆除原有建筑消防设施，或未按照国家标准、行业标准设置消防设施，导致火灾发生后难以有效扑救。

（5）消防设施运行不正常，场所内员工对消防设施器材操作不熟悉，发生火灾后不能早期预警、快速处置。

（6）场所内部暗门较多，内部隔墙或隔断不具备防火防烟功能，容易造成火势和浓烟快速蔓延。

三、托育场所火灾危险性特点

托育场所主要指为 3 岁及以下婴幼儿提供全日托、半日托、计时托、临时托等托育机构所在的场所。该类场所往往设置在高层建筑或大型商业综合体内，主要存在以下火灾风险。

（一）起火风险

1. 明火源风险

场所内为保暖或烘烤湿衣物，设置取暖器、暖风机、电热膜等大功率取暖设备；违规使用蚊香、蜡烛等物品；部分婴幼儿家属在场所内吸烟。

2. 电气火灾风险

场所内电气线路未穿管敷设，线路接头采用铰接方式连接，电线乱接乱拉，违规将电气线路、插座、电气设备直接敷设在易燃、可燃材料制作的儿童游乐设施或室内装饰物等内部及表面；违规将电动自行车、电动平衡车停放室内或进行充电；具有蓄电功能的儿童游乐设施在托育工作期间进行室内充电等。

3. 可燃物风险

场所内屋顶、地面等违规采用泡沫、塑料、海绵、毛毯等易燃可燃材料装修；大量采用塑料仿真树木、易燃可燃挂件、海洋球、氢气球等各类装饰造型物。

（二）人员安全疏散风险

1. 人员自主疏散能力差

此类场所容纳人员主要为 3 岁及以下自行行走能力差或不能自行行走的婴幼儿，无法自行进行安全疏散；托育从业人员多为女性，发生火灾时，扑救初期火灾或协助人员疏散能力较弱。

2. 安全出口设置不符合要求

有的托育场所在高层写字楼、商业综合体等公共建筑内，与其他场所共用疏散出口，而未设置独立的安全出口，发生火灾后，无法保证婴幼儿及托育从业人员的疏散安全；有的托育场所设置建筑较高楼层或地下、半地下场所，发生火灾后人员不易疏散。

3. 消防设施设置不符合要求

部分托育场所未设置自动灭火系统或系统不能正常运行，应急照明未设置或照度不够、设置位置不符合要求，疏散指示标志不明显；使用燃气的厨房内未设置可燃气体浓度报警装置、燃气紧急切断装置、灭火器等设施；场所内未设置 24h 可视监控，不能及时发现火警信息，发生火灾后无法及时处置。

（三）火灾蔓延扩大风险

1. 人员处置初期火灾能力不足

托育场所消防安保人员培训不够，不会使用灭火器、消火栓、防毒面具、灭火毯、消防软管卷盘等消防器材，发生火灾后不能第一时间有效处置。

2. 应急处置制度不健全

场所内未建立有效的灭火和应急疏散预案，未针对婴幼儿疏散设置专门的应急预案和实施方法，未明确托育从业人员协助婴幼儿疏散的岗位职责；场所未与所在建筑的消防控制室、志愿消防队建立联勤联训机制，未建立有效的应急通信联络方式，发生火灾时，控制室人员和志愿消防队不能及时处置，导致火灾蔓延扩大。

参考文献

[1] 屈立军 . 建筑防火 [M] . 北京：中国人民公安大学出版社，2006.

[2] 中华人民共和国公安部消防局 . 中国消防手册：第三卷 [M] . 上海：上海科学技术出版社，2006.

[3] 上海市消防局 . 现代消防管理实用知识问答 [M] .2 版 . 上海：上海科学技术出版社，2011.

[4] 崔照宽 . 生产工艺防火 [M] . 北京：中国人民公安大学出版社，2004.

练习题

一、一级注册消防工程师

（一）单项选择题

1. 某面粉加工厂的面粉碾磨车间为 3 层钢筋混凝土结构建筑，建筑高度为 25m，建筑面积共 3 600m^2，根据生产的火灾危险性分类标准，该面粉碾磨车间的火灾危险性应确定为（　　）。

A. 甲类　　B. 乙类　　C. 丙类　　D. 丁类

2. 某单层木器加工厂房，建筑面积为 200m^2。该厂房内油漆工段建筑面积为 180m^2，与厂房其他区域进行了防火分隔，油漆工段使用的有机溶剂的闪点为 23℃。该厂房的火灾危险性分类为（　　）。

A. 甲类　　B. 乙类　　C. 丙类　　D. 丁类

3. 下列气体中，爆炸下限大于 10% 的是（　　）。

A. 一氧化碳　　B. 丙烷　　C. 乙醇　　D. 丙烯

（二）多项选择题

1. 下列物品中，储存与生产火灾危险性类别不同的有（　　）。

A. 铝粉　　B. 竹藤家具

C. 漆布　　D. 桐油织布

E. 谷物面粉

2. 在生产过程中同一工厂的不同工段或同一种物质使用不同的加工工艺，其火灾危险性也不尽相同，下列选项中，火灾危险性相同的有（　　）。

A. 橡胶制品的硫化厂房和胶浆厂房

B. 松香的蒸馏厂房和提炼厂房

C. 造纸厂的浆粕蒸煮工段和干燥厂房

D. 集成电路厂房的氧化扩散间和光刻间

E. 焦化厂的焦油厂房和精萘厂房

二、二级注册消防工程师

（一）单项选择题

1. 某仓库包括百货、陶瓷器具、玻璃制品、塑料玩具、自行车。该仓库的火灾危险性类别应确定为（　　）。

A. 甲类　　B. 乙类　　C. 丙类　　D. 丁类

2. 下列储存物品仓库中，火灾危险性为戊类的是（　　）。

A. 陶瓷制品仓库（制品可燃包装与制品）

B. 玻璃制品仓库（制品可燃包装与制品本）

C. 水泥刨花板制品仓库（制品无可燃包装）

D. 硅酸铝纤维制品仓库（制品无可燃包装）

（二）多项选择题

下列储存物品中，属于乙类火灾危险性分类的有（　　）。

A. 煤油　　B. 乙烯

C. 油布　　D. 赤磷

E. 硝酸铜

第三章　建筑分类与耐火等级

学习要求

通过本章学习，应了解建筑的不同分类；熟悉建筑材料燃烧性能及分级；掌握建筑构件的燃烧性能和耐火极限的相关知识以及建筑耐火等级要求，判别典型建筑的建筑分类、耐火等级的正确性及相关防控措施的合理性。

了解和掌握建筑常识及相关建筑防火、灭火内容，是做好建筑消防安全工作的前提。

第一节　建 筑 分 类

建筑是一个通称，我们通常将供人们学习、工作、生活，以及从事生产和各种文化、社会活动的房屋称为建筑物，如住宅、教学楼、影剧院等；而人们不在其中生产、生活的建筑，则称作构筑物，如水塔、烟囱、堤坝等。

一、建筑分类

建筑分类是个较为复杂的问题。通常，可按照使用性质和建筑结构两种方式进行分类。

（一）按使用性质分类

按使用性质划分，建筑可分为民用建筑、工业建筑。

1. 民用建筑

根据《建筑设计防火规范》（GB 50016—2014，2018 年版），民用建筑根据其建筑高度、功能、火灾危险性和扑救难易程度等进行分类。以该分类为基础，分别在耐火等级、防火间距、防火分区、安全疏散、灭火设施等方面对民用建筑的防火设计提出不同的要求，以实现保障建筑消防安全与保证工程建设和提高投资效益的统一。民用建筑又可按照功能、建筑高度和层数进行细分，具体分类及标准见表 2–3–1。

（1）住宅建筑和公共建筑。住宅建筑是指供家庭居住使用的建筑。公共建筑是指供人们进行各种公共活动的建筑，包括宿舍等非住宅居住建筑、教育、科研、文化、医疗、交通、商业、服务、体育、园林、综合类建筑等。

（2）单、多层民用建筑和高层民用建筑。根据建筑高度、使用功能和楼层的建筑面积划分，高层民用建筑可分为一类和二类。对于住宅建筑，以 27m 作为区分多层和高层住宅建筑的标准；对于高层住宅建筑，以 54m 作为区分一类和二类的标准。对于公共建筑，以 24m 作为区分多层和高层公共建筑的标准。在高层公共建筑中，将性质重要、火灾危险性大、疏散和扑救难度大的建筑定为一类，其他的建筑为二类。

表 2-3-1　民用建筑的分类

名称	高层民用建筑		单、多层民用建筑
	一类	二类	
住宅建筑	建筑高度大于 54m 的住宅建筑（包括设置商业服务网点的住宅建筑）（如图 2-3-1 所示）	建筑高度大于 27m，但不大于 54m 的住宅建筑（包括设置商业服务网点的住宅建筑）	建筑高度不大于 27m 的住宅建筑（包括设置商业服务网点的住宅建筑）
公共建筑	1. 建筑高度大于 50m 的公共建筑； 2. 建筑高度 24m 以上部分，任一楼层建筑面积大于 1 000m^2 的商店、展览、电信、邮政、财贸金融建筑和其他多种功能组合的建筑； 3. 医疗建筑、重要公共建筑、独立建造的老年人照料设施； 4. 省级及以上的广播电视和防灾指挥调度建筑、网局级和省级电力调度建筑； 5. 藏书超过 100 万册的图书馆、书库	除一类高层公共建筑外的其他高层公共建筑	1. 建筑高度大于 24m 的单层公共建筑（如图 2-3-2 所示）； 2. 建筑高度不大于 24m 的其他公共建筑

注：1. 表中未列入的建筑，其类别应根据本表类比确定。
2. 除另有规定外，宿舍、公寓等非住宅类居住建筑的防火要求应符合有关公共建筑的规定。
3. 除另有规定外，裙房的防火要求应符合有关高层民用建筑的规定。

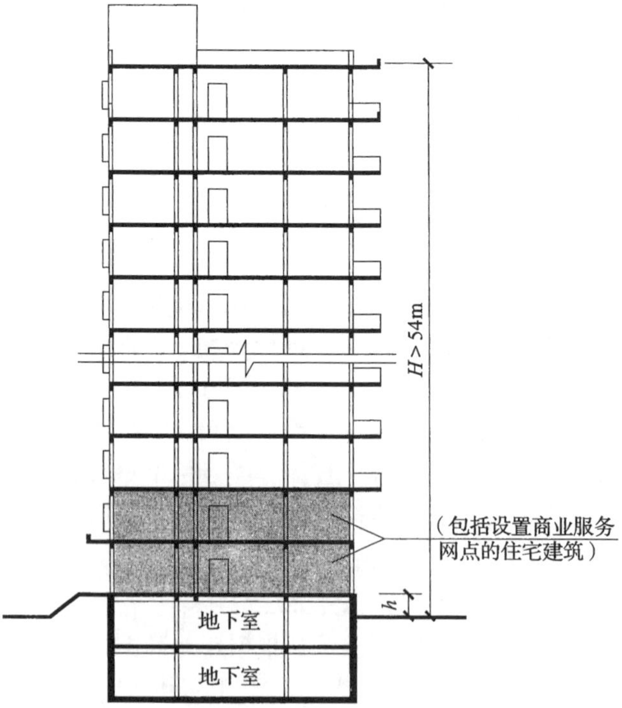

图 2-3-1　一类高层住宅建筑剖面示意图

注：1. h 为室内外高差或建筑的地下或半地下室的顶板面高出室外设计地面的高度。
2. 对于住宅建筑，h 是否计入建筑高度 H 详见下文建筑高度和建筑层数的计算方法。

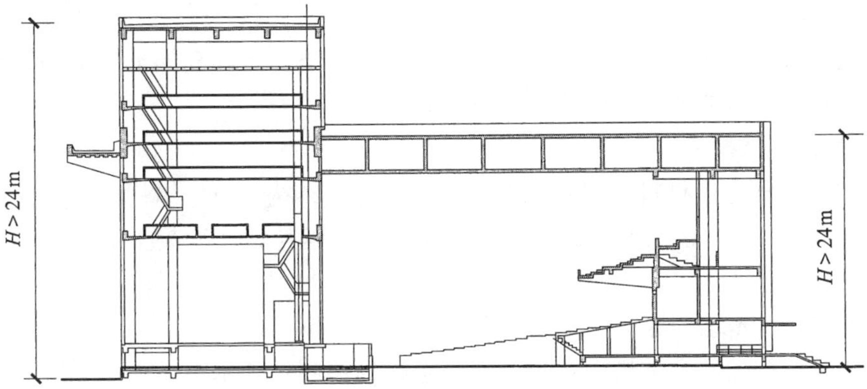

图 2-3-2 建筑高度 $H>24m$ 的单层公共建筑剖面示意图

表 2-3-1 中涉及几个重要的概念，在此做相应解释。

1）商业服务网点。指设置在住宅建筑的首层或首层及二层，每个分隔单元建筑面积不大于 300m^2 的商店、邮政所、储蓄所、理发店等小型营业性住房。

2）地下室与半地下室（如图 2-3-3 所示）。地下室是指房间地面低于室外设计地面的平均高度大于该房间平均净高 1/2 者。半地下室是指房间地面低于室外设计地面的平均高度大于该房间平均净高 1/3，且不大于 1/2 者。

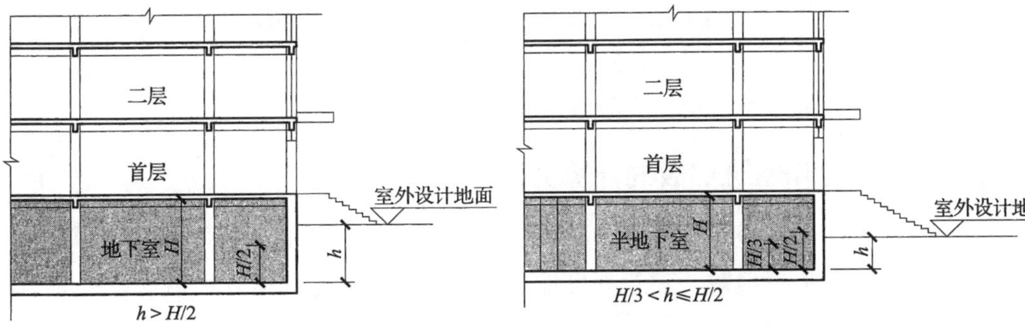

H—房间平均净高；h—房间地面低于室外地面的平均高度。

图 2-3-3 地下室与半地下室剖面示意图

3）老年人照料设施。指床位总数（可容纳老年人总数）大于或等于 20 床（人），为老年人提供集中照料服务的公共建筑，包括老年人全日照料设施和老年人日间照料设施。其他专供老年人使用的、非集中照料的设施或场所，例如，老年大学、老年活动中心等不属于老年人照料设施。老年人照料设施包括三种形式，即独立建造的、与其他建筑组合建造的和设置在其他建筑内的老年人照料设施。

独立建造的老年人照料设施包括与其他建筑贴邻建造的老年人照料设施。对于与其他建筑上下组合建造或设置在其他建筑内的老年人照料设施，其防火设计要求应根据该建筑的主要用途确定其建筑分类。其他专供老年人使用的、非集中照料的设施或场所，其防火设计要求按有关公共建筑的规定确定；对于非住宅类老年人居住建筑，其防火要求按有关老年人照料设施的规定确定。

2. 工业建筑

工业建筑按照使用性质的不同，分为加工、生产类厂房和仓储类库房两大类，厂房和仓库又可按其生产或储存物质的性质进行分类。

（二）按建筑结构分类

按结构形式和建造材料构成划分，建筑可分为木结构、砖木结构、砖与钢筋混凝土混合结构（砖混结构）、钢筋混凝土结构、钢结构、钢与钢筋混凝土混合结构（钢混结构）等。

（1）木结构。木结构建筑的主要承重构件是木材。

（2）砖木结构。砖木结构建筑的主要承重构件用砖石和木材做成。如砖（石）砌墙体、木楼板、木屋盖的建筑。

（3）砖混结构。砖混结构建筑的竖向承重构件采用砖墙或砖柱，水平承重构件采用钢筋混凝土楼板、屋面板。

（4）钢筋混凝土结构。钢筋混凝土做柱、梁、楼板及屋顶等建筑的主要承重构件，砖或其他轻质材料做墙体等围护构件。例如，装配式大板、大模板、滑模等工业化方法建造的建筑；钢筋混凝土的高层、大跨、大空间结构的建筑。

（5）钢结构。钢结构建筑的主要承重构件全部采用钢材。如全部用钢柱、钢屋架建造的厂房。

（6）钢混结构。屋顶采用钢结构，其他主要承重构件采用钢筋混凝土结构。如钢筋混凝土梁、柱、钢屋架组成的骨架结构厂房。

（7）其他结构。如生土建筑、塑料建筑、充气塑料建筑等。

二、建筑高度和建筑层数的计算方法

1. 建筑高度的计算方法

（1）建筑屋面为坡屋面时，建筑高度应为建筑室外设计地面至其檐口与屋脊的平均高度（如图 2–3–4 所示），即建筑高度 $H=H_1+\frac{H_2}{2}$。

（2）建筑屋面为平屋面（包括有女儿墙的平屋面）时，建筑高度应为建筑室外设计地面至其屋面面层的高度（如图 2–3–5 所示）。

（3）同一座建筑有多种形式的屋面时，建筑高度应按上述方法分别计算后，取其中最大值（如图 2–3–6 所示）。

（4）对于台阶式地坪，当位于不同高程地坪上的同一建筑之间有防火墙分隔，各自有符合规范规定的安全出口，且可沿建筑的两个长边设置贯通式或尽头式消防车道时，可分别计算各自的建筑高度。否则，应按其中建筑高度最大者确定该建筑的建筑高度（如图 2–3–7 所示）。

（5）局部凸出屋顶的瞭望塔、冷却塔、水箱间、微波天线间或设施、电梯机房、排风和排烟机房以及楼梯出口小间等辅助用房面积占屋面面积不大于 1/4 者，可不计入建筑高度（如图 2–3–8 所示）。

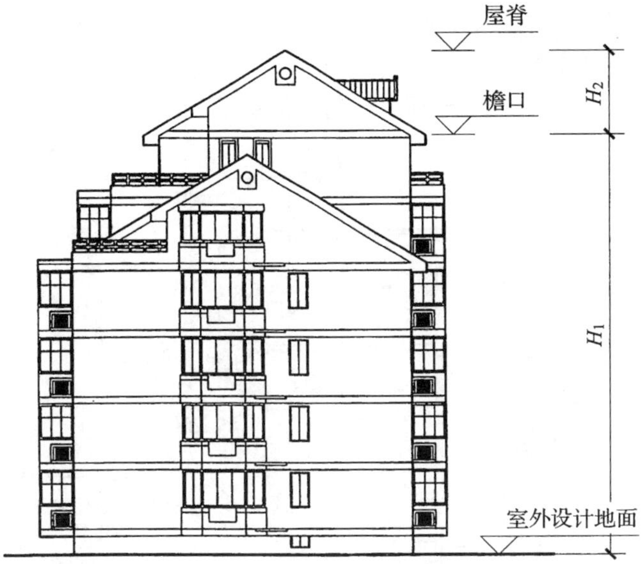

图 2-3-4　坡屋面建筑剖面示意图

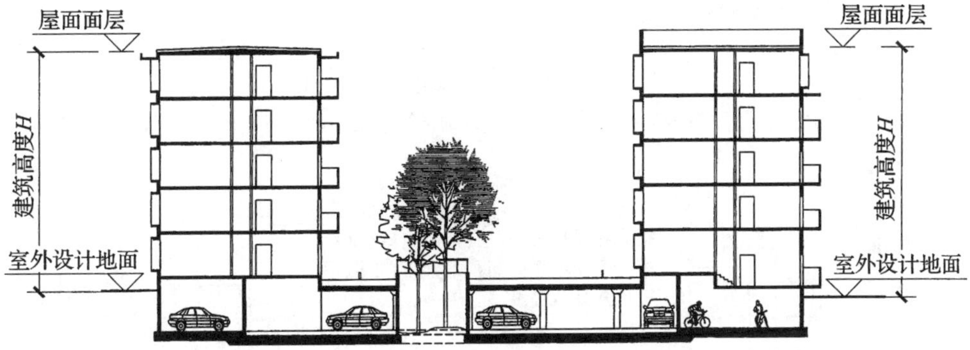

图 2-3-5　平屋面建筑剖面示意图

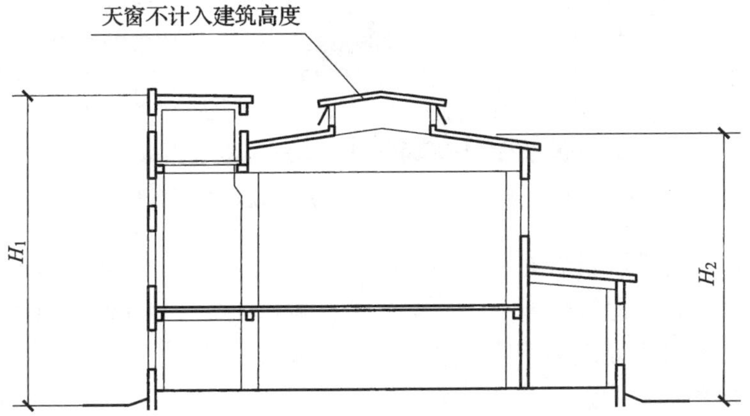

图 2-3-6　多种形式屋面建筑剖面示意图

注：建筑高度取 H_1 和 H_2 的大值。

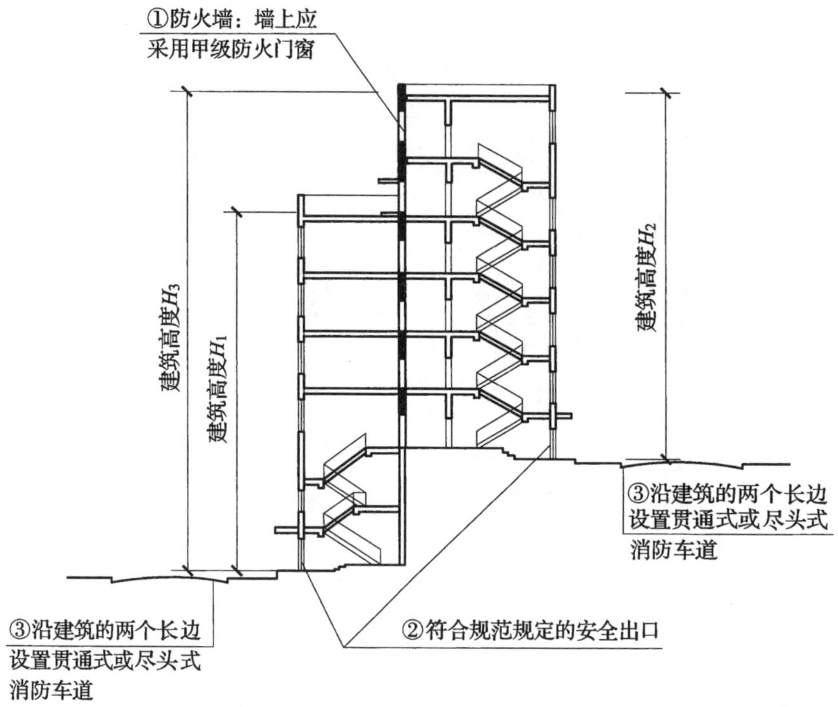

图 2–3–7　台阶式地坪建筑剖面示意图

注：同时具备①、②、③三个条件时可按 H_1、H_2 分别计算建筑高度，否则应按 H_3 计算建筑高度。

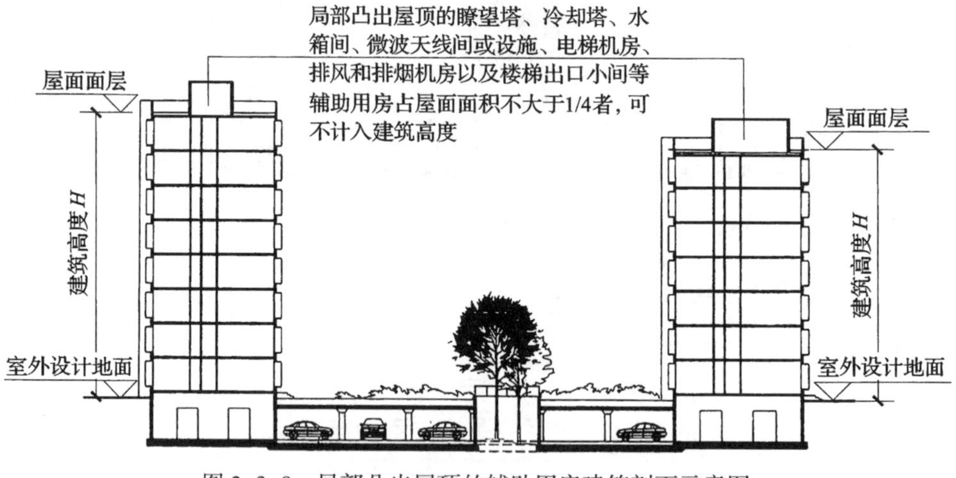

图 2–3–8　局部凸出屋顶的辅助用房建筑剖面示意图

（6）对于住宅建筑，设置在底部且室内高度不大于 2.2m 的自行车库、储藏室、敞开空间，室内外高差或建筑的地下、半地下室的顶板面高出室外设计地面的高度不大于 1.5m 的部分，可不计入建筑高度（如图 2–3–9 所示）。

2. 建筑层数的计算方法

建筑层数应按建筑的自然层数计算，下列空间可不计入建筑层数：

（1）室内顶板面高出室外设计地面的高度不大于 1.5m 的地下或半地下室。

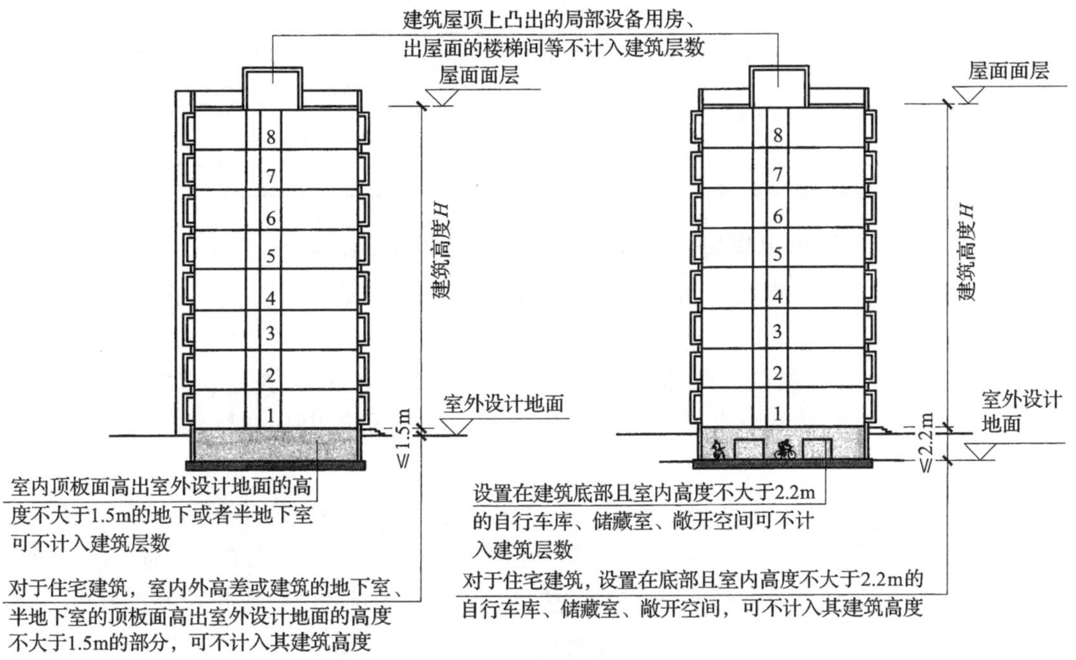

图 2-3-9 住宅建筑剖面示意图

（2）设置在建筑底部且室内高度不大于 2.2m 的自行车库、储藏室、敞开空间。

（3）建筑屋顶上凸出的局部设备用房、出屋面的楼梯间等。

第二节 建筑材料的燃烧性能及分级

建筑材料的燃烧性能直接关系到建筑物的防火安全，我国从 1985 年起启动了对建筑材料燃烧性能分级体系及相关试验方法的研究，并于 1987 年首次发布了《建筑材料燃烧性能分级方法》（GB 8624—88），同时还制定了相关的试验方法标准。经过多年的实践，该标准对我国防火规范的贯彻实施发挥了重要的作用，其现行版本是《建筑材料及制品燃烧性能分级》（GB 8624—2012），本节根据该标准对建筑材料的燃烧性能分级相关内容进行介绍。

一、建筑材料的燃烧性能分级

随着火灾科学和消防工程学科领域研究的不断深入和发展，材料及制品燃烧特性的内涵也从单纯的火焰传播和蔓延，扩展到了材料的综合燃烧特性和火灾危险性，包括燃烧热释放速率、燃烧热释放量、燃烧烟密度和燃烧生成物毒性等参数。按照《建筑材料及制品燃烧性能分级》（GB 8624—2012），我国建筑材料及制品燃烧性能的基本分级为 A、B_1、B_2、B_3。

（一）建筑材料及制品的燃烧性能等级

建筑材料及制品的燃烧性能等级见表 2-3-2。

表 2-3-2 建筑材料及制品的燃烧性能等级

燃烧性能等级	名称	燃烧性能等级	名称
A	不燃材料（制品）	B_2	可燃材料（制品）
B_1	难燃材料（制品）	B_3	易燃材料（制品）

（二）建筑材料及制品燃烧性能等级判据的主要参数及概念

（1）材料。单一物质或均匀分布的混合物，如金属、石材、木材、混凝土、矿纤、聚合物。

（2）燃烧滴落物 / 微粒。在燃烧试验过程中，从试样上分离的物质或微粒。

（3）临界热辐射通量。火焰熄灭处的热辐射通量或试验 30min 时火焰传播到的最远处的热辐射通量。

（4）燃烧增长速率指数（FIGRA）。试样燃烧的热释放速率值与其对应时间比值的最大值，用于燃烧性能分级。$FIGRA_{0.2MJ}$ 是指当试样燃烧释放热量达到 0.2MJ 时的燃烧增长速率指数。$FIGRA_{0.4MJ}$ 是指当试样燃烧释放热量达到 0.4MJ 时的燃烧增长速率指数。

（5）THR_{600s}。试验开始后 600s 内试样的热释放总量（MJ）。

（三）建筑材料及制品的燃烧性能等级判据

建筑材料按平板状建筑材料、铺地材料、管状绝热材料三类，分别用不同的试验方法确定了相应的分级判据。这里仅以平板状建筑材料为例，说明燃烧性能等级确定的方法。平板状建筑材料及制品的燃烧性能等级和分级判据见表 2-3-3。表中满足 A1、A2 级即为 A 级，满足 B 级、C 级即为 B_1 级，满足 D 级、E 级即为 B_2 级。

表 2-3-3 平板状建筑材料及制品的燃烧性能等级和分级判据

<table>
<tr><th colspan="2">燃烧性能等级</th><th colspan="2">试验方法</th><th>分级判据</th></tr>
<tr><td rowspan="5">A</td><td rowspan="2">A1</td><td colspan="2">GB/T 5464①且</td><td>炉内温升 $\Delta T \leq 30$℃
质量损失率 $\Delta m \leq 50\%$
持续燃烧时间 $t_f=0$</td></tr>
<tr><td colspan="2">GB/T 14402</td><td>总热值 PCS≤2.0MJ/kg①，②，③，⑤
总热值 PCS≤1.4MJ/$m^2$④</td></tr>
<tr><td rowspan="3">A2</td><td>GB/T 5464①或</td><td rowspan="2">且</td><td>炉内温升 $\Delta T \leq 50$℃
质量损失率 $\Delta m \leq 50\%$
持续燃烧时间 $t_f \leq 20s$</td></tr>
<tr><td>GB/T 14402</td><td>总热值 PCS≤3.0MJ/kg①，⑤
总热值 PCS≤4.0MJ/$m^2$②，④</td></tr>
<tr><td colspan="2">GB/T 20284</td><td>燃烧增长速率指数 $FIGRA_{0.2MJ} \leq 120W/s$
火焰横向蔓延未到达试样长翼边缘
600s 的总放热量 $THR_{600s} \leq 7.5MJ$</td></tr>
</table>

续表 2-3-3

燃烧性能等级		试验方法	分级判据
B_1	B	GB/T 20284 且	燃烧增长速率指数 $FIGRA_{0.2MJ}$≤120W/s 火焰横向蔓延未到达试样长翼边缘 600s 的总放热量 THR_{600s}≤7.5MJ
		GB/T 8626 点火时间 30s	60s 内焰尖高度 F_s≤150mm 60s 内无燃烧滴落物引燃滤纸现象
	C	GB/T 20284 且	燃烧增长速率指数 $FIGRA_{0.4MJ}$≤250W/s 火焰横向蔓延未到达试样长翼边缘 600s 的总放热量 THR_{600s}≤15MJ
		GB/T 8626 点火时间 30s	60s 内焰尖高度 F_s≤150mm 60s 内无燃烧滴落物引燃滤纸现象
B_2	D	GB/T 20284 且	燃烧增长速率指数 $FIGRA_{0.4MJ}$≤750W/s
		GB/T 8626 点火时间 30s	60s 内焰尖高度 F_s≤150mm 60s 内无燃烧滴落物引燃滤纸现象
	E	GB/T 8626 点火时间 15s	20s 内焰尖高度 F_s≤150mm 20s 内无燃烧滴落物引燃滤纸现象
B_3	F	无性能要求	

注：①匀质制品或非匀质制品的主要组分。②非匀质制品的外部次要组分。③当外部次要组分的 PCS≤2.0MJ/m^2 时，若整体制品的 $FIGRA_{0.2MJ}$≤20W/s、LFS< 试样边缘、THR_{600s}≤4.0MJ 并达到 s1 和 d0 级，则达到 A1 级。④非匀质制品的任一内部次要组分。⑤整体制品。

表中涉及的标准具体包括：《建筑材料不燃性试验方法》(GB/T 5464—2010)、《建筑材料及制品的燃烧性能　燃烧热值的测定》(GB/T 14402—2007)、《建筑材料或制品的单体燃烧试验》(GB/T 20284—2006)、《建筑材料可燃性试验方法》(GB/T 8626—2007)。

二、建筑材料及制品燃烧性能等级的附加信息和标识

(一)附加信息

建筑材料及制品燃烧性能等级附加信息包括产烟特性、燃烧滴落物 / 微粒等级和烟气毒性等级。对于 A2 级、B 级和 C 级建筑材料及制品，应给出产烟特性等级、燃烧滴落物 / 微粒等级（铺地材料除外）、烟气毒性等级；对于 D 级建筑材料及制品，应给出产烟特性等级、燃烧滴落物 / 微粒等级。

(1) 产烟特性等级。按《建筑材料或制品的单体燃烧试验》(GB/T 20284—2006) 或《铺地材料的燃烧性能测定　辐射热源法》(GB/T 11785—2005) 试验所获得的数据确定（见表 2-3-4）。

表 2-3-4　产烟特性等级和分级判据

产烟特性等级	试验方法	分级判据	
s1	GB/T 20284	除铺地制品和管状绝热制品外的建筑材料及制品	烟气生成速率指数 $SMOGRA \leqslant 30m^2/s^2$ 试验 600s 总烟气生成量 $TSP_{600s} \leqslant 50m^2$
		管状绝热制品	烟气生成速率指数 $SMOGRA \leqslant 105m^2/s^2$ 试验 600s 总烟气生成量 $TSP_{600s} \leqslant 250m^2$
	GB/T 11785	铺地材料	产烟量≤750% × min
s2	GB/T 20284	除铺地制品和管状绝热制品外的建筑材料及制品	烟气生成速率指数 $SMOGRA \leqslant 180m^2/s^2$ 试验 600s 总烟气生成量 $TSP_{600s} \leqslant 200m^2$
		管状绝热制品	烟气生成速率指数 $SMOGRA \leqslant 580m^2/s^2$ 试验 600s 总烟气生成量 $TSP_{600s} \leqslant 1\,600m^2$
	GB/T 11785	铺地材料	未达到 s1
s3	GB/T 20284	未达到 s2	

（2）燃烧滴落物 / 微粒等级。通过观察《建筑材料或制品的单体燃烧试验》（GB/T 20284—2006）试验中燃烧滴落物 / 微粒确定（见表 2-3-5）。

表 2-3-5　燃烧滴落物 / 微粒等级和分级判据

燃烧滴落物 / 微粒等级	试验方法	分级判据
d0	GB/T 20284	600s 内无燃烧滴落物 / 微粒
d1		600s 内燃烧滴落物 / 微粒持续时间不超过 10s
d2		未达到 d1

（3）烟气毒性等级。按《材料产烟毒性危险分级》（GB/T 20285—2006）试验所获得的数据确定（见表 2-3-6）。

（二）附加信息标识

当按规定需要显示附加信息时，燃烧性能等级标识如图 2-3-10 所示。

表 2-3-6　烟气毒性等级和分级判据

烟气毒性等级	试验方法	分级判据
t0	GB/T 20285	达到准安全一级 ZA_1
t1		达到准安全三级 ZA_3
t2		未达到准安全三级 ZA_3

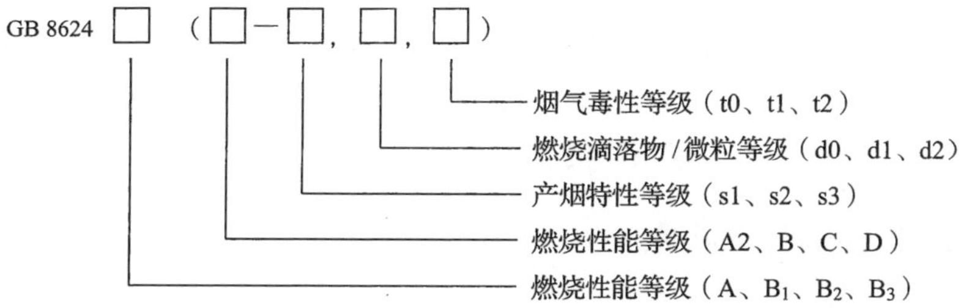

图 2-3-10　燃烧性能等级标识示意图

示例：GB 8624B_1（B—s1，d0，t1），表示属于难燃 B_1 级建筑材料及制品，燃烧性能细化分级为 B 级，产烟特性等级为 s1 级，燃烧滴落物 / 微粒等级为 d0 级，烟气毒性等级为 t1 级。

第三节　构件的燃烧性能和耐火极限

建筑构件主要包括建筑内的墙、柱、梁、楼板、门、窗等。建筑构件的耐火性能包括两部分内容：一是构件的燃烧性能；二是构件的耐火极限。耐火建筑构配件在火灾中起着阻止火势蔓延、延长支撑时间的作用。

一、建筑构件的燃烧性能

建筑构件的燃烧性能取决于组成建筑构件材料的燃烧性能。某些材料的燃烧性能因已有共识而无须进行检测，如钢材、混凝土、石膏等；但有些材料，特别是一些新型建材，则需要通过试验来确定其燃烧性能。通常，我国把建筑构件按其燃烧性能分为 3 类，即不燃性构件、难燃性构件和可燃性构件。

（一）不燃性构件

用不燃材料做成的构件统称为不燃性构件。不燃材料是指在空气中受到火烧或高温作用时不起火、不微燃、不炭化的材料，如钢材、混凝土、砖、石、砌块、石膏板等。

（二）难燃性构件

凡用难燃烧性材料做成的构件，或用燃烧性材料做成而用非燃烧性材料做保护层的构件统称为难燃性构件。难燃烧性材料是指在空气中受到火烧或高温作用时难起火、难微燃、难炭化，当火源移走后燃烧或微燃立即停止的材料，如沥青混凝土、经阻燃处理后的木材、塑料、水泥刨花板、板条抹灰墙等。

（三）可燃性构件

凡用燃烧性材料做成的构件统称为可燃性构件。燃烧性材料是指在空气中受到火烧或高温作用时立即起火或微燃，且火源移走后仍继续燃烧或微燃的材料，如木材、竹子、刨花板、宝丽板、塑料等。

为确保建筑物在受到火灾危害时在一定时间内不垮塌，并阻止、延缓火灾的蔓延，建筑构件多采用不燃材料或难燃材料。这些材料在受火时，不会被引燃或很难被引燃，从而降低了结构在短时间内被破坏的可能性。如混凝土、粉煤灰、炉渣、陶粒、钢材、珍珠岩、石膏以及一些经过阻燃处理的有机材料等都属于不燃或难燃材料。在建筑构件的选用上，要尽可能地不增加建筑物的火灾荷载。

二、建筑构件的耐火极限

（一）耐火极限的概念

耐火极限是指在标准耐火试验条件下，建筑构件、配件或结构从受到火的作用时起，至失去承载能力、完整性或隔热性止所用时间，用小时（h）表示。其中，承载能力是指在标准耐火试验条件下，承重或非承重建筑构件在一定时间内抵抗垮塌的能力；耐火完整性是指在标准耐火试验条件下，当建筑分隔构件某一面受火时，能在一定时间内防止火焰和热气穿透或在背火面出现火焰的能力；耐火隔热性是指在标准耐火试验条件下，当建筑分隔构件某一面受火时，能在一定时间内其背火面温度不超过规定值的能力。

（二）影响耐火极限的要素

在火灾中，建筑耐火构配件起着阻止火势蔓延扩大、延长支撑时间的作用，它们的耐火性能直接决定着建筑物在火灾中的失稳和倒塌的时间。影响建筑构配件耐火性能的因素较多，主要有材料本身的属性、构配件的结构特性、材料与结构间的构造方式、标准所规定的试验条件、材料的老化性能、火灾种类和使用环境要求等。

1. 材料本身的属性

材料本身的属性是构配件耐火性能主要的内在影响因素，决定其用途和适用性。如果材料本身就不具备防火性能甚至是可燃烧的材料，就会在热的作用下出现燃烧和烟气，而建筑中可燃物越多，燃烧时产生的热量越高，带来的火灾危害就越大。建筑材料对火灾的影响有四个方面：一是影响点燃和轰燃的速度；二是造成火焰的连续蔓延；三是助长了火灾的热温度；四是产生浓烟及有毒气体。在其他条件相同的情况下，材料的属性决定了构配件的耐火极限。当然，材料的理化力学性能也应符合要求。

2. 构配件的结构特性

构配件的受力特性决定其结构特性（如梁和柱）。在其他条件相同时，不同的结构处理得出的耐火极限是不同的，尤其是对节点的处理，例如，焊接、铆接、螺钉连接、简支、固支等方式；球接网架、轻钢桁架、钢结构和组合结构等结构形式；规则截面和不规则截面，暴露的不同侧面等；结构越复杂，高温时结构的温度应力分布越复杂，火灾隐患越大。因此，构件的结构特性决定了保护措施选择方案。

3. 材料与结构间的构造方式

材料与结构间的构造方式取决于材料自身的属性和基材的结构特性，即使使用品质优良的材料，构造方式不恰当也同样难以起到应有的防火作用。例如：厚涂型结构防火涂料在使用厚度超过一定范围后就需要用钢丝网来提升涂层与构件之间的附着力；薄涂型结构防火涂料若在一定厚度范围内耐火极限达不到工程要求，而增加厚度并不一定能提高耐火极限时，则可采用在涂层内包裹建筑纤维布的办法增强已发泡涂层的附着力，提高耐火极限。

4. 标准所规定的试验条件

标准规定的耐火性能试验与所选择的执行标准有关，其中包括试件养护条件、使用场合、升温条件、试验炉压力条件、受力情况、判定指标等。在试件不变的情况下，试验条件越苛刻，耐火极限越低。虽然这些条件属于外在因素，但却是必要条件，任何一项条件不满足，得出的结果均不科学准确。不同的构配件由于其作用不同会有试验条件上的差别，由此得出的耐火极限也有所不同。

5. 材料的老化性能

各种构配件虽然在工程中发挥了作用，但能否持久地发挥作用则取决于所使用的材料是否具有良好的耐久性和较长的使用寿命，在这方面，我们的研究工作有待深化和加强，尤其以化学建材制成的构件、防火涂料所保护的结构件最为突出。因此，建议尽量选用抗老化性好的无机材料或具有长期使用经验的防火材料做防火保护。对于材料的耐火性能衰减应选用合理的方法和对应产品长期积累的实际应用数据进行合理的评估，以便在发生火灾时能根据其使用年限、环境条件来推算现存的耐火极限，从而为制订合理的扑救措施提供参考依据。

6. 火灾种类和使用环境要求

由不同的火灾种类得出的构配件耐火极限是不同的。构配件所在环境决定了其耐火试验时应遵循的火灾试验条件，应对建筑物可能发生的火灾类型进行充分的考虑；引入设计程序时，应在各方面保证构配件耐火极限符合相应的耐火等级要求。现有的已掌握的火灾种类有：普通建筑纤维类火灾，电力火灾，部分石油化工环境及部分隧道火灾，海上建（构）筑物、储油罐区、油气田等环境的快速升温火灾，隧道火灾。

第四节　建筑耐火等级

耐火等级是衡量建筑物耐火程度的分级标准。规定建筑物的耐火等级是建筑设计防火技术措施中最基本的措施之一。根据建筑使用性质、重要程度、规模大小、层数高低和火灾危险性差异，对不同的建筑物提出不同的耐火等级要求，既有利于消防安全，又有利于节约基本建设投资。

一、建筑耐火等级的确定

在防火设计中，建筑整体的耐火性能是保证建筑结构在发生火灾时不发生较大破坏的根本，而单一建筑结构构件的燃烧性能和耐火极限是确定建筑整体耐火性能的基础。建筑耐火等级是由组成建筑物的墙、柱、楼板、屋顶承重构件和吊顶等主要构件的燃烧性能和耐火极限决定的，共分为四级。

在具体分级中，建筑构件的耐火性能是以楼板的耐火极限为基准，再根据其他构件在建筑物中的重要性和耐火性能可能的目标值调整后确定的。

二、厂房和仓库的耐火等级

根据《建筑设计防火规范》（GB 50016—2014，2018 年版）厂房和仓库的耐火等级分一、二、三、四级，相应建筑构件的燃烧性能和耐火极限不应低于表 2-3-7 中的规定。

表 2-3-7　不同耐火等级厂房和仓库建筑构件的燃烧性能和耐火极限　　单位：h

构件名称		耐火等级			
		一级	二级	三级	四级
墙	防火墙	不燃性 3.00	不燃性 3.00	不燃性 3.00	不燃性 3.00
	承重墙	不燃性 3.00	不燃性 2.50	不燃性 2.00	难燃性 0.50
	楼梯间、前室的墙，电梯井的墙	不燃性 2.00	不燃性 2.00	不燃性 1.50	难燃性 0.50
	疏散走道两侧的隔墙	不燃性 1.00	不燃性 1.00	不燃性 0.50	难燃性 0.25
	非承重外墙、房间隔墙	不燃性 0.75	不燃性 0.50	难燃性 0.50	难燃性 0.25
柱		不燃性 3.00	不燃性 2.50	不燃性 2.00	难燃性 0.50
梁		不燃性 2.00	不燃性 1.50	不燃性 1.00	难燃性 0.50
楼板		不燃性 1.50	不燃性 1.00	不燃性 0.75	难燃性 0.50
屋顶承重构件		不燃性 1.50	不燃性 1.00	难燃性 0.50	可燃性
疏散楼梯		不燃性 1.50	不燃性 1.00	不燃性 0.75	可燃性
吊顶（包括吊顶格栅）		不燃性 0.25	难燃性 0.25	难燃性 0.15	可燃性

注：二级耐火等级建筑内采用不燃材料的吊顶，其耐火极限不限。

（一）部分厂房和仓库耐火等级的特殊要求

厂房、仓库的耐火等级、建筑面积、层数等与其生产或储存的类型有着密不可分的关系，《建筑设计防火规范》（GB 50016—2014，2018 年版）对厂房和仓库有最低耐火等级的要求。

（1）建筑高度大于 50m 的高层厂房耐火等级应为一级，建筑高度小于或等于 50m 的高层厂房，甲、乙类厂房的耐火等级不应低于二级，建筑面积不大于300m²的独立甲、乙类单层厂房可采用三级耐火等级的建筑。由于高层厂房和甲、乙类厂房的火灾危险性大，火灾后果严重，应有较高的耐火等级。对建筑面积较小的独立甲、乙类单层厂房，可以放宽至三级耐火等级建筑。

（2）单、多层丙类厂房和多层丁、戊类厂房的耐火等级不应低于三级。使用或产生丙类液体的厂房和有火花、赤热表面、明火的丁类厂房，其耐火等级均不应低于二级；当为建筑面积不大于500m²的单层丙类厂房或建筑面积不大于1 000m²的单层丁类厂房时，可采用三级耐火等级的建筑。

使用或产生丙类液体的厂房及丁类生产中的某些工段，例如：炼钢炉出钢水喷出钢火花；从加热炉内取出赤热的钢件进行锻打；钢件在热处理油池中进行淬火处理，使油池内油温升高，都容易发生火灾。对于三级耐火等级建筑，例如，屋顶承重构件采用木构件或钢构件，难以承受经常的高温烘烤。这些厂房虽属丙、丁类生产，也要严格控制，除建筑面积较小并采取了防火分隔措施外，均需采用一、二级耐火等级的建筑。

（3）使用或储存特殊贵重的机器、仪表、仪器等设备或物品的建筑，其耐火等级不应低于二级。特殊贵重的设备或物品，为价格昂贵、稀缺设备、物品或影响生产全局或正常生活秩序的重要设施、设备，其所在建筑应具有较高的耐火性能。特殊贵重的设备或物品主要有：

1）价格昂贵、火灾损失大的设备。

2）影响工厂或地区生产全局或影响城市生命线供给的关键设施，例如，热电厂、燃气供给站、水厂、发电厂、化工厂等的主控室，失火后影响大、损失大、修复时间长，也应认为是特殊贵重的设备。

3）特殊贵重物品，如货币、金银、邮票、重要文物、资料、档案库以及价值较高的其他物品。

（4）锅炉房的耐火等级不应低于二级，当为燃煤锅炉房且锅炉的总蒸发量不大于4t/h时，可采用三级耐火等级的建筑。锅炉房属于使用明火的丁类厂房。燃油、燃气锅炉房的火灾危险性大于燃煤锅炉房，火灾事故也比燃煤的多，且损失严重的火灾中绝大多数是三级耐火等级的建筑，因此锅炉房应采用一、二级耐火等级建筑。每小时总蒸发量不大于4t的燃煤锅炉房，一般为规模不大的企业或非采暖地区的工厂，专为厂房生产用汽而设置的规模较小的锅炉房，建筑面积一般为350～400m²，故这些建筑可采用三级耐火等级。

（5）油浸变压器室、高压配电装置室的耐火等级不应低于二级，其他防火设计应符合《火力发电厂与变电站设计防火标准》（GB 50229—2019）等标准的规定。

油浸变压器是一种多油电器设备。油浸变压器易因油温过高而着火或产生电弧使油剧烈气化，使变压器外壳爆裂酿成火灾事故。实际运行中的变压器存在燃烧或爆裂的可能，需提高其建筑的防火要求。对于干式或非燃液体的变压器，因其火灾危险性小，不易发生爆炸，故未做限制。

（6）建筑高度大于32m的高层丙类仓库，储存可燃液体的多层丙类仓库，每个防火分隔间建筑面积大于 3 000m² 的其他多层丙类仓库耐火等级应为一级，其他高架仓库、高层仓库、甲类仓库、多层乙类仓库，其耐火等级不应低于二级。单层乙类仓库，单层丙类仓库，储存可燃固体的多层丙类仓库和多层丁、戊类仓库，其耐火等级不应低于三级。

高架仓库是货架高度超过 7m 的机械化操作或自动化控制的货架仓库，其共同特点是货架密集、货架间距小、货物存放高度高、储存物品数量大和疏散扑救困难。为了保障发生火灾时不会很快倒塌，并为扑救赢得时间，尽量减少火灾损失，故要求其耐火等级不低于二级。高层仓库具有储存物资集中、价值高、火灾危险性大、灭火和物资抢救困难等特点。甲、乙类物品仓库起火后，燃速快、火势猛烈，其中有不少物品还会发生爆炸，危险性高、危害大。因此，对高层仓库、甲类仓库和乙类仓库的耐火等级要求高。

（7）粮食筒仓的耐火等级不应低于二级；二级耐火等级的粮食筒仓可采用钢板仓。粮食平房仓的耐火等级不应低于三级；二级耐火等级的散装粮食平房仓可采用无防火保护的金属承重构件。粮食库中储存的粮食属于丙类储存物品，火灾的表现以阴燃和产生大量热量为主。对于大型粮食储备库和筒仓，目前主要采用钢结构和钢筋混凝土结构，而粮食库的高度较低，粮食火灾对结构的危害作用与其他物质的作用有所区别，因此，规定二级耐火等级的粮食库可采用全钢或半钢结构。

上述内容可用表 2-3-8 做简要归纳。

表 2-3-8　部分厂房和仓库的耐火等级要求

名　　称	最低耐火等级	备　　注
高层厂房	二级	—
甲、乙类厂房	二级	建筑面积不大于 300m² 的独立甲、乙类单层厂房可采用三级耐火等级的建筑
使用或产生丙类液体的厂房和有火花、赤热表面、明火的丁类厂房	二级	当为建筑面积不大于 500m² 的单层丙类厂房或建筑面积不大于 1 000m² 的单层丁类厂房时，可采用三级耐火等级的建筑
使用或储存特殊贵重的机器、仪表、仪器等设备或物品的建筑	二级	—
锅炉房	二级	当为燃煤锅炉房且锅炉的总蒸发量不大于 4t/h 时，可采用三级耐火等级的建筑
油浸变压器室、高压配电装置室	二级	其他防火设计应符合《火力发电厂与变电站设计防火标准》（GB 50229—2019）等标准的规定
高架仓库、高层仓库、甲类仓库、多层乙类仓库和储存可燃液体的多层丙类仓库	二级	—
粮食筒仓	二级	二级耐火等级时可采用钢板仓

续表 2-3-8

名　　称	最低耐火等级	备　　注
散装粮食平房仓	二级	二级耐火等级时可采用无防火保护的金属承重构件
单、多层丙类厂房和多层丁、戊类厂房	三级	—
单层乙类仓库，单层丙类仓库，储存可燃固体的多层丙类仓库和多层丁、戊类仓库	三级	—
粮食平房仓	三级	—

（二）部分类别、耐火等级厂房和仓库建筑构件的特殊要求

部分类别和耐火等级的厂房（仓库），其建筑构件的燃烧性能、耐火极限还有特殊的要求：

（1）甲、乙类厂房和甲、乙、丙类仓库内的防火墙，其耐火极限不应低于 4.00h。甲、乙类厂房和甲、乙、丙类仓库一旦着火，其燃烧时间较长和（或）燃烧过程中释放的热量巨大，有必要适当提高防火墙的耐火极限。

（2）一、二级耐火等级单层厂房（仓库）的柱，其耐火极限分别不应低于 2.50h 和 2.00h。

（3）采用自动喷水灭火系统全保护的一级耐火等级单、多层厂房（仓库）的屋顶承重构件，其耐火极限不应低于 1.00h（如图 2-3-11 所示）。

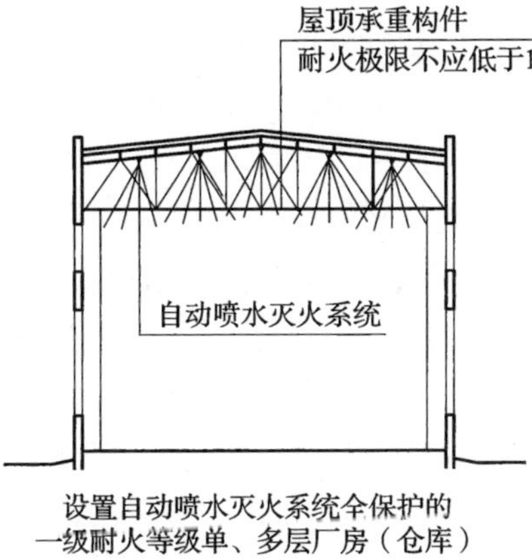

图 2-3-11　单、多层厂房（仓库）屋顶承重构件示意图

这主要针对钢结构屋顶而言。钢结构在高温条件下存在强度降低和蠕变现象，未采取有效防火保护措施的钢结构耐火性能较差，一般难以达到较高的耐火极限。由于钢结构失去承载力，导致建筑大面积垮塌，造成人员伤亡的火灾事故时有发生。一级耐火等

级的单、多层厂房（仓库），一般为火灾危险性相对较高的甲、乙类场所居多，当采用自动喷水灭火系统全保护时，仅降低了屋顶承重构件的耐火极限要求，而对于梁、柱等其他构件，可采用无机耐火材料（砖石、砂浆、防火板等）包覆和防火涂料喷涂等防火保护措施，使其耐火性能满足表 2-3-7 对相应耐火等级建筑的要求。

（4）除甲、乙类仓库和高层仓库外，一、二级耐火等级建筑的非承重外墙，当采用不燃性墙体时，其耐火极限不应低于 0.25h；当采用难燃性墙体时，不应低于 0.50h。4 层及 4 层以下的一、二级耐火等级丁、戊类地上厂房（仓库）的非承重外墙，当采用不燃性墙体时，其耐火极限不限。

这里规定了非承重外墙采用不同燃烧性能材料（主要指轻质复合板材）时，对于耐火极限的不同要求。采用轻质复合板材作非承重墙体，具有投资较省、施工期限短的优点，工程应用较多。但该类板材难以达到表 2-3-7 中相应构件的要求，例如，金属板的耐火极限约为 0.25h；夹芯材料为非泡沫塑料的难燃性墙体，耐火极限约为 0.50h，考虑到该类板材的耐火性能相对较高且多用于工业建筑中主要起保温隔热和防风、防雨作用，对非承重外墙采用该类板材的使用范围及燃烧性能分别做了规定。

非承重外墙采用除金属夹芯板材外的其他难燃性轻质复合墙体，如砂浆面钢丝夹芯板、钢龙骨水泥刨花板、钢龙骨石棉水泥板等，按照上述要求执行。当采用金属夹芯板材时，要采用不燃夹芯材料，且要符合相应构件的耐火极限要求。

（5）二级耐火等级厂房（仓库）内的房间隔墙，当采用难燃性墙体时，其耐火极限应提高 0.25h。为规范大量新型建筑材料在各类建筑中的使用，本着燃烧性能与耐火极限协调平衡的原则，在降低构件燃烧性能的同时适当提高其耐火极限。因此，对于二级耐火等级建筑的房间隔墙，当允许采用难燃性墙体时，其耐火极限要求适当提高。

（6）二级耐火等级多层厂房和多层仓库内采用预应力钢筋混凝土的楼板，其耐火极限不应低于 0.75h。

（7）一、二级耐火等级厂房（仓库）的上人平屋顶，其屋面板的耐火极限分别不应低于 1.50h 和 1.00h。建筑物的上人平屋顶，可用于火灾时的临时避难场所，符合要求的上人平屋面可作为建筑的室外安全地点。为确保安全，参照相应耐火等级楼板的耐火极限，对一、二级耐火等级建筑物上人平屋顶的屋面板耐火极限做了规定。在此情况下，相应屋顶承重构件的耐火极限也不能低于屋面板的耐火极限。

（8）一、二级耐火等级厂房（仓库）的屋面板应采用不燃材料，例如，钢筋混凝土屋面板或其他不燃屋面板。对于三、四级耐火等级建筑的屋面板，要尽量采用不燃、难燃材料，以防止火灾通过屋顶蔓延。屋面防水层宜采用不燃材料、难燃材料，当采用可燃防水材料且铺设在可燃、难燃保温材料上时，防水材料或可燃、难燃保温材料应采用不燃材料作为防护层。当屋面板采用金属夹芯板材时，其芯材应为不燃材料，且应符合相应构件的耐火极限要求。

（9）建筑中的非承重外墙、房间隔墙和屋面板，当确需采用金属夹芯板材时，其芯材应为不燃材料，且耐火极限应符合《建筑设计防火规范》（GB 50016—2014，2018 年版）的有关规定。鉴于近年来采用聚苯乙烯、聚氨酯作为芯材的金属夹芯板材的建筑火灾多发，短时间内即造成大面积蔓延，产生大量有毒烟气，导致金属夹芯板材的垮塌和掉落，不仅影响人员安全疏散，不利于灭火救援，而且造成了使用人员及消防救援人员的伤亡，对金属夹芯板材的使用做出以下限制：

1）建筑中的防火墙、承重墙、楼梯间的墙、疏散走道隔墙、电梯井的墙以及楼板等具有较高的燃烧性能和耐火极限要求的构件，不能采用金属夹芯板材。

2）对于非承重外墙、房间隔墙，确需采用金属夹芯板材的，夹芯材料应为 A 级，且要符合相应构件的耐火极限要求。

3）对于屋面板，当确需采用金属夹芯板材时，其夹芯材料的燃烧性能等级也要为 A 级；对于上人屋面板，由于夹芯板材受其自身构造和承载力的限制，无法达到相应耐火极限要求，因此，此类屋面也不能采用金属夹芯板材。

（10）除《建筑设计防火规范》（GB 50016—2014，2018 年版）另有规定外，以木柱承重且墙体采用不燃材料的厂房（仓库），其耐火等级可按四级确定。

（11）预制钢筋混凝土构件的节点外露部位应采取防火保护措施，且节点的耐火极限不应低于相应构件的耐火极限（如图 2–3–12 所示）。预制钢筋混凝土结构构件的节点和明露的钢支承构件部位，一般是构件的防火薄弱环节和结构的重要受力点，要求采取防火保护措施，使该节点的耐火极限不低于表 2–3–7 中相应构件的规定，例如，对于梁柱的节点，其耐火极限就要与柱的耐火极限一致。

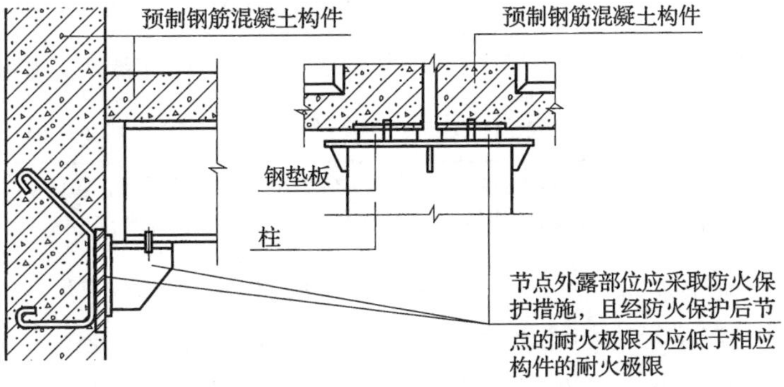

图 2–3–12　预制钢筋混凝土构件的节点外露部位示意图

三、民用建筑的耐火等级

根据《建筑设计防火规范》（GB 50016—2014，2018 年版），民用建筑的耐火等级也分为一、二、三、四级。除另有规定外，不同耐火等级建筑相应构件的燃烧性能和耐火极限不应低于表 2–3–9 的规定。

（一）民用建筑耐火等级的特殊要求

民用建筑的耐火等级是为了便于根据建筑自身结构的防火性能来确定该建筑的其他防火要求。同时，根据这个分级及其对应建筑构件的耐火性能，也可以确定既有建筑的耐火等级。对于一些性质重要、火灾扑救难度大、火灾危险性大的民用建筑或局部区域，根据其建筑高度、使用功能等，在耐火等级方面有特殊的要求。

表 2-3-9 不同耐火等级建筑相应构件的燃烧性能和耐火极限 单位：h

构件名称		耐火等级			
		一级	二级	三级	四级
墙	防火墙	不燃性 3.00	不燃性 3.00	不燃性 3.00	不燃性 3.00
	承重墙	不燃性 3.00	不燃性 2.50	不燃性 2.00	难燃性 0.50
	非承重外墙	不燃性 1.00	不燃性 1.00	不燃性 0.50	可燃性
	楼梯间和前室的墙、电梯井的墙、住宅建筑单元之间的墙和分户墙	不燃性 2.00	不燃性 2.00	不燃性 1.50	难燃性 0.50
	疏散走道两侧的隔墙	不燃性 1.00	不燃性 1.00	不燃性 0.50	难燃性 0.25
	房间隔墙	不燃性 0.75	不燃性 0.50	难燃性 0.50	难燃性 0.25
柱		不燃性 3.00	不燃性 2.50	不燃性 2.00	难燃性 0.50
梁		不燃性 2.00	不燃性 1.50	不燃性 1.00	难燃性 0.50
楼板		不燃性 1.50	不燃性 1.00	不燃性 0.50	可燃性
屋顶承重构件		不燃性 1.50	不燃性 1.00	可燃性 0.50	可燃性
疏散楼梯		不燃性 1.50	不燃性 1.00	不燃性 0.50	可燃性
吊顶（包括吊顶格栅）		不燃性 0.25	难燃性 0.25	难燃性 0.15	可燃性

注：1. 除另有规定外，以木柱承重且墙体采用不燃材料的建筑，其耐火等级应按四级确定。
2. 住宅建筑构件的耐火极限和燃烧性能可按《住宅建筑规范》（GB 50368—2005）的规定执行。

（1）地下或半地下建筑（室）和一类高层建筑的耐火等级不应低于一级。地下、半地下建筑包括附建在建筑中的地下室、半地下室和单独建造的地下、半地下建筑。地下、半地下建筑（室）发生火灾后，热量不易散失，温度高、烟雾大，燃烧时间长，疏散和扑救难度大，故对其耐火等级要求高。一类高层民用建筑发生火灾，疏散和扑救都很困难，容易造成大的人员伤亡或经济损失。因此，要求达到一级耐火等级。

（2）单、多层重要公共建筑和二类高层建筑的耐火等级不应低于二级。重要公共建筑对某一地区的政治、经济和生产活动以及居民的正常生活有重大影响，需尽量减小火灾对建筑结构的危害，以便灾后尽快恢复使用功能，故重要公共建筑应采用一、二级耐火等级。

（3）除木结构建筑外，老年人照料设施的耐火等级不应低于三级。耐火等级低的建筑，其火灾蔓延至整座建筑较快。老年人照料设施中的大部分人员年老体弱，行动不便，为利于火灾扑救和人员疏散，老年人照料设施需要有较高的耐火等级。但考虑到我国各地实际和利用既有建筑改造等情况，规定独立建造的三级耐火等级老年人照料设施不应超过两层，即对其建筑总层数进行控制。老年人照料设施设置在木结构建筑内时，应布置在首层或二层。

（4）裙房的耐火等级应与高层建筑主体一致。裙房是指在高层建筑主体投影范围外，与建筑主体相连且建筑高度不大于 24m 的附属建筑。裙房的结构与高层建筑主体直接相连，作为高层建筑主体的附属建筑构成同一座建筑，为保证安全，要求其耐火等级与主体建筑一致，例如，高层建筑主体的耐火等级为一级时，裙房的耐火等级也不应低于一级。

（二）民用建筑的建筑构件的特殊要求

对部分类别、耐火等级的建筑，其部分建筑构件的燃烧性能、耐火极限有特殊的要求。

（1）建筑高度大于 100m 的民用建筑，其楼板的耐火极限不应低于 2.00h。构件耐火性能、安全疏散和消防救援等均与建筑高度有关。对于建筑高度大于 100m 的建筑，由于此类高层建筑火灾的扑救难度巨大，火灾延续时间可能较长，为保证超高层建筑的防火安全，参照国外的做法，其楼板的耐火极限从 1.50h 提高到 2.00h。

（2）一、二级耐火等级建筑的上人平屋顶，其屋面板的耐火极限分别不应低于 1.50h 和 1.00h。上人屋面的耐火极限除应考虑其整体性外，还应考虑应急避难人员在屋面上停留时的实际需要。对于一、二级耐火等级建筑物的上人屋面板，耐火极限应与相应耐火等级建筑楼板的耐火极限一致。

（3）一、二级耐火等级建筑的屋面板应采用不燃材料。屋面防水层宜采用不燃、难燃材料，当采用可燃防水材料且铺设在可燃、难燃保温材料上时，防水材料或可燃、难燃保温材料应采用不燃材料作防护层。考虑到防水层材料本身的性能和安全要求，结合防水层、保温层的构件构造情况，对防水层的燃烧性能及防火保护做法做了规定。

（4）二级耐火等级建筑内采用难燃性墙体的房间隔墙，其耐火极限不应低于 0.75h；当房间的建筑面积不大于 $100m^2$ 时，房间隔墙可采用耐火极限不低于 0.50h 的难燃性墙体或耐火极限不低于 0.30h 的不燃性墙体（如图 2-3-13 所示）。二级耐火等级多层住宅建筑内采用预应力钢筋混凝土的楼板，其耐火极限不应低于 0.75h（如图 2-3-14 所示）。

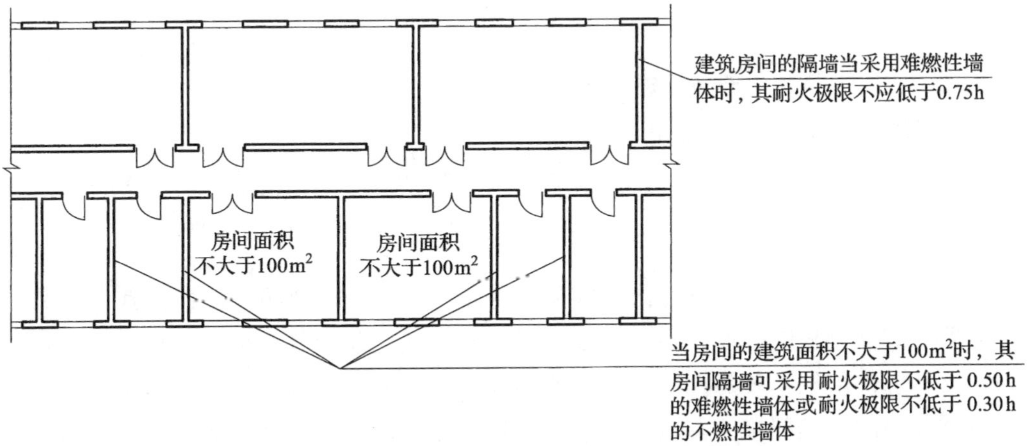

图 2-3-13　二级耐火等级建筑的房间隔墙示意图

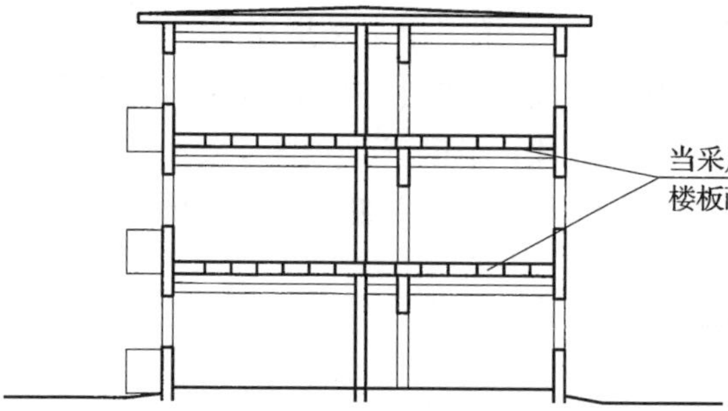

图 2-3-14　二级耐火等级多层住宅建筑的楼板示意图

（5）建筑中的非承重外墙、房间隔墙和屋面板，当确需采用金属夹芯板材时，其芯材应为不燃材料，且耐火极限应符合《建筑设计防火规范》（GB 50016—2014，2018 年版）的有关规定。民用建筑也对金属夹芯板的使用做了限制，可参照前文厂房和仓库的耐火等级中对相应内容的说明。

（6）二级耐火等级建筑内采用不燃材料的吊顶，其耐火极限不限。三级耐火等级的医疗建筑、中小学校的教学建筑、老年人照料设施及托儿所、幼儿园的儿童用房和儿童游乐厅等儿童活动场所的吊顶，应采用不燃材料；当采用难燃材料时，其耐火极限不应低于 0.25h。二、三级耐火等级建筑内门厅、走道的吊顶应采用不燃材料（如图 2-3-15 所示）。以上要求，主要为防止吊顶受火作用塌落而影响人员疏散，同时避免火灾通过吊顶蔓延。

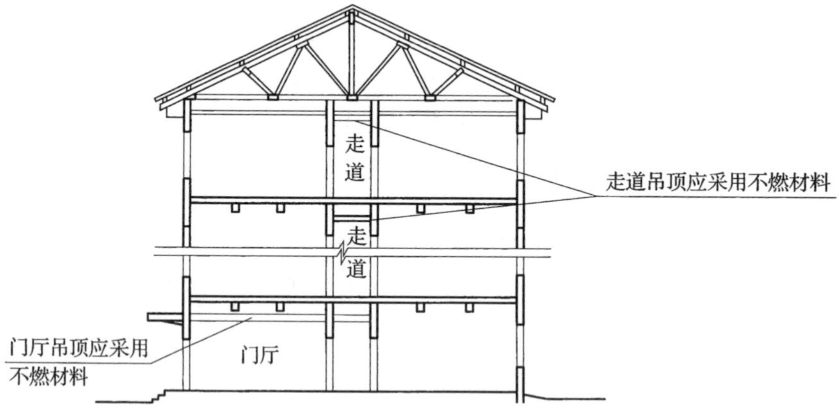

图 2-3-15　二、三级耐火等级建筑内门厅、走道的吊顶示意图

（7）建筑内预制钢筋混凝土构件的节点外露部位，应采取防火保护措施，且节点的耐火极限不应低于相应构件的耐火极限。对于装配式钢筋混凝土结构，其节点缝隙和明露的钢支承构件部位一般是构件的防火薄弱环节，容易被忽视，而这些部位却是保证结构整体承载力的关键部位，要求采取防火保护措施。在经过防火保护处理后，该节点的耐火极限要不低于对该节点部位连接构件中要求耐火极限最高者。

四、钢结构建筑设计要求

钢结构自重轻、强度高、抗震性能好，便于工业化生产，施工速度快，是建筑中应用的主要结构形式之一。但钢材热传导系数大，火灾情况下随着温度的升高，钢材强度下降，其承载力随之下降，致使钢结构不能承受外部荷载作用而失效破坏。因此，钢结构的耐火性能较差。为确保建筑钢结构的防火安全，《建筑钢结构防火技术规范》（GB 51249—2017）对工业与民用建筑中的钢结构以及钢管混凝土柱、压型钢板－混凝土组合楼板、钢与混凝土组合梁等组合结构（包括建筑中局部采用钢结构及上述组合结构的情况），制订了针对性的防火设计和保护措施要求。

（一）建筑钢结构构件的设计耐火极限

对于钢结构而言，构件的设计耐火极限能否达到要求，是关系到建筑结构安全的重要指标。钢结构构件的最低耐火极限要求，按厂房、仓库和民用建筑的相应耐火等级分别确定。其中，柱间支撑的设计耐火极限应与柱相同，楼盖支撑的设计耐火极限应与梁相同，屋盖支撑和系杆的耐火极限应与屋顶承重构件相同。钢结构节点的耐火性能及防火保护要求均不应低于被连接构件中要求最高者。

（二）钢结构的防火保护措施

通常，无防火保护钢构件的耐火时间为 0.25～0.50h，达不到绝大部分建筑构件的设计耐火极限。对此，应采取一定的防火保护措施，以延缓钢构件升温，提高其耐火极限。

外包防火材料是绝大部分钢结构工程采用的防火保护方法。根据防火材料的不同，又可分为喷涂（抹涂）防火涂料，包覆防火板，包覆柔性毡状隔热材料，外包混凝土、金属网抹砂浆或砌筑砌体。根据钢结构的结构类型、使用环境等因素，可选择采用其中的一种或几种的复（组）合。防火保护措施及防火材料的性能要求、设计指标包括：防火保护层的等效热阻、防火保护材料的等效热传导系数、防火保护层的厚度、防火保护的构造等。防火保护层的厚度应通过构件耐火验算确定。此外，钢结构节点处防火涂层的厚度不应小于所连接构件防火涂层的最大厚度。

其他防火保护措施主要有安装自动喷水灭火系统（水冷却法）、单面屏蔽法和在钢柱中充水等。其中，设置自动喷水灭火系统既可灭火，又可降低火场温度、冷却钢构件，提高钢结构的耐火能力。采用这种方式保护钢结构时，喷头应采用直立型喷头，喷头间距宜为 2.2m 左右；保护钢屋架时，喷头宜沿着钢屋架在其上方布置，确保钢屋架各杆件均能受到水的冷却保护。

五、木结构建筑设计要求

木结构建筑是指采用以木材为主制作的构件承重结构的建筑。普通木材一般属于燃烧性材料，因此，木结构建筑的防火设计有特殊规定，其建筑构件的燃烧性能和耐火极限可以按照表 2–3–10 的规定执行。从木结构建筑构件的耐火性能看，木结构建筑的耐火等级介于三级和四级之间。

表 2-3-10　木结构建筑构件的燃烧性能和耐火极限　单位：h

构件名称	燃烧性能和耐火极限
防火墙	不燃性 3.00
承重墙、住宅建筑单元之间的墙和分户墙、楼梯间的墙	难燃性 1.00
电梯井的墙	不燃性 1.00
非承重外墙、疏散走道两侧的隔墙	难燃性 0.75
房间隔墙	难燃性 0.50
承重柱	可燃性 1.00
梁	可燃性 1.00
楼板	难燃性 0.75
屋顶承重构件	可燃性 0.50
疏散楼梯	难燃性 0.50
吊顶	难燃性 0.15

注：1. 除《建筑设计防火规范》（GB 50016—2014，2018 年版）另有规定外，当同一座木结构建筑存在不同高度的屋顶时，较低部分的屋顶承重构件和屋面不应采用可燃性构件，采用难燃性屋顶承重构件时，其耐火极限不应低于 0.75h。
2. 轻型木结构建筑的屋顶，除防水层、保温层及屋面板外，其他部分均应视为屋顶承重构件，且不应采用可燃性构件，耐火极限不应低于 0.50h。
3. 当建筑的层数不超过两层，防火墙间的建筑面积小于 600m^2 且防火墙间的建筑长度小于 60m 时，建筑构件的燃烧性能和耐火极限可按《建筑设计防火规范》（GB 50016—2014，2018 年版）有关四级耐火等级建筑的要求确定。

鉴于木结构建筑的防火性能较弱，在使用功能和建筑高度上受到一定的限制。例如，甲、乙、丙类厂房（库房）不应采用木结构建筑或木结构组合建筑。当丁、戊类厂房（库房）和民用建筑采用木结构建筑或木结构组合建筑时，其允许层数和允许建筑高度应符合相关规定（详见本篇第五章）等。

采用木骨架组合墙体（由木骨架外覆石膏板或其他耐火板材、内填充岩棉等隔音、绝热材料构成）的建筑，由于其只能满足难燃性墙体的相关性能，所以在使用功能和建筑高度上也受到限制：建筑高度不大于 18m 的住宅建筑、建筑高度不大于 24m 的办公建筑和丁、戊类厂房（库房）的房间隔墙和非承重外墙可采用木骨架组合墙体，其他建筑的非承重外墙不得采用木骨架组合墙体。为防止火灾情况下火势通过木骨架组合墙体内部蔓延，墙体填充材料的燃烧性能应为 A 级，即采用不燃性绝热和隔音材料。木骨架组合墙体的燃烧性能和耐火极限应符合表 2-3-11 的规定。

表 2-3-11　木骨架组合墙体的燃烧性能和耐火极限　单位：h

构件名称	建筑物的耐火等级或类型				
	一级	二级	三级	木结构建筑	四级
非承重外墙	不允许	难燃性 1.25	难燃性 0.75	难燃性 0.75	无要求
房间隔墙	难燃性 1.00	难燃性 0.75	难燃性 0.50	难燃性 0.50	难燃性 0.25

上述有关建筑构件燃烧性能和耐火极限的论述是对构件耐火性能的基本要求。建筑形式多样、功能不一，火灾荷载及其分布与火灾类型等在不同的建筑中均有较大差异。因此，对一些特殊建筑，还需根据建筑的空间高度、室内的火灾荷载和火灾类型、结构承载情况和室内外灭火设施设置等，经理论分析和实验验证后按照国家有关规定论证后确定。

参考文献

[1] 屈立军 . 建筑防火 [M] . 北京：中国人民公安大学出版社，2006.
[2] 公安部政治部 . 工业企业防火工程 [M] . 北京：警官教育出版社，1998.
[3] 公安部政治部 . 建筑防火设计原理 [M] . 北京：中国人民公安大学出版社，1997.

练习题

一、一级注册消防工程师

（一）单项选择题

1. 高层民用建筑可分为一类和二类。对高层民用建筑进行分类时，主要考虑的因素不包括（　　）。

A. 建筑高度　　B. 建筑的使用功能
C. 建筑的耐火等级　　D. 楼层建筑面积

2. 某 16 层民用建筑，一至三层为商场，每层边筑面积为 3 000m²，四至十六层为单元式住宅，每层建筑面积为 1 200m²，建筑首层室内地坪标高为 ±0.000m，室外地坪标高为 -0.300m，商场平屋面面层标高为 14.6m，住宅平屋面面层标高为 49.7m，女儿墙顶部标高为 50.9m，根据《建筑设计防火规范》（GB 50016—2014，2018 年版）规定的建筑分类，该建筑的类别应确定为（　　）。

A. 二类高层公共建筑　　B. 一类高层公共建筑
C. 一类高层住宅建筑　　D. 二类高层住宅建筑

3. 除铺地材料外，B 级建筑材料及制品燃烧性能等级应给出的附加信息不包括（　　）。

A. 产烟特性等级　　B. 烟气毒性等级
C. 温升特性等级　　D. 燃烧滴落物 / 微粒等级

（二）多项选择题

1. D级建筑材料及制品燃烧性能的附加信息包括（　　）。

A. a0（或 a1、a2）　　B. t0（或 t1、t2）

C. s1（或 s2、s3）　　D. d0（或 d1、d2）

E. b0（或 b1、b2）

2. 下列关于耐火极限判定条件的说法中，正确的有（　　）。

A. 如果试件失去承载能力，则自动认为试件的隔热性和完整性不符合要求

B. 如果试件的完整性被破坏，则自动认为试件的隔热性不符合要求

C. 如果试件的隔热性被破坏，则自动认为试件的完整性不符合要求

D. 甲级防火门的耐火极限应以耐火完整性和隔热性作为判定条件

E. C类防火玻璃耐火极限以耐火完整性和隔热性作为判定条件

二、二级注册消防工程师

（一）单项选择题

1. 在标准耐火试验条件下，判断承重墙的耐火极限时，不需要考虑的因素是（　　）。

A. 墙体厚度　　B. 承载能力　　C. 完整性　　D. 隔热性

2. 下列装修材料中，可作为 B_1 级装修材料使用的是（　　）。

A. 湿涂覆比为 1.0kg/m^2 且涂层干膜厚度为 1.0mm，施涂于难燃木材基材上的有机装饰涂料

B. 单位面积质量为 200g/m^2，直接粘贴于石膏板基材上的纸质壁纸

C. 湿涂覆比为 1.0kg/m^2 且涂层干膜厚度为 1.0mm，施涂于中密度纤维板基材上的有机装饰涂料

D. 单位面积质量为 200g/m^2，直接粘贴于水泥刨花板基材上的布质壁纸

（二）多项选择题

下列建筑中，属于一类高层民用建筑的有（　　）。

A. 建筑高度为 26m 的病房楼

B. 建筑高度为 32m 的员工宿舍楼

C. 建筑高度为 54m 的办公楼

D. 建筑高度为 26m、藏书量为 120 万册的图书馆建筑

E. 建筑高度为 33m 的住宅楼

第四章 总平面布局和平面布置

学习要求

通过本章学习，应了解城市建筑消防安全布局的一般原则和影响防火间距的主要因素，熟悉防火间距的作用和防火间距不足时的防火技术措施，掌握防火间距的设置要求及建筑平面布局中重点部位、场所的设置要求，判别建筑防火间距、建筑物内平面布置的正确性及相应技术措施的合理性。

建筑总平面布局和平面布置不仅会影响周围的环境和人们的生活，而且对建筑自身及相邻建筑物的使用功能和安全都有较大的影响，是建筑消防设计的一个重要内容。

第一节 建筑消防安全布局

建筑的总平面布局应满足城市规划和消防安全的要求。一般要根据建筑物的使用性质、生产经营规模、建筑高度、体量及火灾危险性等，合理确定其建筑位置、防火间距、消防车道和消防水源等。

一、建筑选址

（一）周围环境

各类建筑在规划建设时，要考虑周围环境的相互影响，特别是工厂、仓库选址时，既要考虑本单位的安全，又要考虑邻近企业和居民的安全。生产、储存和装卸易燃易爆危险物品的工厂、仓库和专用车站、码头，必须设置在城市的边缘或者相对独立的安全地带。易燃易爆气体和液体的充装站、供应站、调压站，应当设置在合理位置，符合防火防爆要求。

（二）地势条件

建筑选址时，还要充分考虑和利用自然地形、地势条件。存放甲、乙、丙类液体的仓库宜布置在地势较低的地方，以免火灾对周围环境造成威胁；若布置在地势较高处，则应采取措施防止液体流散。乙炔爆炸极限低，容易发生火灾爆炸，所以乙炔站等企业严禁布置在可能被水淹没的地方。生产和储存爆炸物品的企业应利用地形，选择多面环山、附近没有建筑的地方。

（三）风向

散发可燃气体、可燃蒸气和可燃粉尘的车间、装置等，宜布置在明火或散发火花地点的常年最小频率风向的上风侧。液化石油气储罐区宜布置在本单位或本地区全年最小频率风向的上风侧，并选择通风良好的地点独立设置。易燃材料的露天堆场宜设置在天然水源充足的地方，并宜布置在本单位或本地区全年最小频率风向的上风侧。

二、建筑总平面布局

（一）合理布置建筑

应根据各建筑物的使用性质、规模、火灾危险性，以及所处的环境、地形、风向等因素合理布置，建筑之间要留有足够的防火间距，以消除或减少建筑物之间及周边环境的相互影响和火灾危害。

（二）合理划分功能区域

规模较大的企业要根据实际需要，合理划分生产区、储存区、生产辅助设施区、行政办公和生活福利区等。同一企业内，若有不同火灾危险的生产建筑，则应尽量将火灾危险性相同的或相近的建筑集中布置，以利于采取防火防爆措施，便于安全管理。易燃易爆的工厂和仓库的生产区、储存区内不得修建办公楼、宿舍等民用建筑。

第二节　建筑防火间距

防火间距是一座建筑物着火后，火灾不会蔓延到相邻建筑物的空间间隔，主要考虑相邻建筑之间的火灾影响。

建筑物起火后，其内部的火势在热对流和热辐射作用下迅速扩大，在建筑物外部则会因强烈的热辐射作用对周围建筑物构成威胁。火场辐射热的强度取决于火灾规模的大小、持续时间的长短，以及与邻近建筑物的距离及风速、风向等因素。通过对建筑物进行合理布局和设置防火间距，可防止火灾在相邻的建筑物之间蔓延，合理利用和节约土地，并为人员疏散、消防救援和灭火提供条件，减少失火建筑对相邻建筑及其使用者所造成的强烈辐射和烟气影响。

一、防火间距的确定原则

影响防火间距的因素很多，发生火灾时建筑物可能产生的热辐射强度是确定防火间距应考虑的主要因素。热辐射强度与消防扑救力量、火灾延续时间、可燃物的性质和数量、相对外墙开口面积的大小、建筑物的长度和高度以及气象条件等有关，但在实际工程中不可能一一考虑。防火间距主要是根据当前消防扑救力量，并结合火灾实例和消防灭火的实际经验确定的。

（一）防止火灾蔓延

根据火灾发生后产生的辐射热对相邻建筑的影响，一般不考虑飞火、风速等因素。火灾实例表明，一、二级耐火等级的单、多层建筑，保持6～10m的防火间距，在有消防救援人员进行扑救的情况下，一般不会蔓延到相邻建筑物。根据建筑的实际情形，将一、二级耐火等级多层建筑之间的防火间距定为6m。三、四级耐火等级的民用建筑之间的防火间距，因其耐火等级低，受热辐射作用易着火而致火势蔓延，所以防火间距在一、二级耐火等级建筑的要求基础上有所增加。

（二）保障灭火救援场地需要

防火间距还要考虑消防车的最大工作回转半径和扑救场地的需要。建筑物高度不同，需使用的消防车不同，操作场地也就不同。对单、多层建筑，使用普通消防车即可；而对高层建筑，则还要使用曲臂、云梯等登高消防车。考虑到扑救高层建筑的需要，为满足消防车辆通行、停靠、操作的需要，结合实践经验，规定一、二级耐火等级高层建筑之间的防火间距不应小于13m，同时设置消防车登高操作场地。

（三）节约土地资源

确定建筑之间的防火间距，既要综合考虑防止火灾向邻近建筑蔓延扩大和灭火救援的需要，又要考虑节约用地的因素。如果设定的防火间距过大，就会造成土地资源的浪费。

（四）防火间距的计算

防火间距应按相邻建筑物外墙的最近水平距离计算，外墙有凸出的可燃或难燃构件，则应从其凸出部分的外缘算起；储罐或堆场则应从储罐外壁或堆场的堆垛外缘算起。

二、防火间距

（一）厂房的防火间距

1. 厂房之间及其与乙、丙、丁、戊类仓库和民用建筑等的防火间距

厂房之间及其与乙、丙、丁、戊类仓库和民用建筑等的防火间距不应小于表2-4-1的规定。

表2-4-1　厂房之间及其与乙、丙、丁、戊类仓库和民用建筑等的防火间距　单位：m

<table>
<tr><th colspan="3" rowspan="3">名称</th><th>甲类厂房</th><th colspan="3">乙类厂房（仓库）</th><th colspan="4">丙、丁、戊类厂房（仓库）</th><th colspan="5">民用建筑</th></tr>
<tr><th>单、多层</th><th colspan="2">单、多层</th><th>高层</th><th colspan="3">单、多层</th><th>高层</th><th colspan="3">裙房，单、多层</th><th colspan="2">高层</th></tr>
<tr><th>一、二级</th><th>一、二级</th><th>三级</th><th>一、二级</th><th>一、二级</th><th>三级</th><th>四级</th><th>一、二级</th><th>一、二级</th><th>三级</th><th>四级</th><th>一类</th><th>二类</th></tr>
<tr><td>甲类厂房</td><td>单、多层</td><td>一、二级</td><td>12</td><td>12</td><td>14</td><td>13</td><td>12</td><td>14</td><td>16</td><td>13</td><td colspan="3" rowspan="4">25</td><td colspan="2" rowspan="4">50</td></tr>
<tr><td rowspan="3">乙类厂房</td><td rowspan="2">单、多层</td><td>一、二级</td><td>12</td><td>10</td><td>12</td><td>13</td><td>10</td><td>12</td><td>14</td><td>13</td></tr>
<tr><td>三级</td><td>14</td><td>12</td><td>14</td><td>15</td><td>12</td><td>14</td><td>16</td><td>15</td></tr>
<tr><td>高层</td><td>一、二级</td><td>13</td><td>13</td><td>15</td><td>13</td><td>13</td><td>15</td><td>17</td><td>13</td></tr>
</table>

续表 2-4-1

名称			甲类厂房	乙类厂房（仓库）			丙、丁、戊类厂房（仓库）				民用建筑				
			单、多层	单、多层		高层	单、多层			高层	裙房，单、多层			高层	
			一、二级	一、二级	三级	一、二级	一、二级	三级	四级	一、二级	一、二级	三级	四级	一类	二类
丙类厂房	单、多层	一、二级	12	10	12	13	10	12	14	13	10	12	14	20	15
		三级	14	12	14	15	12	14	16	15	12	14	16	25	20
		四级	16	14	16	17	14	16	18	17	14	16	18		
	高层	一、二级	13	13	15	13	13	15	17	13	13	15	17	20	15
丁、戊类厂房	单、多层	一、二级	12	10	12	13	10	12	14	13	10	12	14	15	13
		三级	14	12	14	15	12	14	16	15	12	14	16	18	15
		四级	16	14	16	17	14	16	18	17	14	16	18		
	高层	一、二级	13	13	15	13	13	15	17	13	13	15	17	15	13
室外变、配电站	变压器总油量/t	≥5，≤10	25	25	25	25	12	15	20	12	15	20	25	20	
		>10，≤50					15	20	25	15	20	25	30	25	
		>50					20	25	30	20	25	30	35	30	

在执行表 2-4-1 的规定时应注意以下几点：

（1）乙类厂房与重要公共建筑的防火间距不宜小于 50m；与明火或散发火花地点的防火间距不宜小于 30m。单、多层戊类厂房之间及与戊类仓库的防火间距可按表 2-4-1 的规定减少 2m，与民用建筑的防火间距可将戊类厂房等同于民用建筑，按《建筑设计防火规范》（GB 50016—2014，2018 年版）的规定执行。为丙、丁、戊类厂房服务而单独设置的生活用房应按民用建筑确定，与所属厂房的防火间距不应小于 6m。

（2）两座厂房相邻较高一面外墙为防火墙，或相邻两座高度相同的一、二级耐火等级建筑中相邻任一侧外墙为防火墙且屋顶的耐火极限不低于 1.00h 时，其防火间距不限，但甲类厂房之间不应小于 4m。两座丙、丁、戊类厂房相邻两面外墙均为不燃性墙体，当无外露的可燃性屋檐，每面外墙上的门、窗、洞口面积之和各不大于该外墙面积的 5%，且门、窗、洞口不正对开设时，其防火间距可按表 2-4-1 的规定减少 25%（如图 2-4-1 所示）。甲、乙类厂房（仓库）不应与《建筑设计防火规范》（GB 50016—2014，2018 年版）

规定外的其他建筑贴邻。

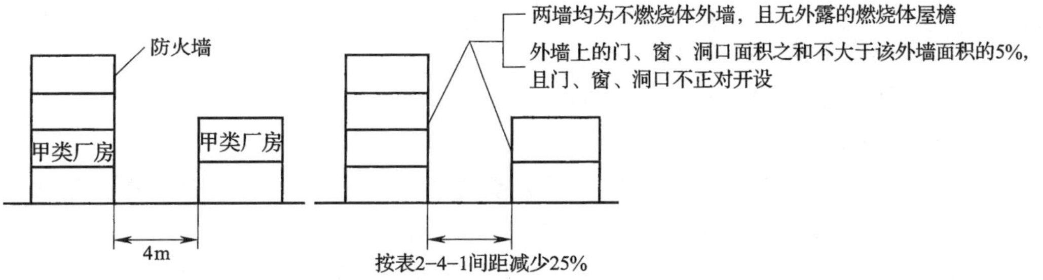

图 2-4-1　厂房之间防火间距示意图

（3）两座一、二级耐火等级的厂房，当相邻较低一面外墙为防火墙且较低一座厂房的屋顶无天窗，屋顶耐火极限不低于 1.00h，或相邻较高一面外墙的门、窗等开口部位设置甲级防火门、窗或防火分隔水幕，或按《建筑设计防火规范》（GB 50016—2014，2018 年版）的规定设置防火卷帘时，甲、乙类厂房之间的防火间距不应小于 6m；丙、丁、戊类厂房之间的防火间距不应小于 4m。

（4）发电厂内的主变压器的油量可按单台确定。

（5）耐火等级低于四级的既有厂房，其耐火等级可按四级确定。

（6）当丙、丁、戊类厂房与丙、丁、戊类仓库相邻时，应符合以上第（2）条和第（3）条的规定。

2. 甲类厂房与重要公共建筑、明火或散发火花地点之间的防火间距

甲类厂房与人员密集场所的防火间距不应小于 50m，与明火或散发火花地点的防火间距不应小于 30m。

3. 厂房与民用建筑的防火间距

丙、丁、戊类厂房与民用建筑的耐火等级均为一、二级时，丙、丁、戊类厂房与民用建筑的防火间距可适当减小，但应符合下列规定：

（1）当较高一面外墙为无门、窗、洞口的防火墙，或比相邻较低一座建筑屋面高 15m 及以下范围内的外墙为无门、窗、洞口的防火墙时，其防火间距不限。

（2）相邻较低一面外墙为防火墙，且屋顶无天窗或洞口、屋顶的耐火极限不低于 1.00h，或相邻较高一面外墙为防火墙，且墙上开口部位采取了防火措施，其防火间距可适当减小，但不应小于 4m。

4. 厂房外附设有化学易燃物品设备的防火间距

厂房外附设化学易燃物品的设备时，其室外设备外壁与相邻厂房室外附设设备的外壁或相邻厂房外墙的防火间距，不应小于表 2-4-1 的规定。用不燃材料制作的室外设备，可按一、二级耐火等级建筑确定。总容量不大于 15m^3 的丙类液体储罐，当直埋于厂房外墙外，且面向储罐一面 4m 范围内的外墙为防火墙时，其防火间距不限。

5. 厂区围墙与厂区内建筑之间的防火间距

厂区围墙与厂区内建筑的间距不宜小于 5m，围墙两侧建筑的间距应满足相应建筑的防火间距要求。

6. 同一座U形或山形厂房中相邻两翼之间的防火间距

同一座U形或山形厂房中相邻两翼之间的防火间距，不宜小于《建筑设计防火规范》（GB 50016—2014，2018年版）的规定，但当厂房的占地面积小于每个防火分区最大允许建筑面积时，其防火间距可为6m。

（二）仓库的防火间距

1. 甲类仓库之间及其与其他建筑、明火或散发火花地点、铁路、道路等的防火间距

甲类仓库之间及其与其他建筑、明火或散发火花地点、铁路、道路等的防火间距不应小于表2-4-2的规定，设置装卸站台的甲类仓库与厂内铁路装卸线的防火间距可不受限制。

表2-4-2 甲类仓库之间及其与其他建筑、明火或散发火花地点、铁路、道路等的防火间距

单位：m

<table>
<tr><th colspan="2" rowspan="3">名称</th><th colspan="4">甲类仓库（储量）/t</th></tr>
<tr><th colspan="2">甲类储存物品
第3、4项</th><th colspan="2">甲类储存物品
第1、2、5、6项</th></tr>
<tr><th>≤5</th><th>>5</th><th>≤10</th><th>>10</th></tr>
<tr><td colspan="2">高层民用建筑和设置人员密集场所的民用建筑</td><td colspan="4">50</td></tr>
<tr><td colspan="2">裙房、其他民用建筑、明火或散发火花地点</td><td>30</td><td>40</td><td>25</td><td>30</td></tr>
<tr><td colspan="2">甲类仓库</td><td>20</td><td>20</td><td>20</td><td>20</td></tr>
<tr><td rowspan="3">厂房和乙、丙、丁、戊类仓库</td><td>一、二级</td><td>15</td><td>20</td><td>12</td><td>15</td></tr>
<tr><td>三级</td><td>20</td><td>25</td><td>15</td><td>20</td></tr>
<tr><td>四级</td><td>25</td><td>30</td><td>20</td><td>25</td></tr>
<tr><td colspan="2">电力系统电压为35～500kV且每台变压器容量不小于10MV·A的室外变、配电站，工业企业的变压器总油量大于5t的室外降压变电站</td><td>30</td><td>40</td><td>25</td><td>30</td></tr>
<tr><td colspan="2">厂外铁路线中心线</td><td colspan="4">40</td></tr>
<tr><td colspan="2">厂内铁路线中心线</td><td colspan="4">30</td></tr>
<tr><td colspan="2">厂外道路路边</td><td colspan="4">20</td></tr>
<tr><td rowspan="2">厂内道路路边</td><td>主要</td><td colspan="4">10</td></tr>
<tr><td>次要</td><td colspan="4">5</td></tr>
</table>

注：甲类仓库与高层仓库的防火间距不应小于13m。

2. 乙、丙、丁、戊类仓库之间及其与民用建筑之间的防火间距

乙、丙、丁、戊类仓库之间及其与民用建筑之间的防火间距，不应小于表 2–4–3 的规定。

表 2–4–3　乙、丙、丁、戊类仓库之间及其与民用建筑之间的防火间距　　单位：m

<table>
<tr><th colspan="3" rowspan="3">名称</th><th colspan="3">乙类仓库</th><th colspan="4">丙类仓库</th><th colspan="4">丁、戊类仓库</th></tr>
<tr><th colspan="2">单、多层</th><th>高层</th><th colspan="3">单、多层</th><th>高层</th><th colspan="3">单、多层</th><th>高层</th></tr>
<tr><th>一、二级</th><th>三级</th><th>一、二级</th><th>一、二级</th><th>三级</th><th>四级</th><th>一、二级</th><th>一、二级</th><th>三级</th><th>四级</th><th>一、二级</th></tr>
<tr><td rowspan="4">乙、丙、丁、戊类仓库</td><td rowspan="3">单、多层</td><td>一、二级</td><td>10</td><td>12</td><td>13</td><td>10</td><td>12</td><td>14</td><td>13</td><td>10</td><td>12</td><td>14</td><td>13</td></tr>
<tr><td>三级</td><td>12</td><td>14</td><td>15</td><td>12</td><td>14</td><td>16</td><td>15</td><td>12</td><td>14</td><td>16</td><td>15</td></tr>
<tr><td>四级</td><td>14</td><td>16</td><td>17</td><td>14</td><td>16</td><td>18</td><td>17</td><td>14</td><td>16</td><td>18</td><td>17</td></tr>
<tr><td>高层</td><td>一、二级</td><td>13</td><td>15</td><td>13</td><td>13</td><td>15</td><td>17</td><td>13</td><td>13</td><td>15</td><td>17</td><td>13</td></tr>
<tr><td rowspan="5">民用建筑</td><td rowspan="3">裙房，单、多层</td><td>一、二级</td><td colspan="3" rowspan="3">25</td><td>10</td><td>12</td><td>14</td><td>13</td><td>10</td><td>12</td><td>14</td><td>13</td></tr>
<tr><td>三级</td><td>12</td><td>14</td><td>16</td><td>15</td><td>12</td><td>14</td><td>16</td><td>15</td></tr>
<tr><td>四级</td><td>14</td><td>16</td><td>18</td><td>17</td><td>14</td><td>16</td><td>18</td><td>17</td></tr>
<tr><td rowspan="2">高层</td><td>一类</td><td colspan="3" rowspan="2">50</td><td>20</td><td>25</td><td>25</td><td>20</td><td>15</td><td>18</td><td>18</td><td>15</td></tr>
<tr><td>二类</td><td>15</td><td>20</td><td>20</td><td>15</td><td>13</td><td>15</td><td>15</td><td>13</td></tr>
</table>

在执行表 2–4–3 时应注意以下几点：

（1）单、多层戊类仓库之间的防火间距，可按表 2–4–3 减少 2m。

（2）两座仓库的相邻外墙均为防火墙时，防火间距可以减小，但丙类仓库不应小于 6m；丁、戊类仓库不应小于 4m。两座仓库相邻较高一面外墙为防火墙，或相邻两座高度相同的一、二级耐火等级建筑中相邻任一侧外墙为防火墙且屋顶的耐火极限不低于 1.00h，且总占地面积不大于《建筑设计防火规范》（GB 50016—2014，2018 年版）有关一座仓库的最大允许占地面积规定时，其防火间距不限。

（3）除乙类第 5、6 项物品仓库外，乙类仓库与高层民用建筑和其他设置人员密集场所的民用建筑的防火间距不应小于 50m，与铁路、道路等的防火间距不宜小于表 2–4–2 中甲类仓库与铁路、道路等的防火间距。

（三）民用建筑的防火间距

民用建筑之间的防火间距不应小于表 2–4–4 的规定，与其他建筑的防火间距除应符合本节的规定外，尚应符合规范的相关规定。高层民用建筑防火间距如图 2–4–2 所示。

表 2–4–4　民用建筑之间的防火间距　　单位：m

建筑类别		高层民用建筑	裙房和其他民用建筑		
		一、二级	一、二级	三级	四级
高层民用建筑	一、二级	13	9	11	14
裙房和其他民用建筑	一、二级	9	6	7	9
	三级	11	7	8	10
	四级	14	9	10	12

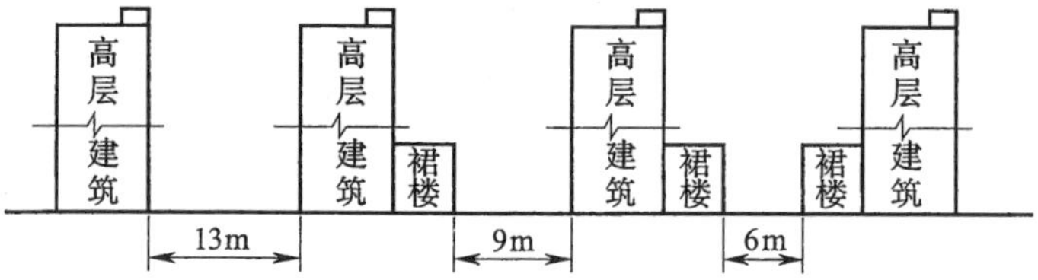

（a）高层民用建筑之间防火间距

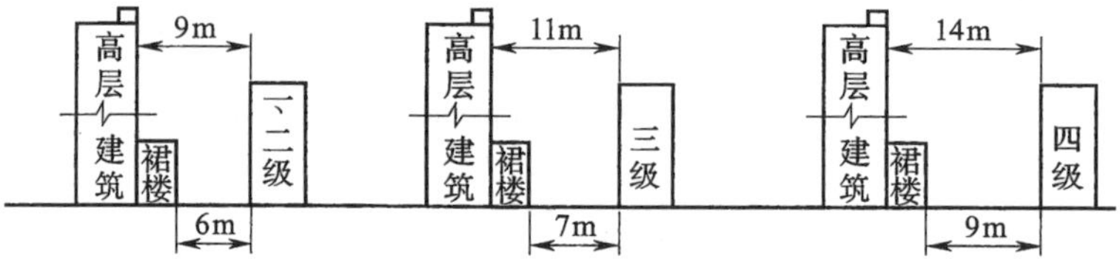

（b）高层民用建筑与普通建筑之间防火间距

图 2–4–2　高层民用建筑防火间距示意图

在执行表 2–4–4 的规定时，应注意以下几点：

（1）相邻两座单、多层建筑，当相邻外墙为不燃性墙体且无外露的可燃性屋檐，每面外墙上无防火保护的门、窗、洞口不正对开设且面积之和不大于该外墙面积的 5% 时，其防火间距可按表 2–4–4 的规定减少 25%。

（2）两座建筑相邻较高一面外墙为防火墙，或高出相邻较低一座一、二级耐火等级建筑的屋面 15m 及以下范围内的外墙为不开门、窗、洞口的防火墙时，其防火间距可不限，如图 2–4–3 所示。

（3）相邻两座高度相同的一、二级耐火等级建筑中相邻任一侧外墙为不开门、窗、洞口的防火墙，屋顶的耐火极限不低于 1.00h 时，其防火间距可不限。

（4）相邻两座建筑中较低一座建筑的耐火等级不低于二级，屋顶的耐火极限不低于 1.00h，屋顶无天窗且相邻较低一面外墙为防火墙时，其防火间距不应小于 3.5m；对于高层建筑，不应小于 4m，如图 2–4–4 所示。

（5）相邻两座建筑中较低一座建筑的耐火等级不低于二级且屋顶无天窗，相邻较高建筑一面外墙高出较低一座建筑的屋面 15m 及以下范围内的开口部位设置甲级防火门、窗，或设置符合《自动喷水灭火系统设计规范》（GB 50084—2017）规定的防火分隔水幕或符合《建筑设计防火规范》（GB 50016—2014，2018 年版）规定的防火卷帘时，其防火间距不应小于 3.5m；对于高层建筑，不应小于 4m，如图 2-4-5 所示。

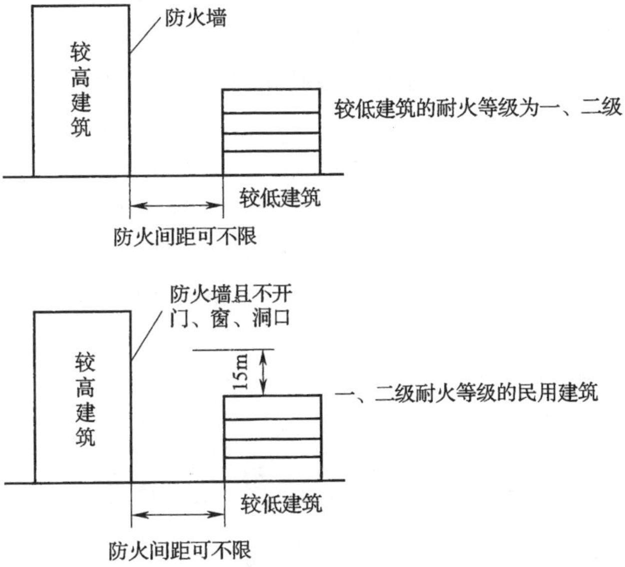

图 2-4-3　当较高一面外墙为防火墙时防火间距示意图

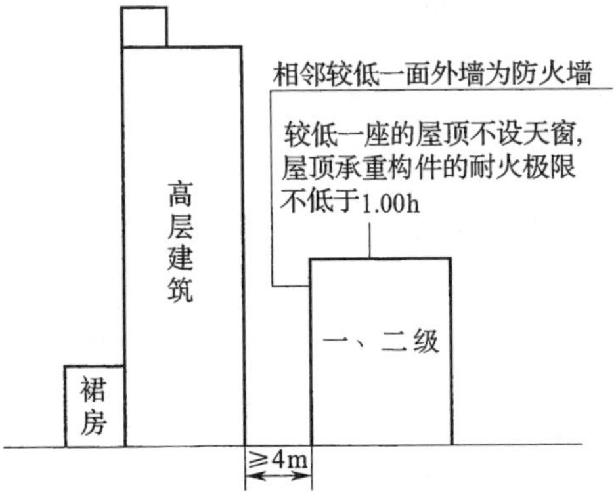

图 2-4-4　当较低一面外墙为防火墙时防火间距示意图

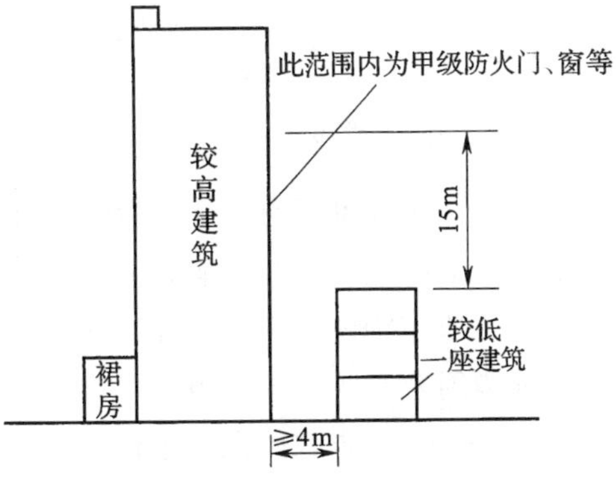

图 2-4-5　设置防火门、窗等分隔物时防火间距示意图

（6）相邻建筑通过底部的建筑物、连廊或天桥等连接时，其间距不应小于表 2-4-4 的规定。

（7）耐火等级低于四级的既有建筑的耐火等级可按四级确定。

（8）建筑高度大于 100m 的民用建筑与相邻建筑的防火间距，当符合《建筑设计防火规范》（GB 50016—2014，2018 年版）有关允许减小的条件时，仍不应减小。

（9）民用建筑与10kV及以下的预装式变电站的防火间距不应小于3m。

三、防火间距不足时的措施

当防火间距由于场地等原因，难以满足国家有关消防技术规范的要求时，可根据建筑物的实际情况，采取以下几种措施：

（1）改变建筑物的生产和使用性质，尽量降低建筑物的火灾危险性，改变房屋部分结构的耐火性能，提高建筑物的耐火等级。

（2）调整生产厂房的部分工艺流程，限制库房内储存物品的数量，提高部分构件的耐火极限和燃烧性能。

（3）将建筑物的普通外墙改造为防火墙或减少相邻建筑的开口面积，如开设门、窗，应采用防火门、窗或加防火水幕保护。在设置防火墙时，应兼顾通风排烟和破拆扑救，切忌盲目设置，顾此失彼。

（4）拆除部分耐火等级低、占地面积小，使用价值低且与新建筑物相邻的原有陈旧建筑物。

（5）设置独立的室外防火墙。

第三节　建筑平面布置

一座建筑在建设时，除了考虑满足功能需求外，还应根据建筑的耐火等级、火灾危险性、使用性质、人员密集场所人员快捷疏散和火灾扑救等因素，对建筑物内部空间进行合理布置，以防止火灾和烟气在建筑内部蔓延，确保火灾时的人员生命安全，减少经济损失。

一、布置原则

（1）建筑内部某部位着火时，能限制火灾和烟气在建筑内部和外部的蔓延，并为人员疏散、消防救援人员的救援和灭火提供保护。

（2）建筑物内部某处发生火灾时，减少对邻近（上下层、水平相邻空间）分隔区域受到强辐射热和烟气的影响。

（3）便于消防救援人员进行救援、利用灭火设施进行作战活动。

（4）有火灾或爆炸危险的建筑，其设备设置部位应能防止对人员和贵重设备造成影响或危害；或采取措施防止发生火灾或爆炸，及时控制灾害的蔓延扩大。

（5）除为满足民用建筑使用功能所设置的附属库房外，民用建筑内不应设置生产车间和其他库房。经营、存放和使用甲、乙类火灾危险性物品的商店、作坊的储藏间，应独立建造。

二、设备用房布置

由于建筑规模的扩大、用电负荷的增加和集中供热的需要，建筑所需锅炉的蒸发量和变、配电设备越来越大，但锅炉和变压器等在运行中又存在较大的危险，发生事故后的危害也较大，特别是燃油、燃气锅炉，容易发生燃烧、爆炸事故。可燃油油浸电力变压器发生故障产生电弧时，将使变压器内的绝缘油迅速发生热分解，析出氢气、甲烷、乙炔等可燃气体，使压力骤增，造成外壳爆裂而大面积喷油，或者析出的可燃气体与空气形成爆炸性混合物，在电弧或火花的作用下极易引起燃烧和爆炸。变压器爆炸后，火势将随高温变压器油的流淌而蔓延，造成更大的火灾。

（一）锅炉房、变压器室

燃油或燃气锅炉、油浸电力变压器、充有可燃油的高压电容器和多油开关等，宜设置在建筑外的专用房间内；当确需贴邻民用建筑布置，应采用防火墙与所贴邻的建筑分隔，且不应贴邻人员密集场所，该专用房间的耐火等级不应低于二级；确需布置在民用建筑内时，不应布置在人员密集场所的上一层、下一层或贴邻，并应符合下列规定：

（1）常（负）压燃油或燃气锅炉房不应位于地下二层及以下，位于屋顶的常（负）压燃气锅炉房与通向屋面的安全出口的最小水平距离不应小于6m；其他燃油或燃气锅炉房应位于建筑首层的靠外墙部位或地下一层的靠外侧部位，不应贴邻消防救援专用出入口、疏散楼梯（间）或人员的主要疏散通道。燃油锅炉应采用丙类液体作燃料，采用相对密度不小于0.75的可燃气体为燃料的锅炉，不得设置在地下或半地下。

（2）锅炉房、变压器室的疏散门均应直通室外或安全出口。

（3）锅炉房、变压器室等与其他部位之间应采用耐火极限不低于2.00h的防火隔墙和耐火极限不低于1.50h的不燃性楼板隔开。在隔墙和楼板上不应开设洞口；确需在隔墙上设置门、窗时，应设置甲级防火门、窗。

（4）当锅炉房内设置储油间时，其总储存量不应大于1m^3，且储油间应采用耐火极限不低于3.00h的防火隔墙与锅炉间分隔；当确需在防火隔墙上开门时，应设置甲级防火门。

（5）变压器室之间、变压器室与配电室之间，应设置耐火极限不低于2.00h的防火隔墙。

（6）油浸变压器、多油开关室、高压电容器室，应设置防止油品流散的设施。油浸变压器下面应设置储存变压器全部油量的事故储油设施。

（7）锅炉的容量应符合《锅炉房设计标准》（GB 50041—2020）的有关规定。油浸变压器的总容量不应大于1 260kV·A，单台容量不应大于630kV·A。

（8）应设置火灾报警装置。

（9）应设置与锅炉、变压器、电容器和多油开关等的容量及建筑规模相适应的灭火设施，当建筑内其他部位设置自动喷水灭火系统时，应设置自动喷水灭火系统。

（10）燃气锅炉房应设置爆炸泄压设施，燃气、燃油锅炉房应设置独立的通风系统，并应符合《建筑设计防火规范》（GB 50016—2014，2018年版）的有关规定。

（二）柴油发电机房

柴油发电机房布置在民用建筑内时应符合下列规定：

（1）宜布置在建筑物的首层及地下一、二层，不应布置在人员密集场所的上一层、下一层或贴邻。

（2）应采用耐火极限不低于 2.00h 的防火隔墙和耐火极限不低于 1.50h 的不燃性楼板与其他部位隔开，门应采用甲级防火门。

（3）机房内设置储油间时，其总储存量不应大于 $1m^3$，储油间应采用耐火极限不低于 3.00h 的防火隔墙与发电机房分隔；当必须在防火隔墙上开门时，应设置甲级防火门。

（4）应设置火灾报警装置。

（5）应设置与柴油发电机容量和建筑规模相适应的灭火设施，当建筑内其他部位设置自动喷水灭火系统时，机房内应设置自动喷水灭火系统。

（三）液化石油气瓶组

建筑采用瓶装液化石油气瓶组供气时，应符合下列规定：

（1）应设置独立的瓶组间。

（2）瓶组间不应与住宅建筑、重要公共建筑和其他高层公共建筑贴邻，液化石油气气瓶的总容积不大于 $1m^3$ 的瓶组间与所服务的其他建筑贴邻时，应采用自然气化方式供气。

（3）液化石油气气瓶的总容积大于 $1m^3$、不大于 $4m^3$ 的独立瓶组间，与所服务建筑的防火间距应符合表 2–4–5 的规定。

表 2–4–5　液化石油气气瓶的独立瓶组间与所服务建筑的防火间距　　单位：m

名　　称		液化石油气气瓶的独立瓶组间的总容积 V/m^3	
		$V \leqslant 2$	$2 < V \leqslant 4$
明火或散发火花地点		25	30
重要公共建筑、一类高层民用建筑		15	20
裙房和其他民用建筑		8	10
道路（路边）	主要	10	
	次要	5	

注：气瓶总容积应按配置气瓶个数与单瓶几何容积的乘积计算。

（4）在瓶组间的总出气管道上应设置紧急事故自动切断阀。

（5）瓶组间应设置可燃气体浓度报警装置。

（6）其他防火要求应符合《城镇燃气设计规范》（GB 50028—2006，2020 年版）的相关规定。

（四）消防控制室

消防控制室是建筑物内防火、灭火设施的显示控制中心，是扑救火灾的指挥中心，是保障建筑物安全的要害部位之一，应设在交通方便和发生火灾后不被影响的部位，其设置应符合下列规定：

（1）单独建造的消防控制室，其耐火等级不应低于二级。

（2）消防控制室应位于建筑的首层或地下一层，并宜布置在靠外墙部位，且应采用耐火极限不低于 2.00h 的防火隔墙和耐火极限不低于 1.50h 的楼板与其他部位隔开，疏散门应直通室外或安全出口。

（3）严禁与消防控制室无关的电气线路和管路穿过。

（4）不应设置在电磁场干扰较强及其他可能影响消防控制设备工作的设备用房附近。

（五）消防设备用房

附设在建筑物内的消防设备用房，例如，固定灭火系统的设备室，消防水泵房和通风、空调机房，防烟排烟机房等，应采用耐火极限不低于 2.00h 的防火隔墙和耐火极限不低于 1.50h 的楼板与其他部位隔开。独立建造的消防水泵房的耐火等级不应低于二级；附设在建筑内的消防水泵房，不应设置在地下三层及以下，或地下室内地面与室外出入口地坪高差大于 10m 的地下楼层中；疏散门应直通室外或安全出口。消防水泵房、通风、空调机房和变、配电室开向建筑内的门应采用甲级防火门，消防控制室和其他设备房间开向建筑内的门应采用乙级防火门。消防电梯机房与普通电梯机房之间应采用耐火极限不低于 2.00h 的防火隔墙分开，如开门，应设甲级防火门。

三、人员密集场所布置

（一）观众厅、会议厅、多功能厅

建筑内的观众厅、会议厅、多功能厅（包括宴会厅）等人员密集场所，宜设置在首层或二、三层；设置在三级耐火等级的建筑内时，不应设置在三层及以上楼层。当必须设在其他楼层时，应符合下列规定：

（1）一个厅、室的建筑面积不宜超过 400m^2。

（2）一个厅、室的疏散门不应少于 2 个。

（3）当设置在高层建筑内时，应设置火灾自动报警系统和自动喷水灭火系统等消防设施。

（4）设置在地下或半地下时，宜设置在地下一层，不应设置在地下三层及以下楼层。

（二）歌舞娱乐放映游艺场所

歌舞厅、录像厅、夜总会、卡拉 OK 厅（含具有卡拉 OK 功能的餐厅）、游艺厅（含电子游艺厅）、桑拿浴室（不包括洗浴部分）、网吧等歌舞娱乐放映游艺场所（不含剧场、电影院），宜设置在建筑的首层或二、三层的靠外墙部位，不宜设置在袋形走道的两侧和尽端。厅、室之间及与建筑的其他部位之间，应采用耐火极限不低于 2.00h 的防火隔墙和耐火极限不低于 1.00h 的不燃性楼板与其他场所隔开，设置在厅、室墙上的门和该场所与建筑内其他部位相通的门应采用乙级防火门。确需设置在其他楼层时，应符合下列规定：

（1）不应设置在地下二层及以下，设置在地下一层时，地下一层地面与室外出入口地坪的高差不应大于 10m。

（2）设置在地下或四层及以上楼层时，一个厅、室的建筑面积不应超过 200m^2。面积按厅室建筑面积计算，这里的“一个厅、室”是指歌舞娱乐放映游艺场所中一个相互分隔的独立单元。

（3）应设置火灾自动报警系统和自动喷水灭火系统及防烟排烟设施等。

（三）剧场、电影院、礼堂

剧场、电影院、礼堂宜设置在独立的建筑内；采用三级耐火等级建筑时，不应超过两层；确需设置在其他民用建筑内时，应至少设置1个独立的安全出口和疏散楼梯，并应符合下列规定：

（1）应采用耐火极限不低于2.00h的防火隔墙和甲级防火门与其他区域分隔。

（2）设置在一、二级耐火等级的建筑内时，观众厅宜布置在首层、二层或三层；确需布置在四层及以上楼层时，一个厅、室的疏散门不应少于2个，且每个观众厅的建筑面积不宜大于400m^2。

（3）设置在三级耐火等级的建筑内时，不应布置在三层及以上楼层。

（4）设置在地下或半地下时，宜设置在地下一层，不应设置在地下三层及以下楼层。

（5）设置在高层建筑内时，应设置火灾自动报警系统及自动喷水灭火系统等自动灭火系统。

（四）商店、展览建筑

商店、展览建筑采用三级耐火等级建筑时，不应超过2层；采用四级耐火等级建筑时，应为单层。营业厅、展览厅设置在三级耐火等级的建筑内时，应布置在首层或二层；设置在四级耐火等级的建筑内时，应布置在首层。

营业厅、展览厅不应设置在地下三层及以下楼层。地下或半地下营业厅、展览厅不应经营、储存和展示甲、乙类火灾危险性物品。

（五）儿童活动场所

儿童活动场所主要指设置在建筑内的儿童游乐厅、儿童乐园、儿童培训班、早教中心等类似用途的场所。这些场所与其他功能的场所混合建造时，不利于发生火灾时儿童疏散和灭火救援，应严格控制。

托儿所、幼儿园的儿童用房和儿童游乐厅等儿童活动场所宜设置在独立的建筑内，且不应设置在地下或半地下；当采用一、二级耐火等级的建筑时，不应超过3层；采用三级耐火等级的建筑时，不应超过2层；采用四级耐火等级的建筑时，应为单层；确需设置在其他民用建筑内时，应符合下列规定：

（1）应采用耐火极限不低于2.00h的防火隔墙和耐火极限不低于1.00h的楼板与其他场所或部位分隔，墙上必须设置的门、窗应采用乙级防火门、窗。

（2）设置在一、二级耐火等级的建筑内时，应布置在首层、二层或三层。

（3）设置在三级耐火等级的建筑内时，应布置在首层或二层。

（4）设置在四级耐火等级的建筑内时，应布置在首层。

（5）设置在高层建筑内时，应设置独立的安全出口和疏散楼梯。

（6）设置在单、多层建筑内时，宜设置独立的安全出口和疏散楼梯。

托儿所、幼儿园的儿童用房及小学的教学用房布置除应符合《建筑设计防火规范》（GB 50016—2014，2018年版）的规定外，其他要求还应符合《托儿所、幼儿园建筑设计规范》(JGJ 39—2016，2019 年版)、《中小学校设计规范》(GB 50099—2011)的规定。

(六)老年人照料设施

老年人照料设施宜独立设置。当老年人照料设施与其他建筑上、下组合时，老年人照料设施宜设置在建筑的下部，并应符合下列规定：

(1)独立建造的一、二级老年人照料设施的建筑高度不宜大于 32m，不应大于 54m；独立建造的三级耐火等级的老年人照料设施不应超过 2 层。

(2)老年人照料设施部分应采用耐火极限不低于 2.00h 的防火隔墙和耐火极限不低于 1.00h 的楼板与其他场所或部位分隔，墙上必须设置的门、窗应采用乙级防火门、窗。

(3)当老年人照料设施中的老年人公共活动用房、康复与医疗用房设置在地下、半地下时，应设置在地下一层，每间用房的建筑面积不应大于 $200m^2$ 且使用人数不应大于 30 人。

(4)老年人照料设施中的老年人公共活动用房、康复与医疗用房设置在地上四层及以上时，每间用房的建筑面积不应大于 $200m^2$ 且使用人数不应大于 30 人。

(七)医院和疗养院的住院部分

医院和疗养院的住院部分不应设置在地下或半地下。医院和疗养院的住院部分采用三级耐火等级建筑时，不应超过 2 层；设置在三级耐火等级的建筑内时，应布置在首层或二层。

建筑内相邻护理单元之间应采用耐火极限不低于 2.00h 的防火隔墙和甲级防火门分隔。

(八)教学建筑、食堂、菜市场

教学建筑、食堂、菜市场采用三级耐火等级建筑时，不应超过 2 层；食堂、菜市场采用四级耐火等级建筑时，应为单层；设置在三级耐火等级的建筑内时，应布置在首层或二层；食堂、菜市场设置在四级耐火等级的建筑内时，应布置在首层。

四、住宅建筑及设置商业服务网点的住宅建筑

除商业服务网点外，住宅建筑与其他使用功能的建筑合建时，应符合下列规定：

(1)住宅部分与非住宅部分之间，应采用耐火极限不低于 2.00h 且无门、窗、洞口的防火隔墙和耐火极限不低于 1.50h 的不燃性楼板进行完全分隔；当为高层建筑时，应采用无门、窗、洞口的防火墙和耐火极限不低于 2.00h 的不燃性楼板完全分隔。建筑外墙上、下层开口之间的防火措施应符合《建筑设计防火规范》(GB 50016—2014，2018 年版)的规定。

(2)住宅部分与非住宅部分的安全出口和疏散楼梯应分别独立设置；为住宅部分服务的地上车库应设置独立的疏散楼梯或安全出口，地下车库的疏散楼梯应按《建筑设计防火规范》(GB 50016—2014，2018 年版)的规定进行分隔。

(3)住宅部分和非住宅部分的安全疏散、防火分区和室内消防设施配置，可根据各自

的建筑高度分别按照规范有关住宅建筑和公共建筑的规定执行；该建筑的其他防火设计应根据建筑的总高度和建筑规模按《建筑设计防火规范》（GB 50016—2014，2018 年版）中有关公共建筑的规定执行。

设置商业服务网点的住宅建筑，其居住部分与商业服务网点之间应采用耐火极限不低于 2.00h 且无门、窗、洞口的防火隔墙和耐火极限不低于 1.50h 的不燃性楼板完全分隔，住宅部分和商业服务网点部分的安全出口和疏散楼梯应分别独立设置。

商业服务网点中每个分隔单元之间应采用耐火极限不低于 2.00h 且无门、窗、洞口的防火隔墙相互分隔，当每个分隔单元任一层建筑面积大于 $200m^2$ 时，该层应设置两个安全出口或疏散门。每个分隔单元内的任意一点至最近直通室外的出口的直线距离不应大于《建筑设计防火规范》（GB 50016—2014，2018 年版）中有关多层其他建筑位于袋形走道两侧或尽端的疏散门至最近安全出口的最大直线距离，室内楼梯的距离可按其水平投影长度的 1.5 倍计算，设置自动喷水灭火系统时，该距离可增加 25%。

五、工业建筑附属用房布置

（一）办公室、休息室

（1）甲、乙类生产场所（仓库）不应设置在地下或半地下。

（2）办公室、休息室等不应设置在甲、乙类厂房内，确需贴邻本厂房时，其耐火等级不应低于二级，并应采用耐火极限不低于 3.00h 的防爆墙隔开且应设置独立的安全出口。

（3）在丙类厂房内设置的办公室、休息室，应采用耐火极限不低于 2.00h 的防火隔墙和耐火极限不低于 1.00h 的楼板与厂房隔开，并应至少设置一个独立的安全出口。如隔墙上需开设相互连通的门时，应采用乙级防火门。

（4）甲、乙类仓库内严禁设置办公室、休息室等，且不应贴邻建造。

（5）在丙、丁类仓库内设置的办公室、休息室，应采用耐火极限不低于 2.00h 的防火隔墙和耐火极限不低于 1.00h 的楼板与库房隔开，并应设置独立的安全出口。如隔墙上需开设相互连通的门时，应采用乙级防火门。

（6）员工宿舍严禁设置在厂房、仓库内。

（二）丙类液体中间储罐

厂房中的丙类液体中间储罐应设置在单独房间内，其容积不应大于 $5m^3$。设置该中间储罐的房间，应采用耐火极限不低于 3.00h 的防火隔墙和耐火极限不低于 1.50h 的楼板与其他部位分隔，房间的门应采用甲级防火门。

（三）中间仓库

（1）厂房内设置不超过一昼夜需要量的甲、乙类中间仓库时，中间仓库应靠外墙布置，并应采用防火墙和耐火极限不低于 1.50h 的不燃性楼板与其他部分隔开。

（2）厂房内设置丙类中间仓库时，必须采用防火墙和耐火极限不低于 1.50h 的不燃性楼板与厂房隔开，设置丁、戊类中间仓库时，应采用耐火极限不低于 2.00h 的防火隔墙和耐火极限不低于 1.00h 的楼板与其他部位隔开。

参考文献

［1］张树平 . 建筑防火设计［M］. 北京：中国建筑工业出版社，2001.
［2］蔡芸 . 建设工程消防设计审核与验收实务［M］. 北京：国防工业出版社，2012.

练习题

一、一级注册消防工程师

（一）单项选择题

1. 下列建筑或楼层中，可以开办幼儿园的是（　　）。

A. 设有一个疏散楼梯的 6 层单元式住宅的第三层

B. 能提供一个独立使用的封闭楼梯间的高层办公楼裙房的第四层

C. 建筑面积为 500m^2，有 2 个防烟楼梯间的单独建造的半地下室

D. 建筑面积为 600m^2，四级耐火等级和消防设施满足要求的单层砖木结构的房屋

2. 某工厂有一座建筑高度为 21m 的丙类生产厂房，耐火等级为二级。现要在旁边新建一座建筑耐火等级为二级、建筑高度为 15m、屋顶耐火极限不低于 1.00h 且屋面无天窗的丁类生产厂房。如该丁类生产厂房与丙类厂房相邻一侧的外墙采用无任何开口的防火墙，则两座厂房之间的防火间距不应小于（　　）m。

A. 10　　B. 3.5　　C. 4　　D. 6

3. 某机械加工厂所在地区的最小频率风向为西南风，最大频率风向为西北风，在厂区内新建一座总储量 15t 的电石仓库。该电石仓库的下列选址中符合防火要求的是（　　）。

A. 生产区内的西南角，靠近需要电石的戊类厂房附近地势比较低的位置

B. 辅助生产区内的东南角，地势比较低的位置

C. 储存区内的东北角，地势比较高的位置

D. 生产区内的东北角，靠近需要电石的戊类厂房附近地势比较低的位置

（二）多项选择题

1. 某单位经规划部门许可在一江边新建一座油品装卸码头，委托设计单位进行工程设计。下列关于油品装卸码头防火设计要求的说法中，正确的有（　　）。

A. 油品码头宜布置在港口的边缘区域

B. 装卸甲、乙类油品的泊位与明火或散发火花地点的防火间距不应小于 40m

C. 甲、乙类油品码头前沿线与陆上储油罐的防火间距不应小于 20m

D. 油品泊位的码头结构应采用不燃材料

E. 油品码头上应设置人行道和检修道

2. 某市规划一个工业区，现已竣工建筑高度为 54m 办公大楼一座，南北长 100m，东西宽 50m，为增强安全性，该建筑东侧外墙采用无门、窗、洞口的防火墙，现在需要在该建筑东侧地块进行规划，下列规划不合理的有（　　）。

A. 东侧 40m 建一座单层一级耐火等级的农药乐果厂房

B. 东侧 20m 建一座建筑高度 18m，耐火等级为二级的硫黄回收厂房

C. 东侧 15m 建一座建筑高度 25m，耐火等级为二级的苯甲酸厂房

D. 东侧 4m 建一座建筑高度 32m，耐火等级为二级的氟利昂厂房

E. 东侧距该建筑 10m 的位置连续布置登高操作场地

二、二级注册消防工程师

（一）单项选择题

1. 下列建筑场所中，不应布置在民用建筑地下二层的是（　　）。

A. 礼堂　　B. 电影院观众厅

C. 歌舞厅　　D. 会议厅

2. 根据《建筑设计防火规范》（GB 50016—2014，2018 年版），不宜布置在民用建筑附近的厂房是（　　）。

A. 橡胶制品硫化厂房　　B. 苯甲酸生产厂房

C. 甘油制备厂房　　D. 活性炭制造厂房

（二）多项选择题

下列汽车加油加气站中，不应在城市中心建设的有（　　）。

A. 一级加油站　　B. LNG 加油站

C. CNG 常规加油站　　D. 一级加气站

E. 一级加油加气合建站

第五章　防火防烟分区与分隔

学习要求

通过本章学习，了解防火分区面积划分所需考虑的主要因素和划分防火分区的常用分隔构件，熟悉各类建筑防火分区面积要求和典型（特殊）功能区域的防火分隔措施，掌握防火分区、防烟分区的概念以及防火墙、防火卷帘、防火门、防火阀、挡烟垂壁的设置要求。

建筑火灾的发生、发展，始终伴随有热传播。火灾发生后，起火点通过热传导、热对流和热辐射等方式传递热量，引燃周围可燃物，并产生高温、有毒烟气，导致火灾及其烟气在建筑内蔓延。建筑火灾蔓延从其蔓延方向可分为水平蔓延和竖向蔓延，利用防火分隔构件在建筑内划分防火分区、防烟分区，阻止火灾及其烟气在建筑内蔓延，能够有效控制火灾规模及其危害后果，有利于人员安全疏散和火灾控制与扑救。

第一节　防 火 分 区

防火分区是指在建筑内部采用防火墙、楼板及其他防火分隔设施分隔而成，能在一定时间内阻止火灾向同一建筑的其余部分蔓延的局部空间。防火分区是建筑内防止火灾蔓延的基本防火单元，其最大允许面积因建筑耐火等级、建筑高度（层数）、使用功能、火灾危险性、自动消防设施设置等不同而有所差别。

一、厂房防火分区

根据不同火灾危险性厂房的耐火等级，合理确定厂房的层数、建筑面积和防火分区最大允许建筑面积，能够有效控制火灾蔓延，减少火灾损失。

甲类火灾危险性厂房具有易燃易爆特性，容易发生火灾和爆炸，可能造成重大人员伤亡，且灭火救援困难，更可能对建筑结构造成重大破坏。因此，甲类厂房除因生产工艺需要采用多层建筑外，宜采用单层建筑。各类厂房防火分区按照表 2–5–1 的最大允许建筑面积要求划分。

性能完好的自动灭火系统能够及时控制或者扑灭建筑初起火灾，有效地控制火灾蔓延。因此，厂房内设置自动灭火系统时，每个防火分区的最大允许建筑面积可按照表 2–5–1 的规定增加 1.0 倍。当丁、戊类地上厂房设置自动灭火系统时，其防火分区的最大允许建筑面积不限。当局部设置自动灭火系统时，可按该局部区域建筑面积的 1/2

计入所在防火分区的总建筑面积。

厂房的操作平台、检修平台，当使用人数少于 10 人时，其面积可不计入所在防火分区的建筑面积。一些丙类火灾危险性生产厂房因特殊生产工艺要求，其防火分区面积可按照下列规定适当增加：

（1）除麻纺厂房外的一、二级耐火等级的多层纺织厂房和二级耐火等级的单层纺织厂房，每个防火分区最大允许建筑面积可按表 2–5–1 的规定增加 0.5 倍，但厂房内的原棉开包、清花车间与厂房内其他部位之间需采用耐火极限不低于 2.50h 的防火隔墙进行防火分隔，开设门、窗、洞口时需要设置甲级防火门、窗。

（2）一、二级耐火等级的单层、多层造纸生产联合厂房，每个防火分区最大允许建筑面积可按表 2–5–1 的规定增加 1.5 倍。一、二级耐火等级的湿式造纸联合厂房，当纸机烘缸罩内设有自动灭火系统、完成工段设置有效灭火设施保护时，其防火分区的最大允许建筑面积可按照工艺要求确定。

（3）一、二级耐火等级卷烟生产联合厂房内的原料、备料及成组配方、制丝、储丝和卷接包、辅料周转、成品暂存、二氧化碳膨胀烟丝等生产用房按照独立的防火分隔单元进行划分，其中，制丝、储丝和卷接包车间划分为一个防火分区，每个防火分区最大允许建筑面积可按工艺要求确定。

表 2–5–1　厂房防火分区的最大允许建筑面积

生产的火灾危险性类别	厂房的耐火等级	最多允许层数 / 层	每个防火分区的最大允许建筑面积 /m^2			
			单层厂房	多层厂房	高层厂房	地下或半地下厂房（包括地下或半地下室）
甲	一级 二级	宜采用单层	4 000 3 000	3 000 2 000	— —	— —
乙	一级 二级	不限 6	5 000 4 000	4 000 3 000	2 000 1 500	— —
丙	一级 二级 三级	不限 不限 2	不限 8 000 3 000	6 000 4 000 2 000	3 000 2 000 —	500 500 —
丁	一、二级 三级 四级	不限 3 1	不限 4 000 1 000	不限 2 000 —	4 000 — —	1 000 — —
戊	一、二级 三级 四级	不限 3 1	不限 5 000 1 500	不限 3 000 —	6 000 — —	1 000 — —

二、仓库防火分区

仓库物资储存集中，可燃物多且连续分布。发生火灾后，易燃可燃物品仓库呈现为立体燃烧，火灾蔓延速度快、灭火救援难度大，容易造成严重经济损失，因此，必须严格控制占地面积，合理划分防火分区。仓库的层数和面积按照表 2-5-2 的规定确定。

表 2-5-2　仓库的层数和面积

储存物品的火灾危险性类别		仓库的耐火等级	最多允许层数/层	每座仓库的最大允许占地面积和每个防火分区的最大允许建筑面积 /m²						
				单层仓库		多层仓库		高层仓库		地下或半地下仓库（包括地下或半地下室）
				每座仓库	防火分区	每座仓库	防火分区	每座仓库	防火分区	防火分区
甲	3、4 项	一级	1	180	60	—	—	—	—	—
甲	1、2、5、6 项	一、二级	1	750	250	—	—	—	—	—
乙	1、3、4 项	一、二级	3	2 000	500	900	300	—	—	—
乙	1、3、4 项	三级	1	500	250	—	—	—	—	—
乙	2、5、6 项	一、二级	5	2 800	700	1 500	500	—	—	—
乙	2、5、6 项	三级	1	900	300	—	—	—	—	—
丙	1 项	一、二级	5	4 000	1 000	2 800	700	—	—	150
丙	1 项	三级	1	1 200	400	—	—	—	—	—
丙	2 项	一、二级	不限	6 000	1 500	4 800	1 200	4 000	1 000	300
丙	2 项	三级	3	2 100	700	1 200	400	—	—	—
丁		一、二级	不限	不限	3 000	不限	1 500	4 800	1 200	500
丁		三级	3	3 000	1 000	1 500	500	—	—	—
丁		四级	1	2 100	700	—	—	—	—	—
戊		一、二级	不限	不限	不限	不限	2 000	6 000	1 500	1 000
戊		三级	3	3 000	1 000	2 100	700	—	—	—
戊		四级	1	2 100	700	—	—	—	—	—

设置在地下或者半地下的仓库，因火灾时散热、排烟困难，室内温度、烟气浓度较高，热分解产物成分复杂、毒性大，火灾竖向蔓延对上部仓库的安全威胁较大，因此，其最大允许占地面积不得大于相应类别地上仓库最大允许占地面积。

除冷库外，仓库内设有自动灭火系统时，每座仓库的最大允许占地面积和每个防火分区的最大允许建筑面积可按表 2-5-2 的规定增加 1.0 倍。

一些特殊仓库，其最大允许占地面积的确定和防火分区划分按照下列规定执行：

（1）石油库的桶装油品仓库按照《石油库设计规范》（GB 50074—2014）的规定执行。

（2）一、二级耐火等级的煤均化库，每个防火分区的最大允许建筑面积不得大于 12 000m²。

（3）独立建造的硝酸铵仓库、电石仓库、聚乙烯等高分子制品仓库、尿素仓库、配煤仓库、造纸厂的独立成品仓库，当建筑耐火等级不低于二级时，每座仓库的最大允许占地面积和每个防火分区的最大允许建筑面积可按表 2-5-2 的规定增加 1.0 倍。

（4）对于粮食平房仓，一、二级耐火等级仓库最大允许占地面积不得大于 12 000m²，每个防火分区最大允许建筑面积不得大于 3 000m²；三级耐火等级仓库最大允许占地面积不得大于 3 000m²，每个防火分区最大允许建筑面积不得大于 1 000m²。

（5）占地面积不大于 2 000m² 的一、二级耐火等级单层棉花库房，其防火分区的最大允许建筑面积不得大于 2 000m²。

（6）冷库的最大允许占地面积和防火分区最大允许建筑面积按照《冷库设计标准》（GB 50072—2021）的规定执行。

三、民用建筑防火分区

民用建筑使用功能复杂，其火灾特性因建筑高度、使用功能、火灾危险性和扑救难度不同而不尽相同；建筑防火设计中，合理划分防火分区，有利于灭火救援、减少火灾损失。表 2-5-3 为不同耐火等级的民用建筑防火分区的最大允许建筑面积。

表 2-5-3　民用建筑防火分区的最大允许建筑面积

名称	耐火等级	防火分区的最大允许建筑面积 /m²	备注
高层民用建筑	一、二级	1 500	对于体育馆、剧场的观众厅，防火分区的最大允许建筑面积可适当增加
单、多层民用建筑	一、二级	2 500	
	三级	1 200	—
	四级	600	—
地下或半地下建筑（室）	一级	500	设备用房的防火分区最大允许建筑面积不应大于 1 000m²

当民用建筑内设置自动灭火系统时，防火分区最大允许建筑面积可按表 2–5–3 的规定增加 1.0 倍；当局部设置自动灭火系统时，可按该局部区域建筑面积的 1/2 计入所在防火分区的总建筑面积。裙房与高层建筑主体之间设置防火墙，墙上开口部位采用甲级防火门分隔时，裙房的防火分区可按单、多层民用建筑的相关要求确定。

一、二级耐火等级建筑内的商店营业厅，当设置自动灭火系统和火灾自动报警系统并采用不燃或难燃装修材料时，其每个防火分区的最大允许建筑面积可适当扩大，并符合下列规定：

（1）设置在高层建筑内时，不得大于 4 000m^2。

（2）设置在单层建筑或仅设置在多层建筑的首层时，不得大于 10 000m^2。

（3）设置在地下或半地下时，不得大于 2 000m^2。

四、物流建筑防火分区

物流建筑的防火分区按照下列规定划分：

（1）当建筑功能以分拣、加工等作业为主时，按照表 2–5–1 规定的厂房防火分区最大允许建筑面积划分防火分区，其中仓储部分按照中间仓库划分防火分区。

（2）当建筑功能以仓储为主或者建筑难以区分主要功能时，按照表 2–5–2 规定的仓库防火分区最大允许建筑面积划分防火分区，但当分拣等作业区采用防火墙与储存区完全分隔时，作业区和储存区可分别按照厂房和仓库的防火要求划分防火分区。

（3）建筑耐火等级不低于一级的丙类火灾危险性物品（液体、棉、麻、丝、毛及其他纺织品、泡沫塑料等物品除外）物流仓库，以及耐火等级不低于二级的丁、戊类火灾危险性物品物流仓库，当建筑内全部设置自动水灭火系统和火灾自动报警系统，且分拣等作业区采用防火墙与储存区完全分隔时，其储存区（自动化控制的丙类高架仓库除外）的防火分区最大允许建筑面积和储存区部分建筑的最大允许占地面积，可按照表 2–5–2 的规定增加 3.0 倍。

五、人防工程防火分区

人防工程是具有特殊功能的地下建筑，其建设贯彻“长期准备、重点建设、平战结合”的战略方针，其使用功能既要满足战时的功能需要，更要适应城市建设的协调发展与变化。人防工程的防火分区划分要与防护单元相结合，其防火分区划分符合下列规定：

（1）每个防火分区的最大允许建筑面积，通常不大于 500m^2。当设有自动灭火系统时，最大允许建筑面积可增加 1.0 倍，局部设置时，可按照局部面积的 1.0 倍增加。

（2）设有旅店、病房、员工宿舍时，不得设置在地下二层及以下楼层，且独立划分防火分区。

（3）与柴油发电机房或者锅炉房配套的水泵间、风机房、储油间等，与柴油发电机房或者锅炉房一起划分在同一个防火分区。

（4）水泵房、污水泵房、水池、厕所、盥洗间等无可燃物的房间，其面积可不计入防火分区的面积。

（5）设有商业营业厅、展览厅、电影院和礼堂的观众厅、溜冰馆、游泳馆、射击馆、保龄球馆等，其防火分区按照下列要求划分：

1）商业营业厅、展览厅等，当设有火灾自动报警系统和自动灭火系统，且采用A级装修材料装修时，防火分区最大允许建筑面积不得大于2 000m^2。

2）电影院、礼堂的观众厅，防火分区最大允许建筑面积不得大于1 000m^2。设有火灾自动报警系统和自动灭火系统时，其最大允许建筑面积仍不得增加。

3）溜冰馆的冰场、游泳馆的游泳池、射击馆的靶道区、保龄球馆的球道区等，当其装修材料采用A级材料时，建筑面积可不计入溜冰馆、游泳馆、射击馆、保龄球馆的防火分区面积。

（6）存放丙、丁、戊类火灾危险性物品的库房，其防火分区按照表2–5–4确定的最大允许建筑面积划分，当设有火灾自动报警系统和自动灭火系统时，最大允许建筑面积可增加1.0倍；局部设置时，增加的面积可按该局部面积的1.0倍计算。

表2–5–4　人防工程的库房防火分区最大允许建筑面积

储存物品火灾危险性		防火分区最大允许建筑面积 /m^2
丙类	闪点≥60℃的可燃液体	150
	可燃固体	300
丁类		500
戊类		1 000

六、木结构建筑防火分区

木结构建筑因其建筑构件或多或少具有可燃性，构件本身可能造成火灾蔓延，因此，火灾风险高的甲、乙、丙类厂房（库房）不得采用木结构建筑或木结构组合建筑。丁、戊类厂房（库房）和民用建筑，当采用木结构建筑或者木结构组合建筑时，其防火墙间的允许建筑长度和每层最大允许建筑面积，符合表2–5–5的规定。

表2–5–5　木结构建筑防火墙间的允许建筑长度和每层最大允许建筑面积

层数 / 层	防火墙间的允许建筑长度 /m	防火墙间的每层最大允许建筑面积 /m^2
1	100	1 800
2	80	900
3	60	600

当设置自动喷水灭火系统时，防火墙间的允许建筑长度和每层最大允许建筑面积可按表2–5–5的规定增加1.0倍；丁、戊类地上厂房防火墙间每层最大允许建筑面积不限；

体育场馆等大空间建筑的建筑面积可适当增加。

机动车库的建筑面积不宜大于 $60m^2$。

第二节　防火分隔措施

防火分区的作用在于采取防火措施有效控制火灾蔓延，以利于火灾扑救，减少火灾损失。火灾在建筑中的蔓延分为水平蔓延和竖向蔓延，为了有效控制火灾蔓延，可在水平和竖向两个方向，采用防火分隔构件、设施等防火分隔措施，既阻隔火灾的水平蔓延路径，又有效防止多层或者高层建筑的层与层之间的竖向火灾蔓延。建筑中的一些特殊部位或者建筑构造（如中庭、建筑幕墙等），因其存在贯通水平、竖向的火灾蔓延通道，需要采取更为有效的防火分隔措施。

一、防火分区的防火分隔措施

同一建筑物内不同火灾危险性的区域、工业建筑内人员休息和办公等区域，以及作为安全疏散、避难等使用的楼梯间、前室和具有避难功能的走廊等，均需按照规定采用一定耐火极限的防火分隔构件（设施）进行防火分隔。建筑防火分隔措施分为水平防火分隔措施和竖向防火分隔措施。

（一）水平防火分隔措施

建筑水平防火分隔措施是指采用防火墙、防火门、防火卷帘、防火分隔水幕等防火分隔构件（设施）在各楼层的水平方向分隔出一个或者多个基本防火单元、阻止火灾在一定时间内向相邻区域蔓延的分隔措施。利用水平防火分隔措施，每个楼层可按照使用功能、火灾危险性、防火分区最大允许建筑面积等划分成一个或者多个水平防火分区。

厂房水平防火分区之间通常采用防火墙分隔，为适应现代生产线工艺的连续布置和大面积厂房建设，当防火分区采用防火墙分隔确有困难时，除甲类厂房外，其他一、二耐火等级的厂房可采用防火分隔水幕或者防火卷帘等进行防火分隔；采用防火卷帘分隔时，其防火卷帘按照本章第三节防火卷帘的规定设置，采用防火分隔水幕进行防火分隔的，防火水幕按照《自动喷水灭火系统设计规范》（GB 50084—2017）的要求设置。

仓库防火分区之间的水平防火分隔采用防火墙分隔，不能采用其他分隔构件或者设施替代。甲、乙类物品着火后燃烧猛烈、火灾蔓延迅速，甚至可能发生爆炸，其防火分区之间的防火墙上不得开设门、窗、洞口。

民用建筑、人防工程等防火分区之间采用防火墙进行防火分隔；确有困难时，可采用防火卷帘等防火分隔设施分隔。采用防火卷帘分隔时，其防火卷帘按照本章第三节防火卷帘的规定设置。住宅建筑外墙上相邻户开口之间的墙体宽度不得小于 1.0m；小于 1.0m 时，在开口之间设置突出外墙不小于 0.6m 的隔板，以防止火灾在外立面水平蔓延。

（二）竖向防火分隔措施

竖向防火分隔措施是指采用一定耐火极限的楼板、窗间墙（窗下墙）、防火挑檐等构件，在建筑的垂直方向上对每个楼层或者特定区域进行防火分隔，防止火灾沿建筑垂直方向向其他楼层蔓延的防火分隔措施。多层或者高层建筑，一般以楼层为基本单元划分竖向防火分区，其中，各类竖井划分为独立的防火单元，采用防火门、楼层位置的防火分隔、防火材料封堵等防火措施确保一定时间内火灾不能通过竖井向其他楼层蔓延。

建筑外墙上、下层开口部位之间采用实体墙或者防火挑檐进行竖向防火分隔，实体墙高度不得小于1.2m，防火挑檐的挑出宽度不得小于1.0m、长度不得小于开口宽度；设有自动喷水灭火系统时，上、下层开口之间的实体墙高度不得小于0.8m。当上、下层开口部位之间设置实体墙确有困难时，可采用防火玻璃墙代替，高层建筑防火玻璃墙的耐火完整性不得低于1.00h，多层建筑防火玻璃墙的耐火完整性不得低于0.50h；外窗的耐火完整性不得低于防火玻璃墙的耐火完整性要求。实体墙、防火挑檐的耐火极限和燃烧性能，均不得低于相应耐火等级建筑外墙的要求。

建筑内设置自动扶梯、敞开楼梯等上、下层相连通的开口时，其防火分区的建筑面积按照上、下层相连通的建筑面积叠加计算；当叠加计算后的建筑面积大于本章第一节规定的相应建筑一个防火分区最大允许建筑面积时，划分为两个及两个以上防火分区。

除一、二级耐火等级的多层戊类仓库外，其他仓库内供垂直运输物品的提升设施宜设置在仓库外，确需设置在仓库内时，将垂直提升设施设置在井筒内，井筒的井壁耐火极限不低于2.00h。室内外提升设施通向仓库的入口设置乙级防火门或者符合防火分隔要求的防火卷帘。

（三）特殊场所防火分隔措施

为了防止火灾扩大蔓延，在建筑内划分必要的防火分区的同时，对于一些火灾危险性等级不同、有特殊使用功能的部位、建筑的重要设备用房等空间，需要采用一定耐火等级要求的防火分隔构件以及防火分隔设施进行防火分隔，以控制或者降低火灾危害。

1. 工业建筑

（1）一、二级耐火等级卷烟生产联合厂房的制丝、储丝及卷接包车间之间采用耐火极限不低于2.00h的防火隔墙和耐火极限不低于1.00h的楼板进行分隔。厂房内的各类水平、竖向防火分隔之间的开口采取防止火灾蔓延的防火分隔措施。

（2）确需因工艺需求，与甲、乙类厂房在厂房贴邻设置办公室、休息室，其耐火等级不得低于二级，采用耐火极限不低于3.00h的防爆墙与厂房分隔；设置在丙类厂房和丙、丁类仓库内的办公室、休息室，采用耐火极限不低于2.50h的防火隔墙和耐火极限不低于1.00h的楼板与其他部位分隔，如需在隔墙上开设相互连通的门时，采用乙级防火门。

（3）设置在厂房内的甲、乙、丙类中间仓库采用防火墙和耐火极限不低于1.50h的不燃性楼板与其他部位分隔，丁、戊类中间仓库采用耐火极限不低于2.00h的防火隔墙和耐火极限不低于1.00h的楼板与其他部位分隔。厂房内的丙类液体中间储罐，采用独立房间设置，并采用耐火极限不低于3.00h的防火隔墙和耐火极限不低于1.50h的楼板与其他部位分隔，房间门采用甲级防火门。

（4）甲、乙类生产部位和建筑内使用丙类液体的部位，厂房内有明火和高温的部位，甲、乙、丙类厂房（仓库）内布置有不同火灾危险性类别的场所，均需采用耐火极限不低于 2.00h 的防火隔墙与其他部位分隔，隔墙上的门（窗）采用乙级防火门（窗），确有困难时，可采用防火卷帘。

（5）设置在丁、戊类厂房内的通风机房，采用耐火极限不低于 1.00h 的防火隔墙和耐火极限不低于 0.50h 的楼板与其他部位分隔。

（6）冷库、低温环境生产场所采用泡沫塑料等可燃材料作为墙体内的绝热层时，宜采用不燃绝热材料在每层楼板处进行防火分隔。防火分隔部位的耐火极限不得低于楼板耐火极限；冷库阁楼层和墙体的可燃绝热层采用不燃性墙体分隔。冷库的库房与加工车间贴邻建造时，采用防火墙分隔，当确需开设相互连通的开口时，采取防火隔间等措施进行分隔，隔间两侧的门采用甲级防火门。当冷库的氨压缩机房与加工车间贴邻时，采用不开门、窗、洞口的防火墙分隔。

2. 民用建筑

民用建筑使用功能复杂多样，公共建筑人员密集，为确保火灾时特殊人群的安全需求，一些特殊场所需要采用更为严格的防火分隔措施。

（1）总建筑面积大于 20 000m^2 的地下或半地下商店，采用无门、窗、洞口的防火墙、耐火极限不低于 2.00h 的楼板分隔为多个建筑面积不大于 20 000m^2 的区域。相邻区域确需局部连通的，采用下沉式广场等室外开敞空间、防火隔间、避难走道、防烟楼梯间等方式进行连通。

（2）商业步行街两侧建筑的商铺之间采用耐火极限不低于 2.00h 的防火隔墙进行防火分隔，每间商铺的建筑面积不宜大于 300m^2。步行街两侧的商铺，其面向步行街一侧的围护构件耐火极限不得低于 1.00h，并宜采用实体墙，其门、窗应采用乙级防火门、窗；当采用防火玻璃墙（包括门、窗）进行防火分隔时，其耐火隔热性和耐火完整性不得低于 1.00h；当采用耐火完整性不低于 1.00h 的非隔热性防火玻璃墙（包括门、窗）分隔时，需设置闭式自动喷水灭火系统进行保护。相邻商铺之间面向步行街一侧设置宽度不小于 1.0m、耐火极限不低于 1.00h 的实体墙。

（3）剧场等建筑的舞台与观众厅之间的隔墙采用耐火极限不低于 3.00h 的防火隔墙；舞台上部与观众厅闷顶之间的隔墙可采用耐火极限不低于 1.50h 的防火隔墙，隔墙上的门采用乙级防火门；舞台下部的灯光操作室和可燃物储藏室采用耐火极限不低于 2.00h 的防火隔墙与其他部位分隔。电影放映室、卷片室采用耐火极限不低于 1.50h 的防火隔墙与其他部位分隔，观察孔和放映孔采取阻火闸门等防火分隔措施。

（4）医疗建筑内的手术室或者手术部、产房、重症监护室、贵重精密医疗装备用房、储藏间、实验室、胶片室等，附设在建筑内的托儿所、幼儿园的儿童用房和儿童游乐厅等儿童活动场所、老年人照料设施，采用耐火极限不低于 2.00h 的防火隔墙和耐火极限不低于 1.00h 的楼板与其他场所或者部位分隔，墙上必须设置门、窗时，采用乙级防火门、窗。

（5）民用建筑内的附属库房，剧场后台的辅助用房，宿舍、公寓建筑中的公共厨房和其他建筑内的厨房，附设在住宅建筑内的机动车库等，均需采用耐火极限不低于2.00h的防火隔墙与其他部位分隔，隔墙上的门（窗）采用乙级防火门（窗），确有困难时，可采用防火卷帘。

（6）歌舞娱乐放映游艺场所的厅、室之间及与建筑的其他部位之间，采用耐火极限不低于2.00h的防火隔墙和耐火极限不低于1.00h的不燃性楼板分隔，设置在厅、室墙上的门和该场所与建筑内其他部位相通的门均应采用乙级防火门。

（7）设置商业服务网点的住宅建筑，其居住部分与商业服务网点之间采用耐火极限不低于2.00h且无门、窗、洞口的防火隔墙和耐火极限不低于1.50h的不燃性楼板完全分隔。

住宅建筑与其他使用功能（商业服务网点除外）的建筑合建时，多层建筑的住宅部分与非住宅部分之间采用耐火极限不低于2.00h且无门、窗、洞口的防火隔墙和耐火极限不低于1.50h的不燃性楼板完全分隔；高层建筑的住宅部分与非住宅部分之间采用无门、窗、洞口的防火墙和耐火极限不低于2.00h的不燃性楼板完全分隔。建筑外墙上、下层开口之间的防火措施符合前述“竖向防火分隔措施”的相关要求。

3. 人防工程

人防工程平时作为工业、民用等功能使用时，因其位于地下，火灾危险性较地上建筑更大，需要采用更为严格的防火分隔措施。

（1）设置在人防工程内的内挑台、走马廊、开敞楼梯和自动扶梯等上下连通层时，其防火分区面积按照上、下层相连通的面积计算，其建筑面积之和符合表2-5-4的规定，且连通的层数不宜超过2层。

（2）电影院、礼堂的观众厅与舞台之间的墙，耐火极限不应低于2.50h；当舞台使用面积大于200m^{2}时，观众厅与舞台之间的舞台口宜设置防火幕或水幕分隔；电影院放映室（卷片室）应采用耐火极限不低于1.00h的隔墙与其他部位隔开，观察窗和放映孔应设置阻火闸门。

（3）歌舞娱乐放映游艺场所，且一个厅、室的建筑面积不大于200m^2，采用耐火极限不低于2.00h的隔墙和耐火极限不低于1.50h的楼板与其他场所隔开，隔墙上设置不低于乙级的防火门。

（4）可燃物存放量平均值超过30kg/m^{2}火灾荷载密度的房间采用耐火极限不低于2.00h的隔墙和耐火极限不低于1.50h的楼板与其他场所隔开，墙上设置常闭的甲级防火门。

（5）同一防火分区内的厨房、食品加工等用火用电用气场所采用耐火极限不低于2.00h的隔墙和耐火极限不低于1.50h的楼板与其他场所隔开，墙上设置不低于乙级的防火门，人员频繁出入的防火门设置火灾时能自动关闭的常开防火门。

4. 木结构建筑

设置在木结构住宅内的机动车库、发电机间、配电间、锅炉间等火灾危险性较大的场所，采用耐火极限不低于2.00h的防火隔墙和耐火极限不低于1.00h的不燃性楼板与其他部位分隔，不宜开设与室内相通的门、窗、洞口，确需开设时，可设置一樘不直通卧室的乙级防火门，以避免对卧室内可能处于睡眠状态的人员造成直接影响。

5. 建筑设备用房

建筑（含人防工程）内设置的消防控制室、灭火设备室、消防水泵房和通风空气调节机房、变配电室、柴油发电机房等以及人防工程内设置的通信机房，采用耐火极限不低于 2.00h 的防火隔墙和耐火极限不低于 1.50h 的楼板与其他部位分隔。

人防工程上述场所与其他部位连通的门均采用甲级防火门；其他建筑的通风和空气调节机房、变配电室、柴油发电机房开向建筑内的门采用甲级防火门，消防控制室、灭火设备室、消防水泵房等其他设备房的门采用乙级防火门。

柴油发电机房的储油间采用耐火极限不低于 3.00h 的防火隔墙与发电机间分隔，确需在防火隔墙上开门时，设置常闭甲级防火门，并设置高 150mm 的不燃烧、不渗漏的门槛，防止燃油外流，地面不得设置地漏。

变、配电站不得设置在甲、乙类厂房内或者贴邻设置，且不得设置在有爆炸性气体、可燃粉尘的危险区域内。供甲、乙类厂房专用的 10kV 及以下的变、配电站，当采用无门、窗、洞口的防火墙分隔时，可一面贴邻设置，并符合《爆炸危险环境电力装置设计规范》（GB 50058—2014）等的规定。乙类厂房的配电站确需在防火墙上开窗时，采用甲级防火窗。

二、中庭防火分隔措施

中庭是建筑中由上、下楼层贯通而形成的一种共享空间，中庭空间贯通多个楼层，与建筑各楼层的回廊、营业厅、展览厅、门窗直接连通。火灾时，火势和烟气通过中庭的开口部位从水平方向蔓延至同楼层相邻区域，从垂直方向侵入相邻上、下楼层，形成立体火灾蔓延，对人员疏散、火灾控制扑灭带来更大的困难。

建筑物内设置中庭时，其防火措施重点考虑有效控制火势和烟气不向连通区域蔓延。中庭连通的区域，其防火分区的建筑面积按照上、下层相连通的建筑面积叠加计算，当中庭相连通的建筑面积之和大于一个防火分区的最大允许建筑面积时，采用下列防火措施控制火灾蔓延：

（1）中庭与周围相连通的空间进行防火分隔。采用防火隔墙时，其耐火极限不得低于 1.00h；采用防火玻璃墙时，其耐火隔热性和耐火完整性不得低于 1.00h，采用耐火完整性不低于 1.00h 的非隔热性防火玻璃墙时，设置自动喷水灭火系统保护；采用防火卷帘时，其耐火极限不得低于 3.00h，并符合本章第三节防火分隔用防火卷帘的要求；与中庭相连通的门、窗，采用火灾时能自行关闭的甲级防火门、窗。

（2）高层建筑内的中庭回廊设置自动喷水灭火系统和火灾自动报警系统。

（3）中庭设置排烟设施。

（4）中庭内不得布置可燃物。

三、建筑幕墙防火分隔措施

现代建筑中，幕墙工程技术飞速发展，我国已成为世界第一幕墙生产大国和第一幕墙使用大国。建筑幕墙由支承构件与面板组成，幕墙面板包括玻璃、铝板、不锈钢板、花岗岩板、钛锌板、铝塑板以及其他人造板材。大部分建筑幕墙均有空腔结构，形成上、下层贯通，发生火灾时，幕墙空腔会产生烟囱效应，成为火灾、烟气扩散的竖向蔓延路径。另外，幕墙玻璃会爆裂、有的金属幕墙会发生剧烈燃烧，都将导致火灾扩大蔓延。因此，建筑外立面采用幕墙时，需要采取下列防火措施防止火灾蔓延：

（1）每层楼板外沿设置高度不低于 1.2m 的实体墙或挑出宽度不小于 1.0m、长度不小于开口宽度的防火挑檐；当室内设置自动喷水灭火系统时，该部分墙体的高度不得小于 0.8m。当上、下层开口之间设置实体墙确有困难时，可设置防火玻璃墙，高层建筑的防火玻璃墙的耐火完整性不得低于 1.00h，多层建筑的防火玻璃墙的耐火完整性不得低于 0.50h，外窗的耐火完整性不得低于防火玻璃墙的耐火完整性要求。实体墙、防火挑檐的耐火极限和燃烧性能，均不得低于相应耐火等级建筑外墙的要求。

（2）住宅建筑外墙上相邻户开口之间的墙体宽度不得小于 1.0m；当墙体宽度小于 1.0m 时，在开口之间设置凸出外墙不小于 0.6m 的隔板，隔板耐火极限和燃烧性能不得低于相应耐火等级建筑外墙的要求。

（3）为了阻止火势和烟气通过幕墙空腔进行水平蔓延和竖向蔓延，幕墙与每层楼板、隔墙交接的水平缝隙、垂直缝隙，采用防火封堵材料严密填实。图 2–5–1 为玻璃幕墙防火构造及防火封堵示意图。

当玻璃幕墙通过防火墙时，按照防火墙的设置要求进行对接，防火墙与其框架连接，不得直接与玻璃连接。

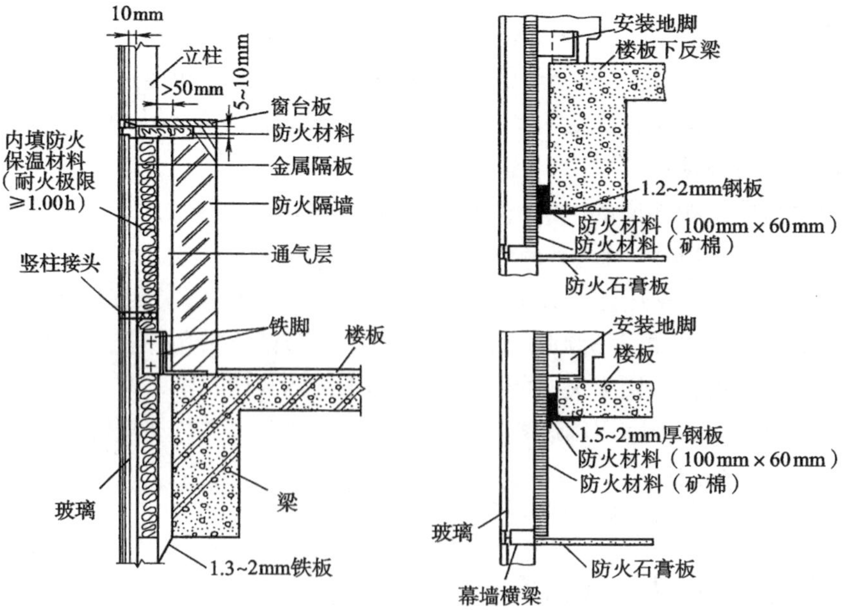

图 2–5–1　玻璃幕墙防火构造及防火封堵示意图

四、竖井防火分隔

楼梯间、电梯井、采光井、通风井、管道井、电缆井、垃圾井等竖井，竖向贯通，水平方向通过检修门、空洞等连通各楼层，火灾时，形成烟囱效应，导致火灾和烟气迅速蔓延。因此，这些竖井需单独设置，以防烟火进入，并采用防火分隔措施防止火灾水平蔓延。建筑内设置的竖井，按照表 2–5–6 的要求设置。

表 2–5–6 竖井设置防火要求

竖井名称	防火要求
电梯井	1. 独立设置； 2. 井内严禁敷设可燃气体和甲、乙、丙类液体管道，不得敷设与电梯无关的电缆、电线等； 3. 井壁采用耐火极限不低于 2.00h 的不燃烧体； 4. 井壁除开设电梯门、逃生门和通气孔洞外，不得开设其他洞口； 5. 电梯层门的耐火完整性不应低于 2.00h，并符合现行相关国家标准规定的耐火完整性和隔热性要求
电缆井、管道井、排烟道、排气道	1. 分别独立设置； 2. 井壁采用耐火极限不低于 1.00h 的不燃烧体； 3. 井壁上的检查门采用丙级防火门； 4. 电缆井、管道井在每层楼板处用相当于楼板耐火极限的不燃材料或者防火材料封堵； 5. 电缆井、管道井与房间、走道等相连通的孔洞（隙）采用防火封堵材料严密封堵
垃圾道	1. 靠外墙独立设置，垃圾道排气口直接开向室外； 2. 井壁采用耐火极限不低于 1.00h 的不燃烧体； 3. 垃圾斗宜设在垃圾道前室内，前室门采用丙级防火门； 4. 垃圾斗采用不燃材料制作，并能自动关闭

注：电气竖井、管道井、排烟道、排气道、垃圾道等竖井井壁上的检查门，应符合下列规定：

1 对于埋深大于 10m 的地下建筑或地下工程，应为甲级防火门；

2 对于建筑高度大于 100m 的建筑，应为甲级防火门；

3 对于层间无防火分隔的竖井和住宅建筑的合用前室，应为乙级防火门。

五、变形缝及管道空隙防火分隔

为防止因建筑变形破坏管线而引发火灾，并使烟气、火势通过变形缝蔓延扩散，电线电缆、可燃气体和甲、乙、丙类液体的管道穿过建筑内的变形缝时，在穿过处加设不燃材料制作的套管或者采取其他防变形措施，并采用防火封堵材料封堵密实。

防烟排烟、供暖、通风和空调系统中的管道及建筑内的其他管道，穿越防火隔墙、楼板和防火分区处的孔洞（隙）时，按照《建筑防火封堵应用技术标准》（GB/T 51410—2020）的规定，采用防火封堵材料进行防火封堵。

防火封堵材料的产品选用符合《防火封堵材料》(GB 23864—2009)和《防火膨胀密封件》(GB 16807—2009)等国家有关标准的要求。

第三节　防火分隔构件（设施）

建筑内防火分区以及特殊场所、部位、空间的防火分隔，需要通过防火分隔构件、防火分隔设施的防火、防烟效能来实现，防火分隔构件主要包括防火墙、防火隔墙、楼板等，防火分隔设施主要包括防火门、防火窗、防火卷帘、防火水幕等。

一、防火墙及防火隔墙

防火墙是防止火灾蔓延至相邻建筑或者相邻水平防火分区，且耐火极限不低于3.00h的不燃性墙体。防火墙是划分水平防火分区最主要的防火分隔构件，合理设置防火墙，能够有效控制火灾蔓延、降低火灾危害。因此，防火墙按照下列要求设置：

(1)防火墙直接设置在基础或框架、梁等承重结构上，框架、梁等承重结构的耐火极限不得低于防火墙的耐火极限。防火墙应从楼地面基层隔断至梁、楼板或屋面板的底面基层。当高层厂房(仓库)屋顶承重结构和屋面板的耐火极限低于1.00h，其他建筑屋顶承重结构和屋面板的耐火极限低于0.50h时，防火墙应高出屋面0.5m以上。

(2)防火墙横截面中心线水平距离天窗端面小于4.0m，且天窗端面为可燃性墙体时，需要采取防止火势蔓延的措施。

(3)建筑外墙采用难燃性、可燃性墙体时，防火墙应凸出墙体外表面0.4m以上，且防火墙两侧的外墙设置有宽度不小于2.0m且不低于外墙耐火极限的不燃性墙体。

建筑外墙为不燃性墙体时，防火墙可不凸出墙的外表面，紧靠防火墙两侧的门、窗、洞口之间最近边缘的水平距离不得小于2.0m；采取设置乙级防火窗等防止火灾水平蔓延的措施时，该距离不限。

(4)防火墙上不得开设门、窗、洞口，确需开设时，设置不可开启或者发生火灾时能自动关闭的甲级防火门、窗。

可燃气体和甲、乙、丙类液体的管道严禁穿过防火墙，防火墙内不得设置排气道。其他管道不宜穿过防火墙，确需穿过时，采用防火封堵材料将墙与管道之间的空隙紧密填实，穿过防火墙处的管道保温材料采用不燃材料。当管道为难燃、可燃材料时，需要在防火墙两侧的管道上采取防火措施。

(5)建筑内的防火墙不宜设置在转角处，确需设置时，内转角两侧墙上的门、窗、洞口之间最近边缘的水平距离不得小于4m；采取设置乙级防火窗等防止火灾水平蔓延的措施时，距离不限。

(6)防火墙的构造能在防火墙任意一侧的屋架、梁、楼板等受到火灾的影响而被破坏时，不会导致防火墙倒塌。

防火隔墙是建筑内防止火灾蔓延至相邻区域，且耐火极限不低于规定要求的不燃性墙体。建筑内的防火隔墙应当从楼地面基层隔断至梁、楼板或者屋面板的底面基层。

二、防火卷帘

防火卷帘是指在一定时间内，连同框架能够满足耐火完整性、隔热性等要求的卷帘，由帘板（或者帘面及夹板）、座板、导轨、支座、卷轴、门楣、箱体、卷门机和控制机构等组成，具有防火、防烟功能。

（一）防火卷帘分类

防火卷帘按照材质分类，分为钢质防火卷帘和无机纤维复合防火卷帘；按照功能分类，分为防火卷帘和防火防烟卷帘；综合分类为钢质防火卷帘（GFJ）、钢质防火防烟卷帘（GFYJ）、无机纤维复合防火卷帘（WFJ）、无机纤维复合防火防烟卷帘（WFYJ）、特级防火卷帘（TFJ）；耐火极限分为2.00h、3.00h两级。防火卷帘代号分别为F2、F3，防火防烟卷帘代号分别为FY2、FY3，特级防火卷帘耐火极限为3.00h，代号为TF3。

（二）防火卷帘的设置

防火卷帘主要用于防火分隔墙体（如防火墙、防火隔墙）上，因生产、使用等需要开设较大开口，又无法设置防火门的防火分隔处。防火卷帘按照下列要求设置：

（1）除中庭外，当防火分隔部位的宽度不大于30m时，防火卷帘的宽度不得大于10m；当防火分隔部位的宽度大于30m时，防火卷帘的宽度不得大于该部位宽度的1/3，且不得大于20m。

（2）防火卷帘应具有火灾时靠自重自动关闭的功能，不得采用水平、侧向防火卷帘。

（3）防火卷帘耐火极限不得低于防火卷帘设置部位墙体耐火极限（另有规定除外）。

1）当防火卷帘的耐火极限符合《门和卷帘的耐火试验方法》（GB/T 7633—2008）有关耐火完整性和耐火隔热性的判定条件时，可不设置自动喷水灭火系统保护。

2）当防火卷帘的耐火极限符合《门和卷帘的耐火试验方法》（GB/T 7633—2008）有关耐火完整性的判定条件时，设置自动喷水灭火系统保护；自动喷水灭火系统的设计符合《自动喷水灭火系统设计规范》（GB 50084—2017）的规定，其火灾延续时间不得小于防火卷帘的耐火极限。

（4）防火卷帘应具有防烟性能，与楼板、梁、墙、柱之间的空隙采用防火封堵材料封堵。

（5）需要在火灾时自动降落的防火卷帘，具有信号反馈的功能。

（6）防火卷帘及其部件的产品选用，还要符合《防火卷帘》（GB 14102—2005）、《防火卷帘控制器》（XF 386—2002）和《防火卷帘用卷门机》（XF 603—2006）的规定。

三、防火门、防火窗

防火门、防火窗均为建筑内的防火分隔设施，通常设置在防火墙上、疏散出口处或管井开口部位，对防止火灾时火势、烟气扩散蔓延，减少火灾损失具有重要作用。

（一）防火门

防火门是指在一定时间内，连同框架均能够满足耐火完整性、隔热性等要求的门。

建筑中的防火门，其防火、防烟性能应符合《防火门》(GB 12955—2008)的规定。

1. 防火门的分类

(1)防火门按照耐火性能分类，分为隔热、部分隔热、非隔热防火门。隔热防火门(A类)是指在规定时间内，能够同时满足耐火完整性和隔热性要求的防火门，分别对其隔热性、耐火完整性进行测试，耐火时间分别不小于0.50h、1.00h、1.50h、2.00h和3.00h；部分隔热防火门(B类)是指在不小于0.50h时间内，满足耐火完整性和隔热性要求，在隔热性能大于0.50h后，所规定的时间内能够满足耐火完整性要求的防火门，即其隔热性耐火时间不小于0.50h时，耐火完整性耐火时间分别不小于1.00h、1.50h、2.00h和3.00h；非隔热防火门(C类)是指在规定时间内，仅能满足耐火完整性要求的防火门，其耐火完整性耐火时间分别为1.00h、1.50h、2.00h和3.00h。

按照建筑所使用防火门的耐火极限分类，分为甲级、乙级和丙级防火门，其完整性和隔热性耐火极限均分别不低于1.50h、1.00h和0.50h。

(2)防火门按照制造材料分类，分为木质(MFM)、钢质(GFM)、钢木质(GMFM)和其他材质防火门。

(3)防火门按照门扇数量分类，可分为单扇、双扇、多扇防火门。

2. 防火门的设置要求

(1)建筑内设置的防火门既要保持建筑防火分隔的完整性，又要方便人员疏散和开启。因此，设置在建筑内经常有人通行处(如疏散走道)的防火门采用常开防火门，疏散走道在防火分区处设置常开甲级防火门；常开防火门在火灾时能自行关闭，并具有信号反馈的功能。

(2)为避免烟火蔓延至非起火区域，除疏散走道等允许设置常开防火门的位置外，其他区域、部位的防火门均采用常闭防火门，并在其门扇的明显位置设置“保持防火门关闭”等提示标志。

(3)除管井检修门和住宅的户门外，防火门均需具有自动关闭的功能，双扇防火门具有按顺序关闭的功能；除另有规定外，防火门通常应能在内外两侧手动开启。

(4)为保证分区间的相互独立，变形缝附近设置的防火门需要设在楼层较多的一侧，并保证防火门开启时门扇不得跨越变形缝，以防止烟火通过变形缝竖向蔓延。

(5)防火门关闭后应具有防烟性能，甲、乙、丙级防火门产品的选用符合《防火门》(GB 12955—2008)的规定。

(6)人防工程中，采用防护门、防护密闭门、密闭门代替甲级防火门时，其耐火性能符合甲级防火门的要求，且不得用于平战结合公共场所的安全出口处。

(二)防火窗

防火窗是指在一定时间内，连同框架能够满足耐火完整性、隔热性等要求的窗。采用钢窗框、钢窗扇及防火玻璃制成，通常安装在防火间距不足的建筑外墙上开口部位、天窗和需要防止火灾竖向蔓延的外墙开口部位，以及建筑内防火墙、防火隔墙上需要观察或者防止火灾蔓延的部位。

1. 防火窗的分类

防火窗也是建筑防火分隔的重要设施之一，防火窗按照安装方法分为固定式防火窗（G）和活动式防火窗（H）两种。固定式防火窗的窗扇不能开启，平时只能采光、防风挡雨，发生火灾时可以在一定时间内阻止火势蔓延；活动式防火窗具有可以开启、关闭的窗扇，并安装有窗扇启闭控制装置，平时可以采光、通风，起火时可以控制窗扇关闭、阻止火势蔓延，开启后可以排除烟气。

防火窗按照耐火性能分为隔热防火窗（A类）和非隔热防火窗（C类）两类。隔热防火窗是指在规定时间内，能同时满足耐火隔热性和耐火完整性要求的防火窗，分别对其隔热性、耐火完整性进行测试，耐火时间分别不小于0.50h、1.00h、1.50h、2.00h和3.00h，耐火等级分别为A0.50（丙级）、A1.00（乙级）、A1.50（甲级）、A2.00、A3.00；非隔热防火窗是指在规定时间内，能够满足耐火完整性要求的防火窗，耐火时间分别不小于0.50h、1.00h、1.50h、2.00h和3.00h，耐火等级分别为C0.50、C1.00、C1.50、C2.00、C3.00。

2. 防火窗的设置要求

设置在防火墙、防火隔墙上的防火窗，采用不可开启的窗扇或者具有火灾时能自行关闭的功能。防火窗产品的选用符合《防火窗》（GB 16809—2008）的规定。

四、防火阀

防火阀是安装在通风和空气调节系统的送、回风管道上，平时呈开启状态，火灾时当管道内烟气温度达到70℃时关闭，一定时间内能够满足漏烟量和耐火完整性要求，起隔烟阻火作用的阀门。防火阀通常由阀体、叶片、执行机构和温感器等部件组成。

（一）防火阀的设置部位

通风和空气调节系统管道纵横分布，多数采用金属材料或者无机纤维复合材料制作，受到烟火侵袭，不但高温烟气会沿管道蔓延，有的管道自身还会燃烧。因此，在通风和空气调节管道上设置防火阀，可以在一定时间内阻止烟气和火势的蔓延。

通风和空气调节系统管道穿越下列部位时，按照设置要求安装防火阀：

（1）穿越防火分区处。

（2）穿越通风、空调机房的房间隔墙和楼板处。

（3）穿越重要或火灾危险性大的房间隔墙和楼板处。

（4）穿越防火分隔处的变形缝两侧。

（5）竖向风管与每层水平风管交接处的水平管段上。当建筑内每个防火分区的通风、空调系统均独立设置时，水平风管与竖向总管的交接处可不设置防火阀。

（6）公共建筑的浴室、卫生间和厨房的竖向排风管，采取防止回流措施或者在支管上按照公称动作温度为70℃的防火阀。公共建筑内厨房的排油烟管道按照防火分区设置，并在其与竖向排风管道连接的支管处设置公称动作温度为150℃的防火阀。

（二）防火阀的设置要求

通风和空气调节系统管道上按照下列规定设置防火阀：

（1）防火阀靠近防火分隔处设置。

（2）暗装防火阀时，在安装部位设置方便检修维护的检修口。

（3）防火阀两侧各 2m 范围内的风管及其绝热材料均采用不燃性材料。

（4）防火阀的温度熔断器或者与火灾探测器等联动自动关闭装置一经动作，防火阀能够自动关闭，且标准状态下防火阀漏烟量不大于 $700m^3/(m^2·h)$ 和保持耐火完整性等耐火时间不得小于 1.50h。

（5）防火阀的产品选用符合《建筑通风和排烟系统用防火阀门》（GB 15930—2007）的规定。

五、排烟防火阀

排烟防火阀是安装在机械排烟系统管道上，平时呈开启状态，火灾时当排烟管道内烟气温度达到 280℃时关闭，一定时间内能够满足漏烟量和耐火完整性要求，起隔烟阻火作用的阀门。排烟防火阀通常由阀体、叶片、执行机构和温感器等部件组成。

排烟防火阀安装在排烟管道上，高温烟气一旦溢出排烟管道向其他防火分区或者重要房间蔓延，会增加火灾损失。因此，排烟管道的下列部位安装排烟防火阀：

（1）垂直排烟风管与每层水平风管交接处的水平管段上。

（2）一个排烟系统负担多个防烟分区的排烟支管上。

（3）排烟风机入口处。

（4）穿越防火分区的排烟管道处，排烟管道进入排风机房处。

排烟防火阀与火灾探测器等自动联动关闭装置一经动作，排烟防火阀能够自动关闭严实，且标准状态下排烟防火阀漏烟量不大于 $700m^3/(m^2·h)$ 和保持耐火完整性等耐火时间不得小于 1.50h。

六、防火分隔水幕

防火分隔水幕是由开式洒水喷头或者水幕喷头、雨淋报警阀组或感温雨淋报警阀等组成，发生火灾时密集喷洒形成水墙或者水帘的水幕系统。其主要作用在于防止火灾通过建筑开口部位蔓延，在需要设置防火墙或者其他防火分隔物而无法设置的情况下起到防火墙的作用。下列部位可采用防火分隔水幕进行防火分隔：

（1）特等或者甲等剧场、超过 1 500 个座位的其他等级的剧场、超过 2 000 个座位的会堂或者礼堂、高层民用建筑内超过 800 个座位的剧场或者礼堂的舞台口以及上述场所内与舞台相连的侧台、后台的洞口。

（2）需要设置防火墙等防火分隔物而无法设置的局部开口部位。

（3）舞台口可采用防火幕进行分隔，侧台、后台等较小洞口设置乙级防火门、窗。

防火分隔水幕按照《自动喷水灭火系统设计规范》（GB 50084—2017）的相关规定进行设置。

第四节　防烟分区及分隔措施

防烟分区是指建筑内采用挡烟设施分隔而成，在一定时间内防止烟气向同一防火分区其余部分蔓延的局部空间。划分防烟分区的目的是在火灾发生时将烟气控制在一定范围内，以提高排烟口的排烟效率。防烟分区的划分既要考虑建筑内部的功能分区，更要兼顾排烟系统的设计要求。

一、防烟分区的划分

设置排烟设施的场所或者部位需要划分防烟分区；不设置排烟设施的部位（包括地下室）可不划分防烟分区。

（一）防烟分区面积

防烟分区是控制烟气蔓延和排烟效果的局部空间，为确保防烟分区的控烟效能，不同建筑层高空间的建筑，其防烟分区按照下列要求确定最大允许面积及其长边的最大允许长度：

（1）当建筑空间净高不大于3m时，防烟分区面积不大于500m^2，其长边长度不得大于24m。

（2）当建筑空间净高大于3m、不大于6m时，防烟分区面积不大于1 000m^2，其长边长度不得大于36m。

（3）当建筑空间净高大于6m、不大于9m时，防烟分区面积不大于2 000m^2，其长边长度不得大于60m，具备自然对流条件时，长边最大允许长度可扩大到75m。

（4）当建筑空间净高大于9m时，防烟分区之间可不设置挡烟设施。

（二）防烟分区划分要求

防烟分区按照满足下列要求进行划分：

（1）防烟分区采用挡烟垂壁、结构梁、隔墙等划分，防烟分区的最大允许面积及其长边最大允许长度按照前述要求确定。防烟分区不得跨越防火分区。

（2）挡烟垂壁、结构梁等挡烟分隔设施的深度不得小于储烟仓厚度。采用自然排烟方式时，储烟仓厚度不小于建筑空间净高的20%，且不小于500mm；采用机械排烟方式时，储烟仓的厚度不小于建筑空间净高的10%，且不小于500mm；同时储烟仓底部距离地面的高度大于安全疏散所需的最小清晰高度，最小清晰高度由计算确定。

（3）对于有吊顶的空间，当吊顶开孔不均匀或开孔率小于或等于25%时，吊顶内空间高度不得计入储烟仓厚度。

（4）采用隔墙等形成独立封闭的分隔空间，可视为一个防烟分区和储烟仓。

（5）有特殊用途的部位（场所）单独划分防烟分区。设置排烟设施的建筑内，敞开楼梯和自动扶梯穿越楼板的开口部位设置挡烟垂壁等挡烟分隔设施。

二、挡烟分隔设施

划分防烟分区的挡烟分隔构件包括挡烟垂壁、结构梁、隔墙、防火卷帘等，挡烟垂壁、结构梁是主要的、最为典型的挡烟分隔构件。

（一）挡烟垂壁

挡烟垂壁是指采用不燃材料制成，垂直安装在建筑顶棚、梁、吊顶下，能够在火灾时形成一定蓄烟空间的挡烟分隔设施。挡烟垂壁按照其安装方式分为固定式挡烟垂壁（D）和活动式挡烟垂壁（H）；按照其挡烟部件材料的刚度性能分为柔性挡烟垂壁（R）和刚性挡烟垂壁（G）。固定式挡烟垂壁是指固定安装的、能够满足设定挡烟高度的挡烟垂壁；活动式挡烟垂壁是指可从初始位置自动运行至挡烟工作位置，并满足设定挡烟高度的挡烟垂壁。

挡烟垂壁的挡烟高度根据储烟仓厚度确定，最小值不低于500mm；挡烟垂壁采用不燃性材料制作，采用金属板材时，其厚度不得小于0.8mm，其熔点不应低于750℃；采用不燃无机复合板时，其厚度不小于10.0mm，其燃烧性能不低于《建筑材料及制品燃烧性能分级》（GB 8624—2012）确定的A级；采用玻璃材料时，应采用防火玻璃，其燃烧性能应符合《建筑用安全玻璃　第1部分：防火玻璃》（GB 15763.1—2009）的要求。

活动式挡烟垂壁具备火灾自动报警系统自动启动和现场手动启动功能，当火灾确认后，火灾自动报警系统应在15s内联动相应防烟分区的全部活动式挡烟垂壁，60s内挡烟垂壁全部开启到位。

（二）建筑横梁

当建筑内结构梁的高度不小于500mm时，可作为挡烟设施使用。

参考文献

[1] 公安部消防局.建设工程消防监督管理[M].北京：中国科学技术出版社，2014.

练习题

一、一级注册消防工程师

（一）单项选择题

1. 某商业综合体建筑，裙房与高层建筑主体采用防火墙分隔。建筑地上4层，地下2层，地上各层功能包括商业营业厅、餐厅及电影院，地下二层为汽车库，地下一层为超市及设备用房，建筑内按照规范要求设置了建筑消防设施。下列场所对应的防火分区建筑面积中，错误的是（　　）。

A. 地下超市，2 100m^2　　B. 商业营业厅，4 800m^2

C. 自助餐饮区，4 200m^2　　D. 电影院区域，3 100m^2

2. 某建筑高度为60m的办公楼，设有自动喷水灭火系统。该办公楼内设有柴油发电机房，柴油发电机房的下列防火分隔措施中，正确的是（　　）。

A. 柴油发电机房与其他部位分隔楼板的耐火极限为1.00h

B. 柴油发电机房的储油间与发电间分隔墙体上的门采用乙级防火门

C. 柴油发电机房与其他部位分隔墙体上的门采用乙级防火门

D. 柴油发电机房与其他部位分隔墙体的耐火极限为 2.00h

3. 对建筑划分防烟区时，下列构件和设施中，不应用作防烟分区分隔构件和设施的是（　　）。

A. 特级防火卷帘　　B. 防火水幕

C. 防火隔墙　　D. 高度不小于 500mm 的建筑结构梁

（二）多项选择题

1. 某食用油加工厂，拟新建一座大豆油浸出车间厂房，其耐火等级为一级，车间需要设置与生产配套的浸出溶剂中间仓库、分控制室、办公室、休息室和专用 10kV 变电所。对该厂房进行总平面布局和平面布置时，正确的措施有（　　）。

A. 车间专用 10kV 变电所一面贴邻厂房建造，采用无门、窗、洞口的防火墙与厂房分隔

B. 中间仓库在厂房内靠外墙布置，采用防火墙与其他部位分隔

C. 分控制室贴邻厂房外墙布置，采用耐火极限 4.00h 的防火墙与厂房分隔

D. 办公室设置在厂房内，采用耐火极限 2.00h 的隔墙与其他区域分隔

E. 贴邻大豆油浸出车间东侧设置的专用员工休息室，其耐火等级为一级，采用 4.00h 耐火极限的防火防爆墙与厂房分隔

2. 某一高层办公楼按照规范设置了建筑消防设施，其外立面围护结构采用玻璃幕墙。关于玻璃幕墙的防火设置要求，正确的有（　　）。

A. 幕墙上下层之间的实体墙高度不应小于 0.8m

B. 幕墙上下层之间设置的防火玻璃墙耐火完整性不应低于 1.00h

C. 幕墙与每层楼板的缝隙应采用防火封堵材料封堵

D. 幕墙与隔墙处的缝隙应采用防火封堵材料封堵

E. 幕墙上下层之间的实体墙的耐火极限不应低于 0.75h

二、二级注册消防工程师

（一）单项选择题

1. 关于中庭与周围连通空间进行防火分隔的做法，错误的是（　　）。

A. 采用乙级防火门、窗与其他部位分隔，且火灾时能自行关闭

B. 采用耐火极限为 1.00h 的防火隔墙

C. 采用耐火隔热性和耐火完整性为 1.00h 的防火玻璃墙

D. 采用耐火完整性为 1.00h 的非隔热性防火玻璃墙，并设置自动喷水灭火系统保护

2. 某建筑采用防火墙划分防火分区。下列防火墙的设置中，错误的是（　　）。

A. 输送柴油（闪点高于 60℃）的管道穿过防火墙，穿墙管道四周缝隙采用防火堵料严密封堵

B. 防火墙采用加气混凝土砌块砌筑，耐火极限为 3.00h

C. 防火墙直接设置在耐火极限为 4.00h 的框架上

D. 防火墙上设置常开甲级防火门，火灾时能够自行关闭

（二）多项选择题

关于公共建筑防烟分区划分，正确的有（　　）。

A. 净高 3m 的空间按面积 500m^2 划分防烟分区

B. 净高 6m 的空间按面积 3 000m^2 划分防烟分区

C. 净高 4m 的空间按面积 800m^2 划分防烟分区

D. 净高 6m 的空间按面积 1 000m^2 划分防烟分区

E. 净高 8m 的空间按面积 2 000m^2 划分防烟分区

第六章　安全疏散和避难

学习要求

通过本章学习，了解常用的疏散设施，熟悉工业与民用建筑安全疏散距离的要求，以及安全出口、疏散走道、避难走道、避难层（间）的概念及其设置要求，掌握不同使用功能民用建筑的百人宽度指标、疏散人数的确定方法和安全出口、疏散走道等宽度计算方法以及楼梯间等防火设计要求。

火灾时，人员会因为烟气窒息中毒、火灾高温灼伤、建筑结构破坏受伤而造成人员伤亡，为避免或者减少火灾中的人员伤亡，必须在火灾初期确保人员尽快疏散到室外地面。因此，科学确定安全疏散基本参数、合理设置安全疏散和避难设施，有利于人员安全疏散，减少人员伤亡。

第一节　安全疏散基本参数

安全疏散是指人员由危险区域向安全区域撤离的行为，也称“逃生”。与人员安全疏散密切相关的因素主要包括建筑特征（建筑高度、规模、使用性质、耐火等级等）、人员特点（人在火灾时的心理状态与行为特点）和火灾特性（火灾发展规律与烟气产生及蔓延特性）等。综合考虑上述影响因素及其耦合效应，安全疏散基本参数主要包括安全疏散人数、疏散宽度指标、疏散距离指标等。

一、安全疏散人数确定

人员既是火灾中安全疏散的主体，更可能成为火灾中的被伤害对象。火灾中人员的逃生心理、行为特点和行为能力等差异，直接影响火灾中安全疏散效应，尤其是在人员密集的公共建筑，建筑内人员情况复杂、行为能力差异较大，无法精准区别不同人员设定建筑消防设施，只能根据建筑使用功能及其人员主要特征等，确定人员密度和安全疏散总人数，作为安全疏散设施、措施设定的基本依据。

（一）办公建筑

办公建筑是指供机关、团体和企事业单位办理行政事务和从事各类业务活动的建筑物，主要包括办公室用房、公共用房、服务用房和设备用房等部分。办公室用房包括普通办公室和专用办公室，专用办公室指设计绘图室和研究工作室等；公共用房包括会议室、对外办事厅、接待室、陈列室、公用厕所、开水间等。

办公建筑人员数量按照《办公建筑设计标准》(JGJ/T 67—2019)确定，对于能够核定额定人数的，按照使用面积普通办公室不小于 6m²/ 人、单间办公室不小于 10m²/ 人、设计绘图室不小于 6m²/ 人、研究工作室 7m²/ 人，中、小会议室使用面积有会议桌的不小于 2.00m²/ 人、无会议桌的不小于 1.00m²/ 人的标准，以办公室设计使用面积除以人均使用面积计算确定；对于商务办公楼等情况更为复杂、无法确定额定人数的，可按照其建筑面积不小于 9m²/ 人的标准，以每层或者每个防火分区建筑面积除以人均建筑面积核定安全疏散人数。

(二)商店建筑

商店建筑是指为商品直接进行买卖和提供服务供给的公共建筑。商店建筑的疏散人数按照每层营业厅的建筑面积乘以人员密度计算确定。商店建筑的人员密度按照表 2–6–1 规定的执行；对于建材商店、家具和灯饰展示建筑等，其人员密度可按照表 2–6–1 中规定数值的 30% 确定。

表 2–6–1 商店建筑营业厅内的人员密度 单位：人 /m²

楼层位置	人员密度
地下二层	0.56
地下一层	0.60
地上一、二层	0.43 ~ 0.60
地上三层	0.39 ~ 0.54
地上四层及以上各层	0.30 ~ 0.42

商店的营业厅包括营业厅内展示货架、柜台、走道等顾客的购物活动场所，也包括营业厅内的卫生间、楼梯间、自动扶梯等建筑面积；对于采用严格防火分隔措施，且疏散时无须进入营业厅内的仓储、设备房、工具间、办公室等的建筑面积，可不计入营业厅建筑面积。

选取商店营业厅人员密度值时，要综合考虑商店的建筑规模、使用功能变化等因素，当建筑规模较小(如营业厅建筑面积小于 3 000m²)时可取上限值，当建筑规模较大时宜取下限值；当商店建筑设有多种商业用途时(如地下商业综合体)，考虑到营业厅业态可能会因经营状况或者营销团队的变动而变化，人员密度需要按照该建筑的主要商业用途来确定，对于可能出现的局部建材商店、家具和灯饰展示等业态不再按照人员密度折减比较进行折算。

(三)歌舞娱乐放映游艺场所

歌舞娱乐放映游艺场所包括歌舞厅、卡拉 OK 厅(含具有卡拉 OK 功能的餐厅)、夜总会、录像厅、放映厅、桑拿浴室(除洗浴部分外)、游艺厅(含电子游艺厅)、网吧等场所。这类场所通常人员密度大、灯光昏暗、疏散走道辨识度差、人员安全疏散行为能力参差不齐，过去有过惨痛的火灾教训。因此，此类场所的安全疏散要求严于其他商业场所，其疏散人数按照厅、室建筑面积乘以人员密度计算确定。其中，录像厅的人员密度按照不小于 1.0 人 /m^2 确定，其他歌舞娱乐放映游艺场所的人员密度按照不小于 0.5 人 /m^2 确定。

（四）旅馆建筑

旅馆建筑通常是指由客房部分、公共部分、辅助部分组成，为客人提供住宿及餐饮、会议、健身和娱乐等全部或者部分服务的公共建筑，也称为酒店、饭店、宾馆、度假村。旅馆建筑按照经营特点分为商务旅馆、度假旅馆、会议旅馆、公寓式旅馆等。

旅馆建筑客房部分的疏散人数通常按照为客人提供住宿的客房所能容纳的人数确定。对于公共部分疏散人数，以厅、室建筑面积除以人均使用面积计算确定，其中，一级至三级旅馆建筑的中餐厅、自助餐厅（咖啡厅）的人均使用面积按照 1.0 ~ 1.2m^2/ 人确定，四级和五级旅馆建筑的中餐厅、自助餐厅（咖啡厅）人均使用面积按照 1.5 ~ 2m^2/ 人确定，特色餐厅、外国餐厅、包房的人均使用面积按照 2.0 ~ 2.5m^2/ 人确定，宴会厅、多功能厅人均使用面积按照 1.5 ~ 2.0m^2/ 人确定，会议室的人均使用面积按照 1.2 ~ 1.8m^2/ 人确定。

（五）餐饮建筑

餐饮建筑是指有就餐空间的建筑，包括单建和附建在旅馆、商业、办公等公共建筑中的餐饮建筑。餐饮建筑按经营方式、饮食制作方式及服务特点分为餐馆、快餐店、饮品店、食堂等四类。餐饮建筑由用餐区域、厨房区域、公共区域和辅助区域组成。

用餐区域疏散人数按照用餐区域建筑面积除以每座最小使用面积确定，每座最小使用面积按照表 2–6–2 取值。

表 2–6–2　用餐区域每座最小使用面积　　单位：m^2/ 座

分类	指标	分类	指标
餐馆	1.3	饮品店	1.5
快餐店	1.0	食堂	1.0

附建在旅馆、商业建筑中的餐饮场所，其疏散人数分别按照“（二）商店建筑”营业厅的人员密度标准、“（四）旅馆建筑”的餐厅人均面积数进行计算，有固定座位的餐饮场所的疏散人数按照实际座位数的 1.1 倍计算；附建在办公建筑内的员工餐厅的疏散人数按照表 2–6–2 确定的座位数确定。

（六）展览厅

展览厅的疏散人数按照展览厅建筑面积乘以人员密度计算确定，展览厅的人员密度不宜小于 0.75 人 /m^2。

（七）有固定座位的场所

除剧场、电影院、礼堂、体育馆外，其他有固定座位的场所的疏散人数可按实际座位数的 1.1 倍计算。

（八）人防工程

地下商店每个防火分区的疏散人数，按照该防火分区内营业厅使用面积乘以面积折算值和疏散人数换算系数确定。面积折算值宜为70%，疏散人数换算系数按照地下一层为0.85人/m^2、地下二层为0.80人/m^2的标准确定；经营丁、戊类物品的专业商店，按照上述标准计算确定的人数减少50%。

歌舞娱乐放映游艺场所最大容纳人数按照该场所建筑面积乘以人员密度指标来计算，其人员密度指标按照录像厅、放映厅人员密度指标为1.0人/m^2，其他歌舞娱乐放映游艺场所人员密度指标为0.5人/m^2的标准确定。

二、百人疏散宽度指标

建筑物内发生火灾时，任一楼层或者任一防火分区的安全出口宽度、数量不足，建筑内的人员均会因滞留安全出口前、疏散楼梯内，而延长疏散时间，影响安全疏散。现行国家工程消防技术标准是以百人宽度指标为基准，计算确定疏散走道、厅（室）门、疏散楼梯、安全出口等宽度和数量的，并根据允许疏散时间来确定安全疏散百人宽度指标。

（一）百人疏散宽度指标的概念

百人疏散宽度指标是指在一定疏散时间内，每100人以单股人流进行疏散所需要的疏散宽度，即采用公式（2–6–1）计算百人疏散宽度指标。

$$百人疏散宽度指标=\frac{单股人流宽度\times 100}{疏散时间\times 每分钟每股人流通过人数} \tag{2–6–1}$$

不同使用功能的建筑或者相同使用功能建筑的不同平面布局、建筑规模、建筑高度等特征，其疏散控制时间都不相同。一般情况下，一、二级耐火等级建筑的疏散时间控制在2.0min，三级耐火等级建筑的疏散时间控制在1.5min，单股人流宽度为0.55～0.60m。影响安全疏散的因素很多，国家工程消防技术标准中的百人疏散宽度指标是通过统计分析、计算调整得出的。

（二）不同建筑的百人疏散宽度指标

1. 厂房

厂房内疏散楼梯、疏散走道和疏散门的百人疏散宽度指标，按照不得小于表2–6–3的标准确定。

表2–6–3　厂房内疏散楼梯、疏散走道和疏散门的百人疏散宽度指标

单位：m/100人

厂房层数	宽度指标
一、二层	0.6
三层	0.8
四层及以上	1.0

2. 公共民用建筑

（1）剧场、电影院、礼堂。不同规模的剧场、电影院、礼堂等人员密集场所的疏散走道、疏散楼梯、疏散出口、疏散门或者安全出口的百人疏散宽度指标，按照不得小于表 2–6–4 的标准确定。

表 2–6–4　剧场、电影院、礼堂等场所百人疏散宽度指标　　单位：m/100 人

观众厅座位数 / 座	耐火等级	疏散部位		
		门和走道		楼梯
		平坡地面	阶梯地面	
≤2 500	一、二级	0.65	0.75	0.75
≤1 200	三级	0.85	1.00	1.00

剧场、电影院、礼堂等人员密集场所观众厅内疏散走道，其百人疏散宽度指标按照不小于 0.6m/100 人的标准确定。

（2）体育馆。不同规模的体育馆，其供观众疏散的内门、外门、楼梯和走道的百人疏散宽度指标，按照不得小于表 2–6–5 的标准确定。

表 2–6–5　体育馆百人疏散宽度指标　　单位：m/100 人

观众厅座位数 / 座	疏散部位		
	门和走道		楼梯
	平坡地面	阶梯地面	
3 000 ~ 5 000	0.43	0.50	0.50
5 001 ~ 10 000	0.37	0.43	0.43
10 001 ~ 20 000	0.32	0.37	0.37

对于观众厅座位数少于 3 000 个的体育馆，供观众疏散的所有内门、外门、楼梯和走道的百人疏散净宽度按照不得小于表 2–6–4 的标准确定。

（3）其他公共建筑。除剧场、电影院、礼堂、体育馆外的其他公共建筑，其房间疏散门、安全出口、疏散走道和疏散楼梯的百人疏散宽度指标，按照不得小于表 2–6–6 的标准确定。

地下或者半地下人员密集的厅、室和歌舞娱乐放映游艺场所，其房间疏散门、安全出口、疏散走道和疏散楼梯的百人疏散宽度指标按照不小于 1.00m/100 人的标准确定。

3. 人防工程

人防工程百人疏散宽度指标按照下列标准确定：

（1）室内地面与室外出入口地坪高差不大于 10m 的防火分区，百人疏散宽度指标不得小于 0.75m/100 人。

表 2-6-6　其他公共建筑中房间疏散门、安全出口、疏散走道和疏散楼梯的百人疏散宽度指标　单位：m/100 人

建筑层数		建筑的耐火等级		
		一、二级	三级	四级
地上楼层	1～2 层	0.65	0.75	1.00
	3 层	0.75	1.00	—
	≥4 层	1.00	1.25	—
地下楼层	与地面出入口地坪的高差 $\Delta H \leqslant 10$m	0.75	—	—
	与地面出入口地坪的高差 $\Delta H > 10$m	1.00	—	—

（2）室内地面与室外出入口地坪高差大于 10m 的防火分区，百人疏散宽度指标不得小于 1.00m/100 人。

（3）人员密集的厅、室以及歌舞娱乐放映游艺场所，百人疏散宽度指标不得小于 1.00m/100 人。

设置有固定座位的电影院、礼堂等的观众厅，其疏散走道、疏散出口等百人疏散宽度指标按照下列标准确定：

（1）厅内的疏散走道的百人宽度指标不得小于 0.80m/100 人。

（2）疏散出口和厅外疏散走道的总宽度，平坡地面不得小于 0.65m/100 人，阶梯地面不得小于 0.80m/100 人。

4. 木结构建筑

木结构建筑内疏散走道、安全出口、疏散楼梯和房间疏散门的百人疏散宽度指标，按照不得小于表 2-6-7 的标准确定。

表 2-6-7　木结构建筑内疏散走道、安全出口、疏散楼梯和房间疏散门的百人疏散宽度指标

层数	最小疏散净宽 /（m/100 人）
地上 1 至 2 层	0.75
地上 3 层	1.00

三、安全疏散计算及其最小疏散宽度指标

建筑内疏散走道、疏散楼梯、安全出口、疏散外门等总净宽，经计算确定，且不得小于相应国家工程建设消防技术标准确定的最小疏散宽度指标。

当每层疏散人数不等时，疏散楼梯总净宽按照该层及以上各个楼层人数最多的一层人数计算确定，地下建筑内上层楼梯的总净宽按照该层及以下疏散人数最多一层的人数

计算；首层外门的总净宽度按照该建筑疏散人数最多一层的人数计算确定，不供其他楼层人员疏散的外门，可仅按照本层的疏散人数计算确定。

（一）厂房

厂房内的疏散楼梯、走道和门的总净宽根据厂房内疏散人数经计算确定，且厂房门的最小净宽度不应小于 0.8m，疏散走道的最小净宽度不应小于 1.1m，疏散楼梯的最小净宽不宜小于 1.1m；首层外门的总净宽按照疏散人数最多一层的疏散人数计算确定，且其最小净宽不得小于 1.1m。

（二）民用建筑

民用建筑分为公共建筑和住宅建筑。最小疏散宽度指标仅为民用建筑疏散走道、安全出口和疏散楼梯等疏散宽度的基准性指标，公共建筑相对于住宅建筑，同一空间内、同一楼层的使用人数较多，其疏散走道、安全出口和疏散楼梯等总净宽，需要经计算后核定。

除另有规定外，民用建筑（含住宅建筑）的安全出口和疏散门的净宽度不得小于 0.8m，疏散走道和疏散楼梯的净宽不得小于 1.1m。

1. 办公建筑

办公建筑走道的最小疏散宽度指标按照表 2–6–8 的标准确定。

表 2-6-8　办公建筑走道的最小疏散宽度指标

走道长度 /m	走道的最小疏散宽度 /m	
	单面布置房间	双面布置房间
≤40	1.30	1.50
>40	1.50	1.80

2. 高层公共建筑

高层公共建筑内楼梯间的首层疏散门、首层疏散外门、疏散走道和疏散楼梯的最小疏散宽度指标按照表 2–6–9 的标准确定。

表 2-6-9　高层公共建筑内楼梯间的首层疏散门、首层疏散外门、疏散走道和疏散楼梯的最小疏散宽度指标

单位：m

建筑类别	楼梯间的首层疏散门、首层疏散外门	走道		疏散楼梯
		单面布置房间	双面布置房间	
高层医疗建筑	1.30	1.40	1.50	1.30
其他高层公共建筑	1.20	1.30	1.40	1.20

3. 有固定座位的人员密集场所

剧场、电影院、礼堂等人员密集场所的观众厅内疏散走道的净宽不得小于 1.0m；边走道的净宽不宜小于 0.8m。在布置疏散走道时，横走道之间的座位排数不宜超过 20 排；

纵走道之间的座位数，剧场、电影院、礼堂等每排不宜超过 22 个，体育馆每排不宜超过 26 个，前后排座椅的排距不小于 0.9m 时，可增加 1 倍，但不得超过 50 个，仅一侧有纵走道时，座位数减少 1/2。

4. 住宅建筑

住宅建筑的户门、安全出口、疏散走道和疏散楼梯的各自总净宽经计算确定，且户门和安全出口的净宽不得小于 0.80m，疏散走道、疏散楼梯和首层疏散外门的净宽不得小于 1.10m；建筑高度不大于 18m 的住宅中一边设置栏杆的疏散楼梯，其净宽不得小于 1.0m。

（三）人防工程

人防工程每个防火分区安全出口的总宽度按照该防火分区设计容纳总人数乘以疏散宽度指标计算后确定，其最小疏散宽度指标按照下列标准确定：

（1）人防工程安全出口、疏散楼梯和疏散走道的最小疏散宽度指标按照表 2–6–10 的标准确定。

表 2–6–10　人防工程安全出口、疏散楼梯和疏散走道的最小疏散宽度指标

单位：m

工程名称	安全出口和疏散楼梯净宽	疏散走道净宽	
		单面布置房间	双面布置房间
商场、公共娱乐场所、健身体育场所	1.40	1.50	1.60
医院	1.30	1.40	1.50
旅馆、餐厅	1.10	1.20	1.30
车间	1.10	1.20	1.50
其他民用工程	1.10	1.20	—

（2）设有固定座位的电影院、礼堂等的观众厅，其厅内疏散走道净宽不小于 1.00m；边走道净宽不小于 0.80m；厅室疏散出口和厅外疏散走道的净宽均不小于 1.40m。

四、疏散距离指标

疏散距离是指人员从房间内任一点到最近安全出口（供人员安全疏散用的楼梯间、室外楼梯的出入口或者直通室内外安全区域的出口）的距离。安全疏散距离直接影响疏散所需时间，现行国家工程建设消防技术标准采用限制安全疏散距离和疏散门与安全疏散出口净宽、数量及其分布，以控制安全疏散时间。

（一）厂房

确定厂房的安全疏散距离，需要考虑楼层的实际情况（如单、多层和高层）、厂房的火灾危险性类别及建筑物的耐火等级等。厂房内任一点至最近安全出口的直线距离不得大于表 2–6–11 的规定。

表 2-6-11　厂房内任一点至最近安全出口的直线距离　　单位：m

生产的火灾危险性类别	耐火等级	单层厂房	多层厂房	高层厂房	地下、半地下厂房或厂房的地下室、半地下室
甲	一、二级	30	25	—	—
乙	一、二级	75	50	30	—
丙	一、二级	80	60	40	30
	三级	60	40	—	—
丁	一、二级	不限	不限	50	45
	三级	60	50	—	—
	四级	50	—	—	—
戊	一、二级	不限	不限	75	60
	三级	100	75	—	—
	四级	60	—	—	—

从表 2-6-11 中可以看出，火灾危险性越大，安全疏散距离要求越严；厂房的耐火等级越低，安全疏散距离要求越严。而对于丁、戊类生产，当采用一、二级耐火等级的厂房时，其疏散距离可以不受限制。

（二）公共建筑

公共建筑安全疏散距离包括两个部分：一是房间疏散门至最近安全出口的安全疏散距离，二是房间内任意一点到房间疏散门的安全疏散距离。

1. 房间疏散门至最近安全出口的安全疏散距离

直通疏散走道的房间疏散门至最近安全出口的直线距离按照不小于表 2-6-12 的标准确定。

建筑设有敞开式外廊时，因其通风排烟、采光等条件较好，其安全疏散距离可按照表 2-6-12 的规定增加 5m；建筑内全部设置自动喷水灭火系统时，对初期火灾的控制或者灭火效能较好，有利于建筑安全性能提升，其安全疏散距离按照表 2-6-12 的规定增加 25%。

直通疏散走道的房间疏散门至最近敞开楼梯间的直线距离，当房间位于两个楼梯间之间时，按照表 2-6-12 的规定减少 5m；当房间位于袋形走道两侧或尽端时，按照表 2-6-12 的规定减少 2m。

2. 房间内任意一点到房间疏散门的安全疏散距离

公共建筑的房间内任意一点至该房间直通疏散走道的疏散门的直线距离，不得大于表 2-6-12 中规定的袋形走道两侧或者尽端的疏散门至最近安全出口的直线距离。

表 2-6-12　直通疏散走道的房间疏散门至最近安全出口的直线距离　　单位：m

工程名称			位于两个安全出口之间的疏散门			位于袋形走道两侧或尽端的疏散门		
			耐火等级					
			一、二级	三级	四级	一、二级	三级	四级
托儿所、幼儿园、老年人照料设施			25	20	15	20	15	10
歌舞娱乐放映游艺场所			25	20	15	9	—	—
医疗建筑	单、多层		35	30	25	20	15	10
	高层	病房部分	24	—	—	12	—	—
		其他部分	30	—	—	15	—	—
教学建筑	单、多层		35	30	25	22	20	10
	高层		30	—	—	15	—	—
高层旅馆、展览建筑			30	—	—	15	—	—
其他建筑	单、多层		40	35	25	22	20	15
	高层		40	—	—	20	—	—

一、二级耐火等级建筑内的疏散门、安全出口不少于 2 个的观众厅、展览厅、多功能厅、餐厅、营业厅等，其室内任意一点至最近疏散门、安全出口的直线距离不得大于 30m；当疏散门不能直通室外地面或者疏散楼梯间时，采用长度不大于 10m 的疏散走道通往最近的安全出口；当该场所设置自动喷水灭火系统时，室内任意一点至最近安全出口的安全疏散距离可增加 25%。

（三）住宅建筑

住宅建筑直通疏散走道的户门至最近安全出口的直线距离不得大于表 2–6–13 的规定。

表 2-6-13　住宅建筑直通疏散走道的户门至最近安全出口的直线距离　　单位：m

住宅建筑类别	位于两个安全出口之间的户门			位于袋形走道两侧或尽端的户门		
	耐火等级					
	一、二级	三级	四级	一、二级	三级	四级
单、多层	40	35	25	22	20	15
高层	40	—	—	20	—	—

（1）设置敞开式外廊的建筑，开向外廊的户门至最近安全出口的最大直线距离按照表 2-6-13 的规定增加 5m。

（2）直通疏散走道的户门至最近敞开楼梯间的直线距离，当房间位于两个楼梯间之间时，按照表 2-6-13 的规定减少 5m；当房间位于袋形走道两侧或尽端时，按照表 2-6-13 的规定减少 2m。

（3）住宅建筑内全部设置自动喷水灭火系统时，其安全疏散距离按照表 2-6-13 的规定增加 25%；符合上述（1）、（2）规定的，安全疏散距离分别按照其要求增加或减少。

（4）跃廊式住宅户门至最近安全出口的距离，从户门起算，小楼梯的一段距离按照其水平投影长度的 1.5 倍计算。

（四）木结构建筑的安全疏散距离

木结构民用建筑房间直通疏散走道的疏散门至最近安全出口的直线距离略小于三级耐火等级建筑的对应值，具体不应大于表 2-6-14 的规定。

表 2-6-14 木结构民用建筑房间直通疏散走道的疏散门至最近安全出口的直线距离

单位：m

名称	位于两个安全出口之间的疏散门	位于袋形走道两侧或尽端的疏散门
托儿所、幼儿园、老年人照料设施	15	10
歌舞娱乐放映游艺场所	15	6
医院和疗养院建筑、教学建筑	25	12
其他民用建筑	30	15

房间内任意一点至该房间直通疏散走道的疏散门的距离，不应大于表 2-6-14 规定的袋形走道两侧或尽端的疏散门至最近安全出口的直线距离。

木结构丁、戊类厂房内任意一点至最近安全出口的疏散距离分别不应大于 50m 和 60m。

（五）人防工程

人防工程为地下建筑，疏散条件较地上建筑差。不同人防工程的人员密度、疏散人员类型及照明条件等不同，其安全疏散距离也有所不同。人防工程的安全疏散距离按照下列标准确定：

（1）房间内最远点至该房间门的距离不得大于 15m。

（2）房间门至最近安全出口的距离，医院不得大于 24m，旅馆不得大于 30m，其他工程不得大于 40m。位于袋形走道两侧或者尽端的房间，其最大距离为上述相应距离的 1/2。

（3）观众厅、展览厅、多功能厅、餐厅、营业厅和阅览室等，其室内任意一点至最近安全出口的直线距离不宜大于 30m；当该防火分区设置有自动喷水灭火系统时，疏散距离可增加 25%。

第二节　安全出口与疏散门

建筑内的安全疏散设施、避难设施主要包括疏散门、疏散走道、疏散楼梯、安全出口、避难走道、避难层（间）等。安全出口和疏散门的位置、数量、宽度、疏散距离等与建筑内人员安全疏散密切相关，要充分考虑区域内使用人员的特性，合理确定安全出口、疏散门的位置及其数量，以利于人员安全疏散。

一、安全出口与疏散门的设置

安全出口是指供人员安全疏散用的楼梯间、室外楼梯的出入口或者直通室内外安全区域的出口；疏散门是房间直接通向疏散走道的房门、直接开向疏散楼梯间的门（如住宅的户门）以及直接开向室外安全区域的门。

（一）安全出口与疏散门通则

为确保建筑火灾发生时能够有 2 个及以上不同方向的疏散路线可供选择，以避免相邻安全出口、房间的疏散门因同向、距离太近等同时被烟火封堵，安全出口与疏散门应当分散布置，并合理分散布置于建筑平面的不同方位，且建筑内每个防火分区或者一个防火分区的每个楼层、每个住宅单元每层相邻的 2 个安全出口以及每个房间相邻的 2 个疏散门最近边缘之间的水平距离不得小于 5m。

（二）安全出口与疏散门的数量及其宽度的基本计算方法

安全出口的数量、疏散门的宽度原则上通过计算确定。

1. 疏散人数计算

建筑各个楼层或者各个防火分区内疏散人数按照式（2–6–2）计算。

$$\text{疏散人数} = \text{一个楼层（防火分区）建筑（使用）面积} \times \text{人员密度指标} \quad (2\text{–}6\text{–}2)$$

2. 安全出口与疏散门的总净宽计算方法

安全出口及其疏散门的总净宽按照式（2–6–3）计算确定。

$$\text{疏散总净宽} = \frac{\text{一个楼层(防火分区)疏散人数}}{100} \times \text{百人疏散宽度指标} \quad (2\text{–}6\text{–}3)$$

疏散楼梯梯段的总净宽要与相应的安全出口总净宽保持一致，否则，会在疏散楼梯间内出现人员拥塞、滞留。

3. 安全出口数量计算

一个楼层或者防火分区的安全出口数量需要综合考虑建筑安全疏散距离指标、建筑平面布局以及疏散门模数等因素，通常按照式（2–6–4）计算确定。

$$\text{安全出口数量} = \frac{\text{安全出口总净宽}}{\text{疏散门净宽}} \quad (2\text{–}6\text{–}4)$$

按照安全出口均匀分布的原则，在平面布局中确定安全出口位置后，以房间、楼层或者防火分区内任意一点到最近安全出口的距离进行核算，满足安全疏散最小距离指标要求的，该房间、楼层或者防火分区的安全出口数量符合要求。

二、安全出口的设置要求

安全出口是通向安全区域、避难区域以及室外空间的重要出口，不同建筑规模和使用功能、不同火灾危险性的建筑，其安全出口的设置数量、位置各不相同。

（一）工业建筑

为确保工业火灾发生后，厂房、仓库内人员能够及时、有效地安全疏散，原则上厂房、库房的每个防火分区的安全出口均不得少于2个。地下或者半地下厂房、库房（包括地下室、半地下室），当有多个防火分区相邻布置并采用防火墙分隔时，每个防火分区可利用防火墙上通向相邻防火分区的甲级防火门作为第二安全出口，但每个防火分区必须至少有1个直通室外的独立安全出口。

1. 厂房

厂房内每个防火分区或者一个防火分区内的每个楼层，其安全出口数量应经计算确定，且不得少于2个。符合下列条件的，其安全出口可设置1个：

（1）每层建筑面积不大于100m^2的甲类厂房，且同一时间作业人数不超过5人。

（2）每层建筑面积不大于150m^2的乙类厂房，且同一时间作业人数不超过10人。

（3）每层建筑面积不大于250m^2的丙类厂房，且同一时间作业人数不超过20人。

（4）每层建筑面积不大于400m^2的丁、戊类厂房，且同一时间的作业人数不超过30人。

（5）每层建筑面积不大于50m^2的丙类地下或半地下厂房（包括地下或半地下室），且同一时间的作业人数不超过15人。丁、戊类地下或半地下生产场所，一个防火分区或楼层的建筑面积小于或等于200m^2且同一时间的使用人数不大于15人。

2. 仓库

仓库的每个防火分区或者一个防火分区每个楼层以及每座仓库的安全出口不得少于2个。当一座仓库的占地面积不大于300m^2时，可设置1个安全出口；仓库内每个防火分区通向疏散走道、楼梯或者室外（楼梯）的出口不少于2个，当防火分区的建筑面积不大于100m^2时，可设置1个出口。地下、半地下仓库（包括地下室、半地下室）的安全出口不得少于2个；当建筑面积不大于100m^2时，可设置1个安全出口。

（二）民用建筑

为确保人员能够迅速安全疏散，公共建筑内必须设置足够数量的安全出口，通常按照前述“安全出口与疏散门的设置”中给出的计算方法，经计算后核定。建筑疏散楼梯通至屋面时，屋顶层设置安全出口即可多出一条疏散路径，有利于人员避难、逃生，因此，建筑的楼梯间宜通至屋面，通向屋面的门、窗向外开启。高层建筑直通室外的安全出口，为人员疏散的安全，在其地面出口上方采用挑出宽度不小于1.0m的防护挑檐进行分隔。

自动扶梯、客用电梯在日常使用中是人流输运的主要交通设施，因其不具备防火防烟功能，火灾时不能作为安全疏散设施使用，其出入口也不计入安全出口。

1. 地下建筑

民用建筑的地下或者半地下室，其直通室外的安全出口不得少于2个。但以下两种情形，其地下或者半地下建筑（场所）的安全出口可按照下列要求设置：

（1）除歌舞娱乐放映游艺场所外，防火分区建筑面积不大于200m^{2}的地下或者半地下设备间、防火分区建筑面积不大于50m^{2}且经常停留人数不超过15人的其他地下或半地下建筑（室），可设置1个安全出口或者1部直通室外的疏散楼梯。

（2）除人员密集场所外，建筑面积不大于500m^2、使用人数不超过30人，且埋深不大于10m的地下或者半地下建筑（室），当需要设置2个安全出口时，其中一个安全出口可利用直通室外的金属竖向梯。

2. 公共建筑

公共建筑种类繁多，建筑规模、使用功能、建筑布局千变万化，对于安全疏散的要求益呈多元化。原则上讲，公共建筑每个防火分区或者一个防火分区每个楼层的安全出口需要综合考虑疏散宽度指标、疏散距离要求等因素经计算后确定，且不得少于2个。

（1）设置一个安全出口的条件。当符合下列条件之一时，可设置一个安全出口。

1）除托儿所、幼儿园外，建筑面积不大于200m^{2}且人数不超过50人的单层公共建筑或者多层公共建筑的首层。

2）除医疗建筑，老年人照料设施，托儿所、幼儿园的儿童用房，儿童游乐厅等儿童活动场所和歌舞娱乐放映游艺场所等外，符合表2-6-15规定的2层和3层建筑。

表2-6-15　公共建筑可设置一个安全出口的条件

耐火等级	最多层数	每层最大建筑面积/m^2	人数
一、二级	3层	200	第二层和第三层的人数之和不超过50人
三级	3层	200	第二层和第三层的人数之和不超过25人
四级	2层	200	第二层人数不超过15人

3）一、二级耐火等级多层公共建筑，当设置不少于2部疏散楼梯且顶层局部升高层数不超过2层、人数之和不超过50人、每层建筑面积不大于200m^{2}时，该局部高出部位可设置一部与下部主体建筑楼梯间直接连通的疏散楼梯，且至少还要设置1个直通主体建筑上人屋面的安全出口，上人屋面满足安全疏散的要求，如图2-6-1所示。

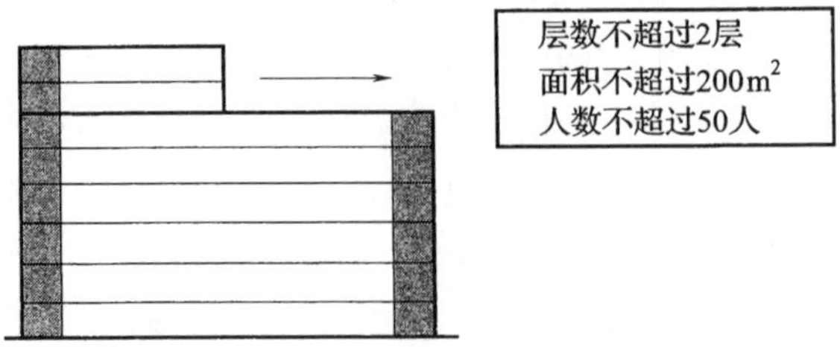

图2-6-1　局部升高部分楼梯的设置

（2）相邻防火分区安全出口的借用条件。公共建筑，尤其是大型商业建筑因其建筑面积大、使用功能繁多、平面布局复杂，以致出现建筑的部分防火分区疏散距离长、安全出口数量多且其位置受平面布局限制不能直通室外，甚至出现个别防火分区直通室外的安全出口疏散总净宽不达标等情况。因此，符合下列规定的一、二级耐火等级公共建筑，当一个防火分区的安全出口全部直通室外确有困难时，可利用通向相邻防火分区的甲级防火门作为安全出口：

1）相邻两个防火分区之间采用防火墙进行防火分隔。

2）建筑面积大于 1 000m^2 的防火分区，直通室外的安全出口数量不得少于 2 个；建筑面积小于或等于 1 000m^2 的防火分区，直通室外的安全出口数量不得少于 1 个。

3）该防火分区通向相邻防火分区的疏散净宽，不大于计算所需总净宽的 30%，同时，建筑各层直通室外的安全出口总净宽不得小于计算所需疏散总净宽。

（3）住宅建筑与其他使用功能（商业服务网点除外）的建筑合建时，住宅部分与非住宅部分的安全出口和疏散楼梯分别独立设置；为住宅部分服务的地上车库设置独立的疏散楼梯或者安全出口，住宅部分和非住宅部分的安全疏散分别符合住宅建筑和公共建筑的相关要求。

3. 住宅建筑

住宅建筑使用功能单一，建筑内人员较少，其安全出口按照下列要求设置：

（1）建筑高度不大于 27m，每个单元任一层的建筑面积大于 650m^2，或者任一户门至最近安全出口的距离大于 15m 时，每个单元每层安全出口不少于 2 个。

（2）建筑高度大于 27m、不大于 54m，每个单元任一层的建筑面积大于 650m^2，或者任一户门至最近安全出口的距离大于 10m 时，每个单元每层安全出口不少于 2 个。

（3）建筑高度大于 54m，每个单元每层安全出口不少于 2 个。

（4）建筑高度大于 27m，但不大于 54m 的住宅建筑，每个单元任一层的建筑面积不大于 650m^2，且任一户门至最近安全出口的距离不大于 10m，其疏散楼梯直通屋面，单元之间的疏散楼梯能够通过屋面连通，且户门采用乙级防火门时，每个单元可只设 1 座疏散楼梯。不能直通屋面或者不能通过屋面连通的，设置 2 个安全出口。

（5）设置商业服务网点的住宅建筑，住宅部分与商业服务网点部分的安全出口和疏散楼梯分别独立设置。商业服务网点中每个分隔单元任一层建筑面积大于 200m^2 时，该层设置 2 个安全出口或者疏散门。

4. 木结构民用建筑

木结构民用建筑的安全出口设置应当满足民用建筑安全出口设置要求。当木结构建筑的每层建筑面积小于 200m^2、且第二层和第三层的人数之和不超过 25 人时，可设置 1 部疏散楼梯。

（三）人防工程

人防工程每个防火分区安全出口的数量不得少于 2 个，每个防火分区的安全出口按照不同方向分散设置。当有 2 个或者以上防火分区相邻，且相邻防火分区之间设置防火墙分隔，并采用防火墙上设置的防火门作为安全出口时，防火分区安全出口按照下列要求设置：

（1）防火分区建筑面积大于 1 000m^2 的商业营业厅、展览厅等场所，设置通向室外、直通室外的疏散楼梯间或者避难走道的安全出口的数量不得少于 2 个。

（2）防火分区建筑面积不大于 1 000m^2 的商业营业厅、展览厅等场所，设置通向室外、直通室外的疏散楼梯间或者避难走道的安全出口不得少于 1 个。

（3）一个防火分区内，设置通向室外、直通室外的疏散楼梯间或者避难走道的安全出口宽度之和，不小于按照人防工程规定的百人疏散宽度指标及式（2–6–3）计算核定的安全出口总净宽的 70%。

下列情形的人防工程，其防火分区安全出口设置按照下列要求设置：

（1）建筑面积不大于 500m^2，且室内地面与室外出入口地坪高差不大于 10m，容纳人数不大于 30 人的防火分区，当设置有仅用于采光或进风用的竖井，且竖井内有金属梯直通地面、防火分区通向竖井处设置有不低于乙级的常闭防火门时，可只设置 1 个通向室外、直通室外的疏散楼梯间或避难走道的安全出口；也可设置 1 个与相邻防火分区相通的防火门。

（2）建筑面积不大于 200m^2，且经常停留人数不超过 3 人的防火分区，可只设置 1 个通向相邻防火分区的防火门。

（3）歌舞娱乐放映游艺场所中建筑面积大于 50m^2 的厅、室，其疏散出口不得少于 2 个。

（4）设置有固定座位的电影院、礼堂等的观众厅，每个疏散出口的疏散人数平均不得大于 250 人。

三、疏散门的设置要求

疏散门是人员安全疏散的主要设施，其设置除满足前述“安全出口与疏散门的设置”的要求外，还需满足下列要求：

（1）防火分区之间的疏散门要具备防火防烟功能，因此，疏散走道在防火分区处设置常开甲级防火门，且火灾时能够自行关闭，不得采用防火卷帘、防火分隔水幕等措施替代。

（2）民用建筑和厂房内疏散人数较多，为便于疏散，其疏散门采用向疏散方向开启的平开门，不得采用推拉门、卷帘门、吊门、转门和折叠门，以防止疏散时因疏散门开启不及时或者不能开启，导致人员阻滞或者疏散终止。

除甲、乙类生产车间外，人数不超过 60 人且每樘门的平均疏散人数不超过 30 人的房间，其疏散门的开启方向不限。

（3）仓库的疏散门通常情况下采用向疏散方向开启的平开门。考虑到仓库内疏散人数较少，且仓库首层的疏散门尺寸模数较大的情况，对于火灾危险性相对较低的丙、丁、戊类仓库，允许其首层墙体外侧设置的疏散门采用推拉门或者卷帘门。仓库内防火分区通向疏散走道、楼梯间的门采用乙级防火门。

（4）建筑内开向疏散楼梯、疏散楼梯间、疏散走道的疏散门，当其完全开启时，不得减少楼梯平台、疏散走道的有效宽度，以防止疏散门开启后占用疏散楼梯、疏散走道宽度。

（5）人员密集场所内平时需要控制人员随意出入的疏散门和设置门禁系统的住宅、宿舍、公寓建筑的外门，要能保证在火灾时不使用钥匙等任何工具即能从内部迅速打开，并在显著位置设有使用提示标志。

（6）公共建筑内各房间疏散门的数量经计算确定，且不得少于2个。除托儿所、幼儿园、老年人照料设施、医疗建筑、教学建筑内位于走道尽端的房间外，符合下列条件之一的房间可设置1个疏散门：

1）位于两个安全出口之间或袋形走道两侧的房间，对于托儿所、幼儿园、老年人照料设施，建筑面积不大于$50m^2$；对于医疗建筑、教学建筑，建筑面积不大于$75m^2$；对于其他建筑、场所，建筑面积不大于$120m^2$。

2）位于走道尽端的房间，建筑面积小于$50m^2$且疏散门的净宽度不小于0.90m，或由房间内任意一点至疏散门的直线距离不大于15m、建筑面积不大于$200m^2$且疏散门的净宽不小于1.40m。

3）歌舞娱乐放映游艺场所内建筑面积不大于$50m^2$且经常停留人数不超过15人的厅、室。

4）另有规定的除外，建筑面积不大于$200m^2$的地下或者半地下设备间、建筑面积不大于$50m^2$且经常停留人数不超过15人的其他地下或者半地下房间。

（7）剧场、电影院、礼堂和体育馆的观众厅、多功能厅，其疏散门数量经计算确定，且不得少于2个，并符合下列规定：

剧场、电影院、礼堂、体育馆的观众厅或者多功能厅，每个疏散门的平均疏散人数不超过250人；当容纳人数超过2 000人时，超过2 000人的部分，每个疏散门的平均疏散人数不超过400人。

（8）高层住宅建筑中设置的防烟楼梯间，其户门不得直接开向前室。确有困难时，每层开向同一前室的户门不得大于3樘，且采用乙级防火门。

（9）人防工程公共疏散出口处内、外1.40m范围内不设踏步，其疏散门必须向疏散方向开启，且不得设置门槛。设置有固定座位的电影院、礼堂等的观众厅的疏散门，宜采用推闩式外开门。

第三节　疏散走道与避难走道

疏散走道、避难走道等均是建筑内各房间、场所或者区域与安全出口之间的连通通道，是安全疏散的重要环节。

一、疏散走道

疏散走道是建筑内人员从各类场所、特定区域、房间疏散到楼梯间、室外空间或者其他防火分区等安全区域的内走道、过道、外廊、连通通道等。其设置要简捷明了、易于辨识，要避免布置成S形、U形或者设置袋形走道。疏散走道设置需满足下列要求：

（1）疏散走道上不得设置影响疏散的突出物；疏散走道要减少曲折，走道内不宜设置门槛、阶梯。

（2）疏散走道的净宽经计算后确定，且不得小于不同使用功能建筑相应的最小净宽指标。

（3）疏散走道在防火分区设置常开甲级防火门。

（4）建筑高度大于32m的老年人照料设施，宜在32m以上部分增设能连通老年人居室和公共活动场所的连廊，各层连廊直接与疏散楼梯、安全出口或者室外避难场地连通。

（5）剧场、电影院、礼堂、体育馆等观众厅内布置疏散走道时，横走道之间的座位排数不宜超过20排；纵走道之间的座位数，剧场、电影院、礼堂等每排不宜超过22个，体育馆每排不宜超过26个；前后排座椅的排距不小于0.90m时，可增加1.0倍，但不得超过50个；仅一侧有纵走道时，座位数减少1/2。

（6）人员密集的公共场所的室外疏散通道的净宽不小于3.00m，并直接通向宽敞地带。

二、避难走道

避难走道是指设置有防烟设施且两侧采用耐火极限不低于3.00h的防火墙分隔，用于人员安全通行至室外的走道。设置避难走道，主要用于解决大型建筑中疏散距离过长，或者因建筑外立面空间有限，难以让所有安全出口直通室外等问题。避难走道在消防设计中视为相对安全区域，其设置需要采用下列更加严格的防火措施：

（1）避难走道的防火隔墙耐火极限不得低于3.00h，楼板耐火极限不得低于1.50h。

（2）避难走道直通地面的出口不少于2个，并设置于不同方向；当避难走道仅与1个防火分区连通，且该防火分区至少有1个直通室外的安全出口时，避难走道可只设置1个直通地面的出口。

（3）任一防火分区通向避难走道的门至该避难走道最近直通地面的出口距离不得大于60m。

（4）避难走道的净宽不小于任一防火分区通向该避难走道的设计疏散总净宽。

（5）避难走道内部装修采用燃烧性能为A级的装修材料。

（6）防火分区至避难走道入口处设置防烟前室，前室的使用面积不得小于6m^2，开向前室的门采用甲级防火门，前室开向避难走道的门采用乙级防火门。

（7）避难走道内设置消火栓、消防应急照明、应急广播和消防专线电话。

三、其他场所

总建筑面积大于20 000m^{2}的地下商业建筑，大量采用防火卷帘作防火分区的分隔设施，不利于安全疏散和灭火救援。考虑到实际使用需要，采用下沉式广场等室外开敞空间、防火隔间等局部连通措施，替代防火卷帘这一单元措施，既提高了防火分区分隔措施的安全性，又有利于人员安全疏散。

（一）下沉式广场

下沉式广场等室外开敞空间，设置有足够的面积的室外空间，能有效防止烟气积聚，阻止火势蔓延，同时为建筑内人员提供了室外临时避难空间。设置疏散楼梯后，较室内更有利于安全疏散。为此，用于大型商业建筑防火分隔的下沉式广场等室外开敞空间，按照下列要求进行设置：

（1）分隔后的不同区域通向下沉式广场等室外开敞空间的开口最近边缘之间的水平距离不小于 13m。室外开敞空间除用于人员疏散外不得用于其他商业或可能导致火灾蔓延的用途，其中用于疏散的净面积不得小于 169m^2。

（2）下沉式广场等室外开敞空间内至少设置 1 部直通地面的疏散楼梯。当连接下沉广场的防火分区需利用下沉广场进行疏散时，疏散楼梯的总净宽不小于任一防火分区通向室外开敞空间的设计疏散总净宽。

（3）确需设置防风雨篷时，防风雨篷不得完全封闭，四周开口部位均匀布置，开口的面积不得小于该空间地面面积的 25%，开口高度不得小于 1.0m；开口设置百叶时，百叶的有效排烟面积按照百叶通风口面积的 60% 计算。

（二）防火隔间

防火隔间只能用于相邻两个独立使用场所的人员相互通行，内部不得布置任何经营性商业设施。防火隔间按照下列要求进行设置：

（1）防火隔间的建筑面积不得小于 6.0m^2。

（2）防火隔间的门采用甲级防火门。

（3）不同防火分区通向防火隔间的门不计入安全出口，门的最小间距不小于 4m。

（4）防火隔间内部装修材料的燃烧性能为 A 级。

（5）防火隔间不得用于除人员通行外的其他用途。

第四节 疏散楼梯与疏散楼梯间

作为日常运营使用中不可替代的垂直交通设施的普通电梯、自动扶梯，火灾时会因不具备防火、防烟、防水等功能，其电源会作为非消防电源在初期火灾阶段被切断，火灾时只有疏散楼梯作为垂直通道用于安全疏散。所以，疏散楼梯及楼梯间的安全性是人员安全疏散的根本保障。

一、疏散楼梯间的形式及其设置要求

不同建筑高度、规模、使用功能、耐火等级等的工业与民用建筑，其火灾特性及其蔓延规律、人员特性各有差异，为满足人员安全疏散的要求，其疏散楼梯间的形式也因此有所差别。

（一）疏散楼梯的概念及其楼梯间形式

疏散楼梯是指具有足够防火能力并作为竖向疏散通道的室内或者室外楼梯。疏散通道是指建筑物具有足够防火和防烟能力，主要满足人员安全疏散要求的通道。疏散楼梯根据其楼梯间形式，可以分为敞开楼梯间、封闭楼梯间、防烟楼梯间、室外楼梯等。此外，还有室外金属梯、室外消防梯等形式。

1. **敞开楼梯间**

敞开楼梯间是指建筑物内不做封闭的楼梯间。

2. **封闭楼梯间**

封闭楼梯间是指采用双向弹簧门、防火门等措施分隔，能够防止火灾的烟气和热气进入的楼梯间。

3. **防烟楼梯间**

防烟楼梯间是指在楼梯间入口处设置防烟的前室、开敞式阳台或者凹廊等设施（统称前室），能够有效防止火灾的烟气和热气进入的楼梯间。

4. **室外楼梯**

室外楼梯是设置在室外安全区域，并通过楼梯平台与安全出口连通的、不受火灾烟气和热气影响的疏散楼梯。

（二）楼梯间的设置要求

一定时间（或者耐火极限）内楼梯间的防火隔墙、防火门等可以暂时阻止火灾中的烟气、热气侵入，能够为人员提供暂时安全的疏散通道。为了提高疏散楼梯间的安全性和可靠性，工业与民用建筑、人防工程的楼梯间设置需要满足下列防火要求：

（1）楼梯间（人防工程楼梯间出入口）尽量靠外墙设置，使其具备天然采光和自然通风条件。靠外墙设置的疏散楼梯，其楼梯间、前室及合用前室外墙上的窗口与两侧门、窗、洞口最近边缘的水平距离不小于 1.0m，以防止烟气、热气从其他房间外墙上的门、窗口溢出后倒灌进入楼梯间外窗。

（2）为防止楼梯间内的凸出物、障碍物遮挡疏散楼梯梯段、影响人员疏散的快捷性，楼梯间内不得设有影响疏散的凸出物或者其他障碍物；开向疏散楼梯或者疏散楼梯间的门，当其完全开启时，不得减少楼梯平台的有效宽度。

（3）封闭楼梯间、防烟楼梯间及其前室的安全出口不得设置卷帘。公共建筑楼梯间在首层设置直通室外的安全出口，确有困难时，可在首层采用扩大的封闭楼梯间或者防烟楼梯间前室。当层数不超过 4 层且未采用扩大的封闭楼梯间或者防烟楼梯间前室时，可在距离楼梯间不大于 15m 处设置直通室外的门。

（4）为防止楼梯间内起火或者火势通过楼梯间蔓延，不得在楼梯间内设置烧水间、可燃材料储藏室、垃圾道。

（5）楼梯间是人员疏散、临时避难的相对安全区域。为此，不得在楼梯间内设置甲、乙、丙类液体管道，以防止火灾顺着管道蔓延而影响人员疏散；禁止可燃气体管道穿过或者设置在封闭楼梯间、防烟楼梯间及其前室内。

敞开楼梯间内不得设置可燃气体管道，当住宅建筑的敞开楼梯间内确需设置可燃气体管道和可燃气体计量表时，其管道采用金属管，并设置切断气源的阀门。

（6）为便于疏散，除通向避难层错位的疏散楼梯外，建筑中的疏散楼梯间在各层的平面位置均不得发生改变。

（7）疏散用楼梯的阶梯不宜采用螺旋楼梯和扇形踏步；确需采用时，踏步上、下两级所形成的平面角不大于 10°，且每级离扶手 250mm 处的踏步深度不小于 220mm。

（8）高度大于 10m 的三级耐火等级建筑应当设置通至屋顶的室外消防梯。室外消防梯不得面对老虎窗，宽度不得小于 0.6m，且宜从离地面 3m 的高处设置。

（9）用作丁、戊类厂房第二安全出口的楼梯可采用金属梯，但净宽不小于 0.9m，倾斜角度不大于 45°。

每层工作平台上的人数不超过 2 人，且各层工作平台上同时工作的人数总和不超过 10 人的丁、戊类高层厂房，其疏散楼梯可采用敞开楼梯或者利用净宽不小于 0.9m、倾斜角度不大于 60° 的金属梯。

（10）除住宅建筑套内的自用楼梯外，建筑（含人防工程）的地下室、半地下室与地上层不得共用楼梯间，必须共用时，在首层采用耐火极限不低于 2.00h 的防火隔墙和乙级防火门将地下、半地下部分与地上部分的连通部位完全分隔，并设置明显标志。

人民防空地下室的疏散楼梯间，在主体建筑地面首层采用耐火极限不低于 2.00h 的隔墙与其他部位隔开并直通室外；必须在隔墙上开门时，采用不低于乙级的防火门。

（11）老年人照料设施内人员疏散难度较大，尤其是失能老人疏散，需要采用电梯等辅助设施将其疏散至首层安全区域。为此，老年人照料设施中用于火灾时辅助人员疏散的非消防电梯，其电梯及设置均要符合消防电梯的设置要求，并设有防烟措施。

二、敞开楼梯间的设置

敞开楼梯间的特征是楼梯与内走廊、外廊或者厅、室等直接相通，出入口不进行分隔或者不作封闭。对于人员安全疏散而言，其防火防烟性能较差，火灾时不能有效阻挡烟气、热气进入，而且可能成为火灾烟气、热气向其他楼层蔓延的主要通道。为此，敞开楼梯间通常用于人员数量较少、建筑高度（层数）较低、火灾危险性较低的建筑。下列建筑可采用敞开楼梯间：

（1）火灾危险性较低的丁类、戊类多层厂房。

（2）多层仓库。

（3）多层民用建筑中与敞开式外廊相连通的楼梯间，由于敞开式外廊具有较好的防火防烟性能，能够有效防止烟气、热气进入楼梯间，因此，可采用敞开楼梯间。

（4）建筑高度不大于 21m 的住宅建筑可采用敞开楼梯间，与电梯井相邻布置的疏散楼梯，当户门的耐火完整性不低于 1.00h 时，仍可采用敞开楼梯间；建筑高度大于 21m、不大于 33m 的住宅建筑，当户门的耐火完整性不低于 1.00h 时，可采用敞开楼梯间。

（5）5 层及以下可不设置封闭楼梯间、防烟楼梯间的其他公共建筑。

三、封闭楼梯间的设置

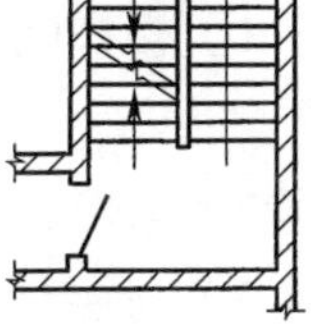
图 2-6-2　封闭楼梯间

封闭楼梯间（如图 2-6-2 所示）设有隔墙、门与走道或者其他部位分隔，防火防烟功能较敞开楼梯间更强，较为安全。但因疏散门采用双向弹簧门、防火门分隔，一旦疏散门敞开或者损坏，则无异于敞开楼梯间。所以，仍要对设置封闭楼梯间的建筑有所限制。

（一）封闭楼梯间的设置范围

下列建筑的疏散楼梯采用封闭楼梯间：

1. 工业建筑

高层厂房、仓库和甲、乙、丙类多层厂房的疏散楼梯采用封闭楼梯间。

2. 多层公共建筑

下列多层公共建筑的疏散楼梯，除与敞开式外廊直接连通的楼梯间外，均采用封闭楼梯间：

（1）医疗建筑、旅馆及类似使用功能的建筑。

（2）设置歌舞娱乐放映游艺场所的建筑。

（3）商店、图书馆、展览建筑、会议中心以及类似使用功能的建筑。

（4）6层及以上的其他公共建筑。

（5）老年人照料设施的室内疏散楼梯不能与敞开式外廊直接连通或者未设置敞开式外廊的建筑。

3. 高层民用建筑

除与敞开式外廊直接连通的楼梯间外，高层公共建筑的裙房和建筑高度不大于32m的二类高层公共建筑，其疏散楼梯采用封闭楼梯间。当高层公共建筑裙房与其主体建筑之间设置防火墙时，裙房的疏散楼梯可按照多层建筑的要求确定。

4. 住宅建筑

建筑高度不大于21m的住宅建筑，与电梯井相邻布置的疏散楼梯采用封闭楼梯间；建筑高度大于21m、不大于33m的住宅建筑，其疏散楼梯采用封闭楼梯间。

5. 地下或者半地下建筑（室）

室内地面与室外出入口地坪高差不大于10m或者不超过2层的地下、半地下建筑（室），其疏散楼梯采用封闭楼梯间。

6. 人防工程

人防工程设置于地下，其疏散难度较地上相同使用功能的建筑更为困难，为此，其疏散楼梯不得采用敞开楼梯。设有电影院、礼堂，建筑面积大于500m^{2}的医院、旅馆，建筑面积大于1 000m^{2}的商场、餐厅、展览厅、公共娱乐场所、健身体育场所等公共活动场所的人防工程，当地下为2层，且地下第二层的室内地面与室外出入口地坪高差不大于10m时，设置封闭楼梯间。

（二）封闭楼梯间的设置要求

封闭楼梯间除应满足楼梯间的设置要求外，还需符合下列规定：

（1）楼梯间不具备自然通风条件或者自然通风不能满足要求时，设置机械加压送风系统。

（2）除楼梯间的出入口和外窗外，楼梯间的墙上不得开设其他门、窗、洞口。

（3）高层建筑、人员密集的公共建筑、人员密集的多层丙类厂房以及甲、乙类厂房，其封闭楼梯间的门采用乙级防火门，建筑高度大于100m的建筑相应部位的门应为甲级防火门，并向疏散方向开启；其他建筑可采用双向弹簧门。人民防空地下室的封闭楼梯间，必须在隔墙上开门时，采用不低于乙级的防火门。

（4）楼梯间首层可将走道和门厅等包括在楼梯间内形成扩大封闭楼梯间，并采用乙级防火门等与其他走道和房间分隔，如图 2–6–3 所示。

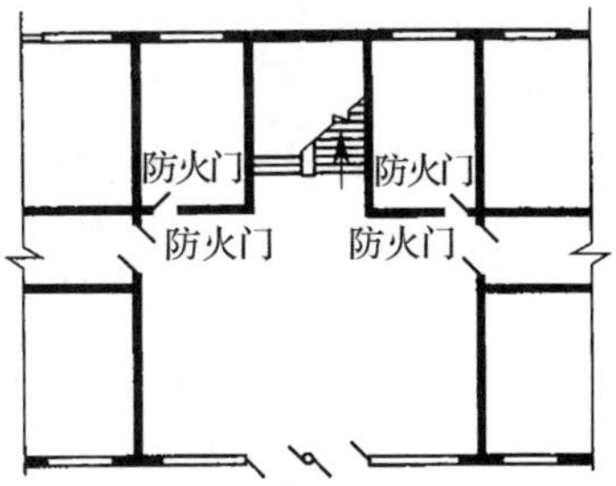

图 2–6–3 扩大的封闭楼梯间

四、防烟楼梯间的设置

防烟楼梯间设置有前室，且通往前室和楼梯间的门均采用防火门，以阻挡火灾的烟气、热气进入楼梯间，能够为人员疏散提供更为安全、可靠的疏散通道。

（一）防烟楼梯间的结构形式

1. 采用阳台或凹廊的防烟楼梯间

采用开敞阳台或者凹廊作为前室的防烟楼梯间，其特点是以开敞式阳台、凹廊作为前室，疏散人员通过开敞前室和两道防火门进入楼梯间，如图 2–6–4 和图 2–6–5 所示。开敞式阳台、凹廊的设置，有利于排烟、散热，烟气、热气能够在空气中冷却、弥散，有效降低了烟气、热气对楼梯间构成的威胁。

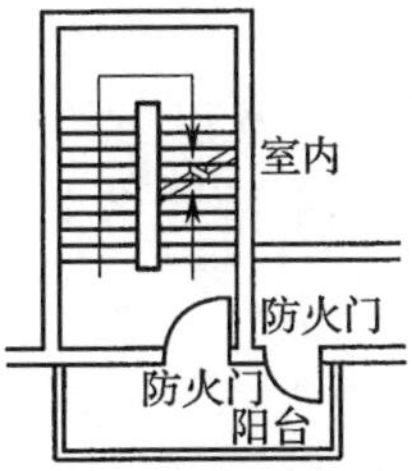

图 2–6–4 带阳台的防烟楼梯间

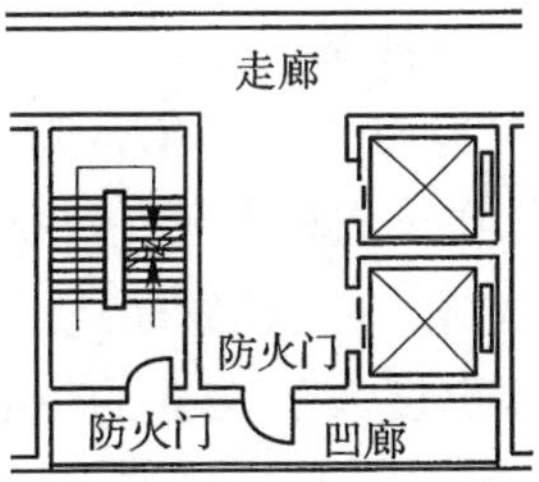

图 2–6–5 带凹廊的防烟楼梯间

2. 设置专门前室的防烟楼梯间

（1）利用自然排烟的防烟楼梯间。在平面布置时，设靠外墙的前室，并在外墙上设有规定开启面积的外窗，火灾时用于排烟。人员安全疏散由走道进入前室、再由前室进入楼梯间，防烟楼梯间及其前室的门均采用常闭式防火门，如图 2–6–6 所示。

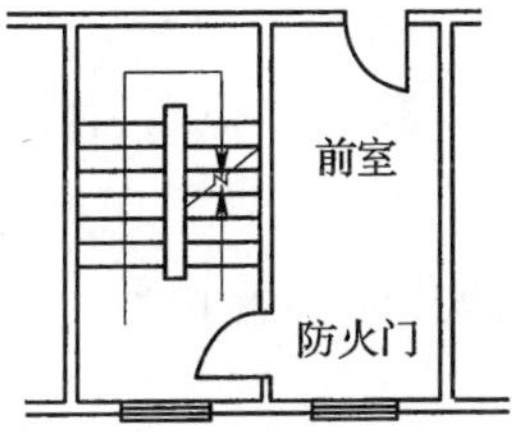

图 2–6–6 带前室的防烟楼梯间

（2）采用机械防烟的防烟楼梯间。楼梯间不靠外墙设置或者靠外墙设置但不具备自然通风条件，为防止火灾时烟气侵入，采用机械加压方式利用内外压差进行防烟，如图 2–6–7 所示。加压方式有分别对楼梯间和前室加压［如图 2–6–7（a）所示］、仅对楼梯间加压［如图 2–6–7（b）所示］以及仅对前室或合用前室加压［如图 2–6–7（c）所示］等不同方式。

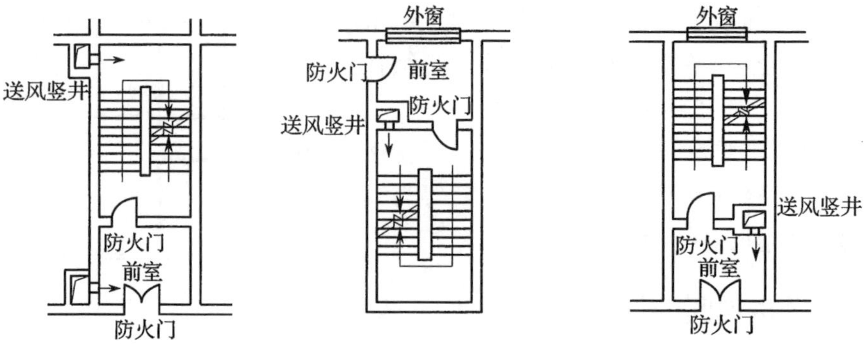

（a）分别对楼梯间和前室加压　（b）仅对楼梯间加压　（c）仅对前室或合用前室加压

图 2–6–7　采用机械防烟的楼梯间

（二）防烟楼梯间的设置范围

发生火灾时，防烟楼梯间能够保障所在楼层人员安全疏散，是高层建筑和地下建筑中的常用楼梯间形式。下列建筑或者场所内设置防烟楼梯间：

（1）采用剪刀楼梯间的高层民用建筑；封闭楼梯间不具备自然通风条件或者自然通风不能满足要求时，可采用防烟楼梯间。

（2）建筑高度大于 32m 且任一层人数超过 10 人的高层厂房。

（3）一类高层公共建筑，以及建筑高度大于 32m 的二类高层公共建筑；建筑高度大于 24m 的老年人照料设施。

（4）室内地面与室外出入口地坪高差大于 10m 或者 3 层及以上的地下、半地下建筑（室）；总建筑面积大于 20 000m^2 的地下或者半地下商店分隔为多个建筑面积不大于 20 000m^2 的区域，可采用防烟楼梯间将相邻区域进行局部连通。

（5）建筑高度大于 33m 的住宅建筑。

（6）设有电影院、礼堂，建筑面积大于 500m^2 的医院、旅馆，建筑面积大于 1 000m^2 的商场、餐厅、展览厅、公共娱乐场所、健身体育场所等公共活动场所的人防工程，当其底层室内地面与室外出入口地坪高差大于 10m 时，设置防烟楼梯间；可设置封闭楼梯间的人防工程，其楼梯间地面出口不能采用自然通风时，采用防烟楼梯间。

（三）防烟楼梯间的设置要求

防烟楼梯间的设置除满足疏散楼梯的设置要求外，还要满足下列要求：

（1）设置防烟设施。

（2）在楼梯间入口处设置专用前室、开敞式阳台或者凹廊等；其前室可与消防电梯间的前室合用。防烟前室的使用面积按照以下标准执行：

1）公共建筑、高层厂房（仓库）、人防工程的前室使用面积不小于 6m^2；住宅建筑的前室使用面积不小于 4.5m^2。

2）公共建筑、高层厂房（仓库）、人防工程的合用前室使用面积不小于 10m^2，住宅建筑的合用前室的使用面积不小于 6m^2。

（3）疏散走道通向前室、前室通向楼梯间的门采用乙级防火门，建筑高度大于 100m 的建筑相应部位的门应为甲级防火门，并向疏散方向开启；总建筑面积大于 20 000m^2 的地下或者半地下商店，相邻区域采用防烟楼梯间进行局部连通时，防烟楼梯间的门采用甲级防火门。

（4）除楼梯间和前室的出入口、楼梯间和前室内设置的正压送风口和住宅建筑开向楼梯间前室的户门外，防烟楼梯间及其前室的内墙上不得开设其他门、窗、洞口。

（5）楼梯间的首层可将走道和门厅等包括在楼梯间前室内形成扩大前室，并采用乙级防火门等与其他走道和房间分隔。

五、室外疏散楼梯的设置

建筑外墙上设置的完全敞开的室外楼梯如图 2–6–8 所示，不易受到烟火的威胁，防火、防烟效果较好。

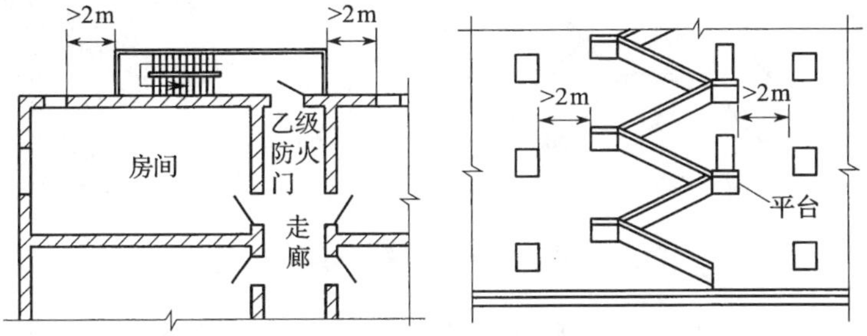

图 2–6–8 室外疏散楼梯

（一）室外楼梯的设置范围

室外楼梯可以代替建筑内设置的敞开楼梯间、封闭楼梯间和防烟楼梯间等，作为疏散楼梯使用。

（二）室外楼梯的构造要求

室外楼梯作为疏散楼梯，应按照下列规定设置：

（1）栏杆扶手的高度不得小于 1.1m，楼梯的净宽不小于 0.9m。

（2）楼梯梯段的倾斜度不大于 45°。

（3）除 3 层及 3 层以下建筑的室外疏散楼梯可采用难燃性材料或木结构外，楼梯和疏散出口平台均采用不燃材料制作，平台的耐火极限不低于 1.00h，楼梯梯段的耐火极限不低于 0.25h。

（4）通向室外楼梯的门采用乙级防火门，并向外开启；门开启时，不得占用楼梯平台的有效宽度。

（5）除疏散门外，楼梯周围 2m 内的墙面上不得设置其他门、窗、洞口。疏散门不得正对梯段。

高度大于 10m 的三级耐火等级建筑可设置通至屋顶的室外消防梯。室外消防梯不得面对老虎窗，宽度不得小于 0.6m，且宜从离地面 3m 高处设置。

六、剪刀楼梯的设置

剪刀楼梯是建筑物楼层之间疏散楼梯的形式之一，又称为叠合楼梯、交叉楼梯。剪刀楼梯在同一楼梯间内设置一对相互重叠，又互不相通的 2 部楼梯；楼梯间内的梯段一般为单跑直梯段，如图 2-6-9 所示。剪刀楼梯的特点是同一个楼梯间内设有 2 部疏散楼梯，并形成 2 个安全出口，有利于较为狭窄的建筑空间的安全疏散。

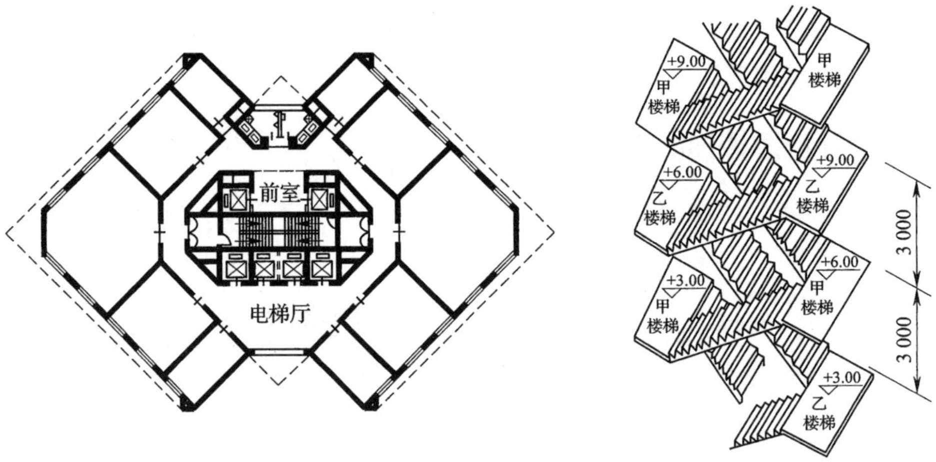

图 2-6-9　剪刀楼梯示意图

单层建筑面积较小的高层住宅单元和高层公共建筑，当分散设置疏散楼梯确有困难时，可设置剪刀楼梯，以解决建筑每个防火分区、每层不少于 2 个安全出口的问题。当高层建筑设置剪刀楼梯时，任一户门或者从任一疏散门至最近疏散楼梯间入口的距离不得大于 10m。因剪刀楼梯的 2 个楼梯梯段在同一个空间内，为确保人员的安全疏散，防止烟气、热气同时进入楼梯梯段，剪刀楼梯设置应符合下列要求：

（1）剪刀楼梯作为 2 个安全疏散通道使用，必须具有良好的防火、防烟性能，需采用防烟楼梯间。

（2）为确保剪刀楼梯 2 条疏散通道具有独立的防火、防烟功能，其梯段之间需要设置耐火极限不低于 1.00h 的防火隔墙进行分隔。

（3）剪刀楼梯间的 2 个梯段分别设置前室。

第五节　避难层（间）

高层民用建筑尤其是建筑高度超过 100m 的超高层民用建筑，因受建筑结构限制，其直通室外的疏散楼梯有限且垂直疏散距离过长，一旦建筑内某一楼层被烟火封堵，则该楼层以上的人员通过疏散楼梯安全疏散到地面的难度就会大大增加，甚至在火灾被控制或者扑灭前均无法疏散到地面。因此，高层建筑要结合其使用功能、建筑高度等合理设置避难区域，以满足人员在一定时间内的避难需要。

一、避难层（间）设置范围

避难层（间）是指建筑内用于人员暂时躲避火灾及其烟气危害的楼层或者房间。当高层民用建筑内设计避难人数较多时，可设置避难层作为火灾时人员临时避难场所；当设计避难人数较少或者为特定区域提供火灾紧急避难时，也可采用避难间。

下列建筑或者区域内需设置避难层（间）：

（1）建筑高度超过 100m 的高层工业与民用建筑（除需要特别强调的外，以下简称“超高层建筑”，包括工业建筑、公共建筑和住宅建筑）内设置避难层。

（2）高层病房楼的 2 层及以上的病房楼层和洁净手术部内设置避难间。楼地面距室外设计地面高度大于 24m 的洁净手术部及重症监护区，每个防火分区应至少设置 1 间避难间。

（3）建筑层数为 3 层及以上（包括设置在其他建筑内 3 层及以上楼层）、总建筑面积超过 3 000m^2 的老年人照料设施的老年人照料区域内设置避难间。

当老年人照料设施设置与疏散楼梯、安全出口直接连通的开敞式外廊、与疏散走道直接连通且符合人员避难要求的室外平台等时，可不设置避难间。

二、避难层（间）的面积指标及其设置数量

避难层（间）的净面积及设置数量按照所需避难人数的最低避难需求，经计算后确定。

（一）避难层（间）最小净面积指标

避难层（间）的最小净面积按照下列标准确定：

（1）超高层建筑内设置的避难层（间），其避难人数按照该避难层与上一个避难层之间所有楼层的全部使用人数核定，其总净面积按照避难人数乘以最小净面积指标计算后确定。其中，建筑高度超过 100m 时，其最小净面积指标为 0.2m^2/ 人；建筑高度超过 250m 时，其最小净面积指标不得小于 0.25m^2/ 人。

（2）高层病房楼的病房楼层、洁净手术部内设置的避难间，其净面积按照每个护理单元不小于 25m^2 核定。

（3）老年人照料设施内设置的避难间，按照每个避难间可供避难的净面积不小于 12m^2 核定。

（二）避难层（间）设置数量及位置

避难层（间）的设置数量及其位置，既要根据当前国内消防站主战云梯车主要配备为 50m 高云梯车的现状，确定第一个避难层或者避难间所在楼层的位置，也要根据避难人员最低避难需求，通过计算核定相应避难层、避难间的数量及其位置。避难层（间）的设置数量及其位置按照下列标准确定：

（1）超高层建筑的第一个避难层（间）的楼地面至灭火救援场地地面的高度不大于 50m。

（2）超高层建筑 2 个避难层（间）之间的高度不宜大于 50m。具体楼层位置按照该楼层提供的避难区域、房间满足总净面积不小于避难层（间）最小净面积指标乘以 2 个避难层（间）之间的避难人数，经计算后确定。

（3）需要设置避难间的高层病房楼、老年人照料设施，2 层及以上楼层均需设置避

难间，另有规定的除外。

（4）高层病房楼的病房楼层、洁净手术部的避难间数量，按照一个避难间服务的护理单元不超过 2 个，其面积满足避难所需最小净面积要求进行核定。避难间兼作其他用途时，要保证人员的避难安全，且不得减少可供避难的净面积。

（5）需要设置避难间的老年人照料设施，按照每座疏散楼梯间的相邻部位设置 1 间避难间，以确定避难间数量和设置位置。

三、避难层（间）的防火分隔及安全疏散措施

避难层分为敞开式避难层、半敞开式避难层和封闭式避难层。封闭式避难层（间）周围设有一定耐火极限的外围护结构（外墙、楼板）进行防火分隔，以防止其他楼层烟气火向避难层（间）蔓延。避难层（间）按照下列要求设置防火措施：

（1）超高层避难层可兼作设备层使用。用作设备层的避难层，设备管道宜集中布置，尤其是易燃、可燃液体或者气体管道应当集中布置在设备管道区内；设备管道区采用耐火极限不低于 3.00h 的防火隔墙与避难区分隔。避难间内不得设置易燃、可燃液体或者气体管道，不得开设除外窗、疏散门之外的其他开口。

（2）避难层内的管道井和设备间采用耐火极限不低于 2.00h 的防火隔墙与避难区分隔，管道井和设备间的门不得直接开向避难区；确需直接开向避难区的，应设置防火隔间，防火隔间的门应为甲级防火门。

（3）避难层的楼板采用耐火极限不低于 2.00h 的不燃烧体楼板。

（4）建筑高度超过 250m 的民用建筑，其避难区对应位置的外墙处不得设置幕墙。

（5）高层病房楼、老年人照料设施内的避难间靠近楼梯间设置，并采用耐火极限不低于 2.00h 的防火隔墙和甲级防火门与其他部位分隔。老年人照料设施可利用疏散楼梯间的前室、消防电梯的前室作为避难间使用，其设置满足避难间的要求。

（6）通向避难层（间）的疏散楼梯应当在避难层分隔、同层错位或者上下层断开；避难层内应当设置消防电梯出口。

建筑高度大于 54m 的住宅建筑，每户设置 1 间靠外墙布置、设有可开启外窗的房间用于临时避难等待救援，该房间内、外墙体的耐火极限不得低于 1.00h，房门宜采用乙级防火门，外窗的耐火完整性不低于 1.00h。

四、避难层（间）的消防设施设置

为确保避难层（间）的消防安全，避难层（间）内除按照建筑其他部位设置的消防设施外，还应当设置下列建筑消防设施：

（1）设置消火栓和消防软管卷盘。

（2）设置消防专线电话和消防应急广播。

（3）避难层（间）进入楼梯间的入口处和疏散楼梯通向避难层（间）的出口处，设置明显的指示标志。

（4）避难层（间）内设置疏散照明。超高层建筑内疏散照明的地面最低水平照度不

低于 3.0 lx；老年人照料设施、病房楼或者洁净手术部内设置的避难间，其疏散照明的地面最低水平照度不得低于 10.0 lx。

（5）设置直接对外的可开启窗口，外窗采用乙级防火窗；当不具备自然通风防烟的条件时，设置独立的机械防烟设施。

（6）供失能老年人使用且层数大于 2 层的老年人照料设施，按照核定使用人数配备简易防毒面具。

参考文献

[1] 公安部消防局 . 建设工程消防监督管理 [M]. 北京：中国科学技术出版社，2014.

练习题

一、一级注册消防工程师

（一）单项选择题

1. 某多功能建筑，建筑高度 54.8m，两座楼梯间分别位于“一”字形走廊的尽端，楼梯间形式和疏散宽度符合相关规范规定。地下一层建筑面积为 2 600m^2，用途为餐厅、设备房；地上 14 层，每层建筑面积为 2 400m^2，使用功能为歌舞娱乐、办公、宾馆。该建筑按照规范要求设置建筑消防设施。下列关于该建筑房间疏散门的设置中，错误的是（　　）。

A. 9 ~ 14 层每层的会议室相邻两个疏散门最近的边缘之间的水平距离不小于 6.6m

B. 地下一层的一个建筑面积为 50m^2、使用人数为 10 人的小餐厅，设置 1 个向内开启的疏散门

C. 3 层的一个建筑面积为 80m^2、使用人数为 50 人的会议室，设置 2 个向内开启的疏散门

D. 地上 1 层一个建筑面积为 60m^2、使用人数为 16 人的录像厅，设置 1 个向外开启的疏散门

2. 下列关于建筑内疏散楼梯间的做法中，错误的是（　　）。

A. 设置敞开式外廊的 4 层教学楼，每层核定人数 500 人，设置 3 部梯段净宽均为 2.00m 的敞开楼梯间与敞开式外廊连通

B. 建筑高度为 15m 的三层二级耐火等级商用建筑，总建筑面积为 2 400m^2，1、2 层为美术教室和体形训练室，3 层为卡拉 OK 厅和舞厅，设置两部梯段净宽均为 2.00m 的敞开楼梯间

C. 电子厂综合装配大楼，建筑高度为 31.95m，2 层及以上为标准层，层高为 5.1m，每层作业人数 100 人，设置两部梯段净宽均为 1.20m 的防烟楼梯间

D. 建筑高度为 31.90m 的住宅建筑，每个单元的建筑面积为 500m^2，户门均采用乙级防火门，最远一个户门至楼梯间安全出口的最大水平距离为 5m，每个单元设置 1 部梯段净宽为 1.20m 的封闭楼梯间直通屋面层，并可通过屋面到达其他单元楼梯间

3. 某建筑高度为 289.8m 的办公建筑，首层室内地面标高为 ±0.000m，消防车登高操作场地的地面标高为 -0.600m，首层层高为 6.0m，地上其余楼层层高均为 4.8m。下列关于该建筑避难层的做法中，错误的是（　　）。

A. 第一个避难层设置在建筑的第 11 层

B. 该超高层办公楼共设置 5 个避难层

C. 第一个避难层的避难净面积按其负担的避难人数乘以 0.20m²/ 人计算确定

D. 第二个避难层的避难净面积按其负担的避难人数乘以 0.25m²/ 人计算确定

（二）多项选择题

1. 某地上 18 层、地下 3 层的建筑，耐火等级为一级，每层建筑面积为 1 500m²。首层为大堂，二层至五层为商店，六层及以上各层为办公区；地下一层层高 4.5m，为设备用房和夜总会，夜总会中设置有火灾自动报警系统和自动喷水灭火系统。下列关于该夜总会的消防设计中，正确的有（　　）。

A. 豪华包间的建筑面积为 180m²，设置两个疏散门

B. 建筑面积为 60m²、能够容纳 12 人的包间，设置 1 个疏散门

C. 夜总会的内走道上设置了两座直通室外的封闭楼梯间

D. 夜总会袋形走道尽端包房的疏散门至最近的楼梯间安全出口的距离为 11m

E. 夜总会所在区域采用耐火极限为 2.50h 的防火隔墙与设备用房区域分隔

2. 下列关于建筑中疏散门的设置，正确的做法有（　　）。

A. 建筑高度为 31.5m 的办公楼，封闭楼梯在每层均设置甲级防火门并向疏散方向开启，防火门完全开启时不减少楼梯平台的有效宽度

B. 宾馆首层大堂 480m²，在南北两面各设置 1 部净宽 1.8m 双向开启、直通室外的普通玻璃门和 1 个直径为 3m 的旋转门作为大堂的疏散门

C. 建筑面积为 360m² 的单层制氧机房，设置 2 个净宽 1.4m 的外开门

D. 位于走道两侧的教室，每间教室的建筑面积为 120m²，核定人数 70 人，设置 2 个净宽为 1.2m 并向教室内开启的门

E. 建筑面积为 1 500m² 的单层轮胎仓库，在墙的外侧设置 2 个净宽 4m 的推拉门

二、二级注册消防工程师

（一）单项选择题

1. 某商业建筑，地上 4 层、地下 2 层，耐火等级为一级，建筑高度为 20.6m，地上各层为百货、小商品等商场和餐饮场所，地下一层为超市，地下二层为汽车库。地下一层设计疏散人数为 1 500 人，地上一层至三层每层设计疏散人数为 2 000 人，地上四层设计疏散人数为 1 800 人。地上一至三层疏散楼梯的最小总净宽应是（　　）m。

A. 13　　B. 15　　C. 20　　D. 18

2. 某一高层旅馆，其中一个防火分区内设有一座剪刀楼梯间作为两个安全出口，该防火分区的安全疏散措施、设施中，错误的是（　　）。

A. 楼梯间设置为防烟楼梯间

B. 梯段之间隔墙的耐火极限为 1.50h

C. 所有客房的房门至最近疏散楼梯间入口的距离均不小于 10m

D. 两个楼梯梯段共用一个前室，合用前室的使用面积为 $12m^2$

（二）多项选择题

下列无敞开式外廊的建筑中，可设置封闭楼梯间的有（　　）。

A. 建筑层数为 4 层、建筑高度为 21m 的医院门诊楼

B. 建筑层数为 3 层、建筑高度为 12m，每层建筑面积为 $500m^2$ 的小型商店

C. 建筑层数为 3 层、建筑高度为 19.8m 的纺织厂房

D. 建筑层数为 6 层、建筑高度为 21.6m 的办公楼

E. 宾馆建筑地下部分设置 3 层地下设备房和汽车库

第七章　建筑电气防火

学习要求

通过本章学习，了解电线电缆防火的一般要求和常用的电气线路保护措施；掌握照明器具、电气装置和电动机等用电设备的火灾危险性和火灾预防措施。

第一节　电气火灾危险性及典型电气火灾隐患特征

电气火灾的发生具有一定的隐蔽性，不容易被发现，一旦发生就容易造成极大的危害。近年来，由于电气装置故障引发的火灾约占全年火灾总起数的30%，且呈逐年增加的态势，电气火灾的防控形势不容乐观。

一、引发电气火灾的典型电气故障及其特征

通过对众多电气火灾事故的统计分析，引发电气火灾的电气故障主要包括配电线路的短路、过负荷和接触不良以及电气设备自身的故障。

（一）配电线路短路的故障特征

配电线路中发生短路的表象特征为线路内电流急剧增大，使带电导体温度急剧升高，引燃电线电缆的绝缘外皮及周边可燃物，进而引发火灾。

（二）配电线路过负荷的故障特征

配电线路中发生过负荷的表象特征与线路中发生短路故障的特征相似，也表现为线路内电流增大，造成带电导体温度升高，导致电线电缆的绝缘性能下降，引发线路的短路或产生电弧放电，线路短路或电弧产生的高温引燃电线电缆的绝缘外皮及周边可燃物，进而引发火灾。

（三）配电线路接触不良的故障特征

配电线路的带电导体之间、带电导体与连接端子之间连接不可靠，导致接触电阻增加，在接头处产生高温，引燃周围可燃物而引发火灾；连接处的接触不良也可能产生电弧放电，电弧产生的高温引燃周边可燃物而引发火灾。

（四）电气设备使用不当及功能性故障特征

由于电气取暖设备、电热设备的使用不当，设备产生的高温引燃周边可燃物而引发火灾；或由于电气设备的使用维护不当，电气设备自身出现功能性故障而引发火灾。

二、电气系统的主要电气火灾隐患特征

电气系统出现上述能够引发火灾的电气故障大多存在一个渐变的过程，在发生电气故障之前即表现出一定的隐患特征，这些隐患特征表现在电气系统的各个环节。

（一）配电柜（箱）的典型电气火灾隐患特征

配电柜（箱）的典型电气火灾隐患特征如表 2-7-1 所示。

表 2-7-1 配电柜（箱）的典型电气火灾隐患特征

项目		电气火灾隐患特征
选型	市场准入	产品的选型不符合市场准入制度的要求
	电气保护	未设置完善的短路、过载、防浪涌保护和接地故障保护装置
	防护等级	配电柜（箱）的防护等级不满足设置场所的环境要求
	结构	配电柜（箱）的进出线孔有毛刺，未装设绝缘护套
设置部位		直接安装在可燃材料上
运行	周边环境	1. 下方及周围 0.5m 范围内有可燃物堆放； 2. 在室内安装时，配电柜（箱）的安装区域有渗水、漏水现象
	箱内情况	1. 内部进出线接线不正确； 2. 内部导线存在明显老化、腐蚀和损伤现象； 3. 内部电接点存在明显的锈蚀、烧伤、熔焊等痕迹； 4. 内部不同相线的接线端子间，相线对地间有明显火花放电痕迹； 5. 内部控制电器的灭弧装置破损； 6. 连接到发热元件（如管形电阻）上的绝缘导线，未采取隔热措施； 7. 配电柜（箱）各种仪器指示不正常； 8. 同一端子上导线连接多于 2 根，防松垫圈等零件缺失
	铭牌标志	设备铭牌标志不齐全、不清晰
	电压	配电柜（箱）进线电压和各回路输出电压超过其允许的波动范围
	电流	配电柜（箱）各回路的输出电流超过其额定输出电流
	火花	配电柜（箱）内的电器有火花放电现象
	温度	电器接线端子、母线连接点及电缆终端头的温升超过表 2-7-11 中规定的数值

（二）配电线路的典型电气火灾隐患特征

配电线路的典型电气火灾隐患特征如表 2-7-2 所示。

表 2-7-2　配电线路的典型电气火灾隐患特征

<table>
<tr><th colspan="3">项目</th><th>电气火灾隐患特征</th></tr>
<tr><td rowspan="6">选型</td><td colspan="2">市场准入</td><td>电线电缆的选型不符合市场准入制度的要求</td></tr>
<tr><td colspan="2">电压等级</td><td>室内敷设的塑料绝缘电线低于 0.45/0.75kV，电力电缆低于 0.6/1.0kV</td></tr>
<tr><td colspan="2">导体材质</td><td>1. 消防负荷、导体截面 $10mm^2$ 及以下的线路选用铝或铝合金导体；
2. 移动式用电设备或有剧烈振动场所、易燃易爆场所、对铝有腐蚀的场所中线路选用铝或铝合金导体</td></tr>
<tr><td colspan="2">导体截面</td><td>1. 导体截面允许载流量小于回路的额定输出电流；
2. 两相三线或三相四线制配电线路中，当用电负荷大部分为单相负荷或三相电流严重不平衡时，其 N 线或 PEN 线截面小于相线截面；
3. 以气体放电灯为主要负荷的两相三线或三相四线制配电线路中，其 N 线截面小于相线截面；
4. 供可控硅调光或计算机供电的三相四线或二相三线配电线路，其N线或PEN 线截面小于相线截面的两倍</td></tr>
<tr><td colspan="2">额定电流</td><td>回路设计的额定输出电流小于该回路同时使用最大功率用电设备时的负荷电流</td></tr>
<tr><td colspan="2">防火性能</td><td>电线电缆在托盘、线槽、梯架、竖井、电缆沟、电缆隧道等成束敷设时，未采用阻燃电线电缆</td></tr>
<tr><td rowspan="4">敷设</td><td colspan="2">敷设方式</td><td>1. 有可燃物体闷顶场所，未采用金属管布线；无可燃物体闷顶场所，未采用 B_1 级以上刚性塑料管布线；
2. 可燃装饰层内，未采用金属管、可弯曲金属导管布线；
3. 建筑物顶棚内、墙体及顶棚的抹灰层、保温层及装饰面板内或在易受机械损伤的场所，采用护套线直敷布线；
4. 腐蚀的场所，未采用耐腐蚀性刚性塑料管配线，接头未密封；采用金属管配线时未采取防腐措施</td></tr>
<tr><td rowspan="3">管线敷设</td><td>敷设方式</td><td>金属管布线</td></tr>
<tr><td>安装间距</td><td>1. 当金属导管平行敷设在热水管下方时，净距小于 200mm；当金属导管平行敷设在热水管上方时，净距小于 300mm；交叉敷设时，净距小于 100mm；
2. 当金属导管敷设在蒸汽管下方时，净距小于 500mm；当金属导管敷设在蒸汽管上方时，净距小于 1 000mm；交叉敷设时，净距小于 300mm；
3. 当蒸汽管有保温措施时，金属导管与蒸汽管间的净距小于 200mm；
4. 安装间距不符合上述要求时，未采取隔热措施</td></tr>
<tr><td>防护措施</td><td>1. 当穿过建筑物基础时，未加保护管保护；
2. 当穿过建筑物变形缝时，未设补偿装置；
3. 导线穿入钢管时，管口处未装设护线套保护；在不进入接线盒（箱）的垂直管口，穿入导线后，未采用防火材料将管口密封；
4. 在入接线盒、灯光盒、开关盒等处，明装金属管未加锁母和护口；多尘、潮湿场所外侧未加橡皮垫圈；有振动的地方和有人进入的木质结构闷顶内的管路，入盒时未加锁母</td></tr>
</table>

续表 2-7-2

项目			电气火灾隐患特征
敷设	管线敷设	敷设方式	刚性塑料导管（槽）布线
		防护措施	1. 暗敷或埋地敷设时，引出地（楼）面低于 0.5m 的管路未采取防止机械损伤的措施； 2. 当穿过建筑物变形缝时，未设补偿装置； 3. 塑料导管管口不平整、有毛刺，管与管、管与盒等器件未采用插入法连接，接口未牢固密封，导线外露
		敷设方式	护套线直敷布线
		线路材质	护套绝缘电线的燃烧性能低于 B_2 级，其截面小于 $6mm^2$
		防护措施	1. 线路水平敷设至地面的距离小于 2.5m，垂直敷设至地面低于 1.8m 部分未穿导管保护； 2. 线路与不发热的管道紧贴交叉时，未加导管保护
		敷设方式	电缆桥架布线
		安装间距	1. 桥架与有保温层的热力管道平行敷设时，净距小于 0.5m；与无保温层的热力管道平行敷设时，净距小于 1m； 2. 桥架与有保温层的热力管道交叉敷设时，净距小于 0.3m；与无保温层的热力管道交叉敷设时，净距小于 0.5m； 3. 桥架与具有腐蚀性气体管道水平或交叉敷设时，净距均小于 0.5m； 4. 水平敷设时，底边距地高度低于 2.2m
		防护措施	1. 除敷设在配电间或竖井内，垂直敷设的线路 1.8m 以下未加防护措施； 2. 当穿过建筑物变形缝时，未设补偿装置； 3. 桥架敷设在液体管道的下方时，未采取防水措施
		敷设方式	电缆室内明敷布线
		安装间距	1. 电缆与热力管道的净距小于 1m，当不能满足上述要求时，未采取隔热措施； 2. 电缆在室内布线时，未沿墙、顶板、柱及建筑构件明敷； 3. 无铠装的电缆在室内明敷时，水平敷设至地面的距离小于 2.2m； 4. 电缆水平悬挂在钢索上时固定点的间距，电力电缆大于 0.75m，控制电缆大于 0.6m
		防护措施	1. 无铠装的电缆除明敷在电气专用房间外，垂直敷设时，1.8m 以下未设置防止机械损伤的措施； 2. 电缆在室内穿导管保护穿越墙体、楼板敷设时，导管内径小于电缆外径的 1.5 倍

续表 2-7-2

<table>
<tr><th colspan="3">项目</th><th>电气火灾隐患特征</th></tr>
<tr><td rowspan="5">敷设</td><td colspan="2">导线敷设</td><td>1. 同一回路的所有相线和中性线，未穿于同一根导管、槽盒内；
2. 绝缘电线（两根除外），其总截面积（包括外护层）超过导管、槽盒内截面积的 40%</td></tr>
<tr><td rowspan="2">电气连接</td><td>导线与导线连接</td><td>1. 导线在管、槽内有接头；
2. 导线接头未采用导线连接器或缠绕涮锡，未设在盒（箱）或器具内，盒（箱）配件不全，未固定牢固，在多尘和潮湿场所，未采用密封式盒（箱）；
3. 铜、铝导线连接处未采取铜铝过渡接续措施</td></tr>
<tr><td>导线与设备连接</td><td>1. 截面积大于 10mm^2 的单股铜芯线直接与设备、器具的端子连接；
2. 截面积大于 2.5mm^2 的多股铜芯线，未将芯线端部拧紧搪锡压接端子后再与设备或器具的端子连接；
3. 截面积在 2.5mm^2 及以下的多股铜芯线，未先将芯线拧紧搪锡或压接端子后再与设备、器具的端子连接；
4. 设备和器具的端子上，压接电线多于两根；
5. 导线与接线端子连接的根部绝缘破损，对裸露线芯未采用绝缘带严密包缠</td></tr>
<tr><td>电气连接</td><td>电缆接头</td><td>1. 电缆终端头和接头绝缘套管出现破损、有污物，绝缘胶有塌陷、软化现象；
2. 电缆终端头有漏油现象；
3. 铅包及封铅有龟裂现象</td></tr>
<tr><td colspan="2">防火封堵</td><td>线路、导管、电缆桥架及母线槽在穿越防火分区楼板、隔墙及防火卷帘上方的防火隔板时，其空隙未采用相当于建筑构件耐火极限的不燃烧材料填塞密实</td></tr>
<tr><td rowspan="7">运行</td><td colspan="2">线缆外观</td><td>电线电缆绝缘层有机械损伤痕迹、变色、脆裂、炭化现象</td></tr>
<tr><td colspan="2">电压</td><td>回路末端电压降不符合设计文件的规定。设计文件未做出明确规定时，照明回路末端实测电压降超过空载电压的 3%；其他末端回路在为同时使用最大功率用电设备配电情况下，电压降超过空载电压的 5%</td></tr>
<tr><td colspan="2">电流</td><td>电线电缆在为同时使用最大功率用电设备配电情况下，输出电流大于其安全载流量</td></tr>
<tr><td colspan="2">火花</td><td>连接点和接线端子有火花、放电现象</td></tr>
<tr><td colspan="2">温度</td><td>1. 导线连接点、接线端子温升超过表 2–7–11 规定的数值；
2. 导线芯线长期工作最高允许温度超过表 2–7–12 规定的最高允许温度</td></tr>
<tr><td colspan="2">绝缘电阻</td><td>相线之间、相线对地线之间的绝缘电阻值低于 0.5MΩ</td></tr>
</table>

续表 2-7-2

项目		电气火灾隐患特征
回路电气保护装置		
选型		产品的选型不符合市场准入制度的要求
		电气装置的种类和性能参数不符合设计文件的规定
		熔断器未按设计文件和相关工程技术标准采用标准的熔体
设置		电气保护装置直接安装在可燃材料上
运行		1. 私自拆、改、更换大容量保护装置； 2. 外观有明显损伤； 3. 剩余电流保护器（RCD）外观破损或有过热迹象； 4. 装设剩余电流保护电器的末端回路，剩余电流保护电器的额定动作保护时间不符合设计文件的要求； 5. 故障电弧保护器（AFDD）不能正确脱扣
墙壁插座		
选型		1. 插座的选型不符合市场准入制度要求； 2. 同一场所中，交流、直流或不同电压等级的插座没有明显区别，插头可以互换使用； 3. 落地插座未采用专用插座，面板松动； 4. 潮湿场所未采用密封型并带保护接地线触头的保护型插座
设置	安装	1. 靠近高温物体、可燃物或安装在可燃结构上； 2. 暗装时，未采用专用盒，面板未紧贴墙面，四周有缝隙，安装松动，表面有碎裂、划伤，装饰帽缺失； 3. 地插座面板未与地面齐平或紧贴地面，盖板固定松动
	保护措施	靠近高温物体、可燃物或安装在可燃结构上时，未采取隔热、散热和阻燃等保护措施
	接线	1. 插座接线错误； 2. 插座的保护接地导体端子与中性导体端子连接，保护接地导体（PE）在插座之间串联连接； 3. 相线与中性线导体（N）、保护接地导体（PE）利用插座本体的接线端子转接供电； 4. 导线与插座连接处松动
运行		1. 插座面板有破损、烧蚀、变色、熔融痕迹； 2. 在工作时有过热或打火、放电现象； 3. 插头、插座的温升超过 45K

续表 2-7-2

项目	电气火灾隐患特征
移动式插排	
选型	1. 插排的选型不符合市场准入制度要求； 2. 电源线采用铝芯电缆或护套软线，其导线截面积未与插排额定值匹配； 3. 没有保护接地线（PE 线）； 4. 引线长度超出产品标准的规定
设置	放置在可燃物上或被可燃物覆盖
运行	1. 插排面板有烧蚀、变色和熔融痕迹； 2. 串接使用； 3. 超容量使用； 4. 在工作时有过热或打火、放电现象； 5. 插排插孔处的温升超过 45K
照明开关	
选型	1. 开关的选型不符合市场准入制度要求； 2. 建筑内采用开关的通断位置不一致； 3. 开关所控灯具的总额定电流值大于该灯控开关的额定电流
设置	1. 开关接在 N 线上； 2. 放置在可燃物上或被可燃物覆盖
运行	1. 导线与开关连接处松动，面板松动或破损； 2. 在工作时有过热或打火、放电现象； 3. 开关端子处的温升超过 45K

（三）照明灯具的典型电气火灾隐患特征

照明灯具的典型电气火灾隐患特征如表 2-7-3 所示。

表 2-7-3　照明灯具的典型电气火灾隐患特征

项目	电气火灾隐患特征
选型	1. 储存可燃物的仓库及类似场所采用碘钨灯、卤素灯、60W 及以上的白炽灯等高温光源灯具，灯具没有防护罩，采用移动式灯具； 2. 有腐蚀性场所未采用密闭型灯具； 3. 粉尘、潮湿场所中，灯具的防护等级不符合设置场所环境要求； 4. 灯具上所装光源的功率超过灯具的额定功率； 5. 灯饰所用材料的燃烧性能等级低于 B_1 级

续表 2-7-3

项目		电气火灾隐患特征
设置	配电回路	照明灯具的配电线路未采用独立回路
	安装	1. 超过 60W 的白炽灯、卤钨灯、荧光高压汞灯、聚光灯、回光灯、炭精灯等照明灯具（含镇流器）直接安装在可燃材料或构件上； 2. 聚光灯的聚光点落在可燃物上
	与可燃物的安全距离	1. 普通灯具，小于 0.3m； 2. 高温灯具（聚光灯、碘钨灯等），小于 0.5m； 3. 影剧院、礼堂用的面光灯、耳光灯，小于 0.5m； 4. 功率为 100 ~ 500W 的灯具，小于 0.5m； 5. 功率为 501 ~ 2 000W 的灯具，小于 0.7m； 6. 功率为 2 000W 以上的灯具，小于 1.2m
	保护措施	1. 灯具与可燃物的安全距离不足时，未采取隔热保护措施（如用玻璃丝、石膏板、石棉板等加以隔热防护）； 2. 嵌入顶棚内的灯具、灯头引线未用柔性金属管保护，或其保护长度超过 1.0m； 3. 用于舞台效果的高温灯具，其灯头引线未采用耐高温导线或穿瓷管保护，或直接经接线柱与灯具连接，导线靠近灯具表面或敷设在高温灯具附近； 4. 聚光灯、回光灯、炭精灯灯头的尾线未用高温线或瓷套管保护； 5. 由接线盒引至嵌入式灯具或槽灯的绝缘导线未采用柔性导管保护，导线裸露，在灯槽内明敷；柔性导管与灯具壳体未采用专用接头连接
运行		1. 灯具及其配件有明显机械损伤、变形、涂层剥落或者灯罩破裂等现象； 2. 储存可燃物的仓库及类似场所，灯具下方堆放可燃物品； 3. 储存可燃物的仓库及类似场所，灯具垂直下方与储存物品水平间距小于 0.5m； 4. 灯具的带电导体对地（外壳）有打火、放电现象； 5. 荧光灯电感镇流器外壳的最高允许温度超过给定温度标定值，如没有标注温度标定值时，其最高允许温度超过 95℃（内有衬纸）和 85℃（内无衬纸）； 6. 电子镇流器外壳的最高允许温度超过给定温度标定值，如没有标注给定温度标定值时，其最高允许温度超过 40℃

（四）节日彩灯的典型电气火灾隐患特征

节日彩灯的典型电气火灾隐患特征如表 2-7-4 所示。

（五）霓虹灯的典型电气火灾隐患特征

霓虹灯的典型电气火灾隐患特征如表 2-7-5 所示。

表 2-7-4　节日彩灯的典型电气火灾隐患特征

项目		电气火灾隐患特征
选型		灯具及其附件的防护等级不符合设置场所的环境要求
设置	配电线路	1. 未由低压配电柜的单独回路供电，在配电柜处未加装避雷器保护； 2. 彩灯电源的每个支路未设置单独控制开关和熔断器保护； 3. 彩灯线路导线的截面不满足载流量要求，或小于 2.5mm²；灯头线小于 1.0mm²
	安装	配电线路未穿钢管敷设，或挂在避雷带上
	保护措施	灯具及其附件、紧固件、底座和与其相连的导管、接线盒等未有防腐蚀和防水措施
运行		灯具及其配件有明显机械损伤、变形、涂层剥落或者灯罩破裂等现象

表 2-7-5　霓虹灯的典型电气火灾隐患特征

项目		电气火灾隐患特征
选型		1. 灯具及其附件的防护等级不符合设置场所的环境要求； 2. 霓虹灯专用变压器未采用双绕组式
设置	配电线路	1. 霓虹灯专用变压器二次侧和灯管间的连接线未采用额定电压大于 15kV 的高压绝缘导线； 2. 霓虹灯专用变压器所供灯管长度大于允许负载长度
	安装	1. 变压器二次侧和灯管间的连接线与附着物表面的距离小于 20mm； 2. 灯管应未采用专用绝缘支架牢固安装，与建筑物表面的距离小于 20mm
	保护措施	灯具及其附件、紧固件、底座和与其相连的导管、接线盒等无防腐蚀和防水措施
运行		霓虹灯管有明显破损

（六）电热器具的典型电气火灾隐患特征

电热器具的典型电气火灾隐患特征如表 2-7-6 所示。

表 2-7-6　电热器具的典型电气火灾隐患特征

项目	电气火灾隐患特征
选型	1. 电熨斗、电饭锅、电烤箱、消毒碗柜、电磁炉、微波炉、电炒锅、电水壶、电热杯、饮水机、热水器等电热器具的选型不符合市场准入制度要求； 2. 使用热得快、电炉子

续表 2-7-6

项目		电气火灾隐患特征
设置	配电线路	功率大于 3kW 电热器具配电线路未采用单独的回路
	保护措施	1. 功率大于 3kW 电热器具配电线路未装设短路、过载及接地故障保护装置； 2. 确需安装、放置在可燃材料或可燃构件上时，未采取隔热保护措施（如用玻璃丝、石膏板、石棉板等加以隔热防护）； 3. 电热器具的引入线未采用石棉、瓷管等耐高温绝缘套管予以保护
	安装	1. 电热器具安装、放置在可燃材料上； 2. 功率大于 3kW 的电热器具未固定安装
运行		1. 功率大于 3kW 的电热器具周围 0.5m 范围内有可燃物堆放（包括窗帘等可燃饰物）； 2. 功率 3kW 及以下的电热器具周围 0.3m 范围内有可燃物堆放（包括窗帘等可燃饰物）； 3. 电熨斗使用过程中，有人员离开现象，使用后放置在可燃材料制作的放置架上，未切断电源； 4. 电热器具使用后，未切断设备电源； 5. 电热器具的电源引线绝缘护套有破损、老化等现象； 6. 插头、插座和开关各端子处的温升超过 45K； 7. 电源线长期工作最高允许温度超过表 2-7-12 规定的最高允许温度

（七）空调器具（分体）的典型电气火灾隐患特征

空调器具（分体）的典型电气火灾隐患特征如表 2-7-7 所示。

表 2-7-7 空调器具（分体）的典型电气火灾隐患特征

项目		电气火灾隐患特征
选型		空调器具的选型不符合市场准入制度要求
设置	配电线路	1. 空调器具的配电线路未采用单独的回路； 2. 电源插座及导线的安全额定值不符合设备的功率要求
	保护措施	1. 空调器具的配电线路未设置短路、过载保护装置； 2. 分体式空调穿墙管路未采用不燃或难燃材料套管保护
	安装	1. 空调器具安装、放置在可燃材料上； 2. 室内机体接线端子板处接线松动、杂乱、错误
运行		1. 空调器具压缩机、风扇电机运行不正常、有异响，且空调内有明显火花电弧放电现象； 2. 空调 0.5m 范围内有可燃物堆放（包括窗帘等可燃饰物）； 3. 空调器具使用后，未切断设备电源； 4. 空调器具的电源引线绝缘护套有破损、老化等现象； 5. 空调器具压缩机、风扇电机有火花放电现象； 6. 插头、插座和开关各端子处的温升超过 45K

（八）电气取暖设备的典型电气火灾隐患特征

电气取暖设备的典型电气火灾隐患特征如表 2-7-8 所示。

表 2-7-8　电气取暖设备的典型电气火灾隐患特征

项目		电气火灾隐患特征
选型		1. 电热汀取暖器、PTC 暖风机、对流式电暖气、电热膜取暖器、电热毯等电气取暖设备的选型不符合市场准入制度要求； 2. 使用小太阳等电热丝取暖器； 3. 使用无过热保护装置的电热毯
设置	保护措施	确需安装、放置在可燃材料或可燃构件上时，未采取隔热保护措施（如用玻璃丝、石膏板、石棉板等加以隔热防护）
	安装	安装、放置在可燃材料上
运行		1. 电热汀取暖器、PTC 暖风机、对流式电暖气、电热膜取暖器等取暖设备 0.5m 范围内有可燃物堆放（包括窗帘等可燃饰物）； 2. 电热毯直接与人接触； 3. 电气取暖设备使用后，未切断设备电源； 4. 电气取暖设备的电源引线绝缘护套有破损、老化等现象； 5. 插头、插座和开关各端子处的温升超过 45K

（九）电动机类设备的典型电气火灾隐患特征

电动机类设备的典型电气火灾隐患特征如表 2-7-9 所示。

表 2-7-9　电动机类设备的典型电气火灾隐患特征

项目		电气火灾隐患特征
选型		设备的选型不符合市场准入制度要求
设置	保护措施	1. 电动机的配电回路未装设短路、过载、失压与欠压保护和接地故障保护； 2. 电动机类设备的可接近裸导体未接地
	安装	电动机类设备未安装在牢固的机座上，与其他低压电气线路和设备、可燃物之间的距离小于 1m
运行	电动机控制装置外观	1. 电气元件外壳有破裂，接线端子及紧固件有缺损、锈蚀现象； 2. 电气元件的触头有熔焊粘连变形和严重氧化锈蚀等痕迹； 3. 电动机运行时有异常声响和气味； 4. 接线的相序错误； 5. 接线端子上的接线有松动、脱落现象
	电动机外观	1. 油腔内的油面低于油面计所指示的位置； 2. 电动机类设备空气冷却装置运转异常； 3. 电动机类设备和附属设备表面有油污，附近堆放可燃物和其他杂物； 4. 电动机外壳接地松动、破损

续表 2-7-9

项目		电气火灾隐患特征
运行	运行参数	1. 电动机电源电压波动范围大于其额定电压的 85% ~ 110%，相间电压不平衡度大于 5%； 2. 电动机的工作电流，在正常工作情况下超过额定值，任意两相间的电流差值大于额定电流的 10%； 3. 电动机控制装置中各电气元器件的触头、接线端子等的温度超过表 2-7-12 中的数值； 4. 滑动轴承温度超过 80℃，滚动轴承温度超过 95℃ ； 5. 电动机类设备的接地线路的接地电阻值不符合设计文件要求； 6. 电动机控制装置的电气连接点、壳体等有打火、放电现象

（十）其他用电设备的典型电气火灾隐患特征

其他用电设备的典型电气火灾隐患特征如表 2-7-10 所示。

表 2-7-10　其他用电设备的典型电气火灾隐患特征

项目		电气火灾隐患特征
选型		设备的选型不符合市场准入制度要求
设置	配电回路	1. 电动汽车充电桩等大功率充电设备未采用独立的配电回路； 2. 集中放置的按摩椅、电动床未采用独立的配电回路
	保护措施	1. 电动汽车充电桩的配电线路未设置短路、过载保护装置； 2. 集中放置的按摩椅、电动床的配电线路未设置短路、过载保护装置
	安装	1. 电动汽车充电桩、电动自行车充电器等充电设备直接安装、放置在可燃材料上，或周边有可燃物； 2. 电动汽车充电桩、电动自行车充电处设置在建筑内部时，未与建筑其他区域进行有效的防火分隔； 3. 电冰箱与墙、橱柜等小于 100mm 的散热距离
运行		1. 用电设备有明显的功能故障、异常声响和气味； 2. 电风扇在使用时，其放置部位紧靠窗帘等可燃饰物； 3. 用电设备的电源引线绝缘护套有破损、老化等现象； 4. 用电设备使用后，未切断设备电源

表 2-7-11　低压电器与外部连接的接线端子的允许温升值

导线、接线端子材料	周围空气温度不超过 40℃的允许温升 /K
裸铜	60
裸黄铜	65
铜（或黄铜）镀锡	65
铜（或黄铜）镀银镀锡	70

表 2-7-12　导线芯线长期工作最高允许温度

类型	长期工作最高允许温度/℃
交联聚烯烃绝缘电线	90
聚氯乙烯绝缘电线	70
橡皮电线	65

第二节　电气火灾防控措施

一、电气线路防火措施

电气线路是用于传输电能和宏观电磁能量转换的载体。电气线路火灾除了由外部的火源或火种直接引燃外，主要是由于自身在运行过程中出现短路、过载以及漏电等故障产生电弧、电火花或电线、电缆过热，引燃电线、电缆及其周围的可燃物而引发的火灾。通过对电气线路火灾事故原因的统计分析，电气线路的防火措施主要应从电线电缆的选择、线路的敷设及连接、在线路上采取保护措施等方面入手。

（一）电线电缆的选择

1. 一般要求

根据使用场所的湿度、化学腐蚀性、温度等环境因素及额定电压要求，选择适宜的电线电缆。同时根据系统的载荷情况，合理地选择导线截面面积，在经计算所需导线截面面积基础上适当留出增加负荷的裕量。

2. 电线电缆导体材料的选择

固定敷设的供电线路宜选用铜芯电线电缆；消防电源回路、消防设备控制回路等需要在高温、潮湿、爆炸和火灾危险环境下使用的线缆，应选择铜芯电线电缆。

非熟练人员容易接触的线路（如公共建筑与居住建筑）、线芯截面面积为 $6mm^2$ 及以下的电线电缆不宜选用铝芯电线电缆；工业及市政工程等场所不应选用铝芯电线电缆。

对铜有腐蚀而对铝腐蚀相对较轻的环境、氨压缩机房等场所应选用铝芯电线电缆。

3. 电线电缆绝缘材料及护套的选择

（1）普通电线电缆。普通聚氯乙烯电线电缆的适用温度范围为 -15～60℃，使用场所的环境温度超出该范围时，应采用特种聚氯乙烯电线电缆。普通聚氯乙烯电线电缆在燃烧时会产生有毒烟气，不适用于地下客运设施、地下商业区、高层建筑和重要公共设施等人员密集场所。

交联聚乙烯（XLPE）电线电缆不具备阻燃性能，但燃烧时不会产生大量有毒烟气，适用于有“清洁”要求的工业与民用建筑。

橡胶电线电缆的弯曲性能较好，能够在严寒气候下敷设，适用于水平高差大和垂直敷设的场所；橡胶电线电缆适用于移动式电气设备的供电线路。

（2）阻燃电线电缆。阻燃电线电缆是指在规定试验条件下燃烧，能使火焰仅在限定范围内蔓延，撤去火源后，残焰和残灼能在限定时间内自行熄灭的电缆。

阻燃电缆按燃烧性能分为 B_1 级电缆和 B_2 级电缆两大类。电线电缆成束敷设时，应采用阻燃型电线电缆。当电缆在桥架内敷设时，应考虑在将来增加电缆时，也能符合阻燃等级，宜按近期敷设电缆的非金属材料体积预留 20% 裕量。电线在槽盒内敷设时，也宜按此原则选择阻燃等级。在同一通道中敷设的电缆应选用同一阻燃等级的电缆。阻燃和非阻燃电缆也不宜在同一通道内敷设。非同一设备的电力与控制电缆若在同一通道敷设时，宜互相隔离。

直埋地电缆、直埋入建筑孔洞或砌体的电缆及穿管敷设的电线电缆，可选用普通型电线电缆。敷设在有盖槽盒、有盖板的电缆沟中的电缆若已采取封堵、阻水、隔离等防止延燃的措施，可降低一级阻燃要求。

（3）耐火电线电缆。耐火电线电缆是指规定试验条件下，在火焰中燃烧一定时间内能保持正常运行特性的电缆。

耐火电缆按绝缘材质可分为有机型和无机型两种。有机型主要是采用耐 800℃高温的云母带以 50% 的重叠搭盖率包覆两层作为耐火层；外部采用聚氯乙烯或交联聚乙烯为绝缘层，若同时要求阻燃，只要绝缘材料选用阻燃型材料即可。有机型耐火电缆加入隔氧层后，可以耐受 950℃高温。无机型是采用氧化镁作为绝缘材料、铜管作为护套的电缆。

耐火电线电缆主要适用于在发生火灾时仍需要保持正常运行的线路，如工业及民用建筑的消防系统、应急照明系统、救生系统、报警及重要的监测回路等。

耐火电线电缆的耐火等级应根据发生火灾时可能达到的火焰温度确定。在火灾中，由于环境温度剧烈升高，导致线芯电阻增大，当火焰温度为 800 ~ 1 000℃时，导体电阻增大 3 ~ 4 倍，此时仍应保证系统正常工作，需按此条件校验电压损失。耐火电缆也应考虑自身在火灾中的机械强度，因此明敷的耐火电缆截面面积不应小于 $2.5mm^2$。应区分耐高温电缆与耐火电缆，前者只适用于调温环境。一般有机类的耐火电缆本身并不阻燃。若既需要耐火又要满足阻燃，应采用阻燃耐火型电缆。

4. 电线电缆截面面积的选择

电线电缆截面面积的选型原则应符合下列规定：

（1）通过负载电流时，线芯温度不超过电线电缆绝缘所允许的长期工作温度。

（2）通过短路电流时，不超过所允许的短路强度，高压电缆要校验热稳定性，母线要校验动、热稳定性。

（3）电压损失在允许范围内。

（4）满足机械强度的要求。

（5）低压电线电缆应符合负载保护的要求，TN 系统中还应保证在接地故障时保护电器能断开电路。

（二）电气线路的保护措施

为有效预防电气线路故障引发的火灾，除了合理地进行电线电缆的选型，还应根据现场的实际情况合理选择线路的敷设方式，并严格按照有关规定规范线路的敷设及连接环节保证线路的施工质量。此外，低压配电线路还应按照《低压配电设计规范》（GB 50054—2011）、《火灾自动报警系统设计规范》（GB 50116—2013）、《建筑设计防火规范》（GB 50016—2014，2018 年版）及《剩余电流动作保护装置安装和运行》（GB/T 13955—2017）等相关国家标准要求设置短路保护、过载保护和接地故障保护。

1. 短路保护

短路保护装置应保证短路电流在导体和连接件中产生的热效应和机械力造成危害之前分断该短路电流。其分断能力不应小于保护电器安装处的预期短路电流，但在上级已装有所需分断能力的保护电器时，下级保护电器的分断能力允许小于预期短路电流。此时，该上、下级保护电器的动作特性必须配合，使得通过下级保护电器的能量不超过其能够承受的能量，在短路电流使导体达到允许的极限温度之前分断该短路电流。

2. 过载保护

保护电器应在过载电流引起导体升温，对导体的绝缘、接头、端子或导体周围的物质造成损害之前分断过载电流。对于突然断电比过载造成的损失更大的线路，如消防水泵之类的负荷，其过载保护应作为报警信号，不应作为直接切断电路的触发信号。

过载保护电器的动作特性应同时满足以下两个条件：

（1）线路计算电流小于或等于熔断器熔体的额定电流，后者应小于或等于导体允许持续载流量。

（2）保证保护电器可靠动作的电流小于或等于 1.45 倍熔断器熔体额定电流。

需要注意的是，当保护电器为断路器时，保证保护电器可靠动作的电流为约定时间内的约定动作电流；当保护电器为熔断器时，保证保护电器可靠动作的电流为约定时间内的熔断电流。

3. 接地故障保护

当发生带电导体与外露可导电部分、装置外可导电部分、PE 线、PEN 线、大地等之间的接地故障时，保护电器必须切断该故障电路。接地故障保护电器的选择应根据配电系统的接地形式、电气设备使用特点及导体截面面积等确定。

TN 系统的接地保护方式具体有以下几种：

（1）当灵敏性符合要求时，采用短路保护兼作接地故障保护。

（2）零序电流保护模式适用于 TN–C、TN–C–S、TN–S 系统，不适用于谐波电流大的配电系统。

（3）剩余电流保护模式适用于 TN–S 系统，不适用于 TN–C 系统。

二、用电设备防火

根据近几年的火灾统计，电气火灾年均发生次数约占火灾年均发生总次数的 27%，居各类火灾原因的首位。而电气火灾原因中，由于用电设备自身故障或使用不当等原因导致的火灾占相当一部分比例。

（一）照明器具防火

电气照明是现代照明的主要方式，电气照明往往伴随着大量的热和高温，如果安装或使用不当，极易引发火灾事故。

照明器具包括室内各类照明及艺术装饰用的灯具，如各种室内照明灯具、镇流器、辉光启辉器等。常用的照明灯具有白炽灯、荧光灯、高压汞灯、高压钠灯、卤钨灯和霓虹灯。

照明器具的防火主要应从灯具选型、安装、使用上采取相应的措施。

1. 电气照明灯具的选型

灯具的选型应符合国家相关标准的规定，既要满足使用功能和照明质量的要求，又要满足相关防火安全的要求。

（1）有腐蚀性气体及特别潮湿的场所，应采用密闭型灯具，灯具的各种部件还应进行防腐处理。

（2）潮湿的厂房内和户外可采用封闭型灯具，也可采用有防水灯座的开启型灯具。

（3）可能直接受外来机械损伤的场所以及移动式和携带式灯具，应采用有保护网（罩）的灯具。

（4）振动场所（如有锻锤、空压机、桥式起重机等）的灯具应具有防振措施（如采用吊链等软性连接）。

（5）人防工程内的潮湿场所应采用防潮型灯具，柴油发电机房的储油间、蓄电池室等房间应采用密闭型灯具，可燃物品库房不应设置卤钨灯等高温照明灯具。

（6）爆炸危险环境灯具的选型应符合《爆炸危险环境电力装置设计规范》（GB 50058—2014）的规定。

2. 照明灯具的设置要求

（1）在连续出现或长期出现气体混合物的场所和连续出现或长期出现爆炸性粉尘混合物的场所选用定型照明灯具有困难时，可将开启型照明灯具做成嵌墙式壁龛灯，检修门应向墙外开启，并保证通风良好；向室内照射的一面应有双层玻璃严密封闭，其中至少有一层必须是高强度玻璃，安装位置不应设在门、窗及排风口的正上方，距门框、窗框的水平距离不应小于3m，距排风口的水平距离不应小于5m。

（2）照明与动力合用一电源时，应有各自的分支回路，所有照明线路均应有短路保护装置。配电盘盘后接线要尽量减少接头，接头应采用锡钎焊焊接并应用绝缘布包好，金属盘面还应有良好接地。

（3）照明电压一般采用220V。携带式照明灯具（俗称行灯）的供电电压不应超过36V；如在金属容器内及特别潮湿场所内作业，行灯电压不得超过12V。36V以下照明供电变压器严禁使用自耦变压器。

（4）36V以下和220V以上的电源插座应有明显区别，低压插头应无法插入较高电压的插座内。

（5）每一照明单相分支回路的电流不宜超过16A，所接光源数不宜超过25个；连接建筑组合灯具时，回路电流不宜超过25A，光源数不宜超过60个；连接高强度气体放电灯的单相分支回路的电流不应超过30A。

（6）插座不宜和照明灯接在同一分支回路上。

（7）各种零件必须符合相应的电压、电流等级，不得过电压、过电流使用。

（8）明装吸顶灯具采用木制底台时，应在灯具与底台中间铺垫石板或石棉布。附带镇流器的各式荧光吸顶灯，应在灯具与可燃材料之间加垫瓷夹板隔热，禁止直接安装在可燃吊顶上。

（9）可燃吊顶上所有暗装、明装灯具，舞台暗装彩灯，舞池脚灯的电源导线，均应穿钢管敷设。

（10）舞台暗装彩灯灯泡、舞池脚灯灯泡的功率一般宜在40W以下，最大不应超过60W。彩灯之间的导线应焊接，所有导线不应与可燃材料接触。

（二）电气装置防火

电气装置是指相关电气设备的组合，具有为实现特定目的所需的相互协调的特性。

1. 开关防火

开关应设在开关箱内，开关箱应加盖。木质开关箱的内表面应覆以白铁皮，以防起火时蔓延。开关箱应设在干燥处，不应安装在易燃、受振、潮湿、高温、多尘的场所。开关的额定电流和额定电压均应和实际使用情况相适应。降低接触电阻，防止发热过度。潮湿场所应选用拉线开关。有化学腐蚀和爆炸危险的房间，应把开关安装在室外或合适的地方，否则应采用相应形式的开关，如在有爆炸危险的场所采用防爆开关。

在中性点接地的系统中，单极开关必须接在相线上，否则开关虽然断开，但电气设备仍然带电，一旦相线接地，有发生接地短路引起火灾的危险。

对于多极刀开关，应保证各级动作的同步性且接触良好，避免引起电动机因缺相运行而损坏的事故。

2. 熔断器防火

选用熔断器的熔体时，熔体的额定电流应与被保护的设备相适应，且不应大于熔断器、电度表等的额定电流。一般应在电源进线、线路分支和导线截面面积改变的地方安装熔断器，尽量使每段线路都能得到可靠的保护。为避免熔件爆断时引起周围可燃物燃烧，熔断器宜装在具有火灾危险厂房的外边，否则应加密封外壳，并远离可燃建筑物件。

3. 继电器防火

继电器在选用时，除线圈电压、电流应满足要求外，还应考虑被控对象的延误时间、脱扣电流倍数、触点个数等因素。继电器要安装在少震、少尘、干燥的场所，现场严禁有易燃易爆物品存在。

4. 接触器防火

接触器技术参数应符合实际使用要求，接触器一般应安装在干燥、少尘的控制箱内，其灭弧装置不能随意拆开，以免损坏。

5. **启动器防火**

启动器起火主要是由于分断电路时接触部位的电弧飞溅，以及接触部位的接触电阻过大而产生的高温烧毁开关设备并引燃可燃物，因此启动器附近严禁有易燃易爆物品存在。

6. **剩余电流保护装置防火**

剩余电流保护装置的火灾危险在于发生漏电事故后没有及时动作，不能迅速切断电源而引起人身伤亡事故、设备损坏，甚至火灾。应按使用要求及规定位置进行选择和安装，以免影响动作性能。在安装带有短路保护的剩余电流保护装置时，必须保证在电弧喷出方向有足够的飞弧距离。应注意剩余电流保护装置的工作条件，在高温、低温、高湿、多尘以及有腐蚀性气体的环境中使用时，应采取必要的辅助保护措施。接线时应注意分清负载侧与电源侧，应按规定接线，切忌接反。注意分清主电路与辅助电路的接线端子，不能接错。注意区分中性线和保护线。

7. **低压配电柜防火**

配电柜应固定安装在干燥清洁的地方，以便于操作和确保安全。配电柜上的电气设备应根据电压等级、负荷容量、用电场所和防火要求等进行设计或选定。配电柜中的配线应采用绝缘导线和合适的截面面积。配电柜的金属支架和电气设备的金属外壳必须进行保护接地或接零。

（三）电动机防火

如果电动机选型不合理、本身质量差或使用维护不当等，就可能造成铁芯、绕组等部件发热而引发火灾。

1. **电动机的火灾危险性**

电动机的火灾原因有以下几个方面：

（1）过载。当电动机所带机械负载超过额定负载或者电源电压过低时，会造成绕组电流增加，绕组和铁芯温度上升，严重时会引发火灾。

（2）断相运行。处于运转中的三相异步电动机，如果因电源缺相、接触不良、内部绕组断路等原因而造成断相，电动机虽然还能运转，但由于绕组电流会增大以致烧毁电动机也会引发火灾。

（3）接触不良。电动机运转时如果电源线、电源引线、绕组等电气连接点处接触不良，就会造成接触电阻过大而发热或者产生电弧，严重时可引燃电动机内可燃物进而引发火灾。

（4）绝缘损坏。由于长期过载使用、受潮湿环境或腐蚀性气体侵蚀、金属异物掉入机壳内、频繁启动、雷击或瞬间过电压等原因，造成电动机绕组绝缘损坏或绝缘能力降低，形成相间和匝间短路，从而引发火灾。

（5）机械摩擦。当电动机轴承损坏时，摩擦增大，出现局部过热现象，润滑脂变稀溢出轴承，进一步加速轴承温度升高。当温度达到一定程度时，会引燃周围可燃物质引发火灾。轴承损坏严重时可造成定子、转子摩擦或者电动机轴被卡住，产生高温或绕组短路而引发火灾。

（6）选型不当。应根据不同的使用场所选择不同类型的电动机。如果在易燃易爆场所使用了一般防护式电动机，当电动机发生故障时，产生的高温或火花可引燃可燃或可爆炸物质，引发火灾或者爆炸。

（7）铁损过大。电动机运行时，定子和转子铁芯内部、外壳产生涡流、磁滞等都会形成一定的损耗，这部分损耗称为铁损。电动机铁芯的硅钢片由于质量、规格、绝缘强度等不符合要求，会使涡流损耗过大而造成铁芯发热和绕组过载，严重时可引发火灾。

（8）接地不良。当电动机绕组发生短路时，如果接地保护不良，会导致电动机外壳带电，一方面可引起人身触电事故；另一方面致使机壳发热，严重时还会因引燃周围可燃物而引发火灾。

2. 电动机的火灾预防措施

（1）合理选择功率和类型。合理选择电动机包括两个方面的内容：一方面，应考虑传动过程中功率的损失和对电动机的实际功率需求，选择功率合适的电动机；另一方面，应根据使用环境、运行方式和生产工况等因素，特别是防潮、防腐、防尘、防爆等对电动机的要求，合理选择电动机的类型。

（2）合理选择启动方式。三相异步电动机的启动方式包括直接启动、减压启动两种。其中，直接启动适用于功率较小的异步电动机；减压启动包括星三角形启动、定子串电阻启动、自耦变压器启动、软启动器启动、变频器启动等，适用于各种功率的电动机。因此，在使用电动机时应根据电动机的形式、功率、电源等情况选择合适的启动方式。

（3）正确安装电动机。电动机应安装在不燃材料制成的机座上，电动机机座的基础与建筑物或其他设备之间应留出距离不小于 1m 的通道。电动机与墙壁之间，或成列装设的电动机一侧已有通道时，另一侧的净距离不应小于 0.3m。电动机与其他设备的裸露带电部分的距离不应小于 1m。

电动机及联动机械至开关的通道应保持畅通，急停按钮应设置在便于操作的地方，以便于紧急事故时的处置。电动机及电源线管均应有牢固的保护接地，电源线靠近电动机一端必须用金属软管或塑料套管保护，保护管与电源线之间必须用夹头扎牢并固定；另一端要与电动机进线盒牢固连接并做固定支点。

电动机附近严禁堆放可燃物，附近地面不应有油渍、油棉纱等易燃物。

（4）应设置符合要求的保护装置。不同类型的电动机应采用适合的保护装置，例如，中、小功率低压感应电动机的保护装置应具有短路保护、堵转保护、过载保护、断线保护、低压保护、漏电保护、绕组温度保护等功能。

（5）启动操作符合规范要求。电动机启动前应按照规程进行试验和外观检查。所有试验应符合要求，机械及电动机部分应完好无异状。电动机的绝缘电阻应符合要求，380V 及以下电动机的绝缘电阻不应小于 0.5MΩ，6kV 高压绝缘电阻不应小于 6MΩ。电动机不允许频繁启动，冷态下启动次数不应超过 5 次，热态下启动次数不应超过 2 次。

（6）加强运行监视。电动机在运行中应对电流、电压、温升、声音、振动的状况等进行严格监视，当上述参数超出允许值或出现异常时，应立即停止运行，检查原因，排除故障。

（7）加强电动机的运行维护。电动机在运行中应做好防雨、防潮、防尘和降温等工作，应保持轴承润滑良好，电动机周围应保持环境整洁。

练习题

一、一级注册消防工程师

（一）单项选择题

1. 某耐火等级为二级的办公建筑，其供配电线路的选型和敷设存在电气火灾风险的是（　　）。

A. 照明灯具配电回路的允许载流量大于其配接灯具的额定工作电流总和

B. 插座回路线缆在有可燃物的闷顶中敷设时，采用 B_1 级刚性塑料管保护

C. 电气竖井设置的槽盒在穿越楼板处时，采用耐火极限为 1.00h 的防火封堵材料封堵

D. 电气竖井内成束敷设电缆的燃烧性能为 B_1 级

2. 某钢厂设置了电气火灾监控系统，该系统的设置或功能错误的是（　　）。

A. 电缆隧道用于动力电缆防护的缆式线型感温火灾探测器接入电气火灾监控器

B. 配电柜的输出端子处设置测温式电气火灾监控探测器

C. 监控探测器的报警信号作为火灾报警信号在消防控制室图形显示装置上显示

D. 监控探测器报警时，不切断相关配电回路的电源输出

3. 某病房楼，手术室、重症监护室配电回路的接地系统局部采用 IT 系统，其余部位用电设备配电回路的接地系统采用 TN-S 系统。下列部位或用电设备中，配电回路适宜设置剩余电流式电气火灾监控探测器的是（　　）。

A. 手术室　　B. 排烟风机　　C. 排污泵　　D. 喷淋泵

（二）多项选择题

1. 关于建筑供配电系统电器防火要求的说法，正确的有（　　）。

A. 空调器具、防排烟风机的配电回路应设置过载保护装置

B. 服装仓库内设置的配电箱与周边可燃物的距离不应小于 5m 或采取相应的隔热措施

C. 在采用金属导管保护时，墙壁插座的配电线路可紧贴通风管道外壁敷设

D. 在有可燃物的闷顶敷设时，照明灯具的配电线路应采用金属导管保护

E. 建筑面积为 $300m^2$ 的老年照料设施的非消防用电负荷可不设置电气火灾监控系统

2. 下列关于电气线路的保护措施的说法，错误的有（　　）。

A. 消防水泵的过载保护信号应作为报警信号，不应作为直接切断电路的触发信号

B. 过载保护电器应保证可靠动作的电流小于或等于 2 倍熔断器熔体额定电流

C. TN-C-S 系统采用零序电流保护模式

D. TN-C 系统采用剩余电流保护模式

E. 当上级配电线路安装有短路保护装置时，下级保护电器的分断能力不应小于预期短路电流

二、二级注册消防工程师

（一）单项选择题

1. 下列因素中，不易引起电气线路火灾的是（　　）。

A. 线路短路　　B. 线路绝缘损坏　　C. 线路接触不良　　D. 电压损失

2. 某场所采用移动插排连接用电设备，该场所移动插排的下列使用方式中，存在电气火灾隐患的是（　　）。

A. 插排电线采用铜芯护套软线

B. 插排引出线带有 PE 线

C. 两个插排串接使用

D. 插排插孔处的温升为 30K

（二）多项选择题

下列关于照明器具防火措施的说法，错误的有（　　）。

A. 有腐蚀性气体及特别潮湿的场所，应采用密闭型灯具

B. 人防工程内的潮湿场所应采用密闭型灯具

C. 携带式照明灯具的供电电压不应超过 36V

D. 舞池脚灯彩灯灯泡功率宜在 40W 以下

E. 连接高强度气体放电灯的单相分支回路的电流不应超过 40A

第八章　建 筑 防 爆

学习要求

通过本章学习，了解建筑防爆基本原则和措施，熟悉爆炸危险性建筑的构造防爆知识，掌握爆炸危险区域的划分范围，有爆炸危险的场所的布置要求，以及爆炸危险环境中电气的防爆措施。

对于有爆炸危险性的厂房或仓库以及在爆炸性环境中使用的电气设备，通过采取必要的防爆措施，可以防止和减少爆炸事故的发生或最大限度地减轻其危害。

第一节　建筑防爆基本原则和措施

在不同生产条件下，爆炸危险场所的防爆方法不同。对于有爆炸危险的建筑，需要根据该建筑内爆炸危险性物质的特性和数量确定预防形成爆炸环境、抑制发生爆炸、减小发生爆炸后的破坏作用的技术措施。

一、防爆原则

根据物质燃烧、爆炸原理，防止发生火灾爆炸事故的基本原则是：控制可燃物和助燃物浓度、温度、压力及混触条件，避免物料处于燃爆的危险状态；消除一切足以引起起火爆炸的点火源；采取各种阻隔手段，阻止火灾爆炸事故的扩大。

二、防爆措施

建筑防爆的基本技术措施分为预防性技术措施和减轻性技术措施。

（一）预防性技术措施

1. 排除能引起爆炸的各类可燃物质

（1）在生产过程中尽量不用或少用具有爆炸危险的各类可燃物质。

（2）生产设备应尽可能保持密闭状态，防止“跑、冒、滴、漏”。

（3）加强通风除尘。

（4）预防可燃气体或易挥发性液体泄漏，设置可燃气体浓度报警装置。

（5）利用惰性介质进行保护。

（6）防止可燃粉尘、可燃气体积聚。

2. 消除或控制能引起爆炸的各种火源

（1）防止撞击、摩擦产生火花。

（2）防止高温表面成为点火源。

（3）防止日光照射。

（4）防止电气故障。

（5）消除静电火花。

（6）防雷电火花。

（7）防止明火。

（二）减轻性技术措施

1. 采取泄压措施

在建筑围护结构设计中设置一些泄压口或泄压面，当爆炸发生时，这些泄压口或泄压面首先被破坏，使高温高压气体得以泄放，从而降低爆炸压力，使主要承重或受力结构不发生破坏。

2. 采用抗爆性能良好的建筑结构

加强建筑结构主体的强度和刚度，使其在爆炸中足以抵抗爆炸冲击而不倒塌。

3. 采取合理的建筑布置

在建筑设计时，根据建筑生产、储存的爆炸危险性，在总平面布局和平面布置上合理设计，尽量减小爆炸的作用范围。

第二节　爆炸危险性厂房、库房的布置

对具有爆炸危险性的厂房、库房，根据其生产、储存物质的性质确定其防爆要求，除了生产、储存工艺上的防火防爆措施之外，厂房、仓库的合理布置是杜绝"先天性"安全隐患的重要措施。

一、爆炸危险区域的等级及划分

（一）爆炸危险区域的等级

1. 爆炸性气体环境危险区域等级

《爆炸危险环境电力装置设计规范》（GB 50058—2014）规定，爆炸性气体、可燃蒸气与空气混合形成爆炸性气体混合物的环境，按其出现的频繁程度和持续时间可分为以下三个区域等级。

（1）0 级区域（简称 0 区）。在正常运行情况下，爆炸性气体混合物连续出现或长期出现的环境。正常运行是指正常的开车、运转、停车，可燃物质产品的装卸，密闭容器盖的开闭，安全阀、排放阀以及所有工厂设备都在其设计参数范围内工作的状态。非正常运行情况是指有可能发生设备故障、误操作或运行环境参数发生改变的情况。

（2）1 级区域（简称 1 区）。在正常运行时可能出现爆炸性气体混合物的环境。

（3）2 级区域（简称 2 区）。在正常运行时不太可能出现爆炸性气体混合物的环境，或即使出现也仅是短时存在的爆炸性气体混合物的环境。

2. 爆炸性粉尘环境危险区域等级

《爆炸危险环境电力装置设计规范》（GB 50058—2014）规定，爆炸性粉尘环境应根据爆炸性粉尘混合物出现的频繁程度和持续时间，按下列规定进行分区：

（1）20 区：空气中的可燃性粉尘云持续地、长期地或频繁地出现于爆炸性环境中。

（2）21 区：在正常运行时，空气中的可燃性粉尘云很可能偶尔出现于爆炸性环境中。

（3）22 区：在正常运行时，空气中的可燃性粉尘云一般不可能出现于爆炸性粉尘环境中，即使出现，持续时间也是短暂的。

（二）爆炸危险区域的划分

1. 爆炸性气体环境危险区域划分

《爆炸危险环境电力装置设计规范》（GB 50058—2014）规定，爆炸性气体环境爆炸危险区域的划分应按释放源级别和通风条件确定。

（1）按释放源的级别划分要求。

1）存在连续级释放源的区域可划为 0 区。连续级释放源是指连续释放或预计长期释放的释放源。类似下列情况的，可划为连续级释放源：

①没有用惰性气体覆盖的固定顶储罐中的可燃液体的表面。

②油、水分离器等直接与空间接触的可燃液体的表面。

③经常或长期向空间释放可燃气体或可燃液体蒸气的排气孔和其他孔口。

2）存在一级释放源的区域可划为 1 区。一级释放源是指在正常运行时，预计可能周期性或偶尔释放的释放源。类似下列情况的，可划为一级释放源：

①在正常运行时，会释放可燃物质的泵、压缩机和阀门等的密封处。

②储存可燃液体的容器上的排水口处，在正常运行中，当水排掉时，该处可能会向空间释放可燃物质。

③正常运行时，会向空间释放可燃气体或蒸气的取样点。

④正常运行时，会向空间释放可燃气体或蒸气的泄压阀、排气口和其他孔口。

3）存在二级释放源的区域可划分为 2 区。二级释放源是指在正常运行时，预计不会释放，或者当出现释放时，仅是偶尔和短期释放的释放源。类似下列情况的，可划分为二级释放源：

①正常运行时不能释放可燃气体或蒸气的泵、压缩机和阀门的密封处。

②正常运行时不能释放可燃气体或蒸气的法兰、连接件和管道接头。

③正常运行时不能向空间释放可燃气体或蒸气的安全阀、排气孔和其他孔口处。

④正常运行时不能向空间释放可燃气体或蒸气的取样点。

（2）根据通风条件调整爆炸危险区域划分要求。

1）当通风良好（爆炸危险区域内通风的空气流量能使可燃物质很快稀释到爆炸下限值的 25% 以下）时，应降低爆炸危险区域等级；当通风不良时，应提高爆炸危险区域等级。

2）局部机械通风在降低爆炸性气体混合物浓度方面比自然通风和一般机械通风更为有效时，可采用局部机械通风降低爆炸危险区域等级。

3）在障碍物、凹坑和死角处，应局部提高爆炸危险区域等级。

4）利用堤或墙等障碍物，限制比空气重的爆炸性气体混合物的扩散，可缩小爆炸危险区域的范围。

2. 爆炸性粉尘环境危险区域划分

对于爆炸性粉尘环境，其危险区域的划分应按爆炸性粉尘的量、爆炸极限和通风条件确定。

二、爆炸危险性厂房、库房的布置

《建筑设计防火规范》（GB 50016—2014，2018 年版）将生产的火灾危险性和储存物品的火灾危险性均分为甲、乙、丙、丁、戊类，有爆炸危险的建筑主要涉及甲、乙类场所。

（一）总平面布局

（1）有爆炸危险的甲、乙类厂房、库房宜独立设置，并宜采用敞开或半敞开式，其承重结构宜采用钢筋混凝土或钢框架、排架结构。

（2）有爆炸危险的厂房、库房与周围建（构）筑物应保持一定的防火间距。例如，甲类厂房与民用建筑的防火间距不应小于 25m，与人员密集场所的防火间距不应小于 50m，与明火或散发火花地点的防火间距不应小于 30m。甲类库房与高层民用建筑、设置人员密集场所的民用建筑的防火间距不应小于 50m，与其他民用建筑（单、多层民用建筑）和明火或散发火花地点的防火间距按其储存物品性质不同为 25～40m。

（3）有爆炸危险的厂房平面布置最好采用矩形，同时结合当地的气候条件，充分利用穿堂风吹散爆炸性气体，在山区宜布置在迎风山坡一面且通风良好的地方。

（二）平面布置

1. 地下、半地下室

有爆炸危险的甲、乙类生产场所和甲、乙类仓库不应设置在地下或半地下。

2. 中间仓库

为满足厂房的日常生产需求，需要从仓库或上一道工序的厂房（或车间）取得一定数量的原材料、半成品、辅助材料存放在厂房内。存放上述物品的场所称为中间仓库。

（1）厂房内设置甲、乙类中间仓库时，其储量不宜超过一昼夜的需要量。对于易燃易爆的甲、乙类物品，如不隔开单独存放，在发生火灾时就会相互影响，造成不必要的损失，故储量不宜超过一昼夜的需用量。

（2）甲、乙类中间仓库应靠外墙布置，并应采用防火墙和耐火极限不低于 1.50h 的不燃性楼板与其他部位分隔。

3. **办公室、休息室**

甲、乙类厂房内不应设置办公室、休息室。当办公室、休息室必须与本厂房贴邻建造时，其耐火等级不应低于二级，应采用耐火极限不低于 3.00h 的防爆墙隔开并设置独立的安全出口。甲、乙类仓库内严禁设置办公室、休息室等，并不应贴邻建造。

防爆墙为在墙体任意一侧受到爆炸冲击波作用并达到设计的压力作用时，能够保持设计所要求的防护性能的实体墙体。有爆炸危险的厂房若发生爆炸，在泄压墙面或其他泄压设施还未来得及泄压以前，其他各墙在数毫秒内已承受了内部超压。因此，防爆墙的具体设计应根据生产部位可能产生的爆炸超压值、泄压面积大小、爆炸的概率，结合工艺和建筑中采取的其他防爆措施与建造成本等情况综合考虑。防爆墙通常有钢筋混凝土墙、配筋砖墙、夹砂钢木板等几种。

4. **变配电站**

（1）甲、乙类厂房属于易燃易爆场所，运行中的变压器存在燃烧或爆裂的可能，不应将变配电站设在有爆炸危险的甲、乙类厂房内或贴邻建造，且不应设置在具有爆炸性气体、粉尘环境的危险区域内，以提高厂房的安全程度。如果生产上确有需要，允许在厂房的一面外墙贴邻建造专为甲类或乙类厂房服务的 10kV 及以下的变配电站，但应用无门、窗、洞口的防火墙隔开。

（2）对乙类厂房的配电所，如氨压缩机房的配电站，为观察设备、仪表运转情况，需要设观察窗，允许在配电站的防火墙上设置采用不燃材料制作且不能开启的甲级防火窗。

5. **控制室**

总控制室设备仪表较多、价值高，是工厂在生产过程中重要的指挥、调度与数据交换储存场所。为了保障人员、设备仪表的安全和生产的连续性，有爆炸危险的甲、乙类厂房的总控制室，应在爆炸危险区外独立设置。同时，考虑有些分控制室常和其厂房紧邻，甚至设在其中，有的要求能直接观察厂房中的设备，如分开设则要增加控制系统，增加建筑用地和造价，还会给使用带来不便。因此有爆炸危险的甲、乙类厂房的分控制室在受条件限制时可与厂房贴邻建造，但必须靠外墙设置，并采用耐火极限不低于 3.00h 的防火隔墙与其他部分隔开。

6. **有爆炸危险的部位**

（1）有爆炸危险的甲、乙类生产部位，宜设置在单层厂房靠外墙的泄压设施或多层厂房顶层靠外墙的泄压设施附近。有爆炸危险的设备宜避开厂房的梁、柱等主要承重构件布置，尽量放在靠近外墙靠窗的位置或露天设置，以减弱其破坏力。

（2）单层厂房中如某一部分用于有爆炸危险的甲、乙类生产，为防止或减少爆炸事故对其他生产部分的破坏，减少人员伤亡，要求甲、乙类生产部位靠外墙设置，这样泄压面积容易解决，也便于灭火救援。

（3）多层厂房中某一部分或某一层为有爆炸危险的甲、乙类生产时，为避免因该类生产设置在底层及其中间各层，爆炸时结构破坏严重而影响上层建筑结构的安全，故将其设置在最上一层靠外墙的部位。

（4）在厂房中，有爆炸危险的车间和其他危险性小的车间之间，应进行防火分隔。因生产工艺需要连通时，宜在外墙上开门，利用外廊或阳台联系；也可在防火墙上设置双门斗，两个门错开设置，用门斗来减弱爆炸冲击波的威力，缩小爆炸影响范围。考虑到对疏散楼梯的保护，设置在有爆炸危险场所内的疏散楼梯要设置门斗，以此减弱爆炸冲击波的作用，降低爆炸对疏散楼梯间的影响。

（5）生产、使用或储存相同爆炸物品的房间应尽量集中在一个区域，以便对防火墙等防爆建筑结构进行处理。性质不同的危险物品的生产应分开，如乙炔与氧气的生产必须分开。

7. 其他平面布置与防爆措施

（1）厂房内不宜设置地沟，必须设置时，其盖板应严密，并采取防止可燃气体、可燃蒸气及粉尘、纤维在地沟积聚的有效措施，地沟与相邻厂房连通处应采用防火材料封堵。

（2）使用和生产甲、乙、丙类液体厂房的管、沟不应和相邻厂房的管、沟相通，该厂房的下水道应设置隔油设施。但是，对于水溶性可燃、易燃液体，采用常规的隔油设施不能有效防止可燃液体蔓延与流散，而应根据具体生产情况采取相应的排放处理措施。

（3）甲、乙、丙类液体仓库应设置防止液体流散的设施。遇湿会发生燃烧、爆炸的物品仓库应设置防止水浸渍的措施。

第三节　爆炸危险性建筑的构造防爆

为了防止爆炸导致建筑物承载能力降低乃至坍塌，必须加强建筑构造的抗爆能力，并采取有效泄压措施降低爆炸的危害程度。

一、泄压

（一）泄压面积计算

爆炸能够在瞬间释放出大量气体和热量，使室内形成很高的压力。为了防止建筑物的承重结构因强大的爆炸力遭到破坏，将一定面积的建筑围护结构做成薄弱泄压设施，其面积称为泄压面积。根据《建筑设计防火规范》（GB 50016—2014，2018 年版），有爆炸危险的甲、乙类厂房，其泄压面积宜按式（2–8–1）计算，但当厂房的长径比大于 3 时，宜将该建筑划分为长径比小于或等于 3 的多个计算段，各计算段中的公共截面不得作为泄压面积。

$$A=10CV^{\frac{2}{3}} \qquad (2\text{–}8\text{–}1)$$

式中　A——泄压面积（m^2）；

C——泄压比（m^2/m^3），其值可按表 2–8–1 选取；

V——厂房的容积（m^3）。

表 2-8-1　厂房内爆炸性危险物质的类别与泄压比规定值

厂房内爆炸性危险物质的类别	泄压比 $C/(m^2/m^3)$
氨、粮食、纸、皮革、铅、铬、铜等 $K_尘$<10MPa·m/s 的粉尘	≥0.03
木屑、炭屑、煤粉、锑、锡等 10MPa·m/s≤$K_尘$≤30MPa·m/s 的粉尘	≥0.055
丙酮、汽油、甲醇、液化石油气、甲烷、喷漆间或干燥室，苯酚树脂、铝、镁、锆等 $K_尘$>30MPa·m/s 的粉尘	≥0.11
乙烯	≥0.16
乙炔	≥0.2
氢	≥0.25

注：1. 长径比为建筑平面几何外形尺寸中的最长尺寸与其横截面周长的积和 4 倍的该建筑横截面面积之比。
2. $K_尘$是指粉尘爆炸指数。

长径比过大的空间在泄压过程中会产生较高的压力。以粉尘为例，空间过大，在爆炸后期，未燃烧的粉尘－空气混合物受到压缩，初始压力上升，燃气泄放流动会产生紊流，使燃速增大，产生较高的爆炸压力。因此，有可燃气体或可燃粉尘爆炸危险性的建筑物的长径比要避免过大，以防止爆炸时产生较大超压，应保证所设计的泄压面积能有效作用。

（二）泄压设施

1. 泄压设施的设置

当厂房、仓库存在点火源且爆炸性混合物的浓度合适时，就可能发生爆炸。为尽量减轻事故的破坏程度，必须在建筑物或装置上预先开设面积足够大的、用低强度材料做成的压力泄放口。在爆炸事故发生时，及时开启泄压口，使建筑物或装置内由于可燃气体、蒸气或粉尘在密闭空间中燃烧而产生的压力泄放出去，以保持建筑物或装置完好。

一般情况下，同样等量的爆炸介质在密闭的小空间里和在开敞的空地上爆炸，其爆炸威力不一样，破坏强度也不一样。在密闭的空间里爆炸破坏力大得多，因此易发生爆炸的建筑物应设置必要的泄压设施。有爆炸危险的建筑物，设有足够的泄压面积，一旦发生爆炸，就可大幅减轻爆炸时的破坏强度，不致因主体结构遭受破坏而造成重大人员伤亡。

2. 泄压设施的选择

泄压是减轻爆炸事故危害的一项主要技术措施，当发生爆炸时，作为泄压面的建筑构配件首先遭到破坏，将爆炸气体及时泄出，使室内的爆炸压力骤然下降，从而保护建筑物的主体结构，并减轻人员伤亡和设备破坏。泄压设施可为轻质屋面板、轻质墙体和易于泄压的门、窗等，但宜优先采用轻质屋面板，不应采用非安全玻璃。易于泄压的门、窗，轻质墙体，轻质屋面板是指门、窗的单位质量轻，玻璃易于破碎，墙体屋盖材料密度较小，门、窗选用的小五金断面较小，构造节点的处理上要求易摧毁和脱落等。例如，用于泄压的门、窗可采用楔形木块固定，门、窗上可选用断面较小的金属百叶、插销等，门、窗向外开启，这样一旦发生爆炸，因室内压力大，原关着的门、窗上的小五金件可能被冲击波破坏，门、窗则自动打开或自行脱落以达到泄压的目的。这些泄压构件就建筑整体而言是人为设置的薄弱部位。当发生爆炸时，它们最先遭到破坏或开启，向外释放大量的气体和热量，使室内爆炸产生的压力迅速下降，从而达到主要承重结构不破坏、整座厂房（库房）不倒塌的目的。对泄压构件和泄压面及其设置的要求如下：

（1）泄压轻质屋面板。根据需要可分别由石棉水泥波形瓦和加气混凝土等材料制成，分为有保温层或防水层、无保温层或防水层两种。

（2）泄压轻质外墙分为有保温层、无保温层两种形式。常采用石棉水泥瓦作为无保温层的泄压轻质外墙，而有保温层的轻质外墙则是在石棉水泥瓦外墙的内壁加装难燃木丝板作保温层以及采用泄爆螺栓固定的外墙，用于要求采暖保温或隔热的防爆厂房。

（3）泄压窗可以有多种形式，例如，轴心偏上中悬泄压窗，抛物线形塑料板泄压窗等。窗户上应采用安全玻璃。要求泄压窗能在爆炸力递增稍大于室外风压时，能自动向外开启泄压。

（4）泄压设施的泄压面积按式（2-8-1）和表 2-8-1 计算确定。

（5）作为泄压设施的轻质屋面板和轻质墙体的质量每平方米不宜大于 60kg。

（6）散发较空气轻的可燃气体、可燃蒸气的甲类厂房（库房）宜采用全部或局部轻质屋面板作为泄压设施。顶棚应尽量平整、避免死角，厂房上部空间应通风良好。

（7）泄压面的设置应避开人员集中的场所和主要交通道路或贵重设备的正面或附近，并宜靠近容易发生爆炸的部位。

（8）当采用活动板、窗户、门或其他铰链装置作为泄压设施时，必须注意防止打开的泄压孔由于在爆炸正压冲击波之后出现负压而关闭。

（9）爆炸泄压孔不能受到其他物体的阻碍，也不允许冰、雪妨碍泄压孔和泄压窗的开启，需要经常检查和维护。当能确定起爆点时，泄压孔应设在距起爆点尽可能近的地方。当采用管道把爆炸产物引导到安全地点时，管道必须尽可能短而直，且应朝向陈放物少的方向设置。因为任何管道泄压的有效性都随着管道长度的增加而按比例减小。

（10）泄压面在材料的选择上除了要求质量轻以外，最好具有在爆炸时易破碎成碎块的特点，以便于泄压和减少对人的危害。

（11）对于北方和西北寒冷地区，由于冰冻期长、积雪易增加屋面上泄压面的单位面积荷载，使其产生较大重力，从而使泄压受到影响，所以应采取适当措施防止积雪和冰冻。

总之，应在设计中采取措施尽量减少泄压面的单位质量和连接强度。

二、抗爆

（一）防爆结构形式的选择

对于有爆炸危险的厂房和库房，选择正确的结构形式，再选用耐火性能好、抗爆能力强的框架结构，可以在发生火灾爆炸事故时有效地防止建筑结构发生倒塌破坏，减轻甚至避免危害和损失。耐爆框架结构一般有以下三种形式：

（1）现浇式钢筋混凝土框架结构。这种耐爆框架结构的厂房整体性能好、抗爆能力强，但工程造价高，通常用于抗爆能力要求高的防爆厂房。

（2）装配式钢筋混凝土框架结构。这种框架结构由于梁、柱与楼板等接点处的刚性较差，抗爆能力不如现浇式框架结构。若采用装配式钢筋混凝土框架结构，则应在梁、柱与楼板等接点处预留钢筋焊接头并用高强度等级混凝土现浇成刚性接头，以提高耐爆强度。

（3）钢框架结构。这种框架结构虽然抗爆强度较高，但耐火极限低，能承受的极限温度仅为400℃，超过该温度便会在高温作用下变形倒塌。如果在钢构件外面加装耐火被覆层或喷刷钢结构防火涂料，可以提高耐火极限，但这样做并非十分可靠，只要部分开裂或剥落就会失效，故较少采用。

（二）隔爆设施的设置

在容易发生爆炸事故的场所，应设置隔爆设施，例如，防爆墙、防爆门和防爆窗等，以局限爆炸事故波及的范围，减轻爆炸事故所造成的损失。

1. 防爆墙

防爆墙必须具有抵御爆炸冲击波的作用，同时具有一定的耐火性能。按材料划分，防爆墙的构造设计可分为防爆砖墙、防爆钢筋混凝土墙、防爆单层和双层钢板墙、防爆双层钢板中间填混凝土墙等。防爆墙上不得设置通风孔，不宜开门、窗、洞口，必须开设时，应加装防爆门、窗。

（1）防爆砖墙。只用于爆炸物质较少的厂房和仓库。构造要求包括：柱间距不宜大于6m，大于6m需增加构造柱；砖墙高度不大于6m，大于6m需增加构造梁；砖墙厚度不小于240mm；砖强度等级不应低于MU10，砂浆强度等级不应低于M5；每0.5m垂直高度应增设构造筋；两端与钢混凝土柱预埋焊接或用24号镀锌钢丝绑扎。

（2）防爆钢筋混凝土墙。防爆墙的厚度一般不应小于200mm，多为500mm、800mm，甚至1m，混凝土强度等级不低于C20。

（3）防爆钢板墙。以槽钢为骨架，钢板和骨架铆接或焊接在一起。

2. 防爆门

防爆门的骨架一般采用角钢和槽钢拼装焊接，门板选用抗爆强度高的锅炉钢板或装甲钢板，故防爆门又称装甲门。装配门的铰链上应衬有青铜套轴和垫圈，门扇四周边衬贴橡胶软垫，以防止防爆门启闭时因摩擦撞击而产生火花。

3. 防爆窗

防爆窗的窗框应用角钢制作，窗玻璃应选用抗爆强度高、爆炸时不易破碎的安全玻璃。例如，夹层内为两层或多层窗用平板玻璃，以聚乙烯醇缩丁醛塑料作衬片，在高温下加压黏合而成的安全玻璃，抗爆强度高，一旦被爆炸波击破能借助塑料的黏合作用，不会导致因玻璃碎片抛出而引起伤害。

第四节 爆炸危险环境电气防爆

在爆炸危险性环境中，为了防止和减少因使用电气设备而引爆的风险隐患，必须在设备本体防爆和运行防爆两个方面采取必要措施。

一、电气防爆原理与措施

（一）电气防爆基本原理

电气设备引燃爆炸混合物有两方面原因：一是电气设备产生的火花、电弧；二是电气设备表面（即与爆炸混合物相接触的表面）发热。电气防爆就是将设备在正常运行时产生火花、电弧的部件放在隔爆外壳内，或采取浇封型、充砂型、油浸型或正压型等其他防爆形式以达到防爆目的；对在正常运行时不会产生火花、电弧和危险高温的设备，如果在其结构上再采取一些保护措施（增安型电气设备），使设备在正常运行或认可的过载条件下不发生火花、电弧或过热现象，这种设备在正常运行时就没有引燃源，设备的安全性和可靠性就可进一步提高，同样可用于爆炸危险环境。

（二）电气防爆基本措施

（1）宜将正常运行时产生火花、电弧和危险温度的电气设备和线路，布置在爆炸危险性较小或没有爆炸危险的环境内。电气线路的设计、施工应根据爆炸危险环境物质特性，选择相应的敷设方式、导线材质、配线技术、连接方式和密封隔断措施等。

（2）采用防爆的电气设备。在满足工艺生产及安全的前提下，应减少防爆电气设备的数量。如无特殊需要，不宜采用携带式电气设备。

（3）按有关电力设备接地设计技术规程规定的一般情况不需要接地的部分，在爆炸危险区域内仍应接地，电气设备的金属外壳应可靠接地。

（4）设置漏电火灾报警和紧急断电装置。在电气设备可能出现故障之前，采取相应补救措施或自动切断爆炸危险区域电源。

（5）安全使用防爆电气设备。正确地划分爆炸危险环境类别，正确地选型、安装防爆电气设备，正确地维护、检修防爆电气设备。

（6）散发较空气重的可燃气体、可燃蒸气的甲类厂房以及有粉尘、纤维爆炸危险的乙类厂房，应采用不发火花的地面。采用绝缘材料作整体面层时，应采取防静电措施。散发可燃粉尘、纤维的厂房内表面应平整、光滑，并易于清扫。

二、爆炸性混合物的分类、分级和分组

爆炸性气体、易燃液体和闪点低于或等于环境温度的可燃液体、爆炸性粉尘或易燃纤维等统称为爆炸性物质。在大气条件下，气体、蒸气、薄雾、粉尘或纤维状的易燃物质与空气混合，点燃后，燃烧将在整个范围内迅速传播的混合物，称为爆炸性混合物。

（一）爆炸性物质的分类

爆炸性物质可分为以下三类：

Ⅰ类：矿井甲烷。

Ⅱ类：爆炸性气体混合物（含蒸气、薄雾）。

Ⅲ类：爆炸性粉尘（含纤维）。

（二）爆炸性混合物的分级和分组

爆炸性混合物的危险性是由它的爆炸极限、传爆能力、引燃温度和最小点燃电流决定的。各种爆炸性混合物可按最大试验安全间隙、最小点燃电流分级和引燃温度分组，主要是为了配置相应的电气设备，以达到安全生产的目的。

1. 爆炸性气体混合物的分级分组

（1）按最大试验安全间隙（MESG）分级。最大试验安全间隙是在标准试验条件下，壳内所有浓度的被试验气体或蒸气与空气的混合物点燃后，通过长 25mm 的接合面均不能点燃壳外爆炸性气体混合物的外壳空腔两部分之间的最大间隙。可见，安全间隙的大小反映了爆炸性气体混合物的传爆能力。间隙越小，其传爆能力就越强，危险性越大；反之，间隙越大，其传爆能力越弱，危险性也越小。爆炸性气体混合物，按最大试验安全间隙的大小分为ⅡA、ⅡB、ⅡC 三级。ⅡA 级安全间隙最大，危险性最小；ⅡC 级安全间隙最小，危险性最大。

（2）按最小点燃电流（MIC）分级。最小点燃电流是在温度为 20～40℃、电压为 24V、电感为 95mH 的试验条件下，采用 IEC 标准火花发生器对空心电感组成的直流电路进行 3 000 次火花试验，能够点燃最易点燃混合物的最小电流。最易点燃混合物是在常温常压下，需要最小引燃能量的混合物。

按照最小点燃电流的大小，Ⅱ类爆炸性气体混合物分为ⅡA、ⅡB、ⅡC 三级，最小点燃电流越小，危险性就越大。ⅡA 级最大试验安全间隙最大，最小点燃电流最大，危险性最小；反之，ⅡC 级危险性最大。

（3）按引燃温度分组。爆炸性气体混合物不需要用明火即能引燃的最低温度，称为引燃温度。引燃温度越低的物质，越容易引燃。爆炸性气体混合物按引燃温度的高低，分为 T1、T2、T3、T4、T5、T6 六组。T6 引燃温度最低，危险性相对较高；T1 引燃温度最高，危险性相对较低。

2. 爆炸性粉尘的分级

在爆炸性粉尘环境中，根据粉尘特性（导电或非导电等）分为ⅢA、ⅢB、ⅢC 三级。ⅢA 级为可燃性飞絮，ⅢB 级为非导电性粉尘，ⅢC 级为导电性粉尘。

三、防爆电气设备

（一）电气设备的基本防爆类别

（1）隔爆型（d）。把设备可能点燃爆炸性气体混合物的部件全部封闭在一个外壳内，其外壳能够承受通过外壳任何接合面或结构间隙渗透到外壳内部的可燃性混合物在内部爆炸而不损坏，并且不会引起外部由一种、多种气体或蒸气形成的爆炸性环境的点燃。该类型设备适用于 1 区、2 区危险环境。

（2）增安型（e）。对在正常运行条件下不会产生火花、电弧的电气设备进一步采取一些附加措施，提高其安全程度，减少电气设备产生火花、电弧和危险温度的可能性。它不包括在正常运行情况下产生火花或电弧的设备。该类型设备主要用于 2 区危险环境，部分种类可以用于 1 区。

（3）本质安全型（ia、ib、ic、iD）。在设备内部的所有电路都是标准规定条件（包括正常工作或规定的故障条件）下产生的任何电火花或任何热效应均不能点燃规定的爆炸性气体环境的本质安全电路。该类型设备只能用于弱电设备中，ia 适用于 0 区、1 区、2 区危险环境，ib 适用于 1 区、2 区危险环境，ic 适用于 2 区危险环境，iD 适用于 20 区、21 区和 22 区危险环境。

（4）正压型（px、py、pz、pD）。具有正压外壳，可以保持内部保护气体的压力高于周围爆炸性环境的压力，阻止外部混合物进入外壳。该类型设备按照保护方法可以用于 1 区、2 区、21 区、22 区危险环境。

（5）油浸型（o）。将整个设备或设备的部件浸在油（保护液）内，使之不能点燃油面以上或外壳外面的爆炸性气体环境。该类型设备适用于 1 区、2 区危险环境。

（6）充砂型（q）。在外壳内充填砂粒或其他规定特性的粉末材料，使之在规定的使用条件下，壳内产生的电弧或高温均不能点燃周围爆炸性气体环境。该类型设备适用于 1 区、2 区危险环境。

（7）无火花型（n、nA）。正常运行条件下，不能点燃周围的爆炸性气体环境，也不太可能发生引起点燃的故障。该类型设备仅适用于 2 区危险环境。

（8）浇封型（ma、mb、mc、mD）。将可能产生引起爆炸性气体环境爆炸的火花、电弧或危险温度部分的电气部件，浇封在浇封剂（复合物）中，使它不能点燃周围爆炸性气体环境。该类型设备适用于 1 区、2 区及爆炸性粉尘危险环境。

（9）特殊型（s）。特殊型设备是指国家标准未包括的防爆形式。采用该类型的电气设备，由主管部门制定暂行规定，并经指定的防爆检验单位检验认可，方可按防爆特殊型电气设备使用。该类型设备根据实际使用开发研制，可适用于相应的危险环境。

（10）外壳保护型（tD）。采用限制外壳最高表面温度和采用“尘密”或“防尘”外壳来限制粉尘进入的方式，以防止可燃性粉尘点燃。根据其防爆性能，可选用于 20 区、21 区或 22 区危险环境。

（二）防爆电气设备类别

爆炸性气体环境用电气设备分为Ⅰ类、Ⅱ类和Ⅲ类三种：

Ⅰ类：煤矿用电气设备。

Ⅱ类：除煤矿外的其他爆炸性气体环境用电气设备。其中，Ⅱ类隔爆型“d”和本质安全型“i”电气设备又分为ⅡA、ⅡB、ⅡC 类。ⅡC 类无火花型“n”电气设备如果包括密封断路装置、非故障元件或限能设备或电路，该设备应是ⅡA、ⅡB、ⅡC 类，并按表 2-8-2 选型。

Ⅲ类：可燃性粉尘环境用电气设备。Ⅲ类又分为ⅢA、ⅢB、ⅢC 三类。ⅢA 类为可燃性飞絮，ⅢB 类为非导电性粉尘，ⅢC 类为导电性粉尘。

表 2-8-2　气体、蒸气或粉尘分级与电气设备类别的关系

气体、蒸气或粉尘分级	设备类别	气体、蒸气或粉尘分级	设备类别
ⅡA	ⅡA、ⅡB 或ⅡC	ⅢA	ⅢA、ⅢB 或ⅢC
ⅡB	ⅡB 或ⅡC	ⅢB	ⅢB 或ⅢC
ⅡC	ⅡC	ⅢC	ⅢC

（三）防爆电气设备温度组别

按最高表面温度划分，Ⅱ类爆炸性气体环境用电气设备分为 T1、T2、T3、T4、T5、T6 六组，应按对应的 T1 ~ T6 组的电气设备的最高表面温度不超过可能出现的任何气体或蒸气的引燃温度选型。

（四）防爆标志

防爆电气设备的防爆标志内容包括：防爆型式 + 设备类别 + 温度。防爆标志示例如下：

Ⅰ类隔爆型：Ex dI。

Ⅰ类特殊型：Ex sI。

ⅡB 类隔爆型 T3 组：Ex dⅡBT3。

ⅡA 类本质安全型 ia 等级 T5 组：Ex iaⅡAT5。

采用一种以上的复合形式时，先标出主体防爆形式，后标出其他防爆形式。

（五）防爆电气设备选用原则

（1）电气设备的防爆型式应与爆炸危险区域相适应。

（2）电气设备的防爆性能应与爆炸危险环境物质的危险性相适应；当区域存在两种以上爆炸危险物质时，电气设备的防爆性能应满足危险程度较高的物质要求。爆炸性气体环境内，防爆电气设备的类别和温度组别应与爆炸性气体的分类、分级和分组相对应；可燃性粉尘环境内，防爆电气设备的最高表面温度应符合规范规定。

（3）应与环境条件相适应。电气设备的选择应符合周围环境内化学作用、机械作用、热、霉菌以及风沙等不同环境条件对电气设备的要求，电气设备结构应满足电气设备在规定的运行条件下不降低防爆性能的要求。

（4）应符合整体防爆的原则，安全可靠、经济合理、使用维修方便。

参考文献

［1］倪照鹏，刘激扬，张鑫.《建筑设计防火规范》GB 50016—2014（2018 年版）实施指南［M］. 北京：中国计划出版社，2020.

练习题

一、一级注册消防工程师

（一）单项选择题

1. 某地上 4 层乙类厂房，其有爆炸危险的生产部位宜设置在第（　　）层靠外墙泄

压设施附近。

A. 三　　B. 四　　C. 二　　D. 一

2. 某环氧丙烷生产厂房的建筑防爆不符合现行国家标准要求的是（　　）。

A. 厂房内设置的总控制室采用耐火极限为 4.00h 的防爆墙和耐火极限为 2.50h 的不燃烧体楼板与其他部位完全分隔，并设置独立的安全出口

B. 楼梯间设置的门斗隔墙耐火极限为 2.50h

C. 贴邻厂房设置的休息室采用耐火极限为 4.00h 的防爆墙与厂房分隔，且设有独立的安全出口

D. 厂房的承重结构采用钢筋混凝土排架结构

3. 某松节油生产厂房专用的 10kV 变电站贴邻厂房设置。该厂房的下列防火防爆做法中，不符合现行国家标准要求的是（　　）。

A. 生产厂房贴邻变电站的墙体为防火墙

B. 贴邻的防火墙设置了一扇不可开启的甲级防火窗

C. 厂房的所有电器均采用防爆电器

D. 厂房与变电站连通开口处设置了甲级防火门

（二）多项选择题

1. 某设计院对有爆炸危险的甲类厂房进行设计。下列防爆设计方案中，符合《建筑设计防火规范》（GB 50016—2014，2018 年版）的有（　　）。

A. 厂房承重结构采用钢筋混凝土结构

B. 厂房的总控制室独立设置

C. 厂房地面采用不发火花地面

D. 厂房的分控制室贴邻厂房外墙设置，并采用耐火极限不低于 3.00h 的防火隔墙与其他部位分隔

E. 厂房利用门窗作为泄压设施，窗玻璃采用普通玻璃

2. 某汽车加油加气站，设有埋地汽油储罐及地上 LNG 储罐，加油岛及加气岛上方罩棚的净空高度为 4.5m，关于该站爆炸危险区域划分和电气设备选型的说法，正确的有（　　）。

A. 以汽油罐密闭卸油口为中心，半径为 0.5m 的球形空间应划分为 1 区，加油机壳体内部空间应划分为 2 区

B. 加气机地坪以下的坑应划分为 1 区，罩棚顶板以上空间可划分为非防爆区

C. 罩棚下的照明灯具应选用的级别与组别分别不应低于 ⅡB、T1

D. 罩棚下的照明灯具可选用隔爆型灯具

E. 罩棚下的照明灯具可选用增安型灯具

二、二级注册消防工程师

（一）单项选择题

1. 下列关于建筑防爆的基本措施中，不属于减轻性技术措施的是（　　）。

A. 设置防爆墙　　B. 设置泄压面积

C. 采用不发火花的地面　　D. 采用合理的平面布置

2. 下列建筑防爆措施中，不属于预防性措施的是（　　）。

A. 生产过程中尽量不用具有爆炸危险的可燃物质

B. 消除静电火花

C. 设置可燃气体浓度报警装置

D. 设置泄压构件

（二）多项选择题

对某活性炭制造厂房进行防火防爆检查，下列检查结果中，符合现行国家标准要求的有（　　）。

A. 厂房采用水泥地面

B. 地沟中积聚的粉尘未清理

C. 在厂房内设置的排污地沟，盖板严密

D. 采暖设施采用肋片式散热器

E. 墙面采取了防静电措施

第九章　建筑设备防火防爆

学习要求

通过本章学习，应了解采暖系统防火防爆基本要求，熟悉锅炉房、电力变压器的火灾危险性，掌握通风与空调系统、燃油燃气设施、锅炉房、电力变压器的防火防爆措施。

为了营造建筑内部舒适的工作、生活环境，建筑内部安装使用了采暖、通风与空调系统，提供冷、热源的直燃机、锅炉及穿越建筑内部的各类供热、通风及空调管道。这些设备自身具有一定的火灾危险性，如果设计、使用不当，还可能造成火势的蔓延扩大。为建筑提供消防电源的柴油发电机、变压器等设施设备以及厨房设备等燃油燃气设施，同样具有较大的火灾危险性。因此，必须采取相应的防火防爆措施预防和减少火灾和爆炸的危害。

第一节　采暖系统防火防爆

采暖是采用人工方法提供热量，以确保在较低的环境温度下，仍能保持适宜的工作或生活条件的一种技术手段。采暖按设施的布置情况分为集中采暖和局部采暖两大类。其中，集中采暖由锅炉房供给热水或蒸汽，通过管道分别输送到各有关室内的散热器，将热量散发后再流回锅炉循环使用，或将空气加热后用风管分送到各有关房间。局部采暖则由火炉、电炉或煤气炉等就地发出热量，只供给本房间内部或少数房间应用。

火灾危险性不同的建筑，对采暖的防火防爆设计也有不同的要求。采暖系统的防火设计应按《建筑设计防火规范》（GB 50016—2014，2018 年版）以及《汽车库、修车库、停车场设计防火规范》（GB 50067—2014）等有关规范的规定执行。

一、采暖装置的选型和设置原则

（1）甲、乙类厂房和甲、乙类库房内严禁采用明火、燃气红外线辐射采暖。存在粉尘爆炸危险性的场所内不应采用电热散热器供暖。因为用明火或电热散热器的采暖系统，其热风管道可能被烧坏，或者带入火星与易燃易爆气体或蒸气接触，易引起爆炸火灾事故。

（2）散发可燃粉尘、可燃纤维的生产厂房采暖装置的选型和设置应满足下列要求：

1）为防止纤维或粉尘积聚在管道和散热器上受热自燃，散热器表面平均温度不应超过 82.5℃（相当于供水温度 95℃，回水温度 70℃）；输煤廊的采暖散热器表面平均温度不应超过 130℃。

2）散发物（包括可燃气体、蒸气、粉尘）与采暖管道和散热器表面接触能引起燃烧、爆炸时，应采用不循环使用的热风采暖，且不应在这些房间穿过采暖管道，采暖管道确须穿过时，应用不燃材料隔热。

3）不应使用肋形散热器，以防积聚粉尘。

（3）在生产过程中散发的可燃气体、可燃蒸气、可燃粉尘、可燃纤维（CS_2 气体、黄磷蒸气及其粉尘等）与采暖管道、散热器表面接触能引起燃烧的厂房，以及在生产过程中散发受到水、水蒸气的作用能引起自燃、爆炸的粉尘（如生产和加工钾、钠、钙等物质）或产生爆炸性气体（如碳化钙、碳化铝、氢化钾、氢化钠、硼氢化钠等遇水反应释放出的可燃气体）的厂房，应采用不循环使用的热风采暖，以防止此类场所发生爆炸火灾事故。

二、采暖设备的防火防爆措施

（一）采暖管道与建筑物的可燃构件的安全距离

采暖管道穿过可燃构件时，要用不燃材料隔开绝热；或根据管道外壁的温度，使管道与可燃构件之间保持适当的距离。当管道温度大于 100℃时，距离不小于 100mm 或采用不燃材料隔热；当温度小于或等于 100℃时，距离不小于 50mm 或采用不燃材料隔热。

（二）加热送风采暖设备的防火设计

（1）电加热设备与送风设备的电气开关应有联锁装置，以防风机停转时，电加热设备仍单独继续加热，导致温度过高而引起火灾。

（2）应在重要部位设置感温自动报警器，必要时加设自动防火阀，以控制取暖温度，防止过热起火。

（3）装有电加热设备的送风管道应用不燃材料制成。

（三）采暖管道和设备的材料选择

甲、乙类厂房、仓库的火灾发展迅速、热量大，采暖管道和设备的绝热材料应采用不燃材料，以防火灾沿着管道的绝热材料迅速蔓延到相邻房间或整个房间。对于其他建筑，可采用燃烧毒性小的难燃绝热材料，但应首先考虑采用不燃材料。

（四）车库采暖设备的防火设计

车库内需要采暖时，应设置热水、蒸汽或热风等采暖设备，不应采用火炉或其他明火采暖方式，以防火灾事故的发生。下列汽车库或修车库需要采暖时应设集中采暖：

（1）甲、乙类物品运输车的汽车库。

（2）Ⅰ、Ⅱ、Ⅲ类汽车库。

（3）Ⅰ、Ⅱ类修车库。

Ⅳ类汽车库和Ⅲ、Ⅳ类修车库，当采用集中采暖有困难时，可采用火墙采暖，但对容易暴露明火的部位，例如，炉门、节风门、除灰门严禁设在汽车库、修车库内，必须设置在车库外，并要求用具有一定耐火极限的不燃性墙体与汽车库、修车库隔开。汽车库采暖部位不应贴邻甲、乙类生产厂房、库房布置，以防燃烧、爆炸事故的发生。

第二节　通风与空调系统防火防爆

建筑物内的通风和空调系统给人们的工作和生活创造了舒适的环境条件，但如系统设计不当，不仅设备本身存在火险隐患，而且通风和空调系统的管道还将成为火灾在建筑物内蔓延传播的重要途径。由于这类管道纵横交错贯穿于建筑物中，火灾由此蔓延的后果极为严重。在散发可燃气体、可燃蒸气和粉尘的厂房内，加强通风，及时排除空气中的可燃有害物质，是一项很重要的防火防爆措施。

通风、空调系统的防火设计应按《建筑设计防火规范》（GB 50016—2014，2018年版）、《人民防空工程设计防火规范》（GB 50098—2009）以及《汽车库、修车库、停车场设计防火规范》（GB 50067—2014）的有关规定执行。

一、通风、空调系统的防火防爆要求

通风、空调系统的防火防爆设计应满足下列要求：

（1）甲、乙类生产厂房中排出的空气不应循环使用，以防止排出的含有可燃物质的空气重新进入厂房，增加火灾危险性。丙类生产厂房中排出的空气，如含有燃烧或爆炸危险的粉尘、纤维（如棉、毛、麻等），易造成火灾的迅速蔓延，上述场所应在通风机前设滤尘器对空气进行净化处理，并应使空气中的含尘浓度低于其爆炸下限的25%之后，再循环使用。

（2）甲、乙类生产厂房用的送风和排风设备不应布置在同一通风机房内，且其排风设备也不应和其他房间的送、排风设备布置在一起。因为甲、乙类生产厂房排出的空气中常含有可燃气体、蒸气和粉尘，如果将排风设备或送风设备与其他房间的送、排风设备布置在一起，一旦发生设备故障或起火爆炸事故，这些可燃物质就会沿着管道迅速传播，扩大灾害损失。

（3）厂房内有爆炸危险场所的排风管道，严禁穿过防火墙和有爆炸危险的房间隔墙等防火分隔物，以防止火灾通过排风管道蔓延扩大到建筑的其他部分。

（4）民用建筑内存放容易起火或爆炸物质的房间（如容易放出可燃气体氢气的蓄电池室、存放使用甲类液体的小型零配件库房、电影放映室、化学实验室、化验室、易燃化学药品库等），设置排风设备时应采用独立的排风系统，且其空气不应循环使用，以防止易燃易爆物质或发生的火灾通过风道扩散到其他房间。此外，其排风系统所排出的气体应通向安全地点进行泄放。

（5）通风和空调系统的管道布置，横向宜按防火分区设置，竖向不宜超过5层，以构成一个完整的建筑防火体系，防止和控制火灾的横向、竖向蔓延。当管道在防火分隔处设置防止回流设施或防火阀，且建筑的各层设有自动喷水灭火系统，能有效地控制火灾蔓延时，其管道布置可不受此限制。穿过楼层的垂直风管应设在管井内，且应采取下述防止回流的措施：

1）增加各层垂直排风支管的高度，使各层排风支管穿越两层楼板。

2）排风总竖管直通屋面，小的排风支管分层与总竖管连通。

3）将排风支管顺气流方向插入竖向风道，且支管到支管出口的高度不小于600mm。

4）在支管上安装止回阀。

（6）排除含有比空气轻的可燃气体与空气的混合物时，其排风管道应顺气流方向向上坡度敷设，以防在管道内局部积聚而形成有爆炸危险的高浓度气体。

（7）排风口设置的位置应根据可燃气体、蒸气密度的不同而有所区别。比空气轻者，应设在房间的顶部；比空气重者，则应设在房间的下部，以利于及时排出易燃易爆气体。进风口的位置应布置在上风方向，并尽可能远离排气口，保证吸入的新鲜空气中不再含有从房间排出的易燃易爆气体或物质。

（8）可燃气体管道和甲、乙、丙类液体管道不应穿过通风管道和通风机房，也不应沿通风管道的外壁敷设，以防甲、乙、丙类液体管道一旦发生火灾事故，火情沿着通风管道蔓延扩散。

（9）含有燃烧和爆炸危险粉尘的空气，在进入排风机前应先采用不产生火花的除尘器进行净化处理，以防浓度较高的爆炸危险粉尘直接进入排风机，遇到火花发生爆炸事故，或者在排风管道内逐渐沉积下来自燃起火和助长火势蔓延。

（10）处理有爆炸危险粉尘的排风机、除尘器应与其他一般风机、除尘器分开设置，且应按单一粉尘分组布置，这是因为不同性质的粉尘在一个系统中，容易发生火灾爆炸事故。例如：硫黄与过氧化铅、氯酸盐的混合物能发生爆炸；炭黑混入氧化剂自燃点会降低。

（11）净化有爆炸危险粉尘的干式除尘器和过滤器，宜布置在厂房外的独立建筑内，且与所属厂房的防火间距不应小于10m，以免粉尘一旦爆炸波及厂房扩大灾害损失。符合下列条件之一的干式除尘器和过滤器，可布置在厂房的单独房间内，但应采用耐火极限不低于3.00h的防火隔墙和耐火极限不低于1.50h的楼板与其他部位分隔。

1）有连续清尘设备的除尘器和过滤器。

2）风量不超过15 000m^3/h，且集尘斗的储尘量小于60kg的定期清灰的除尘器和过滤器。

（12）含有有爆炸危险的粉尘和碎屑的除尘器、过滤器和管道，均应设有泄压装置，以防发生爆炸造成更大的损害。净化有爆炸危险的粉尘的干式除尘器和过滤器，应布置在系统的负压段上，以避免其在正压段上漏风而引起事故。

（13）甲、乙、丙类生产厂房的送、排风管道宜分层设置，以防止火灾从起火层通过管道向相邻层蔓延扩散；但进入厂房的水平或垂直送风管设有防火阀时，各层的水平或垂直送风管可合用一个送风系统。

（14）排除有燃烧、爆炸危险的气体、蒸气和粉尘的排风管道应采用易于导除静电的金属管道，应明装不应暗敷，不得穿越其他房间，且应直接通到室外的安全处，尽量远离明火和人员通过或停留的地方，以防止管道渗漏发生事故时造成更大影响。

（15）通风管道不宜穿过防火墙、防火隔墙和不燃性楼板等防火分隔物，如必须穿过时，应在穿过处设防火阀，在防火墙两侧各 2m 范围内的风管保温材料应采用不燃材料，并在穿过处的空隙用不燃材料填塞，以防火灾蔓延。有爆炸危险的厂房，其排风管道不应穿过防火墙和车间隔墙。

二、通风、空调系统防火防爆设计

（一）易燃易爆场所通风、空调系统的防火防爆设计要求

（1）空气中含有容易起火或爆炸物质的房间，其送、排风系统应采用防爆型的通风设备和不会产生火花的材料（如可采用有色金属制造的风机叶片和防爆电动机）。当送风机布置在单独分隔的通风机房内，且送风干管上设置防止回流设施时，可采用普通型通风设备。

（2）含有易燃易爆粉尘（碎屑）的空气，在进入排风机前应采用不产生火花的除尘器进行处理，以防止除尘器工作过程中产生火花引起粉尘、碎屑燃烧或爆炸。对于遇湿可能爆炸的粉尘（如碳化钙、锌粉、铝镁合金粉等），严禁采用湿式除尘器。

（3）排出、输送有燃烧、爆炸危险的气体、蒸气和粉尘的排风系统，应采用不燃材料并设有导除静电的接地装置。其排风设备不应布置在地下、半地下建筑（室）内，以防止有爆炸危险的蒸气和粉尘等物质的积聚。

（4）排出、输送温度超过 80℃的空气或其他气体以及容易起火的碎屑的管道，与可燃或难燃物体之间应保持不小于 150mm 的间隙，或采用厚度不小于 50mm 的不燃材料隔热，以防止填塞物与构件因受这些高温管道的影响而导致火灾。当管道互为上下布置时，表面温度较高者应布置在上面。

（二）燃油、燃气锅炉房通风、空调系统的防火防爆设计要求

燃油、燃气锅炉房在使用过程中存在逸漏或挥发的可燃性气体，要在燃油、燃气锅炉房内保持良好的通风条件，使逸漏或挥发的可燃性气体与空气混合气体的浓度能很快稀释到爆炸下限值的 25% 以下。

燃气锅炉房应选用防爆型的事故排风机。燃油或燃气锅炉房可采用自然通风或机械通风，当设置机械通风设施时，该机械通风设施应设置导除静电的接地装置，通风量应符合下列规定：

（1）燃油锅炉房的正常通风量按换气次数不少于 3 次 /h 确定，事故排风量应按换气次数不少于 6 次 /h 确定。

（2）燃气锅炉房的正常通风量按换气次数不少于 6 次 /h 确定，事故排风量应按换气次数不少于 12 次 /h 确定。

（三）汽车库通风、空调系统的防火防爆设计要求

（1）设置通风系统的汽车库，其通风系统宜独立设置。组合建筑内的汽车库和地下汽车库的通风系统应独立设置，不应和其他建筑的通风系统混设，以防止积聚油蒸气而引起爆炸事故。

（2）喷漆间、蓄电池间均应设置独立的排气系统，乙炔站的通风系统设计应按相关规定执行。

（3）风管应采用不燃材料制作，且不应穿过防火墙、防火隔墙；当必须穿过时，除应采用不燃材料将孔洞周围的空隙紧密填塞外，还应在穿过处设置防火阀。防火阀的动作温度宜为70℃。

（4）风管的绝热材料应采用不燃或难燃材料；穿过防火墙的风管，其位于防火墙两侧各2m范围内的绝热材料应为不燃材料。

（四）其他场所通风、空调系统的防火防爆设计要求

（1）电影院的放映机室宜设置独立的排风系统。当需要合并设置时，通向放映机室的风管应设置防火阀。

（2）设置气体灭火系统的房间，因灭火后产生大量气体，人员进入之前需将这些气体排出，应设置能排除废气的排风装置。为了不使灭火后产生的气体扩散到其他房间，与该房间连通的风管应设置自动阀门，火灾发生时，阀门应自动关闭。

（五）防火阀、排烟防火阀的设置

下列任何一种情况下的通风、空调系统的送、回风管道上应设置防火阀：

（1）送、回风总管穿越防火分区的隔墙处应设置防火阀，以防止防火分区或不同防火单元之间的火灾蔓延扩散。

（2）穿越通风、空调机房及重要的房间（如重要的会议室、贵宾休息室、多功能厅、贵重物品间等）或火灾危险性大的房间（如易燃物品实验室、易燃物品仓库等）隔墙及楼板处的送、回风管道应设置防火阀，以防止机房的火灾通过风管蔓延到建筑物的其他房间，或者防止火灾危险性大的房间发生火灾时经通风管道蔓延到机房或其他部位。

（3）多层建筑和高层建筑垂直风管与每层水平风管交接处的水平管段上应设置防火阀，以防火灾穿过楼板蔓延扩大。但当建筑内每个防火分区的通风、空调系统均独立设置时，该防火分区内的水平风管与垂直总管的交接处可不设置防火阀。

（4）公共建筑的厨房、浴室、卫生间的垂直排风管道，应设置防止回流设施或在支管上设置防火阀。公共建筑的厨房的排油烟管道宜按防火分区设置，且应在与垂直排风管连接的支管处设置动作温度为150℃的防火阀，以免影响平时厨房操作中的排风。

（5）在穿越变形缝的两侧风管上各设一个防火阀，以使防火阀在一定时间内达到耐火完整性和耐火稳定性要求，起到有效隔烟阻火的作用。

（6）防火阀的设置尚应符合下列规定：

1）有熔断器的防火阀，其动作温度宜为70℃。

2）防火阀宜靠近防火分隔处设置。

3）防火阀安装时，可明装也可暗装。当防火阀暗装时，应在安装部位设置方便检修的检修口。

4）为保证防火阀能在火灾条件下发挥作用，穿过防火墙两侧各2m范围内的风管绝热材料应采用不燃材料且具备足够的刚性和抗变形能力，穿越处的空隙应用不燃材料或防火封堵材料严密填实。

5）防火阀的易熔片或其他感温、感烟等控制设备一经动作，应能顺气流方向自行严密关闭，并应设有单独支架、吊架等防止风管变形而影响关闭的措施。

（六）通风、空调系统风管、风机等设备的材料选择

（1）通风、空调系统的风管、风机等设备应采用不燃材料制作，但接触腐蚀性介质的风管和柔性接头，可采用难燃材料。体育馆、展览馆、候机（车、船）楼（厅）等大空间建筑和单、多层办公楼以及丙、丁、戊类厂房内的通风、空调系统，当风管按防火分区设置且已设置防烟防火阀时，可采用燃烧产物毒性较小的难燃材料。

（2）风管和设备的绝热材料、用于加湿器的加湿材料、消声材料（如超细玻璃棉、玻璃纤维、岩棉、矿渣棉等）及其黏结剂，宜采用不燃材料。当确有困难时，可采用燃烧产物毒性较小的难燃材料（如自熄性聚氨酯泡沫塑料、自熄性聚苯乙烯泡沫塑料等），以减少火灾蔓延。

（3）有电加热器时，电加热器的开关和电源开关应与风机的起停联锁控制，以防止通风机已停止工作，而电加热器仍继续加热导致过热起火。电加热器前后各0.8m范围内的风管和穿过有高温、火源等容易起火房间的风管，均必须采用不燃材料，以防电加热器过热引起火灾。

第三节　燃油、燃气设施防火防爆

在民用建筑中，常见的燃油、燃气设施有柴油发电机、直燃机和厨房设备，其火灾危险性和防火防爆措施各有特点。

一、柴油发电机防火防爆

（一）柴油发电机房的火灾危险性

柴油发电机房内主要安装了发电机组、电气设备和供油设施，其火灾危险性主要包括以下几个方面：

（1）固体表面火灾。发电设备超温、油路泄漏、机内电路短路。

（2）电气火灾。供电线路短路或其他电气故障引起电气设备着火。

（3）非水溶性可燃液体（柴油）火灾。供油系统的输油管路、容器泄漏或火灾时遭到破坏，油类流淌到地面，接触到高温烟气或明火而燃烧。

（二）柴油发电机房的防火防爆措施

柴油发电机房布置在民用建筑内时应符合下列规定：

（1）宜布置在首层或地下一、二层，不应布置在人员密集场所的上一层、下一层或贴邻。柴油发电机应采用丙类柴油作燃料，柴油的闪点不应小于60℃。

（2）应采用耐火极限不低于2.00h的不燃性隔墙和耐火极限不低于1.50h的不燃性楼板与其他部位隔开，门应采用甲级防火门。

（3）机房内设置储油间时，单间储油间的燃油储存量不应大于1m^3，储油间应采用耐火极限不低于3.00h的防火隔墙与发电机间分隔；必须在防火隔墙上开门时，应设置甲级防火门。

（4）应设置火灾自动报警装置。

（5）应设置与柴油发电机容量和建筑规模相适应的灭火设施，当建筑内其他部位设置自动喷水灭火系统时，柴油发电机房也应设置自动喷水灭火系统。

（6）设置在建筑物内的柴油发电机，其进入建筑物内的燃料供给管道应符合下列规定：

1）应在进入建筑物前和设备间内，设置自动和手动切断阀。

2）储油间的油箱应密闭且应设置通向室外的通气管，通气管应设置带阻火器的呼吸阀。油箱的下部应设置防止油品流散的设施。

3）燃油供给管道的敷设应符合国家标准的有关规定。

4）供柴油发电机使用的丙类液体燃料储罐，其布置应符合《建筑设计防火规范》（GB 50016—2014，2018 年版）的有关规定。

二、直燃机的防火防爆

溴化锂直燃式制冷机组（简称直燃机）是通过燃油或燃气直接提供热源，制取 5℃以上冷水和 70℃以下热水的冷热水机组。随着城市建筑的快速发展，大型建筑及高层建筑内使用空调系统越来越多，直燃机具有体积小、能耗少、功能全、无大气污染及一次性投资费用较低的优点。由于城市用地紧张，在建筑以外单独设置直燃机房的可能性较小，溴化锂直燃机体积小、安全可靠度高，适合设置在室内。

（一）直燃机的工作特点

直燃机是由高压发生器、低压发生器、冷凝器、蒸发器、吸收器等主要设备组成的管壳式换热器的组合体。该设备属于真空设备，始终处于负压状态下运行，而锅炉大多处于正压状态运行，因而直燃机相对燃气锅炉安全系数较高。

直燃机本身还具有完备的安全装置：厂家选配品质较高的燃烧器，具有调压及一定的稳定作用，可以保证燃烧的稳定；设置双级电磁阀串联使用，确保停机燃气不漏进炉膛，即使在烟道内出现险情产生爆炸，烟道上设有防火门，不会产生破坏性作用；稳压器、压力控制器对燃气压力上、下限进行控制，一旦燃气压力超过上、下限，则燃烧机立即停火，无脱火和回火的危险；设置燃气电磁阀泄漏检测装置，一旦发现泄漏，就立即保护，不执行点火程序；设置空气压力开关，确保燃烧机运行期间风机有足够的鼓风量，使燃烧正常进行，一旦风机出现故障，燃烧机立即停火保护；设置离子火焰检测装置，时刻监视燃烧情况，一旦出现异常，立即停火保护；设置风机过载保护，一旦过载，立即停火保护；设置燃烧机开启防火联锁装置，燃烧机未闭好，将无法点火；设置风门与供气蝶阀同步调节联动装置，确保燃烧机空燃比始终正常稳定；设置气敏传感器，一旦空气中可燃气体比例超标，燃烧器不执行点火指令。

（二）直燃机的火灾危险性

（1）直燃机使用燃油（轻油、柴油）、燃气（煤气、天然气、液化石油气）作为燃料，这些燃料的物化性质决定了燃料本身就具有一定的火灾危险性。

（2）设备在运行过程中当控制失灵、管道阀门泄漏以及机件损坏时燃油、燃气泄漏，液体蒸气、气体与空气形成爆炸混合物，遇明火、热源产生燃烧、爆炸。

（3）操作人员违反操作规程造成直燃机熄火，使炉膛内的气体、雾化油体积急剧膨胀造成炉膛爆炸，还可能造成水平烟道和烟囱内的气体、油气、油的裂解气爆炸。

（三）直燃机房的防火防爆措施

直燃机房的安全核心是防止可燃性气体泄漏，不发生爆炸。

（1）直燃机组在设计和制造上的质量，应符合产品本身质量保证要求。

（2）直燃机房应设置在建筑外的专用房间内，确有困难时，应布置在首层或地下一层靠外墙部位，不应布置在人员密集场所的上一层、下一层或贴邻，并采用无门、窗、洞口的耐火极限不低于2.00h的防火隔墙和耐火极限不低于1.50h的不燃性楼板与其他部位隔开。当必须开门时，应设甲级防火门。燃油直燃机房的油箱不应大$1m^3$并应设在耐火极限不低于二级的房间内，该房间的门应采用甲级防火门。

（3）直燃机房的安全出口不应少于两个，至少应设一个直通室外的安全出口，从机房最远点到安全出口的距离不应超过35m。疏散门应为甲级防火门，外墙开口部位的上方应设置宽度不小于1m为不燃性的防火挑檐或不小于1.2m的窗间墙。

（4）机房应设置火灾自动报警系统（燃油直燃机房应设感温火灾探测器，燃气直燃机房应设感烟火灾探测器及可燃气体报警探测器）。应设置与直燃机的容量及建筑规模相适应的灭火设施，当建筑内其他部位设置自动喷水灭火系统时，应设置自动喷水灭火系统及水喷雾灭火装置，两个系统之间应可靠联动，报警探测器探测点不少于2个，且应布置在易泄漏的设备或部件上方。当可燃气体浓度达到爆炸下限的25%时，报警系统应能及时准确报警、切断燃气总管上的阀门和非消防电源，并启动事故排风系统。设置自动喷水灭火系统的直燃机房应设置排水设施。

（5）主机房应设置可靠的送风、排风系统，室内不应出现负压。燃油机组机房的正常通风量应按换气次数不少于3次/h确定，事故排风量应按不少于6次/h确定。燃气机组机房的正常通风量应按换气次数不少于6次/h确定，事故排风量应按不少于12次/h确定。主机房机械排风系统应与可燃气体浓度报警系统联动，并且送风量不应小于燃烧所需的空气量和人员所需新鲜空气量之和，以保证主机房的天然气浓度低于爆炸下限，应能保证在停电情况下正常运行。

（6）应设置双回路供电，并应在末端配电箱处设自动切换装置。燃气直燃机房使用气体如果密度比空气小（如天然气），机房应采用防爆照明电器；使用气体如果密度比空气大（如液化石油气），则机房应设不发火地面，且使用液化石油气的机房不应布置在地下各层。

（7）燃气直燃机房应有事故防爆泄压设施，并应符合消防技术规范的要求，外窗、轻质屋盖、轻质墙体（自重不超过$60kg/m^2$）可为泄压设施，在机房四周和顶部及柱子迎爆面安装爆炸减压板，降低爆炸时产生的爆炸压力峰值，保护主体结构。防爆泄压面的设置应避开人员集中的场所和主要交通道路，并宜靠近容易发生爆炸的部位。

（8）进入地下机房的天然气管道应尽量缩短，除与设备连接部分的接头外，一律采用焊接，并穿套管单独敷设，应尽量减少阀门数量，进气管口应设有可靠的手动和自动阀门。进入建筑物内的燃气管道必须采用专用的非燃材料管道和优质阀门，保证燃气不致泄漏。进气、进油管道上应设置紧急手动和自动切断阀，燃油直燃机应设事故油箱。

（9）机房内的电气设备应采用防爆型，溴化锂机组所带的真空泵电控柜也应采取隔爆措施，保证在运行过程中不产生火花。电气设备应有可靠的接地措施。

（10）烟道和烟囱应具有能够确保稳定燃烧所需的截面结构，在工作温度下应有足够的强度，在烟道周围 0.5m 以内不允许有可燃物，烟道不得从油库房及有易燃气体的房屋中穿过，排气口水平距离 6m 以内不允许堆放易燃品。

（11）每台机组宜采用单独烟道，多台机组共用一个烟道时，每台机组的排烟口应设置风门。

第四节　锅炉房、厨房防火防爆

一、锅炉房防火防爆

民用建筑的锅炉房通常是为建筑采暖提供热源，一般以热水或蒸汽锅炉应用较多。锅炉房的火灾危险性属于丁类生产厂房，但根据锅炉的燃料不同，锅炉房建筑的耐火等级应符合《建筑设计防火规范》（GB 50016—2014，2018 年版）和《锅炉房设计标准》（GB 50041—2020）的要求。

燃油锅炉房和燃煤锅炉房的耐火等级应分别为一级和二级，但如装设总额定蒸发量不超过 4t/h、以煤为燃料的锅炉房，可采用三级耐火等级建筑。燃油锅炉的油箱间、油泵间、油料加热间为丙类生产厂房，建筑物耐火等级不应低于二级。

（1）在总平面布局中，锅炉房应选择在主体建筑的下风或侧风方向，且应考虑到由于明火或烟囱飞火，与周围的甲、乙类生产厂房，易燃物品和重要物资仓库，易燃液体储罐，以及稻草和露天粮、棉、木材堆场等部位必须保持必要的防火间距，可以根据《建筑设计防火规范》（GB 50016—2014，2018 年版）的有关规定确定，一般为 25 ~ 50m。燃煤锅炉房与煤堆场之间应保持 6 ~ 8m 的防火间距。灰煤与煤堆之间，应保持不小于 10m 的间距。燃烧易燃油料或液化石油气的锅炉房与储罐之间的防火间距，应根据储量按《建筑设计防火规范》（GB 50016—2014，2018 年版）的有关规定确定。单台蒸汽锅炉的蒸发量不大于 4t/h 或单台热水锅炉额定热功率不大于 2.8MW 的燃煤锅炉房与民用建筑的防火间距，可根据锅炉房的耐火等级按民用建筑的规定确定。燃油或燃气锅炉房、蒸发量或额定热功率大于上述情况的燃煤锅炉房与民用建筑的防火间距，应符合丁类厂房的规定。

（2）锅炉房宜独立建造，但确有困难时可贴邻民用建筑布置，但应采用防火墙隔开，且不应贴邻人员密集场所。燃油或燃气锅炉受条件限制必须布置在民用建筑内时，不应布置在人员密集场所的上一层、下一层或贴邻，并应符合下列规定：

1）常（负）压燃油或燃气锅炉房不应位于地下二层及以下，位于屋顶的常（负）压燃气锅炉房与通向屋面的安全出口的最小水平距离不应小于 6m；其他燃油或燃气锅炉房应位于建筑首层的靠外墙部位或地下一层的靠外侧部位，不应贴邻消防救援专用出入口、疏散楼梯（间）或人员的主要疏散通道。当锅炉房设在楼顶时，其顶板应进行双浇混凝土加厚处理，以提高耐火极限。

燃油锅炉应采用丙类液体作燃料。采用相对密度大于或等于 0.75 的可燃气体为燃料的锅炉，不得设置在地下或半地下建筑（室）内。

2）锅炉房的门应直通室外或直通安全出口；外墙开口部位的上方应设置宽度不小于 1m 的不燃性防火挑檐或高度不小于 1.2m 的窗槛墙。

3）锅炉房与其他部位之间应采用耐火极限不低于 2.00h 的防火隔墙和耐火极限不低于 1.50h 的不燃性楼板隔开。在隔墙和楼板上不应开设洞口，当必须在隔墙上开设门、窗时，应设置甲级防火门、窗。

4）当锅炉房内设置储油间时，其单间储油间的储存量不应大于 $1m^3$，且储油间应采用耐火极限不低于 3.00h 的防火隔墙与锅炉间隔开；当必须在防火隔墙上设置门时，应采用甲级防火门。

5）锅炉的容量应符合《锅炉房设计标准》（GB 50041—2020）的有关规定。

6）应设置火灾报警装置和与锅炉容量及建筑规模相适应的灭火设施。

7）燃气锅炉房应设置防爆泄压设施。燃油、燃气锅炉房应有良好的自然通风或机械通风设施。燃气锅炉房应选用防爆型事故排风机。设置机械通风设施时，其机械通风装置应设置导除静电的接地装置，通风量应符合相关规定。

（3）锅炉房为多层建筑时，每层至少应有两个出口，分别设在两侧，并设置安全疏散楼梯直达各层操作点。锅炉房前端的总宽度不超过 12m，建筑面积不超过 $200m^2$ 的单层锅炉房，可以开一个门。锅炉房通向室外的门应向外开，在锅炉运行期间门不得上锁或闩住，确保出入口畅通无阻。

（4）锅炉的燃料供给管道应在进入建筑物前和设备间内的管道上设置自动和手动切断阀。储油间的油箱应密闭且应设置通向室外的通气管，通气管应设置带阻火器的呼吸阀，油箱的下部应设置防止油品流散的设施。燃气供给管道的敷设应符合《城镇燃气设计规范》（GB 50028—2006，2020 年版）的相关规定。

（5）油箱间、油泵间、油加热间应用防火墙与锅炉间及其他房间隔开，门、窗应对外开启，不得与锅炉间相连通，室内的电气设备应为防爆型。

（6）锅炉房电力线路不宜采用裸线或绝缘线明敷，应采用金属管或电缆布线，且不宜沿锅炉烟道、热水箱和其他载热体的表面敷设，电缆不得在煤场下通过。

二、厨房防火防爆

宾馆、饭店等建筑的厨房是经常用火的地方，由于不同场所经营水平不一，厨房设施和厨房环境差异很大，目前，上述场所的厨房大多采用液化石油气、天然气等可燃气体，柴油等可燃液体以及炭、燃煤等可燃固体作为燃料，随着厨房设施的不断更新，以及用火方式的变化，厨房的火灾危险性也呈现出复杂多变的趋势。因此，厨房的防火安全不容忽视。

（一）火灾危害

厨房是公共场所发生火灾的主要地点，因此，厨房火灾是常见的建筑火灾之一，会造成大量的财产损失，人员伤亡和一些不可挽回的企业品牌形象。厨房火灾危险性较大，主要原因有燃气泄漏、油烟机和排油烟管道着火、电气设备过载老化等，归纳其起火原因，主要有以下几点：

（1）燃料泄漏。厨房是使用明火进行作业的场所，所用的燃料一般有液化石油气、煤气、天然气等，若操作不当、开关关闭不严、管道软管老化、管道被鼠咬等，很容易引起可燃气体、液体燃料泄漏，从而引发火灾和爆炸事故。

（2）油污沉积。厨房环境一般比较潮湿，在这种条件下，燃料燃烧过程中产生的不均匀燃烧物及油气蒸发产生的油烟很容易积聚下来，形成一定厚度的可燃物油层和粉层附着在墙壁、烟道和抽油烟机的表面，如不及时清洗，就有引起油烟火灾的可能。

（3）电气故障。厨房的使用空间一般都比较紧凑，各种大型厨房电气设备种类繁多，加之厨房高温、高湿及油污的环境特点，极易造成设备配电回路的绝缘老化及电气连接接触不良，从而引发电气火灾，尤其是在吊顶内电气故障引发的火灾，还存在隐蔽不易及时发现的特点。

（4）用油不当。厨房用油大致分为两种，一是燃料用油，二是食用油。燃料用油包括柴油等丙类可燃液体。在燃油使用过程中，因调火、放置不当等原因很容易引起火灾。例如：将柴油放置在烟道旁，烟道起火时就会同时引发柴油起火；因油锅内油温过高起火；操作不当使热油溅出油锅碰到火源引起油锅起火等，如果扑救不当就会引发火灾。

（二）防火分隔

（1）鉴于可燃气体的火灾危险性大，在高层建筑运输过程中会导致危险因素增加，若用电梯运输气瓶，一旦可燃气体漏入电梯井，容易发生爆炸等事故。因此，要求高层民用建筑内使用可燃气体燃料的部位，应采用管道集中供气。

（2）燃气灶、开水器等燃气设备或其他使用可燃气体的房间，当设备管道损坏或操作有误时，往往漏出大量可燃气体，达到爆炸浓度时，遇到明火就会引起燃烧爆炸，为了便于泄压和降低爆炸对建筑其他部位的影响，这些房间的设置位置应便于通风和防爆泄压。

（3）燃气供给管道的敷设及应急切断阀的设置，在《城镇燃气设计规范》（GB 50028—2006，2020 年版）中已有相关规定，其设计应执行该规范的要求。

（4）除住宅、宿舍、公寓等居住建筑中套内设置的供家庭或住宿人员自用的厨房，宿舍、公寓建筑中的公共厨房、公共建筑和工厂中的厨房应采用耐火极限不低于 2.00h 的防火隔墙与其他部位分隔，墙上的门、窗应采用乙级防火门、窗，确有困难时，可采用防火卷帘，但应符合《建筑设计防火规范》（GB 50016—2014，2018 年版）有关防火卷帘的规定。

（5）木结构住宅建筑内厨房的明火或高温部位及排油烟管道等，应采用防火隔热措施。

（三）消防设施

（1）灭火设施。餐厅建筑面积大于 1 000m^2 的餐馆或食堂，其烹饪操作间的排油烟罩及烹饪部位应设置自动灭火装置，并应在燃气或燃油管道上设置与自动灭火装置联动的自动切断装置。餐厅为餐馆、食堂中的就餐部分，“建筑面积大于 1 000m^2” 为餐厅总的营业面积。此外，餐馆应符合《饮食建筑设计标准》（JGJ 64—2017）的规定。

厨房火灾主要发生在灶台操作部位及其排烟道。从火灾模拟试验情况看，厨房的炉灶或排烟道部位一旦着火，发展迅速且采用常规灭火设施扑救时，易发生复燃；同时，烟道内的火灾扑救比较困难，在该部位采用自动灭火装置灭火，灭火效果理想。目前，相关灭火装置产品之间的性能差异较大，应注意选用能自动探测、自动灭火动作且灭火前能自动切断燃料供应、具有防复燃功能且灭火效能（一般应以保护面积为参考指标）较高的产品，必须在排烟管道内设置喷头。

（2）可燃气体探测。使用燃气的厨房属于建筑内可能散发可燃气体的场所，应设置可燃气体报警装置。

此外，应加大对宾馆、饭店厨房员工的消防安全教育，定期或不定期地进行消防安全培训，并制订相应的消防安全管理制度，严格厨房可燃气体燃料的管理。

第五节　电力变压器防火防爆

电力变压器是根据电磁感应原理，以互感现象为基础，将一定电压的交流电能转变为不同电压交流电能的设备，按其冷却介质不同又可分为干式变压器和油浸式变压器。

一、电力变压器的火灾危险性

电力变压器是由铁芯柱或铁轭构成的一个完整闭合磁路，由绝缘铜线或铝线制成线圈，形成变压器的一次、二次绕组。除小容量的干式变压器外，大多数变压器都是油浸自然冷却式，绝缘油起线圈间的绝缘和冷却作用。变压器中的绝缘油闪点约为 135℃，易蒸发，同空气混合能形成爆炸混合物。变压器内部的绝缘衬垫和支架大多采用纸板、棉纱、布、木材等有机可燃物质，例如，1 000kV·A 的变压器大约用木材 0.012m^3，用纸 40kg，装绝缘油 1 000kg。所以，一旦变压器内部发生过载或短路，可燃的材料和油就会因高温或电火花、电弧作用而分解、膨胀以致气化，使变压器内部压力剧增。这时，可引起变压器外壳爆炸，大量绝缘油喷出燃烧，又会进一步扩大火灾危险。

二、电力变压器的设置

根据《建筑设计防火规范》（GB 50016—2014，2018 年版）的要求，电力变压器（室）的设置应符合下列要求：

（1）油浸变压器室、高压配电装置室的耐火等级不应低于二级，其他防火设计应按《火力发电厂与变电站设计防火标准》（GB 50229—2019）等规范的有关规定执行。

（2）油浸变压器、充有可燃油的高压电容器和多油开关等用房宜独立建造。当确有困难时可贴邻民用建筑布置，但应采用防火墙隔开，且不应贴邻人员密集场所。

（3）变、配电所不应设置在甲、乙类厂房内或贴邻建造，且不应设置在爆炸性气体、粉尘环境的危险区域内。供甲、乙类厂房专用的10kV及以下的变、配电站，当采用无门、窗、洞口的防火墙隔开时，可一面贴邻建造，并应符合《爆炸危险环境电力装置设计规范》(GB 50058—2014)等规范的有关规定。乙类厂房的配电所必须在防火墙上开窗时，应设置密封固定的甲级防火窗。

(4)多层民用建筑与单独建造的变电站的防火间距，应符合《建筑设计防火规范》(GB 50016—2014，2018年版)的规定。10kV及以下的预装式变电站与民用建筑的防火间距不应小于3m。

(5)油浸电力变压器、充有可燃油的高压电容器和多油开关等用房受条件限制必须布置在民用建筑内时，不应布置在人员密集场所的上一层、下一层或贴邻，并应符合下列规定：

1)变压器室应设置在首层或地下一层靠外墙部位。

2)变压器室的门均应直通室外或直通安全出口；外墙开口部位的上方应设置宽度不小于1m的不燃性防火挑檐或高度不小于1.2m的窗槛墙。

3)变压器室与其他部位之间应采用耐火极限不低于2.00h的不燃性隔墙和耐火极限不低于1.50h的不燃性楼板隔开。在隔墙和楼板上不应开设洞口，当必须在隔墙上开设门、窗时，应设置甲级防火门、窗。

4)变压器室之间、变压器室与配电室之间，应设置耐火极限不低于2.00h的防火隔墙。

5)油浸变压器、多油开关室、高压电容器室，应设置防止油品流散的设施。油浸变压器下面应设置能储存变压器全部油量的事故储油设施。

6)应设置火灾自动报警装置。

7)应设置与油浸变压器、电容器和多油开关等的容量和建筑规模相适应的灭火设施。根据《建筑设计防火规范》(GB 50016—2014，2018年版)的规定，单台容量在40MV·A及以上的厂矿企业油浸变压器，单台容量在90MV·A及以上的电厂油浸变压器，单台容量在125MV·A及以上的独立变电站油浸变压器，设置在高层民用建筑内、充可燃油的高压电容器和多油开关室均宜采用水喷雾灭火系统。设置在室内的油浸变压器、充可燃油的高压电容器和多油开关室，可采用细水雾灭火系统。

8)油浸变压器的单台容量不应大于630kV·A，总容量不应大于1 260kV·A。

参考文献

[1] 倪照鹏，刘激扬，张鑫.《建筑设计防火规范》GB 50016—2014(2018年版)实施指南[M].北京：中国计划出版社，2020.

练习题

一、一级注册消防工程师

(一)单项选择题

1. 下列关于建筑供暖系统防火防爆的做法中，错误的是(　　)。

A. 生产过程中散发二硫化碳气体的厂房，冬季采用热风供暖，回分经净化除尘在加

热后配部分新风送入送风系统

B. 甲醇合成厂房采用热水循环供暖，散热器表面的平均温度为 90℃

C. 面粉加工厂的碾磨车间采用热水循环供暖，散热器表面的最高温度为 82.5℃

D. 铝合金汽车轮胎毂的抛光车间采用热水循环供暖，散热器表面的平均温度为 80℃

2. 某氯酸钾厂房通风、空调系统的下列做法中，不符合现行国家消防技术标准的是（　　）。

A. 厂房内的空气在循环使用前经过净化处理，并使空气的含尘浓度低于其爆炸下限的 25%

B. 通风设施导除静电的接地装置

C. 排风系统采用防爆型通风设备

D. 厂房内选用不发生火花的除尘器

3. 某高层建筑内设置有常压燃气锅炉房，建筑体积为 1 000m³，燃气为天然气，建筑顶层未布置人员密集场所。该锅炉房的下列防火设计方案中，正确的是（　　）。

A. 在进入建筑物前和设备间内的燃气管道上设置自动和手动切断阀

B. 排风机正常通风量为 5 600m³/h

C. 锅炉设置在屋顶上，距通向屋面的安全出口 5m

D. 排风机事故通风量为 10 800m³/h

（二）多项选择题

1. 关于锅炉房防火防爆设计的做法，正确的有（　　）。

A. 燃气锅炉房选用防爆型事故排风机

B. 锅炉房设置在地下一层靠外墙部位，上一层为西餐厅，下一层为汽车库

C. 设点型感温火灾探测器

D. 总储存量为 3m³ 的储油间与锅炉房之间用 3.00h 的防火墙和甲级防火门分隔

E. 电力线路采用绝缘线明敷

2. 某植物油加工厂房的浸出车间通风系统做法中，不符合现行国家标准要求的有（　　）。

A. 送风机采用普通型的通风设备，布置在单独分隔的通风机房内，送风干管上设置了防止回流设施

B. 排风管道穿过防火墙时两侧均设置防火阀

C. 排风系统采用了导除静电的接地装置

D. 排风机采用防爆型设备

E. 风管采用燃烧性能为 B_1 级的难燃材料

二、二级注册消防工程师

（一）单项选择题

1. 关于某商业综合体厨房的防火防爆措施，错误的是（　　）。

A. 与其他部位分隔的防火隔墙的耐火极限为 2.00h

B. 可燃气体报警装置设置在排烟道内
C. 在其烹饪操作间的排油烟罩及烹饪部位设置自动灭火装置
D. 在传菜口设置耐火极限为 2.00h 的防火卷帘
2. 下列供暖系统防火防爆做法，不符合现行国家标准要求的是（ ）。
A. 供暖管道用岩棉进行隔热
B. 散热器表面的平均温度控制在 85℃
C. 供暖管道表面温度为 90℃，与可燃物的间距为 50mm
D. 供暖设备的绝热材料为硅酸铝棉

（二）多项选择题

下列关于锅炉房防火防爆的做法中，正确的有（ ）。
A. 燃油锅炉房布置在综合楼的地下三层，该层的其余区域设置空调和水泵房等设备房
B. 独立建造的蒸发量为 20t/h 的燃煤锅炉房，按照丁类厂房设计，耐火等级为二级
C. 煤化工厂所在区域的常年主导风向为西南风，将锅炉房布置在甲醇合成厂房的西南侧
D. 单独建造的二级耐火等级的单层燃气锅炉房，与相邻一类高层宾馆裙房的防火间距为 11m
E. 附设在主体建筑内的燃油锅炉房，其储油间内用钢制密闭储罐储存 $0.9m^3$ 的柴油，通向室外的通气管上设置安全阀，油灌下部设置防止油品流散的围堰

第十章 建筑装修、外墙保温材料防火

学习要求

通过本章学习，应了解建筑装修材料的分类与分级，熟悉装修防火的通用要求、建筑特殊功能部位与用房装修防火要求，以及单、多层和高层公共建筑装修防火的基本要求，掌握建筑外保温系统防火要求。

随着我国国民经济发展和人民生活水平的不断提高，人们对生活空间和环境的美观、舒适要求越来越高，建筑装修成为工程建设的重要组成部分。建筑装修选用的材料，大部分都是对火较为敏感的材料，例如，木材、织物、塑料制品或其他有机合成材料。这些材料的使用虽然带来了美观、舒适，但同时增加建筑火灾荷载，也带来了安全隐患。因此，建筑装修材料的选用和防火措施的采取尤为重要，合理选用防火性能好的材料有助于减少火灾发生概率、延缓火灾的蔓延。

近年来，工业与民用建筑大量采用保温技术和材料，降低了生产、生活能耗和成本，取得了较好的经济和社会效益。但是，随之而来的是易燃保温材料的防火性能较差，不论是施工期间还是建筑物投入使用后，都容易发生火灾事故。因此，提高建筑保温材料的燃烧性能和采用安全合理的施工技术是减少此类火灾发生的重要措施。

第一节 装修材料的分类与分级

本节主要介绍建筑装修材料的分类和燃烧性能分级。建筑装修材料可按实际应用、使用部位及其功能分类和不同的燃烧性能进行分级。

一、分类

（一）按实际应用分类

装修材料按实际应用可分为以下几类：

（1）饰面材料。饰面材料包括墙壁、柱面的贴面材料，吊顶材料，地面上、楼梯上的饰面材料以及作为绝缘物的饰面材料。

（2）装饰件。装饰件包括固定或悬挂在墙上、顶棚等处的装饰物，如画、手工艺品等。

（3）隔断。隔断是指建筑内部固定的、不到顶的隔断。

（4）大型家具。大型家具主要是指固定的或轻易不再搬动的家具，如酒吧台、货架、展台、兼有空间分隔功能的到顶橱柜等。

（5）装饰织物。装饰织物包括窗帘、家具包布、挂毯、床罩等纺织物等。

（二）按使用部位和功能分类

装修材料按使用部位和功能可分为以下几类：

（1）顶棚装修材料。顶棚装修材料主要是指使用在建筑物空间内，具有装饰顶棚功能的材料。通常，建筑物顶棚装饰材料分为不燃类顶棚装修材料和难燃类、可燃类顶棚装修材料。不燃类顶棚装修材料包括玻璃、石膏板、氯氧镁不燃无机板、硅酸钙板、水泥纤维板等；难燃类顶棚装修材料包括玻璃棉吸声板、岩棉装饰板；可燃类顶棚装修材料多为塑料制品和复合材料，如 PVC 吊顶板、泡沫吸声板、木质吊顶板等。

（2）墙面装修材料。墙面装修材料主要是指采用各种方式覆盖在墙体表面、起装饰作用的材料。墙面装修材料种类繁多，可分为涂料和板材两大类。在建筑物中使用的墙面装修材料有各种类型的涂料和油漆、墙纸、墙布、墙裙装饰板（木板、塑料板、金属板等）、饰面材料、墙包材料及保温隔热材料。

（3）地面装修材料。地面装修材料主要是指用于室内空间地板结构表面并对地面进行装修的材料。地面装修材料包括地坪涂料和铺地材料。地坪涂料以环氧树脂原料为主剂；铺地材料种类较多，硬质的有地砖、木质地板，软质的有各类纺织地毯、柔性塑胶地板等。

（4）隔断装修材料。隔断装修材料主要是指在建筑物内用于空间分隔的材料，有隔墙和隔板之分。隔墙一般都为不燃类材料，如彩钢板、泡沫夹芯水泥板、石膏板隔墙、硅钙板隔墙、玻璃隔墙等。隔板材料有饰面刨花板、透明的 PC 聚碳酸酯板、木质隔板、玻镁板等。

（5）固定家具。与建筑结构固定在一起或不易改变位置的家具，兼有分隔功能的到顶橱柜应认定为固定家具。

（6）装饰织物。装饰织物主要是指窗帘、帷幕、床罩、家具包布等。

（7）其他装修装饰材料。其他装修装饰材料主要是指楼梯扶手、挂镜线、踢脚板、窗帘盒（架）、暖气罩等。

二、分级

（一）标准分级

《建筑内部装修设计防火规范》（GB 50222—2017）中规定装修材料的燃烧性能等级应按《建筑材料及制品燃烧性能分级》（GB 8624—2012）的有关规定，经检测确定。《建筑材料及制品燃烧性能分级》（GB 8624—2012）将建筑材料、装饰装修材料及制品等的燃烧性能等级划分为 A、B_1、B_2 和 B_3 四级，标准规定的分级方法如表 2-3-2 所示。

（二）材料的燃烧性能分级

（1）平板状建筑材料及制品的燃烧性能等级和分级判据见表 2-3-3。表中满足 A1、

A2 级即为 A 级，满足 B 级、C 级即为 B_1 级，满足 D 级、E 级即为 B_2 级。

对墙面保温泡沫塑料，除符合表 2–3–2 的规定外，应同时满足以下要求：B_1 级氧指数值 OI 大于或等于 30%；B_2 级氧指数值 OI 大于或等于 26%。

（2）铺地材料的燃烧性能等级和分级判据见表 2–10–1。表中满足 A1、A2 级即为 A 级，满足 B 级、C 级即为 B_1 级，满足 D 级、E 级即为 B_2 级。

表 2–10–1　铺地材料的燃烧性能等级和分级判据

<table>
<tr><th colspan="2">燃烧性能等级</th><th colspan="2">试验方法</th><th>分级判据</th></tr>
<tr><td rowspan="5">A</td><td rowspan="2">A1</td><td colspan="2">GB/T 5464①且</td><td>炉内温升 $\Delta T \leq 30$℃
质量损失率 $\Delta m \leq 50\%$
持续燃烧时间 $t_f=0$</td></tr>
<tr><td colspan="2">GB/T 14402</td><td>总热值 $PCS \leq 2.0$MJ/kg①，②，④
总热值 $PCS \leq 1.4$MJ/kg²⑤</td></tr>
<tr><td rowspan="3">A2</td><td>GB/T 5464①或</td><td rowspan="2">且</td><td>炉内温升 $\Delta T \leq 50$℃
质量损失率 $\Delta m \leq 50\%$
持续燃烧时间 $t_f \leq 20$s</td></tr>
<tr><td>GB/T 14402</td><td>总热值 $PCS \leq 3.0$MJ/kg①，④
总热值 $PCS \leq 4.0$MJ/kg²②，③</td></tr>
<tr><td colspan="2">GB/T 11785⑤</td><td>临界热辐射通量 $CHF \geq 8.0$kW/m²</td></tr>
<tr><td rowspan="4">B_1</td><td rowspan="2">B</td><td colspan="2">GB/T 11785⑤且</td><td>临界热辐射通量 $CHF \geq 8.0$kW/m²</td></tr>
<tr><td colspan="2">GB/T 8626 点火时间 15s</td><td>20s 内焰尖高度 $F_s \leq 150$mm</td></tr>
<tr><td rowspan="2">C</td><td colspan="2">GB/T 11785⑤且</td><td>临界热辐射通量 $CHF \geq 4.5$kW/m²</td></tr>
<tr><td colspan="2">GB/T 8626 点火时间 15s</td><td>20s 内焰尖高度 $F_s \leq 150$mm</td></tr>
<tr><td rowspan="4">B_2</td><td rowspan="2">D</td><td colspan="2">GB/T 11785⑤且</td><td>临界热辐射通量 $CHF \geq 3.0$kW/m²</td></tr>
<tr><td colspan="2">GB/T 8626 点火时间 15s</td><td>20s 内焰尖高度 $F_s \leq 150$mm</td></tr>
<tr><td rowspan="2">E</td><td colspan="2">GB/T 11785⑤且</td><td>临界热辐射通量 $CHF \geq 2.2$kW/m²</td></tr>
<tr><td colspan="2">GB/T 8626 点火时间 15s</td><td>20s 内焰尖高度 $F_s \leq 150$mm</td></tr>
<tr><td>B_3</td><td>F</td><td colspan="3">无性能要求</td></tr>
</table>

注：①匀质制品或非匀质制品的主要组分。②非匀质制品的外部次要组分。③非匀质制品的任一内部次要组分。④整体制品。⑤试验最长时间 30min。

表中涉及的标准具体包括：《建筑材料不燃性试验方法》（GB/T 5464—2010）、《建筑材料及制品的燃烧性能　燃烧热值的测定》（GB/T 14402—2007）、《铺地材料的燃烧性能测定　辐射热源法》（GB/T 11785—2005）、《建筑材料可燃性试验方法》（GB/T 8626—2007）。

（3）管状绝热材料的燃烧性能等级和分级判据见表 2–10–2。表中满足 A1 级、A2 级即为 A 级，满足 B 级、C 级即为 B_1 级，满足 D 级、E 级即为 B_2 级。当管状绝热材料的外径大于 300mm 时，其燃烧性能等级和分级判据按表 2–10–2 的规定。

表 2–10–2　管状绝热材料的燃烧性能等级和分级判据

<table>
<tr><th colspan="2">燃烧性能等级</th><th colspan="2">试验方法</th><th>分级判据</th></tr>
<tr><td rowspan="5">A</td><td rowspan="2">A1</td><td colspan="2">GB/T 5464①且</td><td>炉内温升 ΔT≤30℃
质量损失率 Δm≤50%
持续燃烧时间 t_f=0</td></tr>
<tr><td colspan="2">GB/T 14402</td><td>总热值 PCS≤2.0MJ/kg①, ②, ④
总热值 PCS≤1.4MJ/kg^{2}③</td></tr>
<tr><td rowspan="3">A2</td><td>GB/T 5464①或</td><td rowspan="2">且</td><td>炉内温升 ΔT≤50℃
质量损失率 Δm≤50%
持续燃烧时间 t_f≤20s</td></tr>
<tr><td>GB/T 14402</td><td>总热值 PCS≤3.0MJ/kg①, ④
总热值 PCS≤4.0MJ/kg^{2}②, ③</td></tr>
<tr><td colspan="2">GB/T 20284</td><td>燃烧增长速率指数 $FIGRA_{0.2MJ}$≤270W/s
火焰横向蔓延未到达试样长翼边缘
600s 内总放热量 THR_{600s}≤7.5MJ</td></tr>
<tr><td rowspan="4">B_1</td><td rowspan="2">B</td><td colspan="2">GB/T 20284 且</td><td>燃烧增长速率指数 $FIGRA_{0.2MJ}$≤270W/s
火焰横向蔓延未到达试样长翼边缘
600s 内总放热量 THR_{600s}≤7.5MJ</td></tr>
<tr><td colspan="2">GB/T 8626 点火时间 30s</td><td>60s 内焰尖高度 F_s≤150mm
60s 内无燃烧滴落物引燃滤纸现象</td></tr>
<tr><td rowspan="2">C</td><td colspan="2">GB/T 20284</td><td>燃烧增长速率指数 $FIGRA_{0.4MJ}$≤460W/s
火焰横向蔓延未到达试样长翼边缘
600s 内总放热量 THR_{600s}≤15MJ</td></tr>
<tr><td colspan="2">GB/T 8626 且
点火时间 30s</td><td>60s 内焰尖高度 F_s≤150mm
60s 内无燃烧滴落物引燃滤纸现象</td></tr>
</table>

续表 2-10-2

燃烧性能等级		试验方法	分级判据
B_2	D	GB/T 20284 且	燃烧增长速率指数 $FIGRA_{0.4MJ}$≤2 100W/s 600s 内总放热量 THR_{600s}<100MJ
		GB/T 8626 点火时间 30s	60s 内焰尖高度 F_s≤150mm 60s 内无燃烧滴落物引燃滤纸现象
	E	GB/T 8626 点火时间 15s	20s 内焰尖高度 F_s≤150mm 20s 内无燃烧滴落物引燃滤纸现象
B_3	F	无性能要求	

注：①匀质制品或非匀质制品的主要组分。②非匀质制品的外部次要组分。③非匀质制品的任一内部次要组分。④整体制品。

（三）常用材料等级划分

常用建筑内部装修材料燃烧性能等级的划分，可按表 2-10-3 中的举例参考。表中所罗列的材料，主要是用于设计、施工、监督等单位用来做理论参考，并非是可以直接认定为对应的等级，在工程中具体使用时，应根据燃烧试验，准确确定材料等级。

表 2-10-3　常用建筑内部装修材料燃烧性能等级划分举例

材料类别	级别	材料举例
各部位材料	A	花岗石、大理石、水磨石、水泥制品、混凝土制品、石膏板、石灰制品、黏土制品、玻璃、瓷砖、马赛克、钢铁、铝、铜合金、天然石材、金属复合板、纤维石膏板、玻镁板、硅酸钙板等
顶棚材料	B_1	纸面石膏板、纤维石膏板、水泥刨花板、矿棉板、玻璃棉装饰吸声板、珍珠岩装饰吸声板、难燃胶合板、难燃中密度纤维板、岩棉装饰板、难燃木材、铝箔复合材料、难燃酚醛胶合板、铝箔玻璃钢复合材料、复合铝箔玻璃棉板等
墙面材料	B_1	纸面石膏板、纤维石膏板、水泥刨花板、矿棉板、玻璃棉板、珍珠岩板、难燃胶合板、难燃中密度纤维板、防火塑料装饰板、难燃双面刨花板、多彩涂料、难燃墙纸、难燃墙布、难燃仿花岗岩装饰板、氯氧镁水泥装配式墙板、难燃玻璃钢平板、难燃 PVC 塑料护墙板、阻燃模压木质复合板材、彩色难燃人造板、难燃玻璃钢、复合铝箔玻璃棉板等
	B_2	各类天然木材、木制人造板、竹材、纸制装饰板、装饰微薄木贴面板、印刷木纹人造板、塑料贴面装饰板、聚酯装饰板、复塑装饰板、塑纤板、胶合板、塑料壁纸、无纺贴墙布、墙布、复合壁纸、天然材料壁纸、人造革、实木饰面装饰板、胶合竹夹板等

续表 2-10-3

材料类别	级别	材料举例
地面材料	B_1	硬 PVC 塑料地板、水泥刨花板、水泥木丝板、氯丁橡胶地板、难燃羊毛地毯等
	B_2	半硬质 PVC 塑料地板、PVC 卷材地板等
装饰织物	B_1	经阻燃处理的各类难燃织物等
	B_2	纯毛装饰布、经阻燃处理的其他织物等
其他装修装饰材料	B_1	难燃聚氯乙烯塑料、难燃酚醛塑料、聚四氟乙烯塑料、难燃脲醛塑料、硅树脂塑料装饰型材、经阻燃处理的各类织物等
	B_2	经阻燃处理的聚乙烯、聚丙烯、聚氨酯、聚苯乙烯、玻璃钢、化纤织物、木制品等

三、常用装修材料等级规定

（一）纸面石膏板和矿棉吸声板

纸面石膏板分为普通纸面石膏板、耐火纸面石膏板和耐水纸面石膏板等。纸面石膏板是以熟石膏作为主要原料，掺入适量轻集料、纤维增强材料和外加剂构成芯材，并以专用护面纸板牢固地黏结在一起的建筑板材。耐火纸面石膏板的增强材料为无机纤维。其中，护面纸板主要起到提高板材抗弯、抗冲击性能的作用。

矿棉吸声板是以矿棉为主要原料，添加适量的黏结剂，经成型、压花、饰面等工序加工而成的吸声效果好、防火等级较高的吸声兼装饰的材料。

若按我国建筑材料的分级方法检测，纸面石膏板和矿棉吸声板大部分无法达到 A 级材料的要求。但若将其划入 B_1 级的材料范畴，在很大程度上又限制了它们的使用与推广。因此，考虑到纸面石膏板和矿棉吸声板用量极大这一客观实际情况，以及根据《建筑设计防火规范》（GB 50016—2014，2018 年版）有关贴在钢龙骨上的纸面石膏板为非燃烧材料的条文，可将安装在金属龙骨上燃烧性能等级达到 B_1 级的纸面石膏板、矿棉吸声板作为 A 级装修材料使用。

（二）胶合板

目前，我国的阻燃木材、阻燃胶合板等阻燃制品发展很快，其防火性能明显比涂防火涂料更加可靠，同时装修效果也更好，另外目前装修工程的施工，已经不提倡现场制备材料，主要是由于对材料进行现场处理时，不仅需要大量的各类有机材料，而且需要配置相应的电线、设备，使得施工现场更加混乱，火灾危险增加，所以当胶合板在装修中涂饰防火涂料时，可按《建筑材料及制品燃烧性能分级》（GB 8624—2012）确定板材的燃烧性能。

（三）壁纸

常用壁纸有纸质壁纸和布质壁纸两种。纸质壁纸是指以天然纤维作为纸基、纸面上印成各种图案的一种墙纸。这种墙纸强度和韧性差，不耐水。布质壁纸是指将纯棉、化纤布、麻等纤维材料经过处理、印花、涂层制成的墙纸。

这两类材料分解产生的可燃气体、发烟量相对较少。尤其是被直接粘贴于A级基材上且单位面积质量小于300g/m^{2}时，在试验过程中，几乎不会出现火焰蔓延的现象，为此可将这类直接粘贴在A级基材上的壁纸作为B_1级装修材料使用。

（四）涂料

涂料在室内装修中常被大量使用，一般室内涂料涂覆比小，涂料中颜料、填料多，火灾危险性不大。一般室内涂料湿涂覆比不会超过1.5kg/m^2，故施涂于A级基材上的无机装饰涂料，可作为A级装修材料使用；施涂于A级基材上，湿涂覆比小于1.5kg/m^{2}且涂层干膜厚度不大于1mm的有机装饰涂料，可作为B_1级装修材料使用。涂料施涂于B_1、B_2级基材上时，应将涂料连同基材一起按相应的试验方法确定其燃烧性能等级。

（五）多层和复合装修材料

多层装修材料是指几种不同材质或性能的材料同时装修于一个部位。当采用这种方法进行装修时，各层装修材料的燃烧性能等级均应符合相关规定。

复合型装修材料是指一些隔音、保温材料与其他不燃、难燃材料复合形成一个整体的材料，应由专业检测机构进行整体测试并划分其燃烧性能等级。

装修材料只有贴在等于或高于其燃烧性能等级的材料上时，其燃烧性能等级的确认才是有效的。但对复合材料判定时，不宜简单地认定这种组合做法的燃烧性能等级，应进行整体的试验，合理验证。

第二节　建筑装修的防火要求

通常情况下，在建筑内部装修中，应积极采用不燃性材料和难燃性材料，避免采用燃烧时产生大量浓烟或有毒气体的材料。建筑内部装修不应擅自减少、改动、拆除、遮挡消防设施、疏散指示标志、安全出口、疏散出口、疏散走道和防火分区、防烟分区等。根据建筑类型不同、使用功能不同，对建筑内部装修防火要求不同。

一、单、多层公共建筑装修要求

对建筑内部装修材料有通用的防火要求。而对于人员密集场所、火灾危险性大的场所，其装修按照从严要求的原则采取防火措施，其他民用建筑在符合标准相关规定后，可以有放宽措施。

（一）基准要求

单、多层民用建筑内部各部位装修材料的燃烧性能等级不应低于表2-10-4中的规定。从表中可以看出，对建筑面积较大、人员密集的候机楼、客运站、影剧院、商场营业厅等的要求相对较高。因为这些场所流动人员多、不易管理，一旦发生火灾人员疏散困难，因此，对这类建筑的内部装修提高要求有助于减少火灾隐患。

表 2-10-4　单、多层民用建筑内部各部位装修材料的燃烧性能等级

序号	建筑物及场所	建筑规模、性质	装修材料燃烧性能等级							
			顶棚	墙面	地面	隔断	固定家具	装饰织物		其他装修装饰材料
								窗帘	帷幕	
1	候机楼的候机大厅、贵宾候机室、售票厅、商店、餐饮场所等	—	A	A	B_1	B_1	B_1	B_1	—	B_1
2	汽车站、火车站、轮船客运站的候车（船）室、商店、餐饮场所等	建筑面积 >10 000m²	A	A	B_1	B_1	B_1	B_1	—	B_2
		建筑面积≤10 000m²	A	B_1	B_1	B_1	B_1	B_1	—	B_2
3	观众厅、会议厅、多功能厅、等候厅等	每个厅建筑面积 >400m²	A	A	B_1	B_1	B_1	B_1	B_1	B_1
		每个厅建筑面积≤400m²	A	B_1	B_1	B_1	B_2	B_1	B_1	B_2
4	体育馆	>3 000 座位	A	A	B_1	B_1	B_1	B_1	B_1	B_2
		≤3 000 座位	A	B_1	B_1	B_1	B_2	B_2	B_1	B_2
5	商店的营业厅	每层建筑面积 >1 500m² 或总建筑面积 >3 000m²	A	B_1	B_1	B_1	B_1	B_1	—	B_2
		每层建筑面积≤1 500m² 或总建筑面积≤3 000m²	A	B_1	B_1	B_1	B_2	B_1	—	—

续表 2-10-4

序号	建筑物及场所	建筑规模、性质	装修材料燃烧性能等级							
			顶棚	墙面	地面	隔断	固定家具	装饰织物		其他装修装饰材料
								窗帘	帷幕	
6	宾馆、饭店的客房及公共活动用房等	设置送回风道（管）的集中空气调节系统	A	B_1	B_1	B_1	B_2	B_2	—	B_2
		其他	B_1	B_1	B_2	B_2	B_2	B_2	—	—
7	养老院、托儿所、幼儿园的居住及活动场所	—	A	A	B_1	B_1	B_2	B_1	—	B_2
8	医院的病房区、诊疗区、手术区	—	A	A	B_1	B_1	B_2	B_1	—	B_2
9	教学场所、教学实验场所	—	A	B_1	B_2	B_2	B_2	B_2	B_2	B_2
10	纪念馆、展览馆、博物馆、图书馆、档案馆、资料馆等公众活动场所	—	A	B_1	B_1	B_1	B_2	B_1	—	B_2
11	存放文物、纪念展览物品、重要图书、档案、资料的场所	—	A	A	B_1	B_1	B_2	B_1	—	B_2

续表 2-10-4

序号	建筑物及场所	建筑规模、性质	装修材料燃烧性能等级							
			顶棚	墙面	地面	隔断	固定家具	装饰织物		其他装修装饰材料
								窗帘	帷幕	
12	歌舞娱乐游艺场所	—	A	B_1	B_1	B_1	B_1	B_1	B_1	B_1
13	A、B级电子信息系统机房及装有重要机器、仪器的房间	—	A	A	B_1	B_1	B_1	B_1	B_1	B_1
14	餐饮场所	营业面积 >100m²	A	B_1	B_1	B_1	B_2	B_1	—	B_2
		营业面积≤100m²	B_1	B_1	B_1	B_2	B_2	B_2	—	B_2
15	办公场所	设置送回风道（管）的集中空气调节系统	A	B_1	B_1	B_1	B_2	B_2	—	B_2
		其他	B_1	B_1	B_2	B_2	B_2	—	—	—
16	其他公共场所	—	B_2	B_1	B_2	B_2	B_2	—	—	—
17	住宅	—	B_1	B_1	B_1	B_1	B_2	B_2	—	B_2

（二）允许放宽条件

1. 局部放宽

考虑到一些建筑物大部分房间的装修材料都可满足规范的要求，而某一局部或某一房间因特殊要求，需采用可燃装修材料，且该局部又无法设置自动报警、自动灭火系统时，允许面积小于 100m²，且采用耐火极限不低于 2.00h 的防火隔墙和甲级防火门、窗与其他部位分隔时，装修材料在表 2–10–4 的基础上降低一个等级。但是《建筑内部装修设计防火规范》（GB 50222—2017）第 4 章中规定的特别场所，以及表 2–10–4 中序号 11 ~ 13 规定的部位除外。

2. 设有自动消防设施的放宽

现在很多建筑物内安装了自动灭火与报警系统，这些设备的使用大大增强了建筑物抵御火灾的能力。有研究表明，在安装自动喷水灭火系统的建筑中，初起火灾的扑灭率高达 80%。因此，宜从合理经济的角度出发统筹考虑。除歌舞娱乐游艺场所，存放文物、纪念展览物品、重要图书、档案、资料的场所，A、B 级电子信息系统机房及装有重要机器、仪器的房间外，当单、多层民用建筑需进行内部装修的空间内装有自动灭火系统时，除顶棚外，其内部装修材料的燃烧性能等级可在表 2–10–4 规定的基础上降低一级；当同时装有火灾自动报警装置和自动灭火系统时，其装修材料的燃烧性能等级可在表 2–10–4 规定的基础上降低一级。但是《建筑内部装修设计防火规范》（GB 50222—2017）第 4 章中规定的特别场所，以及表 2–10–4 中序号为 11 ~ 13 规定的部位除外。

二、高层公共建筑装修防火

（一）基准要求

高层民用建筑内部各部位装修材料的燃烧性能等级不应低于表 2–10–5 中的规定。

现在许多大、中城市中的高层综合建筑，不再是单一用于居住、办公等，而是集合了多重使用功能，例如，有些高层建筑内含有小型的电影放映厅、报告厅、会议厅、餐厅等。在这些地方，人员密度大且流动性大，因此对这些部位的装修有特别的规定。

（二）允许放宽条件

1. 局部放宽

很多高层建筑都建有裙房，且裙房的使用功能比较复杂，其内部装修若与整栋建筑取同一标准，在实际操作中有一定困难。考虑到一般裙房与主体高层建筑之间有防火分隔并且裙房的层数有限，因此，规定高层民用建筑的裙房内面积小于 500m² 的房间，当设有自动灭火系统，并且采用耐火极限不低于 2.00h 的防火隔墙和甲级防火门、窗与其他部位分隔时，顶棚、墙面、地面的装修材料燃烧性能等级可在表 2–10–5 的基础上降低一级。《建筑内部装修设计防火规范》（GB 50222—2017）第 4 章中规定的特别场所，以及表 2–10–5 中序号为 10 ~ 12 规定的部位除外。

表 2-10-5 高层民用建筑内部各部位装修材料的燃烧性能等级

序号	建筑物及场所	建筑规模、性质	装修材料燃烧性能等级									
			顶棚	墙面	地面	隔断	固定家具	装饰织物				其他装修装饰材料
								窗帘	帷幕	床罩	家具包布	
1	候机楼的候机大厅、贵宾候机室、售票厅、商店、餐饮场所等	—	A	A	B_1	B_1	B_1	B_1	—	—	—	B_1
2	汽车站、火车站、轮船客运站的候车（船）室、商店、餐饮场所等	建筑面积 >10 000m^2	A	A	B_1	B_1	B_1	B_1	—	—	—	B_2
		建筑面积≤10 000m^2	A	B_1	B_1	B_1	B_1	B_1	—	—	—	B_2
3	观众厅、会议厅、多功能厅、等候厅等	每个厅建筑面积 >400m^2	A	A	B_1	B_1	B_1	B_1	B_1	—	B_1	B_1
		每个厅建筑面积≤400m^2	A	B_1	B_1	B_1	B_2	B_1	B_1	—	B_1	B_1
4	商店的营业厅	每层建筑面积 >1 500m^2 或总建筑面积 >3 000m^2	A	B_1	B_1	B_1	B_1	B_1	B_1	—	B_2	B_1
		每层建筑面积≤1 500m^2 或总建筑面积≤3 000m^2	A	B_1	B_1	B_1	B_1	B_1	B_2	—	B_2	B_2
5	宾馆、饭店的客房及公共活动用房等	一类建筑	A	B_1	B_1	B_1	B_2	B_1	—	B_1	B_2	B_1
		二类建筑	A	B_1	B_1	B_1	B_2	B_2	—	B_2	B_2	B_2
6	养老院、托儿所、幼儿园的居住及活动场所	—	A	A	B_1	B_1	B_2	B_1	—	B_2	B_2	B_1
7	医院的病房区、诊疗区、手术区	—	A	A	B_1	B_1	B_2	B_1	B_1	—	B_2	B_1
8	教学场所、教学实验场所	—	A	B_1	B_2	B_2	B_2	B_1	B_1	—	B_1	B_2

续表 2-10-5

序号	建筑物及场所	建筑规模、性质	装修材料燃烧性能等级									
			顶棚	墙面	地面	隔断	固定家具	装饰织物				其他装修装饰材料
								窗帘	帷幕	床罩	家具包布	
9	纪念馆、展览馆、博物馆、图书馆、档案馆、资料馆等公众活动场所	一类建筑	A	B_1	B_1	B_1	B_2	B_1	B_1	—	B_1	B_1
		二类建筑	A	B_1	B_1	B_1	B_2	B_1	B_2	—	B_2	B_2
10	存放文物、纪念展览物品、重要图书、档案、资料的场所	—	A	A	B_1	B_1	B_2	B_1	—	—	B_1	B_2
11	歌舞娱乐游艺场所	—	A	B_1	B_1	B_1	B_1	B_1	B_1	B_1	B_1	B_1
12	A、B 级电子信息系统机房及装有重要机器、仪器的房间	—	A	A	B_1	B_1	B_1	B_1	B_1	—	B_1	B_1
13	餐饮场所	—	A	B_1	B_1	B_1	B_2	B_1	—	—	B_1	B_2
14	办公场所	一类建筑	A	B_1	B_1	B_1	B_2	B_1	B_1	—	B_1	B_1
		二类建筑	A	B_1	B_1	B_1	B_2	B_1	B_2	—	B_2	B_2
15	电信楼、财贸金融楼、邮政楼、广播电视楼、电力调度楼、防灾指挥调度楼	一类建筑	A	A	B_1	B_1	B_1	B_1	B_1	—	B_2	B_1
		二类建筑	A	B_1	B_2	B_2	B_2	B_1	B_2	—	B_2	B_2
16	其他公共场所	—	A	B_1	B_1	B_1	B_2	B_2	B_2	B_2	B_2	B_2
17	住宅	—	A	B_1	B_1	B_1	B_2	B_1	—	B_1	B_2	B_1

2. 设有自动消防设施的放宽

除歌舞娱乐游艺场所，存放文物、纪念展览物品、重要图书、档案、资料的场所，A、B 级电子信息机房及装有重要机器、仪器的房间，100m 以上的高层民用建筑以及面积大于 $400m^2$ 的观众厅、会议厅外，当设有火灾自动报警装置和自动灭火系统时，除顶棚外，其内部装修材料的燃烧性能等级可在表 2–10–5 的基础上降低一级。这样也遵循了既经济又安全的原则。

（三）特殊要求

近年来，电视塔等特殊高耸建筑物的建筑高度越来越高，内部还建有允许公众进入的观光厅、餐厅等。由于这类建筑物形式的限制，人员在危险情况下的疏散十分困难，因此有必要限制这类建筑物内可燃装修材料的使用，降低火灾发生以及蔓延的可能性，所以特对此类建筑提出较为严格的要求。《建筑内部装修设计防火规范》（GB 50222—2017）中规定，电视塔等特殊高层建筑内部装修所用的装饰织物不应低于 B_1 级，其他均应采用 A 级。

三、地下民用建筑装修防火

（一）基准要求

地下民用建筑一般是指建于土层之中的并且无法直接自然采光照明的建筑。地下建筑可分为民用、军事、工业和交通等类型，但这里所指的地下民用建筑是指单、多、高层民用建筑的地下部分，单独建造在地下的民用建筑以及“平战结合”的地下人防工程。地下民用建筑也包括半地下民用建筑，即房间地平面低于室外地面的高度超过该房间净高的 1/3，且不超过 1/2 者。

地下民用建筑一旦发生火灾，人员的疏散以及救援都十分困难，且火灾发生时烟气运动方向与人员疏散方向是一致的，因此，为确保人员疏散的安全与畅通，地下民用建筑内部各部位装修材料的燃烧性能等级除应符合表 2–10–6 的规定外，还特别规定地下民用建筑的疏散走道和安全出口的门厅，其顶棚、墙面和地面的装修应采用 A 级装修材料。对于人员密度大、人员流动性大的地下商场、地下展览厅的售货柜台、固定货架、展览台等，也规定采用 A 级装修材料。

（二）允许放宽条件

单独建造的地下民用建筑的地上部分一般使用面积小且建在地上，火灾危险性和疏散扑救比地下建筑部分容易，因此，除《建筑内部装修设计防火规范》(GB 50222—2017) 第 4 章中规定的特别场所，歌舞娱乐游艺场所，存放文物、纪念展览物品、重要图书、档案、资料的场所，以及 A、B 级电子信息系统机房及装有重要机器、仪器的房间外，对单独建造的地下民用建筑的地上部分，其门厅、休息室、办公室等内部装修材料的燃烧性能等级可在表 2–10–6 的基础上降低一级。

表 2-10-6 地下民用建筑内部各部位装修材料的燃烧性能等级

序号	建筑物及场所	装修材料燃烧性能等级						
		顶棚	墙面	地面	隔断	固定家具	装饰织物	其他装修装饰材料
1	观众厅、会议厅、多功能厅、等候厅等，商店的营业厅	A	A	A	B_1	B_1	B_1	B_2
2	宾馆、饭店的客房及公共活动用房等	A	B_1	B_1	B_1	B_1	B_1	B_2
3	医院的诊疗区、手术区	A	A	B_1	B_1	B_1	B_1	B_2
4	教学场所、教学实验场所	A	A	B_1	B_2	B_2	B_1	B_2
5	纪念馆、展览馆、博物馆、图书馆、档案馆、资料馆等的公众活动场所	A	A	B_1	B_1	B_1	B_1	B_1
6	存放文物、纪念展览物品、重要图书、档案、资料的场所	A	A	A	A	A	B_1	B_1
7	歌舞娱乐游艺场所	A	A	B_1	B_1	B_1	B_1	B_1
8	A、B 级电子信息系统机房及装有重要机器、仪器的房间	A	A	B_1	B_1	B_1	B_1	B_1
9	餐饮场所	A	A	A	B_1	B_1	B_1	B_2
10	办公场所	A	B_1	B_1	B_1	B_1	B_2	B_2
11	其他公共场所	A	B_1	B_1	B_2	B_2	B_2	B_2
12	汽车库、修车库	A	A	B_1	A	A	—	—

四、厂房、仓库的建筑装修防火要求

（一）基准要求

厂房、仓库建筑内往往设备多而人员较少，为减小火灾对建筑结构和人员疏散等方面的影响，其防火性能应满足表 2-10-7、表 2-10-8 的要求。

（二）允许放宽条件

当单、多层丙、丁、戊类厂房内同时设有火灾自动报警和自动灭火系统时，除顶棚外，其装修材料的燃烧性能等级应在表 2-10-7 的基础上降级一级。附设在工业建筑内的办公、研发、餐厅等辅助用房，当采用《建筑设计防火规范》（GB 50016—2014，

2018 年版）规定的防火分隔和疏散设施时，其内部装修材料的燃烧性能等级可按民用建筑的规定执行。

表 2-10-7　厂房内部各部位装修材料的燃烧性能等级

序号	厂房及车间的火灾危险性和性质	建筑规模	装修材料燃烧性能等级						
			顶棚	墙面	地面	隔断	固定家具	装饰织物	其他装修装饰材料
1	甲、乙类厂房；丙类厂房中的甲、乙类生产车间；有明火的丁类厂房、高温车间	—	A	A	A	A	A	B_1	B_1
2	劳动密集型丙类生产车间或厂房；火灾荷载较高的丙类生产车间或厂房；洁净车间	单、多层	A	A	B_1	B_1	B_1	B_2	B_2
		高层	A	A	A	B_1	B_1	B_1	B_1
3	其他丙类生产车间或厂房	单、多层	A	B_1	B_2	B_2	B_2	B_2	B_2
		高层	A	B_1	B_1	B_1	B_1	B_1	B_1
4	丙类厂房	地下	A	A	A	B_1	B_1	B_1	B_1
5	无明火的丁类厂房；戊类厂房	单、多层	B_1	B_2	B_2	B_2	B_2	B_2	B_2
		高层	B_1	B_1	B_2	B_2	B_1	B_1	B_1
		地下	A	A	B_1	B_1	B_1	B_1	B_1

表 2-10-8　仓库内部各部位装修材料的燃烧性能等级

序号	仓库类别	建筑规模	装修材料燃烧性能等级			
			顶棚	墙面	地面	隔断
1	甲、乙类仓库	—	A	A	A	A
2	丙类仓库	单层及多层仓库	A	B_1	B_1	B_1
		高层及地下仓库	A	A	A	A
		高架仓库	A	A	A	A
3	丁、戊类仓库	单层及多层仓库	A	B_1	B_1	B_1
		高层及地下仓库	A	A	A	B_1

五、特殊功能部位及用房装修防火要求

（一）特殊功能用房

1. 歌舞娱乐游艺场所

近年来，歌舞厅等娱乐休闲场所屡屡发生重大火灾事故，其中一个重要原因是这类场所为营造气氛而过度装修，且装修时采用了大量可燃材料，因此发生火灾时易产生大量的有毒气体。特别是当这些场所设在地下时，其疏散及安全扑救条件相对不利，故要求会有所提高。

当歌舞厅、卡拉 OK 厅（含具有卡拉 OK 功能的餐厅）、夜总会、桑拿浴室（除洗浴部分外）、游艺厅（含电子游艺厅）、网吧等歌舞娱乐游艺场所设置在单、多层和高层民用建筑内时，室内装修的顶棚材料应采用 A 级装修材料，其他部位应采用不低于 B_1 级的装修材料；当设置在地下一层时，室内装修的顶棚、墙面材料应采用 A 级装修材料，其他部位应采用不低于 B_1 级的装修材料。

2. 图书室、资料室、档案室和存放文物的房间

图书、资料、档案等本身为易燃物，一旦发生火灾，火势发展迅速。有些图书、资料、档案文物等的收藏价值很高，一旦被焚，无法复得。因此，要求这类房间放置在单、多层和高层民用建筑内时，顶棚、墙面应采用 A 级装修材料，地面应使用不低于 B_1 级的装修材料；当放置在地下民用建筑内时，其顶棚、墙面、地面、隔断、固定家具应采用 A 级装修材料。

3. A、B 级电子信息系统机房及装有重要机器、仪器的房间

电子信息系统机房的划分，按照《数据中心设计规范》（GB 50174—2017）的规定确定。根据机房的使用性质、管理要求及其在经济和社会中的重要性划分为 A、B、C 三级。

A 级：最高级别，主要是指涉及国计民生的机房设计。其电子信息系统运行中断将造成重大的经济损失或公共场所秩序严重混乱。例如，国家气象台，国家级信息中心、计算中心，重要的军事指挥部门，大中城市的机场、广播电台、电视台、应急指挥中心，银行总行等的机房属于 A 级机房。

B 级：定义为电子信息系统运行中断将造成一定的社会秩序混乱和一定的经济损失的机房。例如，科研院所，高等院校，三级医院，大中城市的气象台、信息中心、疾病预防与控制中心、电力调度中心、交通（铁路、公路、水运）指挥调度中心，国际会议中心，国际体育比赛场馆，省部级以上政府办公楼等的机房属于 B 级机房。

A 级或 B 级范围之外的电子信息系统机房为 C 级。

《建筑设计防火规范》（GB 50016—2014，2018 年版）中规定 A、B 级电子信息系统机房内的主机房应设置自动灭火系统，对该类机房的规定也体现了规范之间的协调，从装修材料的选用上着手，尽量减少火灾的发生。这类放置特殊贵重设备的房间一旦着火，直接经济损失大。另外，有些设备既怕火又怕高温和水渍，即使火势不大，也会造成很大的经济损失，因此其顶棚和墙面应采用 A 级装修材料，地面及其他装修应采用不

低于 B_1 级的装修材料。

4. 设备机房

消防水泵房、机械加压送风排烟机房、固定灭火系统钢瓶间、配电室、变压器室、发电机房、储油间、通风和空调机房等设备机房在建筑中起到主控正常运转及安全的作用，其内部所有装修均应采用 A 级装修材料。

5. 建筑内的厨房

厨房内明火较多，餐馆、饭店的厨房工作时间又较长，因此有必要对其装修材料进行严格的限制。建筑物内厨房的顶棚、墙面和地面应采用 A 级装修材料。

6. 使用明火的餐厅和科研实验室

使用明火的餐厅是指那些设有明火灶具的餐厅、宴会厅、包间等，例如，火锅城、烧烤店等，这些地方的明火灶具往往数量大，且由工作人员轮流操作，不易控制和管理；有些科学实验室需用明火装置进行试验，例如，酒精灯、喷枪等，且实验室内往往存有一些易燃易爆的试剂、材料等。因此，经常使用明火的餐厅、科研实验室的装修材料的燃烧性能等级应比同类建筑物的要求提高一级（A 级除外）。

7. 无窗房间

除地下建筑外，无窗房间内部装修材料的燃烧性能等级应在原规定基础上提高一级（A 级除外）。这是因为无窗房间一旦发生火灾不易早期发现，且无窗房间较为密闭，室内的烟气和毒气不易排出，不利于人员疏散，也不利于消防救援人员对火情的侦察与施救。因此有必要将无窗房间的室内装修要求提高一个等级。

（二）重要功能部位

1. 消防控制室

消防控制室的顶棚和墙面应采用 A 级装修材料，地面及其他装修应使用不低于 B_1 级的装修材料。

2. 疏散走道和安全出口

疏散走道和安全出口的顶棚、墙面不应采用影响人员安全疏散的镜面反光材料。

地上建筑的水平疏散走道和安全出口门厅的顶棚应采用 A 级装修材料，其他装修应采用不低于 B_1 级的装修材料；地下民用建筑的疏散走道和安全出口的门厅，其顶棚、墙面和地面均应采用 A 级装修材料；疏散楼梯间和前室的顶棚、墙面和地面应采用 A 级装修材料。

3. 变形缝

变形缝是指建筑物在墙与墙、板与板等结构构件之间，为防止建筑物因受温度变化、地基不均匀沉降和地震等因素影响发生变形等现象而设置的缝隙。建筑内部的变形缝（包括沉降缝、温度伸缩缝、抗震缝等）表面装修应采用不低于 B_1 级的装修材料。

4. 共享空间

建筑物设有上、下层相连通的中庭、走马廊、敞开楼梯、自动扶梯时，其连通部位的顶棚、墙面应采用 A 级装修材料，其他部位应采用不低于 B_1 级的装修材料。

（三）其他

1. 消火栓门

建筑内部消火栓门不应被装饰物遮掩，消火栓门四周的装修材料颜色应与消火栓门的颜色有明显区别或在消火栓箱门表面设置发光标志。

2. 配电箱、电气

为了防止配电箱、控制面板、接线盒、开关、插座等可能产生的火花或高温金属熔渣引燃周围的可燃物和避免箱体传热引燃墙面装修材料，建筑内部的配电箱、控制面板、接线盒、开关、插座等不应直接安装在低于 B_1 级的装修材料上。

3. 灯具和灯饰

照明灯具的高温部位靠近非 A 级装修材料时，应采取隔热、散热等防火保护措施。灯饰所用材料的燃烧性能等级不应低于 B_1 级。

灯饰应至少选用 B_1 级材料，若由于装饰效果的需要必须采用 B_2 或 B_3 级材料时，应对其进行阻燃处理使其达到 B_1 级的要求。

4. 饰物

公共建筑内部不宜设置采用 B_3 级装饰材料制成的壁挂、雕塑、模型、标本；当需要设置时，不应靠近火源或热源，或采取隔离措施。

第三节　建筑外保温系统防火

本节简单介绍建筑外保温系统防火的基本原则、建筑外保温材料的分类、各种保温材料的燃烧性能及其燃烧特性。

一、基本原则

（1）建筑的内、外保温系统宜采用燃烧性能等级为 A 级的保温材料，不宜采用 B_2 级保温材料，严禁采用 B_3 级保温材料。

（2）设有保温系统的基层墙体或屋面板的耐火极限应符合相应耐火等级建筑墙体或屋面板耐火极限的要求。

二、建筑外保温材料

（一）外保温材料的分类

从材料燃烧性能的角度看，用于建筑外墙的保温材料可以分为三大类：一是以矿棉和岩棉为代表的无机保温材料，通常经检测后可被认定为不燃材料；二是以胶粉聚苯颗粒保温浆料为代表的有机—无机复合型保温材料，通常经检测后可被认定为难燃材料；三是以聚苯乙烯泡沫塑料［包括 EPS 板（可发性聚苯乙烯板）和 XPS 板（绝热用挤塑聚苯乙烯泡沫塑料）］、硬泡聚氨酯和改性酚醛树脂为代表的有机保温材料，通常经检测后可被认定为可燃材料。各种保温材料的导热系数及燃烧性能等级见表 2–10–9。

表 2-10-9　各种保温材料的导热系数及燃烧性能等级

材料名称	胶粉聚苯颗粒保温浆料	EPS 板	XPS 板	聚氨酯	岩棉	矿棉	泡沫玻璃	加气混凝土
导热系数 / [W/（m·K）]	0.06	0.041	0.030	0.025	0.036～0.041	0.053	0.066	0.116～0.212
燃烧性能等级	B_1	B_2	B_2	B_2	A	A	A	A

（二）外保温材料的燃烧特性

1. 岩棉、矿棉类不燃材料的燃烧特性

岩棉、矿棉在常温条件下（25℃左右）的导热系数通常为 0.036～0.041W/（m·K），其本身属于无机质硅酸盐纤维，不可燃。在加工成制品的过程中，要加入有机黏结剂或添加物，这些材料对制品的燃烧性能会产生一定的影响。但通常仍能通过不燃性测试，所以可将它们认定为不燃性材料。

2. 胶粉聚苯颗粒保温浆料的燃烧特性

符合《胶粉聚苯颗粒外墙外保温系统材料》（JG/T 158—2013）的胶粉聚苯颗粒保温浆料是一种有机、无机复合的保温隔热材料，聚苯颗粒的体积大约占 80%，导热系数为 0.06W/（m·K），燃烧性能等级为 B_1 级，属于难燃材料。胶粉聚苯颗粒保温浆料在受热时，通常内部包含的聚苯颗粒会软化并熔化，但不会发生燃烧。由于聚苯颗粒被无机材料包裹，其熔融后将形成封闭的空腔，此时该保温材料导热系数会更小，传热更慢，受热全过程材料体积变化率为零。

3. 有机保温材料的燃烧特性

有机保温材料一般被认为是高效保温材料，其导热系数通常较小。目前，我国应用的有机保温材料主要是聚苯乙烯泡沫塑料板（包括 EPS 板和 XPS 板）、硬泡聚氨酯和改性酚醛树脂板三种。其中，聚苯乙烯泡沫塑料板属于热塑性材料，它受火或热的作用后，首先会发生收缩、熔化，然后才起火燃烧，燃烧后几乎无残留物存在。硬泡聚氨酯和改性酚醛树脂板属于热固性材料，受火或热的作用时，几乎不发生收缩现象，燃烧成炭，体积变化较小。通常用于建筑外保温的有机保温材料的燃烧性能等级不低于 B_2 级。

有机保温材料保温性能好、质地轻，但属于可燃材料，火灾风险较大，近年来与外保温可燃材料有关的火灾事故时有发生。另外，建设工程施工期间外保温材料发生火灾的案例也较多，主要原因是电焊火花或用火不慎所致，还有一些保温材料的燃烧性能不符合相关产品标准的要求也是原因之一。因此，应严格控制建筑外保温材料的燃烧性能。

三、建筑保温系统防火的通用要求

（1）采用内保温系统的建筑外墙，其保温材料应符合下列要求：

1）对于人员密集场所，用火、燃油、燃气等具有火灾危险性的场所以及各类建筑内的疏散楼梯间、避难走道、避难间、避难层等场所或部位，应采用燃烧性能等级为A级的保温材料。

2）对于其他场所，应采用低烟、低毒且燃烧性能等级不低于B_1级的保温材料。

3）保温材料应采用不燃材料做防护层。采用燃烧性能等级为B_1级的保温材料时，防护层厚度不应小于10mm。

（2）采用外保温系统的建筑外墙，其保温材料应符合下列要求：

1）与基层墙体、装饰层之间无空腔的建筑外墙外保温系统，其保温材料应符合以下要求：

①住宅建筑：建筑高度大于100m时，保温材料的燃烧性能等级应为A级；建筑高度大于27m，但不大于100m时，保温材料的燃烧性能等级不应低于B_1级；建筑高度不大于27m时，保温材料的燃烧性能等级不应低于B_2级。

②除住宅建筑和设置人员密集场所的建筑外，其他建筑：建筑高度大于50m时，保温材料的燃烧性能等级应为A级；建筑高度大于24m，但不大于50m时，保温材料的燃烧性能等级不应低于B_1级；建筑高度不大于24m时，保温材料的燃烧性能等级不应低于B_2级。

2）除设置人员密集场所的建筑外，与基层墙体、装饰层之间有空腔的建筑外墙外保温系统，其保温材料应符合以下要求：

①建筑高度大于24m时，保温材料的燃烧性能等级应为A级。

②建筑高度不大于24m时，保温材料的燃烧性能等级不应低于B_1级。

③设置人员密集场所的建筑，其外墙外保温材料的燃烧性能等级应为A级。

（3）建筑外墙采用保温材料与两侧墙体构成无空腔复合保温结构体时，该结构体的耐火极限应符合有关技术规范的规定；当保温材料的燃烧性能等级为B_1、B_2级时，保温材料两侧的墙体应采用不燃材料且厚度均不应小于50mm。

除上述情况外，当建筑的外墙外保温系统按规定采用燃烧性能等级为B_1、B_2级的保温材料时，应符合下列规定：

1）除采用B_1级保温材料且建筑高度不大于24m的公共建筑或采用B_1级保温材料且建筑高度不大于27m的住宅建筑外，建筑外墙上门、窗的耐火完整性不应低于0.50h。

2）应在保温系统中每层设置防火隔离带。防火隔离带应采用燃烧性能等级为A级的材料，防火隔离带的高度不应小于300mm。

（4）建筑的外墙外保温系统应采用不燃材料在其表面设置防护层，防护层应将保温材料完全包覆。除耐火极限符合有关规定的无空腔复合保温结构体外，当按有关规定采用B_1、B_2级保温材料时，防护层厚度首层不应小于15mm，其他层不应小于

5mm。

（5）建筑外墙外保温系统与基层墙体、装饰层之间的空腔，应在每层楼板处采用防火封堵材料封堵。

（6）建筑的屋面外保温系统，当屋面板的耐火极限不低于1.00h时，保温材料的燃烧性能等级不应低于B_2级；当屋面板的耐火极限低于1.00h时，保温材料的燃烧性能等级不应低于B_1级。采用B_1、B_2级保温材料的外保温系统应采用不燃材料做防护层，防护层的厚度不应小于10mm。

当建筑的屋面和外墙外保温系统均采用B_1、B_2级保温材料时，屋面与外墙之间应采用宽度不小于500mm的不燃材料设置防火隔离带进行分隔。

（7）电气线路不应穿越或敷设在燃烧性能等级为B_1或B_2级的保温材料中；确需穿越或敷设时，应采取穿金属管并在金属管周围采用不燃隔热材料进行防火隔离等防火保护措施。设置开关、插座等电气配件的部位周围应采取不燃隔热材料进行防火隔离等防火保护措施。

（8）建筑外墙的装饰层应采用燃烧性能等级为A级的材料，但建筑高度不大于50m时，可采用B_1级材料。

（9）除上述第（3）项规定的情况外，独立建造的老年人照料设施、与其他建筑组合建造且老年人照料设施部分的总建筑面积大于500m^2的老年人照料设施的内、外墙体和屋面保温材料应采用燃烧性能等级为A级的保温材料。

四、既有建筑保温系统防火

我国自1997年开始强制实行建筑节能，从此前的节能30%过渡到了170多个城市必须节能50%。2004年，北京、天津等城市率先实行节能65%。节能标准的强制执行使得建筑外保温系统在我国得到了大范围的应用，在一定程度上提高了我国建筑节能的水平和居住舒适程度。然而，直至2009年央视大火后才出台《民用建筑外保温系统及外墙装饰防火暂行规定》（公通字〔2009〕46号），在2014年版《建筑设计防火规范》实施之后，在规范标准层面关于外墙外保温系统才有了统一的防火技术要求，而在此之前使用的大量不安全可燃保温材料，已成为建筑火灾不可忽视的致灾因素。

既有建筑外墙外保温系统，特别是人员密集场所应委托专业技术机构按照相关规定开展火灾风险评估工作，加强消防安全检查，严格动火作业管理，并适时开展消防改造。

（1）火灾危险性评估。既有建筑外墙外保温系统火灾风险现状分析需根据现场勘察结果，采用客观、科学的方法评价火灾危险性。现场勘察包括但不限于既有建筑现状、火灾危险源、消防设施现状、消防安全管理制度等内容，并采集现状图片，现状图片应真实、准确、清晰地反映既有建筑外墙外保温系统的环境风貌、现状。

（2）加强消防安全检查。建筑保温系统的抹灰层或装饰层具有一定的防火作用，保证其完整性是降低建筑保温火灾的一个重要措施，因此开展既有建筑消防安全检查时要注意检查建筑保温系统完整性，包括使用的保温材料类型及燃烧性能等级、保温系统是否发生开裂脱落、抹灰层及装饰层等是否完整、保温材料是否裸露在外等，发现存在问题应及时提醒业主或物业管理单位进行维修，消除火灾安全隐患。

（3）加强动火作业管理。使用 B_2 级挤塑聚苯板等保温材料的建筑应列为建筑保温火灾高危场所，应加强动火、电焊、烟道油污清理等作业管理。建筑周边应避免燃放烟花爆竹、电动自行车充电等易引发火灾的行为，减少潜在引火源，尽最大可能降低建筑保温火灾高危场所发生火灾进而引发保温火灾的概率。另外，建筑保温火灾高危场所应适当增加防火和灭火措施，如增加灭火器和固定灭火系统等，做到“灭早、灭小、灭初起”，切断小火引燃保温层的可能性。

（4）消防改造。在既有建筑进行维修改造时，应优先考虑其保温系统防火性能的改造提升。外墙外保温系统改造方案应重点考虑火灾荷载分布和蔓延风险，拆除、替换等施工过程的火源控制及防护，消防设施和消防用水保障能力，灭火救援能力，消防安全管理措施等内容。同时，改造方案应与标准规范中对外保温材料及系统防火性能的要求相符。

对于暂时不能改造的设有建筑外墙外保温系统的建筑，其管理单位应当在主入口及周边相关显著位置设置提示性和警示性标识，标示外墙外保温材料的燃烧性能、防火要求。

参考文献

[1] 郑瑞文 . 建筑内部装修消防安全技术［M］. 北京：中国建筑工业出版社，2006.
[2] 张伟 . 建筑内部装修防火细节详解［M］. 南京：江苏凤凰科学技术出版社，2015.

练习题

一、一级注册消防工程师

（一）单项选择题

1. 某民政部门建设了两座供老年人居住和活动的建筑，建筑高度均为 12m，建筑内部设置了自动喷水灭火系统和火灾自动报警系统。在进行内部装修时，建筑内疏散走道的顶棚装饰材料的燃烧性能等级应为（　　）。

A. B_1 级　　B. B_2 级　　C. A 级　　D. B_3 级

2. 下列关于与基层墙体、装饰层之间无空腔且每层设置防火隔离带的建筑外墙外保温系统的做法中，错误的是（　　）。

A. 建筑高度为 23.8m 的住宅建筑，采用 B_2 级保温材料，外墙上门、窗的耐火完整性为 0.25h

B. 建筑高度为 48m 的办公建筑，采用 B_1 级保温材料，外墙上门、窗的耐火完整性为 0.50h

C. 建筑高度为 70m 的住宅建筑，采用 B_1 级保温材料，外墙上门、窗的耐火完整性为 0.50h

D. 建筑高度为 23.8m 的办公建筑，采用 B_1 级保温材料，外墙上门、窗的耐火完整性为 0.25h

3. 某商场，地上一层为门厅、休息室及配套办公用房，地下一层为面积为 4 000m^2

的营业厅，该商场设有自动喷水灭火系统和火灾自动报警系统。该商场下列部位中，装修材料的燃烧性能等级应为 A 级的是（　　）。

A. 门厅顶棚　B. 休息室地面　C. 营业厅地面　D. 办公室顶棚

（二）多项选择题

1. 某建筑高度为 28.5m 的电信大楼，每层建筑面积为 2 000m^2，设置火灾自动报警系统和自动灭火系统等，下列关于该建筑有窗办公室内部装修的做法中，正确的有（　　）。

A. 墙面采用彩色阻燃人造板装修

B. 反地面铺装硬质 PVC 塑料地板

C. 窗帘采用阻燃处理的难燃织物

D. 顶棚采用难燃胶合板装修

E. 隔断采用复合壁纸装修

2. 某办公楼，建筑高度为 56m，每层建筑面积为 1 000m^2。该建筑内部装修的下列设计方案中，正确的有（　　）。

A. 建筑面积为 100m^2 的 B 级电子信息系统机房铺设半硬质 PVC 塑料地板

B. 建筑面积为 50m^2 的重要档案资料室采用 B_2 级阻燃织物窗帘

C. 建筑面积为 100m^2 的办公室内墙面粘贴塑料壁纸

D. 建筑面积为 150m^2 的餐厅内采用 B_2 级木制桌椅

E. 建筑面积为 150m^2 的会议室内装饰彩色图纹羊毛挂毯

二、二级注册消防工程师

（一）单项选择题

1. 根据《建筑内部装修设计防火规范》（GB 50222—2017），下列装修装饰材料中，不属于“其他装修装饰材料”的是（　　）。

A. 楼梯扶手　B. 踢脚板　C. 暖气罩　D. 屏风

2. 关于消防控制室内各部位装修材料的选用，错误的是（　　）。

A. 墙面装修材料选用玻镁板

B. 顶棚装修材料选用水泥刨花板

C. 地面装修材料选用水泥木丝板

D. 隔断装修材料选用难燃玻璃

（二）多项选择题

某 8 层住宅建筑，层高为 3.0m，首层地面标高为 ±0.000，室外地坪标高 −0.600m，平屋面面层标高 24.200m。对该住宅外墙进行保温设计，选用的保温方式和材料中，符合规范要求的有（　　）。

A. 除楼梯间外，内保温材料采用燃烧性能等级为 B_1 级的聚氨酯泡沫板

B. 外保温体系与基层墙体无空腔，保温材料采用矿棉板

C. 除楼梯间外，内保温材料采用燃烧性能等级为 B_2 级的聚苯乙烯泡沫板

D. 外保温体系与基层墙体无空腔，保温材料采用燃烧性能等级为 B_1 级的聚氨酯泡沫板

E. 外保温体系与基层墙体无空腔，保温材料采用燃烧性能等级为 B_2 级的聚苯乙烯泡沫板

第十一章　灭火救援设施

学习要求

通过本章学习，应了解消防车道、消防车登高操作场地和救援窗口、消防电梯及直升机停机坪的设置目的和作用，掌握上述灭火救援设施的设置要求。

建筑灭火救援设施是用于扑救建筑火灾、实施救援的相关设备设施，一般包括消防车道、消防车登高操作场地和救援窗口、消防电梯、直升机停机坪等。

第一节　消 防 车 道

消防车道是供消防车灭火时通行的道路。设置消防车道的目的在于，一旦发生火灾，可确保消防车畅通无阻，迅速到达火场，为及时扑灭火灾创造条件。消防车道可以利用交通道路，但在通行的净高、净宽、地面承载力、转弯半径等方面应满足消防车通行与停靠的需求，并保证畅通。街区内的道路应考虑消防车的通行，室外消火栓的保护半径约为150m，一般按规定设在城市道路两旁，故将道路中心线间的距离设定为不宜大于160m。

消防车道的设置应根据当地专业消防救援力量使用的消防车辆的外形尺寸、载重、转弯半径等消防车技术参数，以及建筑物的体量大小、周围通行条件等因素确定。

一、消防车道的设置要求

（一）环形消防车道

（1）除受环境地理条件限制只能设置1条消防车道的公共建筑外，其他高层公共建筑和占地面积大于3 000m^2的其他单、多层公共建筑应至少沿建筑的两条长边设置消防车道。住宅建筑应至少沿建筑的一条长边设置消防车道。当建筑仅设置1条消防车道时，该消防车道应位于建筑的消防车登高操作场地一侧。

沿街的高层建筑，其街道的交通道路，可作为环形车道的一部分，如图2–11–1所示。

（2）高层厂房、占地面积大于3 000m^2的甲、乙、丙类厂房和占地面积大于1 500m^2的乙、丙类仓库，应至少沿建筑物的两个长边设置消防车道。

（3）设置环形消防车道时至少应有两处与其他车道连通，必要时还应设置与环形车道相连的中间车道，且道路设置应考虑大型车辆的转弯半径。

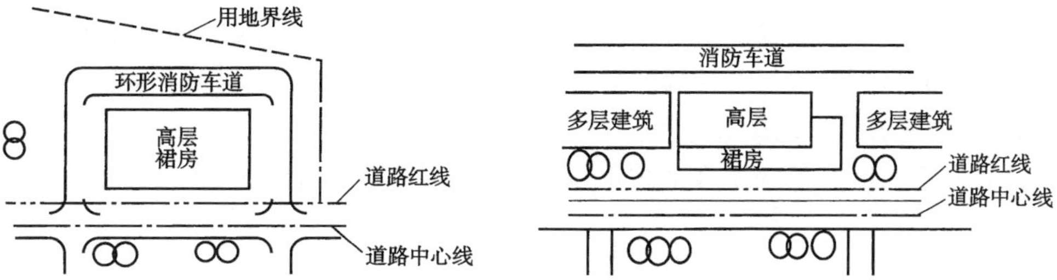

（a）环形消防车道　　（b）沿建筑长边设置消防车道

图 2-11-1　消防车道示意图

（二）穿过建筑的消防车道

（1）对于一些使用功能多、面积大、建筑长度长的建筑，如 L 形、U 形、口形建筑，当其沿街长度超过 150m 或总长度大于 220m 时，应在适当位置设置穿过建筑物的消防车道。确有困难时，应设置环形消防车道。

（2）为了日常使用方便和消防救援人员快速便捷地进入建筑内院救火，有封闭内院或天井的建筑物，当其短边长度大于 24m 时，宜设置进入内院或天井的消防车道，如图 2-11-2 所示。

有封闭内院或天井的建筑物沿街时，应设置连通街道和内院的人行通道（可利用楼梯间），其间距不宜大于 80m，如图 2-11-3 所示。

（3）在穿过建筑物或进入建筑物内院的消防车道两侧，不应设置影响消防车通行或人员安全疏散的设施。

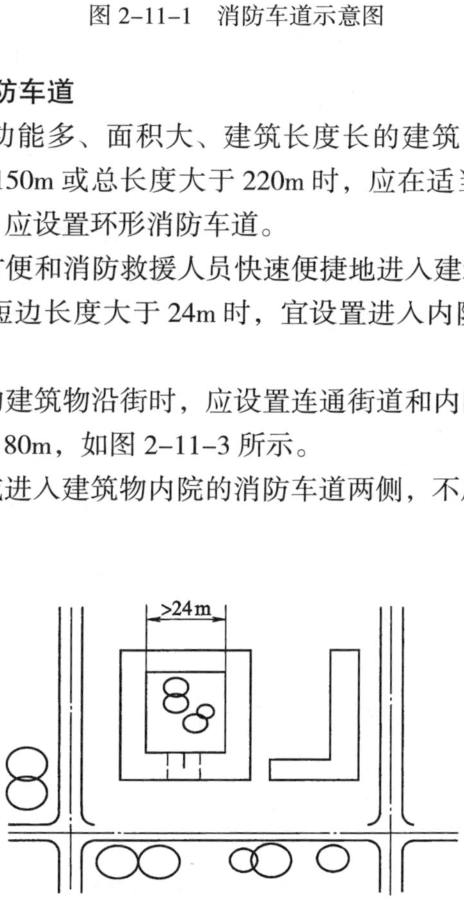

图 2-11-2　穿过建筑物进入内院的消防车道示意图

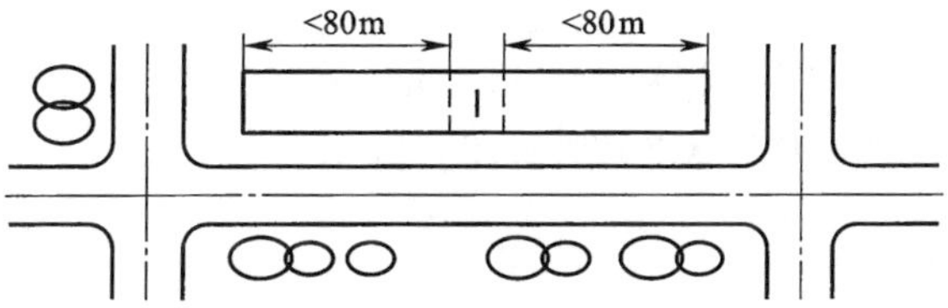

图 2-11-3　穿过建筑物的人行通道示意图

（三）尽头式消防车道

当建筑和场所的周边受地形环境条件限制，难以设置环形消防车道或与其他道路连通的消防车道时，可设置尽头式消防车道。

（四）消防水源地消防车道

供消防车取水的天然水源和消防水池应设置消防车道。消防车道边缘距离取水点不宜大于2m。

二、消防车道的技术要求

（一）消防车道的净宽和净高

消防车道一般按单行线考虑，为便于消防车顺利通过，消防车道的净宽和净空高度均不应小于4m，消防车道的坡度不宜大于8%，且不应大于10%。消防车道靠建筑外墙一侧的边缘距离建筑外墙不宜小于5m。

（二）消防车道的荷载

轻、中系列消防车最大总质量不超过11t，重系列消防车总质量为15～50t。作为车道，不管是市政道路还是小区道路，一般应满足重型消防车的通行。消防车道的路面、救援操作场地及消防车道下面的管道和暗沟等，应能承受重型消防车的压力，且应考虑建筑物的高度、规模及当地消防车的实际参数。

（三）消防车道的最小转弯半径

车道转弯处应考虑消防车的最小转弯半径，以便于消防车顺利通行。消防车的最小转弯半径是指消防车回转时消防车的前轮外侧循圆曲线行走轨迹的半径。目前，我国消防车的转弯半径为：普通消防车为9m，登高车为12m，部分特种车辆为16～20m。因此，弯道外侧需要保留一定的空间，保证消防车紧急通行。停车场或其他设施不能占用消防车道的宽度，以免影响火灾扑救。

（四）消防车道的回车场

尽头式消防车道应根据消防车辆的回转需要设置回车道或回车场。回车场的面积不应小于12m×12m；对于高层建筑，回车场的面积不宜小于15m×15m；供重型消防车使用时，回车场的面积不宜小于18m×18m。

第二节　消防车登高操作场地和救援窗口

建筑的消防车登高操作场地和救援窗口，是发生火灾时进行有效灭火救援行动的重要设施。本节主要介绍这些消防救援设施的设置要求。

一、定义

（1）消防车登高操作场地。在高层建筑底边必须设置消防车道和供消防车停靠、消防车登高操作和灭火救援的作业场地，该场地称为消防车登高操作场地。

（2）救援窗口。在建筑物与消防车登高操作场地相对应的范围内设置的供消防救援人员快速进入建筑主体且便于识别的窗口称为救援窗口或供消防救援人员进入的窗口。

二、消防车登高操作场地的设置要求

（一）基本要求

高层建筑应至少沿其一条长边设置消防车登高操作场地。未连续布置的消防车登高操作场地，应保证消防车的救援作业范围能覆盖该建筑的全部消防扑救面。根据消防登高车变幅角的范围以及实地作业需求，进深不大于4m的裙房不会影响登高车的操作，因此，该范围内的裙房进深不应大于4m。建筑高度不大于50m的建筑，当连续布置消防车登高操作场地有困难时，可间隔布置，但间隔距离不宜大于30m，且消防车登高操作场地的总长度仍应符合上述规定。

建筑物与消防车登高操作场地相对应的范围内，应设置直通室外的楼梯或直通楼梯间的入口，方便救援人员快速进入建筑展开灭火和救援。

（二）操作场地面积及坡度

消防车登高操作场地应结合消防车道设置。考虑到登高车的支腿横向跨距不超过6m，同时考虑普通车（宽度为2.5m）的交会以及消防救援人员携带灭火器具的通行，消防车登高操作场地的车道宽度一般不宜小于10m。根据登高车的车长15m以及车道的宽度，操作场地长度和宽度分别不应小于15m和10m。对于建筑高度大于50m的建筑，操作场地的长度和宽度分别不应小于20m和10m。操作场地的坡度不宜大于3%。

（三）操作场地与建筑的距离

根据火场经验和登高车的操作需要，一般要求场地靠建筑外墙一侧的边缘距离建筑外墙不宜小于5m，最大距离可由建筑高度、登高车的额定工作高度确定。如扑救建筑高度大于50m的建筑火灾，在操作场地与建筑外墙距离5～13m内登高车可达其额定高度的，为方便布置，操作场地距建筑外墙不宜小于5m，且不应大于10m。

（四）操作场地荷载计算

作为消防车登高操作场地，由于需承受30～50t登高车的重量，故场地及其下面的建筑结构、管道和暗沟等，应考虑能承受重型消防车的压力。在地下建筑上部地面布置消防车登高操作场地时，地下建筑的楼板荷载应按承载重型消防车计算。

（五）操作空间的控制

应根据高层建筑的实际高度，合理计算消防车登高操作场地的操作空间，场地与厂房、仓库、民用建筑之间不应设置妨碍消防车操作的树木、架空管线等障碍物和车库出入口，如图2-11-4所示，同时要避开地下建筑内设置的危险场所的泄爆口。

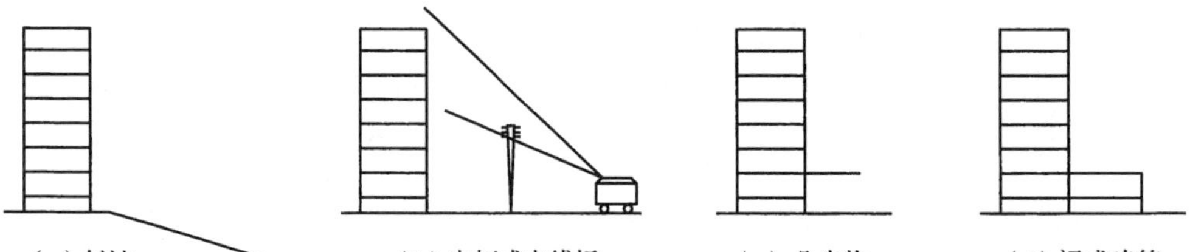

图 2-11-4　消防登高车工作空间示意图

三、救援窗口的设置要求

在灭火时，只有将灭火剂直接作用于火源或燃烧的可燃物，才能有效灭火。大部分建筑的火灾在专业消防救援力量到达时均已发展到较大的规模，从建筑的楼梯间进入有时难以直接接近火源，因此有必要在外墙上设置供灭火救援用的入口。除有特殊要求的建筑和甲类厂房可不设置消防救援口外，在建筑的外墙上应设置便于消防员出入的消防救援口，无外窗的建筑应每层设置消防救援口，有外窗的建筑应自第三层起每层设置消防救援口。窗口的净高和净宽均不应小于 1m，下沿距室内地面不宜大于 1.2m，间距不宜大于 20m，且每个防火分区不应少于 2 个，设置位置应与消防车登高操作场地相对应。窗口的玻璃应易于破碎，并应设置可在室外识别的明显标志。

第三节　消 防 电 梯

对于高层建筑，设置消防电梯能节省消防救援人员的体力，使消防救援人员能快速接近着火区域，提高战斗力和灭火救援效果。根据在正常情况下对消防救援人员的测试结果，消防救援人员从楼梯攀登的高度一般不大于 23m，否则，人的体力消耗很大。对于地下建筑，由于排烟、通风条件很差，受当前救援装备的限制，消防救援人员通过楼梯进入地下的危险性比地上建筑要高，因此，要尽量缩短到达火场的时间。由于普通的客、货电梯不具备防火、防烟、防水条件，且其电源在火灾发生时往往无法保证正常供电，不能用于消防救援人员的灭火救援。因此，要求高层建筑和埋深较大的地下建筑应设置供消防救援人员专用的消防电梯。

符合消防电梯要求的客、货梯，可以兼作消防电梯。

一、消防电梯的设置范围

（1）建筑高度大于 33m 的住宅建筑应设置消防电梯。

（2）一类高层公共建筑和建筑高度大于 32m 的二类高层公共建筑、5 层及以上且总建筑面积大于 3 000m^2（包括设置在其他建筑内 5 层及以上楼层）的老年人照料设施应设置消防电梯。

（3）除轨道交通工程外，建筑的地下或半地下室，埋深大于 10m 且总建筑面积大于

3 000m² 的其他地下或半地下建筑（室）设置消防电梯。

（4）建筑高度大于 32m 的丙类高层厂房宜设置消防电梯。

（5）符合下列条件的建筑可不设置消防电梯：

1）建筑高度大于 32m 且设置电梯，任一层工作平台上的人数不超过 2 人的高层塔架。

2）局部建筑高度大于 32m，且局部高出部分的每层建筑面积不大于 50m² 的丁、戊类厂房。

二、消防电梯的设置要求

（1）设置消防电梯的建筑，每个防火分区可供使用的消防电梯不应少于 1 台。

（2）消防电梯应具有防火、防烟、防水功能。

（3）消防电梯应设置前室或与防烟楼梯间合用的前室。设置在仓库连廊、冷库穿堂或谷物筒仓工作塔内的消防电梯，可不设置前室。消防电梯前室应符合下列要求：

1）前室宜靠外墙设置，并应在首层直通室外或经过长度不大于 30m 的通道通向室外。

2）前室的使用面积不应小于 6m²，前室的短边不应小于 2.4m。与防烟楼梯间合用的前室，其使用面积公共建筑不应小于 10m²，住宅建筑不应小于 6m²。

3）前室或合用前室应采用防火门和耐火极限不低于 2.00h 的防火隔墙与其他部位分隔。除兼作消防电梯的货梯前室无法设置防火门的开口可采用防火卷帘分隔外，不应采用防火卷帘或防火玻璃墙等方式替代防火隔墙。

4）除前室的出入口、前室内设置的正压送风口和住宅规定的户门外，前室内不应开设其他门、窗、洞口。

5）消防电梯井、机房与相邻电梯井、机房之间应设置耐火极限不低于 2.00h 的防火隔墙，隔墙上的门应采用甲级防火门。

6）在扑救建筑火灾过程中，建筑内有大量消防废水流散，消防电梯井内外要考虑设置排水和挡水设施，并设置可靠的电源和供电线路，以保证消防电梯可靠运行。因此在消防电梯的井底应设置排水设施，排水井的容量不应小于 2m³，排水泵的排水量不应小于 10L/s，且消防电梯前室的门口宜设置挡水设施。

7）为了满足灭火救援的需要，消防电梯应选用较大的载重量，一般不应小于 800kg，且轿厢尺寸不宜小于 1.5m × 2m。这样，火灾时可以将一个战斗班（8 人左右）的消防救援人员及随身携带的装备运到火场所在楼层，同时可以满足用担架抢救伤员的需要。对于医院等建筑，消防电梯轿厢内的净面积尚需考虑病人、残障人士等的救援及方便对外联络的需要。消防电梯要层层停靠，包括地下室各层。为了赢得宝贵的救援时间，消防电梯的行驶速度从首层至顶层的运行时间不宜超过 60s。

8）消防电梯应由消防电源供电，同时应设有备用电源，消防电梯的两路电源应在最末级配电箱自动切换。消防电梯的动力与控制电缆、电线、控制面板应采取防水措施；在首层的消防电梯入口处应设置供消防救援人员专用的操作按钮，使之能快速回到首层或到达指定楼层；消防电梯轿厢内部应设置专用消防对讲电话和视频监控系统的终端设备，方便消防救援人员与建筑消防控制中心联络。

9）消防电梯轿厢的内部装修应采用不燃材料。

第四节　直升机停机坪

对于建筑高度大于100m的高层建筑，需设置避难层，当建筑某楼层着火导致人员难以向下疏散时，往往需到达上一避难层或屋顶等待救援，此时仅靠消防救援人员利用登高车或地面登高施救条件有限，利用直升机营救被困于屋顶的避难者则比较快捷。

一、直升机停机坪的设置范围

建筑高度大于100m且标准层建筑面积大于2 000m^{2}的公共建筑，其屋顶宜设置直升机停机坪或供直升机救助的设施。建筑高度大于250m的工业与民用建筑，应在屋顶设置直升机停机坪。

二、直升机停机坪的设置要求

1. 起降区

（1）起降区面积。当采用圆形与方形平面的停机坪时，其直径或边长尺寸应大于或等于直升机机翼直径的1.5倍；当采用矩形平面时，其短边尺寸应大于或等于直升机机翼的长度，如图2–11–5所示。在停机坪外5m范围内，不应设置设备机房、电梯机房、水箱间、共用天线、旗杆等凸出物，如图2–11–6所示。

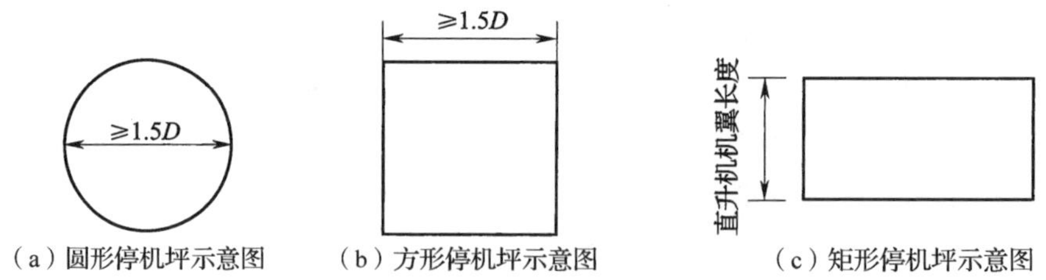

图2–11–5　屋顶停机坪平面示意图

（2）起降区场地的耐压强度。起降区场地的耐压强度由直升机的动荷载、静荷载以及起落架的构造形式决定，同时考虑冲击荷载的影响，以防直升机降落控制不良，导致建筑物破坏。通常，按所承受集中荷载不大于直升机总质量的75%考虑。

（3）起降区的标志。停机坪四周应设置航空障碍灯，并应设置应急照明。特别是当一幢大楼的屋顶层局部为停机坪时，设置停机坪标志尤为重要。停机坪起降区常用符号“H”表示，如图2–11–7所示，符号所用色彩为白色，需与周围地区较好对比时也可采用黄色，在浅色地面上时可加上黑色边框，使之更为醒目。

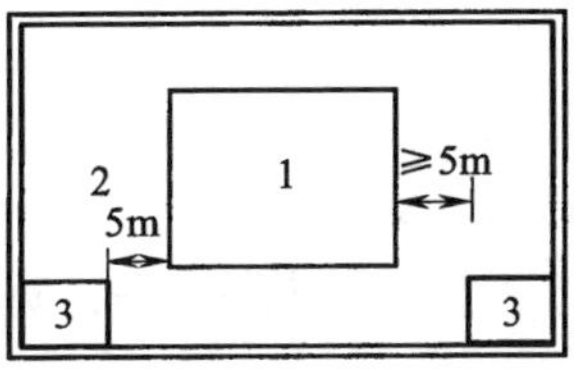

1—停机坪；2—高层建筑屋面；3—楼梯间与障碍物。

图 2-11-6　屋顶停机坪与其他凸出物的尺寸示意图

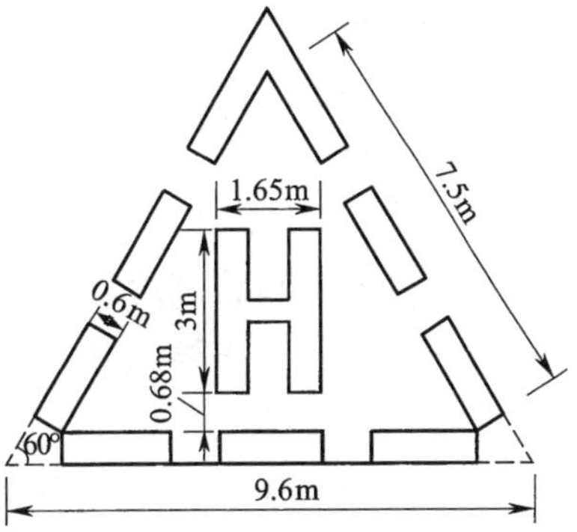

图 2-11-7　停机坪常用符号示意图

2. **待救区**

设置待救区，以容纳疏散到屋顶停机坪的避难人员。用钢制栅栏等与直升机起降区分隔，防止避难人员涌至直升机起降区，延误营救时间或造成事故。待救区应设置不少于 2 个通向停机坪的出口，每个出口的宽度不宜小于 0.9m，其门应向疏散方向开启。

3. **夜间照明**

停机坪四周应设置航空障碍灯，并应设置应急照明，以保障夜间的直升机起降。

4. **灭火设备**

在停机坪的适当位置应设置室内消火栓，用于扑救避难人员携带的火种以及直升机可能发生的火灾。其他要求应符合国家现行航空管理有关标准的规定。

参考文献

［1］张树平 . 建筑防火设计［M］. 北京：中国建筑工业出版社，2001.
［2］蔡芸 . 建设工程消防设计审核与验收实务［M］. 北京：国防工业出版社，2012.

练习题

一、一级注册消防工程师

（一）单项选择题

1. 一座建筑高度为 55m 的新建办公楼，无裙房，矩形平面尺寸为 80m × 20m，沿该建筑南侧的长边连续布置消防车登高操作场地。该消防车登高操作场地的最小平面尺寸至少应为（　　）。

A. 15m × 10m　　B. 20m × 10m　　C. 15m × 15m　　D. 80m × 10m

2. 下列建筑中，可不设置消防电梯的是（　　）。

A. 埋深为 10m，总建筑面积为 10 000m² 的地下商场

B. 建筑高度为 27m 的病房楼

C. 建筑高度为 48m 的办公建筑

D. 建筑高度为 45m 的住宅建筑

3. 某公共建筑，建筑高 66m，长 80m，宽 30m，地下 1 层，地上 15 层，地上一至三层为商业营业厅，四至十五层为办公场所。该建筑消防车登高操作场地的下列设计方案中，正确的是（　　）。

A. 消防车登高操作场地靠建筑外墙一侧的边缘距外墙 10m

B. 消防车登高操作场地最大间隔为 25m，场地总长度为 90m

C. 在建筑位于消防车登高操作场地一侧的外墙上设置一个挑出 5m，宽 10m 的雨篷

D. 消防车登高操作场地最小长度为 15m

（二）多项选择题

1. 某建造在山坡上的办公楼，建筑高度为 48m，长度和宽度分别为 108m 和 32m，地下设置了 2 层汽车库，建筑的背面和两侧无法设置消防车道，下列该办公楼消防车登高操作场地的设计，符合规范的有（　　）。

A. 消防车登高操作场地靠建筑正面一侧的边缘与建筑外墙的距离为 5 ~ 7m

B. 消防车登高操作场地宽度为 12m

C. 消防车登高操作场地的坡度为 1%

D. 消防车登高操作场地设置在建筑的正面，因受大门雨篷的影响，在大门前不能连续布置

E. 消防车登高操作场地位于可承受重型消防车压力的地下室上部

2. 下列关于消防车道设置的做法，正确的有（　　）。

A. 二类高层住宅建筑，沿其南北侧两个长边设置净宽度为 3.5m 的消防车道

B. 消防车道穿过建筑物的洞口处地面标高为 –0.300m，洞口顶部的标高为 3.900m，门洞净宽度为 4.2m

C. 占地面积为 2 400m^2 的单层纺织品仓库，沿其两个长边设置尽头式消防车道，回车场尺寸为 12m × 13m

D. 高层厂房周围的环形消防车道有一处与市政道路连通

E. 在一坡地建筑周围设置最大坡度为 5% 的环形消防车道

二、二级注册消防工程师

（一）单项选择题

1. 下列消防救援入口设置的规范中，符合要求的是（　　）。

A. 一类高层办公楼外墙面，连续设置无间隔的广告屏幕

B. 救援入口净高和净宽均为 1.6m

C. 每个防火分区设置 1 个救援入口

D. 多层医院顶层外墙面，连续设置无间隔的广告屏幕

2. 某建筑高度为 38m 且设有消防电梯的 5 层针织品生产厂房，耐火等级为一级，每层建筑面积为 5 000m^2。消防电梯与疏散楼梯间合用前室。下列做法中错误的是（　　）。

A. 设置两台消防电梯

B. 前室的使用面积为 $12m^2$

C. 消防电梯兼作员工用电梯

D. 在前室入口处设置耐火极限为 3.00h 的防火卷帘

（二）多项选择题

关于消防电梯及其前室的说法，正确的有（　　）。

A. 设置在冷库穿堂内的消防电梯可不设前室

B. 前室在首层可经过长度 20m 的通道通向室外

C. 前室因运输货物需要时，可采用防火卷帘分隔

D. 前室的短边不应小于 2.4m

E. 展览建筑中消防电梯前室与防烟楼梯间前室合用时，使用面积不应小于 $10m^2$

第十二章　灭火救援力量

学习要求

通过本章学习，应掌握城市消防站分类、布局及装备配备要求，了解城市消防站开展防火工作要求；熟悉建立专职消防队的单位范围；掌握乡镇消防队分类分级、人员及器材配备要求，掌握社区、消防安全重点单位微型消防站建设原则、人员及器材配备要求；判别微型消防站配备的正确性。

根据《中华人民共和国消防法》规定，各级人民政府应当加强消防组织建设，根据经济社会发展的需要，建立多种形式的消防组织，加强消防技术人才培养，增强火灾预防、扑救和应急救援的能力。县级以上地方人民政府应当按照国家规定建立国家综合性消防救援队、专职消防队，并按照国家标准配备消防装备，承担火灾扑救工作。乡镇人民政府应当根据当地经济发展和消防工作的需要，建立专职消防队、志愿消防队，承担火灾扑救工作。

发展多种形式灭火救援力量，形成多元化的灭火救援力量体系，不仅能够增强灭火救援队伍的战斗力，而且能够推动社会整体火灾防控能力的全面提升，切实维护人民群众生命和财产安全。

第一节　城市消防站

城市消防站是城镇公共消防设施的重要组成部分，是国家、专职或其他类型消防队的驻扎基地，担负着扑救火灾和抢险救援、防火检查巡查、消防安全宣传等重要任务。因其特殊地位和作用，《中华人民共和国消防法》规定，城市消防站的建设应纳入当地国民经济社会发展规划、城乡规划以及消防专项规划，由各级政府负责组织实施。面对“全灾种、大应急”的要求，加快推进城市消防救援站及装备配备建设，科学优化站点布局，能够进一步提升火灾防控水平和应急救援能力。

一、城市消防站的分类

城市消防站的正确分类关系到消防站的建设规模、装备水平以及灭火与应急救援的能力。标准过高，超出城市经济发展的承受能力，容易留下欠账；标准太低，又无法适应当前灭火救援的实际需要。因此，按照业务类型，目前将消防站分为普通消防站、特勤消防站和战勤保障消防站三类。这种分类方式既符合我国城市消防站发展的需要，也适应消防救援机构完成各项消防保卫任务和履行抢险救援职责的要求。

（一）普通消防站

普通消防站，是指有明确辖区，主要承担火灾扑救和一般灾害事故抢险救援任务的消防站，分为一级普通消防站、二级普通消防站和小型普通消防站（以下简称一级站、二级站、小型站）。普通消防站是扑救城市火灾和处置灾害事故的主体，在消防保卫实践中发挥着决定性的作用，各地在城市总体规划中，基本围绕一级站的建设进行规划布局。为满足灭火救援的需要，所有城市必须设立一级站。部分城市为解决原有消防站布局过疏、辖区面积过大的问题，在建成区内繁华商业区、重点保卫目标等特殊区域设立一级站确有困难的情况下，要结合总体规划布局，经过认真的调查论证，可设立二级站。另外，在城市的核心地区，因建筑密集、道路拥堵等各种因素，使得消防队难以在5min内到达火场，而要在这些地区建设一级站或二级站，因用地紧张很难实现。因此，为加快消防队第一出动到场时间，适应快速扑救火灾的实际需要，经专项论证后可设立小型站，但小型站的辖区至少应与一个一级站、二级站或特勤站辖区相邻。同时，为避免以小型站来取代一级站、二级站，或在大范围区域内全部设置小型站，将小型站的建设范围限定在城市建成区中的一些特定区域。

（二）特勤消防站

特勤消防站，主要承担特种灾害事故应急救援和特殊火灾扑救任务的消防站，对有明确辖区要求的，同时承担普通消防站的任务。近年来，随着高层建筑、地下轨道交通、大型商业综合体、石油化工等行业领域的发展，由此引发的火灾警情越来越多，这就需要有承担这类特殊任务的特勤消防站。特勤消防站拥有特殊的车辆装备和器材，消防救援人员也必须经过特殊的训练和培训。因此，它为处置各类特殊的灾害事故提供了坚实的保障。地级及地级以上城市以及经济较发达的县级城市应设特勤站。当遇有特种灾害事故应急救援和特殊火灾扑救任务时，通常情况下应调派特勤消防站出动或作为增援力量出动，个人和单位在报警时应具体说明火灾事故类型。

（三）战勤保障消防站

战勤保障消防站，主要承担消防装备、器材和物资的储备、运输、维修、保养等职能，并为普通和特勤消防站执行任务提供应急综合保障的消防站。当前，各类火灾与抢险救援事故由单一化逐渐升级为复杂化、多样化，并呈现出突发性强、处置难度大、作战时间长及危害性大等特点。因此，组建战勤保障消防站，能确保一旦出现突发性重特大事故，可以以最快的速度、最佳补给路线、最高效运送手段为一线作战救援队伍运送、更换和抢修装备器材，提供灭火药剂、油料供给、饮食保障等，保证灭火救援及抢险救援任务顺利完成。地级及地级以上城市以及经济较发达的县级城市应设战勤保障消防站。

二、城市消防站的规划布局与选址

城市消防站的合理规划布局与选址，是高效发挥消防救助力量、保障城市安全运行的基础。

（一）规划布局与辖区面积

城市消防站的总体布局要求保证消防辖区范围能覆盖整个城市建设区域。目前，城市消防站规划布局主要以消防时间和辖区服务面积作为依据。

（1）消防站的布局影响消防队到达现场开展灭火战斗的时间，一般应以接到出动指令后 5min 内消防队可以到达辖区边缘为原则确定。5min 时间是由 15min 消防时间得来的。根据火灾发展过程一般可以分为初起、发展、猛烈、下降和熄灭五个阶段，以一般固体可燃物着火后，在 15min 内火灾具有燃烧面积不大、火焰不高、辐射热不强、烟和气体流动缓慢、燃烧速度不快等特点，房屋建筑火灾 15min 内尚属于初起阶段。如果消防队能在火灾发生的 15min 内开展灭火战斗，将有利于控制和扑救火灾，否则火势将迅速蔓延，造成严重的损失。15min 的消防时间分配为：发现起火 4min、报警和指挥中心处警 2.5min、接到指令出动 1min、行车到场 4min、开始出水扑救 3.5min。个人和单位要注意把握 15min 消防时间，在发现起火 4min 内迅速报警，为消防站开展火灾扑救争取黄金时间。

（2）城市消防站的辖区面积是指消防站建成使用后，以消防站为中心，划定一定的区域面积，由该消防站主管区域内灭火和应急救援任务，是根据消防车到达辖区最远点的距离、消防车时速和道路情况综合确定的，按式（2–12–1）计算：

$$A=2P^2=2\times(S/\lambda)^2 \qquad (2\text{–}12\text{–}1)$$

式中 A——消防站辖区面积（km^2）；

P——消防站至辖区最远点的直线距离，即消防站保护半径（km）；

S——消防站至辖区边缘最远点的实际距离，即消防车 4min 的最远行驶路程（km）；

λ——道路曲度系数，即两点间实际交通距离与直线距离之比，通常取 1.3 ~ 1.5。

城市消防站的辖区面积按下列原则确定：

1）综合我国目前交通的实际情况，并考虑消防站的分类，确定作为保卫城市消防安全主要力量的一级站的辖区面积不宜大于 $7km^2$，二级站的辖区面积不宜大于 $4km^2$。由于小型站多位于城市中心区，鉴于消防车平均时速更加缓慢的实际情况，所以辖区面积不能太大，要小于二级站的辖区面积，定为 $2km^2$。城市近郊区是指城市行政管辖的郊区或根据城市规划需要扩大的郊区，近郊区以及城市行政区域内其他因城市建设和发展需要实行规划控制区域的普通站，其辖区面积不宜大于 $15km^2$。也可针对城市的火灾风险，通过评估方法确定消防站辖区面积。

2）兼有辖区消防任务的特勤站，其辖区保护面积同一级站，同一辖区内一般不再另设一级站。

3）战勤保障站主要承担本城市范围内灭火救援的应急保障任务，消防车辆配备和物资储备应与保障任务相匹配。为强化战勤保障站的保障功能，战勤保障站不宜单独划分辖区面积。

现实中，受建站时长、用地限制、经费投入等因素影响，按照《城市消防站建设标准》（建标 152—2017）的相关要求，部分城市的城市消防站还有缺建“欠账”情况。为着力破解基层站点布局不合理、人员编制实力分散、专业队伍临时拼凑、国家队站“空心化”以及混编队站管理难等问题，目前全国各地在探索“1+N”消防救援站的建站模式。“1+N”即“1个中心站＋若干卫星站”力量布防模式，特勤消防救援站、一级消防救援站、二级消防救援站作为“中心站”，是所负责任务区内的尖刀和拳头力量。中心站任务区内的小型消防救援站、政府专职消防站、企事业单位专职消防队、乡镇消防队、微型消防站作为“卫星站”，是中心站的补充力量，与中心站联动响应、共建共训。

（二）选址要求

城市消防站的选址应以便于消防车迅速出动扑救火灾与保障消防站自身安全为原则。

（1）应设在辖区内适中位置及便于车辆迅速出动的临街地段，并应尽量靠近城市应急救援通道。

（2）消防站执勤车辆主出入口两侧宜设置交通信号灯、标志、标线等设施，提前警示驾驶员，保障快速、安全出警。

（3）消防站距医院、学校、幼儿园、托儿所、影剧院以及商场等容纳人员较多的公共建筑的主要疏散出口不应小于50m，避免因发出警报引起惊慌造成事故。同时，也是为了防止人流集中时影响消防车迅速安全地出动，贻误灭火救援战机。

（4）城市消防站应位于易燃易爆危险品场所或设施全年最小频率风向的下风侧，其用地边界距离加油站、加气站、加油加气合建站不应小于50m，距离甲、乙类厂房和易燃易爆危险品储存场所不应小于200m。

（5）消防站车库门应朝向城市道路，后退红线不宜小于15m，以保证出车时视线良好，便于消防车迅速出动和回车时有一定的倒车场地，不致影响行人和车辆的交通安全。合建的小型站除外。

三、城市消防站的执勤人员及装备配备要求

城市消防站配备一般包括执勤人员配备、消防车辆配备、消防车辆品种配备、灭火器材配备等。

（一）执勤人员的配备要求

为了满足消防站执勤工作的需要，综合考虑灭火和应急救援需要，一般一个班次同时执勤人数，一级站按30～45人配备，二级站按15～25人配备，小型消防站按15人配备，两个战斗班编制，特勤站按45～60人配备。在此基础上，各地可根据情况适当调整，但不得减少执勤人数。一个班次执勤人员以所配车辆平均每车6人进行计算。

战勤保障站一般下设技术保障、生活保障、卫勤保障、物资保障和社会联勤保障5个分队，按照每个分队平均8～11人计算，战勤保障站编配40～55人。

（二）消防车辆的配备要求

消防车的配备数量决定着消防站的建设规模和灭火救援能力。消防站的消防车辆配备数量应符合表2–12–1规定。

表 2-12-1 消防站消防车辆配备数量 单位：辆

消防站类别	普通站			特勤站、战勤保障站
	一级站	二级站	小型站	
消防车辆数	5～7	2～4	2	8～11

注：在条件许可的情况下，车辆数宜优先取上限值。

（三）消防车辆品种的配备要求

消防车的品种决定着消防站的执勤备战功能。消防站配备的常用消防车辆品种包括灭火消防车、举高消防车、专勤消防车、战勤保障消防车、消防摩托车。常见有水罐或泡沫消防车、登高平台消防车、云梯消防车、抢险救援消防车、装备抢修车等。一级、二级、小型、特勤消防站应配备水罐消防车和泡沫消防车。一级、特勤消防站在此基础上还应配备登高平台消防车和抢险救援消防车。

（四）灭火器材的配备要求

消防站配备的常用的灭火器材包括机动消防泵、移动式水带卷盘或水带槽、泡沫比例混合器、泡沫液桶、泡沫枪、两节拉梯、低压水带等。消防水带、灭火剂等易损耗装备，应按照不低于投入执勤配备量 1∶1 的比例保持库存备用量。

四、火警和应急救援等级分类及城市消防站的调派原则

（一）火警与应急救援分级

火警和应急救援分级是指根据灾害事故的严重程度及影响进行定级，并作为等级调派的依据。火警划分为一、二、三、四、五级，一级最低，五级最高，分别用绿色、蓝色、黄色、橙色、红色表示；应急救援划分为一、二、三、四级，一级最低，四级最高，分别用蓝色、黄色、橙色、红色表示。火警和应急救援分级主要考虑是否有人员伤亡或被困及其数量、燃烧面积、场所类别、相应等级的到场力量能否控制火警或灾情等因素。因此，各单位在报警时需快速并详细描述上述内容，以便科学调派相应的力量到场处置。

（1）遇有下列情况之一时，火警等级应自动升高一级：

1）重大节日、重要政治活动时期或发生在政治敏感区域、重要地区的火警。

2）风力 6 级以上或者阵风 7 级以上、冰冻严寒等恶劣气候条件下发生的火警。

3）当日 22 时至次日凌晨 6 时发生的火警。

4）报告同一地点火警的电话持续增多，成灾迹象明显的火警。

5）其他情况认为需要升级的火警。

（2）遇有下列情况之一时，应急救援等级一般自动升高一级：

1）重大节日、重要政治活动时期或发生在政治敏感区域、重要地区的应急救援。

2）当日 22 时至次日凌晨 6 时发生的应急救援。

3）报告同一地点灾情的电话持续增多，成灾迹象明显的应急救援。

4）其他情况认为需要升级的灾害事故。

（二）城市消防站出警的调派原则

城市消防站出警调派应根据火警和应急救援类型出动相应的消防车辆和装备器材，根据火警和应急救援等级出动相应力量的消防救援队伍。一般情况下，第一出动力量先调派普通消防站的消防救援力量；遇有高层建筑、地下轨道交通、大型商业综合体、石油化工等引发的灾情或普通消防站无法应对的灭火或应急救援任务时，应同时调派特勤消防站出动或作为增援力量调派出动；遇有三级及以上火警和应急救援任务时，应同时调派战勤保障消防站出动或作为增援力量调派出动。城市消防救援站应按照“5min 到场”的要求到现场处置警情，增援力量应在 10min 内到现场。

五、城市消防站开展防火工作

城市消防站除承担火灾扑救工作，并按照国家相关规定承担重大灾害事故和其他以抢救人员生命为主的应急救援工作以外，为进一步贯彻预防为主、防消结合的消防工作方针，根据中共中央办公厅、国务院办公厅《关于深化消防执法改革的意见》要求，还需承担开展防火工作相关职责。城市消防站应结合辖区熟悉演练、执行勤务，开展消防安全检查、消防安全宣传教育，协助开展火灾调查，实现消防安全管理和灭火救援工作紧密结合、能力共同提升。

（一）消防安全检查

（1）消防站应结合辖区熟悉、预案编制和演练以及执行勤务工作，开展防火检查。各单位要配合消防站开展相关工作，根据实际情况重点检查以下内容：①有无违章用火、用电情况；②生产、储存、经营场所有无违章住人情况；③抽查消防车通道、消防救援场地和救援窗口，消防水源、室外消火栓、水泵接合器等维护状况；④检查消防控制室值班人员持证上岗情况，消防设施维修保养记录情况；⑤抽查建筑疏散通道、安全出口畅通情况，人员密集场所是否在门窗上设置影响逃生和灭火救援的障碍物；⑥抽查测试消防电梯、室内消火栓、自动喷水灭火系统、疏散指示标志、应急广播等建筑消防设施能否正常运行；⑦检查灭火和应急疏散预案、消防演练记录、志愿消防队（微型消防站）建设和执勤情况。

（2）消防站应根据需要指导社会单位编制灭火和应急疏散预案，开展消防演练，消防演练主要由社会单位组织实施，接受消防站的业务指导。

编制灭火和应急疏散预案应遵循以下原则：一要结合社会单位建筑结构和功能布局，开展火灾风险综合评估，科学确定灭火救援预案的重点部位。二要针对社会单位重点部位位置和运营情况，科学评估灾害类型、规模和危害程度，从最大、最难、最危险、最复杂情况出发设置灾情。三要根据社会单位灭火救援任务需求，确定预案框架要素，重点明确建筑体量、建筑结构、空间分布、功能布局、消防设施、毗邻情况、道路水源、重点部位、灾情设定、力量调集、组织指挥、力量部署、人员疏散、安全管控、供水方式、战勤保障、联勤联动和安全警示等要素。四要实行集体研究论证、实地拉动检验、逐级审核把关，每年修订一次，如遇功能布局、经营业态发生较大变化的要及时修订。

消防演练应结合社会单位重点部位情况和火灾规律特点，定期组织开展分区域、分部位实战演练。演练重点突出力量调集、组织指挥、力量部署、通信组网、战勤保障、联勤联动和安全管控等作战过程要素，以及与单位专职消防队和微型消防站对接、消防控制室侦察、车辆停靠展开、疏散抢救人员、控制堵截火势、水泵接合器供水、防火分隔应用、防烟排烟操作、现场安全管控等作战环节和技战术措施。宾馆、商场、公共娱乐场所、大型商业综合体、消防安全重点单位应至少每半年组织一次消防演练；其他人员密集场所，应至少每年组织一次。

（二）消防安全宣传教育

城市消防站在熟悉演练和执行勤务等工作过程中，应积极向社会单位和群众宣传消防法律法规和消防安全知识。

（三）协助开展火灾调查

在火灾扑救过程中，应收集和记录火灾扑救情况；火灾扑灭后，应协助保护火灾现场，登记火灾时间、地点和现场基本情况，移交火灾调查人员。各单位在发生火灾后应配合好消防站开展火灾调查相关工作。

第二节　专职消防队、乡镇消防队

专职消防队、乡镇消防队作为国家综合性消防救援队的重要补充力量，对增强火灾预防、扑救和应急救援的能力起着重要作用。根据《中华人民共和国消防法》的相关规定，各级人民政府应当加强消防组织建设，根据经济社会发展的需要，建立多种形式的消防队伍。县级以上地方人民政府应当按照国家相关规定，建立国家综合性消防救援队、专职消防队，乡镇人民政府应当根据当地经济发展和消防工作的需要，建立专职消防队、志愿消防队。机关、团体、企业、事业等单位以及村民委员会、居民委员会应根据需要，建立志愿消防队等多种形式的消防组织，开展群众性自防自救工作。

一、专职消防队

专职消防队是由地方人民政府、街道办事处、园区管理委员会、企业、事业单位根据消防法律法规，结合本地区、本单位的实际需要和财力水平组建，是社会化消防工作中一支重要的队伍，能够有效解决人民群众日益增长的消防安全需求与消防力量严重不足之间的矛盾。专职消防队包括政府专职消防队和单位专职消防队。

（一）职责要求

专职消防队应当履行下列职责：

（1）实施火灾扑救、应急救援，保护事故现场，协助有关部门调查处理火灾事故。

（2）协助消防救援机构开展消防监督检查和消防安全宣传教育培训，督促消除火灾隐患。

（3）开展防火巡查，掌握责任区域的道路、水源、消防安全重点单位、重点部位等情况，定期组织开展消防演练，建立相应的消防业务资料档案。

（4）依法应当履行的其他职责。

（二）建设原则

（1）消防站数量未达到《城市消防站建设标准》（建标 152—2017）规定的城市，全国重点镇，省级重点镇和中心镇，历史文化名镇，易燃易爆危险品生产、经营单位和劳动密集型企业集中的乡镇、街道和园区等地应建设政府专职消防队。

城市政府专职消防队的建设，包括规划选址、建筑标准、装备标准和人员配置等应参照《城市消防站建设标准》（建标 152—2017）执行；其他乡镇、街道和园区政府专职消防队的建设应参照《乡镇消防队标准》（GA/T 998—2012）执行。

（2）根据《中华人民共和国消防法》有关规定，下列单位应当建立单位专职消防队，承担本单位的火灾扑救工作：

1）大型核设施单位、大型发电厂、民用机场、主要港口。

2）生产、储存易燃易爆危险品的大型企业。

3）储备可燃的重要物资的大型仓库、基地。

4）第 1）项、第 2）项、第 3）项规定以外的火灾危险性较大、距离国家综合性消防救援队较远的其他大型企业。

5）距离国家综合性消防救援队较远、被列为全国重点文物保护单位的古建筑群的管理单位。

根据《人员密集场所消防安全管理》（GB/T 40248—2021），人员密集场所应根据有关法律法规和实际需要建立单位专职消防队。

（三）管理要求

专职消防队的管理应当坚持以人为本、因地制宜、分类管理的原则和规范化、专业化的发展方向，相关管理制度应上墙。专职消防员应服从组织的管理，分岗位实施相关工作要求，应参照国家综合性消防救援队伍 24h 执勤值守，实施轮值轮班制，并接受当地县级以上消防救援机构的调度指挥，参与当地消防救援机构的业务指导、专业培训、联勤联训等工作。

（四）调派原则

政府专职消防队一般安排在乡镇一级执勤备战，调派原则依照乡镇消防队调派原则执行。各单位专职消防队应保证 24h 有值班人员值守，统一纳入全县、区接警调度指挥体系。县、区消防救援大队接到火灾或其他灾害事故报警，按照就近调派的原则，调派政府专职消防队到场处置警情，同时调派单位专职消防队赴现场处置警情，单位专职消防队应按照“5min 到场”的要求，根据不同火灾类型，驾驶适配的消防车辆，穿戴好灭火防护服、消防头盔、消防安全腰带等防护装备，带齐空气呼吸器、消防安全绳、消防斧头、强光手电筒、灭火器、通信摄影摄像等器材进行现场处置，各单位积极配合专职消防队开展处置工作。

二、乡镇消防队

乡镇消防队是由地方人民政府建立，在乡镇、农村地区承担火灾扑救和预防工作，并按照国家规定承担重大灾害事故和其他以抢救人员生命为主的应急救援工作的消防队。乡镇消防队在履行防火检查、灭火救援、消防宣传等“防消宣”一体化职能过程中发挥了较好的作用。加快推进乡镇专职消防队伍建设是乡镇消防事业发展、提高综合防灾救灾能力、保障经济持续稳定发展的迫切需要。

（一）分类分级

乡镇消防队包括乡镇专职消防队和乡镇志愿消防队两类。乡镇消防队应纳入城镇体系规划、乡镇规划及消防专项规划，有计划地组织建设。

1. 乡镇专职消防队

乡镇专职消防队是由地方人民政府建立，由乡镇消防员组成（其中乡镇专职消防员占半数以上），承担乡镇、农村火灾扑救和预防工作，并按照国家规定承担重大灾害事故和其他以抢救人员生命为主的应急救援工作的乡镇消防队。在消防站距离起火地点较远时，一般调派就近的乡镇专职消防队先到场处置警情。乡镇专职消防队分为一级乡镇专职消防队和二级乡镇专职消防队。

（1）一级乡镇专职消防队。符合下列情况之一的，应建立一级乡镇专职消防队：

1）建成区面积超过 $5km^2$ 或者建成区内常住人口超过 50 000 人的乡镇。

2）易燃易爆危险品生产、经营单位和劳动密集型企业集中的乡镇。

3）全国重点镇。

（2）二级乡镇专职消防队。符合下列情况之一的，应建立二级乡镇专职消防队：

1）建成区面积 $2 \sim 5km^2$ 或者建成区内常住人口为 20 000 ~ 50 000 人的乡镇。

2）省级重点镇、中心镇。

3）历史文化名镇。

4）其他经济较为发达、人口较为集中的乡镇。

2. 乡镇志愿消防队

乡镇志愿消防队是由地方人民政府建立，由乡镇消防员组成（其中乡镇志愿消防员占半数以上），承担乡镇、农村火灾扑救工作、开展群众性自防自救的乡镇消防队。

（二）选址要求

（1）应设在辖区内的适中位置和便于车辆迅速出动的临街地段。

（2）消防车辆出入口两侧宜设置交通信号灯、标志、标线或隔离设施，距医院、学校、幼儿园、托儿所、影剧院、商场、体育场馆、展览馆等公共建筑的主要疏散出口不应小于 50m，避免因发出警报引起惊慌造成事故。同时，也是为了防止人流集中时影响消防车迅速安全地出动，贻误灭火救援战机。

（3）辖区内有生产、贮存危险化学品单位的，乡镇消防队应设置在常年主导风向的上风或侧风处，其边界距上述危险部位不小于 200m。

（三）职责要求

（1）根据火灾报告、救援求助或地方政府、消防救援机构的指令，及时赶赴现场实施火灾扑救和应急救援。

（2）熟悉所在乡镇、农村的情况，制定完善灭火救援预案，定期开展灭火救援演练。

（3）开展防火巡查和消防宣传教育，普及消防安全知识。

（4）完成地方政府或有关部门交办的其他与消防工作有关的任务。

（四）人员配备要求

1. 人员数量

乡镇消防队的专职消防员和志愿消防员配备数量不应低于表 2-12-2 的规定。

表 2-12-2　乡镇消防员配备数量　单位：人

乡镇消防队类别	乡镇消防员总人数	其中专职消防员人数
一级乡镇专职消防队	≥15	≥8
二级乡镇专职消防队	≥10	≥5
乡镇志愿消防队	≥8	≥2

2. 人员构成

乡镇消防队应设正、副队长各 1 名。乡镇消防队每班（组）应由不少于 4 名乡镇消防员组成，并设班（组）长 1 名。乡镇消防队应明确 1 名通信员、1 名安全员；乡镇志愿消防队的驾驶员可兼任通信员。

（五）人员岗位职责

（1）乡镇消防队队长、副队长应组织指挥火灾扑救和应急救援；组织制订执勤、管理制度，掌握人员和装备情况，组织开展灭火救援业务训练、落实安全措施；组织熟悉所在乡镇、农村的道路、水源和单位情况以及灭火救援预案，掌握常见火灾及其他灾害事故的种类、特点及处置对策，组织建立业务资料档案；组织开展防火巡查、消防宣传教育；及时报告工作中的重要情况；副队长协助队长工作，队长离开工作岗位时履行队长职责。

（2）乡镇消防队班（组）长应组织指挥本班（组）开展火灾扑救和应急救援；掌握所在乡镇、农村的道路、水源、单位情况和常见火灾及其他灾害事故的处置程序及行动要求，熟悉灭火救援预案；熟悉装备性能和操作使用方法，落实维护、保养；组织开展防火巡查和消防宣传教育；管理本班（组）人员，确定任务分工。

（3）乡镇消防队驾驶员应熟悉所在乡镇、农村的道路、水源、单位情况，熟悉灭火救援预案；熟练掌握车辆构造及车载固定装备的技术性能和操作使用方法，能够及时排除一般故障；负责车辆和车载固定灭火救援装备的维护保养，及时补充消防车辆的油、水、电、气和灭火剂。

（4）乡镇消防队通信员应按照火灾报告、救援求助或地方政府、消防救援机构的指令，及时发出出动信号，并做好记录；熟练使用和维护通信装备，及时发现故障并报修；掌握所在乡镇、农村的道路、水源、单位情况，熟记通信用语和有关单位、部门的联系方法；及时整理灭火与应急救援工作档案；及时向值班队长报告工作中的重要情况。

（5）乡镇消防队消防员应完成火灾扑救和应急救援任务；熟悉所在乡镇、农村的道路、水源和单位情况；保持个人防护装备和负责保养装备完整好用，掌握装备性能和操作使用方法；参加防火巡查和消防宣传教育。

（六）装备配备要求

乡镇消防队的装备配备，应满足扑救本辖区内火灾和应急救援的需要。包括乡镇消防队消防车辆、消防车随车器材装备、抢险救援器材、通信摄影摄像器材配备、易损耗装备、消防员基本防护装备等。

1. 乡镇消防队的消防车辆配备要求

乡镇消防队的消防车辆配备，应符合表 2–12–3 的规定。水罐或泡沫消防车的载水量不应小于 1.5t。

表 2–12–3　乡镇消防队配备车辆数　　单位：辆

消防车种类	乡镇消防队类别		
	一级乡镇专职消防队	二级乡镇专职消防队	乡镇志愿消防队
水罐或泡沫消防车	≥2	≥1	≥1（含消防摩托车）
消防摩托车 *	2	1	1

注：* 该项要求可根据当地实际情况自行确定。

2. 乡镇消防队消防车随车器材装备配备要求

乡镇消防队水罐消防车常用的随车器材装备配备包括消防轻型安全绳、直流水枪、水带、分水器、消火栓扳手、强光照明灯、消防腰斧、两节拉梯、手动破拆工具组。泡沫消防车的随车器材装备配备还包括泡沫比例混合器、泡沫液桶、泡沫枪。随车器材装备应符合相关国家标准或行业标准的要求。

3. 乡镇消防队抢险救援器材配备要求

乡镇消防队应结合实际选择配备抢险救援器材等，其品种及数量参照《城市消防站建设标准》（建标 152—2017）的规定。抢险救援器材应符合相关国家标准或行业标准的要求。

4. 乡镇消防队易损耗装备配备要求

乡镇消防队的消防水带、灭火剂等易损耗装备，应按照不低于投入执勤配备量 1∶1 的比例保持库存备用量。

5. 乡镇消防员基本防护装备配备要求

乡镇消防员防护装备由基本防护装备和特种防护装备组成。常用的基本防护装备配备包括消防头盔、消防员灭火防护服、消防手套、消防安全腰带、消防员灭火防护靴、正压式消防空气呼吸器、佩戴式防爆照明灯、消防员呼救器、方位灯、消防轻型安全绳、消防腰斧。特种防护装备的品种及数量参照《城市消防站建设标准》（建标 152—2017）的规定。乡镇志愿消防队正压式消防空气呼吸器配备数量可适当减少，但应保证本队专职消防员和同一时间参加值班备勤的志愿消防员每人一具。防护装备应符合相关国家标准或行业标准的要求。

（七）调派原则

各乡镇消防队应保证24h有值班人员值守，统一纳入全县、区接警调度指挥体系。县、区消防救援大队接到火灾或其他灾害事故报警，按照就近调派的原则，同时调派乡镇消防队赴现场处置警情，乡镇消防队应按照“5min到场”的要求，根据不同火灾类型或道路情况，驾驶适配的消防车辆，穿戴好灭火防护服、消防头盔、消防安全腰带等防护装备，带齐空气呼吸器、消防安全绳、消防斧头、强光手电筒、灭火器、通信摄影摄像等器材进行现场处置。

第三节 微型消防站

微型消防站是以救早、灭小和“3min到场”扑救初起火灾为目标，配备必要的消防器材，依托单位志愿消防队伍和社区群防群治队伍，分为社区微型消防站和消防重点单位微型消防站两类，是在社区和消防安全重点单位建设的最小消防组织单元。微型消防站由社区、消防安全重点单位等专兼职消防安全人员组成，是一支集防火检查、火灾扑救、消防宣传等“防消宣”一体工作的消防队伍。建立微型消防站对强化日常消防安全管理，完善城市灭火救援体系，提升火灾防控和应急处置能力都具有十分重要的现实意义。

一、社区微型消防站

社区微型消防站是社区内一支“有人员、有器材、有战斗力”重要的消防力量，定位在灭初起火灾特别是防控“小火亡人”事故上，集中精力于社区居住类场所，依托“网格化”管理机制，发挥微型消防站队员对社区民情、社情和地形熟悉的优势，遇有突发火情，能够迅速出动并动员附近居民协同扑救初起火灾，定期组织开展防火巡查和消防宣传，有效突破了社区火灾防控的难点与盲区。

（一）建设原则

以救早、灭小和“3min到场”扑救初起火灾为目标，划定最小灭火单元，依托消防安全网格化管理平台和体系，发挥治安联防、保安巡防等群防群治队伍作用，建立社区微型消防站，积极开展初起火灾扑救、防火巡查、消防宣传等火灾防控工作。

（二）人员配备要求

社区微型消防站应确定1名人员担任站长，确定5名以上接受过基本灭火技能培训的保安员、治安联防队员、社区工作人员等兼职或志愿人员担任队员。

（三）岗位职责

站长负责社区微型消防站的日常管理，组织制订各项管理制度和灭火应急预案，掌握人员和装备情况，组织开展业务训练，组织指挥扑救初起火灾。其他成员按照职责参加扑救初起火灾。

（四）站房器材配备要求

（1）微型消防站应充分利用社区服务中心等现有的场地、设施，设置在便于人员出动、器材取用的位置，房间和场地应满足日常值守、放置消防器材的基本要求，并应设置外线电话。

（2）微型消防站应根据扑救本社区初起火灾的需要，配备消防摩托车和灭火器、水枪、水带等基本的灭火器材和个人防护装备。具备条件的，可选配小型消防车。

（五）值守联动要求

（1）应建立 24h 值守制度，分班编组值守。

（2）乡镇（街道）辖区内建有多个社区微型消防站的，应实行统一调度，并纳入当地灭火救援联勤联动体系。

（六）管理训练

微型消防站应建立日常管理、排班值守、训练和灭火工作制度，定期开展基本技能训练，熟悉本社区情况，提高扑救初起火灾的能力。

（七）调派原则

当社区遇有警情时，值班人员迅速指令就近人员在 1min 内核实警情，启动灭火处置程序，同时拨打“119”报警电话。微型消防站值班的消防队员接到警情指令后，应按照“3min 到场”要求穿戴好灭火防护服、消防头盔、消防安全腰带等防护装备，带齐空气呼吸器、消防安全绳、消防斧头、强光手电筒、灭火器等消防器材进行现场处置。社区微型消防站应接受当地政府或辖区消防救援大队的调度。

二、消防安全重点单位微型消防站

消防安全重点单位微型消防站是单位内一支“有人员、有器材、有战斗力”的重要消防力量。消防安全重点单位一直是火灾预防的重点对象，建设消防安全重点单位微型消防站，能够全面提高消防安全重点单位自防自救能力，做到“打早、灭小”“一站多用、一专多能”。

（一）建设原则

除按照相关消防法规须建立专职消防队的重点单位外，其他设有消防控制室的重点单位，以救早、灭小和“3min 到场”扑救初起火灾为目标，依托单位志愿消防队伍，配备必要的消防器材，建立消防安全重点单位微型消防站，积极开展防火巡查和初起火灾扑救等火灾防控工作。合用消防控制室的重点单位，可联合建立微型消防站。

（二）人员配备要求

（1）微型消防站人员配备不少于 6 人。

（2）微型消防站应设站长、副站长、消防员、控制室值班员等岗位，配有消防车辆的微型消防站应设驾驶员岗位。

（3）站长应由单位消防安全管理人兼任，消防员负责防火巡查和初起火灾扑救工作。

（4）微型消防站人员应当接受岗前培训，培训内容包括扑救初起火灾业务技能、防火巡查基本知识等。

（三）岗位职责

（1）站长负责微型消防站日常管理，组织制订各项管理制度和灭火应急预案，开展防火巡查、消防宣传教育和灭火训练；指挥初起火灾扑救和人员疏散。

（2）消防员负责扑救初起火灾；熟悉建筑消防设施情况和灭火应急预案，熟练掌握器材性能和操作使用方法，并落实器材维护保养；参加日常防火巡查和消防宣传教育。

（3）控制室值班员应熟悉灭火应急处置程序，熟练掌握自动消防设施操作方法，接到火情信息后启动预案。

（四）站房器材配备要求

（1）微型消防站应设置人员值守、器材存放等用房，可与消防控制室合用；有条件的，可单独设置。

（2）微型消防站应根据扑救初起火灾需要，配备一定数量的灭火器、水枪、水带等灭火器材；配置外线电话、手持对讲机等通信器材；有条件的站点可选配消防头盔、灭火防护服、防护靴、破拆工具等器材。

（3）微型消防站应在建筑物内部和避难层设置消防器材存放点，可根据需要在建筑之间分区域设置消防器材存放点。

（4）有条件的微型消防站可根据实际情况选配消防车辆。

（五）值守联动要求

（1）微型消防站应建立值守制度，确保值守人员 24h 在岗在位，做好应急准备。

（2）接到火警信息后，控制室值班员应迅速核实火情，启动灭火处置程序。消防员应按照“3min 到场”要求赶赴现场处置。

（3）微型消防站应纳入当地灭火救援联勤联动体系，参与周边区域灭火处置工作。

（六）管理训练

（1）微型消防站应制订并落实岗位培训、队伍管理、防火巡查、值守联动、考核评价等管理制度。

（2）微型消防站应组织开展日常业务训练，不断提高扑救初起火灾的能力。训练内容包括体能训练、灭火器材和个人防护器材的使用等。

（七）调派原则

当单位遇有警情时，值班人员迅速指令本单位就近人员在“1min”内核实警情，启动灭火处置程序，同时拨打“119”报警电话。微型消防站值班的消防队员接到警情指令后，应按照“3min 到场”要求穿戴好灭火防护服、消防头盔、消防安全腰带等防护装备，带齐空气呼吸器、消防安全绳、消防斧头、强光手电筒、灭火器等消防器材进行现场处置。消防安全重点单位微型消防站应接受当地政府或辖区消防救援大队的调度，处置警情时，消防安全重点单位微型消防站与城市消防救援站、微型消防站与队员应随时保持通信联络畅通。

练习题

一级注册消防工程师

（一）单项选择题

1. 关于城市消防站建设的说法，正确的是（　　）。

A. 城市消防站与医院的主要疏散出口的距离应大于或等于 30m

B. 一级普通消防站消防车辆的配置数量应为 5～7 辆

C. 城市消防站与生产危险化学品单位的距离宜小于 100m

D. 二级普通消防站消防车辆的配置数量应为 1～4 辆

2. 关于微型消防站的说法，错误的是（　　）。

A. 微型消防站以救早、灭小和“3min 到场”扑救初起火灾为目标

B. 微型消防站分为消防重点单位微型消防站和社区微型消防站两类

C. 微型消防站的职责包括防火检查、初起火灾扑救、火灾事故调查等

D. 微型消防站人员由消防安全重点单位、社区等专兼职消防安全人员组成

3. 关于 15min 消防时间的说法，错误的是（　　）。

A. 发现起火，初步判断火情，用时不超过 4min

B. 用通信工具报警，至消防站接警，用时不超过 2.5min

C. 消防站接警后出动救援警力不超过 1min

D. 消防救援人员到达，战斗展开至出水扑救用时不超过 3min

4. 关于特勤消防站的说法，错误的是（　　）。

A. 地级及地级以上城市以及经济较发达的县级城市应设特勤站

B. 特勤消防站拥有特殊的车辆装备和器材

C. 遇有普通消防站无法应对的灭火或应急救援任务时，应同时调派特勤消防站出动或作为增援力量调派出动

D. 特勤消防站出动或作为增援力量调派出动时，应在 15min 内到现场

5. 关于城市消防站的执勤人员及装备配备要求，错误的是（　　）。

A. 一级站一个班次同时执勤人数按 30～45 人配备

B. 一个班次执勤人员以所配车辆平均每车 6 人进行计算

C. 小型消防站可按实际情况选配泡沫消防车

D. 消防车的配备数量决定着消防站的建设规模和消防站的灭火救援能力

（二）多项选择题

1. 报警时，为火警和应急救援调派出动力量做参考，应具体描述的内容有（　　）。

A. 人员伤亡或被困数量　　B. 所在场所类别

C. 燃烧面积　　D. 当时的天气和风向

E. 所在详细地址

2. 下列单位中，应当建立单位专职消防队的有（　　）。

A. 民用机场

B. 大型发电厂

C. 幼儿园

D. 仓库

E. 火灾危险性较大、距离国家综合性消防救援队较远的其他大型企业

3. 关于消防重点单位微型消防站的说法，正确的有（　　）。

A. 微型消防站人员配备不少于 6 人，微型消防站应设站长、副站长、消防员、控制室值班员等岗位

B. 当单位遇有警情时，值班人员迅速指令本单位就近人员在“3min”内核实警情，启动灭火处置程序，值班人员接到警情指令后，应按照“5min 到场”要求穿戴好防护装备，带齐消防器材进行现场处置

C. 微型消防站人员应当接受岗前培训，培训内容包括扑救初起火灾业务技能、防火巡查基本知识等

D. 站长负责微型消防站日常管理，组织制订各项管理制度和灭火应急预案，开展防火巡查、消防宣传教育和灭火训练

E. 微型消防站应确保值守人员 24h 在岗在位

第三篇 建筑消防设施

第一章 概　　述

学习要求

通过本章学习，应熟悉建筑消防设施的设置要求与基本管理职责；掌握建筑消防设施的概念、作用及分类。

建筑消防设施是指依照国家、行业或者地方消防技术标准的要求，在建（构）筑物和堆场中设置的用于火灾报警、灭火、人员疏散、防火分隔、灭火救援行动等防范和扑救建筑火灾的设备设施的总称。

第一节 建筑消防设施的作用及分类

建筑消防设施的设计、安装以国家有关消防法律、法规和工程建设消防技术标准为依据，由于建筑消防安全包括防火、灭火、疏散、救援等多个方面，因此建筑消防设施也有与之相匹配的多种类别与功能，如火灾自动报警系统的报警与联动控制功能、机械加压送风与排烟系统的防烟排烟功能等。

一、建筑消防设施的作用

不同建筑根据其使用性质、体积、高度、耐火极限和火灾危险性，需要配置相应类别、功能的建筑消防设施作为保障。建筑消防设施的主要作用是及时发现和扑救火灾，限制火灾蔓延的范围，为有效地扑救火灾和人员疏散创造有利条件，从而减少由于火灾造成的财产损失和人员伤亡。具体的作用大致包括防火分隔、火灾自动（手动）报警、电气与可燃气体火灾隐患监控、自动（手动）灭火、防烟与排烟、应急照明、消防通信以及安全疏散、消防电源保障等方面。建筑消防设施是保证建（构）筑物消防安全和人员疏散安全的重要设施，是现代建筑的重要组成部分。

二、建筑消防设施的分类

现代建筑消防设施种类多、功能全，使用普遍。按其使用功能不同进行划分，常用的建筑消防设施可分为以下几类。

（一）建筑防火分隔设施

建筑防火分隔设施是指能在一定时间内把火势控制在一定空间内，有效阻止其蔓延扩大的一系列分隔设施。各类防火分隔设施一般在耐火稳定性、完整性和隔热性等方面具有不同要求。常用的防火分隔设施有防火墙，防火隔墙，防火门、窗，防火卷帘，防火阀，阻火圈和防火玻璃墙等。

（二）安全疏散设施

常用的安全疏散设施包括安全出口、疏散门、疏散楼梯、疏散（避难）走道、消防电梯、屋顶直升机停机坪、消防应急照明和安全疏散指示标志等。

（三）消防给水设施

消防给水设施是建筑消防给水系统的重要组成部分，其主要功能是为建筑消防给水系统储存并提供足够的消防水量和水压，确保消防给水系统的供水安全可靠。消防给水设施通常包括消防供水管道、消防水池、消防水箱、消防水泵、稳压泵、消防水泵接合器等。

（四）防烟与排烟设施

建筑的防烟设施分为机械加压送风的防烟设施和可开启外窗的自然通风设施。建筑的排烟设施分为机械排烟设施和可开启外窗的自然排烟设施。建筑机械防烟排烟设施由送排风管道、管井、排烟防火阀、排烟阀、送风口、排烟口、送排风机等组件组成。

（五）消防供配电设施

消防供配电设施是建筑电力系统的重要组成部分，消防供配电系统主要包括消防电源、消防配电箱、线路等。消防配电箱是从消防电源到消防用电设备的中间环节。

（六）火灾自动报警系统

火灾自动报警系统包括火灾探测报警系统、消防联动控制系统、可燃气体探测报警系统以及电气火灾监控系统。火灾自动报警系统能够实现火灾的早期探测和报警，向各类消防设备发出控制信号并接收设备反馈信号，实现其预定的消防功能。火灾自动报警系统按应用范围可分为区域报警系统、集中报警系统和控制中心报警系统三类。

（七）自动喷水灭火系统

自动喷水灭火系统是由洒水喷头、报警阀组、水流报警装置（水流指示器、压力开关）等组件以及管道、供水设施组成的，能在火灾发生时做出响应并实施喷水的自动灭火系统。该系统按照采用的喷头分为两类：采用闭式洒水喷头的为闭式系统，包括湿式系统、干式系统、预作用系统、防护冷却系统、局部应用系统等；采用开式洒水喷头的为开式系统，包括雨淋系统和水幕系统。

（八）水喷雾灭火系统

水喷雾灭火系统是利用专门设计的水雾喷头，在一定的工作压力下将水流分解成粒径不超过 1mm 的细小水滴进行灭火或防护冷却的一种固定灭火系统。其主要灭火机理为表面冷却、窒息、乳化和稀释作用，具有较高的电绝缘性能和良好的灭火性能。该系统按启动方式可分为电动启动和传动管启动两种类型，按应用方式可分为固定式水喷雾灭火系统、自动喷水－水喷雾混合配置系统、泡沫－水喷雾联用系统三种类型。

（九）细水雾灭火系统

细水雾灭火系统是由供水装置、过滤装置、控制阀、细水雾喷头等组件和供水管道组成，能自动和手动启动并喷放细水雾进行灭火或控火的固定灭火系统。该系统的灭火机理主要是表面冷却、窒息、辐射热阻隔和浸湿以及乳化作用，在灭火过程中，几种作用往往同时发生，从而实现有效灭火。该系统按工作压力可分为低压系统、中压系统和高压系统，按应用方式可分为全淹没系统和局部应用系统，按动作方式可分为开式系统和闭式系统，按雾化介质可分为单流体系统和双流体系统，按供水方式可分为泵组式系统、瓶组式系统和其他供水方式系统。

（十）自动跟踪定位射流灭火系统

自动跟踪定位射流灭火系统是指以水为射流介质，利用探测装置对初期火灾进行自动探测、跟踪、定位，并运用自动控制方式来实现射流灭火的固定灭火系统。按照灭火装置流量大小及射流方式的不同，自动跟踪定位射流灭火系统可分为自动消防炮灭火系统、喷射型自动射流灭火系统和喷洒型自动射流灭火系统。

（十一）泡沫灭火系统

泡沫灭火系统由消防水泵、泡沫储罐、比例混合器、泡沫产生装置、阀门及管道、电气控制装置组成。该系统按泡沫液发泡倍数的不同可分为低倍数泡沫灭火系统、中倍数泡沫灭火系统和高倍数泡沫灭火系统，按设备安装使用方式可分为固定式泡沫灭火系统、半固定式泡沫灭火系统和移动式泡沫灭火系统。

（十二）气体灭火系统

气体灭火系统是指平时灭火剂以液体、液化气体或气体状态存储于压力容器内，灭火时以气体（包括蒸气、气雾）状态喷射灭火介质的灭火系统。该系统能在防护区空间内形成各方向均匀的气体浓度，而且至少能保持该灭火浓度达到规范规定的浸渍时间，从而扑灭该防护区的火灾。气体灭火系统按其结构特点可分为管网灭火系统（工程系统）和无管网灭火系统（预制系统），按防护区的特征和灭火方式可分为全淹没灭火系统和局部应用灭火系统，按一套灭火剂储存装置保护的防护区的多少，可分为单元独立系统和组合分配系统。

（十三）干粉灭火系统

干粉灭火系统由干粉储存容器，驱动组件，输送管道，喷放组件，探测、控制器件等组成，火灾时由干粉供应源通过输送管道连接到固定的喷嘴上，通过喷嘴喷放干粉，起到迅速扑灭或抑制火灾的作用。干粉灭火剂的主要灭火机理是阻断燃烧链式反应，即化学抑制作用。干粉灭火系统除了可以按照上文气体灭火系统的分类方式进行分类外，按干粉的驱动方式还可以分为贮气瓶型、贮压型和燃气驱动型干粉灭火系统，按充装灭火剂的种类可分为BC干粉和ABC干粉灭火系统，按充装灭火剂的粒径可分为普通干粉和超细干粉灭火系统，按安装方式可分为固定式干粉灭火系统和半固定式干粉灭火系统。

（十四）消防通信设施

消防通信设施是指专门用于消防检查、演练、火灾报警、接警、安全疏散、消防救援力量调度以及与医疗、消防等防灾部门之间进行联络的系统设施。其主要包括火灾事故广播系统、消防专用电话系统和无线通信设备等。

（十五）移动式灭火器材

移动式灭火器材是相对固定式灭火设施而言的，即可以人为移动的各类灭火器具，如灭火器、灭火毯、消防梯、消防钩、消防斧、安全锤、消防桶等。

除此以外，其他一些器材和工具也能够起到灭火和辅助逃生等作用，如防毒面具、消防手电、消防绳、消防沙、蓄水缸等。

第二节　建筑消防设施的设置与管理

按照国家有关法律、法规和国家工程建设消防技术标准设置建筑消防设施，对建筑消防设施定期实施检查、检测以及维护管理，确保其完好有效，是建筑火灾时消防设施切实发挥功效的重要保障。

一、建筑消防设施的设置要求

所有建筑物都应当按照消防法律、法规和国家工程建设消防技术标准设置建筑消防设施，基本设置要求如下：

（1）按照消防法律、法规和国家工程建设消防技术标准规定需要进行消防设计的建设工程，应当进行消防专项设计，并依法由住房和城乡建设主管部门进行消防设计审查、消防验收或者备案抽查。

（2）建筑消防设施的安装单位应具备相应等级的专业施工资质，并按图施工，确保工程质量符合相关技术标准要求。

（3）建筑消防设施产品应当符合国家标准或者行业标准，且应符合国家市场准入制度的要求，如3C认证和检测等。禁止生产、销售、配置不合格或者国家明令淘汰的建筑消防设施产品。市场监督管理部门、消防救援机构应当按照各自职责加强对消防产品质量的监督检查。

（4）建（构）筑物的建设单位、工程监理单位和建筑消防设施的设计单位、施工单位、设计审查单位、竣工验收单位，应依法对建筑消防设施工程的质量负责。

二、建筑消防设施管理职责

建筑消防设施管理是一项社会责任，各单位对本单位建筑消防设施负有自主管理责任，各级政府与部门负有领导和行业管理责任。任何单位和个人都有依法维护消防安全、保护建筑消防设施的义务，不得损坏、圈占、挪用或者擅自改造、拆除、停用建筑消防设施。

（一）各级政府及相关部门职责

各级人民政府应当加强对消防工作的领导，加大建筑消防设施的公共资金投入力度，逐步消除历史遗留问题，组织开展对建筑消防设施重大安全隐患的整治工作。住房和城乡建设、交通运输、自然资源、应急管理、市场监督管理、民政、教育等相关行政管理部门应当按照各自职责，共同做好建筑消防设施的行业监管工作。各级消防救援机构则负有行政监督管理责任。

（二）单位自主管理职责

建筑消防设施的产权单位或者受其委托管理的单位应当履行日常管理责任。当建筑使用权全部或局部转让、租赁时，应明确建筑消防设施的日常管理责任。两个或者两个以上产权人共用建筑消防设施的，建筑消防设施产权人应当共同协商，订立协议，明确各方的建筑消防设施管理责任，确定责任人或者委托一个管理单位进行统一管理，并将协议报送当地消防救援机构备案。建筑消防设施的使用、管理单位应当依法履行下列管理职责：

（1）贯彻执行国家有关建筑消防设施使用、维护保养的法律、法规、技术标准和地方规章。

（2）明确专门部门和专人负责建筑消防设施的操作、检查和维护保养工作。

（3）制订建筑消防设施的管理制度和操作规程。

（4）落实建筑消防设施的日常维护保养制度，及时整改设置与运行中存在的问题。

（5）定期组织对建筑消防设施进行检查测试。

（6）建立建筑消防设施配置、运行等情况的管理档案。

（7）对员工进行建筑消防设施使用常识教育，定期组织消防演练。

（8）履行法律、法规、规章规定的其他责任。

（三）消防监督管理职责

消防救援机构依法对建筑消防设施的管理情况实施监督，监督管理的内容包括以下几个方面：

（1）建筑消防设施的配置情况。

（2）建筑消防设施的运行状况。

（3）建筑消防设施的操作规程和管理制度。

（4）建筑消防设施操作、管理人员的消防安全培训情况。

（5）消防控制室值班情况。

（6）建筑消防设施的维修、保养和检测情况。

（7）建筑消防设施管理档案的建立情况。

（8）其他需要监督检查的情况。

练习题

一、一级注册消防工程师

（一）单项选择题

1. 水喷雾的主要灭火机理不包括（　　）。

A. 窒息　　B. 乳化

C. 稀释　　D. 阻断链式反应

2. 水喷雾灭火系统是利用专门设计的水雾喷头，在水雾喷头的工作压力下将水流分解成粒径不超过（　　）mm 的细小水滴进行灭火或防护冷却的一种固定灭火系统。

A. 0.2　　B. 0.4　　C. 1　　D. 2

3. 建筑消防设施管理是一项社会责任，下列负有消防监督管理责任的部门或机构是（　　）。

A. 各级人民政府

B. 各级公安机关

C. 住房与城乡建设部门

D. 消防救援机构

（二）多项选择题

1. 下列关于建筑消防设施分类的说法，正确的有（　　）。

A. 建筑的排烟设施分为机械排烟设施和可开启外窗的自然排烟设施

B. 火灾自动报警系统按应用范围可分为区域报警系统、控制中心报警系统和电气火灾监控系统

C. 闭式自动喷水灭火系统包括湿式系统、干式系统、预作用系统、局部应用系统、水幕系统

D. 开式自动喷水灭火系统包括雨淋系统和防护冷却系统

E. 水喷雾灭火系统按启动方式可分为电动启动和传动管启动两种类型

2. 建筑消防设施的使用、管理单位应当依法履行的管理职责有（　　）。

A. 明确专门部门和专人负责建筑消防设施的操作、检查和维护保养

B. 制订建筑消防设施的管理制度和操作规程

C. 编写建筑消防设施使用和维护保养的企业标准

D. 定期组织对建筑消防设施进行检查测试

E. 建立消防档案

二、二级注册消防工程师

（一）单项选择题

1. 下列气体灭火系统分类中，按系统的结构特点进行分类的是（　　）。

A. 二氧化碳灭火系统、七氟丙烷灭火系统、惰性气体灭火系统和气溶胶灭火系统

B. 管网灭火系统和预制灭火系统

C. 全淹没灭火系统和局部应用灭火系统

D. 自压式气体灭火系统、内储压式气体灭火系统和外储压式气体灭火系统

2. 建筑消防设施的具体作用不包括（　　）。

A. 自动（人工）灭火　　B. 火灾自动（手动）报警

C. 防烟与排烟　　D. 消防排水

（二）多项选择题

下列属于移动式灭火器材的有（　　）。

A. 灭火器　　B. 灭火毯

C. 消火栓　　D. 消防水龙

E. 消防梯

第二章　消防给水及消火栓系统

学习要求

通过本章学习，应熟悉消防给水及设施、室内和室外消火栓系统的组成、工作原理和设计参数；掌握室内、室外消火栓系统的选型和设置要求。

消防给水及消火栓系统涵盖消防给水系统和消火栓系统两大系统。其中，消防给水系统由消防水源、消防给水管网、消防水泵、高位消防水箱、稳压设施以及消防水泵接合器等设施组成，是为各类水灭火系统供水的基础设施。消火栓系统是由供水设施、消火栓、配水管网和阀门等组成的系统，是消防救援人员和建筑物内人员进行灭火的重要消防设施。

第一节　系统的分类、组成及工作原理

一、消防给水系统

（一）消防给水系统的分类和组成

消防给水系统按系统设置位置可分为室外消防给水系统和室内消防给水系统；按用途可分为合用消防给水系统和独立（专用）消防给水系统；按水压可分为高压消防给水系统、临时高压消防给水系统和低压消防给水系统；按给水范围可分为独立消防给水系统和区域（集中）消防给水系统。

1. 按系统设置位置分类

（1）室外消防给水系统是由进水管、室外消防给水管网、室外消火栓等构成，在建筑物外部进行灭火并向室内消防给水系统供水的消防给水系统。

（2）室内消防给水系统由引入管、室内消防给水管网、室内消火栓、消防水泵接合器、消防水箱等构成，向建筑内部灭火设施供水的消防给水系统。

2. 按用途分类

（1）合用消防给水系统是指生活、生产、消防合用（如大型城镇、开发区）或生产、消防合用或生活、消防合用的管网系统。这种管网设计大大简化了管网布置形式，具有较高的经济性，且水经常处于流动状态，有利于水质的保持。

（2）独立（专用）消防给水系统是指消防给水管网与生活、生产给水系统互不关

联，各自独立的消防给水系统。当工业企业内生活、生产用水量较小而消防用水量较大合并在一起不经济，或者三种用水合并在一起技术上不可能，或者生产用水可被易燃、可燃液体污染时，常采用独立（专用）消防给水系统，以保证消防用水。

3. **按水压分类**

（1）高压消防给水系统始终能满足水灭火系统所需要的工作压力和流量，火灾发生时无须消防水泵直接加压，该系统可向任何水灭火系统供水。

（2）临时高压消防给水系统平时不能满足水灭火设施所需的工作压力和流量，火灾时能自动启动消防水泵以满足水灭火设施所需的工作压力和流量。该系统也可向任何水灭火系统供水。

（3）低压消防给水系统能满足车载或手抬移动消防水泵等取水所需要的工作压力和流量，管网内的压力较低，当火灾发生后，消防救援人员打开最近的室外消火栓，将消防车与室外消火栓连接，从室外管网内吸水加入消防车内，然后利用消防车直接加压灭火，或者由消防车通过消防水泵接合器向室内管网内加压供水。一般城镇和居住区多采用低压消防给水系统。

4. **按给水范围分类**

（1）独立消防给水系统是在一栋建筑内消防给水系统自成体系、独立工作的系统。

（2）区域（集中）消防给水系统是指两栋及两栋以上的建筑共用消防水池、消防水泵、消防供水管网等供水设施的消防给水系统。

（二）消防水源的基本要求

消防水源是消防给水系统及水灭火设施实施火灾扑救的基本保证，因此其应满足水灭火设施的功能要求，消防水源可采用天然水源、市政给水或消防水池等，并宜采用市政给水。除此之外，雨水清水池、中水清水池、水景和游泳池可作为备用消防水源，当作为消防水源时，应有保证在任何情况下均能满足消防给水系统所需的水量和水质的技术措施。对于严寒、寒冷等冬季结冰地区的消防水池、水塔和高位消防水池等应采取防冻措施。

1. **天然水源**

天然水源是指利用自然界的江、河、湖、海、池塘、水库及泉井等作为消防水源。天然水源是人工水源的重要补充，在我国南方地区则是重要的消防水源。当室外消防水源采用天然水源时，应采取防止冰凌、漂浮物、悬浮物等物质堵塞消防水泵的技术措施，并应采取确保安全取水的措施。一般是在取水设备的吸水管上加设滤水器。室内消防给水如消火栓、自动喷水等对水质要求较严，颗粒物不能阻塞喷头和消火栓水枪，平时水质不能有腐蚀性，要保护管道，也就是说要无污染、无颗粒、无腐蚀。

2. **市政给水**

市政给水是主要的消防水源，其特点是水量、水压有保证，水质符合要求，取水方便。市政给水管网的主要作用和功能有两点：一是通过市政管网上设置的市政消火栓为消防车等消防设备提供消防用水；二是通过建筑物的进户管为该建筑物提供室内外消防用水量。因此，在城乡规划区域范围内，市政消防给水应与市政给水管网同步规划、设计与实施。

3. **消防水池**

消防水池由储水池、进水管、出水管、溢流管、泄水管、检修孔（人孔）、通风管（呼吸管）、浮标水位尺和水位传示仪（见图 3-2-1）等组成。按设置位置可分为室外水池、室内水池；按材质可分为钢筋混凝土消防水池、砖砌消防水池、玻璃钢消防水池、不锈钢消防水池、镀锌钢板消防水池等；按标高可分为地上、地下消防水池等；按用途可分为专用消防水池和合用消防水池。

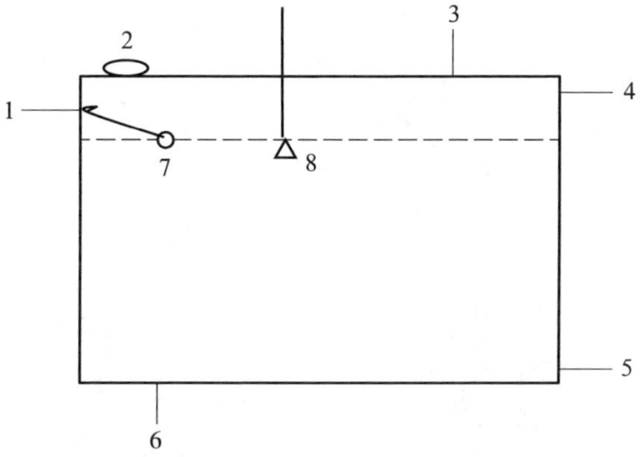

1—进水管；2—人孔；3—通气管；4—溢流管；5—出水管；
6—泄水管；7—浮球阀；8—水位传动。

图 3-2-1　消防水池示意图

（三）消防供水设施的性能要求

消防供水设施是指消防给水系统除消防水源外向各类水灭火系统输送消防用水量，且能提供灭火时所需工作压力和流量的设施。消防供水设施通常包括消防水泵、高位消防水箱、稳压设施、消防水泵接合器等。

1. **消防水泵**

消防水泵是通过叶轮的旋转将能量传递给水，从而增加水的动能和压力能，并将其输送到灭火设备处，以满足各种灭火设备的水量和水压要求。目前，消防给水系统中使用的水泵多为离心泵，该类水泵具有适用范围广、型号多、供水连续和可随意调节流量等优点。工程应用中采用的消防水泵应是满足相关国家标准要求的定型产品，并应具有表 3-2-1 的相关性能。

表 3-2-1　消防水泵的主要性能要求

产品名称	应符合的标准	主要性能
消防水泵	GB 6245—2006	结构、材料、外观、主要技术参数、机械性能、连续运转性能

（1）工作原理。

消防水泵启动前，需灌水将叶轮淹没，原动机通过泵轴带动叶轮旋转，叶片迫使水随着叶轮一起旋转，在离心力的作用下，水由中心甩向外圈，并高速从叶轮流出，而后被抛入出水管中。此时，由于叶轮内部构成稀薄空间，使吸水管内造成负压真空，外部水在大气压的作用下经吸水管进入稀薄空间，被抛入出水管。这样，水就会源源不断地进入水泵形成连续的水流，达到输送水的目的。消防水泵的构造如图 3–2–2 所示。

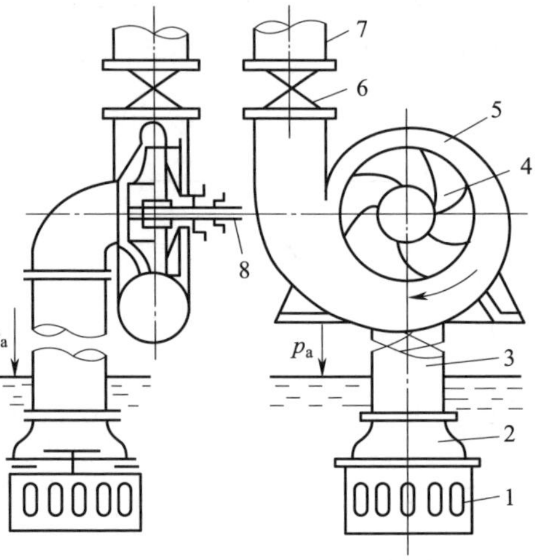

1—滤网；2—底阀；3—吸水管；4—叶轮；5—泵壳；6—调节阀；7—出水管；8—泵轴；p_a—大气压。

图 3–2–2　离心泵构造示意图

（2）基本性能。

1）消防水泵的性能参数。

流量。水泵单位时间内所输送液体的体积，用 Q 表示，常用的单位为 m^3/h 或 L/s。

扬程。水泵对单位重量液体所做的功，也即单位重量液体通过水泵后其能量的增值，用 H 表示，单位为 m。

轴功率与有效功率。轴功率是原动机输送给水泵的功率，用 N 表示，常用的单位是 kW；有效功率是单位时间内通过水泵的液体从水泵那里得到的能量，用 N_e 表示。

效率。水泵的有效功率与轴功率之比，用 η 表示。由于水泵不可能将原动机输入的功率完全传递给液体，在水泵内部有损失，这个损失通常就以效率来衡量。

转速。单位时间内水泵叶轮转动的次数，用 n 表示，常用的单位为 r/min。各种水泵都是按一定的转速来设计的，当实际转速发生改变时，水泵的性能参数值将会改变。

允许吸上真空高度。水泵在标准状态下（即水温为 20℃、表面压力为一个标准大气压）运转时，水泵所允许的最大真空度，用 H_s 表示，单位为 m。该值反映了水泵的吸水效能，决定水泵的安装高度。

2）消防水泵的型号编制与水泵铭牌。

消防水泵的型号由泵特征代号、主参数、用途特征代号、辅助特征代号及企业自定义代号等五个部分组成。泵特征代号包括了 CB、JB、HB、XB、TB 等，分别代表了车用消防水泵、手抬机动消防水泵、船用消防水泵、工程用消防水泵、其他用消防水泵。泵组特征代号包括 C、D、R、Q，分别代表柴油机泵、电动机泵、燃气轮机泵、汽油机泵。主参数代表 X/Y：压力 =X/10MPa，流量 =YL/s。用途特征代号包括 W、G、P，分别表示稳压、供水和供泡沫液。辅助特征代号中区分普通水泵、深井泵还是潜水泵，普通水泵没有代号，深井泵的代号是 J，潜水泵的代号是 Q。例如，XBD7.8/20，表示工程用消防水泵，D 表示电动，额定压力为 0.78MPa，额定流量为 20L/s。

为了方便用户了解水泵的性能，通常将水泵的型号和流量、扬程、轴功率、转速、效率及允许吸上真空高度等 6 项主要性能参数标注在水泵泵壳上的标牌上，即水泵的铭牌。其上所列出的这些性能参数是该水泵在设计转速下运转时，效率为最高时的数值。

2. **高位消防水箱**

高位消防水箱是设置在高处，直接向水灭火设施重力供应初起火灾消防用水量的储水设施，是扑灭初起火灾较理想的供水设施，可采用热浸锌镀锌钢板、钢筋混凝土、不锈钢板等建造，其供水可靠性高、经济性好。当建筑物发生火灾而消防水泵尚未启动时，消防水箱的水可以保证灭火设施的用水。

设置高位消防水箱的目的，一是提供系统启动初期的消防用水量和水压，在消防水泵出现故障的紧急情况下应急供水，以及时控制初起火灾，并为外援灭火争取时间；二是利用高位差为系统提供准工作状态下所需的水压，以达到管道内充水并保持一定压力的目的。

3. **稳压设施**

对于采用临时高压消防给水系统的高层或多层建筑，当消防水箱设置高度不能满足系统最不利点灭火设施所需的水压要求时，应设置稳压设施。稳压设施通常采用稳压泵，当稳压泵的控制不能实现防止频繁启动时，应增加隔膜式气压罐，如图 3-2-3 所示。

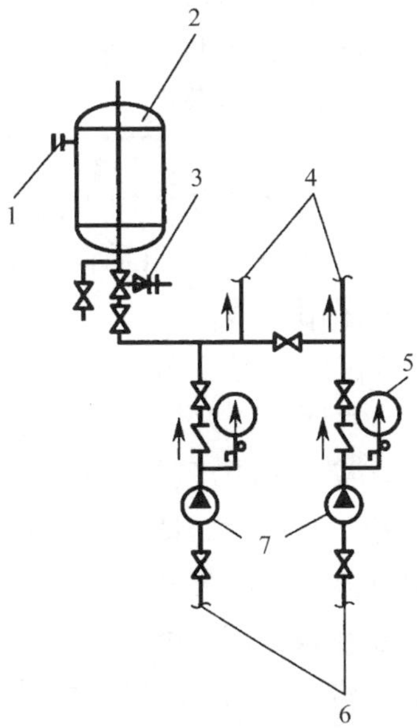

1—补气口；2—气压罐；3—安全阀；4—接消防给水管网；
5—压力表；6—接高位消防水箱；7—消防稳压泵。

图 3-2-3　稳压设施的组成

工程应用中采用的稳压设施应是满足相关国家标准要求的定型产品，并应具有表 3-2-2 的相关性能。

表 3-2-2 消防水泵的主要性能要求

产品名称	应符合的国家标准	主要性能
消防气压给水设备	GB 27898.1—2011	基本参数、设备构成和部件、外观和标识、控制功能、供水能力、连续运行、密封性能、水压强度、运行噪声、气压水罐、水泵机组、管道阀门及附件、控制仪表、操控装置
消防自动恒压给水设备	GB 27898.2—2011	基本参数、设备构成和部件、外观和标识、控制功能、供水能力、连续运行、密封性能、水压强度、运行噪声、气压水罐、水泵机组、管道阀门及附件、控制仪表、操控柜
消防增压稳压给水设备	GB 27898.3—2011	基本参数、设备构成和部件、外观和标识、控制功能、供水能力、连续运行、密封性能、水压强度、运行噪声、气压水罐、水泵机组、管道阀门及附件、控制仪表及部件、操控柜
消防气体顶压给水设备	GB 27898.4—2011	基本参数、设备构成和部件、外观和标识、控制功能、供水能力、连续运行、密封性能、水压强度、运行噪声、气压水罐、水泵机组、顶压系统、管道阀门及附件、控制仪表、操控柜
消防双动力给水设备	GB 27898.5—2011	基本参数、设备构成和部件、外观和标识、控制功能、供水能力、连续运行、密封性能、水压强度、运行噪声、气压水罐、水泵机组、发动机及其附件、管道阀门及附件、控制仪表、操控装置

（1）稳压泵。稳压泵是指在消防给水系统中用于稳定平时最不利点水压的给水泵。稳压泵通常是选用小流量、高扬程的水泵。稳压泵宜采用单吸单级或单吸多级离心泵，泵外壳和叶轮等主要部件的材质宜采用不锈钢。

稳压泵通过三个压力控制点（p_2、p_3、p_4）分别与压力继电器相连接，用来控制其工作。稳压泵向管网中持续充水时，管网内压力升高，当达到设定的压力值 p_4（稳压上限）时，稳压泵停止工作。若管网存在渗漏或由于其他原因导致管网压力逐渐下降，当降到设定压力值 p_3（稳压下限）时，稳压泵再次启动。如此周而复始，从而使管网压力始终保持在 $p_3 \sim p_4$ 之间。若稳压泵启动并持续给管网补水，但管网压力仍继续下降，则可认为有火灾发生，管网内的消防水正在被使用。因此，当压力继续降到设定压力值 p_2（消防主泵启动压力点）时，将联锁启动消防主泵，同时稳压泵停止工作。

（2）气压罐。稳压泵频繁启动，泵易损坏，对整个管网系统和电网系统不利，应设置防止稳压泵频繁启动的技术措施。因此，为防止稳压泵频繁启停，稳压泵常与小型气压水罐配合使用。气压罐被广泛应用于变频、恒压供水设备中，起到缓冲系统压力波动，消除水锤、稳压卸荷的作用，在系统内水压轻微变化时，气压罐气囊的自动膨胀收缩会对水压的变化有一定缓冲作用，能保证系统的水压稳定，水泵不会因压力的改变而频繁的开启。

如图 3-2-4 所示，在气压罐内设定的 p_1、p_2、p_{S1}、p_{S2} 四个压力控制点中，p_1 为气压罐的最小设计工作压力，p_2 为水泵启动压力，p_{S1} 为稳压泵启动压力。当罐内压力为 p_{S2} 时，消防给水管网处于较高工作压力状态，稳压泵和消防水泵均处于停止状态；随着管网渗漏或由于其他原因引起的泄压的出现，当罐内压力从 p_{S2} 降至 p_{S1} 时，便自动启动稳压泵，向气压罐补水，直到罐内压力增加到 p_{S2} 时，稳压泵停止工作，从而保证了气压罐内消防储水的常备储存。若建筑发生火灾，随着灭火设备出水，气压罐内储水量减少、压力下降，当压力从 p_{S2} 降至 p_{S1} 时，稳压泵启动，但稳压泵流量较小，其供水全部用于灭火设备，气压罐内的水得不到补充，罐内压力继续下降到 p_2 时，消防水泵启动并向管网供水，同时向控制中心报警。此时稳压泵停止运转，消防增（稳）压工作完成。

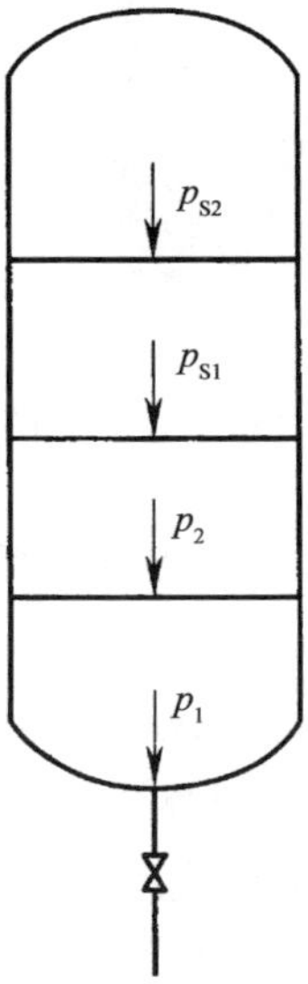

图 3-2-4 气压罐的工作原理

4. 消防水泵接合器

消防水泵接合器是固定设置在建筑物外，供消防车或机动泵向建筑物内消防给水系统输送消防用水和其他液体灭火剂的预留接口。消防水泵接合器由本体、消防接口、安全阀和水流止回、水流截断装置等组成，为考虑安全阀和止回阀检修的需要，还应设置阀门；放水阀具有泄水的作用，用于防冻。消防水泵接合器组件的排列次序应合理，按消防水泵接合器给水的方向，依次是止回阀、安全阀和阀门。在火灾情况下，当建筑物内消防水泵发生故障或室内消防用水不足时，消防车从室外取水通过水泵接合器将水送到室内消防给水管网，供灭火使用。

工程应用中采用的消防水泵接合器应是满足相关国家标准要求的定型产品，并应具有表 3-2-3 的相关性能。

表 3-2-3 消防水泵接合器的主要性能要求

产品名称	应符合的标准	主要性能
消防水泵接合器	GB 3446—2013	结构、材料、外观质量、螺纹及法兰尺寸、密封性能、水压强度性能、阀门、消防接口

消防水泵接合器按安装形式可分为地上式、地下式、墙壁式和多用式（如图 3-2-5 所示）。按出口的公称通径可分为 100mm 和 150mm 两种；按公称压力可分为 1.6MPa、2.5MPa 和 4.0MPa 等多种；按连接方式可分为法兰式和螺纹式，法兰式是目前主流产品。

（a）地上式　（b）地下式　（c）墙壁式　（d）多用式

图 3-2-5　地上式、地下式、墙壁式和多用式水泵接合器

（四）消防给水管网的基本要求

消防给水管网主要包括城市（市政）管网、室外消防给水管网和室内消防给水管网，是消防给水系统中负责输送消防用水和调整、控制水流的重要组成部分。

1. 管网类型

（1）环状消防给水管网。管网平面布置，干线形成若干闭合环形，双向供水。由于环状管网的干线彼此相通，水流四通八达，供水安全可靠。在管径和供水压力相同的条件下，环状管网的供水能力比枝状管网的供水能力大 1.5 ~ 2.0 倍。

（2）枝状消防给水管网。管网平面布置，干线呈分散状，似树枝状，分枝后干线彼此无连接，而单向供水。由于枝状管网内，水流从水源地向用水对象单一方向流动，当某段管网检修或损坏时，其后方无水，就会造成火场供水中断。因此，室外消防给水管网应限制枝状管网的使用范围。

2. 管道材质及选型

消防给水系统中常用的管材有铸铁管、钢丝网骨架塑料复合管、加强防腐的钢管（焊接、无缝、加厚、镀锌）等。随着技术的发展，涂覆钢管和氯化聚氯乙烯消防管道也逐渐应用到消防给水系统中。钢管有无缝钢管和焊接钢管，是消防给水系统中应用最多的一类管材，为了提高该管材的耐腐蚀性，必须对其内、外壁进行防腐处理。铸铁管具有良好的耐腐蚀性能，因而埋地的管道多选用铸铁管。

在进行管材选型和设计时，应考虑系统工作压力、覆土深度、土壤的性质、管道的耐腐蚀能力、可能受到土壤、建筑基础、机动车和铁路等其他附加荷载的影响以及管道穿越伸缩缝和沉降缝等因素。

3. 管道连接

管道与管道之间常采用螺纹、沟槽式管接头或法兰连接，球墨铸铁管采用承插连接，塑料管多采用粘接，钢管也可焊接（焊接后作防腐处理）。沟槽式管路连接目前应用的非常广泛，当给水系统中直径大于或等于 100mm 的管道连接时，常采用该种方式。

二、市政消火栓系统

市政消防给水系统负担城市、区域的室外消防给水任务。市政消火栓系统是设置在市政消防给水管网上的室外消火栓系统，主要供消防车取水，连接水带水枪后也可以进行灭火。

（一）市政消火栓系统的组成和分类

市政消火栓系统由市政给水管网、市政消火栓等组成。

1. 市政给水管网

市政给水管网的生产、生活和消防一般都是合用管网，共用一套给水系统。市政给水管网分环状给水管网和枝状给水管网两种形式。环状给水管网成环布置，水源一般来自不同的水厂，也可能是从一个水厂引入两条供水干管。通过适当的阀门设置，环状管网可以保证较高的供水率。枝状给水管网成枝状布置，供水率相对难以保证。

2. 市政消火栓

市政消火栓是设置在市政给水管网上的消防取水设备。根据安装方式，市政消火栓主要有地上式和地下式两种类型。

（1）地上式消火栓由本体、进水弯管、阀塞、出水口、排水口等组成，阀体的大部分露出地面，如图 3-2-6 所示。地上式消火栓有一个直径为 150mm 或 100mm 和两个直径 65mm 的接口，其中两个直径为 65mm 的出口为内扣式接口，供接水带使用，另一个直径为 100mm 或 150mm 的出口为丝扣接口，供接消防车吸水胶管连接。地上式消火栓具有目标明显、便于寻找，出水操作方便等特点，适宜于气候温暖地区安装使用。地上式消火栓有 SS100 和 SS150 两种型号，其结构如图 3-2-6 所示。

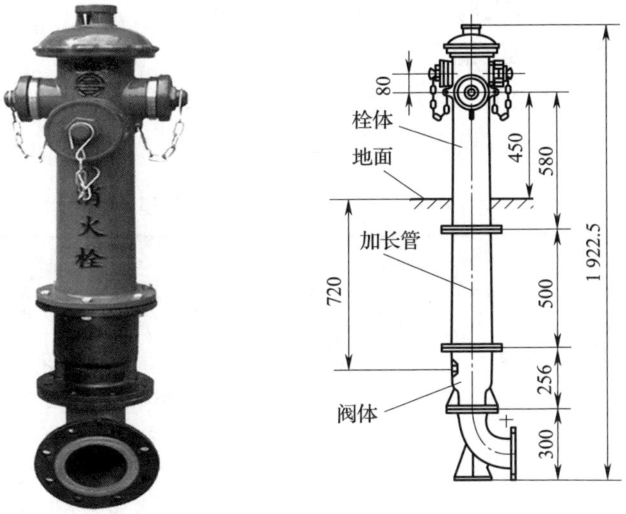

图 3-2-6　地上式消火栓结构示意图

（2）地下式消火栓应有直径为 100mm 和 65mm 的接口各一个，直径为 100mm 的接口供接消防车的吸水胶管，直径为 65mm 的接口供接消防水带，如图 3-2-7 所示。地下式消火栓具有防冻、便利交通，不易遭到人为损坏的优点，但缺点是目标不明显、不易发现、操作不便。因此，地下式消火栓适用于气候寒冷地区，并应在其附近地面上设置明显的固定标志。

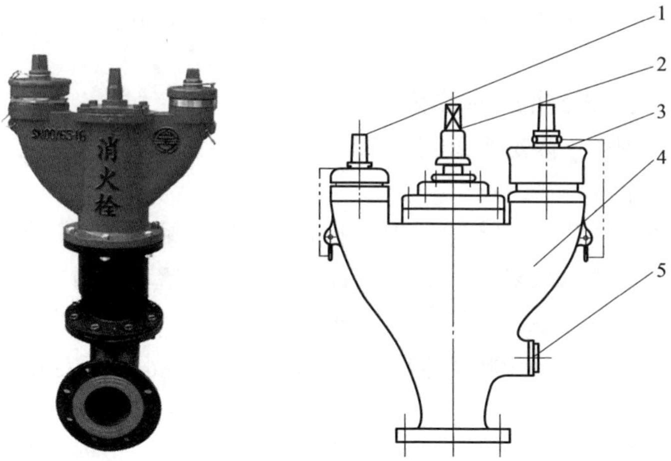

1—KWA65 接口；2—开关扳头；3—100mm 出水口；4—本体；5—自动泄水阀。

图 3-2-7　地下式消火栓结构示意图

3. **消防水鹤**

消防水鹤是一种城市给水系统消防专用取水措施，能在各种天气条件下，尤其在北方寒冷或严寒地区有效地为消防车补水。消防水鹤由地下部分（主控水阀、排放余水装置、启闭联动机构）和地上部分（引水导流管道和护套、消防水带接口、旋转机构、伸缩机构等）组成，具有可摆动、可伸缩、防冻、启闭快速等特点，多用于消防车快速上水。消防水鹤通过启闭联动机构开启和关闭，操作灵活。

（二）市政消火栓的主要性能要求

工程应用中采用的市政消火栓应是满足《室外消火栓》（GB 4452—2011）等国家标准要求的定型产品，并应具有表 3-2-4 的相关性能。

表 3-2-4　市政消火栓及消防水鹤的主要性能要求

产品名称	应符合的标准	主要性能
室外消火栓	《室外消火栓》（GB 4452—2011）	结构、材料、外观质量、螺纹、开启高度、开启高度、进水口连接尺寸、密封性能、水压强度、排放余水装置、消防接口、防撞性能、调压性能、减压稳压性能、折叠性能、消火栓附件
消防水鹤	《消防水鹤》（XF 821—2009）	外观、材料、螺纹、进水口及连接管件法兰连接尺寸、密封性能、水压强度、排放余水装置、接口、最小过流口径、其他要求

三、室外消火栓系统

室外消火栓系统是建（构）筑物、建筑小区或厂区、工业园区等设置在室外的消防给水系统，其作用是供消防车（或其他移动灭火设备）从室外消防给水管网取水，或通过进户管为室内消防给水设备供水。室外消火栓系统应满足火灾扑救时各种消防用水设备对水量、水压、水质的基本要求。

（一）室外消火栓系统的组成

室外消火栓系统由消防水源、消防供水设备、室外消防给水管网和室外消火栓灭火设施等组成。室外消防给水管网包括进水管、干管和相应的配件、附件；室外消火栓灭火设施包括室外消火栓、水带、水枪等。

（二）室外消火栓系统的工作原理

室外消火栓系统的工作原理与消防给水形式有关。对于高压消防给水系统，火灾发生时现场的人员可从设置在附近的消火栓箱内取出水带和水枪，将水带与消火栓栓口连接，接上水枪，打开消火栓的阀门，直接出水灭火；对于临时高压消防给水系统，火灾发生时现场人员可从设置在附近的消火栓箱内取出水带和水枪，将水带与消火栓栓口连接，接上水枪，打开消火栓的阀门，通知水泵房启动消防泵，使管网内的压力达到高压给水系统的水压要求，从而消火栓可投入使用；对于低压消防给水系统，火灾发生时消防队员打开最近的室外消火栓，将消防车与室外消火栓连接，从室外管网内吸水加入消防车内，然后利用消防车直接加压灭火，或者消防车通过消防水泵接合器向室内管网内加压供水。

（三）室外消火栓系统产品的主要性能要求

工程应用中采用的室外消火栓应是满足《室外消火栓》（GB 4452—2011）等国家标准要求的定型产品，并应具有表 3–2–4 的相关性能。

四、室内消火栓系统

室内消火栓系统既可供火灾现场人员使用消火栓箱内的消防水带、水枪扑救初期火灾，又可供消防救援人员扑救建筑物的大火。室内消火栓实际上是室内消防给水管网向火场供水的带有专用接口的阀门，其进水端与消防管道相连，出水端与水带相连。

（一）室内消火栓系统的组成

室内消火栓系统由消防给水系统、室内消防供水管网、室内消火栓及系统附件等组成，如图 3–2–8 所示。室内消防供水管网包括进水管、水平干管、消防竖管等，其任务是向室内消火栓设备输送灭火用水。室内消火栓设备包括消防水带、消防水枪、消防软管卷盘等，是供消防救援人员灭火使用的主要工具。系统附件包括各种阀门、屋顶消火栓等。

（二）室内消火栓系统的工作原理

室内消火栓系统的工作原理与系统采用的给水方式有关，比如对于采用临时高压消防给水系统的室内消火栓系统，当火灾发生后，现场人员可以打开消火栓箱，将水带与消火栓栓口连接，打开消火栓的阀门，消火栓即可投入使用。按下消火栓箱内的按钮向消防控制中心报警，同时设置在高位水箱出水管上的流量开关和设置在消防水泵出水干管上的压力开关或报警阀压力开关等开关信号应能直接启动消防水泵。在供水初期，由于消火栓泵的启动需要一定的时间，其初期供水由高位消防水箱供给。对于消火栓泵的启动，还可由消防现场、消防控制中心控制，消火栓泵一旦启动便不得自动停泵，其停泵只能由现场手动控制。

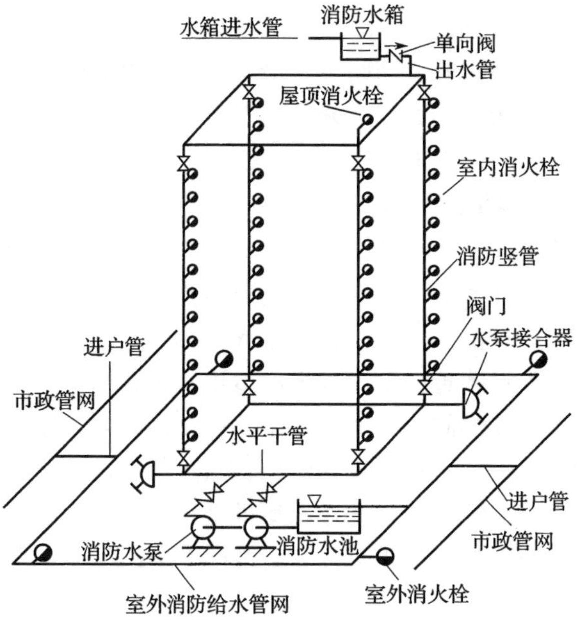

图 3-2-8　消火栓给水系统组成示意图

（三）室内消火栓系统产品的主要性能要求

工程应用中采用的室内消火栓系统产品应是满足相关国家标准要求的定型产品，并应具有表 3-2-5 的相关性能。

表 3-2-5　室内消火栓系统产品的主要性能要求

产品名称	应符合的标准	主要性能
室内消火栓	《室内消火栓》（GB 3445—2018）	外观质量；材料；基本尺寸与公差；消防接口；手轮；螺纹；阀杆升降性能；旋转性能；开启高度；水压强度；密封性能；压力损失；减压、减压稳压性能及流量；耐腐蚀性能
消火栓箱	《消火栓箱》（GB/T 14561—2019）	消火栓箱内消防器材的配置；外观质量、外形尺寸和极限偏差；材料；箱体刚度；箱门；消防水带安置；连接性能；喷射性能；消火栓箱内配置消防器材的性能及尺寸
消防水带	《消防水带》（GB 6246—2011）	外观质量、内径、长度、设计工作压力、试验压力及最小爆破压力、湿水带渗水量、单位长度质量、延伸率和膨胀率及扭转方向、可弯曲性、黏附性、耐低温性能、衬里（或外覆层）物理力学性能、耐磨性能、水带与消防接口连接性能

续表 3-2-5

产品名称	应符合的标准	主要性能
消防水枪	《消防水枪》（GB 8181—2005）	基本参数、雾状水流及开花水流的要求、操作结构要求、材料、密封件、螺纹、表面质量、密封性能、耐水压强度、使用环境温度、抗跌落性能、耐腐蚀性能、接口性能
消防软管卷盘	《消防软管卷盘》（GB 15090—2005）	喷射性能、密封性能、耐压性能、耐腐蚀性能、抗载荷性能、转动性能、喷枪性能、软管性能、外观质量、结构要求
轻便消防水龙	《轻便消防水龙》（XF 180—2016）	外观质量、喷射性能、密封性能、水带性能、喷枪性能、专用接口性能

1. 室内消火栓

室内消火栓是室内消防给水管网向火场供水的带有阀门的一种接口，其进水端与消防管道相连，出水端与水带相连。消火栓有单阀和双阀之分，单阀消火栓又分单出口和双出口，双阀消火栓为双出口。一般情况下使用单阀单出口消火栓。单阀双出口消火栓一般情况下不用。双阀双出口消火栓除用在塔式住宅外，一般不宜采用。栓口直径有 *DN*50 和 *DN*65 两种，前者用于每支水枪最小流量为 2.5 ~ 5.0L/s，后者用于每支水枪最小流量大于 5.0L/s。

2. 消防水带

常用水带为胶里水带，直径有 50mm 和 65mm 两种，每个消火栓一般配备一条（或一盘）水带，每条水带长度一般为 20m，最大不应大于 25m。水带一头与消火栓出口连接，另一头与水枪连接。

3. 消防水枪

室内消火栓一般采用直流式水枪，喷嘴口径有 13mm、16mm、19mm 三种。消火栓的水枪喷嘴口径应根据消防出水流量和充实水柱的要求确定，一般情况下宜选用 19mm 水枪。

4. 消防软管卷盘

消防软管卷盘是一种直径为 25mm 的小口径自救式室内固定式消火栓设备，它由小口径消火栓、输水软管、小口径水枪等组成，小口径水枪喷嘴直径有 6mm、7mm、8mm 三种。通常将消火栓和水带按要求配套置于消火栓箱内，需要设置消防卷盘时，可按要求配套单独装入一个消火栓箱内或将以上四种组件装于一个消火栓箱内。

5. 轻便消防水龙

轻便消防水龙由专用接口、水带及喷枪组成，是在自来水或消防供水管路上使用的一种小型轻便的喷水灭火器具。从配置上来说，轻便消防水龙和消火栓水带水枪并无区别，轻便消防水龙可以视为消防水带水枪的小规格品种。

第二节　系统设计及系统组件的设置

一、消防给水系统的设置要求

（一）消防水源

1. 天然水源

（1）设计枯水流量保证率。天然水源应根据城乡规模和工业项目的重要性、火灾危险性和经济合理性等因素综合确定，宜为90%～97%，但村镇的室外消防给水水源可根据当地水源情况适当降低。

（2）井水等地下水源可作为消防水源。井水作为消防水源向消防给水系统直接供水时，其最不利水位应满足水泵吸水要求，其最小出流量和水泵扬程应满足消防要求，且当需要两路消防供水时，水井不应少于两眼，每眼井的深井泵的供电均应采用一级供电负荷，还应设置探测水井水位的水位测试装置。

（3）当地表水作为室外消防水源时，应采取确保消防车、固定和移动消防水泵在枯水位取水的技术措施；当消防车取水时，最大吸水高度不应超过6.0m。

（4）天然水源消防车取水口的设置位置和设施，应符合《室外给水设计标准》（GB 50013—2018）中有关地表水取水的规定，且取水头部宜设置格栅，其栅条间距不宜小于50mm，也可采用过滤管。

（5）设有消防车取水口的天然水源，应设置消防车到达取水口的消防车道和消防车回车场或回车道。

2. 市政给水

当市政给水管网连续供水时，消防给水系统可采用市政给水管网直接供水。对于用作两路消防供水的市政给水管网，应满足市政给水厂应至少两条输水干管向市政给水管网输水，市政给水管网应为环状管网且应至少有两条不同的市政给水干管上不少于两条引入管向消防给水系统供水。

3. 消防水池

当生产、生活用水量达到最大，市政给水管网或入户引入管不能满足室内、室外消防给水设计流量；当采用一路消防供水或只有一条入户引入管，且室外消火栓设计流量大于20L/s或建筑高度大于50m；市政消防给水设计流量小于建筑室内外消防给水设计流量时，应设置消防水池。

（1）一般要求。

1）当市政给水管网能保证室外消防给水设计流量时，消防水池的有效容量应满足在火灾延续时间内建（构）筑物室内消防用水量的要求。

2）当市政给水管网不能保证室外消防给水设计流量时，消防水池的有效容量应满足在火灾延续时间内建（构）筑物室内消防用水量和室外消防用水不足部分之和的要求。

3）消防水池进水管应根据消防水池有效容积和补水时间确定，补水时间不宜大于

48h，但当消防水池有效总容积大于2 000m^{3}时，补水时间不应大于96h，消防水池进水管管径应经计算确定，且不应小于*DN*100。

4）消防水池的总蓄水有效容积大于500m^{3}时，宜设两格能独立使用的消防水池；当大于1 000m^{3}时，应设置能独立使用的两座消防水池。每格（或座）消防水池应设置独立的出水管，并应设置满足最低有效水位的连通管，且其管径应能满足消防给水设计流量的要求。

5）对于消防水池，当消防用水与其他用水合用时，应有保证消防用水不作他用的技术措施。

6）消防水池应设置就地水位显示装置，并应在消防控制中心或值班室等地点设置显示消防水池水位的装置，同时应有最高和最低报警水位。

7）消防水池的出水管应保证消防水池的有效容积能被全部利用，应设置溢流水管和排水设施，并应采用间接排水。

8）储存室外消防用水或供消防车取水的消防水池，应设供消防车取水的取水口或取水井，吸水高度不应大于6m；取水口或取水井与被保护建筑物（水泵房除外）的外墙距离不宜小于15m，与甲、乙、丙类液体储罐的距离不宜小于40m，与液化石油气储罐的距离不宜小于60m，当采取防止辐射热的保护措施时可减小为40m。

（2）消防水池的补水。

1）当消防水池采用两路消防供水且在火灾情况下连续补水能满足消防要求时，消防水池的有效容积应根据计算确定，但不应小于100m^3，当仅设有消火栓系统时不应小于50m^3。

2）消防水池的给水管应根据其有效容积和补水时间确定，补水时间不宜大于48h，但当消防水池有效总容积大于2 000m^{3}时，不应大于96h。消防水池进水管管径应计算确定，且不应小于*DN*100。

3）火灾时消防水池连续补水应采用两路消防给水，火灾延续时间内的连续补水流量应按消防水池最不利进水管供水量计算，并可按式（3-2-1）计算。

$$q_f=3\,600Av \qquad (3\text{-}2\text{-}1)$$

式中 q_f——火灾时消防水池的补水流量（m^3/h）；

A——消防水池给水管断面面积（m^2）；

v——管道内水的平均速度（m/s）。

4）消防水池进水管管径和流量应根据市政给水管网或其他给水管网的压力、入户引入管管径、消防水池进水管管径，以及火灾时其他用水量等经水力计算确定，当计算条件不具备时，给水管的平均流速不宜大于1.5m/s。

（3）消防水池的有效容积。

消防水池的有效容积应满足在火灾延续时间内室内、外消防用水量的要求。若在火灾情况下能保证消防水池得到连续补水时，可减去火灾延续时间内的补充水量。

1）当市政给水管网能保证室外消防给水设计流量时，消防水池的有效容积应满足在火灾延续时间内室内消防用水量的要求。

2）当市政给水管网不能保证室外消防给水设计流量时，消防水池的有效容积应满足火灾延续时间内室内消防用水量和室外消防用水量不足部分之和的要求，消防水池的有效容积应按式（3–2–2）计算。

$$V = V_1 + V_2 = 3.6\sum_{i=1}^{n}(q_{1i}t_{1i}) + 3.6\sum_{i=1}^{m}(q_{2i}t_{2i}) \qquad (3\text{–}2\text{–}2)$$

式中　V——消防水池的有效容量（m^3）；

V_1——室外消防用水量（m^3）；

V_2——室内消防用水量（m^3）；

n，m——需要同时开启的室内、外灭火设施种类数；

q_{1i}——所担负的室外第 i 类灭火设备用水量（L/s）；

q_{2i}——所担负的室内第 i 类灭火设备用水量（L/s）；

t_{1i}——第 i 类室外灭火设备相应的火灾延续时间（h）；

t_{2i}——第 i 类室内灭火设备相应的火灾延续时间（h）。

火灾延续时间是指水灭火设施达到设计流量的供水时间。《消防给水及消火栓系统技术规范》（GB 50974—2014）等标准中给出了不同场所设置的水灭火系统与保护对象所对应的火灾延续时间，根据所设置系统的种类和系统的设计流量就可以计算出室内、外消防用水量，从而核算出消防水池的有效容积。当室外管网满足室外消防用水量后还有连续补水能力时，可为室内消防用水补水，消防水池的有效容积可以将补水容积折减。不同场所消火栓系统和固定冷却水系统的火灾延续时间不应小于表 3–2–6 的规定。

表 3–2–6　不同场所的火灾延续时间

<table>
<tr><th colspan="3">建筑</th><th>场所与火灾危险性</th><th>火灾延续时间 /h</th></tr>
<tr><td rowspan="11">建筑物</td><td rowspan="4">工业建筑</td><td rowspan="2">仓库</td><td>甲、乙、丙类仓库</td><td>3.0</td></tr>
<tr><td>丁、戊类仓库</td><td>2.0</td></tr>
<tr><td rowspan="2">厂房</td><td>甲、乙、丙类厂房</td><td>3.0</td></tr>
<tr><td>丁、戊类厂房</td><td>2.0</td></tr>
<tr><td rowspan="4">民用建筑</td><td rowspan="2">公共建筑</td><td>一类高层建筑，建筑体积大于 100 000m³ 的公共建筑</td><td>3.0</td></tr>
<tr><td>其他公共建筑</td><td rowspan="2">2.0</td></tr>
<tr><td rowspan="2">住宅</td><td>一类高层住宅建筑</td></tr>
<tr><td>其他住宅建筑</td><td rowspan="2">1.0</td></tr>
<tr><td colspan="2" rowspan="2">人防工程</td><td>建筑面积小于 3 000m²</td></tr>
<tr><td>建筑面积大于或等于 3 000m²</td><td rowspan="2">2.0</td></tr>
<tr><td colspan="3">地下建筑、地铁车站</td></tr>
</table>

续表 3-2-6

<table>
<tr><th colspan="2">建筑</th><th>场所与火灾危险性</th><th>火灾延续时间 /h</th></tr>
<tr><td rowspan="22">构筑物</td><td colspan="2">煤、天然气、石油及其产品的工艺装置</td><td>3</td></tr>
<tr><td rowspan="3">甲、乙、丙类
可燃液体储罐</td><td>直径大于 20m 的固定顶罐和直径大于 20m 的浮盘用易熔材料制作的内浮顶罐</td><td>6</td></tr>
<tr><td>其他储罐</td><td rowspan="2">4</td></tr>
<tr><td>覆土油罐</td></tr>
<tr><td colspan="2">液化烃储罐、沸点低于 45℃的甲类液体、液氨储罐</td><td>6</td></tr>
<tr><td colspan="2">空分站，可燃液体、液化烃的火车和汽车装卸栈台</td><td>3</td></tr>
<tr><td colspan="2">变电站</td><td>2</td></tr>
<tr><td rowspan="5">装卸油品码头</td><td>甲、乙类可燃液体油品一级码头</td><td>6</td></tr>
<tr><td>甲、乙类可燃液体油品二、三级码头
乙、丙类可燃液体油品码头</td><td>4</td></tr>
<tr><td>海港油品码头</td><td>6</td></tr>
<tr><td>河港油品码头</td><td>4</td></tr>
<tr><td>码头装卸区</td><td>2</td></tr>
<tr><td colspan="2">装卸液化石油气船码头</td><td>6</td></tr>
<tr><td rowspan="3">液化石油气
加气站</td><td>地上储气罐加气站</td><td>3</td></tr>
<tr><td>埋地储气罐加气站</td><td rowspan="2">1</td></tr>
<tr><td>加油和液化石油气加气合建站</td></tr>
<tr><td rowspan="6">易燃、可燃材料露天、
半露天堆场，
可燃气体罐区</td><td>粮食土圆囤、席茓囤</td><td rowspan="4">6</td></tr>
<tr><td>棉、麻、毛、化纤百货</td></tr>
<tr><td>稻草、麦秸、芦苇等</td></tr>
<tr><td>木材等</td></tr>
<tr><td>露天或半露天堆放煤和焦炭</td><td rowspan="2">3</td></tr>
<tr><td>可燃气体储罐</td></tr>
</table>

自动喷水灭火系统、泡沫灭火系统、水喷雾灭火系统、固定消防炮灭火系统、自动跟踪定位射流灭火系统等水灭火系统的火灾延续时间，应分别按《自动喷水灭火系统设计规范》（GB 50084—2017）、《泡沫灭火系统技术标准》（GB 50151—2021）、《水喷雾灭火系统技术规范》（GB 50219—2014）、《固定消防炮灭火系统设计规范》（GB 50338—

2003）和《自动跟踪定位射流灭火系统技术标准》（GB 51427—2021）的有关规定执行。建筑内用于防火分隔的防火分隔水幕和防护冷却水幕的火灾延续时间，不应小于防火分隔水幕和防护冷却水幕设置部位墙体的耐火极限。

城市交通隧道的火灾延续时间不应小于表 3-2-7 的规定，一类城市交通隧道的火灾延续时间应根据火灾危险性分析确定，确有困难时，可按不小于 3h 计。

表 3-2-7　城市交通隧道的火灾延续时间

用途	类别	长度 /m	火灾延续时间 /h
可通行危险化学品等机动车	二	500<L≤1 500	3
	三	L≤500	2
仅限通行非危险化学品等机动车	二	1 500<L≤3 000	3
	三	500<L≤1 500	2

（4）高位消防水池的设置要求。

高位消防水池是指设置在高处直接向水灭火设施重力供水的储水设施，高位消防水池（塔）是常高压消防给水系统的重要代表形式。高位消防水池的最低有效水位应能满足其所服务的水灭火设施所需的工作压力和流量，且其有效容积应满足火灾延续时间内所需消防用水量，并应符合下列规定：

1）高位消防水池的有效容积、出水、排水和水位等应符合《消防给水及消火栓系统技术规范》（GB 50974—2014）的有关规定。

2）高位消防水池的通气管和呼吸管等应采取防止鼠虫等进入的技术措施。

3）除可一路消防供水的建筑物外，向高位消防水池供水的给水管不应少于两条。

4）当高层民用建筑采用高位消防水池供水的高压消防给水系统时，高位消防水池储存室内消防用水量确有困难，但火灾发生时补水可靠，其总有效容积不应小于室内消防用水量的 50%。

5）高层民用建筑高压消防给水系统的高位消防水池总有效容积大于 200m^3 时，宜设置蓄水有效容积相等且可独立使用的两格；当建筑高度大于 100m 时应设置独立的两座。每格（或座）应有一条独立的出水管向消防给水系统供水。

6）高位消防水池设置在建筑物内时，应采用耐火极限不低于 2.00h 的隔墙和耐火极限不低于 1.50h 的楼板与其他部位隔开，并应设甲级防火门，且消防水池及其支承框架与建筑构件应连接牢固。

（二）消防给水系统的设计流量

1. 一般要求

（1）工厂、仓库、堆场、储罐区或民用建筑的室外消防用水量，应按同一时间内的火灾起数（见表 3-2-8）和一起火灾灭火所需室外消防用水量确定。

表 3-2-8　工厂、仓库和民用建筑在同一时间内的火灾起数

名称	占地面积 /hm^2	附有居住区人数 / 万人	同一时间内的火灾起数 / 起	备注
工厂、堆场或储罐区	≤100	≤1.5	1	按需水量最大的一座建筑物计算
		>1.5	2	工厂、堆场或储罐区一起、居住区一起
	>100	不限	2	按需水量最大的两座建筑物（或堆场、储罐）各计一起
仓库及民用建筑	不限	不限	1	按需水量最大的一座建筑物计算

（2）一起火灾灭火所需消防用水的设计流量应由建筑的室外消火栓系统、室内消火栓系统、自动喷水灭火系统、泡沫灭火系统、水喷雾灭火系统、固定消防炮灭火系统、固定冷却水系统等需要同时作用的各种水灭火系统的设计流量组成，并应符合下列规定：

1）应按需要同时作用的各种水灭火系统最大设计流量之和确定。

2）两座及以上建筑合用消防给水系统时，应按其中一座设计流量最大者确定。

3）当消防给水与生活、生产给水合用时，合用系统的给水设计流量应为消防给水设计流量与生活、生产用水最大小时流量之和。计算生活用水最大小时流量时，淋浴用水量宜按 15% 计，浇洒及洗刷等火灾时能停用的用水量可不计。

（3）自动喷水灭火系统、泡沫灭火系统、水喷雾灭火系统、固定消防炮灭火系统、自动跟踪定位射流灭火系统等水灭火系统的消防给水设计流量，应分别按《自动喷水灭火系统设计规范》（GB 50084—2017）、《泡沫灭火系统技术标准》（GB 50151—2021）、《水喷雾灭火系统技术规范》（GB 50219—2014）、《固定消防炮灭火系统设计规范》（GB 50338—2003）和《自动跟踪定位射流灭火系统技术标准》（GB 51427—2021）等的有关规定执行。

2. 市政消防给水设计流量

（1）市政消防给水设计流量应根据当地火灾统计资料、火灾扑救用水量、统计资料、灭火用水量保证率、建筑的组成和市政给水管网运行合理性等因素综合分析计算确定。城镇市政消防给水设计，流量应按同一时间内的火灾起数和一起火灾灭火设计流量经计算确定。同一时间内的火灾起数和一起火灾灭火设计流量不应小于表 3-2-9 的规定。

（2）工业园区、商务区、居住区等市政消防给水设计流量，宜根据其规划区域的规模和同一时间的火灾起数，以及规划中的各类建筑室内外同时作用的水灭火系统设计流量之和经计算分析确定。

表 3-2-9　城镇同一时间内的火灾起数和一起火灾灭火设计流量

<table>
<tr><th>人数 / 万人</th><th>同一时间内的
火灾起数 / 起</th><th>一起火灾灭火
设计流量 / (L/s)</th></tr>
<tr><td>$N \leqslant 1$</td><td rowspan="2">1</td><td>15</td></tr>
<tr><td>$1<N \leqslant 2.5$</td><td>20</td></tr>
<tr><td>$2.5<N \leqslant 5$</td><td rowspan="4">2</td><td>30</td></tr>
<tr><td>$5<N \leqslant 10$</td><td>35</td></tr>
<tr><td>$10<N \leqslant 20$</td><td>45</td></tr>
<tr><td>$20<N \leqslant 30$</td><td>60</td></tr>
<tr><td>$30<N \leqslant 40$</td><td>2</td><td rowspan="2">75</td></tr>
<tr><td>$40<N \leqslant 50$</td><td rowspan="3">3</td></tr>
<tr><td>$50<N \leqslant 70$</td><td>90</td></tr>
<tr><td>$N>70$</td><td>100</td></tr>
</table>

3. 建筑物室外消火栓设计流量

（1）建筑物室外消火栓设计流量应根据建筑物的用途、功能、体积、耐火等级、火灾危险性等因素综合分析确定。建筑物室外消火栓设计流量不应小于表 3-2-10 的规定。

表 3-2-10　建筑物室外消火栓设计流量　　单位：L/s

<table>
<tr><th rowspan="2">耐火等级</th><th rowspan="2" colspan="3">建筑物名称及类别</th><th colspan="6">建筑体积 / m^3</th></tr>
<tr><th>$V \leqslant$ 1 500</th><th>1 500<V $\leqslant$3 000</th><th>3 000<V $\leqslant$5 000</th><th>5 000<V $\leqslant$20 000</th><th>20 000<V $\leqslant$50 000</th><th>V>50 000</th></tr>
<tr><td rowspan="10">一、二级</td><td rowspan="6">工业建筑</td><td rowspan="3">厂房</td><td>甲、乙</td><td colspan="2">15</td><td>20</td><td>25</td><td>30</td><td>35</td></tr>
<tr><td>丙</td><td colspan="2">15</td><td>20</td><td>25</td><td>30</td><td>40</td></tr>
<tr><td>丁、戊</td><td colspan="5">15</td><td>20</td></tr>
<tr><td rowspan="3">仓库</td><td>甲、乙</td><td colspan="2">15</td><td colspan="2">25</td><td colspan="2">—</td></tr>
<tr><td>丙</td><td colspan="2">15</td><td colspan="2">25</td><td>35</td><td>45</td></tr>
<tr><td>丁、戊</td><td colspan="5">15</td><td>20</td></tr>
<tr><td rowspan="3">民用建筑</td><td rowspan="3">公共建筑</td><td>住宅</td><td colspan="6">15</td></tr>
<tr><td>单层及多层</td><td colspan="3">15</td><td>25</td><td>30</td><td>40</td></tr>
<tr><td>高层</td><td colspan="3">—</td><td>25</td><td>30</td><td>40</td></tr>
<tr><td colspan="3">地下建筑（包括地铁）、平战结合的人防工程</td><td colspan="3">15</td><td>20</td><td>25</td><td>30</td></tr>
</table>

续表 3-2-10

<table>
<tr><th rowspan="2">耐火等级</th><th rowspan="2" colspan="2">建筑物名称及类别</th><th colspan="6">建筑体积 / m³</th></tr>
<tr><th>V≤1 500</th><th>1 500<V≤3 000</th><th>3 000<V≤5 000</th><th>5 000<V≤20 000</th><th>20 000<V≤50 000</th><th>V>50 000</th></tr>
<tr><td rowspan="3">三级</td><td rowspan="2">工业建筑</td><td>乙、丙</td><td>15</td><td>20</td><td>30</td><td>40</td><td>45</td><td>—</td></tr>
<tr><td>丁、戊</td><td colspan="3">15</td><td>20</td><td>25</td><td>35</td></tr>
<tr><td colspan="2">单层及多层民用建筑</td><td colspan="2">15</td><td>20</td><td>25</td><td>30</td><td>—</td></tr>
<tr><td rowspan="2">四级</td><td colspan="2">丁、戊类工业建筑</td><td colspan="2">15</td><td>20</td><td>25</td><td colspan="2">—</td></tr>
<tr><td colspan="2">单层及多层民用建筑</td><td colspan="2">15</td><td>20</td><td>25</td><td colspan="2">—</td></tr>
</table>

注：1. 成组布置的建筑物应按消火栓设计流量较大的相邻两座建筑物的体积之和确定。

2. 火车站、码头和机场的中转库房，其室外消火栓设计流量应按相应耐火等级的丙类物品库房确定。

3. 国家级文物保护单位的重点砖木、木结构的建筑物室外消火栓设计流量，按三级耐火等级民用建筑物消火栓设计流量确定。

4. 当单座建筑的总建筑面积大于 500 000m² 时，建筑物室外消火栓设计流量应按本表规定的最大值增加一倍。

5. 宿舍、公寓等非住宅类居住建筑的室外消火栓设计流量应按本表中的公共建筑确定。

（2）城市交通隧道洞口外室外消火栓设计流量不应小于表 3–2–11 的规定。

表 3-2-11 城市交通隧道洞口外室外消火栓设计流量

<table>
<tr><th>用途</th><th>类别</th><th>长度 /m</th><th>室外消火栓设计流量 / (L/s)</th></tr>
<tr><td rowspan="2">可通行危险化学品等机动车</td><td>一、二</td><td>L>500</td><td>30</td></tr>
<tr><td>三</td><td>L≤500</td><td>20</td></tr>
<tr><td rowspan="2">仅限通行非危险化学品等机动车</td><td>一、二、三</td><td>L≥1 000</td><td>30</td></tr>
<tr><td>三</td><td>L<1 000</td><td>20</td></tr>
</table>

4. 建筑物室内消火栓设计流量

（1）建筑物室内消火栓设计流量，应根据建筑物的用途、功能、体积、高度、耐火等级、火灾危险性等因素综合确定。建筑物室内消火栓设计流量不应小于表 3–2–12 的规定。

（2）城市交通隧道内室内消火栓设计流量不应小于表 3–2–13 的规定。

表 3-2-12　建筑物室内消火栓设计流量

建筑物名称			火灾危险性（高度 H/m、层数、体积 V/m³、座位数 n/ 个）			消火栓设计流量 /（L/s）	同时使用消防水枪数 / 支	每根竖管最小流量 /（L/s）
工业建筑	厂房		$H \leqslant 24$	甲、乙、丁、戊		10	2	10
				丙	$V \leqslant 5\ 000$	10	2	10
					$V>5\ 000$	20	4	15
			$24<H \leqslant 50$	乙、丁、戊		25	5	15
				丙		30	6	15
			$H>50$	乙、丁、戊		30	6	15
				丙		40	8	15
	仓库		$H \leqslant 24$	甲、乙、丁、戊		10	2	10
				丙	$V \leqslant 5\ 000$	15	3	15
					$V>5\ 000$	25	5	15
			$H>24$	丁、戊		30	6	15
				丙		40	8	15
民用建筑	单层及多层	科研楼、实验楼	$V \leqslant 10\ 000$			10	2	10
			$V>10\ 000$			15	3	10
		车站、码头、机场的候车（船、机）楼和展览建筑（包括博物馆）等	$5\ 000<V \leqslant 25\ 000$			10	2	10
			$25\ 000<V \leqslant 50\ 000$			15	3	10
			$V>50\ 000$			20	4	15
		剧场、电影院、会堂、礼堂、体育馆等	$800<n \leqslant 1\ 200$			10	2	10
			$1\ 200<n \leqslant 5\ 000$			15	3	10
			$5\ 000<n \leqslant 10\ 000$			20	4	15
			$n>10\ 000$			30	6	15
		旅馆	$5\ 000<V \leqslant 10\ 000$			10	2	10
			$10\ 000<V \leqslant 25\ 000$			15	3	10
			$V>25\ 000$			20	4	15
		商店、图书馆、档案馆等	$5\ 000<V \leqslant 10\ 000$			15	3	10
			$10\ 000<V \leqslant 25\ 000$			25	5	15
			$V>25\ 000$			40	8	15
		病房楼、门诊楼等	$5\ 000<V \leqslant 25\ 000$			10	2	10
			$V>25\ 000$			15	3	10

续表 3-2-12

建筑物名称			火灾危险性（高度 H/m、层数、体积 V/m^3、座位数 n/个）	消火栓设计流量/（L/s）	同时使用消防水枪数/支	每根竖管最小流量/（L/s）
民用建筑	单层及多层	办公楼、教学楼、公寓、宿舍等其他建筑	H>15 或 V>10 000	15	3	10
		住宅	21<H≤27	5	2	5
	高层	住宅	27<H≤54	10	2	10
			H>54	20	4	10
		二类公共建筑	H≤50	20	4	10
		一类公共建筑	H≤50	30	6	15
			H>50	40	8	15
国家级文物保护单位的重点砖木或木结构的古建筑			V≤10 000	20	4	10
			V>10 000	25	5	15
地下建筑			V≤5 000	10	2	10
			5 000<V≤10 000	20	4	15
			10 000<V≤25 000	30	6	15
			V>25 000	40	8	20
人防工程	展览厅、影院、剧场、礼堂、健身体育场所等		V≤1 000	5	1	5
			1 000<V≤2 500	10	2	10
			V>2 500	15	3	10
	商场、餐厅、旅馆、医院等		V≤5 000	5	1	5
			5 000<V≤10 000	10	2	10
			10 000<V≤25 000	15	3	10
			V>25 000	20	4	10
	丙、丁、戊类生产车间，自行车库		V≤2 500	5	1	5
			V>2 500	10	2	10
	丙、丁、戊类物品库房，图书资料档案库		V≤3 000	5	1	5
			V>3 000	10	2	10

注：1. 丁、戊类高层厂房（仓库）室内消火栓的设计流量可按本表减少 10L/s，同时使用消防水枪数量可按本表减少 2 支。

2. 消防软管卷盘、轻便消防水龙及多层住宅楼梯间中的干式消防竖管，其消火栓设计流量可不计入室内消防给水设计流量。

3. 当一座多层建筑有多种使用功能时，室内消火栓设计流量应分别按本表中不同功能计算，且应取最大值。

4. 当建筑物室内设有自动喷水灭火系统、水喷雾灭火系统、泡沫灭火系统或固定消防炮灭火系统等一种或两种以上自动水灭火系统全保护时，当高层建筑高度不超过 50m 且室内消火栓设计流量超过 20L/s 时，其室内消火栓设计流量可按本表减少 5L/s，多层建筑室内消火栓设计流量可减少 50%，但不应小于 10L/s。

5. 宿舍、公寓等非住宅类居住建筑的室内消火栓设计流量，当为多层建筑时，应按本表中的宿舍、公寓确定；当为高层建筑时，应按本表中的公共建筑确定。

表 3-2-13　城市交通隧道内室内消火栓设计流量

用途	类别	长度 L/m	设计流量 /（L/s）
可通行危险化学品等机动车	一、二	L>500	20
	三	L≤500	10
仅限通行非危险化学品等机动车	一、二、三	L≥1 000	20
	三	L<1 000	10

（3）地铁地下车站室内消火栓设计流量不应小于 20L/s，区间隧道不应小于 10L/s。

5. 构筑物消防给水设计流量

以煤、天然气、石油及其产品等为原料的工艺生产装置的消防给水设计流量，应根据其规模、火灾危险性等因素综合确定，且应为室外消火栓设计流量、泡沫灭火系统和固定冷却水系统等水灭火系统的设计流量之和，并应符合《石油化工企业设计防火标准》（GB 50160—2008，2018 年版）和《石油天然气工程设计防火规范》（GB 50183—2004）的有关规定。

（1）甲、乙、丙类可燃液体储罐的消防给水设计流量应按最大罐组确定，并应按泡沫灭火系统设计流量、固定冷却水系统设计流量与室外消火栓设计流量之和确定。泡沫灭火系统设计流量应按系统扑救储罐区一起火灾的固定式、半固定式或移动式泡沫混合液量及泡沫液混合比经计算确定，并应符合《泡沫灭火系统技术标准》（GB 50151—2021）的有关规定。固定冷却水系统设计流量应按着火罐与邻近罐最大设计流量经计算确定，固定式冷却水系统设计流量应按表 3-2-14 或表 3-2-15 规定的设计参数经计算确

表 3-2-14　地上立式储罐冷却水系统的保护范围和喷水强度

项目	储罐型式		保护范围	喷水强度
移动式冷却	着火罐	固定顶罐	罐周全长	0.8L/（s·m）
		浮顶罐、内浮顶罐		0.6L/（s·m）
	邻近罐		罐周半长	0.7L/（s·m）
固定式冷却	着火罐	固定顶罐	罐壁表面积	2.5L/（min·m^2）
		浮顶罐、内浮顶罐		2L/（min·m^2）
	邻近罐		不应小于罐壁表面积的 1/2	与着火罐相同

注：1. 当浮顶、内浮顶罐的浮盘采用易熔材料制作时，内浮顶罐的喷水强度应按固定顶罐计算。
2. 当浮顶、内浮顶罐的浮盘为浅盘式时，内浮顶罐的喷水强度应按固定顶罐计算。
3. 固定冷却水系统邻近罐应按实际冷却面积计算，但不应小于罐壁表面积的 1/2。
4. 距着火固定顶罐罐壁 1.5 倍着火罐直径范围内的邻近罐应设置冷却水系统，当邻近罐超过 3 个时，冷却水系统可按 3 个罐的设计流量计算。
5. 除浮盘采用易熔材料制作的储罐外，当着火罐为浮顶、内浮顶罐时，距着火罐壁的净距离大于或等于 0.4D 的邻近罐可不设冷却水系统，D 为着火油罐与相邻油罐两者中较大油罐的直径；距着火罐壁的净距离小于 0.4D 范围内的相邻油罐受火焰辐射热影响比较大的局部应设置冷却水系统，且所有相邻油罐的冷却水系统设计流量之和不应小于 45L/s。
6. 移动式冷却宜为室外消火栓或消防炮。

定。当储罐采用移动式冷却水系统时，室外消火栓设计流量应按表 3-2-14 或表 3-2-15 规定的设计参数经计算确定，且不应小于 15L/s。当储罐采用固定式冷却水系统时，室外消火栓设计流量不应小于表 3-2-16 的规定。

表 3-2-15 卧式储罐、无覆土地下及半地下立式储罐冷却水系统的保护范围和喷水强度

项目	储罐型式	保护范围	喷水强度
移动式冷却	着火罐	罐壁表面积	0.1L/（s·m²）
	邻近罐	罐壁表面积的 1/2	0.1L/（s·m²）
固定式冷却	着火罐	罐壁表面积	6L/（min·m²）
	邻近罐	罐壁表面积的 1/2	6L/（min·m²）

注：1. 当计算出的着火罐冷却水系统设计流量小于 15L/s 时，应采用 15L/s。
2. 着火罐直径与长度之和的一半范围内的邻近卧式罐应进行冷却；着火罐直径 1.5 倍范围内的邻近地下、半地下立式罐应冷却。
3. 当邻近储罐超过 4 个时，冷却水系统可按 4 个罐的设计流量计算。
4. 当邻近罐采用不燃材料作绝热层时，其冷却水系统喷水强度可按本表减少 50%，但设计流量不应小于 7.5L/s。
5. 无覆土半地下、地下卧式罐冷却水系统的保护范围和喷水强度应按本表地上卧式罐确定。

表 3-2-16 甲、乙、丙类可燃液体地上立式储罐区的室外消火栓设计流量

单罐储存容积 W/m³	室外消火栓设计流量 /（L/s）
W≤5 000	15
5 000<W≤30 000	30
30 000<W≤100 000	45
W>100 000	60

覆土油罐的室外消火栓设计流量应按最大单罐周长和喷水强度计算确定，喷水强度不应小于 0.3L/（s·m）；当计算设计流量小于 15L/s 时，应采用 15L/s。

（2）液化烃罐区的消防给水设计流量应按最大罐组确定，并应按固定冷却水系统设计流量与室外消火栓设计流量之和确定，同时应符合下列规定：

1）固定冷却水系统设计流量应按表 3-2-17 规定的设计参数经计算确定，室外消火栓设计流量不应小于表 3-2-18 的规定。

表 3-2-17　液化烃储罐固定冷却水系统设计流量

项目	储罐型式		保护范围	喷水强度 / [L/ (min · m^2)]
全冷冻式	着火罐	单防罐外壁为钢制	罐壁表面积	2.5
			罐顶表面积	4
		双防罐、全防罐外壁为钢筋混凝土结构	—	—
	邻近罐		罐壁表面积的 1/2	2.5
全压力及半冷冻式	着火罐		罐体表面积	9
	邻近罐		罐体表面积的 1/2	9

注：1. 固定冷却水系统当采用水喷雾系统冷却时，喷水强度应符合《消防给水及消火栓系统技术规范》(GB 50974—2014) 的要求，且系统设置应符合《水喷雾灭火系统技术规范》(GB 50219—2014) 的有关规定。

2. 全冷冻式液化烃储罐，当双防罐、全防罐外壁为钢筋混凝土结构时，罐顶和罐壁的冷却水量可不计；但管道进出口等局部危险处应设置水喷雾系统冷却，供水强度不应小于 20L/ (min· m^2)。

3. 距着火罐罐壁 1.5 倍着火罐直径范围内的邻近罐应设置冷却水系统，当邻近罐超过 3 个时，冷却水系统可按 3 个罐的设计流量计算。

4. 当储罐采用固定消防水炮作为固定冷却设施时，其设计流量不宜小于水喷雾系统计算流量的 1.3 倍。

表 3-2-18　液化烃罐区的室外消火栓设计流量

单罐储存容积 W/m^3	室外消火栓设计流量 / (L/s)
$W \leq 100$	15
$100 < W \leq 400$	30
$400 < W \leq 650$	45
$650 < W \leq 000$	60
$W > 1\ 000$	80

注：1. 罐区的室外消火栓设计流量应按罐组内最大单罐计。

2. 当储罐区四周设固定消防水炮作为辅助冷却设施时，辅助冷却水设计流量不应小于室外消火栓设计流量。

2) 当企业设有独立消防站，且单罐容积小于或等于 100m^3 时，可采用室外消火栓等移动式冷却水系统，其罐区消防给水设计流量应按表 3-2-17 的规定经计算确定，但不应低于 100L/s。

沸点低于 45℃的甲类液体压力球罐的消防给水设计流量，应按表 3-2-17 中全压力式储罐的要求经计算确定。全压力式、半冷冻式和全冷冻式液氨储罐的消防给水设计流量，应按表 3-2-17 中全压力式及半冷冻式储罐的要求经计算确定，但喷水强度应按不小于 6L/ (min· m^2) 计算，全冷冻式液氨储罐的冷却水系统设计流量应按全冷冻式液化烃储罐外壁为钢制单防罐的要求计算。

（3）易燃、可燃材料露天、半露天堆场，可燃气体罐区的室外消火栓设计流量不应小于表 3–2–19 的规定。

表 3–2–19 易燃、可燃材料露天、半露天堆场，可燃气体罐区的室外消火栓设计流量

名称		总储量 W/t 或总容量 V/m³	室外消火栓设计流量 /（L/s）
粮食	土圆囤	30<W≤500	15
		500<W≤5 000	25
		5 000<W≤20 000	40
		W>20 000	45
	席茓囤	30<W≤500	20
		500<W≤5 000	35
		5 000<W≤20 000	50
棉、麻、毛、化纤百货		10<W≤500	20
		500<W≤1 000	35
		1 000<W≤5 000	50
稻草、麦秸、芦苇等易燃材料		50<W≤500	20
		500<W≤5 000	35
		5 000<W≤10 000	50
		W>10 000	60
木材等可燃材料		50<V≤1 000	20
		1 000<V≤5 000	30
		5 000<V≤10 000	45
		V>10 000	55
煤和焦炭	露天或半露天堆放	100<W≤5 000	15
		W>5 000	20
可燃气体储罐或储罐区		500<V≤10 000	15
		10 000<V≤50 000	20
		50 000<V≤100 000	25
		100 000<V≤200 000	30
		V>200 000	35

注：1. 固定容积的可燃气体储罐的总容积按其几何容积（m^3）和设计工作压力（绝对压力，10^5Pa）的乘积计算。

2. 当稻草、麦秸、芦苇等易燃材料堆垛单垛质量大于 5 000t 或总质量大于 50 000t、木材等可燃材料堆垛单垛容量大于 5 000m^3 或总容量大于 50 000m^3 时，室外消火栓设计流量应按本表规定的最大值增加一倍。

（4）空分站，可燃液体、液化烃的火车和汽车装卸栈台，变电站室外消火栓设计流量不应小于表 3-2-20 的规定。当室外变压器采用水喷雾灭火系统全保护时，其室外消火栓给水设计流量可按表 3-2-20 规定值的 50% 计算，但不应小于 15L/s。

表 3-2-20　空分站，可燃液体、液化烃的火车和汽车装卸栈台，变电站室外消火栓设计流量

名称		室外消火栓设计流量 /（L/s）
空分站产氧气能力 Q/（Nm^3/h）	3 000<Q≤10 000	15
	10 000<Q≤30 000	30
	30 000<Q≤50 000	45
	Q>50 000	60
专用可燃液体、液化烃的火车和汽车装卸栈台		60
变电站单台油浸变压器含油量 W/t	5<W≤10	15
	10<W≤50	20
	W>50	30

注：当室外油浸变压器单台功率小于 300MV·A，且周围无其他建筑物和生产、生活给水时，可不设置室外消火栓。

（5）装卸油品码头的消防给水设计流量应按着火油船泡沫灭火设计流量、冷却水系统设计流量、隔离水幕系统设计流量和码头室外消火栓设计流量之和确定，并应符合下列规定：

1）泡沫灭火系统设计流量应按系统扑救着火油船一起火灾的泡沫混合液量及泡沫液混合比经计算确定，泡沫混合液供给强度、保护范围和连续供给时间不应小于表 3-2-21 的规定，并应符合《泡沫灭火系统技术标准》（GB 50151—2021）的有关规定。

表 3-2-21　油船泡沫灭火系统混合液的供给强度、保护范围和连续供给时间

项目	船型	保护范围	供给强度 /［L/（min·m^2）］	连续供给时间 /min
甲、乙类可燃液体油品码头	着火油船	设计船型最大油仓面积	8	40
丙类可燃液体油品码头				30

2）油船冷却水系统设计流量应按火灾发生时着火油舱冷却水保护范围内的油舱甲板面冷却水用量计算确定，冷却水系统的保护范围、喷水强度和火灾延续时间不应小于表 3-2-22 的规定。

表 3-2-22　油船冷却水系统的保护范围、喷水强度和火灾延续时间

项目	船型	保护范围	喷水强度 / [L/(min·m²)]	火灾延续时间 /h
甲、乙类可燃液体油品一级码头	着火油船	着火油舱冷却范围内的油舱甲板面	2.5	6（4）
甲、乙类可燃液体油品二、三级码头，丙类可燃液体油品码头				4

注：1. 当油船发生火灾时，陆上消防设备所提供的冷却油舱甲板面的冷却水设计流量不应小于全部冷却水用量的 50%。

2. ( ) 内数据表示当配备水上消防设施进行监护时，陆上消防设备冷却水供给时间可缩短至 4h。

3）着火油船冷却范围应按式（3–2–3）计算：

$$F=3L_{max}B_{max}-f_{max} \quad (3–2–3)$$

式中　F——着火油船冷却面积（m^2）；

L_{max}——最大船的最大舱纵向长度（m）；

B_{max}——最大船宽（m）；

f_{max}——最大船的最大舱面积（m^2）。

4）隔离水幕系统的设计流量应符合下列规定：①喷水强度宜为 1 ~ 2L/（s · m）。②保护范围宜为装卸设备的两端各延伸 5m，水幕喷射高度宜高于被保护对象 1.5m。③火灾延续时间不应小于 1h，并应满足《自动喷水灭火系统设计规范》（GB 50084—2017）的有关规定。

5）油品码头的室外消火栓设计流量不应小于表 3–2–23 的规定。

表 3-2-23　油品码头的室外消火栓设计流量

名称	室外消火栓设计流量 /（L/s）	火灾延续时间 /h
海港油品码头	45	6
河港油品码头	30	4
码头装卸区	20	2

（6）液化石油气船和液化石油气加气站的消防给水设计流量。液化石油气船的消防给水设计流量应按着火罐与距着火罐 1.5 倍着火罐直径范围内罐组的冷却水系统设计流量与室外消火栓设计流量之和确定；着火罐和邻近罐的冷却面积均应取设计船型最大储罐甲板以上部分的表面积，并不应小于储罐总表面积的 1/2，着火罐冷却水喷水强度应为 10L/（min · m²），邻近罐冷却水喷水强度应为 5L/（min · m²）；室外消火栓设计流量不应小于表 3–2–23 的规定。

液化石油气加气站的消防给水设计流量应按固定冷却水系统设计流量与室外消火栓设计流量之和确定，固定冷却水系统设计流量应按表 3–2–24 规定的设计参数经计算确

定，室外消火栓设计流量不应小于表 3-2-25 的规定；当仅采用移动式冷却系统时，室外消火栓的设计流量应按表 3-2-24 规定的设计参数计算，且不应小于 15L/s。

表 3-2-24　液化石油气加气站地上储罐冷却系统保护范围和喷水强度

项目	储罐型式	保护范围	喷水强度
移动式冷却	着火罐	罐壁表面积	0.15L/（s·m^2）
	邻近罐	罐壁表面积的 1/2	0.15L/（s·m^2）
固定式冷却	着火罐	罐壁表面积	9L/（min·m^2）
	邻近罐	罐壁表面积的 1/2	9L/（min·m^2）

注：着火罐的直径与长度之和 75% 范围内的邻近地上罐应进行冷却。

表 3-2-25　液化石油气加气站室外消火栓设计流量

名称	室外消火栓设计流量 /（L/s）
地上储罐加气站	20
埋地储罐加气站	15
加油和液化石油气加气合建站	

（三）消防水泵

1. 一般要求

（1）消防水泵及备用泵的设置条件。

在临时高压消防给水系统、高压消防给水系统中均需设置消防水泵。在串联消防给水系统和重力消防给水系统中，除需设置消防水泵外，还需设置消防转输泵，用于提升水源至中间水箱或高位消防水箱。消火栓系统与自动喷水灭火系统宜分别设置消防水泵，当自动喷水灭火系统与消火栓系统合用消防水泵时，系统管道应在报警阀前分开。

设置消防水泵和消防转输泵时均应设置备用泵，其性能应与工作泵性能一致。自动喷水灭火系统可按“一用一备”或“二用一备”的比例设置备用泵。对于建筑高度小于 54m 的住宅和室外消防给水设计流量小于或等于 25L/s 的建筑，以及室内消防给水设计流量小于或等于 10L/s 的建筑，可不设置备用泵。

（2）消防水泵的主要材质：

1）水泵外壳宜为球墨铸铁。

2）叶轮宜为青铜或不锈钢。

（3）柴油机消防水泵的设置要求：

1）柴油机消防水泵应采用压缩式点火型柴油机。

2）柴油机的额定功率应校核海拔和环境温度对柴油机功率的影响。

3）柴油机消防水泵应具备连续工作性能，试验运行时间不应小于 24h。

4）柴油机消防水泵的蓄电池应保证消防水泵随时自动启泵的要求。

5）柴油机消防水泵的供油箱应根据火灾延续时间确定，且油箱最小有效容积应按1.5L/kW 配置，柴油机消防水泵油箱内储存的燃料不应小于 50% 的储量。

（4）轴流深井泵的设置要求：

1）轴流深井泵安装于水井时，其淹没深度应满足其可靠运行的要求，在水泵出流量为 150% 设计流量时，其最低淹没深度应是第一个水泵叶轮底部水位线以上不少于3.2m，且海拔每增加 300m，深井泵的最低淹没深度应至少增加 0.3m。

2）轴流深井泵安装在消防水池等消防水源上时，其第一个水泵叶轮底部应低于消防水池的最低有效水位线，且淹没深度应根据水力条件经计算确定，并应满足消防水池等消防水源有效储水量或有效水位能全部被利用的要求；当水泵设计流量大于 125L/s时，应根据水泵性能确定淹没深度，并应满足水泵气蚀余量的要求。

3）轴流深井泵的出水管与消防给水管网连接应符合《消防给水及消火栓系统技术规范》（GB 50974—2014）的有关规定。

4）轴流深井泵出水管的阀门设置应符合《消防给水及消火栓系统技术规范》（GB 50974—2014）的有关规定。

5）当消防水池最低水位低于离心水泵出水管中心线或水源水位不能保证离心水泵吸水时，可采用轴流深井泵，并应采用湿式深坑的安装方式安装于消防水池等消防水源上。

6）当轴流深井泵的电动机露天设置时，应有防雨功能。

7）其他应符合《室外给水设计标准》（GB 50013—2018）的有关规定。

2. 消防水泵的流量和扬程

（1）消防水泵的性能应满足消防给水系统所需流量和压力的要求。

（2）消防水泵所配驱动器的功率应满足所选水泵流量扬程性能曲线上任何一点运行所需功率的要求。

（3）当采用电动机驱动的消防水泵时，应选择电动机干式安装的消防水泵。

（4）流量扬程性能曲线应为无驼峰、无拐点的光滑曲线，零流量时的压力不应大于设计工作压力的 140%，且宜大于设计工作压力的 120%。

（5）当出流量为设计流量的 150% 时，其出口压力不应低于设计工作压力的 65%。

（6）泵轴的密封方式和材料应满足消防水泵在低流量运转时的要求。

（7）消防给水同一泵组的消防水泵型号宜一致，且工作泵不宜超过 3 台。

（8）多台消防水泵并联时，应校核流量叠加对消防水泵出口压力的影响。

3. 消防水泵的串联和并联

消防水泵的串联是将一台泵的出水口与另一台泵的吸水管直接连接，且两台泵同时运行。消防水泵的串联在流量不变时可增加扬程，故当单台消防水泵的扬程不能满足最不利点喷头的水压要求时，系统可采用串联消防给水系统。消防水泵的串联宜采用相同型号、相同规格的消防水泵。在控制上，应先开启前面的消防水泵，后开启后面（按水流方向）的消防水泵。在有条件的情况下，应尽量选用多级泵。

消防水泵的并联是指由两台或两台以上的消防水泵同时向消防给水系统供水。消防水泵并联的作用主要在于增大流量，但在流量叠加时，系统的流量会有所下降，选泵时应考虑这种因素。也就是说，并联工作的总流量增加了，但单台消防水泵的流量却有所下降，故应适当加大单台消防水泵的流量。并联时也宜选用相同型号和规格的消防水泵，以使消防水泵的出水压力相等、工作状态稳定。

4. 消防水泵的吸水和出水

（1）消防水泵的吸水。

根据离心泵的特性，水泵启动时其叶轮必须浸没在水中。为保证消防水泵及时、可靠地启动，离心泵应采用自灌式吸水（如图 3–2–9 所示），即泵轴的高程要低于水源的最低可用水位。自灌式吸水时，吸水管上应装设阀门，以便于检修。消防水泵从市政管网直接抽水时，应在消防水泵出水管上设置有空气隔断的倒流防止器。当吸水口处无吸水井时，吸水口处应设置旋流防止器。

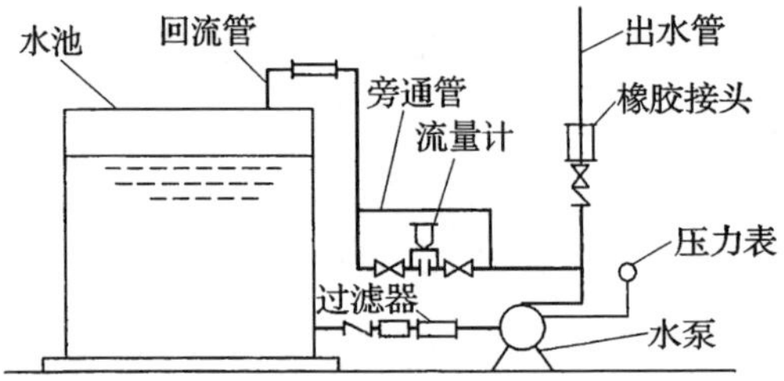

图 3–2–9　消防水泵自灌式吸水安装示意图

（2）消防水泵吸水管的布置。

消防水泵吸水管应保证不漏气，且在布置时应注意以下几点：

1）一组消防水泵的吸水管不应少于两条，当其中一条损坏或检修时，其余吸水管应仍能通过全部消防给水设计流量。

2）消防水泵吸水管布置应避免形成气囊。

3）消防水泵吸水口的淹没深度应满足消防水泵在最低水位运行安全的要求，吸水管喇叭口在消防水池最低有效水位下的淹没深度应根据吸水管喇叭口的水流速度和水力条件确定，但不应小于 600mm，当采用旋流防止器时，淹没深度不应小于 200mm。

4）吸水管上应设置明杆闸阀或带自锁装置的蝶阀，但当设置暗杆阀门时，应设有开启刻度和标志；当管径超过 *DN*300 时，宜设置电动阀门。

5）吸水管的直径小于 *DN*250 时，其流速宜为 1.0 ~ 1.2m/s；直径大于 *DN*250 时，其流速宜为 1.2 ~ 1.6m/s。

6）吸水井的布置应满足井内水流顺畅、流速均匀、不产生涡旋的要求，并应便于安装施工。

7）吸水管穿越消防水池时，应采用柔性套管；采用刚性防水套管时，应在水泵吸水管上设置柔性接头，且管径不应大于 *DN*150。

8）吸水管可设置管道过滤器，管道过滤器的过水面积应大于管道过水面积的 4 倍，且孔径不宜小于 3mm。

9）吸水管水平管段上不应有气囊和漏气现象。变径连接时，应采用偏心异径管件并应采用管顶平接。

（3）消防水泵出水管的布置。

消防水泵出水管路应能承受一定的压力，保证不漏水，布置上应注意以下几点：

1）一组消防水泵应设不少于两条的输水干管与消防给水环状管网连接，当其中一条输水管检修时，其余输水管应仍能供应全部消防给水设计流量。

2）出水管上应设止回阀、明杆闸阀；当采用蝶阀时，应带有自锁装置；当管径大于 *DN*300 时，宜设置电动阀门。

3）出水管的直径小于 *DN*250 时，其流速宜为 1.5 ~ 2.0m/s；直径大于 *DN*250 时，其流速宜为 2.0 ~ 2.5m/s。

4）出水管上应安装消声止回阀、控制阀和压力表；系统的总出水管上还应安装压力表和压力开关；安装压力表时应加设缓冲装置。压力表和缓冲装置之间应安装旋塞；压力表量程在没有设计要求时，应为系统工作压力的 2.0 ~ 2.5 倍。

（4）压力表的设置。

1）消防水泵出水管压力表的最大量程不应低于其设计工作压力的 2 倍，且不应低于 1.6MPa。

2）消防水泵吸水管宜设置真空表、压力表或真空压力表，压力表的最大量程应根据工程具体情况确定，但不应低于 0.7MPa，真空表的最大量程宜为 –0.1MPa。

3）压力表的直径不应小于 100mm，应采用直径不小于 6mm 的管道与消防水泵进出口管相接，并应设置关断阀门。

（5）流量和压力测试装置的设置。

一组消防水泵应在消防水泵房内设置流量和压力测试装置，并应符合下列规定：

1）单台消防水泵的流量不大于 20L/s、设计工作压力不大于 0.5MPa 时，泵组应预留测量用流量计和压力计接口，其他泵组宜设置泵组流量和压力测试装置。

2）消防水泵流量检测装置的计量精度应为 0.4 级，最大量程的 75% 应大于最大一台消防水泵设计流量值的 175%。

3）消防水泵压力检测装置的计量精度应为 0.5 级，最大量程的 75% 应大于最大一台消防水泵设计压力值的 165%。

4）每台消防水泵出水管上应设置 *DN*65 的试水管，并应采取排水措施。

5. 消防水泵的启动装置及动力装置

（1）消防水泵的启动装置。

1）消防水泵应能手动启停和自动启动，且应确保从接到启泵信号到水泵正常运转的自动启动时间不大于 2min。消防水泵不应设置自动停泵的控制功能，停泵应由具有管理权限的工作人员根据火灾扑救情况确定。

2）消防水泵应由消防水泵出水干管上设置的压力开关、高位消防水箱出水管上的流量开关或报警阀压力开关等开关信号直接自动启动。消防水泵房内的压力开关宜引入消防水泵控制柜内。

3）消火栓按钮不宜作为直接启动消防水泵的开关，但可作为发出报警信号的开关或启动干式消火栓系统的快速启闭装置等。

4）稳压泵应由消防给水管网或气压水罐上设置的稳压泵自动启停泵压力开关或压力变送器控制。

（2）消防水泵控制柜的设置。

消防水泵控制柜应设置在消防水泵房或专用消防水泵控制室内，并应符合下列要求：

1）消防水泵控制柜在平时应使消防水泵处于自动启泵状态。

2）当自动水灭火系统为开式系统，且设置自动启动确有困难时，经论证后消防水泵可设置在手动启动状态，并应确保 24h 有人值班。

3）消防水泵控制柜设置在专用消防水泵控制室时，其防护等级不应低于 IP30；与消防水泵设置在同一空间时，其防护等级不应低于 IP55。

4）消防水泵控制柜应采取防止被水淹没的措施。在高温潮湿环境下，消防水泵控制柜内应设置自动防潮除湿的装置。

5）消防水泵控制柜应设置机械应急启泵功能，并应保证在控制柜内的控制线路发生故障时由具有管理权限的人员在紧急时启动消防水泵。机械应急启动时，应确保消防水泵在报警后 5min 内正常工作。

6）消防水泵控制柜前面板的明显部位应设置紧急时打开柜门的装置。

7）消防水泵控制柜应有显示消防水泵工作状态和故障状态的输出端子及远程控制消防水泵启动的输入端子。控制柜应具有自动巡检可调、显示巡检状态和信号等功能，且对话界面应有汉语语言，图标应便于识别和操作。

（3）消防水泵的动力装置。

1）消防水泵的供电应按《供配电系统设计规范》（GB 50052—2009）的规定进行设计。消防转输泵的供电应符合消防水泵的供电要求。消防水泵、消防稳压泵及消防转输泵应有不间断的动力供应，也可采用内燃机作为动力装置。

2）消防水泵的双电源自动切换时间不应大于 2s，一路电源与内燃机动力的切换时间不应大于 15s。

（四）消防给水管网

1. 室外消防给水管网的布置

（1）室外消防给水采用两路消防供水时，应布置成环状，但当采用一路消防供水时，可布置成枝状。

（2）向环状管网输水的进水管不应少于两条，当其中一条发生故障时，其余进水管应仍能满足消防用水总量的供给要求。

（3）消防给水管道应采用阀门分成若干独立段，每段内室外消火栓的数量不宜超过 5 个。

（4）管道的直径应根据流量、流速和压力要求经计算确定，但不应小于 *DN*100，有

条件的不应小于 *DN*150。

（5）室外消防给水管道设置的其他要求应符合《室外给水设计标准》（GB 50013—2018）的有关规定。

2. 室内消防给水管网的布置

室内消防给水管网是室内消火栓给水系统的重要组成部分，为确保供水安全可靠，其在布置时应符合下列规定：

（1）室内消火栓系统管网应布置成环状，当室外消火栓设计流量不大于 20L/s，且室内消火栓不超过 10 个时，除《消防给水及消火栓系统技术规范》（GB 50974—2014）第 8.1.2 条规定的情形外，可布置成枝状。

（2）当由室外生产、生活、消防合用系统直接供水时，合用系统除应满足室外消防给水设计流量以及生产和生活最大小时设计流量的要求外，还应满足室内消防给水系统的设计流量和压力要求。

（3）室内消防管道管径应根据系统设计流量、流速和压力要求经计算确定；室内消火栓竖管管径应根据竖管最低流量经计算确定，但不应小于 *DN*100。

（4）室内消火栓环状给水管道检修时应符合下列规定：

1）室内消火栓竖管应保证检修管道时关闭停用的竖管不超过 1 根，当竖管超过 4 根时，可关闭不相邻的 2 根。

2）每根竖管与供水横干管相接处应设置阀门。

（5）室内消火栓给水管网宜与自动喷水等其他水灭火系统的管网分开设置；当合用消防水泵时，供水管路沿水流方向应在报警阀前分开设置。

（6）消防给水管道的设计流速不宜大于 2.5m/s，自动水灭火系统管道设计流速应符合《自动喷水灭火系统设计规范》（GB 50084—2017）、《泡沫灭火系统技术标准》（GB 50151—2021）、《水喷雾灭火系统技术规范》（GB 50219—2014）、《固定消防炮灭火系统设计规范》（GB 50338—2003）和《自动跟踪定位射流灭火系统技术标准》（GB 51427—2021）的有关规定，但任何消防管道的给水流速不应大于 7m/s。

3. 管材、阀门及敷设

（1）管材。

埋地管道宜采用球墨铸铁管、钢丝网骨架塑料复合管和加强防腐的钢管等管材，室内外架空管道应采用热浸镀锌钢管等金属管材，并应考虑系统工作压力、覆土深度、土壤的性质、管道的耐腐蚀能力，可能受到土壤、建筑基础、机动车和铁路等其他附加荷载的影响以及管道穿越伸缩缝和沉降缝等综合影响，合理选择管材和设计管道。

1）埋地管道。当系统工作压力不大于 1.2MPa 时，宜采用球墨铸铁管或钢丝网骨架塑料复合管；当系统工作压力大于 1.2MPa 且小于 1.6MPa 时，宜采用钢丝网骨架塑料复合管、加厚钢管和无缝钢管；当系统工作压力大于 1.6MPa 时，宜采用无缝钢管。

2）架空管道。当系统工作压力小于或等于 1.2MPa 时，可采用热浸镀锌钢管；当系统工作压力大于 1.2MPa 且小于 1.6MPa 时，应采用热浸镀锌加厚钢管或热浸镀锌无缝钢管；当系统工作压力大于 1.6MPa 时，应采用热浸镀锌无缝钢管。

（2）阀门。

1）消防给水系统的阀门选择应符合下列规定：

①埋地管道的阀门宜采用带启闭刻度的暗杆闸阀，当设置在阀门井内时可采用耐腐蚀的明杆闸阀。

②室内架空管道的阀门宜采用蝶阀、明杆闸阀或带启闭刻度的暗杆闸阀等。

③室外架空管道宜采用带启闭刻度的暗杆闸阀或耐腐蚀的明杆闸阀。

消防给水系统管道的最高点处宜设置自动排气阀。消防水泵出水管上的止回阀宜采用水锤消除止回阀，当消防水泵供水高度超过 24m 时，应采用水锤消除器。当消防水泵出水管上设有囊式气压水罐时，可不设水锤消除设施。在寒冷和严寒地区，室外阀门井应采取防冻措施。消防给水系统的室内外消火栓、阀门等设置位置，应设置永久性固定标志。

2）减压阀的设置应符合下列规定：

①减压阀应设置在报警阀组入口前，当连接两个及以上报警阀组时，应设置备用减压阀。

②减压阀的进口处应设置过滤器，过滤器的孔网直径不宜小于 4 ~ 5 目 /cm^2，过流面积不应小于管道截面面积的 4 倍。

③过滤器和减压阀前后应设压力表，压力表的表盘直径不应小于 100mm，最大量程宜为设计压力的 2 倍。

④过滤器前和减压阀后应设置控制阀门。

⑤减压阀后应设置压力试验排水阀。

⑥减压阀应设置流量检测测试接口或流量计。

⑦垂直安装的减压阀，水流方向宜向下。

⑧比例式减压阀宜垂直安装，可调式减压阀宜水平安装。

⑨减压阀和控制阀门宜有保护或锁定调节配件的装置。

⑩接减压阀的管段不应有气堵、气阻。

（3）敷设。

埋地管道的地基、基础、垫层、回填土压实度等的要求，应根据刚性管或柔性管管材的性质，结合管道埋设处的具体情况，按《给水排水管道工程施工及验收规范》（GB 50268—2008）和《给水排水工程管道结构设计规范》（GB 50332—2002）的有关规定执行。当埋地管直径不小于 *DN*100 时，应在管道弯头、三通和堵头等位置设置钢筋混凝土支墩。消防给水管道不宜穿越建筑基础，当必须穿越时，应采取防护套管等保护措施。埋地钢管和铸铁管应根据土壤和地下水腐蚀性等因素确定管外壁防腐措施；海边、空气潮湿等空气中含有腐蚀性介质的场所的架空管道外壁应采取相应的防腐措施。

（五）高位消防水箱

采用临时高压消防给水系统的建筑物应设置高位消防水箱。设置高压消防给水系统并能保证最不利点消火栓和自动喷水灭火系统等的水量和水压的建筑物，或设置干式消防竖管的建筑物，可不设置消防水箱。

室内采用临时高压消防给水系统时，高层民用建筑、总建筑面积大于 10 000m^2 且层数超过两层的其他公共建筑，必须设置高位消防水箱；当市政供水管网的供水能力在满足生产、生活最大小时用水量后，仍能满足初期火灾所需的消防流量和压力时，市政直接供水可替代高位消防水箱。

对于采用临时高压消防给水系统的自动喷水灭火系统，当按《消防给水及消火栓系统技术规范》（GB 50974—2014）的规定可不设置高位消防水箱时，系统应设气压供水设备。气压供水设备的有效水容积，应按系统最不利处 4 只喷头在最低工作压力下的 5min 用水量确定。干式系统、预作用系统设置的气压供水设备，应同时满足配水管道的充水要求。

（1）临时高压消防给水系统的高位消防水箱的有效容积应满足初起火灾消防用水量的要求，其具体设置要求如下：

1）一类高层公共建筑，不应小于 36m^3，但当建筑高度大于 100m 时，不应小于 50m^3，当建筑高度大于 150m 时，不应小于 100m^3。

2）多层公共建筑、二类高层公共建筑和一类高层住宅，不应小于 18m^3，当一类高层住宅建筑高度超过 100m 时，不应小于 36m^3。

3）二类高层住宅，不应小于 12m^3。

4）建筑高度大于 21m 的多层住宅，不应小于 6m^3。

5）工业建筑室内消防给水设计流量小于或等于 25L/s 时，不应小于 12m^3，大于 25L/s 时，不应小于 18m^3。

6）总建筑面积大于 10 000m^2 且小于 30 000m^2 的商店建筑，不应小于 36m^3；总建筑面积大于 30 000m^2 的商店建筑，不应小于 50m^3，当与上述第 1）项规定不一致时应取其较大值。

（2）高位消防水箱的设置位置应高于其所服务的水灭火设施，且最低有效水位应满足水灭火设施最不利点处的静水压力，其具体设置要求如下：

1）一类高层公共建筑不应低于 0.10MPa，当建筑高度超过 100m 时不应低于 0.15MPa。

2）高层住宅、二类高层公共建筑、多层公共建筑不应低于 0.07MPa；多层住宅不宜低于 0.07MPa。

3）工业建筑不应低于 0.10MPa，当建筑体积小于 20 000m^3 时不宜低于 0.07MPa。

4）自动喷水灭火系统等自动水灭火系统应根据喷头灭火需求压力确定，但最小不应小于 0.10MPa。

5）当高位消防水箱不能满足上述第 1）~4）项的静压要求时，应设稳压泵。

（3）进水管的管径应满足消防水箱 8h 充满水的要求，但管径不应小于 *DN*32，进水管宜设置液位阀或浮球阀；进水管应在溢流水位以上接入，进水管口的最低点高出溢流边缘的高度应等于进水管管径，但最小不应小于 100mm，最大不应大于 150mm。

（4）溢流管的直径不应小于进水管直径的 2 倍，且不应小于 *DN*100，溢流管的喇叭口直径不应小于溢流管直径的 1.5 ~ 2.5 倍。

（5）高位消防水箱出水管管径应满足消防给水设计流量的出水要求，且不应小于 *DN*100。

（6）高位消防水箱出水管应位于高位消防水箱最低水位以下，并应设置防止消防用水进入高位消防水箱的止回阀。

（7）高位消防水箱的进、出水管应设置带有指示启闭装置的阀门。

（8）高位消防水箱的有效容积、出水、排水和水位等应符合前述有关消防水池设置的要求。

（六）稳压设施

1. 稳压泵的设置要求

当高位消防水箱的最低有效水位不能满足其所服务的水灭火设施最不利点处的静水压力时，应设稳压泵；对于独立的室外临时高压消防给水系统，宜采用稳压泵维持系统的充水和压力；对于《消防给水及消火栓系统技术规范》（GB 50974—2014）中规定的应设置高位消防水箱，但设置高位消防水箱确有困难的场所，当采用安全可靠的消防给水形式时，可不设高位消防水箱，但应设置稳压泵。

稳压泵应设置备用泵。

（1）稳压泵流量的确定。

稳压泵的设计流量不应小于消防给水系统管网的正常泄漏量和系统自动启动流量。当没有管网泄漏量数据时，稳压泵的设计流量宜按消防给水设计流量的 1% ~ 3% 计，且不宜小于 1L/s。消防给水系统所采用报警阀压力开关等自动启动流量应根据产品确定。

（2）稳压泵设计压力的确定：

1）稳压泵的设计压力应满足系统自动启动和管网充满水的要求。

2）稳压泵的设计压力应保持系统自动启泵压力设置点处的压力在准工作状态时大于系统设置自动启泵压力值，且增加值宜为 0.07 ~ 0.10MPa。

3）稳压泵的设计压力应保持系统最不利点处水灭火设施在准工作状态时的静水压力大于 0.15MPa。

（3）稳压泵的其他要求：

1）设置稳压泵的临时高压消防给水系统应设置防止稳压泵频繁启停的技术措施，当采用气压水罐时，其调节容积应根据稳压泵启泵次数不大于 15 次 /h 计算确定，其有效储水容积不宜小于 150L。

2）稳压泵吸水管应设置明杆闸阀，稳压泵出水管应设置消声止回阀和明杆闸阀。

3）稳压泵宜采用单吸单级或单吸多级离心泵。泵外壳和叶轮等主要部件的材质，宜采用不锈钢。

2. 气压罐的设置要求

（1）气压罐的工作压力。

气压罐的最小设计工作压力应满足系统最不利点灭火设备所需的水压要求。

（2）气压罐的容积。

气压罐的容积包括消防储存水容积、缓冲水容积、稳压调节水容积和压缩空气容积，如图 3–2–10 所示。

（七）消防水泵接合器

1. 消防水泵接合器的设置范围

（1）高层民用建筑、设有消防给水的住宅、超过五层的其他多层民用建筑、超过两层或建筑面积大于 10 000m^2 的地下或半地下建筑（室）、室内消火栓设计流量大于 10L/s 平战结合的人防工程、高层工业建筑和超过四层的多层工业建筑、城市交通隧道，其室内消火栓给水系统应设消防水泵接合器；

（2）自动喷水灭火系统、水喷雾灭火系统、泡沫灭火系统、固定消防炮灭火系统和自动跟踪定位射流灭火系统等水灭火系统，均应设置消防水泵接合器。

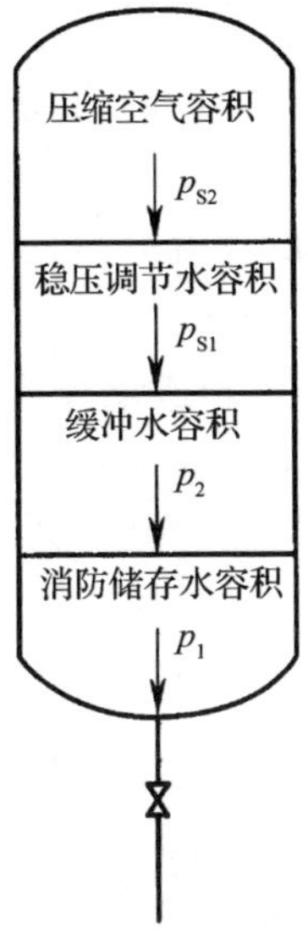

图 3–2–10　气压罐的容积

2. 消防水泵接合器的设置要求

（1）消防水泵接合器的给水流量宜按每个 10 ~ 15L/s 计算。每种水灭火系统的消防水泵接合器设置的数量应按系统设计流量经计算确定，但当计算数量超过 3 个时，可根据供水可靠性适当减少。

（2）临时高压消防给水系统向多栋建筑供水时，消防水泵接合器应在每座建筑附近就近设置。

（3）消防水泵接合器的供水范围，应根据当地消防车的供水流量和压力确定。

（4）消防给水为竖向分区供水时，在消防车供水压力范围内的分区，应分别设置水泵接合器；当建筑高度超过消防车供水高度时，消防给水应在设备层等方便操作的地点设置手抬泵或移动泵接力供水的吸水和加压接口。

（5）消防水泵接合器应设在室外便于消防车使用的地点，且距室外消火栓或消防水池的距离不宜小于 15m，并不宜大于 40m。墙壁消防水泵接合器的安装高度距地面宜为 0.70m；与墙面上的门、窗、孔、洞的净距离不应小于 2.0m，且不应安装在玻璃幕墙下方；地下消防水泵接合器的安装，应使进水口与井盖底面的距离不大于 0.4m，且不应小于井盖的半径。

（6）消防水泵接合器处应设置永久性标志铭牌，并应标明供水系统、供水范围和额定压力。

二、市政消火栓系统的设置要求

（一）市政给水管网

（1）设有市政消火栓的市政给水管网宜为环状给水管网，当城镇人口小于 2.5 万人时，可为枝状管网。

（2）环状给水管网的管径不应小于 *DN*150，枝状管网的管径不宜小于 *DN*200。当城镇人口小于 2.5 万人时，环状给水管网的管径不应小于 *DN*100，枝状管网的管径不宜小于 *DN*150。

（3）工业园区、商务区、居住区等区域采用两路消防供水，当其中一条引入管发生故障时，其余引入管在保证满足 70% 生产生活给水的最大小时设计流量条件下，应仍能满足规范规定的消防给水设计流量。

（4）市政给水管网的平时运行工作压力不应小于 0.14MPa，火灾时水力最不利市政消火栓的出流量不应小于 15L/s，且供水压力从地面算起不应小于 0.10MPa。

（5）市政给水管网的阀门设置应便于市政消火栓的使用和维护。

（二）市政消火栓

（1）市政消火栓宜采用地上式室外消火栓；在严寒、寒冷等冬季结冰地区宜采用干式地上式室外消火栓，严寒地区宜增置消防水鹤。当采用地下式室外消火栓时，消火栓井的直径不宜小于 1.5m，且当地下式室外消火栓的取水口在冰冻线以上时，应采取保温措施。地下式市政消火栓应有明显的永久性标志。

（2）市政消火栓宜采用直径 *DN*150 的室外消火栓，并应符合下列要求。

1）室外地上式消火栓应有一个直径为 150mm 或 100m 和两个直径为 65mm 的栓口；

2）室外地下式消火栓应有直径为 100mm 和 65mm 的栓口各一个。

（3）市政消火栓宜在道路的一侧设置，并宜靠近十字路口，但当市政道路宽度超过 60m 时，应在道路的两侧交叉错落设置市政消火栓。市政消火栓的保护半径不应超过 150m，间距不应大于 120m。

（4）市政消火栓应布置在消防车易于接近的人行道和绿地等地点，且不应妨碍交通。应避免设置在机械易撞击的地点，确有困难时，应采取防撞措施。距路边不宜小于 0.5m，并不应大于 2.0m，距建筑外墙或外墙边缘不宜小于 5.0m。市政桥桥头和城市交通隧道出入口等市政公用设施处，应设置市政消火栓。

（5）严寒地区在城市主要干道上设置消防水鹤的布置间距宜为 1 000m，连接消防水鹤的市政给水管的管径不宜小于 *DN*200，发生火灾时消防水鹤的出流量不宜低于 30L/s，且供水压力从地面算起不应小于 0.1MPa。

三、室外消火栓系统的设置要求

（一）设置范围

（1）在城市、居住区、工厂、仓库等的规划和建筑设计中，必须同时设计消防给水系统；城镇（包括居住区、商业区、开发区、工业区等）应沿可通行消防车的街道设置市政消火栓系统。

（2）民用建筑、厂房（仓库）、储罐（区）、堆场周围应设室外消火栓。

（3）用于消防救援和消防车停靠的屋面上，应设置室外消火栓系统。

（4）耐火等级不低于二级，且建筑物体积小于或等于 3 000m^3 的戊类厂房；居住区人数不超过 500 人，且建筑物层数不超过两层的居住区，可不设置室外消防给水系统。

（二）设置要求

1. 室外消火栓的设置数量

建筑室外消火栓的数量应根据室外消火栓设计流量和保护半径经计算确定，保护半径不应大于 150m，每个消火栓的用水量应按 10 ~ 15L/s 计算。对于高层建筑物，当市政消火栓距被保护建筑物不大于 40m 时，在该范围内的市政消火栓可计入建筑物室外消火栓的数量；对于低层建筑物，在市政消火栓保护半径 150m 以内，如消防用水量不大于 15L/s 时，该建筑物可不设室外消火栓。

2. 室外消火栓的布置

（1）建筑室外消火栓的布置除应符合本部分的规定外，还应符合市政消火栓的有关规定。

（2）人防工程、地下工程等建筑应在出入口附近设置室外消火栓，距出入口的距离不宜小于 5m，并不宜大于 40m；停车场的室外消火栓宜沿停车场周边设置，与最近一排汽车的距离不宜小于 7m，距加油站或油库不宜小于 15m。

（3）甲、乙、丙类液体储罐区和液化烃罐罐区等构筑物的室外消火栓，应设在防火堤或防护墙外，数量应根据每个罐的设计流量经计算确定，但距罐壁 15m 范围内的消火栓，不应计算在该罐可使用的数量内。

（4）工艺装置区等采用高压或临时高压消防给水系统的场所，其周围应设置室外消火栓，数量应根据设计流量经计算确定，且间距不应大于 60m。当工艺装置区宽度大于 120m 时，宜在该装置区内的路边设置室外消火栓。当工艺装置区、罐区、堆场、可燃气体和液体码头等构筑物的面积较大或高度较高，室外消火栓的充实水柱无法完全覆盖时，宜在适当部位设置室外固定消防炮。当工艺装置区、储罐区、堆场等构筑物采用高压或临时高压消防给水系统时，其室外消火栓处宜配置消防水带和消防水枪，工艺装置区等需要设置室内消火栓的场所，应设置在工艺装置区休息平台处。

（5）室外消火栓宜沿建筑周围均匀布置，且不宜集中布置在建筑一侧；建筑消防扑救面一侧的室外消火栓数量不宜少于 2 个。

（6）当室外消防给水引入管设有倒流防止器且发生火灾时因其水头损失导致室外消火栓不能满足《消防给水及消火栓系统技术规范》（GB 50974—2014）第 7.2.8 条的要求，应在该倒流防止器前设置一个室外消火栓。

四、室内消火栓系统的设置要求

（一）设置场所

（1）下列建筑应设置室内消火栓系统：

1）建筑占地面积大于 300m^2 的甲、乙、丙类厂房；建筑占地面积大于 300m^2 的甲、乙、丙类仓库。

2）体积大于 5 000m^3 的车站、码头、机场的候车（船、机）楼以及展览建筑、商店建筑、旅馆建筑、医疗建筑和图书馆建筑等单、多层建筑。

3）特等、甲等剧场，超过 800 个座位的其他等级的剧场和电影院等，超过 1 200 个座位的礼堂、体育馆等单、多层建筑。

4）建筑高度大于 15m 或体积大于 10 000m^3 的办公建筑、教学建筑和其他单、多层民用建筑。

5）高层公共建筑和建筑高度大于 21m 的住宅建筑。

6）对于建筑高度不大于 27m 的住宅建筑，当确有困难时，可只设置干式消防竖管和不带消火栓箱的 *DN*65 的室内消火栓。

（2）下列建筑可不设室内消火栓系统：

1）存有与水接触能引起燃烧、爆炸的物品的建筑物和室内没有生产、生活给水管道，室外消防用水取自储水池且建筑体积不大于 5 000m^3 的其他建筑。

2）耐火等级为一、二级且可燃物较少的单、多层丁、戊类厂房（仓库），耐火等级为三、四级且建筑体积小于或等于 3 000m^3 的丁类厂房和建筑体积小于或等于 5 000m^3 的戊类厂房（仓库）。

3）粮食仓库、金库以及远离城镇且无人值班的独立建筑。

国家级文物保护单位的重点砖木或木结构的古建筑，宜设置室内消火栓系统。

人员密集的公共建筑、建筑高度大于 100m 的建筑和建筑面积大于 200m^2 的商业服务网点内应设置消防软管卷盘或轻便消防水龙。高层住宅建筑的户内宜配置轻便消防水龙。

（二）给水方式

1. 低层建筑消火栓系统给水方式

低层建筑室内消火栓给水系统的给水方式，常见的有以下几种类型：

（1）直接给水方式。

直接给水方式无消防水泵和消防水箱，室内消防用水直接由室外消防给水管网提供，如图 3-2-11 所示。其结构简单，投资省，可充分利用外网水压，节省能源，但由于内部无储备水量，外网一旦停水，则内部立即断水，供水可靠性差。当室外给水管网的压力和流量能够满足室内最不利点消火栓的设计水压和流量时，可采用该方式。

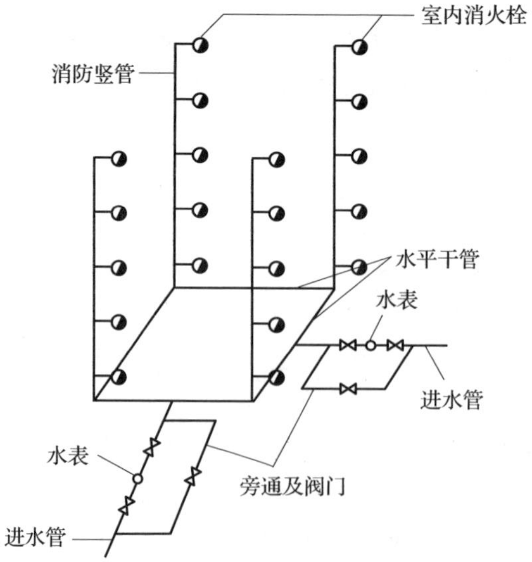

图 3-2-11　直接给水方式示意图

（2）设有消防水箱的给水方式。

设有消防水箱的给水方式中室内给水管网与外网直接相连，利用外网压力供水，同时设高位水箱调节流量和压力，如图 3–2–12 所示。该给水方式供水较可靠，系统较简单，投资较省，可充分利用外网水压，节省能源，但需设高位水箱，增加了建筑结构荷载。

当全天内大部分时间室外管网压力能够满足要求，但在用水高峰期室外管网压力较低，满足不了室内消火栓的压力要求时，可采用这种给水方式。

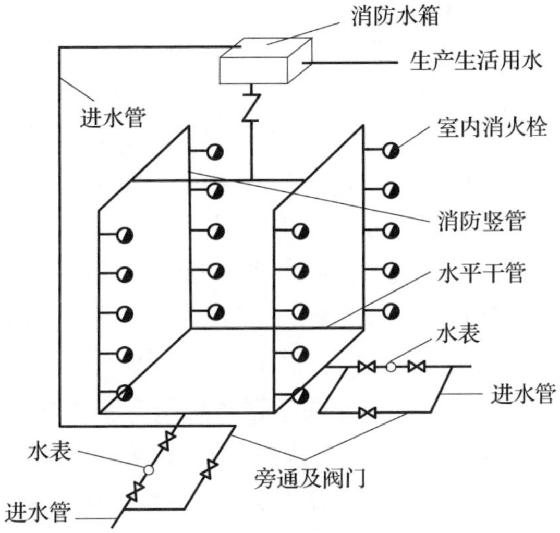

图 3–2–12　设有消防水箱给水方式示意图

（3）设置消防水箱和消防水泵的给水方式。

同时设有消防水箱和消防水泵的给水方式如图 3–2–13 所示。系统中的消防用水平

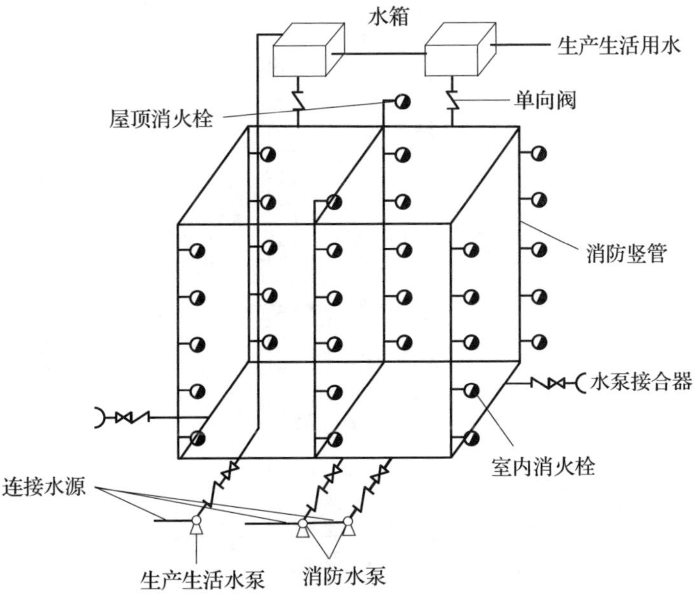

图 3–2–13　同时设有消防水箱和消防水泵的给水方式示意图

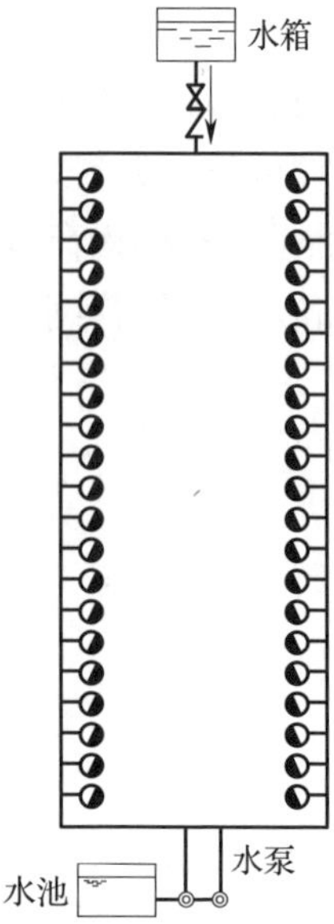

图 3-2-14　不分区给水方式示意图

时由水箱提供，消防水泵定时向水箱补充水，火灾时可启动水泵向系统供水。当室外给水管网的水压经常不能满足室内消火栓给水系统所需水压时，宜采用这种给水方式。当室外给水管网不允许消防水泵直接抽水时，还应设置消防水池。

2. 高层建筑消火栓系统给水方式

根据建筑高度的不同，高层建筑室内消火栓系统的给水方式可分为不分区给水方式和分区给水方式。

（1）不分区给水方式。

不分区给水方式即整幢高层建筑采用一个区供水，它是高层建筑给水方式中最简单、最基本的一种，其最大优点是系统简单，设备少。不分区给水方式如图 3-2-14 所示。

（2）分区给水方式。

建筑消防给水系统的工作压力大于 2.4MPa、消火栓栓口处静压大于 1.0MPa、自动水灭火系统报警阀处的工作压力大于 1.6MPa 或喷头处的工作压力大于 1.2MPa 时，应当分区供水。分区供水形式应根据系统压力、建筑特征，经技术经济和安全可靠性等因素综合确定，可采用消防水泵并联或串联、减压水箱和减压阀减压的形式，但当系统的工作压力大于 2.4MPa 时，应采用消防水泵串联或减压水箱分区供水形式。

1）消防水泵串联分区供水。采用消防水泵串联分区供水时，宜采用消防水泵转输水箱串联供水方式，转输水箱的有效储水容积不应小于 60m^3，转输水箱可作为高位消防水箱，串联转输水箱的溢流管宜连接到消防水池，如图 3-2-15 所示。

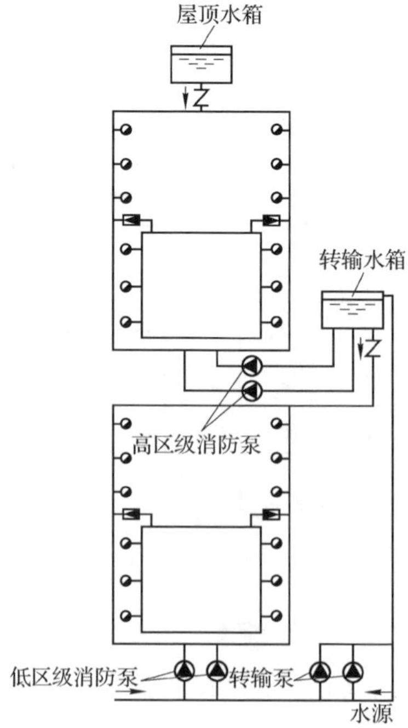

图 3-2-15　消防水泵转输水箱串联供水示意图

当采用消防水泵直接串联时，应采取确保供水可靠性的措施，且消防水泵从低区到高区应能依次顺序启动，同时应校核系统供水压力，并应在串联消防水泵出水管上设置减压型倒流防止器，如图 3–2–16 所示。

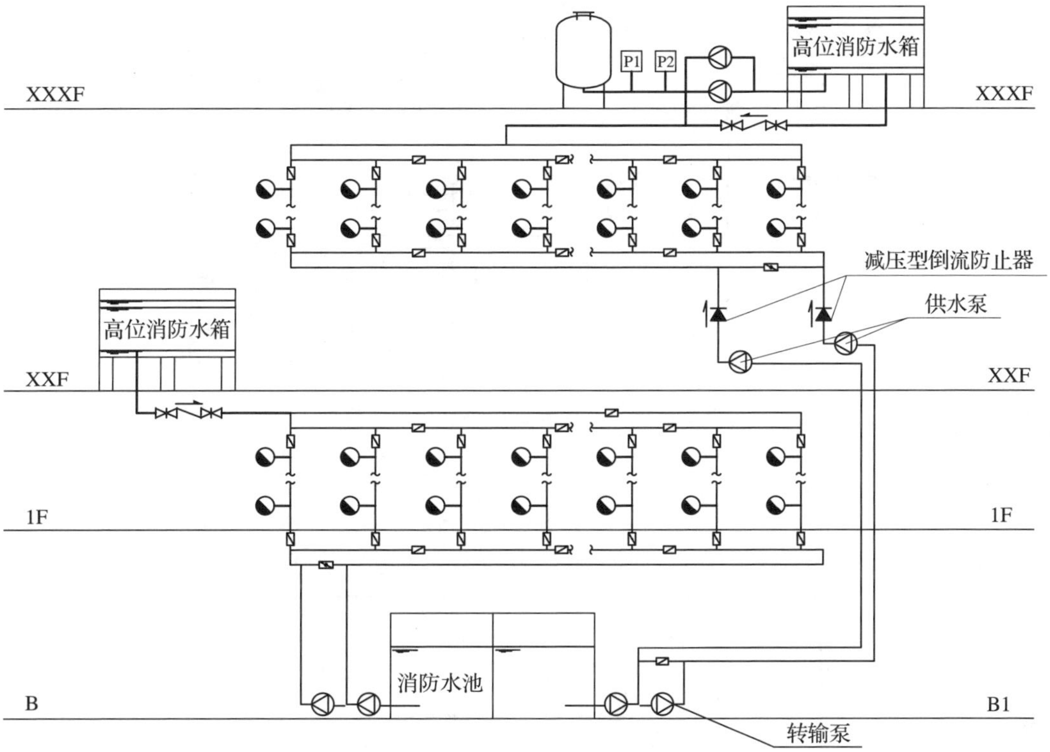

图 3–2–16　消防水泵直接串联供水示意图

2）减压阀减压分区供水。采用减压阀减压分区供水时，消防给水所采用的减压阀性能应安全可靠，减压阀根据消防给水设计流量和压力选择，且设计流量应在减压阀流量压力特性曲线的有效段内，并校核在 150% 设计流量时，减压阀的出口动压不应小于设计值的 65%，设置在单向流动的供水管上。每一供水分区应设不少于两组减压阀组，每组减压阀组宜设置备用减压阀。减压阀宜采用比例式减压阀，当超过 1.2MPa 时，宜采用先导式减压阀。减压阀的阀前阀后压力比值不宜大于 3：1，当一级减压阀减压不能满足要求时，可采用减压阀串联减压，但串联减压不应大于两级，第二级减压阀宜采用先导式减压阀，阀前后压力差不宜超过 0.40MPa。减压阀后应设置安全阀，安全阀的开启压力应能满足系统安全，且不应影响系统的供水安全性，如图 3–2–17 所示。

3）减压水箱减压分区供水。采用减压水箱减压分区供水时，减压水箱的有效容积不应小于 $18m^3$，且宜分为两格。设置两条进、出水管，且每条进、出水管应满足消防给水系统所需消防用水量的要求，进水管的水位控制宜采用水位控制阀。减压水箱进水管应设置防冲击和溢水的技术措施，并宜在进水管上设置紧急关闭阀门，溢流水宜回流到消防水池，如图 3–2–18 所示。

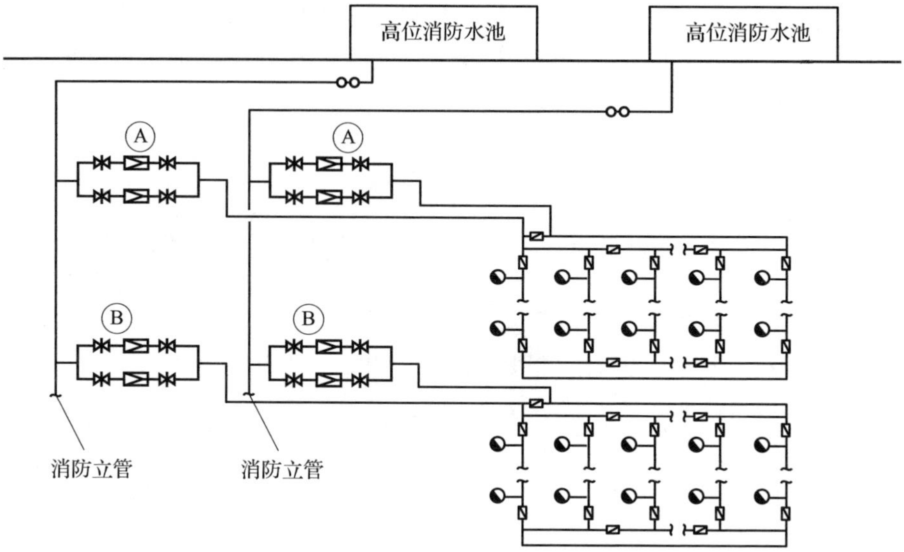

图 3-2-17　减压阀减压分区供水示意图

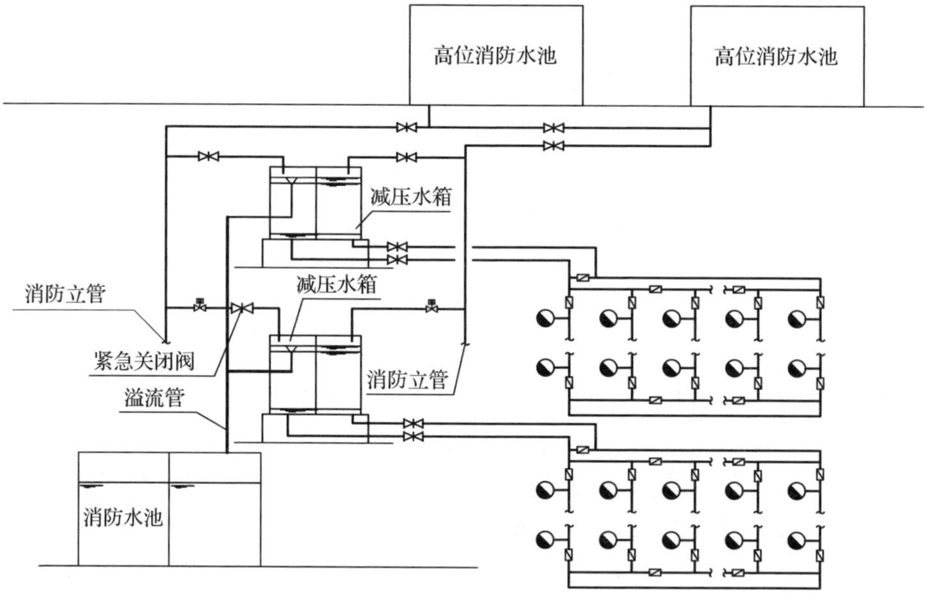

图 3-2-18　减压水箱减压分区供水示意图

（三）室内消火栓的布置

1. 一般要求

室内消火栓的选型应根据使用者、火灾危险性、火灾类型和不同灭火功能等因素综合确定。其设置应符合下列要求：

（1）应采用 *DN*65 的室内消火栓，并可与消防软管卷盘或轻便水龙设置在同一箱体内。配置 *DN*65 有内衬里的消防水带，长度不宜超过 25m；宜配置喷嘴当量直径 16mm 或 19mm 的消防水枪，但当消火栓设计流量为 2.5L/s 时，宜配置喷嘴当量直径 11mm 或

13mm 的消防水枪。

（2）设置室内消火栓的建筑，包括设备层在内的各层均应设置消火栓。

（3）屋顶设有直升机停机坪的建筑，应在停机坪出入口处或非电气设备机房处设置消火栓，且距停机坪机位边缘的距离不应小于 5m。

（4）消防电梯前室应设置室内消火栓，并应计入消火栓使用数量。

（5）室内消火栓的布置应满足同一平面有 2 支消防水枪的 2 股充实水柱同时到达任何部位的要求，但建筑高度小于或等于 24m 且体积小于或等于 5 000m^3 的多层仓库、建筑高度小于或等于 54m 且每单元设置一部疏散楼梯的住宅，以及《消防给水及消火栓系统技术规范》（GB 50974—2014）第 3.5.2 条中规定可采用 1 支消防水枪计算消防量的场所，可采用 1 支消防水枪的 1 股充实水柱到达室内任何部位。

（6）建筑室内消火栓的设置位置应满足火灾扑救要求，并应符合下列规定：

1）室内消火栓应设置在楼梯间及其休息平台和前室、走道等明显易于取用以及便于火灾扑救的位置。

2）住宅的室内消火栓宜设置在楼梯间及其休息平台。

3）汽车库内消火栓的设置不应影响汽车的通行和车位的设置，并应确保消火栓正常开启。

4）同一楼梯间及其附近不同层设置的消火栓，其平面位置宜相同。

5）冷库的室内消火栓应设置在常温穿堂或楼梯间内。

（7）建筑室内消火栓栓口的安装高度应便于消防水龙带的连接和使用，其距地面高度宜为 1.1m；其出水方向应便于消防水带的敷设，并宜与设置消火栓的墙面成 90° 角或向下。

（8）设有室内消火栓的建筑应设置带有压力表的试验消火栓，对于多层和高层建筑应在其屋顶设置，严寒、寒冷等冬季结冰地区可设置在顶层出口处或水箱间内等便于操作和防冻的位置；对于单层建筑宜设置在水力最不利处，且应靠近出入口。

（9）室内消火栓宜按直线距离计算其布置间距，对于消火栓按 2 支消防水枪的 2 股充实水柱布置的建筑物，消火栓的布置间距不应大于 30m；对于消火栓按 1 支消防水枪的 1 股充实水柱布置的建筑物，消火栓的布置间距不应大于 50m。

（10）建筑高度不大于 27m 的住宅，当设置消火栓系统时，可采用干式消防竖管。干式消防竖管宜设置在楼梯间休息平台，且仅应配置消火栓栓口，干式消防竖管应设置消防车供水接口，消防车供水接口应设置在首层便于消防车接近和安全的地点，竖管顶端应设置自动排气阀。

（11）住宅户内宜在生活给水管道上预留一个接 *DN*15 消防软管或轻便水龙的接口。跃层住宅和商业网点的室内消火栓应至少满足 1 股充实水柱到达室内任何部位，并宜设置在户门附近。

2. 室内消火栓的栓口压力和消防水枪充实水柱

充实水柱是指由水枪喷嘴起至射流 90% 的水柱水量穿过直径为 380mm 圆孔处的一段射流长度。

（1）消火栓栓口动压不应大于 0.5MPa，当大于 0.7MPa 时，必须设置减压装置。

（2）高层建筑、厂房、库房和室内净空高度超过 8m 的民用建筑等场所，消火栓栓口动压不应小于 0.35MPa，且消防水枪充实水柱应达到 13m；其他场所的消火栓栓口动压不应小于 0.25MPa，且消防水枪充实水柱应达到 10m。

3. 消防软管卷盘和轻便水龙的设置要求

消防软管卷盘由小口径消火栓、输水缠绕软管、小口径水枪等组成。与室内消火栓相比，消防软管卷盘具有操作简便、机动灵活等优点。

（1）消防软管卷盘应配置内径不小于 ϕ19mm 的消防软管，其长度宜为 30m，轻便水龙应配置 *DN*25 有内衬里的消防水带，长度宜为 30m。消防软管卷盘和轻便水龙应配置当量喷嘴直径为 6mm 的消防水枪。

（2）消防软管卷盘和轻便水龙的用水量可不计入消防用水总量。

（3）剧院、会堂闷顶内的消防软管卷盘应设在马道入口处，以方便工作人员使用。

参考文献

［1］中华人民共和国公安部消防局．中国消防手册：第六卷［M］．上海：上海科学技术出版社，2007.

练习题

一、一级注册消防工程师

（一）单项选择题

1. 某建筑采用临时高压消防给水系统，经计算消防水泵设计扬程为 0.90MPa，选择消防水泵时，消防水泵零流量时的压力应在（　　）MPa 之间。

A. 0.90～1.08　　B. 1.26～1.35　　C. 1.26～1.44　　D. 1.08～1.26

2. 某商业建筑，东西长为 100m、南北宽为 60m、建筑高度为 26m，室外消火栓设计流量为 40L/s，南侧布置消防扑救面。沿该建筑南侧消防扑救面设置的室外消火栓数量，不宜少于（　　）个。

A. 1　　B. 3　　C. 4　　D. 2

3. 在某一甲类液体储罐防火堤外有 7 个室外消火栓，消火栓与该罐罐壁的最小距离分别为 160m、110m、90m、60m、40m、30m 和 14m。上述室外消火栓中，可计入该罐的室外消火栓设计数量有（　　）个。

A. 5　　B. 7　　C. 6　　D. 4

（二）多项选择题

1. 某办公楼地上 8 层，建筑高度 32m，室内消火栓采用临时高压消防给水系统，并设有稳压泵。该消防给水系统稳压泵的下列设计方案中，正确的有（　　）。

A. 稳压泵不设置备用泵

B. 稳压泵的设计流量不小于室内消火栓系统管网的正常泄漏量和系统自动启动流量

C. 稳压泵采用单吸多级离心泵

D. 稳压泵的设计压力保持系统最不利点处室内消火栓在准工作状态时的静水压力为0.10MPa

E. 稳压泵叶轮材质采用不锈钢

2. 某多层科研楼设有室内消防给水系统，其高位消防水箱进水管管径为*DN*100。该高位消防水箱溢流管的下列设置方案中，正确的有（　　）。

A. 溢流水管经排水沟与建筑排水管网连接

B. 溢流水管上安装用于检修的闸阀

C. 溢流管采用*DN*150的钢管

D. 溢流管的喇叭口直径为250mm

E. 溢流水位低于进水管口的最低点100mm

二、二级注册消防工程师

（一）单项选择题

1. 下列建筑中，室内采用临时高压消防给水系统时，必须设置高位消防水箱的是（　　）。

A. 建筑面积为5 000m^2的单层丙类厂房

B. 建筑面积为40 000m^2的四层丁类厂房

C. 建筑面积为5 000m^2的二层办公楼

D. 建筑面积为30 000m^2的三层商业中心

2. 某建筑高度为25m的五层工业厂房，设有室内消火栓系统，该厂房最不利点室内消火栓的栓口动压至少应为（　　）MPa。

A. 0.10　　B. 0.35　　C. 0.15　　D. 0.25

（二）多项选择题

某建筑高度为23.8m的四层商业建筑，对其进行室内消火栓的配置和设计中，正确的有（　　）。

A. 选用*DN*65的室内消火栓

B. 消火栓栓口动压大于0.5MPa

C. 消火栓栓口动压不小于0.25MPa

D. 配置直径65mm长30m的消防水带

E. 水枪充实水柱不小于10m

第三章 自动喷水灭火系统

学习要求

通过本章学习，应了解自动喷水灭火系统设置场所的火灾危险性等级分类、系统设计基本参数以及系统的控制方式；熟悉自动喷水灭火系统的组件及其设置要求；掌握自动喷水灭火系统的分类与组成、工作原理与适用范围以及选型原则。

自动喷水灭火系统是由洒水喷头、报警阀组、水流报警装置（水流指示器或压力开关）等组件，以及管道、供水设施等组成的，能在发生火灾时喷水的自动灭火系统。自动喷水灭火系统在保护人身和财产安全方面具有安全可靠、经济实用、灭火成功率高等优点，广泛应用于工业建筑和民用建筑。

第一节 系统的分类、组成及工作原理

自动喷水灭火系统根据所使用的喷头类型，可分为闭式系统和开式系统两大类；根据系统的用途和配置状况，闭式系统又分为湿式系统、干式系统、预作用系统、重复启闭预作用系统和防护冷却系统；开式系统又可分为雨淋系统、水幕系统（防火分隔水幕和防护冷却水幕）等，自动喷水灭火系统的分类如图 3-3-1 所示。

- 自动喷水灭火系统
  - 闭式系统
    - 湿式自动喷水灭火系统
    - 干式自动喷水灭火系统
    - 预作用自动喷水灭火系统
    - 重复启闭预作用系统
    - 自动喷水防护冷却系统
  - 开式系统
    - 雨淋系统
    - 水幕系统

图 3-3-1 自动喷水灭火系统的分类

一、系统的组成、工作原理和适用范围

不同类型的自动喷水灭火系统，其设计目标、工作原理等均有差异。因此，应根据设置场所的建筑特征、火灾特点、环境条件等确定自动喷水灭火系统的选型。

（一）湿式系统

湿式系统由闭式喷头、湿式报警阀组、水流指示器或压力开关、供水与配水管道以及供水设施等组成，在准工作状态时，配水管道内充满用于启动系统的有压水。湿式系统的组成如图 3–3–2 所示。

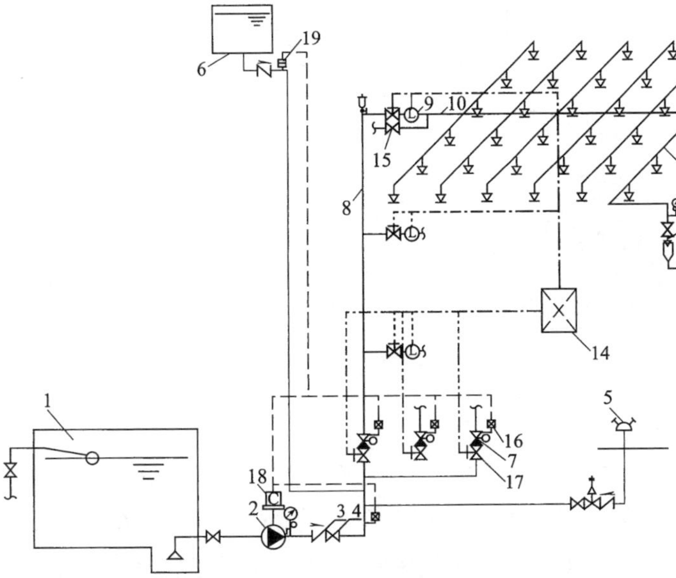

1—消防水池；2—消防水泵；3—止回阀；4—闸阀；5—消防水泵接合器；6—高位消防水箱；
7—湿式报警阀组；8—配水干管；9—水流指示器；10—配水管；11—闭式洒水喷头；
12—配水支管；13—末端试水装置；14—报警控制器；15—泄水阀；16—压力开关；
17—信号阀；18—水泵控制柜；19—流量开关。

图 3–3–2　湿式系统的组成示意图

1. 工作原理

湿式系统在准工作状态时，由消防水箱或稳压泵、气压给水设备等稳压设施维持管道内的充水压力。发生火灾时，在火灾温度的作用下，闭式喷头的热敏元件动作，喷头开启并开始喷水。此时，管网中的水由静止变为流动，水流指示器动作送出电信号，在火灾报警控制器上显示某一区域喷水的信息。由于持续喷水泄压造成湿式报警阀的上部水压低于下部水压，在压力差的作用下，原来处于关闭状态的湿式报警阀自动开启。此时，压力水通过湿式报警阀流向管网，同时打开通向水力警铃的通道，延迟器充满水后，水力警铃发出声响警报，报警阀压力开关、高位消防水箱流量开关或系统管网压力开关动作并输出信号直接启动供水泵。供水泵投入运行后，完成系统的启动过程。湿式系统的工作原理如图 3–3–3 所示。

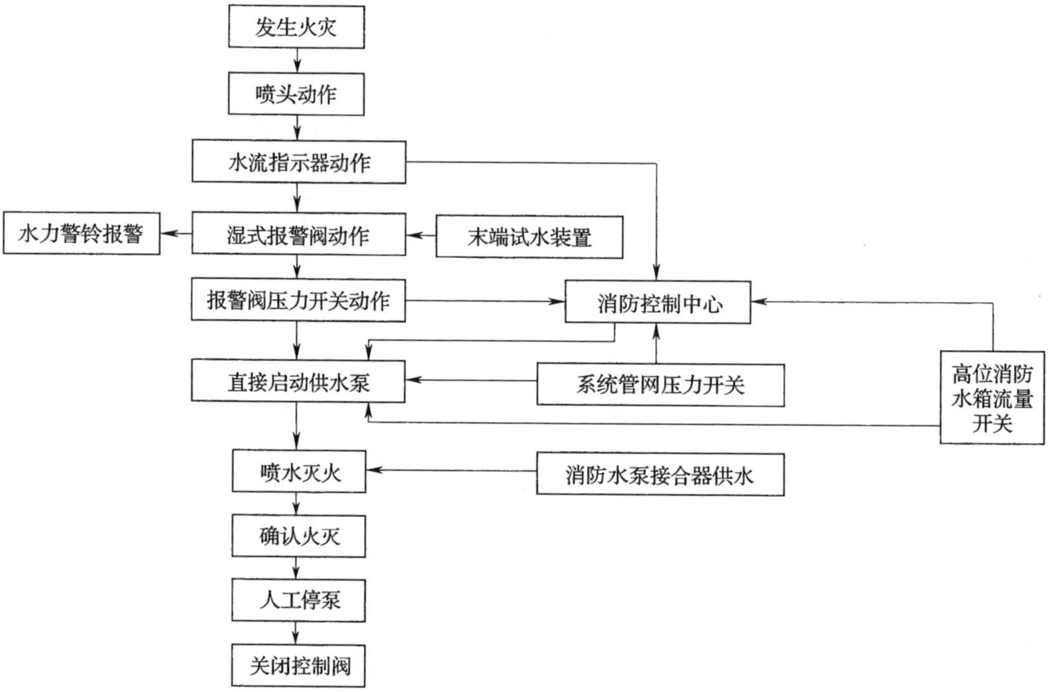

图 3-3-3　湿式系统的工作原理

2. 适用范围

湿式系统是应用最为广泛的自动喷水灭火系统之一，适合在温度不低于4℃且不高于70℃的环境中使用。在温度低于4℃的场所使用湿式系统，存在系统管道和组件内充水冰冻的危险；在温度高于70℃的场所使用湿式系统，存在系统管道和组件内充水蒸汽压力升高而破坏管道的危险。

（二）干式系统

干式系统由闭式喷头、干式报警阀组、水流指示器或压力开关、供水与配水管道、充气设备以及供水设施等组成，在准工作状态时，配水管道内充满用于启动系统的有压气体。干式系统的启动原理与湿式系统相似，只是将传输喷头开放信号的介质由有压水改为有压气体。干式系统的组成如图 3-3-4 所示。

1. 工作原理

干式系统在准工作状态时，由消防水箱或稳压泵、气压给水设备等稳压设施维持干式报警阀入口前管道内的充水压力，报警阀出口后的管道内充满有压气体（通常采用压缩空气），报警阀处于关闭状态。发生火灾时，在火灾温度的作用下，闭式喷头的热敏元件动作，闭式喷头开启，使干式阀的出口压力下降，加速排气阀动作后促使干式报警阀迅速开启，管道开始排气充水，剩余压缩空气从系统最高处的排气阀和开启的喷头处喷出。此时，通向水力警铃和压力开关的通道被打开，水力警铃发出声响警报，报警阀压力开关、高位消防水箱流量开关或系统管网压力开关动作并输出启泵信号，启动系统供水泵；管道完成排气充水过程后，开启的喷头开始喷水。从闭式喷头开启至供水泵投入运行前，由消防水箱、气压给水设备或稳压泵等供水设施为系统的配水管道充水。干式系统的工作原理如图 3-3-5 所示。

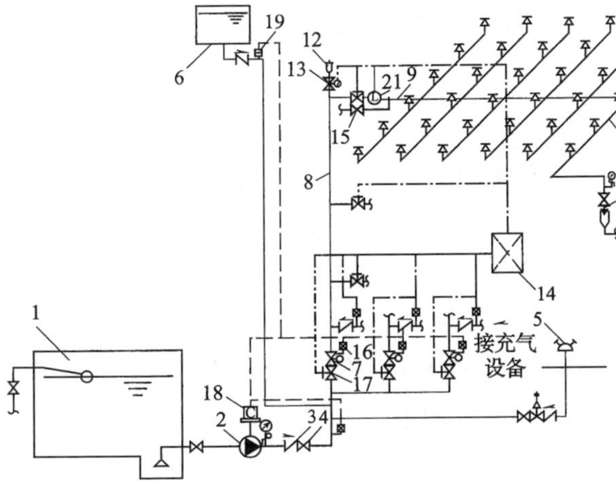

1—消防水池；2—消防水泵；3—止回阀；4—闸阀；5—消防水泵接合器；
6—高位消防水箱；7—干式报警阀组；8—配水干管；9—配水管；10—闭式洒水喷头；
11—配水支管；12—排气阀；13—电动阀；14—报警控制器；15—泄水阀；
16—压力开关；17—信号阀；18—水泵控制柜；19—流量开关；
20—末端试水装置；21—水流指示器。

图 3-3-4　干式系统的组成示意图

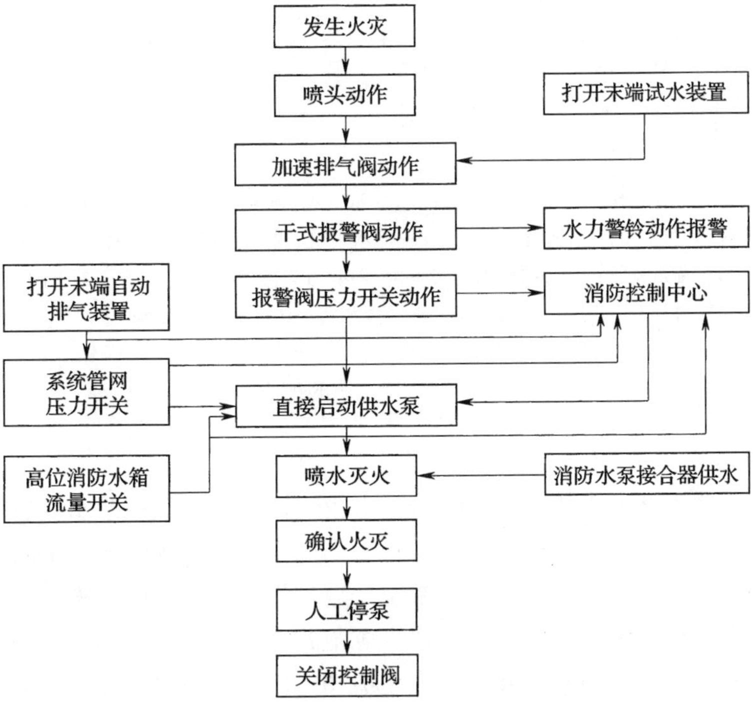

图 3-3-5　干式系统的工作原理

2. 适用范围

干式系统适用于环境温度低于4℃或高于70℃的场所。干式系统虽然解决了湿式系统不适用于高、低温环境场所的问题，但由于准工作状态时配水管道内没有水，喷头动作、系统启动时必须经过一个管道排气、充水的过程，因此会出现滞后喷水现象，控火效果降低。

（三）预作用系统

预作用系统由闭式喷头、预作用装置、水流报警装置、供水与配水管道、充气设备和供水设施等组成。预作用系统的配水管道应设快速排气阀。有压充气管道的快速排气阀入口前应设电动阀。在准工作状态时，配水管道内不充水，发生火灾时，由火灾报警系统、充气管道上的压力开关联锁控制预作用装置和启动消防水泵，并转换为湿式系统。预作用系统与湿式系统、干式系统的不同之处在于，系统采用预作用装置，并配套设置火灾自动报警系统。预作用系统的组成如图 3–3–6 所示。

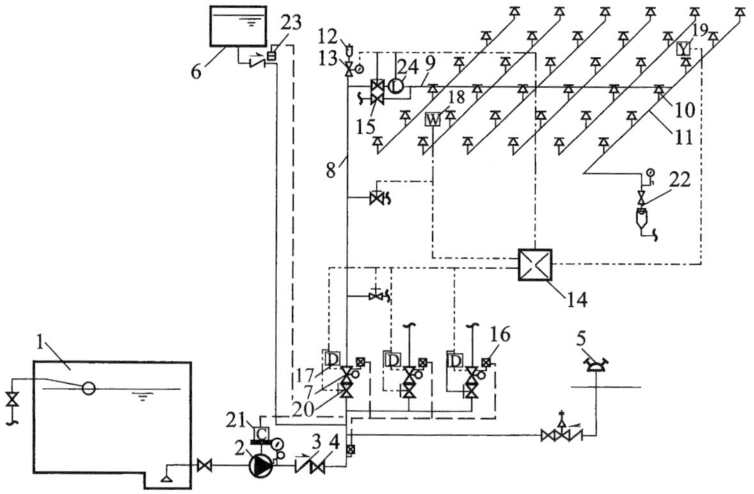

1—消防水池；2—消防水泵；3—止回阀；4—闸阀；5—消防水泵接合器；
6—高位消防水箱；7—预作用装置；8—配水干管；9—配水管；10—闭式洒水喷头；
11—配水支管；12—排气阀；13—电动阀；14—报警控制器；15—泄水阀；
16—压力开关；17—电磁阀；18—感温探测器；19—感烟探测器；20—信号阀；
21—水泵控制柜；22—末端试水装置；23—流量开关；24—水流指示器。

图 3–3–6　预作用系统的组成示意图

1. 工作原理

预作用系统处于准工作状态时，由消防水箱或稳压泵、气压给水设备等稳压设施维持预作用报警阀入口前管道内的充水压力，预作用报警阀后的管道内平时无水或充以有压气体。发生火灾时，由火灾自动报警系统开启预作用报警阀的电磁阀，配水管道开始排气、充水，使系统在闭式喷头动作前转换成湿式系统，系统管网压力开关或高位消防水箱流量开关直接启动消防水泵并在闭式喷头开启后立即喷水。预作用系统的工作原理如图 3–3–7 所示。

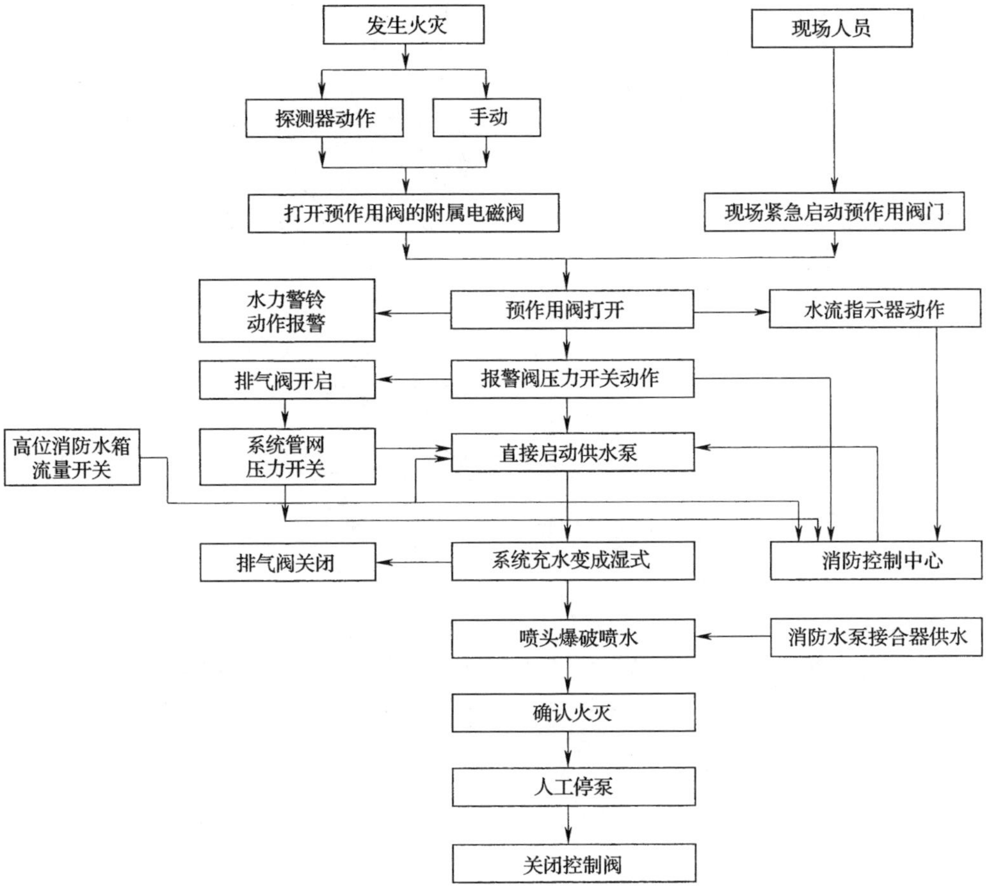

图 3-3-7　预作用系统的工作原理

2. **适用范围**

预作用系统可消除干式系统在喷头开放后延迟喷水的弊病，因此其在低温和高温环境中可替代干式系统。系统处于准工作状态时，严禁管道充水、严禁系统误喷的忌水场所等应采用预作用系统。

（四）雨淋系统

雨淋系统由开式喷头、雨淋报警阀组、水流报警装置、供水与配水管道以及供水设施等组成。与前几种系统的不同之处在于，雨淋系统采用开式喷头，由雨淋报警阀控制喷水范围，由配套的火灾自动报警系统或传动管控制，自动启动雨淋报警阀组和启动消防水泵。雨淋系统有电动、液动和气动控制方式，常用的电动和充液（水）传动管启动雨淋系统分别如图 3-3-8 和图 3-3-9 所示。

1. **工作原理**

雨淋系统处于准工作状态时，由消防水箱或稳压泵、气压给水设备等稳压设施维持雨淋阀入口前管道内的充水压力。发生火灾时，由火灾自动报警系统或传动管自动控制开启雨淋报警阀和供水泵，向系统管网供水，由雨淋阀控制的开式喷头同时喷水。雨淋系统的工作原理如图 3-3-10 所示。

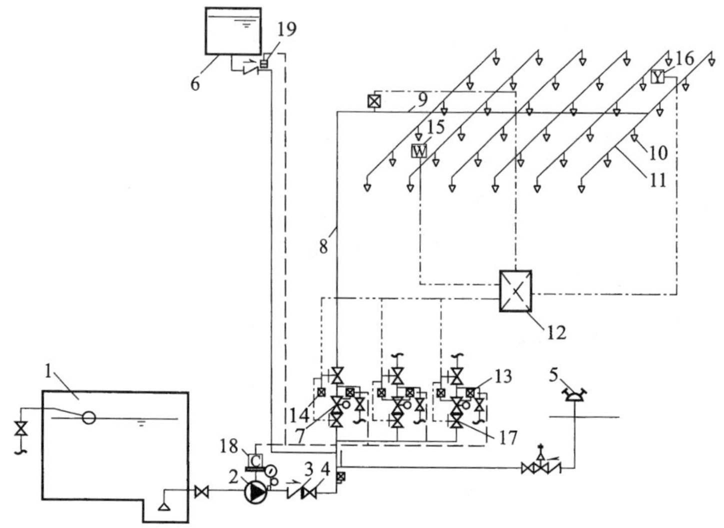

1—消防水池；2—消防水泵；3—止回阀；4—闸阀；5—消防水泵接合器；6—高位消防水箱；
7—雨淋报警阀组；8—配水干管；9—配水管；10—开式洒水喷头；11—配水支管；
12—报警控制器；13—压力开关；14—电磁阀；15—感温探测器；16—感烟探测器；
17—信号阀；18—水泵控制柜；19—流量开关。

图 3-3-8　电动启动雨淋系统示意图

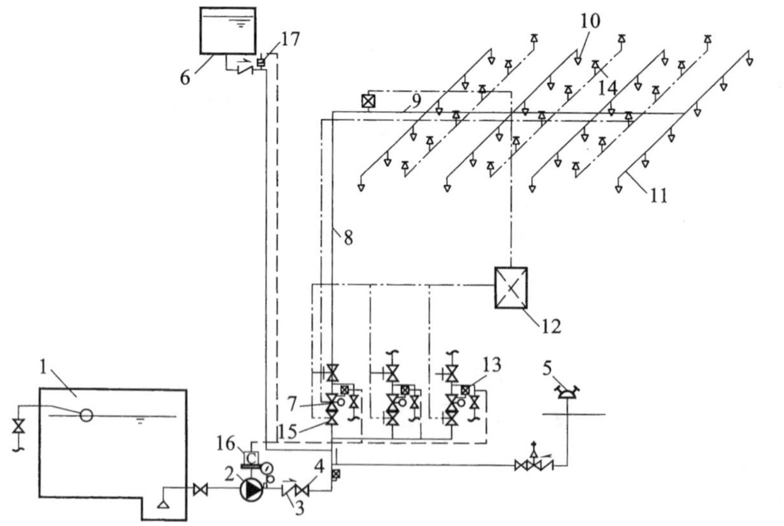

1—消防水池；2—消防水泵；3—止回阀；4—闸阀；5—消防水泵接合器；6—高位消防水箱；
7—雨淋报警阀组；8—配水干管；9—配水管；10—开式洒水喷头；11—配水支管；12—报警控制器；
13—压力开关；14—闭式洒水喷头；15—信号阀；16—水泵控制柜；17—流量开关。

图 3-3-9　充液（水）传动管启动雨淋系统示意图

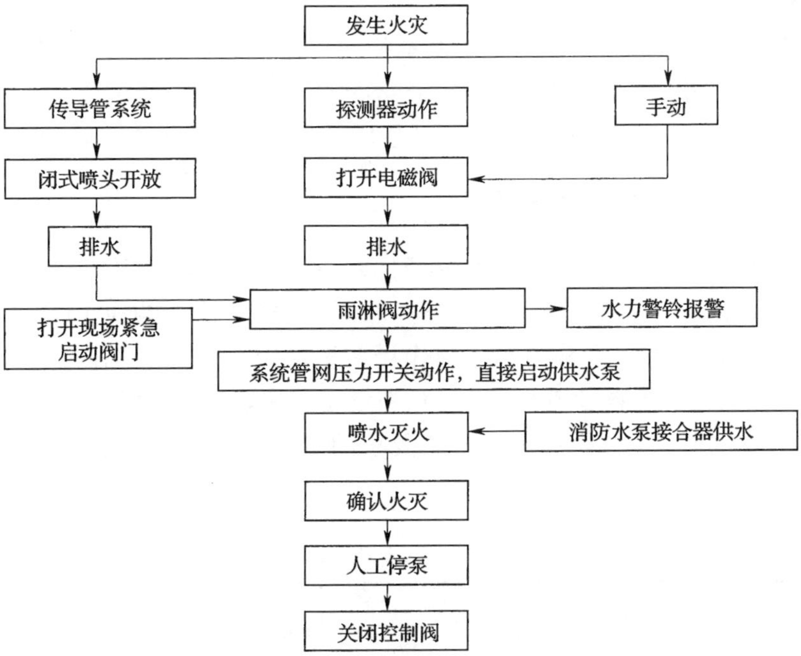

图 3-3-10　雨淋系统的工作原理

2. 适用范围

雨淋系统的喷水范围由雨淋阀控制，在系统启动后立即大面积喷水。因此，雨淋系统主要适用于需大面积喷水以快速扑灭火灾的特别危险场所。火灾的水平蔓延速度快，闭式喷头的开放不能及时使喷水有效覆盖着火区域，或室内净空高度超过一定高度且必须迅速扑救初起火灾，或火灾危险等级属于严重危险级Ⅱ级的场所，应采用雨淋系统。

（五）水幕系统

水幕系统由开式洒水喷头或水幕喷头、雨淋报警阀组或感温雨淋报警阀、供水与配水管道、控制阀以及水流报警装置（水流指示器或压力开关）等组成。与前几种系统的不同之处在于，水幕系统不具备直接灭火的能力，而是用于防火分隔和冷却保护分隔物。水幕系统的组成与雨淋系统基本一致，系统示意图可参照雨淋系统示意图。

1. 工作原理

水幕系统处于准工作状态时，由消防水箱或稳压泵、气压给水设备等稳压设施维持管道内的充水压力。发生火灾时，由火灾自动报警系统联动开启雨淋报警阀组，系统管网压力开关启动供水泵，向系统管网和喷头供水。

2. 适用范围

防火分隔水幕利用密集喷洒形成的水墙或多层水帘，可封堵防火分区处的孔洞，阻挡火灾和烟气的蔓延，因此适用于局部防火分隔处。防护冷却水幕则利用喷水在物体表面形成的水膜，控制防火分区处分隔物的温度，使分隔物的完整性和隔热性免遭火灾破坏，因此适用于对防火卷帘、防火玻璃墙等防火分隔设施的冷却保护。

（六）防护冷却系统

防护冷却系统在组成上与湿式系统基本相同，也是由闭式喷头、报警阀组、管道、供水设施等组成的闭式系统。但与湿式系统不同的是，防护冷却系统不具有灭火功能，需与防火卷帘、防火玻璃墙等分隔设施配合使用，对该分隔设施进行防护冷却保护。

二、系统主要组件的性能要求

工程应用中采用的洒水喷头、湿式报警阀、延迟器、水力警铃、干式报警阀、雨淋报警阀、通用阀门、水流指示器、加速器、早期抑制快速响应（ESFR）喷头、压力开关、沟槽式管接件、水幕喷头、预作用装置、家用喷头、消防洒水软管、减压阀、消防管道支吊架、塑料管道及管件、涂覆钢管、末端试水装置和特殊应用喷头等应是满足《自动喷水灭火系统》（GB 5135）要求的定型产品，并应具有表 3–3–1 的相关性能。

表 3–3–1　自动喷水灭火系统产品的主要性能要求

产品名称	应符合的标准	主要性能
洒水喷头	GB 5135.1—2019	接口螺纹；外观与标志；密封结构要求；水压密封和耐水压强度性能；流量系数；布水性能；溅水盘上、下的喷水量；静态动作温度；功能；抗水冲击性能；工作载荷和框架强度；热敏感元件强度；溅水盘强度；疲劳强度；热稳定性；抗振动性能；抗机械冲击性能；抗碰撞性能；抗翻滚性能；冷冻性能；耐高温性能；动态热性能；耐应力腐蚀性能；耐二氧化硫 / 二氧化碳腐蚀性能；耐盐雾腐蚀性能；耐潮湿气体腐蚀性能；耐环境温度性能；侧向喷洒；防水罩性能；抗真空性能；湿墙性能；灭火性能
湿式报警阀、延迟器、水力警铃	GB 5135.2—2003	外观、标志；基本参数；材料的耐腐蚀性能；结构、间隙和连接尺寸；零部件；工作循环；强度；渗漏和变形；水力摩阻；报警功能；报警延迟时间；压力比；冲击性能；延迟器排水时间；水力警铃持续性要求；水力警铃响度；水力警铃耐水性能；压力开关；耐火性能；安装使用要求
干式报警阀	GB 5135.4—2003	外观质量；规格；额定工作压力；材料的耐腐蚀性能；阀体和阀盖；零部件；刚性非金属零件；阀瓣密封件；阀体强度；渗漏和变形；水力摩阻损失；功能；耐火性能
雨淋报警阀	GB 5135.5—2018	外观、标志；规格；额定工作压力；材料耐腐蚀性能；阀体和阀盖；零部件；间隙（适用于推杆型雨淋报警阀）；连接方式；刚性非金属零件；橡胶密封件；电磁阀；阀体强度；渗漏和变形；水力摩阻；功能；防复位（温感雨淋阀除外）；耐火性能

续表 3-3-1

产品名称	应符合的标准	主要性能
通用阀门	GB 5135.6—2018	通用要求；消防闸阀；消防球阀；消防电磁阀；消防蝶阀；消防截止阀；消防信号阀；消防单向阀；消防地理闸阀
水流指示器	GB 5135.7—2018	外观标志；规格；额定工作压力；连接；叶片；密封组件；信号输出部件；灵敏度；工作循环；延时功能；抗外力冲击性能；耐水冲击性能；水力摩阻损失；过载性能；耐水压性能；机械强度；耐电压能力及绝缘电阻；耐腐蚀性能
加速器	GB 5135.8—2003	外观质量；额定工作压力；材料的耐腐蚀性能；零部件；泄漏和变形；动作；气体静压；平衡时间；针孔；耐火性能
早期抑制快速响应（ESFR）喷头	GB 5135.9—2018	整体要求；接口螺纹；外观与标志；水压密封和耐水压强度性能；流量系数；布水性能；静态动作温度；功能；抗水冲击性能；框架强度；热敏感元件强度；疲劳强度；热稳定性；抗振动性能；抗碰撞性能；抗翻滚性能；耐冷冻性能；耐高温性能；耐环境温度性能；动态热性能；耐氨应力腐蚀性能；耐氯化镁应力腐蚀性能；耐二氧化硫 / 二氧化碳气体腐蚀性能；耐硫化氢气体腐蚀性能；耐盐雾腐蚀性能；耐潮湿气体腐蚀性能；30d 密封性能；抗真空性能；侧向喷洒；实际洒水密度（ADD）；溅水盘强度；冲力要求；灭火性能
压力开关	GB 5135.10—2006	外观；额定工作压力；动作压力；强度要求；工作可靠性要求；耐湿热要求；耐腐蚀要求；抗振要求；碰撞要求；绝缘要求；耐电压要求；触点接触电阻；触点数量；连接方式
沟槽式管接件	GB 5135.11—2006	外观、标志、结构尺寸；基本参数；壳体材料；螺栓和螺母；橡胶密封圈材料性能；真空度（负压密封性）；气密封性能；密封性能；耐压强度；承载力矩；挠性接头偏转角；最大伸长间隙；耐低温性能；抗高温老化性能；无密封圈泄漏性能；耐水冲击性能；抗振动性能；耐火性能
水幕喷头	GB 5135.13—2006	外观与标志；流量特性系数；水幕展角与倾角；喷洒外形；洒水均匀性；阻断辐射热能力；耐氨应力腐蚀性能；耐二氧化硫腐蚀性能；耐盐雾腐蚀性能；耐低温性能；耐高温性能
预作用装置	GB 5135.14—2011	装置；预作用报警阀组；气压维持装置；控制盘；电磁阀；控制部件；气压维持装置 – 减压阀；气压维持装置 – 控制阀；气压维持装置 – 单向阀；空气供给装置

续表 3-3-1

产品名称	应符合的标准	主要性能
家用喷头	GB 5135.15—2008	整体要求；外观；水压密封和耐水压强度性能；流量系数；布水性能；静态动作温度；功能；抗水冲击性能；工作载荷和框架强度；热敏元件强度；疲劳强度；溅水盘强度；热稳定性；抗振动性能；耐低温性能；耐高温性能；动态热性能；耐氨应力腐蚀性能；耐二氧化硫腐蚀性能；耐盐雾腐蚀性能；耐潮湿气体腐蚀性能；抗碰撞性能；抗翻滚性能；侧向喷洒；抗真空性能；30d 密封性能；齐平、嵌入、隐蔽式家用喷头的热响应性能；灭火性能
消防洒水软管	GB 5135.16—2010	外观质量；额定工作压力；材料；结构及尺寸；伸长变形；耐弯曲疲劳性能；耐交变水冲击性能；抗振动性能；耐环境性能；气密封；强度密封；抗真空性能；抗水流冲击性能；局部阻力损失 – 等效长度表示法
减压阀	GB 5135.17—2011	外观质量；规格；额定工作压力；材料；结构部件；强度密封；调压性能；减压性能；工作可靠性
消防管道支吊架	GB/T 5135.18—2010	外观与标志；规格；材料；螺栓螺母；建筑连接部件；主体承力部件；辅助固定部件；拉伸变形；抗振动性能
塑料管道及管件	GB/T 5135.19—2010	外观；标志；材料；基本参数；水压强度；粘接组合件水压强度；抗压强度；抗挠强度；抗弯曲性能；抗冲击性能；抗振动性能；耐低温性能；压力循环；温度循环；长期静水压；摩阻系数；管件当量长度；产品标志耐久性；耐火性能；耐环境性能；耐氨应力腐蚀性能
涂覆钢管	GB/T 5135.20—2010	外观；材料；连接形式；涂层厚度；针孔试验要求；附着力要求；抗弯曲性能；抗压扁性能；抗冲击性能；抗真空性能；耐高温性能；耐低温性能；压力循环；温度循环；耐温水老化；外表面性能
末端试水装置	GB 5135.21—2011	外观与标志；额定工作压力；材料；连接形式；流量系数；强度性能；密封性能；功能；工作可靠性；耐盐雾腐蚀性能；过载能力；绝缘要求；接触电阻；工作电源；压力表
特殊应用喷头	GB 5135.22—2019	整体要求；接口螺纹；外观；水压密封和水压强度；流量系数；动作温度；功能；抗水冲击性能；工作载荷和框架强度；热敏感元件强度；溅水盘强度；疲劳强度；热稳定性；抗振动性能；抗机械冲击性能；抗碰撞性能；抗翻滚性能；冷冻性能；耐高温性能；耐环境温度性能；动态热性能；耐应力腐蚀性能；耐二氧化硫 / 二氧化碳气体腐蚀性能；耐硫化氢气体腐蚀性能；耐盐雾腐蚀性能；耐潮湿气体腐蚀性能；30d 密封性能；抗真空性能；侧向喷洒；实际洒水密度（ADD）；灭火性能

（一）洒水喷头

洒水喷头是按设计的洒水形状和水量洒水的装置。广义上，根据是否有热敏感元件分类，洒水喷头可分为闭式洒水喷头和开式洒水喷头两大类。闭式洒水喷头具有释放机构，平时喷头的出水口由释放机构封闭，达到公称动作温度时玻璃球破裂或易熔元件熔化，释放机构自动脱落，喷头开启喷水。根据采用的热敏感元件类型，闭式洒水喷头又可分为易熔元件洒水喷头和玻璃球洒水喷头，易熔元件洒水喷头通过易熔元件合金受热熔化开启，玻璃球洒水喷头通过玻璃球内充装的液体受热膨胀使玻璃球爆破开启，如图 3–3–11 所示。闭式洒水喷头具有定温探测器和定温阀及布水器的作用，开式洒水喷头（包括水幕喷头）无释放机构，喷口呈常开状态。

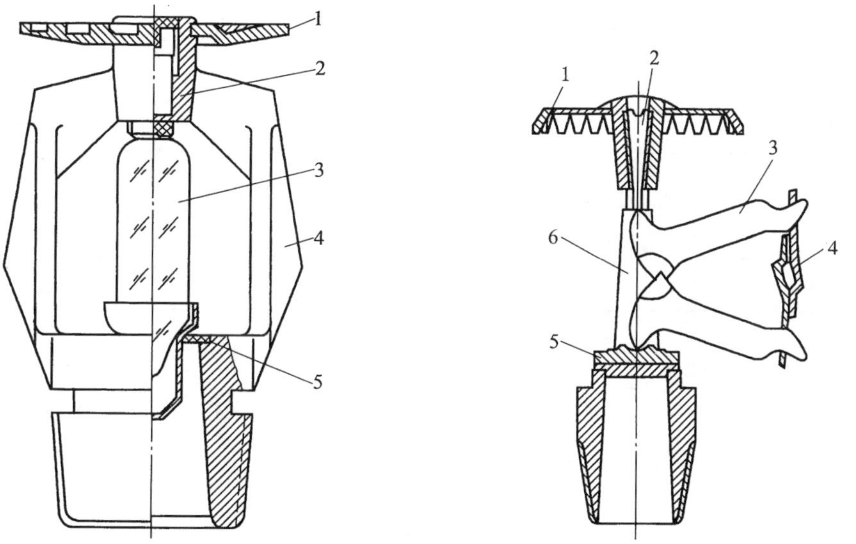

1—溅水盘；2—调整螺钉；3—玻璃球；4—框架；5—密封垫及封堵。
（a）玻璃球洒水喷头

1—溅水盘；2—调整螺钉；3—悬臂支承；4—热敏元件；5—密封垫及封堵；6—框架。
（b）易熔元件洒水喷头

图 3–3–11　玻璃球洒水喷头和易熔元件洒水喷头的构造

根据《自动喷水灭火系统 第 1 部分：洒水喷头》（GB 5135.1—2019）的规定，玻璃球洒水喷头的公称动作温度分为 13 个温度等级，易熔元件洒水喷头的公称动作温度分为 7 个温度等级。为了区分不同公称动作温度的喷头，将感温玻璃球中的液体和易熔元件洒水喷头的轭臂标示为不同的颜色，如表 3–3–2 所示。

表 3–3–2　洒水喷头的公称动作温度和色标

玻璃球洒水喷头		易熔元件洒水喷头	
公称动作温度 /℃	液体色标	公称动作温度 /℃	色标
57	橙	57 ~ 77	无须标志
68	红	80 ~ 107	白

续表 3-3-2

玻璃球洒水喷头		易熔元件洒水喷头	
公称动作温度 /℃	液体色标	公称动作温度 /℃	色标
79	黄	121 ~ 149	蓝
93	绿	163 ~ 191	红
107	绿	204 ~ 246	绿
121	蓝	260 ~ 302	橙
141	蓝	320 ~ 343	橙
163	紫	—	—
182	紫	—	—
204	黑	—	—
227	黑	—	—
260	黑	—	—
343	黑	—	—

根据安装位置、热敏元件、保护面积、应用场所和灵敏度，洒水喷头可分为不同的类型，如图 3-3-12 所示，各种洒水喷头的构造如图 3-3-13 和图 3-3-14 所示。

- 洒水喷头
  - 按安装位置分类
    - 下垂型洒水喷头
    - 直立型洒水喷头
    - 边墙型洒水喷头
  - 按热敏元件分类
    - 玻璃球洒水喷头
    - 易熔元件洒水喷头
  - 按保护面积分类
    - 标准覆盖面积洒水喷头
    - 扩大覆盖面积洒水喷头
  - 按应用场所分类
    - 早期抑制快速响应洒水喷头
    - 家用洒水喷头
    - 特殊应用洒水喷头
  - 按灵敏度分类
    - 快速响应洒水喷头
    - 标准响应洒水喷头
    - 特殊响应洒水喷头
  - 特殊类型洒水喷头
    - 干式洒水喷头
    - 齐平式洒水喷头
    - 嵌入式洒水喷头
    - 隐蔽式洒水喷头
    - 带涂层洒水喷头
    - 带防水罩洒水喷头

图 3-3-12　洒水喷头分类

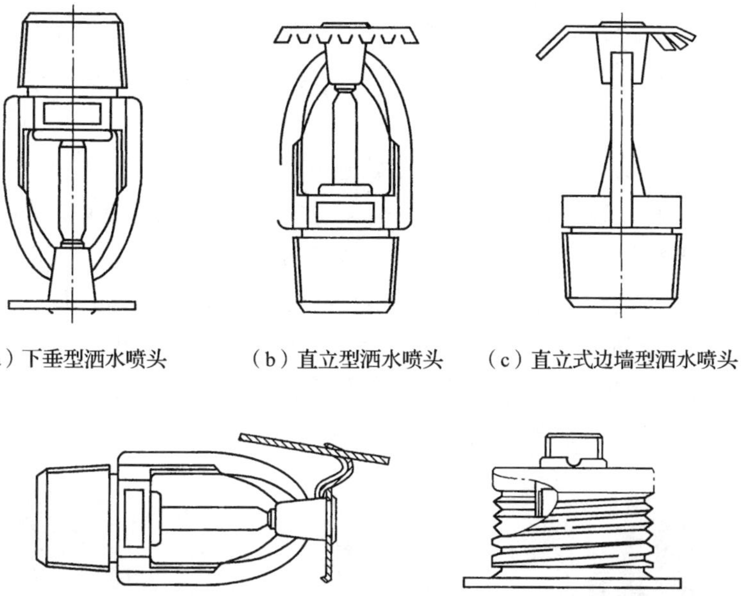

（a）下垂型洒水喷头　（b）直立型洒水喷头　（c）直立式边墙型洒水喷头

（d）水平式边墙型洒水喷头　（e）隐蔽式洒水喷头

图 3–3–13　闭式洒水喷头的构造

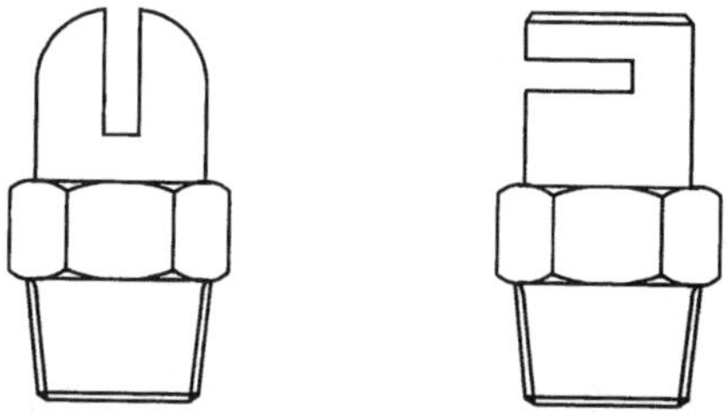

（a）下向喷布水　（b）侧向喷布水

图 3–3–14　水幕喷头的构造

按照安装方式，喷头可分为直立型、下垂型和边墙型喷头，直立型喷头安装在管道的上方，水流向上冲向溅水盘；下垂型喷头安装在管道的下方，水流向下冲向溅水盘；边墙型喷头靠一侧端墙安装，将水向一边（半个抛物线）喷洒分布，边墙型喷头又可分为直立式边墙型喷头和水平式边墙型喷头，直立式边墙型喷头竖直喷水侧向布水，水平式边墙型喷头水平喷水侧向布水，与直立式边墙型喷头相比，喷射距离远，并且宽度宽。

根据灵敏度，喷头可分为快速响应洒水喷头、标准响应洒水喷头和特殊响应洒水喷头。快速响应洒水喷头的响应时间指数为 $RTI \leqslant 50\ (\mathrm{m \cdot s})^{0.5}$，标准响应洒水喷头的响应时间指数为 $80 < RTI \leqslant 350\ (\mathrm{m \cdot s})^{0.5}$，特殊响应洒水喷头的响应时间指数为 $50 < RTI \leqslant 80\ (\mathrm{m \cdot s})^{0.5}$。

按照单只喷头的保护面积，喷头可分为标准覆盖面积洒水喷头和扩大覆盖面积洒水喷头。标准覆盖面积洒水喷头是指流量系数 $K \geqslant 80$，一只喷头的最大保护面积不超过

$20m^2$ 的直立型洒水喷头、下垂型洒水喷头及一只喷头的最大保护面积不超过 $18m^2$ 的边墙型洒水喷头；扩大覆盖面积洒水喷头是指流量系数 $K \geqslant 80$，一只喷头的最大保护面积大于标准覆盖面积洒水喷头的保护面积且不超过 $36m^2$ 的洒水喷头，包括直立型洒水喷头、下垂型洒水喷头和边墙型扩大覆盖面积洒水喷头。

按照应用场所，喷头又分为早期抑制快速响应（ESFR）洒水喷头、家用洒水喷头、特殊应用洒水喷头等。ESFR 洒水喷头是指流量系数 $K \geqslant 161$，响应时间指数 $RTI \leqslant 28 \pm 8\ (m \cdot s)^{0.5}$，用于保护堆垛与高架仓库的标准覆盖面积洒水喷头；家用洒水喷头是指适用于住宅建筑和非住宅类居住建筑的一种快速响应洒水喷头，如图 3-3-15 所示；特殊应用洒水喷头是指流量系数 $K \geqslant 161$，具有较大水滴粒径，在通过标准试验验证后，可用于民用建筑和厂房高大空间场所以及仓库的标准覆盖面积洒水喷头，包括非仓库型特殊应用洒水喷头和仓库型特殊应用洒水喷头。

（a）ESFR洒水喷头　（b）家用洒水喷头　（c）特殊应用洒水喷头

图 3-3-15　特殊场所用喷头

根据《自动喷水灭火系统　第 1 部分：洒水喷头》（GB 5135.1—2019）的规定，特殊类型洒水喷头分为以下几种，如图 3-3-16 所示：

（1）干式洒水喷头［图 3-3-16（a）］，它由一个特殊短管和安装于特殊短管出口的喷头组成。喷头接管入口处有一个带弹性密封垫圈的管堵头，防止水进入喷头接管内。火灾时，喷头玻璃球爆裂，封堵脱落，喷头接管内的受压弹簧开始伸展，向喷头方向推进通水管和导管，与此同时向下拉动与管堵连接的套管，使管堵和弹簧垫圈离开入口位置，水进入喷头接管开始喷水。

（2）齐平式洒水喷头［图 3-3-16（b）］，其部分或全部本体（包括根部螺纹）安装在吊顶下平面以上，但热敏感元件的集热部分全部处于吊顶下平面以下。

（3）嵌入式洒水喷头［图 3-3-16（c）］，其全部或部分本体安装在嵌入吊顶的护罩内。

（4）隐蔽式洒水喷头［图 3-3-16（d）］，是指带有装饰盖板的嵌入式洒水喷头。

（5）带涂层洒水喷头，即带有防腐作用或装饰作用的涂层或镀层的洒水喷头。

（6）带防水罩洒水喷头，是指带有固定于热敏感元件上方的防水罩，防止上方的水喷洒在热敏感元件上的洒水喷头。

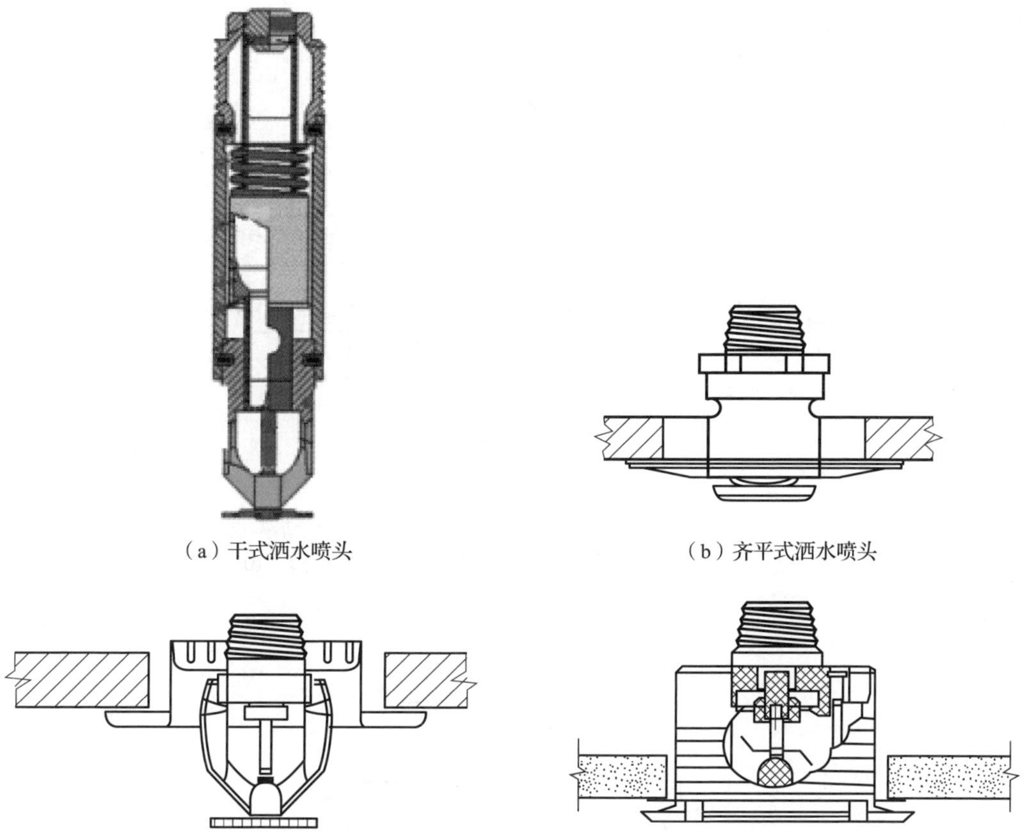

（a）干式洒水喷头　（b）齐平式洒水喷头

（c）嵌入式洒水喷头　（d）隐蔽式洒水喷头

图 3-3-16　几种特殊类型洒水喷头

（二）报警阀组

报警阀组的分类及组成

报警阀组分为湿式报警阀组、干式报警阀组、雨淋报警阀组和预作用装置。

（1）湿式报警阀组。

1）湿式报警阀组的组成。湿式报警阀是湿式系统的专用阀门，是只允许水流入系统，并在规定压力、流量下驱动配套部件报警的一种单向阀。湿式报警阀的主要元件为止回阀，其开启条件与入口压力及出口流量有关，它与延迟器、水力警铃、压力开关、控制阀等组成报警阀组，如图 3-3-17 所示。

2）湿式报警阀的工作原理。湿式报警阀组中报警阀的结构有两种，即隔板座圈型和导阀型。隔板座圈型湿式报警阀的结构如图 3-3-18 所示。

隔板座圈型湿式报警阀上设有进水口、报警口、测试口、检修口和出水口，阀内部设有阀瓣、阀座等组件，是控制水流方向的主要可动密封件。在准工作状态时，阀瓣上、下充满水，水的压强近似相等。由于阀瓣上面与水接触的面积大于下面与水接触的面积，因此阀瓣受到的水压合力向下。在水压力及自重的作用下，阀瓣坐落在阀座上，处于关闭状态。当水源压力出现波动或冲击时，通过补偿器（或补水单向阀）使上、下

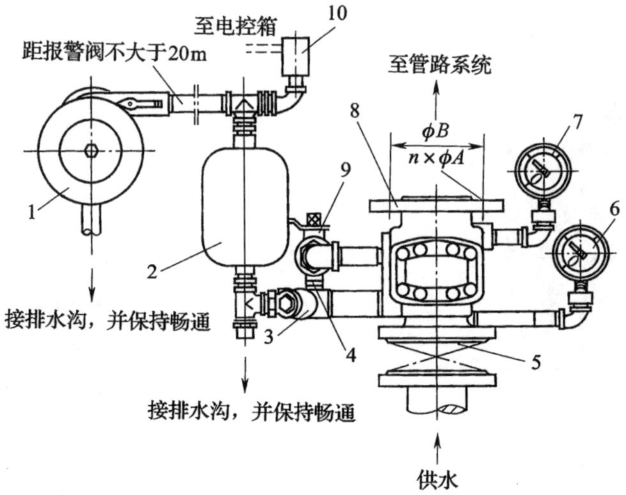

1—水力警铃；2—延迟器；3—过滤器；4—试验球阀；5—水源控制阀；
6—进水侧压力表；7—出水侧压力表；8—报警阀；9—排水球阀；10—压力开关。

图 3-3-17　湿式报警阀组

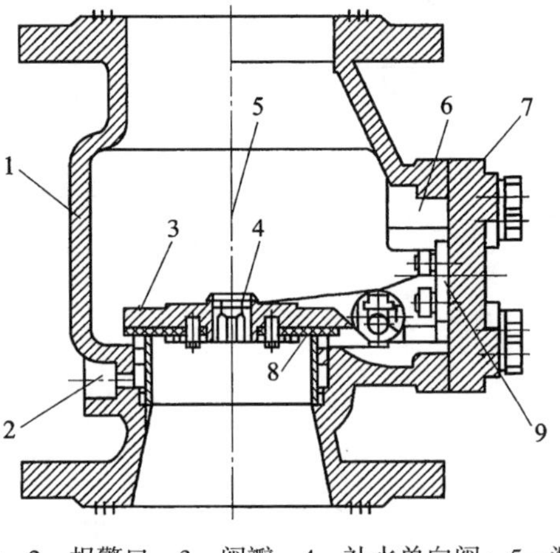

1—阀体；2—报警口；3—阀瓣；4—补水单向阀；5—测试口；
6—检修口；7—阀盖；8—座圈；9—支架。

图 3-3-18　隔板座圈型湿式报警阀

腔压力保持一致，水力警铃不发出警报，压力开关不接通，阀瓣仍处于准工作状态。补偿器具有防止误报或误动作功能。闭式喷头喷水灭火时，补偿器来不及补水，阀瓣上面的水压下降，当其下降到使下腔的水压足以开启阀瓣时，下腔内的水便向洒水管网及动作喷头供水，同时水沿着报警阀的环形槽进入报警口，流向延迟器、水力警铃，警铃发出声响警报，压力开关开启，发出电接点信号并启动自动喷水灭火系统的供水泵。

3）延迟器的工作原理。如图 3-3-19 所示，延迟器是一个罐式容器，其入口与报警阀的报警水流通道连接，出口与压力开关和水力警铃连接，延迟器入口前安装有过滤器。在准工作状态下，可防止因压力波动而产生误报警。当配水管道发生渗漏时，有可能引起湿式报警阀阀瓣的微小开启，使水进入延迟器。但是，由于水的流量小，进入延迟器的水会从延迟器底部的节流孔排出，使延迟器无法充满水，更不能从出口流向压力开关和水力警铃。只有当湿式报警阀开启，经报警通道进入延迟器的水流将延迟器注满并由出口溢出时，才能驱动水力警铃和压力开关。

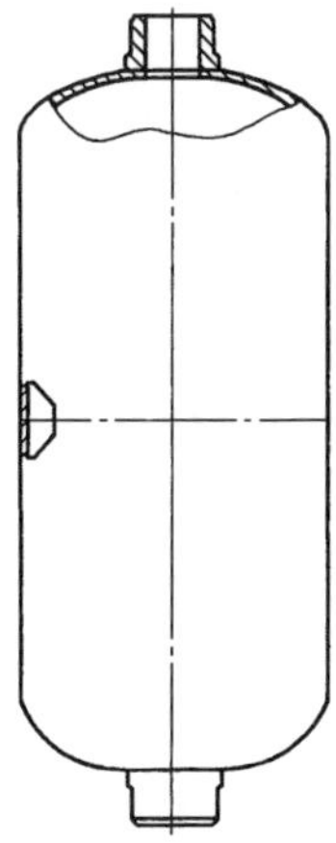
图 3–3–19　延迟器

4）水力警铃的工作原理。水力警铃是一种靠水力驱动的机械警铃，安装在报警阀组的报警管道上。报警阀开启后，水流进入水力警铃并形成一股高速射流，冲击水轮带动铃锤快速旋转，敲击铃盖发出声响警报。水力警铃的构造如图 3–3–20 所示。

（2）干式报警阀组。

1）干式报警阀组的组成。干式报警阀组主要由干式报警阀、水力警铃、压力开关、空压机、安全阀、控制阀等组成，如图 3–3–21 所示。干式报警阀是在其出口侧充以压缩气体，当气压低于某一定值时能使水自动流入喷水系统并进行报警的单向阀。干式报警阀的阀瓣将阀门分成两部分，出口侧与系统管路相连，内充压缩空气；进口侧与水源相连，配水管道中的气压抵住阀瓣，使配水管道始终保持干管状态，通过两侧气压和水压的压力变化控制阀瓣的封闭和开启。

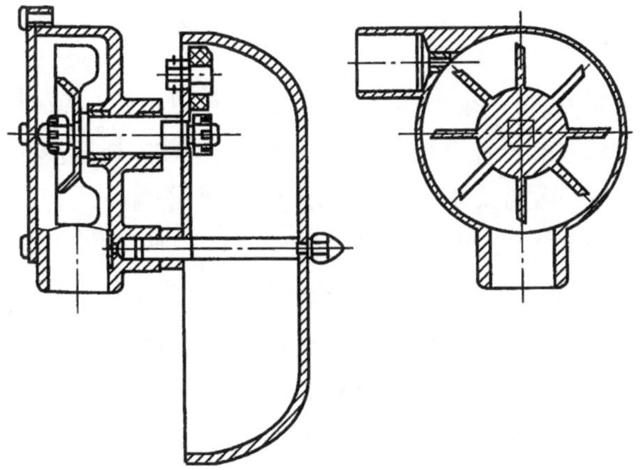
图 3–3–20　水力警铃的构造

2）干式报警阀的工作原理。干式报警阀的构造如图 3–3–22 所示。其中，阀瓣、水密封阀座、气密封阀座组成隔断水、气的可动密封件。在准工作状态下，报警阀处于关闭位置，橡胶面的阀瓣紧紧地闭合于两个同心的水、气密封阀座上，内侧为水密封圈，外侧为气密封圈，内、外侧之间的环形隔离室与大气相通，大气由报警接口配管通向平时开启的自动滴水球阀。在注水口加水加到打开注水排水阀有水流出为止，然后关闭注水口。注水是为了使气垫圈起密封作用，防止系统中的空气泄漏到隔离室或大气中。只要管道的气压保持在适当值，阀瓣就始终处于关闭状态。喷头开启后，干式报警阀自动开启，其后续一系列动作类似于湿式报警阀组。

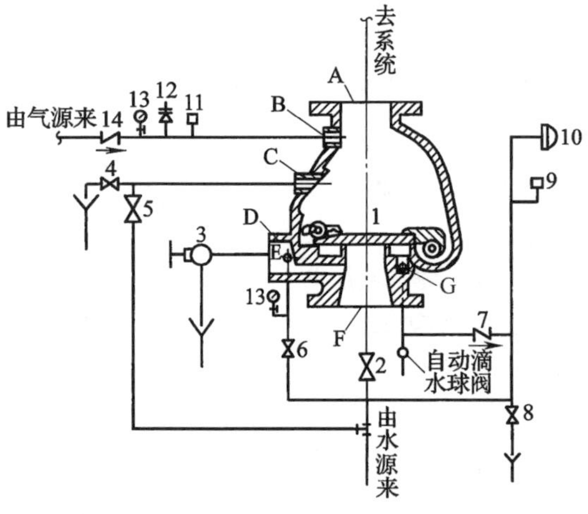

A—报警阀出口；B—充气口；C—注水、排水口；D—主排水口；E—试警铃口；F—供水口；G—信号报警口；
1—报警阀；2—水源控制阀；3—主排水阀；4—排水阀；5—注水阀；6—试警铃阀；7、14—止回阀；8—小孔阀；9—压力开关；10—警铃；11—低压压力开关；12—安全阀；13—压力表。

图 3-3-21　干式报警阀组的组成

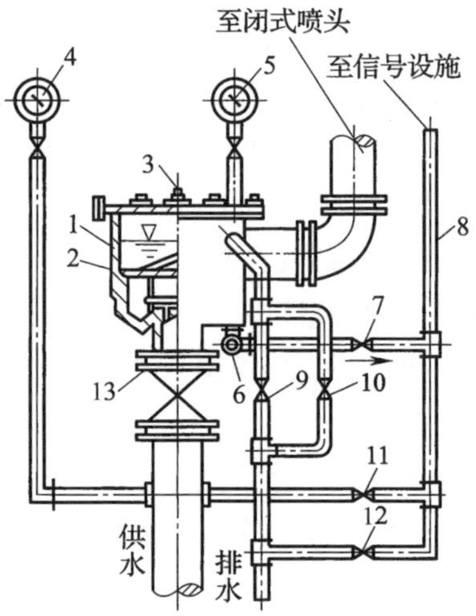

1—阀体；2—差动双盘阀板；3—充气塞；4—阀前压力表；5—阀后压力表；6—角阀；7—止回阀；8—信号管；9、10、11—截止阀；12—小孔阀；13—总闸阀。

图 3-3-22　干式报警阀的构造

（3）雨淋报警阀组。

1）雨淋报警阀组的组成。雨淋报警阀是通过电动、机械或其他方式开启，使水能够自动流入喷水灭火系统并同时进行报警的一种单向阀。其按照结构可分为隔膜式、推杆式、活塞式、蝶阀式、感温式雨淋报警阀。雨淋报警阀广泛应用于雨淋系统、水幕系统、水喷雾系统等各类开式系统中。雨淋报警阀组的组成如图 3-3-23 所示。

2）雨淋报警阀的工作原理。雨淋报警阀是水流控制阀，可以通过电动、液动、气动及机械方式开启电磁阀或平衡阀打开雨淋报警阀，其构造如图 3-3-24 所示。

雨淋报警阀的阀腔分成上腔、下腔和控制腔三部分。控制腔与供水管道连通，中间设限流传压的孔板。供水管道中的压力水推动控制腔中的膜片，进而推动驱动杆顶紧阀瓣锁定杆，锁定杆产生力矩，把阀瓣锁定在阀座上。阀瓣使下腔内的压力水不能进入上腔。控制腔泄压时，使驱动杆作用在阀瓣锁定杆上的力矩低于供水压力作用在阀瓣上的力矩，于是阀瓣开启，供水进入配水管道。

（4）预作用装置。

预作用装置由预作用报警阀组、控制盘、气压维持装置和空气供给装置等组成，它是通过电动、气动、机械或其他方式控制报警阀组开启，使水能够单向流入喷水灭火系统，并同时进行报警的一种单向阀组装置。预作用装置的结构如图 3-3-25 所示。

（三）水流指示器

水流指示器是在自动喷水灭火系统中将水流信号转换成电信号的一种水流报警装置，一般用于湿式、干式、预作用、自动喷水－泡沫联用系统中。水流指示器的桨片与水流方向垂直，喷头开启后引起管道中的水流动，当桨片或膜片感知水流的作用力时带动微动开关动作，接通延时线路，延时器开始计时。达到设定的延时时间后，桨片仍朝水流方向偏转无法回位，电触点闭合，输出信号。当水流停止时，桨片和动作杆复位，触点断开，信号消除。螺纹式和法兰式水流指示器的结构如图 3–3–26 所示。

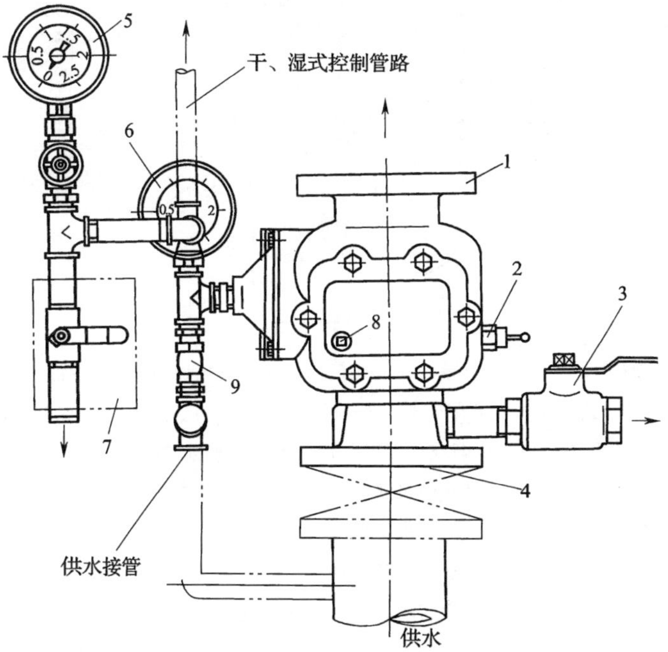

1—雨淋报警阀；2—自动滴水阀；3—排水球阀；4—供水控制阀；5—隔膜室压力表；
6—供水压力表；7—紧急手动控制装置；8—阀瓣复位轴；9—节流阀。

图 3–3–23　雨淋报警阀组的组成

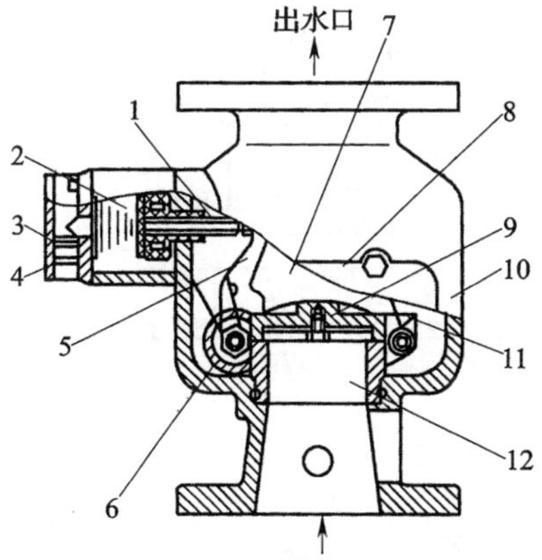

1—驱动杆总成；2—侧腔；3—固锥弹簧；4—节流孔；5—锁止机构；
6—复位手轮；7—上腔；8—检修盖板；9—阀瓣总成；
10—阀体总成；11—复位扭簧；12—下腔。

图 3–3–24　雨淋报警阀的构造

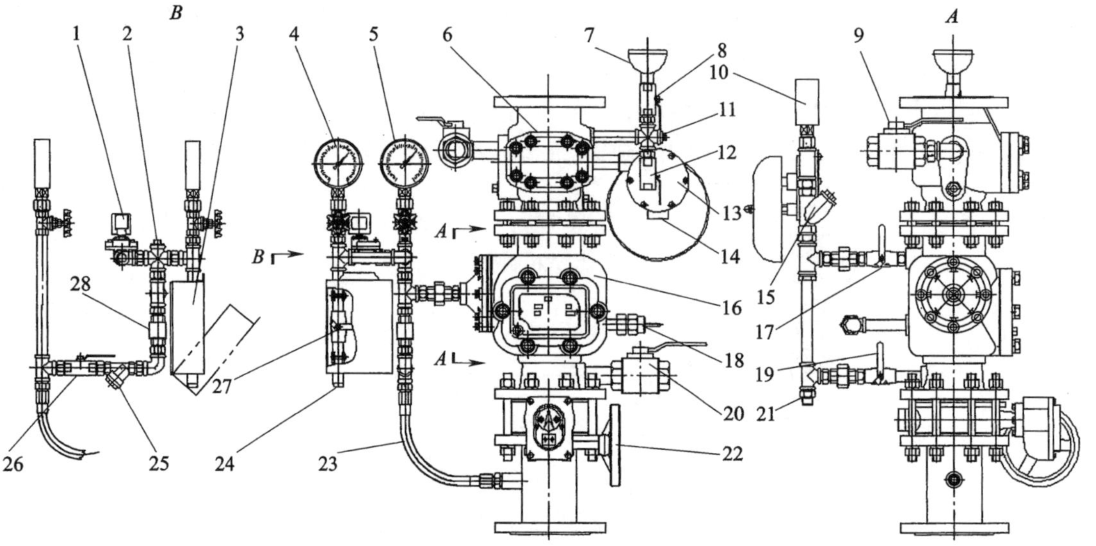

1—启动电磁阀；2—远程引导启动方式接口；3—紧急启动盒；4—隔膜室压力表；
5—补水压力表；6—隔离单向阀；7—底水漏斗；8—底水阀；9—试验排水阀；
10—压力开关；11—压缩空气接口；12—多余底水排水阀；13—水力警铃；
14—警铃排水口；15—报警通道过滤器；16—雨淋报警阀；17、19—报警试验阀；
18—滴水阀；20—排水阀；21—报警试验排水口；22—进水蝶阀；23—补水软管；
24—紧急启动排水口；25—补水通道过滤器；26—补水阀；
27—紧急启动阀；28—补水隔离单向阀。

图 3-3-25　预作用装置的结构

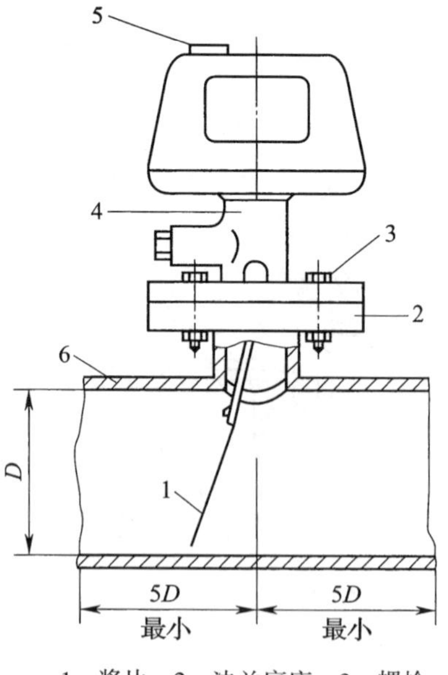

1—桨片；2—法兰底座；3—螺栓；
4—本体；5—接线孔；6—管道。

图 3-3-26　螺纹式和法兰式水流指示器

（四）压力开关

压力开关是一种压力传感器，它是自动喷水灭火系统中的一个部件，其作用是将系统的压力信号转化为电信号。接压力开关的管道充水压力达到设定值时，压力开关受到水压的作用后接通电触点，输出信号，实现报警和启动消防水泵。压力开关的构造如图 3–3–27 所示。

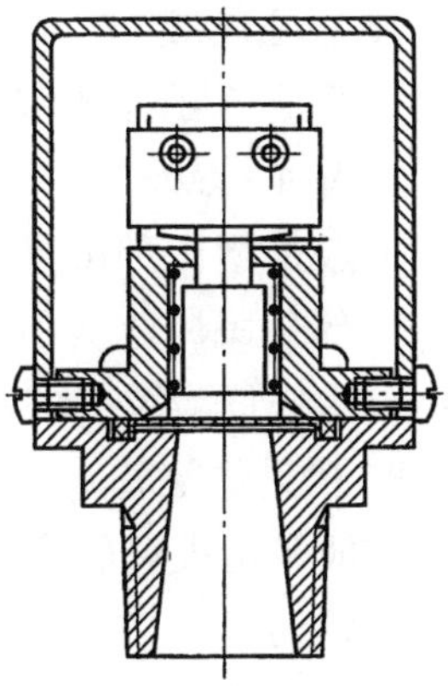

图 3–3–27　压力开关的构造

（五）末端试水装置

末端试水装置由试水阀、压力表以及试水接头等组成，用于监测自动喷水灭火系统末端压力，并可检验系统启动、报警及联动等功能的装置。末端试水装置的作用是检验系统的可靠性，测试干式系统和预作用系统的管道充水时间。末端试水装置的构造如图 3–3–28 所示。

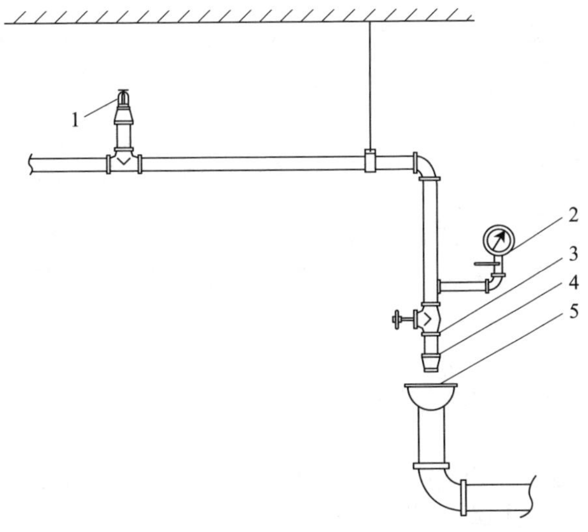

1—最不利点处喷头；2—压力表；3—球阀；4—试水接头；5—排水漏斗。

图 3–3–28　末端试水装置的构造

第二节　系统设计及主要组件的设置

一、系统设计基本参数

自动喷水灭火系统的设计应以《自动喷水灭火系统设计规范》（GB 50084—2017）等国家标准和规范为依据，根据设置场所和保护对象特点，确定火灾危险等级、防护目的和设计基本参数。

（一）火灾危险等级

自动喷水灭火系统设置场所的火灾危险等级共分为 4 类 8 级，即轻危险级、中危险级（Ⅰ、Ⅱ级）、严重危险级（Ⅰ、Ⅱ级）和仓库危险级（Ⅰ、Ⅱ、Ⅲ级）。

1. 轻危险级

一般是指可燃物品较少、火灾放热速率较低、外部增援和人员疏散较容易的场所。

2. 中危险级

一般是指内部可燃物数量、火灾放热速率中等，火灾初期不会引起剧烈燃烧的场所。大部分民用建筑和工业厂房划归中危险级。根据此类场所种类多、范围广的特点，再细分为中危险级Ⅰ级和中危险级Ⅱ级。

3. 严重危险级

一般是指火灾危险性大，且可燃物品数量多，火灾发生时容易引起猛烈燃烧并可能迅速蔓延的场所。

4. 仓库危险级

根据仓库储存物品及其包装材料的火灾危险性，将仓库火灾危险等级划分为Ⅰ、Ⅱ、Ⅲ级。仓库危险级Ⅰ级一般是指储存食品、烟酒以及用木箱、纸箱包装的不燃或难燃物品的场所；仓库危险级Ⅱ级一般是指储存木材、纸、皮革等物品和用各种塑料瓶、盒包装的不燃物品及各类物品混杂储存的场所；仓库危险级Ⅲ级一般是指储存A组塑料与橡胶及其制品等物品的场所。

自动喷水灭火系统设置场所的火灾危险等级举例见表3-3-3。

表3-3-3　自动喷水灭火系统设置场所的火灾危险等级举例

<table>
<tr><th colspan="2">火灾危险等级</th><th>设置场所举例</th></tr>
<tr><td colspan="2">轻危险级</td><td>住宅建筑、幼儿园、老年人建筑，建筑高度为24m及以下的旅馆、办公楼；仅在走道设置闭式系统的建筑等</td></tr>
<tr><td rowspan="2">中危险级</td><td>Ⅰ级</td><td>1. 高层民用建筑：旅馆、办公楼、综合楼、邮政楼、金融电信楼、指挥调度楼、广播电视楼（塔）等；
2. 公共建筑（含单、多、高层）：医院、疗养院，图书馆（书库除外）、档案馆、展览馆（厅），影剧院、音乐厅和礼堂（舞台除外）及其他娱乐场所，火车站、机场及码头的建筑，总建筑面积小于5 000m^{2}的商场、总建筑面积小于1 000m^{2}的地下商场等；
3. 文化遗产建筑：木结构古建筑、国家文物保护单位等；
4. 工业建筑：食品、家用电器、玻璃制品等工厂的备料与生产车间等，冷藏库、钢屋架等建筑构件</td></tr>
<tr><td>Ⅱ级</td><td>1. 民用建筑：书库，舞台（葡萄架除外），汽车停车场，总建筑面积为5 000m^{2}及以上的商场，总建筑面积为1 000m^{2}及以上的地下商场，净空高度不超过8m、物品高度不超过3.5m的超级市场等；
2. 工业建筑：棉、毛、麻、丝及化纤的纺织，织物及其制品，木材木器及胶合板，谷物加工，烟草及其制品，饮用酒（啤酒除外），皮革及制品，造纸及纸制品，制药等工厂的备料与生产车间等</td></tr>
</table>

续表 3-3-3

<table>
<tr><th colspan="2">火灾危险等级</th><th>设置场所举例</th></tr>
<tr><td rowspan="2">严重危险级</td><td>Ⅰ级</td><td>印刷厂，酒精制品、可燃液体制品等工厂的备料与生产车间，净空高度不超过 8m、物品高度超过 3.5m 的超级市场等</td></tr>
<tr><td>Ⅱ级</td><td>易燃液体喷雾操作区域，固体易燃物品、可燃的气溶胶制品、溶剂清洗、喷涂油漆、沥青制品等工厂的备料与生产车间，摄影棚、舞台、葡萄架下部等</td></tr>
<tr><td rowspan="3">仓库危险级</td><td>Ⅰ级</td><td>食品、烟酒，木箱、纸箱包装的不燃及难燃物品等</td></tr>
<tr><td>Ⅱ级</td><td>木材、纸、皮革、谷物及制品，棉、毛、麻、丝、化纤及制品，家用电器、电缆、B 组塑料与橡胶及其制品，钢塑混合材料制品，各种塑料瓶、盒包装的不燃、难燃物品及各类物品混杂储存的仓库等</td></tr>
<tr><td>Ⅲ级</td><td>A 组塑料与橡胶及其制品，沥青制品等</td></tr>
<tr><td>备注</td><td colspan="2">A 组塑料、橡胶：丙烯腈－丁二烯－苯乙烯共聚物（ABS）、缩醛（聚甲醛）、聚甲基丙烯酸甲酯、玻璃纤维增强聚酯（FRP）、热塑性聚酯（PET）、聚丁二烯、聚碳酸酯、聚乙烯、聚丙烯、聚苯乙烯、聚氨基甲酸酯、高增塑聚氯乙烯（PVC，如人造革、胶片等）、苯乙烯－丙烯腈（SAN）等，丁基橡胶、乙丙橡胶（EPDM）、发泡类天然橡胶、腈橡胶（丁腈橡胶）、聚酯合成橡胶、丁苯橡胶（SBR）等。
B 组塑料、橡胶：醋酸纤维素、醋酸丁酸纤维素、乙基纤维素、氟塑料、锦纶（锦纶 6、锦纶 6/6）、三聚氰胺甲醛、酚醛塑料、硬聚氯乙烯（PVC，如管道、管件等）、聚偏二氟乙烯（PVDC）、聚偏氟乙烯（PVDF）、聚氟乙烯（PVF）、脲甲醛等，氯丁橡胶、不发泡类天然橡胶、硅橡胶等，粉末、颗粒、压片状的 A 组塑料</td></tr>
</table>

（二）系统设计基本参数

自动喷水灭火系统的设计参数应根据建筑物的不同用途、规模及其火灾危险等级等因素确定。

1. 民用建筑和工业厂房的系统设计基本参数

对于民用建筑和工业厂房，采用湿式系统的设计基本参数应符合表 3-3-4 的规定。仅在走道设置洒水喷头的闭式系统，其作用面积应按最大疏散距离所对应的走道面积确定；在装有网格、栅板类通透性吊顶的场所，系统的喷水强度应按表 3-3-4 规定值的 1.3 倍确定；干式系统的作用面积按表 3-3-4 规定值的 1.3 倍确定。系统最不利点处喷头的工作压力应经计算确定，且不应低于 0.05MPa。

2. 民用建筑和厂房高大空间场所的系统设计基本参数

民用建筑和厂房高大空间场所采用的湿式系统，其设计基本参数应符合表 3-3-5 的规定。表中未列入的场所，应根据该表规定场所的火灾危险性类比确定。当民用建筑高大空间场所的最大净空高度为 12m$<H\leq$18m 时，应采用非仓库型特殊应用喷头。最大净空高度超过 8m 的超级市场采用的湿式系统，其设计基本参数应按仓库湿式系统设计基本参数执行。

表 3-3-4　民用建筑和工业厂房采用湿式系统的设计基本参数

火灾危险等级		最大净空高度 H/m	喷水强度 /[L/(min·m^2)]	作用面积 /m^2
轻危险级		8	4	160
中危险级	Ⅰ级		6	160
	Ⅱ级		8	
严重危险级	Ⅰ级		12	260
	Ⅱ级		16	

表 3-3-5　民用建筑和厂房高大空间场所采用湿式系统的设计基本参数

适用场所		最大净空高度 H/m	喷水强度 /[L/(min·m^2)]	作用面积 /m^2	喷头间距 S/m
民用建筑	中庭、体育馆、航站楼等	$8<H\leqslant12$	12	160	$1.8\leqslant S\leqslant3$
		$12<H\leqslant18$	15		
	影剧院、音乐厅、会展中心等	$8<H\leqslant12$	15		
		$12<H\leqslant18$	20		
厂房	制衣制鞋、玩具、木器、电子生产车间等	$8<H\leqslant12$	15	160	$1.8\leqslant S\leqslant3$
	棉纺厂、麻纺厂、泡沫塑料生产车间等		20		

3. 仓库的系统设计基本参数

对于仓库，系统的设计基本参数应根据仓库内物品的火灾危险性质、储存方式以及系统所选用的喷头类型，按照《自动喷水灭火系统设计规范》(GB 50084—2017)的有关规定确定。

(1)仓库危险级Ⅰ级场所湿式系统的设计基本参数。火灾危险等级为仓库危险级Ⅰ级的储存仓库及类似场所，采用湿式系统时，其设计基本参数应符合表 3-3-6 的规定。

(2)仓库危险级Ⅱ级场所湿式系统的设计基本参数。火灾危险等级为仓库危险级Ⅱ级的储存仓库及类似场所，采用湿式系统时，其设计基本参数应符合表 3-3-7 的规定。

表 3-3-6　仓库危险级 I 级场所湿式系统的设计基本参数

<table>
<tr><th>储存方式</th><th>最大净空高度 H/m</th><th>最大储物高度 H_s/m</th><th>喷水强度 /[L/(min·m²)]</th><th>作用面积 /m²</th><th>持续喷水时间 /h</th></tr>
<tr><td rowspan="3">堆垛、托盘</td><td rowspan="10">9</td><td>$H_s \leq 3.5$</td><td>8</td><td>160</td><td>1</td></tr>
<tr><td>$3.5 < H_s \leq 6$</td><td>10</td><td rowspan="2">200</td><td rowspan="9">1.5</td></tr>
<tr><td>$6 < H_s \leq 7.5$</td><td>14</td></tr>
<tr><td rowspan="2">单、双、多排货架</td><td>$H_s \leq 3$</td><td>6</td><td rowspan="2">160</td></tr>
<tr><td>$3 < H_s \leq 3.5$</td><td>8</td></tr>
<tr><td rowspan="2">单、双排货架</td><td>$3.5 < H_s \leq 6$</td><td>18</td><td rowspan="5">200</td></tr>
<tr><td>$6 < H_s \leq 7.5$</td><td>14+1J</td></tr>
<tr><td rowspan="3">多排货架</td><td>$3.5 < H_s \leq 4.5$</td><td>12</td></tr>
<tr><td>$4.5 < H_s \leq 6$</td><td>18</td></tr>
<tr><td>$6 < H_s \leq 7.5$</td><td>18+1J</td></tr>
</table>

注：1. 货架储物高度大于 7.5m 时，应设置货架内置洒水喷头。顶板下洒水喷头的喷水强度不应低于 18L/（min· m^2），作用面积不应小于 $200m^2$，持续喷水时间不应小于 2h。

2. 本表及表 3-3-7、表 3-3-10 中字母“J”表示货架内置洒水喷头，“J”前的数字表示货架内置洒水喷头的层数。

表 3-3-7　仓库危险级 II 级场所湿式系统的设计基本参数

<table>
<tr><th>储存方式</th><th>最大净空高度 H/m</th><th>最大储物高度 H_s/m</th><th>喷水强度 /[L/(min·m²)]</th><th>作用面积 /m²</th><th>持续喷水时间 /h</th></tr>
<tr><td rowspan="3">堆垛、托盘</td><td rowspan="10">9</td><td>$H_s \leq 3.5$</td><td>8</td><td>160</td><td>1.5</td></tr>
<tr><td>$3.5 < H_s \leq 6$</td><td>16</td><td rowspan="2">200</td><td rowspan="2">2</td></tr>
<tr><td>$6 < H_s \leq 7.5$</td><td>22</td></tr>
<tr><td rowspan="2">单、双、多排货架</td><td>$H_s \leq 3$</td><td>8</td><td>160</td><td rowspan="2">1.5</td></tr>
<tr><td>$3 < H_s \leq 3.5$</td><td>12</td><td>200</td></tr>
<tr><td rowspan="2">单、双排货架</td><td>$3.5 < H_s \leq 6$</td><td>24</td><td>280</td><td rowspan="2">2</td></tr>
<tr><td>$6 < H_s \leq 7.5$</td><td>22+1J</td><td>200</td></tr>
<tr><td rowspan="3">多排货架</td><td>$3.5 < H_s \leq 4.5$</td><td>18</td><td rowspan="3">200</td><td rowspan="3">2</td></tr>
<tr><td>$4.5 < H_s \leq 6$</td><td>18+1J</td></tr>
<tr><td>$6 < H_s \leq 7.5$</td><td>18+2J</td></tr>
</table>

注：货架储物高度大于 7.5m 时，应设置货架内置洒水喷头。顶板下洒水喷头的喷水强度不应低于 20L/（min· m^2），作用面积不应小于 $200m^2$，持续喷水时间不应小于 2h。

（3）仓库危险级Ⅲ级场所湿式系统的设计基本参数。火灾危险等级为仓库危险级Ⅲ级的储存仓库及类似场所，采用货架储存和堆垛储存方式时，其湿式系统的设计基本参数应分别符合表 3–3–8 和表 3–3–9 的规定。

（4）混杂储存仓库湿式系统的设计基本参数。仓库危险级Ⅰ级、Ⅱ级的仓库中混杂储存有仓库危险级Ⅲ级的货品时，系统的设计基本参数应符合表 3–3–10 的规定。

表 3–3–8　仓库危险级Ⅲ级货架储存场所湿式系统的设计基本参数

序号	最大净空高度 H/m	最大储物高度 H_s/m	货架类型	喷水强度 /［L/（min·m²）］	货架内置洒水喷头		
					层数	高度 /m	流量系数 K
1	4.5	$1.5<H_s\leq3$	单、双、多	12	—	—	—
2	6	$1.5<H_s\leq3$	单、双、多	18	—	—	—
3	7.5	$3<H_s\leq4.5$	单、双、多	24.5	—	—	—
4	7.5	$3<H_s\leq4.5$	单、双、多	12	1	3	80
5	7.5	$4.5<H_s\leq6$	单、双	24.5	—	—	—
6	7.5	$4.5<H_s\leq6$	单、双、多	12	1	4.5	115
7	9	$4.5<H_s\leq6$	单、双、多	18	1	3	80
8	8	$4.5<H_s\leq6$	单、双、多	24.5	—	—	—
9	9	$6<H_s\leq7.5$	单、双、多	18.5	1	4.5	115
10	9	$6<H_s\leq7.5$	单、双、多	32.5	—	—	—
11	9	$6<H_s\leq7.5$	单、双、多	12	2	3、6	80

注：1. 作用面积不应小于 200m²，持续喷水时间不应小于 2h。
2. 序号 4、6、7、11：货架内设置一排货架内置洒水喷头时，喷头的间距不应大于 3m；设置两排或多排货架内置洒水喷头时，喷头的间距不应大于 3m × 2.4m。
3. 序号 8：应采用流量系数 K 等于 161、202、242、363 的洒水喷头。
4. 序号 9：货架内设置一排货架内置洒水喷头时，喷头的间距不应大于 2.4m；设置两排或多排货架内置洒水喷头时，喷头的间距不应大于 2.4m × 2.4m。
5. 序号 10：应采用流量系数 K 等于 242、363 的洒水喷头。
6. 货架储物高度大于 7.5m 时，应设置货架内置洒水喷头，顶板下洒水喷头的喷水强度不应低于 22L/（min· m²），作用面积不应小于 200m²，持续喷水时间不应小于 2h。

表 3-3-9　仓库危险级Ⅲ级堆垛储存场所湿式系统的设计基本参数

最大净空高度 H/m	最大储物高度 H_s/m	喷水强度 / [L/ (min · m^2)]			
		A	B	C	D
7.5	1.5	8			
4.5	3.5	16	16	12	12
6		24.5	22	20.5	16.5
9		32.5	28.5	24.5	18.5
6	4.5	24.5	22	20.5	16.5
7.5	6	32.5	28.5	24.5	18.5

注：1. A 表示袋装与无包装的发泡塑料橡胶；B 表示箱装的发泡塑料橡胶；C 表示袋装与无包装的不发泡塑料橡胶；D 表示箱装的不发泡塑料橡胶。
2. 作用面积不应小于 240m^2，持续喷水时间不应小于 2h。

表 3-3-10　混杂储存仓库湿式系统的设计基本参数

储物类别	储存方式	最大净空高度 H/m	最大储物高度 H_s/m	喷水强度 / [L/ (min · m^2)]	作用面积 /m^2	持续喷水时间 /h
储物中包括沥青制品或箱装 A 组塑料橡胶	堆垛与货架	9	$H_s \leqslant 1.5$	8	160	1.5
		4.5	$1.5 < H_s \leqslant 3$	12	240	2
		6	$1.5 < H_s \leqslant 3$	16	240	2
		5	$1.5 < H_s \leqslant 3$	16	240	2
	堆垛	8	$1.5 < H_s \leqslant 3$	16	240	2
	货架	9	$1.5 < H_s \leqslant 3$	8+1J	160	2
储物中包括袋装 A 组塑料橡胶	堆垛与货架	9	$H_s \leqslant 1.5$	8	160	1.5
		4.5	$1.5 < H_s \leqslant 3$	16	240	2
		5	$1.5 < H_s \leqslant 3$			
	堆垛	9	$1.5 < H_s \leqslant 3$	16	240	2
储物中包括袋装不发泡 A 组塑料橡胶	堆垛与货架	6	$1.5 < H_s \leqslant 3$	16	240	2
储物中包括袋装发泡 A 组塑料橡胶	货架	6	$1.5 < H_s \leqslant 3$	8+1J	160	2
储物中包括轮胎或纸卷	堆垛与货架	9	$1.5 < H_s \leqslant 3.5$	12	240	2

注：1. 无包装的塑料橡胶视同纸袋、塑料袋包装。
2. 货架内置洒水喷头应采用与顶板下洒水喷头相同的喷水强度，用水量应按开放 6 只洒水喷头确定。

（5）采用早期抑制快速响应喷头的系统设计基本参数。仓库和类似场所采用早期抑制快速响应喷头时，系统的设计基本参数不应低于表 3-3-11 的规定。

表 3-3-11 采用早期抑制快速响应喷头的系统设计基本参数

储物类别	最大净空高度 H/m	最大储物高度 H_s/m	喷头流量系数 K	喷头设置方式	喷头最低工作压力 / MPa	喷头最大间距 / m	喷头最小间距 / m	作用面积内开放的喷头数 / 只
Ⅰ级、Ⅱ级、沥青制品、箱装不发泡塑料	9	7.5	202	直立型	0.35	3.7	2.4	12
				下垂型				
			242	直立型	0.25			
				下垂型				
			320	下垂型	0.2			
			363	下垂型	0.15			
	10.5	9	202	直立型	0.5	3		
				下垂型				
			242	直立型	0.35			
				下垂型				
			320	下垂型	0.25			
			363	下垂型	0.2			
	12	10.5	202	下垂型	0.5			
			242	下垂型	0.35			
			363	下垂型	0.3			
	13.5	12	363	下垂型	0.35			

续表 3-3-11

储物类别	最大净空高度 H/m	最大储物高度 H_s/m	喷头流量系数 K	喷头设置方式	喷头最低工作压力 / MPa	喷头最大间距 / m	喷头最小间距 / m	作用面积内开放的喷头数 / 只
袋装不发泡塑料	9	7.5	202	下垂型	0.5	3.7	2.4	12
			242	下垂型	0.35			
			363	下垂型	0.3			
	10.5	9	363	下垂型	0.35	3		
	12	10.5	363	下垂型	0.4			
箱装发泡塑料	9	7.5	202	直立型	0.35	3.7		
				下垂型				
			242	直立型	0.25			
				下垂型				
			320	下垂型	0.25			
			363	下垂型	0.15			
	12	10.5	363	下垂型	0.4	3		
袋装发泡塑料	7.5	6	202	下垂型	0.5	3.7		
			242	下垂型	0.35			
			363	下垂型	0.2			
	9	7.5	202	下垂型	0.7			
			242	下垂型	0.5			
			363	下垂型	0.3			
	12	10.5	363	下垂型	0.5	3		20

（6）采用仓库型特殊应用喷头的湿式系统设计基本参数。仓库和类似场所采用仓库型特殊应用喷头时，湿式系统的设计基本参数不应低于表 3–3–12 的规定。

表 3-3-12 采用仓库型特殊应用喷头的湿式系统设计基本参数

储物类别	最大净空高度 H/m	最大储物高度 H_s/m	喷头流量系数 K	喷头设置方式	喷头最低工作压力 / MPa	喷头最大间距 / m	喷头最小间距 / m	作用面积内开放的喷头数 / 只	持续喷水时间 /h
Ⅰ级、Ⅱ级	7.5	6	161	直立型	0.2	3.7	2.4	15	1
				下垂型					
			200	下垂型	0.15				
			242	直立型	0.1			12	
			363	下垂型	0.07				
				直立型	0.15				
	9	7.5	161	直立型	0.35			20	
				下垂型					
			200	下垂型	0.25				
			242	直立型	0.15				
			363	直立型	0.15			12	
				下垂型	0.07				
	12	10.5	363	直立型	0.1	3		24	
				下垂型	0.2			12	
箱装不发泡塑料	7.5	6	161	直立型	0.35	3.7		15	
				下垂型					
			200	下垂型	0.25				
			242	直立型	0.15				
			363	直立型	0.15			12	
				下垂型	0.07				
	9	7.5	363	直立型	0.15				
				下垂型	0.07				
	12	10.5	363	下垂型	0.2	3			
箱装发泡塑料	7.5	6	161	直立型	0.35	3.7		15	
				下垂型					
			200	下垂型	0.25				
			242	直立型	0.15				
			363	直立型	0.07				
				下垂型					

4. **局部应用系统的设计基本参数**

室内最大净空高度不超过 8m、保护区域总建筑面积不超过 1 000m² 且火灾等级为轻危险级或中危险级Ⅰ级场所的民用建筑，可采用局部应用系统。局部应用系统为湿式系统，并应采用快速响应喷头，喷水强度不应低于表 3–3–4 的规定，持续喷水时间不应低于 0.5h。喷头的选型、布置和作用面积（按开放喷头数确定）应符合下列要求：

（1）采用标准覆盖面积洒水喷头的系统，喷头的布置应符合轻危险级或中危险级Ⅰ级场所的有关规定，作用面积内开放的喷头数量应符合表 3–3–13 的规定。

表 3–3–13　采用标准覆盖面积洒水喷头时作用面积内开放喷头数量

保护区域总建筑面积和最大厅室建筑面积	开放喷头数量
保护区域总建筑面积超过 300m² 或最大厅室建筑面积超过 200m²	10 只
保护区域总建筑面积不超过 300m²	最大厅室喷头数 +2 只 当少于 5 只时，取 5 只；当多于 8 只时，取 8 只

（2）采用扩大覆盖面积洒水喷头的系统，喷头应采用正方形布置，其布置间距应按照直立型、下垂型扩大覆盖面积洒水喷头的布置间距要求，且不应小于 2.4m，作用面积应按开放喷头数量不少于 6 只确定。

5. **水幕系统设计基本参数**

水幕系统设计基本参数应符合表 3–3–14 的规定。

表 3–3–14　水幕系统设计基本参数

水幕系统类别	喷水点高度 H/m	喷水强度 /［L/（s·m）］	喷头工作压力 /MPa
防火分隔水幕	$H \leqslant 12$	2	0.1
防护冷却水幕	$H \leqslant 4$	0.5	

注：1. 防护冷却水幕的喷水点高度每增加 1m，喷水强度应增加 0.1L/（s·m），但超过 9m 时喷水强度仍采用 1L/（s·m）。

2. 系统持续喷水时间不应小于系统设置部位的耐火极限要求。

6. **防护冷却系统设计要求**

当采用防护冷却系统保护防火卷帘、防火玻璃墙等防火分隔设施时，系统应独立设置，喷头设置高度不应超过 8m；当设置高度为 4 ~ 8m 时，应采用快速响应洒水喷头；喷头设置高度不超过 4m 时，喷水强度不应小于 0.5L/（s·m）；当超过 4m 时，每增加 1m，喷水强度应增加 0.1L/（s·m）；喷头的设置应确保喷洒到被保护对象后布水均匀，喷头间距应为 1.8 ~ 2.4m；喷头溅水盘与防火分隔设施的水平距离不应大于 0.3m，与顶板的距离应符合《自动喷水灭火系统设计规范》（GB 50084—2017）的要求；持续喷水时间不应小于系统设置部位的耐火极限要求。

7. 持续喷水时间

除《自动喷水灭火系统设计规范》（GB 50084—2017）另有特殊规定外，自动喷水灭火系统的持续喷水时间应按火灾延续时间不小于 1h 确定。

二、系统主要组件的设置要求

自动喷水灭火系统主要由洒水喷头、报警阀组、水流指示器、压力开关、末端试水装置和管道等组件组成，本部分主要介绍各组件的设置要求。

（一）洒水喷头

1. 基本要求

设置闭式系统的场所，所选洒水喷头的类型和场所的最大净空高度应符合表 3-3-15 的规定，但仅用于保护室内钢屋架等建筑构件的洒水喷头和货架内置洒水喷头，可不受此表规定的限制。闭式系统洒水喷头的公称动作温度宜高于环境最高温度 30℃。

表 3-3-15　洒水喷头类型和场所净空高度

<table>
<tr><th colspan="2" rowspan="2">设置场所</th><th colspan="3">喷头类型</th><th rowspan="2">场所净空高度 H/m</th></tr>
<tr><th>一只喷头的保护面积</th><th>响应时间性能</th><th>流量系数 K</th></tr>
<tr><td rowspan="6">民用建筑</td><td rowspan="4">普通场所</td><td rowspan="3">标准覆盖面积洒水喷头</td><td>快速响应洒水喷头</td><td rowspan="3">K≥80</td><td rowspan="4">H≤8</td></tr>
<tr><td>特殊响应洒水喷头</td></tr>
<tr><td>标准响应洒水喷头</td></tr>
<tr><td>扩大覆盖面积洒水喷头</td><td>快速响应洒水喷头</td><td>K≥80</td></tr>
<tr><td rowspan="2">高大空间场所</td><td>标准覆盖面积洒水喷头</td><td>快速响应洒水喷头</td><td>K≥115</td><td>8<H≤12</td></tr>
<tr><td colspan="3">非仓库型特殊应用洒水喷头</td><td>12<H≤18</td></tr>
<tr><td rowspan="6">厂房</td><td colspan="2" rowspan="2">标准覆盖面积洒水喷头</td><td>特殊响应洒水喷头</td><td rowspan="2">K≥80</td><td rowspan="3">H≤8</td></tr>
<tr><td>标准响应洒水喷头</td></tr>
<tr><td colspan="2">扩大覆盖面积洒水喷头</td><td>标准响应洒水喷头</td><td>K≥80</td></tr>
<tr><td colspan="2" rowspan="2">标准覆盖面积洒水喷头</td><td>特殊响应洒水喷头</td><td rowspan="2">K≥115</td><td rowspan="3">8<H≤12</td></tr>
<tr><td>标准响应洒水喷头</td></tr>
<tr><td colspan="4">非仓库型特殊应用洒水喷头</td></tr>
<tr><td rowspan="4">仓库</td><td colspan="2" rowspan="2">标准覆盖面积洒水喷头</td><td>特殊响应洒水喷头</td><td rowspan="2">K≥80</td><td rowspan="2">H≤9</td></tr>
<tr><td>标准响应洒水喷头</td></tr>
<tr><td colspan="4">仓库型特殊应用洒水喷头</td><td>H≤12</td></tr>
<tr><td colspan="4">早期抑制快速响应洒水喷头</td><td>H≤13.5</td></tr>
</table>

2. 洒水喷头选型

（1）对于湿式系统，在吊顶下布置洒水喷头时，应采用下垂型或吊顶型洒水喷头；顶板为水平面的轻危险级、中危险级Ⅰ级住宅建筑、宿舍、旅馆建筑客房、医疗建筑病房和办公室，可采用边墙型洒水喷头；易受碰撞的部位，应采用带保护罩的洒水喷头或吊顶型洒水喷头；在不设吊顶的场所内设置洒水喷头，当配水支管布置在梁下时，应采用直立型洒水喷头；顶板为水平面且无梁、通风管道等障碍物影响喷头洒水的场所，可采用扩大覆盖面积洒水喷头；住宅建筑和宿舍、公寓等非住宅类居住建筑宜采用家用洒水喷头。自动喷水防护冷却系统可采用边墙型洒水喷头。

（2）对于干式系统和预作用系统，应采用直立型洒水喷头或干式下垂型洒水喷头。

（3）对于水幕系统，防火分隔水幕应采用开式洒水喷头或水幕喷头，防护冷却水幕应采用水幕喷头。

（4）对于公共娱乐场所，中庭环廊，医院、疗养院的病房及治疗区域，老年人、少儿、残障人士集体活动场所，超出消防水泵接合器供水高度的楼层，地下商业场所宜采用快速响应洒水喷头。建筑高度大于100m的公共建筑高层主体内设置的自动喷水灭火系统应采用快速响应喷头。当采用快速响应洒水喷头时，系统应为湿式系统。

（5）不宜选用隐蔽式洒水喷头，确需采用时，应仅适用于轻危险级和中危险级Ⅰ级场所。

3. 洒水喷头的布置

（1）直立型、下垂型标准覆盖面积洒水喷头的布置。直立型、下垂型标准覆盖面积洒水喷头的布置，包括同一根配水支管上洒水喷头的间距及相邻配水支管的间距，应根据系统设置场所的火灾危险等级、洒水喷头类型和工作压力确定，并应符合表3-3-16的规定，且不应小于1.8m。

表3-3-16　直立型、下垂型标准覆盖面积洒水喷头的布置

火灾危险等级	正方形布置的边长/m	矩形或平行四边形布置的长边边长/m	一只喷头的最大保护面积/m^2	喷头与端墙的距离/m	
				最大	最小
轻危险级	4.4	4.5	20	2.2	0.1
中危险级Ⅰ级	3.6	4	12.5	1.8	
中危险级Ⅱ级	3.4	3.6	11.5	1.7	
严重危险级、仓库危险级	3	3.6	9	1.5	

注：1. 设置单排洒水喷头的闭式系统，其洒水喷头间距应按地面不留漏喷空白点确定。
2. 严重危险级或仓库危险级场所宜采用流量系数大于80的洒水喷头。

（2）直立型、下垂型扩大覆盖面积洒水喷头的布置。直立型、下垂型扩大覆盖面积洒水喷头应采用正方形布置，其布置间距不应大于表3-3-17的规定，且不应小于2.4m。

表 3-3-17 直立型、下垂型扩大覆盖面积洒水喷头的布置

火灾危险等级	正方形布置的边长 /m	一只喷头的最大保护面积 /m^2	喷头与端墙的距离 /m	
			最大	最小
轻危险级	5.4	29	2.7	0.1
中危险级Ⅰ级	4.8	23	2.4	
中危险级Ⅱ级	4.2	17.5	2.1	
严重危险级	3.6	13	1.8	

（3）边墙型标准覆盖面积洒水喷头的布置。边墙型标准覆盖面积洒水喷头的最大保护跨度与间距应符合表 3–3–18 的规定。

表 3-3-18 边墙型标准覆盖面积洒水喷头的最大保护跨度与间距　　单位：m

火灾危险等级	配水支管上喷头的最大间距	单排喷头的最大保护跨度	两排相对喷头的最大保护跨度
轻危险级	3.6	3.6	7.2
中危险级Ⅰ级	3.0	3.0	6.0

注：1. 两排相对洒水喷头应交错布置。
2. 室内跨度大于两排相对喷头的最大保护跨度时，应在两排相对喷头中间增设一排喷头。

（4）边墙型扩大覆盖面积洒水喷头的布置。边墙型扩大覆盖面积洒水喷头的最大保护跨度和配水支管上洒水喷头的间距，应按洒水喷头在工作压力下能够喷湿对面墙和邻近端墙距溅水盘 1.2m 高度以下的墙面确定，且保护面积内的喷水强度应符合表 3–3–3 民用建筑和工业厂房采用湿式系统的设计基本参数的规定。

（5）直立型、下垂型早期抑制快速响应洒水喷头、特殊应用洒水喷头和家用洒水喷头的布置。除吊顶型洒水喷头及吊顶下设置的洒水喷头外，直立型、下垂型早期抑制快速响应洒水喷头、特殊应用洒水喷头和家用喷头溅水盘与顶板的距离应符合表 3–3–19 的规定。

表 3-3-19 喷头溅水盘与顶板的距离　　单位：mm

喷头类型		喷头溅水盘与顶板的距离 S_L
早期抑制快速响应洒水喷头	直立型	$100 \leqslant S_L \leqslant 150$
	下垂型	$150 \leqslant S_L \leqslant 360$
特殊应用洒水喷头		$150 \leqslant S_L \leqslant 200$
家用洒水喷头		$25 \leqslant S_L \leqslant 100$

（6）图书馆、档案馆、商场、仓库中通道上方洒水喷头的布置。图书馆、档案馆、商场、仓库中通道上方宜设有洒水喷头。洒水喷头与被保护对象的水平距离不应小于0.3m，喷头溅水盘与保护对象的最小垂直距离不应小于表3-3-20的规定。

表3-3-20 喷头溅水盘与保护对象的最小垂直距离 单位：mm

喷头类型	最小垂直距离
标准覆盖面积洒水喷头、扩大覆盖面积洒水喷头	450
特殊应用喷头、早期抑制快速响应喷头	900

（7）货架内置洒水喷头的布置。货架内置洒水喷头宜与顶板下洒水喷头交错布置，其溅水盘与上方层板的距离应符合《自动喷水灭火系统设计规范》（GB 50084—2017）的规定，与其下部储物顶面的垂直距离不应小于150mm。当货架内置洒水喷头上方有孔洞、缝隙时，可在洒水喷头的上方设置挡水板。挡水板应为正方形或圆形金属板，其平面面积不宜小于0.12m^2，周围弯边的下沿宜与洒水喷头的溅水盘平齐。

（8）通透性吊顶场所洒水喷头的布置。装设网格、栅板类通透性吊顶的场所，当通透面积占吊顶总面积的比例大于70%时，喷头应设置在吊顶上方，且通透性吊顶开口部位的净宽不应小于10mm，开口部位的厚度不应大于开口的最小宽度，喷头间距及溅水盘与吊顶上表面的距离应符合表3-3-21的规定。

表3-3-21 通透性吊顶场所喷头布置要求

火灾危险等级	喷头间距 S/m	喷头溅水盘与吊顶上表面的最小距离 /mm
轻危险级、中危险级Ⅰ级	$S \leqslant 3.0$	450
	$3.0 < S \leqslant 3.6$	600
	$S > 3.6$	900
中危险级Ⅱ级	$S \leqslant 3.0$	600
	$S > 3.0$	900

（9）闷顶和技术夹层内洒水喷头的设置。净空高度大于800mm的闷顶和技术夹层内应设置洒水喷头，当闷顶内敷设的配电线路采用不燃材料套管或封闭式金属线槽保护，风管保温材料等采用不燃、难燃材料制作，且无其他可燃物时，闷顶和技术夹层内可不设置洒水喷头。

（10）水幕喷头的布置。防火分隔水幕的喷头布置应保证水幕的宽度不小于6m。采用水幕喷头时，喷头不应少于3排；采用开式洒水喷头时，喷头不应少于2排。防护冷却水幕的喷头宜布置成单排。

（11）防护冷却系统喷头的布置。当防火卷帘、防火玻璃墙等防火分隔设施需采用防护冷却系统保护时，喷头应根据可燃物的情况，在防火分隔设施的一侧或两侧布置；外墙可只在需要保护的一侧布置。

（12）斜面顶板或吊顶场所的喷头布置。当顶板或吊顶为斜面时，喷头应垂直于斜面，并应按斜面距离确定喷头间距。坡屋顶的屋脊处应设一排喷头，当屋顶坡度不小于1/3时，喷头溅水盘至屋脊的垂直距离不应大于800mm；当屋顶坡度小于1/3时，喷头溅水盘至屋脊的垂直距离不应大于600mm。

（13）边墙型洒水喷头溅水盘与顶板和背墙的距离。采用边墙型洒水喷头时，其溅水盘与顶板和背墙的距离应符合表3-3-22的规定。

表3-3-22　边墙型洒水喷头溅水盘与顶板和背墙的距离　单位：mm

喷头类型		喷头溅水盘与顶板的距离 S_L	喷头溅水盘与背墙的距离 S_W
边墙型标准覆盖面积洒水喷头	直立式	$100 \leqslant S_L \leqslant 150$	$50 \leqslant S_W \leqslant 100$
	水平式	$150 \leqslant S_L \leqslant 300$	—
边墙型扩大覆盖面积洒水喷头	直立式	$100 \leqslant S_L \leqslant 150$	$100 \leqslant S_W \leqslant 150$
	水平式	$150 \leqslant S_L \leqslant 300$	—
边墙型家用喷头		$100 \leqslant S_L \leqslant 150$	—

（14）喷头布置的其他要求。喷头应布置在顶板或吊顶下易于接触到火灾热气流并有利于均匀布水的位置。除吊顶型洒水喷头及吊顶下设置的洒水喷头外，直立型、下垂型标准覆盖面积洒水喷头和扩大覆盖面积洒水喷头的溅水盘与顶板的距离不应小于75mm，且不应大于150mm。当在梁或其他障碍物的下方布置洒水喷头时，洒水喷头与顶板之间的距离不应大于300mm。梁和障碍物及密肋梁板下布置的洒水喷头，其溅水盘与梁等障碍物及密肋梁板底面的垂直距离不应小于25mm，且不应大于100mm。当在梁间布置洒水喷头时，洒水喷头与梁的距离应符合表3-3-23和图3-3-29的规定。确有困难时，溅水盘与顶板的距离不应大于550mm，以避免洒水遭受阻挡。梁间布置的洒水喷头，其溅水盘与顶板的距离达到550mm仍不能符合表3-3-23的规定时，应在梁底面的下方增设洒水喷头。

表3-3-23　洒水喷头与梁、通风管道等障碍物的距离　单位：mm

洒水喷头与梁、通风管道的水平距离 a	喷头溅水盘与梁或通风管道底面的垂直距离 b		
	标准覆盖面积洒水喷头	扩大覆盖面积洒水喷头、家用洒水喷头	早期抑制快速响应洒水喷头、特殊应用洒水喷头
$a<300$	0	0	0
$300 \leqslant a<600$	$b \leqslant 60$	0	$b \leqslant 40$

续表 3-3-23

洒水喷头与梁、通风管道的水平距离 a	喷头溅水盘与梁或通风管道底面的垂直距离 b		
	标准覆盖面积洒水喷头	扩大覆盖面积洒水喷头、家用洒水喷头	早期抑制快速响应洒水喷头、特殊应用洒水喷头
$600 \leqslant a<900$	$b \leqslant 140$	$b \leqslant 30$	$b \leqslant 140$
$900 \leqslant a<1\ 200$	$b \leqslant 240$	$b \leqslant 80$	$b \leqslant 250$
$1\ 200 \leqslant a<1\ 500$	$b \leqslant 350$	$b \leqslant 130$	$b \leqslant 380$
$1\ 500 \leqslant a<1\ 800$	$b \leqslant 450$	$b \leqslant 180$	$b \leqslant 550$
$1\ 800 \leqslant a<2\ 100$	$b \leqslant 600$	$b \leqslant 230$	$b \leqslant 780$
$a \geqslant 2\ 100$	$b \leqslant 880$	$b \leqslant 350$	$b \leqslant 780$

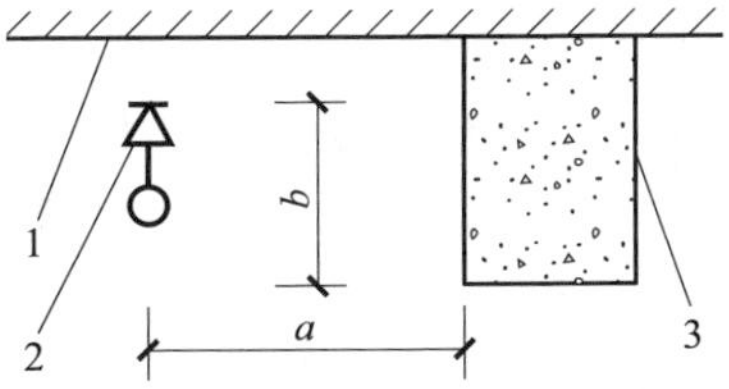

1—顶板；2—直立型喷头；3—梁（或通风管道）。
图 3-3-29　喷头与梁、通风管道等障碍物的距离

（二）报警阀组

自动喷水灭火系统应根据不同的系统设置相应的报警阀组。保护室内钢屋架等建筑构件的闭式系统应设置独立的报警阀组，水幕系统应设置独立的报警阀组或感温雨淋阀。

报警阀组宜设在安全且易于操作、检修的地点，环境温度不低于 4℃且不高于 70℃，距地面高度宜为 1.2m。设有报警阀组的部位应设置排水设施。水力警铃应设置在有人值班的地点附近或公共通道的外墙上，其与报警阀连接的管道直径应为 20mm，总长度不宜大于 20m；水力警铃的工作压力不应小于 0.05MPa。

一个报警阀组控制的喷头数，对于湿式系统、预作用系统不宜超过 800 只，对于干式系统不宜超过 500 只。串联接入湿式系统配水干管的其他自动喷水灭火系统，应分别设置独立的报警阀组，其控制的喷头数计入湿式阀组控制的喷头总数。每个报警阀组供水的最高和最低位置喷头的高程差不宜大于 50m。

雨淋报警阀组的电磁阀，在入口处应设置过滤器；并联设置雨淋报警阀组的雨淋系统，其雨淋报警阀控制腔的入口处应设置止回阀。

控制阀安装在报警阀的入口处，用于在系统检修时关闭系统。控制阀应保持在常开位置，保证系统时刻处于警戒状态。连接报警阀进出口的控制阀应采用信号阀，其启闭状态的信号应反馈到消防控制中心；采用其他阀门时，必须用锁具锁定阀位。

（三）水流指示器

（1）水流指示器的功能是及时报告发生火灾的部位。在设置闭式自动喷水灭火系统的建筑内，除报警阀组控制的洒水喷头仅保护不超过防火分区面积的同层场所外，每个防火分区和每个楼层均应设置水流指示器。

（2）仓库内顶板下洒水喷头与货架内置洒水喷头应分别设置水流指示器。

（3）当在水流指示器入口前设置控制阀时，应采用信号阀。

（四）压力开关

（1）压力开关安装在系统管网或报警阀延迟器出口后的报警管道上。自动喷水灭火系统应采用压力开关控制消防水泵和稳压泵，并能调节启、停稳压泵的压力。

（2）雨淋系统和防火分隔水幕系统的水流报警装置应采用压力开关。

（五）末端试水装置

（1）每个报警阀组控制的最不利点喷头处应设置末端试水装置，其他防火分区和楼层均应设置直径为25mm的试水阀。

（2）末端试水装置和试水阀应有标识，并设在便于操作的部位，距地面高度宜为1.5m，应具有压力显示功能，且应配备有足够排水能力的排水设施。

（3）末端试水装置试水接头的流量系数应与同楼层或同防火分区内选用的最小流量系数的喷头相等。末端试水装置的出水，应采用孔口出流的方式排入排水管道。排水立管宜设伸顶通气管，且管径不应小于75mm。

（六）管道

1. 管道的工作压力

自动喷水灭火系统配水管道的工作压力不应大于1.2MPa。其他用水设施不应设置在自动喷水灭火系统的配水管道上。轻危险级、中危险级场所中各配水管入口的压力均不宜大于0.4MPa。

2. 管道的材质

自动喷水灭火系统的配水管道应采用内外壁热镀锌钢管、涂覆钢管、不锈钢管或铜管。当报警阀入口前管道采用不防腐钢管时，应在报警阀前设置过滤器。

自动喷水灭火系统设置场所的火灾危险等级为轻危险级或中危险级Ⅰ级时，可采用氯化聚氯乙烯（PVC-C）管。采用氯化聚氯乙烯（PVC-C）管材及管件时，系统应选用湿式系统，并应采用快速响应喷头；配水管及配水支管的直径不应超过*DN*80，且不应穿越防火分区；当设置在有吊顶场所时，吊顶内不应有可燃物，且吊顶材料应为不燃或难燃材料；当设置在无吊顶场所时，该场所的顶板应为水平、光滑顶板，且喷头溅水盘与顶板的距离不应大于100mm。

火灾危险等级为轻危险级或中危险级Ⅰ级的场所，洒水喷头与配水管道之间可采用消防洒水软管连接，但系统应为湿式系统，且消防洒水软管应设置在吊顶内，长度不应超过1.8m。

3. 管道的连接方式

（1）镀锌钢管、涂覆钢管可采用沟槽式连接件（卡箍）、螺纹或法兰连接方式。当报警阀前采用内壁不防腐钢管时，可采用焊接方式连接。

（2）铜管可采用钎焊、沟槽式连接件（卡箍）、法兰和卡压等连接方式。

（3）不锈钢管可采用沟槽式连接件（卡箍）、法兰和卡压等连接方式，不宜采用焊接方式。

（4）氯化聚氯乙烯（PVC–C）管材、管件可采用粘接方式连接，与其他材质管材、管件连接时，可采用螺纹、法兰或沟槽式连接件（卡箍）连接。

（5）铜管、不锈钢管、氯化聚氯乙烯（PVC–C）管应采用配套的支架、吊架。

（6）系统中直径大于或等于 100mm 的管道，应分段采用法兰或沟槽式连接件（卡箍）连接。

4. 配水支管控制的喷头数量

配水管两侧每根配水支管控制的标准流量喷头数，轻危险级、中危险级场所不应超过 8 只，同时在吊顶上、下设置喷头的配水支管，上、下侧均不应超过 8 只。严重危险级和仓库危险级场所均不应超过 6 只。轻危险级、中危险级场所中配水支管、配水管控制的标准流量洒水喷头数量，应符合《自动喷水灭火系统设计规范》（GB 50084—2017）的规定。

5. 管道的直径

管道的直径应经水力计算确定。短立管及末端试水装置的连接管，其管径不应小于 25mm。干式系统、预作用系统的供气管道，采用钢管时，管径不宜小于 15mm；采用铜管时，管径不宜小于 10mm。

三、系统水力计算

水力计算是自动喷水灭火系统设计的核心部分，其决定系统投入灭火的水量以及对灭火水量的分配，是关系到系统可靠性、合理性和经济性的一项重要设计内容。在满足系统喷水强度、作用面积和供水时间的条件下，自动喷水灭火系统可通过水力计算优化系统管网配置和供水设施。

（一）系统的设计流量

自动喷水灭火系统的设计流量应按最不利点处作用面积内喷头同时喷水的总流量确定，且应按式（3–3–1）计算。系统设计流量还应保证最不利点处作用面积内任意 4 只喷头围合范围内的平均喷水强度，轻危险级、中危险级不应低于《自动喷水灭火系统设计规范》（GB 50084—2017）规定值的 85%；严重危险级和仓库危险级不应低于规范的规定值。

$$Q = \frac{1}{60}\sum_{i=1}^{n} q_i \tag{3-3-1}$$

式中　Q——系统设计流量（L/s）；

n——最不利点处作用面积内的洒水喷头数；

q_i——最不利点处作用面积内各喷头节点的流量（L/min）。

对于保护防火卷帘、防火玻璃墙等防火分隔设施的防护冷却系统，系统的设计流量应按计算长度内喷头同时喷水的总流量确定。当设置场所设有自动喷水灭火系统时，计算长度不应小于系统作用面积的长边长度。当设置场所未设置自动喷水灭火系统时，计算长度不应小于任意一个防火分区内所有需保护的防火分隔设施总长度之和。

另外，建筑内设有不同类型的系统或有不同危险等级的场所时，系统的设计流量应按其设计流量的最大值确定。当建筑物内同时设有自动喷水灭火系统和水幕系统时，系统的设计流量应按同时启用的自动喷水灭火系统和水幕系统的用水量计算，并应按二者之和中的最大值确定。主要考虑到建筑物内同时设置两个系统时，与自动喷水灭火系统作用面积交叉或连接的水幕有可能在火灾时同时工作。因此，系统的设计流量应包括与自动喷水灭火系统同时工作的水幕系统的用水量。

对于雨淋系统和水幕系统，其设计流量应按雨淋报警阀控制的洒水喷头的流量之和确定，多个雨淋报警阀并联的雨淋系统，系统设计流量应按同时启用雨淋报警阀的流量之和的最大值确定；水幕系统的设计流量应当是一个防火分区内各水幕系统的流量之和，如果一个建筑物内有多个防火分区采用防火分隔水幕，应取计算流量最大的一个防火分区的流量为系统设计流量，系统压力应满足各个防火分区的压力要求。

对于设置货架内置洒水喷头的仓库，顶板层洒水喷头与货架内置洒水喷头应分别计算设计流量，并应按其设计流量之和确定系统的设计流量。

系统最不利点处喷头的工作压力应经计算确定，喷头的流量应按式（3–3–2）计算。

$$q=K\sqrt{10P} \tag{3–3–2}$$

式中 q——喷头流量（L/min）；

K——喷头流量系数；

P——喷头工作压力（MPa）。

（二）管道水力计算

1. 管道沿程阻力损失

管道的沿程水头损失按式（3–3–3）计算：

$$h=iL \tag{3–3–3}$$

式中 h——沿程水头损失；

i——每米管道的水头损失（水力坡降）；

L——管段长度（m）。

管道的水力坡降可采用海澄－威廉公式，见式（3–3–4）：

$$i=6.05\left(\frac{q_g^{1.85}}{C_h^{1.85}d_j^{4.87}}\right)\times10^7 \tag{3–3–4}$$

式中 i——管道单位长度的水头损失（kPa/m）；

q_g——管道设计流量（L/min）；

C_h——海澄－威廉系数，见表 3–3–24；

d_j——管道计算内径（mm）。

表 3-3-24 不同类型管道的海澄 - 威廉系数

管道类型	C_h 值
镀锌钢管	120
铜管、不锈钢管	140
涂覆钢管、氯化聚氯乙烯（PVC-C）管	150

2. 局部阻力损失

局部水头损失应采用当量长度法计算，各种管件和阀门的当量长度如表 3-3-25 所示。

表 3-3-25 各种管件和阀门的当量长度（镀锌钢管）

管件和阀门	公称直径 /mm								
	25	32	40	50	65	80	100	125	150
45° 弯头	0.3	0.3	0.6	0.6	0.9	0.9	1.2	1.5	2.1
90° 弯头	0.6	0.9	1.2	1.5	1.8	2.1	3	3.7	4.3
90° 长弯管	0.6	0.6	0.6	0.9	1.2	1.5	1.8	2.4	2.7
三通或四通（侧向）	1.5	1.8	2.4	3	3.7	4.6	6.1	7.6	9.1
蝶阀	—	—	—	1.8	2.1	3.1	3.7	2.7	3.1
闸阀	—	—	—	0.3	0.3	0.3	0.6	0.6	0.9
止回阀	1.5	2.1	2.7	3.4	4.3	4.9	6.7	8.2	9.3
异径接头	32/25	40/32	50/40	65/50	80/65	100/80	125/100	150/125	200/150
	0.2	0.3	0.3	0.5	0.6	0.8	1.1	1.3	1.6

注：1. 过滤器当量长度的取值，由生产厂提供。

2. 当异径接头的出口直径不变而入口直径提高 1 级时，其当量长度应增大 0.5 倍；提高 2 级或 2 级以上时，其当量长度应增大 1.0 倍。

3. 当采用铜管或不锈钢管时，当量长度应乘以系数 1.33；当采用涂覆钢管、氯化聚氯乙烯（PVC-C）管时，当量长度应乘以系数 1.51。

3. 减压孔板、节流管和减压阀的计算

（1）减压孔板。减压孔板（图 3-3-30）应设在直径不小于 50mm 的水平直管段上，前后管段的长度不宜小于设置管段直径的 5 倍；孔口直径不得小于设置管段直径的 30%，且不应小于 20mm。减压孔板的水头损失和局部阻力系数应按式（3-3-5）和式（3-3-6）计算。

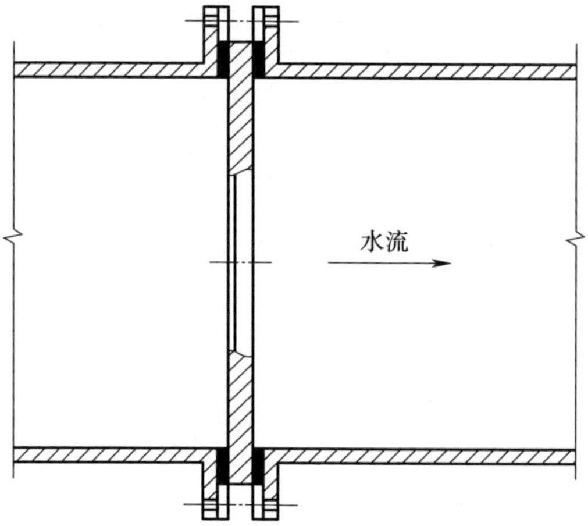

图 3-3-30　减压孔板结构示意图

$$H_k = \xi \frac{V_k^2}{2g} \tag{3-3-5}$$

式中　H_k——减压孔板的水头损失（10^{-2}MPa）；

ξ——减压孔板的局部阻力系数，按式（3-3-6）计算；

V_k——减压孔板后管道内水的平均流速（m/s）；

g——重力加速度（m/s^2）。

$$\xi = \left(1.75 \frac{d_j^2}{d_k^2} \cdot \frac{1.1 - \frac{d_k^2}{d_j^2}}{1.175 - \frac{d_k^2}{d_j^2}} - 1 \right)^2 \tag{3-3-6}$$

式中　d_j——管道内径（m）；

d_k——减压孔板的孔口直径（m）。

表 3-3-26 是根据式（3-3-6）计算得到的结果。

表 3-3-26　减压孔板的局部阻力系数

d_k/d_j	0.3	0.4	0.5	0.6	0.7	0.8
ξ	292	83.3	29.5	11.7	4.75	1.83

（2）节流管。节流管（图 3-3-31）的直径宜按上游管段直径的 1/2 确定，长度不宜小于 1m，节流管段内的平均流速不应大于 20m/s。节流管的水头损失宜按式（3-3-7）计算。

$$H_g = \zeta \frac{V_g^2}{2g} + 0.001\,07 \cdot L \cdot \frac{V_g^2}{d_g^{1.3}} \tag{3-3-7}$$

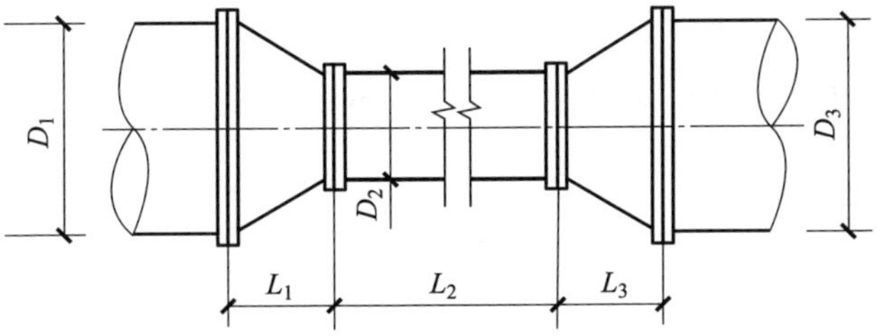

图 3-3-31 节流管结构示意图

注：$L_1=D_1$；$L_3=D_3$。

式中 H_g——节流管的水头损失（10^{-2}MPa）；

ζ——节流管中渐缩管与渐扩管的局部阻力系数之和，取值 0.7；

V_g——节流管内水的平均流速（m/s）；

L——节流管的长度（m）；

d_g——节流管的计算内径（m），取值应按节流管内径减 1mm 确定。

（3）减压阀。比例式减压阀的减压比可按式（3-3-8）计算，可调式减压阀应根据生产厂商提供的特性流量曲线选择阀门。

$$P_j=\frac{\alpha}{\beta}P_1=\beta P_2 \quad (3\text{-}3\text{-}8)$$

式中 P_j——减压阀进口动压（MPa）；

P_1——减压阀进口静压（MPa）；

P_2——减压阀出口静压（MPa）；

α——减压比，通常为 2∶1、3∶1 或 4∶1；

β——修正系数根据对比两式减压阀实测所得的流量 - 压力曲线，选取出口动压直线部分和出口静压之比。通常 β 由生产厂家提供，如无技术资料，可选用 0.8 ~ 0.9。

4. 水泵的扬程确定

水泵扬程或系统入口的供水压力应按式（3-3-9）计算：

$$H=(1.20\sim1.40)\sum P_p+P_0+Z-h_c \quad (3\text{-}3\text{-}9)$$

式中 H——水泵扬程或系统入口的供水压力（MPa）；

$\sum P_p$——管道沿程和局部水头损失的累计值（MPa），报警阀的局部水头损失应按照产品样本或检测数据确定；当无上述数据时，湿式报警阀取值 0.04MPa、干式报警阀取值 0.02MPa、预作用装置取值 0.08MPa、雨淋报警阀取值 0.07MPa、水流指示器取值 0.02MPa；

P_0——最不利点处喷头的工作压力（MPa）；

Z——最不利点处喷头与消防水池的最低水位或系统入口管水平中心线之间的高

程差，当系统入口管或消防水池最低水位高于最不利点处喷头时，Z 应取负值（MPa）；

h_c——从城市市政管网直接抽水时城市管网的最低水压（MPa）；当从消防水池吸水时，h_c 取 0。

四、系统控制

自动喷水灭火系统的消防水泵应同时具备自动控制、消防控制室（盘）远程控制和消防水泵房现场机械应急操作的启动方式。其中，自动控制启动方式应根据系统的不同类型而有所区别。

（一）湿式系统和干式系统的自动控制

湿式系统和干式系统应由消防水泵出水干管上设置的压力开关、高位消防水箱出水管上的流量开关和报警阀组压力开关直接启动消防水泵。干式系统配水管道充水时间不宜大于 1 min。

（二）预作用系统的自动控制

预作用系统应由火灾自动报警系统、消防水泵出水干管上设置的压力开关、高位消防水箱出水管上的流量开关和报警阀组压力开关直接启动消防水泵。由火灾自动报警系统和充气管道上设置的压力开关开启预作用装置的预作用系统，其配水管道充水时间不宜大于 1 min；仅由火灾自动报警系统联动开启预作用装置的预作用系统，其配水管道充水时间不宜大于 2 min。

（三）雨淋系统和水幕系统的自动控制

雨淋系统和自动控制的水幕系统，当采用火灾自动报警系统控制雨淋报警阀时，应由火灾自动报警系统、消防水泵出水干管上设置的压力开关、高位消防水箱出水管上的流量开关和报警阀组压力开关直接启动消防水泵；当采用充液（水）传动管控制雨淋报警阀时，应由消防水泵出水干管上设置的压力开关、高位消防水箱出水管上的流量开关和报警阀组压力开关直接启动消防水泵。雨淋系统配水管道充水时间不宜大于 2 min。

（四）预作用装置的自动控制

预作用装置的自动控制可采用仅由火灾自动报警系统直接控制，或由火灾自动报警系统和充气管道上设置的压力开关控制的方式。处于准工作状态时严禁误喷的场所，宜采用仅由火灾自动报警系统直接控制的预作用系统；处于准工作状态时严禁管道充水的场所和用于替代干式系统的场所，宜由火灾自动报警系统和充气管道上设置的压力开关控制预作用系统。快速排气阀入口前的电动阀应在启动消防水泵的同时开启。

（五）雨淋报警阀的自动控制

雨淋报警阀的自动控制可采用电动、液（水）动或气动方式。当雨淋报警阀采用充液（水）传动管自动控制时，闭式喷头与雨淋报警阀之间的高程差应根据雨淋报警阀的性能确定。

参考文献

[1] 中华人民共和国公安部消防局. 中国消防手册：第六卷[M]. 上海：上海科学技术出版社，2007.

练习题

一、一级注册消防工程师

（一）单项选择题

1. 自动喷水灭火系统设置场所的危险等级应根据建筑规模、高度以及火灾危险性、火灾荷载和保护对象的特点等确定。下列建筑中，自动喷水灭火系统设置场所的火灾危险等级为中危险级Ⅰ级的是（　　）。

A. 建筑高度为50m的办公楼　　B. 建筑高度为23m的四星级旅馆

C. 2 000个座位剧场的舞台　　D. 总建筑面积5 600m^2的商场

2. 在环境温度低于4℃的地区，建设一座地下车库，采用干式自动喷水灭火系统保护，系统的设计参数按照火灾危险等级的中危险级Ⅱ级确定，其作用面积不应小于（　　）m^2。

A. 160　　B. 208　　C. 192　　D. 260

3. 某商场内的防火卷帘采用水幕系统进行防护冷却，喷头设置高度为7m，水幕系统的喷水强度不应小于（　　）L/（s·m）。

A. 0.5　　B. 0.8　　C. 0.6　　D. 0.7

（二）多项选择题

1. 某地下车库，设置的自动喷水灭火系统采用直立型喷头。下列关于喷头溅水盘与车库顶板的垂直距离的说法，符合规范规定的有（　　）。

A. 喷头无障碍物遮挡时，不应小于25mm，不应大于150mm

B. 喷头有障碍物遮挡时，不应大于850mm

C. 喷头无障碍物遮挡时，不应小于75mm，不应大于150mm

D. 喷头有障碍物遮挡时，不应大于650mm

E. 喷头有障碍物遮挡时，不应大于550mm

2. 下列建筑场所湿式自动喷水灭火系统喷头选型方案中，正确的有（　　）。

A. 办公楼附建的地下汽车库选用直立型洒水喷头

B. 装有非通透性吊顶的商场选用下垂型洒水喷头

C. 多层旅馆客房选用边墙型洒水喷头

D. 工业园区员工集体宿舍选用家用喷头

E. 总建筑面积为5 000m^2的地下商场选用隐蔽式洒水喷头

二、二级注册消防工程师

（一）单项选择题

1. 某三层商业建筑，采用湿式自动喷水灭火系统保护，共设计有2 800个喷头保护吊顶下方空间，该建筑自动喷水灭火系统报警阀组的设置数量不应小于（　　）个。

A. 2　　B. 3　　C. 4　　D. 5

2. 根据现行国家标准《自动喷水灭火系统设计规范》，下列自动喷水灭火系统中，可组成防护冷却系统的是（　　）。

A. 闭式洒水喷头，湿式报警阀组　　B. 开式洒水喷头，雨淋报警阀组

C. 水幕喷头，雨淋报警阀组　　D. 闭式洒水喷头，干式报警阀组

（二）多项选择题

某办公楼的自动喷水灭火系统采用湿式系统，通过（　　）可直接自动启动该湿式系统的消防水泵。

A. 手动火灾报警按钮

B. 每个楼层设置的水流指示器

C. 消防水泵出水干管上设置的压力开关

D. 高位消防水箱出水管上的流量开关

E. 报警阀组压力开关

第四章 水喷雾灭火系统

学习要求

通过本章学习，应熟悉水喷雾灭火系统的分类、组成、工作原理和适用范围；掌握水喷雾灭火系统的选型、主要组件及设置要求。

水喷雾灭火系统是由水源、供水设备、管道、雨淋报警阀（或电动控制阀、气动控制阀）、过滤器和水雾喷头等组成，发生火灾时向保护对象喷射水雾进行灭火或防护冷却的系统。

第一节 系统的分类、组成及工作原理

一、系统分类

水喷雾灭火系统按启动方式分，可分为电动启动水喷雾灭火系统和传动管启动水喷雾灭火系统。

（一）电动启动水喷雾灭火系统

电动启动水喷雾灭火系统是以普通的火灾报警系统为火灾探测系统，通过传统的点型火灾探测器、线型火灾探测器探测火灾。当有火情发生时，火灾探测器将火警信号传到火灾报警控制器（联动型），火灾报警控制器（联动型）控制打开雨淋阀的电磁阀，雨淋阀控制腔的压力下降，雨淋阀打开，供水侧水压降低，系统压力开关自动启动消防水泵，系统喷水灭火。为了减少系统的响应时间，雨淋阀前的管道内应是充满水的状态。电动启动水喷雾灭火系统的系统示意图如图 3–4–1 所示。

（二）传动管启动水喷雾灭火系统

传动管启动水喷雾灭火系统是以传动管作为火灾探测系统，传动管内充满压缩空气或压力水。对于传动管充水的系统，当闭式喷头受火灾高温影响动作后，传动管内的压力迅速下降，导致雨淋阀控制腔压力下降，雨淋阀打开。对于传动管充气的系统，喷头动作后传动管内的压力下降，传动管与雨淋阀控制腔之间的气动阀动作、排水，使雨淋阀控制腔的压力下降，雨淋阀打开。雨淋阀打开后使系统供水侧压力下降，压力开关自动启动消防水泵，通过雨淋阀、管网将水送到水雾喷头，水雾喷头开始喷水灭火。传动管启动水喷雾灭火系统适用于不适合安装普通火灾探测系统的防爆场所等。传动管启动水喷雾灭火系统的系统示意图如图 3–4–2 所示。

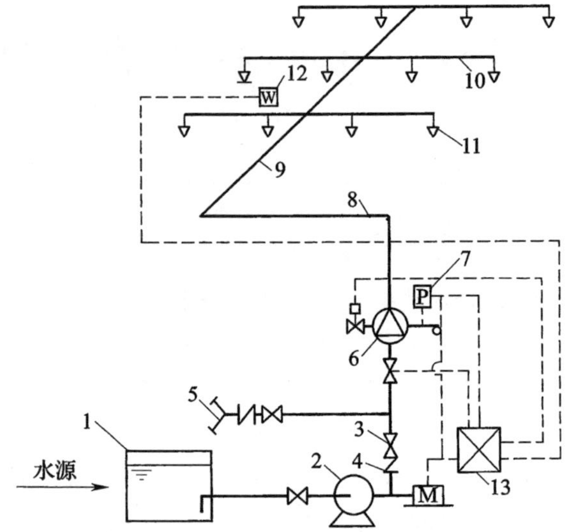

1—水池；2—水泵；3—闸阀；4—止回阀；5—水泵接合器；6—雨淋报警阀；7—压力开关；8—配水干管；9—配水管；10—配水支管；11—水雾喷头；12—感温探测器；13—报警控制器；P—压力开关；M—驱动电动机。

图 3-4-1　电动启动水喷雾灭火系统的系统示意图

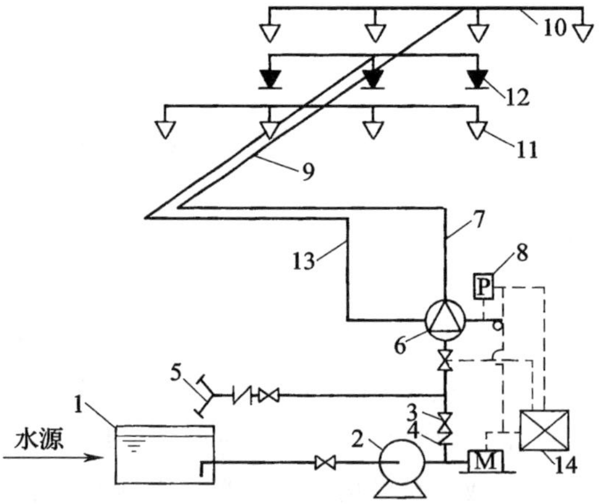

1—水池；2—水泵；3—闸阀；4—止回阀；5—水泵接合器；6—雨淋报警阀；7—配水干管；8—压力开关；9—配水管；10—配水支管；11—水雾喷头；12—闭式洒水喷头；13—传动管；14—报警控制器；P—压力开关；M—驱动电动机。

图 3-4-2　传动管启动水喷雾灭火系统的系统示意图

传动管启动水喷雾灭火系统按传动管内的充压介质不同，可分为充液传动管和充气传动管两种。充液传动管内的介质一般为压力水，这种方式适用于不结冰的场所，充液传动管的末端或最高点应安装自动排气阀。充气传动管内的介质一般为压缩空气，平时由空压机或其他气源保持传动管内的气压，这种方式适用于所有场所，但在北方寒冷地区，应在传动管的最低点设置冷凝器和汽水分离器，以保证传动管不会因冷凝水结冰而堵塞。

二、系统组成及产品的性能要求

水喷雾灭火系统通常由水源、供水设备、管道、雨淋报警阀（或电动控制阀、气动控制阀）、过滤器和水雾喷头等组成。系统示意图见图 3-4-1 和图 3-4-2。

水喷雾灭火系统的供水设备如消防水泵等为通用设备，本篇第二章已有详细描述，雨淋报警阀和自动喷水灭火系统雨淋系统用的雨淋阀相同，本篇第三章已有详细描述，本节不再涉及，下面主要对水雾喷头的产品性能进行介绍。

水雾喷头是在一定的压力作用下，利用离心或撞击原理将水流分解成细小水雾滴的喷头。水雾喷头应符合《自动喷水灭火系统　第 3 部分：水雾喷头》（GB 5135.3—2003）的规定。

（一）喷头分类

水雾喷头按结构可分为离心雾化型水雾喷头和撞击雾化型水雾喷头两种。

1. 离心雾化型水雾喷头

离心雾化型水雾喷头由喷头体、涡流器组成，水在较高的水压下通过喷头内部的离心旋转形成水雾喷射出来，它形成的水雾同时具有良好的电绝缘性，扑救电气火灾应选用离心雾化型水雾喷头。但离心雾化型水雾喷头的通道较小，时间长了容易堵塞。离心雾化型水雾喷头有 A 型和 B 型两种，其外形分别如图 3-4-3 和图 3-4-4 所示。A 型水雾喷头的进水口与出水口成 90° 角，安装后喷头出水方向可在一定范围内进行调节。B 型水雾喷头的出水口和进水口在一条直线上，安装后是完全固定不可调节的。

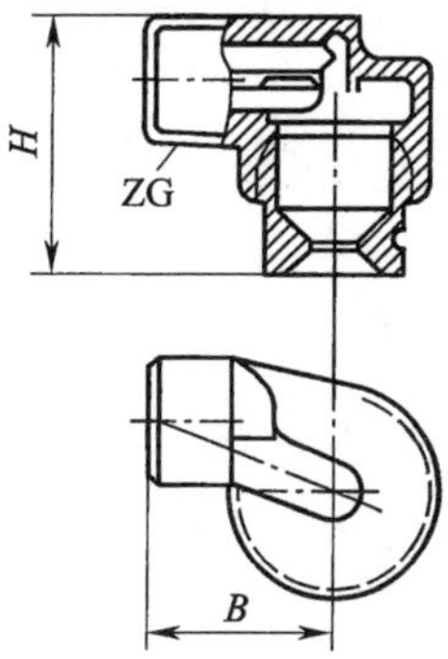

图 3-4-3　A 型水雾喷头

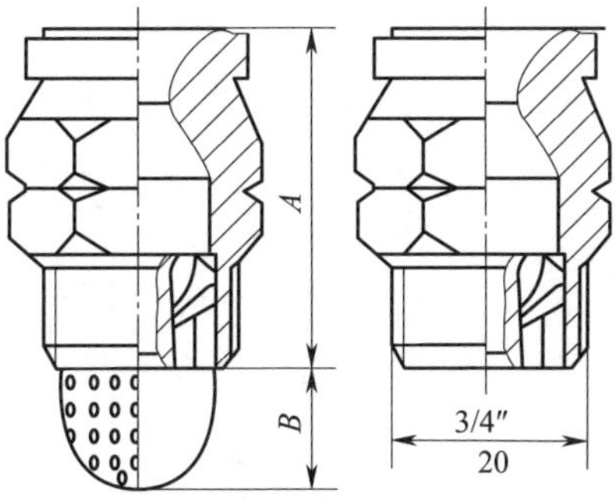

图 3-4-4　B 型水雾喷头

2. 撞击雾化型水雾喷头

撞击雾化型水雾喷头的压力水流通过撞击外置的溅水盘，在设定区域分散为均匀的锥形水雾。喷头由溅水盘、分流锥、框架本体和滤网组成。撞击雾化型水雾喷头根据需要可以水平安装，也可以下垂、斜向安装，其外形如图 3-4-5 所示。

（二）主要性能参数

1. 工作压力

水雾喷头的雾化效果与喷头的工作压力有直接关系。通常情况下，喷头的工作压力越大，其水雾滴粒径越小，雾化效果越好，灭火和冷却效率也就越高。当水雾喷头的工

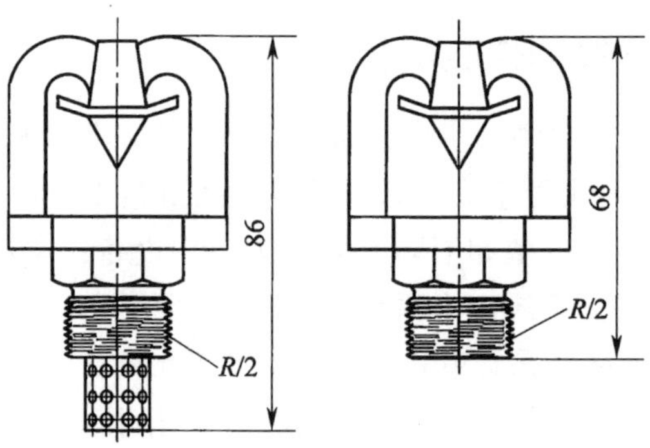

（a）带滤网型　　（b）无滤网型
图 3-4-5　撞击雾化型水雾喷头

作压力大于或等于 0.2MPa 时，能获得良好的分布形状和雾化效果，满足防护冷却的要求；当压力大于或等于 0.35MPa 时，能获得良好的雾化效果，满足灭火的要求。

2. 雾化角

水雾喷头喷出的水雾形成围绕喷头轴心线扩展的圆锥体，其锥顶角为水雾喷头的雾化角。水雾喷头常见的雾化角有 45°、60°、90°、120° 和 150° 五种规格。

3. 有效射程

水雾喷头的有效射程是指喷头水平喷射时，水雾达到的最高点与喷口之间的距离。有效射程示意图如图 3-4-6 所示有效射程是水雾喷头的重要性能参数，在有效射程范围内的水雾密集、速度适中，可满足灭火控火或防护冷却的要求，因此，水雾喷头与保护对象的距离不应大于水雾喷头的有效射程。

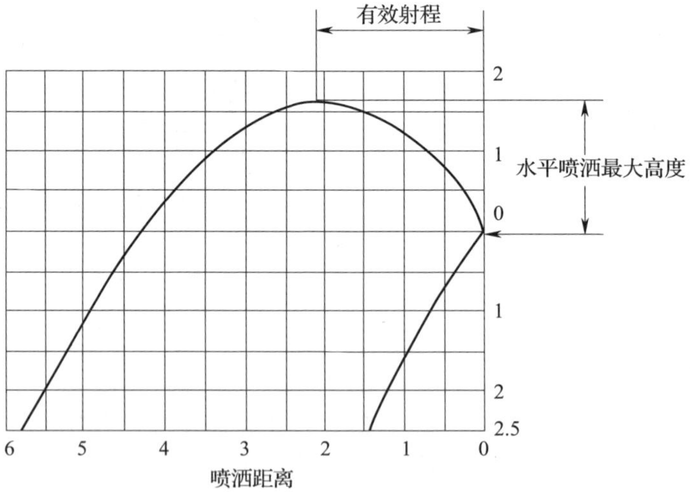

图 3-4-6　有效射程示意图

4. 雾滴尺寸

水雾喷头的雾滴尺寸一般以雾滴体积百分比特征直径 $D_{v0.90}$ 表示，该值表示喷雾液体总体积中，在该直径以下雾滴所占体积的百分比为 90%。按《自动喷水灭火系统　第

3 部分：水雾喷头》（GB 5135.3—2003）的规定，水雾喷头在额定工作压力下，雾滴体积百分比特征直径 $D_{v0.90}$ 应小于 1.000 mm。一般情况下，水雾滴平均直径随喷头工作压力的变化而变化，压力越大，雾滴尺寸越小。

三、系统的工作原理、灭火机理及适用范围

（一）系统工作原理

水喷雾灭火系统的工作原理是：当系统的火灾探测器探测到火灾后，发出火灾报警信号给火灾报警控制器，火灾报警控制器控制启动雨淋报警阀组，系统供水侧压力开关自动启动消防水泵，水通过供水管网到达水雾喷头，水雾喷头喷水灭火。水喷雾灭火系统的工作原理如图 3–4–7 所示。

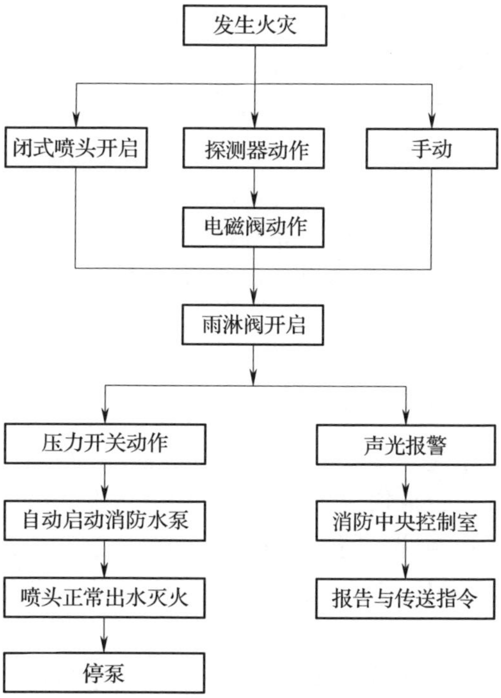

图 3–4–7　水喷雾灭火系统的工作原理

（二）灭火机理

水喷雾灭火系统通过改变水的物理状态，利用水雾喷头使水从连续的洒水状态转变成不连续的细小水雾滴喷射出来。它具有较高的电绝缘性能和良好的灭火性能。水喷雾的灭火机理主要是表面冷却、窒息、乳化和稀释作用，在水雾滴喷射到燃烧物质表面时通常是几种作用同时发生并实现控火、灭火。

1. 表面冷却

相同体积的水以水雾滴形态喷出时的表面积比直射流形态喷出时的表面积要大几百倍，当水雾滴喷射到燃烧物质表面时，因换热面积大而会吸收大量的热能并迅速汽

化，使燃烧物质表面温度迅速降到物质热分解所需要的温度以下，热分解中断，燃烧即终止。

表面冷却的效果不仅取决于喷雾液滴的表面积，还取决于灭火用水的温度与可燃物闪点的温度差。可燃物的闪点越高，与喷雾用水之间的温差越大，冷却效果就越好。对于气体和闪点低于灭火所使用水温度的液体火灾，表面冷却是无效的。

2. 窒息

水雾滴受热后汽化形成水蒸气，其体积约为原液态水体积的 1 680 倍，可使燃烧物质周围空气中的氧含量降低，燃烧将会因缺氧而受到抑制或中断，实现窒息灭火。

3. 乳化

乳化只适用于不溶于水的可燃液体，当水雾滴喷射到正在燃烧的液体表面时，由于水雾滴的冲击，在液体表层产生搅拌作用，与水不相容的可燃液体与细小水滴产生乳化，并在液体表层产生乳化层，由于乳化层的不燃性而使燃烧中断。对于某些轻质油类，乳化层只在连续喷射水雾的条件下存在，但对于黏度大的重质油类，乳化层在喷射停止后仍能保持相当长的时间，有利于防止复燃。

4. 稀释

对于水溶性液体（如酒精）火灾，允许系统设计为控制灭火和稀释灭火，利用水来稀释液体，使液体的燃烧速度降低，并有足够的喷雾强度和覆盖面实现灭火。对多种水溶性可燃液体应通过实验来获得参数以确定水喷雾系统的适用性，有可靠数据时例外。

（三）系统适用范围

水喷雾灭火系统的防护目的主要有两个，即灭火和防护冷却，其适用范围随不同的防护目的而设定。就灭火来说，水喷雾灭火系统可用于扑救固体物质火灾、丙类液体火灾、饮料酒火灾和电气火灾，如输送皮带机、油浸变压器、电缆隧道、陶坛酒库等；就防护冷却来说，水喷雾灭火系统可用于可燃气体和甲、乙、丙类液体的生产、储存装置或装卸设施的防护冷却。如用于甲$_B$、乙、丙类液体储罐、液化烃或类似液体储罐、液化石油气瓶库等的防火冷却。

水喷雾灭火系统不得用于扑救遇水能发生化学反应造成燃烧、爆炸的火灾，以及水雾会对保护对象造成明显损害的火灾。不适用的情况主要包括以下两方面：

（1）不适宜用水扑救的物质，可划分为两类，第一类为过氧化物，如过氧化钾、过氧化钠、过氧化钡、过氧化镁，这些物质遇水后会发生剧烈分解反应。第二类为遇水燃烧物质，这类物质遇水能使水分解，夺取水中的氧与之化合，并放出热量和产生可燃气体造成燃烧或爆炸。这类物质主要有：金属钾、金属钠、碳化钙（电石）、碳化铝、碳化钠、碳化钾等。

（2）使用水雾会造成爆炸或破坏的场所，主要指以下两种情况：一是高温密闭的容器内或空间内，当水雾喷入时，由于水雾的急剧汽化使容器或空间内的压力急剧升高，容易造成破坏或爆炸；二是对于表面温度经常处于高温状态的可燃液体，当水雾喷射至其表面时会造成可燃液体的飞溅，致使火灾蔓延。

第二节 系统设计及主要组件的设置

一、系统设计

水喷雾灭火系统的基本设计参数应根据系统的防护目的和保护对象确定。

（一）水雾喷头的工作压力

用于灭火时，水雾喷头的工作压力不应小于0.35MPa；用于防护冷却时，水雾喷头的工作压力不应小于0.2MPa，但对于甲$_B$、乙、丙类液体储罐防护冷却时，水雾喷头的工作压力不应小于0.15MPa。

（二）保护面积

保护面积是指保护对象的全部暴露外表面面积。水喷雾灭火系统主要用于保护室外的大型专用设施或设备，同时也用于保护建筑物内的设施或设备，其保护面积可按以下原则确定：

（1）按保护对象的规则外表面面积确定。

（2）当保护对象的外形不规则时，应按包容保护对象的最小规则形体的外表面面积确定。

（3）变压器的保护面积除应按扣除底面面积以外的变压器油箱外表面面积确定外，还应包括散热器的外表面面积和油枕及集油坑的投影面积。

（4）分层敷设电缆的保护面积应按整体包容电缆的最小规则形体的外表面面积确定。

（5）输送机皮带的保护面积应按上行皮带的上表面面积确定；长距离的皮带宜实施分段保护，但每段长度不宜小于100m。

（6）开口可燃液体容器的保护面积应按其液面面积确定。

（7）当水喷雾灭火系统用于室内保护对象时，保护面积可按室内建筑面积或保护对象的外表面面积确定。

（8）甲、乙类液体泵，可燃气体压缩机及其他相关设备，其保护面积应按相应设备的投影面积确定，且水雾应包络密封面和其他关键部位。

（9）系统用于冷却甲$_B$、乙、丙类液体储罐时，着火的地上固定顶储罐及距着火储罐罐壁1.5倍着火罐直径范围内的相邻地上储罐应同时冷却，当相邻地上储罐超过3座时，可按3座较大的相邻储罐计算消防冷却水用量。着火的浮顶罐应冷却，其相邻储罐可不冷却。着火罐的保护面积应按罐壁外表面面积计算，相邻罐的保护面积可按实际需要冷却部位的外表面面积计算，但不得小于罐壁外表面面积的1/2。

（10）系统用于冷却全压力式及半冷冻式液化烃或类似液体储罐时，着火罐及距着火罐罐壁1.5倍着火罐直径范围内的相邻罐应同时冷却；当相邻罐超过3座时，可按3座较大的相邻罐计算消防冷却水用量。着火罐保护面积应按其罐体外表面面积计算，相邻罐保护面积应按其罐体外表面面积的1/2计算。

（11）系统用于冷却全冷冻式液化烃或类似液体储罐时，采用钢制外壁的单容罐，着火罐及距着火罐罐壁 1.5 倍着火罐直径范围内的相邻罐应同时冷却。着火罐保护面积应按其罐体外表面面积计算，相邻罐保护面积应按罐壁外表面面积的 1/2 及罐顶外表面面积之和计算。

（三）供给强度、持续供给时间和响应时间

系统的供给强度、持续供给时间和响应时间应符合表 3-4-1 的规定。由自动喷水灭火系统配水干管或配水管供水的水喷雾灭火系统，供水管所提供的水压和流量应满足《水喷雾灭火系统技术规范》（GB 50219—2014）的要求。

表 3-4-1　系统的供给强度、持续供给时间和响应时间

<table>
<tr><th>防护目的</th><th colspan="4">保护对象</th><th>供给强度 /［L/（min·m²）］</th><th>持续供给时间 /h</th><th>响应时间 /s</th></tr>
<tr><td rowspan="8">灭火</td><td colspan="4">固体物质火灾</td><td>15</td><td>1</td><td>60</td></tr>
<tr><td colspan="4">输送机皮带</td><td>10</td><td>1</td><td>60</td></tr>
<tr><td rowspan="3">液体火灾</td><td colspan="3">闪点 60 ~ 120℃的液体</td><td>20</td><td rowspan="3">0.5</td><td rowspan="3">60</td></tr>
<tr><td colspan="3">闪点高于 120℃的液体</td><td>13</td></tr>
<tr><td colspan="3">饮料酒</td><td>20</td></tr>
<tr><td rowspan="3">电气火灾</td><td colspan="3">油浸式电力变压器、油断路器</td><td>20</td><td rowspan="3">0.4</td><td rowspan="3">60</td></tr>
<tr><td colspan="3">油浸式电力变压器的集油坑</td><td>6</td></tr>
<tr><td colspan="3">电缆</td><td>13</td></tr>
<tr><td rowspan="11">防护冷却</td><td rowspan="3">甲 $_B$、乙、丙类液体储罐</td><td colspan="3">固定顶罐</td><td>2.5</td><td rowspan="3">直径大于 20m 的固定顶罐为 6h，其他为 4h</td><td rowspan="3">300</td></tr>
<tr><td colspan="3">浮顶罐</td><td>2.0</td></tr>
<tr><td colspan="3">相邻罐</td><td>2.0</td></tr>
<tr><td rowspan="6">液化烃或类似液体储罐</td><td colspan="3">全压力、半冷冻式储罐</td><td>9</td><td rowspan="6">6</td><td rowspan="6">120</td></tr>
<tr><td rowspan="4">全冷冻式储罐</td><td rowspan="2">单、双容罐</td><td>罐壁</td><td>2.5</td></tr>
<tr><td>罐顶</td><td>4</td></tr>
<tr><td rowspan="2">全容罐</td><td>罐顶泵平台、管道进出口等局部危险部位</td><td>20</td></tr>
<tr><td>管带</td><td>10</td></tr>
<tr><td colspan="3">液氨储罐</td><td>6</td></tr>
<tr><td colspan="4">可燃气体、（甲、乙类）液体生产、输送、装卸设施</td><td>9</td><td>6</td><td>120</td></tr>
<tr><td colspan="4">液化石油气灌瓶间、瓶库</td><td>9</td><td>6</td><td>60</td></tr>
</table>

注：1. 添加水系灭火剂的系统，其供给强度应由试验确定。

2. 钢制单盘式、双盘式、敞口隔舱式内浮顶罐应按浮顶罐对待，其他内浮顶罐应按固定顶罐对待。

二、系统组件的设置要求

水喷雾灭火系统由水雾喷头、雨淋阀、过滤器、供水管道等主要部件组成。本节主要介绍这些部件的设置要求。

（一）水雾喷头的设置

1. 水雾喷头的选型

扑救电气火灾应选用离心雾化型水雾喷头；室内粉尘场所设置的水雾喷头应带防尘帽，室外设置的水雾喷头宜带防尘帽；离心雾化型水雾喷头应带柱状过滤网。

2. 水雾喷头的布置要求

（1）基本原则。

水雾喷头布置的基本原则是：保护对象的水雾喷头数量应根据设计喷雾强度、保护面积和水雾喷头特性，按水雾喷头流量计算公式（3–4–1）和保护对象水雾喷头数量计算公式（3–4–2）计算确定；一般情况下，水雾喷头的布置应使水雾直接喷射和完全覆盖保护对象，如不能满足要求，应增加水雾喷头的数量；水雾喷头与保护对象之间的距离不得大于水雾喷头的有效射程；水雾喷头、管道与电气设备带电（裸露）部分的安全净距应符合国家有关标准的规定。

$$q = K\sqrt{10P} \tag{3–4–1}$$

式中 q——水雾喷头的流量（L/min）；

K——水雾喷头的流量系数，其值由喷头制造商提供；

P——水雾喷头的工作压力（MPa）。

$$N = \frac{SW}{q} \tag{3–4–2}$$

式中 N——保护对象的水雾喷头的计算数量；

S——保护对象的保护面积（m^2）；

W——保护对象的设计喷雾强度［L/（min·m^2）］。

水雾喷头的平面布置方式可为矩形或菱形。当按矩形布置时，水雾喷头之间的距离不应大于水雾喷头水雾锥底圆半径的 1.4 倍；当按菱形布置时，水雾喷头之间的距离不应大于水雾喷头水雾锥底圆半径的 1.7 倍，如图 3–4–8 和图 3–4–9 所示。水雾锥底圆半径应按式（3–4–3）计算：

$$R = B\tan\frac{\theta}{2} \tag{3–4–3}$$

式中 R——水雾锥底圆半径（m）；

B——水雾喷头的喷口与保护对象之间的距离（m）；

θ——水雾喷头的雾化角（°）。

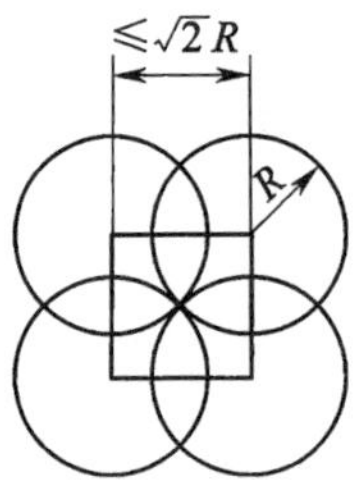

图 3-4-8 矩形布置

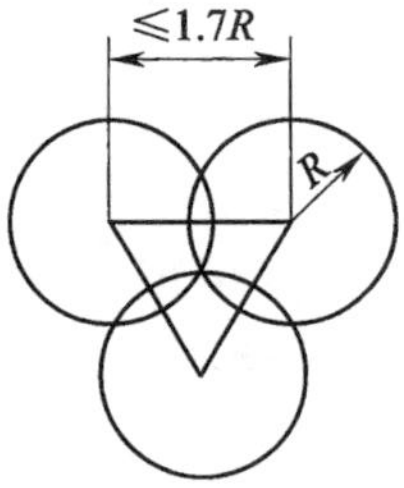

图 3-4-9 菱形布置

（2）布置要求。

1）当保护对象为油浸式变压器时，水雾喷头应布置在变压器周围，不宜布置在变压器顶部；保护变压器顶部的水雾不应直接喷向高压套管；变压器的绝缘子升高座孔口、油枕、散热器、集油坑均应设水雾喷头进行保护；水雾喷头之间的水平距离与垂直距离应满足水雾锥相交的要求。

2）当保护对象为可燃气体和甲、乙、丙类液体储罐时，水雾喷头宜布置在保护对象周围，其与保护储罐外壁之间的距离不应大于 0.7m。

3）当保护对象为球罐时，水雾喷头的喷口应面向球心；水雾锥沿球罐纬线方向应相交，沿经线方向应相接；当球罐的容积大于或等于 1 000m^3 时，水雾锥沿球罐纬线方向应相交，沿经线方向应相接，但赤道以上环管之间的距离不应大于 3.6m；无防护层的球罐钢支柱和罐体液位计、阀门等处应设水雾喷头进行保护。

4）当保护对象为卧式储罐时，水雾喷头的布置应使水雾完全覆盖裸露表面，储罐液位计、阀门等处应设水雾喷头保护。

5）当保护对象为电缆时，水雾喷头喷射的水雾应完全包围电缆。

6）当保护对象为输送机皮带时，水雾应完全包络输送机的机头，机尾和上、下行皮带。

7）当保护对象为室内燃油锅炉、电液装置、氢密封油装置、发电机、油断路器、汽轮机油箱、磨煤机润滑油箱时，水雾喷头宜在保护对象的顶部周围布置，使水雾直接喷向并完全覆盖保护对象。

（二）供水控制阀的设置

1. 供水控制阀的选型

响应时间不大于 120s 的系统应设置雨淋报警阀，当系统的响应时间大于 120s 时，可设置雨淋报警阀、电动控制阀或气动控制阀。

2. 供水控制阀的功能要求

（1）接收电控信号的雨淋报警阀组应能电动开启，接收传动管信号的雨淋报警阀组应能液动或气动开启；雨淋报警阀应具有远程手动控制和现场应急机械启动功能；雨淋报警阀进出口应设置压力表，电磁阀前应设置可冲洗的过滤器；火灾时宜驱动水力警铃报警，在控制盘上应能显示雨淋报警阀开、闭状态。

（2）电动控制阀或气动控制阀应具备接收控制信号开、闭阀门的功能，具备现场应急机械启动功能，阀门的开启时间不宜大于 45s；阀门故障时应能报警并显示故障原因；在控制盘上应能显示阀门的开、闭状态；当阀门安装在阀门井内时，宜将阀门的阀杆加长，并宜使电动执行器高于井顶；气动阀宜设置储备气罐，气罐的容积可按与气罐连接的所有气动阀启闭 3 次所需气量计算。

3. 供水控制阀的设置要求

（1）雨淋阀组宜设在环境温度不低于 4℃并有排水设施的室内区域。

（2）设置在室内的雨淋报警阀宜距地面 1.2m，两侧与墙的距离不应小于 0.5m，正面与墙的距离不应小于 1.2m，雨淋报警阀凸出部位之间的距离不应小于 0.5m。

（3）雨淋报警阀、电动控制阀、气动控制阀宜布置在靠近保护对象并便于人员安全操作的位置。

（4）在严寒与寒冷地区室外设置的雨淋报警阀、电动控制阀、气动控制阀及其管道，应采取伴热保温措施。

（5）不能进行喷水试验的场所，雨淋报警阀之后的供水干管上应设置排放试验检测装置，且其过水能力应与系统过水能力一致。

（6）水力警铃应设置在公共通道或值班室附近的外墙上，且应设置检修、测试用的阀门。雨淋报警阀和水力警铃应采用热镀锌钢管进行连接，其公称直径不宜小于 20mm，当公称直径为 20mm 时，其长度不宜大于 20m。

（7）雨淋阀前的管道应设置可冲洗的过滤器；当水雾喷头无滤网时，雨淋阀后的管道上应设置过滤器。过滤器滤网应采用耐腐蚀金属材料，滤网的孔径应为 0.6 ~ 0.71mm。

（三）管道的设置

过滤器与雨淋报警阀之间及雨淋报警阀后的管道，应采用内外热浸镀锌钢管、不锈钢管或铜管；需要进行弯管加工的管道应采用无缝钢管；系统管道采用镀锌钢管时，公称直径不应小于 25mm；采用不锈钢管或铜管时，公称直径不应小于 20mm。

系统管道应采用沟槽式管接件（卡箍）、法兰或丝扣连接，普通钢管可采用焊接沟槽式管接件（卡箍），其外壳的材料应采用牌号不低于 QT 450–12 的球墨铸铁。防护区内的沟槽式管接件（卡箍）密封圈、非金属法兰垫片应满足相关标准干烧试验的要求。系统管道的最低处或水容易聚集的地方应设置放水阀或排污口。

用于保护甲$_B$、乙、丙类液体储罐的水喷雾系统，固定顶储罐和按固定顶储罐对待的内浮顶储罐的冷却水环管宜沿罐壁顶部单环布置，当采用多环布置时，着火罐顶层环管保护范围内的冷却水供给强度应按本章表 3–4–1 规定的 2 倍计算。储罐抗风圈或加强圈无导流设施时，其下面应设置冷却水环管。当储罐上的冷却水环管分割成两个或两个以上弧形管段时，各弧形管段间不应连通，并应分别从防火堤外连接水管，且应分别在防火堤外的进水管道上设置能识别启闭状态的控制阀。冷却水立管应用管卡固定在罐壁上，其间距不宜大于 3m，立管下端应设置锈渣清扫口，锈渣清扫口距罐基础顶面应大于 300mm，且集锈渣的管段长度不宜小于 300mm。

练习题

一、一级注册消防工程师

（一）单项选择题

1. 水喷雾灭火系统的水雾喷头使水从连续的水流状态分解转变成不连续的细小水雾滴喷射出来，因此它具有较高的电绝缘性能和良好的灭火性能。下列不属于水喷雾灭火机理的是（　　）。

A. 冷却　　B. 隔离　　C. 窒息　　D. 乳化

2. 下列关于水喷雾灭火系统水喷雾头选型和设置要求的说法中，错误的是（　　）。

A. 扑灭电器火灾所选用离心雾化型水雾喷头

B. 室内散发粉尘的场所设置的水雾喷头配带防尘帽

C. 保护可燃气体储罐时，水雾喷头距离保护储罐外壁不应大于 0.7m

D. 保护油湿式变压器时，水雾喷头之间的水平距离与垂直距离不应大于 1.2m

3. 某火力发电厂输煤栈桥输送机皮带总长 415m，采用水喷雾灭火系统保护时，该输煤栈桥输送机皮带最多可划分为（　　）段进行保护。

A. 5　　B. 4　　C. 6　　D. 7

（二）多项选择题

1. 某 1 200m^2 液化烃球罐采用水喷雾灭火系统进行防护冷却。下列系统设计方案中，正确的有（　　）。

A. 系统的喷雾强度为 9.5L/（min·m^2）

B. 水雾喷头的设计工作压力为 0.25MPa

C. 水雾喷头与储罐之间的距离为 0.6m

D. 赤道以上环管之间的距离为 4m

E. 系统的响应时间为 90s

2. 下列关于水喷雾灭火系统响应时间，错误的有（　　）。

A. 用于白酒厂陶坛酒库灭火保护的水喷雾灭火系统，响应时间为 50s

B. 用于液化石油气罐瓶间防护冷却的水喷雾灭火系统，响应时间为 60s

C. 用于电缆沟电缆灭火保护的水喷雾灭火系统，响应时间为 90s

D. 用于丙类液体固定顶储罐防护冷却的水喷雾灭火系统，响应时间为 320s

E. 用于保护油浸变压器的水喷雾灭火系统，响应时间为 120s

二、二级注册消防工程师

（一）单项选择题

1. 某高层办公楼的柴油发电机房设置了水喷雾灭火系统。该系统水雾喷头的灭火工作压力不应小于（　　）MPa。

A. 0.05　　B. 0.10　　C. 0.20　　D. 0.35

2. 下列火灾中，不适合采用水喷雾进行灭火的是（　　）。

A. 樟脑油火灾　　B. 油浸变压器火灾

C. 电缆火灾　　D. 豆油火灾

（二）多项选择题

下列水喷雾灭火系统喷头选型方案中错误的有（　　）。

A. 用于保护白酒厂陶坛酒库的水喷雾灭火系统，采用撞击雾化型水雾喷头

B. 用于液化石油气罐瓶间防护冷却的水喷雾灭火系统，采用离心雾化型水雾喷头

C. 用于电缆沟电缆灭火保护的水喷雾灭火系统，采用撞击雾化型水雾喷头

D. 用于丙类液体固定顶储罐防护冷却的水喷雾灭火系统，采用撞击雾化型水雾喷头

E. 用于保护油浸变压器的水喷雾灭火系统，采用撞击雾化型水雾喷头

第五章　细水雾灭火系统

学习要求

通过本章学习，应熟悉细水雾灭火系统的分类、组成、工作原理和适用范围；掌握细水雾灭火系统的选型、主要组件及其设置要求。

细水雾灭火系统是由供水装置、过滤装置、控制阀、细水雾喷头等组件和供水管道组成，能自动和手动启动并喷放细水雾进行灭火或控火的固定灭火系统。该系统灭火效能较高、环保、适用范围较广，是国际上应用广泛的哈龙灭火系统的替代系统之一。

第一节　系统的分类、组成及工作原理

一、细水雾灭火系统的分类和组成

（一）系统分类

细水雾灭火系统主要按工作压力、所使用的细水雾喷头型式、流动介质类型和供水方式等进行分类。

1. 按工作压力分类

（1）低压系统。

低压系统是指系统工作压力小于或等于 1.21 MPa 的细水雾灭火系统。

（2）中压系统。

中压系统是指系统工作压力大于 1.21 MPa，且小于 3.45 MPa 的细水雾灭火系统。

（3）高压系统。

高压系统是指系统工作压力大于或等于 3.45 MPa 的细水雾灭火系统。

2. 按所使用的细水雾喷头型式分类

（1）开式系统。

开式系统是指采用开式细水雾喷头的细水雾灭火系统，包括全淹没应用方式和局部应用方式。系统由配套的火灾自动报警系统控制，自动开启分区控制阀和启动水泵后，向开式细水雾喷头供水。

1）全淹没应用方式。全淹没应用方式是指向整个防护区内喷放细水雾，并持续一定时间，保护其内部所有保护对象的系统应用方式。全淹没应用方式适用于扑救相对封闭空间内的火灾。

2）局部应用方式。局部应用方式是指直接向保护对象喷放细水雾，并持续一定时间，保护空间内某具体保护对象的系统应用方式。局部应用方式适用于扑救大空间内具体保护对象的火灾。

（2）闭式系统。

闭式系统是指采用闭式细水雾喷头的细水雾灭火系统。根据使用场所的不同，闭式细水雾灭火系统又可以分为湿式系统、干式系统和预作用系统三种形式。

3. 按流动介质类型分类

（1）单流体系统。

单流体系统是指使用单个管道向每个喷头供给灭火介质的细水雾灭火系统。

（2）双流体系统。

双流体系统是指水和雾化介质分管供给并在喷头处混合的细水雾灭火系统。

4. 按供水方式分类

（1）泵组式系统。

泵组式系统是指采用泵组（或稳压装置）作为供水装置的细水雾灭火系统。

（2）瓶组式系统。

瓶组式系统是指采用储水容器储水、储气容器进行加压供水的细水雾灭火系统。

（3）其他供水方式系统。

其他供水方式系统是指采用泵组或瓶组储存加压气体进行加压供水以外的其他供水方式进行系统供水的细水雾灭火系统。

（二）系统组成

1. 系统主要组件

细水雾灭火系统主要由供水装置、过滤装置、控制阀、细水雾喷头等组件和供水管道组成。细水雾灭火系统的组成如图 3-5-1 所示。

（1）供水装置。

细水雾灭火系统按供水方式（主要是驱动源类型）可分为泵组式、瓶组式及其他形式，目前主要有泵组式和瓶组式两种形式。泵组系统采用柱塞泵、高压离心泵或气动泵等泵组作为系统的驱动源，而瓶组系统采用储气容器和储水容器，分别储存高压氮气和水，系统启动后释放出高压气体来驱动水形成细水雾。泵组系统的供水装置由储水箱、水泵、水泵控制柜（盘）、安全阀等部件组成。瓶组系统的供水装置由储水容器、储气容器和压力显示装置等部件组成。

（2）过滤装置。

过滤器是细水雾灭火系统的关键部件之一。细水雾灭火系统的喷头孔径小、工作压力高，通过安装过滤器可以防止因水中存在杂质或管网锈蚀等原因而导致喷头堵塞，确保系统的喷雾效果。系统的过滤器多采用奥氏体不锈钢、铜合金或耐腐蚀性能不低于奥氏体不锈钢、铜合金的材料制造。

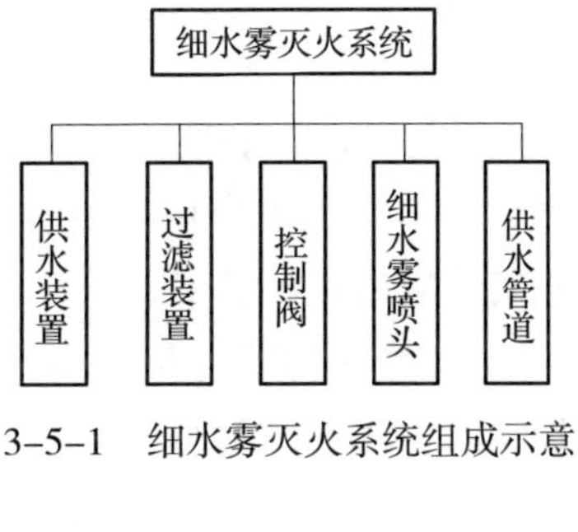

图 3-5-1　细水雾灭火系统组成示意图

（3）控制阀。

控制阀是细水雾灭火系统的重要组件。对于开式细水雾灭火系统，系统的分区控制阀是执行火灾自动报警系统控制器启 / 停指令的重要部件，火灾时能够接收控制信号自动开启，使细水雾向对应的防护区或保护对象喷放。开式系统的分区控制阀可选用电磁阀、电动阀、气动阀、雨淋阀等自动控制阀组，有些系统称为选择阀或分配阀。

1）雨淋阀。中、低压细水雾灭火系统的控制阀可以采用雨淋阀。关于雨淋阀的结构、工作原理详见本篇第三章的相关内容。但细水雾灭火系统中使用的雨淋阀的工作压力应满足系统工作的压力要求。

2）分配阀。高压细水雾灭火系统的控制阀组通常采用分配阀，它类似于气体灭火系统中的选择阀，不仅具备了选择阀的功能，而且具有启动系统和关闭系统的双重功能，还可采用电动阀和手动阀组合的方式完成相关控制功能。分配阀如图 3–5–2 所示。

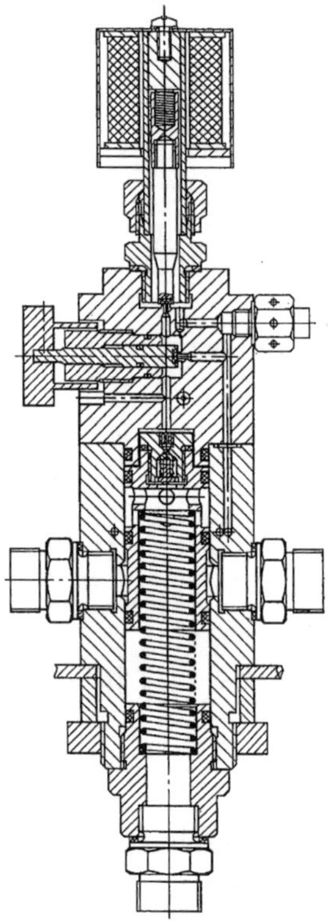
图 3–5–2　分配阀示意图

对于闭式细水雾灭火系统，系统的分区控制阀主要用于切断管网的供水水源，以便系统排空、检修管网及更换喷头等。闭式系统的分区控制阀多采用具有明显启闭标志的阀门或专用于消防的信号阀。

（4）细水雾喷头。

细水雾喷头是将水流进行雾化并实施喷雾灭火的重要部件。根据成雾原理的不同，细水雾喷头的构造也不同，如 7 孔开式细水雾喷头由喷头体、微型喷嘴、芯体、滤网等零件构成。一定压力的水通过滤网进入喷头后，在压力的作用下沿弹簧、喷嘴和喷嘴芯围成的螺旋空间产生高速旋转运动，水流到达喷头小孔后被完全击碎，沿喷嘴出口锥面射出，形成极微小的雾滴。

细水雾喷头的分类如下：

1）按动作方式分类。细水雾灭火系统的喷头按动作方式可以分为开式细水雾喷头和闭式细水雾喷头。

2）按细水雾产生原理分类。细水雾灭火系统的喷头按细水雾产生原理可以分为撞击式细水雾喷头和离心式细水雾喷头。

3）按开孔数量分类。细水雾灭火系统的喷头按开孔数量可以分为单孔细水雾喷头和多孔细水雾喷头。

4）按材质分类。细水雾灭火系统的喷头按材质可以分为不锈钢细水雾喷头和黄铜细水雾喷头。

5）按适用性分类。细水雾灭火系统的喷头按适用性可以分为通用喷头和专用喷头，如电缆类电气火灾专用喷头、可燃液体火灾专用喷头、可燃固体火灾专用喷头、计算机类电气火灾专用喷头等。

6）按作用分类。细水雾灭火系统的喷头按所起作用可以分为灭火专用喷头、冷却防护喷头和水雾封堵喷头等。

（5）供水管道。

与自动喷水灭火系统、水喷雾灭火系统等系统相比，细水雾灭火系统由于工作压力高、喷头孔径小，为确保系统应用效果，需要系统管道具有较高的承压能力和防腐性能，满足系统长期工作要求。因此，细水雾灭火系统多采用具有相应耐腐蚀性能的金属管道，如奥氏体不锈钢管。

2. 开式细水雾灭火系统的组成

开式细水雾灭火系统主要由开式细水雾喷头、分区控制阀、过滤装置、供水装置（储水箱和泵组或储水瓶组和储气瓶组等）、供水管网及火灾报警装置等组成。开式细水雾灭火系统的系统组成如图 3–5–3 所示。

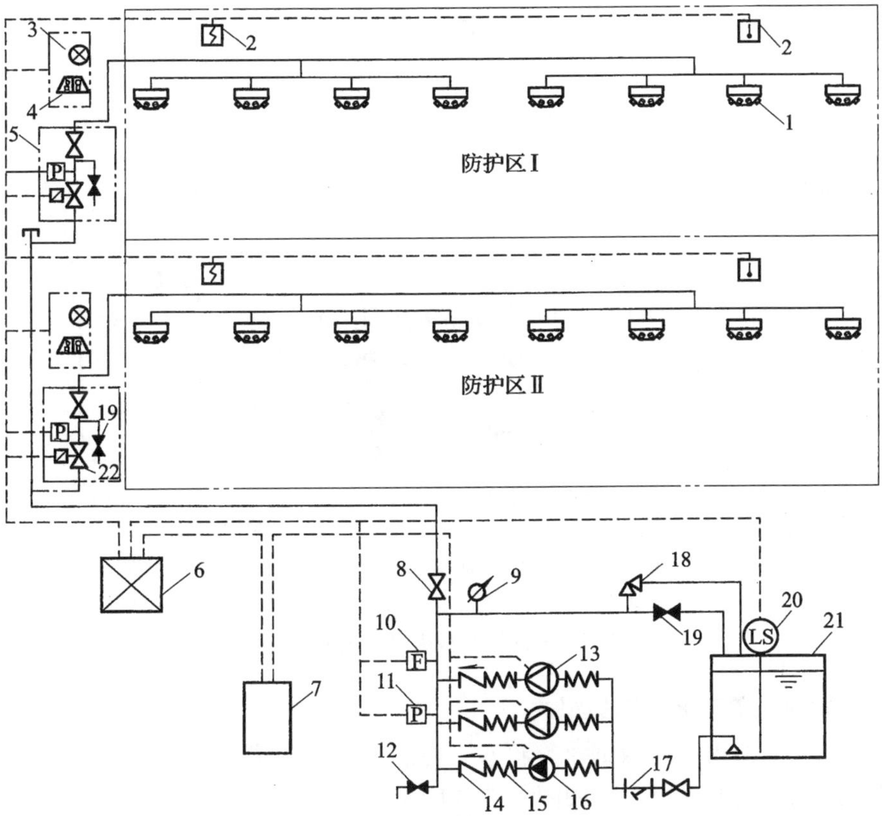

1—开式细水雾喷头；2—火灾探测器；3—喷雾指示灯；4—火灾声光报警器；5—分区控制阀组；6—火灾报警控制器；7—消防泵控制柜；8—控制阀（常开）；9—压力表；10—水流传感器；11—压力开关；12—泄水阀（常闭）；13—消防水泵；14—止回阀；15—柔性接头；16—稳压泵；17—过滤器；18—安全阀；19—泄放试验阀；20—液位传感器；21—储水箱；22—分区控制阀（电磁 / 气动 / 电动阀）。

图 3–5–3　开式细水雾灭火系统的系统组成

3. 闭式细水雾灭火系统的组成

闭式细水雾灭火系统主要由闭式细水雾喷头、分区控制阀、过滤装置、高压泵组、稳压泵、储水箱、供水管网及火灾报警装置等组成。闭式细水雾灭火系统的系统组成如图 3–5–4 所示。

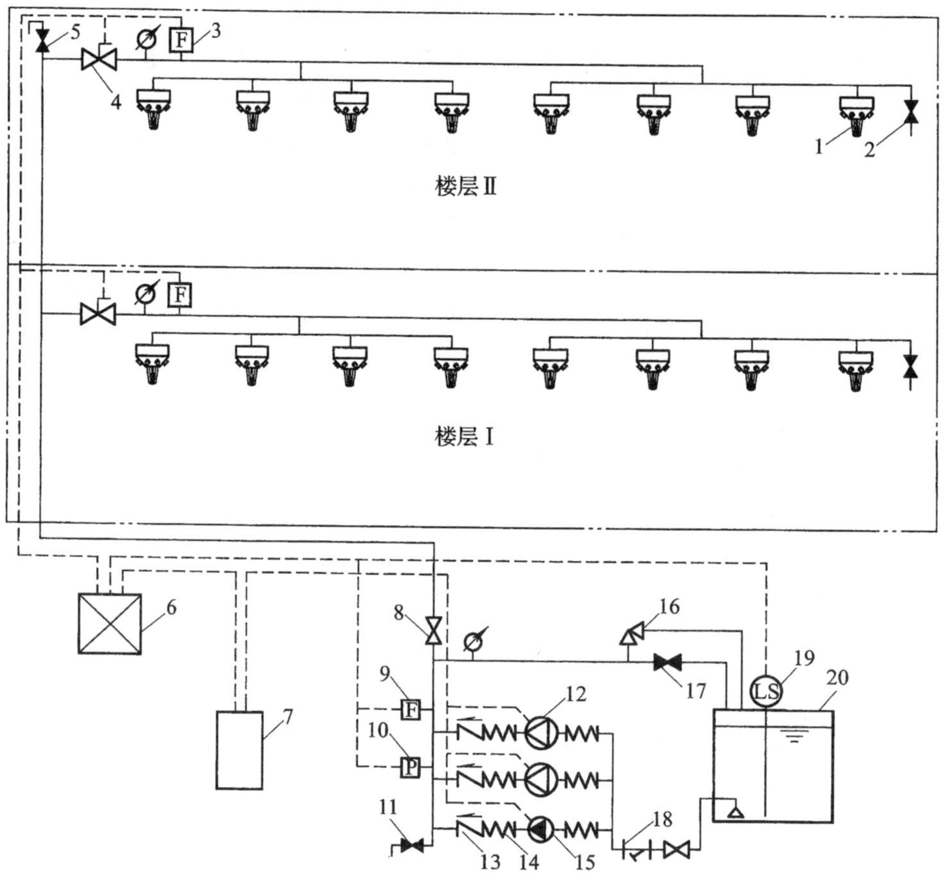

1—闭式细水雾喷头；2—末端试水阀；3—水流传感器；4—分区控制阀（常开，反馈阀门开启信号）；5—排气阀（常闭）；6—火灾报警控制器；7—消防泵控制柜；8—控制阀（常开）；9—水流传感器；10—压力开关；11—泄水阀（常闭）；12—消防水泵；13—止回阀；14—柔性接头；15—稳压泵；16—安全阀；17—泄放试验阀；18—过滤器；19—液位传感器；20—储水箱。

图 3-5-4　闭式细水雾灭火系统的系统组成

4. 泵组式细水雾灭火系统的组成

泵组式细水雾灭火系统由细水雾喷头、控制阀组、系统管网、泵组、水源以及火灾自动报警及联动控制系统组成，如图 3-5-5 所示。

5. 瓶组式细水雾灭火系统的组成

瓶组式细水雾灭火系统由细水雾喷头、控制阀、储气瓶组、储水瓶组、瓶架、系统管网以及火灾自动报警及联动控制系统等组成，如图 3-5-6 所示。

二、细水雾灭火系统的工作原理

（一）系统的成雾原理

细水雾是指在最小设计工作压力下，经喷头喷出并在喷头轴线下方 1m 处的平面上形成的雾滴粒径 $D_{v0.50}$ 小于 200μm、$D_{v0.99}$ 小于 400μm 的水雾滴。细水雾灭火系统的灭火机理与水雾有密切关系。

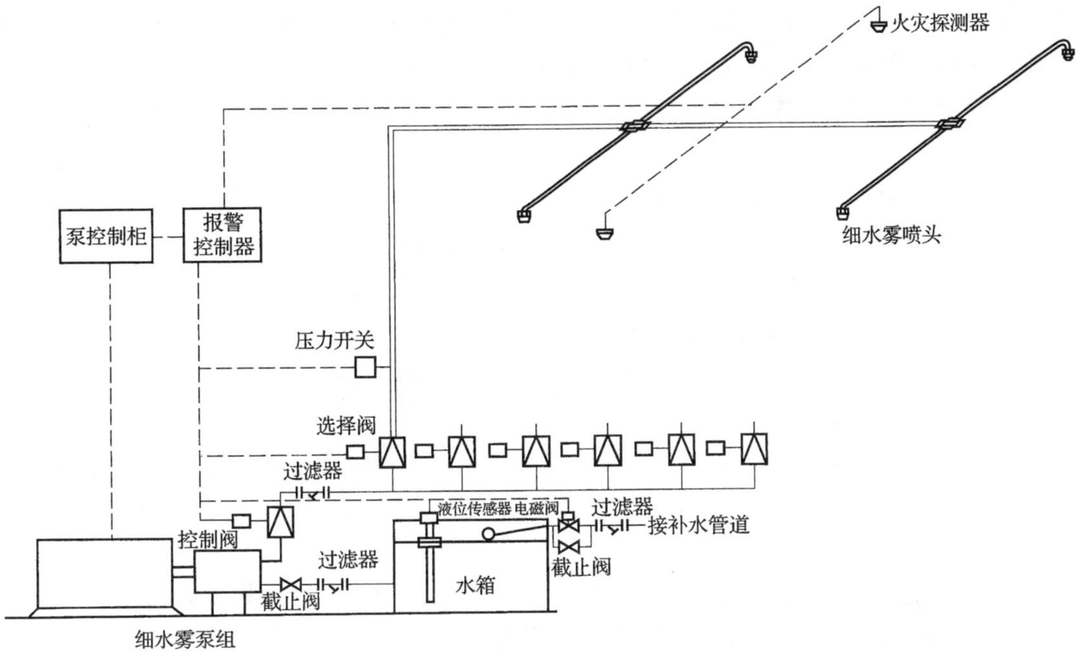

图 3-5-5　泵组式细水雾灭火系统的系统组成

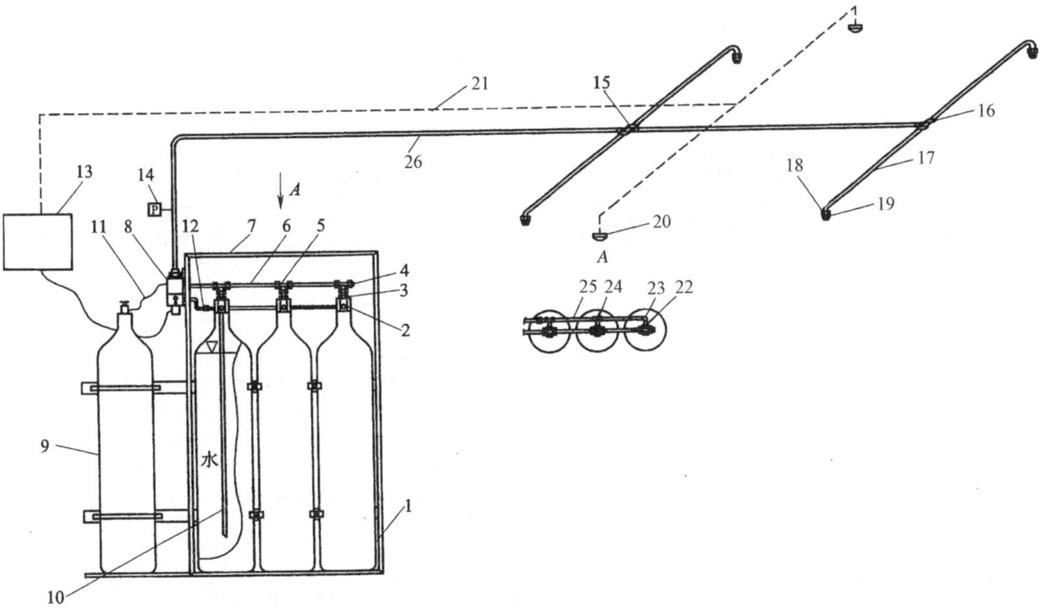

1—储水瓶；2—瓶接头体；3、22—管接头；4—管堵；5、16、24—三通；6、17、25、26—不锈钢管；7—瓶组支架；8—分配阀；9—氮气瓶；10—虹吸管；11—软连接管；12—气体单向阀；13—报警控制器；14—压力开关；15—四通；18—短管；19—喷头；20—探测器；21—探测线路；23—弯头。

图 3-5-6　瓶组式细水雾灭火系统的系统组成

1. 单流体系统射流成雾原理

液体以很快的速度被释放出来，由于液体与周围空气的速度差而被撕碎成细水雾；

液体射流被冲击到一个固定的表面，由于冲击力将液体打散成细水雾；两股成分类似的液体射流相互碰撞，将液体射流打散成细水雾；超声波和静电雾化器将射流液体振动或电子粉碎成细水雾；液体在压力容器中被加热到高于沸点，突然被释放到大气压力状态形成细水雾。

2. 双流体异管系统射流成雾原理

由一套管道向喷头提供灭火介质，另外一套管道提供雾化介质，在分离管道系统中传输的两种物质在喷头处混合后相互碰撞，从而产生细水雾。

3. 双流体同管系统射流成雾原理

雾化介质与灭火介质在一套管道内混合，其成雾原理同单流体系统。

（二）系统的灭火机理

细水雾的灭火机理主要是表面冷却、窒息、辐射热阻隔和浸湿作用。除此之外，细水雾还具有乳化等作用。在灭火过程中，几种作用往往会同时发生，从而有效灭火。

1. 吸热冷却

细小水滴受热后易于汽化，在气、液相态变化过程中，从燃烧物质表面或火灾区域吸收大量的热量。燃烧物质表面温度迅速下降后，会使热分解中断，燃烧随即终止。表3–5–1列出了雾滴直径、每升水的表面积、汽化时间和自由下落速度的关系。从表中可以看出，雾滴直径越小，表面积就越大，汽化所需要的时间就越短，吸热作用和效率就越高。对于相同的水量，细水雾雾滴所形成的表面积至少比传统水喷淋喷头（包括水喷雾喷头）喷出的水滴所形成的表面积大100倍，因此细水雾灭火系统的冷却作用是非常明显的。

表3–5–1　雾滴直径、每升水的表面积、汽化时间和自由下落速度的关系

雾滴直径/mm	每升水的表面积/m^2	汽化时间/s	自由下落速度/（m/s）
10	0.6	620	9.2
1	6	6.2	4
0.1	60	0.062	0.35
0.01	600	0.000 62	0.003

2. 隔氧窒息

雾滴受热后汽化形成体积为原体积1 680倍的水蒸气，最大限度地排斥火场的空气，使燃烧物质周围的氧含量降低，燃烧会因缺氧而受到抑制或中断。系统启动后形成的水蒸气完全覆盖整个着火面的时间越短，窒息作用越明显。

3. 阻隔辐射热

细水雾喷入火场后，形成的水蒸气迅速将燃烧物、火焰和烟羽笼罩，对火焰的辐射热具有极佳的阻隔能力，能够有效抑制辐射热引燃周围其他物品，达到防止火灾蔓延的效果。

4. **浸湿作用**

颗粒大、冲量大的雾滴会冲击到燃烧物表面，从而使燃烧物得到浸湿，阻止其进一步挥发可燃气体。另外，系统喷出的细水雾还可以充分将着火位置以外的燃烧物浸湿，从而抑制火灾的蔓延和发展。

（三）系统的工作原理

1. **开式细水雾灭火系统的工作原理**

开式细水雾灭火系统的工作原理如图 3–5–7 所示。

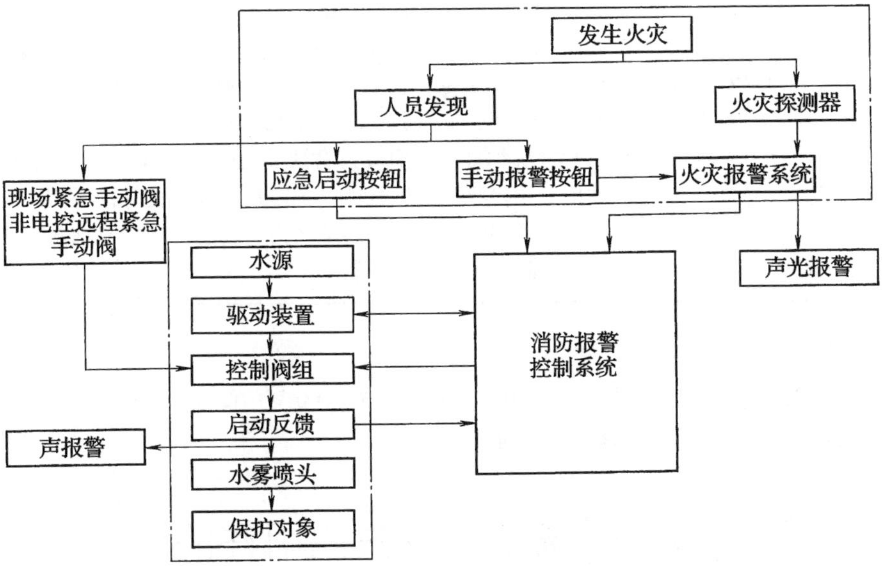

图 3–5–7 开式细水雾灭火系统工作原理

采用自动控制方式时，火灾发生后，消防联动控制器收到两个独立的火灾报警信号，联动启动系统控制阀组和消防水泵（或储气、储水瓶组）并向系统管网供水，水雾喷头喷出细水雾实施灭火。

2. **闭式细水雾灭火系统的工作原理**

除喷头不同外，闭式细水雾灭火系统的工作原理与闭式自动喷水灭火系统相同，有关闭式细水雾灭火系统的工作原理参见本篇第三章的相关内容。

三、细水雾灭火系统产品的主要性能要求

工程应用中采用的细水雾灭火系统产品应是满足相关国家标准要求的定型产品，并应具有表 3–5–2 的相关性能。

（1）工作温度范围。

细水雾灭火装置的工作温度范围为 4 ~ 50℃。

（2）工作压力。

单流体细水雾喷头的最小工作压力应从 1.2MPa、1.5MPa、2.0MPa、3.0MPa、3.5MPa、4.0MPa、5.0MPa、6.0MPa、8.0MPa、10.0MPa 系列中选取。

表 3-5-2　细水雾灭火系统产品的主要性能要求

产品名称	应符合的标准	主要性能
细水雾灭火装置	《细水雾灭火装置》（XF 1149—2014）	装置要求（外观、启动运行要求、灭火性能）、贮气瓶组、贮水瓶组、气体单向阀、安全泄放装置、连接管、集流管、减压装置、分区控制阀、泵组单元［组成、工作泵、稳压泵、泵组单元控制盘（柜）、控制功能、安全阀、泄压调压阀、贮水箱、低水位报警装置、自动补水装置、过滤器］、压力显示器、信号反馈装置、装置控制盘（柜）、细水雾喷头（外观与标志、密封性能、水压强度、30 天密封要求、静态动作温度、热空气环境下的动作性能、功能、流量系数、抗水冲击性能、持续冲击性能、抗真空性能、耐环境性能、热稳定性、热敏感元件强度、耐潮湿气体腐蚀性能、耐盐雾腐蚀性能、耐应力腐蚀性能、耐二氧化硫 / 二氧化碳腐蚀性能、耐硫化氢腐蚀性能、抗震动性能、抗翻滚性能、耐高温性能、耐低温性能、最小启动压力、动态热性能、细水雾性能、过滤网、防尘装置、灭火性能）

（3）流量系数。

细水雾喷头的公称流量系数应从 0.3、0.5、0.7、0.9、1.0、1.2、1.5、1.7、2.0、2.5、3.0、3.5、4.0、4.5、5.0、5.5 系列中选取。

第二节　系统设计及主要组件的设置

一、系统设计要求

（一）适用范围

1. 适用范围

细水雾灭火系统适用于扑救以下火灾：

（1）可燃固体火灾（A 类）。

细水雾灭火系统可以有效扑救相对封闭空间内的可燃固体表面火灾，包括纸张、木材、纺织品和塑料泡沫、橡胶等固体火灾。

（2）可燃液体火灾（B 类）。

细水雾灭火系统可以有效扑救相对封闭空间内的可燃液体火灾，包括正庚烷或汽油等低闪点可燃液体和润滑油、液压油等中、高闪点可燃液体火灾。

（3）电气火灾（E 类）。

细水雾灭火系统可以有效扑救电气火灾，包括电缆、控制柜和变压器等电气设备火灾等。

2. 不适用范围

细水雾灭火系统不适用于下列场所：

（1）遇水能发生剧烈反应或产生大量有害物质的活泼金属火灾。

细水雾灭火系统不适用于遇水能发生剧烈反应或产生大量有害物质的活泼金属及其化合物火灾，包括：

1）活性金属，如锂、钠、钾、镁、钛、锆、铀、钚等。

2）金属醇盐，如甲醇钠等。

3）金属氨基化合物，如氨基钠等。

4）碳化物，如碳化钙等。

5）卤化物，如氯化甲酰、氯化铝等。

6）氢化物，如氢化铝锂等。

7）卤氧化物，如三溴氧化磷等。

8）硅烷，如三氯一氟甲烷等。

9）硫化物，如五硫化二磷等。

10）氰酸盐，如甲基氰酸盐等。

（2）可燃气体火灾。

细水雾灭火系统不适用于可燃气体火灾，包括液化天然气等低温液化气体的火灾。

（3）可燃固体深位火灾。

细水雾灭火系统不适用于可燃固体的深位火灾。

（二）系统选型

细水雾灭火系统应在综合分析系统设置场所的火灾危险性及其火灾特点、设计防护目的、防护对象的特征和环境条件的基础上，合理选择系统类型。

（1）下列场所宜选择全淹没应用方式的开式系统：

液压站、配电室、电缆隧道、电缆夹层、电子信息系统机房、文物库，以及采用密集柜存储的图书库、资料库和档案库。

（2）下列场所宜选择局部应用方式的开式系统：

油浸变压器室、涡轮机房、柴油发电机房、润滑油站和燃油锅炉房、厨房内烹饪设备及其排烟罩和排烟管道部位。

（3）下列场所可选择闭式系统：

采用非密集柜存储的图书库、资料库和档案库。

（4）下列场所可选择瓶组式系统：

难以设置泵房或消防供电不能满足系统工作要求的场所，可选择瓶组系统，但闭式系统不应采用瓶组系统。

（三）设计参数

细水雾灭火系统的基本设计参数应根据细水雾灭火系统的特性和防护区的具体情况确定。喷头的最低设计工作压力不应小于 1.2MPa。

1. 闭式系统的设计参数

闭式系统的作用面积不宜小于 140m^2，每套泵组所带喷头数量不应超过 100 只。系统的喷雾强度、喷头的布置间距和安装高度宜根据实体火灾模拟试验结果确定。当喷头的设计工作压力不小于 10.0MPa 时，也可根据喷头的安装高度按表 3–5–3 确定系统的最小喷雾强度和喷头的布置间距；当喷头的设计工作压力小于 10.0MPa 时，应经试验确定系统的最小喷雾强度、喷头的布置间距和安装高度。

表 3–5–3　闭式系统的喷雾强度、喷头的布置间距和安装高度

应用场所	喷头的安装高度 h/m	系统的最小喷雾强度 / [L/ (min· m^2)]	喷头的布置间距 /m
采用非密集柜存储的图书库、资料库和档案库	$3<h\leqslant 5$	3	>2 且≤3
	$h\leqslant 3$	2	

2. **开式系统的设计参数**

（1）采用全淹没应用方式的开式系统的设计参数。

1）采用全淹没应用方式的开式系统，其喷雾强度、喷头的布置间距、安装高度和工作压力宜根据实体火灾模拟试验结果确定，也可根据喷头的安装高度按表 3–5–4 确定系统的最小喷雾强度和喷头的布置间距。当喷头的实际安装高度介于表 3–5–4 中规定的高度值之间时，系统的最小喷雾强度应取较高安装高度时的规定值。

2）采用全淹没应用方式的开式系统，其单个防护区的容积，泵组系统不宜大于 3 000m^3，瓶组系统不宜大于 260m^3，且瓶组系统所保护的防护区不宜超过 3 个。当大于该容积时，宜将该防护区分成多个更小的防护区进行保护，并应符合以下规定：①当各分区的火灾危险性相同或相近时，系统的设计参数可根据其中容积最大分区的参数确定。②当各分区的火灾危险性存在较大差异时，系统的设计参数应分别按各自分区的参数确定。③当应用条件与表 3–5–4 不相符合时，应经实体火灾模拟试验确定。

表 3–5–4　采用全淹没应用方式开式系统喷头的工作压力、安装高度、喷雾强度和喷头的布置间距

应用场所	喷头的工作压力 P/MPa	喷头的安装高度 h/m	系统的最小喷雾强度 / [L/ (min· m^2)]	喷头的最大布置间距 /m
油浸变压器室，液压站，润滑油站，柴油发电机室，燃油锅炉房等	$1.2\leqslant P<3.5$	$h\leqslant 7.5$	2	2.5
电缆隧道，电缆夹层		$h\leqslant 5$	2	
文物库，以密集柜存储的图书库、资料库、档案库		$h\leqslant 3$	0.9	
油浸变压器室，涡轮机房等	$P\geqslant 10.0$	$h\leqslant 7.5$	1.2	3
液压站，柴油发电机室，燃油锅炉房等		$h\leqslant 5$	1	

续表 3-5-4

<table>
<tr><th colspan="2">应用场所</th><th>喷头的工作压力 P/MPa</th><th>喷头的安装高度 h/m</th><th>系统的最小喷雾强度 /[L/(min·m^2)]</th><th>喷头的最大布置间距 /m</th></tr>
<tr><td colspan="2" rowspan="2">电缆隧道，电缆夹层</td><td rowspan="6">$P\geqslant10.0$</td><td>$3<h\leqslant5$</td><td>2</td><td rowspan="6">3</td></tr>
<tr><td>$h\leqslant3$</td><td>1</td></tr>
<tr><td colspan="2" rowspan="2">文物库，以密集柜存储的图书库、资料库、档案库</td><td>$3<h\leqslant5$</td><td>2</td></tr>
<tr><td>$h\leqslant3$</td><td>1</td></tr>
<tr><td rowspan="2">电子信息系统机房、通信机房</td><td>主机工作空间</td><td>$h\leqslant3$</td><td>0.7</td></tr>
<tr><td>地板夹层</td><td>$h\leqslant0.5$</td><td>0.3</td></tr>
</table>

（2）采用局部应用方式的开式系统的设计参数。

1）采用局部应用方式的开式系统，其保护面积应按以下规定确定：①对于外形规则的保护对象，应为该保护对象的外表面面积。②对于外形不规则的保护对象，应为包容该保护对象的最小规则形体的外表面面积。③对于可能发生可燃液体流淌火或喷射火的保护对象，除应符合上述要求外，还应包括可燃液体流淌火或喷射火可能影响到的区域的水平投影面积。

2）采用局部应用方式的开式系统，当保护存在可燃液体火灾的场所时，系统的设计参数应根据国家授权的认证检验机构认证检验时获得的试验数据确定，且不应超出试验限定的条件。

（3）系统设计响应时间。

开式系统的设计响应时间不应大于 30s。采用全淹没应用方式的瓶组式系统，当同一防护区内采用多组瓶组时，各瓶组必须能同时启动，其动作响应时差不应大于 2s。

3. 系统持续喷雾时间

系统的设计持续喷雾时间应符合表 3-5-5 的规定。

表 3-5-5 细水雾灭火系统的设计持续喷雾时间

保护对象	设计持续喷雾时间
油浸变压器室、柴油发电机房	不小于 20min
液压站、润滑油站	
燃油锅炉房、涡轮机房	
配电室、电气设备间、电缆夹层、电缆隧道	不小于 30min
电子信息系统机房、通信机房等电子机房	
图书库、资料库、档案库、文物库	
厨房烹饪设备、排烟罩、排烟管道	设计持续喷雾时间不小于 15s，设计冷却时间不小于 15min

注：对于瓶组式系统，系统的设计持续喷雾时间可按其实体火灾模拟试验灭火时间的 2 倍确定，且不宜小于 10min。

4. **实体火灾模拟实验结果的应用**

在工程应用中采用实体模拟试验结果时，应符合下列规定：

（1）系统设计喷雾强度不应小于试验所用喷雾强度。

（2）喷头最低工作压力不应小于试验测得最不利点喷头的工作压力。

（3）喷头布置间距和安装高度分别不应大于试验时的喷头间距和安装高度。

（4）喷头的安装角度应与试验安装角度一致。

二、主要组件设置要求

细水雾灭火系统主要由供水装置、细水雾喷头、控制阀、过滤装置、试水阀和管网等组件组成。系统主要组件应符合《细水雾灭火系统及部件通用技术条件》（GB/T 26785—2011）和《细水雾灭火装置》（XF 1149—2014）的规定，本节主要介绍各组件的设置要求。

（一）供水装置的设置要求

1. **系统水质的要求**

为保证系统中形成细水雾的部件正常工作，系统对水质的要求较高。对于泵组系统，其供水的水质应符合《生活饮用水卫生标准》（GB 5749—2006）的有关规定。对于瓶组系统，其供水的水质不应低于《食品安全国家标准　包装饮用水》（GB 19298—2014）的有关规定，而且系统补水水源的水质应与系统的水质要求一致。

2. **泵组供水装置的设置要求**

泵组系统的供水装置由储水箱、水泵、水泵控制柜（盘）、安全阀等部件组成。

（1）储水箱。

系统的储水箱应采用密闭结构，并应采用不锈钢或其他能保证水质的材料制作，且应具有防尘、避光的技术措施。储水箱应设置保证自动补水的装置，并应设置液位显示装置，高低液位报警装置和溢流、透气、放空装置。

（2）水泵。

泵组系统应设置独立的水泵。水泵应具有自动和手动启动功能以及巡检功能，当巡检过程中接到启动指令时，应能立即退出巡检，进入启动状态。系统的水泵应设置备用泵，其工作性能应与最大一台主泵相同，主、备用泵应具有自动切换功能，并应能手动操作停泵。水泵应采用自灌式引水或其他可靠的引水方式，泵的出水总管上应设置压力显示装置、安全阀和泄放试验阀。每台泵的出水口均应设置止回阀。当水泵采用柴油机作为动力时，应保证其能持续运行60min。闭式系统的泵组系统应设置稳压泵，其流量不应大于系统中水力最不利点一只喷头的流量，工作压力应满足工作泵的启动工作压力要求。

（3）水泵控制柜（盘）。

水泵控制柜（盘）应设置在干燥、通风的部位，便于操作和检修，其防护等级不应低于IP54。

（4）安全阀。

安全阀应设置在水泵的出水总管上，其动作压力应为系统最大工作压力的 1.15 倍。

3. 瓶组供水装置的设置要求

瓶组系统的供水装置由储水容器、储气容器和压力显示装置等部件组成。储水容器、储气容器均应设置安全阀。使用多个储水容器和储气容器的瓶组系统，同一集流管下储水容器或储气容器的规格、充装量和充装压力应分别一致。储水量和储气量应根据保护对象的重要性、维护恢复时间等设置备用量。对于恢复时间超过 48h 的瓶组系统，应按主用量的 100% 设置备用量。容器组的布置应便于检查、测试、重新灌装和维护，其操作面距墙或 2 个操作面之间的距离不宜小于 0.8m。

（二）细水雾喷头的设置要求

1. 喷头的选择

（1）对于喷头的喷孔易被外部异物堵塞的场所，应选用具有相应防护措施且不影响细水雾喷放效果的喷头，如粉尘场所应选用带防尘罩（端盖）的喷头，但在喷雾时不应阻挡水雾和对人员造成伤害。

（2）对于电子数据处理机房、通信机房的地板夹层，宜选择适用于低矮空间的喷头。

（3）对于闭式系统，应选择响应时间指数不大于 50（m·s）$^{0.5}$ 的喷头，其公称动作温度宜高于环境最高温度 30℃，且同一防护区内应采用相同热敏性能的喷头。

（4）对于腐蚀性环境，应选用采用防腐材料或具有防腐镀层的喷头。

（5）对于电气火灾危险场所的细水雾灭火系统，不宜采用撞击式细水雾喷头。

2. 喷头的布置

（1）闭式系统喷头布置要求。

闭式系统喷头的布置应能保证细水雾喷放均匀并完全覆盖保护区域；喷头与墙壁的距离不应大于喷头最大布置间距的 1/2；喷头与其他遮挡物的距离应保证遮挡物不影响喷头正常喷放细水雾，当无法避免时，应采取补偿措施；喷头的感温组件与顶棚或梁底的距离不宜小于 75mm，且不宜大于 150mm。当场所内设置吊顶时，喷头可贴邻吊顶布置。

（2）开式系统喷头布置要求。

开式系统喷头的布置与闭式系统喷头的布置要求相同，但对于电缆隧道或夹层，喷头宜布置在电缆隧道或夹层的上部，并应能使细水雾完全覆盖整个电缆或电缆桥架。

（3）局部应用方式的开式系统喷头布置要求。

采用局部应用方式的开式系统，其喷头的布置应能保证细水雾完全包容或覆盖保护对象或部位，喷头与保护对象的距离不宜小于 0.5m。用于保护室内油浸变压器时，高度超过 4m 的变压器，喷头宜分层布置；冷却器距变压器本体超过 0.7m 时，应在其间隙内增设喷头；喷头不应直接对准高压进线套管；变压器下方设置集油坑的，喷头的布置应能使细水雾完全覆盖集油坑。

（4）喷头与无绝缘带电设备的间距。

喷头与无绝缘带电设备的最小距离不应小于表 3–5–6 的规定。

表 3-5-6 喷头与无绝缘带电设备的最小距离

带电设备额定电压等级 V/kV	最小距离 /m
110<V≤220	2.2
35<V≤110	1.1
V≤35	0.5

（5）喷头备品。

系统应按喷头的型号、规格储存备用喷头，其数量不应小于相同型号、规格喷头实际设计使用总数的 1%，且分别不应少于 5 只。

（三）控制阀的设置要求

1. 控制阀

（1）开式系统应按防护区设置分区控制阀，且宜在分区控制阀上或阀后邻近位置设置泄放试验阀。

（2）闭式系统应按楼层或防火分区设置分区控制阀，且应采用带开关锁定或开关指示的阀组。

（3）分区控制阀宜靠近防护区设置，并应设置在防护区外便于操作、检查和维护的位置。

2. 动作信号反馈装置

分区控制阀上宜设置系统动作信号反馈装置。当分区控制阀上无系统动作信号反馈装置时，应在分区控制阀后的配水干管上设置系统动作信号反馈装置。

（四）过滤装置的设置要求

（1）在储水箱进水口处以及出水口处或控制阀前应设置过滤器。系统控制阀组前的管道应就近设过滤器；当细水雾喷头无滤网时，雨淋控制阀组后应设过滤器；最大的过滤器过滤等级或目数应保证不大于喷头最小过流尺寸的 80%。

（2）过滤器的材质应为不锈钢、铜合金，或其他耐腐蚀性能不低于不锈钢、铜合金的材料。

（3）管道过滤器的最小尺寸应根据系统的最大过流流量和工作压力确定。

（4）管道过滤器应设在便于维护、更换的位置，且应设旁通管，以便清洗。

（五）试水阀、泄水阀和排气阀

1. 试水阀

闭式系统应在每个分区阀后管网的最不利点处设置试水阀，其设置要求同自动喷水灭火系统，并应符合下列规定：

（1）试水阀前应设置压力表。

（2）试水阀出口的流量系数应与一只喷头的流量系数等效。

（3）试水阀的接口大小应与管网末端的管道一致，测试水的排放不应对人员和设备等造成危害。

开式系统应在分区控制阀上或阀后邻近位置设置泄放试验阀。

2. 泄水阀

细水雾灭火系统的管网最低点处应设置泄水阀，如系统管网有多个最低点，则应根据管网情况设置多个泄水阀。

3. 排气阀

闭式系统的最高点处宜设置手动排气阀，在系统管网充满水形成准工作状态时使用。

（六）系统管道

（1）细水雾灭火系统的管道应采用冷拔法制造的奥氏体不锈钢钢管或其他耐腐蚀和耐压性能相当的金属管道。管道的材质和性能应符合《流体输送用不锈钢无缝钢管》（GB/T 14976—2012）和《流体输送用不锈钢焊接钢管》（GB/T 12771—2019）的有关规定。系统最大工作压力不小于 3.5MPa 时，应采用《不锈钢和耐热钢　牌号及化学成分》（GB/T 20878—2007）中规定的牌号为 022Cr17Ni12Mo2 的奥氏体不锈钢无缝钢管。

（2）系统管道连接件的材质应与管道相同。系统管道宜采用专用接头或法兰连接，也可采用氩弧焊焊接。

（3）系统管道和管道附件的公称压力不应小于系统的最大工作压力。对于泵组式系统，水泵吸水口至储水箱之间的管道、管道附件、阀门的公称压力不应小于 1.0MPa。

（4）采用全淹没应用方式的开式系统，管网宜均衡布置。当保护油浸变压器时，系统管道不宜横跨变压器的顶部，且不应影响设备的正常操作。

（5）系统管道应采用防晃金属支架、吊架固定在建筑构件上，并应能承受管道充满水时的质量及冲击。系统管道支架、吊架的间距不应大于表 3-5-7 的规定。

表 3-5-7　细水雾灭火系统管道支架、吊架的最大间距

管道外径 /mm	最大间距 /m
≤16	1.5
20	1.8
24	2
28	2.2
32	2.5
40	2.8
48	2.8
60	3.2
≥76	3.8

（6）设置在有爆炸危险环境中的细水雾灭火系统，其管网和组件应采取可靠的静电导除措施。

三、系统操作与控制

瓶组系统应具有自动、手动和机械应急操作控制方式，其机械应急操作应能在瓶组间内直接手动启动系统。泵组系统应具有自动、手动控制方式。

开式系统的自动控制应能在接收到两个独立的火灾报警信号后自动启动。即只有当两种不同类型或两独立回路中同一类型的火灾探测器均检测出防护场所的火灾信号时，才能发出启动灭火系统的指令。

闭式系统的自动控制应能在喷头动作后，由动作信号反馈装置直接联锁自动启动。例如，当发生火灾时，由闭式喷头上的感温元件自动接受火灾温度和触发喷头动作，继而使压力开关动作，自动启动水泵（含稳压泵）。

手动启动装置和机械应急操作装置应能在一处完成系统启动的全部操作，并应采取防止误操作的措施。手动启动装置和机械应急操作装置上应设置与所保护场所对应的明确标识。设置系统的场所以及系统的手动操作位置，应在明显位置设置系统操作说明。

防护区或保护场所的入口处应设置声光报警装置和系统动作指示灯。

开式系统的分区控制阀应具有自动、手动启动和机械应急操作启动功能，关闭阀门应采用手动操作方式。同时应具有接收控制信号实现启动、反馈阀门启闭或故障信号的功能。

火灾报警联动控制系统应能远程启动水泵或瓶组、开式系统分区控制阀，并应能接收水泵的工作状态、分区控制阀的启闭状态及细水雾喷放的反馈信号。与系统联动的火灾自动报警和控制系统的设计，应符合《火灾自动报警系统设计规范》（GB 50116—2013）的有关规定。

参考文献

［1］中华人民共和国公安部消防局．中国消防手册：第六卷 ［M］．上海：上海科学技术出版社，2007.

练习题

一、一级注册消防工程师

（一）单项选择题

1. 某燃油锅炉房拟采用细水雾灭火系统。为确定设计参数，进行了实体火灾模拟实验，实验结果为：喷头安装高度为4.5m，布置间距为2.8m，喷雾强度为0.8L/（min·m^2），最不利点喷头的工作压力为9MPa。下列根据模拟实验结果确定的设计方案中，正确的是（　　）。

A. 喷头设计安装高度为5m

B. 设计喷雾强度为 1.0L/（min·m^2）

C. 喷头设计布置间距为 3m

D. 喷头设计最低工作压力为 8MPa

2. 某文物库采用细水雾灭火系统进行保护，系统选型为全淹没应用方式的开式系统。该系统最不利点工作压力不应低于（　　）MPa。

A. 0.1　　B. 1.0

C. 1.6　　D. 1.2

3. 某柴油发电机房采用细水雾灭火系统进行保护，系统选型为局部应用方式的开式系统。该系统的响应时间符合设计要求的是（　　）s。

A. 90　　B. 60

C. 45　　D. 25

（二）多项选择题

1. 下列场所中，宜选择全淹没应用方式的细水雾系统保护的有（　　）。

A. 电缆隧道、电缆夹层

B. 电子信息系统机房

C. 采用非密集柜储存的图书馆、资料库和档案库

D. 液压站

E. 柴油发电机房

2. 某工厂的计算机服务器房面积为 36m^2，高 4.0m。拟采用细水雾灭火系统保护，系统选型为全淹没应用方式的开式系统。经实体火灾模拟试验测得的系统灭火时间为 1min。下列关于系统的设计方案中，正确的有（　　）。

A. 当采用瓶组系统保护时，在房间内使用的多组瓶组能同时启动，动作响应时差不大于 5s

B. 系统的设计响应时间为 30s

C. 系统的持续喷雾时间为 20min

D. 当采用瓶组系统保护时，系统持续喷雾时间可为 5min

E. 当采用瓶组系统保护时，系统的水质符合《食品安全国家标准　包装饮用水》（GB 19298—2014）的有关规定

二、二级注册消防工程师

（一）单项选择题

1. 下列关于细水喷雾灭火系统联动控制的做法中，错误的是（　　）。

A. 开式系统在接收到两个不同类型的火灾报警信号后自动启动

B. 开式系统在接收到两个独立回路中相同类型的两个火灾报警信号后自动启动

C. 闭式系统在喷头动作后，由压力开关直接联锁自动启动

D. 闭式系统在喷头动作后，由分区控制阀启闭信号自动启动

2. 某资料库采用闭式细水雾灭火系统保护，系统的作用面积不宜小于（　　）m^2。

A. 100　　B. 140　　C. 160　　D. 200

（二）多项选择题

细水雾灭火系统的灭火机理主要有（　　）。

A. 吸热冷却　　B. 隔氧窒息

C. 阻隔辐射热　　D. 化学抑制

E. 浸湿作用

2022 年版
一、二级注册消防工程师资格考试辅导教材

消防安全技术实务

XIAOFANG ANQUAN JISHU SHIWU

（2023 年修订）

下　册

国家消防救援局　编

中国计划出版社
北　京

目　　录

上　　册

第一篇　消防基础知识

第二篇　通用建筑防火

第三篇　建筑消防设施

下　　册

第四篇　特殊建筑、场所防火

第五篇　消防安全评估

第六章 自动跟踪定位射流灭火系统

学习要求

通过本章学习，应熟悉自动跟踪定位射流灭火系统的分类、组成、工作原理和适用范围；掌握自动跟踪定位射流灭火系统的选型、主要组件及设置要求。

自动跟踪定位射流灭火系统是利用红外线、数字图像或其他火灾探测组件对火、温度等的探测进行早期火灾的自动跟踪定位，并运用自动控制方式来实现灭火的各种室内外固定射流灭火系统。

自动跟踪定位射流灭火系统是近年来由我国自主研发的一种自动灭火系统。该系统在体育场馆、展览厅、剧院、机场与火车站的候车厅、带有大型中庭的商业建筑、家具城、工业厂房等各类重要场所中广泛应用，尤其适用于空间高度高、容积大、火场温升较慢、难以设置闭式自动喷水灭火系统的高大空间场所。

第一节 系统的分类、组成及工作原理

一、自动跟踪定位射流灭火系统的分类和组成

（一）系统分类

自动跟踪定位射流灭火系统按灭火装置流量大小及射流方式，可分为自动消防炮灭火系统、喷射型自动射流灭火系统和喷洒型自动射流灭火系统，如图 3-6-1 所示。

自动跟踪定位射流灭火系统
- 自动消防炮灭火系统
- 喷射型自动射流灭火系统
- 喷洒型自动射流灭火系统

图 3-6-1 自动跟踪定位射流灭火系统的分类

自动消防炮灭火系统是指灭火装置的流量大于 16L/s 的自动跟踪定位射流灭火系统。喷射型自动射流灭火系统是指灭火装置的流量不大于 16L/s 且不小于 5L/s、射流方式为喷射型的自动跟踪定位射流灭火系统。喷洒型自动射流灭火系统是指灭火装置的流量不大于 16L/s 且不小于 5L/s、射流方式为喷洒型的自动跟踪定位射流灭火系统。

自动跟踪定位射流灭火系统通过将红外、紫外传感技术，烟雾传感技术，计算机技术，机电一体化技术有机融合，实现火灾监控和自动灭火为一体，从而扑灭设置场所或

防护对象的火灾，或有效控制火灾的增长与蔓延。

（二）系统组成

1. 系统主要组件

自动跟踪定位射流灭火系统由灭火装置、探测装置、控制装置、水流指示器、模拟末端试水装置等组件，以及管道与阀门、供水设施等主要组件组成。自动跟踪定位射流灭火系统的组成如图 3–6–2 所示。其中，系统供水设施、管道与阀门的组成和性能要求等详见第二章第一节的相关要求。

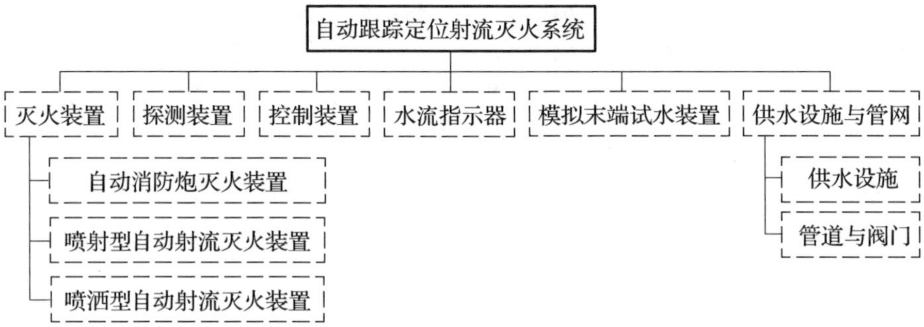

图 3–6–2　自动跟踪定位射流灭火系统组成示意框图

（1）灭火装置。

灭火装置是以射流方式喷射水介质进行灭火的设备，灭火装置按流量大小可分为：自动消防炮灭火装置（额定流量大于 16L/s）、自动射流灭火装置（额定流量不大于 16L/s）。自动射流灭火装置按射流方式又可分为喷射型自动射流灭火装置（射流方式为喷射的）和喷洒型自动射流灭火装置（射流方式为喷洒的），如图 3–6–3 所示。

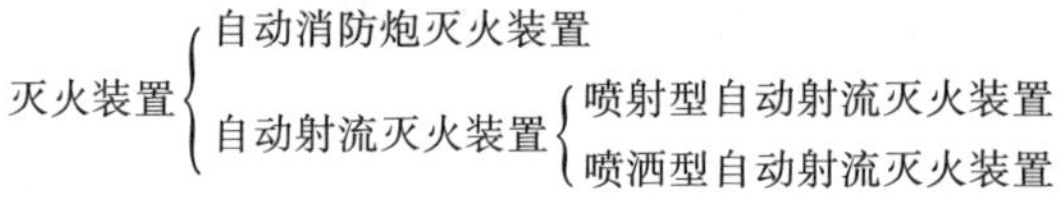

图 3–6–3　灭火装置的分类

自动消防炮灭火装置是消防炮的一种。消防炮系指连续喷射时水、泡沫混合液流量大于 16L/s 或干粉平均喷射速率大于 8kg/s，脉冲喷射时单发喷射水、泡沫混合液量不低于 8L 的喷射灭火剂的装置。消防炮按喷射介质可分为消防水炮、消防泡沫炮和消防干粉炮；按驱动方式可分为手动消防炮、电动消防炮、液动消防炮和气动消防炮；按控制方式可分为远控消防炮和非远控消防炮；按使用功能可分为单用消防炮、两用消防炮和组合消防炮；按安装方式可分为移动式消防炮和固定式消防炮。其中，移动式消防炮按移动方式又可分为便携移动式消防炮、手抬移动式消防炮和拖车移动式消防炮。

自动消防炮灭火装置和喷射型自动射流灭火装置由探测部分、控制部分、自动消防炮部分和联动部分组成。喷洒型自动射流灭火装置由探测部分和洒水部分组成，其探测部分也可以独立设置，但一套探测部分不宜联动 4 个洒水部分。所选择的探测部分与洒水部分应尽量对应。

灭火装置有射流水的灭火功能、跟踪的探测功能和机械自动的定位功能，其装置的实物如图 3–6–4 所示。

（a）自动消防炮灭火装置　（b）喷射型自动射流灭火装置　（c）喷洒型自动射流灭火装置

图 3–6–4　灭火装置实物

（2）探测装置。

探测装置是指具有自动探测、定位火源，并向控制装置传送火源信号等功能的设备。探测装置具有自动探测、定位火源，并向控制装置传送火源信号等功能。

自动跟踪定位射流灭火系统的探测装置可选用多种火灾探测器，如感温、火焰、图像、复合式等火灾探测器。目前常用的火灾探测器主要为图像型或火焰火灾探测器。探测装置探测到火源后，再利用图像中心点匹配法或多级扫描辐射最高强度阈值判定法，进行火源的跟踪定位。

（3）控制装置。

控制装置是系统的控制和信息处理组件，具有接收并处理火灾探测信号，发出控制和报警信息，驱动灭火装置定点灭火，接收反馈信号，同时完成相应的显示、记录，并向火灾报警控制器或消防联动控制器传送信号等功能的装置。系统从探测到火灾后至实施定点灭火过程中涉及信息处理和过程控制的组件均属控制装置。

控制装置主要包括控制主机（远程控制盘、视频信息存储器、显示器、主机电源、UPS 电源、警报装置、打印机）、信号处理器（火灾信号处理单元、驱动信号处理单元、反馈信号处理单元、解码器）、现场控制箱、消防水泵控制柜等。

（4）水流指示器。

水流指示器是自动跟踪定位射流灭火系统中将水流信号转换成电信号的一种水流报警装置。水流指示器的桨片与水流方向垂直，喷头开启后引起管道中的水流动，当桨片或膜片感知水流的作用力时带动微动开关动作，接通延时线路，输出信号。在螺纹式和法兰式水流指示器的结构中，由桨片、法兰底座、螺栓、本体、接线孔等组成。

（5）末端试水装置。

模拟末端试水装置应由探测部件、压力表、试水阀、试水接头及排水管组成，如图 3–6–5 所示。

2. 自动消防炮灭火系统和喷射型自动射流灭火系统的组成

自动消防炮灭火系统和喷射型自动射流灭火系统的基本组成如图 3–6–6 所示。它由自动消防炮或喷射型自动射流灭火装置、探测装置、控制模块箱、控制装置（控制主机、

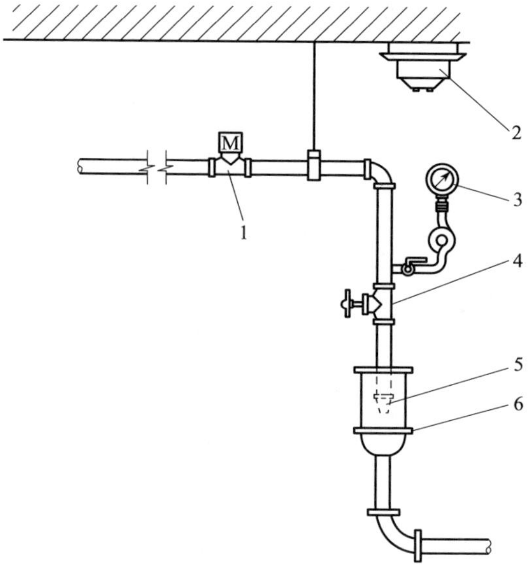

1—信号阀；2—探测部件；3—压力表；4—手动试水阀；
5—试水接头；6—排水漏斗。

图 3-6-5　模拟末端试水装置的组成

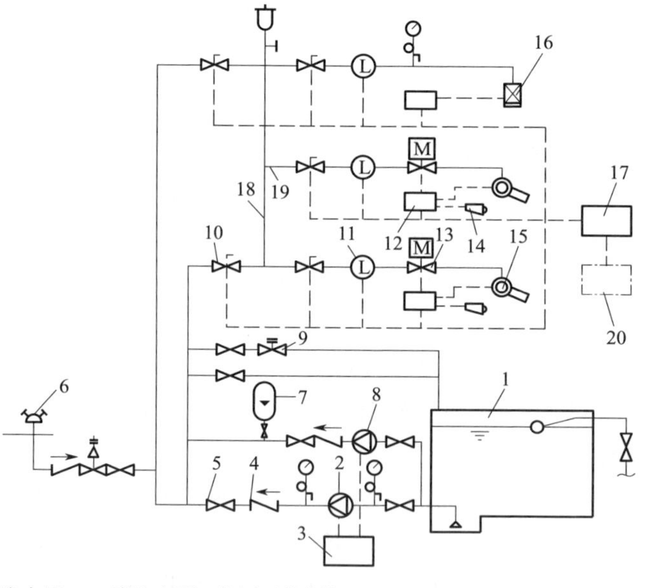

1—消防水池；2—消防水泵；3—消防水泵 / 稳压泵控制柜；4—止回阀；5—闸阀；6—水泵接合器；7—气压罐；
8—稳压泵；9—泄压阀；10—检修阀（信号阀）；11—水流指示器；12—控制模块箱；
13—自动控制阀（电磁阀或电动阀）；14—探测装置；15—自动消防炮 / 喷射型自动射流灭火装置；
16—模拟末端试水装置；17—控制装置（控制主机、现场控制箱等）；18—供水管网；
19—供水支管；20—联动控制器（或自动报警系统主机）。

图 3-6-6　自动消防炮灭火系统 / 喷射型自动射流灭火系统基本组成示意图

现场控制箱等）、水流指示器、模拟末端试水装置以及供水管网与阀门、供水设施（消防水泵等）等主要组件组成。

3. **喷洒型自动射流灭火系统的组成**

喷洒型自动射流灭火系统的基本组成如图 3–6–7 所示。它由喷洒型自动射流灭火装置、探测装置、控制模块箱、控制装置（控制主机、现场控制箱等）、水流指示器、模拟末端试水装置以及供水管网与阀门、供水设施（消防水泵等）等主要组件组成。

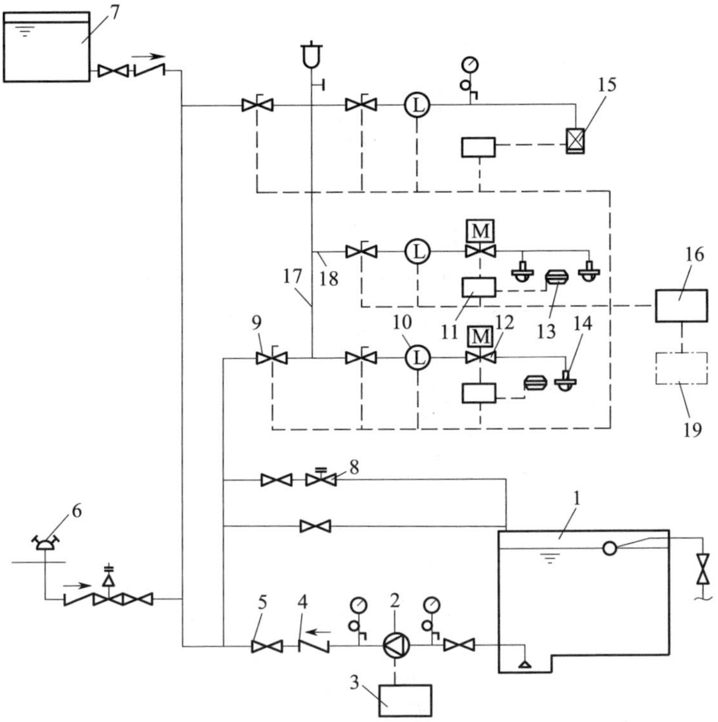

1—消防水池；2—消防水泵；3—消防水泵控制柜；4—止回阀；5—手动阀；6—水泵接合器；7—高位消防水箱；8—泄压阀；9—检修阀（信号阀）；10—水流指示器；11—控制模块箱；12—自动控制阀（电磁阀或电动阀）；13—探测装置；14—喷洒型自动射流灭火装置；15—模拟末端试水装置；16—控制装置（控制主机、现场控制箱等）；17—供水管网；18—供水支管；19—联动控制器（或自动报警系统主机）。

图 3–6–7　喷洒型自动射流灭火系统基本组成示意图

二、自动跟踪定位射流灭火系统的工作原理

（一）自动消防炮灭火系统和喷射型自动射流灭火系统的工作原理

自动消防炮灭火系统和喷射型自动射流灭火系统在准工作状态时，由消防水箱或稳压泵、气压给水设备等稳压设施维持管道内的充水压力。探测装置对保护现场的火灾信号进行监测。

发生火灾时，在火灾光、烟气的作用下，探测装置自动探测到火源，再次确认火灾信号后定位火源，同时向控制装置传送火源信号。控制装置接收到信号后，及时处理火灾探测信号，发出控制和报警信息，驱动对应的自动消防炮、喷射型自动射流灭火装置扫描、定位。对应的自动消防炮、喷射型自动射流灭火装置定位到火源后，控制装置打

开自动控制阀，同时启动消防水泵进行供水，对火源进行射流灭火。水流经水流指示器后，水流指示器的动作信号反馈到控制装置。自动消防炮、喷射型自动射流灭火装置的启动数量不应多于 2 台。探测装置确认火灾扑灭后，延续一定时间后关闭自动控制阀。自动消防炮灭火系统、喷射型自动射流灭火系统的工作原理如图 3–6–8 所示。

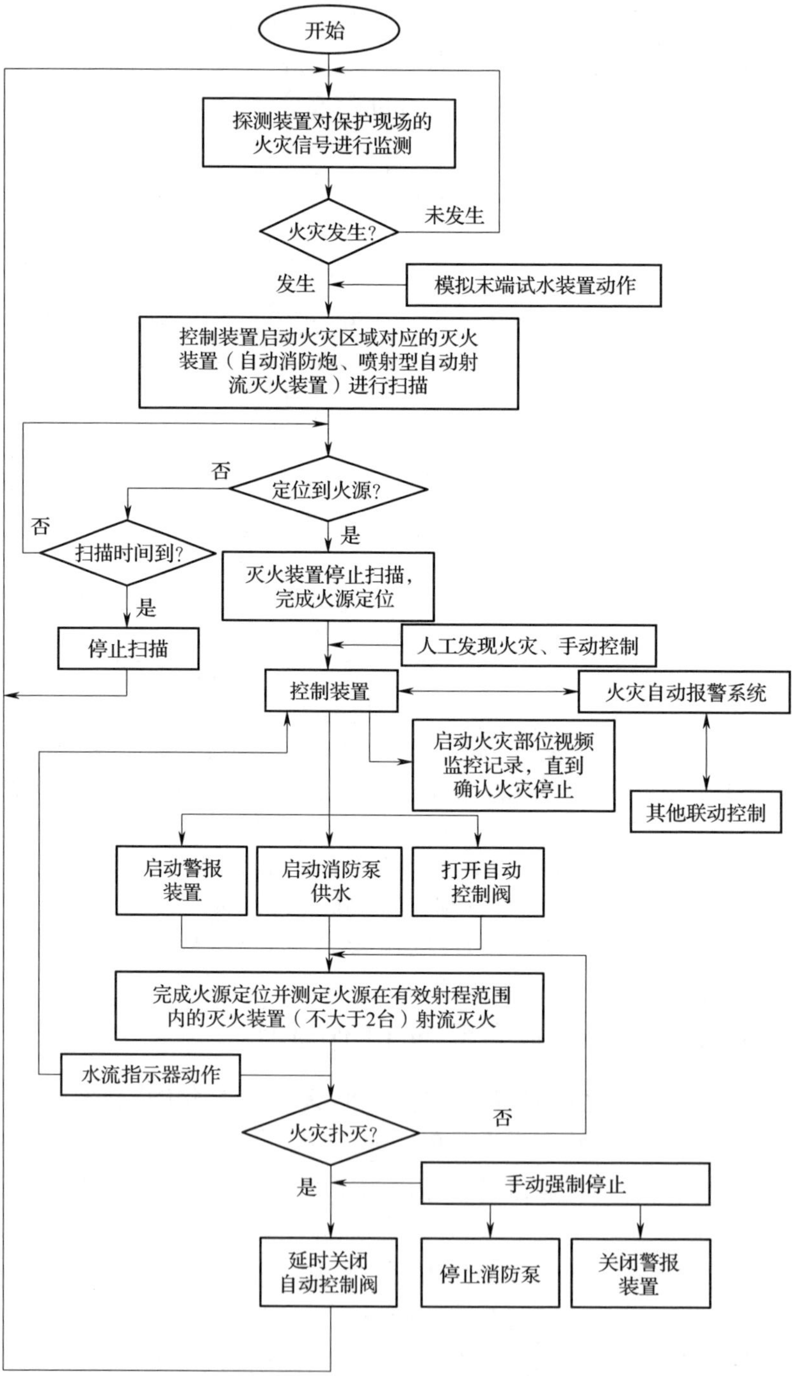

图 3–6–8　自动消防炮灭火系统 / 喷射型自动射流灭火系统的工作原理

（二）喷洒型自动射流灭火系统的工作原理

喷洒型自动射流灭火系统在准工作状态时，由消防水箱或稳压泵、高位消防水箱等稳压设施维持管道内的充水压力。探测装置对保护现场的火灾信号进行监测。发生火灾时，在火灾光、烟气的作用下，探测装置自动探测到火源，向控制装置传送火源信号。控制装置接收到信号后，启动对应的报警装置、启动消防水泵、打开电磁（动）阀，探测到火源并测定火源在有效射程范围内的灭火装置进行喷水灭火，直到火灾扑灭。喷洒型自动射流灭火系统的工作原理如图 3–6–9 所示。

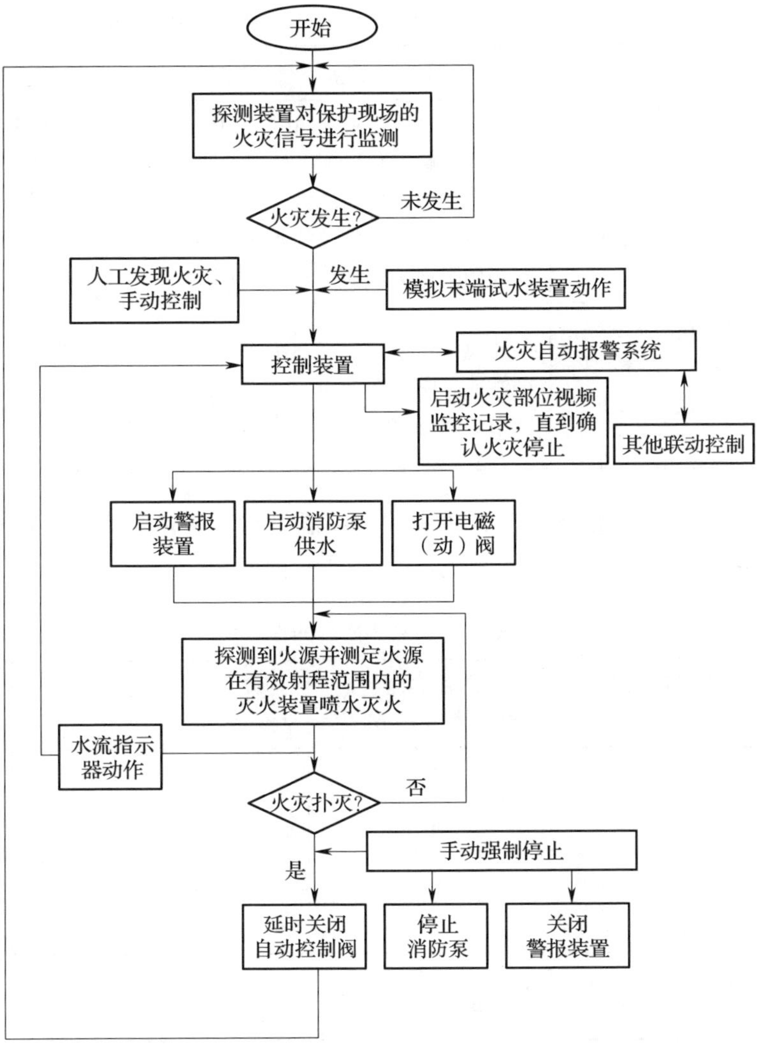

图 3–6–9　喷洒型自动射流灭火系统的工作原理

（三）系统的灭火机理

自动跟踪定位射流灭火系统灭火主要利用水的冷却、窒息及隔离作用。射流的水直接由冲击力大的水柱或喷洒的大水滴到达燃烧物的表面，水覆盖在可燃物的表面，吸收大量的热，将燃烧物的温度降低，达到一定温值以下，燃烧即会停止。射流穿越燃烧的火焰，将水汽化，有助于助燃物（氧气）浓度的稀释降低，起到隔绝空气的作用。喷洒的水还可将火焰与可燃物、助燃物分隔开。不同类型的自动跟踪定位射流灭火系统，其工作原理、灭火和控火效果均有所不同。

三、自动跟踪定位射流灭火系统产品的主要性能要求

工程应用中采用的自动射流灭火系统产品应是满足相关国家标准要求的定型产品，并应具有表 3–6–1 的相关性能。

表 3–6–1　自动消防炮灭火系统和喷射型自动射流灭火系统产品的主要性能要求

产品名称	应符合的标准	主要性能
自动跟踪定位射流灭火系统	《自动跟踪定位射流灭火系统》GB 25204—2010	外观、结构、水平回转角和俯仰回转角，装置性能参数，高低温性能、耐湿热性能、绝缘电阻、介电强度、抗环境光线干扰性能、电压波动适应能力、抗振动性能、灭火性能、自动控制的要求，系统的消防供液的要求、系统的后备电源供配要求、系统的现场档案视频记录要求、系统运行的可靠性能
末端试水装置	《自动喷水灭火系统 第 21 部分：末端试水装置》GB 5135.21—2011	外观与标志、额定工作压力、材料、连接形式、流量系数、强度性能、密封性能、功能、工作可靠性、耐盐雾腐蚀性能、过载能力、耐电压性能、绝缘要求、接触电阻、工作电源、压力表

自动消防炮、喷射型自动射流灭火装置、喷洒型自动射流灭火装置的性能参数应符合表 3–6–2、表 3–6–3 和表 3–6–4 的规定。

表 3–6–2　自动消防炮的性能参数

额定流量 /（L/s）	额定工作压力上限 /MPa	额定工作压力时的最大保护半径 /m	定位时间 /s	最小安装高度 /m	最大安装高度 /m
20	1.0	42	≤60	8	35
30		50			
40		52			
50		55			

表 3–6–3　喷射型自动射流灭火装置的性能参数

额定流量 /（L/s）	额定工作压力上限 /MPa	额定工作压力时的最大保护半径 /m	定位时间 /s	最小安装高度 /m	最大安装高度 /m
5	0.8	20	≤30	8	20
10		28			25

表 3-6-4　喷洒型自动射流灭火装置的性能参数

额定流量 / (L/s)	额定工作压力上限 /MPa	额定工作压力时的最大保护半径 / m	定位时间 / s	最小安装高度 / m	最大安装高度 / m
5	0.6	6	≤30	8	25
10		7			

第二节　系统设计及主要组件的设置

一、系统设计要求

（一）适用范围

1. 适用范围

自动跟踪定位射流灭火系统可用于扑救民用建筑和丙类生产车间、丙类库房中，下列火灾类别为 A 类的场所：

（1）净空高度大于 12m 的高大空间场所。

（2）净空高度大于 8m 且不大于 12m，难以设置自动喷水灭火系统的高大空间场所。

其中，高大空间场所主要包括：展览建筑、商业建筑、行政办公建筑、医院康复建筑、旅客候机（车、船）楼、文化建筑、演艺排演建筑、体育建筑，以及生产、储存火灾类别为 A 类物品的工业建筑等各类建筑内的门厅、展厅、中庭、室内步行街、旅客候机（车、船）大厅、售票大厅、宴会厅、阅览室、演讲厅、观众厅、看台等部位。

难以设置自动喷水灭火系统的典型场所举例如下：

（1）火灾部位较明确，需要特定保护的、建筑顶棚采用膜结构或玻璃等采光材料的部位。

（2）闭式洒水喷头无法有效感知温度和无法有效喷水灭火的部位。

（3）曲面吊顶、喷头固定困难、喷水有遮挡的部位。

2. 不适用范围

自动跟踪定位射流灭火系统不适用于下列场所：

（1）经常有明火作业。

（2）不适宜用水保护。

（3）存在明显遮挡。

（4）火灾水平蔓延速度快。

（5）高架仓库的货架区域。

（6）火灾危险等级为《自动喷水灭火系统设计规范》GB 50084—2017 规定的严重危险级场所。

（二）系统选型

自动跟踪定位射流灭火系统的选型，应根据设置场所的火灾类别、火灾危险等级、环境条件、空间高度、保护区域特点等因素来确定。

各种类型自动跟踪定位射流灭火系统的适用范围见表 3–6–5。

表 3–6–5　各种类型自动跟踪定位射流灭火系统的适用范围

系统种类	轻危险级场所	中危险级场所	丙类库房
喷洒型自动射流灭火系统	√	√	—
喷射型自动射流灭火系统	√	√	—
自动消防炮灭火系统	—	√	√

注：同一保护区内宜采用一种系统类型。当确有必要时，可采用两种系统类型组合设置。

喷射型自动射流灭火系统和喷洒型自动射流灭火系统灭火装置的流量相对较小，可在轻危险级场所、中危险级场所选用。自动消防炮灭火系统的流量相对较大、灭火能力更强，可在中危险级场所、丙类库房中选用。

对于候车厅、展厅等空间较大的中危险级场所，由于喷射型自动射流灭火装置的流量和保护半径相对较小，为了满足探测及射流覆盖所有保护区域，所需灭火装置的数量较大，可能会导致布置喷射型自动射流灭火装置较为困难或经济性差，可优先选用自动消防炮灭火系统。

同一保护区宜采用同一种系统类型，因设置场所建筑布局和结构的特殊性，在灭火保护设计上（设计布置、保护效果等方面）确有必要时，也可以采用两种系统类型进行组合。例如，某高大空间建筑在其主体建筑空间采用自动消防炮灭火系统，而与主体建筑空间相邻且相通的边跨建筑空间，则可根据实际情况合理采用喷射型或喷洒型自动射流灭火系统。

（三）设计参数

1. 设计流量

（1）自动消防炮灭火系统和喷射型自动射流灭火系统的设计流量。

自动消防炮灭火系统和喷射型自动射流灭火系统应保证至少两台灭火装置的射流能到达被保护区域的任一部位。自动消防炮灭火系统用于扑救民用建筑内火灾时，单台炮的流量不应小于 20L/s；用于扑救工业建筑内火灾时，单台炮的流量不应小于 30L/s。喷射型自动射流灭火系统用于扑救轻危险级场所火灾时，单台灭火装置的流量不应小于 5L/s；用于扑救中危险级场所火灾时，单台灭火装置的流量不应小于 10L/s。

自动消防炮灭火系统和喷射型自动射流灭火系统的设计流量应按同时开启两台灭火装置确定。

（2）喷洒型自动射流灭火系统的设计参数。

喷洒型自动射流灭火系统灭火装置的布置应能使射流完全覆盖被保护场所及被保护物。系统的设计参数不应低于表 3–6–6 的规定。

表 3-6-6 喷洒型自动射流灭火系统的设计参数

保护场所的火灾危险等级		保护场所的净空高度 /m	喷水强度 / [L/(min·m^2)]	作用面积 / m^2
轻危险级		≤25	4	300
中危险级	Ⅰ级		6	
	Ⅱ级		8	

喷洒型自动射流灭火系统灭火装置的设计同时开启数量，应按保护场所内任何一点着火时，可能开启射流的灭火装置的最大数量确定，且应符合表 3-6-7 的规定。

表 3-6-7 喷洒型自动射流灭火系统灭火装置的设计同时开启数量 N 单位：台

保护场所的火灾危险等级		灭火装置的流量规格 / (L/s)	
		5	10
轻危险级		$4 \leqslant N \leqslant 6$	$N=2$ 或 3
中危险级	Ⅰ级	$6 \leqslant N \leqslant 9$	$3 \leqslant N \leqslant 5$
	Ⅱ级	$8 \leqslant N \leqslant 12$	$4 \leqslant N \leqslant 6$

注：当系统最大保护区的面积不大于表 3-6-2 中规定的作用面积时，可按最大保护区面积对应的全部灭火装置数量确定。

2. 设计持续喷水时间

自动跟踪定位射流灭火系统的设计持续喷水时间不应小于 1.0 h。

3. 设计压力

灭火装置的最大保护半径应按产品在额定工作压力时的指标值确定；灭火装置的设计工作压力与产品额定工作压力不同时，应在产品规定的工作压力范围内选用。当设计工作压力为非额定工作压力时，灭火装置的设计最大保护半径应符合下列规定：

（1）自动消防炮和喷射型自动射流灭火装置的设计最大保护半径应按式（3-6-1）计算：

$$D = D_0 \cdot \sqrt{\frac{P_e}{P_0}} \tag{3-6-1}$$

式中 D——灭火装置的设计最大保护半径（m）；

D_0——灭火装置在额定工作压力时的最大保护半径（m）；

P_e——灭火装置的设计工作压力（MPa）；

P_0——灭火装置的额定工作压力（MPa）。

（2）喷洒型自动射流灭火装置的设计最大保护半径应按产品性能确定。

（四）电气要求

（1）系统的供电电源应采用消防电源，并应符合《建筑设计防火规范》（GB 50016—2014，2018 年版）和《供配电系统设计规范》（GB 50052—2009）的有关规定。系统设备的配电回路不应采用漏电保护开关，但可采用具有漏电报警功能的保护装置。

（2）系统的布线设计应符合《火灾自动报警系统设计规范》（GB 50116—2013）的有关规定。系统的供电电缆和控制线缆应采用阻燃耐火铜芯电线电缆，系统的报警信号线缆应采用阻燃或阻燃耐火电线电缆。

（3）视频信号传输应采用视频同轴电缆或者光缆传输。当采用视频同轴电缆传输时，电缆中间不宜有接头。探测和控制信号传输距离较远时，宜采用光缆传输。

（4）在有爆炸危险场所，电气设备和线路的选择、管道的防静电措施应符合《爆炸危险环境电力装置设计规范》（GB 50058—2014）的规定。

二、主要组件设置要求

自动跟踪定位射流灭火系统主要由灭火装置、探测装置、控制装置、水流指示器、模拟末端试水装置，以及管道与阀门、供水设施等主要组件组成。系统主要组件应符合《自动跟踪定位射流灭火系统》（GB 25204—2010）的规定。

（一）灭火装置的设置要求

灭火装置的布置应根据设置场所的净空高度、平面布局等建筑条件合理确定。灭火装置应满足相应使用环境和介质的防腐蚀要求，自动消防炮和喷射型自动射流灭火装置的俯仰和水平回转角度应满足使用要求，自动消防炮应具有直流 - 喷雾的转换功能。灭火装置与端墙之间的距离不宜超过灭火装置同向布置间距的一半。

灭火装置安装的设计应符合下列规定：

（1）安装位置应满足灭火装置正常使用和维护的要求。

（2）固定支架或安装平台应能满足灭火装置的喷射、喷洒反作用力要求，且结构设计应能满足灭火装置正常使用的要求。

（二）探测装置的设置要求

探测装置的设置应符合下列规定：

（1）应采用复合探测方式，并应能有效探测和判定保护区域内的火源。

（2）监控半径应与对应灭火装置的保护半径或保护范围相匹配。

（3）探测装置的布置应保证保护区域内无探测盲区。

（4）探测装置应满足相应使用环境的防尘、防水、抗现场干扰等要求。

（三）控制装置的功能和设置要求

1. 控制主机的功能

（1）控制主机应具有与火灾自动报警系统和其他联动控制设备匹配的通信接口。

（2）应控制自动消防炮或喷射型自动射流灭火装置的水平、俯仰回转动作、射流状态转换。

（3）应控制自动控制阀的开启和关闭。

（4）应远程启动消防水泵，但不应自动和远程停止消防水泵。

（5）在自动控制状态下，应按设定程序控制灭火装置动作。

（6）应具有消防水泵、灭火装置、自动控制阀、信号阀和水流指示器等的状态显示功能。

（7）自检功能；声、光报警功能；故障报警功能；消音复位功能；报警信息显示、记忆和打印功能；火灾现场视频实时监控和记录功能。

2. 现场控制箱的功能

（1）应设置在灭火装置的附近，便于现场手动操作，并应能观察到灭火装置动作。

（2）应具有防误操作的措施。

（3）应具有消防水泵、自动控制阀等的状态显示功能。

3. 声、光警报器的设置要求

系统应设置声、光警报器，并应满足下列要求：

（1）保护区内应均匀设置声、光警报器，可与火灾自动报警系统合用。

（2）声压级不应小于 60dB；在环境噪声大于 60dB 的场所，其声压级应高于背景噪声 15dB。

（四）水流指示器的设置要求

水流指示器的设置应满足下列要求：

（1）每台自动消防炮及喷射型自动射流灭火装置、每组喷洒型自动射流灭火装置的供水支管上应设置水流指示器，且应安装在手动控制阀的出口之后。

（2）公称压力不应小于系统工作压力的 1.2 倍。

（3）应安装在便于检修的位置，当安装在吊顶内时，吊顶应预留检修孔。

（4）公称直径应与供水支管的管径相同。

（五）模拟末端试水装置的设置要求

模拟末端试水装置的设置应满足下列要求：

（1）每个保护区的管网最不利点处应设模拟末端试水装置，并应便于排水；模拟末端试水装置的出水应采取孔口出流的方式排入排水管道；排水立管宜设伸顶通气管，管径应经计算确定，且不应小于 75mm。

（2）模拟末端试水装置宜安装在便于进行操作测试的地方；模拟末端试水装置应设置明显的标识，试水阀距地面的高度宜为 1.5m，并应采取不被他用的措施。

（3）探测部件应与系统所采用的型号规格一致；试水阀的公称直径应与灭火装置前的供水支管相同；试水接头的流量系数（K 值）应与灭火装置相同。

（六）管道与阀门的设置要求

（1）自动消防炮灭火系统和喷射型自动射流灭火系统每台灭火装置、喷洒型自动射流灭火系统每组灭火装置之前的供水管路应布置成环状管网。环状管网的管道管径应按对应的设计流量确定。

（2）系统的环状供水管网上应设置具有信号反馈的检修阀，检修阀的设置应确保在管路检修时，受影响的供水支管不大于 5 根。

（3）每台自动消防炮或喷射型自动射流灭火装置、每组喷洒型自动射流灭火装置的供水支管上应设置自动控制阀和具有信号反馈的手动控制阀，自动控制阀应设置在靠近灭火装置进口的部位。

（4）信号阀、自动控制阀的启、闭信号应传至消防控制室。

（5）室内、室外架空管道宜采用热浸锌镀锌钢管等金属管材。架空管道的连接宜采用沟槽连接件（卡箍）、螺纹、法兰、卡压等方式，不宜采用焊接连接。

（6）埋地管道宜采用球墨铸铁管、钢丝网骨架塑料复合管和加强防腐的钢管等管材。埋地金属管道应采取可靠的防腐措施。

（7）阀门应密封可靠，并应有明显的启、闭标志。

（8）在系统供水管道上应设泄水阀或泄水口，并应在可能滞留空气的管段顶端设自动排气阀。

（七）系统供水设施的设置要求

消防水源、消防水泵、消防水泵房、消防水泵接合器的设计应符合《消防给水及消火栓系统技术规范》（GB 50974—2014）的有关规定。

1. 消防水泵和供水管网

自动消防炮灭火系统应设置独立的消防水泵和供水管网，喷射型自动射流灭火系统和喷洒型自动射流灭火系统宜设置独立的消防水泵和供水管网。当喷射型自动射流灭火系统或喷洒型自动射流灭火系统与自动喷水灭火系统共用消防水泵及供水管网时，应符合下列规定：

（1）两个系统同时工作时，系统设计水量、水压及一次灭火用水量应满足两个系统同时使用的要求。

（2）两个系统不同时工作时，系统设计水量、水压及一次灭火用水量应满足较大一个系统使用的要求。

（3）两个系统应能正常运行，互不影响。

消防水泵应按一用一备或二用一备的比例设置备用泵。备用泵的工作能力不应小于其中工作能力最大的一台工作泵。

2. 高位消防水箱和气压稳压装置

采用临时高压给水系统的自动跟踪定位射流灭火系统，宜设高位消防水箱。自动跟踪定位射流灭火系统可与消火栓系统或自动喷水灭火系统合用高位消防水箱。高位消防水箱的设置高度应高于其所服务的灭火装置，且最低有效水位高度应满足最不利点灭火装置的工作压力，其有效储水量应符合《消防给水及消火栓系统技术规范》GB 50974—2014 的有关规定。

当无法按照上述要求设置高位消防水箱时，系统应设气压稳压装置。气压稳压装置的设置应符合下列规定：

（1）供水压力应保证系统最不利点灭火装置的设计工作压力。

（2）稳压泵流量宜为 1 ~ 5L/s，并小于一个最小流量灭火装置工作时的流量。

（3）稳压泵应设备用泵。

（4）气压稳压装置的气压罐宜采用隔膜式气压罐，其调节水容积应根据稳压泵启动次数不大于 15 次 /h 计算确定，且不宜小于 150L。

3. 消防水泵接合器

系统应设消防水泵接合器，其数量应根据系统的设计流量计算确定，每个消防水泵接合器的流量宜按 10 ~ 15L/s 计算。

三、系统操作与控制

（1）系统应具有自动控制、消防控制室手动控制和现场手动控制三种控制方式。消防控制室手动控制和现场手动控制相对于自动控制应具有优先权。

（2）系统在自动控制状态下，控制主机在接到火警信号，确认火灾发生后，应能自动启动消防水泵、打开自动控制阀、启动系统射流灭火，并应同时启动声、光警报器和其他联动设备。系统在手动控制状态下，应人工确认火灾后手动启动系统射流灭火。

1）自动消防炮灭火系统和喷射型自动射流灭火系统在自动控制状态下，当探测到火源后，应至少有两台灭火装置对火源扫描定位，并应至少有一台且最多两台灭火装置自动开启射流，且其射流应能到达火源进行灭火。

2）喷洒型自动射流灭火系统在自动控制状态下，当探测到火源后，发现火源的探测装置对应的灭火装置应自动开启射流，且其中应至少有一组灭火装置的射流能到达火源进行灭火。

（3）系统自动启动后应能连续射流灭火。当系统探测不到火源时，对于自动消防炮灭火系统和喷射型自动射流灭火系统应连续射流不小于 5min 后停止喷射，对于喷洒型自动射流灭火系统应连续喷射不小于 10min 后停止喷射。系统停止射流后再次探测到火源时，应能再次启动射流灭火。

（4）稳压泵的启动、停止应由压力开关控制。气压稳压装置的最低稳压压力设置，应满足系统最不利点灭火装置的设计工作压力。

练习题

一、一级注册消防工程师

（一）单项选择题

1. 某音乐厅当采用喷射型自动射流灭火系统保护时，单台灭火装置的流量不应小于（　　）。

A. 5L/s　　B. 10L/s　　C. 20L/s　　D. 30L/s

2. 下列场所中可采用自动跟踪定位射流灭火系统保护的是（　　）。

A. 净空高度 10m 且设置曲面吊顶的艺术大厅

B. 净空高度 15m 的高架仓库货架区

C. 净空高度 13m 的大型喷漆车间

D. 净空高度 8m、物品高度 4m 的超级市场

3. 下列关于喷洒型自动跟踪定位射流灭火系统的设置要求的说法中，错误的是

（　　）。

A. 系统灭火装置的布置应能使射流完全覆盖被保护场所及被保护物

B. 系统灭火装置的设计最大保护半径应按产品性能确定

C. 系统每组灭火装置的供水支管上应设置自动控制阀和具有信号反馈的手动控制阀

D. 系统每组灭火装置之前的供水管路应布置成环状管网，当系统设计流量不大于20L/s时，可布置成枝状

（二）多项选择题

1. 自动跟踪定位射流灭火系统的选型，应根据设置场所的火灾类别、火灾危险等级、环境条件、空间高度、保护区域特点等因素来确定。下列场所中可选用自动消防炮灭火系统的有（　　）。

A. 18层的住宅

B. 建筑面积5 000m^2的专业摄影棚

C. 高度21.6m的大型商场中庭

D. 某大型会展中心高度33m的展厅

E. 丙类库房

2. 某商场总建筑面积30 000m^2，地上4层。商场中庭高度21.6m，采用自动跟踪定位射流灭火系统保护。下列关于该自动射流灭火系统启动联动控制的说法中，正确的有（　　）。

A. 系统应具有自动控制、消防控制室手动控制和现场手动控制三种控制方式

B. 系统自动控制相对于消防控制室手动控制应具有优先权

C. 消防控制室手动控制相对于现场手动控制应具有优先权

D. 稳压泵的启动、停止应由压力开关控制

E. 喷射型自动射流灭火系统在自动控制状态下，当探测到火源后，应至少有1台灭火装置对火源扫描定位，并应至少有2台灭火装置自动开启射流

二、二级注册消防工程师

（一）单项选择题

1. 关于自动跟踪定位射流灭火系统分类的说法，正确的是（　　）。

A. 自动跟踪定位射流灭火系统可分为喷射型自动射流灭火系统、喷洒型自动射流灭火系统和喷雾型自动射流灭火系统

B. 灭火装置的流量为18L/s射流方式为喷射型的系统是喷射型定位射流灭火系统

C. 灭火装置的流量为12L/s射流方式为喷洒型的系统是喷洒型定位射流灭火系统

D. 灭火装置的流量为6L/s射流方式为喷雾型的系统是喷雾型定位射流灭火系统

2. 自动消防炮灭火系统在自动控制状态下，当探测到火源后，应至少有（　　）台灭火装置对火源扫描定位，并应至少有1台且最多（　　）台灭火装置自动开启射流，且其射流应能到达火源进行灭火。

A. 1，2　　B. 1，3　　C. 2，2　　D. 2，4

（二）多项选择题

某候车厅当采用自动消防炮灭火系统保护时，关于系统设计参数的设置，错误的有（　　）。

A. 单台炮的流量不应小于 20L/s
B. 单台炮的流量不应小于 30L/s
C. 系统的设计流量不应小于 40L/s
D. 系统的设计持续喷水时间不应小于 1.0h
E. 系统灭火装置的设计同时开启数量，应按保护场所内任何一点着火时，可能开启射流的灭火装置的最大数量确定

第七章　气体灭火系统

学习要求

通过本章学习，熟悉气体灭火系统的灭火机理、分类、组成、工作原理和控制方式、适用范围，掌握气体灭火系统的选型、主要组件及设置要求。

气体灭火系统是传统的四大固定式灭火系统（水、气体、泡沫和干粉）之一，应用广泛，具有灭火效率高、灭火速度快、保护对象无污损等优点。气体灭火系统一般根据灭火介质命名，目前比较常用的气体灭火系统有二氧化碳灭火系统、七氟丙烷灭火系统、IG541 混合气体灭火系统等。

第一节　系统的分类、组成及工作原理

气体灭火系统一般由灭火剂储存装置、启动分配装置、输送释放装置、监控装置等组成。为满足各种保护对象的需要，最大限度地降低火灾损失，根据其充装不同种类灭火剂、采用不同增压方式，气体灭火系统具有多种应用形式。

一、气体灭火系统的分类和组成

（一）系统分类

1. 按使用的灭火剂分类

（1）二氧化碳灭火系统。二氧化碳灭火系统是以二氧化碳作为灭火介质的气体灭火系统。二氧化碳对燃烧具有良好的窒息和冷却作用。

二氧化碳灭火系统按灭火剂储存压力不同可分为高压系统（指灭火剂在常温下储存的系统）和低压系统（指灭火剂在 –20 ~ –18℃低温下储存的系统）两种应用形式。管网起点计算压力（绝对压力）：高压系统应取 5.17MPa，低压系统应取 2.07MPa。

高压储存容器中二氧化碳的温度与储存地点的环境温度有关，容器必须能够承受最高预期温度所产生的压力。储存容器中的压力还受二氧化碳灭火剂充装密度的影响。因此，在最高储存温度下的充装密度要注意控制，充装密度过大，会在环境温度升高时因液体膨胀造成保护膜片破裂而自动释放灭火剂。

低压系统储存容器内二氧化碳灭火剂的温度利用保温和制冷手段被控制在 –20 ~ –18℃。典型的低压储存装置是压力容器外包一个密封的金属壳，壳内有隔热材料，在储存容器一端安装一个标准的制冷装置，它的冷却蛇管装于储存容器内。

（2）七氟丙烷灭火系统。七氟丙烷灭火系统是以七氟丙烷作为灭火介质的气体灭火系统。七氟丙烷灭火剂属于卤代烷灭火剂系列，具有灭火能力强、灭火剂性能稳定的特点，其臭氧层损耗能力（ODP）为0，全球温室效应潜能值（GWP）很小，不会破坏大气环境。但七氟丙烷灭火剂及其分解产物对人体有毒性危害，使用时应引起重视。

（3）惰性气体灭火系统。惰性气体灭火系统包括IG01（氩气）灭火系统、IG100（氮气）灭火系统、IG55（氩气、氮气）灭火系统、IG541（氩气、氮气、二氧化碳）灭火系统。由于惰性气体是一种无毒、无色、无味、惰性且不导电的纯“绿色”气体，故又称之为洁净气体灭火系统。

2. 按系统的结构特点分类

（1）无管网灭火系统。无管网灭火系统是指按一定的应用条件，将灭火剂储存装置和喷放组件等预先设计、组装成套且具有联动控制功能的灭火系统，又称预制灭火系统。该系统又分为柜式气体灭火装置和悬挂式气体灭火装置两种类型，适用于较小的、无特殊要求的防护区。

（2）管网灭火系统。管网灭火系统是指按一定的应用条件进行计算，将灭火剂从储存装置经由干管、支管输送至喷放组件实施喷放的灭火系统。

管网灭火系统又可分为组合分配系统和单元独立系统。

1）组合分配系统是指用一套灭火系统储存装置通过管网的选择分配，保护两个或两个以上防护区的灭火系统。组合分配系统（如图3–7–1所示）的灭火剂设计用量是按最大的一个防护区来确定的，如组合中某个防护区需要灭火，则通过选择阀、容器阀等的控制，定向释放灭火剂。这种灭火系统的优点是储存容器数和灭火剂用量可以大幅度减少，有较高的应用价值。

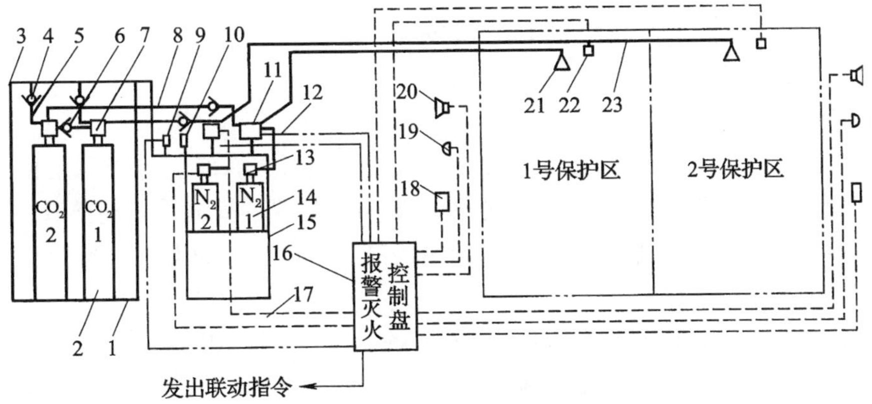

1—XT灭火剂储瓶框架；2—灭火剂储瓶；3—集流管；4—液流单向阀；5—软管；6—气流单向阀；7—瓶头阀；8—启动管道；9—压力信号器；10—安全阀；11—选择阀；12—信号反馈线路；13—电磁阀；14—启动钢瓶；15—QXT启动瓶框架；16—报警灭火控制盘；17—控制线路；18—手动控制盒；19—光报警器；20—声报警器；21—喷嘴；22—火灾探测器；23—灭火剂输送管道。

图3–7–1 组合分配系统示意图

2）单元独立系统是指用一套灭火剂储存装置保护一个防护区的灭火系统。一般来说，用单元独立系统保护的防护区在位置上是单独的，离其他防护区较远而不便于组合，或是两个防护区相邻，但有同时失火的可能。当一个防护区包括两个以上封闭空间时也可以用一个单元独立系统来保护，但设计时必须做到系统储存的灭火剂能够满足这几个封闭空间同时灭火的需要，并能同时供给它们各自所需的灭火剂量。当防护区需要灭火剂量较多时，也可采用两套或数套单元独立系统保护一个防护区，但设计时必须做到这些系统同步工作。

3. 按应用方式分类

（1）全淹没灭火系统。全淹没灭火系统是指在规定的时间内，向防护区喷射一定浓度的气体灭火剂，并使其均匀地充满整个防护区的灭火系统。全淹没灭火系统的喷头均匀布置在防护区的顶部，火灾发生时，喷射的灭火剂与空气的混合气体迅速在此空间内建立有效扑灭火灾的灭火浓度，并将灭火剂浓度保持一段所需要的时间，即通过灭火剂气体将封闭空间淹没实施灭火。

（2）局部应用灭火系统。局部应用灭火系统是指向保护对象以设计喷射率直接喷射气体灭火剂，并持续一定时间的灭火系统。局部应用灭火系统的喷头均匀布置在保护对象的四周，火灾发生时，将灭火剂直接而集中地喷射到保护对象上，使其笼罩在整个保护对象外表面，即在保护对象周围局部范围内达到较高的灭火剂气体浓度实施灭火。

4. 按加压方式分类

（1）自压式气体灭火系统。自压式气体灭火系统是指灭火剂无须加压而是依靠自身饱和蒸气压力进行输送的灭火系统。

（2）内储压式气体灭火系统。内储压式气体灭火系统是指灭火剂在瓶组内用惰性气体进行加压储存，系统动作时灭火剂靠瓶组内的充压气体进行输送的灭火系统。

（3）外储压式气体灭火系统。外储压式气体灭火系统是指系统动作时灭火剂由专设的充压气体瓶组按设计压力对其进行充压的灭火系统。

（二）系统组成与工作原理

1. 系统组成

（1）高压二氧化碳灭火系统、内储压式七氟丙烷灭火系统。这类系统由灭火剂瓶组、驱动气体瓶组（可选）、单向阀、选择阀、驱动装置、集流管、连接管、喷头、信号反馈装置、安全泄放装置、控制盘、检漏装置、管道管件及吊钩支架等组成，如图 3-7-2 所示。

（2）外储压式七氟丙烷灭火系统。该系统由灭火剂瓶组、加压气体瓶组、驱动气体瓶组（可选）、单向阀、选择阀、减压装置、驱动装置、集流管、连接管、喷头、信号反馈装置、安全泄放装置、控制盘、检漏装置、管道管件及吊钩支架等组成。

（3）惰性气体灭火系统。惰性气体灭火系统由灭火剂瓶组、驱动气体瓶组（可选）、单向阀、选择阀、减压装置、驱动装置、集流管、连接管、喷头、信号反馈装置、安全泄放装置、控制盘、检漏装置、管道管件及吊钩支架等组成。

（4）低压二氧化碳灭火系统。该系统由灭火剂储存装置、总控阀、驱动器、喷头、管道超压泄放装置、信号反馈装置、控制器等组成。

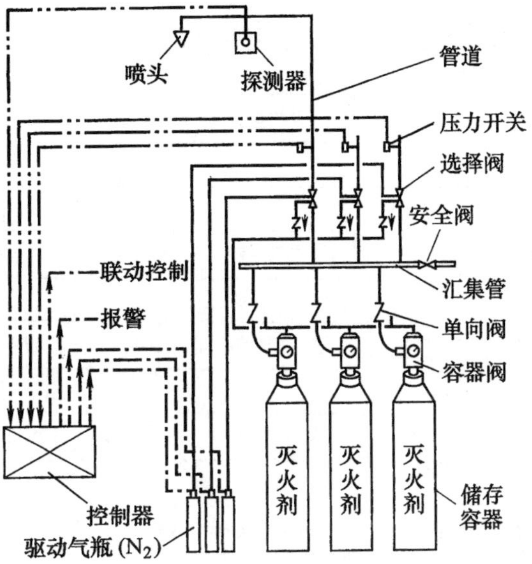

图 3-7-2　气体灭火系统组成示意图

（5）无管网灭火系统。

1）柜式气体灭火装置。该装置一般由灭火剂瓶组、驱动气体瓶组（可选）、容器阀、减压装置（针对惰性气体灭火装置）、驱动装置、集流管（只限多瓶组）、连接管、喷头、信号反馈装置、安全泄放装置、控制盘、检漏装置、管道管件等组成。

2）悬挂式气体灭火装置。该装置由灭火剂储存容器、启动释放组件、悬挂支架等组成。

2. **系统工作原理**

（1）高压二氧化碳灭火系统、内储压式七氟丙烷灭火系统与惰性气体灭火系统。

当防护区发生火灾时，产生烟雾、高温和光辐射使感烟、感温、感光等探测器探测到火灾信号，探测器将火灾信号转变为电信号传送到报警灭火控制器，控制器自动发出声光报警并经逻辑判断后启动联动装置，经过一段时间延时，发出系统启动信号，启动驱动气体瓶组上的容器阀释放驱动气体，打开通向发生火灾的防护区的选择阀，同时打开灭火剂瓶组的容器阀，各瓶组的灭火剂经连接管汇集到集流管，通过选择阀到达安装在防护区内的喷头进行喷放灭火，同时安装在管道上的信号反馈装置动作，将信号传送到控制器，由控制器启动防护区外的释放警示灯和警铃。

另外，通过压力开关监测系统是否正常工作，若启动指令发出，而压力开关的信号未反馈，则说明系统存在故障，值班人员应在接到事故报警后尽快到储瓶间，手动开启储存容器上的容器阀，实施人工启动灭火。

（2）外储压式七氟丙烷灭火系统。控制器发出系统启动信号，启动驱动气体瓶组上的容器阀释放驱动气体，打开通向发生火灾的防护区的选择阀，同时打开加压单元气体瓶组的容器阀，加压气体经减压进入灭火剂瓶组，加压后的灭火剂经连接管汇集到集流管，通过选择阀到达安装在防护区内的喷头进行喷放灭火。

3. 系统控制方式

气体灭火系统具体控制流程如图 3-7-3 所示。

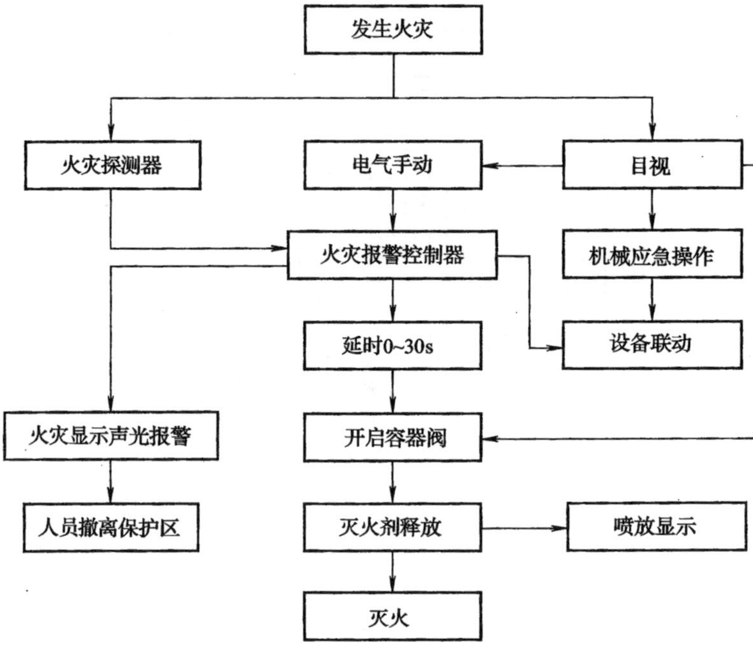

图 3-7-3　气体灭火系统控制流程图

（1）自动控制方式。灭火控制器配有感烟火灾探测器和定温式感温火灾探测器。控制器上有控制方式选择锁，当将其置于“自动”位置时，灭火控制器处于自动控制状态。当只有一种探测器发出火灾信号时，控制器即发出火灾声光报警信号，通知有异常情况发生，而不启动灭火装置释放灭火剂。如确需启动灭火装置灭火时，可按下“紧急启动按钮”，即可启动灭火装置释放灭火剂实施灭火。当两种探测器同时发出火灾信号时，控制器发出火灾声光信号，通知有火灾发生，有关人员应撤离现场，并发出联动指令，关闭风机、防火阀等联动设备，经过一段时间延时后，即发出灭火指令，打开电磁阀，喷放气体打开容器阀，释放灭火剂实施灭火；如在报警过程中发现不需要启动灭火装置，可按下保护区外或控制器操作面板上的“紧急停止按钮”，即可终止灭火指令的发出。

（2）手动控制方式。将控制器上的控制方式选择锁置于“手动”位置时，灭火控制器处于手动控制状态。这时，当火灾探测器发出火警信号时，控制器即发出火灾声光报警信号，而不启动灭火装置，需经人员观察，确认火灾已发生时，可按下保护区外或控制器操作面板上的“紧急启动按钮”，即可启动灭火装置释放灭火剂实施灭火。此时报警信号仍存在。无论装置处于自动或手动状态，按下任何紧急启动按钮，都可启动灭火装置释放灭火剂实施灭火，同时控制器立即进入灭火报警状态。

（3）机械应急启动工作方式。在控制器失效且值守人员判断为火灾时，应立即通知现场所有人员撤离，在确定所有人员撤离现场后，方可按以下步骤实施机械应急启动：

手动关闭联动设备并切断电源；打开对应保护区选择阀；成组或逐个打开对应保护区储瓶组上的容器阀，即可实施灭火。

（4）紧急启动/停止工作方式。该方式适用于以下紧急状态：情况一，当值守人员发现火情而气体灭火控制器未发出声光报警信号时，应立即通知现场所有人员撤离，在确定所有人员撤离现场后，方可按下紧急启动/停止按钮，系统立即实施灭火操作；情况二，当气体灭火控制器发出声光报警信号并正处于延时阶段，如发现为误报火警时可立即按下紧急启动/停止按钮，系统将停止实施灭火操作，避免不必要的损失。

二、气体灭火系统的灭火机理

气体灭火系统的灭火机理与气体灭火剂的属性有着密不可分的关系，不同的灭火剂，其灭火机理各不相同，本节主要介绍三类常见气体灭火系统的灭火机理。

（一）二氧化碳灭火系统

二氧化碳灭火主要在于窒息，其次是冷却。在常温常压条件下，二氧化碳的物态为气相，当储存于密封高压气瓶中，低于临界温度31.4℃时，是以气、液两相共存的。在灭火过程中，二氧化碳从储存气瓶中释放出来，压力骤然下降，使得二氧化碳由液态转变成气态，分布于燃烧物的周围，稀释空气中的氧含量。氧含量降低会使燃烧时的热产生率减小，而当热产生率减小到低于热散失率的程度时，燃烧就会停止。这是二氧化碳所产生的窒息作用。同时，二氧化碳释放时又因焓降的关系，温度急剧下降，形成细微的固体干冰粒子，干冰吸取其周围的热量而升华，即能产生冷却燃烧物的作用。

（二）七氟丙烷灭火系统

七氟丙烷灭火剂是一种无色无味、不导电的气体，其密度大约是空气密度的6倍，可在一定压力下呈液态储存。该灭火剂为洁净灭火剂，释放后无残余物，不会污染环境和保护对象。一方面，当七氟丙烷灭火剂喷射到保护区后，液态灭火剂迅速转变成气态，吸收大量热量，从而显著降低了保护区和火焰周围的温度；另一方面，七氟丙烷灭火剂的热解产物对燃烧过程也具有相当程度的抑制作用。

（三）IG541混合气体灭火系统

IG541混合气体灭火剂是由氮气、氩气和二氧化碳气体按一定比例混合而成的气体，由于这些气体都在大气层中自然存在且来源丰富，对大气层臭氧没有损耗（消耗臭氧潜能值ODP=0），也不会产生温室效应。混合气体无毒、无色、无味、无腐蚀性及不导电，既不支持燃烧，又不与大部分物质发生反应。从环保的角度来看，是一种较为理想的灭火剂。

IG541混合气体灭火剂属于物理灭火剂，一般由52%的氮气、40%的氩气和8%的二氧化碳组成。混合气体释放后，将防护区内氧气降至15%以下，大部分可燃物将停止燃烧。同时又把二氧化碳升至4%，二氧化碳比例的提高，将加快人的呼吸速率，提高人体吸收氧气的能力，从而补偿环境气体中的氧气浓度，降低对人体的伤害程度。该灭火系统中灭火设计浓度不大于43%时，对人体是安全无害的。

三、气体灭火系统的主要组件及性能要求

工程应用中采用的气体灭火系统产品应是满足相关国家标准要求的定型产品，并应具有表 3–7–1 的相关性能。

表 3–7–1　气体灭火系统关键组件产品的主要性能要求

产品名称	应符合的标准	主要性能
灭火剂瓶组	《气体灭火系统及部件》（GB 25972—2010）	灭火剂瓶组组成、工作压力、充装密度、充装压力、密封要求、强度要求、抗震要求、温度循环泄漏要求、耐倾倒冲击要求、虹吸管、误喷射防护装置、气体取样要求、灭火剂释放时间、灭火剂和充压气体要求、标志
驱动气体瓶组		驱动气体瓶组组成、工作压力、充装压力、密封要求、强度要求、抗震要求、温度循环泄漏要求、耐倾倒冲击要求、误喷射防护装置、标志、充压气体要求
容器		容器的设计、制造、检验、公称工作压力、容积和直径、材料颜色和标志
容器阀		标志、材料、工作压力、强度要求、密封要求、超压要求、最大和最小工作压力下动作要求、工作可靠性要求、局部阻力损失、耐腐蚀性能、手动操作要求、结构要求
喷嘴		标志、结构、尺寸、材料、流量特性、耐热和耐压要求、耐热和耐冷击要求、耐冲击性能、耐腐蚀性能、全淹没喷嘴的喷射特性
选择阀		标志、材料、工作压力、强度要求、密封要求、工作可靠性要求、局部阻力损失、耐腐蚀性能、手动操作要求
单向阀		标志、材料、工作压力、强度要求、正向密封要求、反向密封要求、工作可靠性要求、开启压力要求、局部阻力损失、耐腐蚀性能
集流管		材料、工作压力、强度要求、密封要求、流量要求
连接管		材料、工作压力、强度要求、密封要求、非金属连接管耐热空气老化性能、非金属连接管低温性能
安全泄放装置		泄放动作压力、耐腐蚀性能、耐温度循环性能
控制盘		电源要求、报警功能、控制及显示功能、其他性能、标志
称重装置		报警功能、耐高低温性能、过载要求、耐腐蚀性能、标志
压力显示器		基本性能、标度盘要求、强度密封要求、环境适应性能、耐交变负荷性能、报警功能

续表 3-7-1

产品名称	应符合的标准	主要性能
液位测量装置	《气体灭火系统及部件》（GB 25972—2010）	报警功能、耐高低温性能、耐腐蚀性能、标志
信号反馈装置		工作压力、动作压力、工作可靠性要求、强度要求、密封要求、耐电压性能、绝缘要求、耐腐蚀性能、触点接触电阻、标志
减压装置		工作压力、强度要求、密封要求、减压特性、标志
低泄高封阀		设置要求、材料、工作压力、动作要求、强度要求、密封要求、工作可靠性要求、标志
管路、管件		材料、工作压力、强度要求、密封要求、局部阻力损失、标志
吊钩、支架		材料、承载能力

（一）容器阀

1. 功能

容器阀安装在容器上，具有封存、释放、充装、超压泄放（部分结构）等功能，如图 3-7-4 ~ 图3-7-7 所示。

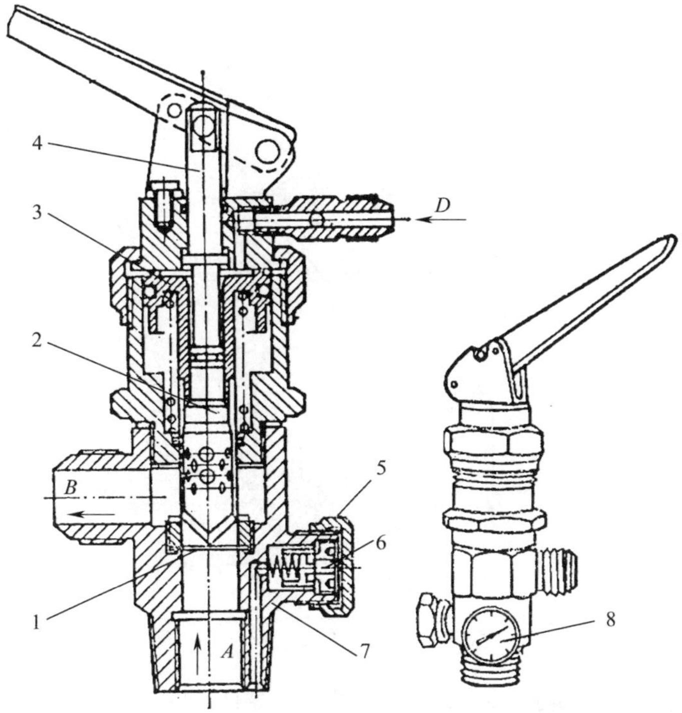

1—密封膜片；2—闸刀；3—活塞；4—手动轴；5—充装口扪盖；6—单向阀；7—下阀体；8—压力表。

图 3-7-4 手动气动启动膜片密封容器阀

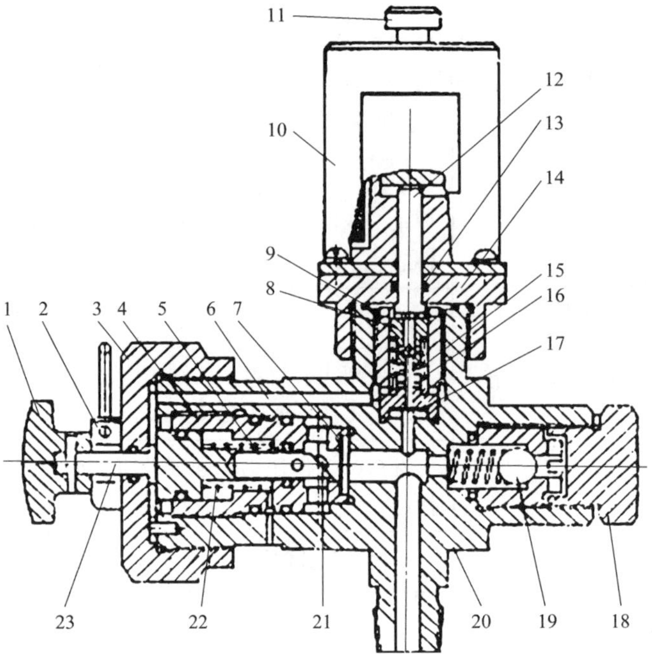

1—按钮；2—安全销；3—阀盖；4—螺套；5—活塞刀；6—孔 C；7—大膜片；8—活塞刀；9—密封圈；10—电磁铁；11—按钮；12—推动杆；13—密封圈；14—阀盖；15—螺套；16—弹簧；17—小膜片；18—螺栓；19—钢球；20—阀体；21—出口孔 B；22—弹簧；23—推杆。

图 3-7-5　手动电磁启动膜片密封容器阀

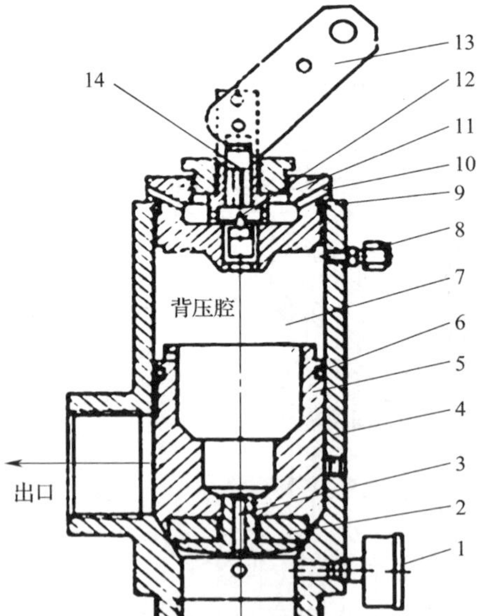

1—压力表；2—阀瓣；3—泄漏孔；4—阀体；5—活塞；6—密封圈；7—背压腔；8—管接头；9—密封圈；10—排气孔；11—阀盖；12—小活塞；13—手柄；14—推杆。

图 3-7-6　手动启动自密封容器阀

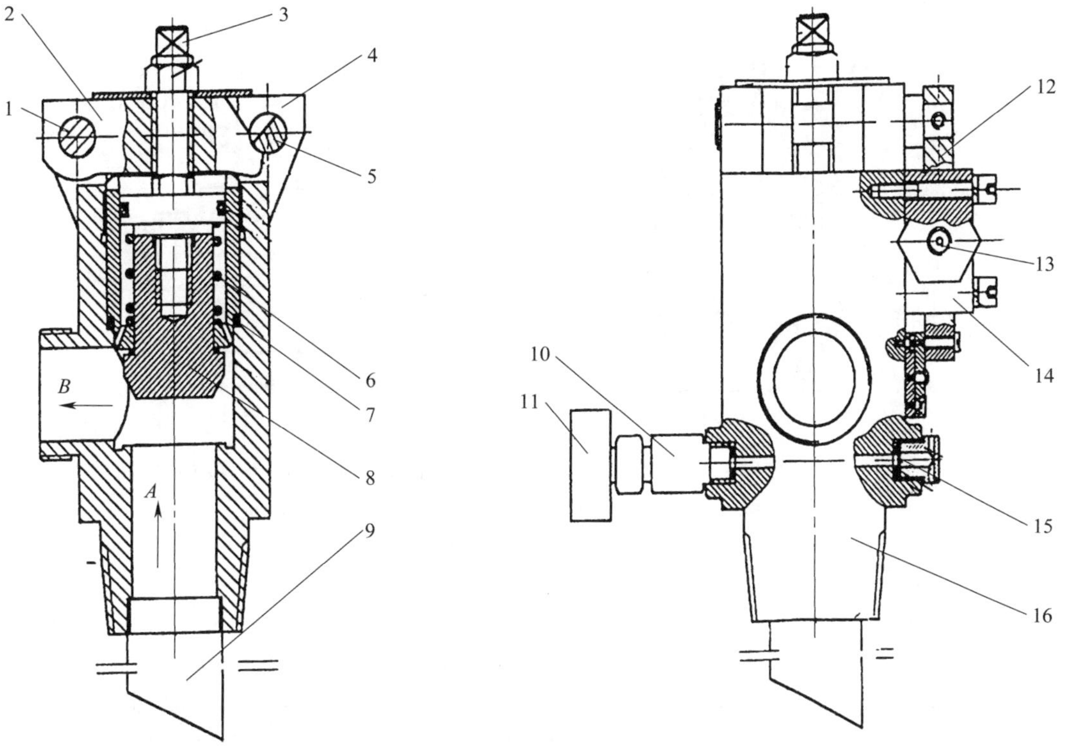

1—轴；2—压臂；3—紧固螺钉；4—转臂；5—转轴；6—弹簧；7—密封圈；8—活门；9—虹吸管；10—压力表；11—压力表阀；12—转臂；13—启动气体入口；14—启动腔；15—安全膜片；16—阀体。

图 3–7–7 压臂式容器阀

2. 分类

（1）容器阀按用途可分为：灭火剂瓶组上容器阀、驱动气体瓶组上容器阀、加压气体瓶组上容器阀。

（2）容器阀按密封形式可分为：活塞密封和膜片密封两种形式。

（3）容器阀按结构形式可分为：膜片式、自封式、压臂式。

（4）容器阀按启动方式可分为：气动启动型、电磁启动型、电爆启动型、手动启动、机械启动型和组合启动型。

（二）选择阀

1. 功能

选择阀用于组合分配系统中，安装灭火剂释放管道上，由它控制灭火剂释放到相应的保护区。在组合分配系统中每个防护区设一个选择阀。一般它先于容器阀打开或与容器阀同时打开，如图 3–7–8 所示。

2. 分类

（1）选择阀按结构形式可分为：活塞式、球阀式。

（2）选择阀按启动方式可分为：气动启动型、电磁启动型、电爆启动型和组合启动型。

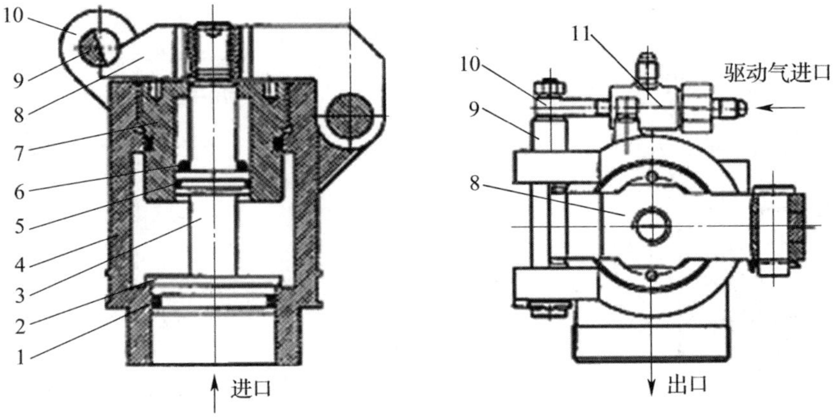

1—密封圈；2—阀瓣；3—活塞；4—阀体；5—密封圈；6—密封圈；7—阀芯螺母；
8—压臂；9—转轴；10—转臂；11—启动腔。

图 3-7-8　选择阀

（三）喷嘴

1. 功能

安装在防护区内或保护对象附近，可将灭火剂按一定的流速均匀释放到防护区内或保护对象周围；液态灭火剂全淹没喷嘴还起到使灭火剂雾化喷射的作用；局部应用喷嘴还能起到定向喷射的作用，如图 3-7-9 和图 3-7-10 所示。

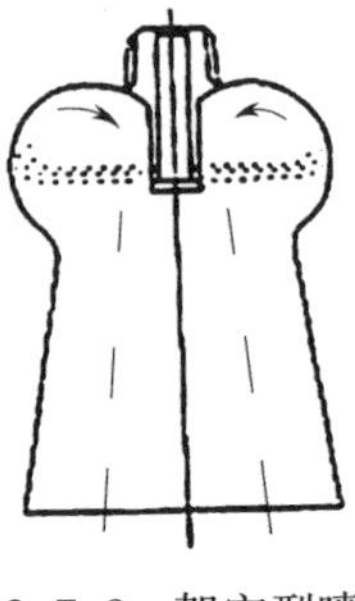

图 3-7-9　架空型喷嘴

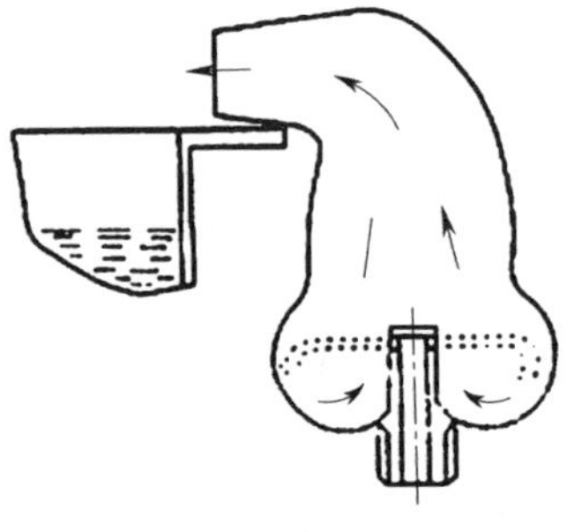

图 3-7-10　槽边型喷嘴

2. 分类

喷嘴按应用形式可分为全淹没灭火方式用喷嘴和局部应用灭火方式用喷嘴。全淹没灭火方式用喷嘴喷出的应是气体；局部应用灭火方式用喷嘴喷出的应是液体或固体，应用较多是架空型和槽边型喷嘴，射流型喷嘴应用较少。

（四）单向阀

1. 功能

灭火剂流通管道单向阀装于连接管与集流管之间，防止灭火剂从集流管向灭火剂瓶组返流。驱动气体控制管道单向阀装于启动管道上，用来控制气体流动方向，启动特定的阀门，如图 3-7-11 和图 3-7-12 所示。

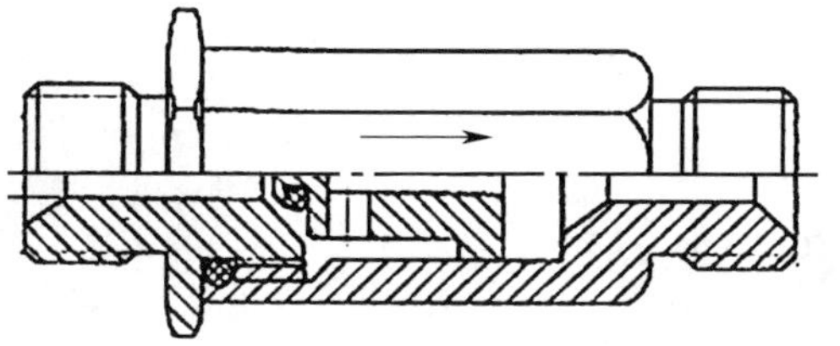

图 3–7–11　灭火剂流通管道单向阀

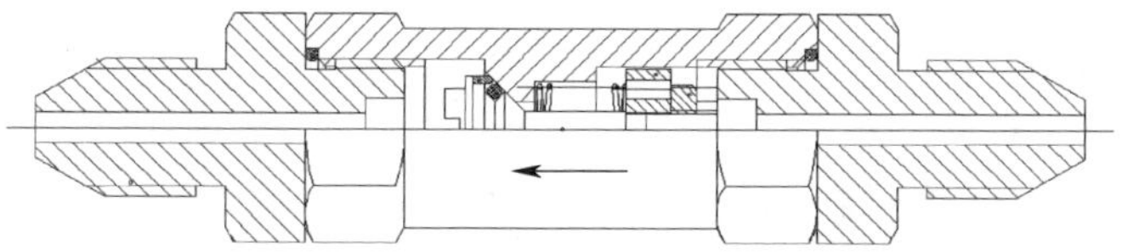

图 3–7–12　驱动气体管道单向阀

2. **分类**

单向阀按安装在管道中的位置可分为灭火剂流通管道单向阀和驱动气体控制管道单向阀。单向阀按阀体内活动的密封部件型式可分为滑块型、球型和阀瓣型。

（五）集流管

集流管为将多个灭火剂瓶组的灭火剂汇集一起再分配的汇流管道，如图 3–7–13 所示。

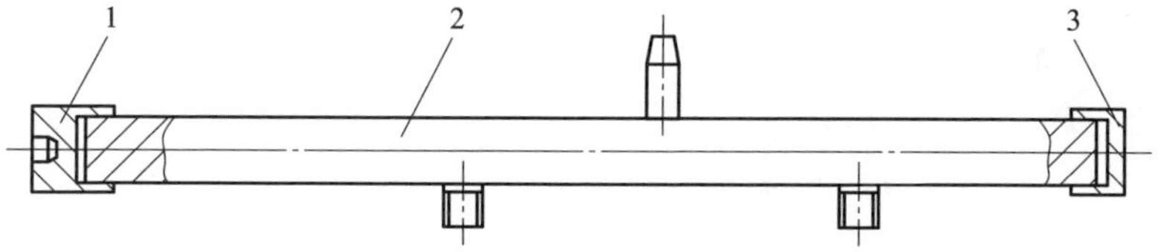

1—集流管；2—安全泄压装置；3—堵头。

图 3–7–13　集流管

（六）连接管

连接管可分为容器阀与集流管间的连接管和控制管道的连接管。容器阀与集流管间的连接管按材料分为高压不锈钢连接管和高压橡胶连接管。控制管道的连接管一般采用铜管，如图 3–7–14 所示。

（七）安全泄放装置

1. **功能**

安全泄放装置装于瓶组和集流管上，以防止瓶组和灭火剂管道非正常受压时爆炸。瓶组上的安全泄放装置可装在容器上或容器阀上，如图 3–7–15 所示。

2. **分类**

安全泄放装置可分为灭火剂瓶组安全泄放装置、驱动气体瓶组安全泄放装置和集流管安全泄放装置。

图 3-7-14　连接管

图 3-7-15　安全泄放装置

（八）驱动装置

1. 功能

驱动容器阀、选择阀使其动作，如图 3-7-16 所示。

2. 分类

驱动装置分为气动型驱动器、电爆型驱动器，电磁型驱动器、机械型驱动器。电磁型驱动装置分为自动复位和人工复位两种。

（九）信号反馈装置

信号反馈装置安装在灭火剂释放管道或选择阀上，能将灭火剂释放的压力或流量信号转换为电信号，并反馈到控制中心。常见的是把压力信号转换为电信号的信号反馈装置，一般也称为压力开关，如图 3-7-17 所示。

图 3-7-16　驱动装置

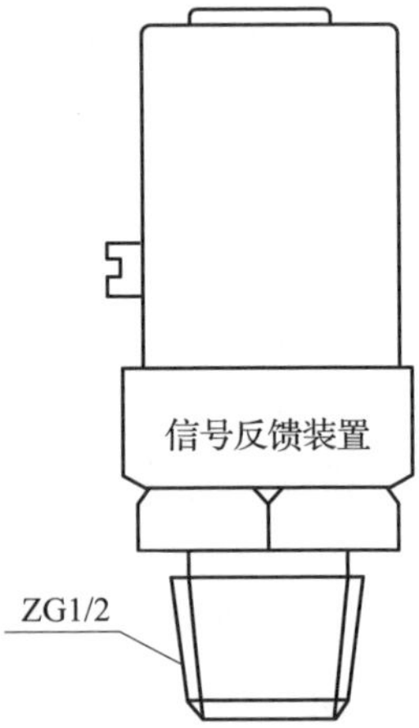

图 3-7-17　信号反馈装置

（十）减压装置

惰性气体灭火系统要求设减压装置能将灭火剂瓶组释放出的高压气体压力减压到工程设计值，如图 3-7-18 所示。

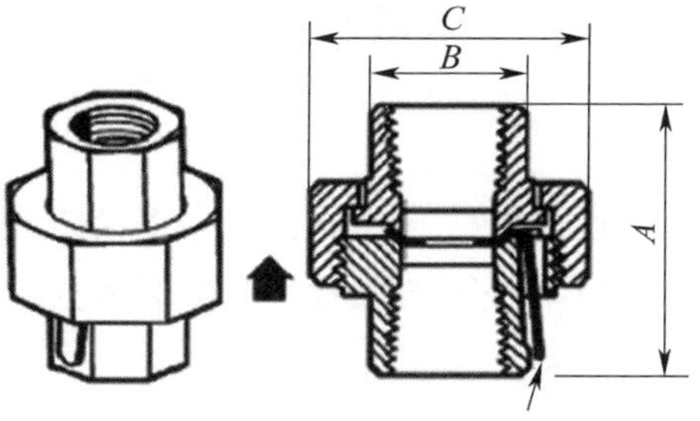

图 3-7-18　减压装置

第二节　系统设计及主要组件的设置

气体灭火系统的设计应以《气体灭火系统设计规范》（GB 50370—2005）、《二氧化碳灭火系统设计规范》（GB 50193—93，2010 年版）、《气体灭火系统施工及验收规范》（GB 50263—2007）等规范和标准为依据，根据保护对象、系统设置类型、灭火剂种类等确定设计基本参数。气体灭火系统设计采用的系统产品及组件，应符合《气体灭火系统及部件》（GB 25972—2010）的相关规定。

一、防护区的设置要求

（一）防护区的划分

防护区应根据封闭空间的结构特点和位置来划分，防护区划分应符合下列规定：防护区宜以单个封闭空间划分；同一区间的吊顶层和地板下需同时保护时，可合为一个防护区；采用管网灭火系统时，一个防护区的面积不宜大于 800m^2，且容积不宜大于 3 600m^3；采用预制灭火系统时，一个防护区的面积不宜大于 500m^2，且容积不宜大于 1 600m^3。

（二）耐火性能

防护区围护结构及门、窗的耐火极限均不宜低于 0.50h，吊顶的耐火极限不宜低于 0.25h。

全淹没灭火系统防护区建筑物构件耐火时间（一般为 30min）包括：探测火灾时间、延时时间、释放灭火剂时间及保持灭火剂设计浓度的浸渍时间。延时时间为 30s，释放灭火剂时间对于扑救表面火灾不应大于 1min，对于扑救固体深位火灾不应大于 7min。

（三）耐压性能

在全封闭空间释放灭火剂时，空间内的压强会迅速增加，如果超过建筑构件承受能力，防护区就会遭到破坏，从而造成灭火剂流失、灭火失败和火灾蔓延的严重后果。防护区围护结构承受内压的允许压强不宜低于 1 200Pa。

（四）泄压能力

对于全封闭的防护区，应设置泄压口，七氟丙烷灭火系统的泄压口应位于防护区净高的 2/3 以上。防护区设置的泄压口，宜设在外墙上。泄压口面积按相应气体灭火系统设计规定计算。对于设有防爆泄压设施或门、窗缝隙未设密封条的防护区可不设泄压口。

（五）封闭性能

在防护区的围护构件上不宜设置敞开孔洞，否则将会造成灭火剂流失。当必须设置敞开孔洞时，应设置能手动和自动关闭的装置。在喷放灭火剂前，应自动关闭防护区内除泄压口外的开口。

（六）环境温度

除二氧化碳灭火系统外，其他气体灭火系统防护区的最低环境温度不应低于 -10℃。

二、安全要求

设置气体灭火系统的防护区应设疏散通道和安全出口，保证防护区内所有人员能在 30s 内撤离完毕。

防护区内的疏散通道及出口，应设消防应急照明灯具和疏散指示标志灯。防护区内应设火灾声音报警器，必要时可增设闪光报警器。防护区的入口处应设火灾声光报警器和灭火剂喷放指示灯，以及防护区采用的相应气体灭火系统的永久性标志牌。灭火剂喷放指示灯信号，应保持到防护区通风换气后，以手动方式解除。

防护区的门应朝疏散方向开启，并能自行关闭；用于疏散的门必须能从防护区内打开。

灭火后的防护区应通风换气，地下防护区和无窗或设固定窗扇的地上防护区，应设置机械排风装置，排风口宜设在防护区的下部并应直通室外。通信机房、电子计算机机房等场所的通风换气次数不应小于 5 次 /h。

储瓶间的门应向外开启，储瓶间内应设应急照明；储瓶间应有良好的通风条件，地下储瓶间应设机械排风装置，排风口应设在下部，室内气体可通过排风管排出室外。

经过有爆炸危险和变电、配电场所的管网，以及布设在以上场所的金属箱体等，应设防静电接地。

有人工作防护区的灭火设计浓度或实际使用浓度，不应大于有毒性反应浓度（LOAEL 浓度）。

防护区内设置的预制灭火系统的充压压力不应大于 2.5MPa。

灭火系统的手动控制与应急操作应有防止误操作的警示显示与措施。

设有气体灭火系统的场所，宜配置空气呼吸器。

三、二氧化碳灭火系统的设计

（一）一般规定

二氧化碳灭火系统按应用方式可分为全淹没灭火系统和局部应用灭火系统。全淹没灭火系统适用于扑救封闭空间内的火灾；局部应用灭火系统适用于扑救不需封闭空间条件的具体保护对象的非深位火灾。

（1）采用全淹没灭火系统的防护区，应符合下列规定：

1）对气体、液体、电气火灾和固体表面火灾，在喷放二氧化碳前不能自动关闭的开口，其面积不应大于防护区总内表面面积的 3%，且开口不应设在底面。

2）对固体深位火灾，除泄压口以外的开口，在喷放二氧化碳前应自动关闭。

3）防护区的围护结构及门、窗的耐火极限不宜低于 0.50h，吊顶的耐火极限不应低于 0.25h；围护结构及门、窗的允许压强不宜小于 1 200Pa。

4）防护区用的通风机和通风管道中的防火阀，在喷放二氧化碳前应自动关闭。

（2）采用局部应用灭火系统的保护对象，应符合下列规定：

1）保护对象周围的空气流动速度不宜大于 3m/s，必要时应采取挡风措施。

2）在喷头与保护对象之间，喷头喷射角范围内不应有遮挡物。

3）当保护对象为可燃液体时，液面至容器缘口的距离不得小于 150mm。

启动释放二氧化碳之前或同时，必须切断可燃、助燃气体的气源。

组合分配系统的二氧化碳储存量，不应小于所需储存量最大的一个防护区域或保护对象的储存量。

当组合分配系统保护 5 个及以上的防护区或保护对象，或者在 48h 内不能恢复时，二氧化碳应有备用量，备用量不应小于系统设计的储存量。对于高压系统和单独设置备用储存容器的低压系统，备用量的储存容器应与系统管网相连，应能与主储存容器切换使用。

（二）全淹没灭火系统的设计

二氧化碳设计浓度不应小于灭火浓度的 1.7 倍，并不得低于 34%。当防护区内存有两种及两种以上可燃物时，防护区的二氧化碳设计浓度应采用可燃物中最大的二氧化碳设计浓度。二氧化碳的设计用量应按式（3–7–1）~式（3–7–3）计算：

$$M=K_b(K_1A+K_2V) \tag{3–7–1}$$

$$A=A_v+30A_0 \tag{3–7–2}$$

$$V=V_v-V_g \tag{3–7–3}$$

式中 M——二氧化碳设计用量（kg）；

K_b——物质系数；

K_1——面积系数（kg/m^2），取 $0.2kg/m^2$；

A——折算面积（m^2）；

K_2——体积系数（kg/m^3），取 $0.7kg/m^3$；

V——防护区的净容积（m^3）；

A_v——防护区的内侧面、底面、顶面（包括其中的开口）的总面积（m^2）；

A_0——开口总面积（m^2）；

V_v——防护区容积（m^3）；

V_g——防护区内非燃烧体和难燃烧体的总体积（m^3）。

当防护区的环境温度超过 100℃时，二氧化碳的设计用量应在设计规范计算值的基础上每超过 5℃增加 2%。当防护区的环境温度低于 –20℃时，二氧化碳的设计用量应在设计规范计算值的基础上每降低 1℃增加 2%。防护区应设置泄压口，并宜设在外墙上，其高度应大于防护区净高的2/3。当防护区设有防爆泄压孔时，可不单独设置泄压口。

泄压口的面积可按式（3-7-4）计算：

$$A_x = 0.0076\frac{Q_t}{\sqrt{P_t}} \tag{3-7-4}$$

式中 A_x——泄压口面积（m^2）；

Q_t——二氧化碳喷射率（kg/min）；

P_t——围护结构的允许压强（Pa）。

全淹没灭火系统二氧化碳的喷放时间不应大于1min。当扑救固体深位火灾时，喷放时间不应大于7min，并应在前2min内使二氧化碳的浓度达到30%。

（三）局部应用灭火系统的设计

局部应用灭火系统的设计可采用面积法或体积法。当保护对象的着火部位是比较平直的表面时，宜采用面积法；当着火对象为不规则物体时，应采用体积法。局部应用灭火系统的二氧化碳喷射时间不应小于0.5min。对于燃点温度低于沸点温度的液体和可熔化固体的火灾，二氧化碳的喷射时间不应小于1.5min。

当采用面积法设计时，应符合下列规定：

（1）保护对象计算面积应取被保护表面整体的垂直投影面积。

（2）架空型喷头应以喷头的出口至保护对象表面的距离确定设计流量和相应的正方形保护面积，槽边型喷头保护面积应由设计选定的喷头设计流量确定。

（3）架空型喷头的布置宜垂直于保护对象的表面，其瞄准点应是喷头保护面积的中心。当确需非垂直布置时，喷头的安装角不应小于45°，其瞄准点应偏向喷头安装位置的一方。

四、其他气体灭火系统的设计

（一）一般规定

采用气体灭火系统保护的防护区，其灭火设计用量或惰化设计用量，应根据防护区内可燃物相应的灭火设计浓度或惰化设计浓度经计算确定。

有爆炸危险的气体、液体类火灾的防护区，应采用惰化设计浓度；无爆炸危险的气体、液体类火灾和固体类火灾的防护区，应采用灭火设计浓度。

几种可燃物共存或混合时，灭火设计浓度或惰化设计浓度应按其中最大的灭火设计浓度或惰化设计浓度确定。

两个或两个以上的防护区采用组合分配系统时，一个组合分配系统所保护的防护区不应超过8个。

组合分配系统的灭火剂储存量，应按储存量最大的防护区确定。

灭火系统的灭火剂储存量，应为防护区的灭火设计用量、储存容器内的灭火剂剩余量和管网内的灭火剂剩余量之和。

灭火系统的储存装置72h内不能重新充装恢复工作的，应按系统原储存量的100%

设置备用量。

灭火系统的设计温度应采用 20℃。

同一集流管上的储存容器，其规格、充压压力和充装量应相同。

同一防护区，当设计两套或三套管网时，集流管可分别设置，系统启动装置必须共用。

各管网上喷头流量均应按同一灭火设计浓度、同一喷放时间进行设计。

管网上不应采用四通管件进行分流。

喷头的保护高度和保护半径应符合以下规定：最大保护高度不宜大于 6.5m，最小保护高度不应小于 0.3m；喷头安装高度小于 1.5m 时，保护半径不宜大于 4.5m。

喷头安装高度不小于 1.5m 时，保护半径不应大于 7.5m。

喷头宜贴近防护区顶面安装，距顶面的最大距离不宜大于 0.5m。

一个防护区设置的预制灭火系统，其装置数量不宜超过 10 台。

同一防护区内的预制灭火系统装置多于 1 台时，必须能同时启动，其动作响应时差不得大于 2s。

（二）七氟丙烷灭火系统

七氟丙烷灭火系统的灭火设计浓度不应小于灭火浓度的 1.3 倍，惰化设计浓度不应小于惰化浓度的 1.1 倍。

固体表面火灾的灭火浓度为 5.8%，设计规范中未列出的，应经试验确定。

图书、档案、票据和文物资料库等防护区，灭火设计浓度宜采用 10%。

油浸变压器室、带油开关的配电室和自备发电机房等防护区，灭火设计浓度宜采用 9%。

通信机房和电子计算机机房等防护区，灭火设计浓度宜采用 8%。

防护区实际应用浓度不应大于灭火设计浓度的 1.1 倍。

在通信机房和电子计算机机房等防护区，设计喷放时间不应大于 8s；在其他防护区，设计喷放时间不应大于 10s。

灭火浸渍时间应符合下列规定：木材、纸张、织物等固体表面火灾，宜采用 20min；通信机房、电子计算机机房内的电气设备火灾，应采用 5min；其他固体表面火灾，宜采用 10min；气体和液体火灾，不应小于 1min。

七氟丙烷灭火系统应采用氮气增压输送，氮气的含水量不应大于 0.006%。

（1）储存容器的增压压力宜分为三级，并应符合下列规定：

1）一级，（2.5+0.1）MPa（表压）。

2）二级，（4.2+0.1）MPa（表压）。

3）三级，（5.6+0.1）MPa（表压）。

（2）七氟丙烷单位容积的充装量应符合下列规定：

1）一级增压储存容器，不应大于 1 120kg/m^3。

2）二级增压焊接结构储存容器，不应大于 950kg/m^3。

3）二级增压无缝结构储存容器，不应大于 1 120kg/m^3。

4）三级增压储存容器，不应大于 1 080kg/m^3。

5）管网的管道内容积，不应大于流经该管网的七氟丙烷储存量体积的 80%。

（3）管网布置宜设计为均衡系统，并应符合下列规定：

1）喷头设计流量应相等。

2）管网的第 1 分流点至各喷头的管道阻力损失，其相互间的最大差值不应大于 20%。防护区的泄压口面积宜按式（3–7–5）计算：

$$F_x = 0.15 \frac{Q_x}{\sqrt{P_f}} \quad （3–7–5）$$

式中 F_x——泄压口面积（m^2）；

Q_x——灭火剂在防护区的平均喷放速率（kg/s）；

P_f——围护结构承受内压的允许压强（Pa）。

（4）灭火设计用量或惰化设计用量和系统灭火剂储存量应符合下列规定：

1）防护区灭火设计用量或惰化设计用量应按式（3–7–6）计算：

$$W = K \cdot \frac{V}{S} \cdot \frac{C_1}{100 - C_1} \quad （3–7–6）$$

式中 W——灭火设计用量或惰化设计用量（kg）；

K——海拔高度修正系数；

V——防护区的净容积（m^3）；

S——灭火剂过热蒸气在 101kPa 大气压和防护区最低环境温度下的质量体积（m^3/kg）；

C_1——灭火设计浓度或惰化设计浓度（%）。

2）灭火剂过热蒸气在 101kPa 大气压和防护区最低环境温度下的质量体积，应按式（3–7–7）计算：

$$S=0.126\,9+0.000\,513T \quad （3–7–7）$$

式中 T——防护区最低环境温度（℃）。

3）系统灭火剂储存量应按式（3–7–8）计算：

$$W_0= W + \Delta W_1+ \Delta W_2 \quad （3–7–8）$$

式中 W_0——系统灭火剂储存量（kg）；

ΔW_1——储存容器内的灭火剂剩余量（kg）；

ΔW_2——管道内的灭火剂剩余量（kg）。

4）储存容器内的灭火剂剩余量，可按储存容器内引升管管口以下的容器容积量换算。

5）均衡管网和只含一个封闭空间的非均衡管网，其管网内的灭火剂剩余量均可不计。

（5）防护区中含两个或两个以上封闭空间的非均衡管网，其管网内的灭火剂剩余量，可按各支管与最短支管之间长度差值的容积量计算。管网计算应符合下列规定：

1）管网计算时，各管道中灭火剂的流量宜采用平均设计流量。

2）主干管平均设计流量应按式（3–7–9）计算：

$$Q_W = \frac{W}{t} \quad (3\text{–}7\text{–}9)$$

式中　Q_w——主干管平均设计流量（kg/s）；

t——灭火剂设计喷放时间（s）。

3）支管平均设计流量应按式（3–7–10）计算：

$$Q_g = \sum_1^{N_g} Q_c \quad (3\text{–}7\text{–}10)$$

式中　Q_g——支管平均设计流量（kg/s）；

N_g——安装在计算支管下游的喷头数量（个）；

Q_c——单个喷头的设计流量（kg/s）。

4）管网阻力损失宜采用过程中点时储存容器内压力和平均设计流量进行计算。

5）过程中点时储存容器内压力，宜按式（3–7–11）、式（3–7–12）计算：

$$P_m = \frac{P_0 V_0}{V_0 + \frac{W}{2\gamma} + V_P} \quad (3\text{–}7\text{–}11)$$

$$V_0 = nV_b\left(1 - \frac{\eta}{\gamma}\right) \quad (3\text{–}7\text{–}12)$$

式中　P_m——过程中点时储存容器内压力（MPa，绝对压力）；

P_0——灭火剂储存容器增压压力（MPa，绝对压力）；

V_0——喷放前，全部储存容器内的气相总容积（m^3）；

γ——氟丙烷液体密度（kg/m^3），20℃时为 1 407kg/m^3；

V_p——管网的管道内容积（m^3）；

n——储存容器的数量（个）；

V_b——储存容器的容量（m^3）；

η——充装量（kg/m^3）。

6）管网的阻力损失应根据管道种类确定。当采用镀锌钢管时，其阻力损失可按式（3–7–13）计算：

$$\frac{\Delta P}{L} = \frac{5.75 \times 10^5 Q^2}{\left(1.74 + 2\lg\frac{D}{0.12}\right)^2 D^5} \quad (3\text{–}7\text{–}13)$$

式中　ΔP——计算管段阻力损失（MPa）；

L——管道计算长度（m），为计算管段中沿程长度与局部损失当量长度之和；

Q——管道设计流量（kg/s）；

D——管道内径（mm）。

7）初选管径可按管道设计流量，参照式（3–7–14）、式（3–7–15）计算：

当 $Q \leqslant 6$kg/s 时，

$$D = (12 \sim 20)\sqrt{Q} \tag{3-7-14}$$

当 6kg/s<Q<160kg/s 时，

$$D = (8 \sim 16)\sqrt{Q} \tag{3-7-15}$$

8）喷头工作压力应按式（3–7–16）计算：

$$P_e = P_m - \sum_{1}^{N_d} \Delta P \pm P_h \tag{3-7-16}$$

式中 P_e——喷头工作压力（MPa，绝对压力）；

$\sum_{1}^{N_d}\Delta P$——系统流程阻力总损失（MPa）；

N_d——流程中计算管段的数量；

P_h——高程压头（MPa）。

9）高程压头应按式（3–7–17）计算：

$$P_h = \gamma H g \times 10^{-6} \tag{3-7-17}$$

式中 H——过程中点时喷头高度相对储存容器内液面的位差（m）；

g——重力加速度（m/s^2）。

（6）七氟丙烷气体灭火系统的喷头工作压力的计算结果应符合下列规定：

1）一级增压储存容器的系统 $P_c \geqslant 0.6$（MPa，绝对压力）；二级增压储存容器的系统 $P_c \geqslant 0.7$（MPa，绝对压力）；三级增压储存容器的系统 $P_c \geqslant 0.8$（MPa，绝对压力）。

2）$P_c \geqslant \frac{P_m}{2}$（MPa，绝对压力）。

喷头等效孔口面积应按式（3–7–18）计算：

$$F_c = \frac{Q_c}{q_c} \tag{3-7-18}$$

式中 F_c——喷头等效孔口面积（cm^2）；

q_c——等效孔口单位面积喷射率［kg/（s·cm^2）］。

喷头的实际孔口面积应经试验确定。

（三）IG541 混合气体灭火系统

IG541 混合气体灭火系统的灭火设计浓度不应小于灭火浓度的 1.3 倍，惰化设计浓度不应小于惰化浓度的 1.1 倍。固体表面火灾的灭火浓度为 28.1%，规范中未列出的，应经试验确定。当 IG541 混合气体灭火剂喷放至设计用量的 95% 时，其喷放时间不应大于 60s 且不应小于 48s。

（1）灭火浸渍时间应符合下列规定：

1）木材、纸张、织物等固体表面火灾，宜采用 20min。

2）通信机房、电子计算机机房内的电气设备火灾，宜采用 10min。

3）其他固体表面火灾，宜采用 10min。

（2）储存容器充装量应符合下列规定：

1）一级充压（15.0MPa）系统，充装量应为 211.15kg/m^3。

2）二级充压（20.0MPa）系统，充装量应为 281.06kg/m^3。

（3）防护区的泄压口面积宜按式（3–7–19）计算：

$$F_x = 1.1\frac{Q_x}{\sqrt{P_f}} \tag{3-7-19}$$

式中　F_x——泄压口面积（m^2）；

Q_x——灭火剂在防护区的平均喷放速率（kg/s）；

P_f——围护结构承受内压的允许压强（Pa）。

（4）灭火设计用量或惰化设计用量和系统灭火剂储存量应符合下列规定：

1）防护区灭火设计用量或惰化设计用量应按式（3–7–20）计算：

$$W = K \cdot \frac{V}{S} \cdot \ln\left(\frac{100}{100 - C_1}\right) \tag{3-7-20}$$

式中　W——灭火设计用量或惰化设计用量（kg）；

K——海拔高度修正系数；

V——防护区的净容积（m^3）；

S——灭火剂气体在 101kPa 大气压和防护区最低环境温度下的质量体积（m^3/kg）；

C_1——灭火设计浓度或惰化设计浓度（%）。

2）灭火剂气体在 101kPa 大气压和防护区最低环境温度下的质量体积，应按式（3–7–21）计算：

$$S=0.657\,5+0.002\,4T \tag{3-7-21}$$

式中　T——防护区最低环境温度（℃）。

3）系统灭火剂储存量应为防护区灭火设计用量及系统灭火剂剩余量之和，系统灭火剂剩余量应按式（3–7–22）计算：

$$W_s \geqslant 2.7V_0+2V_p \tag{3-7-22}$$

式中　W_s——系统灭火剂剩余量（kg）；

V_0——系统全部储存容器的总容积（m^3）；

V_p——管网的管道内容积（m^3）。

（5）管网计算应符合下列规定：

1）管道流量宜采用平均设计流量。

主干管、支管的平均设计流量应按式（3–7–23）、式（3–7–24）计算：

$$Q_w = \frac{0.95W}{t} \tag{3-7-23}$$

$$Q_g = \sum_1^{N_g} Q_c \tag{3-7-24}$$

式中 Q_w——主干管平均设计流量（kg/s）；

t——灭火剂设计喷放时间（s）；

Q_g——支管平均设计流量（kg/s）；

N_g——安装在计算支管下游的喷头数量（个）；

Q_c——单个喷头的设计流量（kg/s）。

2）管道内径宜按式（3–7–25）计算：

$$D = (24\sim36)\sqrt{Q} \tag{3-7-25}$$

式中 D——管道内径（mm）；

Q——管道设计流量（kg/s）。

3）灭火剂释放时，管网应进行减压。减压装置宜采用减压孔板。减压孔板宜设在系统的源头或干管入口处。

4）减压孔板前的压力应按式（3–7–26）计算：

$$P_1 = P_0\left(\frac{0.525V_0}{V_0 + V_1 + 0.4V_2}\right)^{1.45} \tag{3-7-26}$$

式中 P_1——减压孔板前的压力（MPa，绝对压力）；

P_0——灭火剂储存容器充压压力（MPa，绝对压力）；

V_0——系统全部储存容器的总容积（m^3）；

V_1——减压孔板前管网管道容积（m^3）；

V_2——减压孔板后管网管道容积（m^3）。

5）减压孔板后的压力应按式（3–7–27）计算：

$$P_2 = \delta P_1 \tag{3-7-27}$$

式中 P_2——减压孔板后的压力（MPa，绝对压力）；

δ——落压比（临界落压比，δ =0.52）。一级充压（15MPa）系统，可在 0.52 ~ 0.6 选用；二级充压（20MPa）系统，可在 0.52 ~ 0.55 选用。

6）减压孔板孔口面积宜按式（3–7–28）计算：

$$F_k = \frac{Q_k}{0.95\mu_k P_1\sqrt{\delta^{1.38} - \delta^{1.69}}} \tag{3-7-28}$$

式中 F_k——减压孔板孔口面积（cm^2）；

Q_k——减压孔板设计流量（kg/s）；

μ_k——减压孔板流量系数。

7）系统的阻力损失宜从减压孔板后算起，并按式（3–7–29）计算：

$$Y_2 = Y_1 + \frac{LQ^2}{0.242\times10^{-8}D^{5.25}} + \frac{1.653\times10^7}{D^4}\cdot(Z_2 - Z_1)\cdot Q^2 \tag{3-7-29}$$

式中 Y_2——计算管段末端压力系数（10-1MPa· kg/m^3）；

Y_1——计算管段始端压力系数（10-1MPa· kg/m^3）；

L——管段计算长度（m）；

Q——管道设计流量（kg/s）；

D——管道内径（mm）；

Z_2——计算管段末端密度系数；

Z_1——计算管段始端密度系数。

（6）IG541 混合气体灭火系统的喷头工作压力的计算结果应符合下列规定：

1）一级充压（15MPa）系统，$P_c \geqslant 2.0$（MPa，绝对压力）。

2）二级充压（20MPa）系统，$P_c \geqslant 2.1$（MPa，绝对压力）。

（7）喷头等效孔口面积应按式（3-7-30）计算：

$$F_c = \frac{Q_c}{q_c} \tag{3-7-30}$$

式中 F_c——喷头等效孔口面积（cm^2）；

q_c——等效孔口单位面积喷射率［kg/（s· cm^2）］。

喷头的实际孔口面积应经试验确定。

五、主要组件设置要求

二氧化碳灭火系统一般为管网灭火系统，管网灭火系统由灭火剂储存装置、容器阀、选择阀、喷头、压力开关、安全阀、管道及其附件等组件组成。本节主要介绍系统组件及其设置要求。

（一）二氧化碳灭火系统

1. 灭火剂储存装置

目前我国二氧化碳储存装置均为储存压力 5.17MPa 规格，储存装置为无缝钢质容器，它由容器阀、连接软管、钢瓶组成，耐压值为 22.05MPa。二氧化碳高压系统储存装置规格有 32L、40L、45L、50L、82.5L。

高压系统的储存装置应符合以下规定：储存容器的工作压力不应小于 15.0MPa，储存容器或容器阀上应设泄压装置，其泄压动作压力应为（19 ± 0.95）MPa；储存容器中二氧化碳的充装系数应按《气瓶安全技术规程》（TSG 23—2021）执行；储存装置的环境温度应为 0 ~ 49℃。

低压系统的储存装置应符合以下规定：储存容器的设计压力不应小于 2.5MPa，并应采取良好的绝热措施。储存容器上至少应设置两套安全泄压装置，其泄压动作压力应为（2.38 ± 0.12）MPa；储存装置的高压报警压力设定值应为 2.2MPa，低压报警压力设定值应为 1.8MPa；储存容器中二氧化碳的装置系数应按国家相关规定执行；容器阀应能在喷出要求的二氧化碳量后自动关闭；储存装置应远离热源，其位置应便于再充装，其环境温度宜为 -23 ~ 49℃；储存容器中充装的二氧化碳应符合《二氧化碳灭火剂》（GB 4396—2005）的规定；储存装置应具有灭火剂泄漏检测功能。当储存容器中充装的二氧化碳损失量达到其初始充装的10%时，应能发出声光报警信号并及时补充；储存装置的布置应方便检查和维护，并应避免阳光直射；储存装置宜设在专用的储存容器间内。局部应用灭火系统的储存装置可设置在固定的安全围栏内。专用的储存容器间的设置应符合以下规定：应靠近防护区，出口应直接通向室外或疏散走道；耐火等级不应低于二级；室内应保持干燥和良好通风；不具备自然通风条件的储存容器间应设机械排风装置，排风口距储存容器间地面高度不宜大于0.5m，排风口应通向室外。

2. 容器阀

容器阀按其结构形式，可分为差动式和膜片式两种。容器阀的启动方式一般有手动启动、气启动、电磁启动和电爆启动等方式。与之对应的启动装置有手动启动器、气启动器、电磁启动器和电爆启动器等。

3. 选择阀

在多个保护区域的组合分配系统中，每个防护区或保护对象在集流管的排气支管上应设置与该区域对应的选择阀。选择阀应设置在储存容器间内，并应便于手动操作，方便检查维护。选择阀上应设有标明防护区的铭牌。

选择阀可采用电动、气动或机械操作方式。选择阀的工作压力，高压系统不应小于12.0MPa，低压系统不应小于2.5MPa。

系统启动时，选择阀应在二氧化碳储存器的容器阀动作之前打开或同时打开。

4. 喷头

二氧化碳灭火系统的喷头安装在管网的末端，用于向防护区喷洒灭火剂。喷头是用来控制灭火剂的流速和喷射方向的组件。全淹没灭火系统的喷头布置应使防护区内二氧化碳分布均匀，喷头应贴近顶棚或屋顶安装。

设置在有粉尘或喷漆作业等场所的喷头，应增设不影响喷射效果的防尘罩。

5. 压力开关

压力开关可以将压力信号转换成电气信号，一般设置在选择阀前后，以判断各部位的动作正确与否。

6. 安全阀

安全阀一般设置在储存容器的容器阀上及组合分配系统中的集流管部分。在组合分配系统的集流管部分，由于选择阀平时处于关闭状态，在容器阀的出口处至选择阀的进口端之间形成了一个封闭的空间，因而在此空间内容易形成一个危险的高压区。为了防止储存器发生误喷射，因此在集流管末端设置一个安全阀或泄压装置，当压力值超过规定值时，安全阀自动开启泄压以保证管网系统的安全。

7. 管道

高压系统管道及其附件应能承受最高环境温度下二氧化碳的储存压力，低压系统管道及其附件应能承受4.0MPa的压力，并应符合下列规定：管道应符合《输送流体用无缝钢管》（GB/T 8163—2018）的规定，并应进行内外表面镀锌防腐处理；对镀锌层有腐蚀的环境，管道可采用不锈钢管、铜管或其他抗腐蚀的材料；挠性连接的软管必须能承受系统的工作压力和温度，并宜采用不锈钢软管；低压系统的管网中应采取防膨胀收缩措施；在可能产生爆炸的场所，管网应吊挂安装并采取防晃措施。管道可采用螺纹连接、法兰连接或焊接。公称直径小于或等于 80mm 的管道，宜采用螺纹连接；公称直径大于 80mm 的管道，宜采用法兰连接。管网中阀门之间的封闭管段应设置泄压装置，其泄压动作压力，高压系统应为（15 ± 0.75）MPa，低压系统应为（2.38 ± 0.12）MPa。

（二）其他气体灭火系统

1. 一般规定

储存装置应符合以下规定：管网系统的储存装置应由储存容器、容器阀和集流管等组成；七氟丙烷和 IG541 预制灭火系统的储存装置应由储存容器、容器阀等组成；容器阀和集流管之间应采用挠性连接，储存容器和集流管应采用支架固定；储存装置上应设耐久的固定铭牌，并应标明每个容器的编号、容积、皮重、灭火剂名称、充装量、充装日期和充压压力等；管网灭火系统的储存装置宜设在专用储瓶间内，储瓶间宜靠近防护区并应符合建筑物耐火等级不低于二级的有关规定及有关压力容器存放的规定，且应有直接通向室外或疏散走道的出口，储瓶间和设置预制灭火系统的防护区的环境温度应为 –10 ~ 50℃；储存装置的布置应便于操作、维修及避免阳光照射，操作面距墙面或两操作面之间的距离不宜小于 1m，且不应小于储存容器外径的 1.5 倍。

储存容器、驱动气体储瓶的设计与使用应符合《气瓶安全技术规程》（TSG 23—2021）等相关规定。

储存装置的储存容器与其他组件的公称工作压力，不应小于在最高环境温度下所承受的工作压力。

在储存容器或容器阀上，应设安全泄压装置和压力表。组合分配系统的集流管，应设安全泄压装置。安全泄压装置的动作压力，应符合相应气体灭火系统的设计规定。

在通向每个防护区的灭火系统主管道上，应设压力信号器或流量信号器。

组合分配系统中的每个防护区应设置控制灭火剂流向的选择阀，其公称直径应与该防护区灭火系统的主管道公称直径相等。

选择阀的位置应靠近储存容器且便于操作。选择阀应设有标明其工作防护区的永久性铭牌。

喷头应有型号、规格的永久性标志。设置在有粉尘、油雾等防护区的喷头，应有防护装置。

喷头的布置应满足喷放后气体灭火剂在防护区内均匀分布的要求。当保护对象属可燃液体时，喷头射流方向不应朝向液体表面。

管道及管道附件应符合以下规定：输送气体灭火剂的管道应采用无缝钢管，其质量应符合《输送流体用无缝钢管》（GB/T 8163—2018）、《高压锅炉用无缝钢管》（GB/T 5310—2017）等的规定。无缝钢管内外应进行防腐处理，防腐处理宜采用符合环保要求的方式；输送气体灭火剂的管道安装在腐蚀性较大的环境里，宜采用不锈钢管，其质量应符合《流体输送用不锈钢无缝钢管》（GB/T 14976—2012）的规定；输送启动气体的管道，宜采用铜管，其质量应符合《铜及铜合金拉制管》（GB/T 1527—2017）的规定；管道连接时，当公称直径小于或等于 80mm 时，宜采用螺纹连接，大于 80mm 时宜采用法兰连接；钢制管道附件内外应进行防腐处理，防腐处理宜采用符合环保要求的方式，在腐蚀性较大的环境里，应采用不锈钢的管道附件。

系统组件与管道的公称工作压力，不应小于在最高环境温度下所承受的工作压力。

系统组件的特性参数应由国家法定检测机构验证或测定。

2. 七氟丙烷灭火系统组件专用要求

储存容器或容器阀以及组合分配系统集流管上的安全泄压装置的动作压力，应符合下列规定：

（1）储存容器增压压力为 2.5MPa 时，应为（5.0 ± 0.25）MPa（表压）。

（2）储存容器增压压力为 4.2MPa，最大充装量为 950kg/m^3 时，应为（7.0 ± 0.35）MPa（表压）；最大充装量为 1 120kg/m^3 时，应为（8.4 ± 0.42）MPa（表压）。

（3）储存容器增压压力为 5.6MPa 时，应为（10.0 ± 0.5）MPa（表压）。

增压压力为 2.5MPa 的储存容器，宜采用焊接容器；增压压力为 4.2MPa 的储存容器，可采用焊接容器或无缝容器；增压压力为 5.6MPa 的储存容器，应采用无缝容器。在容器阀和集流管之间的管道上应设单向阀。

3. IG541 混合气体灭火系统组件专用要求

储存容器或容器阀以及组合分配系统集流管上的安全泄压装置的动作压力，应符合下列规定：

（1）一级充压（15.0MPa）系统，应为（20.7 ± 1.0）MPa（表压）。

（2）二级充压（20.0MPa）系统，应为（27.6 ± 1.4）MPa（表压）。

储存容器应采用无缝容器。

六、系统操作与控制

采用气体灭火系统的防护区，应设置火灾自动报警系统，其设计应符合《火灾自动报警系统设计规范》（GB 50116—2013）的规定，并应选用灵敏度级别高的火灾探测器。

管网灭火系统应设自动控制、手动控制和机械应急操作三种启动方式。预制灭火系统应设自动控制和手动控制两种启动方式。

采用自动控制启动方式时，根据人员安全撤离防护区的需要，应有不大于 30s 的可控延迟喷射；对于平时无人工作的防护区，可设置为无延迟喷射。

灭火设计浓度或实际使用浓度大于无毒性反应浓度（NOAEL 浓度）的防护区和采用热气溶胶预制灭火系统的防护区，应设手动与自动控制的转换装置。当人员进入防护区时，应能将灭火系统转换为手动控制方式；当人员离开时，应能恢复为自动控制方式。防护区内外应设手动、自动控制状态的显示装置。

自动控制装置应在接到两个独立的火灾信号后才能启动。手动控制装置和手动与自动转换装置应设在防护区疏散出口门外便于操作的地方，安装高度为中心点距地面 1.5m。机械应急操作装置应设在储瓶间内或防护区疏散出口门外便于操作的地方。

气体灭火系统的操作与控制，应包括对开口封闭装置、通风机械和防火阀等设备的联动操作与控制。

设有消防控制室的场所，各防护区灭火控制系统的有关信息应传送给消防控制室。

气体灭火系统的电源，应符合国家有关消防技术标准的规定；采用气动力源时，应保证系统操作与控制需要的压力和气量。

组合分配系统启动时，选择阀应在容器阀开启前打开或同时打开。

参考文献

[1] 中华人民共和国公安部消防局. 中国消防手册：第六卷[M]. 上海：上海科学技术出版社，2007.

[2] 中华人民共和国公安部消防局. 建筑消防设施工程技术[M]. 北京：新华出版社，1999.

[3] 中国消防协会. 建（构）筑物消防员[M]. 北京：中国科学技术出版社，2010.

练习题

一、一级注册消防工程师

（一）单项选择题

1. 某配电室设有一套单元独立式七氟丙烷气体灭火系统，输送七氟丙烷气体的主管道管径为 *DN*80。关于此主管道的选材及连接方式的说法，正确的是（　　）。

A. 主管道应选用焊接钢管，宜采用螺纹连接

B. 主管道应选用无缝钢管，宜采用螺纹连接

C. 主管道应选用焊接钢管，宜采用法兰连接

D. 主管道应选用无缝钢管，宜采用法兰连接

2. 某电子设备室设置了高压二氧化碳气体灭火系统，二氧化碳气体钢瓶设置在与通风机房相邻的储瓶间内，关于该气体灭火系统相关装置的说法，错误的是（　　）。

A. 自动控制装置应在接到两个独立的火灾报警信号后启动

B. 手动控制装置应设置在电子设备室门外，安装高度距地面 1.5m

C. 手动、自动控制状态的显示装置应设置在电子设备室内或门外

D. 机械应急操作装置可设置在储瓶间内

3. 某 5 层数据计算机房，层高 5m，每层有 1 200m^2 的大空间计算机用房，设置 IG541 组合分配气体灭火系统保护。该建筑的气体灭火系统防护区最少应划为（　　）个。

A. 5　　B. 6　　C. 8　　D. 10

（二）多项选择题

1. 关于管网式气体灭火系统，说法错误的有（　　）。

A. 图书馆书库防护区设七氟丙烷灭火系统设计浓度采用 8%

B. 灭火剂喷射指示灯信号应保持防护区通风换气后，手动解除

C. 灭火设计浓度 40% 的 IG541，不设手自动转换装置

D. 组合分配系统启动，选择阀在容器开启前或同时开启

E. 灭火设计浓度 9.5%，七氟丙烷不设手动与自动控制的转换装置

2. 下列关于气体灭火系统操作和控制的说法中，正确的有（　　）。

A. 组合分配启动系统启动时，选择阀应在容器阀开启后打开

B. 采用气体灭火系统防护区应选用灵敏度级别高的火灾探测器

C. 自动控制装置应在接到任一火灾信号后联动启动

D. 预制灭火系统设置自动控制和手动控制两种启动方式

E. 气体灭火系统的操作和控制应包括对防火阀、通风机械、开口封闭装置的联动操作与控制

二、二级注册消防工程师

（一）单项选择题

1. 某档案室，室内未设吊顶和架空地板，采用柜式七氟丙烷气体灭火装置进行保护。下列部件中，不属于该档案室柜式七氟丙烷气体灭火装置组成部分的是（　　）。

A. 灭火剂瓶组　　B. 容器阀

C. 选择阀　　D. 喷头

2. 下列气体灭火系统分类中，按系统的结构特点进行分类的是（　　）。

A. 二氧化碳灭火系统、七氟丙烷灭火系统、惰性气体灭火系统和气溶胶灭火系统

B. 管网灭火系统和预制灭火系统

C. 全淹没灭火系统和局部应用灭火系统

D. 自压式气体灭火系统、内储压式气体灭火系统和外储压式气体灭火系统

（二）多项选择题

某单层洁净厂房，设有中央空调系统，用防火墙划分为两个防火分区，有一条输送带贯通两个防火分区，在输送带穿过防火墙外的洞口设有专用防火闸门，厂房内设置 IG541 组合分配灭火系统保护。下列关于该气体灭火系统启动联动控制的说法中，正确的有（　　）。

A. 应联动关闭输送带穿过防火墙处的专用防火闸门

B. 应联动关闭中央空调系统

C. 应由一个火灾探测器动作启动系统

D. 应联动打开气体灭火系统的选择阀

E. 应联动打开空调系统穿越防火墙处的防火阀

第八章 泡沫灭火系统

学习要求

通过本章学习，熟悉泡沫灭火系统的分类、组成及灭火机理，掌握泡沫灭火系统的选型、主要组件及设置要求。

泡沫灭火系统是通过机械作用将泡沫灭火剂、水与空气充分混合并产生泡沫实施灭火的灭火系统，具有安全可靠、经济实用、灭火效率高等优点。随着泡沫灭火技术的发展，泡沫灭火系统的应用领域更加广泛。

第一节 系统的分类、组成及工作原理

基于泡沫灭火系统的保护对象（储存或生产使用的甲、乙、丙类液体）的特性或储罐形式的特殊要求，其分类有多种形式，但其系统组成大致是相同的。

一、系统分类

按照所产生泡沫倍数不同，泡沫灭火系统可分为低倍数、中倍数和高倍数泡沫灭火系统。低倍数泡沫灭火系统是指系统产生的灭火泡沫的倍数低于 20 的系统，中倍数泡沫灭火系统是指系统产生的灭火泡沫倍数为 20～200 的系统，高倍数泡沫灭火系统是指系统产生的灭火泡沫倍数高于 200 的系统。按照系统组件的安装方式，泡沫灭火系统可分为固定式系统、半固定式系统和移动式系统，固定式系统和半固定式系统多用于储罐区。对于低倍数泡沫灭火系统，工程中，按应对对象的不同，一般又分为储罐区低倍数泡沫灭火系统、泡沫－水喷淋系统、泡沫喷雾系统、泡沫枪及泡沫炮系统。对于中倍数和高倍数泡沫灭火系统，按应用方式不同，又可分为全淹没系统、局部应用系统和移动式系统。下面主要对应用较多的储罐区低倍数泡沫灭火系统、中倍数和高倍数泡沫灭火系统、泡沫－水喷淋系统、泡沫喷雾系统进行简单介绍，并以储罐区泡沫灭火系统为例，介绍固定式系统、半固定式系统和移动式系统。

（一）储罐区低倍数泡沫灭火系统

储罐区是泡沫灭火系统主要应用场所，主要用于可燃液体储罐的灭火。储罐区低倍数泡沫灭火系统按泡沫喷射形式不同，分为液上喷射系统、液下喷射系统。

1. 按泡沫喷射形式分类

（1）液上喷射系统。

液上喷射系统是指将泡沫产生装置产生的泡沫在导流装置的作用下，从燃烧液体上

方施加到燃烧液体表面实现灭火的系统，如图 3-8-1 所示。液上喷射系统是目前国内应用最为广泛的一种形式，适用于各类非水溶性甲、乙、丙类液体储罐和水溶性甲、乙、丙类液体的固定顶或内浮顶储罐。

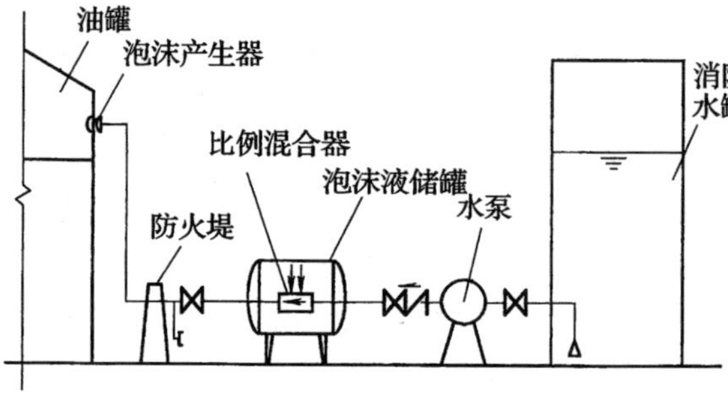

图 3-8-1　固定式液上喷射泡沫灭火系统

（2）液下喷射系统。

液下喷射系统是指将高背压泡沫产生器产生的泡沫，通过泡沫喷射管从燃烧液体液面下输送到储罐内，泡沫在初始动能和浮力的作用下浮到燃液表面实施灭火的系统，如图 3-8-2 所示。由于泡沫是从液面下施加到储罐内，高背压泡沫产生器产生的泡沫的发泡倍数需要控制为 2～4。液下喷射系统适用于非水溶性液体固定顶储罐，不适用于水溶性液体和其他对普通泡沫有破坏作用的甲、乙、丙类液体固定顶储罐，这是因为泡沫注入该类液体后，由于该类液体分子的脱水作用而使泡沫遭到破坏，无法浮升到液面实施灭火。液下喷射系统也不适用于外浮顶和内浮顶储罐，因为浮顶会阻碍泡沫的正常分布。

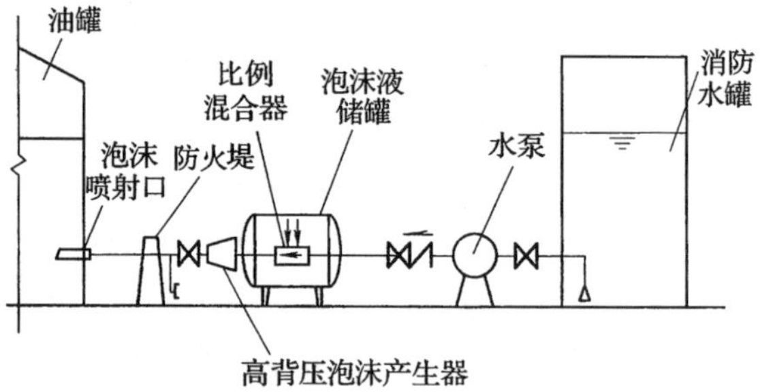

图 3-8-2　固定式液下喷射泡沫灭火系统

2. 按系统组件的安装方式分类

按系统组件的安装方式分类，泡沫灭火系统又可分为固定式系统、半固定式系统和移动式系统。目前，固定式系统、半固定式系统多用于储罐区的低倍数泡沫灭火系统。

（1）固定式系统。

固定式系统是指由固定的泡沫消防水泵、泡沫比例混合器（装置）、泡沫产生器（或喷头）和管道等组成的灭火系统。对于储罐区来说，固定式灭火系统是指消防水源、泡沫消防泵、泡沫比例混合器、泡沫产生器等设备或组件通过固定管道连接起来，永久安装在使用场所，当被保护的储罐发生火灾需要使用时，不需其他临时设备配合的泡沫系统。如图 3-8-1 和图 3-8-2 所示，均为固定式系统。

（2）半固定式系统。

半固定式系统是指由固定的泡沫产生器与部分连接管道，泡沫消防车或机动消防泵与泡沫比例混合器，用水带连接组成的灭火系统。对于储罐区来说，半固定式系统是将泡沫产生器或将带控制阀的泡沫管道永久性安装在储罐上，通过固定管道连接并引到防火堤外的安全处，且安装上固定接口，当被保护储罐发生火灾时，用消防水带将泡沫消防车或其他泡沫供给设备与固定接口连接起来，通过泡沫消防车或其他泡沫供给设备向储罐内供给泡沫实施灭火的系统。

（3）移动式系统。

移动式系统是指在被保护对象上未安装固定泡沫产生器或泡沫管道，当发生火灾时，靠泡沫消防车、其他移动泡沫供给设备或有压水源连接泡沫枪或泡沫炮等装置向被保护对象供给泡沫实施灭火的系统。

（二）中倍数和高倍数泡沫灭火系统

按应用形式不同，中倍数和高倍数泡沫灭火系统可分为全淹没系统、局部应用系统、移动式系统。

1. 全淹没系统

由固定式泡沫产生器直接或通过导泡筒将泡沫喷放到封闭或被围挡的防护区内，并在规定的时间内达到一定泡沫淹没深度的灭火系统。全淹没系统可用于封闭空间场所与设有阻止泡沫流失的固定围墙或其他围挡设施的场所。中倍数全淹没系统一般用于小型封闭空间场所与设有阻止泡沫流失的固定围墙或其他围挡设施的小型场所。

2. 局部应用系统

由固定式泡沫产生器直接或通过导泡筒将泡沫喷放到火灾部位的灭火系统。高倍数泡沫局部应用系统可用于四周不完全封闭的 A 类火灾与 B 类火灾场所、天然气液化站与接收站的集液池或储罐围堰区。中倍数泡沫局部应用系统可用于固定位置面积不大于 $100m^2$ 的流淌 B 类火灾场所。

3. 移动式系统

移动式系统是指车载式或便携式系统，移动式高倍数灭火系统可作为固定系统的辅助设施，也可作为独立系统用于某些场所。移动式系统适用于发生火灾的部位难以确定或人员难以接近的场所和发生火灾时需要排烟、降温或排除有害气体的封闭空间。移动式中倍数泡沫系统也可用于面积不超过 $100m^2$ 的可燃液体流淌火灾场所。

（三）泡沫－水喷淋系统和泡沫喷雾系统

1. 泡沫－水喷淋系统

泡沫－水喷淋系统是由喷头、报警阀组、水流报警装置（水流指示器或压力开关）等组件，以及管道、泡沫液与水供给设施组成，并能在发生火灾时按预定时间与供给强度向防护区依次喷洒泡沫与水的自动灭火系统。与自动喷水灭火系统相同，泡沫－水喷淋系统可分为闭式系统和雨淋系统，闭式系统又可分为泡沫－水预作用系统、泡沫－水

干式系统和泡沫 – 水湿式系统。泡沫 – 水喷淋系统主要是在自动喷水灭火系统的基础上增加了泡沫液供给系统和泡沫比例混合器（装置），其他系统组件和自动喷水灭火系统相同。泡沫 – 水喷淋系统可用于具有非水溶性液体泄漏火灾危险的室内场所，存放量不超过 25L/m^2 或超过 25L/m^2 但有缓冲物的水溶性液体室内场所。

2. 泡沫喷雾系统

泡沫喷雾系统是采用离心雾化型水雾喷头，在发生火灾时能按预定时间与供给强度向被保护设备或防护区喷洒泡沫的自动灭火系统。泡沫喷雾系统可用于保护独立变电站的油浸电力变压器、面积不大于 200m^2 的非水溶性液体室内场所。

二、系统组成及组件性能

泡沫灭火系统主要由泡沫消防水泵、泡沫液储罐、泡沫比例混合器（装置）、泡沫产生装置、控制阀门及管道等组成。其中消防水泵、控制阀门等属于组件，本书其他章节已有描述，本部分主要针对泡沫灭火系统的专用组件泡沫产生装置、泡沫比例混合装置等进行说明。

（一）泡沫产生装置

泡沫产生装置主要包括低倍数泡沫产生器、高背压泡沫产生器、中倍数泡沫产生器、高倍数泡沫产生器、泡沫喷头、泡沫枪、泡沫炮、泡沫钩管等。其产品性能要求要符合《泡沫灭火系统及部件通用技术条件》（GB 20031—2005）的要求。各部件的主要性能要求见表 3–8–1。

表 3–8–1　泡沫产生装置的主要性能要求

产品名称	主要性能
低倍数泡沫产生器	流量系数、发泡倍数、25% 析液时间、密封玻璃密封性能及破碎性能
高背压泡沫产生器	流量系数、发泡倍数、25% 析液时间、背压要求
中倍数泡沫产生器	流量系数、发泡倍数、50% 析液时间
高倍数泡沫产生器	流量系数、发泡倍数、50% 析液时间、发泡量、叶轮静平衡及超转速要求
泡沫喷头	流量系数、发泡倍数、50% 析液时间、覆盖半径、灭火性能
泡沫枪	发泡倍数、析液时间、射程
泡沫炮	流量系数、发泡倍数、25% 析液时间、射程、操作性能
泡沫钩管	发泡倍数、25% 析液时间、防倾倒性能

（二）泡沫比例混合装置

比例混合装置主要包括压力式比例混合装置、平衡式比例混合装置、环泵式比例混合器、管线式比例混合器。其产品性能要符合《泡沫灭火系统及部件通用技术条件》（GB 20031—2005）的要求。各部件的主要性能见表 3–8–2。

表 3-8-2　泡沫比例混合装置的主要性能要求

产品名称	主要性能
压力式比例混合装置	强度和密封性能、工作循环和运行可靠性要求；流量、混合比、压力损失；胶囊的气密性、物理性能和老化性能
平衡式比例混合装置	强度和密封性能、工作循环和运行可靠性要求；流量、混合比、压力损失；泡沫液泵的性能要求；平衡阀的工作循环和水压强度要求
环泵式比例混合器	强度和密封性能、工作循环和运行可靠性要求；流量、混合比、背压；真空密封性能
管线式比例混合器	强度和密封性能、工作循环和运行可靠性要求；流量、混合比、压力损失；跌落性能要求

三、系统工作原理

泡沫灭火系统的主要靠隔离、窒息和冷却等作用灭火，发泡倍数不同，其灭火机理有所区别，低倍数泡沫主要通过泡沫的遮盖作用将燃液体与空气隔离实现灭火；高倍数泡沫主要是通过密集状态的大量高倍数泡沫封闭火灾区域，阻断新空气流入达到窒息灭火。中倍数泡沫的灭火机理取决于其发泡倍数和使用方式，当以较低的倍数用于扑救可燃液体流淌火灾时，其灭火机理与低倍数泡沫相同；当以较高的倍数用于全淹没方式灭火时，其灭火机理与高倍数泡沫相同。由于泡沫析液基本是水，因此，灭火同时伴有冷却作用，以及灭火过程中产生的水蒸气起到窒息灭火作用。

泡沫灭火系统的主要工作原理是：火灾发生后，经火灾探测与启动控制装置，或者手动启动装置，启动泡沫消防水泵、比例混合装置及相关控制阀门，向系统供给消防水，消防压力水经过泡沫比例混合装置和泡沫液混合形成泡沫混合液，泡沫混合液经管道输送至泡沫产生装置产生灭火泡沫，施加到保护对象进行灭火。图 3-8-3 所示为泡沫灭火系统灭火过程图。

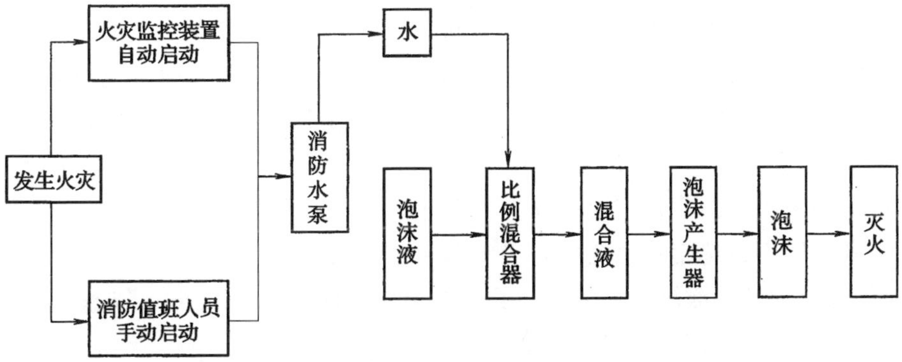

图 3-8-3　泡沫灭火系统灭火过程图

第二节　系统设计及主要组件的设置

一、系统的选型

泡沫灭火系统主要适用于提炼、加工和生产甲、乙、丙类液体的炼油厂、化工厂、油田、油库，为铁路油槽车装卸油品的鹤管栈桥、码头、飞机库、机场及燃油锅炉房、大型汽车库等。在火灾危险性大的甲、乙、丙类液体储罐区和其他危险场所，灭火优越性非常明显。泡沫灭火系统的选用，应符合《泡沫灭火系统技术标准》（GB 50151—2021）的相关规定。泡沫灭火剂应符合《泡沫灭火剂》（GB 15308—2006）的相关规定。系统选择应符合下列要求：

（1）甲、乙、丙类液体储罐区宜选用低倍数泡沫灭火系统。

（2）甲、乙、丙类液体储罐区固定式、半固定式或移动式泡沫灭火系统的选择应符合国家现行有关标准的规定，且储存温度大于100℃的高温可燃液体储罐不宜设置固定式系统。

（3）储罐区泡沫灭火系统的选择应符合下列规定：

1）非水溶性甲、乙、丙类液体固定顶储罐，可选用液上喷射、条件适宜时也可选用液下喷射系统。

2）水溶性甲、乙、丙类液体和其他对普通泡沫有破坏作用的甲、乙、丙类液体固定顶储罐，应选用液上喷射系统。

3）外浮顶和内浮顶储罐应选用液上喷射系统。

4）非水溶性液体外浮顶储罐、内浮顶储罐、直径大于18m的固定顶储罐以及水溶性甲、乙、丙类液体立式储罐，不得选用泡沫炮作为主要灭火设施。

5）高度大于7m或直径大于9m的固定顶储罐，不得选用泡沫枪作为主要灭火设施。

（4）中倍数、高倍数泡沫灭火系统的选择，应根据防护区的总体布局、火灾的危害程度、火灾的种类和扑救条件等因素，经综合技术经济比较后确定。

（5）泡沫－水喷淋系统形式的选择宜符合下列规定：

1）下列场所不宜选用闭式泡沫－水喷淋系统：

①流淌面积较大，按规定的作用面积不足以保护的甲、乙、丙类液体场所；

②靠泡沫混合液或水稀释不能有效灭火的水溶性液体场所；

③净空高度大于9m的场所。

2）火灾沿水平方向蔓延较快的场所不宜选用泡沫－水干式系统。

3）下列场所不宜选用管道充水的泡沫水－湿式系统：

①初始火灾为液体流淌火灾的甲、乙、丙类液体桶装库、泵房等场所；

②含有甲、乙、丙类液体敞口容器的场所。

（6）泡沫喷雾系统形式的选择应符合下列规定：

1）当单组变压器的额定容量大于 600MV·A 时，宜采用由泡沫消防水泵通过比例混合装置输送泡沫混合液经离心雾化型水雾喷头喷洒泡沫的形式；

2）当单组变压器的额定容量不大于 600MV·A 时，可采用由压缩氮气驱动储罐内的泡沫液经离心雾化型水雾喷头喷洒泡沫的形式。

二、系统设计参数

泡沫灭火系统的设计要求应根据保护对象的设置形式、储存物质的属性以及泡沫灭火系统类型的不同，以《泡沫灭火系统技术标准》（GB 50151—2021）等规范和标准为依据，确定设计基本参数。

（一）低倍数泡沫灭火系统

1. 基本要求

（1）储罐区泡沫灭火系统扑救一次火灾的泡沫混合液设计用量，应按罐内用量、该罐辅助泡沫枪用量、管道剩余量三者之和最大的储罐确定。

（2）设置固定式泡沫灭火系统的储罐区，应配置用于扑救液体流散火灾的辅助泡沫枪，泡沫枪的数量及其泡沫混合液连续供给时间应符合《泡沫灭火系统技术标准》（GB 50151—2021）的相关规定，每支辅助泡沫枪的泡沫混合液流量不应小于 240L/min。

（3）采用固定式泡沫灭火系统的储罐区，当邻近消防站的泡沫消防车 5min 内无法到达现场时，应沿防火堤外均匀布置泡沫消火栓，且泡沫消火栓的间距不应大于 60m。泡沫消火栓的功能是连接泡沫枪扑救储罐区防火堤内的流散火灾。

（4）当固定顶储罐区固定式泡沫灭火系统的泡沫混合液流量大于或等于 100L/s 时，系统的泵、比例混合装置及其管道上的控制阀、干管控制阀应具备远程控制功能。浮顶储罐泡沫灭火系统的控制执行《石油化工企业设计防火标准》（GB 50160—2008，2018 年版）、《石油天然气工程设计防火规范》（GB 50183—2004）、《石油储备库设计规范》（GB 50737—2011）的规定。

（5）储罐区固定式泡沫灭火系统应具备半固定式系统功能。具备半固定式系统功能的固定式泡沫灭火系统，可使灭火时多一种战术选择。

（6）为了使系统及时灭火，固定式泡沫灭火系统的设计应满足自泡沫消防水泵启动至泡沫混合液或泡沫输送到保护对象的时间不大于 5min 的要求。

2. 固定顶储罐

固定顶储罐的保护面积应按储罐横截面面积计算。泡沫混合液供给强度和连续供给时间应符合下列规定：

（1）非水溶性液体储罐液上喷射泡沫灭火系统，其泡沫混合液供给强度和连续供给时间不应小于表 3-8-3 的规定。

（2）非水溶性液体储罐液下喷射系统，其泡沫混合液供给强度不应小于 6.0L/（min·m^2），连续供给时间不应小于 60min。

表 3-8-3　泡沫混合液供给强度和连续供给时间

系统形式	泡沫液种类	供给强度 / [L/(min·m^2)]	连续供给时间 /min		
			甲类液体	乙类液体	丙类液体
固定式、半固定式系统	氟蛋白、水成膜	6.0	60	45	30
移动式系统	氟蛋白	8.0	60	60	45
	水成膜	6.5	60	60	45

（3）水溶性液体和其他对普通泡沫有破坏作用的甲、乙、丙类液体储罐，其泡沫混合液供给强度和连续供给时间不应小于表 3–8–4 的规定。

表 3-8-4　抗溶泡沫混合液供给强度和连续供给时间

泡沫液种类	液体类别	供给强度 / [L/(min·m^2)]	连续供给时间 /min
抗溶水成膜、抗溶氟蛋白	乙二醇、乙醇胺、丙三醇、二甘醇、乙酸丁酯、甲基异丁酮、苯胺、丙烯酸丁酯、乙二胺	8	30
	甲醇、乙醇、乙二醇甲醚、乙腈、正丙醇、二恶烷、甲酸、乙酸、丙酸、丙烯酸、乙二醇乙醚、丁酮、乙酸乙酯、丙烯腈、丙烯酸甲酯、丙烯酸乙酯、乙酸丙酯、丁烯醛、正丁醇、异丁醇、烯丙醇、乙二醇二甲醚、正丁醛、异丁醛、正戊醇、异丁烯酸甲酯、异丁烯酸乙酯	10	30
	异丙醇、丙酮、乙酸甲酯、丙烯醛、甲酸乙酯	12	30
	甲基叔丁基醚	12	45
	四氢呋喃、异丙醚、丙醛	16	30
	含氧添加剂含量体积比大于 10% 的汽油	6	40
低黏度抗溶氟蛋白	甲基叔丁基醚、丙醛、乙二醇甲醚、丁酮、丙烯酸甲酯、乙酸乙酯、甲基异丁酮	12	30

注：本表未列出的水溶性液体，其泡沫混合液供给强度和连续供给时间由试验确定。

（4）液上喷射系统泡沫产生器的型号和数量应根据所需的泡沫混合液流量确定，且设置数量不小于表 3–8–5 的规定。当一个储罐所需的泡沫产生器数量大于 1 个时，宜选用同规格的泡沫产生器，且应沿罐周均匀布置；水溶性液体储罐应设置泡沫缓冲装置。

表 3-8-5　泡沫产生器设置数量

储罐直径 ϕ /m	泡沫产生器设置数量 / 个
≤10	1
10<ϕ ≤25	2
25<ϕ ≤30	3
30<ϕ ≤35	4

3. **外浮顶储罐**

钢制单盘式与双盘式外浮顶储罐的保护面积，应按罐壁与泡沫堰板间的环形面积确定。非水溶性液体的泡沫混合液供给强度不应小于 12.5L/（min· m^2），连续供给时间不应小于 60min，单个泡沫产生器的最大保护周长不应大于 24m。

外浮顶储罐的泡沫导流罩应设置在罐壁顶部，其泡沫堰板的设计应符合下列规定：

（1）泡沫堰板应高出密封 0.2m。

（2）泡沫堰板与罐壁的间距不应小于 0.9m。

（3）泡沫堰板的最低部位应设排水孔，其开孔面积宜按每 $1m^2$ 环形面积 $280mm^2$ 确定，排水孔高度不宜大于 9mm。

外浮顶储罐泡沫产生器的型号和数量应按泡沫混合液供给强度、连续供给时间及单个泡沫产生器的最大保护周长经计算确定。应在罐壁顶部设置对应于泡沫产生器的泡沫导流罩。

储罐各梯子平台上应设置二分水器，并应符合下列规定：

（1）二分水器应由管道接至防火堤外，且管道的管径应满足所配泡沫枪的压力、流量要求。

（2）应在防火堤外的连接管道上设置管牙接口，其距地面高度宜为 0.7m。

（3）当与固定式系统连通时，应在防火堤外设置控制阀。

4. **内浮顶储罐**

钢制单盘式、双盘式内浮顶储罐的保护面积应按罐壁与泡沫堰板间的环形面积确定；直径不大于 48mm 的易熔材料浮盘内浮顶储罐应按固定顶储罐对待。

钢制单盘式、双盘式内浮顶储罐的泡沫堰板设置、单个泡沫产生器保护周长及泡沫混合器供给强度与连续供给时间，应符合下列规定：

（1）泡沫堰板距离罐壁不应小于 0.55m，其高度不应小于 0.5m。

（2）单个泡沫产生器保护周长不应大于 24m。

（3）非水溶性液体及甲醇汽油的泡沫混合液供给强度不应小于 12.5L/（min· m^2），水溶性液体的泡沫混合液供给强度不应小于表 3–8–4 规定的 1.5 倍。

（4）泡沫混合液连续供给时间不应小于 60min。

5. **其他场所**

当甲、乙、丙类液体槽车装卸栈台设置泡沫炮或泡沫枪系统时，应符合下列规定：

（1）应能保护泵、计量仪器、车辆及与装卸产品有关的各种设备。

（2）火车装卸栈台的泡沫混合液量不应小于 30L/s。

（3）汽车装卸栈台泡沫混合液量不应小于 8L/s。

（4）泡沫混合液连续供给时间不应小于 30min。

当保护设有围堰的非水溶性液体流淌火灾场所时，其保护面积应按围堰包围的地面面积与其中不燃结构占据的面积之差计算，其泡沫混合液供给强度和连续供给时间不应小于表 3–8–6 的规定。

表 3–8–6　泡沫混合液供给强度和连续供给时间

泡沫液种类	供给强度 /［L/（min·m^2）］	连续供给时间 /min	
		甲、乙类液体	丙类液体
氟蛋白	6.5	40	30
水成膜	6.5	30	20

当甲、乙、丙类液体泄漏导致的室外流淌火灾场所设置泡沫枪、泡沫炮系统时，应根据保护场所的具体情况确定最大流淌面积，其泡沫混合液供给强度和连续供给时间不应小于表 3–8–7 的规定。

表 3–8–7　泡沫混合液供给强度和连续供给时间

泡沫液种类	供给强度 /［L/（min·m^2）］	连续供给时间 /min	液体种类
氟蛋白	6.5	15	非水溶性液体
水成膜	5.0	15	
抗溶泡沫	12	15	水溶性液体

（二）中倍数与高倍数泡沫灭火系统

1. 全淹没系统

全淹没系统由固定的泡沫产生器、比例混合装置、固定泡沫液与水供给管路、水泵及其相关设备或组件组成。

（1）全淹没系统的防护区应符合下列规定：

1）泡沫的围挡应为不燃结构，且应在系统设计灭火时间内具备围挡泡沫的能力。

2）在保证人员撤离的前提下，门、窗等位于设计淹没深度以下的开口，应在泡沫喷放前或泡沫喷放的同时自动关闭；对于不能自动关闭的开口，全淹没系统应对其泡沫损失进行相应补偿。

3）利用防护区外部空气发泡的封闭空间，应设置排气口，排气口的位置应避免燃烧产物或其他有害气体回流到泡沫产生器进气口。排气口在灭火系统工作时应自动、手动开启，其排气速度不宜超过 5m/s。

4）在泡沫淹没深度以下的墙上设置窗口时，宜在窗口部位设置网孔基本尺寸不大于 3.15mm 的钢丝网或钢丝纱窗。

5）排气口在灭火系统工作时应自动或手动开启，其排气速度不宜超过 5m/s。

6）防护区内应设置排水设施。

（2）泡沫淹没深度的确定应符合下列规定：

1）当用于扑救 A 类火灾时，泡沫淹没深度不应小于最高保护对象高度的 1.1 倍，且应高于最高保护对象最高点以上 0.6m。

2）当用于扑救 B 类火灾时，汽油、煤油、柴油或苯火灾的泡沫淹没深度应高于起火部位 2m；其他 B 类火灾的泡沫淹没深度应由试验确定。

3）当用于扑救综合管廊和电缆隧道火灾时，淹没深度应按泡沫充满防护区计算，综合管廊和电缆隧道的每个防火分隔区域应作为一个防护区。

（3）泡沫的淹没时间不应超过表 3-8-8 的规定。系统自接到火灾信号至开始喷放泡沫的延时不应超过 1min。

表 3-8-8　淹没时间　　单位：min

可燃物	高倍数泡沫灭火系统单独使用	高倍数泡沫灭火系统与自动喷水灭火系统联合使用
闪点不超过 40℃的非水溶性液体	2	3
闪点超过 40℃的非水溶性液体	3	4
发泡橡胶、发泡塑料、成卷的织物或皱纹纸等低密度可燃物	3	4
成卷的纸、压制牛皮纸、涂料纸、纸板箱、纤维圆筒、橡胶轮胎等高密度可燃物	5	7
综合管廊、电缆隧道	5	—

注：水溶性液体的淹没时间应由试验确定。

（4）淹没体积应按式（3-8-1）计算：

$$V=SH-V_g \tag{3-8-1}$$

式中　V——淹没体积（m^3）；

S——防护区地面面积（m^2）；

H——泡沫淹没深度（m）；

V_g——固定的机器设备等不燃物体所占的体积（m^3）。

（5）最小泡沫供给速率应按下列公式计算：

$$R=\left(\frac{V}{T}+R_S\right)C_N C_L \tag{3-8-2}$$

$$R_S=L_S Q_y \tag{3-8-3}$$

式中　R——最小泡沫供给速率（m^3/min）；

T——淹没时间（min）；

C_N——泡沫破裂补偿系数，宜取 1.15；

C_L——泡沫泄漏补偿系数，宜取 1.05 ~ 1.2；

R_S——喷水造成的泡沫破泡率（m^3/min）；

L_S——泡沫破泡率与洒水喷头排放速率之比，应取 0.074 8（m^3/L）；

Q_y——预计动作最大水喷头数目时的总水流量（L/min）。

（6）泡沫混合液连续供给时间应符合下列规定：

1）当用于扑救 A 类火灾时，不应小于 25min。

2）当用于扑救 B 类火灾时，不应小于 15min。

3）当用于扑救综合管廊和电缆隧道火灾时，不应小于 15min。

（7）对于 A 类火灾，其泡沫淹没体积的保持时间应符合下列规定：

1）单独使用高倍数泡沫灭火系统时，应大于 60min。

2）高倍数泡沫灭火系统与自动喷水灭火系统联合使用时，应大于 30min。

2. 局部应用系统

（1）局部应用系统的保护范围应包括火灾蔓延的所有区域；对于多层或三维立体火灾，应提供适宜的泡沫封堵设施；对于室外场所，应考虑风等气候因素的影响。当高倍数泡沫用于扑救 A 类或者 B 类火灾时，应符合下列规定：

1）覆盖 A 类火灾保护对象最高点的厚度不应小于 0.6m。

2）对于汽油、煤油、柴油或苯，覆盖起火部位的厚度不应小于 2m；其他 B 类火灾的泡沫覆盖深度应由试验确定。

3）达到规定覆盖厚度的时间不应大于 2min。

4）泡沫混合液连续供给时间不应小于 12min。

（2）当高倍数泡沫灭火系统设置在液化天然气集液池或储罐围堰区时，应符合下列规定：

1）应选择固定式系统，并应设置导泡筒，发泡网距集液池的距离不应小于 1m，且导泡筒出口断面距集液池设计液面的距离不应小于 200mm。

2）宜采用发泡倍数为 300 ~ 500 的高倍数泡沫产生器。

3）泡沫混合液供给强度应根据阻止形成蒸汽云和降低热辐射强度试验确定，并应取两项试验的较大值；当缺乏试验数据时，泡沫混合液供给强度不宜小于 7.2L/（min · m^2）。

4）泡沫连续供给时间应根据所需的控制时间确定，且不宜小于 40min；当同时设有移动式高倍数泡沫灭火系统时，固定式系统的泡沫供给时间可按达到稳定控火时间确定。

5）保护场所应有适合设置导泡筒的位置。

6）局部应用系统的设计尚应符合《石油天然气工程设计防火规范》（GB 50183—2004）的规定。

（3）中倍数泡沫灭火系统用于沸点高于 45℃且固定位置面积不大于 100m^2 的非水溶性液体流淌火灾时，泡沫混合液供给强度与连续供给时间应符合下列规定：

1）泡沫混合液供给强度应大于 4L/（min·m^2）。

2）室内场所的泡沫混合液连续供给时间应大于 10min。

3）室外场所的泡沫混合液连续供给时间应大于 15min。

3. 移动式系统

泡沫淹没时间或覆盖保护对象时间、泡沫供给速率与连续供给时间，应根据保护对象的类型与规模确定。

高倍数泡沫系统的泡沫液和水的储备量应符合下列规定：

（1）当辅助全淹没或局部应用高倍数泡沫灭火系统使用时，可在其泡沫液和水的储备量中增加 5%～10%。

（2）当在消防车上配备时，每套系统的泡沫液储备量不宜小于 0.5t。

（3）当用于扑救煤矿火灾时，每个矿山救护大队应储存大于 2t 的泡沫液。

当移动式中倍数泡沫系统用于沸点高于 45℃且面积不大于 100m^2 的非水溶性液体流淌火灾时，泡沫混合液供给强度和连续供给时间应符合《泡沫灭火系统技术标准》（GB 50151—2021）的规定。

系统的供水压力可根据中倍数或高倍数泡沫产生器和比例混合器的进口工作压力及比例混合器和水带的压力损失确定。

用于扑救煤矿井下火灾时，应配置导泡筒，且高倍数泡沫产生器的驱动风压、发泡倍数应满足矿井的特殊需要。

移动式系统的泡沫液与相关设备应放置在能立即运送到所有指定防护对象的场所；当移动泡沫产生器预先连接到水源或泡沫混合液供给源时，应放置在易于接近的地方，且水带长度应能达到其最远的防护地。

当两个或两个以上的移动式泡沫产生器同时使用时，其泡沫液和水供给源应能满足最大数量的泡沫产生器的使用要求。

系统应选用有衬里的消防水带，并应符合以下规定：水带的口径与长度应满足系统要求；水带应以能立即使用的排列形式储存，且应防潮。

系统所用的电源与电缆应满足输送功率要求，且应满足保护接地和防水的要求。

（三）泡沫－水喷淋系统与泡沫喷雾系统

1. 基本要求

泡沫－水喷淋系统泡沫混合液与水的连续供给时间应符合下列规定：

（1）泡沫混合液连续供给时间不应小于 10min。

（2）泡沫混合液与水的连续供给时间之和不应小于 60min。

泡沫－水雨淋系统与泡沫－水预作用系统的控制应符合下列规定：

（1）系统应同时具备自动、手动和应急机械手动启动功能。

（2）机械手动启动力不应超过 180N。

（3）系统自动或手动启动后，泡沫液供给控制装置应自动随供水主控阀的动作而动作或与之同时动作。

（4）系统应设置故障监视与报警装置，且应在主控制盘上显示。

当选用水成膜泡沫液且泡沫液管线长度超过 15m 时，泡沫液应充满其管线，且泡沫液管线及其管件的温度应在泡沫液的储存温度范围内；埋地敷设时，应设置检查管道密封性的设施。

泡沫－水喷淋系统应设置系统试验接口，其口径应分别满足系统最大流量与最小流量要求。

泡沫－水喷淋系统的防护区应设置安全排放或容纳设施，且排放或容纳量应按被保护液体最大可能泄漏量、固定式系统喷洒量以及管枪喷射量之和确定。

为泡沫－水雨淋系统与泡沫－水预作用系统配套设置的火灾探测与联动控制系统除应符合《火灾自动报警系统设计规范》（GB 50116—2013）的有关规定外，尚应符合下列规定：

（1）当电控型自动探测及附属装置设置在有爆炸和火灾危险的环境中时，应符合《爆炸危险环境电力装置设计规范》（GB 50058—2014）的规定。

（2）设置在腐蚀气体环境中的探测装置，应由耐腐蚀材料制成或采取防腐蚀保护。

（3）当选用带闭式喷头的传动管传递火灾信号时，传动管的长度不应大于 300m，公称直径宜为 15～25mm，传动管上喷头应选用快速响应喷头，且布置间距不宜大于 2.5m。

2. 泡沫－水雨淋系统

泡沫－水雨淋系统的保护面积应按保护场所内的水平面面积或水平面投影面积确定。当保护非水溶性液体时，其泡沫混合液供给强度不应小于表 3-8-9 的规定；当保护水溶性液体时，其混合液供给强度和连续供给时间应由试验确定。

表 3-8-9　泡沫混合液供给强度

泡沫液种类	喷头设置高度 /m	泡沫混合液供给强度 / [L/ (min · m^2)]
氟蛋白	≤10	8
	>10	10
水成膜	≤10	6.5
	>10	8

泡沫－水雨淋系统应设置雨淋阀、水力警铃，并应在每个雨淋阀出口管路上设置压力开关，但喷头数小于 10 个的单区系统可不设雨淋阀和压力开关。泡沫－水雨淋系统喷头的布置应根据系统设计供给强度、保护面积和喷头特性确定，喷头周围不应有影响泡沫喷洒的障碍物。

泡沫－水雨淋系统设计时应进行管道水力计算，并应符合下列规定：

（1）自雨淋阀开启至系统各喷头达到设计喷洒流量的时间不得超过 60s。

（2）任意 4 个相邻喷头组成的四边形保护面积内的平均泡沫混合液供给强度不应小于设计供给强度。

3. 闭式泡沫－水喷淋系统

闭式泡沫－水喷淋系统的作用面积应为 465m²，当防护区面积小于 465m² 时，可按防护区实际面积确定，另外也可采用试验值。系统的供给强度不应小于 6.5L/（min·m²）。系统输送的泡沫混合液应在 8L/s 至最大设计流量范围内达到额定的混合比。

闭式泡沫－水喷淋系统应选用闭式洒水喷头。当喷头设置在屋顶时，其公称动作温度应为 121～149℃；当喷头设置在保护场所的中间层面时，其公称动作温度应为 57～79℃；当保护场所的环境温度较高时，其公称动作温度宜高于环境最高温度 30℃。

闭式泡沫－水喷淋系统喷头的设置应符合下列规定：

（1）任意 4 只相邻喷头组成的四边形保护面积内的平均供给强度不应小于设计供给强度，且不宜大于设计供给强度的 1.2 倍。

（2）喷头周围不应有影响泡沫喷洒的障碍物。

（3）每只喷头的保护面积不应大于 12m²。

（4）同一支管上 2 只相邻喷头的水平间距、两条相邻平行支管的水平间距，均不应大于 3.6m。

泡沫－水湿式系统的设置应符合下列规定：

（1）当系统管道充注泡沫预混液时，其管道及管件应耐泡沫预混液腐蚀，且不应影响泡沫预混液的性能。

（2）充注泡沫预混液系统的环境温度宜为 5～40℃。

（3）当系统管道充水时，在 8L/s 的流量下自系统启动至喷泡沫的时间不应大于 2min。

（4）充水系统的环境温度应为 4～70℃。

泡沫－水预作用系统与泡沫－水干式系统的管道充水时间不宜大于 1min。泡沫－水预作用系统每个报警阀控制喷头数不应超过 800 只，泡沫－水干式系统每个报警阀控制喷头数不宜超过 500 只。

4. 泡沫喷雾系统

当泡沫喷雾系统设置比例混合装置时，应选用 3% 型水成膜泡沫液；当系统采用由压缩氮气驱动形式时，应选用 100% 型水成膜泡沫液；泡沫液的抗烧水平不应低于 C 级。

泡沫喷雾系统保护油浸电力变压器时，泡沫灭火系统设计应符合下列规定：

（1）系统的保护面积应按变压器油箱的水平投影且四周外延 1m 计算确定。

（2）系统的供给强度不应小于 8L/（min·m²）。

（3）对于变压器套管插入直流阀厅布置的换流站，系统应增设流量不低于 48L/s 可远程控制的高架泡沫炮，且系统的泡沫混合液设计流量应增加一台泡沫炮的流量。

（4）喷头的设置应使泡沫覆盖变压器油箱顶面，且每个变压器进出线绝缘套管升高座孔口应设置单独的喷头保护。

（5）保护绝缘套管升高座孔口喷头的雾化角宜为 60°，其他喷头的雾化角不应大于 90°。

（6）当系统设置比例混合装置时，系统的连续供给时间不应小于 30min；当采用由压缩氮气驱动形式时，系统的连续供给时间不应小于 15min。

泡沫喷雾系统保护非水溶性液体室内场所时，泡沫混合液供给强度不应小于 6.5L/（min·m^2），连续供给时间不应小于 10min。喷头的布置应确保系统保护面积内的泡沫混合液供给强度应均匀、泡沫应直接喷洒到保护对象上、喷头周围不应有影响泡沫喷洒的障碍物。

泡沫喷雾系统的喷头应带过滤器，其工作压力不应小于其额定压力，且不宜高于其额定压力 0.1MPa。系统喷头、管道与电气设备带电（裸露）部分的安全净距应符合国家现行有关标准的规定。

泡沫喷雾系统应同时具备自动、手动和应急机械手动启动方式。在自动控制状态下，灭火系统的响应时间不应大于 60s。

三、系统组件及设置要求

泡沫灭火系统一般由泡沫液、泡沫消防水泵、泡沫液泵、泡沫比例混合器（装置）、压力容器、泡沫产生装置、火灾探测与启动控制装置、控制阀门及管道等系统组件组成。系统组件必须经国家产品质量监督检验机构检验合格，并且必须符合设计要求。

（一）泡沫液的选择

非水溶性甲、乙、丙类液体储罐固定式低倍数泡沫灭火系统，泡沫液的选择应符合下列规定：

（1）应选用 3% 型氟蛋白或水成膜泡沫液；

（2）临近生态保护红线、饮用水源地、永久基本农田等环境敏感地区，应选用不含强酸强碱盐的 3% 型氟蛋白泡沫液；

（3）当选用水成膜泡沫液时，泡沫液的抗烧水平不应低于 C 级。

保护非水溶性液体的泡沫－水喷淋系统、泡沫枪系统、泡沫炮系统，当采用吸气型泡沫产生装置时，可选用 3% 型氟蛋白、水成膜泡沫液；当采用非吸气型喷射装置时，应选用 3% 型水成膜泡沫液。

对于水溶性甲、乙、丙类液体及其他对普通泡沫有破坏作用的甲、乙、丙类液体，必须选用抗溶水成膜、抗溶氟蛋白或低黏度抗溶氟蛋白泡沫液。

当保护场所同时存储水溶性液体和非水溶性液体时，泡沫液的选择应符合下列规定：

（1）当储罐区储罐的单罐容量均小于或等于 10 000m^3 时，可选用抗溶水成膜、抗溶氟蛋白或低黏度抗溶氟蛋白泡沫液；当储罐区存在单罐容量大于 10 000m^3 的储罐时，应按《泡沫灭火系统技术标准》（GB 50151—2021）第 3.2.1 条和第 3.2.3 条的规定对非水溶性液体储罐和水溶性液体储罐分别选取相应的泡沫液。

（2）当保护场所采用泡沫－水喷淋系统时，应选用抗溶水成膜、抗溶氟蛋白泡沫液。

（3）固定式中倍数或高倍数泡沫灭火系统应选用 3% 型泡沫液。

（4）当采用海水作为系统水源时，必须选择适用于海水的泡沫液。

（二）泡沫消防水泵与泡沫液泵

1. 泡沫消防水泵的选择与设置要求

泡沫消防水泵的选择与设置应符合下列规定：

（1）应选择特性曲线平缓的水泵，且其工作压力和流量应满足系统设计要求。

（2）泵出水管道上应设置压力表、单向阀，泵出水总管上应设置持压泄压阀及带手动控制阀的回流管。

（3）当泡沫液泵采用不向外泄水的水轮机驱动时，其水轮机压力损失应计入泡沫消防水泵扬程；当泡沫液泵采用向外泄水的水轮机驱动时，其水轮机消耗的水流量应计入泡沫消防水泵的额定流量。

2. 泡沫液泵的选择与设置要求

泡沫液泵的选择与设置应符合下列规定：

（1）泡沫液泵的工作压力和流量应满足系统设计要求，同时应保证在设计流量范围内泡沫液供给压力大于供水压力。

（2）泡沫液泵的结构形式、密封或填充类型应适宜输送所选的泡沫液，其材料应耐泡沫液腐蚀且不影响泡沫液的性能。

（3）当用于普通泡沫液时，泡沫液泵的允许吸上真空高度不得小于4m；当用于抗溶泡沫液时，泡沫液泵的允许吸上真空高度不得小于6m，且泡沫液储罐至泡沫液泵之间的管道长度不宜超过5m，泡沫液泵的出口管道长度不宜超过10m，泡沫液泵及管道平时不得充入泡沫液。

（4）除四级及以下独立石油库与油品站场、防护面积小于200m^2单个非重要防护区设置的泡沫系统外，应设置备用泵，且工作泵故障时应能自动与手动切换到备用泵。

（5）泡沫液泵应能耐受时长不低于10min的空载运转。

（三）泡沫比例混合器（装置）

泡沫比例混合器是一种使水与泡沫原液按规定比例混合成混合液，以供泡沫产生设备发泡的装置。目前我国生产的泡沫比例混合器有平衡式比例混合装置、机械泵入式比例混合装置、泵直接注入式比例混合流程、囊式压力比例混合装置以及管线式比例混合器。

1. 泡沫比例混合器（装置）的选择

（1）固定式系统应选用平衡式比例混合装置、机械泵入式比例混合装置、囊式压力比例混合装置或泵直接注入式比例混合流程，混合比类型应与所选泡沫液一致且混合比不得小于额定值。

（2）单罐容量不小于5 000m^3的固定顶储罐、外浮顶储罐、内浮顶储罐，应选择平衡式或机械泵入式比例混合装置。

（3）全淹没高倍数泡沫灭火系统或局部应用中倍数、高倍数泡沫灭火系统，应选用机械泵入式、平衡式或囊式压力比例混合装置。

（4）各分区泡沫混合液流量相等或相近的泡沫－水喷淋系统宜采用泵直接注入式比例混合流程。

（5）保护油浸变压器的泡沫喷雾系统，可选用囊式压力比例混合装置。

2. 平衡式比例混合装置有关要求

当采用平衡式比例混合装置时，应符合下列规定：

（1）平衡阀的泡沫液进口压力应大于水进口压力，且其压差应满足产品的使用要求。

（2）比例混合器的泡沫液进口管道上应设单向阀。

（3）为保证系统使用或试验后用水冲洗干净，不留残液，泡沫液管道上应设冲洗及放空设施。

3. 机械泵入式比例混合装置有关要求

当采用机械泵入式比例混合装置时，应符合下列规定：

（1）泡沫液进口管道上应设置单向阀。

（2）泡沫液管道上应设冲洗及放空设施。

4. 泵直接注入式比例混合流程有关要求

当采用泵直接注入式比例混合流程时，应符合下列规定：

（1）泡沫液注入点的泡沫液流压力应大于水流压力 0.2MPa。

（2）泡沫液进口管道上应设置单向阀。

（3）泡沫液管道上应设冲洗及放空设施。

5. 囊式压力比例混合装置有关要求

当采用囊式压力比例混合装置时，应符合下列规定：

（1）泡沫液储罐的单罐容积不应大于 $5m^3$。

（2）内囊应由适宜所储存泡沫液的橡胶制成，且应标明使用寿命。

6. 管线式比例混合器有关要求

当半固定式或移动式系统采用管线式比例混合器时，应符合下列规定：

（1）比例混合器的水进口压力在 0.6～1.2MPa 的范围内，且出口压力应满足泡沫产生装置的进口压力要求。

（2）比例混合器的压力损失可按水进口压力的 35% 计算。

（四）泡沫产生装置

泡沫产生装置的作用是将泡沫混合液与空气混合形成空气泡沫，输送至燃烧物的表面，泡沫产生装置包括低倍数泡沫产生器、高背压泡沫产生器、高倍数泡沫产生器、中倍数泡沫产生器、泡沫喷头等。

1. 低倍数泡沫产生器

低倍数泡沫产生器有横式和立式两种，均安装在油罐壁的上部，仅安装形式不同，构造和工作原理是相同的。低倍数泡沫产生器应符合下列规定：

（1）固定顶储罐、内浮顶储罐，应选用立式泡沫产生器。

（2）外浮顶储罐宜选用与泡沫导流罩匹配的立式泡沫产生器，并不得设置密封玻璃，当采用横式泡沫产生器时，其吸气口应为圆形。

（3）泡沫产生器应根据其应用环境的腐蚀特性，采用碳钢或不锈钢材料制成。

（4）立式泡沫产生器及其附件的公称压力不得低于 1.6MPa，与管道应采用法兰连接。

（5）泡沫产生器进口的工作压力应为其额定值 ±0.1MPa。

（6）泡沫产生器的空气吸入口及露天的泡沫喷射口，应设置防止异物进入的金属网。

2. 高背压泡沫产生器

高背压泡沫产生器是从储罐内底部液下喷射空气泡沫扑救油罐火灾的主要设备。高背压泡沫产生器应符合下列规定：

（1）进口工作压力应在标定的工作压力范围内。

（2）出口工作压力应大于泡沫管道的阻力和罐内液体静压力之和。

（3）发泡倍数不应小于 2，且不应大于 4。

3. 高倍数泡沫产生器和中倍数泡沫产生器

高倍数泡沫产生器是高倍数泡沫灭火系统中产生并喷放高倍数泡沫的装置。水和高倍数泡沫液按所要求的比例混合后，以一定的压力进入泡沫产生器，通过喷嘴以雾化形式均匀喷向发泡网，在网的内表面上形成一层混合液薄膜，由风叶送来的气流将混合液薄膜吹胀成大量的气泡（泡沫群）。

中倍数泡沫产生器分为吸气型和吹气型两种，吸气型的发泡原理和低倍数泡沫产生器相同，吹气型的发泡原理和高倍数泡沫产生器相同。吸气型泡沫产生器的发泡倍数要低于吹气型泡沫产生器。

保护液化天然气（LNG）集液池的局部应用系统和不设导泡筒的全淹没系统，应选用水力驱动型泡沫产生器，且其发泡网应为奥氏体不锈钢材料。

4. 泡沫喷头

泡沫喷头用于泡沫 – 水喷淋灭火系统，有吸气型和非吸气型两种。吸气型泡沫喷头带有吸气口。非吸气型泡沫喷头不能吸入空气，喷头喷洒出雾状泡沫混合液滴，在空气中混入空气产生一定倍数的泡沫，这种喷头多使用洒水喷头或水雾喷头。泡沫喷头的工作压力应在标定的工作压力范围内，且不应小于其额定压力的 80%。

练习题

一、一级注册消防工程师

（一）单项选择题

1. 泡沫灭火系统按系统结构可分为固定式泡沫灭火系统、半固定泡沫灭火系统、移动泡沫灭火系统。半固定灭火系统是指（　　）。

A. 采用泡沫枪，固定泡沫设置和固定消防水泵供应泡沫混合液的灭火系统

B. 泡沫产生器和部分连接管道固定，采用泡沫消防车或机动消防泵，用水带供应泡沫混合液的灭火系统

C. 泡沫产生器与部分连接管道连接，固定消防水泵供应泡沫混合液的灭火系统

D. 采用泡沫枪，泡沫液由消防车供应，水由固定消防水泵供应的灭火系统

2. 某储罐区有 4 个固定顶轻柴油储罐，单罐容积 2 000m^3，设置了低倍数泡沫灭火系统。该泡沫灭火系统的设计保护面积应按（　　）确定。

A. 储罐罐壁与泡沫堰板间的环形面积　　B. 储罐表面积

C. 储罐横截面积　　D. 防火堤内的地面面积

3. 采用闭式洒水喷头的泡沫－水喷淋系统，用于保护丙类液体时，应选用（　　）。

A. 水成膜泡沫液　　B. 蛋白泡沫液

C. 氟蛋白泡沫液　　D. 抗溶性泡沫液

（二）多项选择题

1. 某储罐区共有 7 个直径 32m 的非水溶性丙类液体固定顶储罐，均设置固定式液上喷射低倍数泡沫灭火系统。关于该灭火系统设计的说法，正确的有（　　）。

A. 泡沫灭火系统应具备半固定式系统功能

B. 每个储罐的泡沫产生器不应少于 3 个

C. 泡沫混合液供给强度为 4L/（min·m^2）

D. 泡沫消防水泵启动后，将泡沫混合液输送到保护对象的时间不大于 5min

E. 泡沫混合液连续供给时间不应小于 30min

2. 某储罐区设有 4 个 20 000m^3 的外浮顶储罐，储存介质为原油，浮顶采用钢制双盘式外浮顶，关于该储罐低倍数泡沫灭火系统的设计，说法正确的有（　　）。

A. 保护面积应按储罐横截面积计算

B. 系统泡沫混合液供给强度不应低于 12.5L/（min·m^2）

C. 保护面积应按罐壁与泡沫堰板间的环形面积确定

D. 泡沫混合液的连续供给时间不应低于 20min

E. 单个泡沫产生器的最大保护周长不应大于 24m

二、二级注册消防工程师

（一）单项选择题

1. 采用泡沫灭火系统保护酒精储罐时，应选用（　　）。

A. 水成膜泡沫液　　B. 氟蛋白泡沫液

C. 抗溶泡沫液　　D. 蛋白泡沫液

2. 闭式泡沫－水喷淋系统的供给强度不应小于（　　）L/（min·m^2）。

A. 4.5　　B. 6.5　　C. 5.0　　D. 6.0

（二）多项选择题

某内浮顶储罐，容量为 5 000m^3，储存介质为乙醇，关于该储罐泡沫灭火系统泡沫液选择及系统选型，说法正确的有（　　）。

A. 可选用液下喷射系统　　B. 可选用液上喷射系统

C. 可采用抗溶水成膜泡沫液　　D. 可采用氟蛋白泡沫液

E. 可采用抗溶氟蛋白泡沫液

第九章　干粉灭火系统

学习要求

通过本章学习，熟悉干粉灭火系统的分类、组成、灭火机理、工作原理和适用范围；掌握干粉灭火系统的选型、主要组件及设置要求。

干粉灭火系统是由干粉供应源通过输送管道连接到固定的喷嘴上，通过喷嘴喷放干粉的灭火系统。该系统具有灭火速度快、不导电、对环境条件要求不严格等特点，能自动探测、自动启动系统和自动灭火，广泛适用于港口、装车栈台、输油管线、甲类可燃液体生产线、石化生产线、天然气储罐、储油罐、汽轮机组及淬火油槽和大型变压器等场所。

第一节　系统的分类、组成及工作原理

一、干粉灭火系统的分类、组成和工作原理

（一）系统分类

干粉灭火系统根据应用方式、系统组成、保护情况、驱动气体储存方式等不同，可分为10余种类型。

1. 按应用方式分类

（1）全淹没灭火系统。全淹没灭火系统是指在规定的时间内向防护区喷射一定浓度的干粉，并使其均匀地充满整个防护区的灭火系统。该系统的特点是对防护区提供整体保护，适用于较小的封闭空间、火灾燃烧表面不易确定且不会复燃的场合，如油泵房等。

（2）局部应用灭火系统。局部应用灭火系统主要由一个适当的灭火剂供应源组成，并能将灭火剂直接喷放到着火物上或认为危险的区域。当不宜在整个房间建立灭火浓度或仅保护某一局部范围、某一设备、室外火灾危险场所等时，可选择局部应用灭火系统，如用于保护甲、乙、丙类液体的敞顶罐或槽、不怕粉末污染的电气设备以及其他场所等。

2. 按系统组成分类

（1）管网式灭火系统。管网式灭火系统是指根据保护对象的具体情况通过计算确定的系统形式。该系统中的所有参数都需经计算确定，并按要求选择各部件的设备型号。一般较大的保护场所或有特殊要求的场所可选用管网式灭火系统。

（2）预制灭火装置。预制灭火装置是指按一定的应用条件，将灭火剂储存装置和喷

嘴等部件预先组装起来的成套灭火装置。预制灭火装置通常为工厂生产的系列成套干粉灭火设备，装置的规格通过对保护对象进行灭火试验后预先计算确定，使用时只需选型，不必进行复杂的水力计算。对于保护对象较小且无特殊要求的场所，可选择预制灭火装置。

3. **按系统保护情况分类**

（1）组合分配系统。组合分配系统是指用一套灭火剂储存装置保护两个及以上防护区或保护对象的灭火系统。当一个区域有多个保护对象且每个保护对象发生火灾后又不会相互蔓延时，可选用组合分配系统如图 3–9–1 所示。

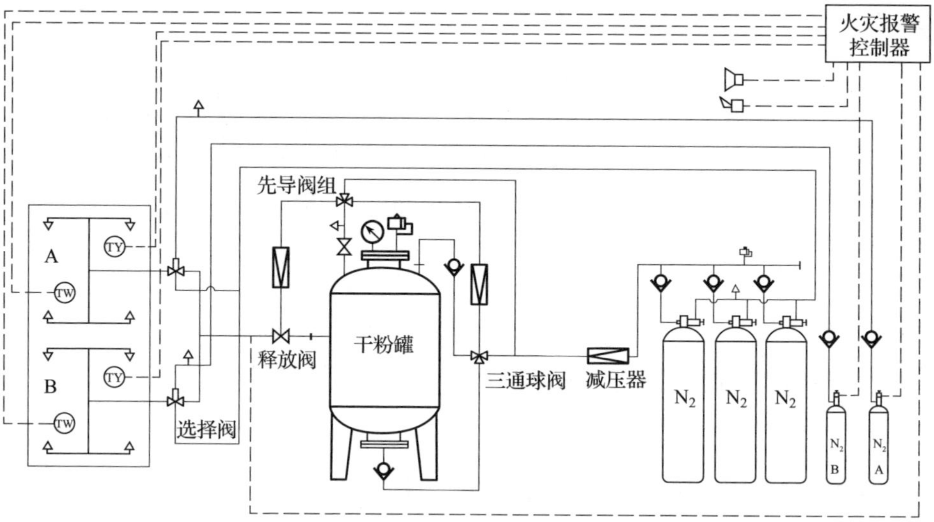

图 3–9–1　组合分配系统示意图

（2）单元独立系统。单元独立系统是指用一套干粉储存装置保护一个防护区或保护对象的灭火系统。若火灾的蔓延情况不能预测，则每个保护对象应单独设置一套系统保护如图 3–9–2 所示。

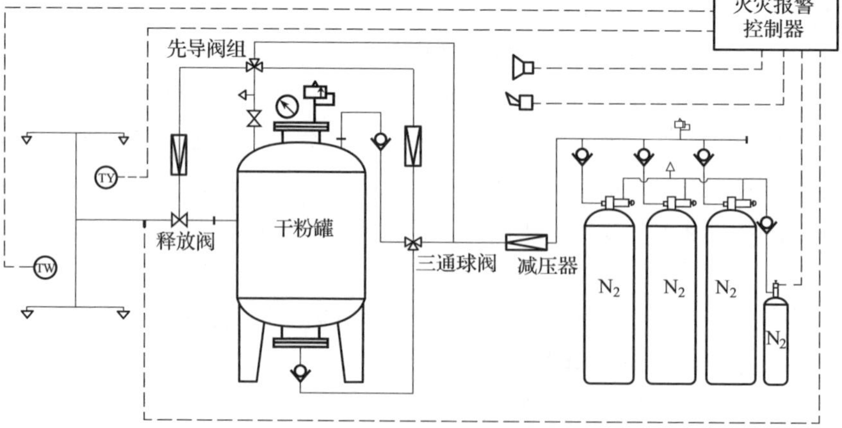

图 3–9–2　单元独立系统示意图

4. 按驱动气体储存方式分类

（1）贮气瓶型系统。贮气瓶型系统是指通过储存在贮气瓶内的驱动气体驱动干粉灭火剂喷放的干粉灭火系统。驱动气体通常采用氮气或二氧化碳，并单独储存在贮气瓶中，灭火时再将驱动气体充入干粉储存容器，进而驱动干粉喷射实施灭火。干粉灭火系统大多采用这种系统形式。

（2）贮压型系统。贮压型系统是指干粉灭火剂与驱动气体储存在同一容器内，通过驱动气体驱动干粉灭火剂喷放的干粉灭火系统。贮压型系统结构比贮气瓶型系统简单，但要求驱动气体不能泄漏。

（3）燃气驱动型系统。燃气驱动型系统是指通过燃气发生器内固体燃料燃烧产生的气体驱动干粉灭火剂喷放的干粉灭火系统。这种系统的驱动气体不采用压缩气体，而是在发生火灾时点燃燃气发生器内的固体燃料，通过燃烧生成的燃气压力来驱动干粉喷射实施灭火。

（二）系统组成与工作原理

1. 系统组成

（1）管网式灭火系统。管网式灭火系统都是贮气瓶型系统，它由干粉灭火设备部分和自动报警、控制两部分组成，典型组成如图 3-9-3 所示。前者由干粉储存容器及其配件、驱动气体储瓶、集流管、连接管、安全泄放装置、减压阀、过滤器、输粉管路、干粉喷嘴或干粉炮、干粉喷枪等构成；后者由火灾探测器、信号反馈装置、火灾报警控制器等组成。

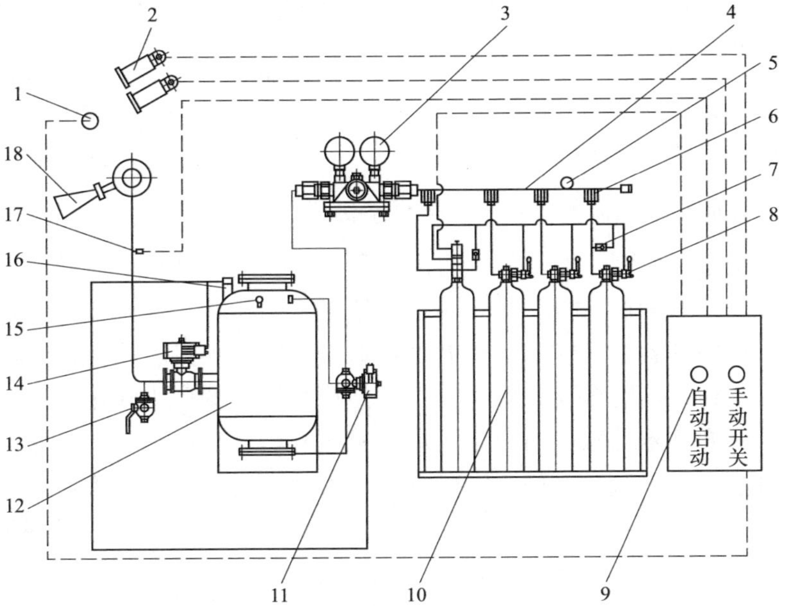

1—紧急启动按钮；2—火灾探测器；3—减压阀；4—集流管；5—安全泄放装置；6—主单向阀；7—气体单向阀；8—容器阀；9—控制盘；10—驱动气体瓶组；11—充气球阀；12—干粉储存容器；13—吹扫管口；14—出粉总阀；15—安全阀；16—定压动作机构；17—信号反馈装置；18—喷嘴。

图 3-9-3　管网式干粉灭火系统示意图

（2）预制灭火装置。预制灭火装置大多为柜式结构，主要用来保护特定的小型设备或者小空间，可用于局部保护方式，也可用于全淹没保护方式。预制灭火装置主要由柜体、干粉储存容器、驱动气体瓶组、输粉管路和干粉喷嘴以及与之配套的火灾探测器、火灾报警控制器等组成，典型组成如图 3–9–4 所示。

（3）干粉炮灭火系统。干粉炮灭火系统主要由干粉罐、氮气瓶组、管道、阀门、干粉炮、动力源和控制装置等组成，并喷射干粉灭火剂的固定消防炮系统。干粉炮灭火系统属管网式灭火系统，其喷放组件是干粉炮，其典型组成如图 3–9–5 所示。

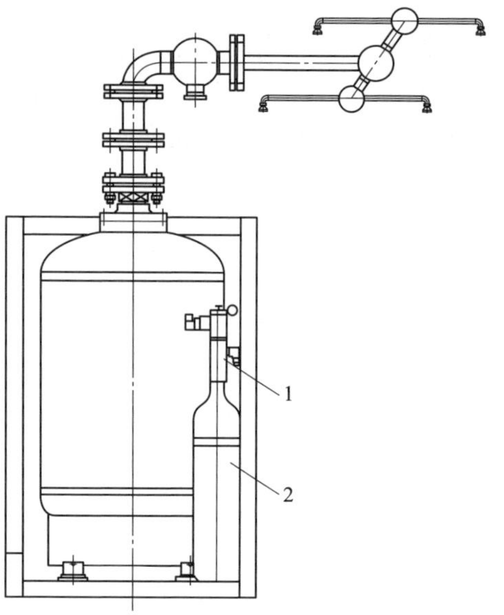

1—启动阀；2—动力气瓶。

图 3–9–4　预制灭火装置示意图

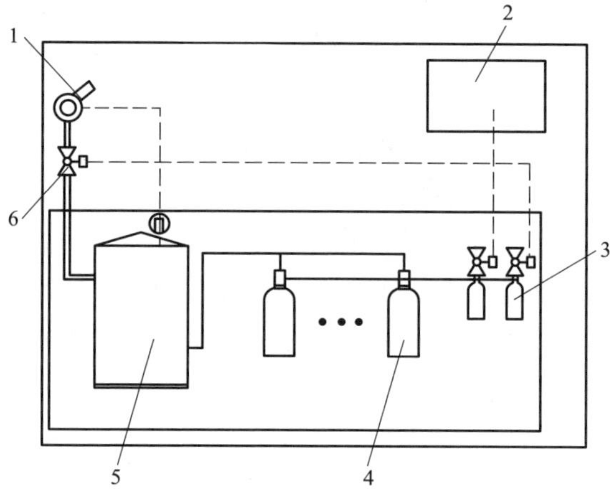

1—干粉炮；2—控制装置；3—启动气体瓶组；
4—驱动气体瓶组；5—干粉罐；6—干粉炮释放阀。

图 3–9–5　干粉炮系统示意图

2. 系统工作原理

（1）管网式灭火系统。当启动机构接收到控制盘的启动信号后动作，通过启动机构开启驱动气体储瓶的瓶头阀，高压驱动气体进入减压器，经减压后，具有一定压力的气体进入干粉储存容器，搅动干粉储存容器中干粉灭火剂，使干粉储存容器中干粉灭火剂疏松形成粉 – 气混合流，同时使干粉储存容器内的压力快速升高。当干粉储存容器内的压力升到规定的数值时，定压动作机构开始动作，打开干粉储存容器出口的总阀门（一些装置无出口总阀门，主要是通过膜片密封干粉储存容器的出口，当干粉储存容器内的压力升到规定的数值时，膜片破裂释放干粉灭火剂），并根据控制盘的指令打开通向防护区或着火对象的选择阀。干粉灭火剂被气体带动，经过总阀门、选择阀、输粉管输送到喷放组件，把干粉灭火剂喷向着火对象实施灭火。其动作顺序图见图 3–9–6。

（2）贮压型干粉系统。当启动机构接收到控制盘的启动信号后动作，通过启动机构开启干粉储存容器的容器阀。容器内的驱动气体驱动干粉灭火剂从容器阀喷出，进而喷向保护空间或者着火对象。

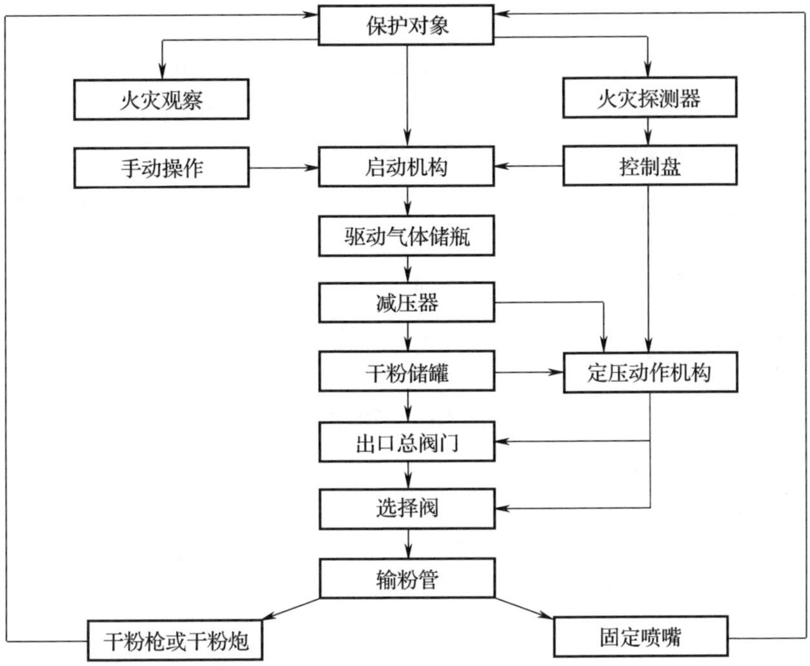

图 3-9-6　管网式灭火系统动作顺序图

（3）燃气驱动型干粉系统。燃气发生器预先安装在干粉储存容器中，发生器中装有固体燃烧药剂，当燃气发生器接收到控制盘的启动信号后动作，固体燃烧剂在干粉储存容器内燃烧产生高压气体，高压气体进而驱动干粉灭火剂从喷嘴喷出。

二、干粉灭火系统的灭火机理

（一）干粉灭火剂的类型

干粉灭火剂是由灭火基料（如小苏打、磷酸铵盐等）和适量的流动助剂（硬脂酸镁、云母粉、滑石粉等）以及防潮剂（硅油）在一定工艺条件下研磨、混配制成的固体粉末灭火剂。按照成分不同，干粉灭火剂可分为普通干粉灭火剂、多用途干粉灭火剂和专用干粉灭火剂。

1. 普通干粉灭火剂

普通干粉灭火剂可扑救 B 类、C 类、E 类火灾，因而又称为 BC 干粉灭火剂。属于这类的干粉灭火剂主要有以碳酸氢钠为基料的钠盐干粉灭火剂（小苏打干粉），以碳酸氢钾为基料的紫钾干粉灭火剂，以氯化钾为基料的超级钾盐干粉灭火剂，以硫酸钾为基料的钾盐干粉灭火剂，以碳酸氢钠和钾盐为基料的混合型干粉灭火剂和以尿素和碳酸氢钠（碳酸氢钾）的反应物为基料的氨基干粉灭火剂（毛耐克斯 Monnex 干粉）。

2. 多用途干粉灭火剂

这类灭火剂可扑救 A 类、B 类、C 类、E 类火灾，因而又称为 ABC 干粉灭火剂。属于这类的干粉灭火剂主要有以磷酸盐为基料的干粉灭火剂，以磷酸铵和硫酸铵混合物为基料的干粉灭火剂和以聚磷酸铵为基料的干粉灭火剂。

3. **专用干粉灭火剂**

专用干粉灭火剂以扑救D类火灾为主，又称D类专用干粉灭火剂。D类干粉灭火剂投加到某些燃烧的金属后，会与金属表面发生反应，并在金属表面形成熔层，从而使金属与外界隔绝，使金属燃烧窒息。根据其特点和灭火组分，专用干粉灭火剂可扑灭镁、钠、锂、钾、钙等易燃金属及金属化合物三乙基铝等烷基金属火灾。属于这类的干粉灭火剂主要有以下几种：

（1）石墨类：在石墨内添加流动促进剂。

（2）氯化钠类：氯化钠广泛用于制作D类干粉灭火剂，选择不同的添加剂用于不同的灭火对象。

（3）碳酸氢钠类：碳酸氢钠是制作BC干粉灭火剂的主要原料，添加某些结壳物料也可制作D类干粉灭火剂。

（二）干粉灭火剂的灭火机理

干粉灭火剂在动力气体（氮气、二氧化碳）的推动下射向火焰进行灭火。干粉在灭火过程中，粉雾与火焰接触、混合，发生一系列物理和化学作用，其灭火机理介绍如下。

1. **化学抑制作用**

燃烧过程是一个连锁反应过程，OH· 和 H· 中的“·”是维持燃烧连锁反应的关键自由基，它们具有很高的能量，非常活泼，而使用寿命却很短，一经生成，立即引发下一步反应，生成更多的自由基，使燃烧过程得以延续且不断扩大。干粉灭火剂的灭火组分是燃烧的非活性物质，当把干粉灭火剂加入燃烧区与火焰混合后，干粉粉末与火焰中的自由基接触时，捕获 OH· 和 H·，自由基被瞬时吸附在粉末表面。当大量的粉末以雾状形式喷向火焰时，火焰中的自由基被大量吸附和转化，使自由基数量急剧减少，致使燃烧反应链中断，最终使火焰熄灭。

2. **隔离作用**

干粉灭火系统喷出的固体粉末覆盖在燃烧物表面，构成阻碍燃烧的隔离层。特别是当粉末覆盖达到一定厚度时，还可以起到防止复燃的作用。

3. **冷却与窒息作用**

干粉灭火剂在动力气体的推动下喷向燃烧区进行灭火时，干粉灭火剂的基料在火焰高温作用下将会发生一系列分解反应，钠盐和钾盐干粉在燃烧区吸收部分热量，并放出水蒸气和二氧化碳气体，起到冷却和稀释可燃气体的作用。磷酸盐等化合物还具有导致炭化的作用，它附着于着火固体表面可炭化，碳化物是热的不良导体，可使燃烧过程变得缓慢，使火焰的温度降低。

三、干粉灭火系统的主要组件及性能要求

工程应用中采用的干粉灭火系统应是满足相关国家标准要求的定型产品，并应具有表3-9-1的相关性能。

表 3-9-1 灭火剂及干粉灭火系统主要组件的性能要求

产品名称	应符合的国家标准	主要性能
干粉灭火剂	《干粉灭火剂》（GB 4066—2017）	主要组分含量、松密度、含水率、吸湿率、流动性、斥水性、针入度、粒度分布、耐低温性、电绝缘性、颜色、灭火性能
超细干粉灭火剂	《超细干粉灭火剂》（XF 578—2005）	松密度、含水率、吸湿率、斥水性、针入度、耐低温性、90%粒径、电绝缘性、灭 BC 类火效能、灭 A 类火效能
D 类干粉灭火剂	《D 类干粉灭火剂》（XF 979—2012）	主要组分含量、松密度、含水率、针入度、斥水性、流动性、粒度分布、耐高低温性能、腐蚀性、灭 D 类火效能
干粉灭火装置	《干粉灭火装置》（XF 602—2013）	工作环境、外观与标志、强度、密封、喷射性能、灭火剂充装质量偏差、环境适应性能、抗振性能、耐盐雾腐蚀性能、非贮压式灭火装置反作用力与作用时间、联动性能、灭火性能、贮压式灭火装置的容器、容器阀、驱动装置、控制启动组件、压力指示器、泄压装置、引发器、探测与启动组件、喷嘴、悬挂支架（座）性能、干粉灭火剂和充压气体、信号反馈装置、电路短路保护元件、发动机舱专用灭火装置的其他性能、风电机舱专用灭火装置的其他性能
干粉枪	《干粉枪》（GB 25200—2010）	外观要求、基本性能参数、材料、密封性能、耐水压强度性能、跌落性能、耐腐蚀性能、耐喷射冲击性能、操作结构要求、接口要求、非金属件性能要求
干粉贮存容器	《干粉灭火系统及部件通用技术条件》（GB 16668—2010）	外观质量、容器壁厚、强度要求、超压要求、密封要求、抗振性能、塑料和橡胶件的热稳定性、充装量、其他要求
干粉贮存容器出口释放装置		一般要求、释放膜片（动作要求、密封要求）、释放阀（工作压力、材料、密封要求、强度要求、工作可靠性要求、耐盐雾腐蚀性能）
贮气瓶组		一般要求、充装介质要求、密封要求、抗振性能、温度循环泄漏要求
容器阀		材料、工作压力、强度要求、超压要求、密封要求、工作可靠性要求、耐盐雾腐蚀性能、手动操作要求、标志
单向阀		标志、工作压力、材料、强度要求、正向密封要求、反向密封要求、超压要求、工作可靠性要求、开启压力要求、耐盐雾腐蚀性能
集流管		工作压力、材料、强度要求、密封要求
连接管		工作压力、材料、强度要求、密封要求、非金属连接管耐热空气老化性能
安全防护装置		一般要求、安全阀（工作压力、整定压力、强度要求、密封要求、耐盐雾腐蚀性能）、安全泄放装置（动作压力、密封要求、耐盐雾腐蚀性能）

续表 3-9-1

产品名称	应符合的国家标准	主要性能
检漏装置	《干粉灭火系统及部件通用技术条件》（GB 16668—2010）	一般要求、压力显示器（一般要求、基本性能、标度盘要求、强度密封要求、耐盐雾腐蚀性能、耐交变负荷性能）、称重装置（报警功能、耐高低温性能、过载要求）
选择阀		一般要求、标志、材料、工作压力、强度要求、超压要求、密封要求、工作可靠性要求、阀门局部阻力损失、耐盐雾腐蚀性能、手动操作要求
燃气发生器		燃气发生器发火装置基本参数、强度要求、超压要求、抗振性能、防潮性能、可靠性要求、时效性能、压力特性
信号反馈装置		一般要求、动作要求、强度要求、密封要求、耐电压性能、绝缘要求、耐盐雾腐蚀性能、触点接触电阻
减压阀		工作压力、强度要求、密封要求、流量要求、耐盐雾腐蚀性能
喷嘴		标记、材料、工作压力、单孔直径、防护帽、耐热和耐压性能、耐冲击性能、耐盐雾腐蚀性能、局部应用喷嘴（布粉性能、全淹没喷嘴布粉性能）、全淹没喷嘴布粉性能
干粉软管卷盘		外观、工作压力、密封要求、强度要求、转动性能、干粉枪、软管（外观、工作压力、材料、强度要求、超压要求、耐低温性能）
干粉炮	《消防炮》（GB 19156—2019）	外观和材料、零部件性能、操作性能、喷射性能、水压密封性能、水压强度性能、高低温性能、远控消防炮性能、标志、使用说明书

（一）储存装置

干粉灭火系统的储存装置由干粉储存容器、安全泄压装置、驱动气体储瓶、减压阀等组成。

1. 干粉储存容器

干粉储存容器是用来储存干粉灭火剂的容器，一般采用两端椭圆封头的圆柱形容器，也可采用球形容器。圆柱形干粉储存容器由两端为标准椭圆形封头与中部直立圆筒焊接而成。干粉储存容器上设有充装干粉口、出粉管及法兰口、安全阀、压力表、充气口、排气口、清扫口等组成，如图 3-9-7 所示。

2. 安全泄压装置

干粉储存容器自身是承压容器，当干粉储存容器出现超压时，为了保证系统安全，需要在干粉储存容器上设置安全泄压装置。设计时，一般采用弹簧式安全阀作为安全泄压装置，如图 3-9-8 所示，也可根据系统设计采用泄放膜片作为安全泄放装置。

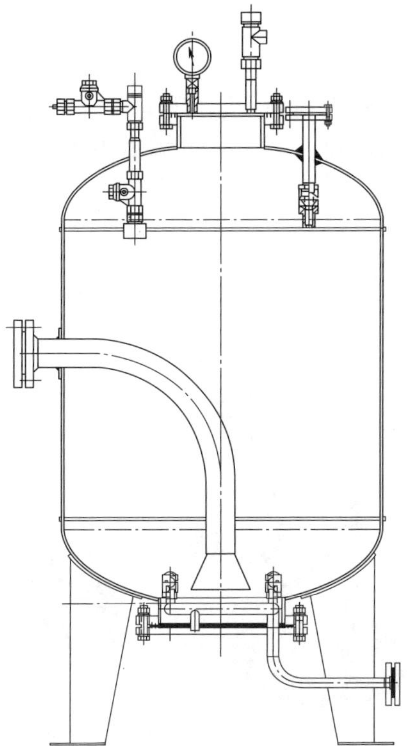

图 3–9–7　干粉储存容器（干粉罐）示意图

图 3–9–8　弹簧式安全阀

3. **驱动气体储瓶**

驱动气体储瓶是干粉灭火系统的动力源，主要用来储存驱动干粉灭火剂的气体，也是保证系统安全、可靠动作并能按设计要求驱动灭火剂喷射的关键部件。驱动气体储瓶主要由储气瓶、瓶头阀、驱动气体介质及检漏装置等部件构成，如图 3–9–9 所示。

4. **减压阀**

减压阀的作用是将驱动气瓶内的高压气体减压至规定的压力值，输入干粉储存容器以驱动干粉。当干粉储存容器内的压力达到工作压力时，减压阀在背压的作用下自动关闭主阀门，停止供气。当干粉储存容器的压力降低时，减压阀又自动开启，恢复供气。

（二）输送释放装置

输送释放装置主要包括干粉释放阀、输送管道和喷嘴（或干粉炮），用于输送灭火剂并保证其以特定的形式喷出，促使灭

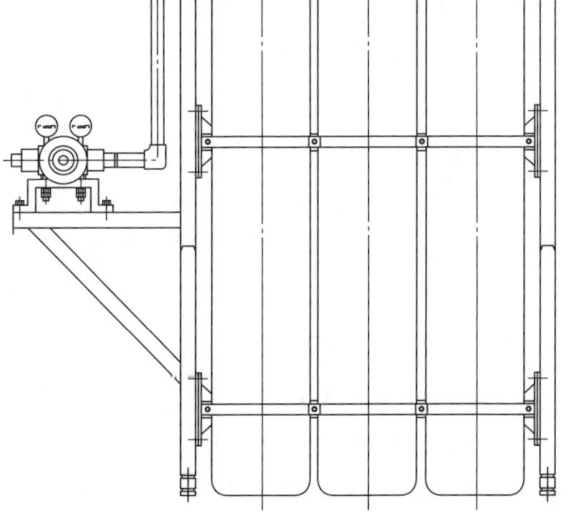

图 3–9–9　驱动气体储瓶

火剂迅速气化，保护空间达到灭火浓度的作用。

1. 干粉释放阀

干粉释放阀主要负责干粉的释放作用，当干粉罐内的压力升至额定工作压力时，干粉释放阀将自动开启，干粉混合两相态将进入管网，最后经喷嘴喷出进行灭火，如图 3–9–10 所示。

2. 喷嘴

喷嘴是干粉灭火系统的喷放组件，按射流形状分类，有三种形式：直流喷嘴、扩散喷嘴和扇形喷嘴，如图 3–9–11 所示。

图 3–9–10　干粉释放阀

（a）直流喷嘴　（b）扩散喷嘴　（c）扇形喷嘴

图 3–9–11　喷嘴示意图

（1）直流喷嘴喷出的粉气流呈柱形，随着喷射距离的增加逐渐分散开来。这种喷嘴的特点是喷射干粉灭火剂的射程较远，覆盖面积较小，一般用于着火点较小，着火面较长的区域，例如，化工装置可以采用直流型喷嘴进行保护。

（2）扇形喷嘴俗称鸭嘴式喷嘴，其特点是喷射出去的粉气流呈扇形状，射程较直流式喷嘴较短，但其覆盖面积较大，这种喷嘴一般用于着火面积较大的区域。例如，油罐、油槽等部位可以采用扇形喷嘴进行保护。

（3）扩散喷嘴一般用于全淹没保护场所，在全淹没保护场所中，通过扩散喷嘴可以实现全淹没保护的目的。这种喷嘴的射程和覆盖面积都介于前两种喷嘴之间。例如，热油泵房、可燃液体散装库等场所，可采用扩散形喷嘴保护。

3. 干粉炮

干粉炮是干粉炮灭火系统的喷放组件，其选用参数主要是射程和流量。按其控制方式分类，有手动干粉炮、电控干粉炮，电 – 液控干粉炮、电 – 气控干粉炮。典型干粉炮示意图，如图 3–9–12 所示。

（三）启动分配装置

启动分配装置主要有启动气体储瓶、选择阀和启动气体管路组成，如图 3–9–13 所示。启动气体储瓶一般为小氮气瓶，主要用于储存启动驱动气体瓶组的气体，由驱动气体储瓶、瓶头阀、驱动装置、启动气体介质及检漏装置等部件构成。工作压力通常为 15MPa，其上的瓶头阀由火灾自动报警系统控制开启。

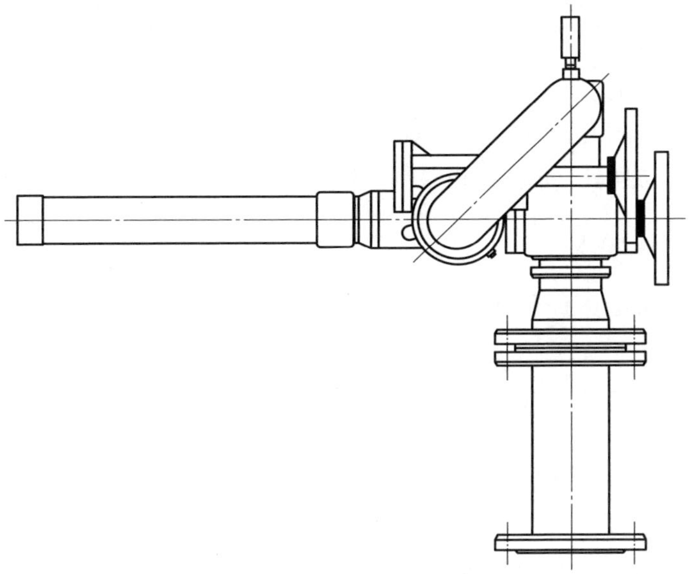

图 3-9-12 干粉炮示意图

选择阀主要用于组合分配系统，平时处于关闭状态，在系统启动后，通过其将灭火剂输送到需要灭火的防护区，在组合分配系统中每个防护区设一个选择阀。启动气体管路多采用铜管，其作用有两个：一是平时给探测管道充气，并控制活塞阀处于关闭状态；二是着火后推动驱动气体储瓶的气动阀开启并发出警报。

（四）信号反馈装置

信号反馈装置通常安装在干粉储存容器上。系统动作后，驱动气体储瓶向干粉储存容器充气，经过一定时间，干粉储存容器内的压力达到设定工作压力后，信号反馈装置动作，输出信号给控制装置，控制装置再发出启动信号开启干粉储存容器出口总阀门，常用的信号反馈装置为压力开关，如图 3-9-14 所示。

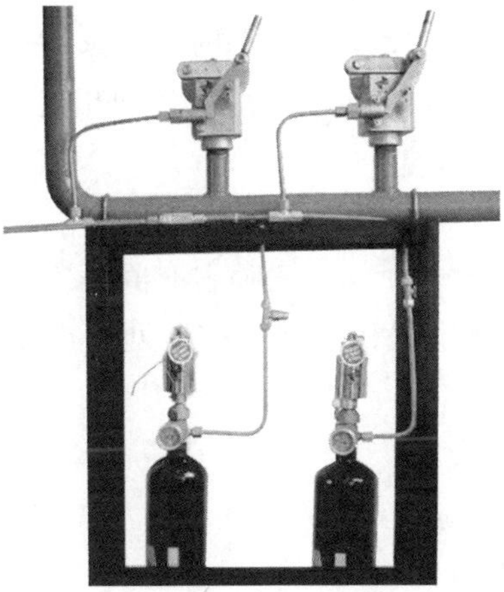

图 3-9-13 启动分配装置

图 3-9-14 信号反馈装置

第二节　系统设计及主要组件的设置

干粉灭火系统可用于扑救灭火前可切断气源的气体火灾，易燃、可燃液体和可熔化固体火灾，可燃固体表面火灾以及带电设备火灾；不适用于硝化纤维、炸药等无空气仍能迅速氧化的化学物质与强氧化剂火灾以及钾、钠、镁、钛、锆等活泼金属及其氢化物火灾。

一、系统设计要求

干粉灭火系统依靠驱动气体（惰性气体）驱动干粉，干粉固体所占体积远小于驱动气体体积，宏观上类似于气体灭火系统。因此，干粉灭火系统可采用二氧化碳灭火系统的技术数据。防护区围护结构具有一定耐火极限和强度是保证灭火的基本条件。

（一）一般规定

干粉灭火系统当用于扑救封闭空间内的火灾时，应采用全淹没灭火系统；当用于扑救具体保护对象的火灾时，可采用局部应用灭火系统。

对于采用全淹没灭火系统的防护区，在喷放干粉时，不能自动关闭的开口总面积不应大于该防护区总内表面面积的 15%，且开口不应设在底面。防护区的围护结构及门、窗的耐火极限不应低于 0.50h，吊顶的耐火极限不应低于 0.25h；围护结构及门、窗的允许压力不宜小于 1 200Pa。

对于采用局部应用灭火系统的保护对象，保护对象周围的空气流动速度不应大于 2m/s，必要时可采取挡风措施。并且，在喷头和保护对象之间喷头喷射角范围内不应有遮挡物。当保护对象为可燃液体时，液面至容器缘口的距离不得小于 150mm。

当防护区或保护对象有可燃气体和易燃、可燃液体供应源时，在启动干粉灭火系统之前或同时，必须切断气体、液体的供应源。可燃气体，易燃、可燃液体和可熔化固体火灾宜采用碳酸氢钠干粉灭火剂；可燃固体表面火灾应采用磷酸铵盐干粉灭火剂。

组合分配系统的灭火剂储存量不应小于所需储存量最多的一个防护区或保护对象的储存量。组合分配系统保护的防护区与保护对象之和不得超过 8 个。当防护区与保护对象之和超过 5 个时，或者在喷放后 48h 内不能恢复到正常工作状态时，灭火剂应有备用量。备用量不应小于系统设计的储存量，备用干粉储存容器应与系统管网相连，并能与主用干粉储存容器切换使用。

（二）全淹没灭火系统

全淹没灭火系统的灭火剂设计浓度不得小于 0.65kg/m³，干粉喷射时间不应大于 30s。喷头布置应使防护区内灭火剂分布均匀，系统灭火剂的设计用量可按下列公式计算：

$$m=K_1V+\sum K_{oi}A_{oi} \tag{3-9-1}$$

$$V=V_v-V_g+V_z \tag{3-9-2}$$

$$V_z=Q_zt \tag{3-9-3}$$

$$K_{oi}=0 \quad A_{oi}<1\%A_v \tag{3-9-4}$$

$$K_{oi}=2.5 \quad 1\%A_v\leqslant A_{oi}<5\%A_v \tag{3-9-5}$$

$$K_{oi}=5 \quad 5\%A_v \leqslant A_{oi} \leqslant 15\%A_v \tag{3-9-6}$$

式中 m——干粉设计用量（kg）；

K_1——灭火剂设计浓度（kg/m^3）；

V——防护区的净容积（m^3）；

K_{oi}——开口补偿系数（kg/m^3）；

A_{oi}——不能自动关闭的防护区开口面积（m^2）；

V_v——防护区容积（m^3）；

V_g——防护区内不燃烧体和难燃烧体的总体积（m^3）；

V_z——不能切断的通风系统的附加体积（m^3）；

Q_z——通风流量（m^3/s）；

t——干粉喷射时间（s）；

A_v——防护区的内侧面、底面、顶面（包括其中开口）的总内表面面积（m^2）。

全淹没灭火系统的防护区应设泄压口，并宜设在外墙上，其高度应大于防护区净高的2/3。泄压口的面积可按下列公式计算：

$$A_X = \frac{Q_0 V_H}{k\sqrt{2p_X V_X}} \tag{3-9-7}$$

$$V_H = \frac{\rho_q + 2.5\mu\rho_f}{2.5\rho_f(1+\mu)\rho_q} \tag{3-9-8}$$

$$\rho_q = (10^{-5}p_X + 1)\rho_{q0} \tag{3-9-9}$$

$$V_X = \frac{2.5\rho_f\rho_{q0} + K_1(10^{-5}p_X + 1)\rho_{q0} + 2.5K_1\mu\rho_f}{2.5\rho_f(10^{-5}p_X + 1)\rho_{q0}(1.205 + K_1 + K_1\mu)} \tag{3-9-10}$$

式中 A_X——泄压口面积（m^2）；

Q_0——干管的干粉输送速率（kg/s）；

V_H——气固二相流质量体积（m^3/kg）；

k——泄压口缩流系数，取0.6；

p_X——防护区围护结构的允许压力（Pa）；

V_X——泄放混合物质量体积（m^3/kg）；

ρ_q——在p_X压力下驱动气体密度（kg/m^3）；

μ——驱动气体系数，按产品样本取值；

ρ_f——干粉灭火剂松密度（kg/m^3），按产品样本取值；

ρ_{q0}——常态下驱动气体密度（kg/m^3）。

（三）局部应用灭火系统

室内局部应用灭火系统的干粉喷射时间不应小于30s，室外或有复燃危险的室内局部应用灭火系统的干粉喷射时间不应小于60s。干粉设计用量应按式（3-9-11）计算：

$$m=NQ_it \tag{3-9-11}$$

式中 N——喷头数量；

t——干粉喷射时间（s）；

Q_i——单个喷头的干粉输送速率（kg/s），按产品样本取值。

局部应用灭火系统的设计可采用面积法或体积法。当保护对象的着火部位是平面时，宜采用面积法，计算面积应取被保护表面的垂直投影面积。架空型喷头应以喷头的出口至保护对象表面的距离确定其干粉输送速率和相应保护面积，槽边型喷头保护面积应由设计选定的干粉输送速率确定。

当采用面积法不能做到使所有表面被完全覆盖时，应采用体积法。保护对象的计算体积应采用假定的封闭罩的体积。封闭罩的底面应是实际底面；封闭罩的侧面及顶部当无实际围护结构时，它们至保护对象外缘的距离不应小于 1.5m。喷头的布置应使喷射的干粉完全覆盖保护对象，并应满足单位体积的喷射速率和设计用量的要求。干粉设计用量应按下列公式计算：

$$m=V_1 q_v t \qquad (3\text{-}9\text{-}12)$$

$$q_v=0.04-0.006A_p/A_t \qquad (3\text{-}9\text{-}13)$$

式中 V_1——保护对象的计算体积（m^3）；

q_v——单位体积的喷射速率［kg/（s·m^3）］；

A_p——在假定封闭罩中存在的实体墙等实际围封面面积（m^2）；

A_t——假定封闭罩的侧面围封面面积（m^2）。

（四）预制灭火装置

预制灭火装置中灭火剂的储存量不得大于 150kg，管道长度不得大于 20m，工作压力不得大于 2.5MPa。同时，一个防护区或保护对象宜用 1 套预制灭火装置保护，最多不得超过 4 套，并应同时启动，其动作响应时间差不得大于 2s。

（五）管网计算

干粉灭火系统管网起点（干粉储存容器输出容器阀出口）压力不应大于 2.5MPa，管网最不利点喷头的工作压力不应小于 0.1MPa。

（1）管网中干管和支管的干粉输送速率应分别按式（3–9–14）和式（3–9–15）计算：

$$Q_0=m/t \qquad (3\text{-}9\text{-}14)$$

$$Q_b=n\times Q_i \qquad (3\text{-}9\text{-}15)$$

式中 Q_b——支管的干粉输送速率（kg/s）；

Q_i——单个喷头的干粉输送速率（kg/s）；

n——安装在计算管段下游的喷头数量。

（2）管道内径和管段的计算长度宜按式（3–9–16）～式（3–9–18）计算，管网宜采用均衡系统，均衡系统的结构对称度应满足式（3–9–19）的要求：

$$d\leqslant 22\sqrt{Q} \qquad (3\text{-}9\text{-}16)$$

式中 d——管道内径（mm）；

Q——管道中的干粉输送速率（kg/s）。

$$L=L_Y+\sum L_J \qquad (3\text{-}9\text{-}17)$$

$$L_J=f(d) \qquad (3\text{-}9\text{-}18)$$

式中 L——管段计算长度（m）；

L_Y——管段几何长度（m）；

L_J——管道附件的当量长度（m）。

$$S=\frac{L_{max}-L_{min}}{L_{min}}\leqslant 5\%\qquad(3\text{-}9\text{-}19)$$

式中　S——均衡系统的结构对称度；

L_{max}——对称管段计算长度最大值（m）；

L_{min}——对称管段计算长度最小值（m）。

（3）管网中各管段单位长度上的压力损失可按式（3–9–20）和式（3–9–21）估算，高程校正前管段首端压力可按式（3–9–22）估算，用管段中的平均压力代替公式中的管段末端压力，再次求取新的高程校正前的管段首端压力，两次计算结果应满足式（3–9–23）和式（3–9–24）的要求，否则应继续用新的管段平均压力代替公式中的管段末端压力，再次演算，直至满足式（3–9–23）和式（3–9–24）的要求。高程校正后管段首端压力可按式（3–9–25）~式（3–9–27）计算：

$$\Delta p/L=\frac{8\times10^{9}}{\rho_{q0}(10p_e+1)d}\cdot\left(\frac{\mu Q}{\pi d^2}\right)^2\left\{\lambda_q+\frac{7\times10^{-12.5}g^{0.7}d^{3.5}}{\mu^{2.4}}\cdot\left[\frac{\pi(10p_e+1)\rho_{q0}}{4Q}\right]^{1.4}\right\}\qquad(3\text{-}9\text{-}20)$$

$$\lambda_q=\left(1.14-2\lg\frac{\Delta}{d}\right)^{-2}\qquad(3\text{-}9\text{-}21)$$

式中　$\Delta p/L$——管段单位长度上的压力损失（MPa/m）；

p_e——管段末端压力（MPa）；

λ_q——驱动气体摩擦阻力系数；

g——重力加速度（m/s^2），取 9.81；

Δ——管道内壁绝对粗糙度（mm）。

$$p_b'=p_e+(\Delta p/L)_i\times L_i\qquad(3\text{-}9\text{-}22)$$

式中　p_b'——高程校正前管段首端压力（MPa）；

$(\Delta p/L)_i$——第 i 管段单位尺度上的压力损失（MPa/m）；

L_i——第 i 管段长度（m）。

$$p_p=(p_e+p_b')/2\qquad(3\text{-}9\text{-}23)$$

$$\delta=|p_b'(i)-p_b'(i+1)|/\min\{p_b'(i),\ p_b'(i+1)\}\leqslant 1\%\qquad(3\text{-}9\text{-}24)$$

式中　p_p——管段中的平均压力（MPa）；

δ——相对误差；

i——计算次序。

$$p_b=p_b'+9.81\times10^{-6}\rho_H L_Y\sin\gamma\qquad(3\text{-}9\text{-}25)$$

$$\rho_H=\frac{2.5\rho_f(1+\mu)\rho_Q}{2.5\mu\times\rho_f+\rho_Q}\qquad(3\text{-}9\text{-}26)$$

$$\rho_Q=(10p_p+1)\rho_{q0}\qquad(3\text{-}9\text{-}27)$$

式中 p_b——高程校正后管段首端压力（MPa）；

p_H——干粉 - 驱动气体二相流密度（kg/m^3）；

γ——流体流向与水平面所成的角（°）；

ρ_Q——管道内驱动气体的密度（kg/m^3）。

（4）喷头孔口面积应按式（3-9-28）计算：

$$F=Q_i/q_0 \quad (3\text{-}9\text{-}28)$$

式中 F——喷头孔口面积（mm^2）；

q_0——在一定压力下，单位孔口面积的干粉输送速率［$kg/(s\cdot mm^2)$］。

（5）干粉储存量可按式（3-9-29）和式（3-9-30）计算，干粉储存容器容积可按式（3-9-31）计算：

$$m_c=m+m_s+m_r \quad (3\text{-}9\text{-}29)$$

$$m_r=V_D(10p_p+1)\rho_{q0}/\mu \quad (3\text{-}9\text{-}30)$$

式中 m_c——干粉储存量（kg）；

m_s——干粉储存容器内干粉剩余量（kg）；

m_r——管网内干粉残余量（kg）；

V_D——整个管网系统的管道容积（m^3）。

$$V_c=\frac{m_c}{K\rho_f} \quad (3\text{-}9\text{-}31)$$

式中 V_c——干粉储存容器容积（m^3），取系列值；

K——干粉储存容器的装量系数；

ρ_f——干粉灭火剂松密度（kg/m^3），按产品样本取值。

（6）驱动气体储存量可按下列公式计算：

1）非液化驱动气体：

$$m_{gc}=N_pV_0(10p_c+1)\rho_{q0} \quad (3\text{-}9\text{-}32)$$

$$N_p=\frac{m_g+m_{gs}+m_{gr}}{10V_0(p_c-p_0)\rho_{q0}} \quad (3\text{-}9\text{-}33)$$

2）液化驱动气体：

$$m_{gc}=\alpha V_0N_p \quad (3\text{-}9\text{-}34)$$

$$N_p=\frac{m_g+m_{gs}+m_{gr}}{V_0[\alpha+\rho_{q0}(10p_0+1)]} \quad (3\text{-}9\text{-}35)$$

$$m_g=\mu m \quad (3\text{-}9\text{-}36)$$

$$m_{gs}=V_c(10p_0+1)\rho_{q0} \quad (3\text{-}9\text{-}37)$$

$$m_{gr}=V_D(10p_p+1)\rho_{q0} \quad (3\text{-}9\text{-}38)$$

式中 m_{gc}——驱动气体储存量（kg）；

N_p——驱动气体储瓶数量；

V_0——驱动气体储瓶容积（m^3）；

p_c——非液化驱动气体充装压力（MPa）；

p_0——管网起点压力（MPa）；

m_g——驱动气体设计用量（kg）；

m_{gs}——干粉储存容器内驱动气体剩余量（kg）；

m_{gr}——管网内驱动气体残余量（kg）；

α——液化驱动气体充装系数（kg/m^3）。

清扫管网内残存干粉所需清扫气体量，可按10倍管网内驱动气体残余量选取；瓶装清扫气体应单独储存；清扫工作应在48h内完成。

二、主要组件设置要求

干粉灭火系统类似于气体灭火系统，主要由储存装置、输送释放装置、启动分配装置、自动控制信号反馈装置以及管网等组成，系统主要组件应符合《干粉灭火系统及部件通用技术条件》（GB 16668—2010）的规定。本节主要介绍干粉灭火系统各组件的结构组成和设置要求。

（一）储存装置

干粉储存容器应符合《固定式压力容器安全技术监察规程》（TSG 21—2016）的相关规定，并满足驱动气体系数、干粉储存量、输出容器阀出口干粉输送速率和压力的要求。储存容器压力可取1.6MPa或2.5MPa压力级；其干粉灭火剂的装量系数不应大于0.85，其增压时间不应大于30s。

驱动气体储瓶及其充装系数应符合《气瓶安全技术规程》（TSG 23—2021）的规定。驱动气体应选用惰性气体，宜选用氮气；二氧化碳含水率不应大于0.015%（m/m），其他气体含水率不得大于0.006%（m/m）；驱动压力不得大于干粉储存容器的最高工作压力。

储存装置的布置应方便检查和维护，并应避免阳光直射，其环境温度应为−20～50℃。储存装置宜设在专用的储存装置间内，专用储存装置间应靠近防护区，出口应直接通向室外或疏散通道，耐火等级不应低于二级；并宜保持干燥和良好通风，应设应急照明。当采取防湿、防冻、防火等措施后，局部应用灭火系统的储存装置可设置在固定的安全围栏内。

（二）选择阀和喷头

（1）在组合分配系统中，每个防护区或保护对象应设一个选择阀。选择阀的位置宜靠近干粉储存容器，并便于手动操作，方便检查和维护。选择阀上应设有标明防护区的永久性铭牌。

（2）选择阀应采用快开型阀门，其公称直径应与连接管道的公称直径相等。

（3）选择阀可采用电动、气动或液动驱动方式，并应有机械应急操作方式。阀的公称压力不应小于干粉储存容器的设计压力。

（4）系统启动时，选择阀应在输出容器阀动作之前打开。

（5）喷头应有防止灰尘或异物堵塞喷孔的防护装置，防护装置在灭火剂喷放时应能被自动吹掉或打开。

（6）喷头的单孔直径不得小于6mm。

（三）管道及附件

干粉灭火系统的管道及附件应能承受最高环境温度下工作压力，管道应采用无缝钢管，其质量应符合《输送流体用无缝钢管》（GB/T 8163—2018）的规定。管道及附件应进行内外表面防腐处理，并宜采用符合环保要求的防腐方式。对防腐层有腐蚀的环境，管道及附件可采用不锈钢、铜管或其他耐腐蚀的不燃材料。输送启动气体的管道，宜采用铜管，其质量应符合《铜及铜合金拉制管》（GB/T 1527—2017）的规定。管网应留有吹扫口，管道变径时应使用异径管，干管转弯处不应紧接支管，管道分支不应使用四通管件，管道转弯时宜选用弯管，管道附件应通过国家法定检测机构的检验认可。

干粉灭火系统管道可采用螺纹连接、沟槽（卡箍）连接、法兰连接或焊接。对于公称直径不超过 *DN*80 的管道，宜采用螺纹连接；公称直径大于 *DN*80 的管道宜采用沟槽（卡箍）或法兰连接。管网中阀门之间的封闭管段应设置泄压装置，其泄压动作压力可取工作压力的（115±5）%。在通向防护区或保护对象的灭火系统主管道上，应设置压力信号器或流量信号器。管道应设置固定支、吊架。可能产生爆炸的场所，管网宜吊挂安装并采取防晃措施。

三、系统操作与控制

干粉灭火系统应设有自动控制、手动控制和机械应急操作三种启动方式。系统的电源与自动控制应符合《火灾自动报警系统设计规范》（GB 50116—2013）的有关规定。当采用气动动力源时，应保证系统操作与控制所需要的气体压力和用气量。

（一）自动控制

设有火灾自动报警系统时，干粉灭火系统的自动控制应在收到两个独立火灾探测信号后才能启动，并应延迟喷放，延迟时间不应大于 30s，且不得小于干粉储存器的增压时间。当局部应用灭火系统用于经常有人保护场所时可不设自动控制。

（二）手动控制

手动启动装置是防护区内或保护对象附近的人员在发现火险时启动灭火系统的手段之一。全淹没灭火系统的手动启动装置应设置在防护区外邻近出口或疏散通道便于操作的地方；局部应用灭火系统的手动启动装置应设置在保护对象附近的安全位置。手动启动装置的安装高度宜使其中心位置距地面 1.5m。所有手动启动装置都应明显地标示出其对应的防护区域保护对象的名称。

（三）机械应急操作

手动紧急停止装置是在系统启动后的延迟时段内发现不需要或不能够实施喷放灭火剂的情况时可采用的一种使系统中止下来的手段。手动紧急停止装置应确保灭火系统能在启动后和喷放灭火剂前的延时阶段终止。在使用手动紧急停止装置后，应保证手动启动装置可以再次启动。预制灭火装置可以不设机械应急操作启动方式。

四、安全要求

（一）防护区设置要求

防护区的走道和出口必须保证人员能在 30s 内安全疏散。防护区的门应向疏散方向开启，并应能自动关闭，在任何情况下均应能在防护区内打开。防护区入口处应装设自动、手动转换开关。转换开关安装高度宜使中心位置距地面 1.5m。

地下防护区和无窗或设固定窗扇的地上防护区，应设置独立的机械排风装置，排风口应通向室外。

（二）火灾声光警报器的设置

防护区内及入口处应设火灾声光警报器，防护区入口处应设置干粉灭火剂喷放指示门灯及干粉灭火系统永久性标志牌。局部应用灭火系统，应设置火灾声光警报器。

参考文献

[1] 中华人民共和国公安部消防局. 中国消防手册：第六卷 公共场所、用火用电防火·建筑消防设施［M］. 上海：上海科学技术出版社，2007.

练习题

一、一级注册消防工程师

（一）单项选择题

1. 下列关于干粉灭火系统组件及其设置要求的说法中，正确的是（　　）。

A. 储存装置的驱动气体应选用压缩空气

B. 储存装置可设在耐火等级为三级的房间内

C. 干粉储存容器设计压力可取 1.6MPa 或 2.5MPa 压力级

D. 驱动压力应大于储存容器的最高工作压力

2. 下列关于干粉灭火系统管理要求的说法，正确的是（　　）。

A. 储存容器允许的最低环境温度为 -30℃

B. 地上防护区有固定窗扇时可不设机械排风装置

C. 驱动气体储瓶管理应符合《气瓶安全技术规程》TSG 23—2021 的规定

D. 自动控制状态下的干粉灭火系统不得延迟喷放

3. 某消防检测机构对一单位设置的局部应用干粉灭火系统进行检测，下列关于保护对象环境及系统功能的检查结果中，不符合现行国家消防技术标准要求的是（　　）。

A. 喷射的干粉覆盖保护对象垂直投影面积的 120%

B. 可燃液体液面至容器缘口的距离为 155mm

C. 保护对象周围的空气流动速度最大为 3m/s

D. 干粉喷射时间为 60s

（二）多项选择题

1. 某消防技术服务机构对某单位设置的预制干粉灭火装置进行验收前检查，下列检测结果中，不符合现行国家消防技术标准要求的有（　　）。

A. 1 个防护区内设置了 5 套预制干粉灭火装置

B. 干粉储存容器的存储压力为 2.5MPa

C. 预制干粉灭火装置的灭火剂储存量为 120kg

D. 预制干粉灭火装置的管道长为 25m

E. 未设置机械应急操作启动方式

2. 下列关于干粉灭火系统的说法中，正确的有（　　）。

A. 干粉储存容器设计压力可取 2.5MPa 或 4.2MPa 压力级

B. 管网中阀门之间的封闭管段不应设置任何开口和装置

C. 管道分支不应使用四通管件

D. 干粉储存容器的装量系数不应大于 0.75

E. 干粉储存容器的增压时间不应大于 30s

二、二级注册消防工程师

（一）单项选择题

1. 下列关于干粉灭火系统组件选型及设置要求的说法中，正确的是（　　）。

A. 喷头的单孔直径不应大于 6mm

B. 应采用快开型选择阀

C. 采用局部应用灭火方式时，可不设置火灾声光警报器

D. 干粉灭火剂输送管道分支可使用四通管件

2. 某大型钢铁企业设置了预制干粉灭火装置，下列关于该装置的设置要求中，正确的是（　　）。

A. 一个防护区或保护对象所用预制干粉灭火装置最多不得超过 4 套，并应同时启动，其动作响应时间差不得大于 4s

B. 一个防火区或保护对象所用预制干粉灭火装置最多不得超过 8 套，并应同时启动，其动作响应时间差不得大于 2s

C. 一个防火区或保护对象所用预制干粉灭火装置最多不得超过 8 套，并应同时启动，其动作响应时间差不得大于 4s

D. 一个防护区或保护对象所用预制干粉灭火装置最多不得超过 4 套，并应同时启动，其动作响应时间差不得大于 2s

（二）多项选择题

下列组件中，不属于干粉灭火系统自动控制部分的有（　　）。

A. 信号反馈装置　　B. 驱动气体瓶组

C. 火灾探测器　　D. 报警控制器

E. 喷头

第十章　火灾自动报警系统

学习要求

通过本章学习，应了解火灾自动报警系统的分类、组成；掌握火灾自动报警系统的设计及消防控制室的设计等要求。

火灾自动报警系统是火灾探测报警、可燃气体探测报警、电气火灾监控与消防联动控制系统的简称，是以实现火灾早期探测和报警、向各类消防设备发出控制信号并接收设备反馈信号，进而实现预定消防功能为基本任务的一种自动消防设施。

第一节　火灾自动报警系统的分类、组成及工作原理

火灾自动报警系统按其组成部分消防功能的不同，细分为火灾探测报警系统、消防联动控制系统、可燃气体探测报警系统及电气火灾监控子系统。火灾自动报警系统的组成如图 3-10-1 所示。

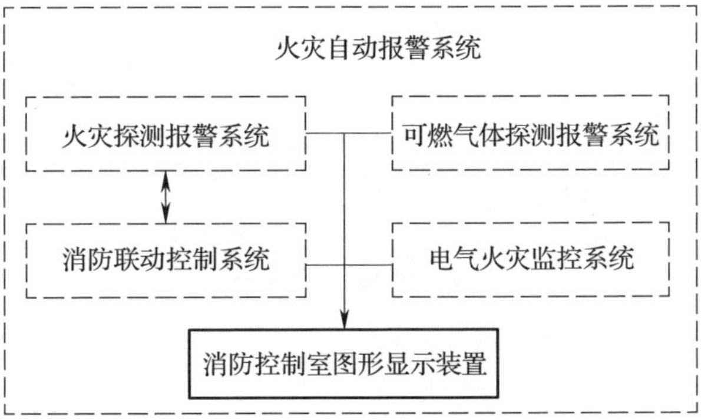

图 3-10-1　火灾自动报警系统组成示意框图

一、火灾探测报警系统的组成、工作原理及产品性能要求

火灾探测报警系统是实现火灾早期探测并发出火灾报警信号的系统。发生火灾时，火灾探测报警系统及时、准确地探测被保护对象的初起火灾，并做出报警响应，从而使建筑物中的人员有足够的时间在火灾尚未发展蔓延到危害生命安全的程度时疏散至安全地带，是保障人员生命安全的最基本的建筑消防系统。

（一）火灾探测报警系统的组成

火灾探测报警系统由火灾报警控制器、触发器件和火灾警报装置等组成。火灾探测报警系统的组成如图 3-10-2 所示。

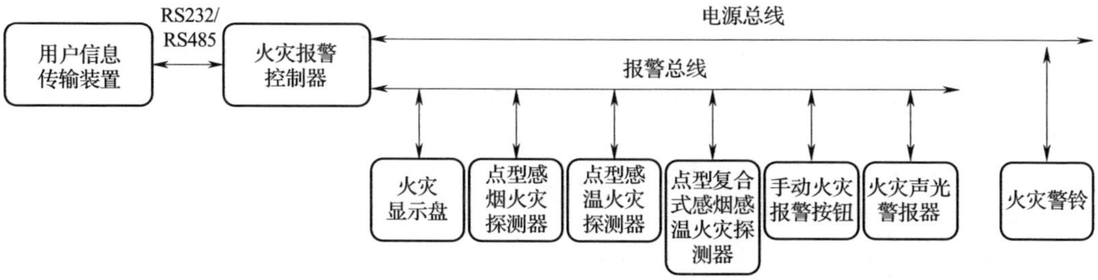

图 3-10-2　火灾探测报警系统组成示意图

1. 触发器件

在火灾自动报警系统中，自动或手动产生火灾报警信号的器件称为触发器件，主要包括火灾探测器和手动火灾报警按钮。

（1）火灾探测器是能对火灾参数（如烟、温度、火焰辐射、气体浓度等）响应，并自动产生火灾报警信号的器件，是火灾自动报警系统的基本组成部分之一。它至少含有一个能够连续或以一定周期监视与火灾有关的适宜的物理和（或）化学现象的传感器，并且至少能够向控制和指示设备提供一个合适的信号，是否报火警可由探测器或控制和指示设备做出判断。火灾探测器可按探测火灾特征参数、监视范围、复位功能、可拆卸性等进行分类。火灾探测器的分类如图 3-10-3 所示。

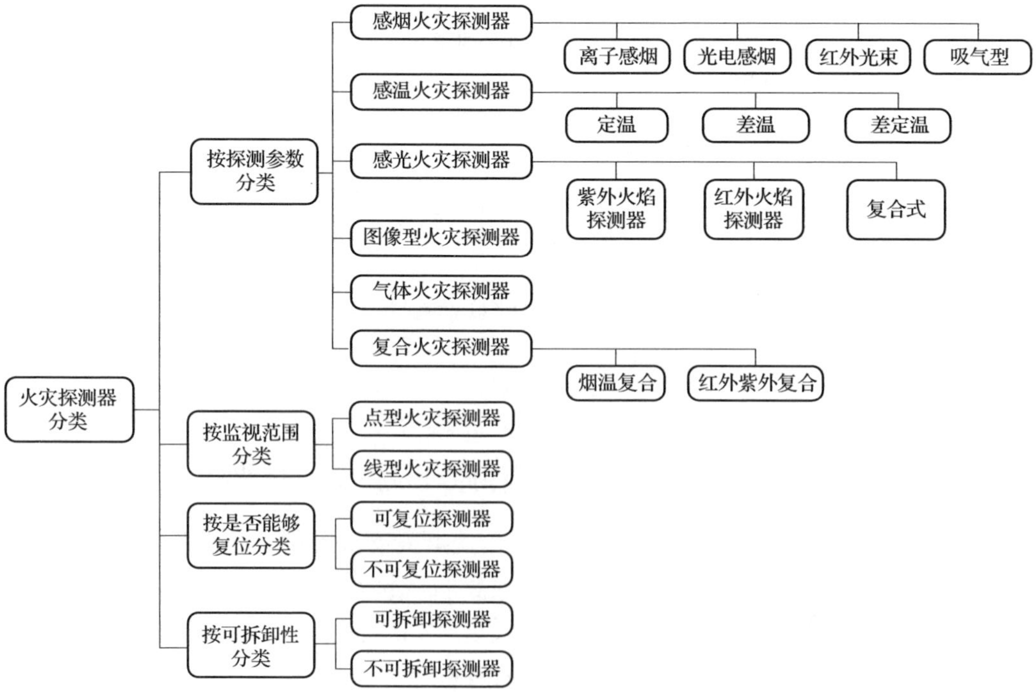

图 3-10-3　火灾探测器的分类示意图

1）火灾探测器根据其探测火灾特征参数的不同，分为感烟、感温、感光、图像型、气体和复合六种基本类型。

①感烟火灾探测器，即响应悬浮在大气中的燃烧和（或）热解产生的固体或液体微粒的探测器，进一步可分为离子感烟、光电感烟、红外光束、吸气型等火灾探测器。

②感温火灾探测器，即响应异常温度、温升速率和温差变化等参数的探测器。

③感光火灾探测器，即响应火焰发出的特定波段电磁辐射的探测器，又称火焰探测器，进一步可分为紫外、红外及复合式等火灾探测器。

④图像型火灾探测器，即识别火焰、烟雾等火灾图像特征的火灾探测器。

⑤气体火灾探测器，即响应燃烧或热解产生的气体的火灾探测器。

⑥复合火灾探测器，即将多种探测原理集于一身的探测器，进一步可分为烟温复合、红外紫外复合等火灾探测器。

2）火灾探测器根据其监视范围的不同，分为点型火灾探测器和线型火灾探测器。

①点型火灾探测器，即响应一个小型传感器附近的火灾特征参数的探测器。

②线型火灾探测器，即响应某一连续路线附近的火灾特征参数的探测器。

此外，还有一种多点型火灾探测器，即响应多个小型传感器（如热电偶）附近的火灾特征参数的探测器。

3）火灾探测器根据其是否具有复位功能，分为可复位探测器和不可复位探测器。

①可复位探测器，即在响应后和在引起响应的条件终止时，不更换任何组件即可从报警状态恢复到监视状态的探测器。

②不可复位探测器，即在响应后不能恢复到正常监视状态的探测器。

4）火灾探测器根据其维修和保养时是否具有可拆卸性，分为可拆卸探测器和不可拆卸探测器。

①可拆卸探测器，即探测器容易从正常运行位置上拆下来，以方便维修和保养。

②不可拆卸探测器，即在维修和保养时，探测器不容易从正常运行位置上拆下来。

（2）手动火灾报警按钮是通过手动方式产生火灾报警信号的器件，是火灾自动报警系统的基本组成部分之一。

2. 火灾报警装置

火灾报警装置是用于接收、显示和传递火灾报警信号，并能发出控制信号和具有其他辅助功能的控制指示设备，是火灾自动报警系统的基本组成部分之一。火灾报警装置担负着为火灾探测器提供稳定的工作电源，监视探测器及系统自身的工作状态，接收、转换、处理火灾探测器输出的报警信号，进行声光报警，指示报警的具体部位及时间，同时执行相应辅助控制等诸多任务。

3. 火灾警报装置

火灾警报装置是用于发出区别于环境声、光的火灾警报信号的装置，是火灾自动报警系统的基本组成部分之一。它以声、光和音响等方式向报警区域发出火灾警报信号，以警示人们迅速采取安全疏散、灭火救灾措施。

4. **电源**

火灾自动报警系统属于消防用电设备，系统的供电电源应包括主电源和备用电源，其中，主电源应当采用消防电源，即市电的消防设备专用电源回路供电，备用电源一般采用火灾报警控制器自带的蓄电池（组）供电。

5. **区域显示器**

区域显示器是用来直观显示发生火灾报警信号的火灾探测器的设置部位编号的装置。在宾馆、饭店等场所中，每个防火分区或楼层需设置区域显示器，在火灾探测器或手动火灾报警按钮发出火灾报警信号后，区域显示器发出声光报警信号，并显示报警部件的编号及其具体设置部位信息，以便于人员对火灾发生部位迅速识别，并采取相应的处置措施。

（二）火灾探测报警系统的工作原理

火灾发生时，设置在保护区域现场的火灾探测器将火灾产生的烟雾、热量和光辐射等火灾特征参数转变为电信号，并经数据处理后将火灾特征参数信息传输到火灾报警控制器；或直接由火灾探测器做出火灾报警判断，将报警信息传输到火灾报警控制器。火灾报警控制器在接收到探测器的火灾特征参数信息或报警信息后，经报警确认判断，显示报警探测器的部位，记录探测器火灾报警的时间。处于火灾现场的人员，在发现火灾后可立即触动安装在现场的手动火灾报警按钮，手动火灾报警按钮便将报警信息传输到火灾报警控制器，火灾报警控制器在接收到手动火灾报警按钮的报警信息后，经报警确认判断，显示动作的手动火灾报警按钮的部位，记录手动火灾报警按钮报警的时间。火灾报警控制器在确认火灾探测器和手动火灾报警按钮的报警信息后，驱动安装在被保护区域现场的火灾警报装置，发出火灾警报，向处于被保护区域的人员警示火灾的发生。

火灾探测报警系统的工作原理如图 3-10-4 所示。

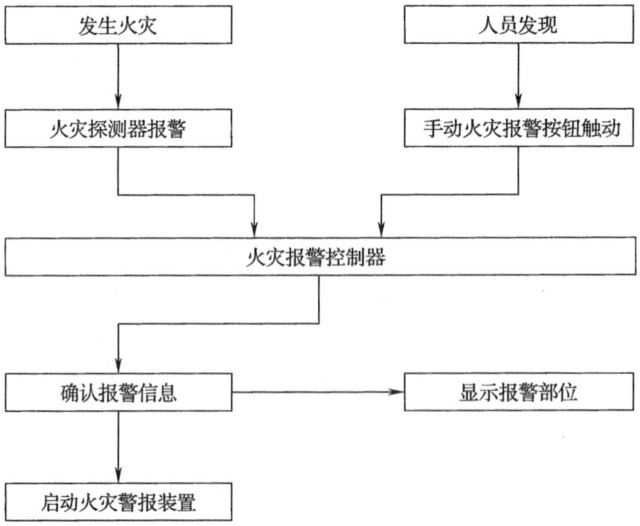

图 3-10-4　火灾探测报警系统工作原理示意图

（三）火灾探测报警系统产品的主要性能要求

工程应用中采用的火灾探测报警系统产品应是满足相关国家标准要求的定型产品，并应具有表 3-10-1 的相关性能。

表 3-10-1 火灾探测报警系统产品的主要性能要求

产品名称	应符合的标准	主要性能
点型感烟火灾探测器	《点型感烟火灾探测器》（GB 4715—2005）	响应阈值、方位性能、火灾灵敏度
点型感温火灾探测器	《点型感温火灾探测器》（GB 4716—2005）	动作温度、响应时间、方位性能
火灾报警控制器	《火灾报警控制器》（GB 4717—2005）	火灾报警功能、火灾报警控制功能、故障报警功能
线型光束感烟火灾探测器	《线型光束感烟火灾探测器》（GB 14003—2005）	响应阈值、光路长度相依性、光路定向相依性
手动火灾报警按钮	《手动火灾报警按钮》（GB 19880—2005）	动作性能、功能、可靠性
点型紫外火焰探测器	《点型紫外火焰探测器》（GB 12791—2006）	响应阈值、方位性能、环境光线干扰性能、火灾灵敏度
独立式感烟火灾探测报警器	《独立式感烟火灾探测报警器》（GB 20517—2006）	功能、响应阈值、方位性能、火灾灵敏度
点型红外火焰探测器	《特种火灾探测器》（GB 15631—2008）	响应阈值、方位性能、环境光线干扰性能、火灾灵敏度
吸气式感烟火灾探测器	《特种火灾探测器》（GB 15631—2008）	响应阈值、火灾灵敏度
图像型火灾探测器	《特种火灾探测器》（GB 15631—2008）	响应阈值、环境光线干扰性能
点型一氧化碳火灾探测器	《特种火灾探测器》（GB 15631—2008）	响应阈值、气体干扰性能、方位性能
火灾显示盘	《火灾显示盘》（GB 17429—2011）	火灾报警显示功能、故障显示功能、信息显示与查询功能
火灾声光警报器	《火灾声和 / 或光警报器》（GB 26851—2011）	基本功能、运行可靠性
独立式感温火灾探测报警器	《独立式感温火灾探测报警器》（GB 30122—2013）	功能、动作温度、响应时间、方位性能
线型感温火灾探测器	《线型感温火灾探测器》（GB 16280—2014）	基本功能、标准报警长度、标准温度动作性能、定位性能

二、消防联动控制系统的组成、工作原理及产品性能要求

消防联动控制系统是接收火灾报警控制器发出的火灾报警信号，按预设逻辑完成各项消防功能、接收并显示受控设备动作及反馈信号的控制系统。在发生火灾时，消防联动控制系统能按设定的控制逻辑和时序控制受控消防系统、设备的动作从而实现其预设的辅助人员安全疏散、自动灭火及防火分隔等消防功能，是建筑消防系统的控制和监管中心。

（一）消防联动控制系统的组成

消防联动控制系统由消防联动控制器、消防控制室图形显示装置、消防电气控制装置（如防火卷帘控制器、气体灭火控制器等）、消防联动模块、消防电动装置、消火栓按钮、消防应急广播系统设备、消防电话等设备和组件组成。消防联动控制系统的组成如图 3–10–5 所示。

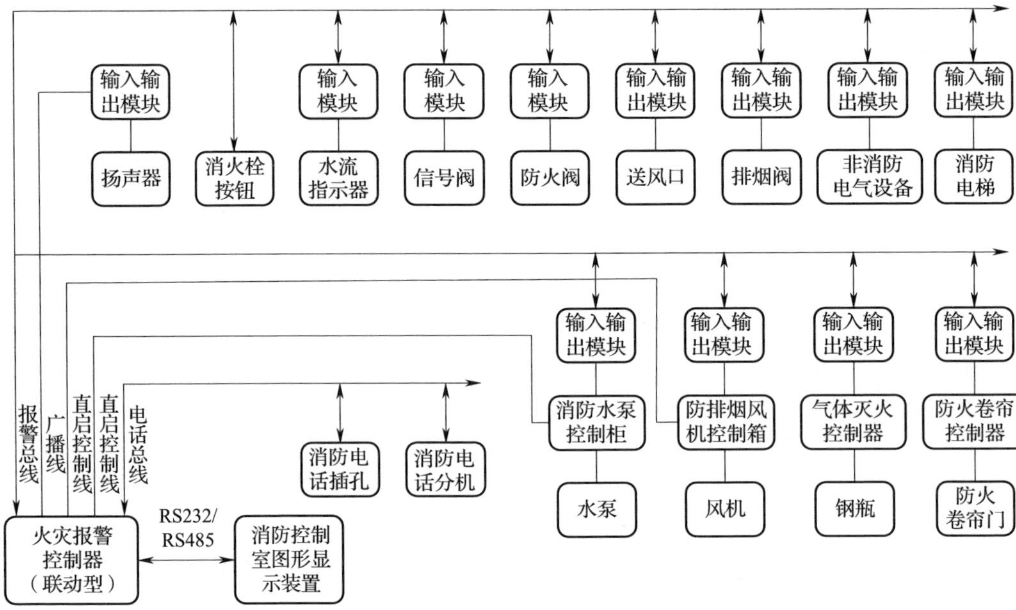

图 3–10–5　消防联动控制系统组成示意图

1. 消防联动控制器

消防联动控制器是用于接收火灾报警区域信号，按照预设逻辑和时序发出控制信号，控制受控消防系统（设备）动作，并接收其动作反馈信号的控制指示设备，是消防联动控制系统的核心组件。消防联动控制器通过接收火灾报警控制器发出的火灾报警信息，按预设逻辑对建筑中设置的自动消防系统（设施）进行联动控制。消防联动控制器可直接发出控制信号，通过模块控制现场的受控设备；对于控制逻辑复杂且在消防联动控制器上不便实现直接控制的情况，可通过消防电气控制装置（如防火卷帘控制器、气体灭火控制器等）间接控制受控设备，同时接收受控消防系统（设施）动作的反馈信号。

2. 消防控制室图形显示装置

消防控制室图形显示装置是用于接收、显示、传输和记录消防设备（设施）运行的动态信息和消防管理信息的显示装置。消防控制室图形显示装置用于接收火灾报警控制器、消防联动控制器、可燃气报警控制器和电气火灾监控设备发送的火灾自动报警系统设备的运行状态信息；以图形方式显示建筑总平面布局图、建筑平面图和疏散路线图等建筑基本信息，火灾自动报警系统及相关受控建筑消防系统（设备）的设置和运行状态信息；记录值班及操作人员、产品维护保养记录、消防设备（设施）的产品和运行状态信息；传输消防控制室管理信息、火灾自动报警系统及相关受控建筑消防系统（设备）的运行状态信息。

3. 消防电气控制装置

消防电气控制装置是系统中采用手动和（或）自动方式进行主电源和备用电源转换，控制消防水泵、防烟排烟风机、电动防火门、电动防火窗、防火卷帘等各类电动消防设施动作的控制装置。消防电气控制装置接收到消防联动控制器的控制信号后，按照预设逻辑和时序控制消防水泵、防烟排烟风机、电动防火门、电动防火窗、防火卷帘等各类电动消防设施的动作，并将相应设备的动作信号反馈给消防联动控制器；也可以通过手动操作消防电气控制装置的控制按钮（按键）控制上述电动消防设施的动作。

4. 消防联动模块

消防联动模块是用于消防联动控制器和其所连接的受控设备或部件之间信号传输的部件，包括输入模块、输出模块和输入输出模块。输入模块的功能是接收受控设备或部件的动作反馈信号，并将信号输入到消防联动控制器；输出模块的功能是接收消防联动控制器的输出信号，并发送到受控设备或部件；输入输出模块则同时具备输入模块和输出模块的功能。

5. 消防电动装置

消防电动装置是实现电动消防设施的电气驱动或释放的装置，包括电动防火门、窗，电动防火阀，电动防烟阀，电动排烟阀，气体驱动器等电动消防设施的电气驱动或释放装置。

6. 消火栓按钮

消火栓按钮是用于消火栓系统联动控制的专用报警按钮，用于消火栓使用部位的指示及消火栓泵启动的反馈指示。

7. 消防应急广播系统设备

消防应急广播系统设备是在火灾或意外事故发生时通过控制功率放大器和扬声器进行应急广播的系统设备，其主要功能是向现场人员通报火灾，指挥并引导现场人员疏散。消防应急广播系统设备由控制和指示装置、声频功率放大器、传声器、扬声器、广播分配装置、电源装置等部分组成。

8. 消防电话

消防电话是用于消防控制室与建筑物中各部位之间进行全双工语音通话的专用独立电话系统。消防电话由消防电话总机、消防电话分机、消防电话插孔组成。

（二）消防联动控制系统的工作原理

火灾发生时，消防联动控制器接收到火灾报警控制器的报警区域信号后，对接收到的触发信号进行逻辑判断，当满足相应的逻辑关系条件时，消防联动控制器按照预设的控制时序向消防应急广播控制设备、应急照明和疏散指示系统控制设备、防烟排烟风机控制箱（柜）、消防水泵控制柜（箱）气体灭火控制器等消防电气控制装置及控制模块发出联动控制信号，实现对火灾警报和消防应急广播、应急照明及疏散指示系统、防烟排烟系统、自动灭火系统、防火分隔系统的联动控制，接收并显示上述系统设备的动作反馈信号；消防控制室的消防管理人员也可以通过操作消防联动控制器的控制按钮（按键）控制相应的消防系统（设施）启动。消防联动控制器能够实时接收并显示消防水池、高位水箱等消防设施的动态监测信号，从而实现对建筑消防设施运行状态的实时监视功能。

消防联动控制系统的工作原理如图 3–10–6 所示。

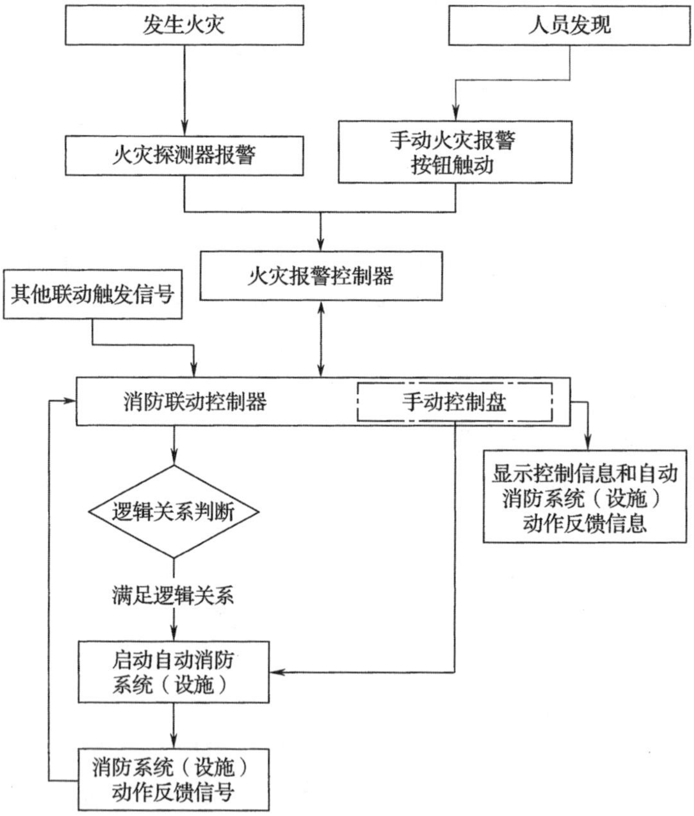

图 3–10–6　消防联动控制系统工作原理示意图

（三）消防联动控制系统产品的主要性能要求

工程应用中采用的消防联动控制系统产品应是满足相关国家现行标准要求的定型产品，并应具有表 3–10–2 的相关性能。

表 3-10-2　消防联动控制系统产品的主要性能要求

产品名称	应符合的标准	主要性能
消防联动控制器	《消防联动控制系统》（GB 16806—2006）	控制功能、故障报警功能、信息显示与查询功能
气体灭火控制器	《消防联动控制系统》（GB 16806—2006）	控制和显示功能、故障报警功能
消防电气控制装置	《消防联动控制系统》（GB 16806—2006）	控制功能
消防设备应急电源	《消防联动控制系统》（GB 16806—2006）	供电功能、显示功能、保护功能、控制功能、转换功能、充电性能、放电性能、故障报警功能、应急状态的输出特性
消防应急广播设备	《消防联动控制系统》（GB 16806—2006）	应急广播功能、故障报警功能、电源性能
消防电话	《消防联动控制系统》（GB 16806—2006）	消防电话总机性能、消防电话分机性能、消防电话插孔性能、电源性能
传输设备	《消防联动控制系统》（GB 16806—2006）	火灾报警信息的接收与传输功能、监管报警信息的接收与传输功能、故障报警信息的接收与传输功能、手动报警功能、本机故障报警功能
消防控制室图形显示装置	《消防联动控制系统》（GB 16806—2006）	通用要求、状态显示、火灾报警和联动状态显示、故障状态显示、通信故障报警功能、信息记录功能、信息传输要求
模块	《消防联动控制系统》（GB 16806—2006）	基本性能
消防电动装置	《消防联动控制系统》（GB 16806—2006）	基本性能
消火栓按钮	《消防联动控制系统》（GB 16806—2006）	基本功能、结构与外观
消防设备电源状态监控器	《消防设备电源监控系统》（GB 28184—2011）	基本功能
电压信号传感器	《消防设备电源监控系统》（GB 28184—2011）	基本功能
电流信号传感器	《消防设备电源监控系统》（GB 28184—2011）	基本功能
防火门监控器	《防火门监控器》（GB 29364—2012）	基本功能、故障报警功能
防火卷帘控制器	《防火卷帘控制器》（XF 386—2002）	基本功能、电源性能

三、可燃气体探测报警系统的组成、工作原理及产品性能要求

可燃气体探测报警系统是实现可燃气体泄漏探测并发出可燃气体超限报警信号的系统。可燃气体探测报警系统是火灾自动报警系统的独立子系统，属于火灾预警系统。可燃气体探测报警系统能够在保护区域内泄漏可燃气体的浓度低于爆炸下限的条件下提前报警，从而预防由于可燃气体泄漏引发的火灾和爆炸事故的发生。

（一）可燃气体探测报警系统的组成

可燃气体探测报警系统由可燃气体报警控制器、可燃气体探测器和火灾警报装置等组成。可燃气体探测报警系统的组成如图 3–10–7 所示。

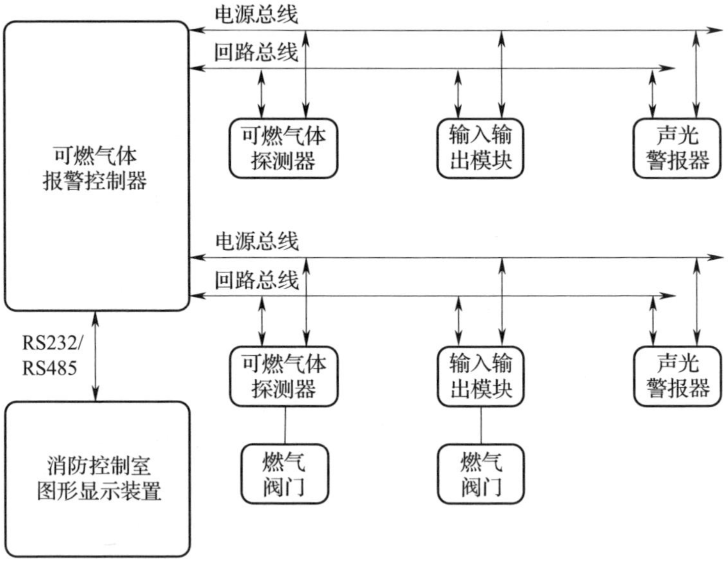

图 3–10–7　可燃气体探测报警系统组成示意图

1. 可燃气体报警控制器

可燃气体报警控制器是用于为所连接的可燃气体探测器供电，接收来自可燃气体探测器的报警信号，发出声、光报警信号和控制信号，指示报警部位，记录并保存报警信息的装置。可燃气体报警控制器按系统连线方式的不同可分为多线制和总线制两个类别。

（1）多线制可燃气体报警控制器，即采用多线制方式与可燃气体探测器连接。

（2）总线制可燃气体报警控制器，即采用总线制（一般为 2 ~ 4 根）方式与可燃气体探测器连接。

工程应用中采用的可燃气报警控制器产品应符合《可燃气体报警控制器》（GB 16808—2008）的相关规定。

2. 可燃气体探测器

可燃气体探测器是能对泄漏可燃气体响应，自动产生报警信号并向可燃气体报警控制器传输报警信号及泄漏可燃气体浓度信息的器件。可燃气体探测器根据其探测区域的

不同，分为点型可燃气体探测器和线型光束可燃气体探测器两个类别。其中点型可燃气体探测器可按测量范围、工作方式、采样方式、可拆卸性使用环境等进行分类。点型可燃气体探测器的分类要求如图 3-10-8 所示。

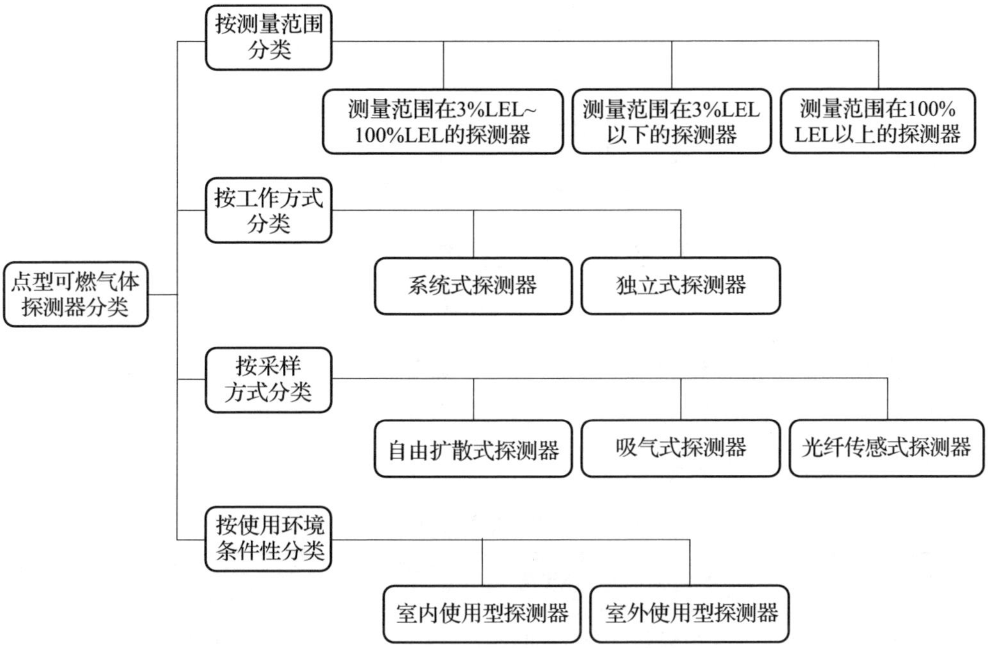

图 3-10-8　点型可燃气体探测器的分类示意图

（1）点型可燃气体探测器按测量范围分为：测量范围在 3%LEL ~ 100%LEL 的探测器、测量范围在 3%LEL 以下的探测器（包括探测一氧化碳的探测器）和测量范围在 100%LEL 以上的探测器。

（2）点型可燃气体探测器按工作方式分为：系统式探测器和独立式探测器。

（3）点型可燃气体探测器按采样方式分为：自由扩散式探测器、吸气式探测器和光纤传感式探测器。

（4）点型可燃气体探测器按使用环境条件分为：室内使用型探测器和室外使用型探测器。

（二）可燃气体探测报警系统的工作原理

发生可燃气体泄漏时，安装在保护区域现场的可燃气体探测器将泄漏可燃气体的浓度参数转变为电信号，经数据处理后，将可燃气体浓度参数信息传输到可燃气体报警控制器，或直接由可燃气体探测器做出泄漏可燃气体浓度超限报警判断，将报警信息传输到可燃气体报警控制器。可燃气体报警控制器在接收到探测器的可燃气体浓度参数信息或报警信息后，经确认判断，显示泄漏报警探测器的部位和泄漏可燃气体浓度信息，记录探测器报警的时间，同时驱动安装在保护区域现场的声光警报装置，发出声光警报，警示人员采取相应的处置措施；必要时可以控制并关断燃气阀门，防止燃气的进一步泄漏。可燃气体探测报警系统的工作原理如图 3-10-9 所示。

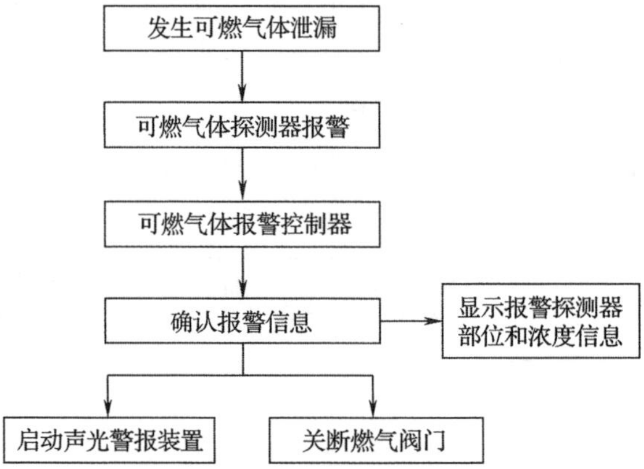

图 3-10-9　可燃气体探测报警系统工作原理示意图

（三）可燃气体探测报警系统产品的主要性能要求

工程应用中采用的可燃气体探测报警系统产品应是满足相关国家标准要求的定型产品，并应具有表 3-10-3 的相关性能。

表 3-10-3　可燃气体探测报警系统产品的主要性能要求

产品名称	应符合的标准	主要性能
可燃气体报警控制器	《可燃气体报警控制器》（GB 16808—2008）	可燃气体浓度显示功能、可燃气体报警功能、故障报警功能
工业及商业用途可燃气体探测器	《可燃气体探测器　第 1 部分：工业及商业用途可燃气体探测器》（GB 15322.1—2019）	基本性能、报警动作值、量程指示偏差、响应时间、方位、抗气体干扰性能、抗中毒性能、抗高浓度气体冲击性能
家用可燃气体探测器	《可燃气体探测器　第 2 部分：家用可燃气体探测器》（GB 15322.2—2019）	基本性能、报警动作值、量程指示偏差、响应时间、方位、抗气体干扰性能、抗中毒性能
便捷式可燃气体探测器	《可燃气体探测器　第 3 部分：工业及商业用途便捷式可燃气体探测器》（GB 15322.3—2019）	基本性能、报警动作值、量程指示偏差、响应时间、方位、抗中毒性能、抗高浓度气体冲击性能
线型光束可燃气体探测器	《可燃气体探测器　第 4 部分：工业及商业用途线型光束可燃气体探测器》（GB 15322.4—2019）	基本性能、报警动作性能、量程指示偏差、光强衰减性能、光束偏转性能、光感染性能、蒸汽干扰性能

四、电气火灾监控系统的组成、工作原理及产品性能要求

电气火灾监控系统是当被保护线路中的被探测参数超过报警设定值时，能发出报警信号、控制信号并能指示报警部位的系统。电气火灾监控系统是火灾自动报警系统的独

立子系统，属于火灾预警系统。电气火灾监控系统能在电气线路及该线路中的配电设备或用电设备发生电气故障并产生一定电气火灾隐患的条件下发出报警信号，提醒专业人员排除电气火灾隐患，实现电气火灾的早期预防，避免电气火灾的发生。

（一）电气火灾监控系统的组成

电气火灾监控系统由电气火灾监控设备、电气火灾监控探测器组成。电气火灾监控系统的组成如图 3-10-10 所示。

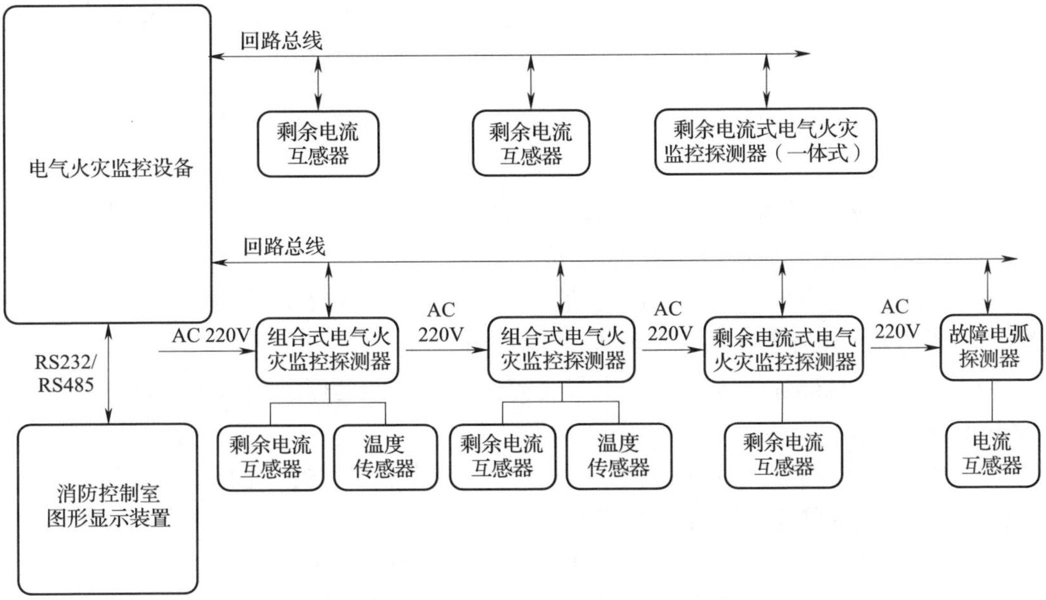

图 3-10-10　电气火灾监控系统组成示意图

1. **电气火灾监控设备**

电气火灾监控设备是能接收来自电气火灾监控探测器的报警信号，发出声、光报警信号和控制信号，指示报警部位，记录、保存并传送报警信息的装置。电气火灾监控设备按系统连线方式的不同可分为多线制和总线制两个类别。

（1）多线制电气火灾监控设备，即采用多线制方式与电气火灾监控探测器连接。

（2）总线制电气火灾监控设备，即采用总线制（一般为 2～4 根）方式与电气火灾监控探测器连接。

2. **电气火灾监控探测器**

电气火灾监控探测器是探测被保护线路中的剩余电流、温度、故障电弧等电气火灾危险参数变化和由于电气故障引起的烟雾变化及可能引起电气火灾的静电、绝缘参数变化的探测器。电气火灾监控探测器可按工作方式和工作原理进行分类。电气火灾监控探测器的分类要求如图 3-10-11 所示。

（1）电气火灾监控探测器按工作方式分为：独立式电气火灾监控探测器和非独立式电气火灾监控探测器。

1）独立式电气火灾监控探测器。即可以自成系统，不需要配接电气火灾监控设备。

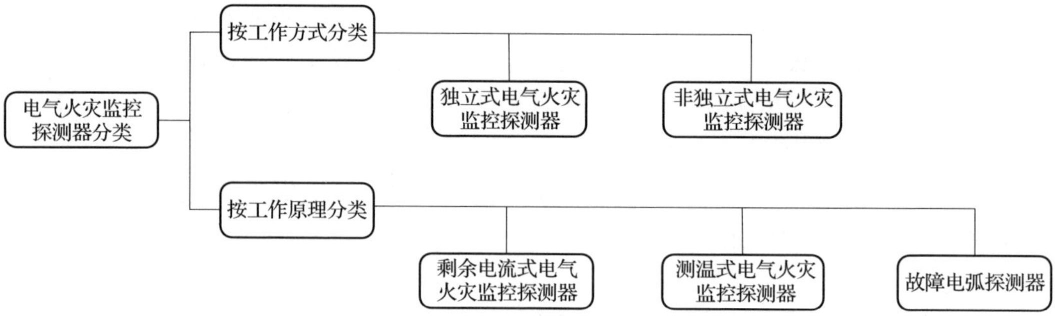

图 3-10-11　电气火灾监控探测器的分类示意图

2）非独立式电气火灾监控探测器。即自身不具有报警功能，需要配接电气火灾监控设备组成系统。

（2）电气火灾监控探测器按工作原理分为：剩余电流式电气火灾监控探测器、测温式（过热保护式）电气火灾监控探测器和故障电弧探测器。

1）剩余电流式电气火灾监控探测器，即监测被保护线路中的剩余电流值变化的探测器。一般由剩余电流传感器和信号处理单元组成。

2）测温式（过热保护式）电气火灾监控探测器，即能探测被保护线路中的温度参数变化的探测器。

3）故障电弧探测器，即用于探测被保护电气线路中产生故障电弧的探测器。

（二）电气火灾监控系统的工作原理

发生电气故障时，电气火灾监控探测器将保护线路中的剩余电流、温度等电气故障参数信息转变为电信号，经数据处理后，探测器做出报警判断，将报警信息传输到电气火灾监控器。电气火灾监控器在接收到探测器的报警信息后，经确认判断，显示电气故障报警探测器的部位信息，记录探测器报警的时间，同时驱动安装在保护区域现场的声光警报装置，发出声光警报，警示人员采取相应的处置措施，排除电气故障，消除电气火灾隐患，防止电气火灾的发生。电气火灾监控系统的工作原理如图 3-10-12 所示。

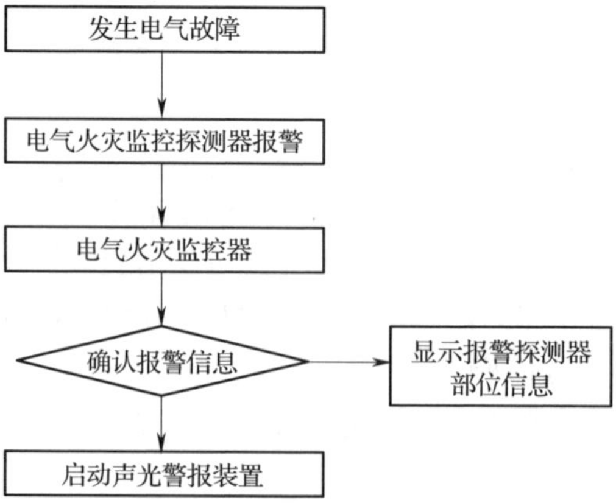

图 3-10-12　电气火灾监控系统工作原理示意图

（三）电气火灾监控系统产品的主要性能要求

工程应用中采用的电气火灾监控系统产品应是满足相关国家标准要求的定型产品，并应具有表 3-10-4 的相关性能。

表 3-10-4　电气火灾监控系统产品的主要性能要求

产品名称	应符合的标准	主要性能
电气火灾监控设备	《电气火灾监控系统　第 1 部分：电气火灾监控设备》（GB 14287.1—2014）	监控报警功能、故障报警功能、信息显示与查询功能
剩余电流式电气火灾监控探测器	《电气火灾监控系统　第 2 部分：剩余电流式电气火灾监控探测器》（GB 14287.2—2014）	报警值、报警时间、基本功能、监控报警功能、通信功能、平衡性
测温式电气火灾监控探测器	《电气火灾监控系统　第 3 部分：测温式电气火灾监控探测器》（GB 14287.3—2014）	报警值、报警时间、基本性能、监控报警功能、通信功能
故障电弧探测器	《电气火灾监控系统　第 4 部分：故障电弧探测器》（GB 14287.4—2014）	基本要求、报警性能

第二节　系统设计、系统组件和消防控制室的设置

建筑内设置消防系统的第一任务就是保障人身安全，这是设计消防系统最基本的理念。从这一基本理念出发，就应做到尽早发现火灾、及时报警、启动有关消防设施、引导人员疏散。如果火灾发展到需要启动自动灭火设施的程度，就应启动相应的自动灭火设施，扑灭初起火灾，防止火灾蔓延，这是火灾自动报警系统工程应用应遵循的基本原则。

一、火灾自动报警系统的形式选择和设计要求

火灾自动报警系统的形式和设计要求与保护对象及消防安全目标的设立直接相关，应根据系统保护对象特点和消防功能要求合理选择适宜的系统形式。

（一）火灾自动报警系统形式的分类和组成

火灾自动报警系统根据保护对象及设立的消防安全目标不同分为区域报警系统、集中报警系统和控制中心报警系统等三种系统形式。

1. 区域报警系统

区域报警系统由火灾探测器、手动火灾报警按钮、火灾声光警报器、火灾报警控制器等组成，系统中可包括消防控制室图形显示装置和指示楼层的区域显示器。区域报警系统的组成如图 3-10-13 所示。

2. 集中报警系统

集中报警系统由火灾探测器、手动火灾报警按钮、火灾声光警报器、消防应急广播、消防专用电话、消防控制室图形显示装置、火灾报警控制器、消防联动控制器等组成。集中报警系统的组成如图 3-10-14 所示。

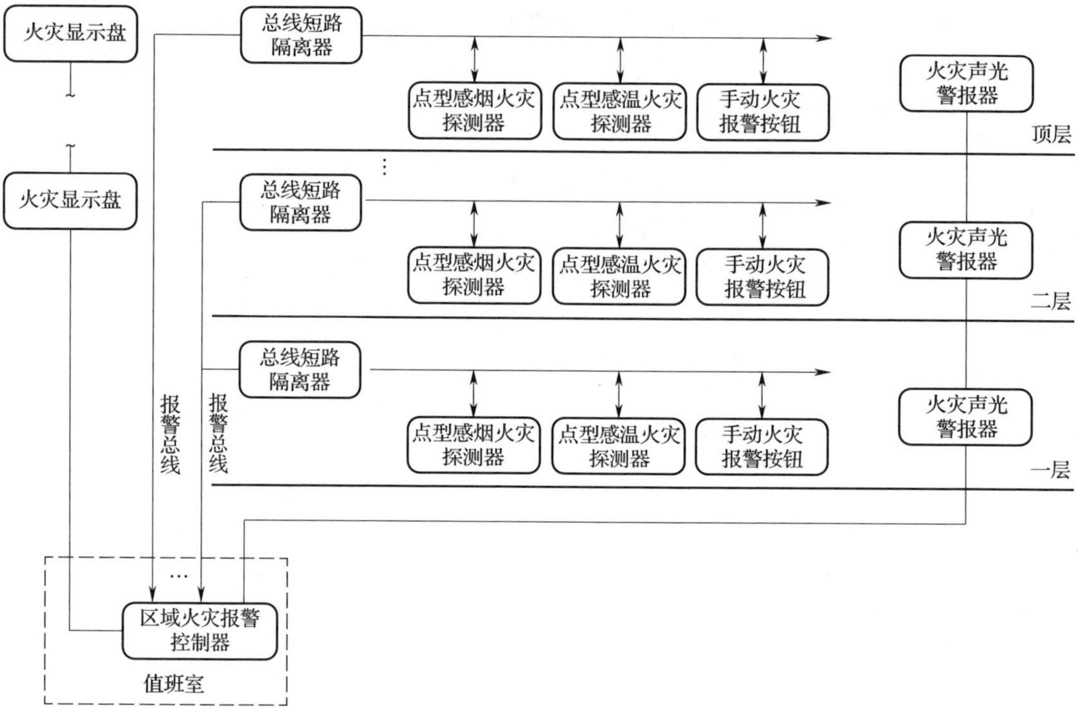

图 3-10-13　区域报警系统的组成示意图

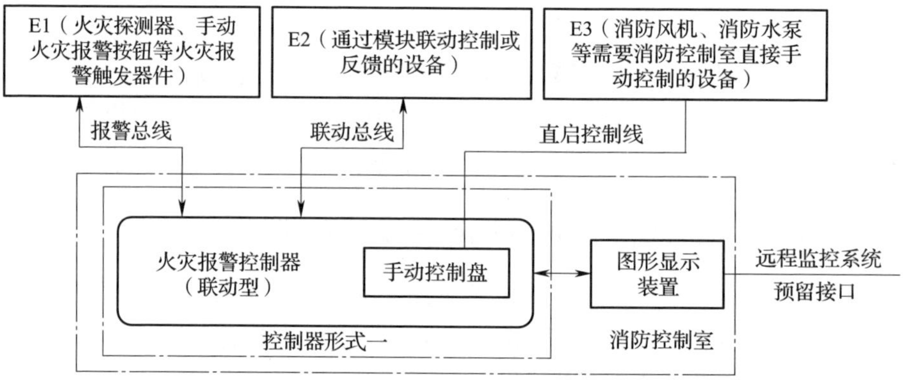

（a）方案Ⅰ

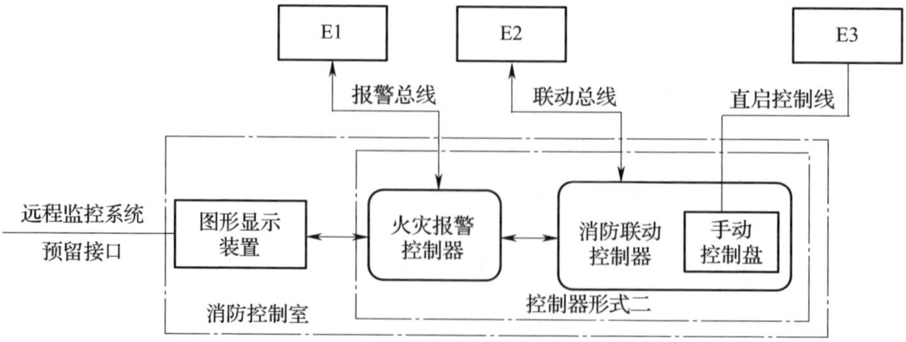

（b）方案Ⅱ

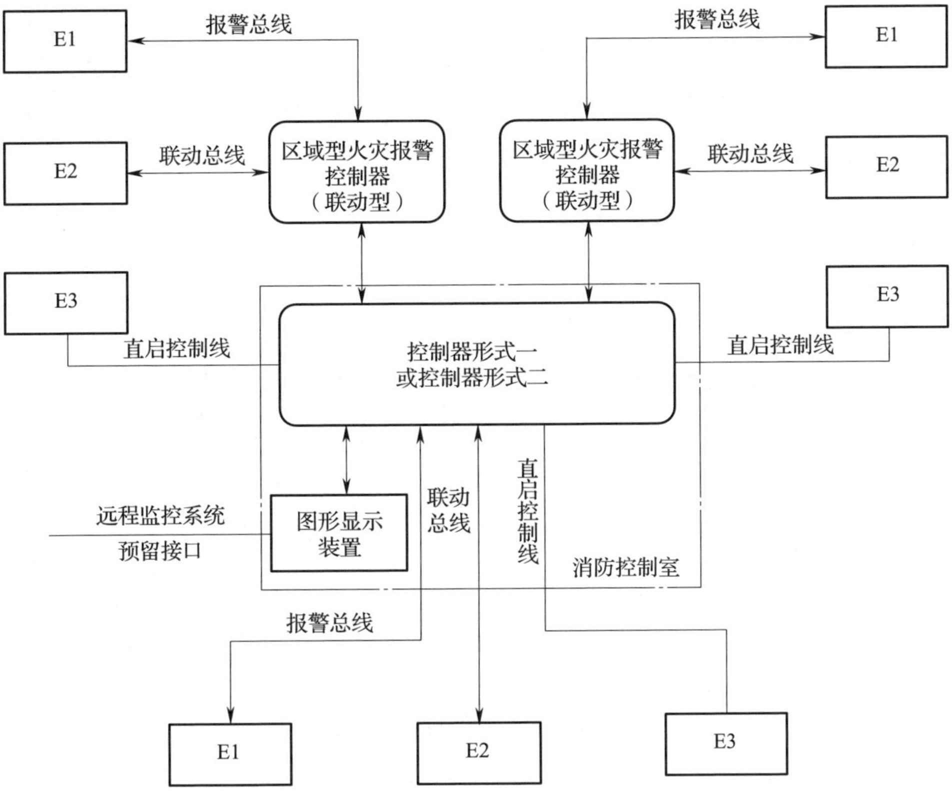

（c）方案Ⅲ（两台及以上控制器）

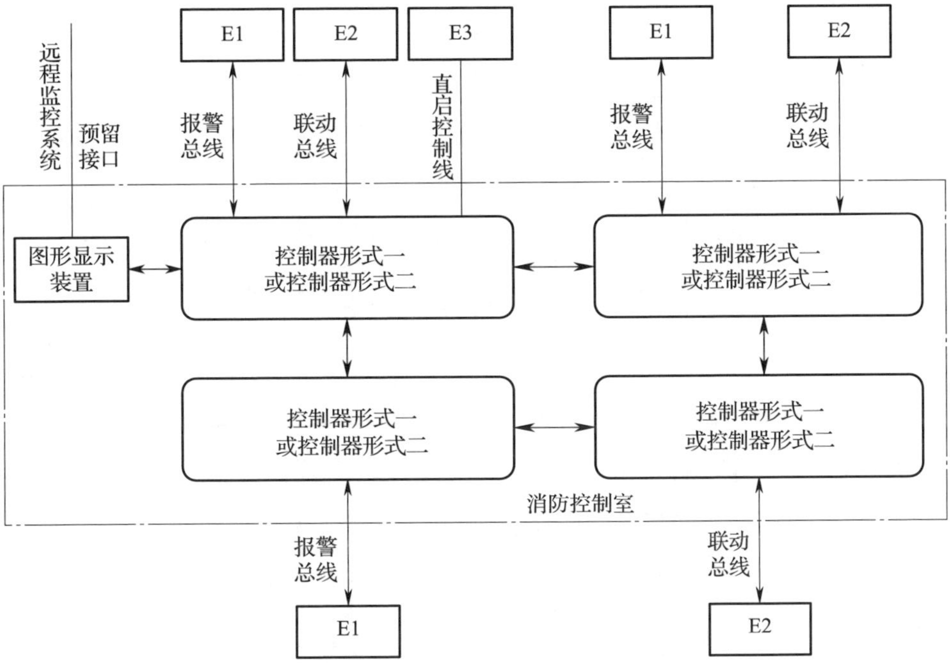

（d）方案Ⅳ（两台及以上控制器）

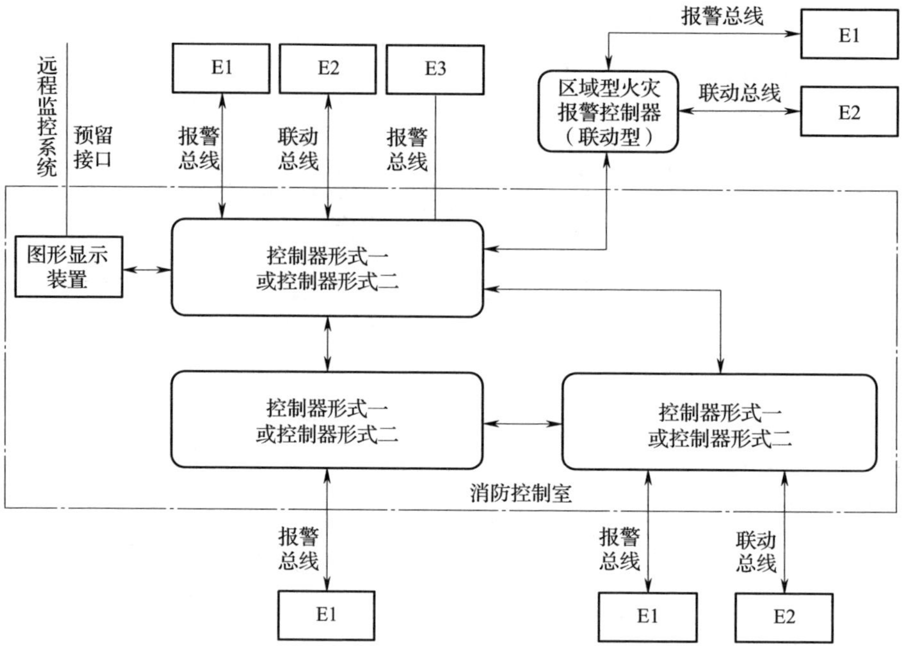

（e）方案Ⅴ（两台及以上控制器）

图 3-10-14　集中报警系统的组成示意图

3. 控制中心报警系统

控制中心报警系统由火灾探测器、手动火灾报警按钮、火灾声光警报器、消防应急广播、消防专用电话、消防控制室图形显示装置、火灾报警控制器、消防联动控制器等组成，且包含两个及以上集中报警系统。控制中心报警系统的组成示意图如图 3-10-15 所示。

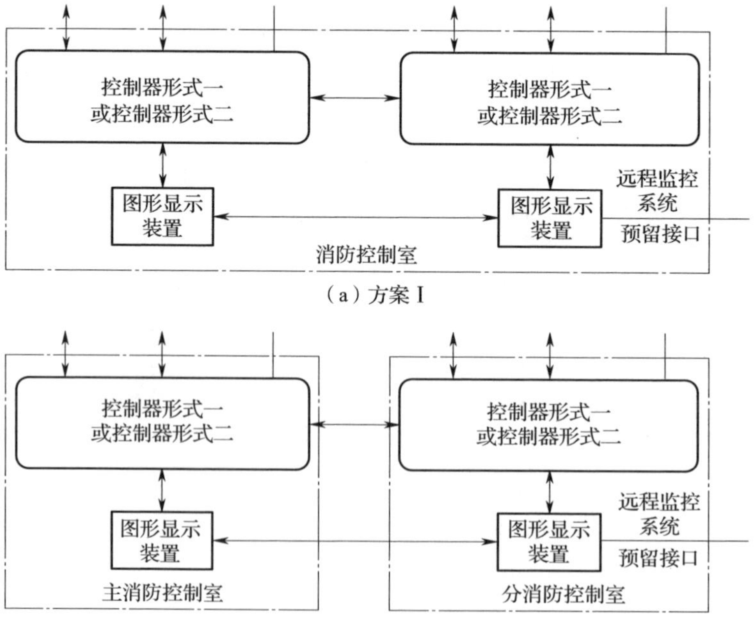

（a）方案Ⅰ

（b）方案Ⅱ

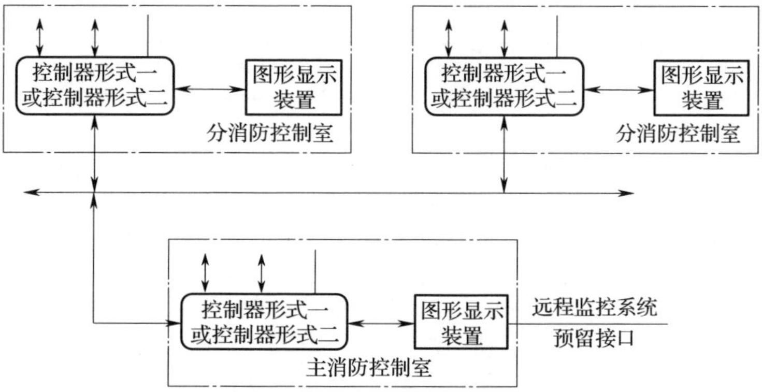

（c）方案Ⅲ

图 3–10–15　控制中心报警系统的组成示意图

（二）火灾自动报警系统形式的选择要求

1. 区域报警系统的选择要求

仅需要报警，不需要联动自动消防设备的保护对象宜采用区域报警系统。

2. 集中报警系统的选择要求

不仅需要报警，而且需要联动自动消防设备，且只需设置一台具有集中控制功能的火灾报警控制器和消防联动控制器的保护对象，应采用集中报警系统，并应设置一个消防控制室。

3. 控制中心报警系统的选择要求

设置两个及以上消防控制室的保护对象，或已设置两个及以上集中报警系统的保护对象，应采用控制中心报警系统。

（三）不同形式火灾自动报警系统的设计要求

1. 区域报警系统的设计要求

（1）系统应由火灾探测器、手动火灾报警按钮、火灾声光警报器以及火灾报警控制器等组成，系统中可包括消防控制室图形显示装置和指示楼层的区域显示器。

（2）火灾报警控制器应设置在有人员值班的场所。

（3）系统设置消防控制室图形显示装置时，该装置应具有传输表 3–10–5 所规定的有关信息的功能；系统未设置消防控制室图形显示装置时，应设置火警传输设备。

表 3–10–5　建筑消防系统、设施运行状态信息

设施名称		内　容
火灾探测报警系统		火灾报警信息、可燃气体探测报警信息、电气火灾监控报警信息、屏蔽信息、故障信息
消防联动控制系统	消防联动控制器	动作状态、屏蔽信息、故障信息
	消火栓系统	消防水泵电源的工作状态，消防水泵的启、停状态和故障状态，消防水箱（池）水位、管网压力报警信息及消火栓按钮的报警信息

续表 3-10-5

设施名称		内　　容
消防联动控制系统	自动喷水灭火系统、水喷雾（细水雾）灭火系统（泵供水方式）	喷淋泵电源工作状态，喷淋泵的启、停状态和故障状态，水流指示器、信号阀、报警阀、压力开关的正常工作状态和动作状态
	气体灭火系统、细水雾灭火系统（压力容器供水方式）	系统的手动、自动工作状态及故障状态，阀驱动装置的正常工作状态和动作状态，防护区域中的防火门（窗），防火阀，通风、空调等设备的正常工作状态和动作状态，系统的启、停信息，紧急停止信号和管网压力信号
	泡沫灭火系统	消防水泵、泡沫液泵电源的工作状态，系统的手动、自动工作状态及故障状态，消防水泵、泡沫液泵的正常工作状态和动作状态
	干粉灭火系统	系统的手动、自动工作状态及故障状态，阀驱动装置的正常工作状态和动作状态，系统的启、停信息，紧急停止信号和管网压力信号
	防烟排烟系统	系统的手动、自动工作状态，防烟排烟风机电源的工作状态，风机、电动防火阀、电动排烟防火阀、常闭送风口、排烟阀（口）、电动排烟窗、电动挡烟垂壁的正常工作状态和动作状态
	防火门及卷帘系统	防火卷帘控制器、防火门监控器的工作状态和故障状态，卷帘门的工作状态，具有反馈信号的各类防火门、疏散门的工作状态和故障状态等动态信息
	消防电梯	消防电梯的停用和故障状态
	消防应急广播	消防应急广播的启动、停止和故障状态
	消防应急照明和疏散指示系统	消防应急照明和疏散指示系统的故障状态和应急工作状态信息
	消防电源	系统内各消防用电设备的供电电源、备用电源工作状态和欠压报警信息

2. 集中报警系统的设计要求

（1）系统应由火灾探测器、手动火灾报警按钮、火灾声光警报器、消防应急广播、消防专用电话、消防控制室图形显示装置、火灾报警控制器、消防联动控制器等组成。

（2）系统中的火灾报警控制器、消防联动控制器和消防控制室图形显示装置、消防应急广播的控制装置、消防专用电话总机等起到集中控制作用的消防设备，均应设置在消防控制室内。

（3）系统设置的消防控制室图形显示装置应具有传输表 3-10-5 所规定的有关信息

的功能。

3. **控制中心报警系统的设计要求**

（1）有两个及以上消防控制室时，应确定其中一个为主消防控制室。

（2）主消防控制室应能显示所有火灾报警信号和联动控制状态信号，并应能控制重要的消防设备；各分消防控制室内的消防设备之间可以互相传输并显示状态信息，但不应互相控制。

（3）系统设置的消防控制室图形显示装置应具有传输表 3-10-5 所规定的有关信息的功能。

二、火灾自动报警系统的一般要求

（一）报警区域和探测区域的划分

火灾自动报警系统的设计应根据保护对象的特点及受控消防系统的设置情况合理地划分报警区域和探测区域。

1. **报警区域的划分**

报警区域一般可按建（构）筑物的防火分区、楼层或防护区域等与受控消防系统相关的区域进行划分。

（1）可将一个防火分区或一个楼层划分为一个报警区域，也可将发生火灾时需要同时联动消防设备的相邻几个防火分区或楼层划分为一个报警区域。

（2）电缆隧道的一个报警区域宜由一个封闭长度区间组成，一个报警区域不应超过相连的 3 个封闭长度区间。

（3）道路隧道的报警区域应根据排烟系统或灭火系统的联动需要确定，且不宜超过 150m。

（4）甲、乙、丙类液体储罐区的报警区域应由一个储罐区组成，每个 50 000m^3 及以上的外浮顶储罐应单独划分为一个报警区域。

2. **探测区域**

探测区域一般应按独立房（套）间等便于识别火灾探测器报警部位的设置部位或监测区域进行划分。

（1）一个探测区域的面积不宜超过 500m^2；从主要入口能看清其内部，且面积不超过 1 000m^2 的房间，也可划为一个探测区域。

（2）红外光束感烟火灾探测器和缆式线型感温火灾探测器探测区域的长度，不宜超过 100m。

（3）空气管差温火灾探测器的探测区域长度宜为 20 ~ 100m。

（4）下列场所应单独划分探测区域：

1）敞开或封闭楼梯间、防烟楼梯间。

2）防烟楼梯间前室、消防电梯前室、消防电梯与防烟楼梯间合用的前室、走道、坡道。

3）电气管道井、通信管道井、电缆隧道。

4）建筑物闷顶、夹层。

（二）系统参数兼容性要求

火灾自动报警系统中的系统设备及与其连接的各类设备之间的接口和通信协议的兼容性应符合《火灾自动报警系统组件兼容性要求》（GB 22134—2008）的有关规定。

（三）火灾报警控制器和消防联动控制器的设计容量

（1）任意一台火灾报警控制器所连接的火灾探测器、手动火灾报警按钮和模块等设备总数和地址总数，均不应超过 3 200 点，其中每一总线回路连接设备的总数不宜超过 200 点，且应留有不少于额定容量 10% 的余量。

（2）任意一台消防联动控制器地址总数或火灾报警控制器（联动型）所控制的各类模块总数不应超过 1 600 点，每一联动总线回路连接设备的总数不宜超过 100 点，且应留有不少于额定容量 10% 的余量。

（四）总线短路隔离器的设计参数

火灾自动报警系统总线上应设置总线短路隔离器，每只总线短路隔离器保护的火灾探测器、手动火灾报警按钮和模块等设备的总数不应大于 32 点。总线在穿越防火分区处应设置总线短路隔离器。

三、火灾探测器的选择

在选择火灾探测器时，要根据探测区域内可能发生的初起火灾的形成和发展特征、房间高度、环境条件以及可能引起误报的原因等因素来决定。

（一）火灾探测器选择的一般规定

应根据保护场所可能发生火灾的部位和对燃烧材料的分析，以及火灾探测器的类型、灵敏度和响应时间等选择相应的火灾探测器。对火灾形成特征不可预料的场所，可根据模拟试验的结果选择火灾探测器。同一探测区域内设置多个火灾探测器时，可选择具有复合判断火灾功能的火灾探测器和火灾报警控制器。

（1）对火灾初期有阴燃阶段，产生大量的烟和少量的热，很少或没有火焰辐射的场所，应选择感烟火灾探测器。

（2）对火灾发展迅速，可产生大量热、烟和火焰辐射的场所，可选择感温火灾探测器、感烟火灾探测器、火焰探测器或其组合。

（3）对火灾发展迅速，有强烈的火焰辐射和少量的烟、热的场所，应选择火焰探测器。

（4）对火灾初期有阴燃阶段，且需要早期探测的场所，宜增设一氧化碳火灾探测器。

（5）对使用、生产可燃气体或可燃蒸气的场所，应选择可燃气体探测器。

（二）点型火灾探测器的选择

1. 不同高度房间探测器的选型要求

（1）点型感温火灾探测器应按表 3-10-6 分类。

（2）对不同高度的房间，可按表 3-10-7 选择点型火灾探测器。

表 3-10-6　点型感温火灾探测器的分类　单位：℃

探测器类别	典型应用温度	最高应用温度	动作温度下限值	动作温度上限值
A1	25	50	54	65
A2	25	50	54	70
B	40	65	69	85
C	55	80	84	100
D	70	95	99	115
E	85	110	114	130
F	100	125	129	145
G	115	140	144	160

表 3-10-7　对不同高度的房间点型火灾探测器的选择

房间高度 *H*/m	点型感烟火灾探测器	点型感温火灾探测器			火焰探测器
		A1、A2	B	C、D、E、F、G	
$12<H\leqslant20$	不适合	不适合	不适合	不适合	适合
$8<H\leqslant12$	适合	不适合	不适合	不适合	适合
$6<H\leqslant8$	适合	适合	不适合	不适合	适合
$4<H\leqslant6$	适合	适合	适合	不适合	适合
$H\leqslant4$	适合	适合	适合	适合	适合

注：表中 A1、A2、B、C、D、E、F、G 为点型感温火灾探测器的不同类别，其具体参数应符合表 3-10-6 的规定。

2. 点型感烟火灾探测器的选型要求

（1）下列场所宜选择点型感烟火灾探测器：饭店、旅馆、教学楼、办公楼的厅堂、卧室、办公室、商场等，计算机机房、通信机房、电影或电视放映室等，楼梯、走道、电梯机房、车库等，书库、档案库等。

（2）符合下列条件之一的场所，不宜选择点型离子感烟火灾探测器：

1）相对湿度经常大于 95%；

2）气流速度大于 5m/s；

3）有大量粉尘、水雾滞留；

4）可能产生腐蚀性气体；

5）在正常情况下有烟滞留；

6）产生醇类、醚类、酮类等有机物质。

（3）符合下列条件之一的场所，不宜选择点型光电感烟火灾探测器：

1）有大量粉尘、水雾滞留；

2）可能产生蒸气和油雾；

3）高海拔地区；

4）在正常情况下有烟滞留等。

3. 点型感温火灾探测器的选型要求

（1）符合下列条件之一的场所，宜选择点型感温火灾探测器，且应根据使用场所的典型应用温度和最高应用温度选择适当类别的感温火灾探测器：

1）相对湿度经常大于95%；

2）可能发生无烟火灾；

3）有大量粉尘；

4）吸烟室等在正常情况下有烟或蒸气滞留的场所；

5）厨房、锅炉房、发电机房、烘干车间等不宜安装感烟火灾探测器的场所；

6）需要联动熄灭“安全出口”标志灯的安全出口内侧；

7）其他无人滞留且不适合安装感烟火灾探测器，但发生火灾时需要及时报警的场所。

（2）下列场所不宜选择点型感温火灾探测器：

1）可能产生阴燃或发生火灾不及时报警将造成重大损失的场所，不宜选择点型感温火灾探测器；

2）温度在0℃以下的场所，不宜选择定温探测器；

3）温度变化较大的场所，不宜选择具有差温特性的探测器。

4. 点型火焰探测器或图像型火焰探测器的选型要求

（1）符合下列条件之一的场所，宜选择点型火焰探测器或图像型火焰探测器：

1）发生火灾时有强烈的火焰辐射；

2）可能发生液体燃烧等无阴燃阶段的火灾；

3）需要对火焰做出快速反应。

（2）符合下列条件之一的场所，不宜选择点型火焰探测器和图像型火焰探测器：

1）在火焰出现前有浓烟扩散；

2）探测器的镜头易被污染，探测器的“视线”易被油雾、烟雾、水雾和冰雪遮挡；

3）探测区域内的可燃物是金属和无机物；

4）探测器易受阳光、白炽灯等光源直接或间接照射。

（3）下列场所不宜选择火焰探测器：

1）探测区域内正常情况下有高温物体的场所，不宜选择单波段红外火焰探测器；

2）正常情况下有明火作业，探测器易受X射线、弧光和闪电等影响的场所，不宜选择紫外火焰探测器。

5. 点型一氧化碳火灾探测器的选型要求

在火灾初期产生一氧化碳的下列场所，可选择点型一氧化碳火灾探测器：

（1）烟不容易对流或顶棚下方有热屏障的场所；

（2）在棚顶上无法安装其他点型火灾探测器的场所；

（3）需要多信号复合报警的场所。

6. 吸气式感烟火灾探测器的选型要求

污物较多且必须安装感烟火灾探测器的场所，应选择间断吸气的点型采样吸气式感烟火灾探测器或具有过滤和管路自清洗功能的管路采样吸气式感烟火灾探测器。

（三）线型火灾探测器的选择

1. 线型光束感烟火灾探测器的选型要求

（1）无遮挡的大空间或有特殊要求的房间，宜选择线型光束感烟火灾探测器。

（2）符合下列条件之一的场所，不宜选择线型光束感烟火灾探测器：

1）有大量粉尘、水雾滞留；

2）可能产生蒸气和油雾；

3）在正常情况下有烟滞留；

4）固定探测器的建筑结构由于振动等原因会产生较大位移的场所。

2. 线型感温火灾探测器的选型要求

（1）下列场所或部位，宜选择缆式线型感温火灾探测器：

1）电缆隧道、电缆竖井、电缆夹层、电缆桥架；

2）不易安装点型探测器的夹层、闷顶；

3）各种皮带输送装置；

4）其他环境恶劣不适合点型探测器安装的场所。

（2）下列场所或部位，宜选择线型光纤感温火灾探测器：

1）除液化石油气外的石油储罐；

2）需要设置线型感温火灾探测器的易燃易爆场所；

3）需要监测环境温度的地下空间等场所；

4）公路隧道、敷设动力电缆的铁路隧道和城市地铁隧道等。

（3）线型定温火灾探测器的选择，应保证其不动作温度符合设置场所的最高环境温度的要求。

（四）管路采样吸气式感烟火灾探测器的选择

（1）下列场所宜选择吸气式感烟火灾探测器：

1）具有高速气流的场所；

2）点型感烟、感温火灾探测器不适宜的大空间，舞台上方；

3）建筑高度超过 12m 或有特殊要求的场所；

4）低温场所；

5）需要进行隐蔽探测的场所；

6）需要进行火灾早期探测的重要场所；

7）人员不宜进入的场所。

（2）灰尘比较大的场所，不应选择没有过滤和管路自清洗功能的管路采样吸气式感烟火灾探测器。

四、火灾探测报警系统和消防联动控制系统设备的设置

（一）火灾报警控制器和消防联动控制器的设置

（1）火灾报警控制器和消防联动控制器，应设置在消防控制室内或有人员值班的房间或场所。火灾报警控制器和消防联动控制器安装在墙上时，其主显示屏高度宜为1.5～1.8m，其靠近门轴的侧面距墙不应小于0.5m，正面操作距离不应小于1.2m。

（2）集中报警系统和控制中心报警系统中的区域火灾报警控制器满足下列条件时，可设置在无人员值班的场所：

1）本区域内未设置需要手动控制的重要消防设备。

2）本火灾报警控制器的所有信息在集中火灾报警控制器上均有显示，且能接收集中火灾报警控制器的联动控制信号，并自动启动相应的消防设备。

3）设置的场所只有值班人员可以进入。

（二）火灾探测器的设置

1. 点型感烟、感温火灾探测器的保护面积和半径

点型感烟火灾探测器和A1、A2、B型感温火灾探测器的保护面积和保护半径，应按表3–10–8确定；C、D、E、F、G型感温火灾探测器的保护面积和保护半径，应根据生产企业设计说明书确定，但不应超过表3–10–8的规定。

表3–10–8　点型感烟火灾探测器和A1、A2、B型感温火灾探测器的保护面积和保护半径

火灾探测器的种类	地面面积 S/m^2	房间高度 H/m	一只探测器的保护面积 A 和保护半径 R					
			屋顶坡度 θ					
			$\theta \leqslant 15°$		$15° < \theta \leqslant 30°$		$\theta > 30°$	
			A/m^2	R/m	A/m^2	R/m	A/m^2	R/m
感烟火灾探测器	$S \leqslant 80$	$H \leqslant 12$	80	6.7	80	7.2	80	8
	$S > 80$	$6 < H \leqslant 12$	80	6.7	100	8	120	9.9
		$H \leqslant 6$	60	5.8	80	7.2	100	9
感温火灾探测器	$S \leqslant 30$	$H \leqslant 8$	30	4.4	30	4.9	30	5.5
	$S > 30$	$H \leqslant 8$	20	3.6	30	4.9	40	6.3

2. 点型感烟、感温火灾探测器的安装间距要求

（1）感烟火灾探测器、感温火灾探测器的安装间距，应根据探测器的保护面积 A 和保护半径 R 确定，并不应超过图3–10–16探测器安装间距的极限曲线 $D_1 \sim D_{11}$（含 D_9'）规定的范围。

（2）在宽度小于3m的内走道顶棚上设置点型火灾探测器时，宜居中布置。感温火灾探测器的安装间距不应超过10m；感烟火灾探测器的安装间距不应超过15m；探测器至端墙的距离，不应大于探测器安装间距的1/2。

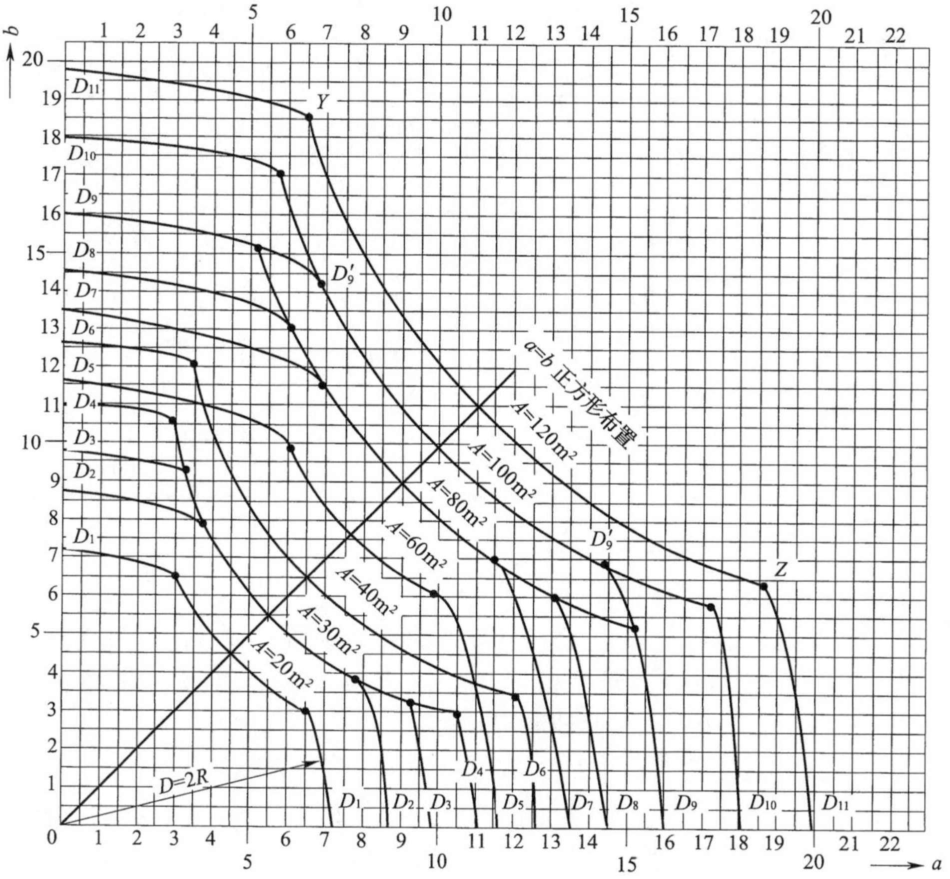

A—探测器的保护面积（m^2）；a、b—探测器的安装间距（m）；

D_1 ~ D_{11}（含 D_9'）—在不同保护面积 A 和保护半径 R 下确定探测器安装间距；

a、b 的极限曲线；Y、Z—极限曲线的端点（在 Y 和 Z 两点间的曲线范围内，保护面积可得到充分利用）。

图 3-10-16　探测器安装间距的极限曲线

（3）点型探测器至墙壁、梁边的水平距离，不应小于 0.5m。

（4）点型探测器周围 0.5m 内，不应有遮挡物。

（5）点型探测器至空调送风口边的水平距离不应小于 1.5m，并宜接近回风口安装。探测器至多孔送风顶棚孔口的水平距离不应小于 0.5m。

（6）当屋顶有热屏障时，点型感烟火灾探测器下表面至顶棚或屋顶的距离，应符合表 3-10-9 的规定。

3. 点型感烟、感温火灾探测器的设置数量

（1）探测区域的每个房间应至少设置一只火灾探测器。

（2）一个探测区域内所需设置的探测器数量，不应小于式（3-10-1）的计算值，即：

$$N=\frac{S}{KA} \tag{3-10-1}$$

式中　N——探测器数量（只），N 应取整数；

表 3-10-9　点型感烟火灾探测器下表面至顶棚或屋顶的距离

探测器的安装高度 H/m	点型感烟火灾探测器下表面至顶棚或屋顶的距离 d/mm					
	顶棚或屋顶坡度 θ					
	θ≤15°		15° <θ≤30°		θ>30°	
	最小	最大	最小	最大	最小	最大
H≤6	30	200	200	300	300	500
6<H≤8	70	250	250	400	400	600
8<H≤10	100	300	300	500	500	700
10<H≤12	150	350	350	600	600	800

S——该探测区域面积（m^2）；

A——探测器的保护面积（m^2）；

K——正系数，容纳人数超过 10 000 人的公共场所宜取 0.7 ~ 0.8；容纳人数为 2 000 ~ 10 000 人的公共场所宜取 0.8 ~ 0.9；容纳人数为 500 ~ 2 000 人的公共场所宜取 0.9 ~ 1；其他场所可取 1。

（3）在有梁的顶棚上设置点型火灾探测器时，应符合下列规定：

1）当梁凸出顶棚的高度小于 200mm 时，可不计梁对探测器保护面积的影响。

2）当梁凸出顶棚的高度为 200 ~ 600mm 时，应按图 3-10-17 和表 3-10-10 的要求确定梁对探测器保护面积的影响和一只探测器能够保护的梁间区域的数量。

3）当梁凸出顶棚的高度超过 600mm 时，被梁隔断的每个梁间区域应至少设置一只探测器。

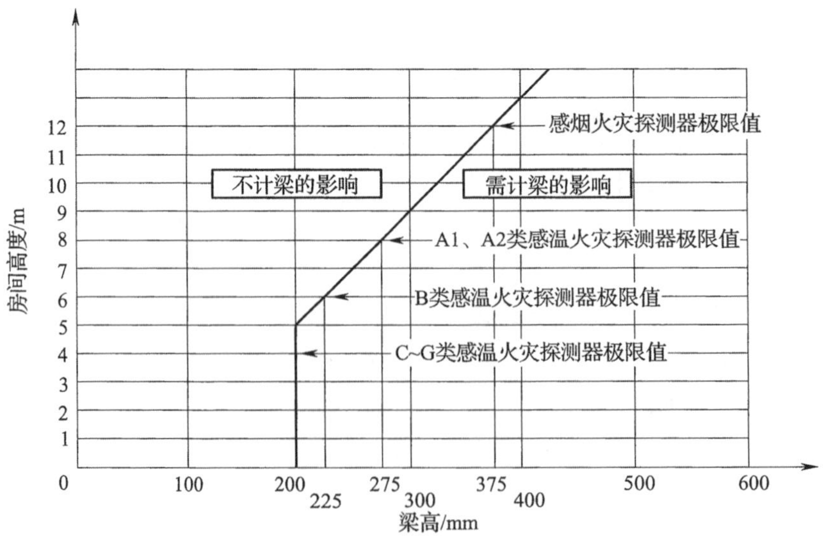

图 3-10-17　不同高度的房间梁对探测器设置的影响

表 3-10-10 按梁间区域面积确定一只探测器保护的梁间区域的个数

探测器的保护面积 A/m²		梁隔断的梁间区域面积 Q/m²	一只探测器保护的梁间区域的个数	探测器的保护面积 A/m²		梁隔断的梁间区域面积 Q/m²	一只探测器保护的梁间区域的个数
感温探测器	20	$Q>12$	1	感烟探测器	60	$Q>36$	1
		$8<Q\leq 12$	2			$24<Q\leq 36$	2
		$6<Q\leq 8$	3			$18<Q\leq 24$	3
		$4<Q\leq 6$	4			$12<Q\leq 18$	4
		$Q\leq 4$	5			$Q\leq 12$	5
	30	$Q>18$	1		80	$Q>48$	1
		$12<Q\leq 18$	2			$32<Q\leq 48$	2
		$9<Q\leq 12$	3			$24<Q\leq 32$	3
		$6<Q\leq 9$	4			$16<Q\leq 24$	4
		$Q\leq 6$	5			$Q\leq 16$	5

4）当被梁隔断的区域面积超过一只探测器的保护面积时，被隔断的区域应按式（3-10-1）计算探测器的设置数量。

5）当梁间净距小于 1m 时，可不计梁对探测器保护面积的影响。

（4）锯齿形屋顶和坡度大于 15° 的人字形屋顶，应在每个屋脊处设置一排点型探测器，探测器下表面至屋顶最高处的距离，应符合表 3-10-9 的规定。

（5）房间被书架、设备或隔断等分隔，其顶部至顶棚或梁的距离小于房间净高的 5% 时，每个被隔开的部分应至少安装一只点型探测器。

4. 火焰探测器和图像型火灾探测器的设置

（1）应考虑探测器的探测视角及最大探测距离，可通过选择探测距离长、火灾报警响应时间短的火焰探测器，提高保护面积要求和报警时间要求。

（2）探测器的探测视角内不应存在遮挡物。

（3）应避免光源直接照射在探测器的探测窗口。

（4）单波段的火焰探测器不应设置在平时有阳光、白炽灯等光源直接或间接照射的场所。

5. 线型光束感烟火灾探测器的设置

（1）探测器的光束轴线至顶棚的垂直距离宜为 0.3 ~ 1m，距地面高度不宜超过 20m。

（2）相邻两组探测器的水平距离不应大于 14m，探测器至侧墙水平距离不应大于 7m，且不应小于 0.5m，探测器的发射器和接收器之间的距离不宜超过 100m。

（3）探测器应设置在固定结构上。

（4）探测器的设置应保证其接收端避开日光和人工光源的直接照射。

（5）选择反射式探测器时，应保证在反射板与探测器之间任何部位进行模拟试验时，探测器均能正确响应。

6. 线型感温火灾探测器的设置

（1）探测器在保护电缆、堆垛等类似保护对象时，应采用接触式布置；在各种皮带输送装置上设置时，宜设置在装置的过热点附近。

（2）设置在顶棚下方的线型感温火灾探测器，至顶棚的距离宜为 0.1m。探测器的保护半径应符合点型感温火灾探测器的保护半径要求，探测器至墙壁的距离宜为 1 ~ 1.5m。

（3）光栅光纤感温火灾探测器每个光栅的保护面积和保护半径，应符合点型感温火灾探测器的保护面积和保护半径要求。

（4）设置线型感温火灾探测器的场所有联动要求时，宜采用两只不同火灾探测器的报警信号组合。

（5）与线型感温火灾探测器连接的模块不宜设置在长期潮湿或温度变化较大的场所。

7. 管路采样吸气式感烟火灾探测器的设置

（1）非高灵敏型探测器的采样管网安装高度不应超过 16m；高灵敏型探测器的采样管网安装高度可超过 16m；采样管网安装高度超过 16m 时，灵敏度可调的探测器应设置为高灵敏度，且应减小采样管长度和采样孔数量。

（2）探测器的每个采样孔的保护面积、保护半径，应符合点型感烟火灾探测器的保护面积、保护半径的要求。

（3）一个探测单元的采样管总长不宜超过 200m，单管长度不宜超过 100m，同一根采样管不应穿越防火分区。

（4）采样孔总数不宜超过 100 个，单管上的采样孔数量不宜超过 25 个。

（5）当采样管道采用毛细管布置方式时，毛细管长度不宜超过 4m。

（6）吸气管路和采样孔应有明显的火灾探测器标识。

（7）在设置过梁、空间支架的建筑中，采样管路应固定在过梁、空间支架上。

（8）当采样管道布置形式为垂直采样时，每 2℃温差间隔或 3m 间隔（取最小者）应设置一个采样孔，采样孔不应背对气流方向。

（9）采样管网应按经过确认的设计软件或方法进行设计。

（10）探测器的火灾报警信号、故障信号等信息应传给火灾报警控制器，涉及消防联动控制时，探测器的火灾报警信号还应传给消防联动控制器。

8. 感烟火灾探测器在格栅吊顶场所的位置

（1）镂空面积与总面积的比例不大于 15% 时，探测器应设置在吊顶下方。

（2）镂空面积与总面积的比例大于 30% 时，探测器应设置在吊顶上方。

（3）镂空面积与总面积的比例为 15% ~ 30% 时，探测器的设置部位应根据实际试验结果确定。

（4）探测器设置在吊顶上方且火警确认灯无法观察到时，应在吊顶下方设置火警确认灯。

（5）地铁站台等有活塞风影响的场所，镂空面积与总面积的比例为 30% ~ 70% 时，探测器宜同时设置在吊顶上方和下方。

（三）手动火灾报警按钮的设置

1. 手动火灾报警按钮的安装间距

手动报警按钮的设置应满足人员快速报警的要求，每个防火分区或楼层应至少设置1个手动火灾报警按钮。从一个防火分区或楼层内的任何位置到最邻近的手动火灾报警按钮的步行距离不应大于30m。

2. 手动火灾报警按钮的设置部位

（1）手动火灾报警按钮宜设置在疏散通道或出入口处。列车上设置的手动火灾报警按钮，应设置在每节车厢的出入口和中间部位。

（2）手动火灾报警按钮应设置在明显和便于操作的部位。当安装在墙上时，其底边距地面高度宜为1.3～1.5m，且应有明显的标志。

（四）区域显示器（火灾显示盘）的设置

1. 区域显示器的设置数量

每个报警区域宜设置一台区域显示器（火灾显示盘），宾馆、饭店等场所应在每个报警区域设置一台区域显示器。当一个报警区域包括多个楼层时，宜在每个楼层设置一台仅显示本楼层的区域显示器。

2. 区域显示器的设置部位

区域显示器应设置在出入口等明显和便于操作的部位。当安装在墙上时，其底边距地面高度宜为1.3～1.5m。

（五）火灾声光警报器的设置

1. 火灾声光警报器的设置部位

火灾声光警报器应设置在每个楼层的楼梯口、消防电梯前室、建筑内部拐角等处的明显部位，且不宜与安全出口指示标志灯具设置在同一面墙上。火灾声光警报器设置在墙上时，其底边距地面高度应大于2.2m。

2. 火灾声警报器的声压级要求

火灾声、光警报器的设置应满足人员及时接受火警信号的要求，每个报警区域内的火灾警报器的声压级应高于背景噪声15dB，且不应低于60dB。

（六）消防应急广播扬声器的设置

1. 消防应急广播扬声器的设置数量和设置部位

（1）民用建筑内扬声器应设置在走道和大厅等公共场所。

（2）扬声器的设置数量应能保证从一个防火分区内的任何部位到最近一个扬声器的直线距离不大于25m，走道末端距最近的扬声器距离不大于12.5m。

（3）壁挂扬声器的底边距地面高度应大于2.2m。

2. 消防应急广播扬声器的功率和声压级要求

（1）每个扬声器的额定功率不应小于3W，客房设置专用扬声器时，其功率不宜小于1W。

（2）在环境噪声大于60dB的场所设置的扬声器，在其播放范围内最远点的播放声压级应高于背景噪声 15dB。

（七）消防专用电话的设置

消防专用电话网络应为独立的消防通信系统。消防控制室应设置消防专用电话总机。多线制消防专用电话系统中的每个电话分机应与总机单独连接。

1. 电话分机的设置

（1）消防水泵房、发电机房、变配电室、计算机网络机房、主要通风和空调机房、防烟排烟机房、灭火控制系统操作装置处或控制室、企业消防站、消防值班室、总调度室、消防电梯机房及其他与消防联动控制有关且经常有人值班的机房均应设置消防专用电话分机。

（2）消防专用电话分机应固定安装在明显且便于使用的部位，并应有区别于普通电话的标识。

2. 电话插孔的设置

（1）设有手动火灾报警按钮的部位，宜设置电话插孔，并宜选择带有电话插孔的手动火灾报警按钮。

（2）各避难层应每隔 20m 设置一个消防专用电话分机或电话插孔。

（3）电话插孔在墙上安装时，其底边距地面高度宜为 1.3 ~ 1.5m。

3. 外线电话的设置

消防控制室、消防值班室或企业消防站等处，应设置可直接报警的外线电话。

（八）模块的设置

（1）每个报警区域内的模块宜相对集中设置在本报警区域内的金属模块箱中。

（2）严禁将模块设置在配电（控制）柜（箱）内。

（3）本报警区域内的模块不应控制其他报警区域的设备。

（4）未集中设置的模块附近应有尺寸不小于 100mm × 100mm 的标识。

（九）消防控制室图形显示装置的设置

（1）消防控制室图形显示装置应设置在消防控制室内，并应符合火灾报警控制器的安装设置要求。

（2）消防控制室图形显示装置与火灾报警控制器、消防联动控制器、电气火灾监控器、可燃气体报警控制器等消防设备之间，应采用专用线路连接。

五、系统的控制

（一）消防联动控制设计的一般规定

（1）在火灾报警后经逻辑确认（或人工确认），消防联动控制器应在 3s 内按设定的控制逻辑准确发出联动控制信号给相应的消防设备，当消防设备动作后将动作信号反馈给消防控制室并显示。

（2）消防联动控制器的电压控制输出应采用直流 24V，其电源容量应满足受控消防设备同时启动且维持工作的控制容量要求，当供电线路电压降超过 5% 时，其直流 24V 电源应由现场提供。

（3）消防联动控制器与各个受控设备之间的接口参数应能够兼容和匹配。

（4）消防水泵、防烟排烟风机的控制设备，除应采用联动控制方式外，还应在消防控制室火灾报警控制器（联动型）或消防联动控制器的手动控制盘采用直接手动控制，手动控制盘上的启停按钮应与消防水泵、防烟排烟风机的控制箱（柜）直接用控制线或控制电缆连接。

（5）应根据消防设备的启动电流参数，结合设计的消防供电线路负荷或消防电源的额定容量，分时启动电流较大的消防设备。

（6）需要火灾自动报警系统联动控制的消防设备，其联动触发信号应采用两个独立的报警触发装置报警信号的“与”逻辑组合。

（二）火灾警报和消防应急广播系统的控制

1. 火灾警报装置的控制

火灾警报装置是火灾自动报警系统的基本组成部分，不同形式的火灾自动报警系统均应设置火灾声光警报器。在确认火灾后，建筑内的所有火灾声光警报器均应同时启动，向建筑所有的区域进行火灾警报。

（1）火灾警报装置的选型和功能要求如下：

1）公共场所宜设置具有同一种火灾变调声的火灾声警报器；

2）具有多个报警区域的保护对象，宜选用带有语音提示的火灾声警报器；

3）学校、工厂等各类日常使用电铃的场所，不应使用警铃作为火灾声警报器；

4）火灾声警报器设置带有语音提示功能时，应同时设置语音同步器。

（2）火灾警报装置的控制要求如下：

1）区域报警系统中，在确认火灾后，由火灾报警控制器的火灾报警输出信号直接控制建筑内的所有火灾声光警报器的启动。

2）集中报警系统和控制中心报警系统，消防联动控制器在接收到符合联动控制逻辑关系的触发信号后，应能联动控制建筑内的所有火灾声光警报器的启动，火灾声光警报器启动的联动控制设计要求如下：

①联动触发信号：应由同一报警区域内的两只独立的火灾探测器或一只火灾探测器与一只手动火灾报警按钮的火灾报警信号组成（“与”逻辑）。

②联动控制：由消防联动控制器直接或通过联动模块控制建筑内的所有火灾声光警报器的启动。同一建筑内设置多个火灾声警报器时，消防联动控制器应能同时控制所有火灾声警报器的启动和停止；火灾声警报器单次发出火灾警报时间宜为 8～20s，同时设有消防应急广播时，火灾声警报应与消防应急广播交替循环播放。

2. 消防应急广播系统的控制

集中报警系统和控制中心报警系统应设置消防应急广播。具有消防应急广播功能的多用途公共广播系统，应具有强制切入消防应急广播的功能。在确认火灾后，消防应急广播系统应进入应急广播模式，向建筑的所有区域播放预设的广播信息。

（1）联动触发信号：应由同一报警区域内的两只独立的火灾探测器或一只火灾探测器与一只手动火灾报警按钮的火灾报警信号组成（“与”逻辑）。

（2）联动控制：由消防联动控制器通过联动模块控制消防应急广播系统设备按照下述要求进入应急广播模式：

1）消防应急广播的单次语音播放时间宜为 10～30s，应与火灾声警报器分时交替工作，可采取 1 次声警报器播放、1 次或 2 次消防应急广播播放的交替工作方式循环播放。

2）消防应急广播与普通广播或背景音乐广播合用时，应能强制将合用广播系统切入消防应急广播模式。

（3）手动控制：在消防控制室应能手动或按预设控制逻辑联动控制选择广播分区、启动或停止应急广播系统，并应能监听消防应急广播。

（4）录音、显示功能和记录功能：在通过传声器进行应急广播时，应自动对广播内容进行录音；消防控制室内应能显示消防应急广播的广播分区的工作状态。

（三）消防应急照明和疏散指示系统的控制

消防应急照明和疏散指示系统分为集中控制型和非集中控制型两种类型，按照《消防应急照明和疏散指示系统技术标准》（GB 51309—2018）的相关规定，设置集中报警系统和控制中心报警系统的保护对象中应设置集中控制型消防应急照明和疏散指示系统，设置区域报警系统的保护对象中一般设置非集中控制型消防应急照明和疏散指示系统。

1. 集中控制型消防应急照明和疏散指示系统的联动控制

集中报警系统和控制中心报警系统中，消防联动控制器在接收到符合联动控制逻辑关系的触发信号后，应能联动控制消防应急照明和疏散指示系统的应急启动并接收系统相关设备的动作反馈信号；对于需要借用相邻防火分区疏散的防火分区和需要采用不同疏散预案的交通隧道、地铁隧道等场所，消防联动控制器在接收到符合联动控制逻辑关系的触发信号后，尚应能联动控制消防应急照明和疏散指示系统控制相关标志灯具指示状态的改变。

（1）消防应急照明和疏散指示系统应急启动的联动控制要求如下：

1）联动触发信号：由同一报警区域内的两只独立的火灾探测器或一只火灾探测器与一只手动火灾报警按钮的火灾报警信号组成（“与”逻辑）。

2）联动控制：由消防联动控制器直接或通过联动模块向应急照明控制器发送控制信号，由应急照明控制器控制其配接的系统设备应急启动。

（2）不同场所中，消防应急照明和疏散指示系统标志灯具指示状态改变的联动控制要求如下：

1）需要借用相邻防火分区疏散的防火分区中，标志灯具指示状态改变的联动控制要求如下：

①联动触发信号：由被借用防火分区内的两只独立的火灾探测器或一只火灾探测器与一只手动火灾报警按钮的火灾报警信号组成（“与”逻辑）。

②联动控制：由消防联动控制器直接或通过联动模块向应急照明控制器发送被借用防火分区的火灾报警区域信号，并由应急照明控制器控制其配接的系统设备应急启动。

2）需要采用不同疏散预案的交通隧道、地铁隧道等场所中，标志灯具指示状态改变的联动控制要求如下：

①联动触发信号：由消防联动控制器发送的代表相应疏散预案的联动控制信号组成。

②联动控制：由消防联动控制器直接或通过联动模块向应急照明控制器发送代表相应疏散预案的联动控制信号，并由应急照明控制器控制相应的标志灯改变指示状态。

2. 非集中控制消防应急照明和疏散指示系统的控制

区域报警系统中，在确认火灾后，由火灾报警控制器直接控制非集中控制型消防应急照明和疏散指示系统的应急启动。

（1）触发信号：由同一报警区域内的两只独立的火灾探测器或一只火灾探测器与一只手动火灾报警按钮的火灾报警信号组成（“与”逻辑）。

（2）控制：由火灾报警控制器向应急照明配电箱或应急照明集中电源发送火灾报警输出信号，并由应急照明配电箱或应急照明集中电源控制其配接的消防应急灯具应急启动。

（四）防烟排烟系统的控制

消防联动控制器在接收到符合联动控制逻辑关系的触发信号后，应能联动控制加压送风口、排烟口、排烟窗或排烟阀、电动挡烟垂壁和防烟排烟风机的动作并接收系统相关设备的动作反馈信号；在消防控制室应能直接手动控制防烟排烟风机的动作，并能采用手动方式控制送风口、电动挡烟垂壁、排烟口、排烟窗、排烟阀的动作。

1. 加压送风系统的联动控制

（1）加压送风口开启和加压送风机启动的联动触发信号：由加压送风口所在报警区域内的两只独立的火灾探测器或一只火灾探测器与一只手动火灾报警按钮的报警信号组成（“与”逻辑）。

（2）联动控制：由消防联动控制器通过联动模块控制火灾层和相关层前室等需要加压送风场所加压送风口的开启；由消防联动控制器通过联动模块向防烟风机控制箱（柜）发出控制信号，由防烟风机控制箱（柜）联动控制防烟风机的启动。

2. 排烟系统的联动控制

（1）排烟系统不同设备动作的联动触发信号要求如下：

1）排烟口、排烟窗或排烟阀开启的联动触发信号：由同一防烟分区内的两只独立的火灾探测器的报警信号组成（“与”逻辑）。

2）排烟风机启动的联动触发信号：由排烟口、排烟窗或排烟阀开启的动作信号和该防烟分区内的任一只火灾探测器或手动火灾报警按钮的报警信号组成（“与”逻辑）。

3）排烟风机停止的联动触发信号：由排烟风机入口处的总管上设置的280℃排烟防火阀的关闭信号组成。

4）电动挡烟垂壁降落的联动触发信号：同一防烟分区内且位于电动挡烟垂壁附近的两只独立的感烟火灾探测器的报警信号组成（“与”逻辑）。

（2）联动控制：由消防联动控制器通过联动模块控制排烟口、排烟窗或排烟阀开启的开启，电动挡烟垂壁的降落；由消防联动控制器通过联动模块向排烟风机控制箱（柜）发出控制信号，由排烟风机控制箱（柜）控制防烟风机的启动或停止。

3. **手动控制**

（1）能够操作消防控制室内的火灾报警控制器（联动型）或消防联动控制器手动控制盘上的控制按钮，直接手动控制防烟、排烟风机的启动与停止。

（2）能够操作消防控制室内的火灾报警控制器（联动型）或消防联动控制器手总线控制盘上的控制按钮，采用手动方式控制送风口、排烟口、排烟窗、排烟阀的开启和电动挡烟垂壁的降落。

4. **反馈信号**

送风口、排烟口、排烟窗或排烟阀开启和关闭的动作信号，防烟、排烟风机启动和停止及电动防火阀关闭的动作信号，排烟防火阀的动作信号均应反馈至消防联动控制器。

（五）自动喷水灭火系统的控制

1. **湿式系统和干式系统**

消防联动控制器在接收到符合联动控制逻辑关系的触发信号后，应能联动控制消防水泵的动作并接收系统相关设备的动作反馈信号；同时在消防控制室应能直接手动控制消防水泵的动作。

（1）消防水泵启动的联动触发信号：由报警阀压力开关的动作信号和报警阀防护区域内的任一只火灾探测器或手动火灾报警按钮的火灾报警信号组成（“与”逻辑）。

（2）联动控制：由消防联动控制器通过联动模块向消防水泵控制柜（箱）发出控制信号，由消防水泵控制柜（箱）控制消防水泵的启动。报警阀压力开关的动作信号直接连锁控制消防水泵控制箱（柜）启动消防水泵的连锁启动，不受消防联动控制器处于自动或手动状态影响。

（3）手动控制：能够操作消防控制室内的火灾报警控制器（联动型）或消防联动控制器手动控制盘上的控制按钮，直接手动控制消防水泵的启动与停止。

（4）反馈信号：水流指示器、信号阀、压力开关、消防水泵的启动和停止的动作信号应反馈至消防联动控制器。

2. **预作用系统**

消防联动控制器在接收到符合联动控制逻辑关系的触发信号后，应能联动控制预作用阀组、排气阀前的电动阀及消防水泵的动作并接收系统相关设备的动作反馈信号；同时在消防控制室应能直接手动控制预作用阀组、排气阀前的电动阀及消防水泵的动作。

（1）预作用系统不同设备动作的联动触发信号要求如下：

1）预作用阀组、排气阀前的电动阀开启的联动触发信号：由同一报警区域内两只及以上独立的感烟火灾探测器或一只感烟火灾探测器与一只手动火灾报警按钮的报警信号组成（“与”逻辑）。

2）消防水泵启动的联动触发信号组成与湿式系统和干式系统相同。

（2）联动控制：由消防联动控制器通过联动模块控制预作用阀组、排气阀前的电动阀的开启，使系统转变为湿式系统。消防水泵的联动控制要求与湿式系统和干式系统相同。

（3）手动控制：能够操作消防控制室内的火灾报警控制器（联动型）或消防联动控制器手动控制盘上的控制按钮，直接手动控制预作用阀组和排气阀前电动阀的开启、控制消防水泵的启动与停止。

（4）反馈信号：水流指示器、信号阀、压力开关、消防水泵启动和停止的动作信号，有压气体管道气压状态信号和快速排气阀入口前电动阀的动作信号应反馈至消防联动控制器。

3. 雨淋系统

消防联动控制器在接收到符合联动控制逻辑关系的触发信号后，应能联动控制雨淋阀组和消防水泵的动作并接收系统相关设备的动作反馈信号；同时在消防控制室应能直接手动控制雨淋阀组和消防水泵的动作。

（1）雨淋系统不同设备动作的联动触发信号要求如下：

1）雨淋阀组开启的联动触发信号：由同一报警区域内两只及以上独立的感温火灾探测器或一只感温火灾探测器与一只手动火灾报警按钮的报警信号组成（“与”逻辑）。

2）消防水泵启动的联动触发信号组成与湿式系统和干式系统相同。

（2）联动控制：由消防联动控制器通过联动模块控制雨淋阀组的开启，消防水泵的控制设计与湿式系统和干式系统相同。

（3）手动控制：能够操作消防控制室内的火灾报警控制器（联动型）或消防联动控制器手动控制盘上的控制按钮，直接手动控制雨淋阀组的开启、控制消防水泵的启动与停止。

（4）反馈信号：水流指示器、压力开关、雨淋阀组、消防水泵启动和停止的动作信号应反馈至消防联动控制器。

4. 自动控制的水幕系统

消防联动控制器在接收到符合联动控制逻辑关系的触发信号后，应能联动控制雨淋阀组和消防水泵的动作并接收系统相关设备的动作反馈信号；同时在消防控制室应能直接手动控制雨淋阀组和消防水泵的动作。

（1）不同功能的水幕系统，其消防水泵启动的联动触发信号要求如下：

1）用于防火卷帘的保护的水幕系统消防水泵启动的联动触发信号：由防火卷帘下落到楼板面的动作信号与本报警区域内任一火灾探测器或手动火灾报警按钮的报警信号组成（“与”逻辑）。

2）用于防火分隔的水幕系统消防水泵启动的联动触发信号：由该报警区域内两只独立的感温火灾探测器的火灾报警信号组成（“与”逻辑）。

（2）联动控制：由消防联动控制器通过联动模块控制雨淋阀组的开启，消防水泵的控制设计与湿式系统和干式系统相同。

（3）手动控制：能够操作消防控制室内的火灾报警控制器（联动型）或消防联动控制器手动控制盘上的控制按钮，直接手动控制雨淋阀组的开启、控制消防水泵的启动与停止。

（4）反馈信号：压力开关、雨淋阀组、消防水泵启动和停止的动作信号应反馈至消防联动控制器。

（六）消火栓系统的控制

消防联动控制器在接收到符合联动控制逻辑关系的触发信号后，应能联动控制消防水泵的动作并接收系统相关设备的动作反馈信号；同时在消防控制室应能直接手动控制消防水泵的动作。

（1）消防水泵启动的联动触发信号：由消火栓按钮的动作信号和消火栓所在报警区域内的火灾探测器或手动火灾报警按钮的火灾报警信号组成（“与”逻辑）。

（2）联动控制：由消防联动控制器通过联动模块向消防水泵控制柜（箱）发出控制信号，由消防水泵控制柜（箱）联动控制消防水泵的启动。消火栓系统出水干管上设置的低压压力开关、高位消防水箱出水管上设置的流量开关或报警阀压力开关等信号直接连锁控制消防水泵控制箱（柜）启动消防水泵的连锁启动，不受消防联动控制器处于自动或手动状态影响。

（3）手动控制：能够操作消防控制室内的火灾报警控制器（联动型）或消防联动控制器手动控制盘上的控制按钮，直接手动控制消防水泵的启动与停止。

（4）反馈信号：消防水泵启动和停止的动作信号应反馈至消防联动控制器。

（七）气体灭火系统的控制

气体灭火系统应由专用的气体灭火控制器控制，气体灭火控制器在接收到符合联动控制逻辑关系的触发信号后，应能联动控制相关设备的动作；同时应能采用手动方式控制相关设备的动作。在防护区域内设有手动与自动控制转换装置的系统，其手动或自动控制方式的工作状态应在防护区内外的手动和自动控制状态显示装置上显示，该状态信号应反馈至消防联动控制器。目前，气体灭火控制器分为配接火灾探测器和不配接火灾探测器两种类别。火灾发生时，根据气体灭火系统消防功能和工作原理，其联动控制分为两个阶段，不同类别的气体灭火控制器有不同的联动控制设计要求。

1. 配接火灾探测器的气体灭火系统的联动控制

（1）气体灭火系统第一阶段启动的联动控制要求如下：

1）联动触发信号：由防护区域内设置的感烟火灾探测器、其他类型火灾探测器或手动火灾报警按钮的首次报警信号作为气体灭火系统第一阶段启动的联动触发信号。

2）联动控制：气体灭火控制器在接收到首个联动触发信号后，控制该防护区内的火灾声光警报器启动。

（2）气体灭火系统第二阶段启动的联动控制要求如下：

1）联动触发信号：由同一防护区域内与首次报警的火灾探测器或手动火灾报警按钮相邻的感温火灾探测器、火焰探测器或手动火灾报警按钮的报警信号作为气体灭火系统第二阶段启动的联动触发信号。

2）联动控制：气体灭火控制器在接收到后续的联动触发信号后，执行以下联动控制操作：

①关闭防护区域的送排风机及送排风阀门。

②停止通风和空调系统及关闭设置在该防护区域的电动防火阀。

③控制防护区域开口封闭装置的启动，包括关闭防护区域的门、窗。

④启动气体灭火装置。气体灭火控制器可设定不大于30s的延迟喷射时间；平时无人工作的防护区，可设置为无延迟的喷射。

2. 不配接火灾探测器的气体灭火系统的联动控制

（1）气体灭火系统第一阶段启动的联动控制应符合以下要求：

1）联动触发信号：火灾报警控制器（联动型）接收到防护区域内设置的任一感烟火灾探测器、其他类型火灾探测器或手动火灾报警按钮的火灾报警信号后，向气体灭火控制器发送气体灭火系统第一阶段启动的联动触发信号。

2）联动控制：气体灭火控制器在接收到首个联动触发信号后，控制该防护区内的火灾声光警报器启动。

（2）气体灭火系统第二阶段启动的联动控制应符合以下要求：

1）联动触发信号：火灾报警控制器（联动型）接收到同一防护区域内与首次报警的火灾探测器或手动火灾报警按钮相邻的感温火灾探测器、火焰探测器或手动火灾报警按钮的报警信号后，向气体灭火控制器发送气体灭火系统第二阶段启动的联动触发信号。

2）联动控制信号：气体灭火控制器在接收到后续的联动触发信号后，执行以下联动控制操作：

①关闭防护区域的送排风机及送排风阀门。

②停止通风和空调系统及关闭设置在该防护区域的电动防火阀。

③控制防护区域开口封闭装置的启动，包括关闭防护区域的门、窗。

④启动气体灭火装置。气体灭火控制器可设定不大于30s的延迟喷射时间；平时无人工作的防护区，可设置为无延迟的喷射。

3. 手动控制

（1）在防护区疏散出口的门外应设置气体灭火装置的手动启、停按钮，手动启动按钮按下时，气体灭火控制器应按时序执行以下操作：

1）启动设置在该防护区内的火灾声光警报器。

2）关闭防护区域的送排风机及送排风阀门。

3）停止通风和空调系统及关闭设置在该防护区域的电动防火阀。

4）控制防护区域开口封闭装置的启动，包括关闭防护区域的门、窗。

5）启动气体灭火装置，气体灭火控制器可设定不大于30s的延迟喷射时间；启动设置在防护区入口处表示气体喷洒的火灾声光警报器。

（2）手动停止按钮按下时，气体灭火控制器应停止正在执行的操作。

4. 反馈信号

气体灭火装置启动及喷放各阶段的控制及系统的反馈信号应反馈至消防联动控制器。系统的联动反馈信号应包括下列内容：

（1）气体灭火控制器直接连接的火灾探测器的报警信号。

（2）选择阀的动作信号。

（3）压力开关的动作信号。

（八）防火门监控系统的控制设计

防火门监控器或消防联动控制器在接收到符合联动控制逻辑关系的触发信号后，应能联动控制常开防火门的关闭，并接收常开防火门和常闭防火门的动作反馈信号。

（1）联动触发信号：由常开防火门所在防火分区内的两只独立的火灾探测器或一只火灾探测器与一只手动火灾报警按钮的报警信号组成（“与”逻辑）。

（2）联动控制：消防联动控制器向防火门监控器发出控制信号，由防火门监控器联动控制常开防火门的关闭，或由消防联动控制器通过联动模块联动控制常开防火门的关闭。

（3）反馈信号：疏散通道上各防火门的开启、关闭及故障状态信号应反馈至防火门监控器。

（九）防火卷帘系统的控制设计

防火卷帘的升降应由防火卷帘控制器控制，防火卷帘控制器在接收到符合联动控制逻辑关系的触发信号后，应能联动控制防火卷帘的下降并接收防火卷帘的动作反馈信号；同时也可以采用手动方式控制防火卷帘的上升与下降。工程应用中，防火卷帘系统一般设置在疏散通道上或设置在非疏散通道上，以发挥不同的消防功能，设置在不同部位的防火卷帘的控制要求如下：

1. 疏散通道上设置的防火卷帘的控制

疏散通道上设置的防火卷帘，其下降控制分为两个阶段，即防火卷帘控制器根据不同的联动触发信号分别控制防火卷帘半降（下降至距楼板面 1.8m 处）和全降（下降至楼板面）。目前，疏散通道上设置的防火卷帘系统，其卷帘控制器分为配接火灾探测器和不配接火灾探测器两种类别，不同类别系统防火卷帘下降的联动控制要求不同。

（1）防火卷帘半降的联动控制应符合以下要求：

1）不同类别系统中，防火卷帘半降的联动触发信号组成要求如下：

①配接火灾探测器系统，防火卷帘半降的联动触发信号：由防火卷帘控制器配接的感烟火灾探测器的报警信号组成。

②不配接火灾探测器的系统，防火卷帘半降的联动触发信号：火灾报警控制器（联动型）接收到防火卷帘所在防火分区内任两只独立的感烟火灾探测器的火灾报警信号后，向防火卷帘控制器发送防火卷帘半降的联动触发信号。

2）联动控制：防火卷帘控制器在接收到满足逻辑关系的联动触发信号后，控制防火卷帘下降至距楼板面 1.8m 处。

（2）防火卷帘全降的联动控制应符合以下要求：

1）不同类别系统中，防火卷帘全降的联动触发信号组成要求如下：

①配接火灾探测器系统，防火卷帘全降的联动触发信号：由防火卷帘控制器配接的感温火灾探测器的报警信号组成。

②不配接火灾探测器系统，防火卷帘全降的联动触发信号：火灾报警控制器（联动型）接收到防火卷帘所在防火分区内任一只专门用于联动防火卷帘的感温火灾探测器

的火灾报警信号后，向防火卷帘控制器发送防火卷帘全降的联动触发信号。在卷帘的任一侧距卷帘纵深0.5～5m内应设置不少于两只专门用于联动防火卷帘的感温火灾探测器。

2）联动控制：防火卷帘控制器在接收到满足逻辑关系的联动触发信号后，控制防火卷帘下降至楼板面。

（3）手动控制：由防火卷帘两侧设置的手动控制按钮控制防火卷帘的上升和下降。

（4）反馈信号：防火卷帘下降至距楼板面1.8m处、下降到楼板面的动作信号和防火卷帘控制器直接连接的感烟、感温火灾探测器的报警信号，应反馈至消防联动控制器。

2. 非疏散通道上设置的防火卷帘的控制

与疏散通道上设置的防火卷帘不同，非疏散通道上设置的防火卷帘的仅为一个阶段，即防火卷帘控制器接收到符合控制逻辑的联动触发信号后直接控制防火卷帘下降至楼板面，而且非疏散通道上设置的防火卷帘系统，其卷帘控制器不配接火灾探测器。

（1）联动触发信号：火灾报警控制器（联动型）接收到防火卷帘所在防火分区内任两只独立的火灾探测器的火灾报警信号后，向防火卷帘控制器发送防火卷帘下降的联动触发信号。

（2）联动控制：防火卷帘控制器在接收到满足逻辑关系的联动触发信号后，控制防火卷帘下降至楼板面。

（3）防火卷帘的手动控制：由防火卷帘两侧设置的手动控制按钮控制防火卷帘的升降，并应能操作消防控制室内的火灾报警控制器（联动型）总线控制盘上的控制按钮，采用手动方式控制防火卷帘的下降。

（4）反馈信号：防火卷帘下降到楼板面的动作信号应反馈至消防联动控制器。

（十）电梯及其他相关系统设备的联动控制

1. 电梯的联动控制

消防联动控制器应具有发出联动控制信号强制所有非消防电梯停于首层或电梯转换层的功能。电梯运行状态信息和停于首层或转换层的反馈信号，应传送给消防控制室显示，轿厢内应设置能直接与消防控制室通话的专用电话。

2. 其他相关系统设备的联动控制

（1）消防联动控制器应具有切断火灾区域及相关区域的非消防电源的功能，当需要切断正常照明时，宜在自动喷淋系统、消火栓系统动作前切断。

发生火灾时可立即切断的非消防电源有：普通动力负荷、排污泵、空调用电、康乐设施、厨房设施等。发生火灾时不应立即切断的非消防电源有：正常照明、生活给水泵、安全防范系统设施、地下室排水泵、客梯和Ⅰ～Ⅲ类汽车库作为车辆疏散口的提升机。

（2）消防联动控制器应具有自动打开涉及疏散的电动栅杆等的功能，宜开启相关区域安全技术防范系统的摄像机监视火灾现场；消防联动控制器应具有打开疏散通道上由门禁系统控制的门和庭院的电动大门的功能，并应具有打开停车场出入口挡杆的功能。

六、可燃气体探测报警系统的设计

可燃气体探测报警系统适用于使用、生产或聚集可燃气体或可燃液体蒸气场所的可燃气体浓度探测，在泄漏或聚集可燃气体浓度达到爆炸下限前发出报警信号，提醒专业人员排除火灾、爆炸隐患，实现火灾的早期预防，避免火灾、爆炸事故的发生。

（一）系统设计的一般要求

可燃气体探测报警系统应作为独立的系统进行设计：

（1）可燃气体探测器应接入可燃气体报警控制器，不应直接接入火灾报警控制器的探测器回路；当可燃气体的报警信号需接入火灾自动报警系统时，应由可燃气体报警控制器接入。

（2）石化行业涉及过程控制的可燃气体探测器，可按《石油化工可燃气体和有毒气体检测报警设计标准》（GB/T 50493—2019）的有关规定设置，但其报警信号应接入消防控制室。

（3）可燃气体报警控制器的报警信息和故障信息，应在消防控制室图形显示装置或起集中控制功能的火灾报警控制器上显示，但该类信息与火灾报警信息的显示应有区别。

（4）可燃气体报警控制器发出报警信号时，应能启动保护区域的火灾声光警报器；系统保护区域内有联动和警报要求时，应由可燃气体报警控制器或消防联动控制器联动实现。

（5）可燃气体探测报警系统设置在有防爆要求的场所时，尚应符合有关防爆要求。

（二）可燃气体探测器的设置

（1）探测气体密度小于空气密度的可燃气体探测器应设置在被保护空间的顶部，探测气体密度大于空气密度的可燃气体探测器应设置在被保护空间的下部，探测气体密度与空气密度相当的可燃气体探测器可设置在被保护空间的中间部位或顶部。

（2）可燃气体探测器宜设置在可能产生可燃气体的部位附近。点型可燃气体探测器的保护半径应符合《石油化工可燃气体和有毒气体检测报警设计标准》（GB/T 50493—2019）的有关规定。线型可燃气体探测器的保护区域长度不宜大于60m。

（三）可燃气体报警控制器的设置

当有消防控制室时，可燃气体报警控制器可设置在保护区域附近；当无消防控制室时，可燃气体报警控制器应设置在有人员值班的场所。可燃气体报警控制器的设置应符合火灾报警控制器的设置要求。

七、电气火灾监控系统的设计

电气火灾监控系统适用于具有电气火灾危险的场所，尤其是变电站、石油石化、冶金等不能中断供电的重要供电场所的电气故障探测，在产生一定电气火灾隐患的条件下发出报警信号，提醒专业人员排除电气火灾隐患，实现电气火灾的早期预防，避免电气火灾的发生。

（一）系统设计的一般要求

电气火灾监控系统应作为独立的系统进行设计。

（1）非独立式电气火灾监控探测器应接入电气火灾监控器，不应直接接入火灾报警控制器的探测器回路；当线型感温火灾探测器用于电气火灾监控时，可接入电气火灾监控器。

（2）当电气火灾监控系统接入火灾自动报警系统中时，应由电气火灾监控器将报警信号传输至消防控制室图形显示装置或集中火灾报警控制器上，但其显示应与火灾报警信息有所区别。

（3）在无消防控制室且电气火灾监控探测器设置数量不超过 8 个时，可采用独立式电气火灾监控探测器。

（4）电气火灾监控系统的设置不应影响供电系统的正常工作，不宜自动切断供电电源。

（二）剩余电流式电气火灾监控探测器的设置

剩余电流式电气火灾监控探测器应以设置在低压配电系统首端为基本原则，宜设置在第一级配电柜（箱）的出线端。在供电线路自然泄漏电流大于 500mA 时，可在其下一级配电柜（箱）设置。

剩余电流式电气火灾监控探测器不宜设置在信息技术（IT）系统的配电线路和消防配电线路中。选择剩余电流式电气火灾监控探测器时，应计及供电系统自然漏流的影响，并选择参数合适的探测器；探测器报警值宜为 300～500mA。具有探测线路故障电弧功能的电气火灾监控探测器，其保护线路的长度不宜大于 100m。

（三）测温式电气火灾监控探测器的设置

测温式电气火灾监控探测器应设置在电缆接头、端子、重点发热部件等部位。保护对象为 1 000V 及以下的配电线路，测温式电气火灾监控探测器应采用接触式设置。保护对象为 1 000V 以上的供电线路，测温式电气火灾监控探测器宜选择光栅光纤测温式或红外测温式电气火灾监控探测器，光栅光纤测温式电气火灾监控探测器应直接设置在保护对象的表面。

（四）独立式电气火灾监控探测器的设置

独立式电气火灾监控探测器的设置应符合电气火灾监控探测器的设置要求。设有火灾自动报警系统时，独立式电气火灾监控探测器的报警信息和故障信息应在消防控制室图形显示装置或集中火灾报警控制器上显示，但该类信息与火灾报警信息的显示应有所区别。未设火灾自动报警系统时，独立式电气火灾监控探测器应将报警信号传至有人员值班的场所。

（五）电气火灾监控器的设置

设有消防控制室时，电气火灾监控器应设置在消防控制室内或保护区域附近；设置在保护区域附近时，应将报警信息和故障信息传入消防控制室。未设消防控制室时，电气火灾监控器应设置在有人员值班的场所。

八、系统的布线

火灾自动报警系统的线路包括供电线路、信号传输线路和控制线路，这些线路是火灾自动报警系统完成报警和控制功能的重要设施，特别是在火灾条件下，线路的可靠性是火灾自动报警系统能够保持正常工作的先决条件。

（一）布线设计的一般规定

1. 系统线路电压等级的选型要求

火灾自动报警系统的传输线路和 50V 以下供电的控制线路，应采用电压等级不低于交流 300/500V 的铜芯绝缘导线或铜芯电缆。采用交流 220/380V 的供电和控制线路，应采用电压等级不低于交流 450/750V 的铜芯绝缘导线或铜芯电缆。

2. 系统线路导体截面的选型要求

火灾自动报警系统传输线路的线芯截面选择，除应满足自动报警装置技术条件的要求外，还应满足机械强度的要求。铜芯绝缘导线和铜芯电缆线芯的最小截面面积，不应小于表 3–10–11 的规定。

表 3–10–11　铜芯绝缘导线和铜芯电缆线芯的最小截面面积

序号	类别	线芯的最小截面面积 /mm^2
1	穿管敷设的绝缘导线	1.00
2	线槽内敷设的绝缘导线	0.75
3	多芯电缆	0.50

3. 室外系统线路的敷设要求

火灾自动报警系统的供电线路和传输线路设置在室外时，应埋地敷设。火灾自动报警系统的供电线路和传输线路设置在地（水）下隧道或湿度大于 90% 的场所时，线路及接线处应做防水处理。

4. 系统采用无线通信时的设计要求

采用无线通信方式的系统设计，应符合下列规定：

（1）无线通信模块的设置间距不应大于额定通信距离的 75%。

（2）无线通信模块应设置在明显部位，且应有明显标识。

（二）室内布线设计

1. 系统线路的敷设方式及防护要求

（1）火灾自动报警系统的传输线路应采用金属管、可挠（金属）电气导管、燃烧性能 B_1 级以上的刚性塑料管或封闭式线槽保护。

（2）线路暗敷时，宜采用金属管、可挠（金属）电气导管或燃烧性能 B_1 级以上的刚性塑料管保护，并应敷设在不燃烧体的结构层内，且保护层厚度不宜小于 30mm。

（3）线路明敷时，应采用金属管、可挠（金属）电气导管或金属封闭线槽保护。矿物绝缘类不燃性电缆可明敷。

2. 系统线路绝缘护套的选型要求

（1）火灾自动报警系统的供电线路、消防联动控制线路应采用燃烧性能不低于 B_2 级的耐火铜芯电线电缆，报警总线、消防应急广播和消防专用电话等传输线路应采用燃烧性能不低于 B_2 级的铜芯电线电缆。

（2）火灾探测器的传输线路，宜选择不同颜色的绝缘导线或电缆。正极线应为红色，负极线应为蓝色或黑色。同一工程中相同用途导线的颜色应一致，接线端子应有标号。

3. 系统线路的敷设要求

（1）火灾自动报警系统用的电缆竖井，宜与电力、照明用的低压配电线路电缆竖井分别设置。如受条件限制必须合用时，应将火灾自动报警系统用的电缆和电力、照明用的低压配电线路电缆分别布置在竖井的两侧。

（2）不同电压等级的线缆不应穿入同一根保护管内，当合用同一线槽时，线槽内应有隔板分隔。

（3）采用穿管水平敷设时，除报警总线外，不同防火分区的线路不应穿入同一根管内。

（4）从接线盒、线槽等处引到探测器底座盒、控制设备盒、扬声器箱的线路，均应加金属保护管保护。

九、消防控制室

消防控制室是建筑消防系统的信息中心、控制中心、日常运行管理中心和各自动消防系统运行状态监控中心，也是建筑发生火灾和进行日常火灾演练时的应急指挥中心。

（一）消防控制室的设置要求

具有消防联动功能的火灾自动报警系统的保护对象应设置消防控制室，即采用集中报警系统或控制中心报警系统的保护对象应设置消防控制室，且消防控制室的设置要求如下：

1. 集中报警系统

采用集中报警系统的保护对象应设置一个消防控制室。

2. 控制中心报警系统

采用控制中心报警系统的保护对象应设置一个或多个消防控制室，当保护对象设置两个及以上消防控制室时，各消防控制室的设置要求如下：

（1）应确定其中一个为主消防控制室，其余的消防控制室为分消防控制室。

（2）主消防控制室的消防联动控制器应能对系统内共用的消防设备和各分消防控制室所管辖的消防设备进行控制，并显示其状态信息。

（3）主消防控制室的消防联动控制器和消防控制室图形显示装置应能显示各分消防控制室内消防设备的状态信息。

（4）各分消防控制室内的消防联动控制器和消防控制室图形显示装置之间可以互相传输、显示状态信息，但消防联动控制器之间不应互相控制。

（二）消防控制室的建筑设计要求

消防控制室的建筑设计要求如下：

（1）单独建造的消防控制室，其耐火等级不应低于二级。

（2）附设在建筑内的消防控制室，宜设置在建筑内首层的靠外墙部位，也可设置在建筑的地下一层，但应采用耐火极限不低于2.00h的隔墙和耐火极限不低于1.50h的楼板，与其他部位隔开，并应设置直通室外的安全出口。

（3）消防控制室送、回风管的穿墙处应设防火阀。

（4）消防控制室内严禁有与消防设施无关的电气线路及管路穿过。

（5）消防控制室不应设置在电磁场干扰较强及其他可能影响消防控制设备工作的设备用房附近。

（三）消防控制室设备的设置要求

1. 消防控制室设备的基本配置要求

（1）消防控制室内设置的消防设备应包括火灾报警控制器、消防联动控制器、消防控制室图形显示装置、消防专用电话总机、消防应急广播控制装置、消防应急照明和疏散指示系统控制装置、消防电源监控器等设备或具有相应功能的组合设备。

（2）消防控制室应设有用于火灾报警的外线电话。

2. 消防控制室内设备的布置要求

（1）设备面盘前的操作距离，单列布置时不应小于1.5m，双列布置时不应小于2m。

（2）在值班人员经常工作的一面，设备面盘至墙的距离不应小于3m。

（3）设备面盘后的维修距离不宜小于1m。

（4）设备面盘的排列长度大于4m时，其两端应设置宽度不小于1m的通道。

（5）与建筑其他弱电系统合用的消防控制室内，消防设备应集中设置，并应与其他设备间有明显间隔。

（四）消防控制室的资料要求

消防控制室内应保存下列纸质和电子档案资料，并对记录定期更新、保存和归档：

（1）建（构）筑物竣工后的总平面布局图、建筑消防设施平面布置图、建筑消防设施系统图及安全出口布置图、重点部位位置图等。

（2）消防安全管理规章制度、灭火和应急疏散预案等。

（3）消防安全组织结构图，包括消防安全责任人、管理人、专职和志愿消防人员等内容。

（4）消防安全培训记录、灭火和应急疏散预案的演练记录。

（5）值班情况、消防安全检查情况及巡查情况的记录。

（6）消防设施一览表，包括消防设施的类型、数量、状态等内容。

（7）消防系统控制逻辑关系说明、设备使用说明书、系统操作规程、系统和设备维护保养制度等。

（8）设备运行状况，接、报警记录，火灾处理情况，设备检修检测报告等资料。

（五）消防控制室管理及应急处置程序

1. 消防控制室的管理

消防控制室管理应实行每日 24h 专人值班制度，每班不应少于 2 人；火灾自动报警系统和灭火系统应处于正常工作状态；确保高位消防水箱、消防水池、气压水罐等消防储水设施水量充足，消防水泵出水管阀门、自动喷水灭火系统管道上的阀门常开；确保消防水泵、防烟排烟风机、防火卷帘等消防用电设备的配电柜开关处于自动位置（通电状态）。

2. 消防控制室的应急处置

消防控制室的值班应急程序应符合下列要求：接到火灾警报后，值班人员应立即以最快的方式进行确认；确认火灾后，值班人员立即将火灾报警联动控制开关转入自动状态（处于自动状态的除外），同时拨打“119”报警；值班人员还应立即启动单位内部灭火和应急疏散预案，同时报告单位负责人。

参考文献

［1］《火灾自动报警系统设计》编委会 . 火灾自动报警系统设计［M］. 成都：西南交通大学出版社，2014.

练习题

一、一级注册消防工程师

（一）单项选择题

1. 下列关于联动控制系统设备功能的说法中，错误的是（　　）。

A. 消防电动控制装置能够控制各类电动消防设施动作

B. 消防电话用于消防控制室与建筑物中各部位之间进行语音通话

C. 消防应急广播用于向现场人员通报火灾

D. 消防控制室图形显示装置用于显示消防系统的运行状态信息

2. 某大型商业综合体中设置了 3 个独立的功能区，关于该商业综合体消防控制室的设置和功能，错误的是（　　）。

A. 该综合体设有 1 个主消防控制室和 2 个分消防控制室

B. 分消防控制室可控制相邻功能区设置的消防设备

C. 主消防控制室可控制分消防控制室管辖功能区设置的消防设备

D. 分消防控制室可显示另一个分消防控制室设备的运行状态信息

3. 某建筑面积为 2 000m^2 的展厅，层高为 7m，设置了格栅吊顶，吊顶距楼板面 6m，镂空面积与吊顶的总面积之比为 10%，该展厅内感烟火灾探测器应设置的位置是（　　）。

A. 吊顶上方　　　　B. 吊顶上方和下方

C. 吊顶下方　　　　D. 根据实际试验结果确定

（二）多项选择题

1. 火灾自动报警系统的传输线路暗敷时，系统线路采取的防护措施中，正确的有（　　）。

A. 线路采用燃烧性能 B_1 级刚性塑料封闭线槽保护

B. 线路采用金属封闭线槽

C. 线路采用金属管保护

D. 线路采用可挠（金属）电气导管保护

E. 线路采用 B_1 级刚性塑料管保护

2. 某大型商业综合体首层某防火分区设有机械排烟系统，共划分为 4 个防烟分区。防烟分区间采用电动挡烟垂壁分隔，每个防烟分区均设有 5 个排烟口，该防火分区机械排烟系统的下列控制设计方案中，错误的有（　　）。

A. 由防火分区内 1 只感烟火灾探测器和 1 只手动火灾报警按钮的报警信号（“与”逻辑）作为排烟口开启的联动触发信号

B. 消防联动控制器接收到符合排烟口联动开启控制逻辑的触发信号后，联动控制开启排烟口的数量为 10 个

C. 消防联动控制器接收到防火分区内 2 只感烟火灾探测器的报警信号后，应联动控制排烟口的开启和排烟风机的启动

D. 由防火分区内 1 只感烟火灾探测器和 1 只手动火灾报警按钮的报警信号（“与”逻辑）作为电动挡烟垂壁下降的联动触发信号

E. 消防联动控制器分时联动控制排烟口的开启和电动挡烟垂壁的下降

二、二级注册消防工程师

（一）单项选择题

1. 火灾探测报警系统应由火灾探测器、手动火灾报警按钮、火灾报警控制器和（　　）等组成。

A. 消防应急广播　　B. 消防专用电话

C. 气体灭火控制器　　D. 火灾声光警报器

2. 下列设备中，不属于消防联动控制系统组成设备的是（　　）。

A. 消防水泵控制柜　　B. 消防专用电话

C. 消火栓按钮　　D. 点型感烟火灾探测器

（二）多项选择题

某办公楼设置了火灾自动报警系统，系统形式为区域报警系统，下列部件中可作为系统组件的有（　　）。

A. 输出模块　　B. 点型感烟火灾探测器

C. 手动火灾报警按钮　　D. 消防控制室图形显示装置

E. 管路采样吸气式感烟火灾探测器

第十一章　建筑防烟排烟系统

学习要求

通过本章学习，应了解自然通风与自然排烟原理，掌握自然通风与自然排烟方式的选择，熟悉自然通风与自然排烟设施的设置，掌握开窗有效面积的计算方法；熟悉机械加压送风系统和机械排烟系统的组成，了解机械加压送风和机械排烟原理，掌握机械加压送风系统和机械排烟系统的选择和主要设计参数，了解设计参数的计算方法，熟悉系统组件及其设置要求；掌握防烟排烟系统的联动控制方式。

当建筑内发生火灾时，烟气的危害十分严重。建筑中设置防烟排烟系统的作用是将火灾产生的烟气及时排除，防止和延缓烟气扩散，保证疏散通道不受烟气侵害，确保建筑物内人员顺利疏散、安全避难。同时，将火灾现场的烟和热量及时排除，以减弱火势的蔓延，为火灾扑救创造有利条件。建筑火灾烟气控制分为防烟和排烟两个方面。防烟采取自然通风和机械加压送风的形式，排烟则包括自然排烟和机械排烟两种形式。设置防烟或排烟设施的具体方式多样，应结合建筑所处的环境条件和建筑自身特点，按照相关规范的要求，进行合理的选择和组合。

第一节　防烟排烟系统的分类、组成及工作原理

一、系统分类

防烟排烟系统包括防烟系统和排烟系统。防烟系统是指通过采用自然通风方式，防止火灾烟气在楼梯间、前室、避难层（间）等空间内积聚，或通过采用机械加压送风方式阻止火灾烟气侵入楼梯间、前室、避难层（间）等空间的系统。防烟系统分为自然通风系统和机械加压送风系统。排烟系统是指采用自然排烟或机械排烟的方式，将房间、走道等空间的火灾烟气排至建筑物外的系统，分为自然排烟系统和机械排烟系统。

二、防烟系统

（一）自然通风系统

1. 自然通风系统的组成

自然通风系统主要通过可开启外窗来实现防烟。

2. 自然通风的原理

自然通风是以热压和风压作用的、不消耗机械动力的、经济的通风方式。如果室内外空气存在温度差或者窗户开口之间存在高度差，则会产生热压作用下的自然通风。当室外气流遇到建筑物时，会产生绕流流动，在气流的冲击下，将在建筑迎风面形成正压区，在建筑屋顶上部和建筑背风面形成负压区，这种建筑物表面所形成的空气静压变化即为风压。当建筑物受到热压、风压同时作用时，外围护结构上的各窗孔就会产生因内外压差引起的自然通风。由于室外风的风向和风速经常变化，因此导致风压是一个不稳定因素。

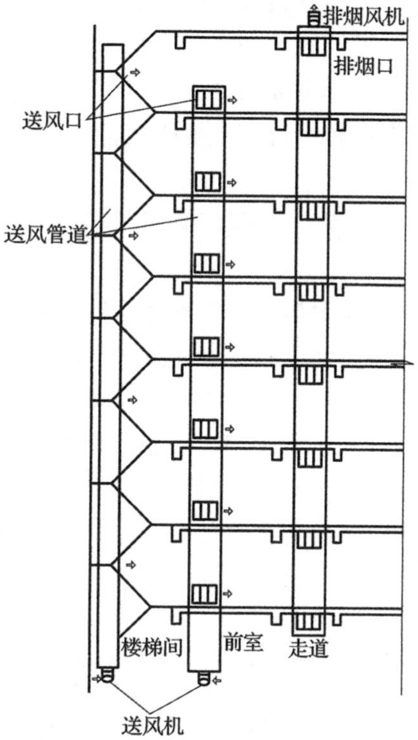

图 3–11–1　机械加压送风系统

（二）机械加压送风系统

1. 机械加压送风系统的组成

机械加压送风系统主要由送风口（阀）、送风井（管）道、送风机等组成，如图 3–11–1 所示。

2. 机械加压送风系统的工作原理

机械加压送风系统通过送风机所产生的气体流动和压力差来控制烟气流动，在建筑内发生火灾时，对着火区以外的有关区域进行送风加压，使其保持一定正压，以防止烟气侵入。

为保证疏散通道不受烟气侵害以及人员能安全疏散，从安全角度出发，加压送风时应使防烟楼梯间压力 > 前室压力 > 走道压力，同时要保证各部分之间的压差不要过大，以免造成开门困难，从而影响疏散。当火灾发生时，机械加压送风系统应能够及时开启，防止烟气侵入作为疏散通道的走廊、楼梯间及其前室，以确保有一个安全可靠、畅通无阻的疏散通道和环境，为安全疏散提供足够的时间。

三、排烟系统

（一）自然排烟系统

1. 自然排烟系统的组成

自然排烟系统主要通过设置在顶部或外墙的自然排烟窗或开口实现排烟。

2. 自然排烟的原理

自然排烟是充分利用建筑物的构造，在自然力的作用下，即利用火灾产生的热烟气流的浮力和外部风力作用，通过建筑物房间或走廊的开口把烟气排至室外的排烟方式。这种排烟方式的实质是通过室内外空气对流进行排烟。在自然排烟中，必须有冷空气的进口和热烟气的排出口。一般采用可开启外窗以及专门设置的排烟口进行自然排烟，这种排烟方式经济、简单、易操作，并具有不需使用动力及专用设备等优点。自然排烟是简单、不消耗动力的排烟方式，系统无复杂的控制方法及控制过程，因此，对于满足自然排烟条件的建筑，首先应考虑采取自然排烟方式。

（二）机械排烟系统

1. 机械排烟系统的组成

（1）机械排烟系统主要由排烟阀（口）、排烟防火阀、排烟管道、排烟风机等组成。

（2）主要组件的性能要求如下：

1）排烟防火阀和排烟阀（口）的性能要求如下：

排烟系统用的阀门主要有排烟防火阀和排烟阀，其产品性能要符合《建筑通风和排烟系统用防火阀门》（GB 15930—2007）的规定。

排烟防火阀是安装在机械排烟系统的管道上，平时呈开启状态，火灾时当排烟管道内烟气温度达到280℃时关闭，并在一定时间内能满足漏烟量和耐火完整性要求，起隔烟阻火作用的阀门。排烟防火阀一般由阀体、叶片、执行机构和温感器等部件组成。

排烟阀是安装在机械排烟系统各支管端部（烟气吸入口）处，平时呈关闭状态并满足漏风量要求，火灾或需要排烟时手动和电动打开，起排烟作用的阀门。带有装饰口或进行过装饰处理的阀门称为排烟口。排烟阀一般由阀体、叶片、执行机构等部件组成。

2）排烟风机的性能要求如下：

风机是排烟系统的核心部件，排烟风机排出的是高温烟气，除具有一般风机的性能外，还需要具有耐高温性能，应用场所不同，对排烟风机的耐高温性能要求有所不同，如对于一般建筑内用的排烟风机，应满足280℃时连续工作30min的要求，对于隧道内用的排烟风机，要求在250℃时能够连续正常运行不小于60min。排烟风机的耐高温性能应符合《消防排烟风机耐高温试验方法》（XF 211—2009）。

排烟系统主要组件的产品性能汇总见表3–11–1。

表3–11–1　排烟系统产品的主要性能要求

产品名称	应符合的标准	主要性能
排烟阀	《建筑通风和排烟系统用防火阀门》（GB 15930—2007）	复位功能、可靠性、漏风量
排烟防火阀		复位功能、温感器动作性能、可靠性、漏风量、耐火性能
排烟风机	《消防排烟风机耐高温试验方法》（XF 211—2009）	耐高温性能

2. 机械排烟系统的工作原理

当建筑物内发生火灾时，通常由火场人员手动控制或由感烟探测器将火灾信号传递给火灾报警控制器，开启活动的挡烟垂壁将烟气控制在发生火灾的防烟分区内，并打开排烟口，同时关闭空调系统和送风管道内的相关阀门，防止烟气从空调和通风系统蔓延到其他非着火房间，最后由排烟机将烟气通过排烟管道排至室外，如图3–11–2所示。

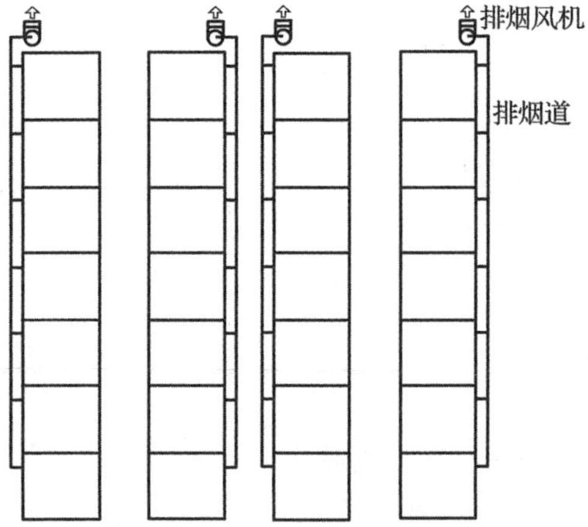

图 3-11-2　机械排烟系统

（三）补风系统

根据空气流动的原理，在排出某一区域空气的同时，需要有另一部分空气补充。当排烟系统排烟时，补风的主要目的是形成理想的气流组织，迅速排除烟气，有利于人员的安全疏散和消防救援。

补风系统应直接从室外引入空气，可采用疏散外门、手动或自动可开启外窗等自然进风方式，也可采用机械补风方式。机械补风系统主要由补风口、补风管道和补风机组成，发生火灾时，和排烟系统联动启动，靠风机向室内补充空气。

第二节　防烟排烟系统的设计及系统组件的设置

一、防烟系统

（一）防烟方式的选择

建筑防烟系统应根据建筑高度、使用性质等因素，采用自然通风系统或机械加压送风系统。

（1）建筑高度小于或等于 50m 的公共建筑、工业建筑和建筑高度小于或等于 100m 的住宅建筑，其防烟楼梯间、独立前室、共用前室、合用前室（除共用前室与消防电梯前室合用外）及消防电梯前室应采用自然通风系统。当不能设置自然通风系统时，应采用机械加压送风系统。

（2）对于建筑高度小于或等于 50m 的公共建筑、工业建筑和建筑高度小于或等于 100m 的住宅建筑，当采用全敞开的凹廊、阳台作为防烟楼梯间的前室、合用前室及消防电梯前室，或者防烟楼梯间独立前室、合用前室及消防电梯前室具有两个不同朝向的可开启外窗且可开启窗面积符合规定时，如图 3-11-3 ~ 图 3-11-5 所示，可以认为前室或合用前室自然通风，能及时排出从建筑内漏入前室或合用前室的烟气，并可防止烟气进入防烟楼梯间，此时，楼梯间可不设置防烟系统。

（3）建筑高度小于或等于 50m 的公共建筑、工业建筑和建筑高度小于或等于 100m 的住宅建筑，当独立前室、共用前室或合用前室采用机械加压送风系统，且其加压送风口设置在前室的顶部或正对前室入口的墙面上时，楼梯间可采用自然通风方式。当前室的加压送风口的设置不符合上述规定时，防烟楼梯间应采用机械加压送风系统。将前室的机械加压送风口设置在前室的顶部，其目的是形成有效阻隔烟气的风幕，而将送风口设在正对前室入口的墙面上，是为了达到正面阻挡烟气侵入前室的效果。

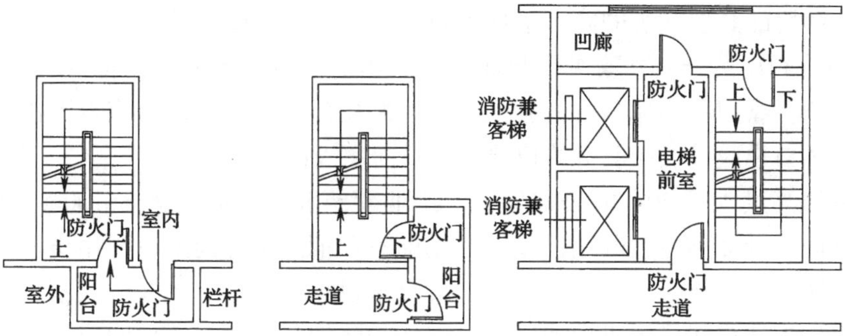

图 3-11-3　利用室外阳台或凹廊自然通风

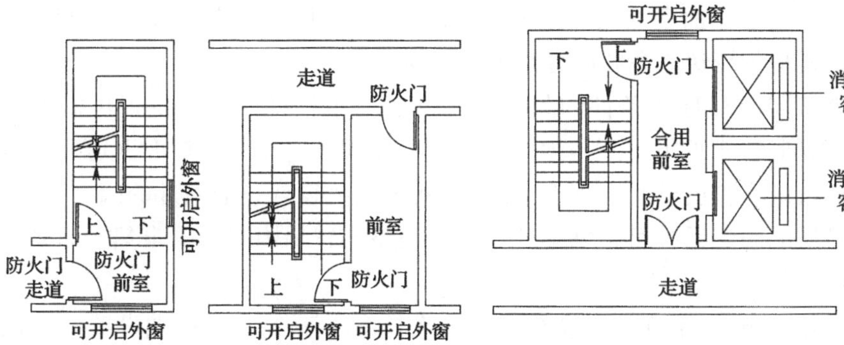

图 3-11-4　利用可开启外窗的自然通风

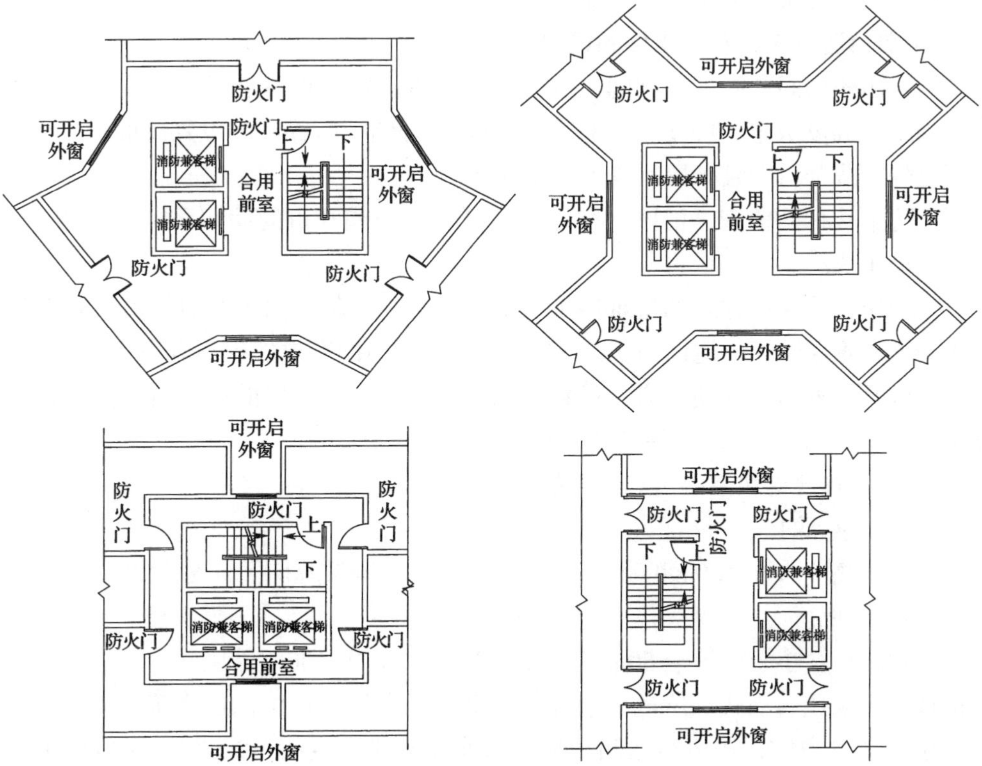

图 3-11-5　有两个不同朝向的可开启外窗防烟楼梯间合用前室

（4）带裙房的高层建筑的防烟楼梯间及其前室、消防电梯前室或合用前室，当裙房高度以上部分利用可开启外窗进行自然通风、裙房高度范围内不具备自然通风条件时，该高层建筑不具备自然通风条件的独立前室、共用前室或合用前室应设置机械加压送风系统，其送风口也应设置在前室的顶部或正对前室入口的墙面上。

（5）建筑高度大于50m的公共建筑、工业建筑和建筑高度大于100m的住宅建筑，其防烟楼梯间、独立前室、共用前室、合用前室及消防电梯前室应采用机械加压送风方式的防烟系统。

（6）当防烟楼梯间采用机械加压送风方式的防烟系统时，楼梯间应设置机械加压送风设施。当独立前室仅有一个门和走道或房间相通时，独立前室可不设机械加压送风设施。防烟楼梯间与合用前室的机械加压送风系统应分别独立设置。剪刀楼梯的两个楼梯间及其前室的机械加压送风系统应分别独立设置。

（7）不能满足自然通风条件的封闭楼梯间和防烟楼梯间，应设置机械加压送风系统。当封闭楼梯间位于地下且不与地上楼梯间共用而地下仅为一层时，可不设置机械加压送风系统，但应在首层设置不小于1.2m^{2}的可开启外窗或直通室外的门。

（8）避难层的防烟系统可根据建筑构造、设备布置等因素选择自然通风系统或机械加压送风系统。

（9）长度小于60m且两端设置安全出口或长度小于30m且一端设置安全出口的避难走道，可仅在避难走道前室设置机械加压送风系统，不满足上述条件时，避难走道及其前室应分别设置机械加压送风系统。

（二）自然通风系统及其组件的设置

（1）封闭楼梯间和防烟楼梯间，应在最高部位设置面积不小于1m^{2}的可开启外窗或开口。当建筑高度大于10m时，尚应在楼梯间的外墙上每5层内设置总面积不小于2m^{2}的可开启外窗或开口，且布置间隔不大于3层。

（2）防烟楼梯间前室、消防电梯前室可开启外窗或开口的面积不应小于2m^2，合用前室不应小于3m^2。

（3）采用自然通风方式的避难层（间）应设有不同朝向的可开启外窗，其有效面积不应小于该避难层（间）地面面积的2%，且每个朝向的有效面积不应小于2m^2。

（4）可开启外窗应方便开启，设置在高处不便于直接开启的可开启外窗应在距地面高度为1.3～1.5m的位置设置手动开启装置。

（三）机械加压送风系统及其组件的设置

1. 系统设置要求

（1）建筑高度大于100m的高层建筑，其加压送风系统应竖向分段设计，且每段高度不应超过100m。

（2）建筑高度小于或等于50m的建筑，当楼梯间设置加压送风井（管）道确有困难时，楼梯间可采用直灌式加压送风系统。建筑高度大于32m的高层建筑，应采用楼梯间多点部位送风的方式，送风口之间距离不宜小于建筑高度的1/2。加压送风口不宜设在影响人员疏散的位置。

（3）当地下室、半地下室楼梯间与地上部分楼梯间均需设置机械加压送风系统时，应分别独立设置。当受建筑条件限制且地下部分为汽车库或设备用房时，地下部分可与地上部分的楼梯间共用机械加压送风系统，但应分别计算地上、地下的加压送风量，相加后作为共用加压送风系统风量，且应采取有效措施以满足地上、地下的送风量的要求。

（4）设置机械加压送风系统的避难层（间），尚应在外墙设置可开启外窗，其有效面积不应小于该避难层（间）地面面积的1%。

2. 机械加压送风机

机械加压送风机可采用轴流风机或中、低压离心风机，其安装位置应符合下列要求：

（1）送风机的进风口宜直通室外，且应采取防止烟气被吸入的措施。

（2）送风机的进风口宜设在机械加压送风系统的下部。

（3）送风机的进风口不应与排烟风机的出风口设在同一面上。当必须设在同一面时，送风机的进风口与排烟风机的出风口应分开布置，且竖向布置时，送风机的进风口应设置在排烟风机出风口的下方，其两者边缘最小垂直距离不应小于6m；水平布置时，两者边缘最小水平距离不应小于20m。

（4）送风机宜设置在系统的下部，且应采取保证各层送风量均匀性的措施。

（5）送风机应设置在专用机房内。该房间应采用耐火极限不低于2.00h的隔墙和耐火极限不低于1.50h的楼板及甲级防火门与其他部位隔开。

（6）当在送风机出风管或进风管上安装单向风阀或电动风阀时，应采取发生火灾时阀门自动开启的措施。

3. 加压送风口

加压送风口分常开和常闭两种形式，设置要求如下：

（1）除直灌式送风方式外，楼梯间宜每隔2～3层设一个常开式百叶送风口。

（2）前室应每层设置一个常闭式加压送风口，并应设置手动开启装置。

（3）送风口的风速不宜大于7m/s。

（4）送风口不宜设置在被门挡住的位置。

需要注意的是，采用机械加压送风的场所不应设置百叶窗，不宜设置可开启外窗。

4. 送风管道

（1）送风井（管）道应采用不燃材料制作，不应采用土建井道。

（2）竖向设置的送风管道应独立设置在管道井内。当确有困难时，未设置在管道井内或与其他管道合用管道井的送风管道，其耐火极限不应低于1.00h。

（3）水平设置的送风管道，当设置在吊顶内时，其耐火极限不应低于0.50h。当未设置在吊顶内时，其耐火极限不应低于1.00h。

（4）当采用金属管道时，管道风速不应大于20m/s；当采用非金属材料管道时，不应大于15m/s。

5. 余压阀

余压阀是控制压力差的阀门。为了保证防烟楼梯间及其前室、消防电梯间前室和合用前室的正压值，防止正压值过大而导致疏散门难以推开，应在防烟楼梯间与前室之间、前室与走道之间设置余压阀，控制余压阀两侧正压间的压力差不超过设计值。

（四）机械加压送风系统的设计计算

1. 加压送风量的计算

（1）封闭避难层（间）、避难走道的机械加压送风量应按避难层（间）、避难走道净面积每平方米不少于 $30m^3/h$ 计算。避难走道前室的送风量应按直接开向前室的疏散门的总断面积乘以 1m/s 门洞断面风速计算。

（2）楼梯间或前室的机械加压送风量应按下列公式计算。

楼梯间：

$$L=L_1+L_2 \tag{3-11-1}$$

前室：

$$L=L_1+L_3 \tag{3-11-2}$$

式中 L——加压送风系统所需的总送风量（m^3/s）；

L_1——门开启时，达到规定风速值所需的送风量（m^3/s）；

L_2——门开启时，规定风速值下其他门缝漏风总量（m^3/s）；

L_3——未开启的常闭送风阀的漏风总量（m^3/s）。

根据气体流动规律，如果正压送风系统缺少必要的风量，送风口没有足够的风速，则难以阻挡烟气进入安全区域。通过工程实测得知，加压送风系统的风量仅按保持该区域门洞处的风速进行计算是不够的。这是因为门洞开启时，虽然加压送风开门区域中的压力会下降，但远离门洞开启楼层的加压送风区域或管井仍具有一定的压力，存在门缝、阀门和管道的渗漏风，使实际开启门洞风速达不到设计要求。因此，在计算系统送风量时，对于楼梯间、常开风口，按照疏散层的门开启时，其门洞达到规定风速值所需的送风量和其他门漏风总量之和计算。对于前室、常闭风口，按照其门洞达到规定风速值所需的送风量以及未开启常闭送风阀漏风总量之和计算。一般情况下，经计算后楼梯间窗缝或合用前室电梯门缝的漏风量，对总送风量的影响很小，在工程允许范围内可以忽略不计。如遇漏风量很大的情况，则计算时可加上此部分漏风量。

（3）门开启时，达到规定风速值所需的送风量应按式（3-11-3）计算：

$$L_1=A_k v N_1 \tag{3-11-3}$$

式中 A_k——一层内开启门的截面面积（m^2），对于住宅楼梯前室，可按一个门的面积取值；

v——门洞断面风速（m/s）；

N_1——设计疏散门开启的楼层数量。

当楼梯间、前室均机械加压送风时，取 v 不小于 0.7m/s；当楼梯间机械加压送风、只有一个开启门的独立前室不送风时，门洞断面风速取 v 不小于 1m/s；当消防电梯前室机械加压送风时，取 v 不小于 1m/s；当独立前室、共用前室或合用前室采用机械加压送风方式而楼梯间采用可开启外窗的自然通风方式时，通向前室疏散门的门洞风速不应小于 $0.6(A_1/A_g+1)$ m/s（A_1 为楼梯间疏散门的总面积，A_g 为前室疏散门的总面积）。

楼梯间：采用常开风口，当地上楼梯间为 24m 以下时，设计 2 层内的疏散门开启，取 $N_1=2$；当地上楼梯间为 24m 及以上时，设计 3 层内的疏散门开启，取 $N_1=3$；当为地下楼梯间时，设计 1 层内的疏散门开启，取 $N_1=1$。前室：采用常闭风口，计算风量时取 $N_1=3$。

（4）门开启时，规定风速值下的其他门漏风总量应按式（3–11–4）计算：

$$L_2=0.827\times A\times \Delta P^{1/n}\times 1.25\times N_2 \qquad (3\text{–}11\text{–}4)$$

式中　A——每个疏散门的有效漏风面积（m^2），门缝宽度为 0.002 ~ 0.004m；

ΔP——计算漏风量的平均压力差（Pa），当开启门洞处风速为 0.7m/s 时，取 ΔP=6Pa；当开启门洞处风速为 1m/s 时，取 ΔP=12Pa；当开启门洞处风速为 1.2m/s 时，取 ΔP=17Pa；

n——指数（一般取 n=2）；

1.25——不严密处附加系数；

N_2——漏风疏散门的数量，楼梯间采用常开风口，取 N_2= 加压楼梯间的总门数 $-N_1$。

（5）未开启的常闭送风阀的漏风总量应按式（3–11–5）计算：

$$L_3=0.083\times A_f N_3 \qquad (3\text{–}11\text{–}5)$$

式中　A_f——单个送风阀门的面积（m^2）；

0.083——阀门单位面积的漏风量［m^3/（s· m^2）］；

N_3——漏风阀门的数量，前室采用常闭风口，取 N_3= 楼层数 –3。

2. 加压送风量的选取

（1）机械加压送风系统的设计风量应充分考虑管道沿程损耗和漏风量，且不应小于计算风量的 1.2 倍。

（2）防烟楼梯间、前室的机械加压送风的风量应由式（3–11–2）~ 式（3–11–5）规定的计算方法确定，当系统负担建筑高度大于 24m 时，应按计算值与表 3–11–2 ~ 表 3–11–5 的值的较大值确定。

表 3–11–2　消防电梯前室加压送风的风量计算

系统负担高度 H/m	加压送风量 /（m^3/h）
24≤H<50	35 400 ~ 36 900
50≤H<100	37 100 ~ 40 200

表 3–11–3　楼梯间自然通风时独立前室、合用前室加压送风的风量计算

系统负担高度 H/m	加压送风量 /（m^3/h）
24<H≤50	42 400 ~ 44 700
50<H≤100	45 000 ~ 48 600

表 3–11–4　前室不送风时封闭楼梯间、防烟楼梯间加压送风的风量计算

系统负担高度 H/m	加压送风量 /（m^3/h）
24<H≤50	36 100 ~ 39 200
50<H≤100	39 600 ~ 45 800

表 3-11-5　防烟楼梯间及独立前室、合用前室分别加压送风的风量计算

系统负担高度 H/m	送风部位	加压送风量 / (m^3/h)
$24<H\leqslant 50$	防烟楼梯间	25 300 ~ 27 500
	合用前室	24 800 ~ 25 800
$50<H\leqslant 100$	防烟楼梯间	27 800 ~ 32 200
	合用前室	26 000 ~ 28 100

注：1. 表 3-11-2 ~ 表 3-11-5 的风量按开启 2m × 1.6m 的双扇门确定。当采用单扇门时，其风量可按乘以 0.75 计算。

2. 表 3-11-2 ~ 表 3-11-5 中风量按开启着火层及其上、下两层，共开启三层的风量计算。

3. 风量选取应按建筑高度或层数、风道材料、防火门漏风量等因素综合比较确定。

3. 风压的有关规定及计算方法

机械加压送风机的全压，除计算最不利管道压头损失外，还应有余压。机械加压送风量应满足走廊至前室至楼梯间的压力呈递增分布，余压值应符合下列要求：

（1）前室、合用前室、封闭避难层（间）、封闭楼梯间与疏散走道之间的压差应为 25 ~ 30Pa。

（2）防烟楼梯间与疏散走道之间的压差应为 40 ~ 50Pa。

（3）当系统余压值超过最大允许压力差时应采取泄压措施。疏散门的最大允许压力差应按下列公式计算：

$$P=2(F'-F_{dc})(W_m-d_m)/(W_m A_m) \quad (3-11-6)$$

$$F_{dc}=M/(W_m-d_m) \quad (3-11-7)$$

式中　P——疏散门的最大允许压力差（Pa）；

A_m——门的面积（m^2）；

d_m——门的把手到门闩的距离（m）；

M——闭门器的开启力矩（N· m）；

F'——门的总推力（N），一般取 110N；

F_{dc}——门把手处克服闭门器所需的力（N）；

W_m——单扇门的宽度（m）。

为了促使防烟楼梯间内的加压空气向走道流动，以发挥对着火层烟气的阻挡作用，要求在加压送风时，防烟楼梯间的空气压力要大于前室的空气压力，而前室的空气压力要大于走道的空气压力。对于楼梯间及前室等空间，由于加压送风作用力的方向与疏散门开启方向相反，因此，如果压力过高，造成疏散门开启困难，则影响人员安全疏散。另外，疏散门开启所克服的最大压力差应大于前室或楼梯间的设计压力值，否则不能满足防烟的需要。

二、排烟系统

（一）排烟方式的选择

建筑排烟系统的设计应根据建筑的使用性质、平面布局等因素，优先采用自然排烟

系统。不具备自然排烟条件的房间、走道及中庭等，应采用机械排烟方式。高层建筑主要受自然条件（如室外风速、风压、风向等）的影响较大，许多场所无法满足自然排烟条件，故一般多采用机械排烟方式。多层建筑受外部条件影响较小，一般多采用自然排烟方式。需要注意的是，在同一个防烟分区内不应同时采用自然排烟方式和机械排烟方式，因为这两种方式相互之间对气流会造成干扰，影响排烟效果。尤其是在排烟时，自然排烟口还可能在机械排烟系统动作后变成进风口，使其失去排烟作用。

（二）防烟分区

1. 防烟分区的划分

设置排烟系统的场所或部位应采用挡烟垂壁、结构梁及隔墙等划分防烟分区。防烟分区的划分应符合下列规定：

（1）防烟分区不应跨越防火分区。

（2）挡烟垂壁等挡烟分隔设施的深度不应小于储烟仓厚度。对于有吊顶的空间，当吊顶开孔不均匀或开孔率小于或等于 25% 时，吊顶内空间高度不得计入储烟仓厚度。

（3）设置排烟设施的建筑内，敞开楼梯和自动扶梯穿越楼板的开口部应设置挡烟垂壁等设施。

（4）公共建筑、工业建筑防烟分区的最大允许面积及其长边最大允许长度应符合表 3-11-6 的规定，当工业建筑采用自然排烟系统时，其防烟分区的长边长度尚不应大于建筑内空间净高的 8 倍。

表 3-11-6　防烟分区的最大允许面积及其长边最大允许长度

空间净高 H/m	最大允许面积 /m^2	长边最大允许长度 /m
$H \leqslant 3.0$	500	24
$3.0 < H \leqslant 6.0$	1 000	36
$H > 6.0$	2 000	60m；具有自然对流条件时，不应大于 75m

注：1. 公共建筑、工业建筑中的走道宽度不大于 2.5m 时，其防烟分区的长边长度不应大于 60m。
2. 当空间净高大于 9m 时，防烟分区之间可不设置挡烟设施。

2. 挡烟垂壁

挡烟垂壁是为了阻止烟气沿水平方向流动而垂直向下吊装在顶棚上的挡烟构件，其有效高度不小于 500mm。挡烟垂壁可采用固定式或活动式，当建筑物净空较高时可采用固定式，将挡烟垂壁长期固定在顶棚上；当建筑物净空较低时，宜采用活动式。挡烟垂壁应使用不燃材料制作，如钢板、防火玻璃、无机纤维织物、不燃无机复合板等。活动式的挡烟垂壁应由感烟探测器控制，或与排烟口联动，或受消防控制中心控制，但同时应能就地手动控制。挡烟垂壁的产品性能应符合《挡烟垂壁》（XF 533—2012）的要求。

（三）自然排烟系统及其组件的设置

（1）排烟窗应设置在排烟区域的顶部或外墙，并应符合下列规定：

1）当设置在外墙上时，排烟窗应在储烟仓以内，但走道、室内空间净高不大于 3m

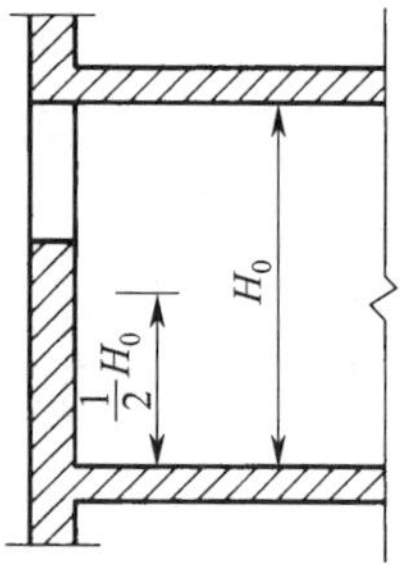

图 3-11-6　房间的排烟口位置

的区域，其自然排烟窗可设置在室内净高的 1/2 以上。根据烟气上升流动的特点，建筑内部排烟口的位置越高，排烟效果就越好，因此排烟口通常设置在墙壁上部靠近顶棚处或顶棚上。房间净高小于 3m 时，排烟口下边缘在房间总高度 1/2 以上的位置即可，如图 3-11-6 所示。

2）开启形式应有利于烟气的排出。当房间面积不大于 200m² 时，开启方向可不限。

3）宜分散均匀布置，每组排烟窗的长度不宜大于 3m。

4）设置在防火墙两侧的排烟窗之间的水平距离不应小于 2m。

5）自动排烟窗附近应同时设置便于操作的手动开启装置，手动开启装置距地面高度宜为 1.3 ~ 1.5m。

6）室内或走道的任一点至防烟分区内最近的排烟窗的水平距离不应大于 30m，当公共建筑室内高度超过 6m 且具有自然对流条件时，其水平距离可增加 25%。当工业建筑采用自然排烟方式时，其水平距离不应大于建筑内空间净高的 2.8 倍。

（2）可开启外窗的形式有侧开窗和顶开窗。侧开窗有上悬窗、中悬窗、下悬窗、平开窗和侧拉窗等，如图 3-11-7 所示。在设计时，必须将这些作为排烟使用的窗设置在储烟仓内。如果中悬窗的下开口部分不在储烟仓内，则这部分的面积不能计入有效排烟面积。在计算有效排烟面积时，侧拉窗按实际拉开后的开启面积计算，其他形式的窗按其开启投影面积计算，可参见图 3-11-7，计算公式为：

$$F_p=F_c\sin\alpha \qquad (3-11-8)$$

式中　F_p——有效排烟面积（m^2）；

F_c——窗的面积（m^2）；

α——窗的开启角度。

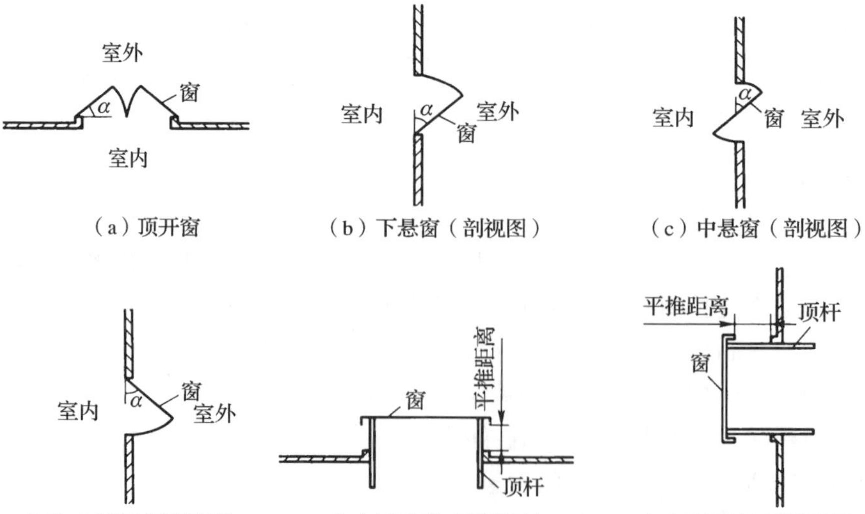

图 3-11-7　可开启外窗示意图

1）当窗的开启角度大于 70° 时，可认为已经基本开直，有效排烟面积可认为与窗面积相等。对于悬窗，应按水平投影面积计算。对于平开窗，应按垂直投影面积计算。

2）当采用百叶窗时，应按窗的有效开口面积计算。

3）当屋顶采用平推窗时，其面积可按窗的 1/2 周长与平推距离乘积计算，且不应大于窗面积［如图 3–11–7（e）所示］。当外墙采用平推窗时，其面积可按窗的 1/4 周长与平推距离乘积计算，且不应大于窗面积［如图 3–11–7（f）所示］。

（3）净空高度大于 9m 的中庭、建筑面积大于 2 000m^2 的营业厅、展览厅、多功能厅等场所设置自然排烟系统时，尚应设置集中手动开启装置和自动开启设施。

（4）厂房和仓库的外窗设置应符合下列规定：

1）侧窗应沿建筑物的两条对边均匀设置。

2）顶窗应在屋面均匀设置且宜采用自动控制方式开启；屋面斜度小于或等于 12°，每 200m^2 的建筑面积应设置相应的顶窗；屋面斜度大于 12°，每 400m^2 的建筑面积应设置相应的顶窗。

（5）除洁净厂房外，设置自然排烟或机械排烟系统的任一层建筑面积大于 2 500m^2 的制鞋、制衣、玩具、塑料、木器加工储存等丙类工业建筑，尚宜或可在屋面上设置可熔性采光带（窗），其面积应符合下列规定：

1）未设置自动喷水灭火系统的或采用钢结构屋顶或预应力混凝土屋面板的建筑，不应小于楼地面面积的 10%。

2）其他建筑不应小于楼地面面积的 5%。

3）可熔性采光带（窗）的有效面积应按其实际面积计算。

（四）机械排烟系统及其组件的设置

1. 系统设置要求

（1）当建筑的机械排烟系统沿水平方向布置时，每个防火分区的机械排烟系统应独立设置。

（2）建筑高度超过 50m 的公共建筑和建筑高度超过 100m 的住宅排烟系统应竖向分段独立设置，且每段高度，公共建筑不宜超过 50m，住宅不宜超过 100m。

（3）排烟系统与通风、空气调节系统应分开设置。当确有困难时可以合用，但应符合排烟系统的要求，且当排烟口打开时，每个排烟合用系统的管道上需联动关闭的通风和空气调节系统的控制阀门不应超过 10 个。

2. 排烟风机

（1）排烟风机可采用离心式或轴流排烟风机（满足 280℃时连续工作 30min 的要求），排烟风机入口处应设置 280℃能自动关闭的排烟防火阀，该阀应与排烟风机联锁，当该阀关闭时，排烟风机应能停止运转。

（2）排烟风机宜设置在排烟系统的顶部，烟气出口宜朝上，并应高于加压送风机和补风机的进风口。竖向布置时，送风机的进风口应设置在排烟机出风口的下方，其两者边缘最小垂直距离不应小于 6m；水平布置时，两者边缘最小水平距离不应小于 20m。

（3）排烟风机应设置在专用机房内，该房间应采用耐火极限不低于 2.00h 的隔墙和耐火极限不低于1.50h的楼板及甲级防火门与其他部位隔开。风机两侧应有600mm以上的空间。对于排烟系统与通风空气调节系统共用的系统，其排烟风机与排风风机的合用机房应符合下列规定：

1）机房内应设有自动喷水灭火系统。

2）机房内不得设有用于机械加压送风的风机与管道。

3）排烟风机与排烟管道的连接部件，应能在280℃连续工作不少于30min，保证其结构完整性。

3. 排烟防火阀

排烟防火阀安装在机械排烟系统的管道上，平时呈开启状态，火灾时当排烟管道内烟气温度达到280℃时关闭，并在一定时间内能满足漏烟量和耐火完整性要求，起隔烟阻火作用。排烟管道上需要设置排烟防火阀部位主要有：垂直风管与每层水平风管交接处的水平管段上；一个排烟系统负担多个防烟分区的排烟支管上；排烟风机入口处及排烟管道穿越防火分区处。

4. 排烟阀（口）

（1）排烟阀（口）的设置应符合下列要求：

1）排烟口应设在防烟分区所形成的储烟仓内，当用隔墙或挡烟垂壁划分防烟分区时，每个防烟分区应分别设置排烟口，排烟口的设置应经计算确定，且防烟分区内任一点与最近的排烟口的水平距离不应大于30m。

2）走道、室内空间净高不大于3m的场所内，排烟口应设置在其净空高度的1/2以上，当设置在侧墙时，其最近的边缘与吊顶的距离不应大于0.5m。

（2）发生火灾时，由火灾自动报警系统联动开启排烟区域的排烟阀（口），应在现场设置手动开启装置。

（3）排烟口的设置宜使烟流方向与人员疏散方向相反，排烟口与附近安全出口相邻边缘之间的水平距离不应小于1.5m。

（4）每个排烟口的排烟量不应大于最大允许排烟量。

（5）当排烟阀（口）设在吊顶内，并通过吊顶上部空间进行排烟时，应符合下列规定：

1）封闭式吊顶的吊平顶上设置的烟气流入口的颈部烟气速度不宜大于1.5m/s，且吊顶应采用不燃材料。

2）非封闭吊顶的吊顶开孔率不应小于吊顶净面积的25%，且应均匀布置。

（6）排烟口的风速不宜大于10m/s。

5. 排烟管道

（1）排烟管道必须采用不燃材料制作，且不应采用土建风道。当采用金属风道时，管道设计风速不应大于20m/s；当采用非金属材料风道时，管道设计风速不应大于15m/s。排烟管道的厚度应按《通风与空调工程施工质量验收规范》（GB 50243—2016）的有关规定执行。

（2）竖向设置的排烟管道应设置在独立的管道井内，排烟管道的耐火极限不应低于0.50h；水平设置的排烟管道应设置在吊顶内，其耐火极限不应低于0.50h；当确有困难时，可直接设置在室内，但管道的耐火极限不应小于 1.00h；设置在走道部位吊顶内的排烟管道，以及穿越防火分区的排烟管道，其管道的耐火极限不应小于 1.00h，但设备用房和汽车库的排烟管道耐火极限可不低于 0.50h。

（3）排烟管道井应采用耐火极限不低于 1.00h 的隔墙与相邻区域分隔；当墙上必须设置检修门时，应采用乙级防火门。

（4）当吊顶内有可燃物时，吊顶内的排烟管道应采用不燃材料进行隔热，并应与可燃物保持不小于 150mm 的距离。

（五）排烟系统的设计计算

1. 设计计算的基本要求

（1）排烟系统的设计风量不应小于该系统计算风量的 1.2 倍。

（2）当采用自然排烟方式时，储烟仓的厚度不应小于空间净高的 20%，且不应小于 500mm；当采用机械排烟方式时，不应小于空间净高的 10%，且不应小于 500mm。同时，储烟仓底部距地面的高度应大于安全疏散所需的最小清晰高度。

（3）除中庭外，下列场所每一个防烟分区的排烟量计算应符合下列规定：

1）建筑空间净高小于或等于 6m 的场所，其排烟量应按不小于 $60m^3/(h·m^2)$ 计算，且取值不小于 15 000m^3/h，或设置有效面积不小于该房间建筑面积 2% 的自然排烟窗（口）。

2）公共建筑、工业建筑中空间净高大于 6m 的场所，其每个防烟分区排烟量应根据场所内的热释放速率以及标准的相关规定计算确定，或设置自然排烟窗（口），其所需有效排烟面积应根据表 3–11–7 及自然排烟窗（口）处风速计算。

3）当公共建筑房间内与走道或回廊均需设置排烟系统时，其走道或回廊的机械排烟量可按 $60m^3/(h·m^2)$ 计算，且不小于 13 000m^3/h，或设置有效面积不小于走道、回廊建筑面积 2% 的自然排烟窗（口）。

表 3–11–7 净高大于 6m 场所的计算排烟量及自然排烟侧窗（口）处风速

空间净高 /m	办公室、学校 /（$\times 10^4m^3/h$）		商店、展览 /（$\times 10^4m^3/h$）		厂房、其他公共建筑 /（$\times 10^4m^3/h$）		仓库 /（$\times 10^4m^3/h$）	
	无喷淋	有喷淋	无喷淋	有喷淋	无喷淋	有喷淋	无喷淋	有喷淋
6	12.2	5.2	17.6	7.8	15	7	30.1	9.3
7	13.9	6.3	19.6	9.1	16.8	8.2	32.8	10.8
8	15.8	7.4	21.8	10.6	18.9	9.6	35.4	12.4
9	17.8	8.7	24.2	12.2	21.1	11.1	38.5	14.2
自然排烟侧窗（口）处风速 /（m/s）	0.94	0.64	1.06	0.78	1.01	0.74	1.26	0.84

注：1. 建筑空间净高大于 9m 的，按 9m 取值；建筑空间净高位于表中两个高度之间的，按线性插值法取值；表中建筑空间净高为 6m 处的各排烟量值为线性插值法的计算基准值。

2. 自然排烟窗（口）面积 = 计算排烟量 / 自然排烟窗（口）处风速；当采用顶开窗排烟时，其自然排烟窗（口）处风速可按侧窗（口）处风速的 1.4 倍计算。

4）当公共建筑仅需在走道或回廊设置排烟系统时，其机械排烟量不应小于13 000m^3/h，或在走道两端（侧）均设置面积不小于2m^{2}的自然排烟窗（口）且两侧自然排烟窗（口）的距离不应小于走道长度的2/3。

（4）当一个排烟系统负担多个防烟分区排烟时，其系统排烟量的计算应符合下列规定：

1）当系统负担具有相同净高场所时，对于建筑空间净高大于6m的场所，应按排烟量最大的一个防烟分区的排烟量计算；对于建筑空间净高为6m及以下的场所，应按任意两个相邻防烟分区的排烟量之和的最大值计算。

2）当系统负担具有不同净高场所时，应采用上述方法对系统中每个场所所需的排烟量进行计算，并取其中的最大值作为系统排烟量。

（5）中庭排烟量的设计计算应符合下列规定：

1）中庭周围场所设有排烟系统时，中庭采用机械排烟系统的，中庭排烟量应按周围场所防烟分区中最大排烟量的2倍数值计算，且不应小于107 000m^3/h；中庭采用自然排烟系统时，应按上述排烟量和自然排烟窗（口）处风速不大于0.5m/s计算有效开窗面积。

2）当中庭周围场所不需设置排烟系统，仅在回廊设置排烟系统时，回廊的排烟量不应小于标准的相关规定，中庭的排烟量不应小于40 000m^3/h；中庭采用自然排烟系统时，应按上述排烟量和自然排烟窗（口）处风速不大于0.4m/s计算有效开窗面积。

2. 基于烟羽流公式的计算方法

除表3-11-5中规定的场所外，其他场所的排烟量或自然排烟窗（口）面积应按照烟羽流类型，根据火灾热释放速率、清晰高度、烟羽流质量流量及烟羽流温度等参数计算确定。

（1）各类场所的火灾热释放速率可按式（3-11-9）计算且不应小于表3-11-8规定的值。设置自动喷水灭火系统的场所，其室内净高大于8m时，应按无喷淋场所对待。

表3-11-8　火灾达到稳态时的热释放速率

建筑类别	喷淋设置情况	热释放速率 Q/MW
办公室、教室、客房、走道	无喷淋	6.0
	有喷淋	1.5
商场、展览	无喷淋	10.0
	有喷淋	3.0
其他公共场所	无喷淋	8.0
	有喷淋	2.5
汽车库	无喷淋	3.0
	有喷淋	1.5

续表 3-11-8

建筑类别	喷淋设置情况	热释放速率 Q/MW
厂房	无喷淋	8.0
	有喷淋	2.5
仓库	无喷淋	20.0
	有喷淋	4.0

$$Q=\alpha t^2 \quad (3\text{-}11\text{-}9)$$

式中　Q——热释放速率（kW）；

t——自动灭火系统启动时间（s）；

α——火灾增长系数（kW/s^2），可按表 3-11-9 取值。

表 3-11-9　火灾增长系数

火灾类别	典型的可燃材料	火灾增长系数 /（kW/s^2）
慢速火	硬木家具	0.002 78
中速火	棉质、聚酯垫子	0.011
快速火	装满的邮件袋、木制货架托盘、泡沫塑料	0.044
超快速火	池火、快速燃烧的装饰家具、轻质窗帘	0.178

（2）走道、室内空间净高不大于 3m 的区域，其最小清晰高度不应小于其净高的 1/2，其他区域的最小清晰高度应按下式计算：

$$H_q=1.6+0.1H \quad (3\text{-}11\text{-}10)$$

式中　H_q——最小清晰高度（m）；

H——对于单层空间，取排烟空间的建筑净高（m）；对于多层空间，取最高疏散楼层的层高（m）。

（3）烟羽流质量流量计算宜符合下列规定：

1）轴对称型烟羽流：

当 $Z>Z_1$ 时，$$M_\rho=0.071Q_c^{\frac{1}{3}}Z^{\frac{5}{3}}+0.001\,8Q_c \quad (3\text{-}11\text{-}11)$$

当 $Z\leqslant Z_1$ 时，$$M_\rho=0.032Q_c^{\frac{5}{3}}Z \quad (3\text{-}11\text{-}12)$$

$$Z_1=0.166Q_c^{\frac{2}{5}} \quad (3\text{-}11\text{-}13)$$

式中　Q_c——热释放速率的对流部分，一般取值为 $Q_c=0.7Q$（kW）；

Z——燃料面到烟层底部的高度（m，取值应大于或等于最小清晰高度与燃料面高度之差）；

Z_1——火焰极限高度（m）；

M_ρ——烟羽流质量流量（kg/s）。

2）阳台溢出型烟羽流：

$$M_{\rho}=0.36\ (QW^{2})^{\frac{1}{3}}\ (Z_{b}+0.25H_{1}) \tag{3-11-14}$$

$$W=w+b \tag{3-11-15}$$

式中　H_1——燃料面至阳台的高度（m）；

Z_b——从阳台下缘至烟层底部的高度（m）；

W——烟羽流扩散宽度（m）；

w——火源区域的开口宽度（m）；

b——从开口至阳台边沿的距离（m），$b\neq 0$。

3）窗口型烟羽流：

$$M_{\rho}=0.68\ (A_{w}H_{w}^{\frac{1}{2}})^{\frac{1}{3}}\ (Z_{w}+\alpha_{w})^{\frac{5}{3}}+1.59A_{w}H_{w}^{\frac{1}{2}} \tag{3-11-16}$$

$$\alpha_{w}=2.4A_{w}^{\frac{2}{5}}H_{w}^{\frac{1}{5}}-2.1H_{w} \tag{3-11-17}$$

式中　A_w——窗口开口的面积（m^2）；

H_w——窗口开口的高度（m）；

Z_w——窗口开口的顶部到烟层底部的高度（m）；

α_w——窗口型烟羽流的修正系数（m）。

（4）烟层平均温度与环境温度的差可按下式计算：

$$\Delta T=KQ_{c}/M_{\rho}C_{p} \tag{3-11-18}$$

式中　ΔT——烟层平均温度与环境温度的差（K）；

C_p——空气的定压比热，一般取 C_p=1.01kJ/（kg·K）；

K——烟气中对流放热量因子。当采用机械排烟系统时，取 K=1；当采用自然排烟系统时，取 K=0.5。

（5）每个防烟分区排烟量可按下列公式计算：

$$V=M_{\rho}T/\rho_{0}T_{0} \tag{3-11-19}$$

$$T=T_{0}+\Delta T \tag{3-11-20}$$

式中　V——排烟量（m^3/s）；

ρ_0——环境温度下的气体密度（kg/m^3），通常 ρ_0=1.2kg/m^3；

T_0——环境的绝对温度（K），通常 T_0=293.15K；

T——烟层的平均绝对温度（K）。

（6）机械排烟系统中，单个排烟口的最大允许排烟量 V_{max} 宜按下式计算：

$$V_{max}=4.16\gamma d_{b}^{\frac{5}{2}}\left(\frac{T-T_{0}}{T_{0}}\right)^{\frac{1}{2}} \tag{3-11-21}$$

式中　V_{max}——排烟口最大允许排烟量（m^3/s）；

γ——排烟位置系数，当风口中心点到最近墙体的距离不小于 2 倍的排烟口当量直径时，γ 取 1；当风口中心点到最近墙体的距离小于 2 倍的排烟口当量直径时，γ 取 0.5；当吸入口位于墙体上时，γ 取 0.5；

d_b——排烟系统吸入口最低点之下烟气层厚度（m）；

T——烟层的平均绝对温度（K）；

T_0——环境的绝对温度（K）。

（7）采用自然排烟方式所需自然排烟窗（口）截面面积宜按下式计算：

$$A_v C_v = \frac{M_\rho}{\rho_0}\left[\frac{T^2 + (A_v C_v / A_0 C_0)^2 T T_0}{2 g d_b \Delta T T_0}\right]^{\frac{1}{2}} \tag{3-11-22}$$

式中　A_v——自然排烟窗（口）截面面积（m^2）；

A_0——所有进气口总面积（m^2）；

C_v——自然排烟窗（口）流量系数，通常选定范围为 0.5～0.7；

C_0——进气口流量系数，通常约为 0.6；

g——重力加速度（m/s^2）。

（六）补风系统

除地上建筑的走道或建筑面积小于 500m^2 的房间外，设置排烟系统的场所应设置补风系统。

（1）补风系统可采用疏散外门、手动或自动可开启外窗等自然进风方式以及机械送风方式。防火门、窗不得用作补风设施。风机应设置在专用机房内。

（2）补风系统应直接从室外引入空气，补风量不应小于排烟量的 50%。

（3）机械补风口的风速不宜大于 10m/s，人员密集场所补风口的风速不宜大于 5m/s；自然补风口的风速不宜大于 3m/s。

（4）当补风口与排烟口设置在同一空间内相邻的防烟分区时，补风口位置不限；当补风口与排烟口设置在同一防烟分区时，补风口应设在储烟仓下沿以下，补风口与排烟口水平距离不应小于 5m。机械送风口或自然补风口设于储烟仓以下，才能形成理想的气流组织。如果补风口设置位置不当，则会造成对流动烟气的搅动，严重影响烟气导出的有效组织，或由于补风受阻，使排烟气流无法稳定导出，因此必须对补风口的设置做出严格规定。

（5）补风机的设置与机械加压送风机的要求相同。排烟区域所需的补风系统应与排烟系统联动开闭。

三、防烟排烟系统的联动控制

（一）防烟系统的联动控制

当某一防火分区发生火灾时，将该防火分区内的感烟、感温探测器探测到的火灾信号发送至火灾报警控制器（联动型）或消防联动控制器，控制器发出开启与探测器对应的该防火分区内着火层及其相邻上下层前室及合用前室的常闭送风口的信号，至相应送风口的火警联动模块，由它开启送风口，消防控制中心收到送风口动作信号，就发出指令给装在加压送风机附近的火警联动模块，启动前室及合用前室的加压送风机，同时启动该防火分区内所有楼梯间的加压送风机。当确认火灾后，火灾自动报警系统应能在 15s 内联动开启常闭加压送风口和加压送风机。除火警信号联动外，还可以通过联动模块在消防控制室直接点动控制，或在消防控制室通过多线控制盘直接手动启动加压送风机，也可手动开启常闭型加压送风口，由送风口开启信号联动加压送风机。另外，可在现场通过就地启停按钮控制风机的启停。当系统中任一常闭加压送风口开启时，相应加压送风机应能联动启动。消防联动控制器应显示防烟系统的送风机和阀门等设施的启闭状态。防烟楼梯间及前室、消防电梯间前室和合用前室加压送风控制程序示意如图 3-11-8 所示。

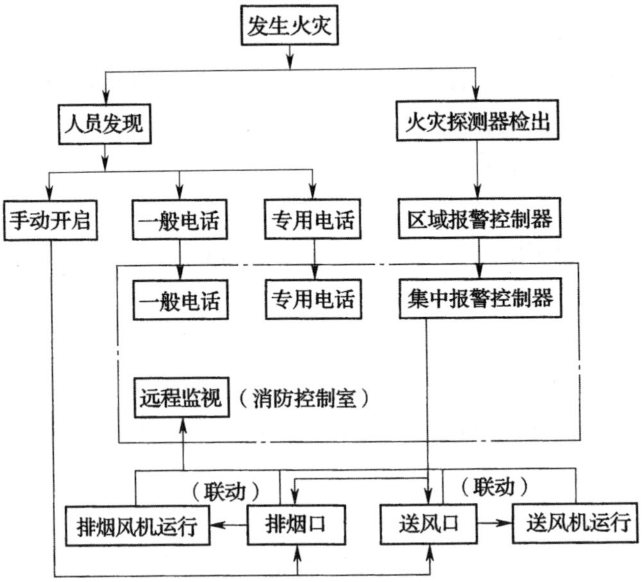

图 3-11-8　机械加压送风系统控制程序

（二）排烟系统的联动控制

机械排烟系统中的常闭排烟阀（口）应设置火灾自动报警系统联动开启功能和就地开启的手动装置，并与排烟风机联动。发生火警时，与排烟阀（口）相对应的火灾探测器探测到火灾信号并发送至火灾报警控制器（联动型），控制器发出开启排烟阀（口）信号至相应排烟阀（口）的火警联动模块，由它开启排烟阀（口），排烟阀（口）的电源是直流 24V。消防联动控制器收到排烟阀（口）动作信号，就发出指令给装在排烟风机、补风机附近的火警联动模块，启动排烟风机和补风机。除火警信号联动外，还可以通过联动模块在消防控制室直接点动控制，或在消防控制室通过多线控制盘直接手动启动，也可现场手动启动排烟风机和补风机。当确认火灾后，火灾自动报警系统应在 15s 内联动开启同一排烟区域的全部排烟阀（口）、排烟风机和补风设施，并应在 30s 内自动关闭与排烟无关的通风、空调系统。负担两个及以上防烟分区的排烟系统，应仅打开着火防烟分区的排烟阀（口），其他防烟分区的排烟阀（口）应呈关闭状态。当系统中任一排烟阀（口）开启时，相应的排烟风机和补风机应能联动启动。消防联动控制器应显示排烟系统的排烟风机、补风机、阀门等设施的启闭状态。联动运行方式示意如图 3-11-9 所示。

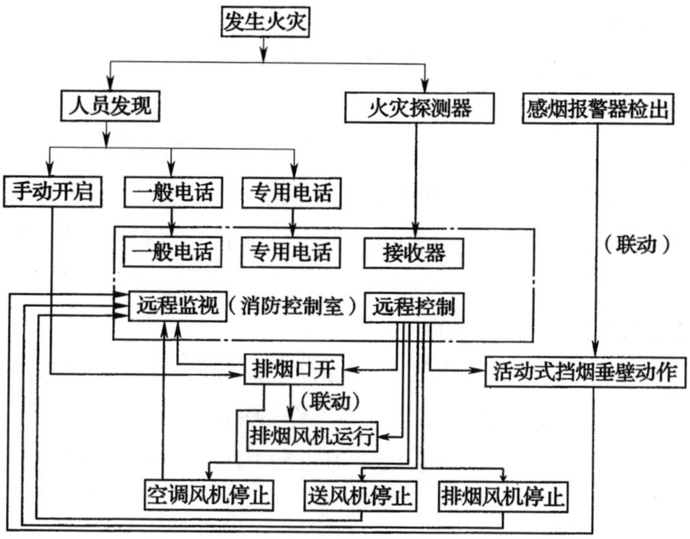

图 3-11-9　机械排烟系统联动控制程序

参考文献

［1］何天祺 . 供暖通风与空气调节［M］. 重庆：重庆大学出版社，2008.

［2］全国勘察设计注册工程师公用设备专业管理委员会秘书处 . 全国勘察设计注册公用设备工程师暖通空调专业考试复习教材［M］.2 版 . 北京：中国建筑工业出版社，2006.

［3］孙景芝，韩永学 . 电气消防［M］. 2 版 . 北京：中国建筑工业出版社，2005.

练习题

一、一级注册消防工程师

（一）单项选择题

1. 下列建筑中，当其楼梯间的前室或合用前室采用敞开阳台时，楼梯间可不设置防烟系统的是（　　）。

A. 建筑高度为 68m 的旅馆建筑　　B. 建筑高度为 52m 的生产建筑

C. 建筑高度为 81m 的住宅建筑　　D. 建筑高度为 52m 的办公建筑解析

2. 机械加压送风系统启动后，按照余压值从大到小排列，排序正确的是（　　）。

A. 走道、前室、防烟楼梯间　　B. 前室、防烟楼梯间、走道

C. 防烟楼梯间、前室、走道　　D. 防烟楼梯间、走道、前室

3. 某建筑高度为 156m 的公共建筑设有机械加压送风系统。根据《建筑防烟排烟系统技术标准》（GB 51251—2017），该机械加压送风系统的下列设计方案中，错误的是（　　）。

A. 封闭避难层的送风量按避难层净面积每平方米不小于 25m^3/h 确定

B. 楼梯间与走道之间的压差为 40Pa

C. 前室与走道之间的压差为 25Pa

D. 机械加压送风系统按服务区段高度分段独立设置

（二）多项选择题

1. 某商业建筑，建筑高度为 23m，共 5 层，每层建筑面积为 5 000m^2，室内净空高度大于 3m 但不超过 5m。设置有自动喷水灭火系统、火灾自动报警系统和机械排烟系统等消防设施，防烟分区划分采用活动挡烟垂壁。下列关于该建筑机械排烟系统的说法中正确的有（　　）。

A. 各防烟分区面积最大可为 500m^2

B. 一个防烟分区的排烟量应按不小于 50m^3/（h·m^2）计算，且取值不小于 15 000m^3/h

C. 采用的排烟风机应能在 280℃时连续工作 30min

D. 火灾确认后，火灾自动报警系统应在 15s 内联动相应防烟分区的全部活动挡烟垂壁

E. 排烟口应设置现场手动开启装置

2. 下列建筑的防烟楼梯间，应采用机械加压送风系统的有（　　）。

A. 建筑高度为 120m 的住宅楼　　B. 建筑高度为 60m 的办公楼

C. 建筑高度为 30m 的酒店　　D. 建筑高度为 33m 的厂房

E. 建筑高度为 60m 的住宅楼

二、二级注册消防工程师

（一）单项选择题

1. 下列关于防烟分区划分的说法中，错误的是（　　）。

A. 防烟分区可采用防火隔墙划分

B. 防烟分区可以跨越防火分区

C. 一个防火分区可划分为多个防烟分区

D. 防烟分区可采用在楼板下突出 0.8m 的结构梁划分

2. 某民用建筑，各房间净空高度均不大于 6.0m，采用了自然排烟系统，则防烟分区内任一点至最近排烟窗的水平距离不应大于（　　）m。

A. 20　　B. 35　　C. 50　　D. 30

（二）多项选择题

关于加压送风系统控制要求的说法，正确的有（　　）。

A. 加压送风机应能现场手动启动

B. 加压送风机应能通过火灾自动报警系统自动启动

C. 加压送风机应能在消防控制室手动启动

D. 防火分区内确认火灾后，应能在 20s 内联动开启加压送风机

E. 系统中任一常闭加压送风口开启时，加压送风机应能自动启动

第十二章 消防应急照明和疏散指示系统

学习要求

通过本章学习，应了解消防应急照明和疏散指示系统的组成和工作原理，掌握系统的设计要求。

消防应急照明和疏散指示系统是一种辅助人员安全疏散和消防作业的消防系统，其主要功能是在火灾等紧急情况下，为人员的安全疏散和灭火救援行动提供必要的照度条件及正确的疏散指示信息。科学合理地进行系统的设计、安装，才能有效保障系统在火灾等紧急情况下发挥其应有的消防功能。

第一节 系统的分类、组成、工作原理及产品性能要求

消防应急照明和疏散指示系统由消防应急照明灯具、消防应急标志灯具及相关装置构成。消防应急照明和疏散指示系统的强制性国家标准主要是《消防应急照明和疏散指示系统》(GB 17945—2010)。消防应急照明和疏散指示系统属于强制性认证产品，进入市场的产品需要通过强制性的检测和强制性的认证审核并加贴认证标志，没有获得指定认证机构的认证证书的产品，没有按照规定加施认证标志的产品，一律不得出厂销售和在经营服务场所使用。

《建筑设计防火规范》(GB 50016—2014，2018 年版)对消防应急照明和疏散指示系统的设置场所做出了相应的规定，但对系统设计要求和系统施工、调试、检测、验收与维护保养相关要求是在《消防应急照明和疏散指示系统技术标准》(GB 51309—2018)的相关章节进行详细具体规定的。该标准的发布实施能够确保系统本身对人员的安全疏散和灭火救援活动不存在安全隐患，同时确保系统在火灾、应急事故等紧急情况发生时能够及时、可靠的动作，为人员安全疏散提供必要的照度条件，提供准确、及时的疏散指示信息。

一、消防应急灯具分类

消防应急灯具是在火灾等紧急情况下，为人员疏散、消防作业提供照明和指示标志的各类灯具，包括消防应急照明灯具、消防应急标志灯具和消防应急照明标志复合灯具，其分类如图 3-12-1 所示。

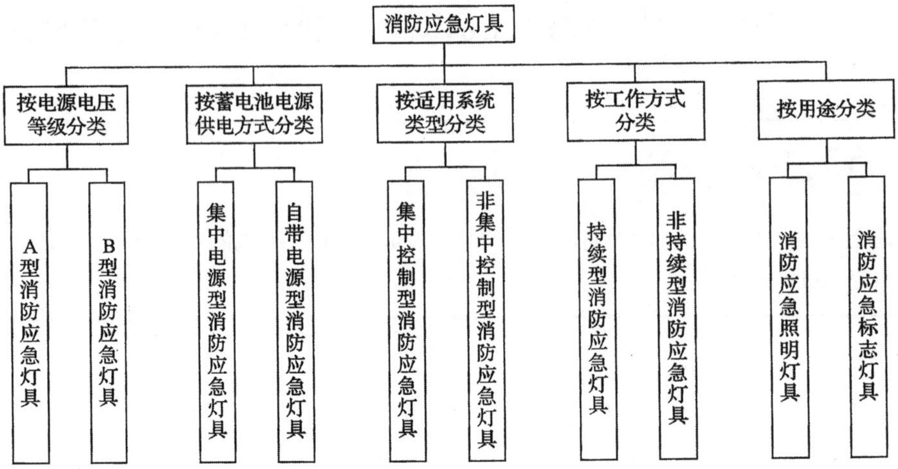

图 3–12–1　消防应急灯具分类

（一）按电源电压等级分类

消防应急灯具分为 A 型消防应急灯具和 B 型消防应急灯具。A 型消防应急灯具的主电源和蓄电池电源额定工作电压均不大于 DC36V，B 型消防应急灯具的主电源或蓄电池电源额定工作电压大于 DC36V 或 AC36V。

（二）按蓄电池电源供电方式分类

消防应急灯具分为自带电源型消防应急灯具和集中电源型消防应急灯具。应急条件下，自带电源型消防应急灯具由自带的蓄电池作为电源供电；集中电源型消防应急灯具由应急照明集中电源对灯具进行集中供电。

（三）按适用系统类型分类

消防应急灯具分为集中控制型消防应急灯具和非集中控制型消防应急灯具。集中控制型消防应急灯具为组成集中控制型系统的主要部件，由应急照明控制器集中控制并显示其工作状态；非集中控制型消防应急灯具为组成非集中控制型系统的主要部件，由应急照明集中电源或应急照明配电箱控制其应急启动。

（四）按工作方式分类

消防应急灯具分为持续型消防应急灯具和非持续型消防应急灯具。持续型消防应急灯具在正常工作状态下光源处于节电点亮模式，在火灾或其他紧急状态下控制光源转入应急点亮模式；非持续型消防应急灯具在正常工作状态下光源处于熄灭模式，在火灾或其他紧急状态下控制光源转入应急点亮模式。

（五）按用途分类

消防应急灯具分为消防应急照明灯具和消防应急标志灯具。消防应急照明灯具为人员疏散、消防作业提供照明；消防应急标志灯具用图形或文字标示疏散导引信息，包括指示安全出口、疏散出口、避难层（间）；指示疏散方向；指示楼层；指示禁止入内的出入口、通道、场所及危险品存放处等信息。

二、系统的组成

消防应急照明和疏散指示系统是在火灾等紧急情况下，为人员疏散、消防作业提供照明和疏散指示的系统，由各类消防应急灯具及相关装置组成。系统按灯具控制方式的不同，分为集中控制型系统和非集中控制型系统两类。

（一）集中控制型系统

集中控制型系统设置应急照明控制器。应急照明控制器集中控制并显示应急照明集中电源或应急照明配电箱及其配接的消防应急灯具的工作状态。应急照明集中电源是以蓄电池电源为储能装置，为集中电源型消防应急灯具进行供电的电源。应急照明配电箱是为自带电源型消防应急灯具进行主电源配电的装置。

根据蓄电池电源供电方式的不同，集中控制型系统分为灯具电源采用集中电源供电方式的集中控制型系统和灯具蓄电池电源采用自带蓄电池供电方式的集中控制型系统两类。

1. 采用集中电源供电方式的集中控制型系统

灯具的主电源和蓄电池电源采用应急照明集中电源供电方式的集中控制型系统，由应急照明控制器、应急照明集中电源、集中电源集中控制型消防应急灯具及相关附件组成，系统组成如图 3–12–2 所示。

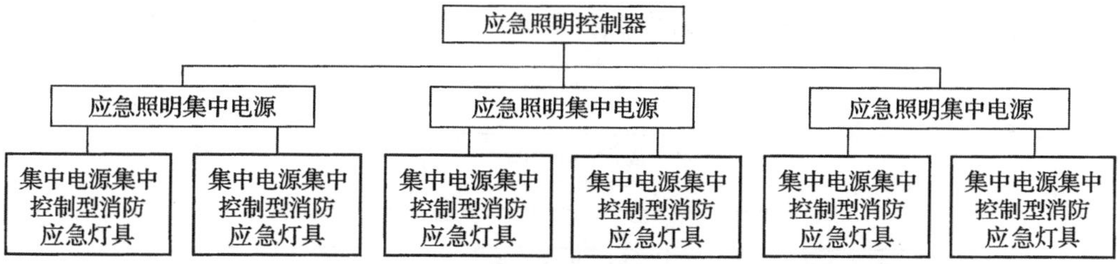

图 3–12–2 灯具采用集中电源供电方式的集中控制型系统

2. 采用自带蓄电池供电方式的集中控制型系统

灯具的蓄电池电源采用自带蓄电池供电方式的集中控制型系统，由应急照明控制器、应急照明配电箱、自带电源集中控制型消防应急灯具及相关附件组成，系统组成如图 3–12–3 所示。

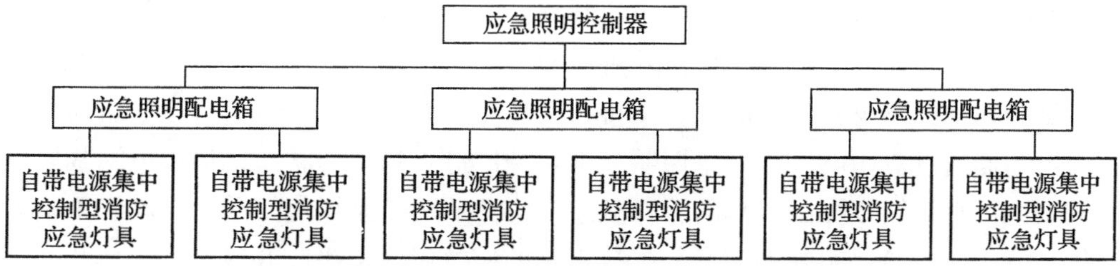

图 3–12–3 灯具采用自带蓄电池供电方式的集中控制型系统

（二）非集中控制型系统

非集中控制型系统未设置应急照明控制器，由应急照明集中电源或应急照明配电箱分别控制主电源和蓄电池电源转换，控制其配接消防应急灯具的工作状态。根据蓄电池电源供电方式的不同，非集中控制型系统分为灯具电源采用集中电源供电方式的非集中控制型系统和灯具蓄电池电源采用自带蓄电池供电方式的非集中控制型系统两类。

1. 采用集中电源供电方式的非集中控制型系统

灯具的主电源和蓄电池电源采用应急照明集中电源供电方式的非集中控制型系统，由应急照明集中电源、集中电源非集中控制型消防应急灯具及相关附件组成，系统组成如图 3–12–4 所示。

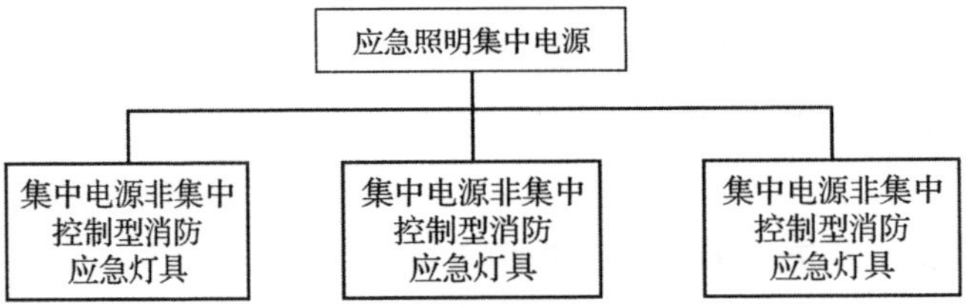

图 3–12–4　灯具采用集中电源供电方式的非集中控制型系统

2. 采用自带蓄电池供电方式的非集中控制型系统

灯具的蓄电池电源采用自带蓄电池供电方式的非集中控制型系统，由应急照明配电箱、自带电源非集中控制型消防应急灯具及相关附件组成，系统组成如图 3–12–5 所示。

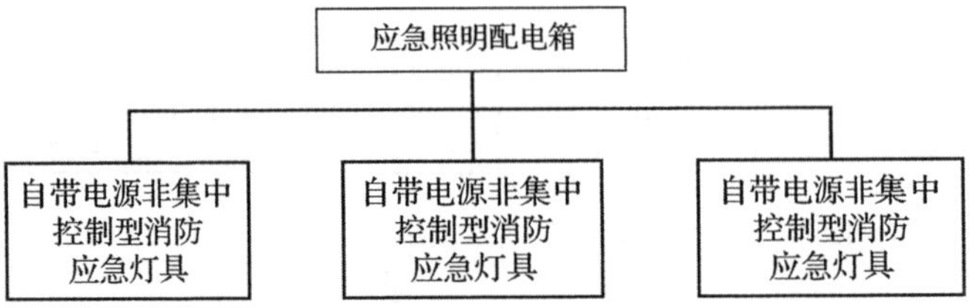

图 3–12–5　灯具采用自带蓄电池供电方式的非集中控制型系统

三、系统的工作原理

（一）集中控制型系统

集中控制型系统中设置有应急照明控制器，应急照明控制器采用通信总线与其配接的集中电源或应急照明配电箱连接，并进行数据通信；集中电源或应急照明配电箱通过配电回路和通信回路与其配接的灯具连接，为灯具供配电，并与灯具进行数据通信。应急照明控制器通过集中电源或应急照明配电箱控制灯具的工作状态，集中电源或应急照明配电箱也可直接联锁控制灯具的工作状态。应急照明控制器能够采用自动和手动方式控制集中电源或应急照明配电箱及其配接灯具的应急启动，接收并显示其工作状态。集中控制型系统的系统架构如图 3–12–6 和图 3–12–7 所示。

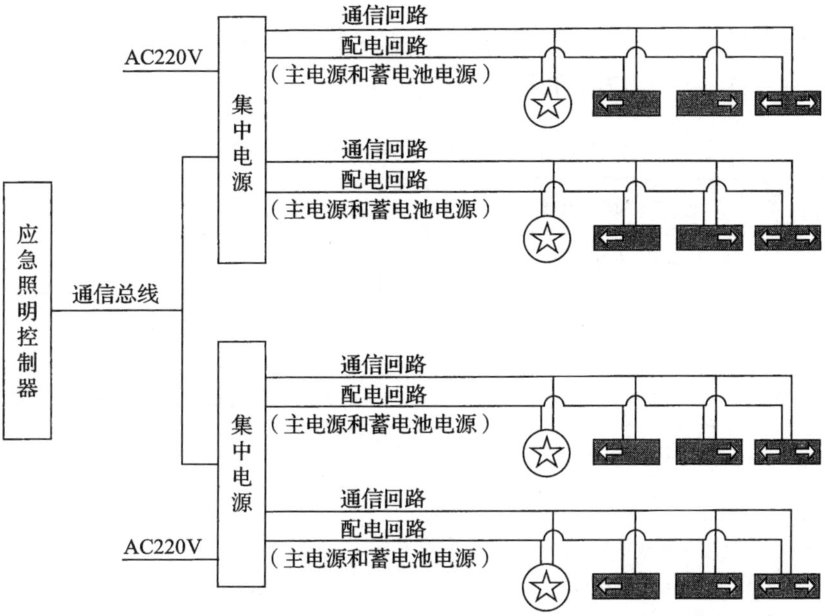

图 3-12-6 灯具采用集中电源供电方式的集中控制型系统的系统架构

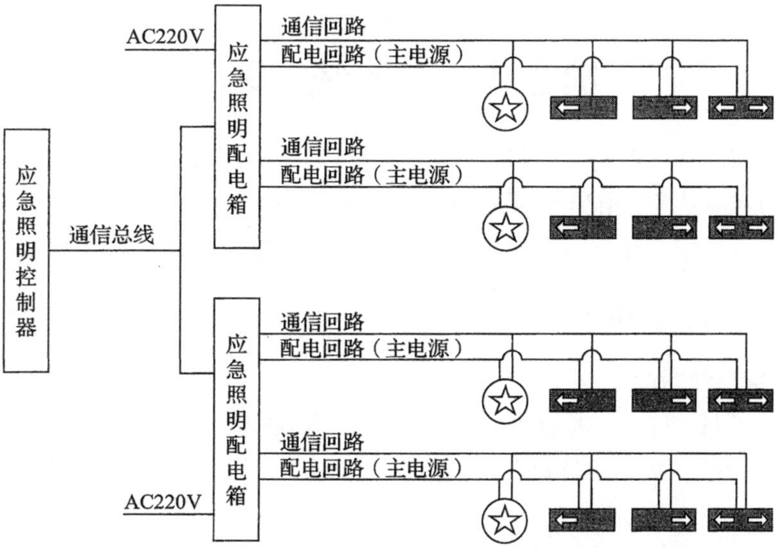

图 3-12-7 灯具采用自带电源供电方式的集中控制型系统的系统架构

（二）非集中控制型系统

非集中控制型系统中未设置应急照明控制器，应急照明集中电源或应急照明配电箱通过配电回路与其配接的灯具连接，为灯具供配电。非集中控制型系统中，应急照明集中电源或应急照明配电箱直接控制其配接灯具的工作状态，可采用自动和手动方式控制应急照明集中电源或应急照明配电箱及其配接灯具的应急启动。

四、产品的主要性能要求

工程应用中采用的消防应急照明和疏散指示系统产品应是满足相关国家标准要求的定型产品，并应具有表 3-12-1 的相关性能。

表 3-12-1　消防应急照明和疏散指示系统产品的主要性能要求

产品名称	应符合的标准	主要性能
消防应急标志灯具	《消防应急照明和疏散指示系统》（GB 17945—2010）	基本功能（应急时间、表面亮度、自检功能）、充放电性能、转换电压性能
消防应急照明灯具	《消防应急照明和疏散指示系统》（GB 17945—2010）	基本功能（应急时间、光通量、自检功能）、充放电性能、转换电压性能
应急照明集中电源	《消防应急照明和疏散指示系统》（GB 17945—2010）	基本功能（应急转换功能、自检功能、故障报警功能）、充放电性能、转换电压性能
应急照明控制器	《消防应急照明和疏散指示系统》（GB 17945—2010）	基本功能（控制功能、信息显示功能、故障报警功能、自检功能）
应急照明配电箱	《消防应急照明和疏散指示系统》（GB 17945—2010）	基本功能（应急转换功能、转换时间性能）

第二节　系统设计

消防应急照明和疏散指示系统的设计应遵循系统架构简洁、控制简单的基本设计原则，包括灯具布置、系统配电、系统在非火灾状态下的控制设计、系统在火灾状态下的控制设计等内容；集中控制型系统还应包括应急照明控制器和系统通信线路的设计。

一、系统的主要功能

（一）应急启动功能

在火灾等紧急情况下，应能采用自动和手动方式控制消防应急照明和疏散指示系统的应急启动，即控制系统的灯具和相关设备转入应急工作状态，发挥其疏散照明和疏散指示的作用。

（二）集中控制型系统的应急状态保持功能

系统应急启动后，除指示状态可变的标志灯具外，集中控制型系统内的各类设备应保持应急工作状态直到系统复位。

二、系统的基本性能

（一）系统的持续应急时间

系统的持续应急时间是指系统应急启动后，灯具、应急照明集中电源等设备在蓄电池供电状态下保持应急工作状态的持续时间。系统的持续应急时间不应小于设置场所所需的持续应急时间。系统的持续应急时间是保障系统在火灾等紧急情况下持续发挥疏散照明和疏散指示作用的关键指标。不同类别建（构）筑物的持续应急时间应符合下列规定：

（1）建筑高度大于 100m 的民用建筑，不应小于 1.5h。

（2）建筑高度不大于 100m 的医疗建筑、老年人照料设施、总建筑面积大于 100 000m^2 的公共建筑水利工程、水电工程和总建筑面积大于 20 000m^2 的地下、半地下建筑，不应小于 1h。

（3）其他建筑，不应小于 0.5h。

（4）城市交通隧道应符合下列规定：

1）一、二类隧道不应小于 1.5h，隧道端口外接的站房不应小于 2h。

2）三、四类隧道不应小于 1h，隧道端口外接的站房不应小于 1.5h。

（二）地面水平最低照度

建筑内疏散照明的地面最低水平照度应符合下列规定：

（1）疏散楼梯间、疏散楼梯间的前室或合用前室、避难走道及其前室、避难层避难间、消防专用通道，不应低于 10.0 lx；

（2）疏散走道、人员密集的场所，不应低于 3.0 lx；

（3）本条上述规定场所外的其他场所，不应低于 1.0 lx。

消防控制室、消防水泵房、自备发电机房、配电室、防排烟机房以及发生火灾时仍需正常工作的消防设备房应设置备用照明，其作业面的最低照度不应低于正常照明的照度。

（三）灯具光源应急点亮、熄灭的响应时间

在火灾状态下，灯具光源应急点亮、熄灭的响应时间应符合下列规定：

（1）高危险场所灯具光源应急点亮的响应时间不应大于 0.25s。

（2）其他场所灯具光源应急点亮的响应时间不应大于 5s。

（3）具有两种及以上疏散指示方案的场所，标志灯光源点亮、熄灭的响应时间不应大于 5s。

三、系统类型的选择原则

系统类型的选择应根据建（构）筑物的规模、使用性质、日常管理及维护难易程度等因素确定，并应符合下列规定：

（1）设置消防控制室的场所应选择集中控制型系统。

（2）设置火灾自动报警系统，但未设置消防控制室的场所宜选择集中控制型系统。

（3）其他场所可选择非集中控制型系统。

四、系统设计的一般要求

系统设计前，应根据建（构）筑物的结构形式和使用功能，以防火分区、楼层、隧道区间、地铁站台和站厅等为基本单元确定各水平疏散区域的疏散指示方案。疏散指示方案应包括确定各区域疏散路径、方向标志灯的指示方向和出口标志灯的工作状态，并应符合下列规定：

（1）具有一种疏散指示方案的区域，应按照最短路径疏散原则确定该区域的疏散指示方案。

（2）具有两种及以上疏散指示方案的区域应符合下列规定：

1）在需要借用相邻防火分区疏散的情况下，应根据火灾时相邻防火分区可借用和不可借用的两种情况，分别按最短路径疏散原则和避险疏散原则确定相应的疏散指示方案。

2）需要采用不同疏散预案的交通隧道、城市轨道交通隧道、城市轨道交通站台和站厅等场所，分别按照最短路径疏散原则和避险疏散原则确定相应疏散指示方案。

五、灯具的设计

系统灯具的设计主要包括灯具的布置、选型和设置。

（一）灯具的布置

灯具的布置应根据疏散指示方案进行设计，且灯具的布置原则应符合下列规定：

（1）照明灯的设置应保证为人员在疏散路径及相关区域的疏散提供最基本的照度。

（2）标志灯的设置应保证人员能够清晰地辨识疏散路径、疏散方向、安全出口的位置、所处的楼层位置。

（二）灯具的选型

灯具的选型应符合下列规定：

（1）应选择采用节能光源的灯具，消防应急照明灯具的光源色温不应低于 2 700K。

（2）不应采用蓄光型指示标志替代消防应急标志灯具。

（3）灯具的蓄电池电源宜优先选择安全性高、不含重金属等对环境有害物质的蓄电池。

（4）设置在距地面 8m 及以下的灯具的电压等级及供电方式应符合下列规定：

1）应选择 A 型灯具。

2）地面上设置的标志灯应选择集中电源 A 型灯具。

3）未设置消防控制室的住宅建筑，疏散走道、楼梯间等场所可选择自带电源 B 型灯具。

（5）灯具面板或灯罩的材质应符合下列规定：

1）除地面上设置的标志灯的面板可以采用厚度 4mm 及以上的钢化玻璃外，设置在距地面 1m 及以下的标志灯的面板或灯罩不应采用易碎材料或玻璃材质。

2）在顶棚、疏散路径上方设置的灯具的面板或灯罩不应采用玻璃材质。

（6）标志灯的规格应符合下列规定：

1）室内高度大于 4.5m 的场所，应选择特大型或大型标志灯。

2）室内高度为 3.5～4.5m 的场所，应选择大型或中型标志灯。

3）室内高度小于 3.5m 的场所，应选择中型或小型标志灯。

（7）灯具及其连接附件的防护等级应符合下列规定：

1）在室外或地面上设置时，防护等级不应低于 IP67。

2）在隧道场所、潮湿场所内设置时，防护等级不应低于 IP65。

3）B 型灯具的防护等级不应低于 IP34。

（8）标志灯应选择持续型灯具。

（9）交通隧道和地铁隧道宜选择带有米标的方向标志灯。

（三）消防应急照明灯具的设置

消防应急照明灯具是为疏散路径、与人员疏散相关的部位及发生火灾时仍需工作的场所提供必要的照度条件的灯具。消防应急照明灯应采用多点、均匀布置方式，建（构）筑物设置照明灯的部位或场所及其地面水平最低照度应符合表 3-12-1 的规定。

（四）消防应急标志灯的设置

消防应急标志灯具是用于指示疏散出口、安全出口、疏散路径、消防设置位置等重要信息的灯具，一般采用图形加以标示，有时会有一定的辅助文字信息。消防应急标志灯应设在醒目位置，应保证人员在疏散路径的任何位置、在人员密集场所的任何位置都能看到标志灯。

1. 出口标志灯的设置

（1）应设置在敞开楼梯间、封闭楼梯间、防烟楼梯间、防烟楼梯间前室入口的上方。

（2）地下或半地下建筑（室）与地上建筑共用楼梯间时，应设置在地下或半地下楼梯通向地面层疏散门的上方。

（3）应设置在室外疏散楼梯出口的上方。

（4）应设置在直通室外疏散门的上方。

（5）在首层采用扩大的封闭楼梯间或防烟楼梯间时，应设置在通向楼梯间疏散门的上方。

（6）应设置在直通上人屋面、平台、天桥、连廊出口的上方。

（7）地下或半地下建筑（室）采用直通室外的金属竖向梯疏散时，应设置在金属竖向梯开口的上方。

（8）需要借用相邻防火分区疏散的防火分区中，应设置在通向被借用防火分区甲级防火门的上方。

（9）应设置在步行街两侧商铺通向步行街疏散门的上方。

（10）应设置在避难层、避难间、避难走道防烟前室、避难走道入口的上方。

（11）应设置在观众厅、展览厅、多功能厅和建筑面积大于 $400m^2$ 的营业厅、餐厅、演播厅等人员密集场所疏散门的上方。

2. 方向标志灯的设置

（1）有围护结构的疏散走道、楼梯应符合下列规定：

1）应设置在走道、楼梯两侧距地面、梯面高度1m以下的墙面、柱面上。

2）当安全出口或疏散门在疏散走道侧边时，应在疏散走道上方增设指向安全出口或疏散门的方向标志灯。

3）方向标志灯的标志面与疏散方向垂直时，灯具的设置间距不应大于20m；方向标志灯的标志面与疏散方向平行时，灯具的设置间距不应大于10m。

（2）展览厅、商店、候车（船）室、民航候机厅、营业厅等开敞空间场所的疏散通道应符合下列规定：

1）当疏散通道两侧设置了墙、柱等结构时，方向标志灯应设置在距地面高度1m以下的墙面、柱面上；当疏散通道两侧无墙、柱等结构时，方向标志灯应设置在疏散通道的上方。

2）方向标志灯的标志面与疏散方向垂直时，特大型或大型方向标志灯的设置间距不应大于30m，中型或小型方向标志灯的设置间距不应大于20m；方向标志灯的标志面与疏散方向平行时，特大型或大型方向标志灯的设置间距不应大于15m，中型或小型方向标志灯的设置间距不应大于10m。

（3）保持视觉连续的方向标志灯应符合下列规定：

1）应设置在疏散走道、疏散通道地面的中心位置。

2）灯具的设置间距不应大于3m。

（4）方向标志灯箭头的指示方向应按照疏散指示方案指向疏散方向，并导向安全出口。

3. 楼层标志灯的设置

楼梯间每层应设置指示该楼层的标志灯。

4. 多信息复合标志灯具的设置

人员密集场所的疏散出口、安全出口附近应增设多信息复合标志灯具。

六、系统配电的设计

系统配电应根据系统的类型、灯具的设置部位、灯具的供电方式进行设计。

（一）系统配电设计的一般规定

1. 灯具电源的组成和电源转换要求

灯具的电源应由主电源和蓄电池电源组成，且蓄电池电源的供电方式分为集中电源供电方式和灯具自带蓄电池供电方式。灯具的供电与电源转换应符合下列规定：

（1）灯具采用集中电源供电时，灯具的主电源和蓄电池电源均由集中电源提供，灯具主电源和蓄电池电源在集中电源内部实现输出转换后由同一配电回路为灯具供电。

（2）灯具采用自带蓄电池供电时，灯具的主电源通过应急照明配电箱一级分配电后为灯具供电，应急照明配电箱的主电源输出断开后，灯具自动转入自带蓄电池供电。

2. 系统配电独立性要求

应急照明配电箱和集中电源的输入及输出回路中均不应装设剩余电流动作保护器，输出回路严禁接入系统以外的开关装置、插座及其他负载。

（二）灯具配电回路的设计

1. 水平疏散区域灯具配电回路的设计原则

水平疏散区域灯具配电回路的设计应符合下列规定：

（1）应以防火分区、同一防火分区的楼层、隧道区间、地铁站台和站厅等为基本单元设置配电回路。

（2）除住宅建筑外，不同的防火分区、隧道区间、地铁站台和站厅不能共用同一配电回路。

（3）避难走道应单独设置配电回路。

（4）防烟楼梯间前室及合用前室内设置的灯具应由前室所在楼层的配电回路供电。

（5）配电室、消防控制室、消防水泵房、自备发电机房等发生火灾时仍需工作、值守的区域和相关疏散通道，应单独设置配电回路。

2. 竖向疏散区域灯具配电回路的设计原则

竖向疏散区域灯具配电回路的设计应符合下列规定：

（1）封闭楼梯间、防烟楼梯间、室外疏散楼梯应单独设置配电回路。

（2）敞开楼梯间内设置的灯具应由灯具所在楼层或就近楼层的配电回路供电。

（3）避难层和避难层连接的下行楼梯间应单独设置配电回路。

3. 灯具配电回路配接灯具数量和供电范围的设计原则

任一配电回路配接灯具的数量、范围应符合下列规定：

（1）配接灯具的数量不宜超过 60 只。

（2）道路交通隧道内，配接灯具的范围不宜超过 1 000m。

（3）城市轨道交通隧道内，配接灯具的范围不应超过一个区间的 1/2。

4. 灯具配电回路额定配接功率和额定工作电流的设计原则

任一配电回路的额定配接功率、额定工作电流应符合下列规定：

（1）配接灯具的额定配接功率总和不应大于配电回路额定配接功率的 80%。

（2）A 型灯具配电回路的额定工作电流不应大于 6A，B 型灯具配电回路的额定工作电流不应大于 10A。

七、灯具供配电装置的设计

灯具供配电装置的设计包括应急照明配电箱的设计和应急照明集中电源的设计。

（一）应急照明配电箱的设计

应急照明配电箱由控制开关和一些指示装置组成，是为自带电源型消防应急灯具进行主电源配电管理的装置。应急照明配电箱的设计包括应急照明配电箱的选型、设置、供电和输出回路等。

1. 应急照明配电箱的选型要求

（1）应选择进、出线口分开设置在箱体下部的产品。

（2）在隧道场所、潮湿场所，应选择防护等级不低于 IP65 的产品；在电气竖井内，应选择防护等级不低于 IP33 的产品。

2. 应急照明配电箱的设置要求

（1）宜设置在值班室、设备机房、配电间或电气竖井内。

（2）人员密集场所，每个防火分区应设置独立的应急照明配电箱；非人员密集场所，多个相邻防火分区可设置一个共用的应急照明配电箱。

（3）防烟楼梯间应设置独立的应急照明配电箱，封闭楼梯间宜设置独立的应急照明配电箱。

3. 应急照明配电箱的供电要求

（1）集中控制型系统中，应急照明配电箱应由消防电源的专用应急回路或所在防火分区、同一防火分区的楼层、隧道区间、城市轨道交通站台和站厅的消防电源配电箱供电。

（2）非集中控制型系统中，应急照明配电箱应由防火分区、同一防火分区的楼层、隧道区间、地铁站台和站厅的正常照明配电箱供电。

（3）A 型应急照明配电箱的变压装置可设置在应急照明配电箱内或其附近。

4. 应急照明配电箱的输出回路要求

（1）A 型应急照明配电箱的输出回路不应超过 8 路，B 型应急照明配电箱的输出回路不应超过 12 路。

（2）沿电气竖井垂直方向为不同楼层的灯具供电时，应急照明配电箱的每个输出回路在公共建筑中的供电范围不宜超过 8 层，在住宅建筑中的供电范围不宜超过 18 层。

（二）应急照明集中电源的设计

应急照明集中电源以蓄电池为储能装置，是为集中电源型消防应急灯具进行主电源和蓄电池电源供电的电源。应急照明集中电源的设计包括集中电源的选择、设置、供电和输出回路等。

1. 集中电源的选择要求

（1）应根据系统的类型及规模、灯具及其配电回路的设置情况、集中电源的设置部位及设备散热能力等因素综合选择适宜电压等级与额定输出功率的集中电源；集中电源额定输出功率不应大于 5kW；设置在电缆竖井中的集中电源额定输出功率不应大于 1kW。

（2）蓄电池电源宜优先选择安全性高、不含重金属等对环境有害物质的蓄电池（组）。

（3）在隧道场所、潮湿场所，应选择防护等级不低于 IP65 的产品；在电气竖井内，应选择防护等级不低于 IP33 的产品。

2. 集中电源的设置要求

（1）应综合考虑配电线路的供电距离、导线截面、压降损耗等因素，按防火分区的划分情况设置集中电源；灯具总功率大于 5kW 的系统，应分散设置集中电源。

（2）应设置在消防控制室、低压配电室、配电间内或电气竖井内；设置在消防控制室内时，应符合相关规定；集中电源的额定输出功率不大于 1kW 时，可设置在电气竖井内。

（3）设置场所不应有可燃气体管道、易燃物、腐蚀性气体或蒸气。

（4）酸性电池的设置场所不应存放带有碱性介质的物质，碱性电池的设置场所不应存放带有酸性介质的物质。

（5）设置场所宜通风良好，设置场所的环境温度不应超出电池标称的工作温度范围。

3. 集中电源的供电要求

（1）集中控制型系统中，集中设置的集中电源应由消防电源的专用应急回路供电，分散设置的集中电源应由所在防火分区、同一防火分区的楼层、隧道区间、城市轨道交通站台和站厅的消防电源配电箱供电。

（2）非集中控制型系统中，集中设置的集中电源应由正常照明线路供电，分散设置的集中电源应由所在防火分区、同一防火分区的楼层、隧道区间、地铁站台和站厅的正常照明配电箱供电。

4. 集中电源的输出回路要求

（1）集中电源的输出回路不应超过 8 路。

（2）沿电气竖井垂直方向为不同楼层的灯具供电时，集中电源的每个输出回路在公共建筑中的供电范围不宜超过 8 层，在住宅建筑中的供电范围不宜超过 18 层。

八、应急照明控制器及集中控制型系统通信线路的设计

（一）应急照明控制器的设计

应急照明控制器是能够控制并显示系统内集中控制型消防应急灯具、应急照明集中电源、应急照明配电箱及相关附件等工作状态的装置。应急照明控制器的设计包括应急照明控制器的选型、设置和供电等。

1. 应急照明控制器的选型要求

（1）应选择具有能接收火灾报警控制器或消防联动控制器干接点信号或 DC24V 信号接口的产品。

（2）应急照明控制器采用通信协议与消防联动控制器通信时，应选择与消防联动控制器的通信接口和通信协议的兼容性满足《火灾自动报警系统组件兼容性要求》（GB 22134—2008）有关规定的产品。

（3）在隧道场所、潮湿场所，应选择防护等级不低于 IP65 的产品；在电气竖井内，应选择防护等级不低于 IP33 的产品。

（4）控制器的蓄电池电源宜优先选择安全性高、不含重金属等对环境有害物质的蓄电池。

2. 应急照明控制器的容量设计

任一台应急照明控制器直接控制灯具的总数量不应大于 3 200 只。

3. 应急照明控制器的控制、显示功能要求

（1）应能接收、显示、保持火灾报警控制器的火灾报警输出信号。具有两种及以上疏散指示方案的场所中设置的应急照明控制器还应能接收、显示、保持消防联动控制器

发出的火灾报警区域信号或联动控制信号。

（2）应能按预设逻辑自动、手动控制系统的应急启动。

（3）应能接收、显示、保持其配接的灯具、集中电源或应急照明配电箱的工作状态信息。

4. 系统设置多台应急照明控制器的要求

系统设置多台应急照明控制器时，起集中控制作用的应急照明控制器的控制、显示功能尚应符合下列规定：

（1）应能按预设逻辑自动、手动控制其他应急照明控制器配接系统设备的应急启动。

（2）应能接收、显示、保持其他应急照明控制器及其配接的灯具、集中电源或应急照明配电箱的工作状态信息。

5. 建（构）筑物中存在具有两种及以上疏散指示方案的场所时的要求

建（构）筑物中存在具有两种及以上疏散指示方案的场所时的要求，所有区域的疏散指示方案、系统部件的工作状态应在应急照明控制器或专用消防控制室图形显示装置上以图形方式显示。

6. 应急照明控制器的设置要求

（1）应设置在消防控制室内或有人值班的场所；系统设置多台应急照明控制器时，起集中控制作用的应急照明控制器应设置在消防控制室内，其他应急照明控制器可设置在电气竖井、配电间等无人值班的场所。

（2）在消防控制室地面上设置时，应符合下列规定：

1）设备面盘前的操作距离，单列布置时不应小于 1.5m，双列布置时不应小于 2m。

2）在值班人员经常工作的一面，设备面盘至墙的距离不应小于 3m。

3）设备面盘后的维修距离不宜小于 1m。

4）设备面盘的排列长度大于 4m 时，其两端应设置宽度不小于 1m 的通道。

（3）在消防控制室墙面上设置时，应符合下列规定：

1）设备主显示屏高度宜为 1.5 ~ 1.8m。

2）设备靠近门轴的侧面距墙不应小于 0.5m。

3）设备正面操作距离不应小于 1.2m。

7. 应急照明控制器的供电

应急照明控制器的主电源应由消防电源供电，控制器的自带蓄电池电源应至少使控制器在主电源中断后工作 3h。

（二）集中控制型系统通信线路的设计

集中电源或应急照明配电箱应按灯具配电回路设置灯具通信回路，且灯具配电回路和灯具通信回路配接的灯具应一致。

九、系统线路的选择

系统线路应选择铜芯导线或铜芯电缆，系统线路电压等级的选择应符合下列规定：

（1）额定工作电压等级为 50V 以下时，应选择电压等级不低于交流 300/500V 的线缆。

（2）额定工作电压等级为 220/380V 时，应选择电压等级不低于交流 450/750V 的线缆。

地面上设置的标志灯的配电线路和通信线路应选择耐腐蚀橡胶线缆。集中控制型系统中，除地面设置的灯具外，系统的配电线路应选择耐火线缆，系统的通信线路应选择耐火线缆或耐火光纤。非集中控制型系统中，除地面设置的灯具外，系统配电线路的选择应符合下列规定：

（1）灯具采用自带蓄电池供电时，系统的配电线路应选择阻燃或耐火线缆。

（2）灯具采用集中电源供电时，系统的配电线路应选择耐火线缆。

十、集中控制型系统的控制设计

1. 在非火灾状态下系统正常工作模式设计要求

（1）应保持主电源为灯具供电。

（2）系统内所有非持续型照明灯宜保持熄灭状态，持续型照明灯的光源应保持节电点亮模式。

（3）具有一种疏散指示方案的区域，区域内所有标志灯应按该区域疏散指示方案保持节电点亮模式。需要借用相邻防火分区疏散的防火分区，区域内相关标志灯应按该区域可借用相邻防火分区疏散工况条件对应的疏散指示方案保持节电点亮模式。

2. 在非火灾状态下系统主电源断电后，系统的控制设计要求

（1）集中电源或应急照明配电箱应联锁控制其配接的非持续型照明灯的光源应急点亮，持续型灯具的光源由节电点亮模式转入应急点亮模式；灯具持续应急点亮时间应符合相关规定，且不应超过 0.5h。

（2）系统主电源恢复后，集中电源或应急照明配电箱应联锁控制其配接灯具的光源恢复原工作状态；或灯具持续点亮时间达到设计文件规定的时间，且系统主电源仍未恢复供电时，集中电源或应急照明配电箱应联锁控制其配接灯具的光源熄灭。

3. 在非火灾状态下任一防火分区、楼层、隧道区间、地铁站台和站厅的正常照明电源断电后，系统的控制设计要求

（1）集中电源或应急照明配电箱应在主电源供电状态下，联锁控制其配接的非持续型照明灯的光源应急点亮，持续型灯具的光源由节电点亮模式转入应急点亮模式。

（2）该区域正常照明电源恢复供电后，集中电源或应急照明配电箱应联锁控制其配接的灯具恢复原工作状态。

4. 系统自动应急启动控制设计要求

（1）应由火灾报警控制器或火灾报警控制器（联动型）的火灾报警输出信号作为系统自动应急启动的触发信号。

（2）应急照明控制器接收到火灾报警控制器的火灾报警输出信号后，应自动执行下列控制操作：

1）控制系统所有非持续型照明灯的光源应急点亮，持续型灯具的光源由节电点亮模式转入应急点亮模式。

2）控制B型集中电源转入蓄电池电源输出，B型应急照明配电箱切断主电源输出。

3）A型集中电源应保持主电源输出，待接收到其主电源断电信号后，自动转入蓄电池电源输出；A型应急照明配电箱应保持主电源输出，待接收到其主电源断电信号后，自动切断主电源输出。

5. 系统手动应急启动控制设计要求

（1）控制系统所有非持续型照明灯的光源应急点亮，持续型灯具的光源由节电点亮模式转入应急点亮模式。

（2）控制集中电源转入蓄电池电源输出，应急照明配电箱切断主电源输出。

6. 需要借用相邻防火分区疏散的防火分区，改变相应标志灯具指示状态的控制设计要求

（1）应由消防联动控制器发送的被借用防火分区的火灾报警区域信号作为控制改变该区域相应标志灯具指示状态的触发信号。

（2）应急照明控制器接收到被借用防火分区的火灾报警区域信号后，应自动执行下列控制操作：

1）按对应的疏散指示方案，控制该区域内需要变换指示方向的方向标志灯改变箭头指示方向。

2）控制被借用防火分区入口处设置的出口标志灯的“出口指示标志”的光源熄灭、“禁止入内”指示标志的光源应急点亮。

3）该区域内其他标志灯的工作状态不应改变。

7. 需要采用不同疏散预案的交通隧道、城市轨道交通隧道、站台和站厅等场所，改变相应标志灯具指示状态的控制设计要求

（1）应由消防联动控制器发送的代表相应疏散预案的联动控制信号作为控制改变该区域相应标志灯具指示状态的触发信号。

（2）应急照明控制器接收到代表相应疏散预案的消防联动控制信号后，应自动执行下列控制操作：

1）按对应的疏散指示方案，控制该区域内需要变换指示方向的方向标志灯改变箭头指示方向。

2）控制该场所需要关闭的疏散出口处设置的出口标志灯的“出口指示标志”的光源熄灭、“禁止入内”指示标志的光源应急点亮。

3）该区域内其他标志灯的工作状态不应改变。

十一、非集中控制型系统的控制设计

1. 在非火灾状态下系统的正常工作模式设计要求

（1）应保持主电源为灯具供电。

（2）系统内非持续型照明灯的光源应保持熄灭状态。

（3）系统内持续型灯具的光源应保持节电点亮状态。

2. 在非火灾状态下非持续型照明灯感应点亮设计要求

在非火灾状态下，非持续型照明灯在主电源供电时可由人体感应、声控感应等方式点亮，但灯具的感应点亮不应影响灯具的应急启动功能。

3. 系统手动应急启动控制设计要求

（1）灯具采用集中电源供电时，应能手动操作集中电源，控制集中电源转入蓄电池电源输出，同时控制其配接的所有非持续型照明灯的光源应急点亮，持续型灯具的光源由节电点亮模式转入应急点亮模式。

（2）灯具采用自带蓄电池供电时，应能手动操作切断应急照明配电箱的主电源输出，同时控制其配接的所有非持续型照明灯的光源应急点亮，持续型灯具的光源由节电点亮模式转入应急点亮模式。

4. 在设置区域火灾报警系统的场所，系统自动应急启动控制设计要求

（1）灯具采用集中电源供电时，集中电源接收到火灾报警控制器的火灾报警输出信号后，应自动转入蓄电池电源输出，并控制其配接的所有非持续型照明灯的光源应急点亮，持续型灯具的光源由节电点亮模式转入应急点亮模式。

（2）灯具采用自带蓄电池供电时，应急照明配电箱接收到火灾报警控制器的火灾报警输出信号后，应自动切断主电源输出，并控制其配接的所有非持续型照明灯的光源应急点亮，持续型灯具的光源应由节电点亮模式转入应急点亮模式。

十二、备用照明设计

避难间（层）及配电室、消防控制室、消防水泵房、自备发电机房等发生火灾时仍需工作、值守的区域，应同时设置备用照明、疏散照明和疏散指示标志。

系统备用照明的设计要求：

（1）备用照明灯具可采用正常照明灯具，在火灾时应保持正常的照度。

（2）备用照明灯具应由正常照明电源和消防电源专用应急回路互投后供电。

练习题

一、一级注册消防工程师

（一）单项选择题

1. 关于任一配电回路配接灯具的数量、范围的说法，正确的是（ ）。

A. 配接灯具的数量不宜超过 60 只

B. 道路交通隧道内，配接灯具的范围不宜超过 500m

C. 地铁隧道内，配接灯具的范围不应超过一个区间

D. 配接灯具的额定功率总和不应大于配电回路额定功率

2. 非集中控制型系统中，能够直接控制其配接灯具的工作状态的设备是（ ）。

A. 应急照明控制器

B. 应急照明分配电装置

C. 应急照明集中电源

D. 应急照明配电柜

3. 设置在电缆竖井中的集中电源额定输出功率不应大于（　　）。

A. 1kW　　B. 3kW

C. 5kW　　D. 10kW

（二）多项选择题

1. 集中控制集中电源型消防应急照明和疏散指示系统的组件包括（　　）。

A. 消防应急照明配电箱

B. 消防应急照明分配电装置

C. 应急照明控制器

D. 消防应急标志灯

E. 非集中控制型集中电源

2. 某建筑高度为120m的住宅建筑，其消防应急标志灯的选型符合要求的有（　　）。

A. 消防应急标志灯采用节能光源和锂电池

B. 疏散走道采用自带电源B型灯具

C. 距地面0.5m处设置了玻璃面板的消防应急标志灯

D. 入户大厅的地面设置了地埋的集中电源A型消防应急标志灯

E. 楼梯间采用集中电源B型灯具

二、二级注册消防工程师

（一）单项选择题

1. 消防应急照明灯具的主要功能是（　　）。

A. 指示安全出口、疏散出口

B. 为人员疏散、消防作业提供照明

C. 指示避难层（间）和疏散方向

D. 禁止入内的出入口、通道

2. 在一个室内高度为4.2m的大型商超场所，现场设置的消防应急标志灯应符合的要求是（　　）。

A. 灯具的防护等级不应低于IP34

B. 应选择大型或中型消防应急标志灯

C. 标志灯光源色温不应低于2 700K

D. 标志灯应选择非持续型灯具

（二）多项选择题

关于应急照明配电箱的输出回路设计要求的说法，正确的有（　　）。

A. A型应急照明配电箱的输出回路不应超过8路

B. A型应急照明配电箱的输出回路不应超过12路

C. 沿电气竖井垂直方向为不同楼层的灯具供电时，应急照明配电箱的每个输出回路在公共建筑中的供电范围不宜超过 8 层

D. 沿电气竖井垂直方向为不同楼层的灯具供电时，应急照明配电箱的每个输出回路在公共建筑中的供电范围不宜超过 10 层

E. B 型应急照明配电箱的输出回路不应超过 8 路

第十三章　灭　火　器

学习要求

通过本章学习，应熟悉灭火器的分类和构造，掌握灭火器的灭火机理和适用范围；综合运用灭火器的灭火机理、适用范围和配置要求，辨识、分析、解决灭火器配置相关工程技术问题。

灭火器是一种轻便的灭火器材，它是由人操作，通过触发内部的压力装置将充装的灭火剂喷出实施灭火的器具。灭火器结构简单、操作方便、使用广泛，是扑救各类初起火灾的重要消防器材。

第一节　灭火器的分类、构成及灭火机理

一、灭火器的分类

（一）按操作使用方式分类

按操作使用方式分类，灭火器可分为手提式灭火器、推车式灭火器、悬挂式灭火器和手抛式灭火器等。其中手提式灭火器、推车式灭火器为常规配备的灭火器。

1. 手提式灭火器

手提式灭火器是能在其内部压力作用下，将所装的灭火剂喷出以扑救火灾，并可手提移动的灭火器具。手提式灭火器的灭火剂充装量一般小于 20kg，是应用最为广泛的灭火器材，在各类场所建筑中均有配置。

2. 推车式灭火器

推车式灭火器是指装有轮子的可由一人推（或拉）至火场，并能在其内部压力作用下，将所装的灭火剂喷出以扑救火灾的灭火器具。推车式灭火器的灭火剂充装量一般在 20kg 以上，主要适用于灭火需求量大、便于推车移动的场所，如加油站、加气站、天然气压缩机厂房等。

（二）按驱动灭火器的压力形式分类

按驱动灭火器的压力产生方式分类，灭火器可分为贮气瓶式灭火器和贮压式灭火器等。

1. 贮气瓶式灭火器

贮气瓶式灭火器是指灭火剂由灭火器的贮气瓶释放的压缩气体或液化气体压力驱动

的灭火器。

2. **贮压式灭火器**

贮压式灭火器是指灭火剂由贮存于灭火器同一容器内的压缩气体或灭火剂蒸气压力驱动的灭火器。

（三）按充装的灭火剂分类

按充装的灭火剂分类，灭火器可分为水基型灭火器、干粉灭火器、二氧化碳灭火器和洁净气体灭火器等。

1. **水基型灭火器**

水基型灭火器是指内部充入的灭火剂是以水为基础的灭火器，一般由水、氟碳催渗剂、碳氢催渗剂、阻燃剂、稳定剂等多组分配合而成，以二氧化碳（氮气）为驱动气体，是一种高效的灭火器。常用的水基型灭火器有清水灭火器、水基型泡沫灭火器和水基型水雾灭火器三种。

（1）清水灭火器是指筒体中充装的是清洁的水，并以二氧化碳（氮气）为驱动气体的灭火器。一般有 6L 和 9L 两种规格，灭火器容器内分别盛装有 6L 和 9L 的水。

（2）水基型泡沫灭火器一般使用水成膜泡沫灭火剂（AFFF），以氮气为驱动气体的灭火器。水成膜泡沫灭火剂可在烃类物质表面迅速形成一层能抑制其蒸发的水膜，靠泡沫和水膜的双重作用迅速有效地灭火，是化学泡沫灭火器的更新换代产品。

（3）水基型水雾灭火器是通过在水中添加少量的有机物或无机物改进水的流动性能、分散性能、润湿性能和附着性能等，从而达到提高灭火效率的一种高科技环保型灭火器。水基型水雾灭火器具有绿色环保（灭火后药剂可 100% 生物降解，不会对周围设备与空间造成污染）、高效阻燃、抗复燃性强、灭火速度快、渗透性强等优点。

2. **干粉灭火器**

干粉灭火器是利用氮气作为驱动气体，将筒内的干粉喷出灭火的灭火器，是我国目前使用最为广泛的灭火器。目前，常见的干粉灭火器有以下两种：

（1）碳酸氢钠干粉灭火器。也称为 BC 干粉灭火器，是以碳酸氢钠为主料制作的干粉作为灭火剂的灭火器。可用于扑灭液体、气体火灾。

（2）磷酸铵盐干粉灭火器。也称为 ABC 干粉灭火器，是以磷酸铵盐为主料制作的干粉作为灭火剂的灭火器。可用于扑灭固体、液体、气体火灾。

3. **二氧化碳灭火器**

二氧化碳灭火器是以二氧化碳为灭火剂，通过降低空间的氧浓度，从而实现窒息灭火的灭火器。

二氧化碳灭火器在灭火时具有两大作用：一是窒息作用，当把二氧化碳释放到灭火空间时，由于二氧化碳迅速汽化、稀释燃烧区的空气，当使空气的氧气含量减少到低于维持物质燃烧所需的极限含氧量时，物质就不会继续燃烧而熄灭；二是冷却作用，当二氧化碳从瓶中释放出来，由液体迅速膨胀为气体，会产生冷却效果，致使部分二氧化碳瞬间转变为固态的干冰，在干冰迅速汽化的过程中要从周围环境中吸收大量的热量，从而达到灭火的目的。二氧化碳灭火器具有流动性好、喷射率高、不腐蚀容器和不易变质等优良性能，可用来扑救图书、档案、贵重设备、精密仪器、600V 以下电气设备及油类的初起火灾。

4. 洁净气体灭火器

洁净气体灭火器是将洁净气体灭火剂直接加压充装在容器中的灭火器。灭火器使用时，灭火剂从灭火器中排出，形成气雾状射流射向燃烧物，当灭火剂与火焰接触时发生一系列物理、化学反应，使燃烧中断，从而达到灭火的目的。洁净气体灭火器适用于扑救可燃液体、可燃气体和可熔化的固体物质以及带电设备的初起火灾，可在图书馆、宾馆、档案室、商场以及各种公共场所使用。

二、灭火器的构造及使用

（一）灭火器的构造

灭火器主要由灭火器筒体、器头（阀门）、灭火剂、保险销、虹吸管、密封圈和压力指示器（二氧化碳灭火器除外）等组成。由于灭火剂、灭火机理不同，不同种类灭火器的构造也不尽相同。

1. 手提式灭火器

手提式灭火器的结构根据驱动气体的驱动方式不同，可分为贮压式、外置贮气瓶式和内置贮气瓶式三种形式。外置贮气瓶式和内置贮气瓶式主要应用于干粉灭火器。随着科技的发展，性能安全可靠的贮压式干粉灭火器逐步取代了贮气瓶式干粉灭火器。贮气瓶式干粉灭火器较贮压式干粉灭火器构造复杂、零部件多、维修工艺繁杂；在储存时，此类灭火器筒体内的干粉易吸潮结块，若维护保管不当，将影响灭火器的安全使用性能；在使用过程中，平时不受压的筒体及密封连接处瞬间受压，一旦灭火器筒体承受不住瞬时充入的高压气体，就容易发生爆炸事故。目前这两种贮气瓶式的灭火器已经停止生产，市场上主要是贮压式结构的灭火器。

（1）干粉灭火器、水基型灭火器。手提式干粉、水基型（贮压式）灭火器的构成如图 3-13-1 所示，主要由筒体、器头（阀门）、喷（头）管、保险销、灭火剂、驱动气体（一般为氮气，与灭火剂一起充装在灭火器筒体内，额定压力一般为 1.2 ~ 1.5MPa）、压力表以及铭牌等组成。在待用状态下，灭火器内驱动气体的压力通过压力表显示出来，以便判断灭火器是否失效。

（2）手提式二氧化碳灭火器的结构与其他手提式灭火器的结构基本相似，只是二氧化碳灭火器的充装压力较大（二氧化碳既是灭火剂又是驱动气体，一般在 5.0MPa 左右），取消了压力表，增加了安全阀。判断二氧化碳灭火器是否失效一般采用称重法。二氧化碳灭火器每年至少检查一次，低于额定充装量的 95% 时就应进行检修。手提式二氧化碳灭火器的构成如图 3-13-2 所示。

2. 推车式灭火器

推车式灭火器主要由灭火器筒体、阀门机构、喷管喷枪、车架、灭火剂、驱动气体（一般为氮气，与灭火剂一起密封在灭火器筒体内）、压力表及铭牌等组成。铭牌的内容与手提式灭火器的铭牌内容基本相同。推车式灭火器的结构如图 3-13-3 所示。

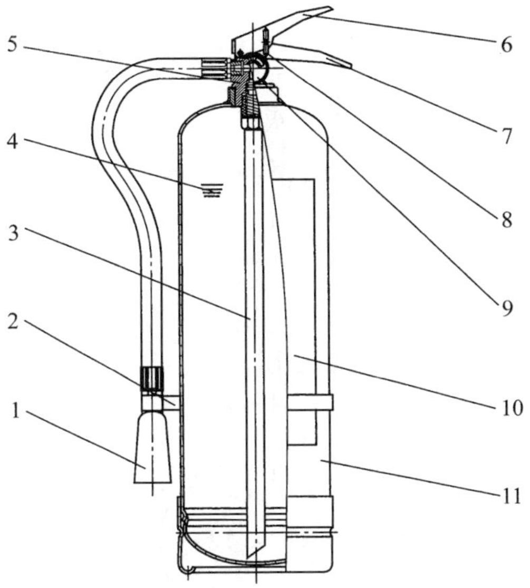

1—喷管；2—固定带；3—虹吸管；4—灭火剂；5—器头（阀门）；6—压把；7—提把；8—保险销；9—压力表；10—铭牌；11—筒体。

图 3-13-1　手提贮压式灭火器结构

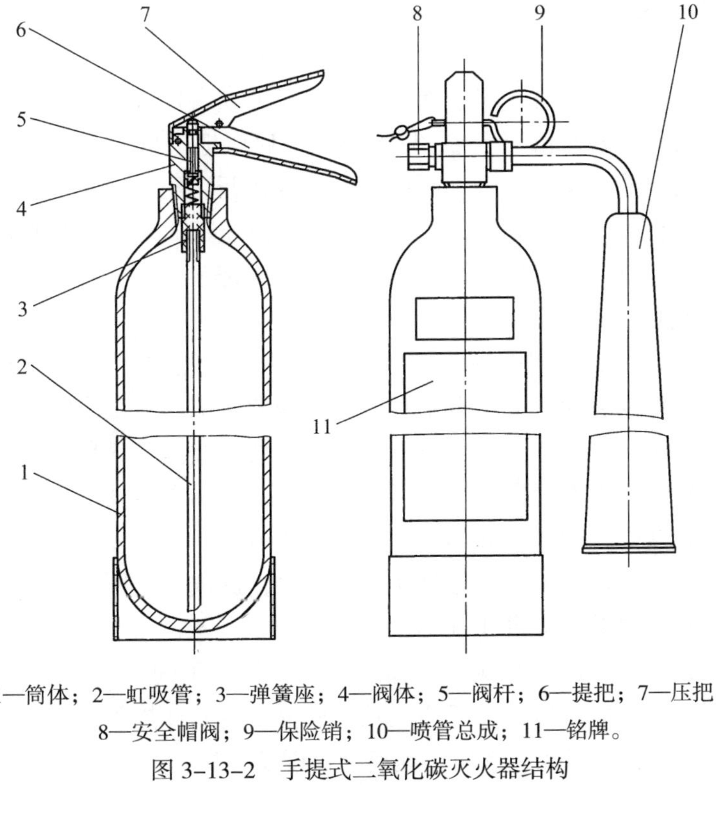

1—筒体；2—虹吸管；3—弹簧座；4—阀体；5—阀杆；6—提把；7—压把；8—安全帽阀；9—保险销；10—喷管总成；11—铭牌。

图 3-13-2　手提式二氧化碳灭火器结构

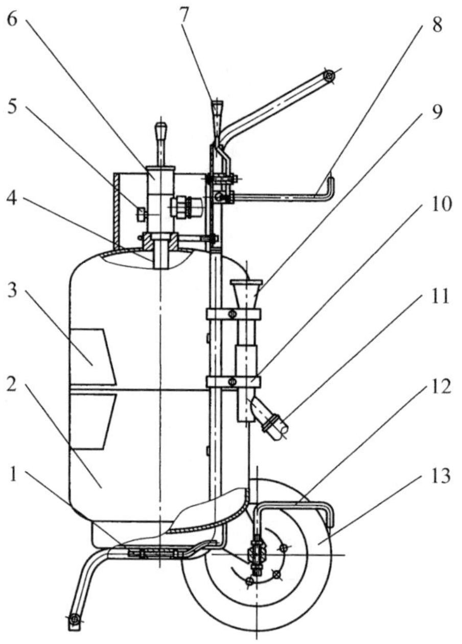

1—固定机构；2—筒体；3—铭牌；4—虹吸管；5—压力表；6—阀门机构；7—卸管机构；8—上绕带架；9—喷枪；10—枪架；11—喷管；12—下绕带架；13—车架。

图 3-13-3　推车式灭火器结构

（二）灭火器的使用方法

1. 手提式干粉灭火器

使用手提式干粉灭火器时，应手提灭火器的提把或肩扛灭火器到火场。在距燃烧物3m左右放下灭火器，拔出保险销，一只手握住开启压把，另一只手握在喷射软管前端的喷嘴处。如果灭火器无喷射软管，则可一只手握住开启压把，另一只手扶住灭火器底部的底圈部分。先将喷嘴对准燃烧处，用力握紧开启压把，对准火焰根部扫射。在使用干粉灭火器灭火的过程中要注意，如果在室外，应尽量选择在上风方向。

2. 手提式二氧化碳灭火器

灭火时只要将灭火器提到火场，在距燃烧物3m左右放下灭火器，拔出保险销，一只手握住喇叭筒根部的手柄，另一只手紧握启闭阀的压把。对没有喷射软管的二氧化碳灭火器，应把喇叭筒往上扳70°～90°。灭火时，当可燃物呈流淌状燃烧时，使用者将二氧化碳灭火剂的喷流由近而远向火焰喷射。如果可燃液体在容器内燃烧，则使用者应将喇叭筒提起，从容器的一侧上部向燃烧的容器中喷射，但不能使二氧化碳射流直接冲击可燃液面，以防止将可燃液体冲出容器而扩大火势，造成灭火困难。使用二氧化碳灭火器扑救电气火灾时，如果电压超过600V，应先断电后灭火。

需要注意的是，使用二氧化碳灭火器时，在室外使用的，应选择在上风方向喷射，使用时宜佩戴手套，不能直接用手抓住喇叭筒外壁或金属连接管，以防手被冻伤；在室内狭小空间使用的，灭火后操作者应迅速离开，以防窒息。

3. 推车式灭火器

推车式灭火器一般由两人配合操作，使用时两人一起将灭火器推或拉到燃烧处，在距燃烧物约 10m 时停下，一人快速取下喷枪（二氧化碳灭火器为喇叭筒）并展开喷射软管，然后握住喷枪（二氧化碳灭火器为喇叭筒根部的手柄），另一人快速按逆时针方向旋动手轮，并开到最大位置。灭火方法和注意事项与手提式灭火器基本一致。

三、灭火器的规格型号及性能要求

工程应用中采用的灭火器及附件应是满足相关国家标准要求的定型产品，并应具有表 3–13–1 的相关性能。

表 3–13–1　灭火器的主要性能要求

产品名称	应符合的标准	主要性能
手提式灭火器	《手提式灭火器　第 1 部分：性能和结构要求》（GB 4351.1—2005）	质量、最小有效喷射时间、最小喷射距离、使用温度范围、干粉灭火器振撞后的喷射性能、灭火性能、密封性能、机械强度、抗腐蚀性能、结构要求、塑料件要求、其他要求、灭火器压力指示器要求、灭火剂和驱动气体
手提式二氧化碳灭火器钢质无缝瓶体	《手提式灭火器　第 2 部分：手提式二氧化碳灭火器钢质无缝瓶体的要求》（GB 4351.2—2005）	瓶体材料要求、瓶体的设计规定、制造
推车式灭火器	《推车式灭火器》（GB 8109—2005）	使用温度范围、有效喷射时间和喷射距离、使用温度范围内的喷射性能、间歇喷射性能、密封性能、车架和行驶性能、抗腐蚀性能、喷射的电绝缘性能、灭火性能、结构要求（低压的推车式灭火器用筒体、高压的推车式灭火器用瓶体、器头、阀门和瓶口、超压保护装置、虹吸管、过滤器和防过充装置、喷射软管和喷射控制阀、操作机构、保险装置、压力指示器）、塑料件要求
灭火器箱	《灭火器箱》（XF 139—2009）	材料、外形尺寸和极限偏差、外观质量、箱门（箱盖）性能、箱体结构、刚度性能、承重性能

（一）灭火器的基本参数

灭火器的基本参数主要反映在灭火器的铭牌上。依据《手提式灭火器　第 1 部分：性能和结构要求》（GB 4351.1—2005）的规定，灭火器的铭牌应包含以下内容：

（1）灭火器的名称、型号和灭火剂类型。

（2）灭火器的灭火级别和灭火种类。

（3）灭火器的使用温度范围。

（4）灭火器驱动气体的名称和数量或压力。

（5）灭火器水压试验压力（应永久性标注在灭火器上）。

（6）灭火器生产许可证编号或认证标记。

（7）灭火器生产连续序号（应用钢印等永久性方法标注在灭火器不受内压的底圈上）。

（8）灭火器生产年份。

（9）灭火器制造厂名称或代号。

（10）灭火器的使用方法，包括一个或多个图形说明，该说明应在铭牌的明显位置，在筒体上不应超过 120° 弧度。

（11）再充装说明和日常维护说明。

其中，灭火器的灭火级别表示灭火器能够扑灭不同种类火灾的效能，由表示灭火效能的数字和灭火种类的字母组成，如 MF/ABC1 灭火器对 A、B 类火灾的灭火级别分别为 1A 和 21B。对于建设工程中配置的灭火器，灭火类别和灭火级别是主要参数。

（二）灭火器的规格和型号

1. 灭火器的规格

（1）手提式灭火器的规格按其充装的灭火剂量进行划分。

1）水基型灭火器的规格划分为：2L、3L、6L、9L。

2）干粉灭火器的规格划分为：1kg、2kg、3kg、4kg、5kg、6kg、8kg、9kg、12kg。

3）二氧化碳灭火器的规格划分为：2kg、3kg、5kg、7kg。

4）洁净气体灭火器的规格划分为：1kg、2kg、4kg、6kg。

（2）推车式灭火器的规格按其充装的灭火剂量进行划分。

1）推车式水基型灭火器的规格划分为：20L、45L、60L 和 125L。

2）推车式干粉灭火器的规格划分为：20kg、50kg、100kg 和 125kg。

3）推车式二氧化碳灭火器和推车式洁净气体灭火器的规格划分为：10kg、20kg、30kg 和 50kg。

2. 灭火器型号

各类灭火器一般都有特定的型号与标识，我国灭火器的型号是按照《消防产品分类及型号编制导则》（XF/T 1250—2015）编制的。它由类、组、特征代号及主要参数几部分组成。类、组、特征代号用汉语拼音大写字母表示，一般编在型号首位，是灭火器本身的代号，通常用“M”表示。

（1）灭火器型号编码要求。

1）手提式灭火器型号编码要求如图 3–13–4 所示。

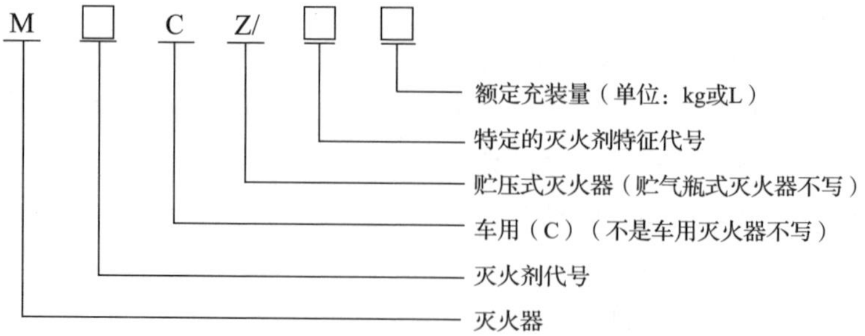

图 3–13–4　手提式灭火器型号编码要求

2）推车式灭火器型号编码要求如图 3-13-5 所示。

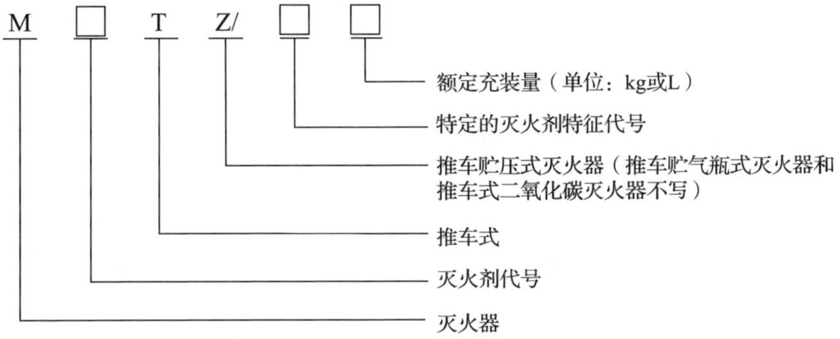

图 3-13-5　推车式灭火器型号编码要求

（2）灭火器型号编制方法。

1）灭火器的型号编制方法如表 3-13-2 所示。

表 3-13-2　灭火器型号编制方法

类	组	代号	特征	代号含义	主要参数	
					名称	单位
灭火器 M（灭）	水 S（水）	MS MSQ	酸碱 清水，Q（清）	手提式酸碱灭火器 手提式清水灭火器	灭火剂充装量	L
	泡沫 P（泡）	MP MPZ MPT	手提式 舟车式，Z（舟） 推车式，T（推）	手提式泡沫灭火器 舟车式泡沫灭火器 推车式泡沫灭火器		L
	干粉 F（粉）	MF MFB MFT	手提式 背负式，B（背） 推车式，T（推）	手提式干粉灭火器 背负式干粉灭火器 推车式干粉灭火器		kg
	二氧化碳 T（碳）	MT MTZ MTT	手提式 鸭嘴式，Z（嘴） 推车式，T（推）	手提式二氧化碳灭火器 鸭嘴式二氧化碳灭火器 推车式二氧化碳灭火器		kg
	1211 Y（1）	MY MYT	手提式 推车式	手提式 推车式 1211 灭火器		kg

2）灭火器型号编制示意。如 MF/ABC2 表示 2kg ABC 干粉灭火器，MSQ9 表示容积为 9L 的手提式清水灭火器，MFT50 表示 50kg 推车式（碳酸氢钠）干粉灭火器。

四、灭火器的灭火机理

灭火器的灭火机理是指灭火器在一定环境条件下实现灭火目的所采取的具体工作方式及其特定的规则和原理。灭火的方法有冷却、窒息、隔离等物理方法，也有化学抑制的方法，不同类型的火灾需要有针对性的灭火方法。灭火器正是根据这些方法专门设计和研制的，因此各类灭火器也有着不同的灭火机理，以下仅就最为常用的干粉灭火器和二氧化碳灭火器加以说明。

（一）干粉灭火器

干粉灭火器的主要灭火机理，一是靠干粉中的无机盐的挥发性分解物，与燃烧过程中燃料所产生的自由基或活性基团发生化学抑制和催化作用，使燃烧的链式反应中断而灭火；二是靠干粉的粉末落在可燃物表面发生化学反应，并在高温作用下形成一层玻璃状覆盖层，从而隔绝氧气，进而窒息灭火。另外，还有部分稀氧和冷却作用。

（二）二氧化碳灭火器

二氧化碳作为灭火剂已有100多年的历史，其价格低廉，获取、制备容易。二氧化碳主要依靠窒息作用和部分冷却作用灭火。二氧化碳具有较高的密度，约为空气的1.5倍。在常压下，液态的二氧化碳会立即汽化，一般1kg的液态二氧化碳可产生约0.5m^3的气体。因而灭火时，二氧化碳气体可以排除空气而包围在燃烧物体的表面或分布于较密闭的空间中，降低可燃物周围和防护空间内的氧浓度，产生窒息作用而灭火。另外，二氧化碳从储存容器中喷出时，会由液体迅速汽化成气体，从而从周围吸收部分热量，起到冷却的作用。

第二节　灭火器的配置要求

为了合理配置建筑灭火器，有效地扑救工业与民用建筑的初起火灾，减少火灾损失，保护人身和财产安全，《建筑灭火器配置设计规范》（GB 50140—2005）规定了灭火器的类型选择和配置设计等基本要求。

一、配置场所的危险等级

（一）工业建筑

工业建筑灭火器配置场所的危险等级，根据其生产、使用和储存物品的火灾危险性，可燃物数量，火灾蔓延速度，扑救难易程度等因素，划分为以下三级：

（1）严重危险级。火灾危险性大，可燃物多，起火后蔓延迅速，扑救困难，容易造成重大财产损失的场所。

（2）中危险级。火灾危险性较大，可燃物较多，起火后蔓延较迅速，扑救较难的场所。

（3）轻危险级。火灾危险性较小，可燃物较少，起火后蔓延较缓慢，扑救较易的场所。

工业建筑内生产、使用和储存可燃物的火灾危险性是划分危险等级的主要因素。按照《建筑设计防火规范》（GB 50016—2014，2018年版）对厂房和库房中可燃物的火灾危险性分类来划分工业建筑场所的危险等级，其对应关系见表3–13–3，配置场所的危险等级举例见表3–13–4。

表 3-13-3　灭火器配置场所与危险等级的对应关系

配置场所	危险等级		
	严重危险级	中危险级	轻危险级
厂房	甲、乙类物品生产场所	丙类物品生产场所	丁、戊类物品生产场所
库房	甲、乙类物品储存场所	丙类物品储存场所	丁、戊类物品储存场所

表 3-13-4　工业建筑灭火器配置场所的危险等级举例

危险等级	举　例	
	厂房和露天、半露天生产装置区	库房和露天、半露天堆场
严重危险级	1. 闪点 <60℃的油品和有机溶剂的提炼、回收、洗涤部位及其泵房、灌桶间； 2. 橡胶制品的涂胶和胶浆部位； 3. 二硫化碳的粗馏、精馏工段及其应用部位； 4. 甲醇、乙醇、丙酮、丁酮、异丙醇、醋酸乙酯、苯等的合成、精制厂房； 5. 植物油加工厂的浸出厂房； 6. 洗涤剂厂房石蜡裂解部位、冰醋酸裂解厂房； 7. 环氧氢丙烷、苯乙烯厂房或装置区； 8. 液化石油气灌瓶间； 9. 天然气、石油伴生气、水煤气或焦炉煤气的净化（如脱硫）厂房压缩机室及鼓风机室； 10. 乙炔站、氢气站、煤气站、氧气站； 11. 硝化棉、赛璐珞厂房及其应用部位； 12. 黄磷、赤磷制备厂房及其应用部位； 13. 樟脑或松香提炼厂房、焦化厂精萘厂房； 14. 煤粉厂房和面粉厂房的碾磨部位； 15. 谷物筒仓工作塔、亚麻厂的除尘器和过滤器室； 16. 氯酸钾厂房及其应用部位； 17. 发烟硫酸或发烟硝酸浓缩部位； 18. 高锰酸钾、重铬酸钠厂房； 19. 过氧化钠、过氧化钾、次氯酸钙厂房； 20. 各工厂的总控制室、分控制室； 21. 国家和省级重点工程的施工现场； 22. 发电厂（站）和电网经营企业的控制室、设备间	1. 化学危险物品库房； 2. 装卸原油或化学危险物品的车站、码头； 3. 甲、乙类液体储罐区，桶装库房，堆场； 4. 液化石油气储罐区、桶装库房、堆场； 5. 棉花库房及散装堆场； 6. 稻草、芦苇、麦秸等堆场； 7. 赛璐珞及其制品、漆布、油布、油纸及其制品，油绸及其制品库房； 8. 酒精度为 60 度以上的白酒库房

续表 3-13-4

危险等级	举例	
	厂房和露天、半露天生产装置区	库房和露天、半露天堆场
中危险级	1. 闪点不小于60℃的油品和有机溶剂的提炼、回收工段及其抽送泵房； 2. 柴油、机器油或变压器油灌桶间； 3. 润滑油再生部位或沥青加工厂房； 4. 植物油加工精炼部位； 5. 油浸变压器室和高、低压配电室； 6. 工业用燃油、燃气锅炉房； 7. 各种电缆廊道； 8. 油淬火处理车间； 9. 橡胶制品压延、成型和硫化厂房； 10. 木工厂房和竹、藤加工厂房； 11. 针织品厂房和纺织、印染、化纤生产的干燥部位； 12. 服装加工厂房、印染厂成品厂房； 13. 麻纺厂粗加工厂房、毛涤厂选毛厂房； 14. 谷物加工厂房； 15. 卷烟厂的切丝、卷制、包装厂房； 16. 印刷厂的印刷厂房； 17. 电视机、收录机装配厂房； 18. 显像管厂装配工段烧枪间； 19. 磁带装配厂房； 20. 泡沫塑料厂的发泡、成型、印片、压花部位； 21. 饲料加工厂房； 22. 地市级及以下重点工程的施工现场	1. 丙类液体储罐区、桶装库房、堆场； 2. 化学、人造纤维及其织物和棉、毛、丝、麻及其织物的库房、堆场； 3. 纸、竹、木及其制品的库房、堆场； 4. 火柴、香烟、糖、茶叶库房； 5. 中药材库房； 6. 橡胶、塑料及其制品的库房； 7. 粮食、食品库房、堆场； 8. 计算机、电视机、收录机等电子产品及家用电器库房； 9. 汽车、大型拖拉机停车库； 10. 酒精度小于60度的白酒库房； 11. 低温冷库
轻危险级	1. 金属冶炼、铸造、铆焊、热轧、锻造、热处理厂房； 2. 玻璃原料熔化厂房； 3. 陶瓷制品的烘干、烧成厂房； 4. 酚醛泡沫塑料的加工厂房； 5. 印染厂的漂炼部位； 6. 化纤厂后加工润湿部位； 7. 造纸厂或化纤厂的浆粕蒸煮工段； 8. 仪表、器械或车辆装配车间； 9. 不燃液体的泵房和阀门室； 10. 金属（镁合金除外）冷加工车间； 11. 氟利昂厂房	1. 钢材库房、堆场； 2. 水泥库房、堆场； 3. 搪瓷、陶瓷制品库房、堆场； 4. 难燃烧或非燃烧的建筑装饰材料库房、堆场； 5. 原木库房、堆场； 6. 丁、戊类液体储罐区，桶装库房，堆场

（二）民用建筑

民用建筑灭火器配置场所的危险等级，根据其使用性质、人员密集程度、用电用火情况、可燃物数量、火灾蔓延速度、扑救难易程度等因素，划分为以下三级：

（1）严重危险级。使用性质重要，人员密集，用电用火多，可燃物多，起火后蔓延迅速，扑救困难，容易造成重大财产损失或人员群死群伤的场所。

（2）中危险级。使用性质较重要，人员较密集，用电用火较多，可燃物较多，起火后蔓延较迅速，扑救较难的场所。

（3）轻危险级。使用性质一般，人员不密集，用电用火较少，可燃物较少，起火后蔓延较缓慢，扑救较易的场所。

以上规定可简要地概括为表 3–13–5。

表 3–13–5　危险因素与危险等级的对应关系

危险等级	危险因素					
	使用性质	人员密集程度	用电用火设备	可燃物数量	火灾蔓延速度	扑救难度
严重危险级	重要	密集	多	多	迅速	大
中危险级	较重要	较密集	较多	较多	较迅速	较大
轻危险级	一般	不密集	较少	较少	较缓慢	较小

民用建筑灭火器配置场所的危险等级举例见表 3–13–6。

表 3–13–6　民用建筑灭火器配置场所的危险等级举例

危险等级	举　例
严重危险级	1. 县级及以上的文物保护单位、档案馆、博物馆的库房、展览室、阅览室； 2. 设备贵重或可燃物多的实验室； 3. 广播电台、电视台的演播室、道具间和发射塔楼； 4. 专用电子计算机机房； 5. 城镇及以上的邮政信函和包裹分拣房、邮袋库、通信枢纽及其电信机房； 6. 客房数在 50 间以上的旅馆、饭店的公共活动用房、多功能厅、厨房； 7. 体育场（馆）、电影院、剧院、会堂、礼堂的舞台及后台部位； 8. 住院床位在 50 张及以上的医院的手术室、理疗室、透视室、心电图室、药房、住院部、门诊部、病历室；

续表 3-13-6

危险等级	举　例
严重危险级	9. 建筑面积在 2 000m² 及以上的图书馆、展览馆的珍藏室、阅览室、书库、展览厅； 10. 民用机场的候机厅、安检厅及空管中心、雷达机房； 11. 超高层建筑和一类高层建筑的写字楼、公寓楼； 12. 电影、电视摄影棚； 13. 建筑面积在 1 000m² 及以上的经营易燃易爆化学物品的商场、商店的库房及铺面； 14. 建筑面积在 200m² 及以上的公共娱乐场所； 15. 老人住宿床位在 50 张及以上的养老院； 16. 幼儿住宿床位在 50 张及以上的托儿所、幼儿园； 17. 学生住宿床位在 100 张及以上的学校集体宿舍； 18. 县级及以上的党政机关办公大楼的会议室； 19. 建筑面积在 500m² 及以上的车站和码头的候车（船）室、行李房； 20. 城市地下铁道、地下观光隧道； 21. 汽车加油站、加气站； 22. 机动车交易市场（包括旧机动车交易市场）及其展销厅； 23. 民用液化气、天然气灌装站、换瓶站、调压站
中危险级	1. 县级以下的文物保护单位、档案馆、博物馆的库房、展览室、阅览室； 2. 一般实验室； 3. 广播电台、电视台的会议室、资料室； 4. 设有集中空调、电子计算机、复印机等设备的办公室； 5. 城镇以下的邮政信函和包裹分拣房、邮袋库、通信枢纽及其电信机房； 6. 客房数在 50 间以下的旅馆、饭店的公共活动用房、多功能厅、厨房； 7. 体育场（馆）、电影院、剧院、会堂、礼堂的观众厅； 8. 住院床位在 50 张以下的医院的手术室、理疗室、透视室、心电图室、药房、住院部、门诊部、病历室； 9. 建筑面积在 2 000m² 以下的图书馆、展览馆的珍藏室、阅览室、书库、展览厅； 10. 民用机场的检票厅、行李厅； 11. 二类高层建筑的写字楼、公寓楼； 12. 高级住宅、别墅； 13. 建筑面积在 1 000m² 以下的经营易燃易爆化学物品的商场、商店的库房及铺面； 14. 建筑面积在 200m² 以下的公共娱乐场所； 15. 老人住宿床位在 50 张以下的养老院； 16. 幼儿住宿床位在 50 张以下的托儿所、幼儿园；

续表 3-13-6

危险等级	举　例
中危险级	17. 学生住宿床位在 100 张以下的学校集体宿舍； 18. 县级以下的党政机关办公大楼的会议室； 19. 学校教室、教研室； 20. 建筑面积 $500m^2$ 以下的车站和码头的候车（船）室、行李房； 21. 百货楼、超市、综合商场的库房、铺面； 22. 民用燃油、燃气锅炉房； 23. 民用的油浸变压器室和高、低压配电室
轻危险级	1. 日常用品小卖店及经营难燃烧或非燃烧的建筑装饰材料商店； 2. 未设集中空调、电子计算机、复印机等设备的普通办公室； 3. 旅馆、饭店的客房； 4. 普通住宅； 5. 各类建筑物中以难燃烧或非燃烧的建筑构件分隔的并主要存储难燃烧或非燃烧材料的辅助房间

二、灭火器的配置要求

（一）一般要求

对于生产、使用或储存可燃物的新建、改建、扩建的工业与民用建筑（生产或储存炸药、弹药、火工品、花炮的厂房或库房除外），均须按照消防法规及相关规范的要求配置灭火器。

1. 灭火器配置的基本原则

（1）灭火器应设置在位置明显和便于取用的地点，且不得影响安全疏散。

（2）对有视线障碍的灭火器设置点，应设置指示其位置的发光标志。

（3）灭火器的摆放应稳固，其铭牌应朝外。手提式灭火器宜设置在灭火器箱内或挂钩、托架上，其顶部离地面高度不应大于 1.5m，底部离地面高度不宜小于 0.08m。灭火器箱不应上锁。

（4）灭火器不应设置在潮湿或强腐蚀性的地点，当必须设置时，应有相应的保护措施。当灭火器设置在室外时，也应有相应的保护措施。

（5）灭火器不得设置在超出其使用温度范围的地点。

（6）同一灭火器配置场所宜选用相同类型和操作方法的灭火器。当同一灭火器配置场所存在不同火灾种类时，应选用通用型灭火器。

（7）同一灭火器配置场所选用两种或两种以上类型灭火器时，应采用灭火剂相容的灭火器。不相容的灭火剂举例见表 3-13-7。

表 3-13-7　不相容的灭火剂举例

灭火剂类型	不相容的灭火剂	
干粉与干粉	磷酸铵盐	碳酸氢钠、碳酸氢钾
干粉与泡沫	碳酸氢钠、碳酸氢钾	蛋白泡沫
泡沫与泡沫	蛋白泡沫、氟蛋白泡沫	水成膜泡沫

2. 影响灭火器配置的主要因素

（1）灭火器配置场所的火灾种类。

（2）灭火器配置场所的危险等级。

（3）灭火器的灭火效能和通用性。

（4）灭火剂对保护物品的污损程度。

（5）灭火器设置点的环境温度。

（6）使用灭火器人员的体能。

3. 灭火器的类型选择

《火灾分类》（GB/T 4968—2008）根据可燃物的类型和燃烧特性，将火灾分为六类，各种类型的火灾所适用的灭火器类型所不同。

（1）A 类火灾场所应选择同时适用于 A 类、E 类火灾的灭火器。

（2）B 类火灾场所应选择适用于 B 类火灾的灭火器。B 类火灾场所存在水溶性可燃液体（极性溶剂）且选择水基型灭火器时，应选用抗溶性的灭火器。

（3）C 类火灾场所应选择适用于 C 类火灾的灭火器。

（4）D 类火灾场所应根据金属的种类、物态及其特性选择适用于该特定金属的专用灭火器。

（5）E 类火灾场所应选择适用于 E 类火灾的灭火器。带电设备电压超过 1kV 的场所，不应利用灭火器进行带电扑救。

（6）F 类火灾场所应选择适用于 E 类、F 类火灾的灭火器。

（7）当配置场所存在多种火灾时，应选用能同时适用扑救该场所所有种类火灾的灭火器。

（二）灭火器配置场所的配置设计计算

为了科学、合理、经济地对灭火器配置场所进行灭火器配置，首先应对配置场所的灭火器配置进行设计计算。灭火器的配置设计涉及许多方面，形式多种多样，但一般可按下述步骤和要求进行考虑和设计：

（1）确定各灭火器配置场所的火灾种类和危险等级。

（2）划分计算单元，计算各单元的保护面积。

（3）计算各单元的最小需配灭火级别。

（4）确定各单元内的灭火器设置点的位置和数量。

（5）计算每个灭火器设置点的最小需配灭火级别。

（6）确定每个设置点的灭火器的型号、规格与数量。

（7）确定每具灭火器的设置方式和要求。

（8）一个计算单元内的灭火器数量不应少于 2 具，每个设置点的灭火器数量不宜多于 5 具。

（9）在工程设计图上，用灭火器图例和文字标明灭火器的型号、规格、数量与设置位置。

（三）灭火器配置场所计算单元的划分

1. 计算单元划分

灭火器配置场所是指生产、使用、储存可燃物并要求配置灭火器的房间或部位，如油漆间、配电间、仪表控制室、办公室、实验室、库房、舞台、堆垛等。计算单元是指在进行灭火器配置设计过程中，考虑了火灾种类、危险等级和是否相邻等因素后，为便于设计而进行的区域划分。一个计算单元可以是只含有一个灭火器配置的场所，也可以是含有若干个灭火器配置的场所，但此时应将该若干个灭火器配置场所视为一个整体来考虑保护面积、保护距离和灭火器配置数量等。

显然，对于不相邻的灭火器配置场所，应分别作为一个计算单元进行灭火器的配置设计计算。但对于危险等级和火灾种类都相同的相邻配置场所，或危险等级和火灾种类有一个不相同的相邻配置场所，应按以下规定划分：

（1）灭火器配置场所的危险等级和火灾种类均相同的相邻场所，可将一个楼层或一个防火分区作为一个计算单元。

（2）灭火器配置场所的危险等级或火灾种类不相同的场所，应分别作为一个计算单元。

（3）同一计算单元不得跨越防火分区和楼层。

2. 计算单元保护面积 *S* 的计算

在划分灭火器配置场所后，还需对保护面积进行计算。对灭火器配置场所（单元）的灭火器保护面积进行计算，规定如下：

（1）建筑物应按其建筑面积进行计算。

（2）可燃物露天堆场，甲、乙、丙类液体储罐区，可燃气体储罐区按堆垛和储罐的占地面积进行计算。

（四）计算单元的最小需配灭火级别的计算

在确定了计算单元的保护面积后，应根据式（3-13-1）计算该单元应配置的灭火器的最小灭火级别，即：

$$Q=K\frac{S}{U} \qquad (3\text{-}13\text{-}1)$$

式中　Q——计算单元的最小需配灭火级别（A 或 B）；

S——计算单元的保护面积（m^2）；

U——A 类或 B 类火灾场所单位灭火级别最大保护面积（m^2/A 或 m^2/B）；

K——修正系数。

火灾场所单位灭火级别的最大保护面积依据火灾危险等级和火灾种类从表 3–13–8 或表 3–13–9 中选取。

表 3–13–8 A 类火灾场所灭火器的最低配置基准

危险等级	严重危险级	中危险级	轻危险级
单具灭火器最小配置灭火级别	3A	2A	1A
单位灭火级别最大保护面积 / (m^2/A)	50	75	100

表 3–13–9 B、C 类火灾场所灭火器的最低配置基准

危险等级	严重危险级	中危险级	轻危险级
单具灭火器最小配置灭火级别	89B	55B	21B
单位灭火级别最大保护面积 / (m^2/B)	0.5	1	1.5

修正系数值按表 3–13–10 的规定取值。

表 3–13–10 修正系数

计算单元	K
未设室内消火栓系统和灭火系统	1
设有室内消火栓系统	0.9
设有灭火系统	0.7
设有室内消火栓系统和灭火系统	0.5
可燃物露天堆场，甲、乙、丙类液体储罐区，可燃气体储罐区	0.3

注：歌舞娱乐放映游艺场所、网吧、商场、寺庙以及地下场所等的计算单元的最小需配灭火级别应在式（3–13–1）计算结果的基础上增加 30%。

（五）计算单元中每个灭火器设置点的最小需配灭火级别计算

计算单元中每个灭火器设置点的最小需配灭火级别按式（3–13–2）进行计算，即：

$$Q_e=\frac{Q}{N} \tag{3–13–2}$$

式中 Q_e——计算单元中每个灭火器设置点的最小需配灭火级别（A 或 B）；

N——计算单元中的灭火器设置点数（个）。

（六）灭火器设置点的确定

每个灭火器设置点实配灭火器的灭火级别和数量不得小于最小需配灭火级别和数量的计算值。计算单元中的灭火器设置点的位置和数量应依据火灾的危险等级、灭火器类

型（手提式或推车式）按不大于表 3-13-11 或表 3-13-12 规定的最大保护距离合理设置，且应保证最不利点至少在 1 具灭火器的保护范围内。

表 3-13-11　A 类火灾场所的灭火器最大保护距离　单位：m

危险等级	灭火器类型	
	手提式灭火器	推车式灭火器
严重危险级	15	30
中危险级	20	40
轻危险级	25	50

表 3-13-12　B、C 类火灾场所的灭火器最大保护距离　单位：m

危险等级	灭火器类型	
	手提式灭火器	推车式灭火器
严重危险级	9	18
中危险级	12	24
轻危险级	15	30

注：1. D 类火灾场所的灭火器，其最大保护距离应根据具体情况研究确定。
2. E 类火灾场所的灭火器，其最大保护距离不应低于该场所内 A 类或 B 类火灾的规定。

如果计算单元中配置有室内消火栓系统，则由于消火栓的设置距离与灭火器设置点的距离要求基本相近，因此在不影响灭火器保护效果的前提下，将灭火器设置点与室内消火栓设置合二为一是一个很好的选择。

参考文献

［1］中华人民共和国公安部消防局．中国消防手册：第六卷　公共场所、用火用电防火·建筑消防设施［M］．上海：上海科学技术出版社，2007.

练习题

一、一级注册消防工程师

（一）单项选择题

1. 地下汽车库配置灭火器时，计算单元的最小需配灭火级别计算应比地上汽车库增加（　　）。

A. 10%　　B. 20%

C. 30%　　D. 25%

2. 关于 B 类火灾场所灭火器配置的说法，正确的是（　　）。

A. 中危险级单位灭火级别最大保护面积为 1.0m^2

B. 每个设置点的灭火器数量不宜多于 3 具

C. 轻危险级单具灭火器最小配置灭火级别为 27B

D. 严重危险级单具灭火器最小配置灭火级别为 79B

3. 某多层民用建筑的第二层为舞厅，建筑面积为 1 000m^2，该场所设有室内消火栓系统、自动喷水灭火系统、火灾自动报警系统及防排烟系统，并按严重危险等级配置灭火器。若在该层设置 3 个灭火器设置点，每处设置干粉灭火器 2 具，则每具灭火器的灭火级别应为（　　）。

A. 2A　　B. 21B

C. 3A　　D. 55B

（二）多项选择题

1. 关于古建筑灭火器配置的说法，错误的有（　　）。

A. 县级以上的文物保护古建筑，单具灭火器最小配置灭火级别是 3A

B. 县级以上的文物保护古建筑，单位灭火级别最大保护面积是 60m^2/A

C. 县级以下的文物保护古建筑，单具灭火器最小配置灭火级别是 2A

D. 县级以下的文物保护古建筑，单位灭火级别最大保护面积是 90m^2/A

E. 县级以下的文物保护古建筑，单位灭火级别最大保面积是 75m^2/A

2. 某建筑高度为 15m 的三层公共建筑，每层建筑面积为 1 000m^2，设有消火栓系统和自动喷水灭火系统，该建筑一层为超市，二层为电子游戏厅，三层为电影院，关于该建筑灭火器配置的说法，正确的有（　　）。

A. 超市的营业厅、电子游戏厅、电影院的观众厅应分别作为一个计算单元

B. 计算单元的最小需配灭火级别的修正系数可取 0.5

C. 电子游戏厅单具灭火器最小配置灭火级别应为 3A

D. 电影院观众厅单具灭火器最小配置灭火级别应为 2A

E. 超市单具灭火器最小配置级别应为 3A

二、二级注册消防工程师

（一）单项选择题

1. 某场所配置的灭火器型号为“MF/ABC10”，下列对该灭火器类型、规格的说明中，正确的是（　　）。

A. 该灭火器是 10kg 手提式（磷酸铵盐）干粉灭火器

B. 该灭火器是 10kg 推车式（磷酸铵盐）干粉灭火器

C. 该灭火器是 10L 手提式（碳酸氢钠）干粉灭火器

D. 该灭火器是 10L 手提式（磷酸铵盐）干粉灭火器

2. 某白酒灌装车间设置推车式灭火器，应优先选择（　　）。

A. 抗溶性泡沫灭火器　　B. 清水灭火器

C. 水雾灭火器　　D. 碳酸氢钠干粉灭火器

（二）多项选择题

根据《建筑灭火器配置设计规范》（GB 50140—2005），下列配置灭火器的场所中，危险等级属于严重危险级的有（　　）。

A. 中药材库房

B. 酒精度小于 60 度的白酒库房

C. 工厂分控制室

D. 计算机、电视机等电子产品库房

E. 液化石油气灌瓶间

第十四章　消防供配电

学习要求

通过本章学习，应了解消防用电设备的范畴和消防电源的基本要求，熟悉消防用电的负荷等级、消防用电设备的配电设计及配电线路的选型原则。

当建筑物内发生火灾时，首先需利用建筑物本身的消防设施辅助人员安全疏散、进行灭火和防止火灾蔓延。建筑消防设施包括大量的消防用电设备，合理地确定消防用电负荷等级、科学地设计消防电源供配电系统、有效确保建筑消防用电设备的供电可靠性，是发挥其预设消防功能的根本保证。

第一节　消防用电及负荷等级

一、消防用电

在正常条件下，消防用电设备依靠城市电网供给电能。一旦发生火灾，会直接影响城市电网电能输送的连续性和可靠性，直接影响消防用电设备在火灾条件下的正常工作。因此，在建筑电气防火设计的过程中，首要考虑的就是火灾工况下，消防供配电的连续性；其次要考虑消防供配电的安全性，避免对应急逃生人员和抢险救援人员产生电击危险，并确保消防用电设备在电气故障情况下不会引起火灾。

消防电源泛指为消防用电设备配电的独立电源或回路，消防电源在火灾工况条件下应能保持正常电能供给。消防电源的基本要求包括以下几个方面：

（1）可靠性。在火灾条件下，若消防电源停止供电，会使消防用电设备直接失去作用，贻误了抢险救援的时机，给人民的生命财产造成严重的损失，因此必须确保消防电源及配电系统的运行连续性和可靠性。

（2）耐火性。在火灾工况下，许多消防用电设备是在火灾现场或附近工作，因此消防电源的配电系统应具有耐火、耐热及防爆性能。同时，还可以采用耐火材料，在建筑整体防火条件不变的情况下，通过采用耐火电线电缆提高供电的能力和时间。

（3）持续性。消防用电设备在抢险救援过程中需要持续一定的工作时间，因此，消防电源应能在火灾条件下保证相应的持续供电时间，以确保消防用电设备发挥其预设的消防功能。

（4）安全性。消防电源和配电系统在火灾条件下工作环境极为恶劣，必须采取相应的保护措施，防止电气线路漏电引发人员触电事故，防止过电流、过电压导致消防用电设备的故障起火。

（5）科学性和经济性。在保证可靠性、耐火性、有效性和安全性的前提下，要考虑系统设计的科学性，考虑电源的节能效果和电源质量，考虑施工和操作的方便快捷，考虑投资、运行和维护保养费用等。

二、消防用电的负荷等级

在供配电系统中，用电设备被称为电力负荷，其大小用功率或电流表示。应根据建筑物的结构、使用性质、火灾危险性、人员疏散和扑救难度、事故造成的后果等因素合理确定建筑消防用电设备的负荷等级。

（一）消防用电的负荷等级划分

根据供电可靠性及中断供电所造成的损失或影响程度，消防用电设备的负荷等级分为特级负荷（一级负荷中特别重要的负荷）、一级负荷、二级负荷和三级负荷。

1. 特级负荷（一级负荷中特别重要的负荷）

下列场所的消防负荷应为特级负荷（一级负荷中特别重要的负荷）：

（1）建筑高度大于150m的工业与民用建筑。

（2）特级体育建筑。

2. 一级负荷

除筒仓、散装粮食仓库及工作塔外，下列建筑的消防用电负荷等级不应低于一级：

（1）建筑高度大于50m的乙、丙类厂房；

（2）建筑高度大于50m的丙类仓库；

（3）一类高层民用建筑；

（4）二层式、二层半式和多层式民用机场航站楼；

（5）Ⅰ类汽车库；

（6）建筑面积大于5 000m^{2}且平时使用的人民防空工程；

（7）地铁工程；

（8）一、二类城市交通隧道。

3. 二级负荷

下列建筑的消防用电负荷等级不应低于二级：

（1）室外消防用水量大于30L/s的厂房；

（2）室外消防用水量大于30L/s的仓库；

（3）座位数大于1 500个的电影院或剧场，座位数大于3 000个的体育馆；

（4）任一层建筑面积大于3 000m^{2}的商店和展览建筑；

（5）省（市）级及以上的广播电视、电信和财贸金融建筑；

（6）总建筑面积大于3 000m^{2}的地下、半地下商业设施；

（7）民用机场航站楼；

（8）Ⅱ类、Ⅲ类汽车库和Ⅰ类修车库；

（9）本条上述规定外的其他二类高层民用建筑；

（10）本条上述规定外的室外消防用水量大于 25L/s 的其他公共建筑；

（11）水利工程，水电工程；

（12）三类城市交通隧道。

4. 三级负荷

除上述第 1 ~ 3 款外的建筑物、储罐（区）和堆场的消防负荷为三级负荷。

（二）不同负荷等级的电源要求

1. 一级负荷和特级负荷

（1）一级负荷的电源要求如下：

一级负荷应由双重电源供电，当一个电源发生故障时，另一个电源不应同时受到损坏。一级负荷应由双重电源的两个低压回路在末端配电箱处切换供电。

1）双重电源可以是来自不同电网的电源，或者来自同一电网但在运行时电路相互之间联系很弱，或者来自同一个电网但其间的电气距离较远，一个电源系统任意一处出现异常运行或发生短路故障时，另一个电源仍能不中断供电，这样的电源都可视为双重电源。

2）当市政电网提供的电源不能满足双重电源的要求时，应设置自备电源或应急电源。

（2）特级负荷的电源要求如下：

特级负荷除双重电源供电外，尚应增设应急电源供电。特级负荷的末端配电箱切换开关上端口宜设置电源监测和故障报警。应急电源应是与电网在电气上独立的各种电源，例如蓄电池、柴油发电机等，应急电源应符合下述要求：

1）应急电源供电回路应自成系统，且不得将其他负荷接入应急供电回路。

2）应急电源的切换时间，应满足设备允许中断供电的要求。

3）应急电源的供电时间，应满足用电设备最长持续运行时间的要求。

2. 二级负荷

二级负荷的供电应符合下列规定：

（1）二级负荷的外部电源进线宜由 35kV、20kV 或 10kV 双回线路（由一个变电所引来的两个配出回路）供电。

（2）当负荷较小或地区供电条件困难时，二级负荷可由一回 35kV、20kV 或 10kV 专用的架空线路供电；当线路自上一级变电所用电缆引出时必须采用两根电缆组成的电缆线路，其每根电缆应能承受二级负荷的 100%，且互为热备用。

（3）当建筑物由一路 35kV、20kV 或 10kV 电源供电时，二级负荷可由两台变压器各引一路低压回路在负荷端配电箱处切换供电，另有特殊规定者除外。

（4）当建筑物由双重电源供电，且两台变压器低压侧设有母联开关时，二级负荷可由任一段低压母线单回路供电。

3. 三级负荷

三级负荷可采用单电源单回路供电，并在其配电设备上设有明显标志。其配电线路和控制回路应按照防火分区进行划分。

第二节　消防电源供配电系统

一、消防用电设备的配电方式

正确选择建筑物内低压配电系统主接线方案，是建筑电气设计的重要环节，设计中应根据建筑物的高度、规模和性质来合理确定。建筑物（群）的消防用电设备配电方式应符合下列规定：

（1）建筑高度100m及以上的高层建筑，低压配电系统宜采用分组设计方案。

低压配电系统的主接线方案有两大类：一类为负荷不分组接线方案，即消防负荷与非消防负荷共用同一低压母线段；另一类为负荷分组接线方案，即消防负荷与非消防负荷采用不同的低压母线段。消防负荷与非消防负荷共用同一低压母线段，无疑消防负荷受非消防负荷的影响要大，消防负荷供电可靠性不高。如果低压母线发生短路或由于火灾时“切非”不利、消防水四溢导致配电线路发生接地故障或短路而造成越级跳闸等，都会使进线断路器跳闸。部分火灾案例中，消防灭火设备在火灾初期可启动灭火，但在灭火过程中，发生了主电源跳闸，主电源虽然有电，但合不上闸，消防灭火设备不能启动，耽误了最佳灭火时间。

（2）消防用电负荷等级为一级负荷中特别重要负荷时，应由一段或两段消防配电干线与自备应急电源的一个或两个低压回路切换，再由两段消防配电干线各引一路在最末一级配电箱。

（3）消防用电负荷等级为一级负荷时，应由双重电源的两个低压回路或一路市电和一路自备应急电源的两个低压回路在最末一级配电箱自动转换供电。

（4）消防用电负荷等级为二级负荷时，应由一路10kV电源的两台变压器的两个低压回路或一路10kV电源的一台变压器与主电源不同变电系统的两个低压回路在最末一级配电箱自动切换供电。

（5）消防用电负荷等级为三级负荷时，消防设备电源可由一台变压器的一路低压回路供电或一路低压进线的一个专用分支回路供电。

（6）消防末端配电箱应设置在消防水泵房、消防电梯机房、消防控制室和各防火分区的配电小间内；各防火分区内的防排烟风机、消防排水泵、防火卷帘等可分别由配电小间内的双电源切换箱放射式、树干式供电。

（7）消防水泵、消防电梯、消防控制室等的两个供电回路，应由变电所或总配电室放射式供电。

二、消防用电设备的配电设计

（1）消防系统的配电装置，应设置在建筑物的电源进线处或配变电所处。消防用电负荷等级为一级负荷时，其应急电源配电装置宜与主电源配电装置分开设置。当分开设置有困难，需要与主电源并列布置时，其分界处应设防火隔断。消防系统配电装置应有明显标志。

（2）消防用电负荷等级为一级负荷时，当消防应急电源由低压发电机组提供时，应设自动启动装置，并应在30s内供电；当采用高压发电机组时，应在60s内供电。消防用电负荷等级为二级负荷时，当消防应急电源由低压发电机组提供，且自动启动有困难时，可手动启动。

（3）消防用电设备配电系统的分支干线宜按防火分区划分，分支线路不宜跨越防火分区。

（4）除消防水泵、消防电梯、消防控制室的消防设备外，各防火分区的消防用电设备，应由消防电源中的双电源或双回线路电源供电，并应满足下列要求：

1）末端配电箱应安装于防火分区的配电小间或电气竖井内。

2）由末端配电箱配出引至相应设备或其控制箱，宜采用放射式供电。对于作用相同、性质相同且容量较小的消防设备，可视为一组设备并采用一个分支回路供电。每个分支回路所供设备不应超过5台，总计容量不宜超过10kW。

（5）公共建筑物顶层，除消防电梯外的其他消防设备，可采用一组消防双电源供电。由末端配电箱引至设备控制箱，应采用放射式供电。

（6）建筑高度不大于54m的住宅建筑中，当消防电梯兼作客梯且两类电梯共用前室时，可由一组消防双电源供电。末端双电源自动切换配电箱，应设置在消防电梯机房间，由配电箱至相应设备应采用放射式供电。

（7）除防火卷帘的控制箱外，消防用电设备的配电箱和控制箱应安装在机房或配电小间内与火灾现场隔离。

三、线路的选择和敷设

1. 消防配电线路的选择

消防配电线路的选择应满足消防用电设备火灾时持续运行时间的要求，并应符合下列规定：

（1）在人员密集场所疏散通道采用的火灾自动报警系统的报警总线，应选择燃烧性能B_1级的电线、电缆；其他场所的报警总线应选择燃烧性能不低于B_2级的电线、电缆。消防联动总线及联动控制线应选择耐火铜芯电线、电缆。电线、电缆的燃烧性能应符合《电缆及光缆燃烧性能分级》（GB 31247—2014）的规定。

（2）消防控制室、消防电梯、消防水泵、水幕泵及建筑高度超过100m民用建筑的疏散照明系统和防排烟系统的供电干线，其电能传输质量在火灾延续时间内应保证消防设备可靠运行。

（3）高层建筑的消防垂直配电干线计算电流在400A及以上时，宜采用耐火母线槽供电。

（4）火灾时，消防用电设备的持续运行时间应符合国家现行相关标准的规定。

（5）为多台防火卷帘、疏散照明配电箱等消防负荷采用树干式供电时，宜选择预分支耐火电缆或分支矿物绝缘电缆。

（6）超高层建筑避难层（间）与消控中心的通信线路、消防广播线路、监控摄像的视频和音频线路应采用耐火电线或耐火电缆。

（7）当建筑物内设有总变电所和分变电所时，总变电所至分变电所的35kV、20kV或10kV的电缆应采用耐火电缆和矿物绝缘电缆。

（8）消防负荷的应急电源采用 10kV 柴油发电机组时，其输出的配电线路应采用耐压不低于 10kV 的耐火电缆或矿物绝缘电缆。

（9）电压等级超过交流 50V 以上的消防配电线路在吊顶内或室内接驳时，应采用防火防水接线盒，不应采用普通接线盒接线。

2. 消防配电线路的敷设

消防配电线路的敷设应符合下列规定：

（1）除有特殊规定外，相同电压等级的双电源回路可在同一专用电缆桥架内敷设，当采用槽盒布线时，应采用金属隔板分隔。

（2）对于综合管廊大型布线场所，当消防配电线路与非消防配电线路布置在同侧时，消防配电线路应敷设在非消防配电线路的下方，并应保持 300mm 及以上的净间距。

（3）建筑高度超过 250m 的公共建筑，消防线路布线宜设专用竖井。

（4）线路暗敷时，应采用穿金属导管或 B_1 级阻燃刚性塑料管保护并应敷设在不燃性结构内且保护层厚度不应小于 30mm。

练习题

一、一级注册消防工程师

（一）单项选择题

1. 下列消防配电设计方案中，符合规范要求的是（　　）。

A. 消防水泵电源由建筑一层低压分配电室出线

B. 消防电梯配电线路采用树干式供电

C. 消防配电线路设置过负载保护装置

D. 排烟风机两路电源在排烟机房内自动切换

2. 某建筑高度为 55m 的省级电力调度指挥中心，设有自动喷水灭火系统、机械排烟系统、防火卷帘等消防设施，采用柴油发电机作为消防设备的备用电源，该中心消防设备的下列配电设计方案中，错误的是（　　）。

A. 各楼层消防电源配电箱有低压配电室采用分区树干式配电

B. 防火卷帘由楼层消防配电箱采用放射式配电

C. 柴油发电机设置自动启动装置，自动启动响应时间为 20s

D. 消防水泵组的电源由低压配电室采用树干式配电

3. 某大型商业综合体消防设备的用电负荷等级为一级负荷，该商业综合体消防用电设备的供配电及控制方式错误的是（　　）。

A. 消防水泵可由二路市电的两个低压回路供电

B. 排烟和通风合用的风机采用变频调速器控制

C. 消防水泵的末端配电箱设置在消防水泵房内

D. 排烟风机由所在防火分区内配电小间的双电源切换箱放射式供电

（二）多项选择题

1. 下列关于消防用电一级负荷供电方式的描述，错误的有（　　）。

A. 一级负荷由两个电源供电

B. 当一个电源发生故障时，另一个电源不应同时受到损坏

C. 电源一个来自区域变电站，同时另设一台自备发电机组

D. 电源来自两个区域变电站（电压在 30kV 及以上）

E. 双重电源不应来自同一个电网

2. 下列关于消防配电线路的选择，正确的有（　　）。

A. 在人员密集场所疏散通道采用的火灾自动报警系统的报警总线，应选择燃烧性能 B_2 级的电线、电缆

B. 高层建筑的消防垂直配电干线计算电流在 400A 及以上时，宜采用耐火母线槽供电

C. 超高层建筑避难层（间）与消控中心的通信线路、消防广播线路、监控摄像的视频和音频线路应采用阻燃电缆

D. 为多台防火卷帘、疏散照明配电箱等消防负荷采用树干式供电时，宜选择预分支耐火电缆或分支矿物绝缘电缆

E. 电压等级超过交流 50V 以上的消防配电线路在吊顶内或室内接驳时，应采用防火防水接线盒，不应采用普通接线盒接线

二、二级注册消防工程师

（一）单项选择题

1. 消防用电负荷按供电可靠性及中断供电所造成的损失或影响程度分为一级负荷、二级负荷和三级负荷。下列供电方式中，不属于一级负荷的是（　　）。

A. 来自两个不同发电厂的电源

B. 来自同一变电站的两个 6kV 回路

C. 来自两个 35kV 的区域变电站的电源

D. 来自一个区域变电站和一台柴油发电机的电源

2. 某建筑面积为 70 000m^2，建筑高度为 80m 的办公建筑，下列供电电源中，不能满足该建筑消防用电设备供电要求的是（　　）。

A. 由城市一个区域变电站引来 2 路电源，并且每根电缆均能承受 100% 的负荷

B. 由城市不同的两个区域变电站引来 2 路电源

C. 由城市两个不同的发电厂引来 2 路电源

D. 由城市一个区域变电站引来 1 路电源，同时设置 1 台自备发电机组

（二）多项选择题

下列场所的消防用电应按二级负荷供电的有（　　）。

A. 建筑高度大于 50m 的乙、丙类生产厂房和丙类物品库房

B. 座位数超过 1 500 个的电影院、剧场

C. 一类高层民用建筑

D. 任一层建筑面积大于 3 000m^2 的商店和展览建筑

E. 省级广播电视大楼

第四篇 特殊建筑、场所防火

第一章 概　　述

学习要求

通过本章学习，应熟悉石油化工生产和储运场所、城市轨道交通工程、城市交通隧道、加油加气站、火力发电厂、飞机库、汽车库和修车库、洁净厂房、数据中心、古建筑、人民防空工程、城市综合管廊等建筑及场所防火的基本要求。

本篇所述的其他建筑和场所指使用功能和建筑条件特殊、有专业设计规范的建筑及场所，主要包括石油化工生产和储运场所、城市轨道交通工程、城市交通隧道、加油加气站、火力发电厂、飞机库、汽车库和修车库、洁净厂房、信息机房、古建筑、人民防空工程和城市综合管廊等。

由于这些建筑和场所具有特殊的使用性质、工艺布置、环境条件、历史价值等，因此对其应当采取有针对性的防火技术措施，以确保这些建筑和场所的消防安全。

一、火灾特点

其他建筑和场所由于其特殊的用途和建筑特点，除了具有一般工业和民用建筑的火灾危险性和特点外，各类建筑还具有其自身的火灾危险特性。

（一）具有火灾爆炸的高危性

石油化工企业（以下简称石化企业）的生产工艺不乏高温、高压、蒸馏、裂解等，生产过程中的各种原料、中间体、产品和废弃物等分别以气态、液态、固态形式存在，由于其自身的理化特性，所以具有相应的火灾爆炸危险特性。加油加气站由于储存和加注的汽油、液化石油气、压缩天然气等物质具有易燃易爆的特性，因此，加油加气站也属于易燃易爆场所，具有火灾和爆炸的高危险性。

（二）具有火灾危险源的流动性

城市轨道交通工程内客流量巨大、人员复杂，对乘客所带物品和乘客行为等难以进行彻底控制，如果乘客违反规定携带易燃易爆物品乘车，便成为潜在流动火灾隐患。城市交通隧道因交通工具、车载货物都在移动，因而也存在移动的火灾危险源。这一特点也决定了城市轨道交通工程、隧道一旦发生火灾事故，往往具有起火部位移动性、燃烧形式多样性、火灾蔓延跳跃性的特点。

（三）具有火灾规模大的危险性

由于飞机需要停泊、维修和保养，飞机库一般都是大跨度、大空间的建筑，且飞机进库维修时总带有一定量的可燃和易燃液体，如燃油、液压油、润滑油等，维修过程又不可避免地要进行切割、焊接、用有机溶剂清洗、黏结、喷漆等作业，具有火灾危险性大的特点，而且一旦发生火灾，短时间内可使飞机受热面的机身蒙皮发生破坏，引发燃油箱爆炸、易燃液体流散、火势迅猛发展的后果。

（四）灭火救援困难

石化企业一旦发生火灾爆炸，很有可能酿成立体的、流淌的、大规模的火灾事故，对灭火救援人员的人身安全也造成严重的威胁。城市轨道交通工程、隧道、人防工程、城市综合管廊深埋地下，空间封闭且通风不良，发生火灾时，高温烟气难以及时排除，安全疏散设施有限，消防通信不畅，灭火救援十分艰难。洁净厂房和信息机房由于其生产工艺的需要，往往采用密闭性能良好的空间，因此，消防救援条件有限、灭火救援困难。

（五）火灾损失难以估量

数据中心平均每平方米的设备费用高达数万元至数十万元，而且某些存储介质对温度的要求较为苛刻，例如，在以光盘作为存储介质的情况下，如果温度超过45℃，不但会造成数据丢失，还会造成光盘不可修复的损坏，其数据损失及间接的行业损失更是难以统计；所以数据中心一旦发生火灾，其造成的损失难以估量。文物古建筑是古代劳动人民的智慧结晶，是研究古代社会政治经济、文化艺术、宗教信仰的历史资料，是国家珍贵的文化遗产，如果发生火灾，其损失也无法用经济指标来计算。

二、防火基本要求

（一）合理进行总体规划布局

对于石化企业，选择合理的区域地址，科学地进行工厂总体布置，是防止石油化工火灾大范围蔓延的有效技术手段。例如，在进行区域规划时，应当结合地形、风向等条件，考虑常年主导风向对周边城镇的影响，邻近江河、海岸时考虑防泄漏措施，与相邻工厂或重要设施确保防火间距等；在进行工厂总体布置时，应根据场内地形、风向等条件，合理布置易燃易爆工艺装置、储罐区、装卸区、危险品仓库和办公生活区，划分不同的功能分区，防止火灾的发生和减少火灾发生时相互间的影响，这样，既便于生产操作和管理，又有利于安全防火。对于加油加气站，应当考虑其对周围建（构）筑物及人群的安全和环保方面的影响，选址应符合城乡规划、环境保护和防火安全的要求，并应选在交通便利的地方，在城市建成区不应建一级加油站、一级加气站、一级加油加气合建站、压缩天然气加气母站。

（二）采取针对性的防火技术措施

针对该类建筑和场所的特殊性，根据其火灾特点，需要采取特殊的防火技术，确保消防安全。例如，石化企业、发电厂、古建筑密集区应设立消防站，确保发生火灾时，灭火救援力量能够及时赶到并发挥作用。对于石化企业、加油加气站和发电厂，针对生产、储存、运输不同特点及性质的物料，以及生产工艺、重点防火区域的保护需求，应采取不同的防火防爆技术措施，以降低爆炸危险。对于洁净厂房和数据中心，应考虑贵重设备和精密仪器的特性，以及场所内通风、空调及管道线缆布置等特点，采取相应的防火分隔保护措施。对于城市轨道交通工程和城市交通隧道，应当从空间密闭狭长、机械设备量多复杂、安全疏散和灭火救援困难等方面考虑，采取有效的建筑结构防火保护、火灾烟气控制和安全疏散等防火技术措施。对于飞机库，应当考虑飞机维修时容易发生火灾，且火灾容易蔓延扩大的特点，加强防火保护措施。对于古建筑，应根据其耐火等级低、要保护原有风貌等特点，在电气线路保护、防止雷击等方面采取相应的防火技术措施。对于城市综合管廊，应当采取防火分隔并设置消防设施等保护措施，对于天然气、蒸汽热力管道等发生事故时造成影响大的管道应分舱独立敷设。

（三）配置有效的消防设施

对于该类建筑和场所，应根据其建筑特点和火灾危险性，配置有针对性的消防设施。例如，石化企业中除常规灭火设施外，还应酌情配置雨淋系统、泡沫系统，在可燃气体、蒸气仓库内设置可燃气体报警装置。城市轨道交通工程内，需要对各车站站厅公共区、站台、设备区、地下隧道、控制中心等部位设置火灾自动报警系统，在地下车站的通信机械室、公网引入室、信号机械室、环控电控室及地下变电所等重要电气用房应采用气体灭火系统。对于达到一定机组容量的火力发电厂，在其火灾危险性较大的重点部位、场所通常设置自动喷水与水喷雾灭火系统、气体灭火系统及泡沫灭火系统。对于不同类型的飞机库，可设置闭式自动喷水灭火系统用于灭火和降温以保护屋架，可在库内较低位置设置泡沫灭火系统和泡沫枪用于扑灭地面油火。对于古建筑，可在内部选用红外线光束感烟探测器、缆式线型定温探测器及火焰探测器，设置“严禁烟火”“禁止吸烟”等消防安全警示标志。

第二章　石油化工防火

学习要求

通过本章学习，应了解石油化工的火灾危险性及特点；熟悉石油化工生产和储运防火的基本要求；掌握生产、储存场所及运输设施的防火设计要求。

石化企业是指以石油、天然气及其产品为原料，生产、储运各种石油化工产品的炼油厂、石油化工厂、石油化纤厂或其联合组成的生产加工企业。石油化工生产工艺复杂、易燃易爆、生产链冗长、衍生物繁多，生产工艺不乏高温、高压、蒸馏、裂解等，生产工艺防火尤为重要。

第一节　石化企业的分类及火灾危险性

一、分类

《石油化工企业设计防火标准》（GB 50160—2008，2018 年版）按照原油加工能力或厂区占地面积对石化企业的生产规模进行如下分类。

大型：原油加工能力大于或等于 10 000kt/a 或占地面积大于或等于 2 000 000m^2。

中型：原油加工能力大于或等于 5 000kt/a 且小于 10 000kt/a 或占地面积大于或等于 1 000 000m^2 且小于 2 000 000m^2。

一般来说，厂房的火灾危险性类别由设备、原料、产品的火灾危险性类别和生产工艺确定；仓库的火灾危险性类别以储存在仓库内的物料的火灾危险性类别确定。石油化工生产、储存和运输过程中涉及的原料、中间体、成品和废弃物等物料大多是可燃气体、液化烃和可燃液体，具有不同的理化特性和火灾爆炸危险特性。可燃气体、液化烃、可燃液体的火灾危险性分类见表 4–2–1 和表 4–2–2，其中，操作温度超过其闪点的乙类液体应视为甲 B 类液体；操作温度超过其闪点的丙 A 类液体应视为乙 A 类液体；操作温度超过其闪点的丙 B 类液体应视为乙 B 类液体；操作温度超过其沸点的丙 B 类液体应视为乙 A 类液体。固体的火灾危险性分类应按照《建筑设计防火规范》（GB 50016—2014，2018 年版）的相关规定执行。

布置有不同火灾危险类别设备的同一房间，当火灾危险类别最高的设备所占面积比例小于 5% 时，可按火灾危险类别较低的设备确定。

表 4-2-1　可燃气体的火灾危险性分类

类别	可燃气体与空气混合物的爆炸下限
甲	<10%（体积）
乙	≥10%（体积）

表 4-2-2　液化烃、可燃液体的火灾危险性分类

名称	类别		特征
液化烃	甲	A	15℃时的蒸气压力 >0.1MPa 的烃类液体及其他类似液体
可燃液体		B	甲$_A$类以外，闪点 <28℃
	乙	A	28℃≤闪点≤45℃
		B	45℃ < 闪点 <60℃
	丙	A	60℃≤闪点≤120℃
		B	闪点 >120℃

二、石油化工的火灾危险性

（一）原料、中间体及产品具有易燃易爆性

石油化工生产过程中的各种原料、中间体、产品和废弃物等分别以气态、液态、固态形式存在，具有相应的理化特性和火灾爆炸危险特性。石油及其产品的主要成分是由碳和氢两种元素（约占组成元素的 96%~99%）组成的碳氢化合物。碳氢化合物简称烃，是石油加工和利用的主要对象。石油产品可分为石油燃料、石油溶剂与化工原料、润滑剂、石蜡、石油沥青、石油焦六类。其中，石油燃料产量最大（约占石油产品总量的 90%），润滑剂品种最多。石油产品的特性主要有易燃、易爆、易挥发、易扩散、易流淌、易集聚静电、易受热膨胀等。

（二）工艺装置泄漏易形成爆炸性混合物

按照功能不同，石油化工生产工艺装置可分为炉（加热炉、裂解炉等）、器（反应器、换热器、分离器等）、罐（原料罐、中间产品罐、成品罐等）、塔（分馏塔、吸收塔等）、泵（油泵、酸泵、水泵等）、机（通风机、鼓风机、压缩机等）以及管（设备与设备间种类繁多、纵横交错的工艺管线）等。与其他生产工艺装置相比，石油化工生产工艺装置具有高低不一、物料处理量大、操作控制难、动态设备与静态设备并存等特点。

工艺装置受设计不合理、材质缺陷、焊接质量差、密封不严、操作失误或受物料腐蚀、磨蚀等因素的影响会导致物料泄漏，从而引起火灾或爆炸事故。由于装置结构不一、内装物料性质不同，因此各类装置的火灾危险性也不尽相同。火灾爆炸危险性主要

取决于物料的火灾爆炸危险性、催化剂（引发剂）的危险性、工艺控制参数以及反应器的形式和构造等。

（三）温度、压力等参数控制不当易引发爆炸和火灾

石油化工生产中对物料流量、流速、原料配比、温度、压力等工艺参数的要求十分严格。参数稍有差错，其发生的化学反应则完全不同。如流量过大，导致反应速度加快、反应不彻底，进而增加后续设备的火灾爆炸危险；如流速过快，导致反应不完全，而且对于醇类、醚类等易产生静电的物料，还能增加静电荷的产生和积聚，从而导致静电类火灾或爆炸事故。

（四）违章操作等人为因素引发火灾爆炸等事故

石油化工生产中，每套工艺装置都有相应的操作规程。严格按照操作规程作业，能减少或消除火灾隐患。但由于种种原因，在生产和设备检修过程中因违反操作规程而造成的火灾或爆炸时有发生。在近几年的石油化工生产中，由于违反操作规程而导致火灾或爆炸事故所占比例较大。

三、石油化工火灾的特点

石油化工生产过程是通过一系列的物理、化学变化完成的，其工艺操作大多在高温高压下进行，反应复杂、连续性强决定了其突出的特点是生产危险性大和发生火灾的概率高，发生火灾后常伴有爆炸、复燃以及立体、大面积、多点等形式的燃烧，易造成人员重大伤亡和财产重大损失。其火灾特点主要有以下几点：

（一）爆炸与燃烧并存，易造成人员伤亡

在石油化工生产过程中，常伴随着物理爆炸和化学爆炸，或先爆炸后燃烧，或先燃烧后爆炸，或爆炸与燃烧交替进行。爆炸会使管线、设备、装置破裂，造成物料喷洒流淌，建筑结构被破坏和人员伤亡。

（二）燃烧速度快，火势发展迅猛

石化企业原料、中间体和产品大多为易燃易爆气体、液体，一旦发生火灾，燃烧速度快、火势发展迅猛，能在较短时间内形成大面积火灾，并发生连锁反应。

（三）易形成立体火灾

由于可燃气体和可燃液体具有良好的扩散性和流动性，因此当石化企业大型设备和管道破坏时，化工原料流体会急速涌泄而出，容易造成大面积流淌火灾；又由于生产设备高大密集呈立体布置，框架结构孔洞多，因此发生火灾时，容易通过楼板孔洞、通风管道、楼梯间等流动扩散，从而使火灾蔓延扩大，火势难以有效控制，易形成大面积立体火灾。

（四）火灾扑救困难

石油化工装置工艺复杂、自动化程度高，火灾蔓延速度快、涉及面广、燃烧时间长，且存在爆炸的危险性、气体的毒害性、物料的腐蚀性，对火灾扑救中灭火剂的选择、安全防护、灭火方法等要求高、针对性强，给扑救工作带来很多困难。发生火灾时，需要足够的灭火力量和灭火剂，才能有效地控制火势。

第二节 石油化工生产和储运的防火要求

一、总体设计

（一）规划选址

在进行区域规划时，应根据石化企业及其相邻工厂或设施的特点和火灾危险性，结合地形、风向等条件合理布置。工厂选址应远离人口密集区、饮用水源地、重要交通枢纽等区域，并宜位于邻近城镇或居民区全年最小频率风向的上风侧，避免布置在通风不良的地段。在山区或丘陵地区，工厂的生产区应避免布置在窝风地带，沿江河岸布置时，宜位于邻近江河的城镇、重要桥梁、大型锚地、船厂等重要建（构）筑物的下游。地区输油（输气）管道不应穿越厂区，公路和地区架空电力线路严禁穿越工厂的生产区。石化企业与相邻工厂或设施的防火间距不应小于表4-2-3的规定。

表4-2-3 石化企业与相邻工厂或设施的防火间距 单位：m

相邻工厂或设施		液化烃罐组（罐外壁）	甲、乙类液体罐组（罐外壁）	可能携带可燃液体的高架火炬（火炬筒中心）	甲、乙类工艺装置或设施（最外侧设备外缘或建筑物的最外轴线）	全厂性或区域性重要设施（最外侧设备外缘或建筑物的最外轴线）
居民区、公共福利设施、村庄		300	100	120	100	25
相邻工厂（围墙或用地边界线）		120	70	120	50	70
厂外铁路	国家铁路线（中心线）	55	45	80	35	—
	厂外企业铁路线（中心线）	45	35	80	30	—
国家或工业区铁路编组站（铁路中心线或建筑物）		55	45	80	35	25
厂外公路	高速公路、一级公路（路边）	35	30	80	30	—
	其他公路（路边）	25	20	60	20	—

续表 4-2-3

相邻工厂或设施		液化烃罐组（罐外壁）	甲、乙类液体罐组（罐外壁）	可能携带可燃液体的高架火炬（火炬筒中心）	甲、乙类工艺装置或设施（最外侧设备外缘或建筑物的最外轴线）	全厂性或区域性重要设施（最外侧设备外缘或建筑物的最外轴线）
变、配电站（围墙）		80	50	120	40	25
架空电力线路（中心线）		1.5 倍塔杆高度且不小于 40m	1.5 倍塔杆高度	80	1.5 倍塔杆高度	—
Ⅰ、Ⅱ级国家架空通信线路（中心线）		50	40	80	40	—
通航江、河、海岸边		25	25	80	20	—
地区埋地输油管道	原油及成品油（管道中心）	30	30	60	30	30
	液化烃（管道中心）	60	60	80	60	60
地区埋地输气管道（管道中心）		30	30	60	30	30
装卸油品码头（码头前沿）		70	60	120	60	60

注：1. 本表中相邻工厂指除石化企业和油库以外的工厂。
2. 括号内指防火间距起止点。
3. 当相邻设施为港区陆域、重要物品仓库和堆场、军事设施、机场等，对石化企业的安全距离有特殊要求时，应按有关规定执行。液化烃罐组与电压等级 330 ~ 1 000kV 的架空电力线路的防火间距不应小于 100m。单罐容积大于或等于 50 000m^3 的甲、乙类液体储罐与居民区、公共福利设施、村庄的防火间距不应小于 120m。
4. 丙类可燃液体罐组的防火间距，可按甲、乙类可燃液体罐组的规定减少 25%。
5. 丙类工艺装置或设施的防火间距，可按甲、乙类工艺装置或设施的规定减少 25%。
6. 地面敷设的地区输油（输气）管道的防火间距，可按地区埋地输油（输气）管道的规定增加 50%。
7. 当相邻工厂围墙内为非火灾危险性设施时，其与全厂性或区域性重要设施防火间距最小可为 25m。
8. 表中“—”表示无防火间距要求或执行相关规范。

（二）总平面布置

石化企业的总平面布置应根据其生产流程及各组成部分的生产特点和火灾危险性，结合地形、风向等条件，合理布置易燃易爆工艺装置、储罐区、装卸区、危险品仓库和办公生活区，划分不同的功能分区，预防火灾发生和减少火灾时相互间的影响。工艺装置和全厂储运设施占地面积较大，可燃气体散发较多，是全厂防火的重点；水、电、蒸汽、压缩空气等公用设施，需靠近工艺装置布置；工厂管理是全厂的生产指挥中心，人员集中，具有安全环保等特点和要求。总平面布置时应符合以下规定：

（1）全厂性办公楼、中央控制室、中央化验室、总变电所等重要设施应布置在相对高处。

（2）采用架空电力线路进出厂区的总变电所应布置在厂区边缘。

（3）全厂性的高架火炬宜位于生产区全年最小频率风向的上风侧；2 座及 2 座以上的高架火炬宜集中布置在同一个区域。

（4）可能散发可燃气体的工艺装置、罐组、装卸区或全厂性污水处理场等设施宜布置在人员集中场所及明火或散发火花地点的全年最小频率风向的上风侧。

（5）液化烃罐组或可燃液体罐组不应毗邻布置在高于工艺装置、全厂性重要设施或人员集中场所的阶梯上。受条件限制或有工艺要求时，可燃液体原料储罐可毗邻布置在高于工艺装置的阶梯上，但应采取防止泄漏的可燃液体流入工艺装置、全厂性重要设施或人员集中场所的措施。液化烃罐组或可燃液体罐组不宜紧靠排洪沟布置。

（6）汽车装卸设施、液化烃灌装站及各类物品仓库等机动车辆频繁进出的设施应布置在厂区边缘或厂区外，并宜设围墙独立成区。

（7）空分站应布置在空气清洁地段，并宜位于散发乙炔及其他可燃气体、粉尘等场所的全年最小频率风向的下风侧。

（三）道路布置

厂区内道路包含厂内主干道、厂内铁路、消防车道等。道路布置应遵循以下原则：

（1）厂内主干道的主要出入口不应少于 2 个，并宜位于不同方位，主干道宜避免与调车频繁的厂内铁路线平交。

（2）厂内铁路宜集中布置在厂区边缘，液化烃、可燃液体的铁路装卸线不得兼作走行线。

（3）装置或联合装置、液化烃罐组、总容积大于或等于 120 000m^3 的可燃液体罐组、总容积大于或等于 120 000m^3 的两个或两个以上可燃液体罐组应设环形消防车道。可燃液体的储罐区、可燃气体储罐区、装卸区及化学危险品仓库区应设环形消防车道，当受地形条件限制时，可设有回车场的尽头式消防车道。

（4）消防车道的路面宽度不应小于 6m，路面内缘转弯半径不宜小于 12m，路面上净空高度不应低于 5m；占地大于 80 000m^2 的装置或联合装置及含有单罐容积大于 50 000m^3 的可燃液体罐组，其周边消防车道的路面宽度不应小于 9m，路面内缘转弯半径不宜小于 15m。

（5）装置区及储罐区的消防道路，两个路口间长度大于 300m 时，该消防道路中段应设置供火灾施救时用的回车场地，回车场地不宜小于 18m × 18m（含道路）。

（6）液化烃、可燃液体、可燃气体的罐区内，任何储罐的中心距至少 2 条消防车道的距离均不应大于 120m；当不能满足此要求时，任何储罐中心与最近的消防车道之间的距离不应大于 80m，且最近消防车道的路面宽度不应小于 9m。

（四）厂际管道布置

厂际管道应根据项目的总体规划，结合沿线的居民区、村庄、公共福利设施、工厂、交通、电力、水利等建设的现状与规划，以及沿线地区的地形、地貌、地质、地震等自然条件，通过综合分析和技术经济比较，确定线路走向。厂际管道布置应符合以下规定：

（1）厂际管道不应穿越村庄、居民区、公共福利设施，并应远离人员集中的建筑物和明火设施。厂际管道不宜穿越与其无关的工厂。

（2）厂际管道沿江、河、湖、海岸边敷设时，应采取防止泄漏的可燃液体流入水域的措施。

（3）厂际管道与相邻工厂或设施的防火间距不应小于表 4–2–4 的规定。

表 4–2–4　厂际管道与相邻工厂或设施的防火间距

单位：m

相邻设施		可燃气体、可燃液体管道（管道中心）		液化烃管道（管道中心）	
		埋地敷设	地上架空	埋地敷设	地上架空
居民区、村庄、公共福利设施		15	25	30	40
相邻工厂（围墙或用地边界）		10	20	20	30
厂外铁路线	国家铁路线	25	50	25	50
	企业铁路线	15	25	15	25
厂外公路	高速公路、一级公路	10	20	10	20
	其他公路	7	10	7	10
架空电力、通信线路（中心线）		5	1 倍杆高	5	1 倍杆高
通航江、河、海岸边		10	15	10	15

注：1. 厂际管道与桥梁的安全距离应按《油气输送管道穿越工程设计规范》（GB 50423—2013）、《油气输送管道跨越工程设计标准》（GB/T 50459—2009）执行。

2. 厂际管道与机场、军事设施、重点文物等的安全距离应按国家现行相关标准执行。

（五）消防设计

厂区内的消防设计应结合石化企业生产、储存和装置特点，综合考虑厂区消防供水、消防供电、消防站建设等相关内容。

1. 消防供水

（1）消防水源。当消防用水由工厂水源直接供给时，工厂给水管网的进水管不应少于 2 条。当其中一条发生事故时，另一条应能满足 100% 消防用水和 70% 的生产、生活用水总量的要求。当工厂水源直接供给不能满足消防用水量、水压和火灾延续消防用水总量要求时，应建消防水池（罐），水池（罐）的容量应能满足火灾延续时间内消防用水总量的要求。每套消防供水系统的保护面积不宜超过 2 000 000m^2，最大保护半径不宜超过 1 200m。

消防给水管道应环状布置，环状管道的进水管不应少于 2 条；环状管道应用阀门分成若干独立管段，每段消火栓的数量不宜超过 5 个。

（2）消防用水量。厂区的消防用水量应按同一时间内的火灾处数和相应处的一次灭火用水量确定。厂区同一时间内的火灾处数应按表 4–2–5 确定。

表 4–2–5　厂区同一时间内的火灾处数

厂区占地面积 /m^2	同一时间内火灾处数
≤1 000 000	1 处：厂区消防用水量最大处
>1 000 000	2 处：一处为厂区消防用水量最大处，另一处为厂区辅助生产设施所在位置

消防用水量应按厂区内工艺装置、辅助生产设施以及建筑所设置的不同消防设施的消防用水需求综合考虑计算确定，具体的消防用水量和火灾延续时间见表 4–2–6。

表 4–2–6　工艺装置、辅助生产设施及建筑物的消防用水量和火灾延续时间

类别		消防用水量 /（L/s）		火灾延续时间 /h
		中型	大型	
工艺装置	石油化工	150 ~ 300	300 ~ 600	3
	炼油	150 ~ 230	230 ~ 450	
	合成氨及氨加工	90 ~ 120	120 ~ 200	
辅助生产设施		50		2
建筑物		按《消防给水及消火栓系统技术规范》（GB 50974—2014）的要求计算		
可燃液体、液化烃的装卸栈台		60		3
液化烃罐区		—		6

工艺装置的消防用水量应根据其规模、火灾危险类别及消防设施的设置情况等综合考虑确定。当确有困难时，可按表 4–2–6 的内容选定。

储罐、罐区、油品码头等设备和区域的消防给水设计流量详见本教材相关内容。

大、中型石化企业的消防用水量，应在上述规定的基础上另外增加不小于 10 000m^3 的储存量，当企业临近天然水源或与相邻企业具有互通的消防管网时，可减去相应的有效供水量。

（3）消防给水系统。大型石化企业的工艺装置区、罐区等，应设独立的稳高压消防给水系统，其压力宜为 0.7 ~ 1.2MPa。其他场所采用低压消防给水系统时，其压力应确

保灭火时最不利点消火栓的水压不低于 0.15MPa（自地面算起）。液化烃罐区应设置消防冷却水系统。消防给水系统不应与循环冷却水系统合并，且不应用于其他用途。

（4）消火栓。消火栓的数量及位置，应按其保护半径及被保护对象的消防用水量等综合计算确定，并应符合下列规定：消火栓的保护半径不应超过 120m；高压消防给水管道上消火栓的出水量应根据管道内的水压及消火栓出口要求的水压计算确定，低压消防给水管道上公称直径为 100mm、150mm 的消火栓，其出水量可分别取 15L/s、30L/s；大型石化企业的主要装置区、罐区，宜增设大流量消火栓。

罐区及工艺装置区的消火栓应在其四周道路边设置，消火栓的间距不宜超过 60m。当装置内设有消防道路时，应在道路边设置消火栓。距被保护对象 15m 以内的消火栓不应计算在该保护对象可使用的数量之内。

2. 消防供电、火灾报警及电气防火

（1）消防配电。消防配电线路应满足发生火灾事故时连续供电的需要，敷设时不应穿越与其无关的工艺装置、系统单元和储罐组；确需地上敷设时，应采用耐火电缆敷设在专用的电缆桥架内，且不应与可燃液体、气体管道同架敷设；地下敷设时，宜采用直埋或充砂电缆沟敷设方式。重要消防低压用电设备的供电应在最末一级配电装置或配电箱处实现自动切换。

（2）用电负荷。大、中型石化企业消防水泵房用电负荷应为一级负荷。

（3）火灾自动报警系统。石化企业的生产区、公用及辅助生产设施、全厂性重要设施和区域性重要设施的火灾危险场所应设置火灾自动报警系统和火灾电话报警。生产区、公用及辅助生产设施、全厂性重要设施和区域性重要设施等火灾危险性场所应设置区域性火灾自动报警系统；甲、乙类装置区周围和罐组四周道路边应设置手动火灾报警按钮，其间距不宜大于 100m。单罐容积大于或等于 30 000m^3 的浮顶罐的密封圈处应设置火灾自动报警系统；直流备用电源应采用火灾报警控制器的专用蓄电池，应保证在主电源发生事故时持续供电时间不少于 8h。

（4）应急照明。消防水泵房及其配电室应设消防应急照明，照明可采用蓄电池作备用电源，其连续供电时间不应少于 3h。

（5）防雷。可燃气体、液化烃、可燃液体的钢罐必须设防雷接地，并应符合相关规定。工艺装置内露天布置的塔、容器等，当顶板厚度大于或等于 4mm 时，可不设避雷针、线保护，但必须设防雷接地。甲$_B$、乙类可燃液体地上固定顶罐，当顶板厚度小于 4mm 时，应装设避雷针（线），其保护范围应包括整个储罐。

（6）防静电。爆炸、火灾危险场所内可能产生静电危险的设备和管道均应采取静电接地措施。可燃液体、液化烃的装卸栈台和码头的管道、设备、建筑（构）物的金属构件和铁路钢轨等（做阴极保护者除外），均应做电气连接并接地。汽车罐车、铁路罐车和装卸栈台应设静电专用接地线。

3. 消防站

大、中型石化企业应设消防站。其规模应根据石化企业的规模、火灾危险性、固定消防设施的设置情况，以及邻近单位消防协作条件等因素确定。

（1）消防站应由车库、通信室、办公室、值勤宿舍、药剂库、器材库、干燥室（寒冷或多雨地区）、培训学习室及训练场、训练塔及其他必要的生活设施等组成。

（2）车库的耐火等级不应低于二级，车库、值勤宿舍必须设置警铃，并应在车库前场地一侧安装车辆出动的警灯和警铃。通信室、车库、值勤宿舍及公共通道等处应设事故照明。

（3）车库大门应面向道路，距道路边不应小于 15m。车库前场地应采用混凝土或沥青地面，并应有不小于 2% 的坡度坡向道路。

二、生产区的防火设计

石油化工生产区主要有常减压、催化裂化、延迟焦化、催化重整、加氢、电精制、硫黄回收、气体分离、脱硫醇、烷基化、溶剂油和润滑剂等装置。

（一）平面布置

合理布置工艺装置，是保证工艺流程合理并取得较好经济利益的重要条件，同时也是保证安全生产的重要条件。在安排装置的位置时，要考虑其火灾危险类别，合理布置。工艺生产装置区域内的生产配套用房、露天设备、储罐、构筑物等宜按生产流程集中合理布置。

1. 生产配套用房布置

装置的控制室，机柜间，变（配）电所，化验室，办公室等不得与设有甲、$乙_A$类设备的房间布置在同一建筑物内。装置的控制室与其他建筑物合建时，应设置独立的防火分区。

当装置的控制室，机柜间，变（配）电所，化验室，办公室等布置在装置内时，应布置在装置的一侧，位于爆炸危险区范围以外，并宜位于可燃气体、液化烃和$甲_B$、$乙_A$类设备全年最小频率风向的下风侧。其平面布置设计应符合以下规定：

（1）控制室宜设在建筑物的底层。

（2）平面布置位于附加 2 区的办公室，化验室室内地面及控制室，机柜间，变、配电所的设备层地面应高于室外地面，且高差不应小于 0.6m。

（3）控制室、机柜间面向有火灾危险性设备侧的外墙应为无门、窗、洞口、耐火极限不低于 3.00h 的不燃材料实体墙。

（4）化验室、办公室等面向有火灾危险性设备侧的外墙宜为无门、窗、洞口的不燃材料实体墙。当确需设置门、窗时，应采用防火门、窗。

（5）控制室或化验室的室内不得安装可燃气体、液化烃和可燃液体的在线分析仪器。

2. 装置储罐（组）布置

为了减小灾害程度，装置储罐（组）的储量不应过大。装置储罐（组）布置应符合表 4–2–7 的要求。

3. 仓库布置

甲、乙类物品仓库不应布置在装置内。若工艺需要，储量不大于 5t 的乙类物品储存间和丙类物品仓库可布置在装置内，但应位于装置边缘。

表 4-2-7 装置储罐（组）布置

储罐类型	储罐总容积 V/m^3	布置位置	单罐要求
液化烃罐	$V \leqslant 100$	装置内	—
可燃气体或可燃液体罐	$V \leqslant 1\ 000$		—
液化烃罐组	$100<V \leqslant 500$	成组集中布置在装置边缘	$V \leqslant 300m^3$
可燃气体或可燃液体罐组	$100<V \leqslant 500$		可燃液体 $V \leqslant 3\ 000m^3$

4. 道路设置

装置内应设贯通式道路，道路应有不少于 2 个出入口，且 2 个出入口宜位于不同方位。道路的路面宽度不应小于 6m，路面上的净空高度不应小于 4.5m，路面内缘转弯半径不宜小于 6m。

（1）甲、乙类装置内部应用道路将装置分割成占地面积不大于 10 000m^2 的设备、建筑物区。

（2）当大型石油化工装置的设备、建筑物区占地面积大于 10 000m^2 且小于 20 000m^2 时，在设备、建筑物区四周应设环形道路，其净宽不应小于 6m，设备、建筑物区的宽度不应大于 120m，相邻两设备、建筑物区的防火间距不应小于 15m，并应加强安全措施。

（3）当一套联合装置的占地大于 80 000m^2 时，应用装置内道路分隔，分隔的每一区块面积不应大于 80 000m^2，相邻两区块的设备、建筑物之间的防火间距不应小于 25m。分隔道路应与周边道路连通形成环形道路，分隔道路路面宽度不应小于 7m。

（二）防火分隔措施

当同一建筑物内分隔为不同火灾危险性类别的房间时，中间隔墙应为防火墙。人员集中的房间应布置在火灾危险性较小的建筑物一端。

（三）安全疏散

1. 建筑物疏散

建筑物的安全疏散门应向外开启。甲、乙、丙类房间的安全疏散门不应少于 2 个；面积小于或等于 100m^2 的房间可只设 1 个。

2. 构筑物疏散

可燃气体、液化烃和可燃液体设备的联合平台或设备的构架平台应设置不少于 2 个通往地面的梯子，作为安全疏散通道。相邻的构架、平台宜用走桥连通，与相邻平台连通的走桥可作为一个安全疏散通道；相邻安全疏散通道之间的距离不应大于 50m。

（四）消防设施

1. 装置区消防设施

根据石油化工装置、设备和物料特点，石化企业通常配置的消防灭火设施有消防水炮、水喷淋、水喷雾灭火系统，泡沫灭火系统，蒸汽灭火系统，消防冷却水系统，灭火器等，种类繁多，火灾危险性相差较大，故消防设施既要考虑灭火，又要考虑设备冷却。其消防设施配置应符合以下规定：

（1）甲、乙类可燃气体、可燃液体设备的高大构架和设备群应设置水炮保护。

（2）工艺装置内固定水炮不能有效保护的特殊危险设备及场所宜设水喷淋或水喷雾灭火系统。

（3）工艺装置内加热炉、甲类气体压缩机、介质温度超过自燃点的泵及换热设备、长度小于 30m 的油泵房附近等宜设消防软管卷盘。

（4）液化烃及操作温度等于或高于自燃点的可燃液体泵，应设置水喷雾（水喷淋）灭火系统或固定消防水炮进行雾状冷却保护。

（5）液化烃罐区应设置消防冷却水系统，并应配置移动式干粉灭火器等灭火设施。火灾的根本灭火措施是切断气源。在气源无法切断时，要维持其稳定燃烧，同时对储罐进行水冷却，确保罐壁温度不至于过高，罐内压不升高。

上述各系统的设计要求详见本教材相关章节。

2. 建筑内消防设施

建筑内消防系统的设置应根据其火灾危险性、操作条件、建筑物特点和外部消防设施等情况综合考虑确定。

三、工艺操作防火要求

在石油化工生产中，主要的致灾因素有：对加工物质的危险性认识不足、误操作问题、化学工艺问题。实践证明，只有通过有效的管理，才能对危险性进行有效的控制，做到人、物和管理的有机结合。

1. 要保证原材料和成品的质量

当某些原材料或成品含有某种杂质时，会给以后的生产或储运过程留下事故隐患，因此要有专人负责领发料，并建立专门制度。配料时应取样化验分析，核对品种、成分、数量，除去有害杂质，以保证原料的纯净。

2. 要严格掌握原料的配比

催化剂对化学反应的速度影响很大，如果配比失误，多加了催化剂，就可能发生危险。可燃、易燃物与氧化剂进行反应的生产，应严格控制氧化剂的投量。在某一配比条件下能够形成爆炸性混合物的生产，应控制在爆炸极限范围以外，或添加水蒸气、氮气等惰性气体进行稀释，以降低生产过程中的火灾爆炸危险。

3. 防止加料过快、过多

在化学反应中，投料要遵循速度和数量规定，否则可能会引起剧烈的化学反应，甚至发生火灾爆炸。对于放热反应过程，投料不当会造成发热量过大，当冷却能力不足时，可能发生危险。一次投料的生产，如果投料过量，物料升温后体积膨胀，可能造成设备或容器爆裂。因此，液化气体和易燃液体应按设备容积的 80% 装料，过量则有发生设备或容器爆裂的危险。

4. 注意物料的投料顺序

石油化工生产必须严格按照一定的投料顺序进行操作。例如，氯化氢合成，应先投氢后投氯；三氯化磷生产，应先投磷后投氯；硫磷酯与一甲胺反应时，应先投硫磷酯，再滴加一甲胺，否则有发生燃烧、爆炸的危险。

5. 防止“跑、冒、滴、漏”

生产设备、储存容器和输送管线等都要密闭，否则漏出的易燃液体和可燃气体随时都有发生火灾爆炸的危险。

6. 严格控制温度

反应物料都是在适当的温度下进行反应，如果超温，则反应物有可能分解着火或发生爆炸。化学反应在升温过快、过高或冷却降温设施发生故障时，可能引起剧烈反应而发生冲料或爆炸。有时化学反应由于温度下降而造成反应速度减慢或停滞，当反应温度恢复正常时，由于未反应的物料过多而引起剧烈反应而爆炸。有时由于温度下降使物料冻结、堵塞管道，甚至造成设备、管道破裂以及跑、漏易燃易爆物料而发生火灾爆炸。因此，必须按照操作规程工作，严格控制温度。

7. 严格控制压力

生产用的反应器和设备只能承受一定的压力，如果压力过高，则可能因设备、管道爆裂或化学反应剧烈而发生爆炸。正压生产的设备和管道等如果形成负压，把空气吸入设备、管道内，与易燃易爆物质形成爆炸性混合物，则有发生火灾爆炸的危险。负压生产的设备和管道等如果出现正压情况，则易因跑、漏易燃易爆物料而发生危险。在各种不同压力下生产的设备和管道，要防止高压系统的压力窜入低压系统造成设备、管道爆裂。高压设备、管道和容器应有足够的耐压强度，并安装安全阀和压力计等安全装置，定期进行检查。

8. 防止搅拌中断

有的生产过程，如果中断搅拌可能造成散热不良，或因局部反应剧烈而发生危险。因此，为防止中断搅拌，应考虑安装二路电源或采取其他安全措施（如人工搅拌等）。

9. 严守操作规程

操作人员要熟悉生产工艺流程，操作时严格按照操作规程操作，并了解原材料性质和设备特点，一旦出现险情能迅速处置。

10. 做好抽样探伤

石油化工设备及受压容器在温度应力、交变应力、介质强烈腐蚀等恶劣条件的作用下，容易出现泄漏，造成火灾和中毒事故。因此，每年都要做抽样探伤，必要时，还要做100%的检查。

四、泄压排放的防火设计

石油化工生产的工艺装置和设备以及储存运输设备，常常需要排放可燃气体或蒸气。为了确保排放安全，防止火灾爆炸事故发生，排放设施必须从工艺上和设计上采取相应的安全措施。安全泄压装置是必不可少的安全附件，当被保护系统内介质压力超过规定值时，泄压装置动作并向外排放介质，防止压力继续升高而导致承压设备破坏。

（一）泄压排放设施的种类

泄压排放设施按其功能分为两种：一种是正常情况下排放，如生产装置开车时，工艺设备吹扫时和停车检修时，需将设备内的废气、废液排空；化工产品的储存区和装卸区，为保证系统在工艺上和安全上的需要，把可燃蒸气和气体排入大气。另一种是事故情况下排放，当反应物料发生剧烈反应，采取加强冷却、减少投料等措施难以奏效，不能防止反应设备因超压、超温而发生爆燃或分解爆炸事故时，应将设备内物料及时排放，防止事故扩大；或紧急情况下自动启动安全阀、爆破片动作泄压；或发生火灾时，为了安全，将危险区域的易燃物料放空。甲、乙、丙类的设备均应有这些事故紧急排放设施。

常用可燃气体或蒸气的排放系统可以利用专门的设施，或利用通常的工艺管道和容器。大型的石油化工生产装置都是通过火炬来排放易燃易爆气体的。火炬系统指将气体送至火炬的管线、火炬管（火炬筒）、燃料气管道、惰性气体管道、火炬点火、控制及信号装置等。可燃气体、蒸气或有毒气体经分离罐分离处理，对捕集下来的液滴或污液进行回收或经地下排污管排至安全地点；其气态物经防止回火的密封罐导入火炬系统，焚烧后排放到大气中。当中小型企业设置专用火炬进行排放有困难时，可将易燃易爆无毒的气体通过放空管（排气筒）直接排入大气，一般放空管安装在化学反应器和储运容器等设备上。

（二）火炬系统的安全设置

1. 防火间距

全厂性火炬应布置在工艺生产装置、易燃和可燃液体与液化石油气等可燃气体的储罐区和装卸区，以及全厂性重要辅助生产设施及人员集中场所全年最小频率风向的上风侧。火炬与甲、乙、丙类工艺装置，隔油池，天然气等石油气压缩机房，液化石油气等可燃气体罐区和灌装站、油品罐区、仓库以及其他全厂性重要设施等的防火间距，应符合《石油化工企业设计防火标准》（GB 50160—2008，2018 年版）的要求。距火炬筒 30m 范围内严禁可燃气体放空。

2. 火炬高度

火炬高度设计应充分考虑事故火炬出现最大排放量时，热辐射强度对人员和设备的影响。火炬的高度依据顶端火焰的辐射热对地面上人员的热影响，或大风时火焰长度及倾斜度对邻近构筑物及生产装置的热影响确定，应使火焰的辐射热不致影响人身及设备的安全。

3. 排放能力

火炬的排放能力应以正常运转时、停车大检修时、全停电或部分停电时、仪器设备故障或发生火灾时等可能出现的排放量中最大可能的排出气量为准。必须保证火炬燃烧嘴具有能处理其中最大的气体排放量的能力。

4. 保证排出气体处理质量

火炬具有净化、排放并使可燃性气态物质燃烧而消除可燃性的作用。当火焰脱离火炬和熄灭时，会有大量的有毒和可燃气体进入大气，因此火炬的顶部应设长明灯或其他可靠的点火设施。火炬燃烧嘴是关系排出气体处理质量的重要部件，要求其喷出的气流速度要适中，一般控制在音速的1/5左右，既不能吹灭火焰，也不可将火焰吹飞。

5. 设置自动控制系统

在中央控制室内应安装具有气体排放、输送和燃烧等的参数控制仪表和信号显示装置。主要参数应以极限值信号装置的调节仪表来控制，如送往火炬喷头的可燃气体和辅助燃气的流量低于计算流量的信号、火炬喷头火焰熄灭的信号和高限排放量的信号等。

6. 设置安全装置

为了防止排出的气体带液体，可燃气体放空管道在接入火炬前应设置分液器。为了防止火焰和空气倒入火炬筒，在火炬筒上部应安装防回火装置。为及时发现空气倒入火炬系统的情况，须设置火炬管内出现真空的信号装置，并能随即进行联锁，以改变吹洗可燃气体和惰性气体的供给量。为了防止气体通过液封时产生水力冲击或发生泄漏，应该在分离器、液封和冷凝液受槽上安装最高和最低液位的信号装置。为更好地提高火炬装置的耐爆性，还可在排放气体的管道上安装气体的最低余压和流速的自动调节系统。为保证气体的无烟燃烧，应设有自动调节送至火炬喷头的可燃气体和蒸气比例的调节器。当排放气体中含有乙炔或存在爆炸分解危险时，在火炬筒的入口前，应设置拉西环填料的塔式阻火器。

（三）放空管的安全设置

1. 安装要求

放空管一般应设在设备或容器的顶部，室内设备安设的放空管应引出室外，其管口要高于附近有人操作的最高设备2m以上。此外，连续排放的放空管口，还应高出半径20m范围内的平台或建筑物顶3.5m以上；间歇排放的放空管口，应高出10m范围内的平台或建筑物顶3.5m以上；平台或建筑物应与放空管垂直面呈45°角。

2. 设置安全装置

排放后可能立即燃烧的可燃气体，应经冷却装置冷却后接至放空设施。放空管上应安装阻火器或其他限制火焰的设备，以防止气体在管道出口处着火，并使火焰扩散到工艺装置中。

由于紧急放空管口和安全阀放空管口均装于高出建筑物顶部的位置，且排放易燃易爆介质，其冲出气柱较高，容易遭受雷击，因此放空管口应处在防雷保护范围内。当放空气体流速较快时，为防止因静电放电引起事故，放空管应有良好的接地。有条件时，可在放空管的下部连接氮气或水蒸气管线，以便稀释排放的可燃气体或蒸气，或防止雷击着火和静电着火。

3. 防止大气污染

为了防止火灾危险和危害人身健康的大气污染，当事故放空大量可燃、有毒气体及蒸气时，均须排放至火炬燃烧。排放可能携带腐蚀性液滴的可燃气体，应经过气液分离器分离后，接入通往火炬的管线，不得在装置附近未经燃烧直接放空。

（四）安全阀的设置

根据国家现行相关法规规定，在非正常条件下，可能超压的下列设备应设安全阀：

（1）顶部最高操作压力大于或等于 0.1MPa 的压力容器。

（2）顶部最高操作压力大于 0.03MPa 的蒸馏塔、蒸发塔和汽提塔（汽提塔顶蒸气通入另一蒸馏塔者除外）。

（3）往复式压缩机各段出口或电动往复泵、齿轮泵、螺杆泵等容积式泵的出口（设备本身已有安全阀者除外）。

（4）凡与鼓风机、离心式压缩机、离心泵或蒸气往复泵出口连接的设备不能承受其最高压力时，鼓风机、离心式压缩机、离心泵或蒸气往复泵的出口。

（5）可燃气体或液体受热膨胀，可能超过设计压力的设备。

（6）顶部最高操作压力为 0.03～0.1MPa 的设备应根据工艺要求设置。

五、储存设施的防火设计

石油化工产品以油品居多，可燃液体、液化烃、可燃气体、助燃气体的储存设施通常以储罐为主，其他化学品和危险品通常储存在专用仓库内。

（一）储罐分类

1. 按储罐的设计压力分类

一般可分为常压储罐、低压储罐和压力储罐。设计压力小于或等于 6.9kPa（罐顶表压）的储罐为常压储罐；设计压力大于 6.9kPa 且小于 0.1MPa（罐顶表压）的储罐为低压储罐；设计压力大于或等于 0.1MPa（罐顶表压）的储罐为压力储罐。

大多数油料，如原油、汽油、柴油、润滑油等均采用常压储罐储存。液化石油气、丙烷、丙烯、丁烯等高蒸气压产品一般采用压力储罐储存（低温液化石油气除外）。只有常温下饱和蒸气压较高的轻石脑油和某些化工物料采用低压储罐储存。

2. 按储罐的安装位置分类

一般可分为地上储罐、埋地卧式储罐等。地上储罐指建于地面上，罐内最低液面高于附近地坪的储罐，通常由钢板焊接而成。这种储罐的优点是投资少、建设周期短、日常维护和管理方便，是应用最多的储罐；其缺点是占地面积大、油料蒸发损耗较大、火灾危险性大。埋地卧式储罐指罐内最高液面低于罐外周围 4m 范围内地面的最低标高 0.2m 的卧式储罐。其优点是油料蒸发损耗低、火灾危险性小、油料着火不易危及相邻油罐、对消防设施的设置要求少、有一定的隐蔽能力。

3. 按储罐的材质分类

一般可分为金属储罐和非金属储罐。金属储罐是使用钢板焊接而成的容器，具有造价低、不易渗漏、不产生裂纹、能承受较高的内压、施工方便、大小形状不受限制、易于清洗和检修、安全可靠及适合于储存各类油料等优点，因而得到了广泛应用。其缺点是易受腐蚀，易增加轻油蒸发损耗，且储存黏度大油料加温时易损失热量、降低效率等。非金属油罐其顶底采用钢筋混凝土制作。其优点是可以大量节省钢材，抗腐蚀性能好，材料导热系数小、热损失较少，可以提高热利用率。用于储存原油或轻质油料时，气体空间的温度变化较小，可以减少油料的蒸发损耗。其缺点是储存轻质油料时易发生渗漏，一旦发生基础沉陷，易使油罐破坏且不易修复。

4. 按储罐的结构形状分类

一般可分为立式圆筒状、卧式圆筒状和特殊形状三类。立式储罐按罐顶结构又可分为固定顶储罐和活动顶储罐两类。固定顶有锥顶和拱顶两种。活动顶有外浮顶和内浮顶两种。卧式储罐有圆筒形和椭圆形两种。特殊形状的储罐有球形罐、扁球形罐、水滴形罐。特殊形状的储罐在容量相同的情况下，液体蒸发面对所储油料的体积之比值较小，这些形状的储罐能将储罐产生的应力均匀地分布在金属结构上，应力分布较为合理，能承受较高的压力。特殊形状的储罐多用于储存高蒸气压的石油产品，如液化石油气、丙烷、丙烯、丁烷等。

（二）储罐及罐组的防火设计

1. 储罐的防火设计要求

（1）可燃气体、助燃气体、液化烃和可燃液体的储罐基础、防火堤、隔堤及管架（墩）等，均应采用不燃材料。

（2）液化烃和可燃液体储罐的保温层应采用不燃材料。当保冷层采用阻燃型泡沫塑料制品时，其氧指数不应小于30。

（3）可燃液体的地上储罐应采用钢罐，浮顶储罐单罐容积不应大于150 000m^3；固定顶和储存甲$_B$、乙$_A$类可燃液体内浮顶储罐直径不应大于48m；储罐罐壁高度不应超过24m；容积大于或等于50 000m^3的浮顶储罐应设置两个盘梯，并应在罐顶设置两个平台。

2. 罐组的防火设计要求

在同一罐组内，宜布置火灾危险性类别相同或相近的储罐；当单罐容积小于或等于1 000m^3时，火灾危险性类别不同的储罐也可同组布置；沸溢性液体的储罐不应与非沸溢性液体储罐同组布置；可燃液体的压力储罐可与液化烃的全压力储罐同组布置；可燃液体的低压储罐可与常压储罐同组布置；轻、重污油储罐宜同组独立布置。

（1）可燃液体的地上储罐组：

1）罐组容积。固定顶罐和浮顶、内浮顶罐的混合罐组中浮顶、内浮顶罐的容积可折半计算。浮顶罐组的总容积不应大于600 000m^3；采用钢制单盘或双盘时内浮顶罐组的总容积不应大于360 000m^3；采用易熔材料制作的内浮顶及其与采用钢制单盘或双盘内浮顶的混合罐组总容积不应大于240 000m^3；固定顶罐组的总容积不应大于120 000m^3；固定顶罐和浮顶、内浮顶罐的混合罐组的总容积不应大于120 000m^3。

2）罐组内储罐的个数。当含有单罐容积大于50 000m^3的储罐时，储罐的个数不应多于4个；当含有单罐容积大于或等于10 000m^3且小于或等于50 000m^3的储罐时，储罐的个数不应多于12个；当含有单罐容积大于或等于1 000m^3且小于10 000m^3的储罐时，储罐的个数不应多于16个；单罐容积小于1 000m^3储罐的个数不受限制。

3）平面布置。罐组内相邻可燃液体地上储罐的防火间距不应小于表4-2-8的规定。

表 4-2-8　罐组内相邻可燃液体地上储罐的防火间距

<table>
<tr><th rowspan="3">液体类别</th><th colspan="4">储罐形式</th></tr>
<tr><th colspan="2">固定顶罐</th><th rowspan="2">浮顶、
内浮顶罐</th><th rowspan="2">卧罐</th></tr>
<tr><th>≤1 000m³</th><th>>1 000m³</th></tr>
<tr><td>甲$_B$、乙类</td><td>0.75D</td><td>0.6D</td><td rowspan="3">0.4D</td><td rowspan="3">0.8m</td></tr>
<tr><td>丙$_A$类</td><td colspan="2">0.4D</td></tr>
<tr><td>丙$_B$类</td><td>2m</td><td>5m</td></tr>
</table>

注：1. 表中 D 为相邻较大罐的直径，单罐容积大于 1 000m³ 的储罐取直径或高度的较大值。
2. 储存不同类别液体的或不同形式的相邻储罐的防火间距应采用本表规定的较大值。
3. 现有浅盘式内浮顶罐的防火间距同固定顶罐。
4. 可燃液体的低压储罐，其防火间距按固定顶罐考虑。
5. 储存丙$_B$类可燃液体的浮顶、内浮顶罐，其防火间距大于 15m 时，可取 15m。

4）防火堤。可燃液体的地上储罐组应设防火堤和隔堤。防火堤和隔堤的设计应符合下列规定：防火堤内的有效容积不应小于罐组内 1 个最大储罐的容积，当浮顶、内浮顶罐组不能满足此要求时，应设置事故存液池储存剩余部分，但罐组防火堤内的有效容积不应小于罐组内 1 个最大储罐容积的一半；隔堤内有效容积不应小于隔堤内 1 个最大储罐容积的 10%。

立式储罐防火堤的高度应为计算高度加 0.2m，但不应低于 1m（以堤内设计地坪标高为准），且不宜高于 2.2m（以堤外 3m 范围内设计地坪标高为准）；卧式储罐防火堤的高度不应低于 0.5m（以堤内设计地坪标高为准）；立式储罐组内隔堤的高度不应低于 0.5m；卧式储罐组内隔堤的高度不应低于 0.3m；在防火堤的不同方位上应设置人行台阶或坡道，同一方位上两个相邻人行台阶或坡道之间距离不宜大于 60m；隔堤应设置人行台阶。

（2）液化烃、可燃气体、助燃气体的储罐组：

1）罐组容积。液化烃储罐组的总容积和储罐数应根据储罐类型和材质的不同确定，详见表 4-2-9。

表 4-2-9　液化烃储罐组的总容积和储罐数

<table>
<tr><th>罐组类型</th><th>罐组总容积 /m³</th><th>单罐容积 /m³</th><th>储罐数 / 个</th><th>储罐布置</th></tr>
<tr><td>全压力式</td><td rowspan="2">≤40 000</td><td rowspan="2">≤4 000</td><td rowspan="2">≤12</td><td rowspan="2">不应超过 2 排</td></tr>
<tr><td>半冷冻式</td></tr>
<tr><td>全冷冻式</td><td>≤200 000</td><td>≤1 000</td><td>≤2</td><td>单独成组</td></tr>
</table>

2）平面布置。液化烃、可燃气体、助燃气体的罐组内，储罐的防火间距不应小于表 4-2-10 的规定。

表 4-2-10　液化烃、可燃气体、助燃气体的罐组内储罐的防火间距

介质	储存方式或储罐型式		球罐	卧（立）罐	全冷冻式储罐		水槽式气柜	干式气柜
					≤100m³	>100m³		
液化烃	全压力式或半冷冻式储罐	有事故排放至火炬的措施	0.5*D*	*D*	*	*	*	*
		无事故排放至火炬的措施	*D*		*	*	*	*
	全冷冻式储罐	≤100m³	*	*	1.5m	0.5*D*	*	*
		>100m³	*	*	0.5*D*	0.5*D*		
助燃气体	球罐		0.5*D*	0.65*D*	*	*	*	*
	卧（立）罐		0.65*D*	0.65*D*	*	*	*	*
可燃气体	水槽式气柜		*	*	*	*	0.5*D*	0.65*D*
	干式气柜		*	*	*	*	0.65*D*	0.65*D*
	球罐		0.5*D*	*	*	*	0.65*D*	0.65*D*

注：1. 表中 *D* 为相邻较大储罐的直径。
2. 液氨储罐间的防火间距要求应与液化烃储罐相同；液氧储罐间的防火间距应按《建筑设计防火规范》（GB 50016—2014，2018 年版）的要求执行。
3. 沸点低于 45℃的甲 $_B$ 类液体压力储罐，按全压力式液化烃储罐的防火间距执行。
4. 液化烃单罐容积小于或等于 200m³ 的卧（立）罐之间的防火间距超过 1.5m 时，可取 1.5m。
5. 助燃气体卧（立）罐之间的防火间距超过 1.5m 时，可取 1.5m。
6. “*” 表示不应同组布置。

3）防火堤。液化烃全压力式或半冷冻式储罐组宜设高度为 0.6m 的防火堤，防火堤内堤脚线距储罐不应小于 3m，堤内应采用现浇混凝土地面，并应坡向外侧，防火堤内的隔堤不宜高于 0.3m；全压力式、半冷冻式液氨储罐的防火堤和隔堤的设置应同液化烃储罐的要求。液化烃全冷冻式单防罐罐组应设防火堤，防火堤内的有效容积不应小于 1 个最大储罐的容积；防火堤及隔堤应为不燃烧实体防护结构，能承受所容纳液体的静压及温度变化的影响，且不渗漏。全冷冻式液氨单防储罐应设防火堤，堤内有效容积不应小于 1 个最大储罐容积的 60%。

（三）仓库的防火设计

1. 建筑防火

化学品应按其化学、物理特性分类储存，当物料性质不允许同库储存时，应用实体墙隔开，并各设出入口。对于可能产生爆炸性混合气体或在空气中能形成粉尘、纤维等爆炸性混合物的仓库内应采用不发生火花的地面，需要时应设防水层。

（1）甲、乙类仓库。甲、乙类仓库的耐火等级、占地面积、防火分区原则上按《建筑设计防火规范》（GB 50016—2014，2018 年版）的规定执行；但当储存甲类物品的仓库储量小于 5t 时，可与乙、丙类物品仓库共用一座建筑物，但应设独立的防火分区。

（2）丙类仓库。单层丙类仓库跨度不应大于 150m。每座尿素单层仓库的占地面积不应大于 12 000m^2；每座合成纤维、合成橡胶、合成树脂及塑料单层仓库的占地面积不应大于 24 000m^2。单层丙类仓库防火分区建筑面积按放置物不同各有不同，例如，合成纤维、合成橡胶、合成树脂及塑料仓库不应大于 6 000m^2，尿素散装仓库不应大于 12 000m^2，尿素袋装仓库不应大于 6 000m^2。

（3）特殊仓库。合成纤维、合成树脂及塑料等产品的高架仓库的耐火等级不应低于二级；货架应采用不燃材料。袋装硝酸铵仓库的耐火等级不应低于二级。仓库内严禁存放其他物品。二硫化碳仓库库房温度宜保持在 5 ~ 20℃范围；当库房采暖介质的设计温度高于 100℃时，应对采暖管道、暖气片采取隔离措施。

2. 消防设施

仓库内消防设施的设置应根据其火灾危险性、操作条件、建筑物特点和外部消防设施等情况，并结合《建筑设计防火规范》（GB 50016—2014，2018 年版）的规定综合考虑确定。

六、运输设施的防火设计

（一）装卸设施的防火设计

石油产品的装卸设施包括铁路装卸设施、汽车装卸设施和码头装卸设施，一般分为装卸作业区和装卸设备两部分，其防火要求也不尽相同。

1. 铁路装卸的防火设计要求及措施

（1）铁路装卸区的防火设计要求。铁路油品装卸作业区一般布置在油品生产、仓储区的边缘地带，主要由油品装卸线、装卸栈桥、装卸鹤管、零位罐、缓冲罐、油泵房等设备和设施组成。可燃液体、液化烃的铁路装卸设施防火设计应遵循以下规定：

1）油品装卸线。装卸线一般不与生产、仓储区的出入口道路相交，以避免铁路调车作业影响生产，确保仓储区内车辆正常的出入，以及发生火灾时外来救援车辆的顺利通过。同一铁路装卸线一侧的两个装卸栈台相邻鹤位之间的距离不应小于 24m。

2）装卸栈台。装卸栈台应采用不燃材料建造，装卸栈台两端和沿栈台每隔 60m 左右应设梯子，在距装卸栈台边缘 10m 以外的可燃液体（润滑油除外）输入管道上应设便于操作的紧急切断阀。液化烃装卸栈台宜单独设置。

3）防火间距。甲$_B$、乙$_A$类液体装卸鹤管与集中布置的泵的防火间距不应小于 8m；甲$_B$、乙$_A$类液体装卸鹤管及集中布置的泵与油气回收设备的防火间距不应小于 4.5m；零位罐至罐车装卸线不应小于 6m。

4）装卸鹤管。顶部敞口装车的甲$_B$、乙、丙$_A$类的液体应采用液下装车鹤管。低温液化烃装卸鹤位应单独设置。

（2）铁路装卸作业的防火措施。铁路装卸作业的火灾危险性很大，必须采取有力的措施来确保消防安全。装卸油品操作人员都要穿防静电工服、工鞋和戴工帽、纯棉手套。

1）装卸前。装卸作业前，油罐车需要调到指定车位，并采取固定措施。机车必须离开。操作人员要认真检查相关设施，确认油罐车缸体和各部件正常，装卸设备和设施合格，栈桥、鹤管、铁轨的静电跨接线连接牢固，静电接地线接地良好。

2）装卸时。装卸时严禁使用铁器敲击罐口。灌装时，要按列车沿途所经地区最高气温下的允许灌装速度予以灌装，鹤管内的油品流速要控制在 4.5m/s 以下。雷雨天气或附近发生火灾时，不得进行装卸作业，应盖严油罐车罐口，关闭有关重要阀门，断开有关设备的电源。

3）装卸后。装卸完毕后，需先静置至少 2min，然后再进行计量等作业。作业结束后，要及时清理作业现场，整理归放工具，切断电源。

2. 汽车装卸的防火设计要求及措施

（1）汽车装卸区的防火设计要求。汽车装卸作业区一般附属于石油天然气站场、石化企业或石油库内，主要由高架罐、油泵房、装车棚（亭）、装车栈桥、卸车台、控制室等油品装卸设施组成。运输的主要工具是汽车油罐车，罐体一般包括筒体、封头、量油口、人孔、灌油口、卸油口、通气阀和其他一些必要附件。可燃液体、液化烃的汽车装卸设施防火设计应遵循以下规定：

1）装卸车场。场地应采用现浇混凝土地面，场区宜设单独的进、出口和能保证消防车辆顺利接近火灾场地的消防车道，当进、出口合用时，场内应设回车场。

2）防火间距。甲$_{B}$、乙$_{A}$类液体装卸鹤管与集中布置的泵的防火间距不应小于 8m；甲$_{B}$、乙$_{A}$类液体装卸鹤管及集中布置的泵与油气回收设备的防火间距不应小于 4.5m；装卸车鹤位与缓冲罐之间的距离不应小于 5m，与高架罐之间的距离不应小于 0.6m。液化烃的装卸车鹤位与集中布置的泵的距离不应小于 10m。

3）装卸鹤管、鹤位。甲$_{B}$、乙、丙$_{A}$类液体的装车应采用液下装车鹤管；低温液化烃装卸鹤位应单独设置；甲$_{B}$、乙、丙$_{A}$类液体与其他类液体、液化烃与可燃液体的汽车装卸栈台相邻鹤位之间的距离均不应小于 8m，汽车装卸车鹤位之间的距离不应小于 4m。

4）应急设备。在距装卸车鹤位 10m 以外的液化烃装卸管道上应设便于操作的紧急切断阀。

（2）汽车装卸作业的防火措施：

1）一般要求。装卸人员要穿防静电服和鞋，上岗作业前要用手触摸人体静电消除装置，关闭通信设备。装卸车辆进入装卸区行车速度不得超过 5km/h。油品装车时流量不得小于 $30m^3/h$，卸车时油品流速不应大于 4.5m/s。

2）付油操作。付油员付油前要检查相关设备和线路，确认油品规格，检查无误后启动装油系统。付油过程中，司乘人员要监视罐口，防止意外冒油。当装车棚、栈桥内设有固定气体灭火系统时，付油员要做好随时启动灭火设施的准备。付油完毕后断开接地线，待油罐车静置 3 ~ 5min 后，才能启动车辆缓慢驶离。

3）卸油操作。卸油人员进入岗位后要检查油罐车的安全设施是否齐全有效，作业现场要准备至少一个 4kg 干粉灭火器、一个泡沫灭火器和一块灭火毯。油罐车熄火并静置不少于 3min 后，卸油人员连好静电接地，按工艺流程连接卸油管，确认无误后，油罐车驾驶员缓慢开启卸油阀，开启速度控制在 4r/min 以下。卸油过程中，卸油人员和油罐车驾驶员不得远离现场。易燃油品极易挥发，严禁采用明沟（槽）卸车系统卸车。雷雨天不得进行卸油作业。

3. 码头装卸的防火设计要求及措施

水上运输包括远洋运输、沿海运输和内河运输。同其他运输方式相比，油品的水路运输具有运载量大、能耗少、成本低等特点。

（1）装卸码头的防火设计要求。油品装卸码头宜布置在港口的边缘区域，油品泊位与其他泊位的船舶间距应符合相应规范要求。可燃液体、液化烃的码头装卸设施防火设计应符合以下规定：

1）油品泊位。油品泊位的码头结构应采用不燃材料，油品码头上应设置必要的人行通道和检修信道，并应采用不燃或难燃性的材料。液化烃泊位宜单独设置，当不同时作业时，可与其他可燃液体共用泊位。

2）防火间距。可燃液体和液化烃的码头与其他码头或建（构）筑物的安全距离应按《油气化工码头防火设计规范》（JTJ 158—2019）的有关规定执行；除船舶在码头泊位内外档停靠外，码头相邻泊位船舶间的防火间距不应小于表 4–2–11 的规定。

表 4–2–11　码头相邻泊位船舶间的防火间距　单位：m

船舶长度	防火间距
<110	25
110～150	35
151～182	40
183～235	50
236～279	55

3）应急设备。在距泊位 20m 以外或岸边处的装卸船管道上应设便于操作的紧急切断阀。

4）装卸工艺设计。甲、乙类油品以及介质设计输送温度在其闪点以下 10℃范围外的丙类油品，不得采用从顶部向油舱口灌装工艺，采用软管时应伸入舱底。液化烃的装卸应采用装卸臂或金属软管。

油品装卸码头的其他消防设计还应符合《油气化工码头设计防火规范》（JTS 158—2019）、《建筑设计防火规范》（GB 50016—2014，2018 年版）等技术标准规范的有关要求。

（2）码头装卸作业的防火措施。装卸作业应根据输送介质的特点和工艺要求，采用合理的工艺流程，选用安全可靠的设备材料，做到防泄漏、防爆、防雷及防静电。操作人员进入库区应穿防静电工作服，杜绝携带任何火种进入库区。

1）装卸作业前，应先接好地线后再接输油管，静电接地要可靠，电缆规格要符合要求。机炉舱风头应背向油舱，停止通烟管和锅炉管吹灰。要关闭油舱甲板的水密门、窗，关闭相关电气开关，严防油气进入机炉舱和生活区。

2）装卸油品时，应在船的周围设置围油栏，以防溢出油向周围扩散。作业中，禁止使用非防爆的手电筒等能产生火花或火星的设备。

3）装卸完毕后，应先拆输油管后拆地线，并清除软管、输油臂内的残油，关闭各油舱口和输油管线阀门，擦净现场油污。

（二）输送设施的防火设计

化工生产过程中，常需要使用各种手段将各种物料，包括原料、中间体、产品、副产品及废弃物从一处送到另一处，有时是在生产设备和车间之间的物料连续传输，有时是将产品送至用户，此过程为输送操作。所输送物料可能为块状、粉状、液体或气体等形态，物料本身的理化性质各异，温度、压力、流量不同，所采用的输送方式和机械也不同，使其存在的危险性也有很大差异。

1. 液体运输

液体运输是最常见的输送方式，一般通过泵体和管线进行输送。一般溶液可选用任何类型的泵输送，悬浮液可选用隔膜式往复泵或离心泵输送。当输送可燃液体时，应限制流速并设置良好接地，或采取加缓冲器、增湿、加抗静电剂等措施，防止静电产生危险。由于输送的流体具有可燃性，可燃液体一旦泄漏可能引发燃烧、爆炸事故，因此，应加强对输送系统的管道阀门、法兰等连接处的安全管理，防止“跑、冒、滴、漏”现象发生。

在输送有爆炸性或燃烧性物料时，要采用氮气、二氧化碳等气体代替空气，以防燃烧和爆炸发生。选用蒸气往复泵输送易燃液体可以避免产生火花，安全性较好。只有对闪点高及沸点在130℃以上的可燃液体才用空气压送。在化工生产中，用压缩空气为动力输送酸碱等有腐蚀性液体的设备要符合压力容器的相关设计要求，满足足够的强度，输送此类流体的设备还应耐腐蚀或经防腐处理。

甲、乙类火灾危险性的泵房，应安装自动报警系统。在泵房的阀组场所，应有能将可燃液体经水封引入集液井的设施，集液井应加盖，并有用泵抽除的设施。泵房还应采取防雷措施。

2. 固体运输

除人工搬运外，固体块状和粉状物料的输送一般多采用带式输送机、螺旋输送器、刮板输送机、气流输送等多种机械输送方式，还可以采用电动葫芦、气动葫芦、电梯等间断式机械输送方式。

输送机械运转部位多，极易由于碰撞起火和摩擦生热引燃物料。输送固体粉料的管道内，介质高速流动摩擦易产生的静电或电气设备及线路漏电、短路产生的电气火花，都可能引燃可燃物料，甚至能引起粉尘爆炸。因此，输送机械的传动和转动部位要保持正常润滑，防止摩擦过热。对于电气设备及其线路要注意保护，防止绝缘损坏发生漏电及短路事故。粉料输送管道材料应选择导电性材料并可靠接地，如果采用绝缘材料管道，则管外应采取接地措施。对于输送可燃粉料以及输送过程中能产生可燃粉尘的情况，输送速度不应超过该物料允许的流速，风速、输送量不要急剧改变，以防产生静电发生危险。为了避免管道发生堵塞，管道输送的速度、直径、连接应设计合理。

3. 气体输送

气体输送通常采用通风机、鼓风机、压缩机和真空泵等设备为气体提供能量，达到压缩输送气体的目的。输送可燃气体的管道应经常保持正压状态，并根据实际需要安装止回阀、水封和阻火器等安全装置。压缩机吸入口应保持余压，如进气口压力偏低，压缩机应减少吸入量或紧急停车，以免造成负压吸入空气，进而引起爆炸。在操作中，应保持进气压力在允许范围内，谨防出现真空状态。当压缩机意外发生抽负现象，形成爆炸混合物时，应从入口阀注入惰性气体置换出空气，防止爆炸事故发生。

参考文献

[1] 刘秀玉. 化工安全 [M]. 北京：国防工业出版社，2013.

练习题

一级注册消防工程师

（一）单项选择题

1. 对于石化企业，下列可燃气体、可燃液体设备的安全阀出口连接方式中，不符合规范要求的是（　　）。

A. 泄放可能携带液滴的可燃气体应接至火炬系统

B. 可燃液体设备的安全阀出口泄放管应接入储罐或其他容器

C. 泄放后可能立即燃烧的可燃气体应经冷却后接至放空设施

D. 可燃气体设备的安全阀出口泄放管应接至火炬系统或其他安全泄放设施

2. 关于石化企业可燃气体放空管设置的说法，错误的是（　　）。

A. 连续排放的放空管口，应高出 20m 范围内平台或建筑屋顶 3.5m 以上并满足相关规定

B. 间歇排放的放空管口，应高出 10m 范围内平台或建筑屋顶 3.5m 以上并满足相关规定

C. 无法排入火炬或装置处理排放系统的可燃气体，可通过放空管向大气排放

D. 放空管管口不宜朝向邻近有人操作的设备

3. 下列可燃液体中，火灾危险性为甲类的是（　　）。

A. 戊醇　　B. 乙二醇

C. 异丙醇　　D. 氯乙醇

（二）多项选择题

1. 为了节约用地，减少管线投资并方便操作管理，满足一定安全条件的甲、乙、丙类液体储罐可成组布置。关于液化烃地上储罐成组布置的说法，正确的有（　　）。

A. 组内的储罐不应超过两排

B. 组内全冷冻式储罐不应多于 10 个

C. 全冷冻式储罐应单独成组布置

D. 组内全压力式储罐不应多于 10 个

E. 储罐不能适应罐组内任一介质泄漏所产生的最低温度时，不应布置在同一罐组内

2. 某石化企业的储罐区，布置有多个液体储罐，当采用低倍数泡沫灭火系统时，储罐区的下列储罐中，应采用固定式泡沫灭火系统的有（　　）。

A. 单罐容积为 10 000m^3 的汽油内浮顶储罐，浮盘为易熔材料

B. 单罐容积为 10 000m^3 的润滑油固定顶储罐

C. 单罐容积为 600m^3 的乙醇固定顶储罐

D. 单罐容积为 1 000m^3 的甲苯内浮顶储罐

E. 单罐容积为 600m^3 的甲酸固定顶储罐

第三章　城市轨道交通工程防火

学习要求

通过本章学习，应了解城市轨道交通工程的火灾危险性及其特点，熟悉地下站台与地上站台防火分区的不同划分、城市轨道交通工程内人员的安全疏散、城市轨道交通工程内不同区域的防烟排烟类型，掌握不同区域的火灾工况运作模式。

第一节　城市轨道交通工程的分类及火灾危险性

一、城市轨道交通工程的分类

城市轨道交通是指采用专用轨道导向运行的城市公共客运交通系统，包括地铁、轻轨、单轨、有轨电车、磁浮、自动导向轨道、市域快速轨道交通。

1. 地铁

在全封闭线路上运行的大运量或高运量城市轨道交通方式，线路通常设于地下结构内，也可延伸至地面或高架桥上。

2. 轻轨

在全封闭或部分封闭线路上运行的中运量城市轨道交通方式，线路通常设于地面或高架桥上，也可延伸至地下结构内。

3. 单轨

采用电力牵引列车在一条轨道梁上运行的中低运量城市轨道交通系统，根据车辆与轨道梁之间的位置关系，单轨分为跨座式单轨和悬挂式单轨两种类型。

4. 有轨电车

与道路上其他交通方式共享路权的低运量城市轨道交通方式，线路通常设在地面。

5. 磁浮

通过磁力实现列车与轨道的非接触支承、导向和驱动的轨道交通。

6. 自动导向轨道

一种以无人驾驶胶轮电动车辆为主导的，在配有运行道与导向轨的专用线路上全自动运行的城市轨道交通系统制式。

7. 市域快速轨道交通

市域快速轨道交通是一种主要服务于城市郊区和周边新城、城镇与中心城区联系，并具有通勤客运服务功能的中、长距离的大运量城市轨道交通系统，简称城域快轨。由于城市轨道交通结构特殊，需要符合相应的防火设计要求。

二、城市轨道交通工程火灾危险性及其特点

城市轨道交通工程作为现代城市不可或缺的交通工具，在人们的生活中发挥着越来越重要的作用，它提供给人们的便利是其他交通工具无法替代的。但是，由于城市轨道交通工程建筑结构特殊，运营线路长，线路至少几公里至几十公里长，客流量大，是人流高度集中的场所，地下站台、站厅和通行路线大多处于地面以下，一旦发生火灾，人员难以疏散，扑救困难，极易造成严重后果。

（一）城市轨道交通工程的火灾危险性

1. 相对空间小、人员密度和流量大

城市轨道交通工程中客流量巨大，尤其地下车站和地下区间是通过挖掘的方法获得地下建筑空间，仅有与地面连接相对空间较小的地下车站的通道作为出入口。因此，相对空间小、人员密度大和流量大是其最为显著的特征。

2. 用电设施、设备繁多

城市轨道交通工程内有车辆、通信、信号、供电、自动售检票、空调通风、给排水等数十个机电系统设施和设备组成的庞大复杂的系统，各种强弱电电气设备、电子设备不仅种类数量多而且配置复杂，供配电线路、控制线路和信息数据布线等密如蛛网，一旦出现绝缘不良或短路等，极易发生电气火灾，并沿着线路迅速蔓延。

3. 动态火灾隐患多

城市轨道交通工程内客流量巨大、人员复杂、乘客所带物品及行为等难以控制，如乘客违反有关安全乘车规定，擅自携带易燃易爆物品乘车，在车上吸烟、人为纵火等动态隐患造成消防安全管理难度大，潜在火灾隐患多。

（二）城市轨道交通工程的火灾特点

1. 火情探测和扑救困难

由于城市轨道交通工程的出入口有限，而且出入口又通常是火灾时的出烟口，因此救援人员不易接近着火点，扑救工作难以展开。再加上地下的城市轨道交通工程对通信信号的屏蔽作用，扑救人员与地面指挥人员通信联络困难，也给灭火增援工作增加了障碍。

2. 易导致人员窒息

城市轨道交通工程火灾发生后，由于建筑的相对封闭性，大量的新鲜空气难以迅速补充，致使空气中氧气含量急剧下降，导致人员窒息死亡。

3. 产生有毒烟气、排烟排热效果差

城市轨道交通工程内乘客携带物品种类繁多，大多为可燃物品，一旦燃烧很容易蔓延扩大，产生大量有毒烟气，由于城市轨道交通工程空间狭小，大量烟气集聚在车厢内无法扩散，短时间内迅速扩散至整个空间，造成车厢内人员吸入有毒烟气死亡。

4. 人员疏散困难

地下的城市轨道交通工程完全靠人工照明，客观存在比地面建筑自然采光差的问

题，发生火灾时正常照明有可能中断，人的视觉完全靠应急照明灯和疏散指示标志保证，此时如果再没有应急照明灯，车站和区间将一片漆黑，人们看不清逃离路线，导致疏散困难。同时，地面建筑内发生火灾时人员的逃生方向与烟气的自然扩散方向相反，人往下逃离就有可能脱离烟气的危害，而在地下的城市轨道交通工程里发生火灾时，人只有往上逃到地面才能安全，但人员的逃生方向与烟气的自然扩散方向一致，烟的扩散速度一般比人的行动快，因此人员疏散更加困难。

第二节　城市轨道交通工程的防火要求

一、城市轨道交通工程建筑防火设计要求

当城市轨道交通工程采用地面和高架形式时，可参照地面建筑的设计要求。当城市轨道交通工程位于地下时，由于建筑结构特殊，不同于其他普通建筑，其防火设计应根据其建筑特性和火灾特点采取相应的措施。地铁的防火设计应符合《地铁设计规范》（GB 50157—2013）和《地铁设计防火标准》（GB 51298—2018）的有关规定。

（一）建筑防火

1. 耐火等级

（1）下列建筑的耐火等级应为一级：

1）地下车站及其出入口通道、风道。

2）地下区间、联络通道、区间风井及风道。

3）控制中心。

4）主变电所。

5）易燃物品库、油漆库。

6）地下停车库、列检库、停车列检库、运用库、联合检修库及其他检修用房。

（2）下列建筑的耐火等级不应低于二级：

1）地上车站及地上区间。

2）地下车间出入口地面厅、风亭等地面建（构）筑物。

3）运用库、检修库、综合维修中心的维修综合楼、物质总库的库房、调机库、索引降压混合变电所、洗车机库（棚）、不落轮镟库、工程车库和综合办公楼等生活辅助建筑。

2. 防火分区

（1）地下车站站台和站厅公共区可划分为同一个防火分区，站厅公共区的建筑面积不宜大于 5 000m^2；地上车站站厅公共区每个防火分区的最大允许建筑面积也不宜大于 5 000m^2。

（2）站厅设备管理区应与站厅、站台公共区划分为不同的防火分区。其中，地上车站设备管理区每个防火分区的最大允许建筑面积不应大于 2 500m^2；地下车站及建筑高度大于 24m 的地上高架车站，其设备管理区每个防火分区的最大允许建筑面积不应大于

1 500m²。

（3）车辆基地运用库内的运转办公区宜单独划分防火分区。

（4）地下停车库、列检库、停车列检库、运用库和联合检修库等场所应单独划分防火分区，每个防火分区的最大允许建筑面积不应大于 6 000m²；当设置自动灭火系统时，每个防火分区的最大允许建筑面积不限。

（5）地上停车库、列检库、停车列检库、运用库和联合检修库等场所的防火分区应符合《建筑设计防火规范》（GB 50016—2014，2018 年版）的有关规定。

3. 防火分隔措施

（1）一般规定。

1）车站（车辆基地）控制室（含防灾报警设备室）、变电所、配电室、通信及信号机房、固定灭火装置设备室、消防水泵房、废水泵房、通风机房、环控电控室、站台门控制室、蓄电池室等火灾时需运作的房间，应分别独立设置，并应采用耐火极限不低于 2.00h 的防火隔墙和耐火极限 1.50h 的楼板与其他部位分隔。

2）防火墙上的窗口应采用固定式甲级防火窗；防火隔墙上的窗口应采用固定式乙级防火窗，必须设置活动式防火窗时，应具备火灾时能自动关闭的功能。

3）在所有管线（道）穿越防火墙、防火隔墙、楼板、电缆通道和管沟隔墙处，均应采用防火封堵材料紧密填实。在难燃或可燃材质的管线（道）穿越防火墙、防火隔墙、楼板处，应在墙体或楼板两侧的管线（道）上采取防火封堵措施。在管道穿越防火墙、防火隔墙、楼板处两侧各 1.0m 范围内的管道保温材料应采用不燃材料。

4）与地下商业等非城市轨道交通工程功能的场所相邻的车站，其站台层、站厅付费区、站厅非付费区的乘客疏散区以及用于乘客疏散的通道内，严禁设置商铺和非城市轨道交通工程运营用房。

5）在站厅非付费区的乘客疏散区外设置的商铺，应采用耐火极限不低于 2.00h 的防火隔墙或耐火极限不低于 3.00h 的防火卷帘与其他部位分隔，商铺内应设置火灾自动报警和灭火系统。

6）在站厅的上层或下层设置商业等非城市轨道交通工程功能的场所时，站厅严禁采用中庭与商业等非城市轨道交通工程功能的场所连通；在站厅非付费区连通商业等非城市轨道交通工程功能场所的楼梯或扶梯的开口部位应设置耐火极限不低于 3.00h 的防火卷帘，防火卷帘应能分别由城市轨道交通工程、商业等非城市轨道交通工程功能的场所控制，楼梯或扶梯周围的其他临界面应设置防火墙。

7）在站厅层与站台层之间设置商业等非城市轨道交通工程功能的场所时，站台至站厅的楼梯或扶梯不应与商业等非城市轨道交通工程功能的场所连通，楼梯或扶梯穿越商业等非城市轨道交通工程功能的场所的部位应设置无门、窗、洞口的防火墙。

8）在站厅公共区同层布置的商业等非城市轨道交通工程功能的场所，应采用防火墙与站厅公共区进行分隔，相互间宜采用下沉式广场或连接通道等方式连通，不应直接连通。连接通道内应设置两道分别由城市轨道交通工程和商业等非城市轨道交通工程功能的场所控制且耐火极限均不低于 3.00h 的防火卷帘。

（2）地下车站。

1）站台与站厅公共区之间除上、下楼梯或扶梯的开口外，不应设置其他上、下连通的开口。

2）地下车站的风道、区间风井及其风道等的围护结构的耐火极限均不应低于3.00h，区间风井内柱、梁、楼板的耐火极限均不应低于2.00h。

3）上、下重叠平行站台的车站，当下层站台穿越上层站台至站厅的楼梯或扶梯时，应在上层站台的楼梯或扶梯开口部位设置耐火极限不低于2.00h的防火隔墙；上、下层站台之间的联系楼梯或扶梯，除可在下层站台的楼梯或扶梯开口处人员上、下通行的部位采用耐火极限不低于3.00h的防火卷帘等进行分隔外，其他部位应设置耐火极限不低于2.00h的防火隔墙。

4）多线同层站台平行换乘车站的各站台之间应设置耐火极限不低于2.00h的纵向防火隔墙，该防火隔墙应延伸至站台有效长度外不小于10m。

5）点式换乘车站站台之间的换乘通道和换乘梯，除可在下层站台的通道、楼梯或扶梯处人员上、下通行的部位采用耐火极限不低于3.00h的防火卷帘等进行分隔外，其他部位应设置耐火极限不低于2.00h的防火隔墙。

6）侧式站台与同层站厅换乘车站，除可在站台连接同层站厅的通道口部位采用耐火极限不低于3.00h的防火卷帘等进行分隔外，其他部位应设置耐火极限不低于3.00h的防火墙。

7）通道换乘车站的站间换乘通道两侧应设置耐火极限不低于2.00h的防火隔墙，通道内应采用两道耐火极限均不低于3.00h的防火卷帘等进行分隔。

8）站厅层位于站台层下方时，除可在站厅至站台的楼梯或扶梯开口处人员上、下通行的部位采用耐火极限不低于3.00h的防火卷帘等进行分隔外，其他部位应设置耐火极限不低于2.00h的防火隔墙。

9）在站厅层与站台层之间设置城市轨道交通工程设备层时，站台至站厅的楼梯或扶梯穿越设备层的部位周围应设置无门、窗、洞口的防火墙。

（3）地上车站。站厅位于站台上方且站台层不具备自然排烟条件时，除可在站台至站厅的楼梯或扶梯开口处人员上、下通行的部位采用耐火极限不低于3.00h的防火卷帘进行分隔外，其他部位应设置耐火极限不低于2.00h的防火隔墙。

（4）车辆基地。

1）车辆基地建筑的上部不宜设置其他使用功能的场所或建筑，确需设置时，车辆基地与其他功能场所之间应采用耐火极限不低于3.00h的楼板分隔。车辆基地建筑的承重构件的耐火极限不应低于3.00h，楼板的耐火极限不应低于2.00h。车辆基地和其建筑上部其他功能场所的人员安全出口应分别独立设置，且不得相互借用。

2）酸性蓄电池充电间宜独立建造，不应与值班室或其他经常有人的场所相邻布置；当与其他建筑合建时，应靠外墙单层设置，并应采用防火墙与其他部位隔开，当防火墙上必须设置门、窗时，应采用甲级防火门、窗。

4. **装修材料要求**

（1）地下车站公共区和设备管理区用房的顶棚、墙面、地面装修材料及垃圾箱，应采用燃烧性能为A级的材料。

（2）地上车站公共区的墙面、顶棚的装修材料及垃圾箱，应采用燃烧性能为A级的材料，地面装修材料的燃烧性能不应低于B_1级。

（3）站厅、站台、人员出入口、疏散楼梯及楼梯间、疏散通道、避难走道、联络通道等人员疏散部位和消防专用通道的室内装修材料均应采用燃烧性能为A级的材料，但站台门的绝缘层和地上具有自然排烟条件的房间，其地面装修材料的燃烧性能可为B_1级。

（4）广告灯箱、导向标志、座椅、电话亭、售检票亭（机）等固定设施的燃烧性能均不应低于B_1级。

（5）室内装修材料不得采用石棉制品、玻璃纤维、塑料类等制品。

（二）安全疏散

1. **一般规定**

（1）城市轨道交通工程安全疏散一般按一条线路、一座换乘车站及其相邻区间同一时间只发生一处火灾事故考虑。站台至站厅或其他安全区域的疏散楼梯、自动扶梯和疏散通道的通过能力，应保证在远期或客流控制期超高峰小时最大客流量时，一列进站列车所载乘客及站台上的候车乘客能在4min内全部撤离站台，并应能在6min内全部疏散至站厅公共区或其他安全区域。

（2）疏散乘客人数的计算应按不同区域进行区分。站台列车发生火灾时，必需疏散人员为远期或客流控制期超高峰小时一列进站列车所载的乘客及站台上的候车乘客；站台公共区发生火灾时，必需疏散人员为起火站台上的候车乘客；站厅公共区发生火灾时，必需疏散人员为远期或客流控制期超高峰小时站台上的乘客及站厅上的乘客，共享站厅换乘车站的必需疏散人员包括所有线路站台的乘客及站厅的乘客。

（3）消防专用梯、垂直电梯、竖井爬梯、消防专用通道以及管理区的楼梯不应计作疏散设施。换乘车站的换乘通道、换乘楼梯（自动扶梯）不应作为安全疏散设施。

（4）疏散时间的计算应符合《地铁设计防火标准》（GB 51298—2018）的规定。

2. **安全出口和疏散设施**

（1）每个站厅公共区安全出口的数量应经计算确定，且应至少设置不少于2个直通室外的安全出口。安全出口应分散布置，且相邻两个安全出口之间的最小水平距离不应小于20m。当同方向设置时，两个安全出口通道口部之间净距不应小于10m。换乘车站共用一个站厅公共区时，站厅公共区的安全出口应按每条线不少于2个设置。

（2）站厅公共区与商业等非城市轨道交通工程功能场所的安全出口应各自独立设置。两者的连通口和上、下联系楼梯或扶梯不得作为相互间的安全出口。

（3）地下车站有人值守的设备管理区内每个防火分区安全出口的数量不应少于2个，并应至少有1个安全出口直通地面。

（4）地下一层侧式站台车站，每侧站台应至少设置2个直通地面或其他室外空间的安全出口。

（5）地下车站设备层的安全出口应独立设置。

（6）区间隧道设置中间风井时，井内或就近应设置直通地面的防烟楼梯间。

（7）两条单线载客运营地下区间之间应设置联络通道，相邻两条联络通道之间的最小水平距离不应大于600m，通道内应设置一道并列两樘且反向开启的甲级防火门。

（8）载客运营地下区间内应设置纵向疏散平台。区间两端采用侧式站台车站的载客运营地上区间，应在上、下行线路区间设置纵向疏散平台。

（9）车辆基地和其建筑上部其他功能场所的人员安全出口应分别独立设置，且不得相互借用。

3. 疏散通道宽度和疏散距离

（1）区间纵向疏散平台单侧临空时，平台的宽度不宜小于0.6m；双侧临空时，平台的宽度不宜小于0.9m。

（2）站厅公共区和站台计算长度内任一点至疏散通道口和疏散楼梯口或用于疏散的自动扶梯口的最大疏散距离不应大于50m。

（3）地下车站有人值守的设备管理用房的疏散门至最近安全出口的距离，当疏散门位于两个安全出口之间时，不应大于40m；当疏散门位于袋形走道两侧或尽端时，不应大于22m。

（4）地下出入口通道的长度不宜大于100m；当大于100m时，应增设安全出口，且该通道内任一点至最近安全出口的疏散距离不应大于50m。

（5）地上车站设备管理区内房间的疏散门至最近安全出口的疏散距离应符合《建筑设计防火规范》（GB 50016—2014，2018年版）的规定。

（6）疏散通道宽度和疏散楼梯宽度设计应符合《建筑设计防火规范》（GB 50016—2014，2018年版）的相关规定。

4. 应急照明和疏散指示标志

（1）下列场所应设置备用照明：

1）变电所、配电室、环控电控室。

2）通信机房、信号机房、消防水泵房、事故风机房、防烟排烟机房。

3）车站控制室、站长室及火灾时仍需坚持工作的其他房间。

（2）下列场所或部位应设置疏散照明：

1）车站公共区、地下区间。

2）疏散通道、长度大于20m的内走道、避难走道（含前室）、联络通道。

3）安全出口、楼梯或扶梯处、消防楼梯间、防烟楼梯间（含前室）。

（3）下列场所或部位应设置电光源型疏散指示标志：

1）站台和站厅公共区。

2）人行楼梯、疏散通道及其转角处，自动扶梯。

3）消防专用通道、避难走道。

4）设备管理区内的走道和变电所的疏散通道。

5）安全出口。

（4）应急照明设置要求：

1）应急照明应由应急电源提供专用回路供电，并应按公共区与设备管理区分回路供电。备用照明和疏散照明不应由同一分支回路供电。

2）应急照明灯具宜设置在墙面或顶棚处。

3）地下车站及区间应急照明的持续供电时间不应小于 60min，由正常照明转换为应急照明的切换时间不应大于 5s。

（5）疏散指示标志设置要求：

1）站台和站台公共区的疏散指示标志应设置在柱面或墙面上，标志的上边缘距地面不应大于 1m、间距不应大于 20m 且不应大于两跨柱间距。

2）安全出口和疏散通道出口处的疏散指示标志应设置在门洞边缘或门洞的上部，标志的上边缘距吊顶面不应小于 0.5m，下边缘距地面不应小于 2m。

3）疏散通道两侧及转角处的疏散指示标志应设置在墙面上，标志的上边缘距地面不应大于 1m、间距不应大于 10m，通道转角处的标志间距不应大于 1m；设备管理区疏散通道内的标志间距不应大于 10m。

4）城市轨道交通工程隧道宜选择带有米标的方向标志灯。

（三）消防设施

1. 灭火设施

（1）室外消火栓系统。

1）设置部位。城市轨道交通工程车站及其附属建筑、车辆基地（地上区间除外）。

2）设置标准。地下车站的室外消火栓设置数量应满足灭火救援要求，且不应少于 2 个，其室外消火栓设计流量不应小于 20L/s；地上车站、控制中心等地上建筑和地上、地下车辆基地的室外消火栓设置设计流量，应符合《消防给水及消火栓系统技术规范》（GB 50974—2014）的规定。

（2）室内消火栓系统。

1）设置部位。地铁工程中的地下区间、控制中心、车站及长度大于 30m 的人行通道，车辆基地内建筑面积大于 300m² 的建筑。

2）设置标准。地下车站的室内消火栓设计流量不应小于 20L/s；地下车站出入口通道、地下折返线及地下区间的室内消火栓设计流量不应小于 10L/s；地上车站、控制中心等地上建筑和地上、地下车辆基地的室内消火栓用水量，应符合《消防给水及消火栓系统技术规范》（GB 50974—2014）的规定。

3）布置要求。消火栓的间距应经计算确定，且单口单阀消火栓的间距不应大于 30m，两只单口单阀为一组的消火栓间距、地下区间及配线区内消火栓的间距均不应大于 50m，人行通道内消火栓的间距不应大于 20m。

（3）自动喷水灭火系统。

1）设置部位。建筑面积大于 6 000m² 的地下、半地下和上盖设置了其他功能建筑的停车库、列检库、停车列检库、运用库、联合检修库；可燃物品的仓库和难燃物品的高架仓库或高层仓库。

2）设置标准。应符合《自动喷水灭火系统设计规范》（GB 50084—2017）的有关规定。

（4）灭火器。

1）配置部位。除区间外，城市轨道交通工程内应配置建筑灭火器。

2）配置级别。车站内的公共区、设备管理区、主变电所和其他有人值守的设备用房应按《建筑灭火器配置设计规范》（GB 50140—2005）严重危险级配置。

2. 防烟排烟设施

（1）下列部位和场所应设置排烟设施：

1）地下或封闭车站的站厅、站台公共区。

2）同一个防火分区内总建筑面积大于 200m^2 的地下车站设备管理区，地下单个建筑面积大于 50m^2 且经常有人停留或可燃物较多的房间。

3）连续长度大于一列列车长度的地下区间和全封闭车道。

4）车站设备管理区内长度大于 20m 的内走道，长度大于 60m 的地下换乘通道、连接通道和出入口通道。

5）车辆基地的地下停车库、列检库、停车列检库、运用库、联合检修库、镟轮库、工程车库。

（2）下列部位应设置防烟设施：

1）防烟楼梯间及其前室。

2）避难走道及其前室。

3）无自然通风的封闭楼梯间。

（3）设置标准。

1）站厅公共区和设备管理区应采用挡烟垂壁或建筑结构划分防烟分区，防烟分区不应跨越防火分区。站厅公共区内每个防烟分区的最大允许建筑面积不应大于 2 000m^2，设备管理区内每个防烟分区的最大允许建筑面积不应大于 750m^2。排烟口和排烟阀应按防烟分区设置。

2）机械防烟系统和机械排烟系统可与正常通风系统合用，合用的通风系统应符合防烟排烟系统的要求，且该系统由正常运转模式转为防烟或排烟运转模式的时间不应大于 180s。

3）地上车站宜采用自然排烟方式，其中不符合自然排烟要求的场所应设置机械排烟设施。地下区间的排烟宜采用纵向通风控制方式。

4）排烟量应按各防烟分区的建筑面积不小于 60m^3/（m^2·h）分别计算；当防烟分区中包含轨道区时，应按列车设计火灾规模计算排烟量；地下站台的排烟量还应保证站厅到站台的楼梯或扶梯口处具有不小于 1.5m/s 的向下气流。

3. 火灾自动报警系统

（1）设置场所。

1）车站、地下区间、区间变电所及系统设备用房、主变电所、控制中心、车辆基地应设置火灾自动报警系统。

2）下列部位和场所应设置火灾探测器：车站公共区；车站的设备管理区内的房间、电梯井道上部；地下车站设备管理区内长度大于 20m 的走道、长度大于 60m 的地下连通道和出入口通道；主变电所的设备间；车辆基地的综合楼、信号楼、变电所和其他设备间、办公室；防火卷帘两侧；茶水间；站台下的电缆通道、变电所电缆夹层的电缆桥架上；车辆基地的停车库、列检库、停车列检库、运用库、联合检修库及物资库等库房。

（2）设置标准。

1）城市轨道交通工程的火灾自动报警系统应由中央级、车站级或车辆基地级、现场级火灾自动报警系统及相关通信网络组成。

2）地下车站、区间隧道和控制中心，按火灾报警一级保护对象设计。

3）设有集中空调系统或每层封闭的建筑面积超过 2 000m^2，但面积不超过 3 000m^2 的地面车站、高架车站，保护等级应为二级，面积超过 3 000m^2 的保护等级应为一级。

4. 消防通信系统

（1）设置场所。

车站车控室（兼消防控制室）、控制中心大楼消防值班室、车辆段（停车场）信号楼控制室（兼消防控制室）应设消防专用电话总机，宜选择共电式电话总机或对讲通信电话设备。

（2）设置标准。

在车站、控制中心大楼、车辆段（停车场）的消防水泵房、气体灭火钢瓶间及环控电控室、通信设备室、信号设备室、开关柜室、整流变压器室、公网引入室、屏蔽门设备室等所有气体灭火保护的设备用房，建议设置固定消防专用电话分机。

在手动火灾报警按钮、消火栓按钮等处设置电话塞孔。电话塞孔可分区域采用共线方式接入消防专用电话总机。

5. 消防配电

（1）负荷分级和供电要求。

消防用电设备应按一级负荷供电。其中，火灾自动报警系统、环境与设备监控系统、变电所操作电源和地下车站及区间的应急照明用电负荷应为特别重要负荷。

（2）电线电缆选择及敷设。

1）消防用电设备的所有电线电缆均应为铜芯。

2）地下线路敷设的电线电缆应采用低烟无卤阻燃电线电缆，地上线路宜采用低烟无卤阻燃电线电缆。

3）消防用电设备的配电线路应采用耐火电线电缆，由变电所引至重要消防用电设备的电源主干线及分支干线，宜采用矿物绝缘类不燃性电缆。

二、城市轨道交通工程火灾工况运作模式

当城市轨道交通工程采用地面和高架形式时，火灾工况疏散路径较为简单，与其相

匹配的防烟排烟运作模式可参照地面建筑的设计要求。当位于地下时，由于火灾点的不同，形成人员疏散路径及其相匹配的防烟排烟运作模式不同，主要分为：站台层公共区火灾、车轨区火灾、站厅层公共区火灾、设备管理区火灾、区间隧道火灾和辅助线段区间火灾等几种工况运作模式。本部分主要介绍地下车站和区间隧道火灾工况下人员疏散和防烟排烟的运作模式。

（一）地下车站火灾工况运作模式

（1）当车站发生火灾时，开启车站通风排烟系统，在 6min 内控制火灾烟气在起火层，不进入安全区，疏散路径内烟气层应保持在 1.5m 及以上高度，在疏散楼梯口形成 1.5m/s 的向下气流，阻止烟气蔓延至起火层以上的楼层，人员迎着新风向疏散。

（2）位于站厅的自动检票机门处于敞开状态，同时打开位于非付费区和付费区之间所有栅栏门，使乘客无阻挡通过出入口，疏散到地面。

（3）确认火灾后，应通过应急广播、信息显示或人员管理等措施，劝阻地面出入口处乘客不再进入车站。

（4）确认火灾后，控制中心调度应使其他列车不再进入事故车站或快速通过不停站。

（二）区间隧道火灾工况运作模式

（1）列车在区间内发生火灾时，在列车完好且未失去动力情况下，应将列车开行至前方车站，在车站组织人员疏散。火灾列车滞留在区间内时，应纵向组织通风排烟，保证疏散路径处于新风区。

（2）在区间隧道火灾时启动通风排烟系统，应能在隧道内控制火灾烟气定向流动，上风方向人员迎着新风向疏散。区间火灾排烟应按单洞区间隧道断面的排烟流速不小于 2m/s，且高于计算临界烟气控制流速，但排烟流速不得大于 11m/s 设计，并应保证烟气不进入车站隧道区域。

练习题

一级注册消防工程师

（一）单项选择题

1. 关于地铁车站安全出口设置的说法，错误的是（　　）。

A. 每个站厅公共区应设置不少于 2 个直通地面的安全出口

B. 安全出口同方向设置时，两个安全出口通道口部之间净距不应小于 5m

C. 地下车站的设备与管理用房区域安全出口的数量不应少于 2 个

D. 地下换乘车站的换乘通道不应作为安全出口

2. 某地铁地上车站，建筑高度为 18m，站台层与站厅层之间设有建筑面积为 $100m^2$ 的商场，各层均能满足自然排烟条件。该车站的下列防火设计方案中，错误的是（　　）。

A. 车站站厅顶棚采用硅酸钙板，墙面采用烤瓷铝板、地面采用硬质 PVC 塑料地板进行装修，广告灯箱及座椅采用难燃聚氯乙烯塑料

B. 沿车站的一个长边设置消防车道

C. 车站站台至站厅的楼梯穿越商场的部位周围，设置耐火极限 3.00h 的防火墙分隔，且在商场疏散平台处开设的门洞采用甲级防火门分隔

D. 车站的站厅公共区相邻两个安全出口之间的最小水平距离为 20m

3. 地铁一旦发生火灾，极易造成严重后果。地铁火灾危险性特点不包括（　　）。

A. 空间小、人员密度和流量大　　B. 用电设备、设施繁多

C. 运营线路长、车站多　　D. 环境相对封闭、排烟困难

（二）多项选择题

1. 下列防烟分区划分设计要求中，适用于地铁站厅公共区的有（　　）。

A. 防烟分区不应跨越防火分区

B. 防烟分区的最大允许面积与空间净高相关

C. 防烟分区的长边最大允许长度与空间净高相关

D. 当空间高度大于规定值时，防烟分区之间可不设置挡烟设施

E. 采用挡烟垂壁或建筑结构划分防烟分区

2. 关于地铁建筑疏散宽度和疏散距离的设计，做法正确的有（　　）。

A. 每个站厅公共区设置 2 个直通室外的安全出口。两个安全出口之间的水平距离为 20m

B. 地下出入口通道的长度为 120m，通道内最远点与最近安全出口的距离为 50m

C. 车站设备与管理用房直接通向疏散走道的疏散门至安全出口的距离，当房间门位于袋形走道两侧或尽端时，疏散门与最近安全出口的距离为 21m

D. 站厅公共区与商业场所的安全出口设置 1 个共用的安全出口

E. 地下一层侧式站台车站，每侧站台设置 1 个直通地面的安全出口

第四章 城市交通隧道防火

学习要求

通过本章学习，应了解交通隧道的分类及其特殊构造，熟悉城市交通隧道的火灾危险性及特点，掌握隧道结构耐火的主要措施、隧道安全疏散的主要形式、隧道的消防设施配置。

隧道是人类利用地下空间的一种建筑形式。1970 年，国际经济合作与发展组织将隧道定义为：以某种用途、在地下用任何方法按照规定形状和尺寸修筑的断面面积大于 $2m^2$ 的洞室。按照用途不同，隧道主要分为交通隧道、水工隧道、矿山隧道、市政隧道、人防隧道和军事隧道等。交通隧道是与人类社会生活、生产活动关系最为密切的一类隧道，主要用于人员、机动车、火车等的通行。本章主要介绍城市交通隧道防火。

第一节 城市交通隧道的分类及火灾危险性

城市交通隧道主要是指供机动车、非机动车和行人通行的隧道，一般分为汽车专用和汽车与行人混用的隧道。因设置区域和地质条件不同，隧道的施工方法和横断面形式等也有所差别，隧道长度、隧道内车辆运行速度、交通路线数量等决定了隧道建筑的差异。

一、城市交通隧道的分类

隧道的分类标准主要依据隧道建设规模、用途和施工方法、横断面形式以及交通模式等。

（一）按建设规模分类

依据《公路隧道设计规范》（JTG 3370—2018）和《建筑设计防火规范》（GB 50016—2014，2018 年版），隧道有以下几种分类方法，如表 4-4-1、表 4-4-2 所示。

表 4-4-1 隧道分类表

分类依据		类别			
建设规模	隧道长度 L/m	特长隧道	长隧道	中长隧道	短隧道
		$L>3\,000$	$1\,000<L\leqslant 3\,000$	$500<L\leqslant 1\,000$	$L\leqslant 500$
	断面面积 F/m^2	特大断面	大断面	中等断面	小断面
		$F>100$	$50<F\leqslant 100$	$30<F\leqslant 50$	$F\leqslant 30$

续表 4-4-1

分类依据	类　别
横断面形式	圆形、矩形、连拱形、马蹄形、双圆形等
交通模式	单孔对向，双孔、多孔各自同向，多孔可变向
施工方法	盾构法、沉管法、钻爆法、明挖法

表 4-4-2　按封闭段长度和用途分类

用途	一类	二类	三类	四类
	隧道封闭段长度 L/m			
可通行危险化学品等机动车	L>1 500	500<L≤1 500	L≤500	—
仅限通行非危险化学品等机动车	L>3 000	1 500<L≤3 000	500<L≤1 500	L≤500
仅限人行或通行非机动车	—	—	L>1 500	L≤1 500

（二）按施工方法分类

1. 盾构法

盾构法是采用盾构机械挖土掘进，并在盾构壳体的保护下拼装预制衬砌结构来支承周围土体，从而形成通道。该方法以建造圆形隧道为主，如图 4-4-1 所示。

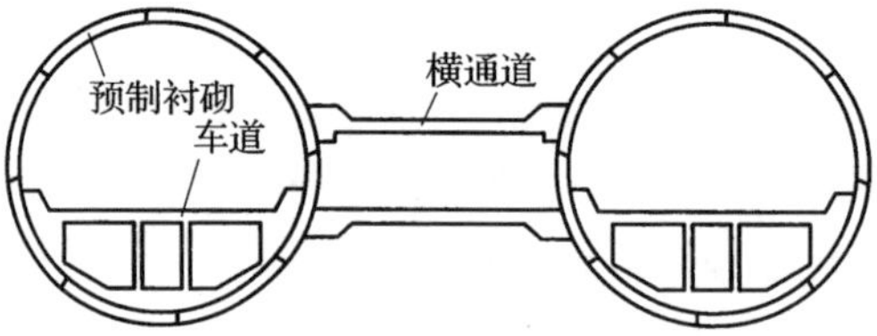

图 4-4-1　圆形隧道横断面示意图

2. 沉管法

沉管法是采用水力压接技术将预制管段在事先开挖的基槽内逐节连接起来，使之形成能防水、通行的通道。矩形隧道一般采用此方法建造，如图 4-4-2 所示。

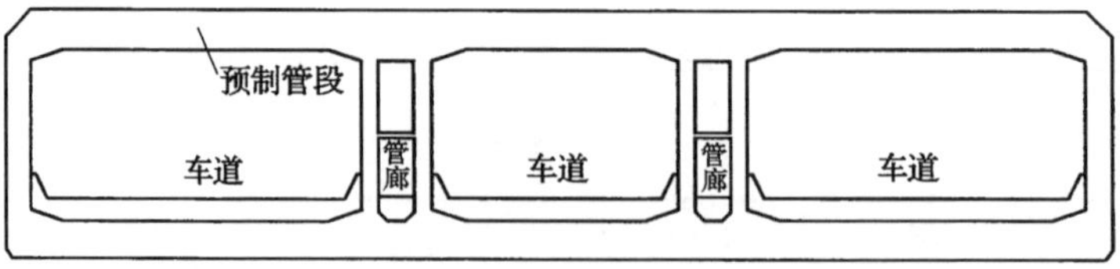

图 4-4-2　矩形隧道横断面示意图

3. 钻爆法

钻爆法是采用钻眼、爆破、出砟而形成结构空间的一种开挖方法，是目前修建山岭隧道的最通行的方法。按开挖分部情况分为全断面法、台阶法、环行开挖预留核心土法、双侧壁导坑法、中洞法、中隔壁法、交叉中隔壁开挖法。

4. 明挖法

明挖法是采用放坡或围护的形式，从地表向下分段开挖、分段浇筑结构后回填覆盖，从而形成地下通道。连拱形隧道和矩形隧道可采用此法建造。连拱形隧道横断面示意如图 4–4–3 所示。

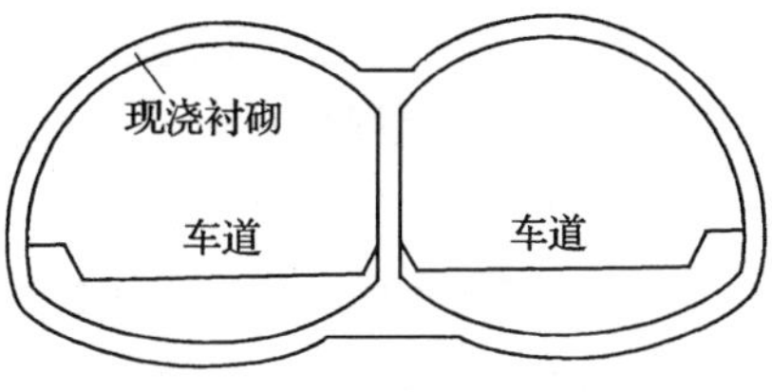

图 4–4–3　连拱形隧道横断面示意图

（三）按交通模式分类

（1）单孔对向交通。这种交通模式的安全隐患较多，一般多为交通流量小的隧道。

（2）双孔、多孔内各自均为同向交通，双孔间多设有横向连接通道。

（3）多孔中有一孔或数孔可按交通需求改变交通运行方向，以适应潮流式交通需求。

二、城市交通隧道的火灾危险性

从城市交通隧道火灾致灾因素、火灾特点、火灾危害性等方面准确分析城市交通隧道的火灾危险性，在城市交通隧道中采取针对性的防火技术措施，设置必要的消防应急设施，实施运营消防安全管理，具有重大的现实意义和指导作用。

（一）火灾致灾因素

火灾致灾因素主要有以下四种：一是由于车辆自身故障导致在行进过程中起火自燃或发生车祸引起火灾；二是由于运输易燃易爆危险品的车辆物料泄漏遇明火发生爆炸或燃烧；三是由于隧道内电气设备或电气线路发生故障引发火灾；四是人为纵火或恐怖袭击。

（二）火灾特点

隧道火灾是以交通工具及其车载货物燃烧、爆炸为特征的火灾，其火灾特点如下：

1. 火灾多样性

隧道火灾及其规律因交通工具、车载货物、隧道类型以及火灾时的交通状况等因素而复杂多变。从国内外隧道火灾统计资料来看，隧道火灾中 A 类火灾发生频率较高，B、C 类火灾、混合物品火灾造成重特大隧道火灾的频率较高。

2. 起火点的移动性

隧道发生火灾时，驾乘人员因视觉受限和特殊视觉感应，不能对火灾做出快速反应，起火车辆会继续在隧道中正常运行，即便驾乘人员发现火灾，为了便于报警、处置，公路隧道中的机动车通常会运行到紧急停车带停下，列车会尽量保持牵引动力驶离隧道，到达开阔空间后进行处置。交通工具的可移动性，决定了隧道火灾起火点会随车辆运行发生位置的改变。

3. 燃烧形式多样性

隧道火灾的可燃物主要由交通工具及其所载货物提供，可能出现气相、液相、固相可燃物燃烧，当可燃气体、蒸气预混浓度达到爆炸极限时，还会发生爆炸，这是隧道火灾燃烧形式多元化的表现。隧道越短，横断面尺寸越大，其火灾越接近地面建筑火灾；隧道越长，其火灾越近似于地下建筑火灾。在没有强制通风的情况下，受燃料控制燃烧的持续期间较短，整个燃烧过程主要是受通风条件控制的燃烧，燃烧产物中一氧化碳生成量较多，属于典型的缺氧燃烧。

4. 火灾蔓延跳跃性

隧道火灾扩大蔓延受通风条件和交通状况等因素的影响，强制通风能改善隧道内的燃烧条件，交通堵塞为隧道火灾提供了更多类型和数量的可燃物。隧道内可燃物的类型、数量、分布等，取决于卷入火灾的交通工具及其所载货物情况。交通事故、火灾时受阻车辆困在隧道内，火场热量主要以热辐射和热对流进行传递，当热量足以点燃相邻车辆或车载可燃货物时，即使车辆之间有一段距离，火灾仍能跳跃式蔓延。此外，油罐车或其他易燃物品运输车辆起火，可能发生爆炸，出现隧道火灾跳跃性蔓延的极端形式。

5. 火灾烟气流动性

火灾初期，隧道火灾烟气因热浮力效应、水平风压作用以及“活塞风效应”等，突显封闭、狭长空间烟气流动特性，随着隧道火灾发展，烟气逐步或迅速呈现出沿隧道横断面的沉降和弥散。

6. 安全疏散局限性

隧道结构特点决定了其发生火灾时人员的安全疏散较地面建筑困难。发生火灾时，隧道既是烟气扩散、燃烧蔓延的通道，又是疏散通道、救援场地，隧道火灾现场与疏散通道之间没有明显界限，高温和有毒烟气对人员构成直接威胁。隧道内烟雾大，能见度低，车辆与人员在同一通道上“借道”疏散，驾驶员对烟火的恐惧和反应失控，很容易造成新的交通事故，所以被困人员、车辆的安全性和疏散的有效性很难得到保障。

7. 灭火救援艰难性

隧道火灾现场没有可以缓冲的灭火救援场地，火灾现场与灭火救援场地之间没有任何保护屏障，随着火灾的发展蔓延，人为设定的警戒区和灭火行动区会迅速变为危险区。隧道火灾特有的次生灾害的潜在危险，对救援人员的生命安全构成严重威胁。

（三）火灾危害性

隧道建筑空间特性、交通工具及其运输方式，不仅决定了隧道火灾危害后果和一般工业与民用建筑火灾之间存在的差别，也决定了不同隧道火灾之间的差异。隧道火灾危害性后果除人员伤亡、直接经济损失外，其特有的次生灾害和间接损失，甚至比前者对社会、生活以及区域经济的影响更为严重。

1. 人员伤亡众多

隧道内尤其是长、特长公路隧道内一旦发生火灾，若不能及时发现和扑灭，火势就会沿隧道纵向快速蔓延，导致隧道内司乘和工作人员窒息、灼伤、中毒甚至死亡，隧道内火灾常常以造成大量的人员伤亡为结局。

2. 经济损失巨大

隧道火灾还会造成隧道设施的严重毁坏，引起短则数小时、长则数十小时甚至更长时间的道路效能中断，隧道结构破坏、隧道设施设备损坏、交通工具及车载货物严重受损或被烧毁，造成无法估计的经济损失。

3. 次生灾害危害严重

隧道火灾引发次生灾害是隧道火灾最为典型的灾害后果。通常，隧道火灾发生后会引发交通事故、爆炸、人员中毒等次生灾害。隧道火灾的危害性十分严重：一是会助长火灾的扩大蔓延，加重火灾危害性后果；二是会打破原有的安全疏散、灭火救援和交通控制等秩序，增加安全疏散和灭火救援难度；三是次生灾害的突发性和随机性，会对隧道内的司乘人员和救援人员构成潜在威胁和突如其来的伤害。

第二节　城市交通隧道的防火要求

针对公路隧道火灾特点，设计人员对隧道工程采取主动防火和被动防火两种措施。主动防火设计从防止火灾发生和对火灾采取及时扑救的角度出发，包括内部照明系统、通风系统、消防设备布置、火灾发生前后的火灾探测、报警、灭火及疏散系统，以及隧道的运营管理和灾情发生时的应急方案等一系列设计；被动防火设计主要是通过采取提高衬砌混凝土材料的耐火性能、喷涂防火涂料、安装防火板材等防火保护措施来保证隧道结构的安全，使灾后只需进行简单的修护而不影响隧道的正常使用。

一、建筑结构耐火

（一）构件燃烧性能要求

为了减少隧道内固定火灾荷载，隧道衬砌、附属构筑物、疏散通道的建筑材料及其内装修材料，除施工缝嵌封材料外均应采用不燃材料。通风系统的风管及其保温材料应采用不燃材料，柔性接头可采用难燃材料。隧道内的灯具、紧急电话箱（亭）应采用不燃材料制作的防火桥架。隧道内的电缆等应采用阻燃电缆或矿物绝缘电缆，其桥架应采用不燃材料制作的防火桥架。

（二）结构耐火极限要求

用于安全疏散、紧急避难和灭火救援的平行导洞、横向联络道、竖（斜）井、专用疏散避难通道、独立避难间等，其承重结构耐火极限不应低于隧道主体结构耐火极限的要求。

风井和消防救援出入口的耐火等级应为一级，地面重要设备用房、运营管理中心及其他辅助用房的耐火等级不应低于二级。建筑构件的耐火极限应与耐火等级相适应。

（三）结构防火隔热措施

隧道结构防火隔热措施包括喷涂防火涂料或防火材料、在衬砌中添加聚丙烯纤维或安装防火板等。隧道主体结构和附属构筑物等设计，要充分考虑隧道结构防火性能要求，采用相应的衬砌结构形式。当其结构不能满足规定的耐火极限要求时，应采取防火措施以达到耐火极限要求。

二、防火分隔

隧道为狭长建筑，其防火分区按照功能分区划分。隧道内地下设备用房的每个防火分区的最大允许建筑面积不应大于 1 500m^2，防火分区间应采用防火墙和甲级防火门进行分隔。隧道内的变电站、管廊、专用疏散通道、通风机房及其他辅助用房等，应采用耐火极限不低于 2.00h 的防火隔墙和甲级或乙级防火门等分隔措施与车行隧道分隔。

（一）防火分隔构件

隧道内的水平防火分区应采用防火墙进行分隔，用于人员安全疏散的附属构筑物与隧道连通处宜设置前室或过渡通道，其开口部位应采用甲级防火门，用于车辆疏散的辅助通道、横向联络道与隧道连接处应采用耐火极限不低于 3.00h 的防火卷帘进行分隔。

（二）管沟分隔

隧道内的通风、排烟、电缆、排水等管道、管沟等需要采取防火分隔措施进行分隔。当通风、排烟管道穿越防火分区时，应在防火构件的两侧设置防火阀和排烟防火阀。

隧道行车道旁的电缆沟，其侧沿应采用不渗透液体的结构，电缆沟顶部应高于路面，且不应小于 200mm。当电缆沟跨越防火分区时，应在穿越处采用耐火极限不低于 1.00h 的防火封堵组件进行防火封堵。

（三）辅助用房防火分隔

辅助用房应靠近隧道出入口或疏散通道、疏散联络道等设置。辅助用房之间应采用耐火极限不低于 2.00h 的防火隔墙分隔，隔墙上应设置能自行关闭的甲级防火门。辅助用房应设置相应的火灾报警和灭火设施。有人员的房间应设置通风和防烟排烟系统。

为隧道供电的柴油发电机房，除满足上述要求外，还应设置储油间，其总储量不应超过 1m^3，储油间应采用防火墙和能自行关闭的甲级防火门与发电机房和其他部位分隔开，储油间的电气设施必须采用相应的防爆型电器。

三、隧道的安全疏散设施

隧道安全疏散通常是利用隧道内设置的辅助坑道或专门设置的疏散避难通道，对隧道内的车辆和人员在火灾及其他紧急情况下进行安全疏散、提供紧急避难。

（一）安全出口和安全通道

1. 安全出口

安全出口是开设在两车道孔之间的隔墙上的疏散门，作为两孔互为备用的疏散口，人员疏散和救援可由非着火隧道进行，安全快捷。

隧道内地下设备用房的每个防火分区安全出口数量不应少于 2 个，与车道或其他防火分区相通的出口可作为第二安全出口，但必须至少设置 1 个直通室外的安全出口；建筑面积不大于 500m^2 且无人值守的设备用房可设置 1 个直通室外的安全出口。

2. 安全通道

安全通道根据隧道形式的不同，可分为四类：一是利用横洞作为疏散联络道，两座隧道互为安全疏散通道；二是利用平行导坑作为疏散通道；三是利用竖井、斜井等设置人员疏散通道；四是利用多种辅助坑道组合设置人员疏散通道。

（1）矩形双孔（或多孔）加管廊的隧道。在两孔车道之间的中间管廊内设置安全通道，并沿纵向每隔 80 ~ 125m 向安全通道内开设一对安全门，如图 4-4-4 所示。安全通道两端应与隧道洞口或通向地面的疏散楼梯相连，发生火灾时，人员从一孔隧道进入安全门，穿越安全通道至另一孔隧道。

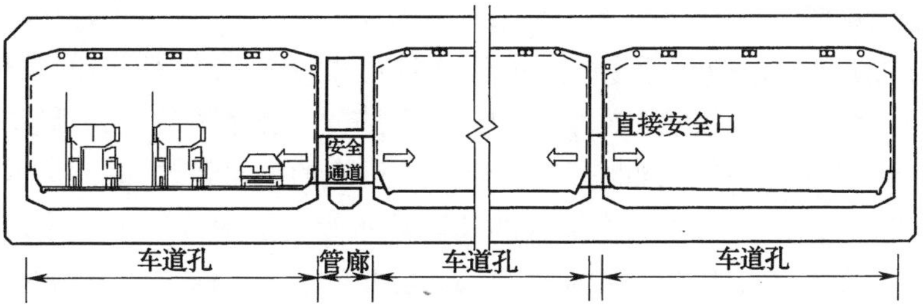

图 4–4–4　安全通道和直接安全口设置示意图

（2）圆形隧道。在圆形隧道的两孔隧道之间设置连接通道，并在通道的两端设置防火门。当一条隧道发生火灾时，人员可通过横通道疏散至另一条隧道进行疏散。连接通道的间距一般宜为 400 ~ 800m，当设有其他相应的安全疏散措施时，间距可适当放大。圆形隧道的安全通道常设置在车道板下，通过安全口和爬梯、滑梯进出。人员可从安全口经安全通道进行长距离疏散，如图 4–4–5 所示。

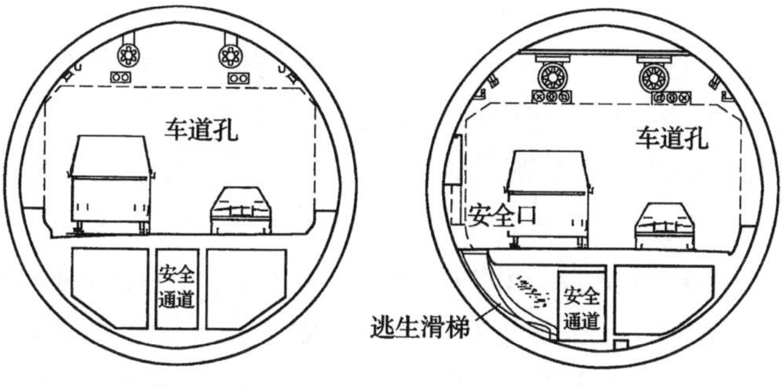

图 4–4–5　圆形隧道安全通道和安全口设置示意图

在设有安全通道的情况下，其安全口的设置间距一般可取 80 ~ 125m。

（二）疏散楼梯

双层隧道上、下层车道之间在有条件的情况下可以设置疏散楼梯，发生火灾时，通过疏散楼梯至另一层隧道，间距一般取 100m 左右。

（三）避难室

为减少因救援人员不能及时到位造成的人员伤亡，长、大隧道需设置避难室。避难室与隧道车道形成独立的防火分区，并通过设置气闸等措施，阻止火灾及烟雾进入。避难室大小和间距根据交通流量和疏散人员数量确定。

四、隧道的消防设施配置

隧道的消防设施主要有消防给水系统、自动喷水灭火系统、火灾自动报警系统、防烟排烟系统、通信系统、灭火器等。

（一）灭火设施

根据隧道类别不同，其配置的灭火设施也不尽相同。级别越高，配置的灭火设施越齐全。

1. 消防给水系统

隧道内的消防用水量应按隧道的火灾延续时间和隧道全线同一时间发生一次火灾计算确定，一、二类隧道的火灾延续时间不应小于 3h，三类隧道的火灾延续时间不应小于 2h。隧道内的消防用水量应按同时开启所有灭火设施的用水量之和计算。隧道内宜设置独立的消防给水系统，严寒和寒冷地区的消防给水管道及室外消火栓应采取防冻措施，当采用干式给水系统时，应在管网的最高部位设置自动排气阀，管道的充水时间不宜大于 90s。隧道内的消火栓用水量不应小于 20L/s，隧道外的消火栓用水量不应小于 30L/s；对于长度小于 1 000m 的三类隧道，隧道内、外的消火栓用水量可分别为 10L/s 和 20L/s。管道内的消防供水压力应保证用水量达到最大时，最低压力不应小于 0.3MPa，但当消火栓栓口处的出水压力超过 0.7MPa 时，应设置减压设施。在隧道出入口处应设置消防水泵接合器和室外消火栓。消火栓的间距不应大于 50m，双向通行车道或单向通行但不大于三车道时，应双面间隔设置。隧道内允许通行危险化学品的机动车，且隧道长度超过 3 000m 时，应配置水雾或泡沫消防水枪。

2. 自动喷水灭火系统

对于危险级别较高的隧道，为保护隧道的主体结构，有些还采用自动喷水灭火系统，其类型一般为水喷雾灭火系统或泡沫水喷雾联用灭火系统，以达到更好的灭火及保护效果。水雾喷头宜采用侧式安装的隧道专用远近射程水雾喷头。

3. 灭火器

隧道内应设置 ABC 类灭火器，设置点间距不应大于 100m。通行机动车的一、二类隧道和通行机动车并设置 3 条及以上车道的三类隧道，在隧道两侧均应设置灭火器，每个设置点不应少于 4 具；其他隧道，可在隧道一侧设置，每个设置点不应少于 2 具。

（二）报警设施

除隧道内需设置火灾报警设施外，其配套设备用房，如变压器室、配电室、机房等也应配有警铃、手报、广播、探测器等相应的报警和警报设施。

1. 警报设施的一般规定

隧道入口处 100 ~ 150m 处，应设置警报信号装置。通行机动车辆的一、二类隧道应设置火灾自动报警系统，无人值守的变压器室、高低压配电室、照明配电室、弱电机房等主要设备用房，宜设置早期火灾探测报警系统。其他用房内可采用智能感烟探测器对火灾进行检测和报警。当隧道封闭段长度超过 1 000m 时，宜设置消防控制室。

2. 系统设置

火灾自动报警系统的设置应符合《火灾自动报警系统设计规范》（GB 50116—2013）的规定。

（1）火灾报警控制器数量的设置。当隧道长度小于 1 500m 时，可设置一台火灾报警控制器；长度大于或等于 1 500m 的隧道，可设置一台主火灾报警控制器和多台分火灾报警控制器，其间宜采用光纤通信连接。

（2）火灾探测器的选择和设置。国内交通隧道中主要采用双波长火灾探测器和光纤分布式温度监测（差温）系统，一般在不大于 45m 范围内设一个双波长火灾探测器，安装在隧道的侧壁或顶部；光纤分布式温度监测（差温）系统以长线形（二车道）和环形（三车道）方式在探测区域从头至尾敷设，安装在隧道的顶部。车行隧道内每隔 100～150m 设置手动报警按钮。

（三）防烟排烟系统

隧道工程的防烟排烟范围包括行车道、专用疏散通道及设备管理用房等。采用的排烟模式通常可分为纵向、横向（半横向）及重点模式，以及由基本模式派生的各种组合模式。

1. 防烟排烟系统的一般规定

通行机动车的一、二、三类隧道应设置防烟排烟设施。当隧道长度短、交通量小时，火灾发生概率较低，人员疏散比较容易，可以采用洞口自然排烟方式。隧道的避难设施内应设置独立的机械加压送风系统，其送风的余压值应为 30～50Pa。

2. 排烟模式

排烟模式应根据隧道种类、火灾疏散方式，并结合隧道正常工况的通风模式确定，将烟气控制在最小范围之内，以保证乘客疏散路径满足逃生环境要求，并为消防灭火创造条件。长度大于 3 000m 的隧道，宜采用纵向分段排烟方式或重点排烟方式。长度小于或等于 3 000m 的单洞单向交通隧道，宜采用纵向排烟方式；单洞双向交通隧道，宜采用重点排烟方式。

（1）纵向排烟。发生火灾时，隧道内烟气沿隧道纵向流动的排烟模式为纵向排烟模式，这是一种常用的烟气控制方式，可通过悬挂在隧道内的射流风机或其他射流装置、风井送排风设施及其组合等方式实现。纵向排烟示意如图 4–4–6 所示。

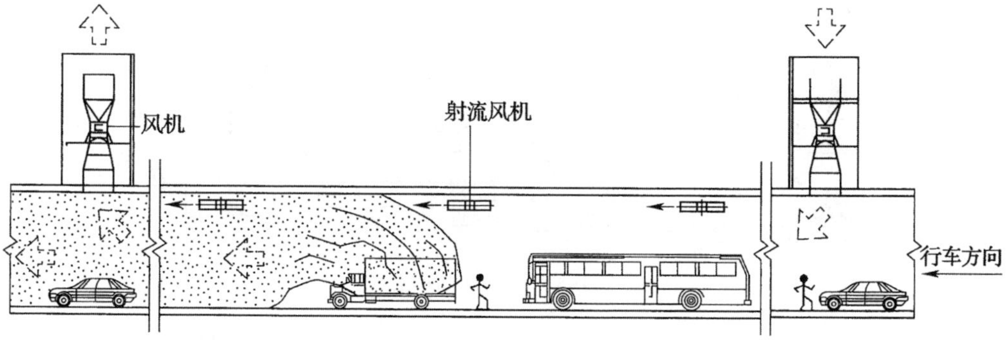

图 4–4–6　纵向排烟示意图

该排烟方式较适用于单向行驶、交通量不大的隧道。纵向通风排烟时，气流方向与车行方向一致。以火源点为分界，火源点下游为烟区、上游为清洁区，司乘人员向气流上游疏散。

采用纵向排烟方式时，应能迅速组织气流、有效排烟，其排烟风速应根据隧道内的最不利火灾规模确定，且纵向气流的速度不应小于 2m/s，并应大于临界风速。

（2）横向（半横向）排烟。横向（半横向）也是一种常用的烟气控制方式。排烟和平时隧道通风系统兼用，横向方式通常设置风道均匀排风、均匀补风，半横向方式通常设置风道均匀排风、集中补风或不补风。火灾情况下，利用排风风道均匀排烟。横向（半横向）排烟示意如图 4-4-7 所示。

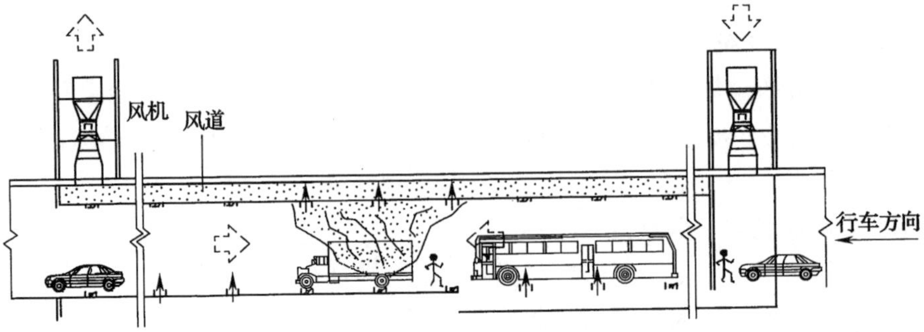

图 4-4-7　横向（半横向）排烟示意图

横向（半横向）排烟方式适用于单洞双向交通隧道或交通量大、阻塞发生率较高的单向交通隧道。

（3）重点排烟。重点排烟是将烟气直接从火源附近排走的一种方式，从两端洞口自然补风，隧道内可形成一定的纵向风速。该方式在隧道纵向设置专用排烟风道，并设置一定数量的排烟口。发生火灾时，火源附近的排烟口开启，将烟气快速、有效地排离隧道。

重点排烟适用于双向交通的隧道或交通量较大、阻塞发生率较高的隧道。排烟口的大小和间距对烟气的控制有较明显的影响，如图 4-4-8 所示。

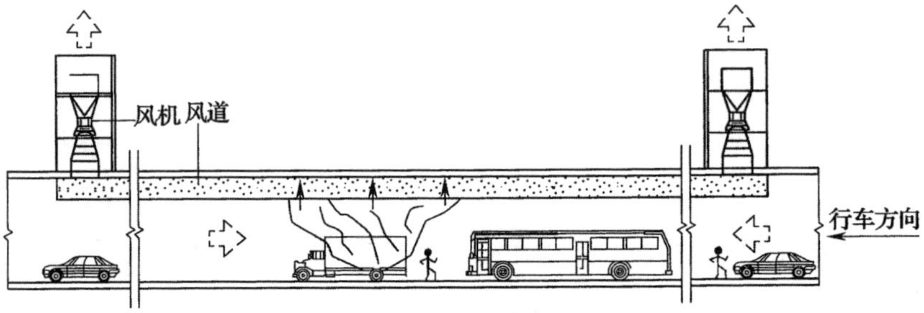

图 4-4-8　重点排烟示意图

（4）排烟设施。排烟风机和烟气流经的风阀、消声器、软接等辅助设备，应能承受设计的隧道火灾烟气排放温度，并应能在 250℃下连续正常运行不小于 1h。排烟管道的耐火极限不应低于 1.00h。隧道内用于火灾排烟的射流风机，应至少备用一组。

（四）通信系统

通信系统主要包括消防专用电话系统、广播系统、电视监视系统和消防无线通信系统等。

1. 消防专用电话系统

防灾控制室应与消防救援机构设置直线电话。隧道内应设置消防紧急电话，一般每 100m 宜设置 1 台。

2. 广播系统

火灾事故广播无须单独设置，可与隧道运营广播系统合用一套系统。火灾事故广播具有优先权。

3. 电视监视系统

在防灾控制室内设置独立的火灾监视器，监视隧道内的灾情，其他电视监视设备与运营监视等共用一套设备。

4. 消防无线通信系统

应将城市地面消防无线通信电波延伸至隧道内，当发生灾害时可通过无线通信系统进行指挥和协调。系统方案应根据当地消防无线通信系统的制式和频点进行设置。

（五）消防供电

1. 一般规定

一、二类隧道的消防用电按一级负荷要求供电，三类隧道的消防用电按二级负荷要求供电。

2. 应急照明和疏散指示标志

隧道端口外接的站房、隧道两侧、人行横通道和人行疏散通道上应设置消防应急照明和疏散指示标志，其设置应符合《消防应急照明和疏散指示系统技术标准》（GB 51309—2018）的相关规定。应急状态启动后，在蓄电池电源供电时的持续工作时间应符合下列要求：一、二类隧道不应小于1.5h，隧道端口外接的站房不应小于2h；三、四类隧道不应小于1h，隧道端口外接的站房不应小于1.5h。

3. 电缆选择和线路敷设

公路隧道应采用阻燃耐火型电缆；城市隧道应采用无卤、低烟、阻燃耐火型电缆；长、大隧道应急照明主干线宜采用矿物绝缘电缆。

线路敷设时，均应采用阻燃耐火型电缆。穿管明敷时，在钢管外面刷防火涂料或采用其他防火措施；穿管暗敷时，敷设在不燃性结构内，其保护层厚度不应小于30mm。

参考文献

［1］中华人民共和国公安部消防局．中国消防手册：第三卷　消防规划·公共消防设施·建筑防火设计［M］．上海：上海科学技术出版社，2006.

［2］中华人民共和国公安部消防局．中国消防手册：第五卷　能源、交通、仓储、金融、信息、农林防火［M］．上海：上海科学技术出版社，2007.

练习题

一级注册消防工程师

（一）单项选择题

1. 某一地区一条城市交通隧道，长度1 500m，按照防火规范要求，隧道内设置了各种消防设施，下列关于隧道设置机械排烟系统的说法中，正确的是（　　）。

A. 采用纵向排烟方式时，排烟风速纵向气流的速度不应小于2m/s

B. 排烟风机应在 280℃下连续正常工作不小于 2h

C. 排烟管道的耐火极限不应低于 2h

D. 机械排烟系统与隧道的通风系统应共用

2. 某长度为 1 400m 的城市交通轨道，顶棚上悬挂有若干射流风机。该隧道的排烟方式属于（　　）方式。

A. 纵向排烟　　B. 重点排烟　　C. 横向排烟　　D. 半横向排烟

3. 判断某封闭段长度为 1.5km 隧道的城市交通隧道的类别，正确的是（　　）。

A. 允许通行危险化学品车的隧道，定为一类隧道

B. 不允许通行危险化学品车的隧道，定为二类隧道

C. 仅限通行非危险化学品车的隧道，无论单孔双孔，均定为三类隧道

D. 单孔的隧道定位一类隧道，双孔的隧道定位二类隧道

（二）多项选择题

1. 关于城市交通隧道防排烟系统的设计要求，正确的有（　　）。

A. 一、二、三类隧道均应设置防排烟设施

B. 隧道的避难设施内应设置独立的机械加压送风系统，其送风的余压值应为 30～50Pa

C. 长度大于 3 000m 的隧道，宜采用纵向分段排烟方式或重点排烟方式

D. 长度小于或等于 3 000m 的单洞单向交通隧道，宜采用纵向排烟方式

E. 单洞双向交通隧道，宜采用重点排烟方式

2. 关于城市交通隧道报警设施的设置要求，正确的有（　　）。

A. 隧道入口处 150～200m 处，应设置警报信号装置

B. 当隧道封闭段长度超过 1 000m 时，宜设置消防控制室

C. 当隧道长度小于 1 500m 时，可设置 1 台火灾报警控制器；长度大于或等于 1 500m 的隧道，可设置 1 台主火灾报警控制器和多台分火灾报警控制器

D. 车行隧道内每隔 100～150m 设置手动报警按钮

第五章　加油加气站防火

学习要求

通过本章学习，应了解加油加气站的分类分级，熟悉加油加气站的火灾危险性以及选址要求，掌握加油加气站防火间距、平面布局、建筑防火和消防设施等方面的设计要求。

随着我国能源市场的发展和汽车消费的快速增长，燃料供应越来越贴近消费者的生活，加油加气站在人们日常生活中的作用越来越重要。加油加气站经营的燃料具有较高的火灾和爆炸危险性，加油加气站属于易发生火灾危险场所。由于经营服务的需要，绝大部分加油加气站建在人口稠密地区，而且数量多、分布广，因此，加油加气站已成为影响城市安全的主要危险源之一，必须采取有效的防火技术措施，确保其安全可靠。

第一节　加油加气站的分类及火灾危险性

汽车加油加气站是加油站、加气站、加油加气合建站的统称，是为汽车油箱加注汽油、柴油等车用燃油，以及为燃气汽车储气瓶加注车用液化石油气、车用压缩天然气或车用液化天然气的专门场所。汽车加油加气站主要由油气储存区、加油加气区和管理区三部分组成。有的加油站还设有便利店、洗车房等辅助设施。

一、加油加气站的分类

按提供燃料的不同，汽车加油加气站可以划分为汽车加油站、汽车加气站、汽车加油加气合建站。

（一）汽车加油站

汽车加油站是指具有储油设施，使用加油机为机动车加注汽油、柴油等车用燃油，并可提供其他便利性服务的场所。

（二）汽车加气站

汽车加气站是指具有储气设施，使用加气机为燃气汽车储气瓶加注车用液化石油气（LPG）、压缩天然气（CNG）和液化天然气（LNG）等车用燃气，或通过加气柱为 CNG 车载储气瓶组充装 CNG，并可提供其他便利性服务的场所。

（三）汽车加油加气合建站

汽车加油加气合建站是指具有储油（气）设施，既可为汽车油箱加注车用燃油，又可为燃气汽车储气瓶加注 LPG、CNG、LNG 等车用燃气，并可提供其他便利性服务的场所。

二、加油加气站的等级分类

汽车加油加气站根据其储油罐、储气罐的容积划分为不同的等级。

(一) 汽车加油站的等级分类

汽车加油站按汽油、柴油储存罐的容积规模划分为三个等级。加油站的等级划分见表 4-5-1。

表 4-5-1　加油站的等级划分　　单位：m^3

级别	油罐容积 V	
	总容积	单罐容积
一级	$150<V\leqslant210$	$V\leqslant50$
二级	$90<V\leqslant150$	$V\leqslant50$
三级	$V\leqslant90$	汽油罐 $V\leqslant30$，柴油罐 $V\leqslant50$

注：柴油罐容积可折半计入油罐总容积。

(二) LPG 加气站的等级分类

LPG 加气站按储气罐的容积规模划分为三个等级。LPG 加气站的等级划分见表 4-5-2。

表 4-5-2　LPG 加气站的等级划分　　单位：m^3

级别	LPG 罐容积 V	
	总容积	单罐容积
一级	$45<V\leqslant60$	$V\leqslant30$
二级	$30<V\leqslant45$	$V\leqslant30$
三级	$V\leqslant30$	$V\leqslant30$

(三) CNG 加气站

压缩天然气加气站储气设施的总容积应根据设计加气汽车数量，每辆汽车的加气时间，母站服务的子站的个数、规模和服务半径等因素综合确定。在城市建成区内，CNG 加气母站储气设施的总容积不应超过 120m^3；CNG 常规加气站储气设施的总容积不应超过 30m^3；CNG 加气子站设置有固定储气设施时，停放的车载储气瓶组拖车不应多于 1 辆，站内固定储气设施采用储气井时，其总容积不应超过 18m^3。若 CNG 加气子站内无固定储气设施，站内可停放不超过 2 辆车载储气瓶组拖车。

CNG 常规加气站可采用 LNG 储罐作补充气源，LNG 储罐容积、CNG 储气设施的总容积和加气站的等级划分应符合表 4–5–3 的有关要求。L–CNG 加气站是指能将 LNG 转化为 CNG，并为 CNG 汽车储气瓶充装车用 CNG 的场所。

（四）LNG 加气站、L–CNG 加气站、LNG 和 L–CNG 加气合建站的等级分类

LNG 加气站、L–CNG 加气站、LNG 和 L–CNG 加气合建站的等级划分见表 4–5–3。

表 4–5–3　LNG 加气站、L–CNG 加气站、LNG 和 L–CNG 加气合建站的等级划分

单位：m^3

级别	LNG 加气站		L–CNG 加气站、LNG 和 L–CNG 加气合建站		
	LNG 储罐总容积 V	LNG 储罐单罐容积 V	LNG 储罐总容积 V	LNG 储罐单罐容积 V	CNG 储气设施总容积 V
一级	$120<V\leq180$	$V\leq60$	$120<V\leq180$	$V\leq60$	$V\leq12$
一级*	—	—	$60<V\leq120$	$V\leq60$	$V\leq24$
二级	$60<V\leq120$	$V\leq60$	$60<V\leq120$	$V\leq60$	$V\leq9$
二级*	—	—	$V\leq60$	$V\leq60$	$V\leq18$
三级	$V\leq60$	$V\leq60$	$V\leq60$	$V\leq60$	$V\leq9$
三级*	—	—	$V\leq30$	$V\leq30$	$V\leq18$

注：1. L–CNG 加气站：能将 LNG 转化为 CNG，为 CNG 汽车储气瓶充装车用 CNG，并可提供其他便利性服务的场所。

2. 带“*”的加气站专指 CNG 常规加气站以 LNG 储罐作补充气源的建站形式。

（五）LNG 加气站与 CNG 常规加气站或 CNG 加气子站的合建站的等级分类

LNG 加气站与 CNG 常规加气站或 CNG 加气子站的合建站的等级划分见表 4–5–4。

表 4–5–4　LNG 加气站与 CNG 常规加气站或 CNG 加气子站的合建站的等级划分

单位：m^3

级别	LNG 储罐总容积 V	LNG 储罐单罐容积 V	CNG 储气设施总容积 V
一级	$60<V\leq120$	$V\leq60$	$V\leq24$
二级	$V\leq60$	$V\leq60$	$V\leq18$（24）
三级	$V\leq30$	$V\leq30$	$V\leq18$（24）

注：表中括号内数字为 CNG 储气设施所采用储气井的总容积。

（六）加油和 LPG 加气合建站的等级分类

加油和 LPG 加气合建站按汽油、柴油储存罐和 LPG 储气罐的容积划分为三个等级。加油和 LPG 加气合建站的等级划分见表 4–5–5。

表 4-5-5　加油和 LPG 加气合建站的等级划分　　单位：m^3

级别	LPG 储罐总容积 V	LPG 储罐总容积与油品储罐总容积合计 V
一级	$V \leq 45$	$120<V \leq 180$
二级	$V \leq 30$	$60<V \leq 120$
三级	$V \leq 20$	$V \leq 60$

注：1. 柴油罐容积可折半计入油罐总容积。
2. 当油罐总容积大于 90m^3 时，油罐单罐容积不应大于 50m^3；当油罐总容积小于或等于 90m^3，汽油罐单罐容积不应大于 30m^3，柴油罐单罐容积不应大于 50m^3。
3. LPG 储罐单罐容积不应大于 30m^3。

（七）加油和 CNG 加气合建站的等级分类

加油和 CNG 加气合建站按汽油、柴油储存罐和 CNG 储气设施的总容积划分为三个等级。加油和 CNG 加气合建站的等级划分见表 4-5-6。

表 4-5-6　加油和 CNG 加气合建站的等级划分　　单位：m^3

<table>
<tr><th>级别</th><th>油品储罐总容积 V</th><th>常规 CNG 加气站储气设施总容积 V</th><th>加气子站储气设施总容积 V</th></tr>
<tr><td>一级</td><td>90<V≤120</td><td rowspan="2">V≤24</td><td rowspan="2">固定储气设施总容积小于或等于 12（18），可停放 1 辆车载储气瓶组拖车；当无固定储气设施时，可停放 2 辆车载储气瓶组拖车</td></tr>
<tr><td>二级</td><td>V≤90</td></tr>
<tr><td>三级</td><td>V≤60</td><td>V≤12</td><td>固定储气设施总容积小于或等于 9（18），可停放 1 辆车载储气瓶组拖车</td></tr>
</table>

注：1. 柴油罐容积可折半计入油罐总容积。
2. 当油罐总容积大于 90m^3 时，油罐单罐容积不应大于 50m^3；当油罐总容积小于或等于 90m^3，汽油罐单罐容积不应大于 30m^3，柴油罐单罐容积不应大于 50m^3。
3. 表中括号内数字为 CNG 储气设施所采用储气井的总容积。

（八）加油与 LNG 加气、L-CNG 加气、LNG/L-CNG 加气以及加油与 LNG 加气和 CNG 加气合建站的等级分类

加油与 LNG 加气、L-CNG 加气、LNG/L-CNG 加气以及加油与 LNC 加气和 CNG 加气合建站按汽油柴油储存罐和 LNG 储罐、CNG 储气设施的容积划分为三个等级，具体划分见表 4-5-7。

表 4-5-7　加油与 LNG 加气、L-CNG 加气、LNG/L-CNG 加气以及加油与 LNG 加气和 CNG 加气合建站的等级划分　　单位：m^3

<table>
<tr><th>级别</th><th>LNG 储罐总容积 V</th><th>LNG 储罐总容积与油品储罐总容积合计 V</th><th>CNG 储气设施总容积 V</th></tr>
<tr><td rowspan="2">一级</td><td>V≤120</td><td>150<V≤210</td><td>V≤12</td></tr>
<tr><td>V≤90</td><td>150<V≤180</td><td>V≤24</td></tr>
</table>

续表 4-5-7

级别	LNG 储罐总容积 V	LNG 储罐总容积与油品储罐总容积合计 V	CNG 储气设施总容积 V
二级	$V \leq 60$	$90 < V \leq 150$	$V \leq 9$
	$V \leq 30$	$90 < V \leq 120$	$V \leq 24$
三级	$V \leq 60$	$V \leq 90$	$V \leq 9$
	$V \leq 30$	$V \leq 90$	$V \leq 24$

注：1. 柴油罐容积可折半计入油罐总容积。
2. 当油罐容积大于 $90m^3$ 时，油罐单罐容积不应大于 $50m^3$；当油罐总容积小于或等于 $90m^3$，汽油罐单罐容积不应大于 $30m^3$，柴油罐单罐容积不应大于 $50m^3$。
3. LNG 储罐的单罐容积不应大于 $60m^3$。

（九）CNG 车载储气瓶组拖车

作为站内储气设施使用的 CNG 车载储气瓶组拖车，其单车储气瓶组的总容积不应大于 $24m^3$。

三、加油加气站的火灾危险性

汽车加油加气站由于储存与加注的汽油、LPG、CNG 和 LNG 等物质具有易燃易爆的特性，因此加油加气站属于易燃易爆场所，具有较大的火灾危险性。

（一）加油站的火灾危险性

由于加油站收发的油品为汽油和柴油，加油站火灾除具备一般火灾的共性外，还具有油品易燃烧和油气混合气易爆炸的特殊性，若管理不当，容易发生火灾爆炸事故。按事故发生的原因不同，加油站火灾事故可分为作业事故和非作业事故两大类。

1. 作业事故

作业事故主要发生在卸油、量油、加油和清罐环节，这四个环节都使油品暴露在空气中，如果在作业中违反操作程序，使油品或油品蒸气在空气中与火源接触，就会导致爆炸燃烧事故的发生。

（1）卸油时发生火灾。

加油站火灾事故的 60%～70% 发生在卸油作业中。常见事故如下：

1）油罐满溢。卸油时对液位监测不及时造成油品跑、冒，油品溢出罐外后，周围空气中油蒸气的浓度迅速上升，达到或在爆炸极限范围内时，使用工具刮舀、开启电灯照明观察、开窗通风等，均可能产生火花引起爆炸燃烧。

2）油品滴漏。由于卸油胶管破裂、密封垫破损、快速接头紧固栓松动等原因，使油品滴漏至地面，遇火花立即燃烧。

3）静电起火。由于油管无静电接地、采用喷溅式卸油、卸油中油罐车无静电接地等原因，造成静电积聚放电，点燃油蒸气。

4）卸油中遇明火。在非密封卸油过程中，大量油蒸气从卸油口溢出，当周围出现烟火或火花时，就会产生燃烧、爆炸。

（2）量油时发生火灾。

油罐车送油到站后未待静电消除就开盖量油，将引起静电起火，如果油罐未安装量油孔或量油孔铝质（铜质）镶槽脱落，在储油罐量油时，量油尺与钢质管口摩擦产生火花，就会点燃罐内油蒸气，引起燃烧、爆炸。

（3）加油时发生火灾。

目前，国内大部分加油站未采用密封加油技术，加油时，大量油蒸气外泄，或因操作不当而使油品外溢，都可能在加油口附近形成一个爆炸危险区域，如遇烟火或使用手机等通信工具、铁钉鞋摩擦、金属碰撞、电器打火、发动机排气管喷火等即可导致火灾。

（4）清罐时发生火灾。

在加油站油罐清洗作业时，油罐内的油蒸气和沉淀物无法彻底清除，残余油蒸气遇到静电、摩擦和电火花等都可能导致火灾。

2. 非作业事故

加油站非作业事故可分为与油品相关的火灾和非油品火灾。

（1）与油品相关的火灾。

1）油蒸气沉淀导致火灾。由于油蒸气密度比空气密度大，会沉淀于管沟、电缆沟、下水道、操作井等低洼处，积聚于室内角落处，一旦遇到火源就会发生爆炸燃烧。油蒸气四处蔓延把加油站和作业区内外连通起来，将站外火源引至站内，造成严重的燃烧、爆炸。

2）油罐、管道渗漏导致火灾。由于腐蚀、制造缺陷、法兰未紧固等原因，在非作业状态下，油品渗漏，遇明火燃烧。

3）雷击导致火灾。雷电直接击中油罐或加油设施，或者作用于油罐和加油设施，或者作用于油罐、加油机等处产生间接放电，导致油品燃烧或油气混合气爆炸。

（2）非油品火灾。

1）电气火灾。电气老化、绝缘破损、线路短路、私拉乱接电线、超负荷用电、过载、接线不规范、发热、电器使用管理不当等原因引起火灾。

2）明火管理不当，生产、生活用火失控引燃站房。

3）站外火灾蔓延殃及站内。

（二）加气站的火灾危险性

1. 泄漏引发事故

加气站站内工艺过程处于高压状态，容易造成设备泄漏，气体外泄可能发生的部位很多，管道焊缝、阀门、法兰盘、储气瓶、压缩机、干燥器、回收罐、过滤罐等都有可能发生泄漏；当液化石油气、压缩天然气管道被拉脱或加气车辆意外失控而撞毁加气机时会造成燃气大量泄漏。泄漏气体一旦遇到引火源，就会发生火灾和爆炸。

2. 高压运行危险性大

压缩天然气加气站技术要求储气设施的工作压力为25.0MPa，加气机额定工作压力为 20.0MPa，压缩天然钢瓶的运行压力为 16.0 ~ 20.0MPa，这是目前国内可燃气体的最高压力储存容器。系统高压运行容易发生超压，当系统压力超过其能够承受的许用压力时，超过设备及配件的强度极限可能引发爆炸或局部炸裂。液化石油气储罐的设计压力不应小于 1.77MPa，阀门及附件系统的设计压力不应小于 2.5MPa，若设备不能满足技术要求，稍有疏忽，便可发生爆炸或火灾事故。

3. 天然气质量差带来危险

在天然气中游离水未脱净的情况下，积水中的硫化氢容易引起钢瓶腐蚀。硫化氢的水溶液在高压状态下对钢瓶或容器的腐蚀比在 4.0MPa 以下的管网中进行得更快、更容易。从以往事故被炸裂钢瓶的检查情况看，瓶内积存伴有刺鼻气味的黑水，有的达到了 2.5 ~ 5kg，其中积水里的硫化氢含量超过了 8.083mg/L。

操作中也存在多种引火源，加气站设备控制系统是对站内各种设备实施手动或自动控制的系统，潜藏着电气火花；售气系统工作时，天然气在管道中高速流动，易产生静电火源；使用工具不当，或因不慎造成的摩擦、撞击火花等都易引起火灾。

4. 存在多种引火源

汽车加气站大多数建在车辆来往频繁的交通干道两侧，周围环境较复杂，受外部点火源的威胁较大，如邻近建筑烟囱的飞火、邻近建筑的火灾、频繁出入的车辆、人为带入的烟火、打火机火焰、手机电磁火花、穿钉鞋摩擦撞击出的火花、穿脱化纤服装产生的静电火花、燃放鞭炮的散落火星、雷击等，均可成为加气站火灾的点火源。

5. 作业事故带来危险

由于作业人员的安全意识差，未按照操作规定设施作业，如灌装接头安装不到位、灌装开关关闭不严等造成气体泄漏等事故。此外，车辆撞击设备、施工过程防护不到位导致设备破损等其他事故也会引发火灾。

第二节　加油加气站的防火要求

一、站址选择

加油加气站的站址选择应符合城乡规划、环境保护和防火安全的要求，并应选在交通便利的地方。在城市建成区内不应建设压缩天然气加气母站，一级汽车加油站、加气站、加油加气合建站。城市建成区内的加油加气站宜靠近城市道路，但不宜选在城市干道的交叉路口附近。

二、防火间距

加油加气站与站外建（构）筑物的防火间距在《汽车加油加气站设计与施工规范》（GB 50156—2012，2014 年版）中有详细规定。汽油设备与站外建（构）筑物的安全间距、LPG 储罐与站外建（构）筑物的安全间距，详见表 4–5–8 和表 4–5–9。

表 4-5-8　汽油设备与站外建（构）筑物的安全间距

单位：m

站外建（构）筑物		站内汽油设备											
		埋地油罐									加油机、通气管管口		
		一级站			二级站			三级站					
		无油气回收系统	有卸油油气回收系统	有卸油和加油油气回收系统	无油气回收系统	有卸油油气回收系统	有卸油和加油油气回收系统	无油气回收系统	有卸油油气回收系统	有卸油和加油油气回收系统	无油气回收系统	有卸油油气回收系统	有卸油和加油油气回收系统
重要公共建筑物		50	40	35	50	40	35	50	40	35	50	40	35
明火地点或散发火花地点		30	24	21	25	20	17.5	18	14.5	12.5	18	14.5	12.5
民用建筑物保护类别	一类保护物	25	20	17.5	20	16	14	16	13	11	16	13	11
	二类保护物	20	16	14	16	13	11	12	9.5	8.5	12	9.5	8.5
	三类保护物	16	13	11	12	9.5	8.5	10	8	7	10	8	7
甲、乙类物品生产厂房、库房和甲、乙类液体储罐		25	20	17.5	22	17.5	15.5	18	14.5	12.5	18	14.5	12.5
丙、丁、戊类物品生产厂房、库房和丙类液体储罐以及容积不大于 $50m^3$ 的埋地甲、乙类液体储罐		18	14.5	12.5	16	13	11	15	12	10.5	15	12	10.5
室外变、配电站		25	20	17.5	22	18	15.5	18	14.5	12.5	18	14.5	12.5
铁路		22	17.5	15.5	22	17.5	15.5	22	17.5	15.5	22	17.5	15.5

续表 4-5-8

站外建（构）筑物		站内汽油设备											
		埋地油罐									加油机、通气管管口		
		一级站			二级站			三级站					
		无油气回收系统	有卸油油气回收系统	有卸油和加油油气回收系统	无油气回收系统	有卸油油气回收系统	有卸油和加油油气回收系统	无油气回收系统	有卸油油气回收系统	有卸油和加油油气回收系统	无油气回收系统	有卸油油气回收系统	有卸油和加油油气回收系统
城市道路	快速路、主干路	10	8	7	8	6.5	5.5	8	6.5	5.5	6	5	5
	次干路、支路	8	6.5	5.5	6	5	5	6	5	5	5	5	5
架空通信线和通信发射塔		1 倍杆（塔）高，且不应小于 5m			5			5			5		
架空电力线路	无绝缘层	1.5 倍杆（塔）高，且不应小于 6.5m			1 倍杆（塔）高，且不应小于 6.5m			6.5			6.5		
	有绝缘层	1 倍杆（塔）高，且不应小于 5m			0.75 倍杆（塔）高，且不应小于 5m			5			5		

注：1. 室外变、配电站是指电力系统电压为 35 ~ 500 kV，且每台变压器容量在 10 MV· A 以上的室外变、配电站，以及工业企业的变压器总油量大于 5t 的室外降压变电站。其他规格的室外变、配电站或变压器按丙类物品生产厂房确定。

2. 表中道路是指机动车道路。油罐、加油机和油罐通气管管口与郊区公路的安全间距按城市道路确定，高速公路、一级和二级公路按城市快速路、主干路确定；三级和四级公路按城市次干路、支路确定。

3. 与重要公共建筑物的主要出入口（包括铁路、地铁和二级及以上公路的隧道出入口）尚不应小于 50 m。

4. 一、二级耐火等级民用建筑物面向加油站一侧的墙为无门、窗、洞口的实体墙时，油罐、加油机和通气管管口与该民用建筑物的距离，不应低于本表所规定安全间距的 70%，并不得小于 6m。

表 4-5-9　LPG 储罐与站外建（构）筑物的安全间距　　单位：m

<table>
<tr><th colspan="2" rowspan="2">站外建（构）筑物</th><th colspan="3">地上 LPG 储罐</th><th colspan="3">埋地 LPG 储罐</th></tr>
<tr><th>一级站</th><th>二级站</th><th>三级站</th><th>一级站</th><th>二级站</th><th>三级站</th></tr>
<tr><td colspan="2">重要公共建筑物</td><td>100</td><td>100</td><td>100</td><td>100</td><td>100</td><td>100</td></tr>
<tr><td colspan="2">明火地点或散发火花地点</td><td rowspan="2">45</td><td rowspan="2">38</td><td rowspan="2">33</td><td rowspan="2">30</td><td rowspan="2">25</td><td rowspan="2">18</td></tr>
<tr><td rowspan="3">民用建筑物保护类别</td><td>一类保护物</td></tr>
<tr><td>二类保护物</td><td>35</td><td>28</td><td>22</td><td>20</td><td>16</td><td>14</td></tr>
<tr><td>三类保护物</td><td>25</td><td>22</td><td>18</td><td>15</td><td>13</td><td>11</td></tr>
<tr><td colspan="2">甲、乙类物品生产厂房、库房和甲、乙类液体储罐</td><td>45</td><td>45</td><td>40</td><td>25</td><td>22</td><td>18</td></tr>
<tr><td colspan="2">丙、丁、戊类物品生产厂房、库房和丙类液体储罐，以及单罐容积不大于 50m^3 的埋地甲、乙类液体储罐</td><td>32</td><td>32</td><td>28</td><td>18</td><td>16</td><td>15</td></tr>
<tr><td colspan="2">室外变、配电站</td><td>45</td><td>45</td><td>40</td><td>25</td><td>22</td><td>18</td></tr>
<tr><td colspan="2">铁路</td><td>45</td><td>45</td><td>45</td><td>22</td><td>22</td><td>22</td></tr>
<tr><td rowspan="2">城市道路</td><td>快速路、主干路</td><td>15</td><td>13</td><td>11</td><td>10</td><td>8</td><td>8</td></tr>
<tr><td>次干路、支路</td><td>12</td><td>11</td><td>10</td><td>8</td><td>6</td><td>6</td></tr>
<tr><td colspan="2">架空通信线和通信发射塔</td><td>1.5 倍杆（塔）高</td><td colspan="3">1 倍杆（塔）高</td><td colspan="2">0.75 倍杆（塔）高</td></tr>
<tr><td rowspan="2">架空电力线路</td><td>无绝缘层</td><td rowspan="2">1.5 倍杆（塔）高</td><td colspan="3">1.5 倍杆（塔）高</td><td colspan="2">1 倍杆（塔）高</td></tr>
<tr><td>有绝缘层</td><td colspan="3">1 倍杆（塔）高</td><td colspan="2">0.75 倍杆（塔）高</td></tr>
</table>

注：1. 室外变、配电站是指电力系统电压为 35 ~ 500kV 且每台变压器容量在 10MV·A 以上的室外变、配电站以及工业企业的变压器总油量大于 5t 的室外降压变电站。其他规格的室外变、配电站或变压器按丙类物品生产厂房确定。

2. 表中道路是指机动车道路。油罐、加油机和油罐通气管管口与郊区公路的安全间距按城市道路确定，高速公路、一级和二级公路按城市快速路、主干路确定；三级和四级公路按城市次干路、支路确定。

3. 液化石油气罐与站外一、二、三类保护物地下室的出入口、门、窗的距离，应按本表中一、二、三类保护物的安全间距增加 50%。

4. 一、二级耐火等级民用建筑物面向加气站一侧的墙为无门、窗、洞口实体墙时，LPG 储罐与该民用建筑物的距离不应低于本表所规定安全间距的 70%。

5. 容量小于或等于 10m^3 的地上 LPG 储罐整体装配式的加气站，其罐与站外建（构）筑物的距离，不应低于本表三级站的地上罐安全间距的 80%。

6. LPG 储罐与站外建筑面积不超过 200m^2 的独立民用建筑物的距离，不应低于本表三类保护物安全间距的 80%，并不应小于三级站的安全间距。

三、平面布局

（1）车辆入口和出口应分开设置。

（2）站区内停车位和道路应符合下列规定：

1）站内车道或停车位宽度应按车辆类型确定。CNG 加气母站内，单车道或单车停车位宽度不应小于 4.5m，双车道或双车停车位宽度不应小于 9m；其他类型加油加气站的车道或停车位，单车道或单车停车位宽度不应小于 4m，双车道或双车停车位宽度不应小于 6m。

2）站内的道路转弯半径应按行驶车型确定，且不宜小于 9m。

3）站内停车位应为平坡，道路坡度不应大于 8%，且宜坡向站外。

4）加油加气作业区内的停车位和道路路面不应采用沥青路面。

（3）在加油加气合建站内，宜将柴油罐布置在 LPG 储罐或 CNG 储气瓶（组）、LNG 储罐与汽油罐之间。

（4）加油加气作业区内，不得有明火地点或散发火花地点。

（5）柴油尾气处理液加注设施的布置应符合下列规定：

1）不符合防爆要求的设备，应布置在爆炸危险区域之外，且与爆炸危险区域边界线的距离不应小于 3m。

2）符合防爆要求的设备，在进行平面布置时可按加油机对待。

（6）电动汽车充电设施应布置在辅助服务区内。

（7）加油加气站的变、配电间或室外变压器应布置在爆炸危险区域之外，且与爆炸危险区域边界线的距离不应小于 3m。变、配电间的起算点应为门、窗、洞口。

（8）站房可布置在加油加气作业区内，但应符合《汽车加油加气站设计与施工规范》（GB 50156—2012，2014 年版）的规定。

（9）加油加气站内设置的经营性餐饮、汽车服务等非站房所属建筑物或设施，不应布置在加油加气作业区内，其与站内可燃液体或可燃气体设备的防火间距，应符合《汽车加油加气站设计与施工规范》（GB 50156—2012，2014 年版）有关三类保护物的规定。经营性餐饮、汽车服务等设施内设置明火设备时，则应视为明火地点或散发火花地点。其中，对加油站内设置的燃煤设备不得按设置有油气回收系统折减距离。

（10）加油加气站内的爆炸危险区域，不应超出站区围墙和可用地界线。

（11）加油加气站的工艺设备与站外建（构）筑物之间，宜设置高度不低于 2.2m 的不燃烧体实体围墙。当加油加气站的工艺设备与站外建（构）筑物之间的距离大于表 4–5–8 和表 4–5–9 中防火间距的 1.5 倍且大于 25m 时，可设置非实体围墙。面向车辆入口和出口道路的一侧可设非实体围墙或不设围墙。

（12）加油加气站内设施之间的防火距离，不应小于表 4–5–10 和表 4–5–11 中的规定。

（13）加油加气作业区与辅助服务区之间应有界线标识。

表 4-5-10　站内设施之间的

设施名称			汽油罐	柴油罐	汽油通气管管口	柴油通气管管口	LPG 储罐						CNG 储气设施	CNG 集中放散管管口	油品卸车点
							地上罐			埋地罐					
							一级站	二级站	三级站	一级站	二级站	三级站			
汽油罐			0.5	0.5	—	—	×	×	×	6	4	3	6	6	—
柴油罐			0.5	0.5	—	—	×	×	×	4	3	3	4	4	—
汽油通气管管口			—	—	—	—	×	×	×	8	6	6	8	6	3
柴油通气管管口			—	—	—	—	×	×	×	6	4	4	6	4	2
LPG 储罐	地上罐	一级站	×	×	×	×	*D*			×	×	×	×	×	12
		二级站	×	×	×	×		*D*		×	×	×	×	×	10
		三级站	×	×	×	×			*D*	×	×	×	×	×	8
	埋地罐	一级站	6	4	8	6				2			×	×	5
		二级站	4	3	6	4					2		×	×	3
		三级站	3	3	6	4						2	×	×	3
CNG 储气设施			6	4	8	6	×	×	×	×	×	×	1.5（1）	—	6
CNG 集中放散管管口			6	4	6	4	×	×	×	×	×	×	—	—	6
油品卸车点			—	—	3	2	12	10	8	5	3	3	6	6	—
LPG 卸车点			5	3.5	8	6	12/10	10/8	8/6	5	3	3	×	×	4
LPG 泵（房）、压缩机（间）			5	3.5	6	4	12/10	10/8	8/6	6	5	4	×	×	4
天然气压缩机（间）			6	4	6	4	×	×	×	×	×	×	—	—	6
天然气调压器（间）			6	4	6	4	×	×	×	×	×	×	—	—	6

防火距离（一）　　单位：m

LPG卸车点	LPG泵（房）、压缩机（间）	天然气压缩机（间）	天然气调压器（间）	天然气脱硫和脱水设备	加油机	LPG加气机	CNG加气机、加气柱和卸气柱	站房	消防水泵房和消防水池取水口	自用燃煤锅炉房和燃煤厨房	自用有燃气（油）设备的房间	站区围墙
5	5	6	6	5	—	4	4	4	10	18.5	8	3
3.5	3.5	4	4	3.5	—	3	3	3	7	13	6	2
8	6	6	6	5	—	8	8	4	10	18.5	8	3
6	4	4	4	3.5	—	6	6	3.5	7	13	6	2
12/10	12/10	×	×	×	12/10	12/10	×	12/10	40/30	2/14	18/14	6
10/8	10/8	×	×	×	10/8	10/8	×	10/8	30/20	2/7	12/16	5
8/6	8/6	×	×	×	8/6	8/6	×	1/8	30/20	33	12/16	5
5	6	×	×	×	8	8	×	8	20	30	10	4
3	5	×	×	×	6	6	×	6	15	25	8	3
3	4	×	×	×	4	4	×	6	12	18	8	3
×	×	—	—	—	6	×	—	5	—	25	14	3（注4）
×	×	—	—	—	6	×	—	5	—	15	14	3
4	4	6	6	5	—	4	4	5	10	15	8	—（注4）
—	5	×	×	×	6	5	×	6	8	25	12	3
5	—	×	×	×	4	4	×	6	8	25	12	2（注4）
×	×	—	—	—	4	4	—	5	8	25	12	2（注4）
×	×	—	—	—	6	6	—	5	8	25	12	2（注4）

续表 4-5-10

设施名称	汽油罐	柴油罐	汽油通气管管口	柴油通气管管口	LPG 储罐						CNG 储气设施	CNG 集中放散管管口	油品卸车点
					地上罐			埋地罐					
					一级站	二级站	三级站	一级站	二级站	三级站			
天然气脱硫和脱水设备	5	3.5	5	3.5	×	×	×	×	×	×	—	—	5
加油机	—	—	—	—	12/10	10/8	8/6	8	6	4	6	6	—
LPG 加气机	4	3	8	6	12/10	10/8	8/6	8	6	4	×	×	4
CNG 加气机、加气柱和卸气柱	4	3	8	6	×	×	×	×	×	×	—	—	4
站房	4	3	4	3.5	12/10	10/8	8	8	6	6	5	5	5
消防水泵房和消防水池取水口	10	7	10	7	40/30	30/20	30/20	20	15	12	—	—	10
自用燃煤锅炉房和燃煤厨房	18.5	13	18.5	13	45	38	33	30	25	18	25	15	15
自用有燃气（油）设备的房间	8	6	8	6	18/14	12/16	12/16	10	8	8	14	14	8
站区围墙	3	2	3	2	6	5	5	4	3	3	3（注 4）	3	—（注 4）

注：1. 表中数据分子为 LPG 储罐无固定喷淋装置的距离，分母为 LPG 储罐设有固定喷淋装置的距

2. 括号内数值为储气井与储气井、柴油加油机与自用有燃煤或燃气（油）设备的房间的距离。

3. 撬装式加油装置的油罐与站内设施之间的防火间距应按本表汽油罐、柴油罐增加 30%。

4. 当卸油采用油气回收系统时，汽油通气管管口与站区围墙的距离不应小于 2m。

5. IPG 储罐放散管管口与 IPG 储罐距离不限，与站内其他设施的防火间距可按相应级别的

6. LPG 泵和压缩机、天然气压缩机、调压器和天然气脱硫和脱水设备露天布置或布置在开敞室内时，起算点应为该类设备所在建筑物的门、窗、洞口。

7. 容量小于或等于 $10m^3$ 的地上 LPG 储罐的整体装配式加气站，其储罐与站内其他设施的防火

8. CNG 加气站的撬装设备与站内其他设施的防火间距，应按本表相应设备的防火间距确定。

9. 站房、有燃煤或燃气（油）等明火设备的房间的起算点应为门、窗、洞口。站房内设置有

10. 表中一、二、三级站包括 LPG 加气站、加油与 LPG 加气合建站。

11. 表中“—”表示无防火间距要求，“×”表示该类设施不应合建。

LPG卸车点	LPG泵（房）、压缩机（间）	天然气压缩机（间）	天然气调压器（间）	天然气脱硫和脱水设备	加油机	LPG加气机	CNG加气机、加气柱和卸气柱	站房	消防水泵房和消防水池取水口	自用燃煤锅炉房和燃煤厨房	自用有燃气（油）设备的房间	站区围墙
×	×	—	—	—	5	5	—	5	15	25	12	—（注4）
6	4	4	6	5	—	4	4	5	6	15（10）	8（6）	—（注4）
5	4	4	6	5	4	—	×	5.5	6	18	12	—（注4）
×	×	—	—	—	4	×	—	5	6	18	12	—（注4）
6	6	5	5	5	5	5.5	5	—	—	—	—	—
8	8	8	8	15	6	6	6	—	—	12	—	—
25	25	25	25	25	15（10）	18	18	—	12	—	—	—
12	12	12	12	12	8（6）	12	12	—	—	—	—	—
3	2（注4）	2（注4）	2（注4）	—（注4）	—（注4）	—（注4）	—（注4）	—	—	—	—	—

离。*D* 为 LPG 地上罐相邻较大罐的直径。

LPG 埋地储罐确定。
的建筑物内时，起算点应为设备外缘；LPG 泵和压缩机、天然气压缩机、天然气调压器设置在非开敞的

间距，不应低于本表三级站的地上储罐防火间距的 80%。

变、配电间时，变、配电间的布置应符合规范要求。

表 4-5-11　站内设施之间的

设施名称		汽油罐、柴油罐	油罐通气管管口	LPG 储罐			CNG 储气设备	天然气放散管管口		油品卸车点	LNG 卸车点	天然气压缩机（间）
				一级站	二级站	三级站		CNG 系统	LNG 系统			
汽油罐、柴油罐		*	*	15	12	10	*	*	6	*	6	*
油罐通气管管口		*	*	12	10	8	8	*	6	*	8	*
LNG 储罐	一级站	15	12	2			6	5	—	12	5	6
	二级站	12	10		2		4	4	—	10	3	4
	三级站	10	8			2	4	4	—	8	2	4
CNG 储气设施		*	8	6	4	4	*	*	3	*	6	*
天然气放散管管口	CNG 系统	*	*	5	4	4	*	—	—	*	4	*
	LNG 系统	6	6	—	—	—	3	—	—	6	3	—
油品卸车点		*	*	12	10	8	*	*	6	*	6	*
LNG 卸车点		6	8	6	3	2	6	4	3	6		3
天然气压缩机（间）		*	*	6	4	4	*	*	—	*	3	
天然气调压器（间）		*	*	6	4	4	*	*	3	*	3	*

防火距离（二）　　单位：m

天然气调压器（间）	天然气脱硫、脱水装置	加油机	CNG加气机	LNG加气机	LNG潜液泵池	LNG柱塞泵	LNG高压气化器	站房	消防水泵房和消防水池取水口	有燃气（油）设备的房间	站区围墙
*	*	*	*	4	6	6	5	*	*	*	*
*	*	*	*	8	8	8	5	*	*	*	*
6	6	8	8	8	—	2	6	10	20	15	6
4	4	8	6	4	—	2	4	8	15	12	5
4	4	6	4	2	—	2	3	6	15	12	4
*	*	*	*	6	6	6	3	*	*	*	*
*	*	*	*	6	4	4	—	*	*	*	*
3	4	6	8	—	—	—	—	8	12	12	3
*	*	*	*	6	6	6	5	*	*	*	*
3	—	6	6	—	—	2	4	6	15	12	2
*	*	*	*	6	6	6	6	*	*	*	*
	*	*	*	6	6	6	6	*	*	*	*

续表 4-5-11

设施名称	汽油罐、柴油罐	油罐通气管管口	LPG 储罐			CNG 储气设备	天然气放散管管口		油品卸车点	LNG 卸车点	天然气压缩机（间）
			一级站	二级站	三级站		CNG 系统	LNG 系统			
天然气脱硫、脱水装置	*	*	6	4	4	*	*	4	*	*	*
加油机	*	*	8	8	6	*	*	6	*	6	*
CNG 加气机	*	*	8	6	4	*	*	8	*	6	*
LNG 加气机	4	8	8	4	2	6	6	—	6	—	6
LNG 潜液泵池	6	8	—	—	—	6	4	—	6	—	6
LNG 柱塞泵	6	8	2	2	2	6	4	—	6	2	6
LNG 高压气化器	5	5	6	4	3	3	—	—	5	4	6
站房	*	*	10	8	6	*	*	8	*	6	*
消防水泵房和消防水池取水口	*	*	20	15	15	*	*	12	*	15	*
有燃气（油）设备的房间	*	*	15	12	12	*	*	12	*	12	*
站区围墙	*	*	6	5	4	*	*	3	*	2（注 1）	*

注：1. 表中数据分子为 LNG 储罐无固定喷淋装置的距离，分母为 LNG 储罐设有固定喷淋装置的距离。
2. 表中“—”表示无防火间距要求，“*”表示应符合表 4-5-10 的规定。

天然气调压器（间）	天然气脱硫、脱水装置	加油机	CNG加气机	LNG加气机	LNG潜液泵池	LNG柱塞泵	LNG高压气化器	站房	消防水泵房和消防水池取水口	有燃气（油）设备的房间	站区围墙
*		*	*	6	6	6	6	*	*	*	*
*	*	*	*	2	6	6	6	*	*	*	*
*	*	*	*	2	6	6	5	*	*	*	*
6	6	2	2	—	4	6	5	6	15	8	—（注1）
6	6	6	6	4	—	2	5	6	15	8	2（注1）
6	6	6	6	6	2	—	2	6	15	8	2（注1）
6	6	6	5	5	5	2	—	8	15	8	2（注1）
*	*	*	*	6	6	6	8	*	*	*	*
*	*	*	*	15	15	15	15	*	*	*	*
*	*	*	*	8	8	8	8	*	*	*	*
*	*	*	*	—（注1）	2（注1）	2（注1）	2（注1）	*	*	*	*

四、建筑防火

(一)加油加气站建筑防火通用要求

(1)加油加气站内的站房及其他附属建筑物的耐火等级不应低于二级。当罩棚顶棚的承重构件为钢结构时，其耐火极限可为0.25h，罩棚顶棚其他部分应采用不燃烧体建造。

(2)加气站、加油加气合建站内建筑物的门、窗应向外开。有爆炸危险的建筑物，应采取泄压措施。加油加气站内，爆炸危险区域内的房间的地坪应采用不发火花地面并采取通风措施。

(3)加油加气站站房可由办公室，值班室，营业室，控制室，变、配电间，卫生间和便利店等组成，站房内可设非明火餐厨设备。站房可与设置在辅助服务区内的餐厅、汽车服务、锅炉房、厨房、员工宿舍等合建，但站房与上述设施之间应设置无门、窗、洞口且耐火极限不低于3.00h的实体墙。液化石油气加气站内不应种植树木和易造成可燃气体积聚的其他植物。

(4)加油岛、加气岛及汽车加油、加气场地宜设罩棚，罩棚应采用非燃烧材料制作，其有效高度不应小于4.5m。罩棚边缘与加油机或加气机的平面距离不宜小于2m。

(5)锅炉宜选用额定供热量不大于140kW的小型锅炉。当采用燃煤锅炉时，宜选用具有除尘功能的自然通风型锅炉。锅炉烟囱出口应高出屋顶2m及以上，且应采取防止火星外逸的有效措施。当采用燃气热水器采暖时，热水器应设有排烟系统和熄火保护等安全装置。

(6)站内地面雨水可散流排出站外。当雨水有明沟排到站外时，在排出围墙之前，应设置水封装置。清洗油罐的污水应集中收集处理，不应直接进入排水管道。液化石油气罐的排污(排水)应采用活动式回收桶集中收集处理，严禁直接接入排水管道。

(7)加油加气站的电力线路宜采用电缆并直埋敷设。电缆穿越行车道部分，应穿钢管保护。当采用电缆沟敷设电缆时，加油加气作业内的电缆沟内必须充沙填实。电缆不得与油品、液化石油气和天然气管道、热力管道敷设在同一沟内。

(8)钢制油罐、液化石油气储罐、液化天然气储罐和压缩天然气储气瓶组必须进行防雷接地，接地点不应少于2处。当加油加气站的站房和罩棚需要防直击雷时，应采用避雷带(网)保护。地上或管沟敷设的油品、液化石油气和天然气管道的始、末端和分支处应设防静电和防感应雷的联合接地装置。加油加气站的汽油罐车、液化石油气罐车和液化天然气罐车卸车场地，应设罐车卸车或卸气时用的防静电接地装置，并应设置能检测跨接线及监视接地状态的静电接地仪。

(二)汽车加油站的建筑防火要求

(1)除撬装式加油装置所配置的防火防爆油罐外，加油站的汽油罐和柴油罐应埋地设置，严禁设在室内或地下室内。

(2)汽车加油站的储油罐应采用卧式油罐，油罐应采用钢制人孔盖，人孔应设操作井。设在行车道下面的人孔井应采用加油站车行道下专用的密闭井盖和井座。

（3）汽油罐与柴油罐的通气管应分开设置，通气管管口高出地面不应小于4m，沿建（构）筑物的墙（柱）向上敷设的通气管，其管口应高出建筑物的顶面1.5m以上。通气管管口应设阻火器，当加油站设油气回收系统时，汽油罐的通气管管口除应装设阻火器外，还应装设呼吸阀。

（4）加油机不得设在室内，位于加油岛端部的加油机附近应设防撞柱（栏），其高度不应小于0.5m。

（5）油罐车卸油必须采用密闭方式。加油站内的工艺管道除必须露出地面的以外，均应埋地敷设。当采用管沟敷设时，管沟必须用中性沙子或细土填满、填实。工艺管道不应穿过或跨越站房等与其无直接关系的建（构）筑物，与管沟、电缆沟和排水沟交叉时，应采取相应的防护措施。

（6）撬装式加油装置可用于政府有关部门许可的企业自用、临时或特定场所，其设计与安装应符合《采用撬装式加油装置的汽车加油站技术规范》（SH/T 3134—2002）和其他有关规范的规定。

（三）液化石油气加气站的建筑防火要求

（1）液化石油气罐严禁设在室内或地下室内。在加油加气合建站和城市建成区内的加气站，液化石油气罐应埋地设置，且不宜布置在车行道下。当液化石油气加气站采用地下储罐池时，罐池底和侧壁应采取防渗漏措施。地上储罐的支座应采用钢筋混凝土支座，其耐火极限不应低于5.00h。加气机不得设在室内。

（2）液化石油气储罐的进液管、液相回流管和气相回流管上应设止回阀。出液管和卸车用的气相平衡管上宜设过流阀。止回阀和过流阀宜设在储罐内。储罐必须设置全启封闭式弹簧安全阀。安全阀与储罐之间的管道上应装设切断阀。地上储罐放散管管口应高出储罐操作平台2m及以上，且应高出地面5m及以上。地下储罐的放散管管口应高出地面2.5m及以上。放散管管口应设有防雨罩。在储罐外的排污管上应设两道切断阀，阀间宜设排污箱。

（3）液化石油气储罐必须设置就地指示的液位计、压力表和温度计以及液位上、下限报警装置，储罐宜设置液位上限限位控制和压力上限报警装置。

（4）液化石油气压缩机进口管道应设过滤器。出口管道应设止回阀和安全阀。进口管道和储罐的气相之间应设旁通阀。连接槽车的液相管道和气相管道上应设拉断阀。加气机的液相管道上宜设事故切断阀或过流阀。事故切断阀、过流阀及加气机附近应设防撞柱（栏）。

（5）加气站和加油加气合建站应设置紧急切断系统。液化石油气罐的出液管道和连接槽车的液相管道上应设紧急切断阀。紧急切断阀宜为气动阀。紧急切断系统至少应能在距卸车点5m以内、在控制室或值班室内和在加气机附近工作人员容易接近的位置启动。

（四）压缩天然气加气站的建筑防火要求

（1）压缩天然气加气站的储气瓶（储气井）间宜采用开敞式或半开敞式钢筋混凝土

结构或钢结构。屋面应采用非燃烧轻质材料制作。压缩天然气加气站的压缩机房宜采用单层开敞式或半开敞式建筑，净高不宜低于4m；屋面应为不燃材料的轻型结构。

（2）压缩机出口与第一个截断阀之间应设安全阀，压缩机进、出口应设高、低压报警和高压越限停机装置。压缩机组的冷却系统应设温度报警及停车装置。压缩机组的润滑油系统应设低压报警及停机装置。压缩机的卸载排气不得对外放散。压缩机排出的冷凝液应集中处理。

（3）加气站内压缩天然气的储气设施宜选用储气瓶或储气井。储气瓶组或储气井与站内汽车通道相邻一侧，应设安全防撞栏或采取其他防撞措施。

（4）加气机不得设在室内。加气机的进气管道上宜设置防撞事故自动切断阀。加气机的加气软管上应设拉断阀。加气机附近应设防撞柱（栏）。

（5）天然气进站管道上应设紧急截断阀。手动紧急截断阀的位置应便于发生事故时能及时切断气源。储气瓶组（储气井）进气总管上应设安全阀及紧急放散管、压力表及超压报警器。每个储气瓶（井）出口应设截止阀。储气瓶组（储气井）与加气枪之间应设储气瓶组（储气井）截断阀、主截断阀、紧急截断阀和加气截断阀。

（6）加气站内的天然气管道和储气瓶组应设置泄压保护装置，泄压保护装置应采取防塞和防冻措施。不同压力级别系统的放散管宜分别设置。放散管管口应高出设备平台2m及以上，且应高出所在地面5m及以上。

（五）LNG和L-CNG加气站的建筑防火要求

（1）在城市中心区内，各类LNG加气站应采用埋地LNG储罐、地下LNG储罐或半地下LNG储罐。

（2）非LNG撬装设备的地上LNG储罐等设备的设置，应符合下列规定：

1）LNG储罐之间的净距不应小于相邻较大罐的直径的1/2，且不应小于2m。

2）LNG储罐组四周应设防护堤，堤内的有效容量不应小于其中1个最大LNG储罐的容量。防护堤内地面应至少低于周边地面0.1m，防护堤顶面应至少高于堤内地面0.8m，且应至少高出堤外地面0.4m。防护堤内堤脚线至LNG储罐的外壁净距不应小于2m。防护堤应采用不燃烧实体材料建造，应能承受所容纳液体的静压及温度变化的影响，且不应渗漏。防护堤的雨水排放口应有封堵措施。

3）防护堤内不应设置其他可燃液体储罐、CNG储气瓶（组）或储气井。非明火汽化器和LNG泵可设置在防护堤内。

（3）箱式LNG撬装设备应符合下列规定：

1）LNG撬装设备的主箱体内侧应设拦蓄池，拦蓄池的有效容量不应小于LNG储罐的容量，且拦蓄池侧板的高度不应小于1.2m，LNG储罐外壁至拦蓄池侧板的净距不应小于0.3m。

2）拦蓄池的底板和侧板应采用耐低温不锈钢材料，并应保证拦蓄池有足够的强度和刚度。

3）LNG撬装设备主箱体应包覆撬体上的设备。主箱体侧板高出拦蓄池侧板以上的部位和箱顶应设置百叶窗，百叶窗应能有效防止雨水淋入箱体内部。

4）LNG 撬装设备的主箱体应采取通风措施，并符合有关规范的规定。箱体材料应为金属材料，不得采用可燃材料。

（4）地下或半地下 LNG 储罐宜采用卧式储罐，并应安装在罐池中。罐池应为不燃烧实体防护结构，能承受所容纳液体的静压及温度变化的影响，且不应渗漏。储罐的外壁到罐池内壁的距离不应小于 1m，同池内储罐的间距不应小于 1.5m。罐池深度大于或等于 2m 时，池壁顶高出罐池外地面不应小于 1m，当池壁顶高出罐池外地面 1.5m 及以上时，池壁可设置用不燃材料制作的实体门。半地下 LNG 储罐的池壁顶应至少高出罐顶 0.2m。储罐应采取抗浮措施。储罐基础的耐火极限不应低于 3.00h。

（5）加气机不得设置在室内。加气机附近应设置防撞（柱）栏，其高度不应小于 0.5m。

（6）当 LNG 管道需要采用封闭管沟敷设时，管沟应采用中性沙子填实。

五、消防设施

（一）灭火器材配置

加油加气站工艺设备应配置灭火器材，并应符合下列规定：

（1）每 2 台加气机应配置不少于 2 具 5kg 手提式干粉灭火器，加气机不足 2 台应按 2 台配置。

（2）每 2 台加油机应配置不少于 2 具 5kg 手提式干粉灭火器，或 1 具 5kg 手提式干粉灭火器和 1 具 6L 泡沫灭火器。加油机不足 2 台应按 2 台配置。

（3）地上 LPG 储罐、地上 LNG 储罐、地下和半地下 LNG 储罐、CNG 储气设施，应配置 2 台不小于 35kg 推车式干粉灭火器。当两种介质储罐之间的距离超过 15m 时应分别配置。

（4）地下储罐应配置 1 台不小于 35kg 推车式干粉灭火器。当两种介质储罐之间的距离超过 15m 时应分别配置。

（5）LPG 泵和 LNG 泵、压缩机操作间（棚），应按建筑面积每 $50m^2$ 配置不少于 2 具 5kg 手提式干粉灭火器。

（6）一、二级加油站应配置灭火毯 5 块、沙子 $2m^3$；三级加油站应配置灭火毯不少于 2 块、沙子 $2m^3$。加油加气合建站应按同级别的加油站配置灭火毯和沙子。

其余建筑的灭火器配置应符合《建筑灭火器配置设计规范》（GB 50140—2005）的有关规定。

（二）消防给水设施

（1）LPG 加气站、加油和 LPG 加气合建站应设消防给水系统。

（2）IPG 加气站、加油和 IPG 加气合建站消防给水系统的设计应符合下列要求：

1）消防给水宜利用城市或企业已建的消防给水系统，当已有给水系统不能满足消防给水的要求时，应自建消防给水系统。

2）消防给水管道可与站内的生产、生活给水管道合并设置，但应保证消防用水量的要求。消防用水量应按固定式冷却水量和移动水量之和计算。

3）LPG 加气站采用地上储罐的，消火栓消防用水量不应小于 20L/s，连续给水时间不应小于 3h；采用埋地储罐的，一级站消火栓消防用水量不应小于 15L/s，二、三级站消火栓消防用水量不应小于 10L/s，连续给水时间不应小于 1h。

4）总容积超过 $50m^3$ 的地上储罐应设置固定式消防冷却水系统，其冷却水供给强度不应小于 0.15L/（m^2·s），着火罐的供水范围应按其全部表面积计算，距着火罐直径与长度之和 0.75 倍范围内的相邻储罐的供水范围，可按相邻储罐表面积的一半计算。

5）IPG 加气站、加油和 IPG 加气合建站利用城市消防给水管道时，室外消火栓与液化石油气储罐的距离宜为 30 ~ 50m。三级站的液化石油气罐距市政消火栓不大于 80m，且市政消火栓给水压力大于 0.2MPa 时，站内可不设室外消火栓。

6）消防水泵宜设 2 台。当设 2 台消防水泵时，可不设备用泵。当计算消防用水量超过 35L/s 时，消防水泵应设双动力源。

7）固定式消防喷淋冷却水的喷头出口处给水压力不应小于 0.2MPa。移动式消防水枪出口处给水压力不应小于 0.2MPa，并应采用多功能水枪。

（3）设置有地上 LNG 储罐的一、二级 LNG 加气站和地上 LNG 储罐总容积大于 $60m^3$ 的合建站应设消防给水系统。一级站消火栓消防用水量不小于 20L/s，二级站不小于 15L/s，连续给水时间为 2h。

（4）符合下列条件之一的，可不设消防给水系统：

1）加油站、CNG 加气站、三级 LNG 加气站和采用埋地、地下和半地下 LNG 储罐的各级 LNG 加气站及合建站。

2）合建站中地上 LNG 储罐总容积不大于 $60m^3$。

3）LNG 加气站位于市政消火栓保护半径 150m 以内，且能满足一级站供水量不小于 20L/s 或二级站供水量不小于 15L/s。

4）LNG 储罐之间的净距不小于 4m，且在 LNG 储罐之间设置耐火极限不低于 3.00h 的钢筋混凝土防火隔墙。防火隔墙顶部高于 LNG 储罐顶部，长度至两侧防护堤，厚度不小于 200mm。

5）LNG 加气站位于城市建成区以外，且为严重缺水地区；LNG 储罐、放散管、储气瓶（组）、卸车点与站外建（构）筑物的安全距离不小于《汽车加油加气站设计与施工规范》（GB 50156—2012，2014 年版）所规定安全距离的 2 倍；LNG 储罐之间的净距不小于 4m，灭火器的配置数量在《汽车加油加气站设计与施工规范》（GB 50156—2012，2014 年版）规定的基础上增加 1 倍。

（三）火灾报警系统

（1）加气站、加油加气合建站应设置可燃气体检测报警系统。

（2）加气站、加油加气合建站内设置有 LPG 设备、LNG 设备的场所和设置有 CNG 设备（包括罐、瓶、泵、压缩机等）的房间内、罩棚下，应设置可燃气体检测器。

（3）可燃气体检测器一级报警设定值应小于或等于可燃气体爆炸下限的 25%。

（4）LPG 储罐和 LNG 储罐应设置液位上限、下限报警装置和压力上限报警装置。

（5）报警控制器宜集中设置在控制室或值班室内。

（6）报警系统应配有不间断电源。

（7）可燃气体检测器和报警器的选用和安装，应符合《石油化工可燃气体和有毒气体检测报警设计标准》（GB/T 50493—2019）的有关规定。

（8）LNG 泵应设超温、超压自动停泵保护装置。

六、供配电

（1）加油加气站的供电负荷等级可为三级，信息系统应设不间断供电电源。

（2）加油站、LPG 加气站、加油和 LPG 加气合建站的供电电源，宜采用电压为 380/220V 的外接电源；CNG 加气站、LNG 加气站、L-CNG 加气站、加油和 CNG（或 LNG 加气站、L-CNG 加气站）加气合建站的供电电源，宜采用电压为 6/10kV 的外接电源。加油加气站的供电系统应设独立的计量装置。

（3）加油站、加气站及加油加气合建站的消防水泵房、罩棚、营业室、LPG 泵房、压缩机间等处，均应设事故照明。

（4）当引用外电源有困难时，加油加气站可设置小型内燃发电机组。内燃机的排烟管口应安装阻火器。排烟管口至各爆炸危险区域边界的水平距离，应符合下列规定：

1）排烟口高出地面 4.5m 以下时，不应小于 5m。

2）排烟口高出地面 4.5m 及以上时，不应小于 3m。

（5）加油加气站的电力线路宜采用电缆并直埋敷设。电缆穿越行车道部分，应穿钢管保护。

（6）当采用电缆沟敷设电缆时，加油加气作业区内的电缆沟内必须充沙填实。电缆不得与油品、LPG、LNG 和 CNG 管道以及热力管道敷设在同一沟内。

（7）爆炸危险区域内的电气设备选型、安装、电力线路敷设等，应符合《爆炸危险环境电力装置设计规范》（GB 50058—2014）的有关规定。

（8）加油加气站内爆炸危险区域以外的照明灯具，可选用非防爆型。罩棚下处于非爆炸危险区域的灯具，应选用防护等级不低于 IP44 级的照明灯具。

七、防雷、防静电

（1）钢制油罐、LPG 储罐、LNG 储罐和 CNG 储气瓶组必须进行防雷接地，接地点不应少于 2 处。CNG 加气母站和 CNG 加气子站的车载 CNG 储气瓶组拖车停放场地，应设 2 处临时用固定防雷接地装置。

（2）加油加气站的电气接地应符合下列规定：

1）防雷接地、防静电接地、电气设备的工作接地、保护接地及信息系统的接地等，宜共用接地装置，其接地电阻应按其中接地最小的接地电阻值确定。

2）当各自单独设置接地装置时，油罐、LPG 储罐、LNG 储罐和 CNG 储气瓶组的防雷接地装置的接地电阻、配线电缆金属外皮两端和保护钢管两端的接地装置的接地电阻不应大于 10Ω，电气系统的工作和保护接地电阻不应大于 4Ω，地上油品、LPG、CNG 和 LNG 管道始末端及分支处的接地装置的接地电阻不应大于 30Ω。

（3）当 LPG 储罐的阴极防腐符合下列规定时，可不另设防雷和防静电接地装置：

1）LPG 储罐采用牺牲阳极法进行阴极防腐时，牺牲阳极的接地电阻不应大于 10Ω，阳极与储罐的铜芯连线横截面不应小于 $16mm^2$。

2）LPG 储罐采用强制电流法进行阴极防腐时，接地电极应采用锌棒或镁锌复合棒，其接地电阻不应大于 10Ω，接地电极与储罐的铜芯连线横截面不应小于 $16mm^2$。

（4）埋地钢制油罐、埋地 LPG 储罐和埋地 LNG 储罐，以及非金属油罐顶部的金属部件和罐内的各金属部件，应与非埋地部分的工艺金属管道相互做电气连接并接地。

（5）加油加气站内油气放散管在接人全站共用接地装置后，可不单独做防雷接地。

（6）当加油加气站内的站房和罩棚等建筑物需要防直击雷时，应采用避雷带（网）保护。当罩棚采用金属屋面时，宜利用屋面作为接闪器，但应符合下列规定：

1）板间的连接应是持久的电气贯通，可采用铜锌合金焊、熔焊、卷边压接、缝接、螺钉或螺栓连接。

2）金属板下面不应有易燃物品，热镀锌钢板的厚度不应小于 0.5mm，铝板的厚度不应小于 0.65mm，锌板的厚度不应小于 0.7mm。

3）金属板应无绝缘被覆层（薄的油漆保护层、1mm 厚沥青层或 0.5mm 厚聚氯乙烯层均不属于绝缘被覆层）。

（7）加油加气站的信息系统应采用铠装电缆或导线穿钢管配线。配线电缆金属外皮两端、保护钢管两端均应接地。

（8）加油加气站信息系统的配电线路首、末端与电子器件连接时，应装设与电子器件耐压水平相适应的过电压（电涌）保护器。

（9）380/220V 供配电系统宜采用 TN-S 系统，当外供电源为 380V 时，可采用 TN-C-S 系统。供电系统的电缆金属外皮或电缆金属保护管两端均应接地，在供配电系统的电源端应安装与设备耐压水平相适应的过电压（电涌）保护器。

（10）地上或管沟敷设的油品管道、LPG 管道、LNG 管道和 CNG 管道，应设防静电和防感应雷的共用接地装置，其接地电阻不应大于 30Ω。

（11）加油加气站的汽油罐车、LPG 罐车和 LNG 罐车卸车场地，应设卸车或卸气时用的防静电接地装置，并应设置能检测跨接线及监视接地装置状态的静电接地仪。

（12）在爆炸危险区域内工艺管道上的法兰、胶管两端等连接处，应用金属线跨接。当法兰的连接螺栓不少于 5 根时，在非腐蚀环境下可不跨接。

（13）油罐车卸油用的卸油软管、油气回收软管与两端快速接头，应保证可靠的电气连接。

（14）采用导静电的热塑性塑料管道时，导电内衬应接地；采用不导静电的热塑性塑料管道时，不埋地部分的热熔连接件应保证长期可靠接地，也可采用专用的密封帽将连接管件的电熔插孔密封，管道或接头的其他导电部件也应接地。

（15）油品罐车、LPG 罐车、LNG 罐车卸车场地内用于防静电跨接的固定接地装置，不应设置在爆炸危险 1 区。

（16）防静电接地装置的接地电阻不应大于 100Ω。

练习题

一级注册消防工程师

（一）单项选择题

1. 某加油站设置了1个容积为30m^3的93#汽油罐，1个容积为30m^3的95#汽油罐。1个容积为20m^3的97#汽油罐，1个容积为50m^3的柴油罐。按照《汽车加油加气站设计与施工规范》（GB 50156—2012，2014年版）的规定，该加油站的等级应是（　　）。

A. 一级　　B. 二级　　C. 三级　　D. 四级

2. 下列关于汽车加油加气站消防设施设置和灭火器材配置的说法中，错误的是（　　）。

A. 加气机应配置手提式干粉灭火器

B. 合建站中地上LPG设施应设置消防给水系统

C. 二级加油站应配置灭火毯3块、砂子2m^3

D. 合建站中地上LNG储罐总容积不大于60m^3，可不设置消防给水系统

3. 根据《汽车加油加气站技术标准》（GB 50156—2021），LPG加气站内加气机与学生人数为560人的中学教学楼的最小安全间距应为（　　）m。

A. 18　　B. 25　　C. 100　　D. 50

（二）多项选择题

1. 下列城市汽车加油加气站中，应设消防给水系统的有（　　）。

A. 一级加油站

B. 压缩天然气储罐埋底设置的加气站

C. 二级液化石油气加气站

D. 加油和液化石油气加气合建站

E. 压缩天然气储罐埋底设置的加油加气合建站

2. 下列汽车加油加气站中，不应在城市中心建设的有（　　）。

A. 一级加油站　　B. LVG加油站

C. CNG常规加油站　　D. 一级加气站

E. 一级加油加气合建站

第六章　火力发电厂和变电站防火

学习要求

通过本章学习，应了解火力发电厂与变电站的主要火灾危险源以及火灾危险性，掌握火力发电厂与变电站建筑及相关消防设施的防火设计要点。

火力发电是利用燃烧燃料（如煤、石油及其制品、天然气等）所得到的热能发电，目前世界上多数国家的火电厂以燃煤为主。火力发电的发电机组有两种主要形式：利用锅炉产生高温高压蒸汽冲动汽轮机旋转带动发电机发电，称为汽轮发电机组；燃料进入燃气轮机将热能直接转换为机械能驱动发电机发电，称为燃气轮机发电机组。火力发电厂通常是指以汽轮发电机组为主的发电厂。

第一节　火力发电厂和变电站的火灾危险性

一、火力发电厂的火灾危险性

火力发电厂的基本原料是可燃或易燃性燃料，在燃料的装卸、储存、运输、制备和燃烧的过程中，都有潜在的火灾危险性。在火力发电厂的主要设备中还存有一些易燃易爆物质，如汽轮发电机组、变压器、断路器等存有一定量的油料，氢冷发电机组的氢气系统内则有大量的氢气，脱硝还原需要使用液氨作为还原剂等。因此，柴油储罐区、制氢站、氢气罐区、液氨储罐区等均为火力发电厂重大火灾爆炸危险源。

在国内外电力设备发生的各类重大事故中，火灾事故所占比例较大。20 世纪 80 年代以来，国内外火力发电厂从小机组到 600MW 级的大机组，均出现过不同类型、不同程度的火灾事故。火力发电厂发生火灾事故后，不仅会造成发电设备的损坏与人身伤亡，直接和间接损失较大，甚至会直接影响社会生产和人民生活。火力发电厂的火灾危险性主要有以下几个方面。

（一）煤的自燃

煤炭堆场的火灾危险性主要在于自燃。煤自燃的原因可归结为放热反应和热量积累。煤的组分中存在易发生氧化的物质，如黄铁矿（FeS_2）等，煤尘结构松散，表面积大，松散的煤堆中存在空隙，与空气接触面大、含水量大、碳化程度低的煤都容易发生缓慢氧化，使煤堆发热。煤堆长期稳定堆放，其内部热量积累至一定程度就会自燃。

（二）锅炉爆燃

一些火力发电厂仍沿用老的锅炉标准点炉方法，即先以轻柴油为主要燃料，以煤粉为辅助燃料对炉膛进行加温，当温度上升到规定温度后逐渐减少轻柴油的供给量，以煤粉为主要燃料。锅炉运行过程中，如果煤粉的供给量突然减少，或煤质发生变化而送风没有调整，或炉膛负压过低、风速过大造成炉膛温度过低，都可能导致锅炉突然熄火。如果此时仍继续供应煤粉，则浓度达到一定量时就会导致锅炉燃烧室爆燃。

（三）油料泄漏

油料泄漏主要有两种形式。一种是汽油、柴油蒸气的泄漏，如储罐收油过程中的"大呼吸"现象、环境温度变化引起的"小呼吸"现象、隔油池内残油的挥发等。另一种是油料液体泄漏，如输油泵因密封不良、老化造成漏油；装车鹤管和汽车加油枪在作业完毕后内存残液流出；储罐或管道腐蚀穿孔而导致泄漏等。泄漏的油料会沿着地面或设备设施流向低洼处，同时挥发形成蒸气；由于泄漏的油蒸气较空气重，因此也会沿着地面扩散，或窜入地下管沟，极易引起火灾爆炸事故。

汽轮机组的火灾危险性主要在于油系统。汽轮机用汽轮机油自动调节润滑，油管纵横交错敷设在蒸汽管道之间，每个机组总油量可达数万千克。汽轮机油的燃点低的只有200℃，当管道垫体保温层表面温度达200℃左右时，油料接触即会起火。

（四）氢气泄漏

制氢室、供氢站以及用于冷却发电机组的氢气，在储存及设备运行中都可能出现泄漏，如压力表、安全阀失灵或储存氢气压力超过储罐的使用压力，都可引发泄漏跑料事故。如果氢气泄漏流速较大或排氢过快，就可能产生静电引起爆炸起火。氢气的爆炸极限范围较大，为4%～75%，当泄漏的氢气与空气混合达到爆炸极限浓度时，遇火源极易发生爆炸。

（五）液氨泄漏

随着环境保护标准的日益提高，越来越多的火力发电厂安装了烟气脱硝装置以减少氮氧化合物的排放，液氨用作脱硝还原剂的主要原料，在脱硝区一般都设置有液氨储罐。液氨又称无水氨，是一种无色液体，具有腐蚀性，容易挥发，通常将气态的氨气通过加压或冷却得到液态氨。氨气是一种易燃易爆（火灾危险等级为乙$_A$类）、有毒的危险化学品，相对密度为0.6，爆炸极限为15%～28%，易溶于水、乙醇、乙醚。虽然火力发电厂液氨储存总量不大，一般在100t以下，但由于液氨的易燃易爆以及有毒的特性，安全生产就显得尤为重要。

（六）电气设备与电缆起火

火力发电厂有大量电气和电子设备，安装、操作不当或使用中出现短路、接触电阻过大、过载、漏电等都会成为潜在的电气火灾危险，其他如瓷套管破裂、表面受潮积污和引出线间距过小、雷击过电压等也都可能引起火灾。配电装置中最为突出的是变压器发生火灾，能造成电能对外输出和对内输送的中断。遍布全厂的电缆一旦着火，往往会沿着敷设途径蔓延扩大，可能造成全厂供电中断和所有设备停机，甚至直接导致生产整体瘫痪。

综上所述，无论是从生产特点、成灾机理还是以往发生的事故教训来看，火力发电厂都具有不容忽视的火灾危险性。

二、变电站的火灾危险性

变电站按电压等级可分为超高压、高压、中压和低压变电站，电压在 1kV 以下的称为低压，电压为 1～10kV 的称为中压，电压高于 10kV 低于 330kV 的称为高压，电压在 330kV 以上的称为超高压；按供电对象可分为城镇变电站、工业变电站和农业变电站；根据其在电力系统中的地位和作用，可分为枢纽变电站、中间变电站、区域（地方）变电站、企业变电站和终端（用户）变电站；按电压升降功能可以分为升压变电站和降压变电站；按运行人员值班情况可分为有人值守变电站和无人值守变电站。

在电力系统中，变电站是输电和配电的集结点，它的特殊作用和要求使其拥有变压器、开关、电缆、电容器等电气设施，这些设施在运行中火灾危险性较大，而且一旦发生火灾，不仅造成的损失大，对供电保障的影响也很大。

（一）电力变压器火灾

电力变压器一旦发生严重过载、短路，可燃的绝缘材料和易燃的绝缘油就会受到高温和电弧作用分解燃烧，并产生大量气体，使变压器内部压力急剧增加，造成外壳破裂，大量喷油，进一步扩大火灾危害。运行中的变压器发生火灾爆炸的主要原因有以下几个方面：

（1）绝缘损坏，如线圈绝缘老化、油质不佳、油量过少、铁芯绝缘老化损坏、检修不慎破坏绝缘等。

（2）导线接触不良，如螺栓松动、焊接不牢、分接开关接电损坏等。

（3）负载短路，变压器承受过大的短路电流，若保护系统失灵或整定值过大，就可能烧毁变压器。

（4）接触不良，当三相负载不平衡时，零线上就会出现电流，若这一电流过大而接地点接地电阻又过大时，接地点就会出现高温，引燃可燃物。

（5）雷击产生过电压。电力变压器的电流大多由架空线引入，很容易遭到雷击产生过电压侵袭，击穿变压器的绝缘材料，甚至烧毁变压器，从而引起火灾。

（二）油断路器火灾

油断路器是以密封的绝缘油作为断开故障的灭弧介质，用来切断和接通电源，并在短路时能迅速可靠地切断电流的一种高压开关设备。油断路器的爆炸燃烧原因有以下几个方面：

（1）油面过低，油断路器触点至油面的油层过薄，油受电弧作用而分解的可燃气体冷却不良，这部分可燃气体进入顶盖下面的空间而与空气混合，形成爆炸性气体，在自身的高温下就有可能爆炸燃烧。

（2）油箱内的油面过高，析出的气体在油箱内得不到空间缓冲，形成过高的压力，也可能引起油箱爆炸起火。

（3）油的绝缘强度劣化，杂质或水分过多，引起油断路器内部闪络。

（4）操作机构调整不当，部件失灵，会使操作时动作缓慢或合闸后接触不良。当电弧不能及时被切断和熄灭时，在油箱内产生过多的可燃气体，便可能引起爆炸和燃烧。

（5）遮断容量小。油开关的遮断容量对输配电系统来说是个很重要的参数。当遮断容量小于系统的短路容量时，断路器无能力切断系统强大的短路电流，致使断路器燃烧爆炸，造成输配电系统的重大事故。

（6）其他原因。油断路器的进、出线都通过绝缘套管，当绝缘套管与油箱盖、油箱盖与油箱体密封不严时，油箱进水受潮或油箱不洁，绝缘套管有机械损伤都可造成对地短路，从而引起爆炸或火灾事故。

（三）电缆火灾

电缆发生火灾的原因主要来自两个方面：

（1）电缆本身故障引起着火。例如，电缆头制作质量不良起火；电缆长期运行绝缘老化击穿短路起火；电缆经长时间短路电流冲击，导致绝缘水平下降短路起火；电缆受外力作用出现机械损伤，导致绝缘破坏短路起火；电缆敷设条件恶劣（高温或受潮）致使绝缘下降短路起火；电缆本身质量不过关（如绝缘强度达不到要求、内部绝缘制造缺陷等）引起电缆着火。

（2）外界因素引发电缆火灾事故。例如，电气焊或切割的金属熔渣引燃电缆；电气设备故障起火导致电缆着火；由于相间距离或相对地距离不足，在过电压作用下产生弧光使电缆着火；其他杂物起火引燃电缆等。

（四）其他原因引发火灾

变电站除上述电气设备与电缆易发生火灾外，电动机、电焊氧焊机、蓄电池、电容器、主控制室及二次回路、电流互感器、电压互感器等在使用中也可能引发火灾事故。

第二节　火力发电厂和变电站的防火要求

近年来，国家和相关行业管理部门相继颁布了一系列标准、规范、规程，包括《火力发电厂与变电站设计防火标准》（GB 50229—2019）、《大中型火力发电厂设计规范》（GB 50660—2011）、《电力设备典型消防规程》（DL 5027—2015）、《火力发电厂建筑设计规程》（DL/T 5094—2012）、《火力发电厂建筑装修设计标准》（DL/T 5029—2012）、《变电站总布置设计技术规程》（DL/T 5056—2007）等，用以规范火力发电厂和变电站的防火设计，火力发电厂和变电站的消防系统也从单一的消防给水系统发展到多种形式的灭火系统，并与火灾自动报警系统、消防供电系统等相结合，形成了完整的消防体系。

一、火力发电厂的防火要求

火力发电厂防火设计主要内容包括总平面，建筑耐火构造，安全疏散，建筑内部装修、采暖、通风、空调系统，防烟排烟系统，火灾探测报警系统，灭火系统，消防供电系统，消防应急照明系统设计等方面。

（一）总平面防火设计

火力发电厂厂区的用地面积较大，建（构）筑物的数量较多，而且建（构）筑物的重要程度、生产操作方式、火灾危险性等方面的差别也较大，因此总平面防火设计的关键在于合理划定重点防火区域。重点防火区域指在设计、建设、生产过程中应特别注意防火问题的重要区域，划分的原则是将存在重大火灾危险源或生产工艺、控制系统存在容易导致火灾发生的不安全因素，以及出现火险可能导致一定范围出现不利连锁反应的重点区间、要害部位，在平面设计中通过防火间距、分隔设施等加以限制、分隔，并分别考虑其独立的建筑与防火设计。主厂房是火力发电厂生产的核心，围绕主厂房区应划分为一个重点防火区域；室外配电装置区内多为带油电气设备，其安全运行是火力发电厂及电网安全运行的重要保证，应划分为一个重点防火区域；点火油罐区一般储存可燃油品，包括卸油、储油、输油和含油污水处理设施，火灾概率较大，应划分为一个重点防火区域；按生产过程中的火灾危险性划分，乙炔站、制氢站为甲类，制氧站为乙类，应各为一个重点防火区域；储煤场常有自燃现象，尤其是褐煤，自燃现象较严重，应划分为一个重点防火区域；液氨是一种易燃易爆、有毒、火灾危险性为乙类的气体，从防火、防爆、防毒和环境保护的要求出发，应划分为一个重点防火区域；消防水泵房是全厂的消防中枢，应划分为一个重点防火区域；火力发电厂的材料库及棚库区是储存物品的场所，同生产车间有所区别，应为一个重点防火区域。

重点防火区域划定之后，重点防火区域之间、重点防火区域与其他建（构）筑物之间的防火间距、消防车道、厂区出入口、重要装置的布置以及建（构）筑物之间的防火间距等总平面设计便可根据相关规范的规定进行，主要包括以下方面：

（1）厂区围墙内的建（构）筑物与围墙外其他建（构）筑物的间距，应符合《建筑设计防火规范》（GB 50016—2014，2018 年版）的有关规定；消防站、点火油罐区、制氢站与供氢站、液氨区的布置以及厂区管线与电力线路的综合布置应符合《火力发电厂与变电站设计防火标准》（GB 50229—2019）的有关规定。

（2）甲、乙类厂房与重要公共建筑的防火间距不宜小于 50m；重点防火区域之间的电缆沟（电缆隧道）、运煤栈桥、运煤隧道及油管沟应采取防火分隔措施。

（3）甲、乙、丙类液体管道和可燃气体管道宜架空敷设，且不得穿过与其无关的建（构）筑物、生产装置及储罐区等；架空电力线路不应跨越用可燃材料建造的屋顶及甲、乙类建（构）筑物，且不应跨越甲、乙、丙类液体储罐区及可燃气体储罐区。

（4）厂区的出入口不应少于 2 个，其位置应便于消防车出入。主厂房、点火油罐区、液氨区及储煤场周围应设置环形消防车道，其他重点防火区域周围宜设置消防车道。对单机容量为 300MW 及以上的机组，在炉后与除尘器之间应设置单车车道。当山区及扩建燃煤电厂的主厂房、点火油罐区、液氨区及储煤场周围设置环形消防车道有困难时，可沿长边设置尽端式消防车道，并应设回车道或回车场。回车场的面积应不小于 12m × 12m；供大型消防车使用时，不应小于 18m × 18m。主厂房应至少在固定端和扩建端各布置一处消防车登高操作场地，在汽机房长边墙外侧每两台机组之间应布置一处消防车登高操作场地。建筑高度大于 24m 的厂内其他建筑物应至少沿一个长边，或周边长度的 1/4 且不小于一个长边长度的底边连续布置消防车登高操作场地。消防车登高操作场地的长度和宽度分别不应小于 15m 和 10m。消防车道的净宽不应小于 4m，坡度不宜大于 8%。道路上空遇有管架、栈桥等障碍物时，其净高不宜小于 5m，在困难地段不应小于 4.5m。

（5）燃机电厂的天然气调压站、燃油处理室及供氢站应与其他辅助建筑分开布置。燃气轮机或主厂房、余热锅炉、天然气调压站及燃油处理室与其他建（构）筑物之间的防火间距，应符合《火力发电厂与变电站设计防火标准》（GB 50229—2019）的有关规定。

（二）耐火构造设计

建（构）筑物耐火构造设计是火力发电厂防火设计的基础与核心内容，也是建筑防火的源头和关口环节，相关要求如下：

（1）主厂房（汽机房、除氧间、煤仓间、锅炉房），其生产过程中的火灾危险性为丁类，要求厂房的耐火等级不应低于二级。钢质结构在具有火灾危险的部位应采取必要的防火保护措施。

（2）根据防火分区划分合理设置防火墙，在防火墙上不应设门、窗、洞口，如必须开设，则应设耐火极限不低于 1.50h 的防火门、窗；主厂房各车间隔墙上的门均应采用乙级防火门，集中控制室应采用耐火极限分别不低于 2.00h 和 1.50h 的防火隔墙和楼板与其他部位分隔，隔墙上的门、窗应采用乙级防火门、窗。主厂房与天桥连接处的门洞应设置防止火势蔓延的措施，门应采用不燃性材料制作。主厂房电梯应能供消防救援使用并应符合消防电梯的要求，除锅炉房消防电梯外，消防电梯应设置前室。煤仓间带式输送机层应采用耐火极限不小于 1.00h 的防火隔墙与其他部位隔开，隔墙上的门均应采用乙级防火门。

（3）主厂房疏散楼梯间内不应穿越可燃气体管道，蒸汽管道，甲、乙、丙类液体的管道和电缆或电缆槽盒。当管道穿过防火墙时，管道与防火墙之间的缝隙应采用防火封堵材料填实。当直径大于或等于 32mm 的可燃或难燃管道穿过防火墙时，除填塞防火封堵材料外，还应在防火墙两侧的管道上采取阻火措施；电缆沟及电缆隧道在进出主厂房、主控制楼、配电装置室时，在上述建筑物外墙处应设置防火墙。

（4）油罐区卸油总管和供油总管应布置在油罐防火堤外，油罐的进、出口管道，在靠近油罐处和防火堤外面应分别设置隔离阀，油罐区的排水管在防火堤外应设置隔离阀，进、出油罐防火堤的各类管道宜从防火堤顶跨越；当需要直接穿过防火堤时，管道与防火堤间的缝隙应采用防火封堵材料紧密填塞，当管道周边有可燃物时，还应在堤体两侧 1m 范围内的管道上采取绝热措施；当直径大于或等于 32mm 的可燃或难燃管道穿过防火堤时，除填塞防火封堵材料外，还应设置阻火圈或阻火带。

（5）35kV 及以下户内配电装置当未采用金属封闭开关设备时，其油断路器、油浸电流互感器和电压互感器，应设置在两侧有不燃烧实体墙的间隔内；35kV 以上户内配电装置应安装在有不燃烧实体墙的间隔内，不燃烧实体墙的高度不应低于配电装置中带油设备的高度。

（6）总油量超过 100kg 的户内油浸变压器，应设置单独的变压器室；变压器室、配电装置室等室内疏散门应为甲级防火门，电子设备间、发电机出线小室、电缆夹层、电缆竖井等室内疏散门应为乙级防火门，上述房间中间隔墙上的门应采用乙级防火门；当汽机房、屋内配电装置楼、主控制楼、集中控制楼及网络控制楼的墙外 5m 以内布置有变压器时，在变压器外轮廓投影范围外侧各 3m 内的上述建筑物外墙上不应设置门、窗、洞口和通风孔，且该区域外墙应为防火墙；当建筑物墙外 5 ~ 10m 范围内布置有变压器时，在上述外墙上可设置甲级防火门，变压器高度以上可设防火窗，其耐火极限不应小于 0.90h；蓄电池室、充电机室以及蓄电池室前套间通向走廊的门，均应采用向外开启的乙级防火门。

（7）管道井、电缆井、排气道、垃圾道等竖向管井必须独立建造，其井壁为耐火极限不应低于 1.00h 的不燃烧体；电缆隧道的防火墙上应采用甲级防火门；在电缆隧道和电缆沟道中，严禁有可燃气、油管路穿越；在敷设电缆的电缆夹层内，不得布置热力管道、油气管以及其他可能引起着火的管道和设备。

（8）建筑物与消防车登高操作场地相对应的范围内，应设置直通室外的楼梯或直通楼梯间的入口。厂房、仓库的外墙应在每层的适当位置设置可供消防救援人员进入的窗口，且每个防火分区不应少于 2 个，设置的位置应与消防车登高操作场地相对应。供消防人员进入的窗口的净高和净宽均不应小于 1m，下沿距室内地面不宜大于 1.2m。窗口的玻璃应易于破碎，并应设置在室外易于识别的明显标志。

（三）安全疏散设计

为保证火灾等消防应急情况时的人员疏散，火力发电厂在安全疏散设计方面应符合以下规定：

（1）汽机房、除氧间、煤仓间、锅炉房、集中控制楼的安全出口均不应少于 2 个，可利用通向相邻车间的乙级防火门作为第二安全出口，但每个车间地面层至少必须有 1 个直通室外的安全出口。

（2）汽机房、除氧间、煤仓间、锅炉房最远工作地点到直通室外的安全出口或疏散楼梯的距离不应大于 75m；集中控制楼最远工作地点到直通室外的安全出口或楼梯间的距离不应大于 50m。

（3）主厂房至少应有 1 个能通至各层和屋面且能直接通向室外的封闭楼梯间，其他疏散楼梯可为敞开式楼梯；集中控制楼至少应设置 1 个通至各层的封闭楼梯间。主厂房室外疏散楼梯的净宽不应小于 0.9m，楼梯坡度不应大于 45°，楼梯栏杆高度不应低于 1.1m；室内疏散楼梯净宽不宜小于 1.1m，疏散走道的净宽不宜小于 1.4m，疏散门的净宽不宜小于 0.9m。集中控制室的房间疏散门不应少于 2 个，当房间位于两个安全出口之间，且建筑面积小于或等于 $120m^2$ 时可设置 1 个。主厂房的带式输送机层应设置通向汽机房、除氧间屋面或锅炉平台的疏散门。

（4）碎煤机室和转运站应至少设置 1 个通至各主要层的楼梯，该楼梯应采用不燃性隔墙与其他部分隔开，楼梯可采用钢楼梯，但其净宽不应小于 0.9m、坡度不应大于 45°。运煤栈桥安全出口的间距不应超过 150m。卸煤装置的地下室两端及运煤系统的地下建筑物尽端，应设置通至地面的安全出口。地下室安全出口的间距不应超过60m。室内煤场的安全出口不应少于2个，矩形煤场的安全出口的数量还应与防火分区相对应。

（5）主控制楼、配电装置楼各层及电缆夹层的安全出口不应少于2个，其中1个安全出口可通往室外楼梯。配电装置楼楼内任一点到最近安全出口的最大疏散距离不应超过30m；配电装置室房间内任一点到房间疏散门的直线距离不应大于15m。电缆隧道两端均应设通往地面的安全出口；当其长度超过100m时，安全出口的间距不应超过75m。每座空冷平台的室外楼梯不宜少于2个。

（四）建筑内部装修防火设计

火力发电厂内各类建筑的内部装修防火设计应按《建筑内部装修设计防火规范》（GB 50222—2017）执行。

（1）各类控制室、计算机室的墙面、顶棚装修应采用不燃材料，地面及其他装修应采用难燃材料。

（2）运煤系统中用于输送容易自燃煤种的输送带和导料槽的防尘密封条应采用阻燃型，卸煤装置、筒仓、混凝土或金属煤斗、落煤管等的内衬应采用不燃材料，除尘系统的风道与部件，油系统通风管道，以及室内采暖系统的管道、管件与保温材料应采用不燃材料；空调系统的风道及其附件应采用不燃材料，保温材料应采用不燃材料或难燃材料；柴油机排气管的室内部分应采用不燃材料保温。

（3）当排烟管道布置在吊顶内时，应采用不燃材料隔热，并与可燃物保持不小于150mm的距离。防烟排烟系统中的管道、风口及阀门等应采用不燃材料制作，在穿越隔墙、楼板的缝隙处应采用不燃材料封堵。

（4）所有的防火构件与材料，如防火门、窗及防火涂料等均必须经过国家有关部门的检验合格，满足相关防火技术指标要求。

（五）采暖、通风和空调系统防火设计

火力发电厂的采暖、通风和空调系统应根据设备各自性能、适用范围与所选产品类型，在设计中分别说明其火灾危险性及防火要求。

（1）运煤建筑供暖热媒的供水宜采用温度不高于130℃的热水。严寒地区当采用蒸汽作为热媒时，其散热器入口处蒸汽温度不应超过160℃。应选用表面光洁易清扫的散热设备。甲、乙类厂房或甲、乙类仓库严禁采用明火和电热散热器供暖；蓄电池室、供（卸）油泵房、油处理室、汽车库及运煤（煤粉）系统等产生易燃易爆气体或物料的建筑物或房间，严禁采用明火取暖。蓄电池室的供暖散热器应采用耐腐蚀、承压高的散热器；管道应采用焊接，室内不应设置法兰、螺纹接头和阀门；供暖管道不宜穿过蓄电池室楼板；蓄电池室内不应敷设供暖沟道。供暖管道不应穿过变压器室、配电装置室等电气设备间。当供暖管道穿越防火墙时应预埋钢套管，管道与套管之间的空隙应采用耐火材料严密封堵，并在穿墙处设置固定支架。

（2）当集中控制室、电子设备间等房间不具备自然排烟条件时，应设置火灾后的机械排风系统，排风量应按房间换气次数不少于每小时6次计算，排风机宜采用钢制轴流风机。穿过墙体或楼板的防火阀两侧各 2m 范围内的风道保温应采用不燃材料，穿过处的空隙应采用防火材料封堵。集中空调系统的送风机、回风机应与消防系统联锁，当出现火警时，应能立即停运。空调系统的新风口应远离废气口和其他火灾危险区的烟气排气口；电加热器应与风机联锁，并应设置欠风、超温、断电保护措施。通风、空调系统的送回风管道，在穿越重要房间或火灾危险性大的房间或通风、空调机房的房间隔墙和楼板处，穿越防火分区处，穿越防火分隔处的变形缝两侧，以及垂直风管与每层水平风管交接处的水平管段上，应设置动作温度为 70℃防火阀。

（3）油泵房与通行和半通行的油管沟、含油污水处理站应设置通风设施，其中油泵房应设置机械通风设施，室内空气不应再循环；通风设备应采用防爆型，风机应与电机直接连接；排风管不应设在墙体内，并不宜穿过防火墙；当必须穿过防火墙时，应在穿墙处设置防火阀。

（4）运煤系统的卸煤装置、转运站、碎煤机室、筒仓和煤仓间应设通风除尘装置。运煤建筑采用机械通风除尘时，通风除尘设备的电机应采用防爆型，室内通风除尘设备配套电气设施的外壳防护等级应达到 IP54 级；通风除尘装置应设置导除静电的接地装置；除尘器本体或风管负压段应设置泄压装置；排风管道应引到室外安全处。静电除尘器应根据电场风速、煤尘浓度及煤尘特性等技术要求选择，且煤尘比电阻应为 104 ~ 1 012Ω · cm，煤尘干燥无灰基挥发分应小于 46%，煤尘初始浓度不应大于 30g/m^3。当煤尘干燥无灰基挥发分大于或等于 30%，采用静电除尘器或布袋除尘器时，除尘器本体及除尘风道应采取安全可靠的防煤粉自燃措施，在除尘器本体前的除尘管段上应设置防火阀。运煤系统中通风除尘系统的风管和部件均应采用不燃材料制作，风机进出口处的挠性接头可采用难燃材料制作。

（5）氢冷式发电机组的汽机房应设置排氢装置；当排氢装置为电动或有电动执行器时，应具有防爆和直连措施。

（6）氨间、制氯电解间、制氢间的电解间及储氢罐间应设置排风装置，当采用机械排风时，通风设备应采用防爆型，风机应与电机直接连接。柴油发电机房通风系统的通风机及电机应为防爆型，并应直接连接。

（7）设有柴油发动机消防泵组的消防水泵房应设置机械通风系统。通风系统的通风机和电机应为防爆型，并应直接连接。配置气体灭火系统的钢瓶间应有良好的通风设施，当不具备自然通风条件时，应设置机械通风装置。

（六）防烟排烟系统防火设计

火力发电厂在进行平面设计时需合理划分防火、防烟分区，并根据建筑的规模和使用功能等因素，采用有效的防烟排烟方式，选用合适的排烟风机（用于排烟的风机主要有离心风机和轴流风机两种，必要时选用耐高温的专用轴流风机）。

（1）火力发电厂下列场所应设置机械加压送风防烟设施：

1）不具备自然排烟条件的防烟楼梯间。

2）不具备自然排烟条件的消防电梯间前室或合用前室。

3）不具备自然通风条件的封闭楼梯间。

（2）火力发电厂生产建筑和辅助生产建筑内的下列场所应设置排烟设施，其他场所可不设置排烟设施：

1）高度超过32m的厂房内长度大于20m的内走道。

2）集中控制楼、化学试验楼、检修办公楼等建筑内各层长度大于40m的疏散走道。

3）建筑面积大于$50m^2$且无外窗的集中控制室或单元控制室。

（3）配备全淹没气体灭火系统房间的通风、空调系统应与消防控制系统联锁，当发生火灾时，在消防系统喷放灭火气体前，通风、空调设备的防火阀、防火风口、电动风阀及百叶窗应能自动关闭；并应设置灭火后机械通风装置，排风口宜设在防护区的下部并应直通室外，通风换气次数应不少于每小时6次。

（4）防烟排烟系统中的管道、风口及阀门等应采用不燃材料制作。当排烟管道布置在吊顶内时，应采用不燃材料隔热，并与可燃物保持不小于150mm的距离。防烟排烟系统中的管道，在穿越隔墙、楼板的缝隙处应采用不燃材料封堵。设置感烟探测器区域的防火阀应选用防烟防火阀，并与消防信号联锁。机械排烟系统与通风、空调系统宜分开设置，如合用应符合排烟系统的要求。

（七）火灾自动报警系统设计

火力发电厂应按照相关标准规定设置火灾自动报警系统。

（1）系统选型。根据火力发电厂的特点，单机容量为50～150MW的燃煤电厂，应设置集中报警系统；单机容量为200MW及以上的燃煤电厂，应设置控制中心报警系统。

（2）火灾报警区域划分。200MW级机组及以上容量的燃煤电厂，宜按下列规定划分火灾报警区域：

1）每台机组为一个火灾报警区域，包括集中控制室（单元控制室）、汽机房、锅炉房、煤仓间以及主变压器、启动变压器、联络变压器、厂用变压器、机组柴油发电机、空冷控制楼、点火油罐。

2）办公楼、网络控制楼、微波楼和通信楼火灾报警区域，包括控制室、电子计算机机房及电缆夹层。

3）运煤系统火灾报警区域，包括控制室与配电间、转运站、碎煤机室、运煤栈桥（隧道）、室内储煤场或筒仓等。

4）脱硫系统火灾报警区域，一般包括吸收剂制备系统、烟气系统、循环水系统、副产物制备回收系统、工艺水系统和控制系统等。

5）液氨区火灾报警区域，即采用液氨作为脱硝还原剂时，液氨卸料、储存及制备氨气的区域。

（3）系统的设置场所与部位：

1）机组容量为50～150MW的燃煤电厂，在电缆夹层、控制室、电缆隧道、电缆竖井及屋内配电装置处，钢结构主厂房、钢结构封闭式运煤栈桥，容量为90MV·A及以上的油浸变压器，应设置火灾自动报警系统。

2）机组容量为200MW及以上但小于300MW的燃煤电厂，主要建（构）筑物、场所和设备，钢结构主厂房、钢结构封闭式运煤栈桥，容量为 90MV·A 及以上的油浸变压器，应设置火灾自动报警系统。

3）机组容量为 300MW 及以上的燃煤电厂的主要建（构）筑物、场所和设备，应按照《火力发电厂和变电站防火设计标准》(GB 50229—2019）设置火灾报警系统。

4）燃气轮发电机组（包括燃气轮机、齿轮箱、发电机和控制间），应设置火灾自动报警系统。

（4）火灾探测器的选择。火灾探测器的选择应符合《火力发电厂和变电站防火设计标准》(GB 50229—2019）的有关规定。点火油罐区的火灾探测器及相关连接件应符合《爆炸危险环境电力装置设计规范》(GB 50058—2014）的有关规定；油泵房应设置可燃气体报警器；运煤系统内的火灾探测器及相关连接件的 IP 防护等级不应低于 IP55；变压器区域宜设置工业电视监视系统，监视画面应能在集中控制室显示；室内储煤场的挡煤墙中宜设置测温装置，其信号应能传送至集中控制室发出声光警报；其他系统的声响应区别于火灾自动报警系统的警报声响，当火灾确认后，火灾自动报警系统应能将生产广播切换到消防应急广播；可燃气体探测器、液氨区的氨气浓度检测报警的信号应接入火灾自动报警系统。

燃机电厂的室内天然气调压站、燃气轮机与联合循环发电机组厂房应设可燃气体泄漏探测装置，其报警信号应引至集中火灾报警控制器；燃气轮机采用的燃料为天然气或其他类型气体燃料时，外壳应装设可燃气体探测器。

（5）消防控制室应与集中控制室合并设置，火灾报警控制器应设置在值长所在的集中控制室内，报警控制器的安装位置应便于操作人员监控。火灾自动报警系统的设计应符合《火灾自动报警系统设计规范》(GB 50116—2013）的有关规定。

（八）灭火系统设计

火力发电厂主厂房建筑面积、高度和体积都很庞大，受工艺布置和生产运行要求的限制，难以形成较小的防火分区，各种管廊、桥架、通道纵横交错，难以彻底分隔，一旦失火，容易扩散蔓延。因此，除建设消防站、配备消防车辆、设置消火栓并配置移动式灭火器外，还需为火灾危险性较大的部位和设施设置固定灭火系统。

消防给水系统应与发电厂的设计同时进行。厂区内应设置室内、室外消火栓系统；单机容量 125MW 机组及以上的燃煤电厂消防给水应采用独立的消防给水系统；单机容量 100MW 机组及以下的燃煤电厂消防给水宜采用与生活用水或生产用水合用的给水系统。消防给水系统应保证任一建筑物的最大消防用水量并保证其最不利点处消防设施的工作压力，可采用具有高位水箱或稳压泵的临时高压给水系统。厂区内消防给水水量应按同一时间内发生火灾的次数及一次最大灭火用水量计算，建筑物一次灭火用水量应为室外和室内消防用水量之和。消火栓系统、自动喷水灭火系统、水喷雾灭火系统、泡沫灭火系统、固定消防炮灭火系统等消防给水系统可合并设置。

1. 室外消防给水系统

厂区内同一时间内的火灾次数以及室外消防给水管道和消火栓的布置，应符合《消防给水及消火栓系统技术规范》(GB 50974—2014）的有关规定，室外消防用水量应经计算确定。露天煤场的消防用水量应不少于20L/s。主厂房、液氨区、露天储煤场或室内储煤场、点火油罐区周围的消防给水管网应为环状。点火油罐宜设移动式冷却水系统，液氨区及露天布置的锅炉区域，消火栓的间距不宜大于60m；液氨区应配置喷雾水枪。

2. 室内消防给水系统

下列建筑物或场所应设置室内消火栓：

（1）主厂房（包括汽机房和锅炉房的底层、运转层，煤仓间各层，除氧器层，锅炉燃烧器各层平台，集中控制楼）。

（2）主控制楼、网络控制楼、微波楼、屋内高压配电装置（有充油设备）、脱硫控制楼、吸收塔的检修维护平台。

（3）屋内卸煤装置、碎煤机室、转运站、筒仓运煤皮带层。

（4）柴油发电机房。

（5）一般材料库、特殊材料库。

室内消防给水管道设计、室内消火栓布置以及高位水箱的设置应符合相关消防规范的规定。

下列建筑物或场所可不设置室内消火栓：

脱硫工艺楼，增压风机室，吸风机室，屋内高压配电装置（无油），除尘构筑物，室内储煤场、运煤栈桥，运煤隧道，油浸变压器室，油浸变压器检修间，供、卸油泵房，油处理室，循环水泵房，岸边水泵房，灰浆、灰渣泵房，生活、消防水泵房，综合水泵房，稳定剂室、加药设备室，取水建（构）筑物，冷却塔，化学水处理室，循环水处理室，启动锅炉房，推煤机库，供氢站（制氢站），空气压缩机室（有润滑油），热工、电气、金属实验室，天桥，排水、污水泵房，污水处理构筑物，电缆隧道，材料库棚。

3. 水喷雾、细水雾、自动喷水及固定消防炮灭火系统

水喷雾、细水雾、自动喷水及固定消防炮灭火系统适用于汽轮机油箱、电液装置（抗燃油除外）、氢密封油装置汽机运转层下及中间层油管道、给水泵油箱（抗燃油除外）、汽机储油箱（主厂房内）、锅炉本体燃烧器、磨煤机润滑油箱、回转式空气预热器（本体内温度检测和水灭火设施往往由其制造厂自行配套）、电缆夹层、主变压器、启动/备用变压器、高压厂用变压器、封闭式运煤栈桥或运煤隧道（燃用褐煤或易自燃高挥发分煤种）、煤仓间带式输送机层、柴油发电机室及油箱。当运煤系统建筑物设有闭式自动喷水灭火系统时，宜采用快速响应喷头。当在寒冷地区设置室外变压器水喷雾灭火系统、氨区水喷雾灭火系统及油罐固定冷却水系统时，应设置管路放空设施。水喷雾灭火系统在设计中还应考虑设置场所的环境条件，管道、阀门、喷头锈蚀和寒冷地区的冰冻以及杂质进入水系统等均会影响系统的有效性。

自动喷水灭火系统、水喷雾灭火系统及细水雾灭火系统及固定消防炮的设计应分别符合《自动喷水灭火系统设计规范》（GB 50084—2017）、《水喷雾灭火系统技术规范》（GB 50219—2014）、《细水雾灭火系统技术规范》（GB 50898—2013）及《固定消防炮灭火系统设计规范》（GB 50338—2003）的有关规定。

4. **气体灭火系统**

集中控制楼楼内的单元控制室、电子设备间、电气继电器室、DCS工程师站房或计算机机房采用气体灭火系统，宜采用组合分配气体灭火系统。

气体灭火剂的类型、气体灭火系统型号的选择，应根据被保护对象的特点、重要性、环境要求并结合防护区的布置，经技术经济比较后确定。灭火剂的设计用量应按需要提供保护的最大防护区的体积计算确定。灭火剂宜设100%备用。采用低压二氧化碳灭火系统时，其储罐宜布置在零米层。固定式气体灭火系统的设计应符合现行有关国家标准的规定。

燃机电厂的燃气轮发电机组（包括燃气轮机、齿轮箱、发电机和控制间），宜采用全淹没气体灭火系统。系统喷放灭火剂前应使燃气轮机停机，关闭箱体门、孔口及自动停止通风机，并应有保持气体浓度的足够时间。

5. **气体惰化系统**

原煤斗应采用气体惰化系统，并应能确保煤斗内氧气浓度低于最大允许氧浓度，惰化气体系统设计应符合国家有关标准的规定。

6. **泡沫灭火系统**

点火油罐区宜采用低倍数泡沫灭火系统，其中，单罐容量大于200m^3的油罐应采用固定式泡沫灭火系统，单罐容量小于或等于200m^3的油罐应采用移动式泡沫灭火系统。泡沫灭火系统的设计应符合《泡沫灭火系统设计规范》（GB 50151—2010）的有关规定。

（九）消防供电系统设计

消防供电系统设计主要有以下要求：

（1）发电厂内的火灾自动报警系统，当系统本身带有不间断电源装置时，应由厂用电源供电；当系统本身不带有不间断电源装置时，应由厂内不间断电源装置供电。

（2）自动灭火系统、与消防有关的电动阀门及交流控制负荷，应按保安负荷供电。当机组无保安电源时，应按Ⅰ类负荷供电。单机容量为25MW以上的发电厂，消防水泵及主厂房电梯应按Ⅰ类负荷供电；单机容量为25MW及以下的发电厂，消防水泵及主厂房电梯应按不低于Ⅱ类负荷供电；单台发电机容量为200MW及以上时，主厂房电梯应按保安负荷供电。

（3）单机容量为200MW及以上燃煤电厂的主控室或集控室及柴油发电机房的应急照明，应采用蓄电池直流系统供电。当难以从蓄电池或保安电源取得应急照明电源时，主厂房出入口、通道、楼梯间及远离主厂房的重要工作场所的应急照明，应采用自带电源的应急灯。其他场所的应急照明，应按保安负荷供电；单机容量为200MW以下燃煤电厂的应急照明，应采用蓄电池直流系统供电。

（4）应急照明与正常照明可同时运行，正常时由厂用电源供电，事故时应能自动切换到蓄电池直流母线供电。主控制室的应急照明，正常时可不运行。远离主厂房的重要工作场所的应急照明，可采用应急灯。

（5）消防用电设备配线是在火灾发生期间使用的，设计与敷设必须安全可靠，宜采用耐火配线或耐热配线。当采用双电源或双回路供电有困难时，应采用柴油发电机作为备用电源。当消防用电设备采用双电源供电时，应在最末一级配电装置或配电箱处切换。

（6）燃机电厂的主厂房及输气、输油和其他易燃易爆场所应选用阻燃电缆，燃机附近的电缆沟盖板应密封。

（十）消防应急照明系统设计

发电厂应按《火力发电厂与变电站设计防火标准》（GB 50229—2019）所列的工作场所装设继续工作或人员疏散用的应急照明和疏散指示标志。锅炉汽包水位计、就地热力控制屏、测量仪表屏及除氧器水位计处应装设局部应急照明。

（1）继续工作用的应急照明，其工作面上的最低照度值，不应低于正常照明照度值的 10%～15%；主控制室、集中控制室主环内的应急照明照度，按正常照明照度值的 30% 选取。人员疏散用的应急照明，在主要通道地面上的最低照度值，不应低于 1.0 lx；楼梯间、前室或合用前室、避难走道的最低照度值不应低于 5.0 lx。

（2）当照明灯具表面的高温部位靠近可燃物时，应采取隔热、散热等防火保护措施。配有卤钨灯和额定功率为 100W 及以上的光源的灯具（如吸顶灯、槽灯、嵌入式灯），其引入线应采用瓷管、矿物棉等不燃材料作隔热保护；超过 60W 的卤钨灯、高压钠灯、金属卤化物灯和荧光高压汞灯（包括电感镇流器）不应直接设置在可燃装修材料或可燃构件上；可燃物品库房不应设置卤钨灯等高温照明灯具。

（3）主厂房、生产办公楼、脱硫电气楼、有人员值守的辅助建筑物以及电缆夹层应沿疏散走道及其转角处以及安全出口设置灯光疏散指示标志。

二、变电站的防火设计要求

变电站的防火设计要求主要内容包括建筑防火、电气设备与电缆敷设、安全疏散、消防给水及消防设施、采暖、通风和空调系统、消防供电、消防应急照明等方面。

（一）建筑防火

（1）变电站建（构）筑物的火灾危险性应根据生产中使用或产生的物质性质及其数量等因素分类，并应符合《火力发电厂与变电站设计防火标准》（GB 50229—2019）的有关规定。同一建筑物或建筑物的任一防火分区布置有不同火灾危险性的房间时，建筑物或防火分区内的火灾危险性类别应按火灾危险性较大的部分确定。当火灾危险性较大的房间占本层或本防火分区建筑面积的比例小于 5%，且发生火灾事故时不足以蔓延至其他部位或火灾危险性较大的部分采取了有效的防火措施时，可按火灾危险性较小的部分确定。

（2）建（构）筑物构件的燃烧性能、耐火极限和变电站内的建（构）筑物与变电站外的民用建（构）筑物及各类厂房、库房、堆场、储罐之间的防火间距应符合《建筑设计防火规范》（GB 50016—2014，2018 年版）的有关规定。变电站内建（构）筑物及设备的防火间距、油量为 2 500kg 及以上的屋外油浸变压器之间、屋外油浸电抗器之间的最小间距应符合《火力发电厂与变电站设计防火标准》（GB 50229—2019）的有关规定。

（3）设置带油电气设备的建（构）筑物与贴邻或靠近该建（构）筑物的其他建

（构）筑物之间应设置防火墙。油量为 2 500kg 及以上的屋外油浸变压器或高压电抗器与油量为 600kg 以上的带油电气设备之间的防火间距不应小于 5m；总油量为 2 500kg 及以上的并联电容器组或箱式电容器，相互之间的防火间距不应小于 5m，当间距不满足该要求时应设置防火墙。

（4）当建筑物与油浸变压器或可燃介质电容器等电气设备间距小于 5m 时，在设备外轮廓投影范围外侧各 3m 内的建筑物外墙上不应设置门、窗、洞口和通风孔，且该区域外墙应为防火墙，当设备高于建筑物时，防火墙应高于该设备的高度；当建筑物墙外 5 ~ 10m 范围内布置有变压器或可燃介质电容器等电气设备时，在上述外墙上可设置甲级防火门，设备高度以上可设防火窗，其耐火极限不应小于 0.90h；当工艺需要油浸变压器等电气设备有电气套管穿越防火墙时，防火墙上的电缆孔洞应采用耐火极限为 3.00h 的电缆防火封堵材料或防火封堵组件进行封堵。

（5）地下变电站、地上变电站的地下室每个防火分区的建筑面积不应大于 1 000m^2。设置自动灭火系统的防火分区，其防火分区面积可增大 1 倍；当局部设置自动灭火系统时，增加面积可按该局部面积的 1 倍计算。

（6）当变电站内建筑的火灾危险性为丙类且建筑的占地面积超过 3 000m^2 时，变电站内的消防车道宜布置成环形；当为尽端式车道时，应设回车道或回车场地。消防车道宽度及回车场的面积应符合《建筑设计防火规范》（GB 50016—2014，2018 年版）的有关规定。

（7）控制室顶棚和墙面应采用 A 级装修材料，控制室其他部位应采用燃烧性能不低于 B_1 级的装修材料。

（二）电气设备与电缆敷设防火

（1）35kV 及以下屋内配电装置，当未采用金属封闭开关设备时，其油断路器、油浸电流互感器和电压互感器，应设置在两侧有不燃烧实体墙的间隔内；35kV 以上屋内配电装置应安装在有不燃烧实体墙的间隔内，不燃烧实体墙的高度不应低于配电装置中带油设备的高度。

（2）总油量超过 100kg 的屋内油浸变压器，应设置单独的变压器室。

（3）屋内单台总油量为 100kg 以上的电气设备，应设置挡油设施及将事故油排至安全处的设施，挡油设施的容积宜按油量的 20% 设计；当不能满足上述要求时，应设置能容纳全部油量的储油设施。屋外单台油量为 1 000kg 以上的电气设备，应设置储油或挡油设施。其容积宜按设备油量的 20% 设计，并能将事故油排至总事故储油池。总事故储油池的容量应按其接入的油量最大的一台设备确定，并设置油水分离装置。当不能满足上述要求时，应设置能容纳相应电气设备全部油量的储油设施，并设置油水分离装置。地下变电站的变压器应设置能储存最大一台变压器油量的事故储油池，储油或挡油设施应大于设备外廓每边各 1m。储油设施内应铺设卵石层，其厚度不应小于 250mm，卵石直径宜为 50 ~ 80mm。

（4）电缆从室外进入室内的入口处、电缆竖井的出入口处，建（构）筑物中电缆引至电气柜、盘或控制屏、台的开孔部位，电缆贯穿隔墙、楼板的空洞应采用电缆防火封堵材料进行封堵，其防火封堵组件的耐火极限不应低于被贯穿物的耐火极限，且不低于1.00h。在电缆竖井中，宜每间隔不大于7m采用耐火极限不低于3.00h的不燃烧体或防火封堵材料封堵。防火墙上的电缆孔洞应采用电缆防火封堵材料或防火封堵组件进行封堵，并应采取防止火焰延燃的措施，其防火封堵组件的耐火极限应为3.00h。

（5）220kV及以上变电站，当电力电缆与控制电缆或通信电缆敷设在同一电缆沟或电缆隧道内时，宜采用防火隔板进行分隔。长度超过100m的电缆沟或电缆隧道，应采取防止电缆火灾蔓延的阻燃或分隔措施。在电缆隧道和电缆沟道中，严禁有可燃气、油管路穿越。

（6）地下变电站电缆夹层宜采用低烟无卤阻燃电缆。

（三）安全疏散

（1）主控制楼当每层建筑面积小于或等于400m^{2}时，可设置1个安全出口；当每层建筑面积大于400m^{2}时，应设置2个安全出口，其中1个安全出口可通向室外楼梯。建筑面积超过250m^{2}的控制室、通信机房、配电装置室、电容器室、阀厅、户内直流场、电缆夹层，其疏散门不宜少于2个。

（2）地上油浸变压器室的门应直通室外；地下油浸变压器室门应向公共走道方向开启，该门应采用甲级防火门；干式变压器室、电容器室门应向公共走道方向开启，该门应采用乙级防火门；蓄电池室、电缆夹层、继电器室、通信机房、配电装置室的门应向疏散方向开启，当门外为公共走道或其他房间时，该门应采用乙级防火门。配电装置室的中间隔墙上的门可采用分别向不同方向开启且宜相邻的2个乙级防火门。

（3）地下变电站、地上变电站的地下室、半地下室安全出口数量不应少于2个。地下室与地上层不应共用楼梯间，当必须共用楼梯间时，应在地上首层采用耐火极限不低于2.00h的不燃烧体隔墙和乙级防火门将地下或半地下部分与地上部分的连通部分完全隔开，并应有明显标志。

（4）地下变电站，当地下层数为3层及3层以上或地下室室内地面与室外出入口地坪高差大于10m时，应设置防烟楼梯间，楼梯间应设乙级防火门，并向疏散方向开启。

（四）消防给水及消防设施

1. 消防给水系统

（1）变电站的规划和设计，应同时设计消防给水系统，消防水源应有可靠的保证；变电站同一时间内的火灾次数宜按一次确定。变电站消防给水量应按火灾时一次最大室内和室外消防用水量之和计算。对于丙类厂房、仓库，消火栓灭火系统的火灾延续时间不应小于3h，对于丁、戊类厂房、仓库，消火栓灭火系统的火灾延续时间不应小于2h。

（2）500kV及以上的直流换流站的主控制楼、220kV及以上的高压配电装置楼（有充油设备）、220kV及以上户内直流开关场（有充油设备）以及地下变电站应设置室内消火栓并配置喷雾水枪。

（3）消防水泵应采用自灌式吸水。一组消防水泵的吸水管不应少于2条，当其中一条损坏时，其余的吸水管应能满足全部用水量。消防水泵房应有不少于2条出水管与环状管网连接，当其中一条出水管检修时，其余的出水管应能满足全部用水量。消防水泵应设置备用泵，备用泵的流量和扬程不应小于最大一台消防水泵的流量和扬程。500kV及以上的直流换流站宜设置备用柴油机消防水泵，其容量应满足直流换流站的全部消防用水要求。

（4）当地下变电站室内设置水消防系统时，应设置水泵接合器。水泵接合器应设置在便于消防车使用的地点，与供消防车取水的室外消火栓或消防水池取水口距离宜为15～40m，水泵接合器应有永久性的明显标志。变电站户外配电装置区域（采用水喷雾的主变压器消火栓除外）可不设消火栓。

（5）消防水泵房应设直通室外的安全出口，当消防水泵房设置在地下时，其疏散出口应靠近安全出口。

（6）设有消防给水的地下变电站，必须设置消防排水设施。消防排水可与生产、生活排水统一设计，排水量按消防流量设计。对油浸变压器、油浸电抗器等设施的消防排水，当未设置能够容纳全部事故排油和消防排水量的事故储油池时，应采取必要的油水分离措施。

2. 灭火系统

（1）单台容量为125MV·A及以上的油浸变压器、200Mvar及以上的油浸电抗器应设置水喷雾灭火系统或其他固定式灭火装置。其他带油电气设备，宜配置干粉灭火器。

（2）地下变电站的油浸变压器、油浸电抗器，宜采用固定式灭火系统；在室外专用储存场地储存作为备用的油浸变压器、油浸电抗器，可不设置固定式灭火系统。

（3）油浸变压器当采用有防火墙隔离的分体式散热器时，布置在户外或半户外的分体式散热器可不设置固定式灭火系统。

3. 火灾自动报警系统

变电站的下列场所和设备应设置火灾自动报警系统：

（1）控制室、配电装置室、可燃介质电容器室、继电器室、通信机房。

（2）地下变电站、无人值班变电站的控制室、配电装置室、可燃介质电容器室、继电器室、通信机房。

（3）采用固定灭火系统的油浸变压器、油浸电抗器。

（4）地下变电站的油浸变压器、油浸电抗器。

（5）敷设具有可延燃绝缘层和外护层电缆的电缆夹层及电缆竖井。

（6）地下变电站、户内无人值班的变电站的电缆夹层及电缆竖井。

有人值班的变电站的火灾报警控制器应设置在主控制室；无人值班的变电站的火灾报警控制器宜设置在变电站门厅，并应将火警信号传至集控中心。火灾自动报警系统的设计应符合《火灾自动报警系统设计规范》（GB 50116—2013）的有关规定。

（五）采暖、通风和空调系统

（1）所有采暖区域严禁采用明火取暖。

（2）电气配电装置室应设置机械排烟装置，其他房间的排烟设计应符合《建筑设计防火规范》（GB 50016—2014，2018年版）的规定。

（3）当火灾发生时，送、排风系统和空调系统应能自动停止运行。当采用气体灭火系统时，穿过防护区的通风或空调风道上的防火阀应能立即自动关闭。

地下变电站的空调以及地上变电站的采暖、通风和空调，还应符合《火力发电厂与变电站设计防火标准》（GB 50229—2019）第 8 章的有关规定。

（六）消防供电

（1）消防水泵、自动灭火系统与消防有关的电动阀门及交流控制负荷，户内变电站、地下变电站应按Ⅰ类负荷供电；户外变电站应按Ⅱ类负荷供电。

（2）变电站内的火灾自动报警系统和消防联动控制器，当本身带有不停电电源装置时，应由站用电源供电；当本身不带有不停电电源装置时，应由站内不停电电源装置供电；当电源采用站内不停电电源装置供电时，火灾报警控制器和消防联动控制器应采用单独的供电回路，并应保证在系统处于最大负载状态下不影响报警控制器和消防联动控制器的正常工作，不停电电源的输出功率应大于火灾自动报警系统和消防联动控制器全负荷功率的 120%，不停电电源的容量应保证火灾自动报警系统和消防联动控制器在火灾状态同时工作负荷条件下连续工作 3h 以上。

（3）消防用电设备采用双电源或双回路供电时，应在最末一级配电箱处自动切换。

（4）消防应急照明、疏散指示标志应采用蓄电池直流系统供电，疏散通道应急照明、疏散指示标志的连续供电时间不应少于 30min，继续工作应急照明连续供电时间不应少于 3h。

（5）消防用电设备应采用专用的供电回路，当发生火灾切断生产、生活用电时，仍应保证消防用电，其配电设备应设置明显标志；其配电线路和控制回路宜按防火分区划分。

（6）消防用电设备的配电线路应满足火灾时连续供电的需要，当暗敷时应穿管并敷设在不燃烧体结构内，其保护层厚度不应小于 30mm；当明敷时（包括附设在吊顶内）应穿金属管或封闭式金属线槽，并采取防火保护措施。当采用阻燃或耐火电缆时，敷设在电缆井、电缆沟内可不穿金属导管或采用封闭式金属槽盒保护；当采用矿物绝缘类等具有耐火、抗过载和抗机械破坏性能的不燃性电缆时，可直接明敷。宜与其他配电线路分开敷设，当敷设在同一井沟内时，宜分别布置在井沟的两侧。

（七）消防应急照明

（1）户内变电站、户外变电站的控制室、通信机房、配电装置室、消防水泵房和建筑疏散通道应设置应急照明。

（2）地下变电站的控制室、通信机房、配电装置室、变压器室、继电器室、消防水泵房、建筑疏散通道和楼梯间应设置应急照明。

（3）地下变电站的疏散通道和安全出口应设灯光疏散指示标志。

（4）人员疏散通道应急照明的地面最低水平照度不应低于 1.0 lx，楼梯间的地面最低水平照度不应低于 5.0 lx，继续工作应急照明应保证正常照明的照度。

（5）疏散通道上灯光疏散指示标志间距不应大于 20m，高度宜安装在距地坪 1m 以下处；疏散照明灯具应设置在出入口的顶部或侧边墙面的上部。

参考文献

[1] 惠中玉 . 现代消防管理手册 [M]. 北京：企业管理出版社，1996.

练习题

一级注册消防工程师

（一）单项选择题

1. 某燃煤电厂主厂房内的煤仓间带式输送机层采用防火隔墙与其他部位隔开，防火隔墙的耐火极限不应小于（　　）h。

A. 2.0　　B. 1.5　　C. 1.0　　D. 0.5

2. 根据《火力发电厂与变电站设计防火规范》（GB 50229—2019），下列燃煤电厂内的建筑物或场所中，可以不设置室内消火栓的是（　　）。

A. 网络控制楼　　B. 脱硫工艺楼　　C. 碎煤机室　　D. 集中控制楼

3. 某燃煤电厂的汽机房按相关规定设置了火灾自动报警系统和自动灭火系统，汽机房最远工作地点到直通室外的安全出口或疏散楼梯的距离不应大于（　　）m。

A. 30　　B. 40　　C. 75　　D. 50

（二）多项选择题

1. 某地下变电站，主变电气容量为 150MV · A，该变电站的下列防火设计方案中，不符合现行国家消防技术标准要求的有（　　）。

A. 继电器室设置感温火灾探测器

B. 主控通信室设计火灾自动报警系统及疏散应急照明

C. 变压器设置水喷雾灭火系统

D. 电缆层设置感烟火灾探测器

E. 配电装置室采用火焰探测器

2. 火力发电厂的液氨储罐区应（　　）。

A. 设置不低于 2.0m 的不燃烧实体围墙

B. 位于厂区全年最小频率风向的上风侧

C. 与厂外道路保持 15m 以上的防火间距

D. 布置在通风良好的厂区边缘地带

E. 避开人员集中活动场所和主要人流出入口

第七章　飞机库防火

学习要求

通过本章学习，应了解飞机库的主要火灾危险源以及火灾危险性，掌握飞机库及相关消防设施的防火设计要点。

飞机库是用于停放和维修飞机的建筑物，包括飞机停放和维修区及其生产辅助用房。飞机停放和维修区通常设有悬挂机坞（如机头坞、机身坞、机尾坞）和地面机坞（如机翼坞），如图 4–7–1 所示，以满足不同的飞机维修要求；生产辅助用房包括办公楼、维修车间、航材库、飞机部件喷漆间、飞机座椅维修间、配电室和动力站等，与飞机停放和维修区分属不同的防火分区。

图 4–7–1　飞机维修库内部照片

飞机的基本技术参数决定了飞机库属于超大空间的建筑物，屋顶承重构件需采用钢结构，在建筑及其设施上对飞机库设计的防火要求也很高。此外，飞机维修工艺的空间复杂性也对飞机库内的消防设施设计和安装技术提出了较高的要求。

第一节　飞机库的分类及火灾危险性

一、飞机库的分类

飞机库可按飞机停放和维修区的防火分区建筑面积、功能用途和维修工艺条件进行分类，如图 4–7–2 所示。

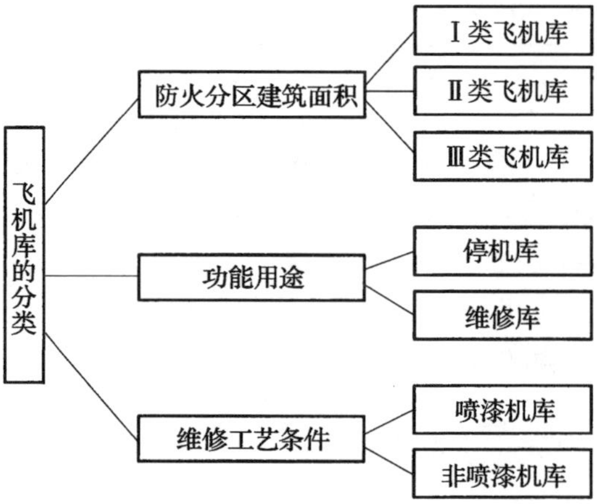

图 4–7–2　飞机库分类

（一）按防火分区建筑面积分类

《飞机库设计防火规范》（GB 50284—2008）中飞机库的分类是按飞机停放和维修区每个防火分区建筑面积的大小进行区别对待。

1. Ⅰ类飞机库

飞机停放和维修区内一个防火分区的建筑面积为 5 001 ~ 50 000m² 的飞机库为Ⅰ类飞机库。

2. Ⅱ类飞机库

飞机停放和维修区内一个防火分区的建筑面积为 3 001 ~ 5 000m² 的飞机库为Ⅱ类飞机库。该类型飞机库仅能停放和维修 1 ~ 2 架中型飞机。

3. Ⅲ类飞机库

飞机停放和维修区内一个防火分区的建筑面积小于或等于 3 000m² 的飞机库为Ⅲ类飞机库。该类型飞机库只能停放和维修小型飞机。

（二）按功能用途分类

飞机库按功能用途分类，可分为停机库和维修库。

1. 停机库

停机库是无维修功能、专门用来停放飞机的飞机库。

2. 维修库

维修库是可为飞机提供大、中修服务的飞机库。

（三）按维修工艺条件分类

飞机库按维修工艺条件分类，可分为喷漆机库和非喷漆机库。

1. 喷漆机库

从事飞机喷漆作业的飞机库称为喷漆机库。飞机清洗和喷漆时，使用大量有机溶剂、可燃或易燃液体、易燃易爆材料，喷漆机库在建筑构造、防火保护、通风、电气设备和工艺操作等方面均有特殊要求。

2. 非喷漆机库

在建筑构造、防火保护、通风、电气设备和工艺操作等方面不需考虑喷漆需求的机库为非喷漆机库。

二、飞机库的火灾危险性

由于飞机进库维修时总带有一定量的可燃和易燃液体，如燃油、液压油、润滑油等，维修过程又不可避免地要进行切割、焊接以及用有机溶剂清洗，粘接、喷漆等火灾危险性大的作业，而且，维修飞机需要在大跨度高大空间内的配套设施上进行，因此飞机库容易发生火灾且往往损失巨大。

飞机库的火灾危险性主要表现在以下几个方面。

（一）燃油流散遇火源引发火灾

飞机进库维修时，虽经燃油抽出处理，但残留在机翼油箱龙骨间等处的燃油是无法完全抽出的，这部分燃油的数量估计仍在1t以上。飞机在维修过程中这部分燃油有可能发生泄漏、流散，当有火源存在或出现时，可能发生易燃液体流散火灾。如果燃油火灾火势迅猛，短时间内可使飞机受热面的机身蒙皮发生破坏，也有可能引发燃油箱爆炸，甚至导致机库的坍塌。

（二）清洗飞机座舱引发火灾

飞机座舱内部装修多采用轻质合金、塑料、化纤织物等。有些轻质合金如镁合金是可燃金属，塑料、化纤织物等也为易燃品，虽经阻燃处理后可达到难燃标准，但在清洗和维修机舱时常使用溶剂、胶粘剂和油漆等，稍有不慎即可引发火灾。

（三）电气系统引发火灾

飞机和飞机库内，供电线路和电气设备遍布，当供电线路因绝缘老化、漏电，或接触不良、超负荷运行或电气设备发生短路时，都有可能产生电火花或电弧，从而引燃周围可燃物引起火灾。

（四）静电引发火灾

燃油特别是航空煤油在受冲击时最容易产生静电，蒸气或气体在管道内高速流动或由阀门、缝隙高速喷出时可产生气体静电，飞机库内维修人员穿的高电阻的鞋靴、衣服因摩擦会产生人体静电，另外液体和固体摩擦也会产生静电。飞机库内静电累积有时可达到很高的电位，而高电位的静电泄放时会产生火花，对燃油和飞机构成严重威胁。

（五）人为过失引发火灾

不安全吸烟、用火不慎、人为纵火会引发飞机库火灾，进行喷漆、电焊、气焊、切割等动火作业时违反操作规程也会造成火灾。

第二节　飞机库的防火要求

飞机库由于火灾危险性大，在防火工程设计上有其特殊要求。新建、扩建、改建飞机库的防火设计应符合《飞机库设计防火规范》（GB 50284—2008）的规定。

一、总平面布局和平面布置

飞机库的设置位置、消防车道、消防水源及与其他建筑物的防火间距应符合航空港总体规划要求。

（一）一般规定

飞机库位置通常远离航站楼和候机楼，靠近滑行道或停机坪。飞机库一般设在飞机维修基地内，有时由几座飞机库组成机库群，飞机库之间、飞机库与其他建筑之间应有一定的防火间距。

（1）危险品库房、装有油浸电力变压器的变电所不应设置在飞机库内或与飞机库贴邻建造。

（2）飞机停放和维修区与其贴邻建筑的生产辅助用房之间的防火分隔措施，应根据生产辅助用房的使用性质和火灾危险性确定：与办公楼、飞机部件喷漆间、飞机座椅维修间、航材库、配电室和动力站等生产辅助用房应采用防火墙隔开，防火墙上的门、窗应采用甲级防火门、窗或耐火极限不低于 3.00h 的防火卷帘；与单层维修工作间、办公室、资料室和库房等应采用耐火极限不低于 2.00h 的不燃烧体墙隔开，隔墙上的门、窗应采用乙级防火门、窗或耐火极限不低于 2.00h 的防火卷帘。

（3）飞机库内不宜设置办公室、资料室、休息室等用房，若确需设置少量这些用房时，宜靠外墙设置，并应有直通安全出口或疏散走道的措施，办公室、资料室、休息室等用房与飞机停放和维修区之间应采用耐火极限不低于 2.00h 的不燃烧体隔墙和耐火极限不低于 1.50h 的顶板隔开，隔墙上的门、窗应为甲级防火门、窗。

（4）甲、乙类火灾危险性的使用场所和库房不得设在飞机库地下或半地下室内。

（5）甲、乙、丙类物品暂存间不应设置在飞机库内。当设置在贴邻飞机库的生产辅助用房区内时，应靠外墙设置并应设置直接通向室外的安全出口，与其他部位之间必须用防火隔墙和耐火极限不低于 1.50h 的不燃烧体楼板隔开。甲、乙类物品暂存量应按不超过一昼夜的生产用量设计，并应采取防止可燃液体流淌扩散的措施。

（二）防火间距

一般情况下，两座相邻飞机库之间的防火间距不应小于 13m。但当两座飞机库其相邻的较高一面的外墙为不开门窗洞口的防火墙时，其防火间距不限；当两座飞机库其相邻的较低一面外墙为防火墙，且较低一座飞机库屋面结构的耐火极限不低于 1.00h 时，其防火间距不应小于 7.5m。当飞机库与喷漆机库贴邻建造时，应采用防火墙隔开。

飞机库与其他建筑物之间的防火间距不应小于表 4–7–1 的规定。

表 4–7–1　飞机库与其他建筑物之间的防火间距　单位：m

建筑物名称	喷漆机库	高层航材库	一、二级耐火等级的丙、丁、戊类厂房	甲类物品库房	乙、丙类物品库房	机场油库	其他民用建筑	重要的公共建筑
飞机库	15	13	10	20	14	100	25	50

（三）消防车道

飞机库周围应设环形消防车道，Ⅲ类飞机库可沿飞机库的两个长边设置消防车道。当设置尽头式消防车道时，应设置回车场。消防车道的净宽不应小于 6m，消防车道边线距飞机库外墙不宜小于 5m，消防车道上空 4.5m 以下范围内不应有障碍物。

飞机库的长边长度大于 220m 时，应设置进出飞机停放和维修区的消防车出入口，消防车出入飞机库的门净宽不应小于车宽加 1m，门净高不应小于车高加 0.5m，且门的净宽和净高均不应小于 4.5m。

供消防车取水的天然水源地或消防水池处，应设置消防车道和回车场。

二、防火分区和耐火等级

（一）防火分区

各类飞机库内飞机停放和维修区的防火分区允许最大建筑面积应符合表 4–7–2 规定。

表 4–7–2　防火分区允许最大建筑面积

类别	防火分区允许最大建筑面积 /m^2	机库容量
Ⅰ类飞机库	50 000	可停放和维修多架大型飞机
Ⅱ类飞机库	5 000	可停放和维修 1 ~ 2 架中型飞机
Ⅲ类飞机库	3 000	只能停放和维修小型飞机

飞机库内的防火分区之间应采用防火墙分隔，确有困难的局部开口可采用耐火极限不低于 3.00h 的防火卷帘。防火墙上的门应采用在火灾时能自行关闭的甲级防火门，门或卷帘应与其两侧的火灾探测系统联锁关闭，并应同时具有手动和机械操作的功能。

（二）耐火等级

飞机库的耐火等级分为一、二两级。Ⅰ类飞机库的耐火等级应为一级，Ⅱ、Ⅲ类飞机库的耐火等级不应低于二级，飞机库地下室的耐火等级应为一级。飞机库建筑构件的燃烧性能均应为不燃烧体，其耐火极限不应低于表 4–7–3 的规定。

表 4-7-3　建筑构件的耐火极限　　单位：h

构件名称		耐火极限	
		耐火等级：一级	耐火等级：二级
防火墙		3	3
墙	承重墙	3	2.5
	楼梯间、电梯井的墙	2	2
	非承重墙、疏散走道两侧的隔墙	1	1
	房间隔墙	0.75	0.5
柱	支承多层的柱	3	2.5
	支承单层的柱	2.5	2
梁		2	1.5
楼板、疏散楼梯、屋顶承重构件、柱间支撑		1.5	1
吊顶		0.25	0.25

在飞机停放和维修区内，支承屋顶承重构件的钢柱和柱间钢支撑应采取防火隔热保护措施，并达到相应耐火等级建筑要求的耐火极限。飞机库飞机停放和维修区屋顶金属承重构件采取外包敷防火隔热板或喷涂防火隔热涂料等措施进行防火保护，当采用泡沫 - 水雨淋灭火系统或采用自动喷水灭火系统后，屋顶可采用无防火保护的金属构件。

三、建筑构造

飞机库的防火墙应设置在基础上或相同耐火极限的承重构件上。输送可燃气体和甲、乙、丙类液体的管道严禁穿过防火墙。其他管道不宜穿过防火墙，当确需穿过时，应采用防火封堵材料将空隙填塞密实。

飞机库的外围护结构、内部隔墙和屋面保温隔热层均应采用不燃材料。飞机库大门及采光材料应采用不燃或难燃材料。

飞机停放和维修区的工作间壁、工作台和物品柜等均应采用不燃材料制作。飞机停放和维修区的地面应采用不燃材料。飞机库地面下的沟、坑均应采用不渗透液体的不燃材料建造。

四、安全疏散

飞机停放和维修区的每个防火分区至少应有 2 个直通室外的安全出口，其最远工作地点到安全出口的距离不应大于 75m。当飞机库大门上设有供人员疏散用的小门时，小门的最小净宽不应小于 0.9m。飞机停放和维修区内的地下通行地沟应设有不少于 2 个通向室外的安全出口。

在防火分隔墙上设置的防火卷帘门应设逃生门，当同时用于人员通行时，应设疏散用的平开防火门。当飞机库内供疏散用的门和供消防车辆进出的门为自控启闭时，均应有可靠的手动开启装置，飞机库大门应设置使用拖车、卷扬机等辅助动力设备开启的装置。

飞机停放和维修区的地面上应设置标示疏散方向和疏散通道宽度的永久性标线，在安全出口处应设置明显指示标志。

五、供配电

飞机库消防用电设备的供电电源应符合《供配电系统设计规范》(GB 50052—2009)的规定。Ⅰ、Ⅱ类飞机库的消防电源负荷等级应为一级，Ⅲ类飞机库消防电源等级不应低于二级。

飞机库防火设计中电气设计应符合以下要求：

（1）当飞机库设有变电所时，消防用电的正常电源宜单独引自变电所；当飞机库远离变电所或难以设置单独的电源线路时，应接自飞机库低压电源总开关的电源侧。消防用电设备的双路电源线路应分开敷设。

（2）当电线、电缆成束集中敷设时，应采用阻燃型铜芯电线、电缆。

（3）飞机停放和维修区内电源插座距地面安装高度应大于 1m。

（4）飞机停放和维修区内疏散用应急照明的地面照度不应低于 1.0 lx。当应急照明采用蓄电池作电源时，其连续供电时间不应少于 30min。

六、消防设施的配置

消防设施的配置对于飞机库的防火至关重要，飞机库工程的消防设施通常包括火灾自动报警系统、灭火设备、灭火器、通风排烟系统、应急照明和疏散指示标志等。

（一）消防给排水

1. 消防给水和排水

飞机库的消防水源及消防供水系统要满足火灾延续时间内室内外消火栓和各类灭火设备同时使用的最大用水量的要求。消防给水系统必须采取可靠措施防止泡沫液回流污染公共水源和消防水池。

在飞机停放和维修区内应设排水系统。排水系统宜采用大口径地漏、排水沟等，地漏、排水沟的设置应采用防止外泄燃油流淌扩散的措施。排水系统采用地下管道时，进水口的连接管处应设水封。排水管宜采用不燃材料。

2. 消防水泵和消防水泵房

飞机库消防水泵应采用自灌式吸水方式，泵体最高处宜设自动排气阀，消防水泵的吸水口处宜设置过滤网，并应采取防止吸入空气的措施，水泵吸水管上应设置明杆式闸阀。消防水泵出水管上的阀门应为明杆式闸阀或带启闭指示标志的蝶阀，消防水泵及泡沫液泵的出水管上应安装流量计及压力表装置。

泡沫炮及泡沫－水雨淋系统等功率较大的消防水泵宜由内燃机直接驱动，当消防水泵功率较小时，宜由电动机驱动。

消防水泵房宜采用自带油箱的内燃机，其燃油料储备量不宜小于内燃机 4h 的用量，并不大于 8h 的用量。当内燃机采用集中的油箱（罐）供油时，应设置储油间。消防水泵房可设置自动喷水灭火系统或其他灭火设施。

（二）灭火设施的配置

飞机库内除维修飞机占用的空间外，其他大部分空间被各种悬挂机坞、地面机坞、起重机、引车、铲车、升降平台车、电源车、器材工具车等特种车辆占据，维修人员大多在工作架、机坞和飞机内部作业。火灾发生时，疏散距离长、通行不畅、人员撤离慢，严重危及人员的生命安全。由于外部救援不能迅速抵达火场，给火灾扑救造成困难，故飞机库主要依靠内部灭火设备进行灭火。

1. 灭火设备的选择

（1）Ⅰ类飞机库飞机停放和维修区内灭火系统的设置有两种：

1）设置泡沫 – 水雨淋灭火系统。将飞机停放和维修区内的灭火系统分成若干个分区，每个分区设置一个由雨淋阀组控制的灭火系统，通过火灾自动报警系统控制雨淋阀动作，使安装在屋面板下的开式喷头喷出泡沫灭火。当机翼面积大于 280m^2 时，还应设置翼下泡沫灭火系统。

2）在飞机库屋架内设闭式自动喷水灭火系统用于灭火、降温以保护屋架，飞机库内较低位置设置的远程消防泡沫炮等低倍数泡沫自动灭火系统和泡沫枪用于扑灭飞机库地面油火。当飞机库飞机停放和维修区屋顶金属承重构件采取外包防火隔热板或喷涂防火隔热涂料等措施使其达到规定的耐火极限后，可不设屋架内自动喷水灭火系统。

（2）Ⅱ类飞机库飞机停放和维修区内的灭火系统的设置有两种：

1）设置远控消防泡沫炮灭火系统或其他低倍数泡沫自动灭火系统、泡沫枪。

2）设置高倍数泡沫灭火系统和泡沫枪。

（3）Ⅲ类飞机库飞机停放和维修区内设置泡沫枪为主要灭火设施。应注意在Ⅲ类飞机库内不应从事输油、焊接、切割和喷漆等作业；否则，宜按Ⅱ类飞机库选择灭火系统。Ⅲ类飞机库内如停放和维修特殊用途和价值昂贵的飞机，也可按Ⅱ类飞机库选用灭火系统。

2. 灭火设备的设置要求

（1）泡沫 – 水雨淋灭火系统。在飞机停放和维修区内的泡沫 – 水雨淋灭火系统应分区设置，一个分区的最大保护地面面积不应大于 1 400m^2，每个分区应由一套雨淋阀组控制。泡沫 – 水雨淋灭火系统宜采用带溅水盘的开式喷头或吸气式泡沫喷头。设置在靠近屋面处，每只喷头的保护面积不应大于 12.1m^2，喷头的间距不应大于 3.7m。喷头距墙及机库大门内侧不应大于 1.8m。

泡沫 – 水雨淋灭火系统的泡沫混合液的设计供给强度要求：当采用氟蛋白泡沫液和吸气式泡沫喷头时，不应小于 8L/（min·m^2）；当采用水成膜泡沫液和开式喷头时，不应小于 6.5L/（min·m^2）；经水力计算后的任意 4 个喷头的实际保护面积内的平均供给强度不应小于设计供给强度。泡沫 – 水雨淋灭火系统的连续供水时间不应小于 45min。不设翼下泡沫灭火系统时，连续供水时间不应小于 60min。泡沫液的连续供给时间不应小于 10min。泡沫 – 水雨淋灭火系统的设计，除执行《飞机库设计防火规范》（GB 50284—2008）的规定外，还应符合《自动喷水灭火系统设计规范》（GB 50084—2017）和《泡沫灭火系统技术标准》（GB 50151—2021）的有关规定。

（2）翼下泡沫灭火系统。翼下泡沫灭火系统是泡沫 – 水雨淋灭火系统的辅助灭火系统。其作用是对飞机机翼和机身下部喷洒泡沫，弥补泡沫 – 水雨淋灭火系统被大面积机翼遮挡的不足，控制和扑灭飞机初起火灾和地面燃油流散火；当飞机在停放和维修时发生燃油泄漏，可及时用泡沫覆盖，防止起火。

翼下泡沫灭火系统宜采用低位消防泡沫炮、地面弹射泡沫喷头或其他类型的泡沫释放装置。低位消防泡沫炮应具有自动或远控功能，并应具有手动及机械应急操作功能。

系统的泡沫混合液的设计供给强度：当采用氟蛋白泡沫液时，不应小于 6.5L/（min·m^2）；当采用水成膜泡沫液时，不应小于 4.1L/（min·m^2）；泡沫混合液的连续供给时间不应小于 10min，连续供水时间不应小于 45min。

（3）远控消防泡沫炮灭火系统。远控消防泡沫炮灭火系统应具有自动和远控功能，并应具有手动及机械应急操作功能。

泡沫混合液的最小供给速率：Ⅰ类飞机库应为泡沫混合液的设计强度乘以 5 000m^2；Ⅱ类飞机库应为泡沫混合液的设计强度乘以 2 800m^2。泡沫液的连续供给时间不应小于 10min。连续供水时间：Ⅰ类飞机库不应小于 45min，Ⅱ类飞机库不应小于 20min。

泡沫炮的固定位置应保证两股泡沫射流到达被保护的飞机停放和维修区的任何部位。泡沫炮可设置在高位也可设置在低位，一般是高低位配合使用。

（4）泡沫枪。飞机库泡沫枪的布置应满足飞机停放和维修区内任一点发生火灾时应能同时得到 2 支泡沫枪保护，泡沫液连续供给时间不应小于 20min。泡沫枪宜采用室内消火栓接口，公称直径应为 *DN*65，消防水带的长度不宜小于 40m。

（5）高倍数泡沫灭火系统。高倍数泡沫灭火系统的设置要求：泡沫的最小供给速率应为泡沫增高速率乘以最大一个防火分区的全部地面面积，泡沫增高速率应大于 0.9m/min；泡沫液和水的连续供给时间应大于 15min；高倍数泡沫产生器的数量和设置地点应满足均匀覆盖飞机停放和维修区地面的要求。

移动式高倍数泡沫灭火系统的设置要求：泡沫的最小供给速率应为泡沫增高速率乘以最大一架飞机的机翼面积，泡沫增高速率应大于 0.9m/min；泡沫液和水的连续供给时间应大于 12min；为每架飞机设置的移动式泡沫产生器不应少于 2 台。移动式泡沫产生器适用于初起火灾，用于扑灭地面流散火或覆盖泄漏的燃油。

高倍数泡沫灭火系统的设计除执行以上的规定外，还应符合《泡沫灭火系统技术标准》（GB 50151—2021）的有关规定。

（6）自动喷水灭火系统。飞机库大厅自动喷水灭火系统宜采用湿式或预作用灭火系统，主要用于屋架内灭火、降温以保护屋架。

飞机库飞机停放和维修区设置的自动喷水灭火系统，其设计喷水强度不应小于 7L/（min·m^2），Ⅰ类飞机库作用面积不应小于 1 400m^2，Ⅱ类飞机库作用面积不应小于

480m²，一个报警阀控制的面积不应超过 5 000m²。自动喷水灭火系统的喷头宜采用快速响应喷头，公称动作温度宜采用 79℃，周围环境温度较高区域宜采用 93℃。Ⅲ类飞机库也可采用标准喷头，喷头公称动作温度宜为 162～190℃。自动喷水灭火系统的连续供水时间不应小于 45min。自动喷水灭火系统的设计除执行以上的规定外，还应符合《自动喷水灭火系统设计规范》（GB 50084—2017）的有关规定。

（三）火灾自动报警系统

1. 火灾自动报警系统的配置

针对飞机载油进库维修和飞机价值昂贵的特点，《飞机库设计防火规范》（GB 50284—2008）规定，Ⅰ、Ⅱ、Ⅲ类飞机库均应设置火灾自动报警系统。在飞机停放和维修区内设置火灾自动报警系统应符合以下规定：

（1）屋顶承重构件区宜选用感温探测器。屋顶承重构件区设感温探测器的目的主要是保护钢屋架。鉴于飞机维修库内空间高大，宜采用缆式感温探测器以便于安装、修护。

（2）在地上空间宜选用火焰探测器和感烟探测器。火焰探测器可采用红外－紫外复合式、多频段式火焰探测器或双波段图像式火焰探测器以减少误报。在建筑高度大于 20m 的飞机库，可采用吸气式感烟探测器。

（3）在地面以下的地下室和地面以下的通风地沟内有可燃气体聚集的空间、燃气进气间和燃气管道阀门附近应选用可燃气体探测器。

2. 灭火设备的控制

飞机库灭火设备的控制功能除符合《建筑设计防火规范》（GB 50016—2014，2018 年版）的有关规定外，还应符合以下规定：

（1）泡沫－水雨淋灭火系统、翼下泡沫灭火系统、远控消防泡沫炮灭火系统和高倍数泡沫灭火系统宜由 2 个独立且不同类型的火灾信号组合控制启动，并应具有手动功能。

（2）泡沫－水雨淋系统启动时，应能同时联动开启相关的翼下泡沫灭火系统。

（3）泡沫枪、移动式高倍数泡沫产生器和消火栓附近应设置手动启动消防水泵的按钮，并应将反馈信号引至消防控制室。

（4）在Ⅰ、Ⅱ类飞机库的飞机停放和维修区内，应设置手动启动泡沫灭火装置，并应将反馈信号引至消防控制室。

参考文献

[1] 中华人民共和国公安部消防局．中国消防手册：第五卷 [M]．上海：上海科学技术出版社，2007.

练习题

一级注册消防工程师

（一）单项选择题

1. 飞机停放和维修区的每个防火分区至少应有 2 个直通室外的安全出口，其最远工作地点到安全出口的距离不应大于（　　）m。

A. 40　　B. 50　　C. 75　　D. 100

2. 一般情况下，两座相邻飞机库之间的防火间距不应小于（　　）m。

A. 10.0　　B. 12.0　　C. 13.0　　D. 15.0

3. 飞机停放和维修区内的地下通行地沟应设有不少于（　　）个通向室外的安全出口。

A. 1　　B. 2　　C. 3　　D. 4

（二）多项选择题

1. 飞机库的火灾危险性主要包括（　　）。

A. 燃油流散遇火源引发火灾
B. 清洗飞机座舱引发火灾
C. 电气系统引发火灾
D. 雷击引发火灾
E. 人为过失引发火灾

2. 下列关于飞机库防火设计的说法中正确的有（　　）。

A. 危险品库房、装有油浸电力变压器的变电所不应设置在飞机库内或与飞机库贴邻建造
B. 飞机库内不宜设置办公室、资料室、休息室等用房，需设置少量这些用房时，宜靠外墙设置
C. 与办公楼、飞机部件喷漆间等辅助用房应隔开，防火墙上的门应采用甲级防火门或耐火极限不低于 3.00h 的防火卷帘
D. 甲、乙、丙类物品暂存间不应设置在飞机库内
E. 甲、乙、丙类火灾危险性的使用场所和库房不得设在飞机库地下或半地下室内

第八章　汽车库、修车库和停车场防火

学习要求

通过本章学习，应了解汽车库、修车库、停车场的分类；熟悉汽车库、修车库、停车场的火灾危险性；掌握汽车库、修车库、停车场的总平面布局要求、防火分隔要求、人员安全疏散要求及消防设施的配置要求，判别其火灾防控措施的合理性。

近年来，城市汽车的保有量成倍增长，汽车库、修车库和停车场的建设也在成倍增长，许多城市的政府部门都把建设配套汽车库作为工程项目审批的必备条件，并制定了相应的地方性行政法规予以保证。由于城市新建了大量与大楼配套的地下汽车库，一旦发生火灾，往往会造成严重的经济损失和人员伤亡事故。因此，在汽车库、修车库和停车场的防火设计中，必须从全局出发，做到安全适用、技术先进、经济合理。

第一节　汽车库、修车库和停车场的分类及火灾危险性

汽车库是用于停放由内燃机驱动且无轨道的客车、货车、工程车等汽车的建筑物。修车库是用于保养、修理由内燃机驱动且无轨道的客车、货车、工程车等汽车的建（构）筑物。由于分析角度不同，汽车库、修车库的分类有很多，对不同类型、不同构造的汽车库、修车库和停车场，其汽车疏散、火灾扑救情况也不同，在进行设计时，要根据不同汽车库种类提出防火设计要求。主要的分类方法如下。

一、汽车库的分类

汽车库可以按照停车数量和总建筑面积、建筑高度、停车方式的机械化程度等进行分类。

（一）按照停车数量和总建筑面积

《汽车库、修车库、停车场设计防火规范》（GB 50067—2014）根据停车（车位）数量和总建筑面积不同，将汽车库分为Ⅰ、Ⅱ、Ⅲ、Ⅳ类。

Ⅰ类汽车库：停车数量大于 300 辆或总建筑面积大于 10 000m^2 的汽车库为Ⅰ类汽车库。

Ⅱ类汽车库：停车数量大于 150 辆且小于或等于 300 辆，或总建筑面积大于 5 000m^2

且小于或等于 10 000m² 的汽车库为Ⅱ类汽车库。

Ⅲ类汽车库：停车数量大于 50 辆且小于或等于 150 辆，或总建筑面积大于 2 000m² 且小于或等于 5 000m² 的汽车库为Ⅲ类汽车库。

Ⅳ类汽车库：停车数量小于或等于 50 辆，或总建筑面积小于或等于 2 000m² 的汽车库为Ⅳ类汽车库。

（二）按照建筑高度

汽车库按照建筑高度一般可分为地下汽车库、半地下汽车库、单层汽车库、多层汽车库、高层汽车库。下面主要介绍其中两种。

1. 地下汽车库

地下室内地坪面与室外地坪面高度之差大于该层车库净高 1/2 的汽车库，汽车库与建筑物组合建造在地面以下的以及独立在地面以下建造的汽车库，都称为地下汽车库。

2. 高层汽车库

建筑高度大于 24m 的汽车库或设在高层建筑内地面层以上楼层的汽车库称为高层汽车库。高层汽车库的定义包括两个类型：一种是汽车库自身高度已超过 24m 的；另一种是汽车库自身高度虽未到 24m，但与高层工业或民用建筑在地面以上组合建造的。

（三）按照停车方式的机械化程度

汽车库按照停车方式的机械化程度可分为机械式立体汽车库、复式汽车库、普通车道式汽车库。下面主要介绍前两种。

1. 机械式立体汽车库

室内无车道且无人员停留的、采用机械设备进行垂直或水平移动等形式停放汽车的汽车库称为机械式立体汽车库。类似高架仓库，根据机械设备运转方式又可分为：垂直循环式（汽车上、下移动）、电梯提升式（汽车上、下、左、右移动）、高架仓储式（汽车上、下、左、右、前、后移动）等。

2. 复式汽车库

室内有车道、有人员停留的，同时采用机械设备传送，在一个建筑层里叠 2～3 层存放车辆的汽车库称为复式汽车库。机械设备只是类似于普通仓库的货架，根据机械设备的不同又可分为二层杠杆式、三层升降式、二 / 三层升降横移式等。

机械式立体汽车库与复式汽车库都属于机械式汽车库。

（四）按照汽车坡道

汽车库按照汽车坡道可分为楼层式汽车库、斜楼板式汽车库、错层式汽车库、交错式汽车库、采用垂直升降机作为汽车疏散的汽车库。

（五）按照围封形式

汽车库按照围封形式可分为敞开式汽车库、封闭式汽车库。

二、修车库的分类

修车库可以按照修车库车位数和总建筑面积、修理汽车车型、修理汽车性质、修车库位置等进行分类，具体如下：

1. **根据修车库车位数和总建筑面积**

《汽车库、修车库、停车场设计防火规范》(GB 50067—2014)根据停车(车位)数量和总建筑面积不同，将修车库分为Ⅰ、Ⅱ、Ⅲ、Ⅳ类。

Ⅰ类修车库：修车库车位数大于15辆或总建筑面积大于3 000m^2的修车库为Ⅰ类修车库。

Ⅱ类修车库：修车库车位数大于5辆且小于或等于15辆，或总建筑面积大于1 000m^2且小于或等于3 000m^2的修车库为Ⅱ类修车库。

Ⅲ类修车库：修车库车位数大于2辆且小于或等于5辆，或总建筑面积大于500m^2且小于或等于1 000m^2的修车库为Ⅲ类修车库。

Ⅳ类修车库：修车库车位数小于或等于2辆，或总建筑面积小于或等于500m^2的修车库为Ⅳ类修车库。

2. **根据修理汽车车型**

根据修理汽车车型不同，修车库分为小型汽车修车库、大中型汽车修车库及综合修车库。

3. **根据修理汽车性质**

根据修理汽车的性质不同，修车库分为普通修车库和专业修车库。普通修车库包括一般的小轿车、客车、货车的修车库；专业修车库包括甲、乙类物品运输车、消防车、贵重物品押运车等特殊车种的修车库。

4. **根据修车库位置**

根据修车库的位置不同，修车库分为附建于其他建筑首层的修车库、独立修车库、附建于公共停车场(库)的辅助修车库。

三、停车场的分类

停车场可以按照车位数进行分类,《汽车库、修车库、停车场设计防火规范》(GB 50067—2014)根据停车(车位)数量不同，将停车场分为Ⅰ、Ⅱ、Ⅲ、Ⅳ类。

Ⅰ类停车场：停车数量大于400辆。

Ⅱ类停车场：停车数量大于250辆，小于或等于400辆。

Ⅲ类停车场：停车数量大于100辆，小于或等于250辆。

Ⅳ类停车场：停车数量小于或等于100辆。

四、汽车库、修车库和停车场的火灾危险性

汽车库、修车库内主要可燃物是停放的汽车，其火灾过程集固体火灾和液体火灾于一体，火灾发展迅速，火灾过程中释放出的大量热和有毒烟气极易大面积蔓延，造成人员与财产损失。

1. **起火快，燃烧猛**

汽车内部的装饰物大量采用合成材料，主要是以聚氨酯类为主，其火灾蔓延速度快、热值高，燃烧中释放出大量的热和有毒烟气，特别是当汽油、柴油参与燃烧反应时，现场条件将更加恶劣。因汽车库内的汽车停放横向间距一般仅为500～800mm，在

火灾中易形成“多米诺骨牌”效应，极易造成大面积汽车过火的失控状态，并直接威胁建筑物本身的安全。

2. 火灾类型多，难以扑救

汽车库、修车库和停车场火灾不同于单一物质火灾，其本身集可燃固体物质（A）类火灾（如座椅和内饰物等）和可燃液体物质（B）类火灾（如燃油）于一体，以天然气为燃料的汽车还存在着压缩气体（C）类火灾危险，兼有可燃液体储油箱受热膨胀爆炸燃烧的特点。这一特点使汽车库有别于其他用途的建筑物火灾。

3. 通风排烟难

对汽车库来讲，尤其是地下多层汽车库的建筑结构决定平时不能仅靠自然风力进行通风排烟，需要安装防烟排烟系统。而防烟排烟系统在烟气温度达 280℃时即停止工作。一旦汽车库发生火灾，高热值的可燃物很快使火场温度超过 280℃，防烟排烟设备即会停止工作，此时仅能依靠自然排烟方式和临时架设排烟设施来排烟。

4. 灭火救援困难

在汽车库、修车库发生火灾时，产生的高温有毒气体和浓烟的流动状态是复杂和随机不定的，造成能见度急剧下降，这对快速准确地确定起火点和判定火灾规模极为不利。另外，因空气呼吸器的缺少和地下空间内无线对讲系统的干扰和遮蔽，都会造成灭火救援行动的延误。

5. 火灾影响范围大

大型地下汽车库的地上部分一般都为高层住宅或大型公共建筑，发生火灾后，由于地上与地下共用楼梯间、管道井、电梯井等，烟火通过开口部位对上方建筑造成很大威胁；同时，由于汽车库火灾荷载大，长时间燃烧很有可能造成上方高层住宅或公共建筑的倒塌；一些重要的设备和场所如变电所、消防控制室、消防水泵房等与汽车库相邻设置，火灾对它们也将构成严重威胁。

第二节 汽车库、修车库和停车场的防火设计要求

汽车库、修车库的防火设计，应结合车库的特点、实际情况，积极采用有效的防火与灭火措施。汽车库、修车库建筑的防火设计要求，除执行《汽车库、修车库、停车场设计防火规范》(GB 50067—2014）外，还应符合《建筑设计防火规范》（GB 50016—2014，2018 年版）、《人民防空工程设计防火规范》(GB 50098—2009)、《电动汽车分散充电设施工程技术标准》(GB/T 51313—2018）等有关设计标准和规范的要求。

一、总平面布局

（一）一般规定

汽车库、修车库和停车场的选址和总平面设计，应根据城市规划要求，合理确定汽

车库、修车库、停车场的位置、防火间距、消防车道和消防水源等。在总平面布局上应符合以下规定：

（1）汽车库、修车库、停车场不应布置在易燃、可燃液体或可燃气体的生产装置区和储存区内。汽车库不应与甲、乙类厂房、仓库贴邻或组合建造。

（2）Ⅰ类修车库应单独建造；Ⅱ、Ⅲ、Ⅳ类修车库可设置在一、二级耐火等级建筑的首层或与其贴邻，但不得与甲、乙类厂房、仓库，明火作业的车间，托儿所，幼儿园，中小学校的教学楼，老年人建筑，病房楼及人员密集场所组合建造或贴邻。

（3）地下、半地下汽车库内不应设置修理车位，喷漆间，充电间，乙炔间和甲、乙类物品库房。汽车库和修车库内不应设置汽油罐、加油机、液化石油气或液化天然气储罐、加气机。

（4）燃油或燃气锅炉、油浸变压器、充有可燃油的高压电容器和多油开关等，不应设置在汽车库、修车库内。当受条件限制必须贴邻汽车库、修车库布置时，应符合《建筑设计防火规范》（GB 50016—2014，2018 年版）的有关规定。

（5）甲、乙类物品运输车的汽车库、修车库应为单层建筑，且应独立建造。当停车数量不大于 3 辆时，可与一、二级耐火等级的Ⅳ类汽车库贴邻，但应采用防火墙隔开。

（二）防火间距

汽车库、修车库之间及汽车库、修车库与除甲类物品仓库外的其他建筑物的防火间距，不应小于表 4-8-1 的规定。

表 4-8-1　汽车库、修车库、停车场之间及汽车库、修车库、停车场与除甲类物品仓库外的其他建筑物的防火间距　　单位：m

名称和耐火等级	汽车库、修车库		厂房、仓库、民用建筑		
	一、二级	三级	一、二级	三级	四级
一、二级汽车库、修车库	10	12	10	12	14
三级汽车库、修车库	12	14	12	14	16
停车场	6	8	6	8	10

高层汽车库与其他建筑物，汽车库、修车库与高层建筑的防火间距应按表 4-8-1 的规定值增加 3m。汽车库、修车库与甲类厂房的防火间距应按以上规定值增加 2m。甲、乙类物品运输车的汽车库、修车库与民用建筑的防火间距不应小于 25m，与重要公共建筑的防火间距不应小于 50m。甲类物品运输车的汽车库、修车库与明火或散发火花地点的防火间距不应小于 30m。

二、防火分隔

（一）防火分区

汽车库应设防火墙、甲级防火门、防火卷帘等划分防火分区。每个防火分区的最大允许建筑面积应符合表 4-8-2 的规定。

表 4-8-2　汽车库防火分区最大允许建筑面积　单位：m^2

耐火等级	单层汽车库	多层汽车库、半地下汽车库	地下汽车库、高层汽车库
一、二级	3 000	2 500	2 000
三级	1 000	不允许	不允许

敞开式、错层式、斜楼板式汽车库的上、下连通层面积应叠加计算，每个防火分区的最大允许建筑面积不应大于表 4-8-2 规定的 2 倍；室内有车道且有人员停留的机械式汽车库，其防火分区最大允许建筑面积应按表 4-8-2 规定减少 35%。汽车库内设有自动灭火系统，其每个防火分区的最大允许建筑面积不应大于表 4-8-2 规定的 2 倍。

1. 机械式汽车库要求

室内无车道且无人员停留的机械式汽车库，当停车数量超过 100 辆时，应采用无门、窗、洞口的防火墙分隔为多个停车数量不大于 100 辆的区域，但当采用防火隔墙和耐火极限不低于 1.00h 的不燃性楼板分隔成多个停车单元，且停车单元内的停车数量不大于 3 辆时，应分隔为停车数量不大于 300 辆的区域。

2. 甲、乙类物品运输车的汽车库、修车库要求

甲、乙类物品运输车的汽车库、修车库，每个防火分区的最大允许建筑面积不应大于 $500m^2$。

3. 修车库要求

修车库每个防火分区的最大允许建筑面积不应大于 $2\ 000m^2$，当修车部位与相邻使用有机溶剂的清洗和喷漆工段采用防火墙分隔时，每个防火分区的最大允许建筑面积不应大于 $4\ 000m^2$。

4. 分散充电设施

（1）新建汽车库内配建的分散充电设施在同一防火分区内应集中布置，且应布置在一、二级耐火等级的汽车库的首层、二层或三层。当设置在地下或半地下时，宜布置在地下车库的首层，不应布置在地下建筑四层及以下。

（2）集中布置的充电设施区应设置独立的防火单元，当设置在单层汽车库内时，其最大允许建筑面积为 $1\ 500m^2$；当设置在多层汽车库内时，其最大允许建筑面积为 $1\ 250m^2$；当设置在地下汽车库或高层汽车库内时，其最大允许建筑面积为 $1\ 000m^2$。

（3）既有建筑未设置火灾自动报警系统、排烟设施、自动喷水灭火系统、消防应急照明以及疏散指示标志的地下、半地下和高层汽车库内，不得配建分散充电设施。

（二）其他防火分隔

（1）为汽车库、修车库服务的以下附属建筑，可与汽车库、修车库贴邻，但应采用防火墙隔开，并应设置直通室外的安全出口：

1）储存量不大于 1t 的甲类物品库房。

2）总安装容量不大于 $5m^3/h$ 的乙炔发生器间和储存量不超过 5 个标准钢瓶的乙炔气瓶库。

3）1 个车位的非封闭喷漆间或不大于 2 个车位的封闭喷漆间。

4）建筑面积不大于 $200m^2$ 的充电间和其他甲类生产场所。

（2）汽车库、修车库与其他建筑合建时，当贴邻建造时应采用防火墙隔开；设在建筑物内的汽车库（包括屋顶停车场）、修车库与其他部分之间，应采用防火墙和耐火极限不低于 2.00h 的不燃性楼板分隔；汽车库、修车库的外墙门、洞口的上方，应设置耐火极限不低于 1.00h、宽度不小于 1m 的不燃性防火挑檐；汽车库、修车库的外墙上、下窗之间墙的高度，不应小于 1.2m 或设置耐火极限不低于 1.00h、宽度不小于 1m 的不燃性防火挑檐。

（3）汽车库内设置修理车位时，停车部位与修车部位之间应采用防火墙和耐火极限不低于 2.00h 的不燃性楼板分隔。修车库内使用有机溶剂清洗和喷漆的工段，当超过 3 个车位时，均应采用防火隔墙等分隔措施。

（4）附设在汽车库、修车库内的消防控制室、自动灭火系统的设备室、消防水泵房、排烟、通风和空调机房等，应采用防火隔墙和耐火极限不低于 1.50h 的不燃性楼板相互隔开或与相邻部位分隔。

（5）除敞开式汽车库、斜楼板式汽车库外，其他汽车库内的汽车坡道两侧应采用防火墙与停车区隔开，坡道的出入口应采用水幕、防火卷帘或甲级防火门等与停车区隔开；但当汽车库和汽车坡道上均设置自动灭火系统时，坡道的出入口可不设置水幕、防火卷帘或甲级防火门。

（6）分散充电设施的每个防火单元应采用耐火极限不低于 2.00h 的防火隔墙或防火卷帘、防火分隔水幕等与其他防火单元和汽车库其他部位分隔。防火隔墙上开设相互连通的门时，应采用耐火等级不低于乙级的防火门。当采用防火分隔水幕时，其设计应符合《自动喷水灭火系统设计规范》（GB 50084—2017）的有关规定。配建分散充电设施的地下、半地下和高层汽车库，应设置火灾自动报警系统、排烟设施、自动喷水灭火系统、消防应急照明和疏散指示标志。

三、安全疏散

汽车库、修车库的人员安全出口和汽车疏散出口应分开设置。设在工业与民用建筑内的汽车库，其车辆疏散出口应与其他场所的人员安全出口分开设置。

（一）人员安全出口

除室内无车道且无人员停留的机械式汽车库外，汽车库、修车库内每个防火分区的人员安全出口不应少于 2 个，Ⅳ类汽车库和Ⅲ、Ⅳ类的修车库可设置 1 个。室内无车道且无人员停留的机械式汽车库可不设置人员安全出口，但应按相关规定设置供灭火救援用的楼梯间，且设汽车库检修通道，其净宽不应小于 0.9m。

1. 疏散楼梯

汽车库、修车库内的人员疏散主要依靠楼梯进行，因此要求室内的楼梯必须安全可靠。

（1）建筑高度大于 32m 的高层汽车库、室内地面与室外出入口地坪的高差大于 10m

的地下汽车库，应采用防烟楼梯间；其他车库应采用封闭楼梯间；楼梯间和前室的门应采用乙级防火门，并应向疏散方向开启；疏散楼梯的宽度不应小于 1.1m。

（2）室内无车道且无人员停留的机械式汽车库，每个停车区域当停车数量大于 100 辆时，应至少设置 1 个楼梯间；楼梯间与停车区域之间应采用防火隔墙进行分隔，楼梯间的门应采用乙级防火门；楼梯的净宽不应小于 0.9m。

（3）与住宅地下室相连通的地下、半地下汽车库，人员疏散可借用住宅部分的疏散楼梯；当不能直接进入住宅部分的疏散楼梯间时，应在地下、半地下汽车库与住宅部分的疏散楼梯之间设置连通走道，走道应采用防火隔墙分隔。汽车库开向该走道的门均应采用甲级防火门。

2. 疏散距离

汽车库室内任一点至最近人员安全出口的疏散距离不应大于 45m，当设置自动灭火系统时，其距离不应大于 60m，对于单层或设置在建筑首层的汽车库，室内任一点至室外出口的距离不应大于 60m。

（二）汽车疏散出口

汽车库、修车库的汽车疏散出口总数不应少于 2 个，且应分散布置。以下汽车库、修车库的汽车疏散出口可设置 1 个：

（1）Ⅳ类汽车库。

（2）设置双车道汽车疏散出口的Ⅲ类地上汽车库。

（3）设置双车道汽车疏散出口、停车数量小于或等于 100 辆，且建筑面积小于 4 000m^2 的地下或半地下汽车库。

（4）Ⅱ、Ⅲ、Ⅳ类修车库。

Ⅰ、Ⅱ类地上汽车库和停车数量大于 100 辆的地下、半地下汽车库，当采用错层或斜楼板式且车道、坡道为双车道时，其首层或地下一层至室外的汽车疏散出口不应少于 2 个，汽车库内其他楼层的汽车疏散坡道可设置 1 个。Ⅳ类汽车库设置汽车坡道有困难时，可采用汽车专用升降机作为汽车疏散出口，升降机的数量不应少于 2 台，停车数少于 25 辆时，可设置 1 台。汽车疏散坡道的净宽，单车道不应小于 3m，双车道不应小于 5.5m。

四、消防设施

（一）消防给水

汽车库、修车库应设置消防给水系统，耐火等级为一、二级的Ⅳ类修车库和耐火等级为一、二级且停放车辆不大于 5 辆的汽车库可不设消防给水系统。

消防给水可由市政给水管道、消防水池或天然水源供给。利用天然水源时，应设有可靠的取水设施和通向天然水源的道路，并应在枯水期最低水位时，确保消防用水量。当室外消防给水采用高压或临时高压给水系统时，车库的消防给水管道的压力应保证在消防用水量达到最大时，最不利点水枪充实水柱不应小于 10m；当室外消防给水采用低压给水系统时，管道内的压力应保证灭火时最不利点消火栓的水压不小于 0.1MPa（从室外地面算起）。

（二）室内外消火栓

1. 室外消火栓系统

汽车库、修车库应设室外消火栓给水系统，其室外消防用水量应按消防用水量最大的一座计算。Ⅰ、Ⅱ类汽车库、修车库的室外消防用水量不应小于 20L/s；Ⅲ类汽车库、修车库的室外消防用水量不应小于 15L/s；Ⅳ类汽车库、修车库的室外消防用水量不应小于 10L/s。

汽车库、修车库室外消防给水管道、室外消火栓、消防水泵房的设置，应按《消防给水及消火栓系统技术规范》（GB 50974—2014）的有关规定执行。

2. 室内消火栓系统

（1）设置范围。建筑面积大于 300m^2 的汽车库和修车库应设室内消火栓给水系统。

（2）设置要求。Ⅰ、Ⅱ、Ⅲ类汽车库及Ⅰ、Ⅱ类修车库的用水量不应小于 10L/s，系统管道内的压力应保证相邻 2 个消火栓的水枪充实水柱同时到达室内任何部位；Ⅳ类汽车库及Ⅲ、Ⅳ类修车库的用水量不应小于 5L/s，系统管道内的压力应保证 1 个消火栓的水枪充实水柱到达室内任何部位。

车库室内消火栓水枪的充实水柱不应小于 10m，同层相邻室内消火栓的间距不应大于 50m，高层汽车库和地下汽车库、半地下汽车库室内消火栓的间距不应大于 30m。室内消火栓应设置在明显、易于取用的地方，以便于用户和消防救援人员及时找到和使用。室内无车道且无人员停留的机械式汽车库楼梯间及停车区的检修通道上应设置室内消火栓。

（三）固定灭火系统

1. 自动灭火系统

（1）设置范围。除敞开式汽车库外，Ⅰ、Ⅱ、Ⅲ类地上汽车库，停车数大于 10 辆的地下、半地下汽车库，机械式汽车库，采用汽车专用升降机作汽车疏散出口的汽车库，Ⅰ类修车库均要设置自动喷水灭火系统。环境温度低于 4℃时间较短的非严寒或寒冷地区，可采用湿式自动喷水灭火系统，但应采取防冻措施。

（2）设置要求。设置在汽车库、修车库内的自动喷水灭火系统，喷头应设置在汽车库停车位的上方或侧上方。对于机械式汽车库，应按停车的载车板分层布置，且应在喷头的上方设置集热板；错层式、斜楼板式汽车库的车道、坡道上方均应设置喷头。室内无车道且无人员停留的机械式汽车库应选用快速响应喷头。

自动喷水灭火系统的设置应符合《自动喷水灭火系统设计规范》（GB 50084—2017）的有关规定。

2. 其他固定灭火系统

泡沫 – 水喷淋系统对于扑救汽车库火灾具有比自动喷水灭火系统更好的效果，对于Ⅰ类地下、半地下汽车库，Ⅰ类修车库，停车数大于 100 辆的室内无车道且无人员停留的机械式汽车库等一旦发生火灾扑救难度大的场所，宜采用泡沫 – 水喷淋系统，以提高灭火效力。泡沫 – 水喷淋系统的设计应符合《泡沫灭火系统技术标准》（GB 50151—2021）的有关规定。

地下、半地下汽车库可采用高倍数泡沫灭火系统。停车数量不大于 50 辆的室内无车道且无人员停留的机械式汽车库，可采用二氧化碳等气体灭火系统。高倍数泡沫灭火系统、二氧化碳等气体灭火系统的设计，应符合《泡沫灭火系统技术标准》（GB 50151—2021）、《二氧化碳灭火系统设计规范》（GB 50193—93，2010 年版）和《气体灭火系统设计规范》（GB 50370—2005）的有关规定。

（四）火灾自动报警系统

1. 设置范围

除敞开式汽车库外，Ⅰ类汽车库、修车库，Ⅱ类地下、半地下汽车库、修车库，Ⅱ类高层汽车库、修车库，机械式汽车库，以及采用汽车专用升降机作汽车疏散出口的汽车库应设置火灾自动报警系统。

2. 设置要求

火灾自动报警系统的设计应按《火灾自动报警系统设计规范》（GB 50116—2013）的规定执行。气体灭火系统、泡沫－水喷淋系统、高倍数泡沫灭火系统以及设置防火卷帘、防烟排烟系统的联动控制设计，应符合《火灾自动报警系统设计规范》（GB 50116—2013）的有关规定。

（五）防烟排烟

1. 设置范围

除敞开式汽车库、建筑面积小于 1 000m^2 的地下一层汽车库和修车库外，汽车库、修车库应设置排烟系统。

2. 设置要求

汽车库、修车库应划分防烟分区，防烟分区的建筑面积不宜大于 2 000m^2，且防烟分区不应跨越防火分区。防烟分区可采用挡烟垂壁、隔墙或从顶棚下凸出不小于 0.5m 的梁划分。

排烟系统可采用自然排烟方式或机械排烟方式。当采用自然排烟方式时，可采用手动排烟窗、自动排烟窗、孔洞等作为自然排烟口。自然排烟口应设置在外墙上方或屋顶上，并应设置方便开启的装置；房间外墙上的排烟口（窗）宜沿外墙周长方向均匀分布，排烟口（窗）的下沿不应低于室内净高的 1/2，并应沿气流方向开启，总面积不应小于室内地面面积的 2%。室内无车道且无人员停留的机械式汽车库排烟口设置在运输车辆的通道顶部。

机械排烟系统可与人防、卫生等排气、通风系统合用。排烟风机可采用离心风机或排烟轴流风机，并应保证 280℃时能连续工作 30min。汽车库内无直接通向室外的汽车疏散出口的防火分区，当设置机械排烟系统时，应同时设置补风系统，且补风量不宜小于排烟量的 50%。

设置通风系统的汽车库，其通风系统宜独立设置；喷漆间、电瓶间均应设置独立的排风系统。

（六）疏散指示标志和应急照明

1. 设置范围

除停车数量不大于 50 辆的汽车库，以及室内无车道且无人员停留的机械式汽车库外，汽车库内应设置消防应急照明和疏散指示标志。

2. 设置要求

消防应急照明灯宜设置在墙面或顶棚上，其地面最低水平照度不应低于 1.0 lx。安全出口标志宜设置在疏散出口的顶部；疏散指示标志宜设置在疏散通道及其转角处，且距地面高度 1m 以下的墙面上。疏散通道上的指示标志，其间距不宜大于 20m。用于疏散通道上的消防应急照明和疏散指示标志，可采用蓄电池作备用电源，但其连续供电时间不应小于 30min。

（七）灭火器的配置

除机械式汽车库外，汽车库、修车库均应配置灭火器，灭火器的配置应符合《建筑灭火器配置设计规范》（GB 50140—2005）的有关规定。

参考文献

［1］中华人民共和国公安部消防局 . 中国消防手册：第五卷 ［M］. 上海：上海科学技术出版社，2007.

［2］中国消防协会 .2011 年中国消防协会科学技术年会论文集［C］. 北京：科学普及出版社，2011.

练习题

一级注册消防工程师

（一）单项选择题

1. 某修车库设有 7 个修车位，根据《汽车库、修车库、停车场设计防火规范》（GB 50067—2014），该修车库的分类应为（　　）类。

A. Ⅰ　　B. Ⅱ　　C. Ⅲ　　D. Ⅳ

2. 新建一座地下汽车库，建筑面积为 15 000m^2，停车位 300 个，汽车车库按规定划分了防火分区并设置了消防设施。根据《汽车库、修车库、停车场设计防火规范》（GB 50067—2014）的有关要求，该汽车库室内任一点至最近人员安全出口的疏散距离不应大于（　　）m。

A. 45　　B. 50　　C. 60　　D. 80

3. 下列汽车库、修车库中，应设置 2 个汽车疏散出口的是（　　）。

A. 总建筑面积 1 500m^2、停车位 45 个的汽车库

B. 设有双车道汽车疏散出口、总建筑面积 3 000m^2、停车位 90 个的地上汽车库

C. 总建筑面积 3 500m^2、设 14 个修车为的修车库

D. 设有双车道汽车疏散出口、总建筑面积 3 000m^2、停车位 90 个的地下汽车库

（二）多项选择题

1. 下列汽车库，修车库，停车场中，可不设置自动喷水灭火系统的有（　　）。

A. Ⅳ类地上汽车库　　B. 机械式汽车库

C. Ⅰ类汽车库　　D. 屋面停车场

E. 停车数量为 10 辆的地下汽车库

2. 某新建 5 层停车楼，地下 2 层、地上 3 层，总建筑面积 15 000m^2，共设停车位 400 个，关于该停车楼的说法，正确的有(　　)。

A. 集中布置在第一层的充电设施区其最大允许建筑面积为 1 500 m^2

B. 该停车楼应为 I 类汽车库

C. 该停车楼应设置消防控制室

D. 该停车楼的室外消防用水量不应小于 20L/s

E. 该停车楼每层任一点至最近人员安全出口的疏散距离不应大于 60m

第九章　洁净厂房防火

学习要求

通过本章学习，应了解洁净厂房的特点、分类；熟悉洁净厂房的火灾危险性；掌握洁净厂房防火分区划分、人员疏散设计、消防设施配置等方面的设计要求。

洁净厂房是在生产工艺上对建筑物有特殊净化要求的厂房，其建筑结构、生产工艺、原料品种等有别于一般建筑，具有特殊性和复杂性，其基本特点是建筑结构密闭、生产工艺复杂、生产原料品种繁多、生产设备贵重且精密。

由于各类工业企业的洁净厂房内生产的产品及其生产工艺各不相同，它们对生产环境控制都会有一些特殊要求，各行业按各自的特点制定了必要的行业标准和规定。本章主要对洁净厂房（含洁净车间、洁净室）的防火设计进行介绍。

第一节　洁净厂房的分类及火灾危险性

洁净厂房是以具有洁净室和洁净区作为重要标志的生产厂房。根据《洁净厂房设计规范》（GB 50073—2013）中的定义：洁净室是指空气悬浮粒子浓度受控的房间；洁净区是指空气悬浮粒子浓度受控的限定空间。洁净室和洁净区的建造和使用应减少空间内诱入、产生及滞留粒子。室内或区域空间内其他有关参数如温度、湿度、压力等按要求进行控制。洁净区可以是开放式的，也可以是封闭式的。洁净室的分类方法很多，但最多的是按洁净室的气流流型和洁净室的使用性质进行分类。

一、洁净厂房的分类

（一）按洁净室的气流流型划分

国内外通常以气流流型划分洁净室类型。

1. 单向流洁净室

单向流洁净室的气流是从室内送风一侧平行、直线、平稳地流向相对应的回风侧，它是将室内污染源散发出的污染物在未向室内扩散之前就被洁净空气压出房间，送入的洁净空气对污染源起到隔离作用。单向流洁净室可分为垂直单向流洁净室和水平单向流洁净室。

2. **非单向流洁净室（乱流洁净室）**

非单向流洁净室的气流以不均匀的速度呈不平行流动，伴有回流或涡流。适合用这种洁净室的场合洁净度要求一般。这类洁净室靠送风气流不断稀释室内空气，把室内污染物排出，达到平衡。要保证稀释作用很好地实现，最重要的一点是室内气流扩散得越快越均匀越好。

3. **混合（局部单向流）流洁净室**

混合流洁净室是在同一洁净室内，同时存在单向流和非单向流两种气流流型的洁净室（区）。

（二）按洁净室的使用性质划分

1. **工业洁净室**

如电子工业、机械工业、化工工业等用的洁净室。

2. **生物洁净室**

如生物制药、食品、实验动物饲养等洁净室、洁净手术室等。

3. **生物安全实验室**

如研究高危害性、传染性、病菌病毒等微生物的洁净室。

二、洁净厂房的火灾危险性

洁净厂房因其建筑和生产的特殊性，在火灾的发生和危险性方面不仅有其他一般生产厂房的特点，而且具有洁净厂房自身的特点，由于洁净厂房内生产工艺对厂房的密闭性能有着特殊要求，洁净厂房主要存在以下几方面火灾危险性。

1. **火灾危险源多，火灾发生概率高**

在医药、化工、电子等行业，以生产工序或生产流程的流水作业要求来划分功能的情况比较突出，这使某些危险工序或危险设备直接影响到建筑和人员的安全。特别是一些使用原料或生产过程中产生的中间产品带有易燃易爆危险性的，无法从建筑构造或建筑布局中加以防范，使得厂房的火灾危险性大大增加。

2. **洁净区域大，防火分隔困难**

随着现代工业特别是电子工业的飞速发展以及洁净技术的不断更新，洁净区的面积也不断增大。例如，某芯片生产企业根据工艺需求所建洁净区面积达近 10 万 m^2，穿孔楼板使工厂洁净区与原料设备区融为一体，洁净区又与送回风井道一体化设计，高度达 20 余米。对于此类超大型的洁净厂房，水平垂直防火分区分隔的设置困难重重。当发生火灾时，火灾产生的烟尘易蔓延至整个厂区，造成全面性的损害。

3. **室内迂回曲折，人员疏散困难**

随着洁净区面积的不断增大，对空气悬浮粒子浓度控制要求的不断提高，洁净厂房内工艺隔离措施、除尘防尘设施也不断增加。厂内走廊、通道的布置均要先满足工艺的要求，使得室内平面布置迂回曲折，人员疏散困难。大部分医药、电子、食品类洁净厂房属于劳动密集型厂房，特别是包装车间、装配车间等，大多是车间小、人员多，发生火灾易造成群死群伤。

4. 建筑结构密闭，排烟扑救困难

为保证洁净室的净化度要求和节约能耗，生产区往往不设外窗或设数量较少的固定窗，生产空间保持结构密闭，一旦发生火灾，热量难以散发，烟气难以排出，使得人员疏散和灭火救援火场排烟越发困难。部分洁净厂房的保温材料在火灾时释放出的有毒气体被引入封闭的洁净厂房，也给人员疏散和火灾扑救带来极大的困难。此外，洁净室的分隔墙及吊顶较多采用金属板，对电磁波具有较强的屏蔽作用，对无线通信的影响尤为巨大。一旦发生火灾，消防救援人员救援时的无线通信系统很难在洁净区内使用，使消防救援行动更为困难。

5. 火灾蔓延迅速，早期发现困难

洁净室一般均有较高的温湿度要求，送风、排风和除尘风管较为复杂，风管通常布置在洁净室上方的技术夹层内，发生火灾时火势易顺着风道迅速蔓延。洁净厂房内风管密布，大量使用难燃保温材料。一旦发生火灾，不仅会造成火灾蔓延，更会产生大量有毒有害的燃烧产物，也容易引起人员的伤亡。洁净室内工艺物料和公用工程管道、电缆布置错综复杂且布置隐蔽，一般安装在技术夹层或暗敷于隔墙内，发生故障不易及时发现，火灾隐情也不易发现。

6. 生产工艺特殊，次生灾害控制困难

部分洁净厂房由于生产生物活性物质，一旦发生火灾，不仅要控制、扑灭火灾，还要控制次生灾害的产生。一旦控制次生灾害的措施不当，造成环境污染的后果将远远大于火灾造成的后果。

第二节　洁净厂房的防火要求

随着医药、电子、食品等行业的迅速发展，这些行业对厂房、生产工序和生产环境的要求越来越高。洁净厂房作为解决医药、食品、高精密性仪器无菌无尘生产的前提和保证，其防火设计不容忽视。洁净厂房虽不同于一般工业厂房，但在材料与构造的防火性能以及火灾的火势形式、火灾的发展与扩散等基本方面，两者都基本一致，《建筑设计防火规范》（GB 50016—2014，2018 年版）中不少条文同样适用于洁净厂房，由于洁净厂房内生产工艺的特殊性、洁净室（区）的特殊性，洁净厂房在防火设计上也有一些特殊的要求。

一、火灾危险性分类

洁净厂房内生产工作间的火灾危险性应符合《建筑设计防火规范》（GB 50016—2014，2018 年版）的有关规定，《洁净厂房设计规范》（GB 50073—2013）把洁净厂房生产工作间的火灾危险分为甲、乙、丙、丁、戊五类。其火灾危险性分类举例见表 4-9-1。洁净厂房内，当同一座厂房或厂房的任一防火分区内有不同火灾危险性生产时，该厂房或防火分区内的生产火灾危险性分类应按火灾危险性较大的部分确定。

表 4-9-1　洁净厂房生产工作间的火灾危险性分类举例

生产类别	举　例
甲	1. 微型轴承装配的精研间、装配前的检查间 2. 精密陀螺仪装配的清洗间 3. 磁带涂布烘干工段 4. 化工厂的丁酮、丙酮、环乙酮等易燃熔剂的物理提纯工作间、光致抗蚀剂的配制工作间 5. 集成电路工厂使用闪点小于 28℃的易燃液体的化学清洗间、外延间 6. 常压化学气相沉积间和化学试剂储存间
乙	胶片厂的洗印车间
丙	1. 计算机机房记录数据的磁盘储存间 2. 显像管厂装配工段烧枪间 3. 磁带装配工段 4. 集成电路工厂的氧化、扩散间和光刻间
丁	1. 液晶显示器件工厂的溅射间、彩膜检验间 2. 光纤预制棒的 MCVD、OVD 沉淀间、火抛光、芯棒烧缩及拉伸间、拉纤间 3. 彩色荧光粉厂的蓝粉、绿粉、红粉制造间
戊	1. 半导体器件、集成电路工厂的切片间、磨片间、抛光间 2. 光纤、光缆工厂的光纤筛选、校验区

注：MCVD 代表改良的化学气相沉积，OVD 代表外部气相沉积。

二、建筑材料及其燃烧性能

洁净厂房的耐火等级不应低于二级。

（1）洁净室的顶棚和壁板及夹芯材料应为不燃烧体，且不得采用有机复合材料。顶棚和壁板的耐火极限不应低于 0.40h，疏散走道顶棚的耐火极限不应低于 1.00h。

（2）在一个防火区内的综合性厂房，其洁净生产与一般生产区域之间应设置不燃烧体隔墙封闭到顶。隔墙及其相应顶板的耐火极限不应低于 1.00h，隔墙上的门、窗耐火极限不应低于 0.60h。穿过隔墙或顶板的管线周围空隙应采用防火或耐火材料紧密填塞。

（3）技术竖井井壁应为不燃烧体，其耐火极限不应低于 1.00h。井壁上检查门的耐火极限不应低于 0.60h；竖井内在各层或间隔一层楼板处，应采用相当于楼板耐火极限的不燃烧体做水平防火分隔；穿过防火分隔墙的管线周围空隙，应采用防火或耐火材料紧密填塞。

（4）洁净厂房的装修材料的燃烧性能应符合《建筑内部装修设计防火规范》（GB 50222—2017）的规定，装修材料的烟密度等级不应大于 50，材料的烟密度等级试验应符合《建筑材料燃烧或分解的烟密度试验方法》（GB/T 8627—2007）的有关规定。

三、防火分区

为缩短管线距离、减少能耗、提高土地利用率、有利于生产管理，医药工业制剂厂房通常将生产、仓储、配套公用工程及生产管理、质监中心有机组合在一栋综合建筑体中。在建筑设计时，应按不同的生产功能、使用功能来划分不同的防火分区。

甲、乙类生产的洁净厂房，宜采用单层厂房。其防火分区最大允许建筑面积，单层厂房宜为 3 000m²，多层厂房宜为 2 000m²。丙、丁、戊类生产的洁净厂房，其防火分区最大允许建筑面积应符合《建筑设计防火规范》（GB 50016—2014，2018 年版）的规定。每一防火分区的建筑面积、安全出口、疏散距离均应满足规范要求。

四、安全疏散设施

洁净厂房的特点是生产人员岗位固定，熟悉工作场所，熟悉疏散路线，有利于人员的安全疏散。一般来说，洁净厂房设计时应注意合理组织疏散路线、合理设置安全出口，使平面复杂的洁净厂房满足安全疏散要求。

（一）安全出口

为保证安全疏散的可靠性，洁净厂房每一生产层、每一防火分区或每一洁净区的安全出口的数量均不应少于 2 个。安全出口应分散均匀布置，从生产地点至安全出口不应经过曲折的人员净化路线。

洁净厂房符合下列要求时，可设置 1 个安全出口：

（1）甲、乙类生产厂房每层的洁净生产区总建筑面积不超过 100m²，且同一时间内的生产人员总数不超过 5 人。

（2）丙类生产厂房，每层的建筑面积不超过 250m²，且同一时间内生产人数不超过 20 人。

（3）丁、戊类生产厂房，每层的建筑面积不超过 400m²，且同一时间的作业人数不超过 30 人。

洁净区与非洁净区和洁净区与室外相通的安全疏散门应向疏散方向开启，并应加闭门器。安全疏散门不得采用吊门、转门、侧拉门、卷帘门以及电控自动门。

（二）疏散距离

洁净厂房的疏散距离应满足《建筑设计防火规范》（GB 50016—2014，2018 年版）的要求。耐火等级为一、二级的洁净厂房内任一点到最近安全出口的距离应符合表 4–9–2 的要求。

表 4-9-2　洁净厂房内任一点到最近安全出口的距离　单位：m

生产类别	单层	多层	高层	地下室
甲	30	25	—	—
乙	75	50	30	—
丙	80	60	40	30
丁	不限	不限	50	45
戊	不限	不限	75	60

（三）疏散楼梯

洁净厂房各疏散楼梯均应出屋面，楼梯间的首层应设置直接对外的出口。当疏散楼梯在首层无法设置直接对外的出口时，应设置直通室外的安全通道（房间开向安全通道的门应为乙级防火门），安全通道内应设置正压送风设施。

（四）疏散通道

部分洁净厂房的平面布置因洁净度要求，每一工序都在单独的较小的空间内进行，使平面布置错综复杂。转折的生产流线和多重进出房门影响了人员安全疏散的时间。疏散通道的设置是保证洁净厂房安全疏散的重要措施。

在医药工业制剂厂房中，疏散走道的确定应尽量结合工艺要求，将工艺中已采取防火分隔措施的主通道作为安全疏散通道。

对于洁净区域相对较大的制剂生产厂房，人、物流通道往往由两部分组成，即洁净区外部的人、物流通道及洁净区内部的人、物流通道。洁净区各个生产用房往往由内部通道相连以满足不同的生产工序的需要，这些内部通道同时也作为洁净区人员的安全疏散路线，通过安全疏散门与外部非洁净通道相连，人员通过外部通道到达室外安全出口或疏散楼梯间。建筑平面设计时应合理构筑人员安全疏散体系，洁净区外部通道尽可能环通，达到多向疏散的目的，尽可能避免袋形走道，这样也有利于消防扑救。

（五）专用消防口

专用消防口是消防救援人员为灭火而进入建筑物的专用入口，平时封闭，火灾时由消防救援人员从室外打开。洁净厂房通常是个相对封闭的空间，一旦发生火灾，给消防扑救带来困难。洁净厂房同层洁净室（区）外墙应设可供消防救援人员通往厂房洁净室（区）的门、窗，其洞口间距大于 80m 时，在该段外墙的适当部位应设置专用消防口。专用消防口的宽度不应小于 750mm，高度不应小于 1 800mm，并应有明显标志。楼层专用消防口应设置阳台，并从二层开始向上层架设钢梯。

洁净厂房外墙上的吊门、电控自动门以及装有栅栏的窗，均不应作为火灾发生时供消防救援人员进入厂房的入口。

五、消防设施配置

由于洁净厂房的建筑造价及工艺设备都比较昂贵，发生火灾带来的直接和间接的经济损失十分惨重，因此建立行之有效的消防保障体系是洁净室建造和运行必须解决的重要问题。目前，被广泛使用于洁净厂房的灭火设施有：室内外消火栓系统、自动喷水灭火系统和灭火器。另外，还应根据具体的条件和要求，有针对性地选用其他必要的消防设备，如气体灭火系统等。

（一）消防给水和室内消火栓

洁净厂房必须设置消防给水设施，消防给水设施设置应根据生产的火灾危险性、建筑物耐火等级以及建筑物的体积等因素确定，符合《建筑设计防火规范》（GB 50016—2014，2018 年版）、《消防给水及消火栓系统技术规范》（GB 50974—2014）的有关规定。洁净厂房室内消火栓的设置还应符合下列规定：

（1）洁净室（区）的生产层及上、下技术夹层，应设置室内消火栓。

（2）室内消火栓的用水量不应小于 10L/s，同时使用水枪数不应少于 2 支，水枪充实水柱不应小于 10m，每支水枪的出水量不应小于 5L/s。

（二）自动灭火设备

1. 自动喷水灭火系统

目前，自动喷水灭火系统已成为洁净厂房消防系统的首选配置。洁净厂房内设有贵重设备、仪器的房间设置自动喷水灭火系统时，宜采用预作用式自动喷水灭火系统。自动喷水灭火系统的设置应符合《自动喷水灭火系统设计规范》（GB 50084—2017）的要求。

2. 其他灭火设施

洁净厂房内设有贵重设备、仪器的房间设置固定灭火设施时，除设置水灭火系统之外，目前较为广泛使用的还有二氧化碳、IG541、三氟甲烷和七氟丙烷等洁净气体灭火系统。

二氧化碳使用不当会使人窒息，不能用于有人的场所，而且其冷却作用较大，对精密仪器会产生一定影响。IG541 气体灭火机理为物理灭火，灭火较慢，它的储存压力较高，被保护的区域较大，但钢瓶的用量多，钢瓶间储存空间较大，而且对系统管网要求高，计算复杂。七氟丙烷气体灭火机理为化学灭火，灭火较快，一般输送距离不宜大于 35m，但被保护对象体积较大时，需配置 2 套系统，会增加投资造价。综上所述，在洁净厂房存放贵重设备和仪器、物料的洁净室设置气体灭火系统时，不应采用会导致人员窒息和对保护对象产生二次损害的灭火剂，应进行方案比较，选择最合适的系统设计。

（三）火灾自动报警系统

洁净厂房应设置火灾自动报警系统及消防联动控制，洁净厂房的生产层、技术夹层、机房、站房等均应设置火灾报警探测器，生产区及走廊应设置手动火灾报警按钮。易燃易爆气体、液体的储存和使用场所及入口室或分配室应设可燃气体探测器。有毒气体、液体的储存和使用场所应设气体检测器。报警信号应联动启动或手动启动相应的事故排风机，并将报警信号送至消防控制室，消防控制室不应设在洁净区内。消防控制设备的控制及显示功能应符合《火灾自动报警系统设计规范》（GB 50116—2013）的有关规定。

火灾自动报警系统的设计在满足现行规范要求的同时，还应根据洁净厂房的特殊要求合理选择，充分优化。下面以电子类洁净厂房为例进行说明。

电子类洁净厂房应根据生产工艺布置和公用动力系统的装备情况设置火灾报警装置。洁净生产区、技术夹层、机房、站房等均应设火灾探测器，其中洁净生产区、技术夹层应设智能型探测器。在洁净室（区）空气处理设备的新风或循环风的出口处宜设火灾探测器。当厂房内防火分区面积超过现行规定要求时，在洁净室内净化空调系统混入新风前的回风气流中应设置高灵敏度早期报警火灾探测器。当洁净室（区）顶部安装探测器不能满足《火灾自动报警系统设计规范》（GB 50116—2013）要求时，在洁净室内净化空调系统混入新风前的回风气流中应设置管路吸气式感烟火灾探测器。

（四）通风、排烟

（1）洁净室内产生粉尘和有害气体的工艺设备，应设局部排风装置。下列情况下，局部排风系统应单独设置：

1）排风介质混合后能产生或加剧腐蚀性、毒性、燃烧爆炸危险性和发生交叉污染。

2）排风介质中含有毒性的气体。

3）排风介质中含有易燃易爆气体。

（2）洁净室的排风系统应符合下列规定：

1）防止室外气流倒灌。

2）含有易燃易爆物质的局部排风系统应按物理化学性质采取相应的防火防爆措施。

3）排风介质中有害物浓度及排放速率超过国家或地区有害物质排放浓度及排放速率规定时，应进行无害化处理。

4）对含有水蒸气和凝结性物质的排风系统，应设坡度及排放口。

（3）下列情况之一的通风、净化空调系统的风管应设防火阀：

1）风管穿越防火分区的隔墙处，穿越变形缝的防火隔墙的两侧。

2）风管穿越通风、空调机房的隔墙和楼板处。

3）垂直风管与每层水平风管交接的水平管段上。

（4）风管、附件及辅助材料的耐火性能应符合下列规定：

1）净化空调系统、排风系统的风管应采用不燃材料。

2）排除有腐蚀性气体的风管应采用耐腐蚀的难燃材料。

3）排烟系统的风管应采用不燃材料，其耐火极限应大于 0.50h。

4）附件、保温材料、消声材料和黏结剂等均采用不燃材料或难燃材料。

（5）根据生产工艺要求应设置事故排风系统。事故排风系统应设自动和手动控制开关，手动控制开关应分别设在洁净室内外便于操作处。

（6）洁净厂房的疏散走廊应设机械排烟设施，并应符合《建筑设计防火规范》（GB 50016—2014，2018 年版）和《建筑防烟排烟系统技术标准》（GB 51251—2017）的有关规定。

（五）灭火器配置

洁净厂房内各场所应配置灭火器，并应符合《建筑灭火器配置设计规范》（GB 50140—2005）的有关规定。灭火器的配置，关键在于正确选择和使用灭火剂。灭火剂选择时，应考虑配置场所的火灾类型，灭火剂的灭火能力，对保护对象的污损程度，使用的环境温度以及灭火剂之间、灭火剂与可燃物的相容性。

（六）消防应急照明和疏散指示系统

洁净厂房内应设置供人员疏散用的应急照明。在安全出口、疏散口和疏散通道转角处应按规定设置疏散指示标志，在专用消防扑救口处应设置红色应急照明灯。消防应急照明和疏散指示系统的设置应符合《消防应急照明和疏散指示系统技术标准》（GB 51309—2018）的有关规定。

六、气体管道的安全措施

（一）工业管道敷设要求

洁净厂房洁净室（区）内工业管道不应穿越无关的房间，干管应敷设在上、下技术夹层或技术夹道内，易燃易爆、有毒物质管道应明敷，当易燃易爆、有毒物质管道敷设在技术夹层或技术夹道内时，必须采取可靠的浓度检测报警、通风措施。工业管道应按不同介质设明显的标志。

（二）可燃气体报警装置和事故排风装置的设置

可燃气体易燃易爆，危险性大，可能发生燃烧、爆炸事故，而且发生事故时波及面广，危害性大，造成的损失严重，下列部位应设可燃气体报警装置和事故排风装置，报警装置应与相应的事故排风机联锁：

（1）生产类别为甲类的气体、液体入口室或分配室。

（2）管廊，上、下技术夹层或技术夹道内有可燃气体的易积聚处。

（3）洁净室内使用可燃气体处。

（三）管道安全技术措施

（1）可燃气体管道应设下列安全技术措施：

1）接至用气设备的支管宜设置阻火器。

2）引至室外的放散管应设阻火器口并设防雷保护设施。

3）应设导除静电的接地设施。

（2）氧气管道应设下列安全技术措施：

1）管道及其阀门、附件应经严格脱脂处理。

2）应设导除静电的接地设施。

各种气瓶库应集中设置在洁净厂房外。当日用气量不超过1瓶时，气瓶可设置在洁净室内，但必须采取不积尘和易于清洁的措施。

练习题

一级注册消防工程师

（一）单项选择题

1. 下列洁净厂房的生产工作间中，火灾危险性分类为乙类的是（　　）。

A. 胶片厂的洗印车间　　B. 精密陀螺仪装配的清洗间

C. 集成电路工厂的氧化间　　D. 集成电路工厂的抛光间

2. 根据《洁净厂房设计规范》（GB 50073—2013），关于洁净厂房室内消火栓设计的说法，错误的是（　　）。

A. 消火栓的用水量不应小于10L/s

B. 可通行的应设置室内消火栓

C. 消火栓同时使用水枪数不应少于2支

D. 消火栓水枪充实水柱长度不应小于7m

3. 洁净厂房内设有贵重设备、仪器的房间设置自动喷水灭火系统时，宜采用（　　）。

A. 预作用式系统　B. 湿式系统　C. 干式系统　D. 闭式系统

（二）多项选择题

1. 洁净厂房的主要火灾危险性包括（　　）。

A. 洁净区域大，防火分隔困难

B. 室内迂回曲折，人员疏散困难

C. 建筑结构密闭，排烟扑救困难

D. 生产工艺特殊，次生灾害控制困难

E. 人员高度密集，疏散困难

2. 关于洁净厂房安全出口设置的说法，正确的有（　　）。

A. 每一生产层、每一防火分区或每一洁净区的安全出口的数量均不应少于 2 个

B. 甲、乙类生产厂房每层的洁净生产区总建筑面积不超过 $100m^2$，且同一时间内的生产人员总数不超过 10 人

C. 丙类生产厂房，每层的建筑面积不超过 $250m^2$，且同一时间内生产人数不超过 20 人

D. 安全出口应分散均匀布置，从生产地点至安全出口不应经过曲折的人员净化路线

E. 安全疏散门可根据控制人员出入的需要采用电控自动门

第十章　数据中心防火

学习要求

通过本章学习，应了解数据中心的定义与分类、数据中心的火灾特点，熟悉数据中心的消防设施配置和数据中心静电接地要求，掌握数据中心气体灭火系统的设置要求。

数据中心是指为集中放置的电子信息设备提供运行环境的建筑场所，可以是一栋或几栋建筑物，也可以是一栋建筑物的一部分，包括主机房、辅助区、支持区和行政管理区等。随着电子信息技术的高速发展，大量重要材料和数据均以电子信息的形式保存，数据中心的安全就显得尤为重要。

第一节　数据中心的分类及火灾危险性

一、数据中心的分类

根据数据中心的使用性质及重要数据丢失或网络中断在经济或社会上造成的损失或影响程度，可将数据中心分为 A、B、C 三级。

电子信息系统运行中断将造成重大的经济损失及公共场所秩序严重混乱的机房为 A 级。例如，金融行业、国家气象台、国家级信息中心、重要的军事部门、交通指挥调度中心、广播电台、电视台、应急指挥中心、邮政、电信等行业的数据中心及企业认为重要的数据中心。

电子信息系统中断将造成较大的经济损失或公共场所秩序混乱的机房为 B 级。例如，科研院所、高等院校、博物馆、档案馆、会展中心、政府办公楼等的数据中心。

其余类型的机房为 C 级。

二、数据中心的火灾危险性

数据中心属于密闭空间建筑，房间内设备价值高、用电量大，且日常无人值守，决定了其火灾特点具有相对独特性。2006 年伦敦某数据中心遭遇特大火灾，逾 600 家企业托管的数据资料化为灰烬，严重影响了数据托管企业业务的正常运行，造成了巨大的经济损失。由此可见，如果机房内发生火灾，不仅火灾的直接经济损失严重，而且由于信息、资料数据的破坏，会严重影响相关行业的管理、控制系统，火灾的间接损失可能更为严重。

1. 散热困难，火灾烟量大

由于精密仪器正常工作时对环境的温度、湿度及洁净度要求较高，故数据中心的机器和设备用房多为密闭空间，门、窗较少，一旦发生火灾，热烟气无法通过窗户顺利排出，机房内烟气较大。同时，由于主机房等耐火等级高、机房隔墙较厚、导热性差、散热慢，导致燃烧产生的热量大部分积累在室内，室内温升较快。燃烧会产生许多有毒或刺激性气体（如 HCl、HCN、HF 等），对设备损害较大。

2. 用电量大，电气火灾多

数据中心的用电量为普通办公室的 4～5 倍。机柜电源是机房电气安全的瓶颈，常有负载超过连线和电路结构的承载能力，引发积热、打火、短路、数据损失，甚至导致电气火灾等事故发生。此外，由于长期高负荷运转，部分电气线路的绝缘保护层会因为高温而加速老化，易形成阴燃。在低压线（如信号线）中可能产生足够的热量，并引燃附近的可燃材料。此类阴燃的燃烧特点是蔓延时间长、发烟量少、早期不易察觉，一旦发现往往已形成明火，延误了早期灭火的时间。

3. 无人值守，遇警处置慢

由于电子计算机及网络技术的快速发展，数据中心内计算机集成度高，大多实现了计算机自动管理，为无人值守机房。对大型机房而言，传统的火灾探测器无法及时感应火灾而延误灭火时机。即使有的机房火灾报警系统发出预警后，也会由于管理人员无法及时找到故障区而导致灾情进一步扩大。

4. 环境特殊，扑救难度大

由于数据中心内的设备都属于精密设备，对环境的要求很高，如要求防水、防烟等。如果为了消灭火灾而采取不当的灭火方法，则容易造成对设备、信息等的再次破坏。

5. 设备精密，火灾损失大

数据中心内平均每平方米的设备费用高达数万元至数十万元，而且数据中心内某些存储介质对温度的要求较高，如当温度超过 45℃时，不仅会使光盘内的数据丢失，而且使光盘损坏无法使用。此外，根据有关资料，即使是很小的阴燃火中的电气设备或电线电缆也会导致很大的非热型损失，即不是由热而是由其他某些因素引起的损失。其中最主要的是燃烧产物，特别是燃烧的塑料，因为当塑料燃烧时，会释放出酸性蒸气，它们与氧气、水蒸气相结合后会腐蚀金属表面和电路。

第二节　数据中心的防火要求

数据中心的建筑防火，除应符合《数据中心设计规范》（GB 50174—2017）的规定外，还应根据其建筑高度执行《建筑设计防火规范》（GB 50016—2014，2018 年版）的相关要求。

一、选址

数据中心建筑规模大、价值高、设备贵重、服务面广，一旦发生火灾事故，影响及损失大。因此，选择地址时不宜布置在火灾危险性高的场所，应远离产生粉尘、油烟、有害气体以及生产或储存具有腐蚀性、易燃、易爆物品的场所，远离水灾、地震等自然灾害隐患区域和强振源、强噪声源，避免设置在电磁场干扰区、落雷区和地震断裂带附近。要尽量选择在自然环境清洁、附近震动少以及水源、电源充足、通信畅通、交通便捷的地点。

数据中心与其他性质的用房设置在同一幢建筑内时，宜设在多层或高层建筑内的第二、三层，并应尽量避免与商场、宾馆、餐饮娱乐等影响机房安全的场所设在同一幢建筑物内。数据中心内放置计算机的机房不宜超过五层。

二、建筑防火构造、分隔及安全疏散

（1）数据中心的耐火等级不应低于二级。当数据中心位于其他建筑物内时，在数据中心与建筑内其他功能用房之间应设置耐火极限不低于 2.00h 的防火隔墙和耐火极限不低于 1.50h 的楼板，隔墙上的门应采用甲级防火门。

（2）附设在其他建筑内的 A、B 级数据中心应避免设置在用水设备的下层或隔壁，不应布置在燃油、燃气锅炉房，油浸电力变压器室，充有可燃油的高压电容器和多油开关室等易燃易爆房间的上、下层或贴邻。

（3）各级机房主体结构应具有耐久、抗震、防火、防止不均匀沉陷等性能，变形缝和伸缩缝不应穿过主机房，机房围护结构的构造应满足保温、隔热、防火等要求。

（4）管线敷设。主机房中各类管线宜暗敷，当管线需穿楼层时，宜设计技术竖井，并采取相应的防火分隔、封堵措施。

（5）主机房、辅助区、支持区和行政管理区与其他建筑物合建时，应单独设置防火分区。主机房、终端室、网络设备室与磁介质、纸介质的存放间，备件库等仓储用房，以及维修室、电源室、蓄电池室、发电机室、空调系统用房、灭火钢瓶间等设备房间之间应进行防火分隔，并独立设置防火分区。

（6）电子计算机产生的记录应当按其重要性和补充难度的不同加以保护，信息储存设备要安装在单独的房间，室内应配有金属柜或其他采用非燃材料制成的、能防火的资料架和资料柜用于存放记录介质。如果有备份记录，备份记录应当放置在具有同样防火要求的另一间房间。

（7）建筑面积大于 $120m^2$ 的主机房，疏散门不应少于 2 个，并应分散布置。建筑面积不大于 $120m^2$ 的主机房，或位于袋形走道尽端、建筑面积不大于 $200m^2$ 的主机房，且机房内任一点至疏散门的直线距离不大于 15m，可设置一个疏散门，疏散门的净宽度不应小于 1.4m。主机房的疏散门应向疏散方向开启，应自动关闭，并应保证在任何情况下均能从机房内开启。走廊、楼梯间应畅通，并应有明显的疏散指示标志。计算机机房建筑的入口至主机房应设通道，通道净宽不应小于 1.5m。

（8）在主机房出入口处或值班室，应设置应急电话和应急断电装置，机房应设置应急照明和安全出口指示灯。

三、室内装修

数据中心室内装修材料的燃烧性能应符合《数据中心设计规范》（GB 50174—2017）和《建筑内部装修设计防火规范》（GB 50222—2017）的有关规定。

（1）主机房的顶棚、壁板和隔断应为不燃烧体，且不得采用有机复合材料。地面及其他装修应采用不低于 B_1 级的装修材料。主机房室内装修，应选用气密性好、不起尘、易清洁、符合环保要求、在温度和湿度变化作用下变形小、具有表面静电耗散性能的材料，不得使用强吸湿性材料及未经表面改性处理的高分子绝缘材料作为面层。机房及媒体存放间的防火墙或隔板应从建筑物的楼、地板起直至梁板底部，将其完全封闭。

（2）机房内活动地板应采用导电性能好，具有足够的机械强度以及耐腐蚀、耐潮湿和防火等特点的抗静电铝合金活动地板。具体要求应符合《防静电活动地板通用规范》（GB/T 36340—2018）的规定。

（3）规模大的电子计算中心宜采用分区空调方式，避免风管穿过楼层和水平隔墙太多，防止火势蔓延扩大。空调系统的送、回风总管，在穿过主机房和其他重要机房或火灾危险性大的房间的隔墙、楼板以及垂直风管与每层水平风管交接处的水平支管上均应设置防火阀。数据中心的风管及管道的保温、消声材料和黏结剂应选用非燃烧材料或难燃 B_1 级材料。冷表面应做隔气、保温处理。

（4）机房内要事先开设电缆沟，做到分层敷设电源电缆、信号线和接地线。电缆、电线沟要采取防潮湿和防鼠咬的措施，在机房吊顶和活动地板内敷设的电线，宜采用穿金属管布线或阻燃电缆。

四、静电防护及接地

（一）静电防护

主机房和安装有电子信息设备的辅助区的地板或地面应有静电泄放措施和接地构造，防静电地板、地面的表面电阻或体积电阻值应为 $2.5\times10^4\sim1\times10^9\Omega$，且应具有防火、环保、耐污耐磨性能。

主机房和辅助区不使用防静电活动地板的房间，可铺设防静电地面，其静电耗散性能应长期稳定，且不应起尘。

数据中心内所有设备的金属外壳、各类金属管道、金属线槽、建筑物金属结构等必须进行等电位连接并接地。

导静电地面、活动地板、工作台面和座椅垫（套）必须进行静电接地。静电接地可以经限流电阻及自己的连接线与接地装置相连，限流电阻的阻值宜为 1MΩ。

计算机系统的接地应采用单点接地，并宜采取等电位措施。当多个计算机系统共用一组接地装置时，宜将各电子计算机系统分别采用接地线与接地体连接。

（二）接地

数据中心的防雷和接地设计，应满足人身安全及电子信息系统正常运行的要求，并应符合《建筑物防雷设计规范》（GB 50057—2010）和《建筑物电子信息系统防雷技术规范》（GB 50343—2012）的有关规定。

保护性接地和功能性接地宜共用一组接地装置，其接地电阻应按其中的最小值确定。主机房内的导体必须与大地做可靠的连接，不得有对地绝缘的孤立导体。具体要求如下：

（1）交流工作接地：接地电阻小于 4Ω。

（2）安全保护接地：接地电阻小于 4Ω。

（3）直流工作接地：接地电阻小于 1Ω。

（4）防雷接地：接地电阻小于 10Ω。

（5）综合接地系统：接地电阻小于 1Ω。

（6）接地体引出线横截面面积不应小于 $16mm^2$。

（7）UPS 输出零地电压应小于 1V。

（8）机房活动地板下须设置静电泄漏洞。

（9）机房活动地板须选用静电地板，且与静电泄漏网可靠连接。

五、消防设施

数据中心应根据机房的等级设置相应的消防设施，并应按《建筑设计防火规范》（GB 50016—2014，2018 年版）和《气体灭火系统设计规范》（GB 50370—2005）的要求执行。

（一）灭火系统

1. 一般规定

A 级数据中心的主机房宜设置气体灭火系统，也可设置细水雾灭火系统。当 A 级数据中心内的电子信息系统在其他数据中心内安装有承担相同功能的备份系统时，也可设置自动喷水灭火系统。

B 级数据中心和 C 级数据中心的主机房宜设置气体灭火系统，也可设置细水雾灭火系统或自动喷水灭火系统。

凡设置固定灭火系统及火灾探测器的计算机机房，其吊顶的上、下及活动地板下，均应设置探测器和喷嘴。

当数据中心与其他功能用房合建时，数据中心内的自动喷水灭火系统应设置单独的报警阀组。

2. 室内消火栓系统

数据中心应设置室内消火栓系统，室内消火栓系统宜配置消防软管卷盘。

3. 气体灭火系统

卡片穿孔室、纸带穿孔室、已记录的磁介质库和已记录的纸介质库、高低压配电室、变压器室、变频机室、稳压稳频室、发电机房等不能用水扑救的房间，应设置除二氧化碳以外的气体灭火系统。

当单个防护区面积小于 $800m^2$、体积小于 3 $600m^3$ 时，可考虑采用气体灭火系统。对面积大于 $800m^2$、体积大于 3 $600m^3$ 的机房设置气体灭火系统时应注意以下几点：

（1）泄压措施。考虑到气体释放后防护区内瞬间增压，所以在防护区机房内各防火分区隔墙均有对外泄压口，泄压口采用重力式，即设定一个压力值，当防护区内压力超过该值的，泄压口打开。这样既可以有效地消除防护区的增压，又可以保护气体的过多泄漏。

（2）同步性、均衡性的技术措施。为了保证大面积机房气体灭火系统能够同时且有效地工作，必须使用多个选择阀并联保护，即多根主管同步进入该保护区，而软件计算只能分组计算，由此带来以下两个技术问题需要进行解决并采取相应的技术措施：一是多个选择阀的同步性；二是分组计算时组与组之间界面处喷头压力、时间、浓度的平衡性。

（3）防止意外的措施。利用控制系统对所有的信号进行控制，对电源回路进行监控，任何回路出现短路、断路、接地故障时，控制系统都会进行反馈和报警，排除各回路工作不正常的可能性。

控制系统应具有三路供电，即消防电源主、备用供电和蓄电池供电，当消防电源被切断时，控制系统蓄电池可保证供电 24h。

为防止人为造成误喷的情况，应在电气式手拉开关上设防护罩。

4. 其他灭火系统

数据中心主机房及基本工作间内宜使用对设备无损坏且环保、安全无毒性的 IG541 灭火系统或细水雾灭火系统。当防护区面积、体积大于上述标准或防护区个数大于 8 个时，为了经济实用，可采用细水雾系统或其他新型、环保的哈龙替代技术。

（二）火灾自动报警系统

根据数据中心的重要程度、火灾特点、火灾危害性、疏散和扑救难度等因素，合理选用报警系统和火灾探测器。采用管网式气体灭火系统或细水雾灭火系统的主机房，应同时设置两组独立的火灾探测器，火灾报警系统应与灭火系统和视频监控系统联动。采用全淹没方式灭火的区域，灭火系统控制器应在灭火设备动作之前，联动控制关闭房间内的风门、风阀，并应停止空调机、排风机，切断非消防电源。采用全淹没方式灭火的区域应设置火灾警报装置，防护区外门口上方应设置灭火显示灯。灭火系统的控制箱（柜）应设置在房间外便于操作的地方，并应有保护装置防止误操作。火灾探测报警装置可根据数据中心的重要程度和火灾特点进行选择，具体如下：

1. 传统的火灾探测器

鉴于数据中心内火灾多为电气火灾及 A 类火灾，发生火灾时发烟量大，故在机房内多选用传统的感烟探测器作为探测火灾的装置。但是在火灾发展的四个阶段中，其初始阶段时间较长，在此阶段中空气中存在肉眼看不见的微弱的烟雾，普通的感烟探测器在此阶段基本没有反应，导致无法在此阶段及时发现火情并报警，无法为控制火灾发展赢得宝贵的时间，故在大型数据中心、主机房、基本工作间及其他 A 级计算机机房不宜设置此类火灾探测器。面积小于 $140m^2$ 的计算机机房及数据中心、计算中心内的第一 ~ 第三类辅助用房可设置普通的感烟探测器。

2. 空气采样烟雾报警器

空气采样烟雾报警器从本质上讲是一个感烟型探测器。它是一种通过抽气泵主动将空气样品由采样管道抽入激光探测器进行探测，并由电子计算机分析判断，从而早期判断是否有潜在火灾存在的报警系统。对大型数据中心、计算中心及A级计算机机房而言，为及时发现险情并控制火灾及减少损失，可采取空气采样烟雾报警器及传统的火灾报警系统相组合的方式。由于该系统的侦测腔具有极高的灵敏度，且其灵敏度连续可调，探测范围广，故可探测到很微弱的烟雾，火情报警时间大为提前，使值班人员有充足的时间寻找火源，采取适当措施，制止火灾的发生。在主机房及基本工作间内设置空气采样烟雾报警器时，宜采用空气处理单元及箱柜取样的模式。

3. 分布式感温光缆

数据中心内电气设备、电气线路及计算机机房信号线较多，为确保用电安全及数据传送安全，迅速而准确地探测出被保护区内发生火灾的部位，建议在综合布线区、电缆井道、桥架处设置分布式感温光缆温度探测报警系统。

4. 火灾报警系统设置、联动中的特殊要求

当机房内采用由火灾自动报警系统启动的自动灭火系统时，其火灾探测器宜在感温、感烟和感光等不同类型的探测器中选用2种，采用立体安装，共同监控各个不同的空间，当采用空气采样烟雾报警器及传统火灾报警系统组合方式时，其中主机房及基本工作间应将空气采样等早期报警系统信号作为第一预警信号。

由火灾自动报警系统确认火灾后，应切断火灾区域的非消防电源，但对计算机设备而言，仅需切断市政或发电机的供电，对不间断电源供电并不切断，这是为了防止系统误报，导致数据损失。切断市政或发电机的供电后，值班人员应及时对报警区域的火灾情况进行确认、处理，一旦发现误报或灾情很小能及时处理完毕，应及时送电以确保计算机系统稳定运行。

如果机房内火灾自动报警系统并未报警，但值班人员在巡查中发现火情，应采用机械应急方式启动气体灭火系统，此时火灾自动报警系统应联动所有相关消防设施，切断火灾区域的非消防电源。

练习题

一级注册消防工程师

（一）单项选择题

1. 属于A级数据中心的是（　　）。

A. 金融行业的数据中心　　B. 科研院所信息中心

C. 会展中心的数据中心　　D. 政府办公楼的数据中心

2. 关于数据中心选址要求的说法，错误的是（　　）。

A. 应远离产生粉尘、油烟、有害气体以及生产或储存具有腐蚀性、易燃、易爆物品的场所

B. 数据中心与其他性质的用房设置在同一幢建筑内时，宜设在多层或高层建筑内的第二、三层

C. 应尽量避免与商场、宾馆、餐饮娱乐等影响机房安全的场所设在同一幢建筑物内

D. 数据中心内放置计算机的机房不宜超过三层

3. 大型数据中心、计算中心及 A 级计算机机房可采取（　　）及传统的火灾报警系统相组合的方式。

A. 感烟型探测器　　B. 空气采样烟雾报警器

C. 分布式感温光缆温度探测器　　D. 火焰探测器

（二）多项选择题

1. 某地市级电力调度中心大楼内设置了电子信息系统机房，下列关于该机房的防火措施中，正确的有（　　）。

A. 主机房与其他部位之间采用 200mm 厚加气混凝土砌块墙分隔，隔墙上的门采用甲级防火门

B. 主机房、辅助区和支持区采用 200mm 厚加气混凝土砌块墙与其他区域分隔成独立的防火分区

C. 建筑面积为 500m^2 的主机房设置 2 个净宽度均为 1.6m 的感应式自动启闭的推拉门通向疏散走道

D. 主机房设置高压细水雾灭火系统

E. 主机房设置点式光电感烟火灾探测器，并由其中的 2 只火灾探测器的报警信号作为自动灭火系统的联动信号

2. 某地市级 A 级数据中心灭火系统的设置方案，正确的有（　　）。

A. 主机房设置气体灭火系统　　B. 主机房设置细水雾灭火系统

C. 主机房设置自动喷水灭火系统　　D. 主机房设置干粉灭火系统

E. 主机房设置雨淋灭火系统

第十一章　古建筑防火

学习要求

通过本章学习，应了解古建筑的分类；熟悉古建筑的火灾危险性；掌握常见的改善古建筑耐火性能、提高古建筑耐火等级的方法以及古建筑消防设施的配置方法。

古建筑一般是指古人遗留下来的年代久远且具有历史价值的建筑。古建筑是古代劳动人民的智慧结晶，是研究古代社会政治经济、文化艺术、宗教信仰的历史资料，也是国家珍贵的文化遗产。古建筑是宗教、旅游活动的集中地，是文物保护的重点，同时也是消防安全重点单位。

第一节　我国古建筑的分类及火灾危险性

一、古建筑的分类

我国古建筑可按用途和结构形式进行分类。

（一）按用途分类

1. 民居建筑

民居建筑主要包括木构架庭院式、四水归堂式、一颗印式、大土楼、窑洞式、干阑式建筑等。

2. 宫殿建筑

宫殿是帝王居住和处理朝政的地方，是皇权的象征。在中国古建筑中，宫殿建筑是形制最高的建筑类型，具有规模宏大、装饰富丽堂皇、陈设豪华的特点，因而也最能反映中国古建筑高超的技艺和独特的风格。我国目前保存较完好的宫殿建筑主要有北京故宫和沈阳故宫。

3. 礼制性建筑

我国古代礼制性建筑主要包括坛庙祭祀建筑和祠堂建筑。现存的坛庙祭祀建筑有北京的天坛、地坛、先农坛；祠堂建筑有北京的太庙、山东曲阜的孔庙、山西解州的关帝庙以及各地的民间祠堂。

4. 宗教建筑

我国古建筑中的宗教建筑，有汉式的佛寺、佛塔和石窟，藏传佛教的宫室式木建筑、碉房式的砧石建筑和道教的宫观庵庙等。所有这些宗教建筑由于其不同的教义和使用要求，因而表现为不同的总体布局和建筑式样。例如，拉萨的布达拉宫、武当山的古建筑群等。

5. 陵墓建筑

陵墓建筑是我国古代建筑的重要组成部分。陵园的布局大多是四周筑墙，四面开门，四角建造角楼。陵前建有甬道，甬道两侧有石人、石兽雕像，陵园内松柏苍翠、树木繁密，给人肃穆、宁静之感。明十三陵、清东陵、清西陵是其中的典型代表。

6. 城防建筑

我国古代城防建筑主要是指城市城垣建筑和长城建筑。城墙上有城楼、角楼、垛口等防御工事，构成一整套坚固的防御体系。城垣建筑多已不存在，现仍保留完好的有山西平遥古城和西安古城墙。

7. 古典园林

我国古典园林是指以江南私家园林和北方皇家园林为代表的山水园林形式，现存著名皇家园林有北京的颐和园、北海公园和河北承德的避暑山庄。现存的私家园林以苏州的拙政园、留园、网师园等为代表。

8. 桥梁建筑

桥梁主要包括浮桥、梁桥、索桥和拱桥。我国的古桥梁遍布祖国江河，是勤劳智慧的中国人用自己的聪明才智和艰苦的劳动修建的，便利了交通，是中国古文明的标志。著名的有赵州桥、虹桥、五亭桥等。

（二）按结构形式分类

1. 抬梁式

抬梁式又称叠梁式，是指屋基上立柱，柱上架梁，依次叠加而上，用斗拱挑出承重，梁檩纵横放置，室内空间较大的结构形式。

2. 穿斗式

穿斗式又称立贴式，这种结构形式柱距较密，柱径较细，柱间不另外架梁，用穿斗连接，以挑枋出檐。

3. 干阑式

干阑结构形式以木、竹为柱，做成离地面较高的底架，架上建楼，楼上用作居室。

二、古建筑的火灾危险性

我国的古建筑多为砖木结构，耐火等级低，火灾荷载较大，扑救困难，一旦发生火灾，火势较难控制，极易造成难以挽回的损失。古建筑火灾危险性可分为以下几个方面。

1. 耐火等级低，火灾荷载大

我国的古建筑文化历史悠久、建筑形式多样，大多采用土木结构或砖木结构，以木柱为基础，柱上架木梁，梁上再立瓜柱，形成一组木构架，木构架之间采用檩、枋连接，檩上再设椽子。对照现行的工程技术标准，大部分木结构古建筑的耐火等级为三级或四级，火灾荷载大。

古建筑内尤其是古寺庙内悬挂的绸缎、经幡、伞盖、纤维织布，大量的彩绘、锦绣等物，以及香烛、纸张等都是可燃、易燃物，大大增加了古建筑的火灾荷载。

2. 组群布局，火势蔓延迅速

现有的古建筑如杭州的灵隐寺、舟山的普陀寺、天台的国清寺等古建筑，在布局安排上具有一种简明的组织规律，即以间为单位构成单座建筑，以单座建筑构成庭院，以庭院为单元组成形式多样的组群。由于廊道相接，建筑物彼此相连，没有防火间距，建筑群内没有消防通道，一旦发生火灾极易造成燎原之势，后果不堪设想。

3. 形体高大，有效控制火势难

形体高大是古建筑的一个显著特点。许多殿堂内净高在10m以上，再加上地势高差和建筑的遮挡，一般消防水枪的充实水柱很难满足灭火需要，射流难以到达火点，无法及时有效地控制火势。

建筑屋顶内部发生火灾时，如把水流射向屋面，只要屋顶没有塌落，就很难达到控制火势和消灭火灾的目的，加之古建筑多为木质结构，所处环境通风条件好，火灾发展快，灭火人员很难有效控制火势。

4. 远离城镇，灭火救援困难

现存古建筑大部分远离城镇，有的甚至地处深山峡谷，消防车难以到达，即使赶到也无充足的消防水源。因此不少火灾发生后，因救援条件所限，小火往往酿成大灾。

5. 用火用电多，管理难度大

古建筑内用火用电较多，管理难度大，主要体现在以下几个方面：一是有的寺庙、道观人员拥挤，香火旺盛，烟雾极大；二是有的建筑没有安装避雷设施，或虽然有设置但已失效，易引起雷击火灾；三是有的建筑内存在烧火做饭、取暖的情况；四是有的古建筑电气线路老化，电气设备陈旧，电线没有穿管且直接敷设在柱、梁、檩、椽上，甚至临时乱拉乱接，不符合电气安全技术规程要求；五是游客乱扔烟头、火柴等，增加了火灾发生的概率。

第二节　古建筑的防火设计要求

古建筑防火应根据维持原貌、科学合理、人防技防并重的原则，将古建筑修缮、改造与消防规划相结合，制定切合实际的改造规划，灵活运用现代消防技术措施，达到既保留其固有历史风貌，又提高自身消防安全水平的目的。

古建筑防火设计时，宜以文物保护规划、消防安全专项规划等为基础，优先利用或者改造现有的消防基础设施，并避免对古建筑本体及其环境风貌造成影响或者破坏。内容包括：古建筑本体防火设施设备的配置与完善，为保护古建筑所涉及周边区域的消防基础设施的配置与完善，古建筑本体及周边消防安全总体布局。

一、现场勘查与风险分析

古建筑防火设计前，应对防护对象进行现场勘查和火灾风险分析。现场勘查应全面详细地调查了解建筑的火灾危险源、建筑防火、消防救援条件及消防设施现状等有关情况，同时收集古建筑所在地的自然地理和社会经济情况、古建筑火灾历史数据及消防管理等方面的资料。根据现场勘查及资料收集情况，客观科学地分析火灾风险，明确需防护的对象和范围，提出有针对性的火灾危险源控制措施和防火技术措施。

二、消防总体布局

（一）消防车道与消防装备

消防车道的设置应满足消防装备安全、快捷通行的要求，宜设置环形消防车道，供一般消防车通行的尽端路应设置回车场地。对不同通行能力的消防道路，宜按表 4–11–1 配置消防车辆或手抬机动消防泵。

表 4–11–1　消防车道与消防装备对应表

消防车道净宽 W/m	消防装备
$4 \leqslant W$	一般消防车
$3 \leqslant W<4$	小型消防车或洒水车
$2 \leqslant W<3$	消防摩托车
$1.1 \leqslant W<2$	手抬机动消防泵

（二）消防分区

为避免火灾蔓延，对集中连片古建筑群，应采用适宜措施分隔成若干独立防火区域。消防分区宜根据地形特点，采用既有的防火墙、道路、水系、广场、绿地等措施划分，确有困难时，可采取其他增强措施；在不影响古建筑环境风貌的基础上，可拆除个别阻碍消防分区的现代建筑，以便于消防分区的划分。设置消防分区应保持古建筑及环境风貌的真实性、完整性，单个消防分区的占地面积宜为 3 000 ~ 5 000m^2。

（三）安全疏散

古建筑每个防火分区的安全出口不宜少于 2 个，因客观条件限制不能满足前述要求时，应根据实际情况限制古建筑的使用方式和同时在内的人数；安全疏散通道均应在明显位置设置疏散指示标志。

（四）消防站（点）

距离国家综合性消防救援队较远、被列为全国重点文物保护单位的古建筑群的管理单位，应当建立单位专职消防队，承担本单位的火灾扑救工作。根据古建筑群的特点和周边环境，在改造规划中，可考虑建立多种形式的消防站。消防站的选址应在不破坏古建筑群整体格局的前提下，力争到达火灾现场的时间最短，以利于及时控制火灾。消防站的规模及内部设施应因地制宜，小型适用，不应追求大而全。

与最近的消防站距离较远，且消防站接到出动指令后 5min 内不能到达古建筑所在区域时，应合理设定消防点。消防点的设定应满足以下要求：

（1）结合消防车道现状、消防救援装备配置情况，以 5min 内到达火点为标准选址、布置。

（2）优先利用原有建筑及场地设置，建筑面积不宜小于 $15m^2$。

（3）严寒、寒冷地区应采取保温措施。

（4）设有明显标志。

三、消防给水系统

消防给水系统的设置应根据古建筑的火灾危险性、火灾特性和环境条件等因素综合确定；寒冷和严寒地区及其他有结冻可能的地区，消防给水系统应采取可靠的防冻措施。

（一）消防水源

消防水源可由市政给水管网、天然水源或消防水池供给。具备市政给水管网条件的，应充分利用市政给水管网条件设置消防给水系统；不具备市政给水管网条件或市政给水管网条件不符合消防供水要求的，应利用天然水源或者设置消防水池。有条件的地区，宜结合地势设置高位水池作为消防水池。

1. 天然水源

利用江河、湖泊、水塘、水井、水窖等天然水源作为消防水源时，应符合下列规定：

（1）能保证枯水期的消防用水量，其保证率应为 90%~97%。

（2）防止被可燃液体污染。

（3）采取防止冰凌、漂浮物、悬浮物等物质堵塞消防水泵的技术措施，并应采取确保安全取水的措施。

（4）供消防车取水的天然水源，应有取水码头及通向取水码头的消防车道；当天然水源在最低水位时，消防车吸水高度不应超过 6m。

2. 消防水池

设置消防水池时，应符合下列规定：

（1）消防水池的有效容积应按火灾延续时间内，将其作为消防水源的灭火系统用水量之和确定。

（2）消防用水与生产、生活用水合并的水池，应采取确保消防用水不作他用的技术措施。

（3）供消防车或手抬机动消防泵取水的消防水池应设吸水口，且不宜少于 2 处，并宜设在建筑物外墙倒塌范围以外；当消防水池在最低水位时，消防车吸水高度不应大于 6m。

（4）寒冷和严寒地区及其他有结冻可能的地区，消防水池应采取防冻措施。

（二）室外消火栓系统

室外消火栓给水管应布置成环状，环状管道应用阀门分成若干独立段，古建筑防火保护区内，每段内消火栓数量不宜超过 2 个。向室外消火栓环状管网输水的进水管不应少于 2 条，室外消火栓给水管道的直径不应小于 *DN*100。

室外消火栓宜采用地上式消火栓，有可能结冰的地区宜采用干式地上式消火栓，严寒地区宜设置消防水鹤。当采用地下式室外消火栓时，应设明显的永久性标志；当地下式室外消火栓的取水口在冰冻线以上时，应采取可靠的保温措施。

道路条件许可时，室外消火栓距临街古建筑的排檐垂直投影边线距离宜大于建筑物的檐高尺寸，且不应小于5m。古建筑是重檐结构的，应按头层檐高计算。道路宽度受限时，在不影响平时通行和火灾使用的前提下，可灵活设置。

（三）室内消火栓系统

古建筑宜采取室内消火栓室外设置，当必须设置在古建筑内部时，应减少对被保护对象的明显影响；有传统彩画、壁画、泥塑等的古建筑内部，不得设置室内消火栓。

室内消火栓给水管道应布置成环状，与室外管网或消防水泵相连接的进水管不应少于2条。设置室内消火栓时，各层任意部位应有2支水枪的充实水柱同时到达，充实水柱不应小于10m，消火栓间距不应大于30m并应设置在便于使用的地方。古建筑内部有生活供水管道的，应在生活供水管道上设置消防软管卷盘或轻便消防水龙；室内消火栓的设置应符合《消防给水及消火栓系统技术规范》（GB 50974—2014）的有关规定。

四、灭火设施

古建筑在条件允许时，可采用对保护对象无损坏的自动灭火系统或自动灭火装置；采用自动灭火系统时，优先采用无管网式系统，在有人值守的情况下，启动装置应为手动控制。快速扑救古建筑初起和局部火灾，使灭火后古建筑内各种构件和装饰物能保持原样，对保护古建筑至关重要，这就要求必须使用适用的灭火剂和灭火系统，避免传统灭火剂灭火后的二次污染造成古建筑的破坏。

适用于不同场所的消防灭火设施，可按表4-11-2选用。

表4-11-2　消防灭火设施参考选用表

消防灭火设施	适用场所	限制场所
静水水源（如太平池、水缸等储水设施、容器）	无结冻地区，且未设室内消火栓的古建筑	—
固定消防水炮灭火系统	古建筑室外：室外场所具备作业空间，火灾危险性较高的古建筑，且古建筑能满足固定消防水炮的适用范围和使用要求，水炮对保护对象危害小	室内空间
自动喷水灭火系统	用于住宿、餐饮等经营性活动的民居类古建筑	有传统彩画、壁画、泥塑、藻井、天花等的古建筑
气体灭火系统	空间密闭、用作文物库房，且库藏文物适宜使用气体灭火系统的古建筑	其他场所
灭火器、移动式高压水雾灭火装置	所有古建筑	—

五、火灾自动报警系统

具备相应条件的古建筑宜设置火灾自动报警系统。火灾自动报警系统的形式应根据《火灾自动报警系统设计规范》（GB 50116—2013）选择，火灾探测器的选择和系统设备的设置应遵循人防与技防相结合的原则，根据被保护古建筑的特点、自然环境等条件，采用简单、实用、可靠且对古建筑影响最小的探测方式；对火灾形成特征不可预料的场所，可根据模拟试验的结果选择火灾探测器。火灾探测器的布置宜采用重点保护与区域监测相结合的方式，突出重点，特别重要的古建筑或场所应采用双重保护。

火灾探测器等现场部件与火灾报警控制器采用有线方式连接有困难时，可采用无线方式与火灾报警控制器连接。在古建筑防火保护区和控制区，宜在其周边选择适当的高位设置能完全覆盖保护区、基本覆盖控制区的图像型火灾探测器。

六、消防应急照明和疏散指示标志

古建筑防火保护区应设置完善的安全疏散指示标志。古建筑内无自然照明且有人员活动的场所，对疏散距离超过 20m 的内走道，应设置疏散指示和疏散照明灯具，走道地面的最低水平照度应符合《消防应急照明和疏散指示系统技术标准》（GB 51309—2018）的相关规定。消防控制室、配电室及值班室等发生火灾时仍需正常工作的场所，应设置备用照明，其作业面的最低照度不应低于正常照明的照度。为便于疏散，正常照明线路应在人员疏散后再切断。

七、灭火器

灭火器的配置类型、数量及位置应根据灭火有效程度、设置点的环境温度等因素综合考虑，合理选择；选择对文物、古建筑危害小的灭火器。灭火器的配置应符合《建筑灭火器配置设计规范》（GB 50140—2005）的相关规定。

八、供配电系统

（一）一般规定

（1）古建筑内应严格用电管理。元代以前早期建筑和具有极其重要价值的古建筑内部，除展示照明和监测报警等用电外，不宜进行其他用电行为。

（2）古建筑内现有的配电设备、线路、保护电器等，当选型和安装不满足相关规范规定和防火要求时，应进行改造。

（3）配电线路应装设短路保护和过负荷保护。

（4）有电气火灾危险的古建筑应设置电气火灾监控系统，且应将报警信息和故障信息传入消防控制室。

（5）配电线路的保护导体或保护接地中性导体应在进入古建筑时接地，进入古建筑后的配电线路 N 线与 PE 线应严格分开。

（6）古建筑的配电箱外壳应为金属外壳，室内设置的箱体的防护等级不应低于 IP54，室外设置的箱体的防护等级不应低于 IP65。

（7）古建筑的照明灯具宜采用冷光源，且灯具附件无危险高温。各种开关应采用密闭型。

（二）设备和管线安装

（1）设备和管线宜明装，配电线路应穿金属导管保护。

（2）设备及管线不应在集中储存的柴草、饲料等可燃物堆垛附近安装。

（3）设备和管线的安装应避开潮湿部位和炉灶、烟囱等高温部位。配电线路不宜直接敷设在可燃物上；当必须敷设在可燃物上或在有可燃物的吊顶内敷设时，应穿金属管敷设。

（4）配电设备不应安装在明火和热源附近，也不应安装在木质等可燃构件上；配电设备外壳距可燃构件不应小于 0.3m。

（5）开关、插座和照明灯具靠近可燃物时，应采取隔热、散热等防火措施。

（6）1kV 及以上等级的架空电力线路不应跨越古建筑防火保护区和控制区。

（三）接地

用电设备的外露金属外壳应与线路的 PE 线作可靠的电气连接，穿线金属导管应相互可靠连接，且在用电设备、接线盒及配电箱处与 PE 线接线端子连接。

建筑物设有防雷击保护装置时，配电线路的 PE 线与防雷装置应作可靠的等电位连接。

九、其他

古城镇、村寨主要是指以木结构或砖木结构为主，保留传统格局或历史风貌，能够集中反映本地区文化特色、民族特色，建筑集中连片的城镇和村寨。在治理古城镇、村寨火灾隐患，加强古城镇和村寨火灾防控能力应参照 2014 年公安部消防局印发的《古城镇和村寨火灾防控技术指导意见》的有关规定执行。

参考文献

[1] 张泽江 . 古建筑消防 [M] . 北京：化学工业出版社，2010.

练习题

一级注册消防工程师

（一）单项选择题

1. 关于古建筑消防设计要求的说法，错误的是（　　）。

A. 古建筑可以利用江河作为消防水源

B. 古建筑的消防用水可与生活用水合用水池

C. 古建筑的室内消火栓宜设置在建筑外部

D. 古建筑的室外消火栓宜采用地下式消火栓

2. 关于古建筑用电要求的说法，错误的是（　　）。

A. 配电线路应装设短路保护和过负荷保护
B. 古建筑的配电系统应采用 TN-C 接地系统
C. 古建筑的照明灯具宜采用冷光源
D. 古建筑的配电箱外壳应为金属外壳

（二）多项选择题

古建筑的火灾危险性有（　　）。

A. 耐火等级低
B. 人员疏散困难
C. 火灾荷载大
D. 火势蔓延快
E. 灭火救援困难

第十二章　人民防空工程防火

学习要求

通过本章学习，应了解人民防空工程的分类及火灾特点，熟悉人民防空工程的防火分隔、安全疏散要求，掌握人民防空工程的防火设计方法。

人民防空工程是指为保障人民防空指挥、通信、掩蔽等需要而建造的防护建筑。人民防空工程是具有特殊功能的地下建筑，其建设和使用不但要满足战时的功能需要，贯彻“长期准备、重点建设、平战结合”的战略方针，而且要与城市的经济建设协调发展，努力适应不断发展变化的新形式。

第一节　人民防空工程的分类及火灾危险性

一、人民防空工程的分类

人民防空工程（以下简称人防工程）通常可按构筑形式及使用功能进行分类。

（一）按构筑形式分类

人防工程按构筑形式可分为坑道工程、地道工程和人民防空地下室、单建掘开式工程等。

1. 坑道工程

坑道工程是大部分主体地坪高于最低出入口的暗挖工程，多建于山地或丘陵地。

2. 地道工程

地道工程是大部分主体地坪低于最低出入口的暗挖工程，多建于平地。

3. 人民防空地下室

人民防空地下室是指为保障人民防空指挥、通信、掩蔽等需要，具有预定防护功能的地下室。

4. 单建掘开式工程

单建掘开式工程是单独建设的采用明挖法施工，且大部分结构处于原地表以下的工程。

（二）按使用功能分类

人防工程按使用功能分为指挥工程、医疗救护工程、防空专业队工程、人员掩蔽工程和配套工程五大类。

1. 指挥工程

指挥工程是保障人民防空指挥机关战时工作的人防工程。

2. 医疗救护工程

医疗救护工程是在战时对伤员进行早期治疗和紧急救治工作的人防工程。按等级分为中心医院、急救医院和救护站等。

3. 防空专业队工程

防空专业队工程是指保障防空专业队掩蔽和执行某些勤务的人防工程，一般称为防空专业队掩蔽所。一个完整的防空专业队掩蔽所一般包括专业队队员掩蔽部和专业队装备（车辆）掩蔽部两部分，但也可以将这两部分分开单独修建。防空专业队是指按专业组成的担负人民防空勤务的组织，其中包括抢险抢修、医疗救护、消防、防化防疫、通信、运输、治安等专业队。

4. 人员掩蔽工程

人员掩蔽工程是指主要用于保障人员掩蔽的人防工程。按等级分为一等人员掩蔽所和二等人员掩蔽所。

5. 配套工程

配套工程是指除指挥工程、医疗救护工程、防空专业队工程和人员掩蔽工程以外的战时保障性人防工程，主要包括区域电站、区域供水站、人防物资库、食品站、生产车间、人防汽车库、人防交通干（支）道、警报站以及核生化监测中心等工程。

二、人民防空工程的火灾危险性

随着经济的不断发展，人类生存的空间不断扩大，人防工程的使用也日益增多，并且逐渐向大规模、多功能发展。与地面建筑相比，人防工程有许多特点，其主要的特点是地下建筑处在封闭状态，只有内部空间，绝大多数没有与大气直接连通的外窗，与内部连通的孔洞少，而且面积也较小，所以相对比地上建筑的火灾后果更严重。

一般来说，人防工程火灾危险性呈现出以下特点。

1. 火场温度高，有毒气体多

人防工程建筑是通过挖掘的方法获得建筑空间的，构筑物的外部由岩石、覆土包围着，只有内部空间，不存在外部空间，不像地面建筑有外门、窗与大气相通。人防工程建筑密封性好，火灾后大量物质燃烧的速度与燃烧的充分性受到影响，造成燃烧速度慢、阴燃时间长，产生浓烟和大量有毒气体，同时蓄热温度随之升高，产生高热烟气流。而当某一阴燃部位突然同外部空气形成对流时，火势又会迅速复燃，给在场扑救人员造成极大的危险。

2. 内部格局复杂，疏散难度大

多数人防工程内部结构复杂，有的互相贯通，被改造成地下商城、娱乐场所后，顾客经常摸不清方向，特别是环形地下商城，给顾客造成的方向性模糊程度更为严重，增大了人员安全疏散的难度。疏散难度大主要体现在三个方面：

（1）人防工程不像地面建筑有窗户，火灾情况下无法从窗户疏散出去，只能从安全疏散出口疏散出去。

（2）工程内全部采用人工照明，无法利用自然光照明。

（3）烟气从两方面影响人防工程内的疏散：

1）烟雾遮挡光线，影响视线，使人看不清道路。

2）烟气中的一氧化碳等有毒气体直接威胁到人身安全。

如果人员在疏散中对火灾的反应迟缓，或出现紧张情绪，或认不清疏散方向而延误了时间是十分危险的。

3. 储存物品多，火灾荷载大

人防工程地下建筑不但使用面积大，而且储存的物资种类杂、数量大，给防火灭火工作造成极大的困难。有的地下商品批发市场，平均火灾荷载密度为 100～300kg/m²，如火灾在得不到充足空气的情况下，燃烧时间将会持续 6～18h，是地面同样火灾荷载燃烧时间的 3 倍。

4. 内部纵深大，灭火救援困难

人防工程地下商城、汽车库，其建筑内部纵深大，由于浓烟、高温、缺氧、有毒、视线不清、通信中断等原因，使消防救援人员难以接近起火点观察火情、判别情况，影响灭火救援顺利进行。

第二节　人民防空工程的防火设计要求

根据人防工程的平时使用情况和火灾特点，在新建、扩建、改建时的防火设计原则如下：采取可靠措施，利用先进技术，预防火灾发生；设计应立足自救，即由工程内部的人员利用火灾自动报警系统、自动喷水灭火系统、消防水源、防烟排烟设施、消防应急照明和疏散指示系统等消防设施，完成疏散和灭火的任务，把火灾扑灭在初起阶段。

人防工程的防火设计涉及面较广，除应符合《人民防空工程设计防火规范》（GB 50098—2009）的规定外，也应当遵循《人民防空工程设计规范》（GB 50225—2005）、《人民防空地下室设计规范》（GB 50038—2005）、《建筑内部装修设计防火规范》（GB 50222—2017）等工程技术标准的规定。设置在人防工程内的汽车库、修车库，其防火设计应按《汽车库、修车库、停车场设计防火规范》（GB 50067—2014）的有关规定执行。

一、总平面布局和平面布置

人防工程的总平面设计应根据人防工程建设规划、规模、用途等因素，合理确定其位置、防火间距、消防水源和消防车道等。

人防工程内不得使用和储存液化石油气、相对密度（与空气密度比值）大于或等于 0.75 的可燃气体和闪点小于 60℃的液体燃料。人防工程内不得设置油浸电力变压器和其他油浸电气设备。

人防工程内不应设置哺乳室、托儿所、幼儿园、游乐厅等儿童活动场所和残疾人员活动场所。医院病房以及歌舞厅、卡拉 OK 厅（含具有卡拉 OK 功能的餐厅）、夜总会、录像厅、放映厅、桑拿浴室（除洗浴部分外）、游艺厅（含电子游艺厅）、网吧等歌舞娱乐放映游艺场所，不应设置在人防工程内地下二层及以下层；当设置在地下一层时，室内地面与室外出入口地坪高差不应大于10m。

人防工程内地下商店不应经营和储存火灾危险性为甲、乙类储存物品属性的商品；营业厅不应设置在地下三层及三层以下；当地下商店总建筑面积大于20 000m^{2}时，应采用防火墙进行分隔，且防火墙上不得开设门、窗、洞口，相邻区域确需局部连通时，应选择下沉式广场、防火隔间、避难走道、防烟楼梯间等分隔方式。

人防工程的出入口地面建筑物与周围建筑物之间的防火间距，应按《建筑设计防火规范》（GB 50016—2014，2018年版）的有关规定执行。

二、防火分隔措施

（一）防火分区

1. 防火分区的划分

人防工程内应采用防火墙划分防火分区，当采用防火墙确有困难时，可采用防火卷帘等防火分隔设施分隔。防火分区应在各安全出口处的防火门范围内划分。水泵房、污水泵房、水池、厕所、盥洗间等无可燃物的房间，其面积可不计入防火分区的面积之内。与柴油发电机房或锅炉房配套的水泵间、风机房、储油间等，应与柴油发电机房或锅炉房一起划分为一个防火分区。防火分区的划分宜与防护单元相结合。

人防工程内设置有旅店、病房、员工宿舍时，不得设置在地下二层及以下层，并应划分为独立的防火分区，且疏散楼梯不得与其他防火分区的疏散楼梯共用。

2. 防火分区建筑面积

一般来说，人防工程每个防火分区的允许最大建筑面积，除另有规定者外，不应大于500m^2。当设置有自动灭火系统时，防火分区的允许最大建筑面积可增加1倍；局部设置时，增加的面积可按该局部面积的1倍计算。

（1）丙、丁、戊类物品库房防火分区建筑面积。人防工程内丙、丁、戊类物品库房防火分区的允许最大建筑面积应符合表4-12-1的规定。当设置有火灾自动报警系统和自动灭火系统时，防火分区的允许最大建筑面积可增加1倍；局部设置时，增加的面积可按该局部面积的1倍计算。

表4-12-1　丙、丁、戊类物品库房防火分区允许最大建筑面积　单位：m^2

储存物品类别		防火分区最大允许建筑面积
丙	闪点≥60℃的可燃液体	150
	可燃固体	300
丁		500
戊		1 000

（2）人防工程内商业营业厅、展览厅、电影院和礼堂的观众厅、溜冰馆、游泳馆、射击馆、保龄球馆等防火分区的建筑面积如下：

1）设置有火灾自动报警系统和自动灭火系统的商业营业厅、展览厅等，当采用A级装修材料装修时，防火分区的允许最大建筑面积不应大于2 000m^2。

2）电影院、礼堂的观众厅，其防火分区的允许最大建筑面积不应大于1 000m^2。当设置有火灾自动报警系统和自动灭火系统时，其允许最大建筑面积也不得增加。

3）溜冰馆的冰场、游泳馆的游泳池、射击馆的靶道区、保龄球馆的球道区等，其面积可不计入溜冰馆、游泳馆、射击馆、保龄球馆的防火分区面积内。溜冰馆的冰场、游泳馆的游泳池、射击馆的靶道区等场所，其装修材料应采用A级。

（二）其他防火分隔要求

（1）下列场所应采用耐火极限不低于2.00h的隔墙和耐火极限不低于1.50h的楼板与其他场所隔开，并应符合以下规定：

1）消防控制室，消防水泵房，排烟机房，灭火剂储瓶室，变配电室，通信机房，通风和空调机房，可燃物存放量平均值超过30kg/m^2火灾荷载密度的房间等，墙上应设置常闭的甲级防火门。

2）柴油发电机房的储油间，墙上应设置常闭的甲级防火门，并应设置高150mm的不燃烧、不渗漏的门槛，地面不得设置地漏。

3）同一防火分区内厨房、食品加工等用火、用电、用气场所，墙上应设置不低于乙级的防火门，人员频繁出入的防火门应设置火灾时能自动关闭的常开式防火门。

4）歌舞娱乐放映游艺场所，一个厅、室的建筑面积不应大于200m^2。隔墙上应设置不低于乙级的防火门。

（2）电影院、礼堂的观众厅与舞台之间的墙，耐火极限不应低于2.50h，电影院放映室（卷片室）应采用耐火极限不低于1.00h的隔墙与其他部位隔开，观察窗和放映孔应设置阻火闸门。

（3）人防工程中允许使用的可燃气体和丙类液体管道，除可穿过柴油发电机房、燃油锅炉房的储油间与机房间的防火墙外，严禁穿过防火分区之间的防火墙；当其他管道需要穿过防火墙时，应采用防火封堵材料将管道周围的空隙紧密填塞。

（三）防火门和防火卷帘

1. 防火门

人防工程位于防火分区分隔处安全出口的门应为甲级防火门，当使用功能上确定需要采用防火卷帘分隔时，应在其旁设置与相邻防火分区的疏散走道相通的甲级防火门。人员频繁出入的防火门，应采用能在火灾时自动关闭的常开式防火门；平时需要控制人员随意出入的防火门，应设置火灾时不需使用钥匙等任何工具即能易于从内部打开的常闭式防火门，并应在明显位置设置标识和使用提示；其他部位的防火门，宜选用常闭式防火门；用防护门、防护密闭门、密闭门代替甲级防火门时，其耐火性能应符合甲级防火门的要求，且不得用于平战结合公共场所的安全出口处。

2. **防火卷帘**

人防工程中使用防火墙划分防火分区有困难时，可采用防火卷帘分隔。

当防火分隔部位的宽度不大于30m时，防火卷帘的宽度不应大于10m；当防火分隔部位的宽度大于30m时，防火卷帘的宽度不应大于防火分隔部位宽度的1/3，且不应大于20m。防火卷帘的耐火极限不应低于3.00h。当防火卷帘的耐火极限符合《门和卷帘的耐火试验方法》（GB/T 7633—2008）有关背火面温升的判定条件时，可不设置自动喷水灭火系统保护；当防火卷帘的耐火极限不符合《门和卷帘的耐火试验方法》（GB/T 7633—2008）有关背火面辐射热的判定条件时，应设置自动喷水灭火系统保护。自动喷水灭火系统的设计应符合《自动喷水灭火系统设计规范》（GB 50084—2017）的有关规定，其火灾延续时间不应小于3h。

防火卷帘应具有防烟性能，与楼板、梁和墙、柱之间的空隙应采用防火封堵材料封堵。在火灾时能自动降落的防火卷帘，应具有信号反馈的功能。

三、安全疏散设施

（一）安全出口形式

1. **疏散楼梯间**

人防工程发生火灾时，建筑内人员不可能像在地面建筑那样通过阳台或外墙上的门、窗依靠云梯等手段逃生，只能通过疏散楼梯垂直向上疏散，因此楼梯间必须安全可靠。

设有下列公共活动场所的人防工程，当底层室内地面与室外出入口地坪高差大于10m时，应设置防烟楼梯间；当地下为两层，且地下第二层的室内地面与室外出入口地坪高差不大于10m时，应设置封闭楼梯间：

（1）电影院、礼堂。

（2）建筑面积大于500m^2的医院、旅馆。

（3）建筑面积大于1 000m^2的商场、餐厅、展览厅、公共娱乐场所（如礼堂、多功能厅、歌舞娱乐放映游艺场所等）、健身体育场所（如溜冰馆、游泳馆、体育馆、保龄球馆、射击馆等）等。

2. **避难走道**

避难走道是走道两侧为实体防火墙，并设置有防烟等设施，仅用于人员安全通行至室外的走道。当人防工程设置直通室外的安全出口的数量和位置受条件限制时，可设置避难走道。避难走道的作用与防烟楼梯间是相同的。防烟楼梯间是竖向布置的，而避难走道是水平布置的，人员疏散进入避难走道就可视为进入安全区域，避难走道不得用于除人员疏散外的其他用途。

人防工程中避难走道的设置要求如下：

（1）避难走道直通地面的出口不应少于2个，并应设置在不同方向；当避难走道只与1个防火分区相通时，其直通地面的出口可设置1个，但该防火分区至少应有1个不通向该避难走道的安全出口。

（2）通向避难走道的各防火分区人数不等时，避难走道的净宽不应小于设计容纳人数最多的 1 个防火分区通向避难走道的各安全出口最小净宽之和。

（3）避难走道装修材料的燃烧性能等级应为 A 级。

（4）防火分区至避难走道入口处应设置前室，前室面积不应小于 6m^2，前室的门应为甲级防火门。

（5）避难走道应设置消火栓、消防应急照明、消防应急广播和消防专线电话。

（二）安全出口设置的数量要求

人防工程每个防火分区安全出口的数量不应少于 2 个。人防工程有 2 个或 2 个以上防火分区相邻，且将相邻防火分区之间防火墙上设置的防火门作为安全出口时，防火分区的安全出口应符合以下规定：

（1）防火分区建筑面积大于 1 000m^2 的商业营业厅、展览厅等场所，设置通向室外、直通室外的疏散楼梯间或避难走道的安全出口的个数不得少于 2 个。

（2）防火分区建筑面积不大于 1 000m^2 的商业营业厅、展览厅等场所，设置通向室外、直通室外的疏散楼梯间或避难走道的安全出口的个数不得少于 1 个。

（3）在一个防火分区内，设置通向室外、直通室外的疏散楼梯间或避难走道的安全出口的宽度之和，不宜小于《人民防空工程设计防火规范》（GB 50098—2009）规定的安全出口总宽度的 70%。

建筑面积不大于 500m^2，且室内地面与室外出入口地坪高差不大于 10m，容纳人数不大于 30 人的防火分区，当设置有仅用于采光或进风用的竖井，且竖井内有金属梯直通地面，防火分区通向竖井处设置有不低于乙级的常闭防火门时，可只设置 1 个通向室外、直通室外的疏散楼梯间或避难走道的安全出口，也可设置 1 个与相邻防火分区相通的防火门。

建筑面积不大于 200m^2，且经常停留人数不超过 3 人的防火分区，可只设置 1 个通向相邻防火分区的防火门。

（三）安全疏散距离

安全疏散距离是根据允许疏散时间和人员疏散速度确定的。人防工程内的安全疏散距离应根据人员密度、疏散人员类型、工程类型的不同及照明条件综合确定。

（1）房间内最远点至该房间门的距离不应大于 15m。

（2）房间门至最近安全出口的最大距离：医院应为 24m，旅馆应为 30m，其他工程应为 40m。位于袋形走道两侧或尽端的房间，其最大距离应为上述相应距离的一半。

（3）观众厅、展览厅、多功能厅、餐厅、营业厅和阅览室等，其室内任意一点到最近安全出口的直线距离不宜大于 30m；当该防火分区设置有自动喷水灭火系统时，疏散距离可增加 25%。

（四）疏散宽度

人防工程每个防火分区安全出口的总宽度，应按该防火分区设计容纳总人数乘以疏散宽度的指标计算确定。人防工程安全出口、疏散楼梯和疏散走道的最小净宽应符合表 4–12–2 的规定。

表 4-12-2　安全出口、疏散楼梯和疏散走道的最小净宽　单位：m

工程名称	安全出口和疏散楼梯净宽	疏散走道净宽	
		单面布置房间	双面布置房间
商场、公共娱乐场所、健身体育场所	1.4	1.5	1.6
医院	1.3	1.4	1.5
旅馆、餐厅	1.1	1.2	1.3
车间	1.1	1.2	1.5
其他民用工程	1.1	1.2	—

（五）下沉式广场的安全疏散

（1）不同防火分区通向下沉式广场的安全出口最近边缘之间的水平距离不应小于13m，广场内疏散区域的净面积不应小于169m^2。

（2）下沉式广场应设置不少于一个直通地坪的疏散楼梯，疏散楼梯的总宽度不应小于相邻最大防火分区通向下沉式广场计算疏散总宽度。

四、消防设施的配置

人防工程的消防设施通常包括消火栓系统、自动喷水灭火系统、气体灭火系统、细水雾灭火系统、灭火器、火灾自动报警系统、防烟排烟系统、消防应急照明和疏散指示系统等。

（一）灭火设施

1. 消防给水

人防工程消防用水可由市政给水管网、水源井、消防水池或天然水源供给。利用天然水源时，应确保枯水期最低水位时的消防用水量，并应设置可靠的取水设施。采用市政给水管网直接供水，当消防用水量达到最大时，其水压应满足室内最不利点灭火设备的要求。

2. 室外消火栓系统

当人防工程内消防用水总量大于10L/s时，应设置室外消火栓。室外消火栓应设置在便于消防车使用的地点，且距出入口的距离不宜小于5m，并应有明显的标志。

3. 室内消火栓系统

（1）设置范围

1）建筑面积大于300m^{2}的人防工程。

2）电影院、礼堂、消防电梯间前室和避难走道。

（2）设置要求。室内消火栓的设置应符合《人民防空工程设计防火规范》（GB 50098—2009）的有关规定。

4. 自动喷水灭火系统

自动喷水灭火系统的设计应符合《自动喷水灭火系统设计规范》（GB 50084—2017）

和《人民防空工程设计防火规范》（GB 50098—2009）的有关规定。以下人防工程和部位应设置自动喷水灭火系统：

（1）除丁、戊类物品库房和自行车库外，建筑面积大于 500m^2 的丙类库房和其他建筑面积大于 1 000m^2 的人防工程。

（2）大于 800 个座位的电影院和礼堂的观众厅，且吊顶下表面至观众席室内地面高度不大于 8m 时；舞台使用面积大于 200m^2 时；观众厅与舞台之间的台口宜设置防火幕或水幕分隔。

（3）歌舞娱乐放映游艺场所。

（4）建筑面积大于 500m^2 的地下商店和展览厅。

（5）燃油或燃气锅炉房和装机总容量大于 300kW 的柴油发电机房。

人防工程中建筑面积大于 100m^2 且小于或等于 500m^2 的地下商店和展览厅，建筑面积大于 100m^2 且小于或等于 1 000m^2 的影剧院、礼堂、健身体育场所、旅馆、医院等，建筑面积大于 100m^2 且小于或等于 500m^2 的丙类库房，宜设置自动喷水灭火系统，当有困难时，也可设置局部应用系统，局部应用系统应符合《自动喷水灭火系统设计规范》（GB 50084—2017）的有关规定。

5. 其他灭火设施

为减少火灾时喷水灭火对电气设备和贵重物品的水渍影响，人防工程中图书、资料、档案等特藏库房，重要通信机房和电子计算机机房，变、配电室和其他特殊重要的设备房间应设置气体灭火系统或细水雾灭火系统。

6. 灭火器

人防工程应配置灭火器，灭火器的配置应符合《建筑灭火器配置设计规范》（GB 50140—2005）的有关规定。

（二）火灾自动报警系统

1. 设置范围

人防工程中建筑面积大于 500m^2 的地下商店、展览厅和健身体育场所，建筑面积大于 1 000m^2 的丙、丁类生产车间和丙、丁类物品库房，重要的通信机房和电子计算机机房，柴油发电机房和变、配电室，重要的实验室和图书、资料、档案库房，歌舞娱乐放映游艺场所等，应设置火灾自动报警系统。

2. 设置要求

火灾自动报警系统和消防应急广播系统的设计应按《火灾自动报警系统设计规范》（GB 50116—2013）的相关规定执行。

（三）消防应急照明和疏散指示系统及消防备用照明

消防应急照明和疏散指示系统及消防备用照明在工作电源断电后，应能自动投合备用电源。消防应急照明和疏散指示系统及消防备用照明可用蓄电池作备用电源，其持续供电时间不应少于 30min。

1. 消防应急照明疏散指示系统

人防工程的疏散走道、楼梯间、防烟前室、公共活动场所等部位的墙面上部或顶棚下应设置消防应急照明灯，其地面的最低水平照度不应低于 5 lx。

在人防工程有侧墙的疏散走道及其拐角处和交叉口处的墙面上、无侧墙的疏散走道的上方、疏散出入口和安全出口的上部应设置消防疏散标志灯。

歌舞娱乐放映游艺场所、总建筑面积大于 500m^2 的商业营业厅等公众活动场所的疏散走道的地面上，应设置能保持视觉连续发光的疏散指示标志，并宜设置灯光型疏散指示标志，指示标志的间距不宜大于 3m。

2. 消防备用照明

人防工程避难走道，消防控制室，消防水泵房，柴油发电机室，配电室，通风、空调室，排烟机房，电话总机房以及发生火灾时仍需坚持工作、值守的其他房间应设置消防备用照明。

（四）防烟排烟系统

1. 防烟系统

人防工程的防烟楼梯间及其前室或合用前室、避难走道的前室应设置机械加压送风防烟设施。丙、丁、戊类物品库房宜采用密闭防烟措施。

2. 排烟系统

总建筑面积大于 200m^2 的人防工程，建筑面积大于 50m^2 且经常有人停留或可燃物较多的房间，丙、丁类生产车间，长度大于 20m 的疏散走道，歌舞娱乐放映游艺场所，中庭等应设置机械排烟设施。

（1）排烟口。人防工程每个防烟分区内必须设置排烟口，排烟口应设置在顶棚或墙面的上部。单独设置的排烟口，平时应处于关闭状态，其控制方式可采用自动或手动开启方式，手动开启装置应设置在便于操作的位置。排风口和排烟口合并设置时，应在排风口或排风口所在支管设置自动阀门，该阀门必须具有防火功能，并应与火灾自动报警系统联动。当发生火灾时，着火防烟分区内的阀门应处于开启状态，其他防烟分区内的阀门应全部关闭。排烟口的风速不宜大于 10m/s。

设置自然排烟设施的场所，自然排烟口底部距室内地面不应小于 2m，并应常开或发生火灾时能自动开启，中庭的自然排烟口净面积不应小于中庭地面面积的 5%；其他场所的自然排烟口净面积不应小于该防烟分区面积的 2%。

（2）排烟风机。排烟风机可采用普通离心式风机或排烟轴流风机，排烟风机可单独设置或与排风机合并设置。排烟风机的安装位置，宜处于排烟区的同层或上层。排烟风机应与排烟口联动，当任何一个排烟口、排烟阀开启或排风口转为排烟口时，系统应转为排烟工作状态，排烟风机应自动转换为排烟工况；当烟气温度大于 280℃时，排烟风机应随设置于风机入口处排烟防火阀的关闭而自动关闭。

参考文献

［1］施强 . 浅谈地下建筑消防安全问题［EB/OL］.（2011-05-06）［2016-04-12］. http：//119.china. com.cm/zbjs/txt/2011-05/06/content_4182270.htm.

练习题

一级注册消防工程师

（一）单项选择题

1. 人防工程中地下商店通向（　　）的门不可计入安全出口的个数和疏散宽度。

A. 通向下沉式广场　　B. 通向避难走道

C. 通向疏散楼梯间　　D. 通向防火隔间

2. 人防工程内下列场所中，不能设于地下二层的是（　　）。

A. 商店营业厅　　B. 汽车库

C. 员工宿舍　　D. 丙类库房

3. 地下一层的人防工程，总建筑面积 4 000m^2，设有火灾自动报警系统、自动喷水灭火系统、机械排烟系统，平时作为商业营业厅使用。下列防火方案中，错误的是（　　）。

A. 商业营业厅的防火分区的建筑面积为 2 000m^2

B. 设置灭火器

C. 装修材料燃烧性能等级为 A 级

D. 商业营业厅的安全出口净宽 1.2m

（二）多项选择题

1. 人防工程内不应设置的有（　　）。

A. 油浸电力变压器

B. 哺乳室、托儿所、幼儿园、游乐厅等儿童活动场所

C. 残疾人员活动场所

D. 商业营业厅

E. 医院病房

2. 下列人防工程和部位中，应设置自动喷水灭火系统的有（　　）。

A. 建筑面积 800m^2 丁类库房

B. 1 000 座的电影院观众厅，且吊顶下表面至观众席室内地面高度 7.5m

C. 歌舞娱乐放映游艺场所

D. 建筑面积 1 000m^2 商店

E. 燃油锅炉房

第十三章　城市综合管廊防火

学习要求

通过本章学习，应了解城市综合管廊（以下简称“综合管廊”）的分类及其特殊构造，熟悉综合管廊的火灾危险性及特点，掌握综合管廊结构耐火的主要措施、安全疏散的主要形式及消防设施的配置要求。

综合管廊是指按照统一规划、设计、施工和维护原则，建于城市地下用于容纳两类及以上城市工程管线的构筑物及附属设施。

传统直埋管线占用道路下方地下空间较多，管线的敷设往往不能和道路的建设同步，造成道路频繁开挖，影响了道路的正常通行，也带来了噪声和扬尘等环境污染，而综合管廊的建设和使用则能克服这些弊端。近年来，在我国一些城市借鉴国外先进的市政管线建设和维护方法，开始兴建综合管廊工程。综合管廊在我国有“共同沟、综合管沟、共同管道”等多种称谓。

综合管廊工程建设在我国正处于起步阶段，一般情况下多为新建工程，也有一些建于 20 世纪 90 年代的综合管廊。

第一节　综合管廊的分类及火灾危险性

一、综合管廊的分类

综合管廊一般按容纳的工程管线及结构形式进行分类。

（一）按容纳的工程管线分类

综合管廊按容纳工程管线分干线综合管廊、支线综合管廊、缆线管廊。

1. 干线综合管廊

干线综合管廊为用于容纳城市主干工程管线，采用独立分舱方式建设的综合管廊。干线综合管廊如图 4–13–1 所示。

2. 支线综合管廊

支线综合管廊为用于容纳城市配给工程管线，采用单舱或双舱方式建设的综合管廊。支线综合管廊如图 4–13–2 所示。

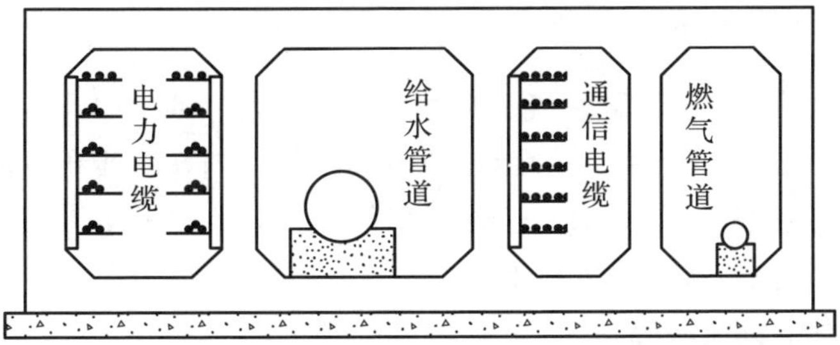

图 4–13–1　干线综合管廊示意图

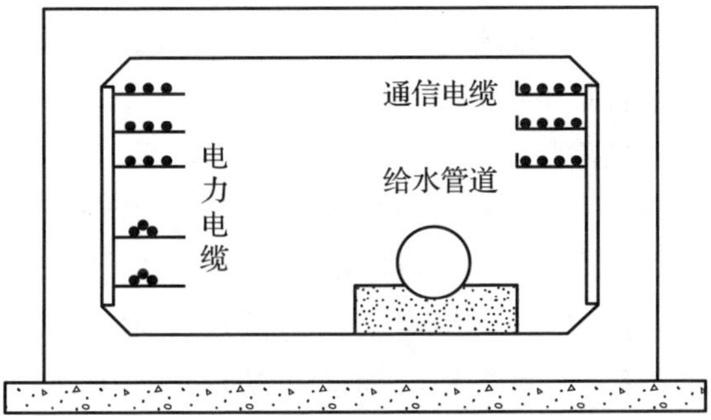

图 4–13–2　支线综合管廊示意图

3. **缆线管廊**

缆线管廊为采用浅埋沟道方式建设，设有可开启盖板但其内部空间不能满足人员正常通行要求，用于容纳电力电缆和通信线缆的管廊。缆线管廊如图 4–13–3 所示。

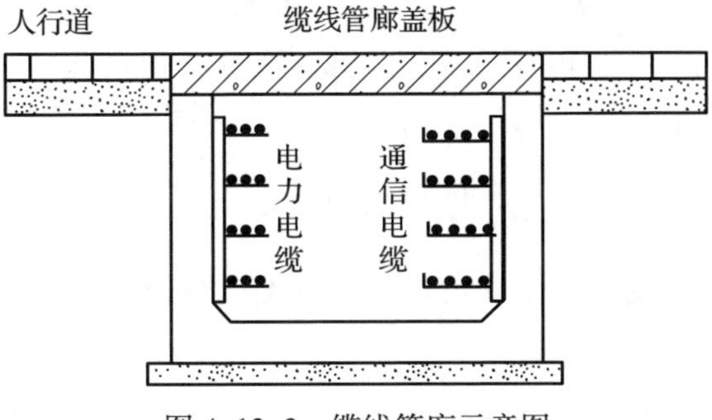

图 4–13–3　缆线管廊示意图

（二）按结构形式分类

综合管廊按结构形式分为现浇混凝土综合管廊和预制拼装综合管廊。

1. **现浇混凝土综合管廊**

现浇混凝土综合管廊为采用现场整体浇筑混凝土的综合管廊。

2. **预制拼装综合管廊**

预制拼装综合管廊为在工厂内分节段浇筑成型，现场采用拼装工艺施工成为整体的综合管廊。

二、综合管廊的火灾危险性

综合管廊容纳了给排水、天然气、热力、电力电缆、通信电缆等工程管线，其中一些管线存在着燃烧和爆炸的危险。管廊是地下构筑物，内部管线布置较为紧凑，管廊与地面仅有出入口、逃生口、吊装口、进排风口等连接。一旦发生火灾，消防救援人员难以进入，扑救困难，极易造成严重后果。

（一）综合管廊的火灾原因

综合管廊的火灾原因主要包括以下几个方面：

（1）天然气管道泄漏，导致燃烧和爆炸事故。

（2）电力线路过载引起电缆温升超限，导致电力电缆发生火灾并蔓延。

（3）蒸汽管道的不当运行，导致爆炸事故发生。

（二）综合管廊火灾的危险性

综合管廊纳入的管线是用于服务人们日常生产生活的市政常规管线，一旦发生火灾和爆炸，需要较长的时间恢复使用，严重影响人们的生产生活。如干线综合管廊中敷设的电力电缆主要是输电线路，电压等级高，送电服务范围广。支线综合管廊中敷设的电力电缆主要是中压配电线路，虽然每根电缆送电服务范围有限，但数量众多，发生电力电缆火灾后修复恢复供电时间长。天然气、蒸汽管道如果发生爆炸事故会对管廊设施造成破坏。因此，应采取相应的安全保护措施以确保这些管线在综合管廊内安全。

第二节　城市综合管廊的防火设计要求

城市综合管廊的建设，应同步配套消防、供电、照明、监控与报警、通风、排水、标识等设施，以满足管线单位的使用和运行维护要求。其防火设计应符合《城市综合管廊工程技术规范》（GB 50838—2015）的有关规定，主要有以下内容。

一、综合管廊舱室的火灾危险性分类

含有下列管线的综合管廊舱室火灾危险性分类应符合表 4-13-1 的规定。

表 4-13-1　综合管廊舱室火灾危险性分类

舱室内容纳管线种类		舱室火灾危险性类别
天然气管道		甲
阻燃电力管道		丙
通信线缆		丙
热力管道		丙
污水管道		丁
雨水管道、给水管道、再生水管道	塑料管等难燃管材	丁
	钢管、球墨铸铁管等不燃管材	戊

当舱室内含有两类及以上管线时，舱室火灾危险性类别应按火灾危险性较大的管线确定。

二、综合管廊的耐火等级和防火分隔要求

（一）耐火等级

综合管廊主结构体应为耐火极限不低于 3.00h 的不燃性结构。

（二）防火分隔

综合管廊的防火分隔措施应满足下列规定：

（1）综合管廊内不同舱室之间应采用耐火极限不低于 3.00h 的不燃性结构进行分隔。

（2）天然气管道舱及容纳电力电缆的舱室应每隔 200m 采用耐火极限不低于 3.00h 的不燃性墙体进行防火分隔。防火分隔处的门应采用甲级防火门，管线穿越防火隔断部位应采用阻火包等防火封堵措施进行严密封堵。

（3）综合管廊交叉口及各舱室交叉部位应采用耐火极限不低于 3.00h 的不燃性墙体进行防火分隔，防火分隔处的门应采用甲级防火门，管线穿越防火隔断部位应采用阻火包等防火封堵措施进行严密封堵。

三、各类管线设置的防火要求

（一）天然气管道

天然气管道的防火设计应满足下列规定：

（1）天然气管道设计应符合《城镇燃气设计规范》（GB 50028—2006，2020 年版）的有关规定。

（2）含天然气管道舱室的综合管廊不应与其他建（构）筑物合建。天然气管道应在独立舱室内敷设。

（3）天然气管道舱室与周边建（构）筑物间距应符合《城镇燃气设计规范》（GB 50028—2006，2020 年版）的有关规定。

（4）天然气调压装置不应设置在综合管廊内。天然气管道分段阀宜设置在综合管廊外部，当分段阀设置在综合管廊内部时，应具有远程关闭功能。天然气管道进出综合管廊时应设置具有远程关闭功能的紧急切断阀。

（5）天然气管道进出综合管廊附近的埋地管线、放散管、天然气设备等均应满足防雷、防静电接地的要求。

（6）天然气管道舱室的排风口与其他舱室排风口、进风口、人员出入口以及周边建（构）筑物口部的距离不应小于 10m。天然气管道舱室的各类孔口不得与其他舱室连通，并应设置明显的安全警示标识。

（二）热力管道

热力管道的防火设计应满足下列规定：

（1）热力管道采用蒸汽介质时应在独立舱室内敷设。热力管道不应与电力电缆同舱敷设。

（2）当热力管道采用蒸汽介质时，排气管应引至综合管廊外部安全空间。

（3）热力管道及配件保温材料应采用难燃材料或不燃材料。

（三）电力电缆

电力电缆应采用阻燃电缆或不燃电缆。

（四）通信线缆

通信线缆应采用阻燃线缆。

（五）雨水、污水管道

雨水、污水管道的通气装置应直接引至综合管廊外部安全空间。

四、综合管廊的安全疏散

为保证进入人员的安全，综合管廊应设置逃生口。逃生口尺寸还应考虑消防人员救援进出的需要。综合管廊的每个舱室应设置人员出入口、逃生口，出入口宜与逃生口、吊装口、进风口结合设置，且不应少于2个。逃生口的设置应符合下列规定：

（1）敷设电力电缆的舱室，逃生口间距不宜大于200m。

（2）敷设天然气管道的舱室，逃生口间距不宜大于200m。

（3）敷设热力管道的舱室，逃生口间距不应大于400m；当热力管道采用蒸汽介质时，逃生口间距不应大于100m。

（4）敷设其他管道的舱室，逃生口间距不宜大于400m。

（5）逃生口尺寸不应小于1m×1m，当为圆形时，内径不应小于1m。

五、综合管廊消防设施的配置

综合管廊的消防设施主要有灭火设施、报警系统、通风系统、消防电气系统等。

（一）灭火设施

综合管廊灭火设施的设置应满足下列要求：

（1）综合管廊内应在沿线、人员出入口、逃生口等处设置灭火器等灭火器材，灭火器材的设置间距不应大于50m，灭火器的配置应符合《建筑灭火器配置设计规范》（GB 50140—2005）的有关规定。

（2）干线综合管廊中容纳电力电缆的舱室，支线综合管廊中容纳6根及以上电力电缆的舱室应设置自动灭火系统；其他容纳电力电缆的舱室宜设置自动灭火系统。

（二）报警系统

综合管廊应设置监控中心，监控、报警和联动反馈信号应送至监控中心。设置的火灾自动报警系统应符合《火灾自动报警系统设计规范》（GB 50116—2013）的有关规定。

（1）干线、支线综合管廊含电力电缆的舱室应设置火灾自动报警系统，并应符合下列规定：

1）应在电力电缆表层设置线型感温火灾探测器，并应在舱室顶部设置线型光纤感温火灾探测器或感烟火灾探测器。

2）应设置防火门监控系统。

3）设置火灾探测器的场所应设置手动火灾报警按钮和火灾警报器，手动火灾报警按钮处宜设置电话插孔。

4）确认火灾后，防火门监控器应联动关闭常开防火门，消防联动控制器应能联动关闭着火分区及相邻分区通风设备、启动自动灭火系统。

（2）天然气管道舱应设置可燃气体探测报警系统，并应符合下列规定：

1）天然气报警浓度设定值（上限值）不应大于其爆炸下限值（体积分数）的 20%。

2）天然气探测器应接入可燃气体报警控制器。

3）当天然气管道舱天然气浓度超过报警浓度设定值（上限值）时，应由可燃气体报警控制器或消防联动控制器联动启动天然气舱事故段分区及其相邻分区的事故通风设备。

4）紧急切断浓度设定值（上限值）不应大于其爆炸下限值（体积分数）的 25%。

（三）通风系统

综合管廊为密闭的地下构筑物，综合管廊设置的通风系统能保证综合管廊平时内部空气的质量，当有可燃气体泄漏时，则需加大通风量及时快速将泄漏气体排出。综合管廊的通风系统有正常通风、事故通风、事故后机械排烟几种工作方式。综合管廊通风系统的设置应满足下列规定：

（1）综合管廊通风系统的通风量应符合下列规定：

1）正常通风换气次数不应小于 2 次 /h，事故通风换气次数不应小于 6 次 /h；

2）天然气管道舱正常通风换气次数不应小于 6 次 /h，事故通风换气次数不应小于 12 次 /h。

（2）舱室内天然气浓度大于其爆炸下限浓度值（体积分数）的 20% 时，应启动事故段分区及其相邻分区的事故通风设备。

（3）天然气管道舱风机应采用防爆风机。

（4）综合管廊舱室内发生火灾时，发生火灾的防火分区及相邻分区的通风设备应能够自动关闭。

（5）综合管廊内应设置事故后机械排烟设施。

（四）消防电气

1. 消防电源及其配电

（1）综合管廊的消防设备、监控与报警设备、应急照明设备应按二级负荷供电。天然气管道舱的监控与报警设备、管道紧急切断阀、事故风机应按二级负荷供电。

（2）综合管廊应以防火分区作为配电单元。

（3）天然气管道舱内的电气设备应符合《爆炸危险环境电力装置设计规范》（GB 50058—2014）有关爆炸性气体环境 2 区的防爆规定。

2. 消防应急照明和疏散指示系统

（1）管廊内消防应急照明的最低水平照度不应低于 5.0 lx，应急电源持续供电时间不应小于 60min。

（2）监控室备用照明的照度应达到正常照明的照度要求。

（3）出入口和各防火分区防火门上方应设置安全出口标志灯，灯光疏散指示标志应设置在距地坪高度 1.0m 以下，间距不应大于 20m。

3. 电力线路

非消防设备的供电电缆、控制电缆应采用阻燃电缆，火灾时需继续工作的消防设备应采用耐火电缆。天然气管道舱内的电气线路不应有中间接头，线路敷设应符合《爆炸危险环境电力装置设计规范》（GB 50058—2014）的有关规定。

练习题

一级注册消防工程师

（一）单项选择题

1. 含有天然气管道的舱室火灾危险性类别为（　　）类。

A. 甲　　B. 乙　　C. 丙　　D. 丁

2. 综合管廊不同舱室之间应采用耐火极限不低于（　　）h 的不燃性结构进行分隔。

A. 1.00　　B. 1.50　　C. 2.00　　D. 3.00

3. 下列关于综合管廊灭火器的设置要求中，错误的是（　　）。

A. 在沿线设置　　B. 在人员出入口设置

C. 在人员逃生口设置　　D. 灭火器设置间距不应大于 60m

（二）多项选择题

1. 火灾危险性类别为丙类的综合管廊舱室，可能设置的管线种类有（　　）。

A. 阻燃电力管道　　B. 热力管道

C. 难燃塑料管雨水管道　　D. 通信线缆

E. 污水管道

2. 下列关于综合管廊逃生口设置的说法中，正确的有（　　）。

A. 每个舱室不应少于 2 个

B. 敷设天然气管道的舱室，逃生口间距不宜大于 200m

C. 敷设电力电缆的舱室，逃生口间距不宜大于 400m

D. 逃生口为圆形时，内径尺寸不应小于 0.8m

E. 逃生口可以与吊装口、进风口结合设置

第五篇 消防安全评估

第一章 火灾风险识别

学习要求

通过本章学习，应了解火灾风险识别事故致因理论的基本内容，熟悉火灾风险评估概念辨析，掌握火灾风险来源、风险源分析，判别预防措施的合理性和有效性。

本章介绍火灾风险识别的事故致因理论，并系统地介绍第一类火灾危险源和第二类火灾危险源的分类和识别过程。

火灾风险评估是查找评估对象所面临的火灾风险来源的一个过程。火灾风险识别是开展火灾风险评估工作所必需的基础环节。只有充分、全面地把握评估对象所面临的火灾风险的来源，才能完整、准确地对各类火灾风险进行分析、评判，进而采取针对性的火灾风险控制措施，确保将评估对象的火灾风险控制在可接受的范围之内。

第一节 火灾风险评估概念辨析

本节主要介绍火灾隐患、火灾风险、火灾危险源、火灾风险源、火灾危险、火灾危险性等火灾风险评估的相关概念，对火灾隐患与火灾风险，火灾危险源与火灾风险源，以及火灾危险、火灾危险性与火灾风险之间的差异进行辨析。

一、火灾隐患与火灾风险

火灾隐患是指存在违反消防法律、法规的行为，这种行为有导致火灾的可能性或在火灾发生时会造成一定的危害后果。《重大火灾隐患判定方法》（GB 35181—2017）对重大火灾隐患进行了定义：重大火灾隐患是指违反消防法律、法规，不符合消防技术标准，可能导致火灾发生或火灾危害增大，并由此可能造成重大、特别重大火灾事故或严重社会影响的各类潜在不安全因素。从上述定义看，火灾隐患本身属于火灾风险的一个方面，但是与火灾风险相比，后者涵盖了前者的内容，比前者更为全面。开展火灾风险评估，首先就是要进行火灾隐患排查，但是火灾隐患排查不完全等同于火灾风险评估。一般情况下，凡是存在火灾隐患的地方，就一定会有火灾风险；但是有火灾风险的地方，不一定有火灾隐患。例如，在一些古文物建筑和城镇中的一些老旧场所中，由于年代较为久远，这些建筑在建造时还没有相应的建筑消防设计规范，或者随着消防设计规范的修订、可接受水平的提高，一些原本符合消防设计规范的建筑变得不符合规范，但是又没有相应的规范和法规对此进行说明。从这个意义上来说，这些建筑不存在火灾隐患，但是存在很高的火灾风险。因此，这两者既有联系，又有区别。火灾隐患与火灾风险的关系如图 5–1–1 所示。

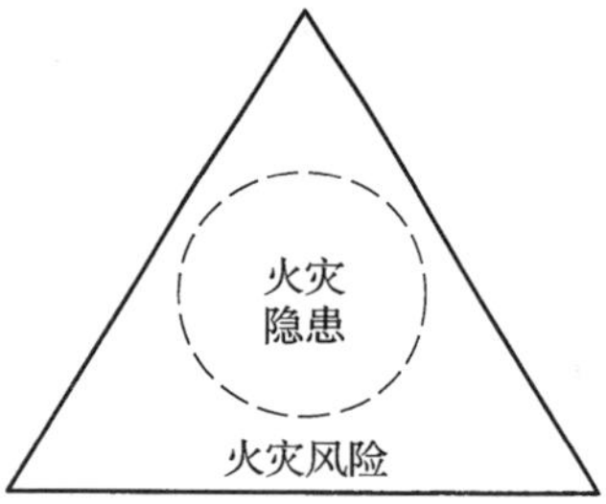

图 5–1–1　火灾隐患与火灾风险的关系

二、火灾危险源与火灾风险源

按照危险源理论，依据在事故发生、发展过程中的作用，危险源可分为以下两类：

第一类危险源，是指产生能量的能量源或拥有能量的载体。它的存在是事故发生的前提。没有第一类危险源就谈不上能量或危险物质的意外释放，也就无所谓事故。由于第一类危险源在事故发生时释放的能量是导致人员伤害或财物损坏的能量主体，所以它决定了事故后果的严重程度。

第二类危险源，是指导致约束、限制能量屏蔽措施失效或破坏的各种不安全因素。它是第一类危险源导致事故的必要条件。如果没有第二类危险源破坏第一类危险源的控制，也就不会发生能量或危险物质的意外释放。所以，第二类危险源出现的难易程度决定了事故发生的可能性大小。

根据上述危险源分类，火灾中的第一类危险源包括可燃物、火灾烟气及燃烧产生的有毒、有害气体成分；第二类危险源是人们为了防止火灾发生、减小火灾损失所采取的消防措施中的隐患。对于第一类火灾危险源，人们普遍接受。按照上述表述，火灾自动报警系统、自动灭火系统、应急广播及疏散系统等消防措施属于第二类危险源。因此，对火灾危险源进行界定，将其含义限定为引起火灾的一些因素，同时引入火灾风险源的概念，则更容易理解。应该说，关于危险源和风险源的概念，来自两个不同的方向。危险源首先来自理论上的定义，而风险源则来自实践的需要，由实践向理论的提升，将会有更大的适用性。火灾危险源与火灾风险源的关系如图 5–1–2 所示。

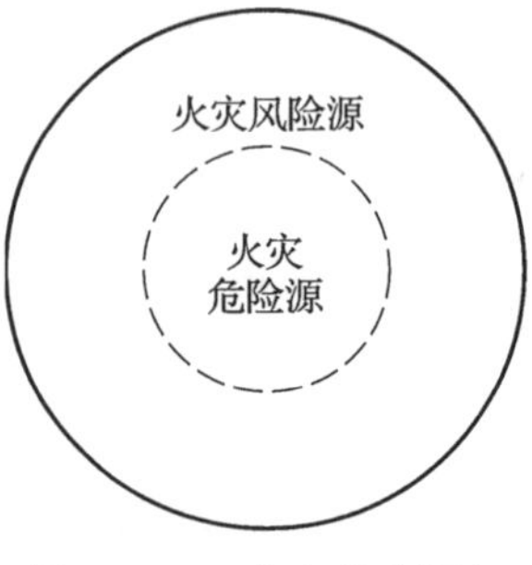

图 5–1–2　火灾危险源与火灾风险源的关系

三、火灾危险、火灾危险性与火灾风险

危险表达的是某事物对人们构成的不良影响或后果等，强调的是客体，是客观存在的随机现象；风险表达的则是人们采取了某种行动后可能面临的有害后果，强调的是主体，是人们将遭受的危害或需要承担的责任；而危险性不仅是指火灾事件发生的可能性，而且也包括火灾危险的程度及造成危害的后果。火灾危险性不仅是指火灾事件发生的可能性，而且也包括火灾危险的程度及造成危害的后果，强调的是客体（火灾事件本身），是客观存在的随机现象；火灾风险是对火灾引起人的生命、健康、财产和环境遭受潜在危害后果的认识，火灾风险的大小通常用火灾发生的概率乘以火灾后果的期望值来衡量，它表达的是人们采取了某种行动后可能面临的危害后果，强调的是主体（火灾的危害对象），隐含人们将遭受的危害或需要承担的责任。

为了对火灾危险、火灾危险性和火灾风险这三个相似概念进行界定，此处将火灾危险、火灾危险性和火灾风险分为三个层次。

（1）火灾危险作为第一个层次，是火灾风险的基本来源，对应的是目标对象能否着火的问题。如果不存在火灾危险，则火灾风险也不会存在。例如，在一幢有可燃物的建筑内，如果不使用明火，并且无其他任何原因引燃可燃物，则可以认为该建筑根本不存在任何火灾风险。

（2）火灾危险性作为第二个层次，对应的是着火后会有多大的规模。在《建筑设计防火规范》（GB 50016—2014，2018 年版）中有很多地方提及火灾危险性，如“表 3.1.1　生产的火灾危险性分类”和“表 3.1.3　储存物品的火灾危险性分类”。从其内容看，主要是从物质的闪点、爆炸极限以及其他发生氧化燃烧的条件进行分类。因此，如此进行界定在大多数情况下是适用的。

（3）火灾风险作为第三个层次，对应的是物质着火的概率以及火灾发生后的预期损失情况。火灾危险、火灾危险性和火灾风险之间的关系如图 5-1-3 所示。采用这三个层次的界定，一般情况下可以解释火灾危险源评估、火灾危险性评估和火灾风险评估之间的区别。

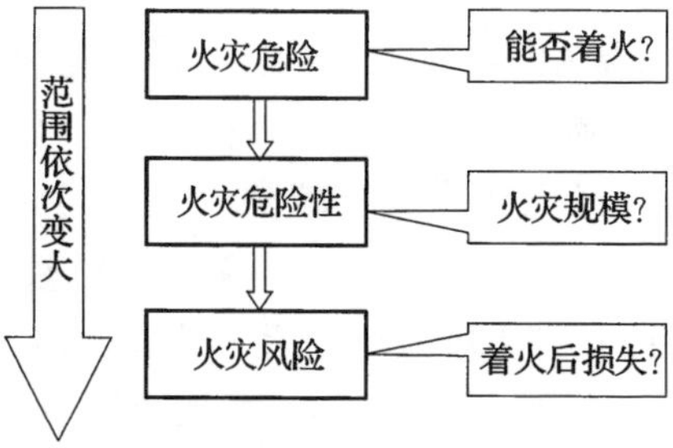

图 5-1-3　火灾危险、火灾危险性和火灾风险之间的关系

第二节　火灾风险来源

本节主要介绍火灾发生发展过程与火灾风险评估、影响火灾发生的因素以及影响火灾后果的因素。

一、火灾发生发展过程与火灾风险评估

火灾风险评估过程与火灾发生发展过程是紧密联系的。

火灾发生前，考虑的是评估对象是否存在着火的可能性，其中有哪些因素可能导致火源突破控制，引起火灾发生。重点评估着火因素，这些可能引起火灾的因素即为火灾危险源。这称为火灾危险源评估。火灾危险源的评估不能完全采用定量的方法进行，还需要根据以往的经验和历史统计数据进行分析和判断。

（一）火灾初期阶段

在火灾发生初期，物质的燃烧主要受其物理性质和周边环境，如通风状况、燃料数量、环境温度、燃烧时间等的影响。

这一阶段考虑的是物质着火后，不考虑各种内外部消防措施和消防救援力量的干预作用，在纯自然状态下评估火灾可能引起的后果损失。这一阶段的评估称为火灾危险性评估。由于物质的火灾荷载、可燃物之间的距离、通风状况、建（构）筑物的耐火性能、人员数量等参数均存在可量化的数值，因此火灾危险性评估可采用量化的方法（包括现场实验、相似模拟实验和计算机模拟方法）进行。

（二）火灾发展阶段

火灾发生后，物质的燃烧受到建（构）筑物内自动灭火系统启动灭火、防烟排烟系统发挥防烟分隔和排烟功能、人员参与灭火等消防措施和内部消防救援力量的影响。根据这些因素共同作用的效率，来衡量火灾可能造成的后果损失。

通常情况下，按照相应的《建筑防火设计规范》（GB 50016—2014，2018 年版）等相关消防标准规范，建（构）筑物内部应设有火灾自动报警系统、自动灭火系统、防烟排烟系统等建筑消防设施。此外，建（构）筑物内会安排消防值守人员，并且内部人员也接受过初起火灾扑救、组织疏散的训练，有的还可能拥有自己的专职消防队或志愿消防队，具有专业的灭火救援能力。物质着火后，由于物质的燃烧受到这些因素共同作用的影响，因此，后果损失的严重程度与这些因素的作用效率密切相关。这一阶段的评估称为狭义的火灾风险评估。

（三）火灾衰减阶段

在物质着火后，除了上述建筑消防设施功能和单位相关人员能力之外，还考虑在初起火灾扑救失败之后，外部的消防救援力量进行干预，投入灭火救援工作，根据这些因素共同作用的效率，来衡量火灾可能造成的损失。

物质着火后，虽然建筑消防设施和内部人员对物质的燃烧过程进行了干预，但是由于某项消防措施失效或者人员灭火能力欠缺等种种原因，导致依靠单位自身的能力无法扑灭火灾，这时就需要出动国家综合消防救援队伍以及调动专职消防队、志愿消防队赶赴现场灭火。这一阶段的评估称为广义的火灾风险评估。

目前已经有许多可用的评估方法，而这些方法有其各自的特点和适用性。因此，可以根据评估的目标对象所处的不同阶段来选择适用的方法。

根据上述火灾发生发展的几个阶段，建筑消防工作大体上可以划分为四个主要环节，即火灾预防、火灾报警、人员疏散和灭火救援。其中，预防火灾发生是消防工作的首要任务。为了预防火灾的发生，以及在火灾发生后采用各种手段减少火灾造成的损失，人们根据火灾发生发展的不同阶段采取了不同的设计，设置了不同的消防控制措施。火灾风险评估需要针对这些设计和消防控制措施逐一进行。因此，评估需要首先对可能引起建筑物发生火灾的主要原因（火灾危险源）进行分析，以便从源头上做好消防安全工作。

由于火灾发展过程涉及多种因素，火灾风险的大小与这些因素及其共同作用的结果密切相关，因此，火灾风险评估过程就是探索各影响因素之间动态变化的过程。在这些影响因素之间，既有有利因素，又有不利因素。火灾风险评估的结果就是不利因素与有利因素动态博弈的结果。火灾风险评估需要承认火灾的内在规律性，并在此基础上实现火灾自然属性与社会属性的有机统一。进行火灾风险评估，离不开评估的环境。火灾是随着经济社会的发展而发生变化的，在不同的经济社会发展阶段，人们对火灾的可接受水平也不同。

二、影响火灾发生的因素

可燃物、助燃剂、引火源、时间和空间是火灾的五个要素。控制可分为两类：对于存在生产、生活用燃烧的场所，将燃烧控制在一定的范围内，控制的对象是时间和空间；对于除此之外的任何场所，控制不发生燃烧，控制的对象是燃烧三要素，即控制这三要素同时出现的条件。

在非燃烧必要场所，除了生产用可燃物存放区域以外，可燃物贯穿于人们的衣、食、住、行等日常生活的各个方面，所以无法完全消除可燃物，只能对可燃物进行控制。在这些可燃物之中，有些易于燃烧，有些难以燃烧。可燃物控制的目标，就是将可燃物限制在一定的范围内，包括可燃物的数量和存在场所，控制的重点是易燃物质。控制的效果越好，发生火灾的可能性就越小，造成人员生命、财产损失后果的严重性就越低，火灾风险也就越小。氧气作为助燃剂，几乎是无处不在的，所能控制的只是可作为助燃剂的强氧化剂。引火源与人们的生产、生活密切相关，也是人们最容易控制的要素，因此这也是火灾控制的首要任务。在燃烧必要场所，只要燃烧在人们预想的时间和空间中进行，就不会发生火灾。在对时间和空间的控制中，也包含着对燃烧三要素的控制，受燃烧三要素的影响。从以上分析可以看出，在这三要素之中，受人的主观能动性影响最大的是引火源。如前所述，火灾是不能完全避免的。也就是说，由于各种因素的影响，总会有引火源突破控制，导致火灾的发生，如雷电、地震、电气或设备故障以及人为纵火等。

第三节　火灾风险源分析

本节主要介绍建筑火灾风险评估中涉及的多种火灾风险源，包括火灾危险源、建筑防火、人员状况、消防安全管理和消防救援力量等。

一、火灾危险源

火灾危险源包括主观因素和客观因素。主观因素包括用火不慎、纵火、吸烟不慎等，客观因素包括电气、危险品、环境等。具体危险源特点可从对火灾原因的分析中得出。

二、建筑防火

（一）被动防火

1. 防火间距

影响防火间距的主要因素有：①热辐射；②热对流；③建筑物外墙开口面积；④建筑物内可燃物的性质、数量和种类；⑤风速；⑥相邻建筑物的高度；⑦建筑物内消防设施的水平；⑧灭火时间。

2. 耐火等级

一幢建筑物的耐火等级不是由一两个构件的耐火性决定的，而是由组成建筑物的所有构件的耐火性决定的，即由组成建筑物的墙、柱、梁、楼板等主要构件的燃烧性能和耐火极限决定的。

3. 防火分区

通过划分防火分区这一措施，一旦建筑物发生火灾，就可以有效地把火势控制在一定的范围内，减少火灾损失，同时可以为人员安全疏散、消防扑救提供有利条件。防火分区主要是通过在一定时间内阻止火势蔓延，且把建筑物的内部空间分隔成若干较小防火空间的防火分隔设施来实现的。常用的防火分隔设施有防火墙、防火门、防火卷帘等。

4. 消防扑救条件

建筑的消防扑救条件可根据消防通道和消防扑救面的实际情况进行衡量。消防通道的衡量标准包括有无穿越建筑的消防通道、环形消防车道以及消防电梯等。消防通道的畅通及完备可以保证火灾时消防车辆能够顺利到达火场，使消防救援人员能迅速开展灭火战斗，及时扑灭火灾，最大限度地减少人员伤亡和火灾损失。在实际建筑中，消防车道一般可与交通道路、桥梁等结合布置。消防扑救面是指登高消防车能靠近主体建筑，便于消防车辆作业和消防救援人员进入建筑进行抢救人员和扑灭火灾的建筑立面。

5. 防火分隔设施

如前所述，常用的防火分隔设施有防火墙、防火门、防火卷帘等。防火门和防火卷帘在实际运行时有可能出现一些问题。例如，常闭防火门未关闭或关闭不严，防火门损坏；防火卷帘下方堆放物品，或维护保养不及时致使滑轨滑槽锈蚀，造成防火卷帘无法达到预定位置；常开防火门由于控制系统损坏或出现故障，紧急情况下无法关闭。如果出现上述问题，都会使防火分区不能达到预定的消防设计要求，也就无法达到发生火灾时防止火灾蔓延的目的。

（二）主动防火

1. 灭火器材

灭火器材在很大程度上相当于一线“卫士”，担负着扑灭或控制初起火灾的重任。灭火器材的配置是否符合要求，是否及时维护以保持其完好可用，都将决定着潜在火势的发展状况。

2. 消防给水

消防给水系统完善与否，直接影响火灾扑救的效果。据统计，在扑救成功的火灾案例中，93% 的火场消防给水条件较好，水量、水压有保障；而在扑救失利的火灾案例中，81.5% 的火场消防供水不足。许多大火失去控制，造成严重后果的情况，都与消防给水系统不完善、火场缺水有密切关系。

3. 火灾自动报警系统

在实际应用中，应根据火灾的特点、安装场所的环境特征、房间高度等因素选择合适的探测器，以达到及时、准确报警的目的。

4. 防烟排烟系统

排烟方式主要有机械排烟和自然排烟两种；防烟方式主要有机械加压送风防烟和自然通风两种。设置防烟或排烟设施的具体方式多样，应结合建筑物所处的环境条件和建筑物自身的特点，按照相关规范的要求，进行合理的选择和组合。

5. 自动灭火系统

自动灭火系统主要是指水自动灭火系统和气体灭火系统。水自动灭火系统是以水为主要灭火介质的灭火系统，它具体包括自动喷水灭火系统、水喷雾灭火系统、细水雾灭火系统和水炮灭火系统。同样，随着建筑领域的巨大变化，相应灭火系统的选择也更加多样化，设计者应根据建筑物的功能、布局、结构特点等选择高效、经济、合理的灭火系统。

6. 疏散设施

建筑物中的安全疏散设施，如楼梯、疏散走道和门等，是依据建筑物的用途、人员的数量、建筑物面积的大小以及人们在火灾时的心理状态等因素综合考虑设计的。因此，要确保这些疏散设施的完好有效，保障建筑物内的人员和物资安全疏散，减少火灾所造成的人员伤亡与财产损失。此外，消防应急照明和疏散指示标志的设置，对人员安全疏散也具有重要作用。应在疏散门上方、走廊下方、楼梯前室以及走廊转弯处等重要部位设置疏散方向标志和应急照明灯具，停电时备用消防电源自动切换保证照明，保障疏散。

三、人员状况

确保在火灾发生时人员能够安全疏散，是实现建筑物功能和举办活动的基本前提。对风险评估结果影响最大的因素之一，就是建筑物或活动场地人员的安全疏散。评估建筑物或活动场地内的人员能否安全疏散，需要考虑建筑物或活动场地内人员自身的一些特点对安全疏散的影响，主要表现在人员荷载、人员素质、人员熟知度和人员体质几个方面。

（一）人员荷载

人员荷载是决定疏散分析结论的基础，也是评估建筑物疏散安全性的前提条件。疏散设计是建立在正确的人员荷载统计的基础之上的。不同区域的人员密度指标不仅与国家、地区、地段以及空间场所的类型和使用因素有关，还受其平面布置、空间布局、使用面积和内部物体配置等因素的制约。一方面，如果建筑物实际使用时容纳的人员数量超出设计规模，则会增加人员安全疏散的风险；另一方面，即使建筑物的整体人员荷载在设计的规模范围内，也有可能由于人员分布不均衡，导致建筑物内局部人员荷载过大，造成紧急情况下局部人员疏散存在困难，增加人员安全疏散的风险。一般情况下，建筑物内的人员数量越多，造成拥堵的可能性越高。

（二）人员素质

人员素质包括人的心理承受能力、应急反应能力和遵守纪律能力。在特定的建筑火灾场景下，因人的心理承受能力、应急反应能力和遵守纪律能力不同，即使在相同的设计安全范围内，疏散相同数量人员所需的时间也会存在较大差异。在发生火灾时，如果心理承受能力差，就可能会在紧急疏散和逃生时不知所措，到处乱跑；如果应急反应能力差，则会找不到正确的疏散和逃生方向，不能正确地利用疏散指示标志，不能采用正确的疏散和逃生姿势；如果遵守纪律能力差，则不能够听从疏散引导人员的指挥进行有序疏散，出现抢道、拥挤等现象，严重时会造成疏散通道堵塞。人员素质越高，组织纪律性和判断力就会越好。在紧急状态下，高素质的人群能够自发做出更为准确的判断，采取有利于消防安全的行为，并自觉听从消防广播的公告和引导，接受消防救援人员的安抚，听从指挥人员的指挥，遵守和维护疏散秩序。定期进行人员疏散逃生训练能够显著提高人的心理承受能力、应急反应能力和遵守纪律能力。因此，在目前对人员素质高低的衡量还没有确定的判定标准时，可以通过建筑物内人员接受疏散逃生训练的次数和问卷调查的结果进行参照判定。

（三）人员熟知度

对于不同的建筑物而言，其使用人群的熟知度通常是不同的。如住宅、办公楼、写字楼等，通常情况下，除了少量外来办事人员外，其使用人员基本是固定的。这些人员长年累月在固定的场所工作、活动，对建筑物内的结构布局、出口数量及位置、疏散通道和疏散楼梯位置等都非常熟悉，在紧急情况下能够第一时间找到正确的疏散逃生通道，及时疏散到安全区域。而对于影院、剧场、商场等建筑，由于人员流动非常频繁，并且这些人员对建筑物的消防疏散设施不了解、不熟悉，在紧急情况下就容易出现慌乱，难以正确地找到疏散通道，从而不能及时、有效地疏散到安全区域。

（四）人员体质

建筑物的使用人员通常包括老年人、儿童、成年人等，其中可能还有残障人士。由于不同人群的身体状况不同，其行动能力也存在显著差异。成年人的行走速度要快于老年人、儿童和残障人士，其中有些残障人士可能还需要他人的协助才能行动。对于不同的建筑物，人员的比例会有所不同。一般住宅、商场等场所，老年人和儿童的比例相对较高；办公楼、写字楼、歌舞厅等场所，以中青年人员为主；除了体育比赛等大型活动有时会有相对集中的残障人士以外，其他场所的残障人士一般较少。不同的建筑物由于老年人、儿童、成年人及残障人士所占比例不同，紧急情况下人员安全疏散逃生的风险也会不同，评估时需要综合考虑建筑物的使用人员中不同人群比例的情况差异。

四、消防安全管理

（一）单位内部管理

1. 消防安全责任制

消防工作的基本制度是消防安全责任制。这一制度的基本要求是：从各级政府到社会各单位以及每个公民，都应当对所管辖工作范围内的消防工作负责，切实做到“谁主管，谁负责；谁在岗，谁负责”，保证消防法律、法规和规章的贯彻执行，保证消防安全措施落到实处。

2. 消防设施维护管理

公共建筑内大多采用消防中介机构对消防设施进行维护保养，因此，定期对此类消防中介服务组织进行抽查、测试、考核，是强化建筑消防设施维护保养管理的重要组成部分。同时，还要统一维护保养技术标准，定期向消防救援机构报告建筑消防设施的维护保养情况。

3. 管理人员及员工消防安全培训

社会单位应当采用理论授课、现场参观、实地操作、火灾事故案例分析等多种方式，定期对全体管理人员和员工进行消防安全培训，系统地开展消防安全法规和消防知识教育，使消防安全责任人、消防安全管理人和部门负责人完全具备检查消除火灾隐患、组织扑救初起火灾、组织人员疏散逃生以及开展消防宣传教育四项能力；使特殊岗位人员全员参加监管部门组织进行的消防案例培训，直至通过考核获得上岗证；使全体员工认识到火灾对生命和财产的危害以及防火安全的重要性，了解单位建筑的火灾易发部位、灭火器材的位置和疏散出口的方向等消防常识，基本掌握上述四项能力，自觉防火并维护消防安全设施的有效性。

4. 隐患检查整改机制

火灾隐患的整改，按发生火灾的危险性和整改的难易程度，可以采用当场整改和限期整改两种办法。如果发现单位内部存在违章使用和存放易燃易爆危险物品，违章使用明火作业，在具有火灾、爆炸危险的场所吸烟等容易诱发火灾的隐患，以及锁闭、遮挡、占用安全出口和疏散通道，遮挡或挪用消防器材，常闭式防火门敞开，防火卷帘下方堆放物品，消防设施管理和值班人员脱岗，违章关闭消防设施和切断消防电源等火灾隐患，单位及消防救援机构应当责成有关人员当场整改，并做好记录。

（二）消防监督管理

1. 消防宣传

开展全社会消防宣传工作是做好消防工作的重要基础。通过消防宣传，可以提高社会对消防安全的重视程度，增强对火灾安全的防范意识，了解火灾的危险性，落实消防制度，认识到消除火灾隐患的重要性，以及树立良好的消防法制观念。消防宣传的形式可以多样化，不仅要利用报刊、书籍、广播、电视等传统的宣传方法，而且要充分利用互联网、手机短信、地铁和楼宇电视、户外大屏幕、社区电子显示屏等新型信息化手段，拓展消防宣传的范围，提高消防宣传的辐射面和效果。

2. 消防培训

消防培训是提高公众消防知识水平的重要途径之一。通过消防培训，公众可以掌握最新的技术方法、装备操作技能，并提高实战分析和解决问题的能力。公众可以在消防培训中了解常见火灾的规律，掌握正确的逃生方法以及简单消防器材的使用和处置方法。开展岗前培训并实行特殊工种人员持证上岗制度，开展经常性的教育和培训要立足实际、注重实效。各类特殊工种人员，尤其是在消防控制室、发电机房、锅炉房以及燃气厨房等特别重要的岗位，必须参加消防安全培训，并经考核合格后持证上岗，杜绝违法违规操作，防止误操作。

3. 监督检查

对火灾危险源状况、建筑防火状况以及单位内部管理状况的监督管理，尤其是隐患排查整治等消防安全保卫的许多方面，在很大程度上都依赖于消防救援机构的巡查检查力度。如果消防救援机构没有制订严格的巡查检查制度、确定具体的监督重点、固定巡查周期以及监督隐患落实整改情况，就不能及时发现和纠正各种不安全行为和火灾隐患。

五、消防救援力量

（一）消防站

消防站是城镇公共消防设施的重要组成部分，是一座城市、一个地区开展灭火行动的基础设施，主要包括建筑、道路、场地和设施等。消防救援力量能够快速、有效地对火灾进行处置，防止火灾蔓延，降低火灾损失，因此，距离消防站越近，消防安全保障水平越高，面临的火灾风险越低。当然，消防站的灭火救援能力与其建设水平存在很大的关联。根据评估对象的范围不同，有的需要将消防站纳入评估，有的则不需要。

（二）消防救援人员

消防救援人员数量的多少直接反映出发生突发火灾事故时的处置能力。为了提高全社会防控火灾能力和公共消防安全水平，我国正在努力构建具有中国特色的应急救援体系。重大活动的力量配备一般要高于社会平均消防救援人员拥有水平，但是按照何种标准配备人员，要根据评估对象的安保级别进行统筹考虑。

（三）消防装备

消防装备包括消防车辆、灭火救援装备和防护装备。随着高层建筑，各种新材料、新工艺的应用，火场环境越来越复杂。灭火救援器材是消防救援人员的武器，如果没有一套过硬的消防装备，即使再优秀的消防救援人员，也不能很好地完成各种灭火救援任务，而且消防救援人员自身也将面临巨大的危险。消防装备不仅要根据保护对象的火灾类型和特点进行合理配备，而且要建立一套完善的保养制度，从而使消防装备始终保持良好的备战状态。

（四）到场时间

通常情况下，从消防救援队接警出动至到达火灾现场，总会需要一段时间，这段时间称为到场时间。消防救援队的到场时间长短，将影响到消防救援队首次灭火时燃烧所处的阶段。人们希望消防救援队以最快的速度到场，因为到场时间越短，火灾发展越不充分，越有利于火灾的扑救。

通常情况下，消防救援队的到场时间主要取决于以下两个因素。

1. 出警距离

出警距离是指消防救援队与火灾现场之间最近的道路交通距离，距离越短，到场时间越短。通常情况下，消防救援队与火灾现场之间可能会有多条可选的道路，此时人们希望能够通过地理信息系统，实现最优化路径的自动选择，选择最短距离，尽快抵达火灾现场。

2. 道路交通状况

火灾发生时，消防救援队出警所选路线的道路交通状况，将对消防救援队的到场时间有至关重要的影响。有时即使距离很短，但由于道路限高措施，导致消防车辆无法通行；或者道路年久失修，影响车辆行驶速度；或者交通严重堵塞，消防车寸步难移。这些都会导致消防救援队无法及时到达火灾现场，错过最佳灭火时机。同样，人们希望有实时路况信息系统，能在选择行车路线时避开拥挤路段，尽快抵达火灾现场。

（五）应急预案

1. 预案制订

完善的预案能够反映出指挥员的组织、指挥、决策和部署的科学性，同时也是消防救援人员对目标单位的熟悉程度、重点部位认定的准确性、指挥流程的科学性以及警力部署的合理性的一个重要体现。其主要意义在于使消防救援人员熟悉场地情况，进行新的战术研究，以及给指挥员提供辅助决策。如果所制订的应急预案不够完善，将直接影响指挥员对目标单位情况的熟悉程度和决策水平。

2. 预案演练

在完成应急预案之后，还需要进行定期演练，以检验和完善指挥流程的科学性和实用性，加深消防救援人员对角色和职能的理解，提高实战操作的成效以及查找其中的不足，并在此基础上加以修订完善。即使有理论上足够完善的应急预案，但如果没有组织实施充分的演练，对其每一个环节进行检验，也不能证明其实战完备性，而且不能保证每一名值勤消防救援人员具有足够的熟练程度，从而使其成为一纸空文，造成实战时不能及时、有效地组织灭火救援工作的后果。

（六）后勤保障

1. 心理保障

有的重大活动持续时间较长，有时达到几个月或半年，而且准备工作往往提前几个月就开始进行了。长时间的精神压力会对消防救援人员的心理状态产生不利影响，如疲惫、厌战等。如果不能采取有效的措施消除这些不利的心理状态，将严重削弱消防救援人员的战斗力，其后果可能是不能及时发现火灾、火警时出动缓慢、现场组织不力、灭火行动低效等。

2. 食宿保障

灭火救援是一项集技术与体力为一体的特殊工作。消防救援人员时刻面临着血与火的考验，他们不仅要具备尽可能丰富的专业知识，而且必须拥有强健的体魄，即力量、速度、耐力、灵活性以及柔韧性。这一切在很大程度上取决于合理的膳食营养和充足的睡眠，这是保证充沛体力与准确判断力的前提。有的重大活动场馆设有临时消防站，有的根本就没有临时消防站，消防救援人员执勤都在露天进行。在至冷、至热的环境中长时间执勤，如果不能有效地保障消防救援人员的食宿，同样有可能对消防救援人员的战斗力产生不利影响。

3. 医疗保障

如果疾病预防工作不到位，或者消防救援人员在患病时得不到及时治疗与较好的恢复，将有可能造成非战斗性减员。在消防救援力量非常紧缺的情况下，要想弥补非战斗性减员的空缺，势必需要相关部门投入大量的时间与精力，从其他地区抽调消防救援人员进行补充。而且，即使能够及时抽调，也有可能造成其他地区消防救援力量的不足。

第二章　火灾风险评估方法

学习要求

通过本章学习，应了解火灾风险评估的基本流程和常用的火灾风险评估方法，以及火灾试验方法在火灾风险评估中的作用；掌握安全检查表法、事件树分析法、事故树分析法，能够辨识和分析区域和建筑的火灾风险，并判别火灾风险评估评估方法以及基本手段的合理性。

在发生火灾之后，人们希望能够在第一时间发现，发出警报，提示人员疏散，采取初步灭火措施，并向消防救援机构报警。对于规模相同的初起火灾，其火灾危险是相同的，但是由于后续步骤的不同，所存在的火灾风险却是不同的。例如，由于警报系统失效，未能及时发现火情，导致小火酿成大火；由于疏散通道不畅，指示标志不明，造成人员大量伤亡；由于着火场所无灭火设施，未能有效进行初期控制，导致火灾大规模蔓延；消防救援队未能及时到场，灭火设备质量无法满足要求，都会导致火灾损失加大，从而提高火灾风险。

火灾风险评估的方法较多，本章重点介绍安全检查表法、事件树分析法和事故树分析法等几种常用的系统安全评估方法，简单介绍其他常用火灾风险评估方法，重点叙述这些评估方法的基本概念、应用领域和特点。

第一节　火灾风险评估的基本流程

火灾风险评估的基本流程有以下几个方面。

1. 前期准备

明确火灾风险评估的范围，收集所需的各种资料，重点收集与实际运行状况有关的各种资料与数据。评估机构依据经营单位提供的资料，按照确定的范围进行火灾风险评估。

所需主要资料从以下方面收集：

（1）评估对象的功能。

（2）可燃物。

（3）周边环境情况。

（4）消防设计图纸。

（5）消防设备相关资料。

（6）火灾应急救援预案。

（7）消防安全规章制度。

（8）相关的电气检测和消防设施与器材检测报告。

2. 火灾危险源的识别

应针对评估对象的特点，采用科学、合理的评估方法，进行火灾危险源识别和危险性分析。

3. 定性、定量评估

根据评估对象的特点，确定消防评估的模式及采用的评估方法。在系统生命周期内的运行阶段，应尽可能采用定量的安全评估方法，或定性与定量相结合的综合性评估模式进行分析和评估。

4. 消防安全管理水平评估

消防安全管理水平评估主要包括以下三个方面：

（1）消防管理制度评估。

（2）火灾应急救援预案评估。

（3）消防演练计划评估。

5. 确定对策、措施及建议

根据火灾风险评估结果，提出相应的对策、措施及建议，并按照火灾风险程度的高低进行解决方案的排序，列出存在的消防隐患及整改紧迫程度，针对消防隐患提出改进措施及改善火灾风险状态水平的建议。

6. 确定评估结论

根据评估结果，明确指出生产经营单位当前的火灾风险状态水平，提出火灾风险可接受程度的意见。

7. 编制火灾风险评估报告

评估流程完成后，评估机构应根据火灾风险评估的过程编制专门的技术报告。

第二节　火灾风险评估主要方法

一、安全检查表法

（一）安全检查表的基本概念

在安全系统工程学科中，安全检查表法是最基础、最简单的一种系统安全分析方法。它不仅是为了事先了解与掌握可能引起系统事故发生的所有原因而实施安全检查和诊断的一种工具，而且是发现潜在危险因素的一个有效手段和用于分析事故的一种方法。

我国机械、电子等部门首先将安全检查表法用于开展企业安全评价工作，并于 1988 年 1 月颁布了《机械工厂安全性评价标准》，对保证安全生产起到积极作用。

系统地对一个生产系统或设备进行科学的分析，从中找出各种不安全因素，确定检查项目，预先以表格的形式拟定好用于查明其安全状况的“问题清单”作为实施时的蓝本，这样的表格就称为安全检查表。

（二）安全检查表的形式

1. 提问式

检查项目内容采用提问方式进行。提问式的一般格式见表 5–2–1 和表 5–2–2。

表 5–2–1　××× 安全检查表（一）

序号	检查项目		检查内容（要点）	是打“√”，否打“×”	备注
检查人		时间		直接负责人	

表 5–2–2　××× 安全检查表（二）

序号	检查项目		是打“√”，否打“×”		备注
检查人		时间		直接负责人	

2. 对照式

检查项目内容后面附上合格标准，检查时对比合格标准进行作答。对照式的一般格式见表 5–2–3。

表 5–2–3　××× 安全检查表（三）

类别	序号	检查项目	合格标准	检查结果	备注
大类分项	编号	检查内容		合格打“√”， 不合格打“×”	

（三）安全检查表的内容和要求

安全检查表的内容和要求包括以下几个方面：

（1）应按专门的作业活动过程或某一特定的范畴进行编制。

（2）应全部列出可能造成事故的危险因素，通常从人、建筑物、环境和管理四个方面进行考虑。

（3）内容文字要简单、明了、确切。

（四）安全检查表的作用

安全检查表的作用包括以下几个方面：

（1）根据不同的单位、对象和具体要求编制相应的安全检查表，可以实现安全检查的标准化和规范化。

（2）安全检查表使检查人员能够根据预定的目的去实施检查，避免遗漏和疏忽，以便发现和查明各种问题和隐患。

（3）依据安全检查表检查是监督各项安全规章制度的实施、制止“三违”（即违章指挥、违章作业和违反劳动纪律）的有效方法。

（4）安全检查表是安全教育的一种手段。

（5）安全检查表是主管安全部门和检查人员履行安全检查职责的凭证，有利于落实安全生产责任制，便于分清责任。

（6）安全检查表能够带动广大干部职工认真遵守安全纪律，提高安全意识，掌握安全知识，形成“全员管安全”的局面。

（五）安全检查表的编制依据

安全检查表的编制依据包括以下几个方面：

（1）国家和行业的安全生产法律、法规、规章制度、标准、规范、规程和规定等。通过以上规定和实际状况，使安全检查表在内容上和实施中符合规定要求。

（2）在结合本单位经验及具体情况的基础上，进行系统安全分析得到的科学结论（确定的危险部位及防范措施）。由管理人员、技术人员、操作人员和安全检查人员一起，共同总结本单位生产操作的实践经验，系统分析本单位的各种潜在危险因素和外界环境条件，从而编制出完善的安全检查表。

（3）国内外、本企业事故案例。编制时，应认真收集以往发生的事故教训及出现的问题，包括同行业及同类产品生产中的事故案例和资料，把那些能导致发生事故的各种不安全状态一一列举出来。此外，还应参照对事故和安全操作规程等的研究分析结果，把有关基本事件列入安全检查表中。

（六）安全检查表的编制方法

安全检查表的编制一般采用经验法和系统安全分析法。

1. 经验法

召集熟悉被检查对象的人员和具有实践经验的人员，以“三结合”（即工人、工程技术人员和管理人员相结合）的方式组成一个小组，依据人、物、环境的具体情况，根据以往积累的实践经验以及有关统计数据，按照规程、规章制度等要求编制安全检查表。

2. 系统安全分析法

根据对编制的事故树的分析、评价结果来编制安全检查表。通过事故树进行定性分析，求出事故树的最小割集，按最小割集中基本事件的多少，找出系统中的薄弱环节，以这些薄弱环节作为安全检查的重点，编制安全检查表。

还可以通过对事故树的结构重要度分析、概率重要度分析和临界重要度分析，分别按事故树中基本事件的结构重要度系数、概率重要度系数和临界重要度系数的大小，编制安全检查表。

（七）安全检查表的编制与实施

1. 确定系统

确定系统是指确定所要检查的对象。检查的对象可大可小，可以是某一工序、某个工作地点、某一具体设备等。

2. 找出危险点

这一部分是编制安全检查表的关键，因为安全检查表内的项目、内容都是针对危险因素而提出的，所以找出系统的危险点至关重要。在找危险点时，可采用系统安全分析法、经验法等方法分析寻找。

3. 确定项目与内容，编制成表

根据找出的危险点，对照有关法律、法规、制度、标准、安全要求等分类确定项目与内容，按安全检查表的格式制成表格。

4. 检查应用

在现场实施应用、检查时，要根据要点中所提出的内容，一个一个地进行核对，并做出相应回答。

5. 整改

如果在检查中发现现场的操作与检查表内容不符，则说明这一点存在着事故隐患，应该马上予以整改，按安全检查表的内容实施。

6. 反馈

由于在安全检查表的编制中可能存在某些考虑不周的地方，所以在检查、应用的过程中，若发现问题，应及时向上级汇报、反馈，进行补充完善。

（八）安全检查表的优点及使用注意事项

1. 安全检查表的优点

（1）具有全面性与系统性。

（2）有明确的检查目标。

（3）简单易懂、容易掌握，易进行群体管理。

（4）有利于明确责任，避免在发生事故时责任纠缠不清。

（5）有利于安全教育。

（6）可以事先编制，集思广益。

（7）可以随科学发展和标准规范的变化而不断完善。

2. 使用安全检查表时的注意事项

（1）应用安全检查表实施检查时，应落实安全检查人员。企业厂级日常安全检查可由安全技术部门现场人员和安全监督巡检人员会同有关部门联合进行；车间的安全检查可由车间主任或指定车间安全员检查。岗位安全一般指定专人进行，检查后应签字并提出处理意见备查。

（2）为保证检查的定期实施，应将安全检查表列入相关安全检查管理制度中，或制订安全检查表的实施办法。

（3）应用安全检查表检查，必须注意信息的反馈及整改。对查出的问题，凡是检查者当时能督促整改和解决的，应立即解决；当时不能整改和解决的，应进行反馈登记、汇总分析，由有关部门列入计划安排解决。

（4）应用安全检查表检查，必须按编制的内容逐项、逐内容、逐点检查，有问必答、有点必检，并按规定的符号填写清楚，为系统分析及安全评价提供准确可靠的依据。

二、事件树分析法

（一）事件树分析法的基本概念

事件树分析法起源于决策树分析法，它是一种按事故发展的时间顺序，由初始事件开始推论可能的后果，从而进行危险源辨识的方法。

一起事故的发生是许多原因事件相继发生的结果，其中一些事件的发生是以另一些事件首先发生为条件的，而一些事件的出现又会引起另一些事件的出现。在事件发生的顺序上，存在因果逻辑关系。事件树分析法是一种时序逻辑的事故分析方法。它以一个初始事件为起点，按照事故的发展顺序分成阶段，一步一步地进行分析，遵循每一事件可能的后续事件只能取完全对立的两种状态（如成功或失败、正常或故障、安全或危险等）之一的原则，逐步向结果方向发展，直到出现系统故障或事故为止。所分析的情况用树枝状图形表示，故称事件树。通过事件树，既可以定性地了解整个事件的动态变化过程，又可以定量计算出各阶段的概率，最终了解事故发展过程中各种状态的发生概率。

（二）事件树分析法的作用

（1）可以事前预测事故及不安全因素，估计事故的可能后果，寻求最经济的预防手段和方法。

（2）事后用事件树分析事故原因，既方便又明确。

（3）事件树的分析资料既可作为直观的安全教育资料，也有助于推测类似事故的预防对策。

（4）当积累了大量事故资料时，可采用计算机模拟，使事件树对事故的预测更为有效。

（5）在安全管理上用事件树对重大问题进行决策，具有其他方法所不具备的优势。

（三）事件树的编制程序

1. 确定初始事件

事件树分析法是一种系统地研究作为危险源的初始事件如何与后续事件形成时序逻辑关系而最终导致事故的方法。因此，正确选择初始事件十分重要。初始事件是事故在未发生时，其发展过程中的危害事件或危险事件。可以用两种方法确定初始事件：

（1）根据系统设计、系统危险性评价、系统运行经验或事故经验等确定。

（2）根据系统重大故障或事故树分析，从其中间事件或初始事件中选择。

2. 判定安全功能

系统中包含许多安全功能，在初始事件发生时，可消除或减轻其影响，以维持系统安全运行。

3. 绘制事件树

从初始事件开始，按事件发展过程自左向右绘制事件树，用树枝代表事件发展途径。首先考察初始事件一旦发生时最先起作用的安全功能，把可以发挥功能的状态画在上面的分枝，不能发挥功能的状态画在下面的分枝；然后依次考察各种安全功能的两种可能状态，把发挥功能的状态（又称成功状态）画在上面的分枝，把不能发挥功能的状态（又称失败状态）画在下面的分枝，直到出现系统故障或事故为止。事件树绘制过程如图 5–2–1 所示。

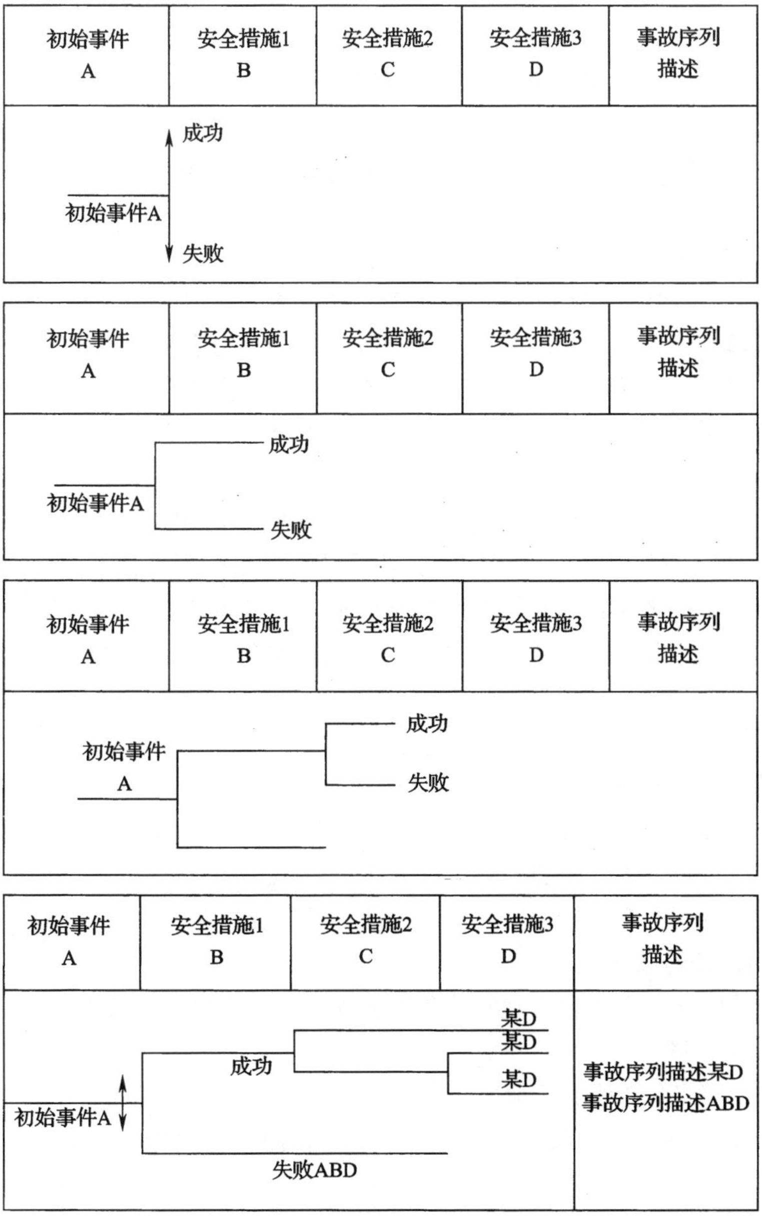

图 5–2–1 事件树绘制过程

4. 简化事件树

在绘制事件树的过程中，可能会遇到一些与初始事件或与事故无关的安全功能，或者其功能关系相互矛盾、不协调的情况，需用工程知识和系统设计知识予以辨别，然后将其从树枝中去掉，即构成简化的事件树。

在绘制事件树时，要在每个树枝上写出事件状态，树枝横线上面写明事件过程内容特征，横线下面注明成功或失败的状况说明。

（四）事件树的定性分析

事件树的定性分析在绘制事件树的过程中就已进行了。绘制事件树必须根据事件的客观条件和事件的特征，做出符合科学性的逻辑推理，用与事件有关的技术知识确认事件的可能状态。所以，在绘制事件树的过程中，就已经对每一发展过程和事件的发展途径做了可能性分析。

画好事件树之后的工作，就是找出发生事故的途径和类型以及制订预防事故的对策。

1. 找出事故连锁

事件树的各分枝代表初始事件一旦发生，其可能的发展途径。其中，最终导致事故的途径即为事故连锁。一般地，导致系统事故的途径有很多，即有许多事故连锁。事故连锁中包含的初始事件和安全功能故障的后续事件之间具有“与”逻辑的关系。显然，事故连锁越多，系统越危险；事故连锁中事件树越少，系统越危险。

2. 找出预防事故的途径

事件树中最终达到安全的途径指导人们如何采取措施预防事故。在达到安全的途径中，发挥安全功能的事件构成事件树的成功连锁。如果能保证这些安全功能发挥作用，则可以防止事故。一般来说，事件树中包含的成功连锁可能有多个，即可以通过若干途径来防止事故发生。显然，成功连锁越多，系统越安全；成功连锁中事件树越少，系统越安全。

（五）事件树的定量分析

事件树的定量分析就是根据每一事件的发生概率，计算各种途径的事故发生概率，比较各个途径的概率大小，做出事故发生可能性序列，确定最易发生事故的途径。一般来说，当各事件之间相互统计独立时，定量分析比较简单；当事件之间相互统计不独立时，定量分析就变得非常复杂。这里仅讨论前一种情况。

1. 各发展途径的概率

各发展途径的概率等于自初始事件开始的各事件发生概率的乘积。

2. 事故发生概率

在事件树的定量分析中，事故发生概率等于导致事故的各发展途径的概率和。

定量分析要以事件概率数据作为计算的依据，而事件过程的状态又是多种多样的，一般会因为缺少概率数据而不能实现定量分析。

3. 事故预防

事件树分析法把事故的发生发展过程表述得清晰而有条理，为设计事故预防方案、制订事故预防措施提供了有力的依据。

从事件树上可以看出，最后的事故是一系列危害和危险的发展结果，如果中断这种发展过程，就可以避免事故发生。因此，在事故发展过程中的各阶段，应采取各种可能措施，控制事件的可能性状态，降低危险状态的出现概率，增加安全状态的出现概率，把事件发展过程引向安全的发展途径。

采取在事件不同发展阶段阻截事件向危险状态转化的措施，最好在事件发展前期过程实现，从而能产生阻截多种事故发生的效果。但有时因为技术、经济等原因而无法控制，这时就要在事件发展后期过程采取控制措施。显然，要在各事件发展途径上都采取措施才行。

三、事故树分析法

事故树分析法是系统安全工程中最常用的分析方法之一，是一种由事故树演绎推理事故过程和原因的评估方法。

（一）事故树分析法的基本概念

事故树分析法是一种演绎推理法。这种方法把系统可能发生的某种事故与导致事故发生的各种原因之间的逻辑关系用一种称为事故树的树形图表示，通过对事故树的定性与定量分析，找出事故发生的主要原因，为确定安全对策提供可靠依据。

事故树分析法是具体运用运筹学原理，对事故原因和结果进行逻辑分析的方法。事故树分析法先从事故开始，逐层次向下演绎，将全部出现的事件用逻辑关系连成整体，对可能导致事故的各种因素及相互关系做出全面、系统、简明和形象的描述。

对于火灾事故，可通过事故树分析，经过中间联系环节，将潜在原因和最终事故联系起来。这样可以调查事故原因，为采取整改措施提供依据。通过对原因的逻辑分析，可以分清事故原因的主次顺序，从而控制住几个关键因素，有效地防止火灾事故发生，提高管理的有效性，节约人力和物力。

（二）事故树的符号及其意义

事故树采用的符号包括事件符号、逻辑门符号和转移符号三大类。

1. 事件及其符号

在事故树分析中，各种非正常状态或不正常情况皆称为事故事件，各种完好状态或正常情况皆称为成功事件，两者均简称为事件。事故树中的每一个节点都表示一个事件。

（1）结果事件。结果事件是由其他事件或事件组合所导致的事件，它总是位于某个逻辑门的输出端，用矩形符号表示。

（2）底事件。底事件是导致其他事件的原因事件，位于事故树的底部，它总是某个逻辑门的输入事件而不是输出事件，用圆形符号表示。

（3）特殊事件。特殊事件是在事故树分析中需要表明其特殊性或引起注意的事件，用菱形符号表示。

2. 逻辑门

逻辑门是连接各事件并表示其逻辑关系的符号。

（1）与门。与门可以连接数个输入事件 E_1，E_2，…，E_n 和一个输出事件 E，表示仅当所有输入事件都发生时，输出事件 E 才发生的逻辑关系。

（2）或门。或门可以连接数个输入事件 E_1，E_2，…，E_n 和一个输出事件 E，表示至少有一个输入事件发生时，输出事件 E 就发生。

（3）非门。非门表示输出事件是输入事件的对立事件。

3. **转移符号**

当事故树规模很大或整个事故树中多处包含有相同的部分树图时，为了简化整个树图，便可用转出和转入符号，以标出向何处转出和从何处转入。

（1）转出符号。它表示向其他部分转出，△内记入向何处转出的标记。

（2）转入符号。它表示从其他部分转入，△内记入从何处转入的标记。

（三）事故树的定性分析

1. **割集和最小割集**

事故树顶事件发生与否是由构成事故树的各种基本事件的状态决定的。很显然，当所有基本事件都发生时，顶事件肯定发生。然而在大多数情况下，并不是所有基本事件都发生时顶事件才发生，只要某些基本事件发生，就可导致顶事件发生。在事故树中，引起顶事件发生的基本事件的集合称为割集，也称截集或截止集。一个事故树中的割集一般不止一个，在这些割集中，凡不包含其他割集的，称为最小割集。换言之，如果从割集中任意去掉一个基本事件后就不是割集，那么这样的割集就是最小割集。所以，最小割集是引起顶事件发生的充分必要条件。

对简单的事故树，可以直接观察发现它的最小割集；但是，对一般的事故树来说，就不易做到；对于大型、复杂的事故树来说，就更难了。这时需要借助于某些算法，并需要应用计算机进行计算。求最小割集的常用方法有布尔代数法、行列法、矩阵法等。下面以布尔代数法为例，说明求最小割集的过程。

任何一个事故树都可以用布尔函数来描述。化简布尔函数，其最简析取标准式中的每个最小项所属变元构成的集合，便是最小割集。若最简析取标准式中含有几个最小项，则该事故树就有几个最小割集。

根据布尔代数的性质，可把任何布尔函数化为析取和合取两种标准形式。

析取标准式为：

$$f = A_1 + A_2 + \cdots + A_n = \sum_{i=1}^{n} A_i \tag{5-2-1}$$

合取标准式为：

$$f = B_1 \times B_2 \times \cdots \times B_n = \prod_{i=1}^{n} B_i \tag{5-2-2}$$

可以证明，A_i 和 B_i 分别是事故树的割集和径集。如果定义析取标准式的布尔项之和 A_i 中的各项之间不存在包含关系，即其中任意一项基本事件的布尔积不被其他基本事件的布尔积所包含，则该析取标准式为最简析取标准式，那么 A_i 为结构函数 f 的最小割集。同理，可以直接利用最简合取标准式求取事故树的最小径集。

用布尔代数法计算最小割集，通常分三个步骤进行：

1）建立事故树的布尔函数。

2）将布尔函数化为析取标准式。

3）化析取标准式为最简析取标准式。

化简的最普通方法是，当求出割集后，对所有割集逐个进行比较，使之满足最简析取标准式的条件。但当割集的个数及割集中的基本事件个数较多时，这种方法不但费时而且效率低，所以常用素数法或分离重复事件法进行化简。

（1）素数法。素数法将每一个割集中的基本事件用一个素数表示，该割集用所属基本事件对应的素数的乘积表示。则一个事故树若有 N 个割集，就对应有 N 个数。把这 N 个数按数值从小到大排列，按以下顺序求最小割集：

1）素数表示的割集是最小割集，与该素数成倍的数所表示的割集不是最小割集。

2）从 N 个割集中去掉上面确定的最小割集和非最小割集后，再找素数乘积的最小数。该数表示的割集为最小割集，与该最小数成倍的数所表示的割集不是最小割集。

3）重复上述步骤，直至在 N 个割集中找到 N_1（$N_1 \neq 0$，$N_i \leqslant N$）个最小割集和 N_2（$0 \leqslant N_2 \leqslant N-N_1$）个非最小割集，且 $N_1+N_2=N$ 为止。

（2）分离重复事件法。分离重复事件法的基本依据是：若某一事故树中无重复的基本事件，则求出的割集为最小割集；若事故树中有重复的基本事件，则不含重复基本事件的割集就是最小割集，仅对含有重复基本事件的割集化简即可。这里用 N 表示事故树的全部割集，N_1 表示含有重复基本事件的割集，N_2 表示不含重复基本事件的割集，N'表示全部最小割集。其步骤为：

1）求出 N，若事故树没有重复的基本事件，则 $N'=N$。

2）检查全部割集，将 N 分成 N_1 和 N_2 两组。

3）化简含有重复基本事件的割集 N_1 为最小割集 N_1'。

4）$N'=N_1' \cup N_2$。

最小割集在事故树分析中起着非常重要的作用，归纳起来有以下三个方面：

第一，表示系统的危险性。最小割集的定义明确指出，每一个最小割集都表示顶事件发生的一种可能，事故树中有几个最小割集，顶事件发生就有几种可能。从这个意义上讲，最小割集越多，说明系统的危险性越大。

第二，表示顶事件发生的原因组合。事故树顶事件发生，必然是某个最小割集中基本事件同时发生的结果。一旦发生事故，就可以方便地知道所有可能事故发生的途径，并可以逐步排除非本次事故的最小割集，而较快地查出本次事故的最小割集，这就是导致本次事故的基本事件组合。显而易见，掌握了最小割集，对掌握事故的发生规律以及调查事故发生的原因有很大帮助。

第三，为降低系统的危险性，提出控制方向和预防措施。每个最小割集都代表了一种事故模式。由事故树的最小割集可以直观地判断哪种事故模式最危险、哪种次之、哪种可以忽略以及如何采取措施使事故发生概率下降。

2. 径集与最小径集

在事故树中，当所有基本事件都不发生时，顶事件肯定不会发生。然而，顶事件不发生常常并不要求所有基本事件都不发生，而只要某些基本事件不发生，顶事件就不会发生。这些不发生的基本事件的集合称为径集，也称通集或路集。在同一事故树中，不包含其他径集的径集称为最小径集。如果从径集中去掉任意一个基本事件后就不再是径集，那么这样的径集就是最小径集。所以，最小径集是保证顶事件不发生的充分必要条件。

求最小径集一般采用对偶树法。根据对偶原理，成功树顶事件的发生，就是其对偶树（事故树）顶事件的不发生。因此，求事故树最小径集的方法是：首先将事故树变换成其对偶的成功树，然后求出成功树的最小割集，即为所求事故树的最小径集。

将事故树变为成功树的方法是将原事故树中的逻辑或门改成逻辑与门，将逻辑与门改成逻辑或门，并将全部事件变成补事件的形式，这样便可得到与原事故树对偶的成功树。

最小径集在事故树分析中的作用与最小割集同样重要，主要表现在以下两个方面：

（1）表示系统的安全性。最小径集表明，一个最小径集中所包含的基本事件都不发生，就可以防止顶事件发生。可见，每一个最小径集都是保证事故树顶事件不发生的条件，是采取预防措施从而防止发生事故的一种途径。从这个意义上来说，最小径集表示了系统的安全性。

（2）选取确保系统安全的最佳方案。每一个最小径集都是防止顶事件发生的一个方案，可以根据最小径集中所包含的基本事件个数的多少、技术上的难易程度、耗费的时间以及投入的资金数量，来选择最经济、最能有效控制事故的方案。

（四）事故树的定量分析

事故树的定量分析首先确定基本事件的发生概率，然后求出事故树顶事件的发生概率。求出顶事件的发生概率之后，可与系统安全目标值进行比较和评价，当计算值超过目标值时，就需要采取防范措施，使其降至安全目标值以下。

基本事件的发生概率包括系统的单元（部件或元件）故障概率及人为失误概率等。在工程上计算时，往往用基本事件发生的频率来代替其概率值。

1. 系统的单元故障概率

目前，许多发达国家都建立了故障概率数据库，用计算机存储和检索，使用非常方便，为系统安全和可靠性分析提供了良好的条件。我国已有一些行业开始进行建库工作，但数据还比较缺乏。

2. 人为失误概率

人为失误是另一种基本事件。系统运行中的人为失误是导致事故发生的一个重要原因。人为失误通常是指作业者实际完成的功能与系统所要求的功能之间的偏差。人为失误概率通常是指作业者在一定条件下和规定时间内完成某项规定功能时出现偏差或失误的概率。它表示人为失误的可能性大小，因此，人为失误概率也就是人的不可靠程度。一般根据人的不可靠程度与人的可靠程度互补的原则，可获得人为失误概率。

3. 顶事件的发生概率

事故树的定量分析是在已知基本事件发生概率的前提条件下，定量地计算出在一定时间内发生事故的可能性大小。如果事故树中不含有重复的或相同的基本事件，各基本事件又都是相互独立的，那么顶事件的发生概率可根据事故树的结构，用下列公式求得。

用“与门”连接的顶事件的发生概率为：

$$P(T)=\prod_{i=1}^{n}q_i \qquad (5\text{-}2\text{-}3)$$

用“或门”连接的顶事件的发生概率为：

$$P(T)=1-\prod_{i=1}^{n}(1-q_i) \qquad (5\text{-}2\text{-}4)$$

式中　q_i——第 i 个基本事件的发生概率（i=1，2，…，n）。

第三章　建筑性能化防火设计评估

学习要求

通过本章学习，应了解建筑性能化防火设计评估的主要内容；熟悉建筑消防安全目标，火灾场景设定原则；掌握火灾烟气流动和人员疏散特性以及影响建筑结构耐火性能因素；判断火灾烟气和人员疏散模拟计算及建筑耐火性能分析计算手段的合理性。

本章介绍了性能化防火设计和评估方法，包括建筑性能化防火设计可以解决的问题，火灾场景的确定以及烟气模拟计算分析、人员安全疏散计算模拟分析和结构耐火分析等内容。

第一节　消防安全目标和火灾场景

本节介绍了性能化防火设计方法评估的概念及消防安全目标和火灾场景。

一、基本概念

由于每座建筑的结构、用途及内部可燃物的数量和分布情况千差万别，因此按照规范统一给定的设计参数得到的设计方案，不一定是最合理和最有效的。特别是随着科学技术和经济的发展，各种复杂的、多功能的建筑迅速增多，新材料、新工艺、新技术和新的建筑结构形式不断涌现，对建筑的消防设计提出了新的要求，出现了许多规范难以解决的消防设计问题。

性能化防火设计是指根据工程使用功能和消防安全要求，运用消防安全工程学原理，采用先进适用的计算分析工具和方法，通过对建筑环境中设定火灾场景的火灾风险量化和分析进而对建设工程消防设计、方案进行综合分析评估，判断建筑抵御火灾的性能指标是否满足预设的消防安全目标，从而优化消防设计方案的工作方法，也称为消防安全工程方法。

性能化防火设计是社会经济发展的必然趋势，它的出现与火灾科学和消防安全工程学的发展是分不开的。火灾科学与消防工程是一门以火灾发生与发展规律和火灾预防与扑救技术为研究对象的新兴综合性学科，是综合反映火灾防治科学技术的知识体系。火灾科学是反映火灾发生与发展规律的知识，如物质的燃烧与爆炸机理、火焰的化学反应机理、燃烧抑制与灭火机理、烟气的生成及毒性和火灾的发展、蔓延与控制等基础理论内容。消防工程是反映应用科学与工程原理防治火灾的知识，如对火灾危险性和危害性的分析评估、火灾模化、建筑防火技术、火灾探测报警技术、自动灭火技术、阻燃与耐火技术、火灾原因鉴定技术、火场通信指挥技术，以及人在火灾中的行为和反应，包括体能、心理和生理等，是消防的应用基础理论和应用技术部分。性能化防火设计是建立在火灾科学和消防工程学基础之上的一门应用技术，它的出现是火灾科学和消防工程学发展到一定阶段的必然结果。

二、消防安全目标

建筑的防火性能和设防标准应与建筑的高度、埋深、规模、类别、使用性质、功能用途、火灾危险性等相适应。建筑防火应达到下列目标要求：

（1）保障人身和财产安全及人身健康。

（2）保障重要使用功能、生产、经营或重要设施运行的连续性。

（3）保护公共利益。

（4）保护环境、节约资源。

建筑防火应符合下列功能要求：

（1）建筑的承重结构应保证其在受到火或高温作用后，仍能在设计耐火时间内正常发挥承载功能。

（2）建筑应设置满足在建筑发生火灾时人员安全疏散或避难需要的设施。

（3）建筑外部、内部的防火分隔应满足在设定时间内阻止火势蔓延至相邻建筑或建筑内其他防火、防烟分隔区域的要求。

（4）建筑的总平面布局及与相邻建筑的间距应满足消防救援的要求。

（5）建筑的消防救援设施应与建筑的高度、埋深、进深、规模等相适应，并应满足消防救援的要求。

三、火灾场景

火灾场景是对一次火灾整个发展过程的定性描述，该描述确定了反映该次火灾特征并区别于其他可能火灾的关键事件。火灾场景通常要定义火灾发生、增长、完全发展和衰减阶段，以及影响火灾发展过程的各种消防系统和环境条件。

建筑、人员和火灾之间的相互作用会形成一种非常复杂的系统。因此，为了采用确定性评估大型复杂建筑的消防安全，需要做一些保守的简化。根据这一理论，有一些因素会对火灾场景带来影响，而其他一些因素对火灾场景的影响并不显著。通过仔细选择对火灾场景设计影响较大的因素，然后运用适当的计算技术，可以较方便地得到等效安全解决方案。火灾场景的确定应根据最不利的原则确定，选择火灾风险较大的火灾场景作为设定的火灾场景，如火灾发生在疏散出口附近并令该疏散出口不可利用、自动灭火系统或排烟系统由于某种原因失效等。火灾风险较大的火灾场景应包括发生概率高，但火灾危害不一定最大，或者火灾危害大，但发生概率低的火灾场景。

火灾场景必须能描述火灾引燃、增长和受控火灾的特征以及烟气和火势蔓延的可能途径、设置在建筑室内外的所有灭火设施的作用、每一个火灾场景的可能后果。在设计火灾场景时，应确定设定火源在建筑物内的位置及着火房间的空间几何特征，如火源是在房间中央、墙边、墙角还是门边等以及空间高度、开间面积和几何形状等。在消防救援人员到达现场开始扑救之前，建筑物内火灾的位置同样会造成扑救延迟。例如，消防救援人员扑救高层建筑中较高楼层的火灾的准备时间要比单层建筑火灾长。

确定可能火灾场景可采用以下方法：故障类型和影响分析、故障分析、如果—怎么办分析、相关统计数据、工程核查表、危害指数、危害和操作性研究、初步危害分析、故障树分析、事件树分析、原因后果分析和可靠性分析等。

（一）设定火灾

设定火灾是对一个设定火灾场景假定火灾特征的定量描述。典型的情况就是对重要的火灾参数随时间的变化进行描述，如热释放速率和毒性组分的生成量。同时描述其他重要的模型输入数据，如火灾荷载密度。

在设定火灾时，一般不考虑火灾的阴燃阶段、衰退阶段，而主要考虑火灾的增长阶段及全面发展阶段。但在评价火灾探测系统时，不应忽略火灾的阴燃阶段；在评价建筑构件的耐火性能时，不应忽略火灾的衰退阶段。

在设定火灾时，可采取用热释放速率描述的火灾模型和用温度描述的火灾模型。在计算烟气温度、浓度、烟气毒性、能见度等火灾环境参数时，宜选用采用热释放速率描述的火灾模型；在进行构件耐火分析时，宜选用采用温度描述的火灾模型。

在设定火灾时，需要分析和确定建筑物的基本情况，包括建筑物内的可燃物、建筑结构、平面布置、建筑物的自救能力与外部救援力量等。

（1）在进行建筑物内可燃物的分析时，应着重分析以下因素：

1）潜在的引火源。

2）可燃物的种类及其燃烧性能。

3）可燃物的分布情况。

4）火灾荷载密度。

（2）在分析建筑的结构和平面布置时，应着重分析以下因素：

1）起火房间的外形尺寸和内部空间情况。

2）起火房间的通风口形状及分布、开启状态。

3）房间与相邻房间、相邻楼层及疏散通道的相互关系。

4）房间的围护结构构件和材料的燃烧性能、力学性能、隔热性能、毒性性能及发烟性能。

（3）在分析和确定建筑物的自救能力与外部救援力量时，应分析以下因素：

1）建筑物的消防供水情况和建筑物室内外的消火栓灭火系统。

2）建筑内部的自动喷水灭火系统和其他自动灭火系统（包括气体灭火系统、干粉灭火系统等）的类型与设置场所。

3）火灾报警系统的类型与设置场所。

4）消防救援队的技术装备、到达火场的时间和灭火控火能力。

5）烟气控制系统的设置情况。

（4）在确定火灾发展模型时，应至少分析下列因素：

1）初始可燃物对相邻可燃物的引燃特征值和蔓延过程。

2）多个可燃物同时燃烧时热释放速率的叠加关系。

3）火灾的发展时间和火灾达到轰燃所需时间。

4）灭火系统和消防救援队对火灾发展的控制能力。

5）通风情况对火灾发展的影响。

6）烟气控制系统对火灾发展蔓延的影响。

7）火灾发展对建筑构件的热作用。

（5）对于建筑物内的初起火灾增长，可根据建筑物内的空间特征和可燃物特性采用下列方法之一确定：

1）试验火灾模型。

2）t^2 火灾模型。

3）按叠加原理确定火灾增长的模型。

在有条件时，应尽量采用试验模型。但由于目前很多试验数据是在大空间条件下采用大型锥形量热计测量的结果，并没有考虑围护结构对试验结果的影响，因此在应用中应注意试验边界条件和通风条件与应用条件的差异。

（6）火灾的最大热释放速率可根据火灾发展模型结合灭火系统的灭火效果来计算确定。灭火系统的灭火效果可以参考以下三种情况：

1）在灭火系统的作用下，火灾最终熄灭。

2）火灾被控制到稳定状态。在灭火系统的作用下，热释放速率不再增长，而是以一个恒定热释放速率燃烧。

3）火灾未受限制。这代表了灭火系统失效的情况。

（7）灭火系统的有效控火时间可按下列方式考虑：

1）对于自动喷水灭火系统，可采用顶棚射流的方法确定喷头的动作时间，再考虑一定安全系数（一般取 1.5）后确定该系统的有效作用时间。

2）对于智能控制水炮和自动定位灭火系统，系统的有效作用时间可按火灾探测时间、水系统定位和动作时间之和乘以一定安全系数计算。

3）对于消防救援队控火，可计算从火灾发生到消防救援队有效控制火势的时间，一般按 15min 计算。

（二）火灾增长分析

1. 描述可燃物燃烧性能的主要参数

（1）可燃物的点火性能，通常用单位面积可燃物在一定功率热辐射作用下的点火时间表示（s）。

（2）可燃物的热值（kJ/kg）。

（3）单位面积上的质量损失速率［kg/（m^2·s）］。

（4）单位面积上的热释放速率［kJ/（m^2·s）］。

（5）毒性气体的生成率（kg/kg）。

（6）烟气的遮光性，一般采用减光系数（m^{-1}）表示。

2. 可燃物的状况及火灾荷载密度

可燃物的状况主要考虑可燃物的形状、分布、堆积密度、高度、含水率、可燃烧的类型或燃烧性能等。

建筑物内的火灾荷载密度用室内单位地板面积的燃烧热值表示。

一个空间内的火灾荷载密度也可以参考同类型建筑内火灾荷载密度的统计数据来确定。在进行此类统计时，应该至少对 5 个典型建筑取样。

在一定种类可燃物分布和相应的通风条件下，火灾发展的最大热释放速率主要受最大的火源面积控制。此外，用参数计算的方法确定火灾热释放速率随时间的变化，也需要最大火源面积这一参数。

着火房间内烟气层的中性面位置，随热烟气的温度和开口位置而变化。在中性面上方，着火房间内部的气体压力大于相邻房间或外部的气体压力；在中性面下方，着火房间内部的气体压力小于相邻房间或外部的气体压力。通风口的形状、大小和分布影响着火房间内的燃烧类型、气体流动状态和火灾烟气及热的排放。

（三）热释放速率

1. 实际火灾试验

通过实际的火灾试验，获得火灾的热释放速率曲线。但在应用中应注意试验的边界条件和通风条件与应用条件的差异。试验结果表明，小房间内火灾热释放速率在 100 ~ 1 000kW 范围时，考虑到热量损失小等情况，要比在敞开式大空间内的燃烧速率增加 20%。

2. 类似试验

如果缺少分析对象的可燃材料的试验数据，可以采用具有类似的材料类型、材料布置及引燃场景的火灾试验数据。当然，试验条件与实际要考虑的情况越接近越好。例如，在分析会展中心中的一个展位发生火灾时，因缺少展位起火的试验数据，可以采用一个办公家具组合单元的火灾试验数据。试验中的办公家具组合单元包括两面办公单元的分隔板、组合书架、软垫塑料椅、高密度层压板办公桌以及一台计算机，还有 98kg 纸张和记事本等纸制品。该办公家具组合单元中包含了展览中较为常见的可燃物，物品的摆放形式也基本与展位的布置相同，且其尺寸与一个展位相当。

3. 稳态火灾

在稳态火灾的整个发展过程中，火源的热释放速率始终保持一个定值。火灾发展过程中的充分发展阶段可以近似看成是稳态火灾。某些时候，为了简化计算，一般保守地设定火灾为稳态火灾，尤其是在进行排烟系统的计算时，这种方法可以为防烟排烟系统的设计提供相对保守的结果。

稳态火灾的热释放速率应该对应预期火灾增长的最大规模，因此稳态火灾的热释放速率也可以用自动喷水灭火系统的第一个洒水喷头启动时的火灾规模来判断。

4. t^2 模型

t^2 模型描述火灾过程中火源热释放速率随时间的变化关系，当不考虑火灾的初期点燃过程时，可用下列公式表示，即：

$$\dot{Q}=\alpha t^2 \tag{5-3-1}$$

$$\alpha=\dot{Q}_0/t_0^2 \tag{5-3-2}$$

式中　$\dot{Q}$——火源热释放速率（kW）；

α——火灾发展系数（kW/s^2）；

t——火灾的发展时间（s）；

t_0——火源热释放速率$\dot{Q}$ =1MW 时所需要的时间（s）。

根据火灾发展系数，火灾发展阶段可分为极快、快速、中速和慢速四种类型，表 5-3-1 给出了火灾发展系数与示例材料的对应关系。

表 5-3-1　火焰水平蔓延速度参数值

可燃材料	火焰蔓延分级	α/（kW/s^2）	$\dot{Q}$ =1MW 时所需的时间 /s
没有注明	慢速	0.002 9	584
无棉制品、聚酯床垫	中速	0.011 7	292
塑料泡沫、堆积的木板、装满邮件的邮袋	快速	0.046 9	146
甲醇、快速燃烧的软垫座椅	极快	0.187 6	73

5. **热释放速率曲线叠加模型**

当房间内某可燃物着火后，会因火源和热烟气层的热辐射作用而在一定时间内引燃其周围可燃物，使热释放速率持续增长。此时的热释放速率应为原着火可燃物的热释放速率和被引燃可燃物热释放速率的叠加。距火源中心距离为 R 处所接收到的火源辐射热流量和火源热释放速率的关系可表示为式（5-3-3）：

$$R=\left(\frac{\dot{Q}}{12\pi\dot{q}}\right)^{\frac{1}{2}} \tag{5-3-3}$$

式中　$\dot{Q}$——火源热释放速率（kW）；

R——距火源中心的距离（m）；

$\dot{q}$——受火源辐射作用而接收到的热流量（kW/m^2）。

邻近可燃物与火源中心的距离 R 按式（5-3-4）计算：

$$R=r+L \tag{5-3-4}$$

式中　r——火源的等效半径（m）；

L——可燃物与火源边界的距离（m）。

受热辐射作用引燃可燃物的最小热流量因可燃物材料不同而有所差异，如聚氨酯泡沫的最小引燃热流量约为 $7kW/m^2$，木材的最小引燃热流量约为 $10\sim13kW/m^2$，小汽车的最小引燃热流量约为 $16kW/m^2$。当着火房间高度较高时，空间内的冷空气层较高、热烟气层温度较低，可忽略热烟气层的热辐射作用，而直接运用式（5–4–11）判断相邻可燃物的引燃状况。反之，不能忽略热烟气层的热辐射作用。判断相邻可燃物的引燃状况时，除了用式（5–4–11）计算火源的辐射热流外，还要计算热烟气层的辐射热流量。

第二节　数值计算分析

一、烟气蔓延分析

火灾统计表明，有毒和高温烟气的吸入是造成火灾中人员伤亡的主要原因，火灾中的人员死亡大部分是由于烟气的作用。因此，为了及时排除有害烟气，阻止烟气向防烟分区外扩散，确保建筑物内人员的安全疏散、安全避难和为消防救援人员创造有利扑救条件，需要在建筑中设置防烟和排烟设施。

（一）火羽流模型及中心线上温度及纵向流速分布

图 5–3–1 给出了包括中心线上温度和流速分布在内的火羽流示意图，可燃挥发成分与环境空气混合形成扩散火焰，平均火焰高度为 L，火焰两边向上伸展的虚线表示羽流边界，即由燃烧产物和卷吸空气构成的整个浮力羽流的边界。

图 5–3–1（b）所示为理想化的轴对称火羽流模型，z_0 表示虚点火源高度。

图 5–3–1（c）中定性地给出了试验观测得到的火羽流中心线上温度和纵向流速分布，其中温度以相对于环境的温差表示。从图 5–3–1 中可以看到，火焰的下部为持续火焰区，因而温度较高且几乎维持不变；而火焰的上部为间歇火焰区，从此温度开始降低。这是由于燃烧反应逐渐减弱并消逝，同时环境冷空气被大量卷入的缘故。火羽流中心线上的温度在平均火焰高度以下逐渐趋于最大值，然后随高度的增加而下降。

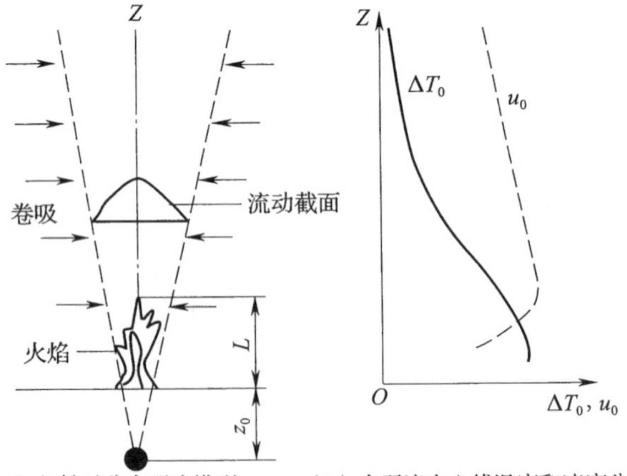

（a）轴对称火羽流模型　（b）火羽流中心线温度和速度分布

图 5–3–1　火羽流示意图

（二）顶棚射流的最大平均温度和速度

顶棚射流是一种半无限的重力分层流，当烟气在水平顶棚下积累到一定厚度时，它便发生水平流动，图 5–3–2 表示了这种射流的发展过程。

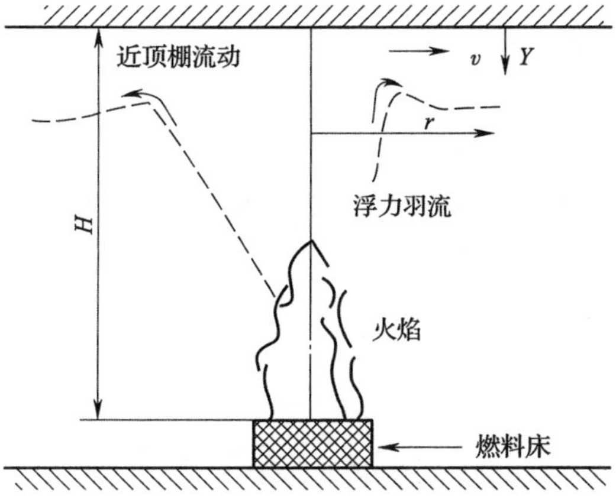

图 5–3–2　浮力羽流与顶棚的相互作用

烟气顶棚射流中的最大温度和速度是估算火灾探测器和喷淋头响应的重要基础。对于稳态火，为了确定不同位置上顶棚射流的最大温度和速度，通过大量的试验数据拟合可得到不同区域内的关系式，应该指出的是，这些试验是在不同可燃物（木垛、塑料、纸板箱等）、不同大小火源（668kW ~ 98MW）和不同高度顶棚（4.6 ~ 15.5m）情况下进行的，得到的关系式仅适用于刚着火后的一段时期，这一时期内热烟气层尚未形成，顶棚射流可以被认为是非受限的。

（三）大空间窗口羽流的质量流率

从墙壁上的开口（如门、窗等）流出而进入其他开放空间中的烟流通常被称为“窗口羽流”。一般情况下，在房间起火之后，火灾全面发展的性状（即可燃物的燃烧速度、热释放速率等）是由墙壁上的门、窗等通风开口的空气流速控制的，即热释放速率与通风口的特性有关。根据木材及聚氨酯等试验数据可得到平均热释放速率，按式（5–3–5）计算：

$$\dot{Q}=1\ 260A_{w}H_{w}^{\frac{1}{2}} \tag{5–3–5}$$

式中　$\dot{Q}$——平均热释放速率（kW）；

A_w——开口的面积（m^2）；

H_w——开口的平均高度（m）。

大空间窗口羽流的质量流率按下列公式计算：

$$M=0.68\left(A_{w}H_{w}^{\frac{1}{2}}\right)^{\frac{1}{3}}\cdot(Z_{w}+\alpha)^{\frac{5}{3}}+1.59A_{w}H_{w}^{\frac{1}{2}} \tag{5–3–6}$$

$$\alpha=2.40A_{w}^{\frac{4}{5}}H_{w}^{\frac{1}{2}}-2.1H_{w} \tag{5–3–7}$$

式中　Z_w——距离窗口顶端之上的高度（m）；

α——烟流高度修正系数。

在确定火源高度时，可以假定火源处于开放空间中，并具有与窗口射流火焰顶端处的窗口射流相同卷吸量的火源高度。而且，可以假定位于火焰顶端处的空气卷吸与开放空间中的火灾相同。

（四）烟气层有关参数计算

烟气层高度对人员疏散是一个重要的影响因素，人员在到达安全位置之前，应保证疏散过程中不会在建筑烟气中穿过。

封闭空间的烟气填充过程：直到烟气层界面下移到垂直开口的上边缘为止，烟气始终在封闭空间的上部累积，如图 5–3–3 所示。由于热膨胀，过量的空气被挤出封闭空间。当烟气层降低到开口上界面以下位置时，随着新鲜空气的进入，烟会流出封闭空间。

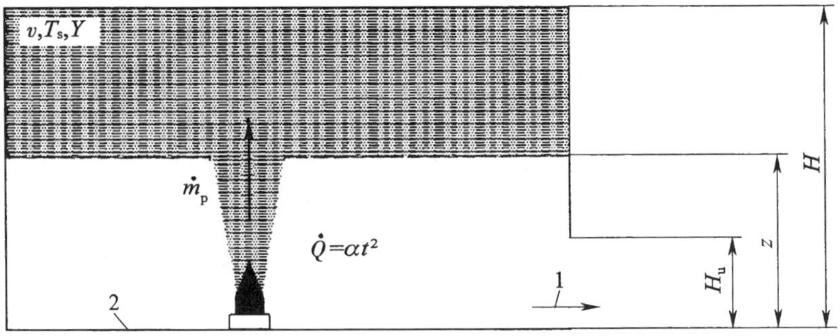

1—由于热膨胀而过量的空气；2—底部面积。

图 5–3–3　在烟气充填过程中的质量守恒

热释放速率按式（5–3–8）计算：

$$\dot{Q}(t)=\alpha t^{n} \tag{5–3–8}$$

当 n=0 时，表示稳定燃烧的火；当 n=2 时，表示正在增大的火，与时间成平方关系。

火源上方高度为 z 处的火羽流质量流速按式（5–3–9）计算：

$$\dot{m}_{p}=0.076\ (1-X)^{\frac{1}{3}}Q^{\frac{1}{3}}z^{\frac{5}{3}} \tag{5–3–9}$$

某时刻下的烟气层界面位置（烟气层高度）按下列公式计算：

$$z(t)=\left[\frac{0.076}{\rho_{s}}\frac{(1-x)^{\frac{1}{3}}\alpha^{\frac{1}{3}}}{A}\frac{2}{n+3}t^{1+\frac{n}{3}}+\frac{1}{H^{\frac{2}{3}}}\right]^{-\frac{3}{2}} \tag{5–3–10}$$

$$T_{s}(t)=\frac{1-\lambda}{c_{p}\rho_{s}A\left[H-z(t)\right]}\frac{\alpha t^{n+1}}{n+1}+T_{o} \tag{5–3–11}$$

为了计算烟气层界面位置，必须设定烟密度。在实际应用中，对封闭大空间初期的烟气充填过程取 ρ_{s}=1.0kg/m^3 会得到较为保守的结果。在随后的烟气充填过程中，热膨胀现象非常明显。在这种情况下，下列公式适用于 t^2 型火，即 $\dot{Q}=\alpha t^2$。

$$z(X)=H-\frac{\Lambda X^{\frac{9}{5}}}{1-T_s/T_o} \tag{5-3-12}$$

$$X=0.0268\frac{H^{\frac{2}{3}}}{A}\alpha^{\frac{1}{3}}(1-x)^{\frac{1}{3}}t^{\frac{5}{3}} \tag{5-3-13}$$

$$\Lambda=0.754\frac{A^{\frac{4}{5}}(1-\lambda)\alpha^{\frac{2}{5}}}{H^{\frac{11}{5}}(1-x)^{\frac{3}{5}}} \tag{5-3-14}$$

$$T_s(X)=T_o\exp\left[-\frac{\Lambda X^{\frac{9}{5}}}{1-(1+X)^{-\frac{3}{2}}}\right] \tag{5-3-15}$$

式中　z——烟层界面高度（m）；

A——封闭空间的地面面积（m^2）；

H——封闭空间的高度（m）；

t——火源燃烧时间（s）；

x——火源热释放速率中热辐射所占的比例；

λ——烟气在封闭空间内充填过程中的热吸收系数（kg/m^3）；

α——火源增长速率（kW/s^2）；

ρ_s——烟密度（kg/m^3）。

（五）烟气流动的计算方法及模型选用原则

在开展火灾危险性分析时，应当综合考虑火灾发展的确定性和随机性的特点。下面主要介绍火灾发展的确定性模型，包括经验模型、区域模型、场模型和场区混合模型。

1. 经验模型

多年来，人们在与火灾斗争的过程中收集了很多实际火场的资料，也开展过大量的火灾试验，测得了很多数据，并分析、整理出了不少关于火灾分过程的经验公式。经验模型则是指以试验测定的数据和经验为基础，通过将试验研究的一些经验性模型或是将一些经过简化处理的半经验模型加上重要的热物性数据编制成的数学模型。它是对火灾过程的较浅层次的经验模拟，应用这些经验模型可以对火灾的主要分过程有较清楚的了解。经验模型不同于其他理论模型，无法对火源空间以及关联空间的火灾发展过程进行估计，现有的经验模型通常局限于描述火源空间的一些特征物理参数，如烟气温度、浓度、热流密度等随时间的变化，因此经常被称为局部模型。

2. 区域模型

20 世纪 70 年代，科研人员开始进行区域模拟，把所研究的受限空间划分为不同的区域，并假设每个区域内的状态参数是均匀一致的，而质量、能量的交换只发生在区域与区域之间、区域与边界之间以及它们与火源之间。从这一思想出发，根据质量、能量守恒原理可以推导出一组常微分方程；而区域、边界及火源之间的质量、能量交换则是通过方程中所出现的各源项体现出来的。区域模型一般还有以下假设：

（1）各个控制体内的气体被认为是理想气体，并且气体的相对分子质量与质量热容视为常数。

（2）受限空间内部压力均匀分布。

（3）不同控制体之间的质量交换主要由羽流传递作用与出口处卷吸作用造成。

（4）能量传递除部分由质量交换造成外，还包括辐射与导热。

（5）受限空间内部物质的质量与热容相对墙壁、顶棚与地板可以忽略。

（6）忽略烟气运动的时间，认为一切运动过程在瞬间完成。

（7）忽略壁面对流体运动的摩擦阻碍作用。

区域模型通常把房间分为两个控制体，如图 5–3–4 所示，即上部热烟气层与下部冷空气层。人们普遍认为，区域模型模拟给出的结果与实际情况近似或相当接近。区域模拟是一种半物理模拟，在一定程度上兼顾了计算机模拟的可靠性和经济性，在消防工程界具有广泛的应用。应用区域模型既可以在一定程度上了解火灾的成长过程，又可以分析火灾烟气的扩散过程。目前，区域模型在建筑室内火灾的计算机模拟中具有重要地位。如果无须了解各种物理量在空间上的详细分布以及随时间的演化过程，模型中的假设十分趋近于火灾过程的实际情况，可以满足工程需要。但是区域模拟忽略了区域内部的运动过程，不能反映湍流等运输过程以及流场参数的变化，只抓住了火灾的宏观特征，因而其近似结果也是较粗糙的。

图 5–3–4　区域模拟示意图

3. 场模型

火灾的场模拟研究利用计算机求解火灾过程中各参数（如速度、温度、组分浓度等）的空间分布及其随时间的变化，是一种物理模拟。场是多种状态参数（如速度、温度与组分浓度等）的空间分布，是通过计算这些状态参数的空间分布随着时间的变化来描述火灾发展过程的数学方程集合。随着计算流体动力学技术的不断成熟以及计算机性能的提升，场模型越来越广泛地被应用到火灾研究领域。火灾的孕育、发生、发展和蔓延过程包含了流体流动、传热传质、化学反应和相变，涉及质量、动量、能量和化学成分在复杂多变的环境条件下相互作用，其形式是三维、多相、多尺度、非定常、非线性、非稳态的动力学过程。场模型由于引入的简化条件少，因而是到目前为止可获取更高精确度的受限空间火灾数学模型。计算所得数据较细致，可以详细了解空间中温度场、速度场、组分浓度场等数据分布情况及其随时间变化的详细信息。但实际计算结果的正确与否还取决于适当的输入假设。

由于场模型是通过把一个房间划分为几千甚至上万个控制体，计算得出室内各局部空间的有关参数的变化。计算时通常所使用的场模拟方法有有限差分法、有限元法、边界元法等。导致这种模型的计算量很大，当用三维不定常方式计算多室火灾时，需要占用很长的机时，一般只在需要了解某些参数的详细分布时才使用这种模型。

4. 场区混合模型

对于复杂多室建筑的火灾过程进行计算机模拟，通常是采用区域模拟的方法。然而，试验研究表明：烟气层在着火区域或相对强流动区域无明显的分层现象，区域模拟的双层假设不能成立，只有在附近相邻的其他区域，烟气层才有明显的分层现象。这样，若采用区域模拟的方法模拟复杂多室建筑的火灾过程，则不能真实地反映其火灾的特性。如果使用场模拟的方法，由于场模拟是求解流体力学的基本控制方程，整场和多参量描述复杂多室建筑的火灾过程，需要大量的计算机资源和时间。目前，由于计算机容量和运算速度等客观条件的限制，很难对复杂多室建筑的火灾过程进行场模拟。另外，在明显的烟气层分层区间采用场模型，也增加了计算机资源和时间的耗用。因此，基于试验研究的结果和计算机客观条件等限制，采用场模拟的方法来研究着火房间或强流动区域，对其他非着火和非强流动区间则采用区域模拟的方法。这种混合模拟方法，兼顾场模拟和区域模拟两者的优点，并能更为准确地反映火灾过程的特征，这种方法简称为场区模拟方法。

二、人员疏散分析

人员疏散分析是建筑性能化防火设计评估的重要组成部分。通过对建筑物的具体功能定位，确定建筑物内部特定人员的状态及分布特点，并结合火灾场景和具体位置设计，计算分析紧急情况下各阶段的人员疏散时间及疏散通行状况预测。而火灾场景下人员疏散所需时间则是性能化防火设计评估的重要组成要件。因此，对建筑物做出符合其实际情况和特点的人员疏散性能评估成为决定建筑物性能化防火设计评估结果好坏的关键性因素之一。由于影响建筑物内人员疏散安全性的因素众多，性能化人员疏散分析的重点就是要综合特定建筑条件下各方面影响因素，建立起或者合理选取符合实际的人员疏散量化分析模型，从而计算出人员疏散时间，提出改进疏散性能的方案和措施。

（一）影响人员安全疏散的因素

与正常情况下人员在建筑物内行走的状态不同，人员在紧急情况下（如发生火灾）的疏散过程中，内在因素和外在环境因素都可能发生了变化，这些因素有可能对人员安全疏散造成影响。由于实际情况条件千差万别，影响人员安全疏散的因素也复杂多样，总结起来可分为：人员内在影响因素、外在环境影响因素、环境变化影响因素以及救援和应急组织影响因素四类。这些因素在紧急疏散情况下，有些不利于安全疏散，有些则有利于安全疏散，还有一些影响因受到现场实际条件变化和人为因素的作用而不同。

1. 人员内在影响因素

人员内在影响因素主要包括人员心理因素、人员生理因素、人员现场状态因素、人员社会关系因素等。

（1）人员心理因素。人员在紧急情况下的心理普遍会发生显著的变化，如感知到火灾、烟气时会出现恐慌；听到警铃或接收到火警信息时会出现紧张；众多人员疏散时在出口处排队等待的时间越长，人群中紧张情绪越重等。这些心理变化因素一方面能够激发人的避险本能，另一方面也会导致人员理性判断能力降低、情绪失控。

（2）人员生理因素。人员生理因素包括人员自身的身体条件影响因素，如幼儿、成年、老年、健康、疾病等条件差异。不同的身体条件会显著影响人员的运动机能。此外，紧急情况下环境条件的变化也会对人员生理因素造成影响，例如，火灾时由于现场照明条件变暗、能见度降低，使人的辨识能力受到影响；温度升高、烟雾刺激、有毒气体会影响人的运动能力等。

（3）人员现场状态因素。人员在现场状态因素包括清醒状态、睡眠状态、人员对周围环境的熟悉程度等。对于处于清醒状态并对周围环境十分熟悉的人，其疏散速度会大大快于处于睡眠状态并对周围环境陌生的人。如果人们在进入一个陌生环境时首先有意识地查看安全出口位置及疏散路线，则会大大改善人员的现场状态因素。

（4）人员社会关系因素。即使是在紧急情况下，人们的社会关系因素仍然会对疏散产生一定影响。例如，火灾时，人们往往会先想到通知、寻找自己的亲友；对于处在特殊岗位的人员（如核电站操作员），会先想到自身的责任；一些人员在疏散前会先收拾财物，这些都是社会关系因素在起作用。这些因素总体上会影响人员开始疏散运动行动的时间。

2. 外在环境影响因素

外在环境影响因素主要是指建筑物的空间几何形状、建筑功能布局以及建筑内具备的防火条件等因素。例如，地上建筑或是地下建筑、高大空间或是低矮空间、影剧院或是办公建筑等；建筑物的耐火等级，建筑内安全出口设计是否足够合理，疏散通道是否保持畅通，消防设备是否处于良好运行状态，是否存在重大火灾隐患等因素。

3. 环境变化影响因素

火灾时现场环境条件势必要发生变化，从而对人员疏散造成影响。例如，火灾时，正常照明电源将被切断，人们需要依靠应急照明和疏散指示来寻找疏散出口；又如，原有正常行走路线一旦被防火卷帘截断，人员就需要重新选择疏散路线；再如，自动喷水灭火系统启动后，在控制火灾的同时也会对人员疏散产生影响。

4. 救援和应急组织影响因素

火灾时自救和外部救援以及组织能力也会对安全疏散产生影响。通过建立完善的安全责任制，制定切实可行的疏散应急预案并认真落实消防应急演练，能够有效提高人的疏散能力；否则容易引起人员拥挤和混乱。

在各种实际条件下，影响人员安全疏散的因素繁多，各种因素之间还存在相互联系和制约，某些产生主导作用的因素成为主要影响因素，而一些因素的变化会显著影响最终结果并成为关键性因素。上面只是简要地介绍了影响人员安全疏散的因素。人员安全疏散作为消防安全工作的重中之重，其影响因素也是消防安全工作的重点，需要看到这些因素既可能是消防工作的问题所在，又可能成为提升消防安全水平的突破口。在实际工作中，应通过不断地积累经验，总结出切合工程项目实际的主要影响因素。

（二）安全疏散分析判定标准

人员安全疏散分析的目的是通过计算可用疏散时间（t_{ASET}）和必需疏散时间（t_{RSET}），从而判定人员在建筑物内的疏散过程是否安全，如图 5–3–5 所示。

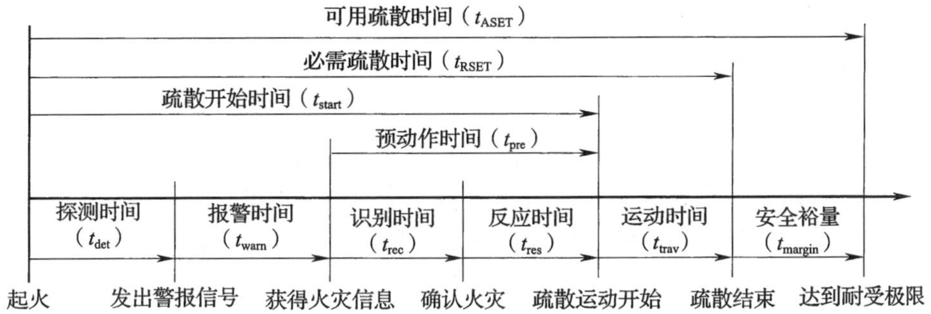

图 5–3–5　必需疏散时间与可用疏散时间

人员安全疏散分析的性能判定标准为：可用疏散时间（t_{ASET}）必须大于必需疏散时间（t_{RSET}）。

计算 t_{RSET} 时，应重点考虑火灾时建筑物内影响人员安全疏散的烟气层高度、热辐射、对流热、烟气毒性和能见度。这些参数可以通过对建筑内特定的火灾场景进行火灾与烟气流动的模拟得到。

在计算 t_{RSET} 时，可按以下三种情况考虑：

（1）如果能够将火灾和烟气控制在着火房间内，则可只计算着火房间内人员的 t_{RSET}。

（2）如果火灾及其产生的烟气只在着火楼层蔓延，则可只计算着火楼层内人员的 t_{RSET}。

（3）如果火灾及其产生的烟气可能在垂直方向蔓延至其他楼层（如建筑内存在连通上下层的中庭），则需计算整个建筑内人员的 t_{RSET}。当建筑存在坍塌的危险时，也需要计算整个建筑内人员的 t_{RSET}。

（三）人员疏散时间计算方法与分析参数

探测时间 t_{det}、报警时间 t_{warn}、预动作时间 t_{pre} 三者的和称为疏散开始时间 t_{start}。预动作时间 t_{pre} 与运动时间 t_{trav} 的和称为疏散时间 t_{evac}。

用于确定建设内人员必需疏散时间（t_{RSET}）的基本公式为式（5–3–16）：

$$t_{RSET}=t_{det}+t_{warn}+(t_{pre}+t_{trav}) \qquad (5\text{–}3\text{–}16)$$

式中　t_{RSET}——必需疏散时间（s）；

t_{det}——探测时间（s）；

t_{warn}——报警时间（s）；

t_{pre}——预动作时间（s）；

t_{trav}——运动时间（s）。

1. **火灾探测报警时间**

对于安装了点式火灾探测报警装置以及安装了闭式自动喷水灭火系统的场所，火灾探测报警时间应根据建筑内所采用的火灾探测与报警装置的类型及其布置、火灾的发展速度及其规模、着火空间的高度等条件，考虑设计火灾场景下火灾探测报警装置或自动喷水装置对火灾烟气的反应时间。可以通过相应的计算机模拟软件分析计算确定。

对于日常有人停留的房间并且人员处于清醒状态，可以采用特定经验公式算法预测人员发觉火灾征兆的时间。

2. **疏散预动作时间**

疏散预动作时间包括识别时间和反应时间。人员在接收到火灾报警信号以后，有各种本能反应的时间，如确认火灾警报，判别火情发展情况，通知亲友，收拾物品，确定疏散路线等，开始疏散行动时间往往因人而异。受到建筑类型、功能与用途、使用人员的性质及建筑火灾报警广播和物业管理系统等各种内在及外在因素的影响，疏散预动作时间的长短具有很大的不确定性。在管理相对完善的剧院、超市或办公建筑（有定期火灾训练）中，识别时间较短。在平面布置复杂或面积巨大的建筑以及旅馆、公寓、住宅和宿舍等建筑中，该时间可能较长。表 5–3–2 给出了各种不同类型场所的典型疏散预动作时间，考虑了人员所处的状态和报警系统类型等因素。

表 5–3–2　疏散预动作时间　　单位：min

建筑物用途及特性	报警系统类型		
	W1	W2	W3
办公楼、商业或工业厂房、学校（居民处于清醒状态，对建筑物、报警系统和疏散措施熟悉）	<1	3	>4
商店、展览馆、博物馆、休闲中心等（居民处于清醒状态，对建筑物、报警系统和疏散措施不熟悉）	<2	3	>6
旅馆或寄宿学校（居民可能处于睡眠状态，但对建筑物、报警系统和疏散措施熟悉）	<2	4	>5
旅馆、公寓（居民可能处于睡眠状态，对建筑物、报警系统和疏散措施不熟悉）	<2	4	>6
医院、疗养院及其他社会公共机构（有相当数量的人员需要帮助）	<3	5	>8

注：1. W1 表示实况转播指示，采用声音广播系统，如带闭路电视设施的控制室。
2. W2 表示非直播（预录）声音系统和（或）视觉信息警告播放系统。
3. W3 表示采用警铃、警笛和其他类似报警装置的报警系统。

在应用表 5–3–2 时，还要考虑火灾场景的影响，建议将表 5–3–2 中的识别时间根据人员所处位置的火灾条件进行以下调整：

（1）人员处于较小着火房间。人员可以清楚地发现烟气及火焰或感受到灼热，这种情况下可采用表中给出的与 W1 报警系统相关的识别时间，即使安装了 W2 或 W3 报警系统。

（2）人员处于较大着火房间。人员在一定距离外也可发现烟气及火焰时，如果没有安装 W1 报警系统，则采用表中给出的与 W2 报警系统相关的识别时间，即使安装了 W3 报警系统。

（3）识别报警与向出口疏散之间没有延迟。如办公室，则可以假设表给出的识别时间为 0。

（4）某些场所的识别时间很难确定。可对上述可能时间段进行估计，如可以根据日常的观测记录提供某些文件证明所需要的时间。

在反应时间阶段，人们会停止日常活动开始处理火灾。在反应时间内会采取的行动有：

（1）确定火源、火警的实际情况或火警与其他警报的重要性。

（2）停止机器或生产过程，保护重要文件或贵重物品等。

（3）寻找和召集儿童及其他家庭成员。

（4）灭火。

（5）决定合适的出口路径。

（6）警告其他人员。

（7）其他疏散行为。

3. 疏散行动时间

人员疏散运动时间是指建筑内的人员从疏散行动开始至疏散结束所需要的时间，包含行走时间和通过时间。

（1）行走时间。行走时间是指行走到疏散线路上安全出口的时间。行走时间与人的行走速度以及到达出口的距离有关。行走速度与行走时间和人员密度有关，当人员密度较大时会出现拥挤，导致行走速度下降；当人员密度较低且人员行走不受阻时则代表最短的行走时间，按式（5-3-17）计算：

$$t_w=L/S \qquad (5\text{-}3\text{-}17)$$

式中　t_w——行走时间（s）；

L——人员从初始位置行走至疏散安全出口的距离（m）；

S——人的行走速度（m/s）。

（2）通过时间。通过时间是指人流通过出口或通道的时间。通过时间由出口的通行人数和出口的通行能力决定，出口的通行能力则与出口有效宽度和出口流量有关。按式（5-3-18）计算：

$$t_p=P/F_c \qquad (5\text{-}3\text{-}18)$$

式中　t_p——通行时间（s）；

P——通过的人数（人）；

F_c——通行流量（人/s）。

通过出口或通道的人流量可按下列公式计算：

$$F_c=F_sW_e \tag{5-3-19}$$

$$F_s=SD \tag{5-3-20}$$

式中 F_c——通行流量（人/s）；

F_s——通行流速［人/（m·s）］；

W_e——有效宽度（m）；

S——步行速度（m/s）；

D——人员密度（人/m^2）。

当计算建筑内某区域的疏散行动时间时，需要考虑行走时间 t_w 和通过时间 t_p 之间的关系。

1）当 $t_w<t_p$ 时，说明人员行走到达出口时，人员并没有全部通过出口，因此人员将会在出口处出现滞留现象，此时该区域内疏散行动时间由通过时间 t_p 决定。

2）当 $t_w \geqslant t_p$ 时，说明区域内人员在到达出口时，其他人员已经通过了出口，因而不必再在出口处排队等候，因此疏散行动时间由最远点的人员行走时间 t_w 决定。

人员疏散行动时间的计算可按照数学模拟计算进行。数学模拟计算方法主要有水力疏散计算模型和人员行为疏散计算模型两种方法。

1）水力疏散计算模型。水力疏散计算模型将人在疏散通道内的走动模拟为水在管道内的流动状态，将人群的疏散作为一种整体运动，完全忽略人的个体特性。该模型对人员疏散过程做以下假设：

①疏散人员具有相同的特征，且均具有足够的身体条件疏散到安全地点。

②疏散人员是清醒的，在疏散开始的时刻同时井然有序地进行疏散，且在疏散过程中不会中途返回并选择其他疏散路径。

③在疏散过程中，人流的流量与疏散通道的宽度成正比分配，即从某一出口疏散的人数按其宽度占出口总宽度的比例进行分配。

④人员从每个可用的疏散出口疏散，且所有人的疏散速度一致并保持不变。

对于建筑的结构简单、布局规则、疏散路径容易辨别、建筑功能较为单一且人员密度较大的场所，宜采用水力疏散计算模型来进行人员疏散的计算，其他情况则适于采用人员行为疏散计算模型。

2）人员行为疏散计算模型。人员行为疏散计算模型应综合考虑人与人、人与建筑物以及人与环境之间的相互作用，并能够从一定程度上反映火灾时人员疏散运动规律和个体特性对人员疏散的影响。当采用数学模型进行计算时，应注意结合待解决的实际问题与模型的适用性来选择适用的模型，并应首选经过实际疏散试验或演习验证过的模型。

4. 疏散分析参数

在对人员疏散时间预测计算时必须确定人员疏散时关于人数、行走速度、比流量、有效宽度等相关参数。

（1）人员数量的确定。在确定起火建筑内需要疏散的人数时，通常根据建筑的使用功能首先确定人员密度（人/m^2），其次确定该人员密度下的空间使用面积，由人员密度与使用面积的乘积得到需要计算的人员数目。在有固定座椅的区域，则可以按照座椅数来确定人数。在业主和设计师能够确定未来建筑内的最大人数时，则按照该值确定疏散人数。否则，需要参考相关的统计资料，由相关各方协商确定。

1）人员密度。在计算疏散时间时，人员密度可采用单位面积上分布的人员数目表示（人/m^2），也可采用其倒数表示（m^2/人），或采用单位面积地板上人员的水平投影面积所占百分比表示。

对于所设计建筑各个区域内的人员密度，应根据当地相应类型建筑内人员密度的统计数据或合理预测来确定。预测值应取建筑使用时间内该区域可预见的最大人员密度。当缺乏此类数据时，可以依据建筑防火设计规范中的相关规定确定各个楼层的人员密度。

2）计算面积。人数的确定是通过各使用功能区的人员密度与计算面积的乘积得到的，因此，计算面积的确定是除人员密度之外计算疏散人数的另一个重要参数。某些规范在规定人员密度时，同时规定了计算面积的确定方法。

国外的相关规定大部分采用计算房间（区域）的地板面积作为计算面积。对于计算面积的界定可以考虑建筑的使用功能，根据建筑的实际使用情况来确定。

3）人流量法。在一些公共使用场所，人员流动较快，停留时间较短，例如，机场安检、候机大厅、科技馆、展览厅等，其人数的确定可以采用人流量法。

采用人流量法，即设定人员在某个区域的平均停留时间，并根据该区域人员流量情况按式（5-3-21）计算瞬间时刻的楼内人员流量（称为人流量法），即：

$$人员数量=每小时人数\times 停留时间 \tag{5-3-21}$$

（2）人员的行走速度。人员自身的条件、建筑的情况和人员密度均对人员的行走速度有一定的影响。

1）人员自身条件的影响。对于某些特殊人群，其行走速度可能会慢很多，如老年人、病人等。如果某建筑中火灾烟气的刺激性较大，或建筑物内缺乏足够的应急照明，人的行走速度也会受到较大影响。

2）建筑情况的影响。不同的建筑中由于功能、构造、布置不同，对人员行走速度的影响也不同。

3）人员密度的影响。人员在自由行走时受到自身条件及建筑情况等因素的影响而速度各有差异，当为疏散人群时，其步行速度将受到人员密度的影响。人员的行走速度将在很大程度上取决于人员密度。

通常情况下，人员的疏散速度随人员密度的增加而减小，人员密度越大，人与人之间的距离越小，人员移动越缓慢；反之密度越小，人员移动越快。一般人员密度小于0.54人/m^2时，人群在水平地面上的行走速度可达70m/min并且不会发生拥挤，下楼梯的速度可达48~63m/min。当人员密度超过3.8人/m^2时，人群将非常拥挤，基本上无法移动。一般认为，在0.5~3.5人/m^2的范围内可以将人员密度和移动速度的关系描述成直线关系。建筑内各疏散路径人员行走速度v与人员密度D的关系如图5-3-6所示。

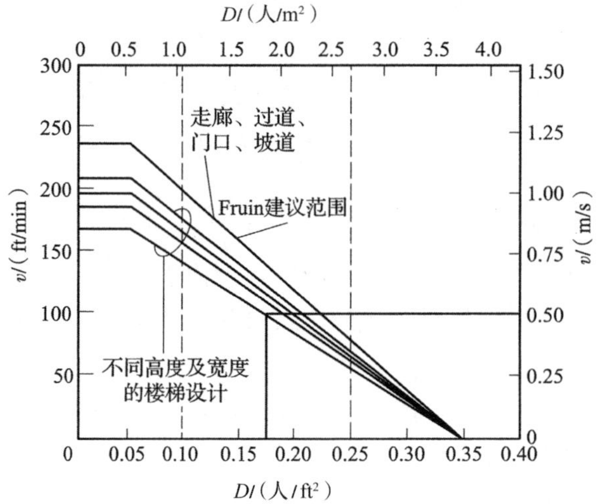

图 5–3–6 建筑内各疏散路径人员行走速度 v 与人员密度 D 的关系

注：ft 为英尺，1ft=0.304 8m。

当人员密度为 0.2 ~ 0.4 人 /m^2 时，人员在平面的行走速度可根据下式计算得出，即：

$$V=1.43-0.35D \quad (5\text{–}3\text{–}22)$$

式中 V——疏散人员的平面行走速度（m/s）；

D——人员密度（人 /m^2）。

（3）出口处人流的比流量。建筑物的出口在人员疏散中占有至关重要的地位，对出口宽度的合理设计能避免疏散时发生堵塞，有利于疏散顺利进行。我国目前的建筑规范中主要是通过控制建筑物的出口、楼梯、门等宽度来进行疏散设计，同时，性能化防火设计中对建筑物安全性的评估同样也需要考虑出口宽度的问题，以衡量火灾时能否保证人员通过这些出口顺利逃生。无论是规范的规定还是性能化防火设计的方式，一般根据总人数按单位宽度的人流通行能力及建筑物容许的疏散时间来控制建筑物的出口总宽度。因此，人员疏散参数确定时必须考虑出口处人流的比流量。

比流量是指建筑物出口在单位时间内通过单位宽度的人流数量［单位：人 /（m·s）］，比流量反映了单位宽度的通行能力。根据对多种建筑的观测结果，比流量在水平出口、通道处和在楼梯处不同，而不同的人员密度也将影响比流量。

图 5–3–7 显示了不同疏散走道上比流量与人员密度的关系，由图可以看出，首先，随着人员密度的增大，单位时间内通过单位宽度疏散走道的人员数量也不断增大，当人员密度增大到一定程度，疏散走道内的人员由于过分拥挤，限制了人员行走速度，从而导致比流量的减少。

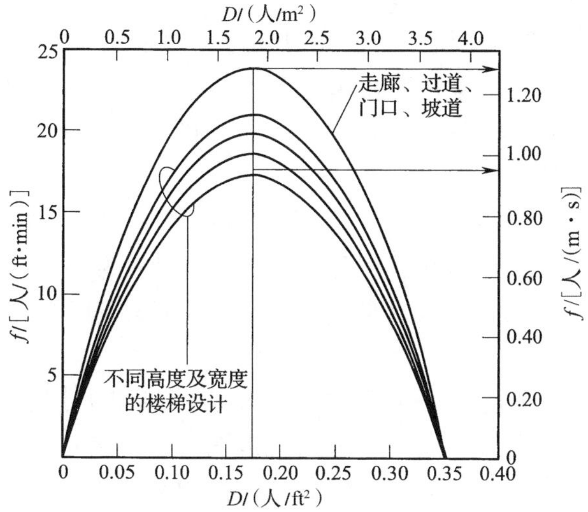

图 5-3-7　不同疏散走道比流量 f 与人员密度 D 的关系

注：ft 为英尺，1ft = 0.304 8m。

（4）走道的有效宽度。大量的火灾演练实验表明人群的流动依赖于走道的有效宽度，而不是走道实际宽度，也就是说在人群和侧墙之间存在一个边界层。对于一条走道来说，每侧的边界层大约是 0.15m，如果墙壁表面是粗糙的，那么这个距离可能会再大一些。而如果在走道的侧面有数排座位，如在剧院或体育馆，这个边界层是可以忽略的。在工程计算中应从实际走道宽度中减去边界层的厚度，得到有效宽度。表 5-3-3 给出了典型走道的边界层厚度。

表 5-3-3　典型通道的边界层厚度　单位：mm

类型	边界层厚度	类型	边界层厚度
楼梯间的墙	150	其他的障碍物	100
扶手栏杆	90	宽通道处的墙	460
剧院座椅	0	门	150
走廊的墙	200	—	—

疏散走道或出口的净宽应按下列要求计算：

1）对于走廊或过道，净宽为从一侧墙到另一侧墙之间的距离。

2）对于楼梯间，净宽为踏步两扶手间的宽度。

3）对于门扇，净宽为门在其开启状态时的实际走道宽度。

4）对于布置固定座位的通道，净宽为沿走道布置的座位之间的距离或两排座位中间最狭窄处的距离。

（四）人员疏散分析模型

人员安全疏散模型的研究和分析主要包含两个方面，一是人员疏散模型结构的研究；二是火灾中的人员行为及其量化研究。人员疏散模型可以有多种分类方法，其中基于疏散模型对建筑空间的表示方法，可以把模型分为离散化模型和连续性模型两类。

1. 离散化模型

离散化模型把需要进行疏散计算的建筑平面空间离散为许多相邻的小区域，并把疏散过程中的时间离散化以适应空间离散化。离散化模型又可以细分为粗网格模型和精细网格模型。

（1）粗网格模型。在粗网格模型中，按照实际建筑的划分来确定其几何形状。因此，每个网格节点都可以表示一个房间或走廊，但与实际大小无关。按照它们在建筑中的实际情况，用弧线将这些网格节点连接起来。在这类模型中，根据各建筑单元的出口容量和人员的移动速度，可以确定疏散人员从一个房间运动到另一个房间的时间，但没有表明疏散人员的位置，不能反映人员个体的基本行为和准确位置。

（2）精细网格模型。在精细网格模型中，整个建筑区域的平面通常是用覆盖大量棋盘状的网格或网点来表示的。每个模型中节点的网格大小和形状都有所不同。用这种方法可以准确地表示封闭空间的几何形状及内部障碍物的位置，并在疏散的任意时刻都能将每个人置于准确的位置。因此，精细网格模型可以在每个网格内记录单个人员的移动轨迹，能够反映每个人的具体行为反应。但是，由于现代建筑的建筑单元众多，结构复杂，因而精细网格模型要求计算处理的信息量也较大。

2. 连续性模型

连续性模型又称社会力模型，它是基于多粒子自驱动系统的框架，使用经典牛顿力学原理模拟步行者恐慌时的拥挤状态的动力学模型。社会力模型可以在一定程度上模拟人员的个体行为特征。

人的行为模拟是模拟疏散过程中最复杂、最困难的，并非所有这些行为特性都能被充分认识或完全量化。截至目前，还没有一个模型能完全解决人的疏散行为的各个方面。另外，目前工程分析中经常应用的一些比较成熟的疏散模拟模型，从几何建模、人员行为模拟、结果表现等不同方面各具特点，实际应用应根据工程的具体特点和需求合理选择适应的疏散模型。

（五）人员疏散安全性评估

火灾中人员的安全疏散指的是在火灾烟气未达到危害人员生命状态之前，建筑内的所有人员安全地疏散到安全区域的行动。在人员疏散的安全评估中，关于建筑内的消防安全性能判定的主要原则是：在建筑某火灾危险区域内发生火灾时，如人的可用疏散时间（t_{ASET}）足以超过必需疏散时间（t_{RSET}），则建筑疏散设计方案可行；否则需对该设计方案进行调整，直至其满足人员安全疏散的要求。人员疏散安全性评估方法及流程如图 5–3–8 所示。

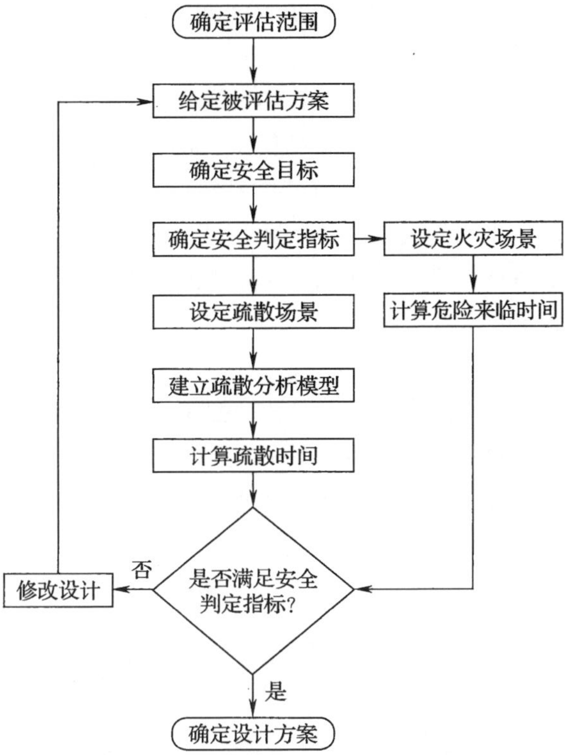

图 5-3-8　人员疏散安全性评估方法及流程

对于评估后需要改进、提高疏散安全性的场所，可以通过以下几方面来解决：

（1）增加疏散出口的数量，缩短独立疏散出口间距离；增加疏散出口及疏散通道的宽度，提高疏散通道通行能力。

（2）改善区域烟气控制措施，如提高排烟量、改变排烟方式、改进防烟分区设置等。

（3）改善火灾探测、报警系统设计，改善消防应急广播系统的设计，提高早期报警速度、改善火灾警报通知效果。

（4）完善疏散指示系统设计，包括出口标志、导流标志以及加强应急照明，提高疏散通道使用效率。

此外，火灾发生过程中还可能出现很多特殊的情况，例如疏散过程中建筑结构的稳定性、人员被困等多种情况。因此，在人员安全疏散的判定标准中还可以根据具体情况，考虑特殊性制定具体的判定标准。

三、建筑结构耐火性能分析

（一）影响建筑结构耐火性能的因素

1. 结构类型

（1）钢结构。钢结构包括钢框架结构、钢网架结构和钢网壳结构、大跨交叉梁系结构。钢结构具有施工机械化程度高、抗震性能好等优点，但钢结构的最大缺点是耐火性能较差，需要采取涂覆钢结构防火涂料等防火措施才能耐受一定规模的火灾。在高大空间等钢结构建筑中，在进行钢结构耐火性能分析的基础上，如果火灾下钢结构周围的温度较低，并能保持结构安全时，钢结构可不必采取防火措施。

（2）钢筋混凝土结构。在钢筋混凝土结构中，混凝土主要承受压力，钢筋主要承受拉力，两者共同承担荷载。当建筑结构耐火重要性较高、火灾荷载较大、人员密度较大或建筑结构受力复杂时，钢筋混凝土结构的耐火能力也可能不满足要求。例如，地铁车辆段上盖开发建筑的盖体结构就需要进行钢筋混凝土结构及构件的耐火性能评估，确定结构的耐火性能是否满足要求。

（3）钢－混凝土组合结构。

1）型钢混凝土结构。型钢混凝土结构是将型钢埋入钢筋混凝土结构形成一种组合结构，截面形式如图 5–3–9 所示，适合大跨、重载结构。由于型钢被混凝土包裹，火灾下钢材的温度较低，型钢混凝土结构的耐火性能较好。

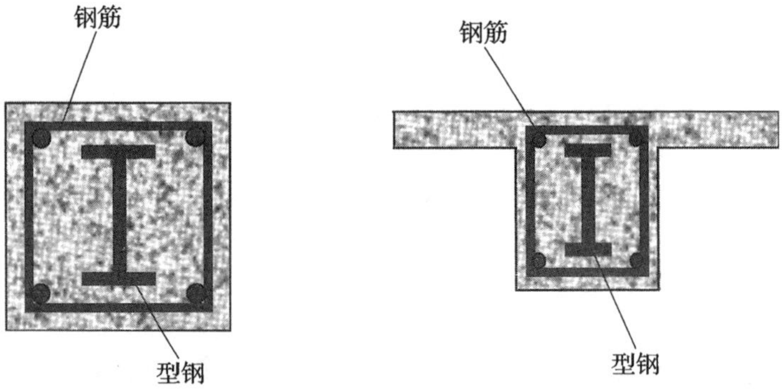

图 5–3–9　型钢混凝土结构截面形式

2）钢管混凝土结构。钢管混凝土结构是由钢和混凝土两种材料组成的，它充分发挥了钢和混凝土两种材料的优点，具有承载能力高、延性好等优点。钢管混凝土结构中，由于混凝土的存在可降低钢管的温度，因此钢管的温度比没有混凝土时要低得多。一般情况下，钢管混凝土结构中的钢管需要进行防火保护。钢管混凝土柱截面如图 5–3–10 所示。

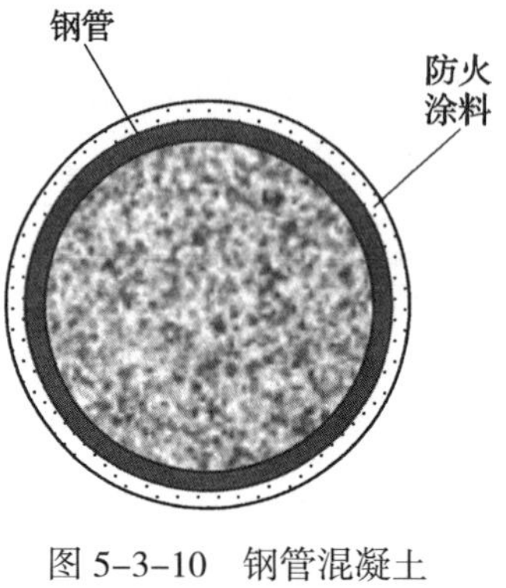

图 5–3–10　钢管混凝土柱截面

2. **荷载比**

荷载比为结构所承担的荷载与其极限荷载的比值。火灾下，结构承受的荷载总体不变，而随温度升高，材料强度降低，构件的承载能力降低。当构件的荷载达到极限荷载时，构件就达到了火灾下的承载能力以及耐火极限状态，开始倒塌破坏，这时的耐火时间为耐火极限。荷载比越大，构件的耐火极限越小，荷载比是影响结构及构件耐火性能的主要因素之一。

3. **火灾规模**

火灾规模包括火灾温度和火灾持续时间。火灾产生的高温是构件升温的主要原因，它通过对流和辐射两种传热方式将热量从建筑内的空气向构件传递。作为构件升温的驱动者，火灾规模对构件温度场有明显的影响。当火灾高温持续时间较长时，构件的升温也较高。

4. **结构及构件温度场**

温度越高，材料性能劣化越严重，结构及构件的温度场是影响其耐火性能的主要因素之一。材料的热工性能直接影响构件的升温快慢，从而决定了火灾下结构及构件的温度场分布。

（二）结构耐火性能分析的目的及判定标准

结构耐火性能分析的目的就是验算结构和构件的耐火性能是否满足现行规范要求。结构的耐火性能分析一般有两种方法：第一种方法是验算结构和构件的耐火极限是否满足规范的要求；第二种方法是验算在规范规定的耐火极限时的火灾温度场作用下，结构和构件的承载能力是否大于荷载效应组合。这两种方法是等效的。

1. **耐火极限要求**

构件的耐火极限要求应符合《建筑设计防火规范》（GB 50016—2014，2018 年版）及其他相关国家标准的规定。

2. **构件抗火极限状态设计要求**

火灾发生的概率很小，是一种偶然荷载工况。因此，火灾下结构的验算标准可放宽。火灾下只进行整体结构或构件的承载能力极限状态的验算，不需要正常使用极限状态的验算。构件的承载能力极限状态包括以下几种情况：

1）轴心受力构件截面屈服。

2）受弯构件产生足够的塑性铰而成为可变机构。

3）构件整体丧失稳定。

4）构件达到不适于继续承载的变形。

对于一般的建筑结构，可只验算构件的承载能力，对于重要的建筑结构，还要进行整体结构的承载能力验算。

（三）计算分析模型

抗火验算时建筑结构耐火性能计算（一般也可称为抗火验算）一般有三种方法：第一种方法是采取整体结构的计算模型；第二种方法是采取子结构的计算模型；第三种方法是采取单一构件计算模型。《建筑钢结构防火技术规范》（GB 51249—2017）中要求，所有钢结构均需要进行构件的抗火验算，预应力钢结构和跨度不小于 120m 的大跨钢结构还应补充进行整体结构的耐火验算，跨度不小于 60m 的大跨钢结构还应补充进行整体结构的耐火验算，通过抗火验算确定防火保护层厚度。

在实际建筑结构中，构件总是和其他构件相互作用的，独立构件是不存在的。因此，研究构件的耐火性能还需要考虑构件的边界条件。欧洲规范规定，进行构件耐火性能分析时，构件的边界条件可取受火前的边界条件，并在受火过程中保持不变。

整体结构耐火性能评估模型是一种高度非线性分析，计算难度较高，需要由专业机构和人员完成。

（四）建筑结构耐火性能分析的内容和步骤

建筑结构耐火性能分析包括温度场分析和高温下结构的安全性分析。建筑火灾模型和建筑材料的热工参数是进行结构温度场分析的基础资料。同样，高温下建筑材料的力学性能是建筑结构高温下安全性分析的基础资料。同时，进行建筑结构高温下安全性分析还需要确定火灾时的荷载。确定上述基础材料之后，就可按照一定的步骤进行高温下结构的抗火验算了。

确定建筑火灾温度场需要火灾模型。我国《建筑设计防火规范》（GB 50016—2014，2018 年版）提出，可采用标准升温曲线作为一般建筑室内火灾的火灾模型。由于建筑室内可燃物数量和分布、建筑空间大小及通风形式等因素对建筑火灾有较大影响，为了更加准确地确定火灾温度场，也可采用火灾模拟软件对建筑火灾进行数值模拟。

确定火灾模型之后，即可对建筑结构及构件进行传热分析，确定在火灾作用下建筑结构及构件的温度。进行传热分析，需要已知建筑材料的热工性能。国内外对钢材、钢筋和混凝土材料的高温热工性能、力学性能进行了大量的研究。在进行构件温度场分布的分析时，涉及的材料热工性能有三项，即导热系数、质量热容和密度，其他的参数可以由这三项推导出。

1. 耐火极限要求

构件的耐火极限要求与《建筑设计防火规范》（GB 50016—2014，2018 年版）及其他国家标准一致。

2. 构件抗火极限状态设计要求

基于承载能力极限状态的要求，根据《建筑钢结构防火技术规范》（GB 51249—2017），钢构件抗火设计应满足下列要求之一。

（1）在规定的结构耐火极限时间内，结构或构件的承载力 R_d 不应小于各种作用所产生的组合效应 S_m，即：$R_d \geqslant S_m$。

（2）在各种荷载效应组合下，结构或构件的耐火时间 t_d 不应小于规定的结构或构件的耐火极限 t_m，即：$t_d \geqslant t_m$。

（3）结构或构件的临界温度 T_d 不应低于在耐火极限时间内结构或构件的最高温度 T_m，即：$T_d \geqslant T_m$。

对钢结构来说，上述三条标准是等效的。需要注意的是，这里说的钢结构临界温度与结构上荷载大小和破坏模式都有关，不是我们日常说的钢材临界温度。

3. 构件抗火验算步骤

（1）采用承载力法进行单层和多、高层建筑钢结构各构件抗火验算时，其验算步骤如下：

1）设定防火保护层厚度。

2）计算构件在要求的耐火极限下的内部温度。

3）计算结构构件在外荷载作用下的内力。

4）进行荷载效应组合。

5）根据构件和受载的类型，进行构件抗火承载力极限状态验算。

6）当设定的防火保护层厚度不合适时（过小或过大），可调整防火保护层厚度，重复上述1）~5）步骤。

（2）采用承载力法进行单层和多高层混凝土结构各构件抗火验算时，其验算步骤如下：

1）计算构件在要求的耐火极限下的内部温度。

2）计算结构构件在外荷载作用下的内力。

3）进行荷载效应组合。

4）根据构件和受载的类型，进行构件抗火承载力极限状态验算。

5）当设定的截面大小及保护层厚度不合适（过小或过大）时，可调整截面大小及保护层厚度，重复上述1）~4）步骤。

4. 整体结构抗火验算

（1）整体结构抗火极限状态。整体结构的承载能力极限状态如下：

1）结构产生足够的塑性铰形成可变机构。

2）结构整体丧失稳定。对于一般的建筑结构，可只验算构件的承载能力，对于重要的建筑结构，还要进行整体结构的承载能力验算。

（2）整体结构抗火验算原理。前面给出的规范抗火设计方法是基于计算的抗火设计方法，要求结构的设计内力组合小于结构或构件的抗力。在火灾高温作用下，结构的材料力学性质发生较大变化。基于防火设计性能化的要求，对于一些复杂且重要性高的建筑结构，需要考虑高温下材料本构关系的变化、结构的内力重分布、整体结构的倒塌破坏过程，这就需要对火灾下建筑结构的行为进行准确确定。对火灾下建筑结构的内力重分布、结构极限状态及耐火极限的确定，需要采用基于性能的结构耐火性能计算方法。整体结构耐火性能计算方法需要采用非线性有限元方法完成。

整体结构耐火性能计算的一般步骤如下：

1）确定材料热工性能及高温下材料的本构关系和热膨胀系数。

2）确定火灾升温曲线及火灾场景。

3）建立建筑结构传热分析和结构分析有限元模型。

4）进行结构传热分析。

5）将按照火灾极限状态的组合荷载施加到结构分析有限元模型，进行结构力学性能非线性分析。

6）确定建筑结构整体的火灾安全性。

7）按照要求进行构件的验算。

（3）钢结构及钢筋混凝土结构整体结构抗火验算的具体步骤。对单层和多、高层建筑钢结构整体抗火验算时，其验算步骤如下：

1）设定结构所有构件一定的防火保护层厚度。

2）确定一定的火灾场景。

3）进行火灾温度场分析及结构构件内部温度分析。

4）荷载作用下，分析结构整体和构件是否满足结构耐火极限状态的要求。

5）当设定的结构防火保护层厚度不合适（过小或过大）时，调整防火保护层厚度，重复上述1）~4）步骤。

（4）对单层和多高层钢筋混凝土结构整体抗火验算时，可采用以下步骤：

1）确定一定的火灾场景。

2）进行火灾温度场分析及结构构件内部温度分析。

3）荷载作用下，分析结构整体和构件是否满足结构耐火极限状态的要求。

4）当整体结构和构件承载力不满足要求时，调整截面大小及其配筋，重复上述1）~3）步骤。

练习题

一级注册消防工程师

（一）单项选择题

1. 在开展建筑消防性能化设计与评估时，预测自动喷水灭火系统洒水喷头的启动时间，主要应考虑火灾的（　　）阶段。

A. 阴燃　　B. 增长　　C. 全面发展　　D. 衰退

2. 关于火灾风险评估方法的说法，正确的是（　　）。

A. 在评估对象运营之前，采用表格方式对潜在火灾危险性进行评估的方法采用安全检查表法

B. 运用事故树方法进行火灾风险评估时，每一事件可能的后续事件只能取完全对立的两种状态之一

C. 运用运筹学原理，对火灾事故原因和结果进行逻辑分析的方法属于事件树分析方法

D. 运用安全检查表法进行火灾风险评估时，可通过事故树进行定性分析出评估对象的薄弱环节，将其作为安全检查的重点

3. 对某石油库进行火灾风险评估，辨识火灾危险源时，下列因素中，应确定为第一类危险源的是（　　）。

A. 雷电　　B. 油罐呼吸阀故障

C. 操作人员在卸油时打手机　　D. 2 000m^3 的柴油罐

4. 某仓库储存一定量的可燃材料。火源热释放速率达 1MW 时，火灾发展所需时间为 292s。库内未设置自动喷水灭火系统，若不考虑火灾初期的点燃过程，则仓库储存的材料可能是（　　）。

A. 塑料泡沫　　B. 堆放的木架

C. 聚酯床垫　　D. 易燃的装饰家具

5. 根据火灾风险源分析原理，下列设备、设施中，属于被动防火系统的是（　　）。

A. 消防电梯　　B. 灭火器

C. 火灾探测器　　D. 疏散走道

（二）多项选择题

1. 在进行火灾风险评估中采用事件树分析法进行分析时，确定初始时间的方法有（　　）。

A. 根据系统设计确定

B. 根据系统危险性评价确定

C. 根据系统运行经验或事故经验确定

D. 根据系统事故树分析，从其中间事件或初始时间中选择

E. 根据结果时间确定

2. 对建筑进行性能化防火设计评估中，在计算人员安全疏散时间时，应确定人员密度、疏散宽度、行走速度等相关参数。行走速度的确定需要考虑影响行走速度的因素。影响行走速度的因素主要包括（　　）。

A. 灭火器设置　　B. 人员自身条件

C. 报警时间　　D. 建筑情况

E. 人员密度

3. 火灾下只进行整体结构或构件的承载能力极限状态的验算，不需要正常使用极限状态的验算，构件的承载能力极限状态有（　　）。

A. 轴心受力构件截面屈服

B. 受弯构件产生足够的塑性铰而成为可变机构

C. 构件整体丧失稳定

D. 构件达到不适于继续承载的变形

E. 压弯构件出现裂缝